All about Geography-Olympiad

All about Geography-Olympiad

지리 올림피아드 × 수능 지리
실전 대비 특강

한 권으로 끝내는

지리 올림피아드

All about
Geography-Olympiad

집필
최선을 다하는 지리 선생님 모임

푸른길

머리말

변화를 일으키는 자…

유명한 월간지인 『내셔널 지오그래픽』을 아시나요? 혹시라도 서점 혹은 방송에서 내셔널 지오그래픽의 화보집이나 영상을 보신 적이 있나요? '국가의 지리적인 것'이라고 번역되는 내셔널 지오그래픽은 1888년에 설립된 이래 '인류의 지리 지식 확장'이라는 기치를 내걸고 세계 곳곳의 지리적 요소들을 연구해 왔습니다. 그리고 지금은 인간, 자연, 동물, 식물, 환경, 문화와 관련된 모든 분야에서도 다양한 활동을 하고 있습니다. 결과적으로 『내셔널 지오그래픽』은 자칫 위치, 지도 정도의 협소한 의미로 받아들여질 수 있는 지리학을 재구성하는 성과를 달성했습니다. 한마디로 인간 생활에 직간접적으로 관련된 모든 것이며, 역동적으로 움직이는 세계 그 자체가 '지리'라는 것입니다.

현재 우리나라에서는 매년 '전국 지리올림피아드 대회'가 개최되고 있습니다. 2015년에 16회를 맞이한 이 대회는 『내셔널 지오그래픽』의 취지를 반영하고 있습니다. 특히 지리의 대중화에 대한 관심과 세계에 대한 열정적 탐구 정신을 가진 학생 발굴을 중요하게 생각하고 있습니다. 이 책은 지리올림피아드에 관심을 가지고 도전하는 학생들을 위해 여러 선생님들의 노력으로 세상에 나왔습니다.

이 책의 목적은 크게 세 가지입니다.

첫째로, 교내 · 지역 · 전국 지리올림피아드 대회를 준비하는 데 도움을 주는 것입니다. 이를 위해 지금까지 알려진 다양한 지리학 개념들을 자세하게 수록하였습니다. 또한 학습한 개념을 확인할 수 있는 올림피아드 형식의 연습 문제들을 실어 두었습니다.

다음으로, 현재 중 · 고등학교 교육 과정에서 다루어지고 있는 한국 및 세계 지리의 내용을 모두 담고 있습니다. 따라서 지리올림피아드 준비는 물론, 학교 정기 고사 및 대학수학능력시험 대비에도 충분히 활용할 수 있습니다. 특히 사회탐구 영역에서 한국지리와 세계지리를 동시에 선택한 학생에게는 이 책이 든든한 기본서가 되어 줄 것입니다.

마지막으로 이 책은 중등교사임용시험 대비에도 활용할 수 있습니다. 기본적인 지리 지식과 개념들을 다양한 텍스트 속에서 확인하면서 논 · 서술형 문제에 익숙해질 수 있고 집단 토론이나 수업 실연에 응용할 수 있는 내용들이 책 곳곳의 읽을거리 속에 녹아 있습니다. 따라서 지리 교사를 꿈꾸는 수험생 여러분들에게도 좋은 벗이 될 것입니다.

이 책은 『내셔널 지오그래픽』의 취지와 가치를 따르고 있습니다. 일상의 삶을 '지리'란 필터로 걸러서 나오는 보석 같은 에피소드들이 '안목을 넓혀 주는 지리 상식'에 수록되어 있습니다. 이것을 통하여 사방팔방에 숨어 있던 다양하고 놀라운 세상 이야기들을 접할 수 있을 것입니다.

이제 '세계화'는 현실이자 일상입니다. 이미 우리들은 초국가적인

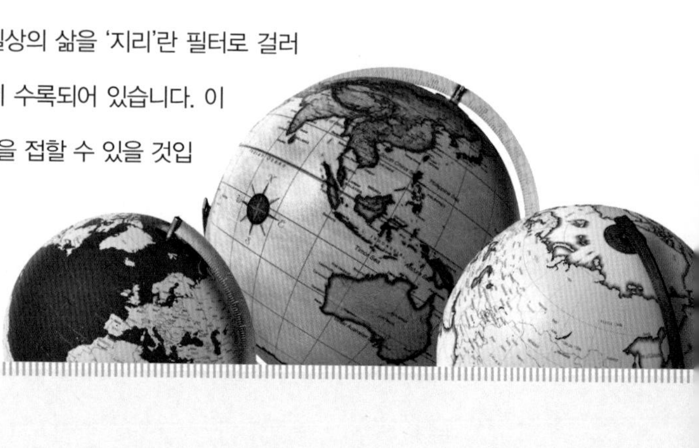

네트워크 속에서 살아가고 있으며, 이 네트워크의 변화 속도는 상상을 초월합니다. 구글어스를 통해 숨겨져 있던 유적을 찾아내고, 오큘러스 리프트를 통해 직접 가 보지 못한 지역을 가상 현실로 접할 수 있게 되었습니다. 전기 자동차와 무인 자동차, 그리고 자동차의 사물 인터넷(IOT)화를 통해 자동차는 궁극의 모바일 기기로 바뀌는 중입니다. 아울러 이제는 거의 모든 영상 제작에 드론과 헬리캠의 사용이 보편화되고 있습니다. 이러한 변화의 양상을 지리 정보 시스템(GIS)을 통해 정리하는 것이 미래 지리학 연구의 단초인 것입니다. '격변의 시대'라고 해도 무리 없는 지금, '지리'는 더욱 중요해졌습니다. 앞으로 지리는 시대의 흐름을 읽어 내어 보다 드라마틱한 변화를 끌어낼 수 있는 도구이자 철학으로 자리 잡게 될 것입니다. 여러분은 '변화를 일으키는 자'로 성장하려는 의지를 지리올림피아드 도전이라는 계기를 통하여 펼치려고 합니다. 여러분이 이 책을 들춰 봄으로써, 미지의 세계에서 정확한 길을 찾을 수 있는 나침반을 거머쥐기를 기대합니다. 앞으로 이 책을 잘 활용하여 여러분 각자에게 가장 어울리는 보석들을 찾아 나가기 바랍니다.

2016년 1월

최선을 다하는 지리 선생님 모임(최.지.선.) 드림

구성과 특징

1/ 핵심 출제 포인트

각 장별로 제시되는 핵심 개념들을 이해하기 쉽도록 정리하였습니다.

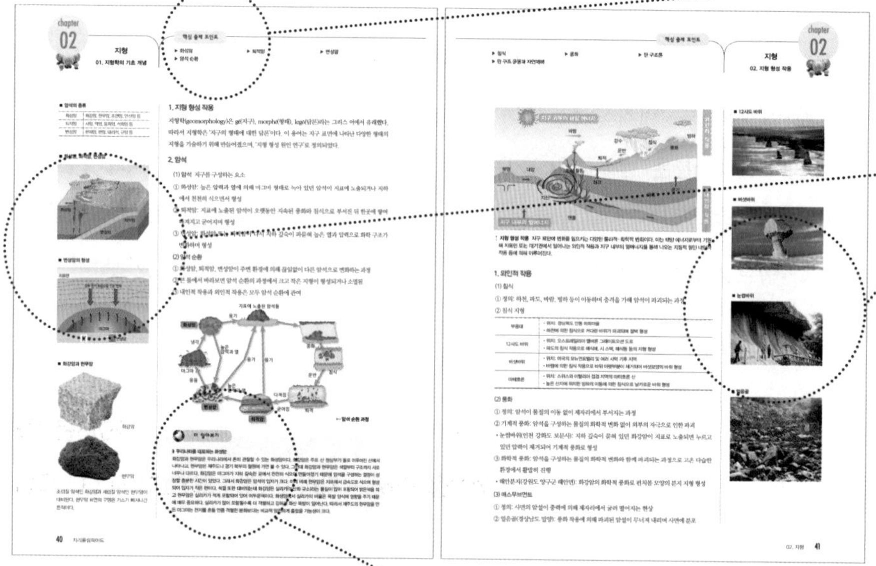

시험에 자주 활용되는 주제를 분석하여 제시하였습니다.

본문을 이해하는 데 필요한 자료와 개념 설명, 시험에 자주 출제되는 그림과 도표를 수록하였습니다.

교과서의 핵심 내용에 심층적으로 접근하여 수준을 높였습니다.

2/ 안목을 넓혀 주는 지리 상식

핵심 개념들과 연관되는 지리 상식을 총망라하여, 학습 증진은 물론 배경 지식을 넓힐 수 있도록 하였습니다.

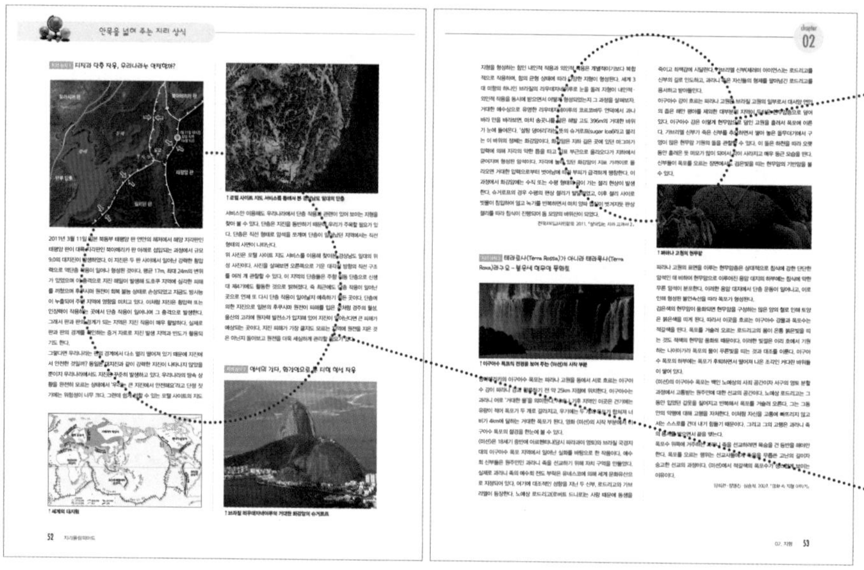

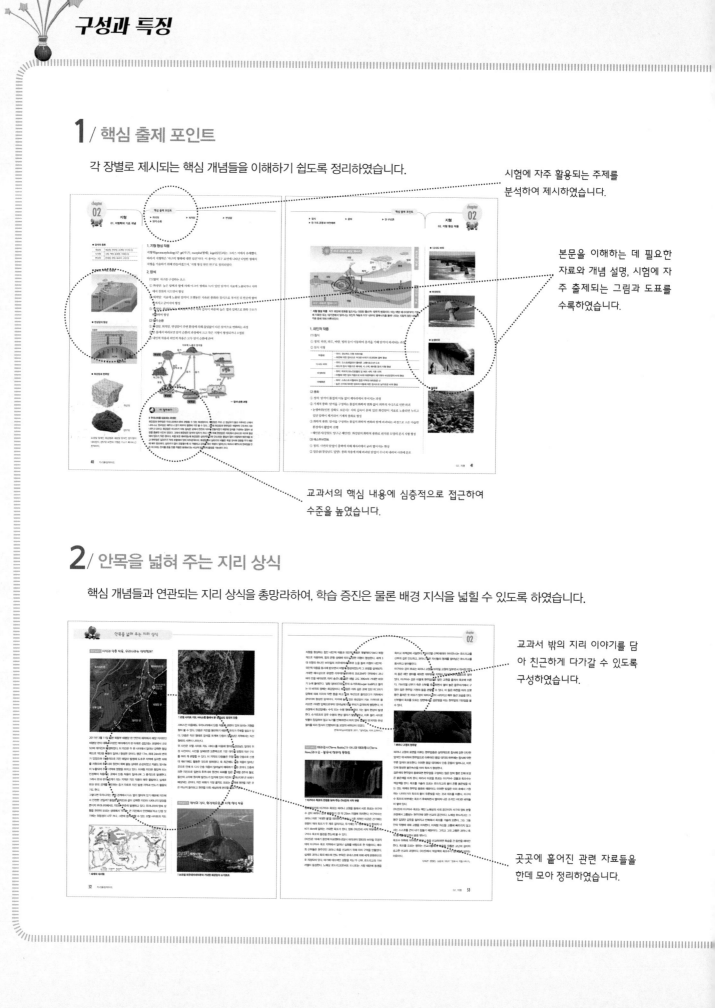

교과서 밖의 지리 이야기를 담아 친근하게 다가갈 수 있도록 구성하였습니다.

곳곳에 흩어진 관련 자료들을 한데 모아 정리하였습니다.

3/ 실전 대비 기출 문제 분석

지리올림피아드는 물론 수능과 각종 시험에 대비할 수 있도록 다양한 기출 문제를 실었습니다.

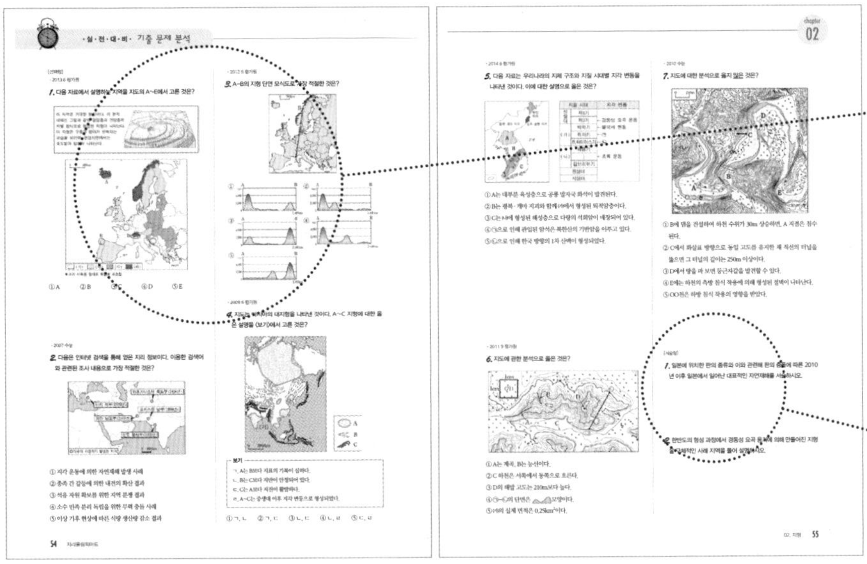

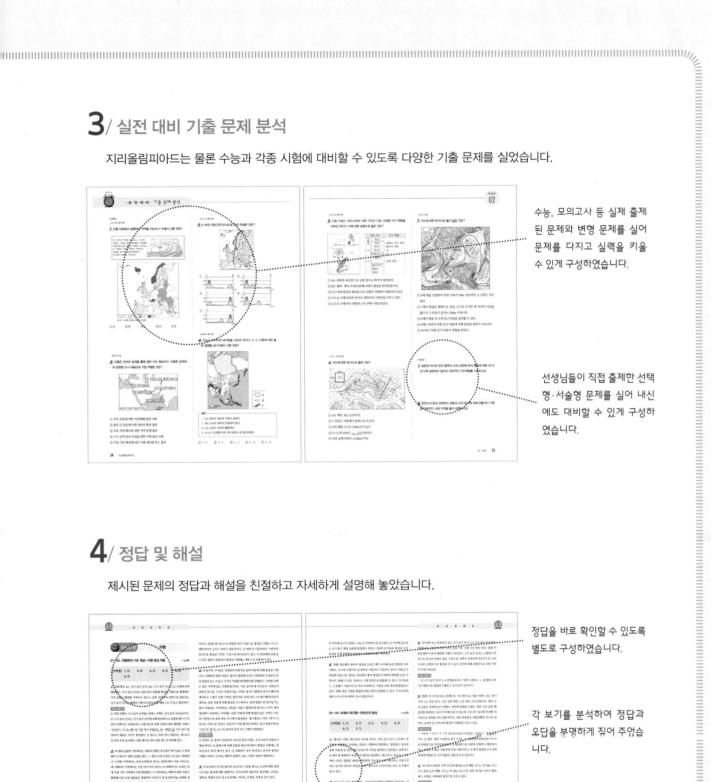

수능, 모의고사 등 실제 출제된 문제와 변형 문제를 실어 문제를 다지고 실력을 키울 수 있게 구성하였습니다.

선생님들이 직접 출제한 선택형·서술형 문제를 실어 내신에도 대비할 수 있게 구성하였습니다.

4/ 정답 및 해설

제시된 문제의 정답과 해설을 친절하고 자세하게 설명해 놓았습니다.

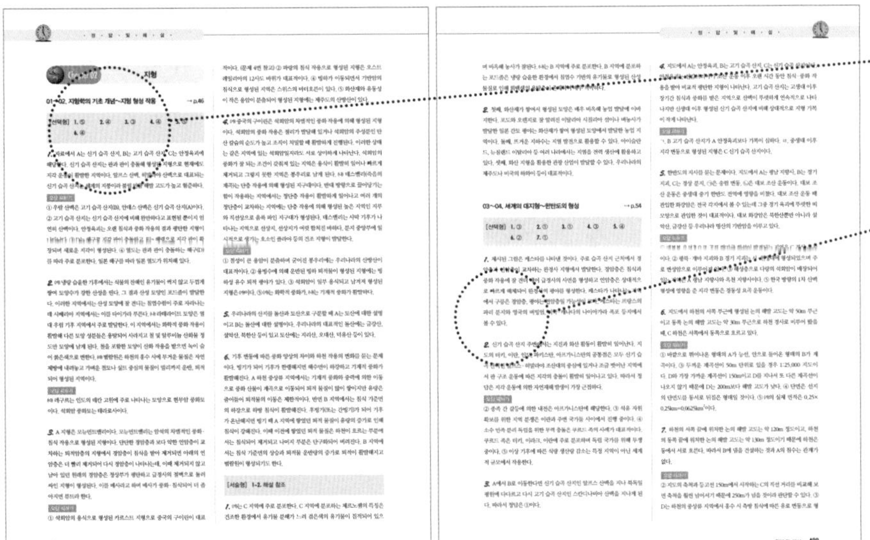

정답을 바로 확인할 수 있도록 별도로 구성하였습니다.

각 보기를 분석하여 정답과 오답을 분명하게 짚어 주었습니다.

차 례

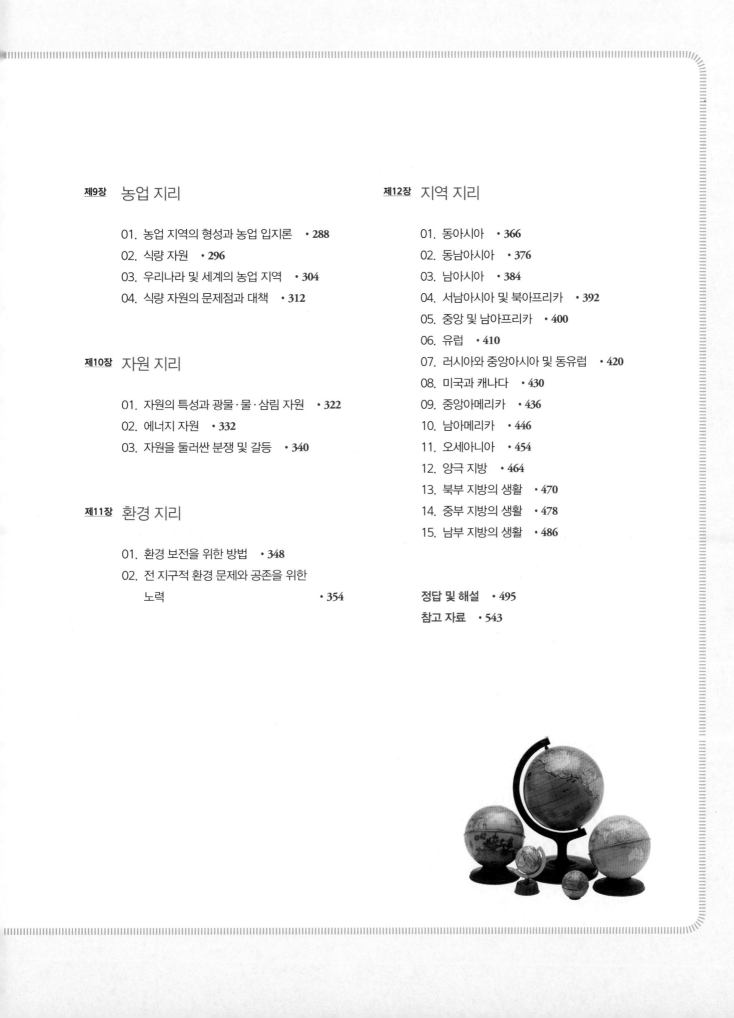

한 권으로 끝내는

지리 올림피아드

All about Geography-Olympiad

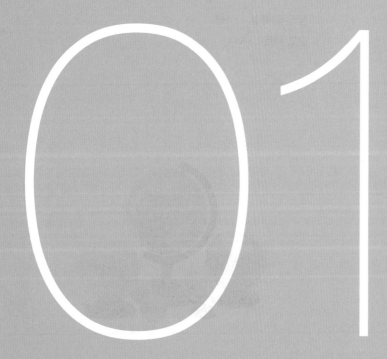

Chapter 01

제1장

지리학사 및 지리학

지리학사 및 지리학

01. 지리학사

핵심 출제 포인트

▶고대 그리스의 지리학 발달 ▶근대 이전과 이후의 지리관 ▶인간과 자연과의 관계

■ 지구의 둘레를 계측한 에라토스테네스

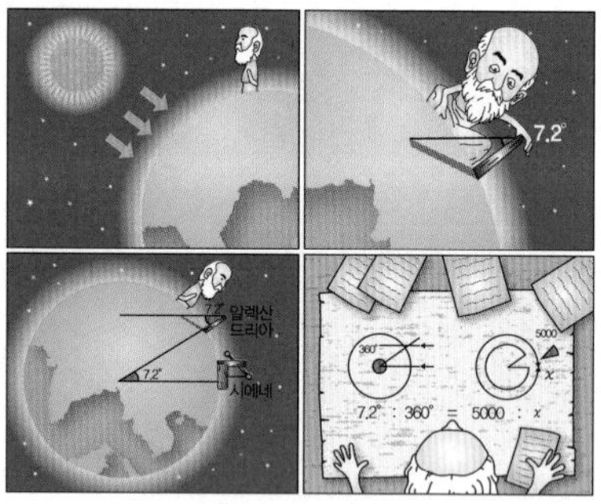

■ 프톨레마이오스의 세계 지도

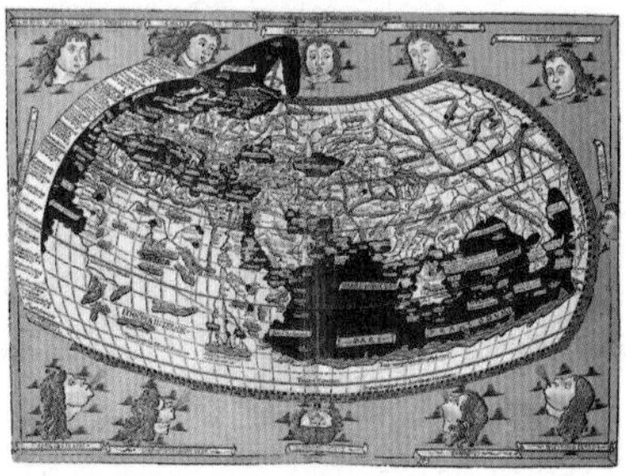

2세기경에 제작된 프톨레마이오스의 세계 지도는 당시에 제작된 다른 지도와는 차원이 다른 것이었다. 8,100개에 달하는 지점의 위치를 위도와 경도라는 평면 좌표로 기술한 실질적이고도 과학적인 지도였다.

■ 티오 지도 표현 범위

■ 이븐바투타의 여행기

이븐바투타(1304~1368)는 중세 아랍의 여행가, 탐험가이자 『이븐바투타 여행기』의 저자이다. 여행기에는 그가 살던 시기의 많은 이슬람 국가와 중국, 인도네시아의 수마트라에 이르는 광범위한 지역에 대한 여행 기록과 '메카(Mecca)'를 여행하는 방법이 수록되어 문화·인류학적 가치가 크다.

1. 고대와 중세의 지리학 전통

(1) 고대의 지리학 전통

① 지방지적 전통

- 고대 그리스로부터 시작된 정복 사업과 상업적 교역 확대 등으로 요구되는 타 지방에 대한 정보 수집에서 시작
- 호머(Homer)의 『일리아드』와 『오딧세이』, 헤로도투스(Herodotus)의 『역사』
- 특징: 고대 각 지방의 지리적 환경, 산물, 역사를 기술

② 수리 천문학적 전통

- 지구의 수리적 계측과 천문학에 대한 관심
- 에라토스테네스(Eratosthenes): 알렉산드리아에서 우물의 그림자를 활용하여 지구 둘레를 최초로 계측, 그의 저서인 『지리학(Geographica)』에 지구에 관한 다양한 수리적 계측과 천문에 대한 실험 결과물을 수록

더 알아보기

스트라본과 에라토스테네스의 고대 지리학 집대성

1. 스트라본(Strabon)
   - 헤로도토스에서 비롯된 지방지적 지리학 전통을 계승
   - 그의 저서인 『지리학(Geographica)』에서 로마 시대의 풍부한 지식을 백과 사전식 형태로 정리하여 세계 지리 발전에 기초적 역할을 수행
2. 프톨레마이오스(Ptolemaeos)
   - 에라토스테네스의 수리 천문학적 전통을 계승
   - 『지리학의 집성(Geographika Syntaxis)』: 지구의 지도화, 경위도 측정, 지도 투영법 등 기술

(2) 중세의 지리학 전통

① 티오(TO) 지도

- 중세 시대 기독교 사상은 지리학에도 간섭이 매우 심해 지리적 사실보다는 신학적 믿음을 나타낸 연구물을 중시

② 이븐바투타(Ibn Battūtah)

- 신 중심의 중세 암흑기 동안 유럽 지리학이 침체되었던 반면, 유럽의 고대 지리학적 성과들은 이슬람 세계로 계승되어 '이슬람의 지리학'으로 발전

2. 지리상의 발견 이후 지리학의 발전과 근대 지리학의 전개

(1) 지리학의 발전 바레니우스(Varenius)의 기여

① 수많은 탐험과 무역 활동으로 방대한 지식이 누적되어 자료들을 보다 체계적으로 조직, 기술, 설명할 필요성 증가

② 지리학을 점성술이나 천문학과 분리하여, 지표 상의 구체적이고 실질적인 '땅에 관한' 지리학으로 구체화

③ 지리학을 둘로 구분: 지구를 일반론적으로 고찰하는 일반 지리학과 개별 지역을 사례로 위치, 구역, 경계 등을 고찰하는 특수 지리학

(2) 과학으로서의 지리학 훔볼트(Humboldt)와 리터(Ritter)의 비교

① 훔볼트: 자연 지리학의 아버지

- 『코스모스(Cosmos)』를 통해 경험적 관찰과 비교를 통한 귀납적 방법론 추구
- 비교와 결합의 방법: 전 재산을 남미 답사에 투자하여 지역의 자연 현상을 총체적으로 탐구

② 리터: 인문 지리학의 아버지

- 지리학의 연구 대상은 '지표에서 관찰할 수 있는 모든 것'이며, 거주지로서의 지표에 관심
- 비교학적 방법에 기초한 과학적 방법을 활용, 현상들 간의 인과성에 관심을 가지고 탐구

(3) 찰스 다윈의 『종의 기원』이 지리학에 미친 영향

진화론	• 찰스 다윈 이후의 진화론적 사고: 모든 것은 고정불변한 것이 아니라 변화하며 발전 • 이후 지리학 연구는 주로 인간과 환경의 관계에서 자연 법칙을 찾는 데 관심
환경 결정론 "인간의 성취는 자연 조건 아래 적자 생존의 결과"	• 라첼(Ratzel) 『인류지리학』: 인류의 분포와 거주지에 관해 기술, 인간의 토지 의존성과 이주 과정, 자연환경이 사회 집단에 주는 영향 등을 연구하는 것을 지리학으로 정의 • 셈플(Semple): 라첼의 사상을 영어권에 소개, 인간의 심리, 자질, 종교 등을 기후나 지형 등의 자연 요소로 일반화 • 헌팅턴(Huntington) 『문명과 기후』: 열대 지방의 지속적인 고온은 고도의 문명 발달을 저해한다는 가설, 기후 변화에 따른 문명의 흥망성쇠를 일반화
가능론 "자연은 인간의 선택"	• 인간과 환경 사이의 관계에서 대응하고, 환경을 변화시키는 주체로서 인간의 중요성 강조 • 비달(Paul Vidal de la Blache): 가능론적 관점에서 열악한 환경을 극복하는 기술, 사회, 정치적 조직, 생활양식에 관심

■ 훔볼트의 『남미 답사기』에 실린 지도

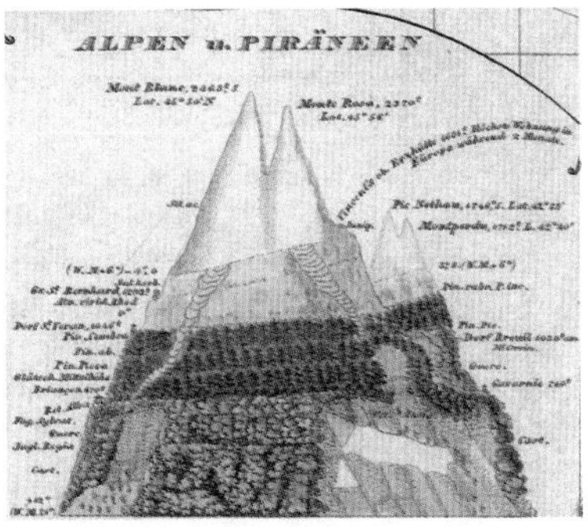

훔볼트가 남미 탐험 과정에서 남긴 기록과 다양한 동식물과 경관을 담은 스케치를 수록한 서적이다. 아마존 강의 상류, 안데스 산지, 멕시코 일대 등을 탐험하면서 기압계와 온도계를 이용하여 고도와 기온을 정확하게 측정하고, 각 지점의 경위도를 측정한 후 고도와 기온, 식생과 농업과의 관계에 대해 과학적으로 기술하였다. 훔볼트는 남미와 중앙아시아의 여행 경험을 바탕으로 1829년 빈 대학교에서 자연지리학을 가르치기도 하였다.

더 알아보기

찰스 다윈과 지형학

진화론으로 널리 알려진 다윈이 지리에서, 그것도 지형학과 어떤 관련이 있을까? 다윈은 비글(Beagle)호를 타고 전 세계를 답사하였는데 그때 그가 줄곧 품에 끼고 살았던 책이 훔볼트의 『남미 답사기』라고 한다. 다윈은 지금은 프랑스령인 폴리네시아 지역에서 환초를 발견하고 '이것이 어떻게 형성된 것일까?'를 고민하던 끝에 침강설을 제시하였다. 침강설에 따르면 산호초를 둘러싸고 있던 화산섬이 바다 아래로 가라앉으며 산호초만 덩그라니 남아 동그란 산호섬이 형성된다. '우리 눈에 보이는 산과 하천 등의 자연환경은 고정불변한 것이 아니라 변화하는 것이다.' 이것이 진화론의 핵심이다. 다윈 이전까지 신 중심의 사고가 강했기에 이 세상 모든 자연환경은 신이 창조한 것이었다. 신이 창조했기에 예로부터 지금까지 변함없이 그대로 있어야만 했다. 하지만 다윈의 진화론과 지리학적 침강설의 주장은 '우리가 보는 것이 큰 역사적 규모에서 보면 변할 수도 있구나' 하는 의구심을 불러 일으켰고, 결국 지형학과 같은 다양한 자연과학의 발전을 도왔다. 다윈의 '진화론'은 당시 유럽 사람들의 사고 체계를 뒤흔든 혁명적인 것이었다.

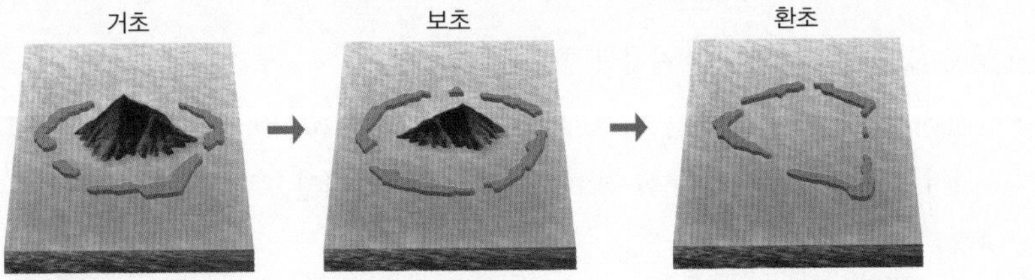

오랫동안 작은 섬 주변 해안에 산호가 쌓여 산호초를 이루고 있다.

지각 운동으로 섬이 수면 아래로 차츰 잠긴다.

산호는 계속 자라서 섬 주변에 고리 모양의 아름다운 새로운 섬을 형성한다.

■ 폴리네시아의 팡가타우파(fangataufa) 환초

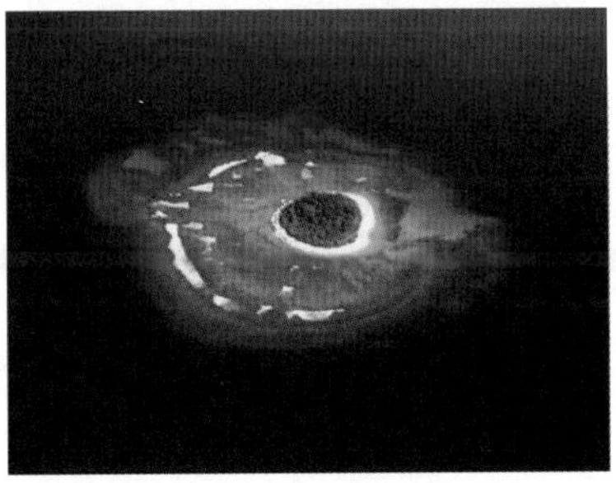

(4) '장소적 종합'과 '가시적 종합'의 대립 헤트너(Hettner)와 슐뤼터(Schlüter)의 비교

① 헤트너: 인간과 자연 사이의 관계로 파악될 수 있는 모든 것을 연구 대상으로 하는 지역 분석적 지리학을 강조

② 슐뤼터

- 헤트너의 지지도식을 반대하며 지표면의 가시적 현상에 의해 창출된 형태와 공간 구조를 지리학의 동일적 연구 주제로 고려해야 한다고 주장
- 경제, 인종, 사회, 심리적 상황 등의 비물질적 측면은 지리학의 연구 대상으로 보지 않음

■ 버제스의 동심원 이론

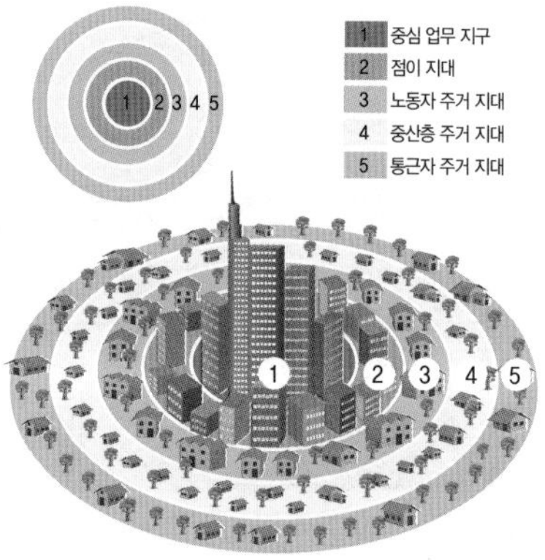

도시의 성장은 사회 계층의 공간적 분화 과정에 의하여 다섯 개의 동심원으로 이루어진다는 버지스의 이론이다. 각 지대의 거주자들이 보다 좋은 환경으로 이주하려는 경향 때문에 나타난다고 보고 있다.

■ 풍수지리 사상에서의 명당

풍수지리 사상에서 이상적인 장소는 사방이 산으로 둘러싸여 있고 앞쪽으로 들이 펼쳐져 있으며, 들 사이로 물이 감싸고 흐르는 곳이다. 이런 곳에 자리를 잡으면 땅의 좋은 기운을 받아 복을 얻을 수 있다고 보고 명당이라고 한다. 좋은 기운의 근원이 되는 산을 태조산(太祖山), 명당 뒤에 있는 산을 주인에 비유하여 주산(主山), 앞에 있는 산을 신하에 비유하여 조산(朝山)이라고 하며, 주산과 조산 사이에 있는 산을 주인과 신하가 마주 앉아 있을 때 가운데 놓인 책상 같다고 하여 안산(案山)이라고 한다. 주산을 등지고 왼쪽으로 뻗은 산줄기를 청룡(青龍), 오른쪽으로 뻗은 산줄기를 백호(白虎)라고 한다.

■ 신증동국여지승람

「신증동국여지승람」(1531)은 「동국여지승람」(1481)을 보강하여 다시 만든 책이다. 55권 25책으로 되어 있는 관찬 지리지로, 각 지역 행정 구역의 변천 과정을 밝히고 있다. 지역의 대표적인 성씨, 역사상 유명한 학자, 고승, 충신, 효자, 열녀 등 인문 환경 외에도 지역의 명산, 하천, 바다와 같은 자연환경에 대해서도 다루고 있다.

더 알아보기

칼 사우어의 문화 경관 연구

1940년 미국지리학회의 회장을 역임하였으며, 저술 활동과 제자 육성에 많은 노력을 기울여 사우어를 중심으로 한 일명 버클리 학파를 탄생시켰다.
독일인 부모로부터 태어난 그는 독일 전통의 영향이었던 형태학을 기초로 문화 경관을 이해하려 하였고, 그를 통해 인간과 자연의 상관관계를 설명하였다. 그는 자연환경이란 시간이 변화함에 따라 특정 문화를 지닌 인간이 매개체가 되어 인간에 의해 변화되며, 결국 인간에 의해 변화된 자연 경관은 문화 경관을 형성한다고 보았다. 이런 그의 학설은 문화 결정론이라는 용어로 인간과 자연의 관계를 설명하는 데 인용이 되고 있다.

3. 현대 지리학의 쟁점과 경향

(1) 전통 지리학에 대한 신지리학의 도전 하트숀(Hartshorne)과 셰퍼(Schaefer)의 비교

하트숀 지역 지리학	• 헤트너의 사상을 수정·계승하면서 지리학이란 인간의 세계로서의 지구 상의 장소와 장소에 따른 가변적 특성을 기술하고 해석하는 학문이라고 주장 • 예측이라는 중요한 요소를 가진 법칙 또는 모델을 구성하는 것에 반대
셰퍼 신지리학 (실증주의)	• 지리학은 모든 현상의 공간적 분포를 설명하고 예측할 수 있는 법칙을 만드는 데 초점을 둔 과학이어야 함을 주장 • 실증주의 지리학의 태동: 기술보다는 설명을, 개별적인 이해보다는 일반적인 법칙을, 해석보다는 예측을 추구

(2) 계량적 인문지리학의 등장 배경

헤거스트란트 (Hägerstrand)	• 농업 활동의 쇄신과 확산을 검토하며 도입된 수학적 모델을 활용해 공간적 확산 과정의 확률 모델을 개발 • 이론을 개발하고 이를 검증하는 것에서 나아가 경관의 조직과 변화에 대해 설명함으로써 지리학을 주류 과학에 편입시키고자 노력
시카고 학파	• 도시를 생태적 공동체로 간주하고 도시의 성장을 공간 상의 침입과 천이 과정으로 이해 • 버제스(Burgess)의 동심원 이론, 호이트(Hoyt)의 선형 이론, 해리스(Harris)·울만(Ullman)의 다핵심 이론으로 발전

(3) 신지리학의 한계와 보완의 노력

① 한계: 인간의 주관성과 자유 의지를 배제

② 노력

• 행태 지리학: 인간의 환경 지각과 행동에 대한 연구

• 시간 지리학: 시간과 공간을 인간 행동의 제약 요소로 고려하여 이동과 관련된 그 어떤 인간 행위도 시간과 공간을 통한 경로를 가로지르는 개개인 또는 그룹들로 나타낼 수 있음을 주장

(4) 새로운 도전

① 인간주의 지리학: 실증주의의 객관적인 '공간' 보다는 인간의 감성적, 미학적, 상징적 호소가 담겨 있는 '장소'를 강조

② 구조주의 지리학: 지역 문제를 이해하는 방법론으로서 노동의 공간적 분화, 세계 체제론, 마르크시즘에 기초한 정치 경제학적 관점을 차용

③ 포스트모더니즘 지리학: 하나의 이론보다는 다수의 국지적 상황마다 정당화되는 지식을 추구하여 '큰 이야기'가 아니라 여러 가지 다양한 '작은 이야기' 및 지역적 논증을 강조

4. 우리나라의 전통적인 국토관

(1) 대지모 사상과 풍수지리 사상

대지모 사상	• 땅을 만물이 생성되는 근원으로 여기는 우리 고유의 사고방식
풍수지리 사상	• 정의: 산의 모양, 기복, 바람, 물의 흐름 등으로 땅을 파악하여 좋은 터전을 찾자는 전통적인 입지론(대지모 사상과 중국의 음양오행설을 결합하여 발전) • 좋은 터전(명당): 배산임수의 지형, 남향, 산기슭에 입지한 경우 • 역사 속의 풍수사상: 고려의 개경 천도, 서경 천도 운동, 조선의 한양 천도 • 현대적 의의: 유기적 세계관, 자연과의 조화(생태론적 관점) • 비판: 국토의 적극적인 개발에 방해가 되며 풍수에 따라 개인과 국가의 흥망성쇠가 결정된다는 그릇된 운명론적 사고와 기복관(祈福觀)을 형성

(2) 우리나라 고문헌에 투영된 국토관

① 관찬 지리지

• 조선 초기에 국가 통치 자료를 파악하려고 국가에서 제작

–『세종실록지리지』(1454): 대내적(제반 문물 제도의 정비), 대외적(정치·군사·경제 자료)

–『동국여지승람』(1481): 통치 기반 확립, 유교 문화 정착, 관찬 지리지의 결정판

– 지역별로 정치·경제·인문·풍속 등의 각 분야를 백과사전식으로 나열

② 사찬 지리지

• 조선 후기 실학자를 중심으로 국토의 실체를 과학적으로 규명하고자 제작

•『택리지』(이중환), 『아방강역고』(정약용), 『산경표』(신경준), 『대동지지』(김정호), 『지봉유설』(이수광) 등

• 서양에 대한 인식 확대와 서양 지리 지식의 도입으로 새로운 세계관 추구

5. 국토 인식의 변화

(1) 조선 전기와 조선 후기 지리 사상의 변화

	조선 전기	조선 후기
주제	국가 통치, 유교 문화 창달	실사구시, 이용후생, 경세치용
내용	행정, 경제, 군사 문화	지구 과학, 계통 지리학
사상	성리학	실학
방법론	백과사전식	고증학적, 실학적
지도	혼일강리역대국도지도, 팔도지도, 동국지도, 조선방역지도 등	동국지도(정상기), 청구도(김정호), 대동여지도(김정호) 등
지리지	『세종실록지리지』, 『신증동국여지승람』	『택리지』(이중환), 『도로고』·『산수고』·『산경표』(신경준), 『아방강역고』(정약용), 『지구전요』(최한기) 등

(2) 조선 이후의 국토관

① 일제 강점기: 반도라는 지리적 특성에 의해 동아시아의 주변 세력으로서 항상 외부에 의해 영향을 받는다는 주장으로 식민지를 정당화하고, 한반도의 가치를 평가 절하

② 산업화 시대 가능론적 관점: 1960년대 경제 개발과 함께 국토를 적극적으로 개발, 생활 기반 시설을 조성하고 간선 교통망을 확충하는 등의 국토 잠재력 성장에 기여했으나, 자연환경 훼손과 국토의 불균형 발전과 같은 부작용 발생

③ 근대 이후 생태학적 관점: 자연과 인간과의 조화와 균형을 추구하는 생태학적 관점이 대두되었고, 지속 가능한 발전의 중요성 강조

■ 조선 전기와 조선 후기 지리서의 기술 방식

• 『신증동국여지승람』의 전라도 나주

- 풍속: 사람들이 순박하여 다른 생각이 없으며, 힘써 농사짓는 것을 업으로 한다. 음사(귀신에게 지내는 제사)를 숭상한다. 가게를 벌여 물건을 팔고 산다. 민속이 순박하다.
- 형승: 모든 산이 북으로 향하였다.
- 토산: 전복, 숭어, 은어, 오징어, 굴, 김, 황각, 비자, 표고, 감초, 미역, 사기그릇 등
- 성곽: 외성을 돌로 쌓았다. 주위가 3천1백26척이고, 높이가 9척이며, 안에 우물이 20개, 샘이 12개, 작은 시내가 하나 있다.
- 향교: 향교가 성의 서쪽에 있다.

• 『택리지』의 팔도총론 강원도 원주

영월의 서쪽에 있는 원주는 감사가 다스리던 곳이다. 서쪽으로 250리 거리에 한양이 있다. 동쪽은 고개와 산기슭으로 이어졌고, 서쪽은 지평현(지금의 양평군)에 인접해 있는데, 산골짜기 사이에 고원 분지가 열려서 맑고 깨끗하며 그리 험준하지는 않다. 영동과 경기 사이에 끼여 동해의 어염, 인삼, 관곽(시체를 넣는 속널과 겉널), 궁전의 재목 들이 모여들고 이것들을 운반하는 가운데 도회지가 형성되었다. 두메에 가깝기 때문에 난리가 나도 숨어 피하기 쉽고, 한양과 가까워 세상이 평안하면 벼슬길에 나아가기가 쉬워 한양의 사대부들이 이곳에 살기를 즐긴다.

■ 최초의 과학적 인문 지리서 택리지

이중환(1690~1756)이 저술한 우리나라의 지리지로 전국 8도의 지형, 풍토, 교통 등을 다루어 살기 좋은 곳을 제시하고 있다. 내용은 총론, 사민 총론, 팔도 총론, 복거 총론으로 구성되어 있는데 핵심은 팔도 총론과 복거 총론이다. 우리나라 최초의 과학적 지리지라는 점과, 국방 지리론 전개, 지역의 자연환경과 인문 환경 요소를 종합적으로 파악하였으며, 환경 결정론적 입장, 가능론적 입장, 생태학적 관점이 모두 나타나 있다는 점에서 의의가 있다. 그러나 비과학적 전설을 수록한 반면 전권에 한 장의 지도도 삽입되지 않은 점에서 한계가 있다.

• 팔도 총론

국도의 역사와 지리 및 팔도의 산맥과 물의 흐름 서술

- 지역과 관계있는 인물과 사건 설명(인문 지리적 성격)

• 복거 총론

- 사람이 살 만한 곳(가거지)의 조건, 특히 지역 간의 유통 관계 강조
- 가거지(可居地) 선택 기준: 지리(풍수지리상의 길지), 생리(비옥한 곳이나 물자 교류가 유리한 곳), 산수(빼어난 경관이 있는 곳), 인심(지역의 풍속이나 인심이 좋은 곳)

지리 상식 1 "지는 별과 뜨는 별" 지리학의 계량 혁명과 하트숀과 셰퍼의 예외주의 논쟁

셰퍼(Scheafer)가 1953년 미국의 지리학 논문집 『Annals of the Association of American Geographers』에 발표한 논문 "지리학에서의 예외주의(Exceptionalism in Geography)"가 미국에서 몰고 올 거대한 변화를 예측한 이는 아무도 없었다. 그리고 이 논문을 발표한 셰퍼는 논문이 발표되기 전 나치의 고문 후유증으로 인한 우울증과 신경 쇠약에 시달리다가 1953년 6월 6일 심장마비로 세상을 떠나게 되었다. 이 논문은 당시 지리학계의 최고 거장인 하트숀(Hartshorne)을 직접적으로 겨냥한 비판에서부터 시작된다. "더 최악인 것은 1939년 하트숀이 헤트너의 지리학을 계승한 이후로 13년 동안 어떠한 도전도 없었다는 것이다." 처음 들어본 이름의 지리학자가 쓴 이러한 논문을 읽은 하트숀의 반응이 어땠을지 짐작하는 것은 어렵지 않다.

지리학의 역사상 가장 유명한 논쟁으로 자리 잡고 있는 이 하트숀과 셰퍼의 예외주의 논쟁은 기존의 지리학이 가지고 있었던 기득권에 대한 셰퍼의 도전으로부터 시작된다고 볼 수 있다. 셰퍼의 질문은 간단했다. "지리학이 하나의 독립된 학문 분야로 존재할 수 있는가?"이다. 이론과 법칙이 존재하지 않는 오직 지역적 특수성만이 존재하는 학문이 미래에도 독립적으로 지속될 수 있는 학문이겠느냐고 묻는다.

셰퍼의 사후 한동안 하트숀은 흥분하며 셰퍼를 반박한다. 6년 동안 세 차례에 걸쳐 반박 글을 발표했다고 하니 그 분노가 어느 정도인지 짐작이 간다. 그러면 그들은 왜 그토록 강하게 서로를 비판하며 논쟁을 벌인 것일까?

지리학은 고대부터 미지의 세계에 대한 관심에서 시작되었다. 하트숀까지의 지리학은 어떻게 보면 세계 모든 지역의 정보를 수집하는 것이 주를 이루고 있었다. 여기에 대해서 셰퍼는 지리학에서도 일반화된 법칙을 추구해야 한다고 주장한다. 그러면서 하트숀이 이끄는 지리학을 "예외주의"라고 했다. 즉 지리학만이 다른 학문과 달리 지역의 독특한 특성을 강조하고 있다. 이는 다른 학문들이 법칙화를 통한 일반화를 추구하고 있으므로, 지리학만이 예외적이라는 비판이다. 그는 지역 지리 중심의 지리학에서 벗어나 다른 학문처럼 법칙을 추구할 수 있으며, 추구해야 한다고 주장하면서 공간 분포의 법칙을 제시하고, 일반화와 법칙을 추구해야 지리학이 학문으로서 인정받을 수 있다고 말한다. 지리학에서는 분포에 대한 법칙의 연구만이 일반화되어 정립될 수 있다고 주장했다.

1960년대를 강타했던 지리학의 계량 혁명(Quantitative Revolution)의 서막이 바로 그 셰퍼의 논문으로부터 시작된 것이다. 계량 혁명이란 지리학의 학문 연구들이 대부분 수학적인 방법을 사용하여 공간적인 분포의 법칙을 연구하고 일반화하려 했던 것을 가리키는 용어이다. 이때 대개 컴퓨터를 활용한 통계적으로 공간적인 분포를 연구하게 되었는데, 입지론의 대부분이 등장하게 되었다. 계량 혁명 이전에 이미 독일에서 등장했던 튀넨의 농업 입지론, 베버의 공업 입지론, 크리스탈러의 중심지 이론과, 계량 혁명 이후의 헤거스트란트의 시간 지리학, 그리고 라벤슈타인이 발표한 두 지점 간 이동에 대한 중력 모형 등이 이 시기 이후에 주목을 받은 입지론 들이다.

흥미로운 점은 셰퍼의 사후 하트숀은 CIA에 셰퍼를 공산주의자라고 밀고하고, 셰퍼의 의문사를 사주한 사람으로 알려져, 이를 해명하는 것으로 말년을 보냈다고 전해진다. 그때까지만 하더라도 지리학자가 국가의 정보 기관에 소속되어 지역 연구를 통해서 세계 다른 지역들의 정보를 수집하는 일을 많이 하였는데, 하트숀이 그 분야의 총책임자였기 때문에 그런 의심을 받게 된 것이었다.

↑ 하트숀의 『지리학의 본질』(1939)

셰퍼의 논문은 한동안 지리학자들에게 주목받지 못하다가, 훗날 이론 지리학의 연구물 시리즈를 출간하며 중요한 역할을 하게 되는 번지(Bunge)에 의해 인용되면서 세간의 주목을 받기 시작하고 1960년대를 휩쓰는 지리학의 최선봉에 서게 되었다. 이른바 하트숀은 지는 별이었던 것이고, 셰퍼는 뜨는 별이었던 것이다. 그러나 애석한 것은 셰퍼는 그것을 경험하지 못하고 일찍 세상을 떠나게 되었다는 것이다. 또 한 가지 아이러니한 것은 하트숀도 원래는 수학자였다가 지리학으로 전향을 하게 되었다는 점이다. 하트숀의 『지리학의 본질(Nature of Geography)』은 지금까지도 손에 꼽히는 지리학의 명저로 회자되고 있다.

지리 상식 2 호미곶의 유래

호미곶(虎尾串)의 옛 이름은 장기곶인데, 일제 강점기에 일본식 표현인 갑(岬)을 적용하여 장기갑으로 불리다가 1995년 다시 장기곶으로 복원되었고, 2001년 12월부터는 호미곶이 공식 명칭이 되었다. 장기에서 '기'는 말갈기라는 뜻으로, 우리 조상들은 이곳의 지형을 말갈기가 휘날리는 형상으로 보았던 모양이다. 그러나 일제가 한반도를 유약한 토끼 형상으로 비유하고 장기곶을 토끼 꼬리로 간주한 데 대한 반발로, 조선의 풍수지리학자 남사고가 『동해산수비록』에서 한반도는 호랑이가 앞발로 연해주를 할퀴는 모양으로 백두산은 코, 이곳은 꼬리에 해당한다고 묘사한 것에 착안하여 호미(虎尾)곶으로 개칭한 것이다.

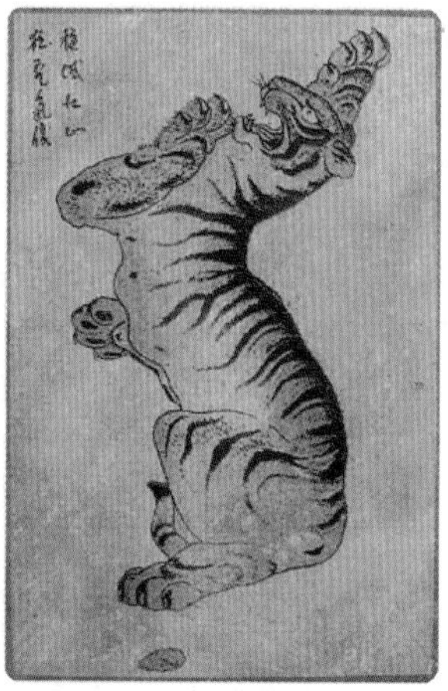

↑ 근역강산 맹호기상도

[선택형]

· 2014 9 평가원

1. (가), (나)의 내용이 담긴 지리지에 대한 옳은 설명을 〈보기〉에서 고른 것은?

(가) 이 고을은 한강 상류에 위치하여 물길로 왕래하는 데 편리하므로 한양의 사대부가 예부터 이곳에 많이 살았다. … (중략) … 두 고개의 길이 모두 이 고을로 이어지므로 물길 또는 육로로 한양과 통하게 된다. 그런 까닭에 이 고을이 경기와 영남으로 가는 요충지에 해당되어 유사시에는 반드시 격전지가 된다. (나) 〈연혁〉 본래 고구려의 국원성인데, … (중략) … 고려 태조 23년에 지금의 이름으로 불리게 되었다. 〈인구와 군정〉 호수는 1천 8백 71호요, 인구는 7천 4백 52명이다. … (중략) … 선군(船軍)은 4백 65명이다. 〈토양과 물산〉 땅이 기름지고 메마른 것이 반반이다. 간전(墾田)이 1만 9천 8백 93결이요. … (중략) … 토산은 모과·송이 등이다.

보기

ㄱ. (가)는 조선 전기에 저술되었다.
ㄴ. (나)는 백과사전식으로 기술되었다.
ㄷ. (가)는 (나)보다 주관적인 견해를 많이 담고 있다.
ㄹ. (가)는 (나)보다 국가 통치에 필요한 기초 자료를 많이 담고 있다.

① ㄱ, ㄴ ② ㄱ, ㄷ ③ ㄴ, ㄷ ④ ㄴ, ㄹ ⑤ ㄷ, ㄹ

2. (가), (나) 지리지와 관련된 설명으로 옳지 않은 것은?

(가)	[연혁] 본래 고구려의 국원성인데, 신라에서 빼앗아, 진흥왕이 소경을 설치하였고, 경덕왕이 중원경으로 고쳤다. 고려 태조(太祖) 23년에 지금의 이름으로 불리게 되었다. [인구와 군정] 호수는 1천 8백 71호요, 인구는 7천 4백 52명이다. 군정은 시위군(侍衛軍)이 4백 40명이요, 선군(船軍)이 4백 65명이다. [토양과 물산] 땅이 기름지고 메마른 것이 반반이다. 간전(墾田)이 1만 9천 8백 93결이요. 토의(土宜)는 오곡·팥·대추·뽕나무·참깨요, 토산(土産)은 모과·신감초·송이 등이다.
(나)	이곳은 청주에서 동북쪽으로 백여 리, 한양에서 동남쪽으로 삼백 리 거리에 위치한다. 이 읍은 한강 상류이어서 물길로 왕래하기가 편리하므로 예부터 경성 사대부가 살 곳을 정한 곳이 많다. 경상도에서는 서울로 가는 길이, 좌도(左道)에서는 죽령을 지나서 이 읍에 통하고, 우도(右道)에서는 조령을 지나 이 읍과 통한다. 두 영의 길이 모두 이 읍에 모여서, 물길 또는 육로로 한양과 통한다. 읍이 경기도와 영남과 왕래하는 길의 요충에 해당하므로 유사시에는 반드시 서로 점령하려는 곳이 될 것이다.

① (가)는 국가가 주도하여 제작한 관찬 지리지이다.
② (나)는 주로 성리학의 영향을 받아 제작되었다.
③ (가)는 (나)보다 제작된 시기가 이르다.
④ (가)는 (나)보다 국가 통치의 기초 자료로 활용하기에 유리하다.
⑤ (나)는 (가)보다 개인의 지리적 견해가 많이 담겨 있다.

[서술형]

1. 인간과 자연과의 관계를 설명하는 지리학의 여러 입장 중에서 문항에서 설명하는 것을 다음에서 찾아서 쓰시오.

환경 결정론, 가능론, 문화 결정론, 생태학

(1) 인간의 성취는 주어진 여러 자연 조건하에서 적자생존의 결과이다.

(2) 시간이 변화함에 따라 특정 문화를 지닌 인간이 매개체가 되어 자연환경이 변화되며, 결국 인간에 의해 변화된 자연 경관은 문화 경관을 형성한다.

(3) 인간의 심리, 자질, 종교 등을 기후나 지형 등의 자연 요소로서 일반화한다.

(4) 열악한 환경을 극복하는 기술, 사회, 정치적 조직, 생활 양식에 관심이 있다.

chapter 01

지리학사 및 지리학

02. 고지도와 세계관

핵심 출제 포인트

- ▶시대별 지도의 특징
- ▶근대 이전과 이후의 지도 차이
- ▶고대 지도에 담긴 세계관
- ▶지도에 포함된 지역의 범위
- ▶동양과 서양의 고지도 차이
- ▶우리나라 지도의 발달

■ 바빌로니아 점토판 지도

■ 이집트 파피루스 지도

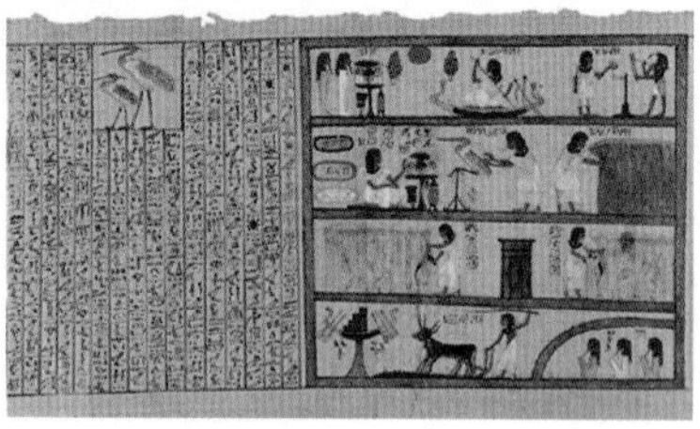

■ 베돌리나 암각화

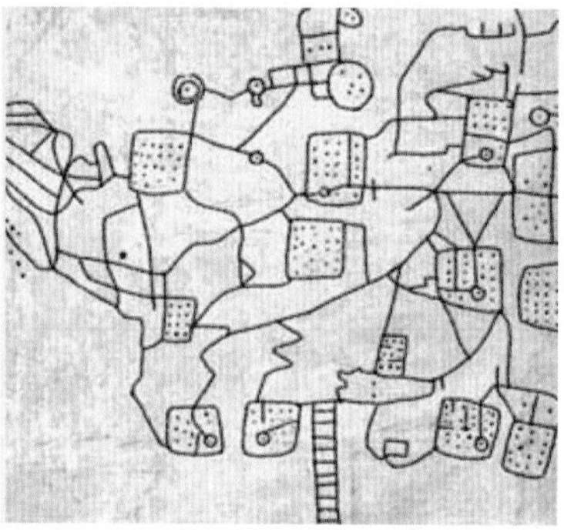

1. 고대의 지도

(1) 농경 사회의 출현과 지도의 탄생

① 고대 사회 지도의 의미: 힘과 권위, 농경지와 수로를 차지하고 관리하는 수단

② 수로와 농지의 표현: 강력한 중앙 집권 체제를 상징

• 예: 바빌로니아의 점토판 지도, 이집트의 파피루스 지도

③ 베돌리나 암각화

• 이탈리아 발카모니카 바위 지도의 일부로 농토와 촌락 등의 위치를 표현

• 전형적인 농경 사회의 모습을 나타내며, 신에게 풍요로움을 구하는 주술적 의미 포함

④ 바빌로니아 점토판 지도

• 메소포타미아 인들은 점토판 위에 강, 농경지, 취락 등을 표시한 지도를 그림

• 바빌론을 세계의 중심으로 표현한 지도로, 세계에 현존하는 지도 중 가장 오래된 지도

(2) 고대 그리스 로마 시기의 지도

① 그리스 시기 지적 발전과 지도 제작의 토대

• 지적 창의력의 폭발적인 발전

• 피타고라스: 지구가 구형이라는 것을 상상

• 아리스타르코스: 천문학자, 최초로 지동설을 주장

• 에라토스테네스: 지구의 크기를 최초로 측정

• 프톨레마이오스: 유클리드 기하학을 지도 제작에 활용

② 지리적 인식의 범위

• 아프리카 북부, 유럽 남부, 서남아시아의 일부만을 세계의 전부로 인식

• 로마 시대 영토의 확장과 더불어 인식의 범위 확장

더 알아보기

◗ 프톨레마이오스 세계 지도

고대 그리스와 로마 시대를 대표하는 세계 지도이며, 직접 고안한 원추도법에 따라 경도와 위도를 설정하였다. 지구가 구체인 것을 표현하기 위해 경선과 위선을 모두 곡선으로 표시하였고, 이는 훗날 콜럼버스가 서쪽으로 항해하게 된 배경으로 언급되기도 한다.

지중해와 인도양을 표현하였고, 로마의 영토 확장과 바닷길 개척으로 인해서 최초로 중국이 표현되었다. 또한 나일 강의 발원지인 '달의 산'과 나일 강 원류를 상세하게 표현하였다.

프톨레마이오스의 지도는 당시 인식의 범위 내 지역에 대해서는 매우 정확히 표현되었는데, 현재 전해져오는 것은 여러 차례 지도의 전사(똑같이 그리기)가 반복된 것으로 원본은 훨씬 정확할 것으로 추정된다. 이드리시의 세계 지도와 헤리퍼드의 마파문디에 영향을 주었고, 이후 우리나라 혼일강리역대국도에도 같은 모양으로 표현되었다.

2. 중세의 지도

(1) 유럽의 지도

마파문디 (mappa mundi)	삼분할	• 'T in O map'이라고도 불림 • 가운데에 예루살렘, 위쪽에 아시아, 서쪽에 유럽, 동쪽에 아프리카를 배치하여 하느님이 노아의 세 아들(셈, 함, 야벳)에게 세상을 나누어 준 것을 상징
	지역 분할	• 원형으로 그려진 세계를 기후에 따라 5~7개의 구역으로 나눔 • 주제별 지도의 초기 형태로 인식 • 마크로뷔우스(Macrobius)의 지도들
	전이	• 14세기 당대가 확보한 비교적 정확한 정보를 반영한 지도 등장 • 중세에서 르네상스로 넘어가는 전환점이 된 지도라 하여 전이형으로 분류 • 프라 마우로(Fra Mauro)의 세계 지도
	헤리퍼드 마파문디	• 한 장의 송아지 가죽에 그린 대형 티오 지도 • 가장 꼭대기에 그리스도의 그림을 그려 신의 영역 안에 살고 있는 인간 상징 • 구원받을 사람과 심판받을 사람, 천사, 지상 낙원의 모습 표현
포르톨라노 해도 (portolan chart)		• 유래: 12세기에 만들어진 초기의 해양 지도들로 항해 일지, 또는 항구를 의미하는 'portolano' • 방위: 나침반 사용(이 시기부터 지도의 위쪽이 북쪽), 나침반을 기준으로 하는 기준점들로부터 뻗어 나온 선으로 위치 표현 • 한계 – 당시 활동 범위가 흑해와 지중해로 제한되어 큰 문제가 되지는 않았으나, 지구를 구형으로 고려하지 않아서 많은 오류 존재 – 위도가 높은 곳으로 항해할 때는 여러 개의 지도가 담긴 지도첩을 이용

삼분할 지도

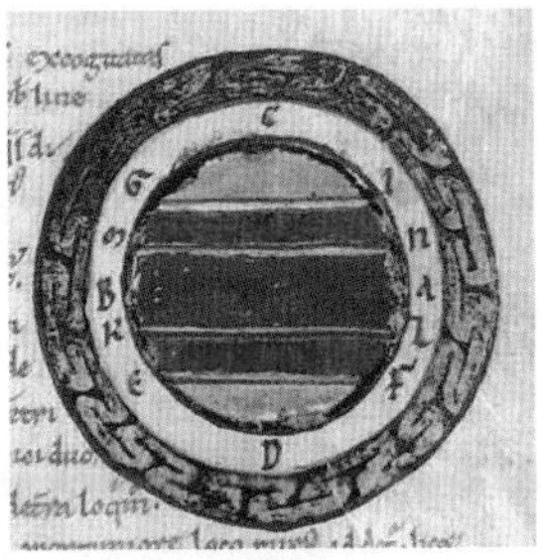
지역 분할 지도

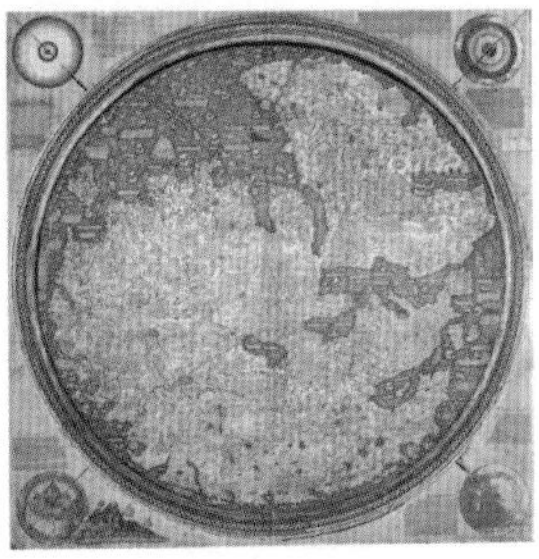
프라 마우로 마파문디

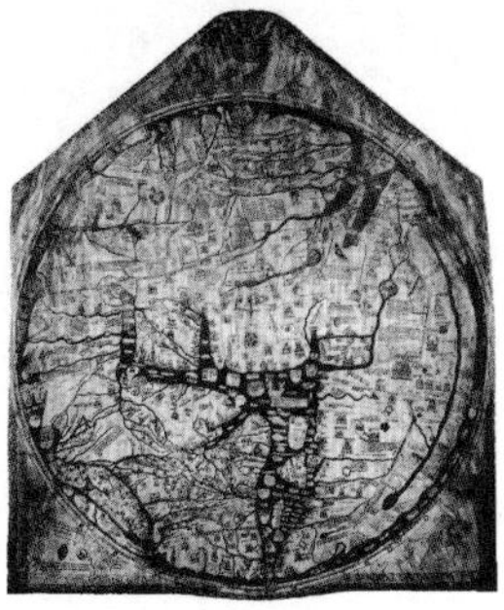
헤리퍼드 마파문디

(2) 이슬람의 지도

이슬람 세계 지도	• 남쪽 방위의 사용: 메카를 지도의 위쪽에 위치시키기 위한 표현법, 초기 이슬람 세계 지도의 방위 표현 방식 • 항해용 지도로 세계 전반에 대한 묘사 • 세계의 중심은 오늘날의 중동 지방 • 프톨레마이오스의 전통을 강하게 반영 • 대부분 경도와 위도의 격자 구조 활용: 이드리시, 바타니 • 한계: 상징을 금하기 때문에 무미건조한 구조
이드리시 지도	• 프톨레마이오스의 세계관 기반, 남쪽 방위 사용 • 유럽, 아시아를 정확히 표현, '신라' 등장 • 나일 강을 표현 • 지중해와 인도양이 나뉘어 표현

■ **방위의 기원**

중세 시대의 지도들은 대부분 동쪽을 위로 표현하였다. 초기에는 지도의 방위를 잡는다는 것이 동쪽을 위로 두는 것을 의미했기 때문이다. 이때 동쪽을 가리키는 'orient'가 방위를 뜻하는 'orientation'의 기원이 된 것으로 알려져 있다.

■ **이슬람 세계 지도**

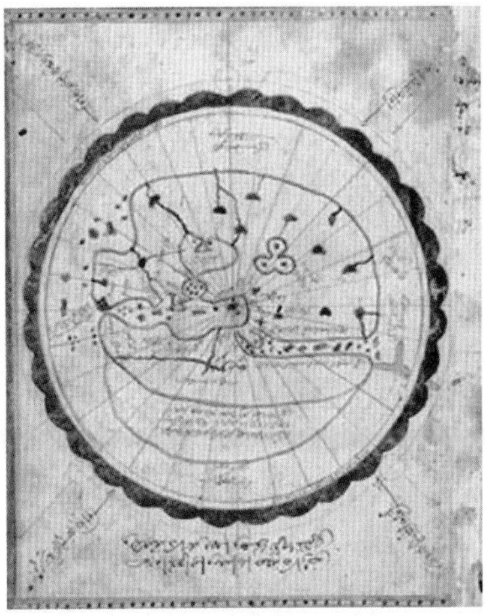

■ **이드리시 세계 지도**

■ **이드리시의 신라**

이드리시는 『천애 횡단 갈망자의 산책(Nuzhatu 'l Mushtaq fi Ikhtiraqi'l Afaq · 일명 로제타의 書)』에서 "신라를 방문한 여행자는 나올 생각을 하지 않는다. 금이 너무 흔하다. 심지어 개의 사슬이나 원숭이의 목테도 금으로 만든다."라고 전했다.

■ 메르카토르의 아틀라스

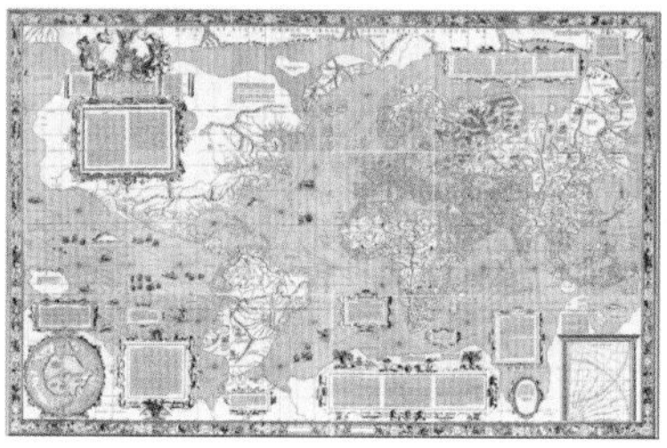

■ 오르텔리우스의 세계 지도

■ 플란시위스의 세계 지도

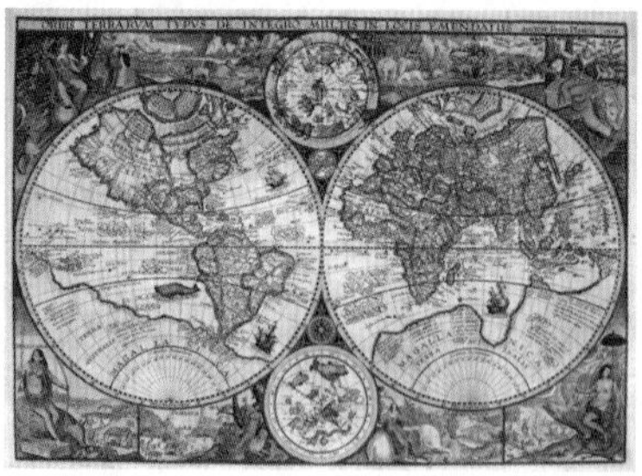

■ 혼디위스의 세계 지도

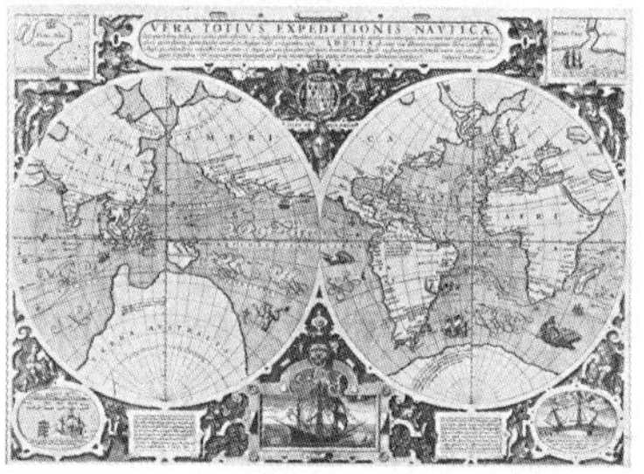

■ 혼일강리역대국도지도

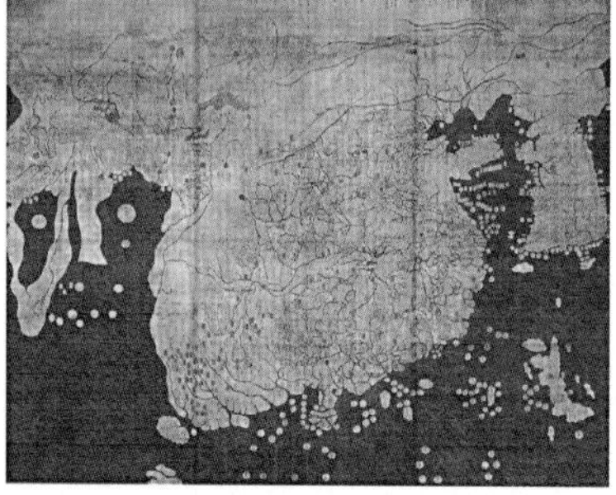

3. 르네상스 시대의 지도

메르카토르의 아틀라스	• 최초로 지도 모음집을 아틀라스라 명명 • 1537년 동판으로 제작한 성지 지도를 최초로 제작 • 1569년 메르카토르 투영법으로 새로운 지도 제작 • 1595년도 아틀라스의 표지에 아틀라스 신이 지구를 두 손으로 떠받들고 있는 그림을 표현 • 최초의 양반구 세계 지도 등장으로 항해에 매우 유용
오르텔리우스의 세계 지도(1569)	• 벨기에 지도 채색가(기존의 지도에 색을 입혀 지도 가격을 높이는 데 일조하는 직업) 오르텔리우스가 당대 최고의 지도들만 모아서 하나의 지도책으로 완성 • 르네상스 최대의 성과: 지금까지도 2,000여 개가 남아 있을 정도로 당시 많은 판매량 기록 • 지도학적 기법을 통해 세계가 정리된 최초의 진정한 세계 지도 • 경도와 위도는 등장하지 않으며, 구획 정리를 위한 격자 체계가 있음
플란시위스 세계 지도(1594)	• 네덜란드 지도학자 플란시위스가 제작한 지도 • 섬으로 나타내기는 했으나, 최초로 한반도를 표현한 지도 • 이후 마테오리치에 의해 반도국으로 재조정
혼디위스	• 1604년경 메르카토르의 세계 지도를 구입하게 된 혼디위스는 런던에서 암스테르담으로 넘어가 추가로 발견된 사실들을 지도에 추가로 기록하여 새로운 아틀라스를 제작

더 알아보기

◗ 서양 지도 제작술의 전파, 중국의 곤여만국전도(1602)

예수회 선교사 마테오 리치의 출현은 중국의 지도 발전에 매우 큰 영향을 주었다. 중화사상을 기반으로 세계를 바라보던 기존의 세계관을 바꿔놓았다. 곤여만국전도는 마테오 리치가 1602년 북경에서 제작한 세계 지도로, 경위선이 그려져 있으며, 신대륙인 오스트레일리아가 남극과 분리되지 않은 채로, 그리고 남북 아메리카가 상당히 부정확하게 표현되어 있었다. 8폭의 병풍으로 되어 있으며, 가운데 6폭은 오르텔리우스의 지도를 상당 부분 차용하여 제작하였다.

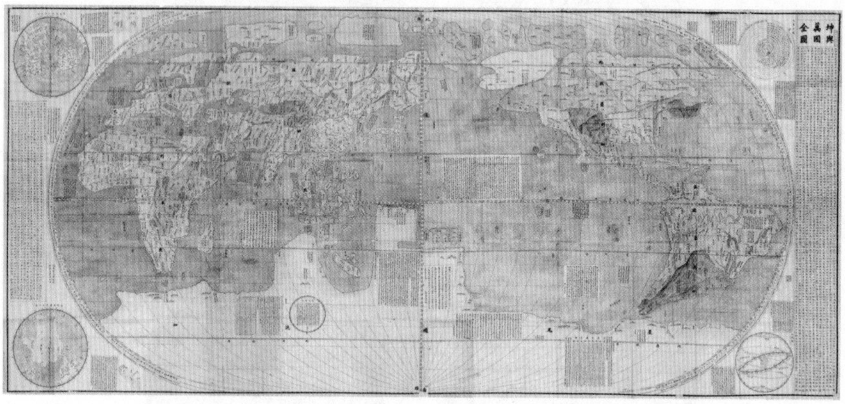

4. 우리나라의 지도

(1) 혼일강리역대국도지도(1402)

① 중화사상: 가운데 중국을 과장되게 표현(중국과의 거리는 가깝고 일본과의 거리는 멀다)

② 중국의 오른편에는 조선과 일본, 왼편에는 아프리카와 유럽을 표현

③ 중국과 조선은 매우 정확히 표현, 황허 강과 만리장성도 뚜렷이 표현

④ 일본은 방위는 잘못 나타냈으나 혼슈와 규슈의 형태를 비교적 정확히 표현

⑤ 조선은 매우 크게 표현된 반면 아프리카와 아라비아 반도는 매우 작게 표현

⑥ 북쪽으로 흐르는 나일 강이 있으며, 지중해가 강으로 표현

(2) 천하도(16~17세기)

① 특징: 조선 후기에 유행한 형태의 세계 지도

• 세계를 원형으로 표현하였고 중국이 그 중심에 내해로 둘러싸여 있음
• 중국과 일본에서는 발견되지 않고 우리나라에서만 발견
② 세계관: 실제의 세계(중국, 우리나라 및 일본)와 상상의 세계가 지도 속에 공존(환대륙 – 삼수국, 모민국, 광야산 등), 산해경 표현(도교 사상 반영)

(3) 대동여지도(1861)

① 조선 초기부터 발달해 온 팔도지도와 같은 지도들을 김정호가 하나로 모아 집대성
② 방안 지도와 백리척 기술로 인해 정확한 지도를 제작
③ 분철 접철식 목판본: 남북을 120리 간격으로 22단, 동서를 80리 간격으로 구분하여 1절로 지정, 1절을 병풍처럼 접고 펼 수 있도록 제작(1절이 가로 20cm 세로 30cm 정도, 모든 단을 연결하면 세로 6.7m 가로 3.3m의 대형 지도) 축척은 대략 1:216,000 정도
④ 범례의 사용: 지도표에 14개 항목, 22개의 기호 표시
⑤ 산자 분수령과 풍수지리적 관점
• 산자 분수령의 원리에 따라 산과 강이 서로 어긋나지 않게 함
• 하천: 가항 하천은 쌍선으로 불가항 하천은 단선으로 표현
• 풍수지리적 사상에 따라 산은 연결된 선으로, 산의 크기는 선의 굵기를 이용하여 표현
⑥ 도로와 행정 경계: 도로는 모두 같은 굵기의 직선(하천과 구분)으로 10리마다 방점을 찍어 거리를 나타냈고, 행정의 경계는 점선으로 나타냈는데, 오늘날처럼 강의 가운데를 나누는 방식이 아닌 강 옆에 있는 산의 능선에 표시하여 강과 산의 소속을 분명히 함
⑦ 오류: 도서 지역에서 심한 왜곡

(4) 대동여지도 이전 조선의 지도들

동람도 (1531, 추정)	• 신증동국여지승람에 부도(附圖)로 실린 지도 • 목판으로 제작된 지도로는 가장 오래된 지도 • 남북보다 동서가 길게 표현되어 왜곡이 심하며, 윤곽보다 목판에 맞도록 제작 • 표준 지도 역할
동국여지지도(1710, 추정)	• 윤두서가 제작하여 정상기의 동국지도가 나올 때까지 표준 지도의 역할
정상기의 동국지도 (1755~1757, 추정)	• 당시 가장 큰 축척의 지도 • 최초로 축척이 표시된 지도: 백리척을 사용하여 산지와 평지의 축척을 달리하여 산지(산줄기 표현)와 지도의 윤곽을 정확하게 표현 • 선표도로 방안 좌표를 도입 • 산맥, 도로, 하천, 경계 등의 채색을 달리하여 표현 • 조선 후기 대축척 지도의 발달에 많은 영향을 끼쳤으며 당시 가장 정확한 표준 지도로 동국대지도에 영향

더 알아보기

▶ 우리 조상의 독창적이고 주체적인 세계관, 혼일강리역대국도지도(1402)

1402년에 김사형, 이무, 이회가 제작한 지도로, 현재 우리나라에는 남아 있는 것이 없고, 일본 류코쿠 대학 소장본을 비롯하여 유사한 지도가 3본 남아 있다. 제작 목적은 조선 초기 수도 이전과 행정 구역의 개편, 압록강 두만강 유역의 영토 회복 그리고 주민의 이주 등 일련의 국가적 사업을 추진함에 따라 조선 왕조는 각 지역에 대한 정확한 지리 정보가 필요했던 데 있다. 조선 초기부터 지도와 지리지 편찬이 활발하게 진행되어 조선 왕조의 국가적 권위와 왕권의 확립에 큰 도움을 주었다. 유럽 중심의 세계관이 들어오기 이전에 그려진 세계 지도로 우리 조상의 독창적이고 주체적인 세계관이 잘 드러나 있다. 중국을 세상의 중심에 두고 있지만, 한반도를 실제보다 크게 그리고 일본은 작게 그렸으며 유럽, 인도, 서남아시아, 아프리카 등 다른 지역을 조선의 입장에서 해석하여 그렸다.

■ 천하도

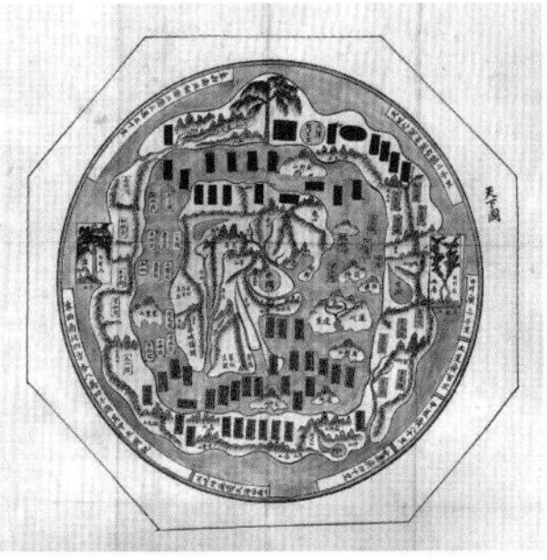

■ 청구도

1834년 김정호가 대동여지도 제작 이전에 최초로 만든 조선의 지도집이다. 2책으로 묶어 18세기 후반의 거리와 방향, 위치의 정확성을 추구했던 대축척 군현 지도의 성과를 편리하게 볼 수 있는 형태로 편집하여, 일반적으로 이용되는 정보를 효과적으로 수록한 지도책이라고 할 수 있다

■ 방안 지도

일정한 거리와 방안 좌표를 만들어 지도의 모든 부분이 같은 비율로 표현되도록 한 방식의 지도이다. 땅을 평면으로 인식하였기 때문에 경위도와는 개념이 다르다.

■ 백리척

정상기가 최초로 고안한 개념으로, 백리를 1척으로 나타낸 것이다. 약 1300:1의 축척이다.

■ 두 개의 동국지도

우리 역사의 동국지도는 정척, 양성지가 1463년(세조 9년)에 제작한 지도와 정상기가 1757년경(추정)에 제작한 지도가 있다. 정척, 양성지의 동국지도는 세조의 명을 받아 각 수령에게 그 지방의 위치, 산맥의 방향, 인접된 군과의 접경을 자세히 그리게 하여 제작했다. 또한 기리고거라는 측량기구를 사용하였고 천문 관측으로 한반도의 길이를 알아냈다. 이 지도는 조선 전기의 대표적이면서 과학적인 지도라고 할 수 있다.

■ 동람도의 팔도총도

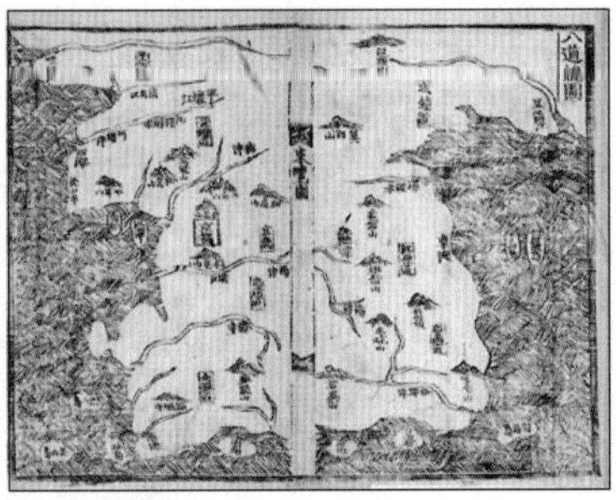

신증동국여지승람에는 동람도가 부록으로 실려 있다. 이 동람도는 우리나라에서 인쇄본으로 간행한 가장 오래된 조선 전도이자 가장 오래된 독도가 표기된 지도이다. 이 지도에서 독도(우산도)가 울릉도의 안쪽에 그려져 있다.

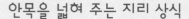

지리 상식 1 잊혀졌던 '달의 산' 조선에서 되살아나다

『혼일강리역대국도지도』는 1402년에 제작된 동양 최초의 세계 지도로, 이미 아프리카와 유럽의 존재에 대해 많은 정보를 가지고 있었음을 보여준다. 특히 이 지도는 아프리카 대륙이 온전하게 그려진 최초의 지도이며, 이것은 유럽 인들이 희망봉을 발견하여 아프리카 대륙을 지도에 그려 넣을 수 있게 된 시점보다 100년이나 앞선다.

『혼일강리역대국도지도』에 그려진 아프리카 대륙은 조선이 중국의 전통 지도를 입수해서 그린 것이 아니었는데, 어디에서 아프리카에 관한 정보를 얻었을까?

지도에 그려진 아프리카의 중앙에는 커다란 호수가 있고 그 옆으로 길게 나일 강이 흐르고 있다. 학자들은 이 부분이 우기에 범람한 니제르 강이 사하라 남부 지방을 잠기게 한다는 소문을 표현한 것이라고 추측한다. 나일 강은 청나일 강과 백나일 강의 두 물줄기가 합쳐져 흐르는데 바로 이 나일 강 일대에 『혼일강리역대국도지도』의 탄생 비밀이 숨어 있다. 지도 속 나일 강 일대를 자세히 살펴보면, 나일 강의 두 물줄기가 시작되는 곳에 산이 그려져 있다. 나일 강의 발원지를 나타내는 산이다.

『혼일강리역대국도지도』에 표현된 나일 강 발원지의 기원은 프톨레마이오스가 쓴 지리학 안내에 포함된 26장의 지도이다. 여기서 아프리카를 보면 두 개의 나일 강이 선명하게 그려져 있고, 나일 강이 발원하는 곳에 달의 산(lune monf)이라고 쓰여 있는데, 달의 산은 라틴 어로 고대 그리스 인이 나일 강의 발원지라고 생각했던 루웬조리(Ruwenzori) 산인 것으로 알려진다. 우간다의 주민들이 달의 산이라고 불렀던 이 루웬조리 산의 존재와 그곳이 나일 강의 발원이었다는 사실을 고대 그리스 인들이 알고 있었던 것은 그들의 활발한 무역 활동 때문이다.

『혼일강리역대국도지도』는 몽골이 조선을 지배하던 시기 몽골로부터 전해진 지도를 통해 그려진 것으로 알려졌다. 몽골이 중국을 점령하던 시기 운하를 건설하고 베이징으로 수도를 이전하면서 바닷길을 중요하게 생각하였고, 이 길을 통해 인도양을 지배하고자 하였다. 하지만 이미 아랍 인들은 이곳의 바다를 점령하고 있었다. 유향의 거래를 통해 중국에 드나들던 아랍의 지도가 베이징을 통해 몽골로 전해지게 되었던 것이다. 따라서 혼일강리역대국도지도에는 이러한 아랍 항해가들의 지도를 참고로 하여 매우 정교한 해안선이 표현될 수 있었던 것이다.

아랍 인들이 일찍부터 넓은 인도양을 건너 다녔다는 것은 석가탑에서 발견된 아랍산 유향을 통해서도 알 수 있다. 아랍 인들이 이렇듯 활발한 해상 무역을 할 수 있었던 배경에는 이슬람 인들의 지리학에 대한 관심이 있었다. 이슬람 왕실은 세계로 나아갈 수 있는 세계 지도를 얻고자 했었는데, 당시 가장 뛰어난 지리학자로 알려진 이드리시(1100~1166)는 1154년, 15년의 작업 끝에 한 장의 세계 지도를 완성했다. 12세기 이슬람의 지리학이 집대성된 이 세계 지도는 지도의 중심에 이슬람 최고의 성지인 메카를 포함하는 아라비아 반도가 있다. 알라의 땅이 세상의 중심에 있다는 이슬람 세계관을 반영한 것이다. 지도는 남쪽을 위에, 북쪽을 아래에 두고 그려져 있는데 이는 메카를 지도의 중심보다 위에 표현하기 위한 것이었다.

이드리시의 지도에 표현된 범위는 인도와 중국을 포함하며, 아시아 지역이 자세히 그려진 지도에는 신라까지 표현되어 있다. 주목할 부분은 아프리카

↑ 대명국 지도의 달의 산

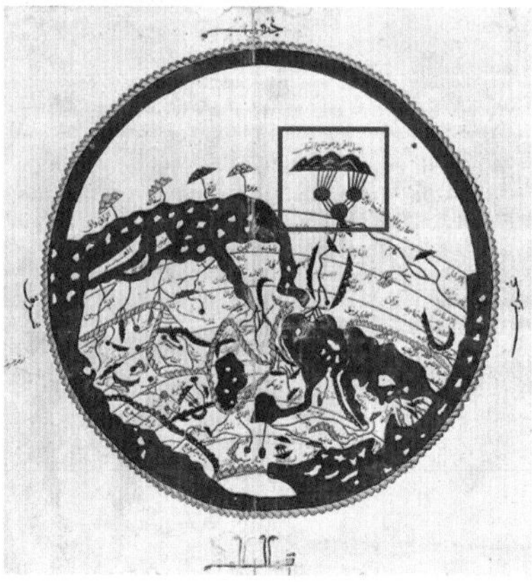

이드리시 지도의 달의 산 ⋯→

⋯ 이드리시 지도 속 신라

↓『혼일강리역대국도지도』의 달의 산

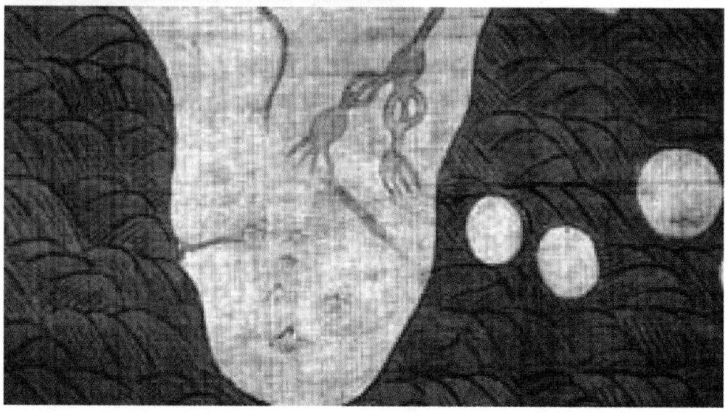

로, 『혼일강리역대국도지도』에서 볼 수 있는 나일 강의 물줄기가 표현되어 있고, 달의 산이라 쓰여 있는 산이 동일하게 존재한다. 혼일강리역대국도지도에 그려진 달의 산이 이슬람의 세계 지도로부터 얻은 정보를 통해서 제작되었다는 것을 알 수 있다.

유럽 인들은 천년이 넘게 고대 그리스의 지도가 존재한다는 사실을 잊고 있던 데 반해, 이슬람의 학자들은 고대 그리스의 고전을 번역하는 것을 학문의 출발로 삼았다. 발달된 그리스 로마, 페르시아 등 선진 문명의 서적들을 대거 들여와 아랍 어로 번역하면서 이슬람 문명이 발달하게 된 것이다. 그 과정에서 이슬람의 지리학의 발전에 자연스럽게 고대 그리스 로마의 발달된 성과들이 토대가 된 것이다.

결국 『혼일강리역대국도지도』에 새겨진 '달의 산'은 고대 그리스에서 아랍으로, 그리고 조선으로 이어지는 장대한 문명의 교류가 있었음을 알려 주는 기호이다. 바다를 넘고 시대를 넘어 이어져 온 달의 산의 기억들 그 오랜 기억이 이 지도에 숨겨져 있는 것이다.

KBS 문명의 기억지도 제작팀, 2012, 『문명의 기억, 지도』

지리 상식 2 대동여지도의 원본 동여도

18세기 후반에 이룩된 대축척 군현 지도의 성과 자체도 여러 한계를 가지고 있었고, 그것에 바탕을 둔 『청구도』 역시 완벽할 수 없었다. 이러한 문제점을 교정하기 위해서는 광범위한 지리 정보의 체계화가 필요했다. 이에 따라 김정호는 당시에 구할 수 있었던 모든 지리지를 검토·비교하고, 새로운 지리지의 체계와 내용을 세워나가게 되었다. 이런 과정에서 만들어진 것이 『동여도지』와 『여도비지』이다. 『동여도지』의 최종 완성은 『대동여지도』가 완성되는 1861년에 이루어지지만 이미 『청구도』 제작 이후부터 꾸준히 이루어진 것이다. 지리지의 완성으로 지리 정보의 체계화가 이루어지자 김정호는 본격적으로 새로운 지도집 제작에 나섰고, 그 결과 만들어진 것이 『동여도』이다. 『동여도』는 현재까지의 연구에 의하면 1856년과 1859년 사이에 만들어졌다. 지도의 크기라는 측면에서 볼 때 『동여도』와 『청구도』는 거의 동일하다. 그러나 내용이라는 측면에서 두 지도집 사이에는 상당한 차이가 있다. 첫째, 『동여도』는 『청구도』보다 훨씬 많은 지명을 수록하고 있다. 둘째, 산을 고립되게 표현한 것이 아니라 연맥(連脈)으로 표현하였다. 셋째, 지명의 위치나 하천의 유로, 산줄기의 흐름, 고을의 경계선, 해안선 등에서 상당히 많은 교정을 가했다. 넷째, 지도표(地圖標)를 특별히 삽입할 정도로 정보의 기호화를 추구하였다. 다섯째, 책으로 고정시킨 것이 아니라 각 층마다 절첩식으로 하였고, 22층 자체를 모두 분리시키거나 합할 수 있도록 하였다. 이와 같은 변화는 좀 더 정확한 지도를 만들기 위한 노력의 결과임과 동시에 보다 효율적으로 지도를 이용할 수 있는 방법을 궁리한 결과이기도 하다. 또한 지도와 지지가 결합되었던 『청구도』에서 순수한 지도로의 변화를 의미하기도 한다. 그러나 『동여도』는 채색 필사본이기 때문에 대중적인 보급에 한계가 있었다. 김정호는 이러한 문제점을 극복하기 위해 목판본인 『대동여지도』를 만든 것이다. 즉 『동여도』는

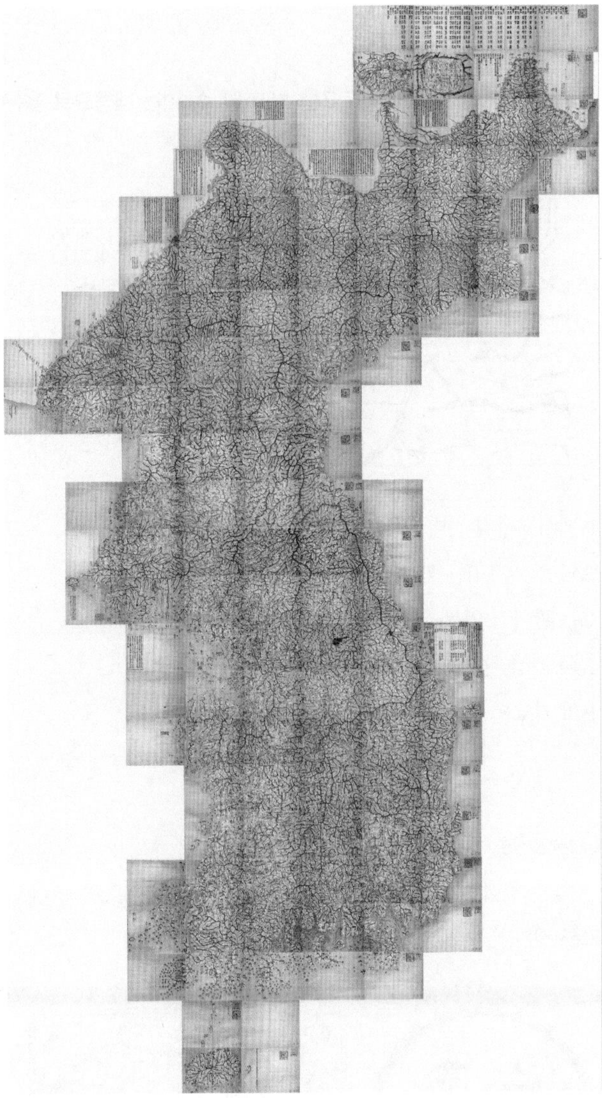

대동여지도

그 자체로서도 의미를 갖고 있지만 목판본 지도를 만들기 위한 하나의 저본으로 제작된 것으로 볼 수 있는 것이다. 그렇다고 『동여도』를 그대로 목판에 옮긴 것은 아니다. 목판을 목표로 만들었다고 하더라도 막상 목판을 만들게 되면 여러 가지 문제가 발생하기 때문이다. 『대동여지도』는 『동여도』에 비해 몇 가지 차이점을 가지고 있다. 첫째, 수록된 지명이 대폭 줄어들었나. 이것은 목판 판각의 어려움 때문에 지명이 너무 많을 수 없었기 때문일 것이다. 둘째, 연맥식의 산줄기 표현이 조선 후기에 유행했던 산도(山圖) 형식처럼 더욱 단순해졌다. 이것 역시 목판 판각의 어려움을 반영한 것으로 생각된다. 셋째, 기호의 사용이 더욱 간단하게 바뀌었다. 이것은 채색 필사본에서 색을 사용하여 구분하던 것과 달리 목판본에서는 흑백으로만 구분해야 했기 때문으로 추정된다. 이러한 변화들을 제외하면 『대동여지도』는 『동여도』와 거의 동일하다.

한국학중앙연구원, 한국민족문화대백과사전

[선택형]

· 2014 9 평가원

1. 대동여지도의 일부와 지도표를 보고 알 수 있는 내용으로 옳은 것은?

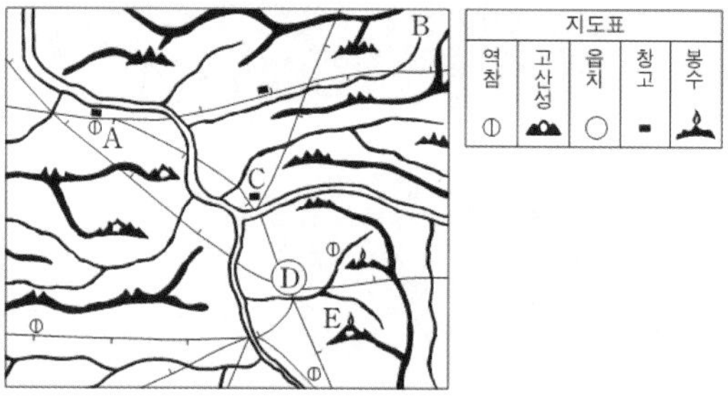

① A에서 B까지 선박으로 갈 수 있다.
② A와 D의 거리는 약 30리이다.
③ C는 관아가 있는 행정 중심지이다.
④ D와 가장 가까운 역참은 서쪽에 있다.
⑤ E의 기호를 통해 해발 고도를 알 수 있다.

· 2014 9 평가원

2. 지도 A, B와 관계가 깊은 지도 제작자에 대한 설명을 (가)~(다)에서 고른 것은?

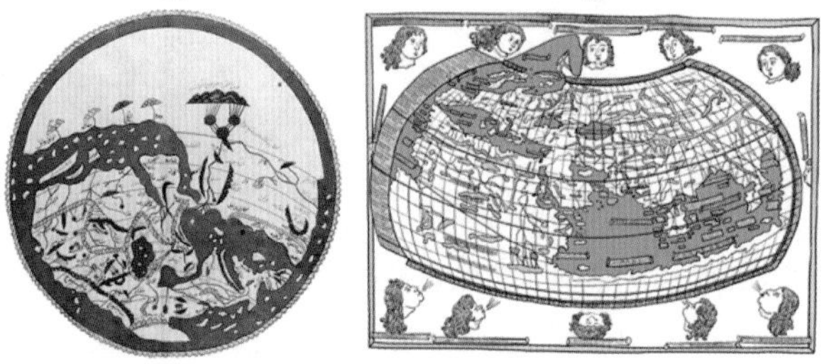
A
B

(가) 그리스·로마 시대에 활동한 그는 투영법과 경위도 개념을 사용하여 지도를 제작하였다. 그의 지도학적 업적은 유럽의 르네상스 시대에 재조명되어 유럽 인들의 세계관을 넓혀 주었다.
(나) 북부 아프리카에서 태어난 그는 이슬람 지리학의 성과를 토대로 세계 지도를 만들었다. 지도의 위쪽이 남쪽을 가리키는 그의 지도는 아름다운 색채감과 기호로 유명하다.
(다) 16세기 네덜란드에서 태어난 그는 경선과 위선이 수직으로 교차하여 항로의 정확한 각도를 파악할 수 있는 지도 제작법을 고안하였다. 하지만 이 제작법은 고위도 지역이 실제 면적보다 크게 확대된다는 단점이 있다.

	A	B
①	(가)	(나)
②	(가)	(다)
③	(나)	(가)
④	(나)	(다)
⑤	(다)	(가)

· 2015 6 평가원

3. (가), (나)의 지도에 대한 옳은 설명을 〈보기〉에서 고른 것은?

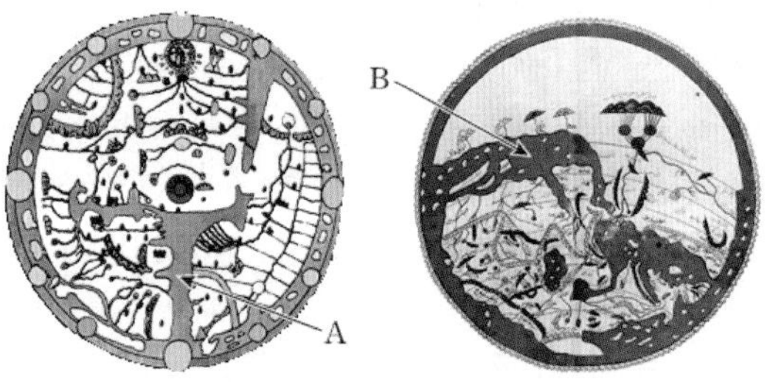
(가)
(나)
A
B

보기

ㄱ. (가)에는 종교적 이상향이 표현되어 있다.
ㄴ. (나)에는 지도의 중심부에 메카가 위치한다.
ㄷ. (나)는 중세 유럽과 중국에서 널리 사용되었다.
ㄹ. A와 B 바다는 오늘날의 지중해이다.

① ㄱ, ㄴ ② ㄱ, ㄷ ③ ㄴ, ㄷ ④ ㄴ, ㄹ ⑤ ㄷ, ㄹ

· 2014 수능

4. 다음은 세계 지도에 대한 수업 장면이다. 교사의 질문에 답한 내용이 옳은 학생만을 있는 대로 고른 것은?

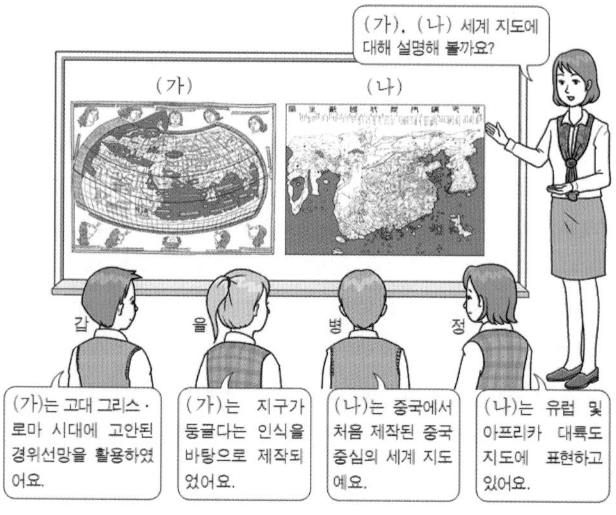
(가), (나) 세계 지도에 대해 설명해 볼까요?
(가)
(나)
갑
을
병
정
(가)는 고대 그리스·로마 시대에 고안된 경위선망을 활용하였어요.
(가)는 지구가 둥글다는 인식을 바탕으로 제작되었어요.
(나)는 중국에서 처음 제작된 중국 중심의 세계 지도예요.
(나)는 유럽 및 아프리카 대륙도 지도에 표현하고 있어요.

① 갑, 을 ② 을, 병 ③ 병, 정
④ 갑, 을, 정 ⑤ 갑, 병, 정

· 2013 9 평가원

5. 다음 글의 (가), (나)에서 설명하는 세계 지도를 A~C에서 고른 것은?

> (가) 제작 당시 이슬람 세계의 세계관을 반영하고 있다. 메카가 있는 아라비아 반도를 지도의 중심에 두고, 남쪽이 지도의 위쪽에 오도록 하여 세계를 묘사하였다.
> (나) 육지가 바다 위에 떠 있다는 당시 사람들의 관념을 반영하고 있다. 세계의 중심에 바빌론이 위치한다고 생각했으며, 이곳을 가로질러 유프라테스 강이 흐르는 것으로 묘사하였다.

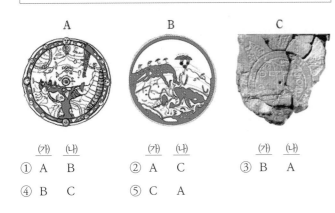

A

B

C

	(가)	(나)		(가)	(나)		(가)	(나)
①	A	B	②	A	C	③	B	A
④	B	C	⑤	C	A			

· 2013 6 평가원

6. (가), (나) 세계 지도에 대한 옳은 설명을 〈보기〉에서 고른 것은?

(가)

(나)

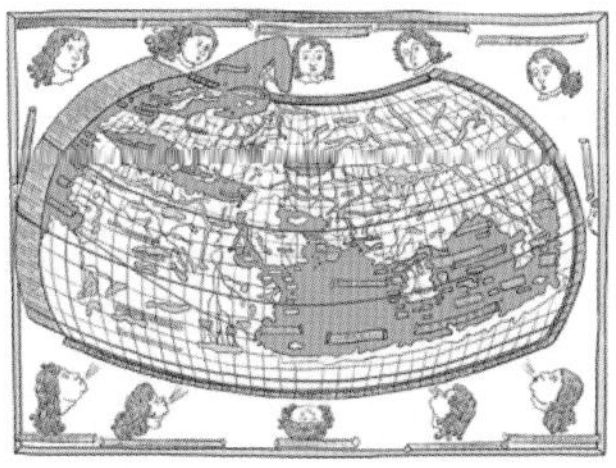

보기

ㄱ. (가)는 중국 중심의 세계관을 반영하고 있다.
ㄴ. (나)는 지도 제작에 경위선을 사용하고 있다.
ㄷ. (가), (나)는 투영법을 바탕으로 제작되었다.
ㄹ. (가)는 중국에서, (나)는 중세 유럽에서 널리 사용되었다.

① ㄱ, ㄴ ② ㄱ, ㄷ ③ ㄴ, ㄷ ④ ㄴ, ㄹ ⑤ ㄷ, ㄹ

7. (가)와 비교한 (나)의 상대적 특징으로 옳은 것은?

(가) 티오(TO) 지도

(나) 오르텔리우스의 세계 지도

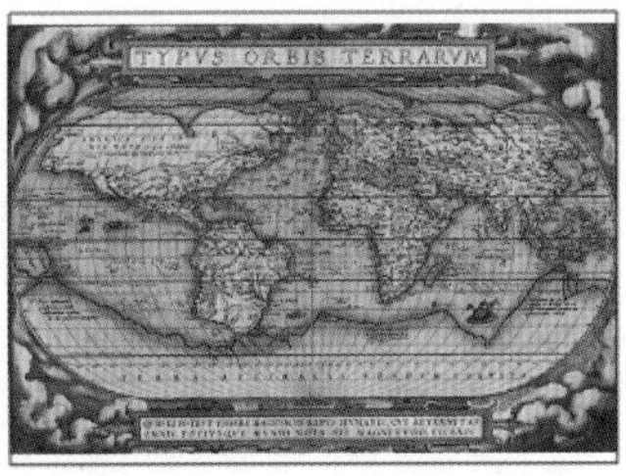

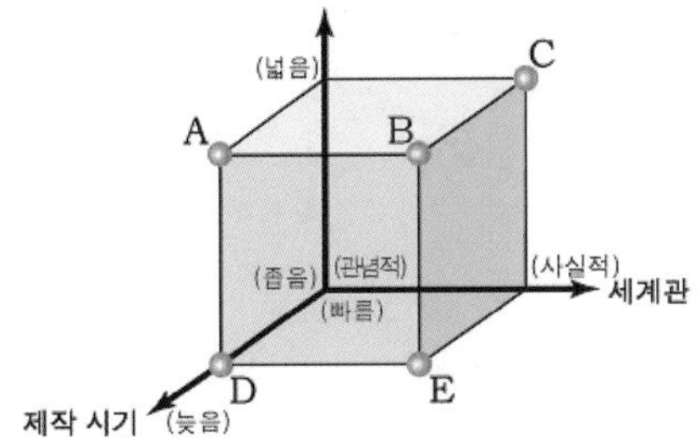

① A ② B ③ C ④ D ⑤ E

[서술형]

1. 다음 설명에 해당하는 지도의 기호를 찾아 빈칸에 넣으시오.

(가)

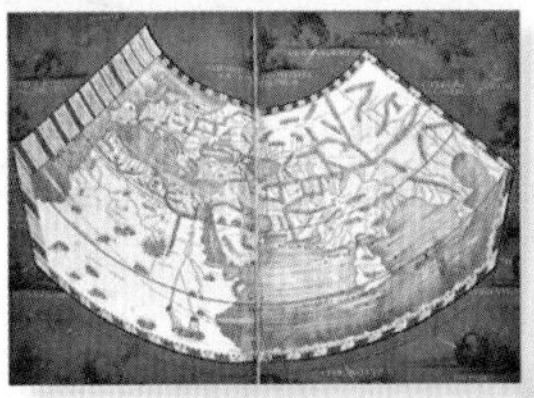

(나)

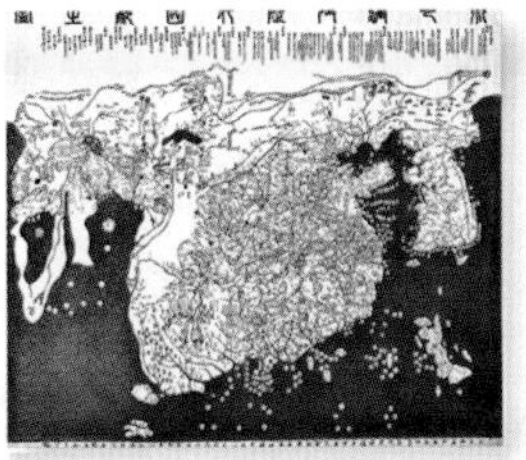

(다)

(라)

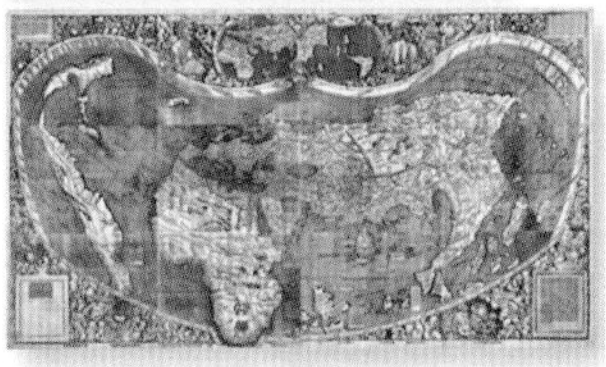

(1) 150년경 제작된 그리스의 세계 지도, 지구의 원주를 360°로 나누어 경위선을 설정하였다.

(2) 1507년 아메리카 대륙이 발견된 이후에 제작되었으며, 최초로 아메리카 대륙의 명칭이 표현된 지도이다.

(3) 1154년 모로코 출신의 이드리시가 이슬람의 지리학과 크리스트교의 지식을 토대로 만든 세계 지도이며 위쪽을 남쪽으로 삼았다.

(4) 1402년 제작되었으며, 현존하는 동양 지도 중 가장 오래된 세계 지도로 아프리카와 유럽, 아시아 대륙을 표현하고 있다.

chapter 01

지리학사 및 지리학

03. 지도의 이해

핵심 출제 포인트

- ▶ 지도의 종류와 분류
- ▶ 지도의 종류별 특징
- ▶ 지형도 읽기
- ▶ 주제도의 특징과 표현의 방법
- ▶ 공간적 데이터의 본질

■ 지도학적 큐브(MacEachren, 1994)

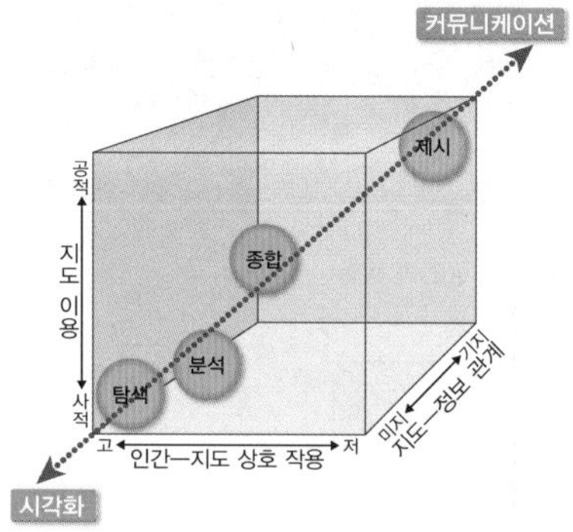

지도가 어떻게 사용되는지에 대해서 그래픽으로 나타낸 것이다. 시각화는 세 가지 차원에서 커뮤니케이션과 대조된다. 사적 활동과 공적 활동, 알려진 것과 알려지지 않은 것, 그리고 인간과 지도의 상호 작용에 따라 지도의 역할이 달라진다.

■ 지도화 및 지도학적 추상화의 과정

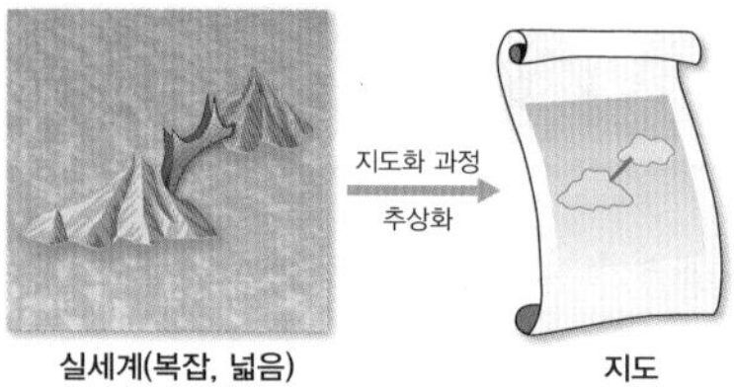

지도의 제작 과정에서 실세계는 지도의 기호를 통해 추상화되어 표현되기 때문에 추상화의 과정이라고도 한다. 각 단계별로 보면 선택 단계에서는 대상 지역과 축척, 투영법, 표현될 지리 정보가 선정된다. 분류 단계에서는 유사한 공간적 객체의 그룹화가, 단순화 단계에서는 지리 정보의 복잡성을 완화시키는 과정이 진행된다. 마지막 기호화에서 지리 정보에 추상적인 기호를 부여하여 표현하는 과정을 거친다.

1. 지도와 지도학

(1) 지도의 정의

① 지구에 대한 모델: 지도는 지구를 재현하는 도구

② 정보 전달 매체: 공간적 정보를 제시하고 이 정보들을 이용하여 의사소통 가능

③ 작품: 과거 지도는 예술 작품으로서의 가치가 있었으며, 현대에 들어서도 시각적 표현에서 중요한 역할

④ 연구의 최종 산물: 지리적인 또는 공간적인 연구 결과를 지도 상에 제시

(2) 지도의 역할(MacEachren, 1994)

① 구분

- 의사소통: 정보의 전달, 의사소통
- 시각화: 시각적 사고와 지식의 구성

② 세 가지 차원

- 인간–지도 상호 작용 정도: 고 ↔ 저
- 지도의 이용자: 공적 ↔ 사적
- 지도의 역할: 기지(known)의 표현 ↔ 미지(unknown)의 구성

③ 네 단계 수준: 탐색 → 분석 → 종합 → 제시

(3) 지도의 특성(한균형, 2000)

① 위치: 절대적 위치(좌표, 경위선)와 상대적 위치(다른 현상과의 거리나 방위)

② 장소의 개념: 지도에 표현된 자연 현상과 인문 현상을 통해 그 장소의 환경을 이해

③ 위치와 현상 간의 상관관계를 표현

④ 인간과 자연의 상호 관계: 지도를 통해 과거와 현재의 비교 및 변천 과정 파악, 변화 예측

⑤ 장소 간의 이동: 교통로 등을 통해 장소와 장소 간의 상호 의존성 표현 가능

⑥ 지역의 형성: 언어, 인종, 기후, 도시화율 등의 정보를 통해 지역을 이해

(4) 지도의 제작

① 지도의 제작 과정: 선택 → 분류 → 단순화 → 기호화

② 지도 제작의 4요소: 정보 수집, 표현 범위, 축척, 지도의 체제

(5) 지도의 분류

① 기능에 따른 분류(이상일)

- 심상 지도: 실세계를 개인이 주관적으로 재현, 종종 왜곡되어 나타남
- 물리적 지도
  - 일반도: 다양한 종류의 공간적 객체를 종합적으로 배열하여 나타낸 지도
  - 주제도

정성적	• 문화, 언어, 종교와 같은 명목 척도가 주제
정량적	• 단변량: 표현된 주제가 하나 • 다변량: 표현된 주제가 둘 이상

② 표현 방법에 따른 분류(한균형)

• 축척

–대축척: 1:50,000 지도보다 큰 축척의 비율

–소축척: 1:50,000 지도보다 작은 축척의 비율

• 기능

일반도	• 다수의 지리 정보 • 지리 정보들 간의 위치나 위상 관계 파악 가능 • 대축척(상대적) • 지형도
주제도	• 특정 소수의 지리 정보 • 공간적 현상의 분포 패턴 • 소축척(상대적) • 인구 분포도

• 내용: 지적도, 계획도

■ 축척이 크다와 작다는 것의 의미

축척은 실세계를 축소한 정도를 비율로 표시한 것이다. 그렇기 때문에 비율의 속성에 따라 실제 거리가 적게 축소될수록 비율의 크기가 커지며(대축척), 지도에 표현된 실제 거리가 길수록 지도의 축척은 작아진다(소축척). 그렇기 때문에 대축척일수록 더 자세하게 표현된다.

■ 축척의 선택

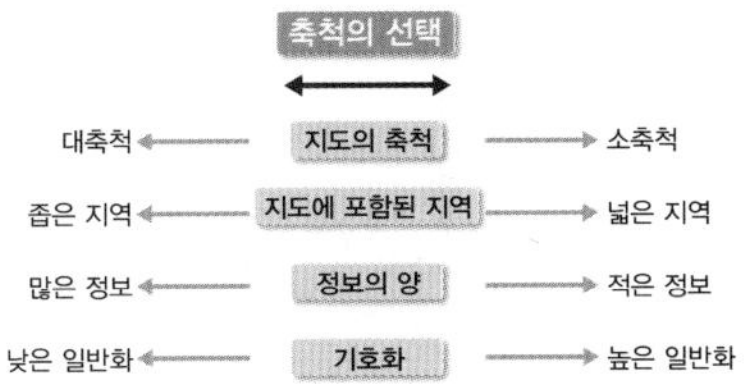

2. 일반도 혹은 참조도

(1) 의미와 종류

① 다양한 공간적 정보의 배열을 종합적으로 나타낸 지도

② 공간적 정보의 위치와 공간(위상) 관계에 집중

③ 지형도, 지도첩, 지세도, 행정 구역도

(2) 지형도의 제작 단계 계획 준비 → 항공 사진 촬영 계획 → 항공 사진 촬영 → 사진 제작 → 지상 기준점 측량 → 세부도화 → 현지 지리 조사 → 지도 편집 → 색 분리 제도

(3) 지형도 읽기

① 난외주기: 지형도의 도곽선 밖에 지도를 작성하는 데 사용한 기호나 색채 등 지도를 읽는 데 필요한 내용을 기록한 주기(註記)

② 도엽 번호: 지도가 포함하는 각 지역의 색인 번호로 지도의 상부 우측 가장자리에 표기

③ 직각 좌표

좌표	TM(Trarnsverse Mercator, 횡축 메르카토르 기반)	UTM(Universal TM, 세계 공통)
위도 표현	적도 기준 4° 간격, A ~ Z 사용(우리나라는 NJ)	남위 80° 기준 8°간격, C~X 사용(A, B, I, O, Y, Z) 제외(단, X는 72°N ~ 84°N)
경도 표현	본초 자오선 기준 6° 간격(우리나라는 51~ 52)	본초 자오선 기준 6° 간격
투영 방법	임의의 원점 설정(서부·중부·동부·동해 원점)	중앙 경선을 원점으로 설정
사용 여부	현재 우리나라에서 사용	과거 우리나라 사용(전 세계적 좌표 체계)

④ 등고선

• 같은 등고선 위의 모든 점은 같은 높이

• 지도 안 또는 밖에서 반드시 폐합(시작과 끝이 만남)

• 절벽이 아닌 이상 등고선을 겹치지 않음

• 등고선의 간격은 급경사면에서는 좁고, 완경사면에서는 넓으며, 경사가 일정한 경우에는 평행선

• 중앙이 움푹 파인 와지는 저하 등고선(⊥⊥⊥⊥⊥)으로 표현

■ 우리나라의 도엽 번호 부여 과정

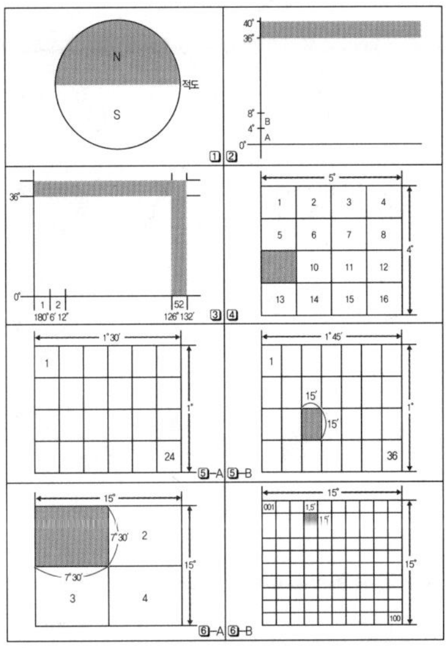

① N: 북반구, S: 남반구 ② J: 적도에서 4°마다 A, B…로부터(위도)(36~46°N) ③ 52: 경도상의 위치 날짜 변경선에서 동으로 6° 간격으로 구분, 52번째(126~132°E) ④ 9:1/250,000 지세도 번호(가로세로 4등분 중 9번째 구역을 의미) ⑤-A 17:1/250,000 지세도 구역을 다시 24개 구역으로 나누었을 때 17번째 구역 ⑤-B 한 구역의 크기가 가로×세로 15′×15′가 되면 1/50,000의 지형도 도폭 크기가 됨 ⑥-A 1/25,000 지형도 범위 ⑥-B: 1/5,000 지형도 범위

■ 방위의 표시

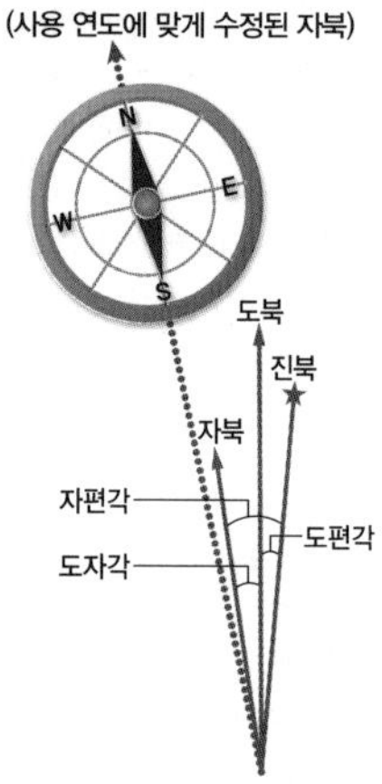

■ 시각 변수의 6가지 원리

지도 기호의 논리를 이해하기 위해 알아야 할 시각 변수는 3개의 기하학적 범주(세로축)와, 6가지의 시각 변수(가로축)로 구성된다. 지도에 포함된 기호들은 지도에서 지리적 차이를 나타내기 위해 크기, 형상, 농도, 조직, 방향, 색상 등이 달라져야 함을 나타내고 있다.

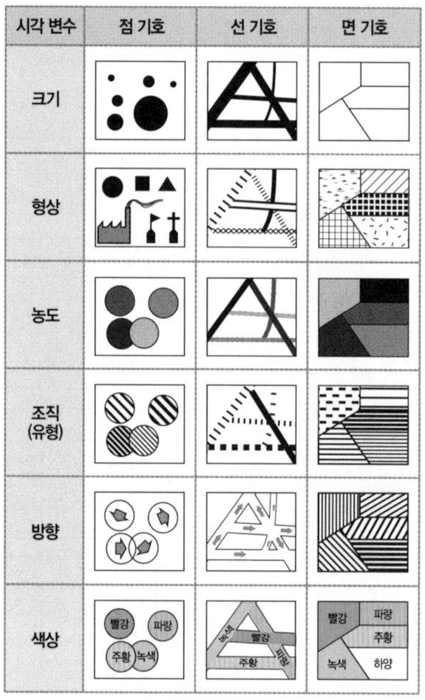

시각 변수
점 기호
선 기호
면 기호
크기
형상
농도
조직 (유형)
방향
색상
빨강
파랑
주황
녹색
하양

■ 공간적 현상에 대한 개념화

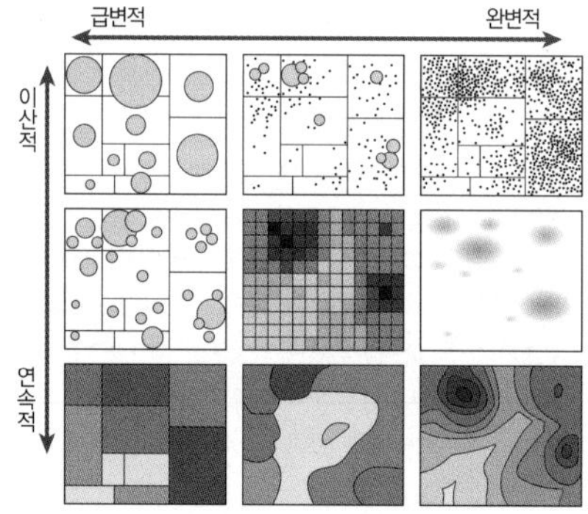

⑤ 축척의 표시 방법

비례식	분수식	줄임자식
1:50,000	$\frac{1}{50,000}$	0 20km

⑥ 지도의 정치

기본 방향	• 진북: 북극 방향 • 자북: 지구 내의 지구 자석에 의해서 발생하는 지구 자기장의 북극 • 도북: 지도 상의 북쪽 방향
편차각	• 도편각: 진북 → 도북의 각 • 자편각: 진북 → 자북 • 도자각: GM, 도북 → 자북
정치 순서	• 나침반으로 자북 방향을 알아냄 • 지도 상에 나타난 경선(방위표가 없는 경우는 도북)에 나침반 옆면을 일치 시키고 지도를 돌려 자침이 북쪽을 가리키도록 함 • 자북과 진북 사이의 편차각 만큼 수정함(자북은 매년 조금씩 이동하므로 정밀을 요하는 측정 시에는 수정 필요)

3. 주제도 제작

(1) 의미와 종류

① 하나 혹은 소수의 공간적 객체나 사건에 집중

② 공간적 현상(지리적 속성)의 분포 유형을 표현한 지도

③ 지질도, 삼림도, 토지 이용도, 강수도, 기온도, 인구 분포도, 경제 지도, 관광 지도 등

(2) 주제도 제작의 절차

사전 계획 → 공간 데이터의 수집 및 가공 → 주제도의 제작: 적절한 투영법 선정, 적절한 주제도 유형 선정, 적절한 시각 변수 선정 → 지도의 디자인 → 지도의 출력 및 피드백

(3) 공간 데이터의 본질

① 공간적 사상

공간적 개체	• 공간적 사건	공간 상의 특정한 위치에서 발생
	• 공간적 객체	공간 상의 특정한 위치에 존재하는 개별 실체 유형: 점·선·역(域) → 객체, 면 → 장(field)
공간적 현상	• 공간적 객체에 부여된 속성 • 공간적 객체 간에 부여된 속성 • 특정 공간적 객체와의 관련 없이 모든 지점에 분포하는 속성	

② 특징

위치	• 절대적 위치, 상대적 위치
속성	• 기하학적 속성: 길이, 면적 • 일반적 속성: 공간적 객체가 보유한 특성
공간 관계	• 포함, 인접, 연결: 동일한 객체 또는 상이한 공간적 객체

③ 공간 데이터

정의	• 공간적 사상의 위치, 속성, 공간 관계에 대해 측정·수집·정리된 것	
종류	• 도형 데이터	공간적 객체: 기호화와 일반화를 통해 표현
	• 속성 데이터	공간적 현상: 구득과 측정이 가능한 자료

④ 공간적 현상에 대한 개념화

	급변적 ← → 완변적		
이산적	• 중앙 행정 기관 종사자 수 • 중범죄 발생 수 • 도형 표현도	• 공무원 수 • 경범죄 발생 수 (많은 인문 현상)	• 전산업 종사자 수 • 산사태 발생 빈도(많은 자연 현상) • 점묘도
↕	• 암 환자 수(율)	• 에이즈 환자 수(율)	• 콜레라 환자 수(율)
연속적	• 득표 차 • 단계 구분도	• 평균 지가/소득 (많은 인문 현상)	• 평균 고도/기온(많은 자연 현상) • 등치선도

⑤ 속성 자료의 측정 수준과 종류

	정의	예
명목 척도	• 범주(분류)화 • 서로 다름 • 질적(정성적) 자료	• 토지 이용 • 행정 구역
서열 척도	• 서열화 • 서로 차이 남 • 상대적 개념	• 낮음 ↔ 높음 • 나쁨 ↔ 좋음
등간 척도	• 측정된 실수 값 • 상대적 개념 • 절대 0점은 존재하지 않음 • 더하기, 빼기만 가능	• 기온 • 생산성 지수
비율 척도	• 측정된 실수 값 • 절대 0점 존재함 • 사칙 연산 가능	• 대부분의 자료

4. 주제도의 종류

도형 표현도	• 정의: 특정 지점에 주어진 공간 데이터의 크기를 심볼의 크기를 달리하여 표현함으로써 주어진 공간 현상의 분포를 나타낸 지도 • 심볼의 유형 기하학적 심볼: 2차원 또는 3차원의 도형을 활용하여 표현 형상적 심볼: 클립아트 등의 그림을 활용하여 표현
점묘도	• 정의: 발생한 사건의 공간적 위치를 점으로 표시하거나, 한 지역 내에서 발생한 공간적 현상의 크기를 점의 개수로 표현한 지도 • 장점: 공간적 밀도 표현, 지역 내 공간적 변이를 표현, 공간적 구조 인식에 효율적 • 단점: 제작의 비용과 시간, 고밀도화된 지역에 대한 과소 추정(원 데이터 값의 확인 어려움)
단계 구분도	• 정의: 역에 부여된 속성 값의 크기를 시각 변수(주로 명도)의 차이로 표현함으로써 주어진 현상의 공간적 분포를 표현한 지도 • 표현 대상이 되는 공간적 객체는 역(域)으로 행정 구역 또는 센서스 공간 단위와 같은 조사 구역 • 19세기 초부터 제작되었고, 정부 기관에서 발간하는 통계 지도집에서 주로 사용됨
등치선도	• 정의: 특정 지점에 주어진 공간 데이터의 크기를 이용하여, 범위 안에서 동일한 값을 가지는 지점을 연결하여 표현함으로써, 주어진 공간적 현상의 분포를 나타낸 지도 • 선을 이용하여 면의 공간적 현상을 표현 • 1584년 해저의 깊이에 대한 등심선 지도가 제작된 이후, 1776년 뫼스니에가 등고선도를 제작하였으며, 훔볼트의 등온선도 등이 널리 알려짐
유선도	• 정의: 공간적 객체 간의 상호 작용을 다양한 시각 변수를 사용하여 표현한 지도 • 가시적·비가시적 속성의 흐름을 표현하며, 이동 방향, 양, 경로, 연결성을 모두 표현하거나 부분적으로 표현하여 사용함 • 아일랜드 철도 이용객 수를 나타낸 것으로부터 유래(1837, 하니스)
왜상 지도 (anamorphic map)	• 정의: 특정한 속성을 표현하기 위해 공간적 객체의 기하학적 속성을 변형시킨 지도 • 속성의 분포를 강조하여 집중화된 가독성을 지니며, 속성의 분포가 공간적 객체 크기에 의해 왜곡되는 것을 방지

■ 심볼의 유형과 장단점

	기하학적 심볼	형상적 심볼
장점	• 시각적 안정성 • 공간의 절약(2차원 심볼) • 상대적 크기에 대한 시각적 왜곡이 적음	• 시각적 매력도
단점	• 시각적 매력도가 낮음(단, 3차원 심볼은 매력도 높음)	• 심볼이 중첩될 경우 해석이 어려움 • 상대적 크기에 대한 인지상의 어려움

■ 도형 표현도

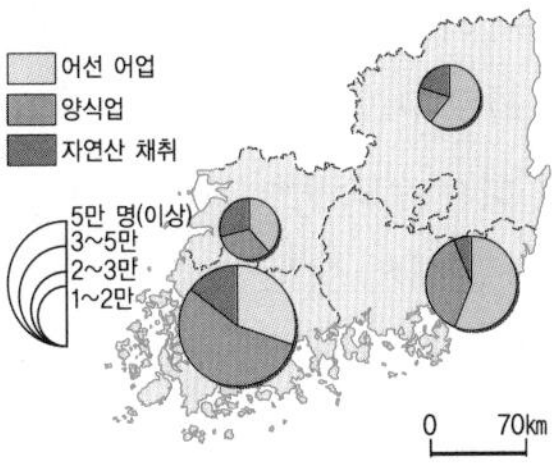

수산업 종사자 수

■ 최초의 점묘도: 1830년 프랑스의 인구 분포도

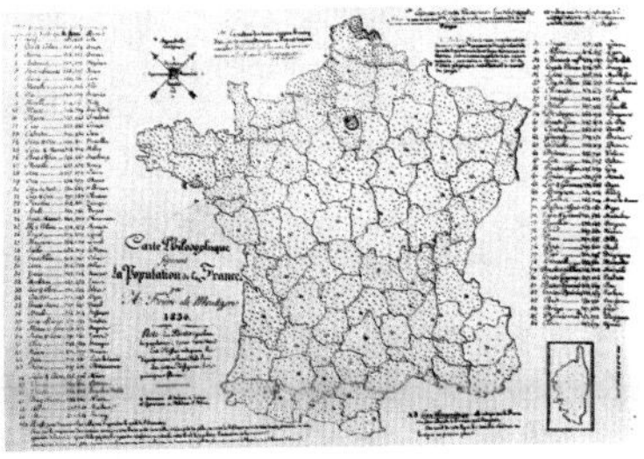

■ 등치선도 제작 원리

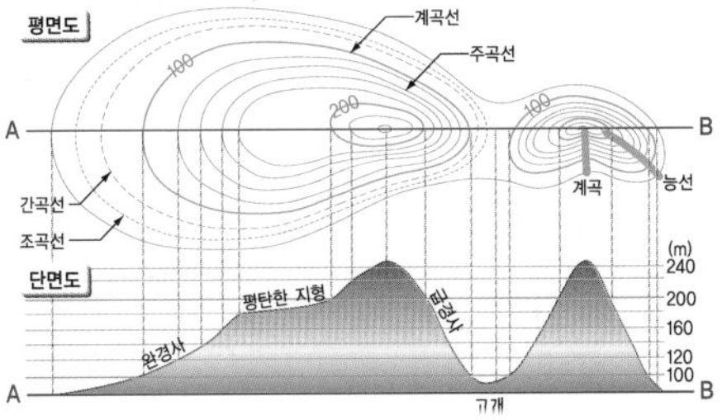

■ 유선도

수도권 인구 집중

지리 상식 1 길고 짧은 건 대 봐야?

제19대 총선 개표 방송에서 그림 1과 같은 지도가 제시되었다. 온통 붉게 물든 지도를 보면 누가 봐도 여당이었던 새누리당의 압도적인 승리로 판단된다. 그러나 새누리당이 차지한 의석수는 121석으로, 비율로 보면 전체의 약 50%였고, 민주통합당은 106석으로 전체 의석수 중 43%를 차지했다. 하지만 아무리 봐도 50:43이라고 보기가 어렵다. 왜 이럴까?

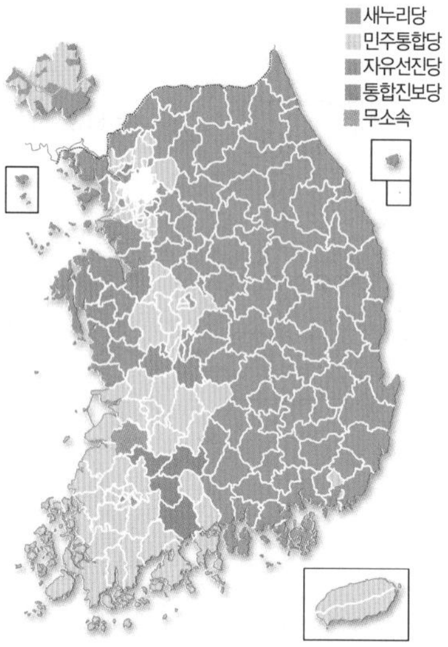

그림 1. 제19대 총선 지역구별 투표 결과

그림 1에서 선거 결과의 왜곡은 행정 구역이 지방과 도시 지역에서 다르게 설정된다는 점에서 나타난다. 실제로 우리나라 인구의 절반 가량이 거주하는 수도권은 많은 인구로 인해서 행정 구역의 면적이 상대적으로 작게 세분화되어 있다. 그렇기 때문에 수도권에서 많은 의석을 차지해도 우리나라 전체 지도에서 보면 그 비중이 매우 작은 것처럼 나타나게 된다. 그래서 각각 선거구를 그림 2와 같이 동일한 면적으로 환산하여 나타낸 지도에 선거 결과를 표시하면 실제 선거 결과와 인식의 차이가 크지 않게 나타낼 수 있다.

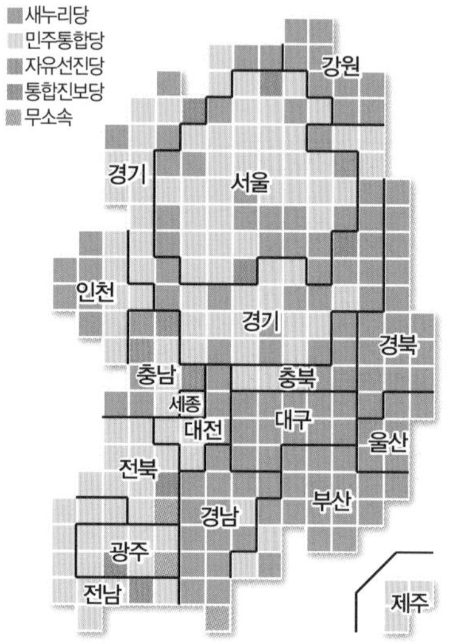

※이 그래픽은 모든 지역구를 같은 크기로 만들어 1위 정당을 색깔별로 표시한 것

그림 2. 지역구별 1위 정당

그림 1은 의도적인 왜곡의 결과라기 보다는 지도 표현에 대한 이해의 부족에 따른 결과로 보인다. 하지만 지도 표현상의 이러한 특징을 의도적으로 왜곡하여 활용하는 경우가 있다.

그림 3은 이웃한 아랍 국가들에 의해 이스라엘이 포위되어 있음을 나타내는 지도로 1973년 전쟁 기간 동안 캐나다 유태국가기금(Jewish National Fund of Canada)이 발행한 지도를 다시 그린 것이다. 지도를 보면 주변의 큰 국가들에 둘러싸여 있는 형상이 마치, 거대한 힘에 의해 위협을 받고 있는 작고 약한 존재처럼 보인다. 그러나 지도 상에 나타난 면적만으로 국가의 위세를 표현하는 데는 문제가 따른다. 국가의 위세는 선진적인 기술, 첨단의 군사적인 방비 체계, 미국 및 다른 서방 국가들과의 동맹 그리고 협조 시스템 들이 더 중요하게 고려되어야 함에도, 이러한 사실들에 대한 어떠한 정보도 알려 주고 있지 않다.

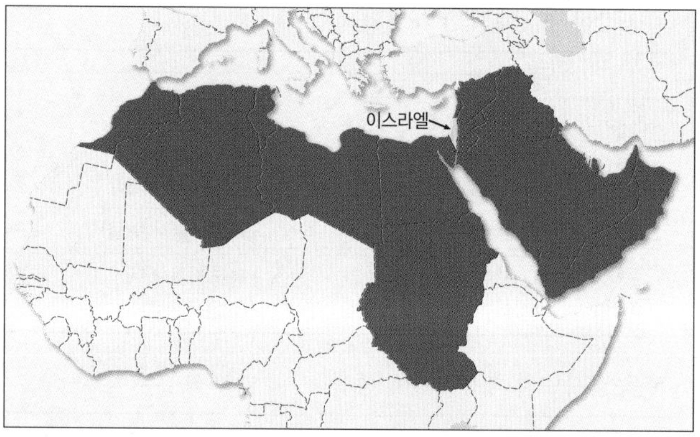

그림 3. 1973년 전쟁 기간 동안 캐나다 유태국가기금이 발행한 국가 지도

마크 몬모니어, 손일·정인철 역, 1998, 『지도와 거짓말』

지리 상식 2 지도를 버리고, 세계의 표준이 된 지하철 노선도

1930년 런던의 지하철 네트워크는 모든 새로운 역과 노선을 전통적인 지도 포맷으로는 시각화하기 어려울 정도로 팽창해 있었다. 승객들은 기존의 지도에 대해 불만을 표시하기 시작했다. 기존의 지도는 지하철 네트워크상에서의 손쉬운 이동과 지상에 있는 지하철역의 정확한 지리적 위치를 찾아볼 수 있게 하는 것, 이 두 마리 토끼를 동시에 잡으려고 했다. 따라서 지도는 복잡했고, 헷갈렸고, 쉽게 말해 읽기 어려웠다.

1935년 전기 공학도 해리 벡은 지도가 갖춰야 할 모든 조건들을 무시하고 필요한 하나의 정보만을 갖춘 지도를 제작했다. 전기 회로에서 아이디어를 얻은 벡은 축척의 개념을 포기하는 대신 수직선, 수평선, 대각선으로 지하철 노선을 표현했다. 중앙부는 눈에 잘 띄도록 크게 그렸고, 지하철역이 많지 않은 외곽의 교외 지역은 작게 그렸다. 그때는 런던이 엄청난 속도로 팽창하던 시기였기 때문에, 벡의 지도는 교외 지역이 실제보다 도심과 더 가까워 보이는 또 다른 장점도 있었다. 수많은 노선과 지상 철도 서비스 간의 교차점은 다이아몬드 기호로 눈에 잘 띄게 표시되어 있었다.

하지만 당시 벡의 지도가 보수적인 런던교통국 간부들에게는 받아들여지기 어려운 것이었다. 처음부터 전통적인 지하철 네트워크를 표현해 온 순수한 지도와 너무 다르다는 이유로 거부당했다. 벡의 노선도에서 결과적으로 드러난 것은 회로도였다. 다양한 색상을 사용해 노선을 구분했고, 지상의 지형물 단 하나(템스 강)만을 나타나게 함으로써 복잡하지 않고 이해하기 쉽게 만들었다. 이 지도가 추구한 단순성과 명확성은 이후에 만들어진 전 세계 모든 지하철 노선도의 표준이 되었다. 여기 보이는 것은 1935년에 만들어져서 대중에게 배포된 접이식 카드 버전이다.

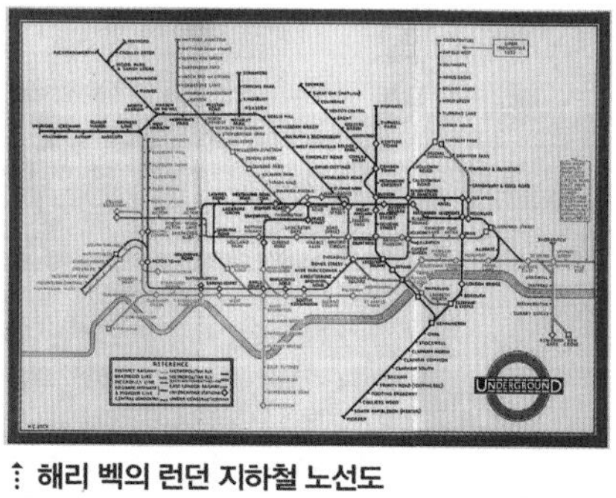
해리 벡의 런던 지하철 노선도

제러미 하우드, 이상일 역, 2014 『지구 끝까지: 세상을 바꾼 100장의 지도』

[선택형]

· 2009 수능

1. 다음의 지리 정보 시스템(GIS) 활용 사례에서 세부 과제를 수행하기 위한 자료로 적절하지 않은 것은?

과제명	지리 정보 시스템(GIS)을 활용한 댐 건설 후보지 선정 및 향후 변화 예측
세부 과제	ㅇ지형과 하계망 특성을 고려한 댐 건설 최적지 선정 ㅇ수몰 예정지의 토지 이용 상황 파악 ㅇ댐 건설 후 식생의 분포 변화 예측

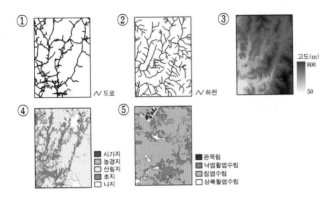

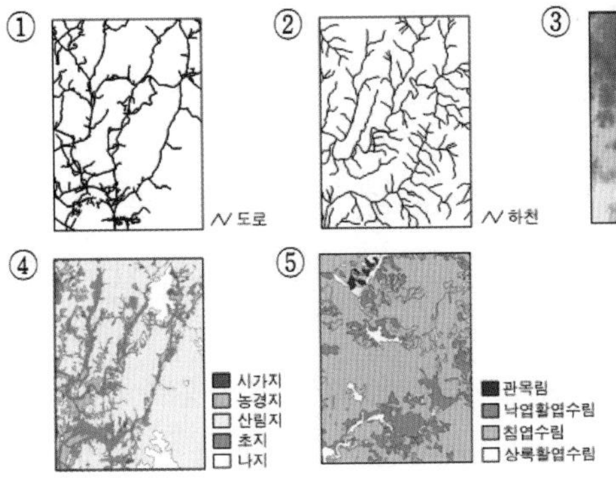

· 2012 6 평가원

2. 다음 글의 밑줄 친 ㈎와 ㈏에 해당하는 사례로 가장 적절한 것은?

> 지리 정보는 지표면에 존재하는 각종 자연환경에 대한 정보와 인문 환경에 대한 정보를 포함하고 있다. 또한 지리 정보는 크게 위치를 나타내는 ㈎ 공간 정보와 공간 요소에 관련된 특성을 의미하는 속성 정보 등으로 나눌 수 있다. 속성 정보는 ㈏ 수와 양을 측정할 수 없는 자료와 수학적 의미를 포함하여 통계학적 측정이 가능한 자료로 세분할 수 있다.

	㈎	㈏
①	테라로사	미국 주별 인종 구성비
②	테라로사	미국 주 이름의 유래
③	오대호 연안	미국 주별 인구 밀도
④	40°N 75°W	미국 주 이름의 유래
⑤	40°N 75°W	미국 주별 인종 구성비

· 2009 수능

3. 다음은 위성위치측정장치(GPS)에 표시된 세 지점 ㈎~㈐의 위치 정보이다. 이에 대한 옳은 설명만을 〈보기〉에서 있는 대로 고른 것은?

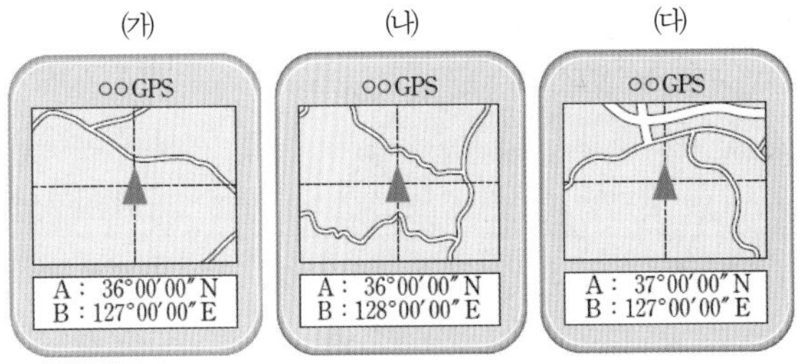

보기

ㄱ. A는 적도를, B는 본초 자오선을 기준으로 결정된다.
ㄴ. 대척점을 알기 위해서는 A와 B를 모두 이용해야 한다.
ㄷ. ㈎ 지점은 ㈏ 지점보다 태양의 남중 시각이 빠르다.
ㄹ. ㈎와 ㈏ 지점 간 동서 거리는 ㈎와 ㈐ 지점 간 남북 거리보다 길다.

① ㄱ, ㄴ ② ㄷ, ㄹ ③ ㄱ, ㄴ, ㄷ
④ ㄱ, ㄴ, ㄹ ⑤ ㄴ, ㄷ, ㄹ

[서술형]

1. 문항의 사례를 표현하는 데 가장 적합한 주제도의 종류를 다음에서 찾아서 쓰시오.

> 점묘도, 단계 구분도, 등치선도, 도형 표현도, 왜상 지도, 유선도

(1) 우리나라 축산업에서 소의 사육 분포

(2) 설날 인구 귀성의 흐름

(3) 단위 지역별 인구수

(4) 특정한 속성 표현을 위해 공간적 정보의 기하학적 속성을 변형시킨 지도

핵심 출제 포인트

▶ 도법의 적절한 선택　▶ 도법의 종류에 따른 세부 특징과 응용　▶ GIS의 개념과 활용 분야

■ 위도와 경도

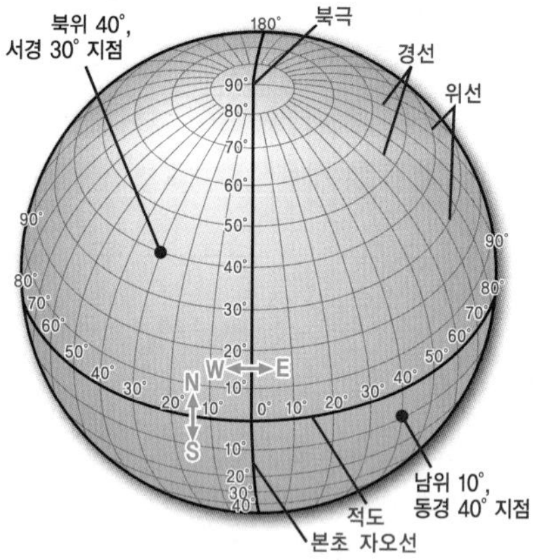

■ 경위선에 따른 거리와 방향

지구의 어느 한 지점은 경선과 위선의 2차원 좌표로 나타낼 수 있다. 그런데 지구 상의 경위선과 평행하지 않은 두 지점을 연결하는 대권의 호와 각 경선이 이루는 각은 계속 변화하게 된다. 따라서 대권 항로는 이동함에 따라 계속 항해각을 수정하지 않기 위해서 변하지 않는 방위인 등각 항로를 이용하며, 항공의 경우는 최단 거리인 대권 항로를 이용한다.

■ 지오이드

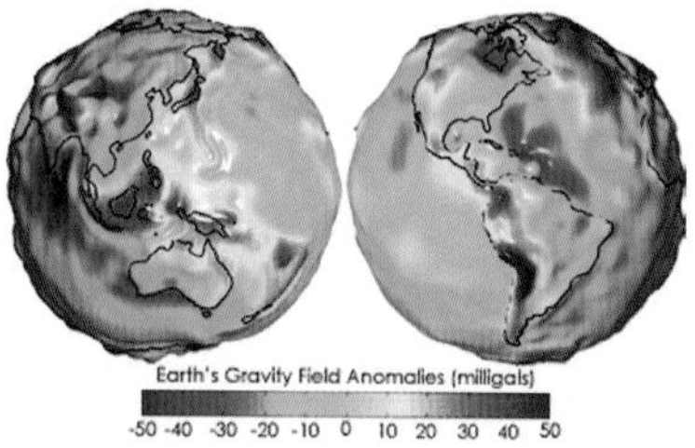

지오이드는 지구의 불규칙한 기복을 해양과 육지의 고도를 평균하여 매끈하게 나타낸 면이다. 지구의 중력이 반영된 면으로 굴곡이 있는 타원체로 표현된다. 위 그림은 지오이드에 대한 이해를 돕기 위해 지구의 굴곡을 과장하여 표현했다.

■ 지오이드와 해발 고도

지오이드는 실제 지구를 가장 매끄럽게 표현한 구체라고 볼 수 있으며, 평균 해수면의 개념과 동일하다. 그래서 해발 고도라고 할 때 그 기준 수면은 지오이드가 되어야 한다. 지역에 따라 실제 해수면과 지오이드 간의 차이가 발생하므로 국가마다 다른 기준 수면을 활용하는데, 우리나라에서 해발 고도의 기준면은 인천 앞바다의 평균 해수면 높이를 기준으로 한다.

1. 지구 좌표계

(1) 지구 경위선 망의 기본 특징

① 적도: 북극과 남극의 중간 지점에서 지구의 중심을 통과하는 가상의 면을 가정할 때 이 면이 지구의 표면과 만나는 선, 이 선을 중심으로 북반구와 남반구를 나눔

② 경도: 남극과 북극을 지나는 모든 대권이 경도에 해당되므로 본초 자오선이라는 가상의 기준으로부터 동과 서로 나누어 각각 180°의 지점 내에서 결정

③ 위도: 적도와 평행하게 그어진 선이 위선이며, 이 평행선에서 지구의 중심을 향해 선을 그었을 때 적도와 이루는 각

④ 날짜 변경선: 경도에 따라 시간이 결정되는데, 본초 자오선을 기준으로 15°마다 1시간씩의 시간 차이가 나게 되며, 동경과 서경이 각각 180°에서 만나게 되는데, 이 180°선을 기준으로 날짜가 바뀌는 날짜 변경선이 정해짐

⑤ 표시: 위도와 경도는 도, 분, 초의 각도 값으로 표시되는데, 60진법을 사용(즉 1°는 60′이며, 1′은 60″)하여 적도를 기준으로 북반구는 북위(N), 남반구는 남위(S)로 표시하며, 본초 자오선을 기준으로 동쪽은 동경, 서쪽은 서경으로 표시

(2) 지구의 형태와 준거 타원체

① 지구의 형태: 지구는 남북 방향보다 동서 방향이 불룩한 모양의 타원체로 완전한 구체가 아니며, 지표면도 불규칙한 형태

② 준거 타원체: 지도 표현을 위해 만든 가상의 타원

③ 지오이드와 데이텀

- 지오이드: 육지와 바다의 고도를 평균으로 하는 구체를 만든다고 할 때, 지표가 가지는 질량이 모두 다르므로 서로 다른 중력의 힘을 반영하는 기복을 가지는 구체
- 데이텀: 지오이드는 준거 타원체와 어느 한 지점을 제외하고는 모든 지점에서 만나지 않으므로 어떤 한 점을 기준으로 다른 모든 지점이 매끈한 준거 타원체 면에 수학적으로 표현이 가능한 값을 가지는데 그 기준이 되는 한 점(어떤 데이텀을 기준으로 하는가에 따라 경위도 값이 달라짐)

④ 데이텀의 종류

NAD27	• Clarke1866을 준거 타원체로 하며, 미국 캔자스의 메데스 랜치(미국의 지리적 중심)로 설정된 데이텀 • 미국의 대축척 지형도 제작을 위해 설정
NAD83	• GRS80을 준거타원체로 하며 전 세계 공용으로 활용되는 데이텀

더 알아보기

준거 타원체와 위도 1°의 길이

지구 표면의 형태가 불규칙하여 세계 각 국가별로 다른 준거 타원체를 이용하므로 여러 가지 준거 타원체들이 있다. 그 중 전 세계를 표현할 수 있는 준거 타원체로 WGS와 GRS라는 이름의 타원체가 있는데 지구가 적도 방향이 더 긴 타원체 형태이기 때문에 위도에 따라 1°의 길이가 달라지게 된다. GRS80 준거 타원체에서 적도에서 1°는 111.574km이며 극에서는 111.694km가 된다. 즉 극으로 갈수록 위도의 간격은 실제로 더 길어지게 된다.

2. 지도 투영의 요소

(1) 지도 투영의 개념과 목적

① 구체를 평면상에 표현하는 과정에서 면적, 각, 거리, 방향과 같은 요소들에 대한 왜곡의 발생을 최소화하기 위한 개념으로 2차원 평면에 표현되어 많은 측정 활동에 용이

② 해당 지역을 대축척으로 표현하여 상세한 정보 제공

③ 사용과 휴대가 용이

④ 생산과 구매 비용이 낮음

(2) 준거 지구본과 투영면

① 축소와 투영: 구체인 지구를 평면상에 나타내기 위해서는 지구를 일정 비율로 축소한 준거 지구본과 이 지구본을 평면 상에 펼쳐서 나타내는 투영의 과정 필요

② 광원에 따른 투영면의 반영

- 정사 도법
  - 광원이 지구로부터 무한대 거리에 위치하기 때문에 빛이 지구로 평행으로 온다고 가정하여 그리는 도법
  - 지구의 절반만을 그릴 수 있으므로 반구도(半球圖) 작성에 이용
- 평사 도법
  - 지구와 평면이 접하는 접점의 반대쪽 지표면 지점에 광원을 두고 빛을 보내 지구의 경선과 위선의 그림자를 평면에 얻어내는 방식으로 그리는 도법
- 심사 도법
  - 시점이 지구 중심에 위치한다고 가정하여 그리는 도법
  - 심사 도법으로 제작된 지도 위의 임의의 두 지점을 직선으로 연결하면 그것이 두 지점 사이의 최단로, 즉 대권(大圈)과 일치
  - 방위가 정확한 방위 도법 지도에 해당하여 항공도로 사용하기에 적합

(3) 지도 투영의 특성

① 투영 계열

원통 도법	• 준거 지구본 주변에 원통 형태의 투영면을 붙여서 투영 • 경선과 위선이 직교하는 평행선 • 변형: 가상 원통 도법
원추 도법	• 준거 지구본 주변에 원추 형태의 투영면을 붙여서 투영 • 경선은 같은 길이의 방사형을 뻗어나가며, 위선은 동심원의 호 • 변형: 다원추 도법
평면 도법	• 준거 지구본에 평면 형태의 투영면을 붙여서 투영 • 경선은 방사형으로 뻗어나가며 위선은 동심원

② 투영의 특성

투영면	• 구면 상의 지구를 평면 상의 지도에 표현하기 위해 투영면과 준거 지구본이 반드시 접해야 함 • 투영면은 지구 외부에서 하나의 점이나 선에서 만날 수 있고(접격 도법), 투영면이 준거 지구본 속을 통과해서 들어갈 수 있음(할격 도법)
투영축	• 지구 투영의 중심이 되는 축 • 투영의 중심을 준거 지구본의 어디에 위치시키는지에 따라 평면에 표현되는 지도 모양 변화 • 일반적으로 투영축을 표현하고자 하는 곳에 위치시키면 왜곡이 적어짐
지도 투영과 왜곡	• 지도를 투영하는 과정에서 준거 지구본과 투영면이 접하는 지점을 제외한 모든 지점에서 왜곡 발생 • 다양한 도법에서는 다양한 형태의 왜곡 패턴을 만들어 냄

■ 대권과 소권

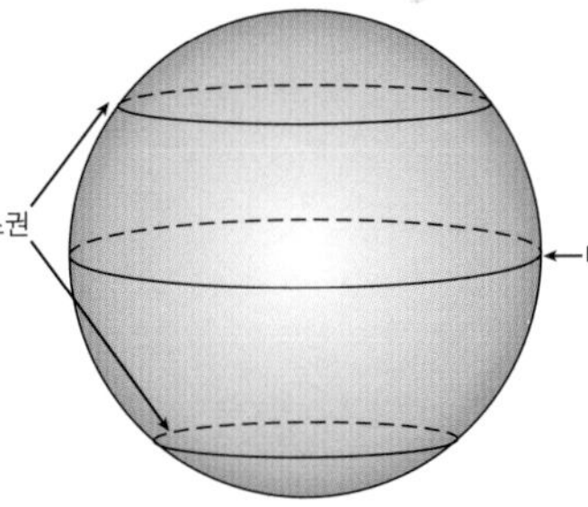

지구의 중심을 지나는 평면이 지구의 표면에서 만나는 선으로 가장 큰 호이며 지구 상의 두 지점을 지나는 대권을 그리면 최단거리가 된다. 적도를 제외하면 모든 위도는 소권(지구의 중심을 관통하지 않는 평면의 선)이다.

■ 대권과 항정선

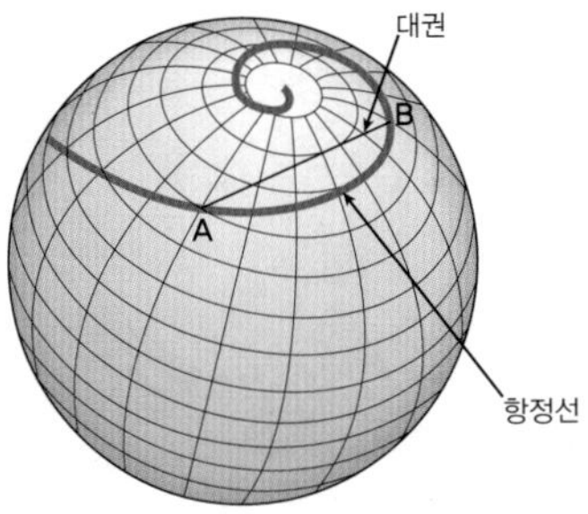

■ 광원에 따른 분류

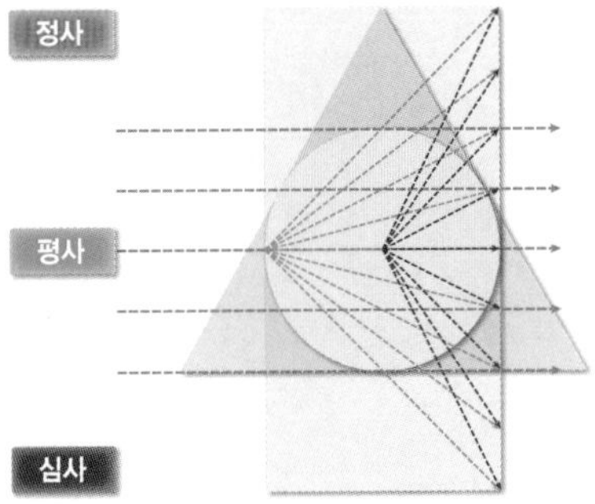

3. 지도 투영의 속성

정적 도법	• 지표 상의 면적 비중이 지표에서와 동일하게 유지되는 도법 • 투영 접점(표준선)에서부터 멀어질수록 가로의 축척이 증가하게 되는데, 그 증가하는 비율만큼 세로의 축척이 줄어들게 되어 왜곡이 더 심해짐
정형 도법	• 특정 지점을 중심으로 위선과 경선의 축척이 동일하게 증가하거나 감소하는, 즉 가로와 세로 축척의 변화가 같은 비율을 유지하는 도법
정거 도법	• 투영의 중심인 표준점 또는 표준선으로부터 모든 지점으로의 축척이 유지되는 도법 • 원통 도법의 경우 적도를 표준선으로 투영했을 때 모든 경선에서는 축척이 유지되며, 위선의 축척은 유지되지 못함 • 어느 한 지점 또는 선으로부터 동일한 각도로 다른 지점을 연결하는 선을 따라서만 같은 거리 유지
정방위 도법	• 지도 투영의 중심점으로부터 다른 모든 지점까지의 방위가 보존 • 투영의 중심점과 다른 지점을 연결한 모든 직선이 대권을 나타내며, 주로 항해에 이용
절충 도법	• 정적 도법과 정형 도법에서는 어떻게 해서든 크기와 형태의 왜곡이 확연히 드러남 • 정형 도법에서 면적과 형태의 왜곡을 적절하게 조정하게 되어 정형성이나 정적성이 모두 왜곡되지만, 전체적으로는 덜 왜곡되는 특징이 있어 대륙의 외관을 잘 표현 • 세계 지도를 표현할 때 주로 사용되는 도법

■ 투영법의 종류

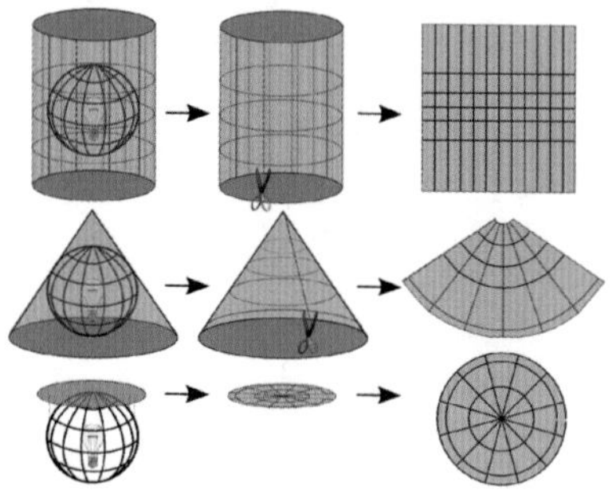

위에서부터 원통 도법, 원추 도법, 방위 도법의 원리이다.

4. 도법의 종류와 특징

(1) 원통 도법: 적도 측 접선

① 모든 경위선은 직선이고 직각으로 교차

② 경선과 위선의 길이와 간격은 항상 동일, 동일 위도에서 모든 왜곡의 양상이 동일

③ 표준 위선(적도)으로부터 멀어질수록 위선을 따라(동서 방향으로) 확대

④ 표준 위선(적도)으로부터 멀어질수록 경선을 따라(남북 방향으로) 발생하는 왜곡의 양상을 결정, 위선의 간격에 따라 정거 도법, 정적 도법, 정형 도법으로 구분

⑤ 표준 위선을 따라서는 왜곡이 없음(주로 적도)

종류	원리와 속성	왜곡의 패턴
정거 원통 도법	위선 간격 동일	위선의 왜곡은 없고, 적도에서 멀어짐에 따라 경선의 간격 증대
메르카토르 도법	표준 위선(적도)을 따라 동서 방향으로 확대된 만큼 위선의 간격 확대	• 표준 위선으로부터 멀어짐에 따라 경선은 등간격이므로 급격히 증대되고, 위선 간격도 증대 • 용도: 남북 방향으로 긴 국가나 지역, 대축척 지도, 지형도, 지질도, 항법도
람베르트 정적 도법	위도가 높아짐에 따라 발생하는 확대를 보완하기 위해 확대된 만큼 경선 간격 축소	표준 위선으로부터 멀어짐에 따라 경선이 등간격이며 경선의 확대된 만큼 위선의 간격 축소

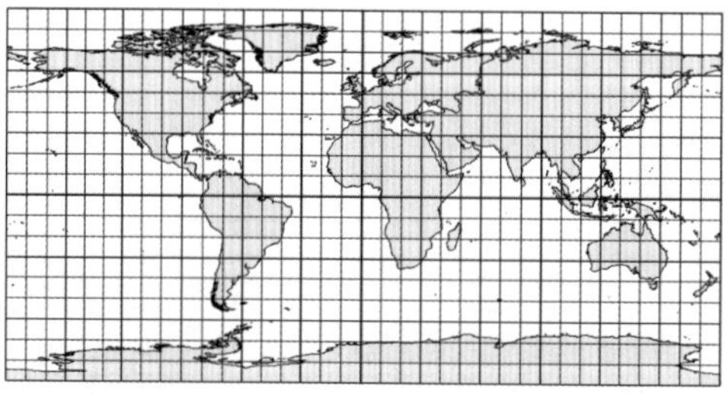

⇡ 정거 원통 도법

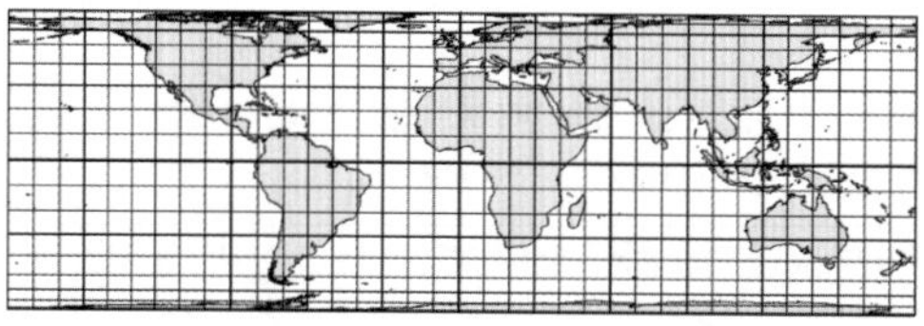

⇡ 람베르트 정적 도법

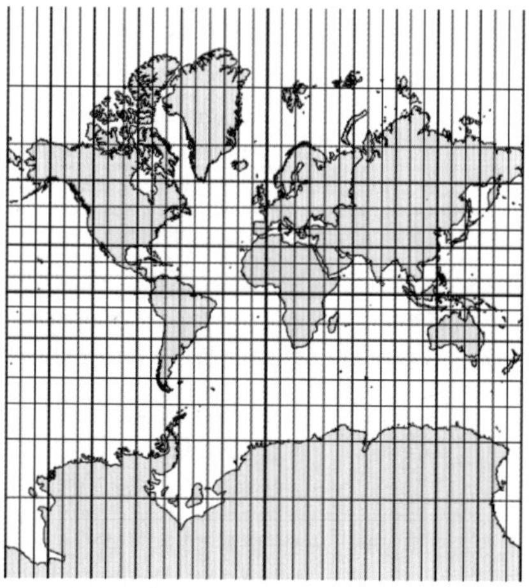

⇡ 메르카토르 도법

(2) 가상적 원통 도법: 기하학적 계산에 의한 투영 설명

① 원통 도법이 극 지역에서 심하게 왜곡되는 것을 정형성을 훼손하여 정적성을 획득

② 위선이 직선이고 경선은 중앙 경선을 제외하고 곡선

종류	원리와 속성	왜곡의 패턴
시누소이드	• 적도 길이의 절반이 되는 수직선인 중앙경선을 그은 다음 지구의와 동일한 간격으로 경선을 표현	• 위도가 높을수록 왜곡이 심하게 증대됨 • 모든 지점에서 정적성이 나타남 • 용도: 남미 지역, 주제도
몰바이데	• 정적 도법 • 중앙 경선을 수직으로 긋고 모든 경선은 등간격의 타원 • 위선은 적도로부터 멀어질수록 감소, 남북 방향 왜곡 발생	• 위도 40°44′을 중심으로 낮아질수록 확대되고 높아질수록 축소 • 표준 경선에서 멀어질수록 면적의 확대 또는 축소 폭이 큼 • 용도: 세계 전체 주제도
구드	• 위도 40°44′ 기준 북으로 시누소이드, 남으로는 몰바이데 도법 • 대륙별로 6개의 중앙 경선을 설정하여 고위도 지역의 형상 왜곡을 최소화하는 단열형식의 지도를 완성 • 정적성	
로빈슨	• 중앙 경선은 적도 길이의 0.51배 극의 길이는 적도의 0.53배 • 중위도 남북 38°까지는 등간격, 양극으로 갈수록 위선 간격 좁아짐 • 경선은 등간격의 곡선	• 모든 방향으로 왜곡 발생 • 정형 도법에 비해 면적의 왜곡이 적고, 정적 도법에 비해 형태의 왜곡이 적음 • 용도: 세계 지도, 주제도, 1998년까지 『내셔널지오그래픽』 공식 도법

(3) 원추 도법: 일반적으로 20°N, 60°N 두 개의 표준 위선 설정

① 전체적 형상은 부채꼴로, 경선은 한 지점으로부터 방사상의 직선

② 위선은 동심원의 호, 경선과 위선은 직교하며 위선 간격은 도법에 따라 다름

종류	원리와 속성	왜곡의 패턴
정거 원추 도법	• 위선 간격 동일 • 모든 경선을 따라 모든 지점에서 왜곡 없음 • 표준 위선으로부터 멀어질수록 위선을 따라 과장됨	• 두 표준 위선을 따라서는 왜곡이 없음(원추 도법 공통) • 위선을 따라 두 표준 위선 사이에서는 과소, 두 표준 위선 외곽으로는 과장이 발생(원추 도법 공통)
람베르트 정형 원추 도법	• 위선 간격이 표준 위선으로부터 멀어짐에 따라 점차 확대 • 동서 방향의 왜곡을 동일하게 남북 방향에 적용	• 정형성: 남북 방향과 동서 방향의 왜곡 비율이 같음 • 용도: 동서 방향으로 긴 대륙·국가·지역에 대한 지형도
앨버스 정적 원추 도법	• 동서 방향의 확대를 남북 방향의 축소를 통해 정적성 획득	• 면적의 왜곡이 없어지면서 형태의 왜곡 발생

(4) 방위 도법: 중심과 다른 모든 지점 간 정방위 유지

① 모든 경위선은 표준점으로부터 방사상의 직선, 모든 위선은 동심원

② 모든 도법은 위선의 간격에 의해 구분

③ 투시 도법, 중심을 통과하는 모든 직선은 대권

④ 오로지 중심에서만 모든 방향으로 왜곡 없음

⑤ 모든 왜곡은 중심으로부터의 거리에 따라 결정

• 정사 도법
- 무한대로 먼 지점에서 광원이 비치는 것으로 간주
- 중심에서 멀어짐에 따라 위선 간격의 급격한 감소
- 위선의 길이는 지구와 동일
- 면적의 감소

■ 가상적 원통 도법

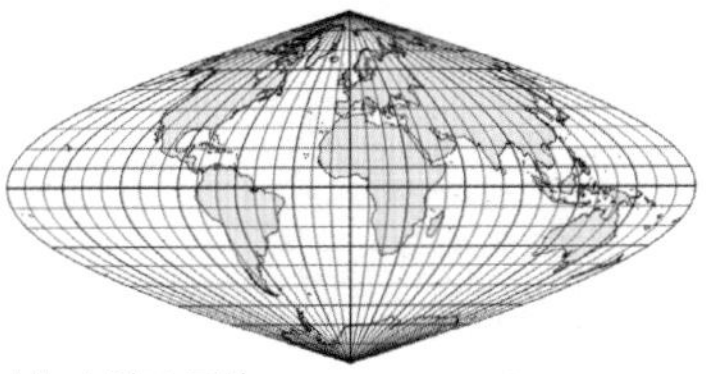
시누소이드 도법

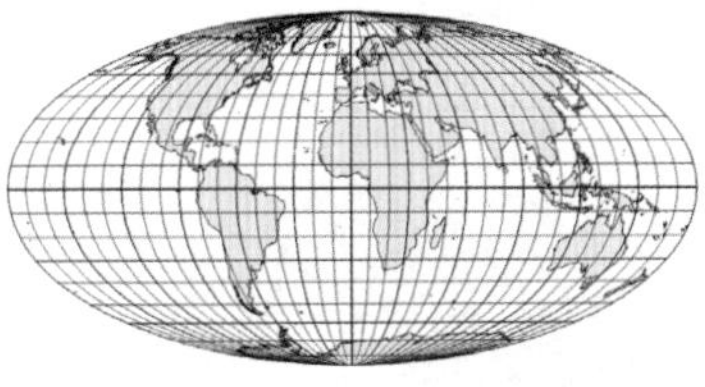
몰바이데 도법

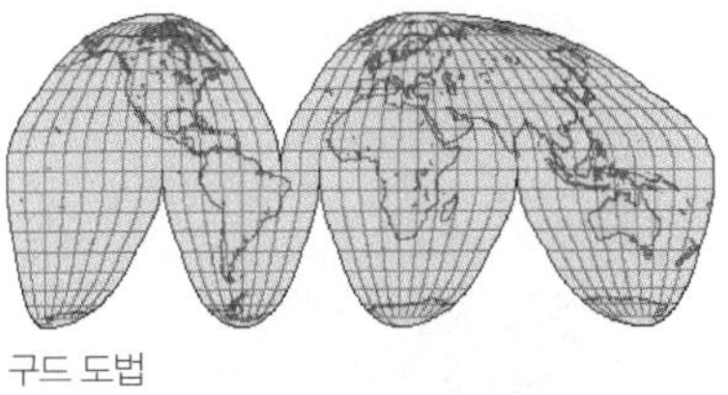
구드 도법

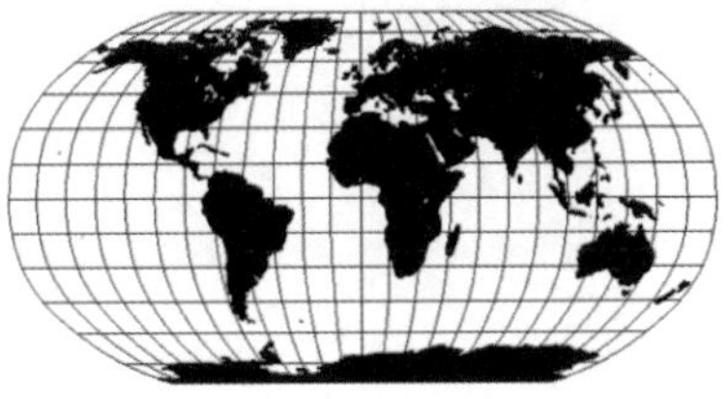
로빈슨 도법

■ 원추 도법

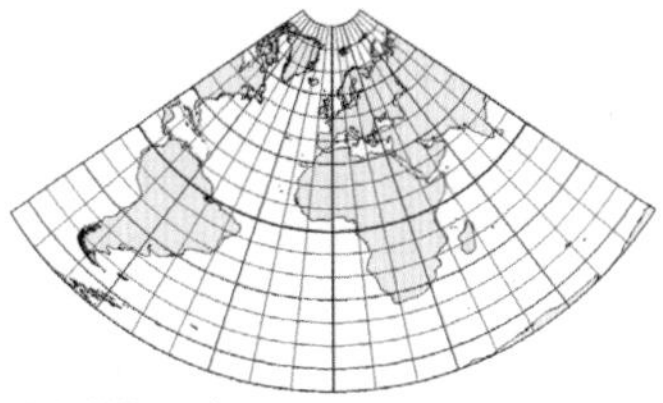
정거 원추 도법

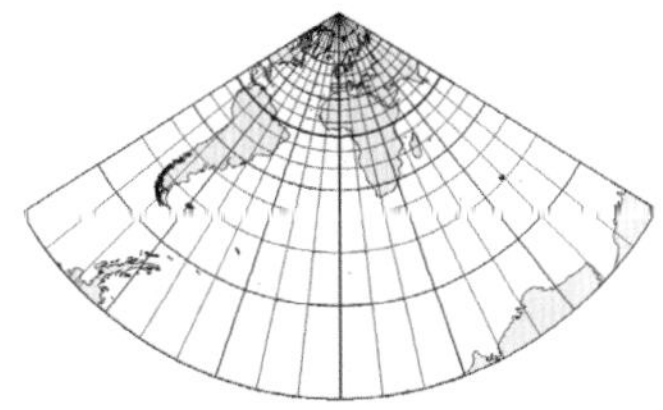
람베르트 정형원추 도법

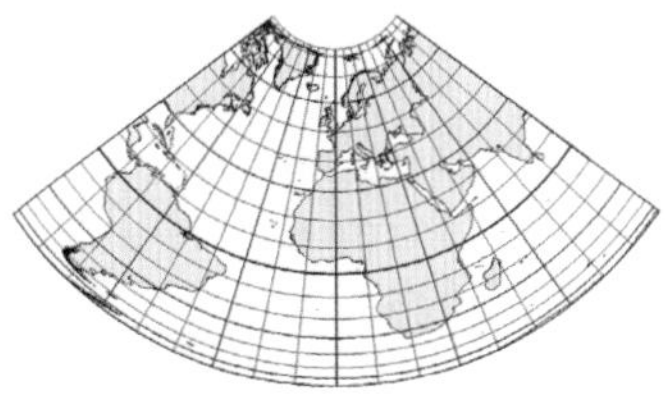
앨버스 정적 원추 도법

■ 방위 도법

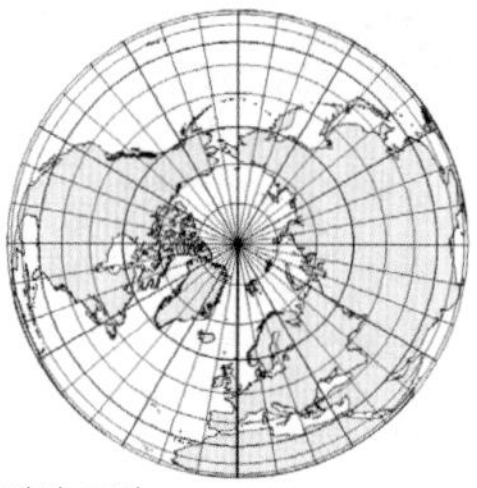
정사 도법

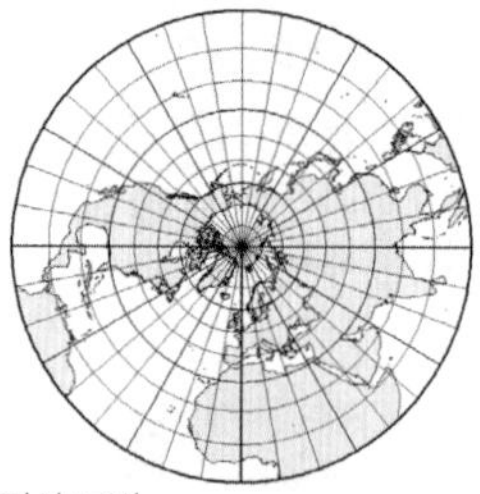
평사 도법

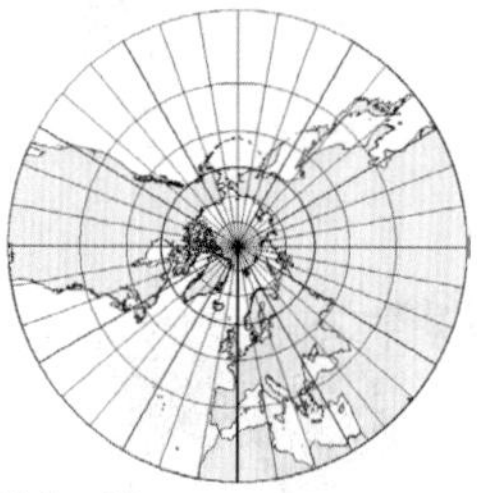
심사 도법

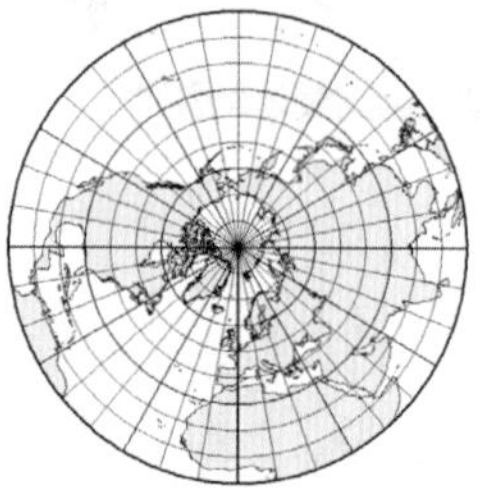
정거 방위 도법

• 평사 도법
 - 광원을 바라본 지구와 접하는 투영면의 중심점과 반대 지점에서 투영
 - 중심에서 멀어짐에 따라 위선 간격 확대
• 심사 도법
 - 광원을 지구본의 중심에서 투사
 - 지도 상의 모든 두 지점을 연결한 직선은 대권
 - 중심에서 멀어질수록 면적의 급격한 증가
• 정거 방위 도법
 - 비투시 · 정거도법
 - 중심을 통과하는 직선은 대권이며 그 거리는 지구본 상의 거리와 동일
 - 중심에서 멀어짐에 따라 면적이 확대됨

5. GIS(지리 정보 시스템)

(1) GIS의 개념과 의미

① 정의: 다양한 지리 정보를 컴퓨터에 입력 · 저장한 후 사용자의 요구에 따라 여러 가지 방법으로 자료를 분석 · 종합하는 지리 정보 관리 시스템

② 특징: 공간 정보와 속성 정보를 디지털화하여 입력하므로 필요에 따라 자료의 통합 · 수정 · 보완이 쉬움, 복잡한 지리 정보를 컴퓨터를 활용하여 다양한 크기로 지도화할 수 있음, 신속한 공간 의사 결정에 기여함

③ GIS의 의미

지리 (Geographic)	위치	• 지표 상에 특정한 지점을 가지는 데이터의 공간적 속성 • 좌표 체계: 3차원 좌표계와 평면 좌표계
	속성	• 기하학적 속성: 면적, 길이, 형태 • 일반 속성: 명목, 서열, 등간, 비율
	공간 관계	• 위상적: 분산, 포섭, 교차, 연결, 인접 • 원근적: 가깝고 먼 • 방향적: 앞, 뒤, 위, 아래, 동, 서, 남, 북
정보 (Information)	데이터 관리	• 데이터: 정보 • 특정한 목적을 위해 데이터를 활용 가능한 형태로 가공
	지식과 지능	• 지식: 정보를 탐색, 해석, 분석하여 정보에 고부가 가치를 부여한 것으로서 합리적 의사 결정을 위해 사용 • 지능: 특정한 형태의 지적 혹은 행위적 지향을 도출, 삶의 질을 향상시키고 지도학적 합리성 진전
	• 다양한 데이터 형식의 결합	
체계(System)	• 하위 시스템으로 구성 • 네트워킹 가능: 분산 컴퓨터 환경, 인터넷 GIS, 모바일 GIS, 유비쿼터스 GIS	

(2) GIS의 구성 요소

① 네트워크: 정보 전달 분야에 관련되는 것(또는 사람) 또는 개체 상호 간에 형성되는 조직

- 정보 통신 기술의 발달로 네트워크의 중요성 증대
- 분산 컴퓨팅 시스템: 인터넷, 모바일, 유비쿼터스 GIS의 보급, 클라이언트와 서버를 연결하여 지리 정보 시스템 이용 가능

② 하드웨어: 자료 분석에 필요한 장치

데이터 입력 장치	데이터 저장 장치	데이터 출력 장치
• 디지타이저 • 스캐너 • 키보드 • 인공위성 • 측량 비행기 • 해석 도화기 • GPS	• 외장 하드 디스크 • 광학 디스크 • 기타 여러 저장 장치	• 프린터 • 인터넷 • 플로터 • PDA • 모니터

③ 소프트웨어

- 웹브라우저 또는 뷰어 등의 소프트웨어와 데스크탑 GIS, 전문가용 GIS
- 소프트웨어나 솔루션 개발을 위한 컴포넌트 GIS

④ 데이터

- 일반 데이터: 백터 데이터와 래스터 데이터
- 메타 데이터와 메타 데이터 목록: 메타 데이터란 데이터에 대한 데이터로 데이터의 생산자, 내용, 질, 상태 등 사항에 대한 정보를 포함
- 공간 정보 유통 기구: 전자적인 메타 데이터 목록과 그것에의 접근을 가능하게 해 주는 공간 포털

(3) GIS의 적용

① GIS 적용 수준: 사적 GIS와 공적 GIS

② GIS 적용 역할: 5Ms(Mapping, Measuring, Monitoring, Modeling, Management)

③ GIS의 적용 분야

- 시설물 관리 분야: 지상 및 지하 시설물 관리
- 교통 및 물류 분야: 교통 시설(육상·수상·항공 교통), 대중교통 계획, 교통 상황, 사고 관리
- 토지 관리 분야: 토지 측량, 지적 및 건물 정보 관리, 토지 이용, 지가 및 부동산 관리
- 환경 및 자원 관리 분야: 환경 관리, 환경 보전, 자원 개발과 관리, 자연 재해 관리, 지속 가능한 개발
- 비즈니스 분야: 상업적 목적에 입각해서 인간의 사회 경제적 특성을 공간적 맥락에서 분석하는 것, 금융업, 언론, 부동산업, 도·소매업
- 공공복리 분야: 군사 GIS, 소방, 의료, 범죄, 재난 구제 등
- 중앙 및 지방 정부 분야: 공공복리를 위한 의사 결정 시스템, 국토 계획, 센서스 등

■ 정보 시스템의 유형화

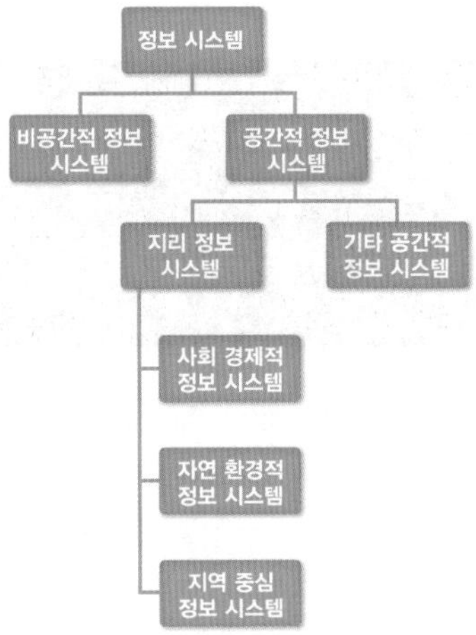

■ 위상 데이터의 공간 관계

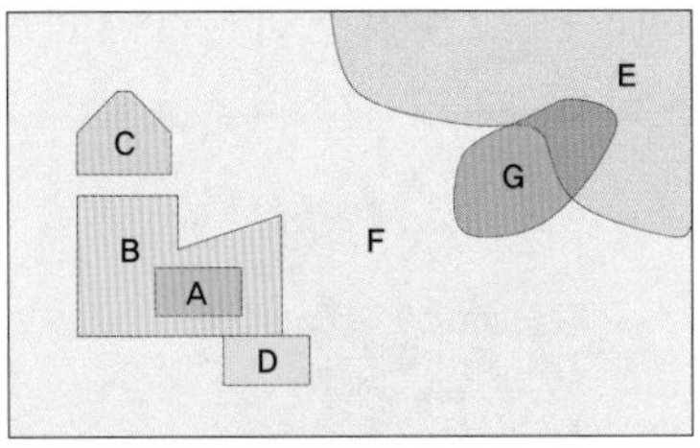

위상적
- A는 B 안에 있다.
- D는 B와 연결되어 있다.
- C는 D와 떨어져 있다.
- G는 E와 겹쳐져 있다.

원근적
- C는 B 가까이 있다.
- D는 E와 멀리 떨어져 있다.

방향적
- G는 C의 동쪽에 있다.
- C는 D의 북쪽에 있다.

■ GIS의 역할

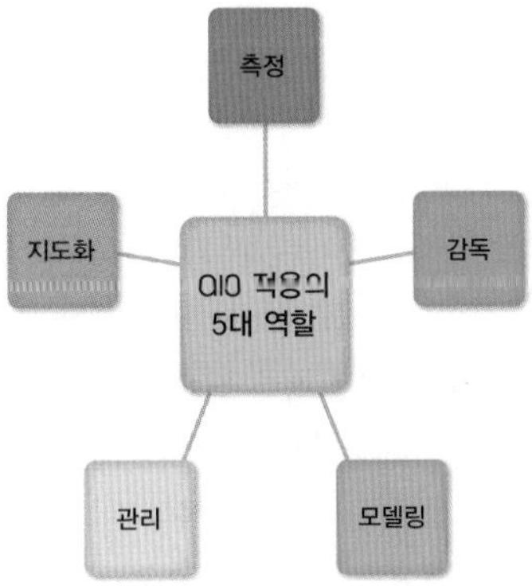

지리 상식 1 **미드 속 지도 이야기**

인기 많은 미국 드라마 <웨스트윙 시즌 2>에서 지도와 관련된 재미있는 에피소드가 등장한다. 드라마는 1년에 한 번씩 백악관 직원들이 총동원되어 시민 단체들을 만나는 날을 묘사하는데, 대변인인 C.J. 크랙이 만난 단체, '사회적 평등을 위한 지도 제작자 협회'는 현재 대다수의 학교에서 가르치고 있는 세계 지도의 도법인 메르카토르 도법이 잘못되어 있으며, 이를 수정하도록 하는 법안이 마련되어야 한다고 주장한다. 그런데 그들이 지도를 바꿔야 한다고 주장하는 이유는 이른 바 지도의 특성으로 인한 그린란드 문제 때문이다.

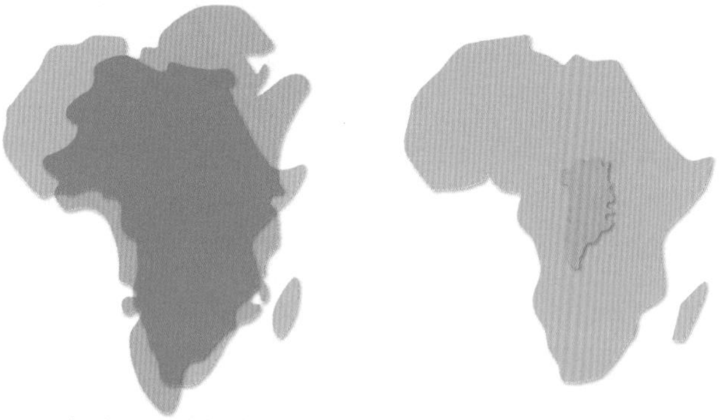

메르카토르 도법에서의 크기　　　실제 크기

↑ **메르카토르 도법에서의 그린란드 크기와 실제 크기의 비교**

아시아, 아프리카, 유럽, 아메리카, 오세아니아, 유럽 인들에 의한 세계의 지역 구분 방식은 메르카토르, 오르텔리우스 등 당시의 지도학자들에 의해 한 장의 평면 지도에 일목요연하게 정리되었다. 이 지도는 벽걸이 지도와 지도첩으로 만들어져 식민지 정복과 경제적 수탈, 선교사들의 포교 활동을 통해 전 세계로 확산되어 오늘날까지 굳어지게 되었다.

하지만 이 지도에서 우리가 놓치지 말아야 할 것은 여기 또 하나의 유럽 중심주의가 숨겨져 있다는 사실이다. 당시 유럽은 항로를 개척하고 탐험과 무역을 확대하던 시기로, 항해용 지도는 안전하고 빠른 항해에 필수적인 도구였다. 이런 분위기 속에서 등장한 메르카토르의 지도는 항해 시 나침반의 방향을 바꾸지 않고도 목적지에 쉽게 도착할 수 있었기 때문에 유럽의 항해사들에게 최고의 선물이었다. 그리하여 이 지도는 빠른 속도로 보급되었다.

그러나 유럽 인들의 항해용 지도로 제작된 메르카토르 지도는 많은 부분에서 왜곡되었다. 실제 지구 상의 위치와는 달리 유럽은 지도의 중앙부 위편에 자리 잡았으며, 실제보다 상당히 확대되어 표현되었다. 반면 그들이 주로 식민지 쟁탈전을 벌였던 남아메리카, 아프리카, 동남 및 남아시아는 실제보다 작게 표현되었고, 주로 지도의 아래쪽에 그려졌다.

더욱 문제가 되는 것은 메르카토르 도법이 보편화되고 유럽의 영향력이 강화되면서, 지도에 그려진 세계의 모습이 실제 세계의 모습이라고 믿게 되었다는 것이다. 즉 유럽은 원래부터 세계의 중심이며 우월하기 때문에 주변부의 열등한 지역을 지배하는 것은 당연하다는 것이다. 이러한 논리 속에서 유럽 인에 의한 세계의 대륙 구분도 자연스럽게 정당화되었다.

이에 독일의 역사가이자 지도학자였던 아르노 페터스가 새로운 형태의 지도를 제시했는데 그것이 바로 골-페터스 도법에 의한 지도이다. 페터스는 마르크스주의자였다. 1973년 처음으로 공식화한 그의 주장은 자신이 고안한 투영법이 메르카토르 도법에 비해 세상을 훨씬 더 사실적으로 재현한다는 것이었다. 그러나 많은 지도학자들은 페터스의 도법이 1세기도 더 전에 스코틀랜드 학자 제임스 골(James Gall)이 개발한 투영법에 근거하고 있다고 비판한다(그래서 페터스 도법을 골-페터스 도법이라 함). 어쨌든 페터스는 유럽 제국주의의 종말과 현대 선진 기술의 발흥에 발맞추어 지도학도 변화를 모색해야 한다고 믿었다. 지도 제작은 명백해야 하고 즉각적인 이해가 가능해야 하며, 무엇보다도 전통적인 유럽식 통제와 선입견으로부터 자유로워야 할 필요가 있었다.

따라서 페터스는 지도학자들이 '정적 도법'이라고 하는 것에 속하는 도법을 만들었다. 메르카토르 도법과 달리 정적 도법은 적도로부터 떨어질수록 면적이 확대되지 않는다. 페터스의 주장에 따르면, 페터스 도법은 모든 국가의 면적을 정확하게 재현하기 때문에 개발 도상국에 속하는 국가들에게는 정의로운 것이다. 개발 도상국의 면적이 더 커지게 된 것은 페터스 도법의 주된 성공 이유 중 하나였다. 페터스 도법이 발표되자 세상을 재현하는 전통적이고 한물 간 방식에 종말을 고한, 시기 적절한 획기적인 성과라는 찬사가 쏟아졌다. 그러나 페터스 도법 역시 왜곡으로부터 자유로울 수 없다. 남아메리카와 아프리카의 길이가 과장되어 두 대륙의 형태가 심하게 왜곡되어 있다. 또한 캐나다와 러시아의 해안선은 너무 길게 표현되어 있다.

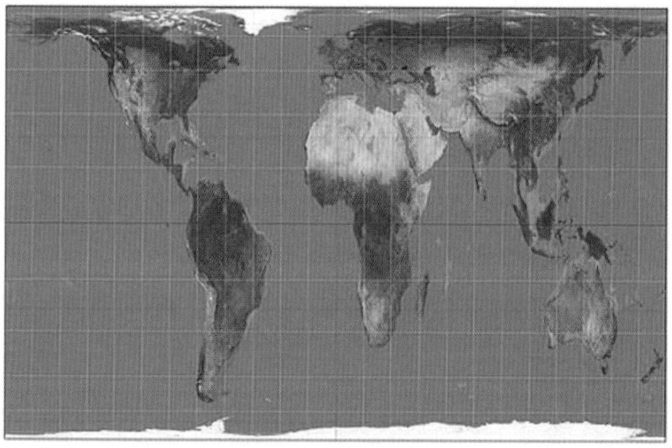

↑ **골-페터스 도법에 의한 세계 지도**

페터스가 제안한 세계 지도는 여전히 논쟁의 대상이 되고 있다. 비록 많은 열정적인 옹호자를 가졌지만, 그의 지도를 지도학적인 재현이라기보다는 하나의 정치적인 표현물로 보는 수많은 전통적인 지도학자들에게 엄청난 공격을 받았다. 그들에 따르면 페터스의 도법은 결코 독창적인 것이 아니며, 면적은 정확하지만 극 부근은 찌그러져 있고 적도 부근은 늘어져 있는 등 형태는 엄청나게 왜곡되어 있다.

이후 이러한 단점들을 보완하기 위한 여러 종류의 절충 도법들이 세상에 발표되었다. 그중 가장 널리 사용되고 호평을 받은 도법이 로빈슨 도법이다. 1988년 '내셔널지오그래픽 소사이어티'가 선정한 이 도법은 미국의 지도첩 출판사 랜드 맥널리의 의뢰로 만들어진 것이었다. 이 도법은 세상을 더 평평하고 땅딸막해 보이게 한다. 이 도법이 지리적 왜곡을 완전히 제거한 것은 아니지만, 세상 대부분에서 왜곡은 낮은 수준으로 유지된다. 따라서 로빈슨 도법을 사용한 지도는 그 이전의 도법에 비해 지형적 정확성이 돋보인다는 평을 받는다.

제러미 하우드, 이상일 역, 2014, 『지구 끝까지: 세상을 바꾼 100장의 지도』

지리 상식 2 이코노미스트지가 바보 된 사연

미국의 권위 있는 경제 전문지 『이코노미스트(Economist)』의 2003년 5월 3일자에는 북한의 탄도 미사일인 노동, 대포동 1·2호의 위험을 알리는 기사가 실렸다. 하지만 논란은 북한이 보유한 미사일의 위험성이나 도달 거리보다 엉뚱한 곳에서 촉발되었다. 문제는 북한 미사일의 도달 가능 거리가 실제보다 매우 작게 그리고 적절하지 못하게 표현되었다는 것이다. 문제는 지도의 투영법에 대한 오해에서 발생한 것이었다.

그림을 보면 지도에 사용된 도법은 메르카토르 도법이다. 메르카토르 도법은 실제 지구를 평면상에 투영시키는 과정에서 위도가 높아질수록 과장의 폭이 커진다는 단점이 있다. 그렇기 때문에 만약 지구본 상에서 북한을 중심으로 동심원을 그렸을 때 그림 1과 같은 형태의 원이 나타날 수가 없는 것이다. 이 기사에 실린 그림 1로 인해 지도학자들로부터 수정 요구를 받은 『이코노미스트지』는 같은 달 17일에 그림 2와 함께 정정 기사를 내는 데 이르렀다.

정정 기사에서 이렇게 말했다. "평평한 지구적 사고, 메르카토르 지도에 원을 겹쳐 놓은 것을 지적한 독자들에게 감사드린다. … (중략) … 이는 북한 미사일의 도달 범위를 심각하게 저평가한 것이었으므로, 이를 바로잡는다." 그림 2에서 보면 지구 상의 실제 동심원이 메르카토르 지도에서는 어떻게 나타나는지 알 수 있다. 메르카토르 지도 자체가 항정선을 직선화하여 항해에 도움을 주기 위한 목적으로 제작된 지도였으므로 실제 지구 상에 동심원이 그려진다고 했을 때 그 동심원의 모양은 지도의 왜곡 만큼 커져야 하는 것이다.

그림 2를 자세히 보면, 탄도 미사일인 대포동 1·2호의 도달 거리의 차이를 나타낸 범위가 적도에서보다 위도가 높아질 수록 더욱 확대되어 나타나는 것을 볼 수 있다. 이는 메르카토르 도법에서 위도가 높아질수록 나타나는 왜곡의 양상을 반영하고 있는 것이다. 그래서 『이코노미스트지』에서는 그림 1과 같은 표현을 미사일의 도달 범위를 심각하게 과소 추정했다고 언급한 것이다. 이에 따라 그림 1에서는 미국과 캐나다가 도달 거리 안에 들지 않는 것처럼 보이지만, 그림 2에서는 미국과 캐나다 모두 도달 거리 안에 드는 것으로 나타난다. 실제 지도의 투영법에 대한 오해가 얼마나 심각한 차이를 가져올 수 있는지를 잘 나타내 주는 사례라 할 수 있다.

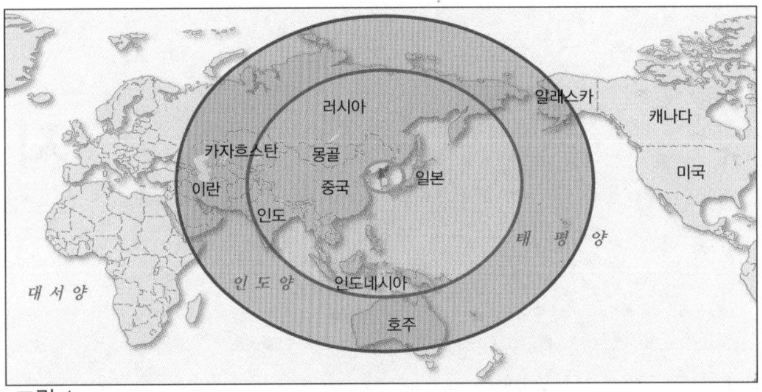

그림 1

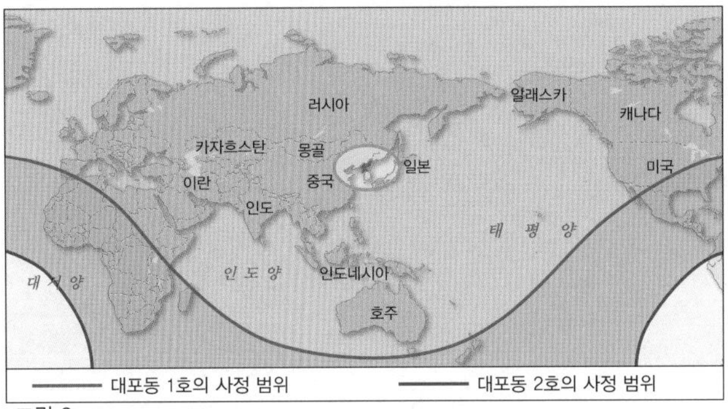

그림 2

⇡『이코노미스트』에 실린 잘못된 지도와 이후에 수정한 지도

메르카토르 도법은 정각성을 지키는 대신 다른 요인들을 심각하게 왜곡하는 특징을 지닌다. 또한 모든 지도는 면적, 방위, 거리, 형태 중 어느 하나의 요인을 만족하기 위해 다른 요인들을 왜곡할 수밖에 없다. 아래 그림을 보면 이러한 지도의 특징을 잘 이해할 수 있다.

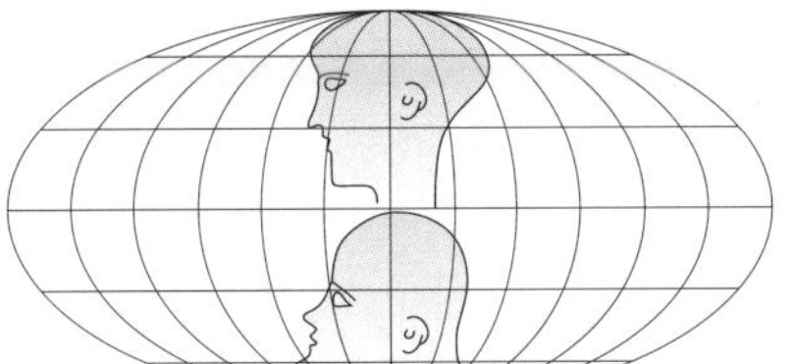

⇠ 몰바이데 도법

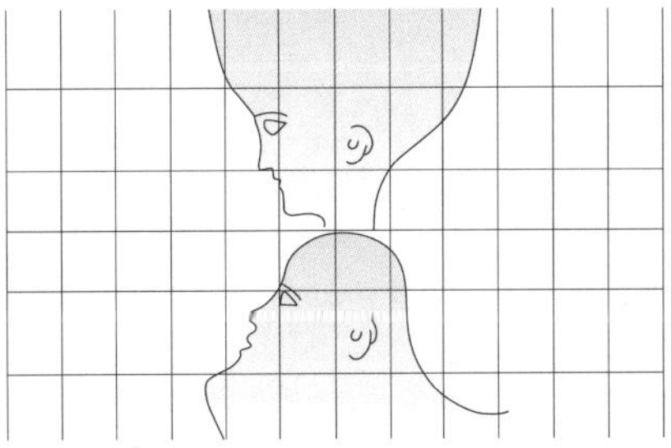

⇠ 메르카토르 도법

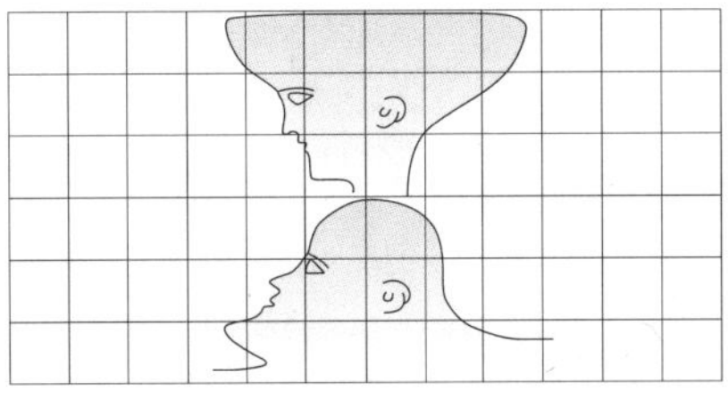

⇠ 등장방형 도법

손일, 2014, 『네모에 담은 지구』

Chapter 02

제2장

지형

핵심 출제 포인트

▶ 화성암 ▶ 퇴적암 ▶ 변성암
▶ 암석 순환

■ 암석의 종류

화성암	화강암, 현무암, 조면암, 안산암 등
퇴적암	사암, 역암, 응회암, 석회암 등
변성암	편마암, 편암, 대리석, 규암 등

■ 화성암, 퇴적암, 변성암

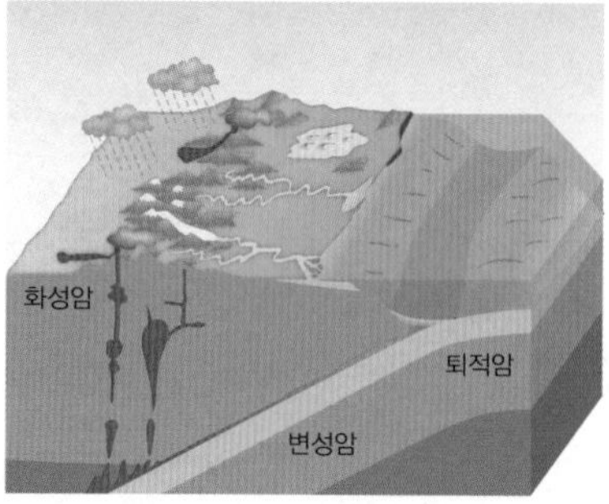

■ 변성암의 형성

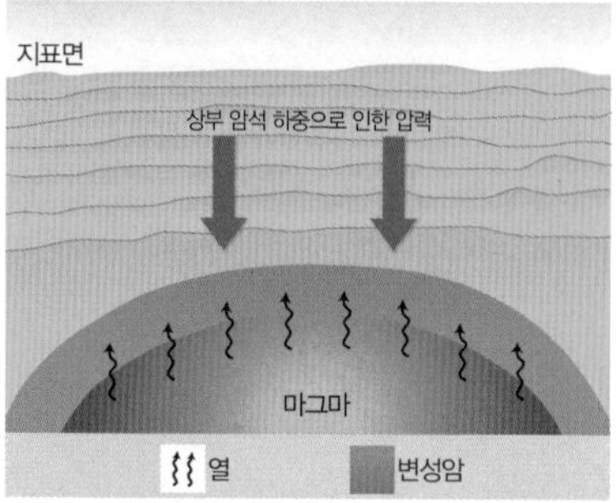

■ 화강암과 현무암

조립질 암석인 화강암과 세립질 암석인 현무암이 대비된다. 현무암 표면의 구멍은 가스가 빠져나간 흔적이다.

1. 지형 형성 작용

지형학(geomorphology)은 gē(지구), morphē(형태), legō(담론)라는 그리스 어에서 유래했다. 따라서 지형학은 '지구의 형태에 대한 담론'이다. 이 용어는 지구 표면에 나타난 다양한 형태의 지형을 기술하기 위해 만들어졌으며, '지형 형성 원인 연구'로 정의되었다.

2. 암석

(1) 암석 지구를 구성하는 요소

① 화성암: 높은 압력과 열에 의해 마그마 형태로 녹아 있던 암석이 지표에 노출되거나 지하에서 천천히 식으면서 형성

② 퇴적암: 지표에 노출된 암석이 오랫동안 지속된 풍화와 침식으로 부서진 뒤 한곳에 쌓여 다져지고 굳어지며 형성

③ 변성암: 화성암 또는 퇴적암이 다시 지하 깊숙이 파묻혀 높은 열과 압력으로 화학 구조가 변화하며 형성

(2) 암석 순환

① 화성암, 퇴적암, 변성암이 주변 환경에 의해 끊임없이 다른 암석으로 변화하는 과정

② 큰 틀에서 바라보면 암석 순환의 과정에서 크고 작은 지형이 형성되거나 소멸됨

③ 내인적 작용과 외인적 작용은 모두 암석 순환에 관여

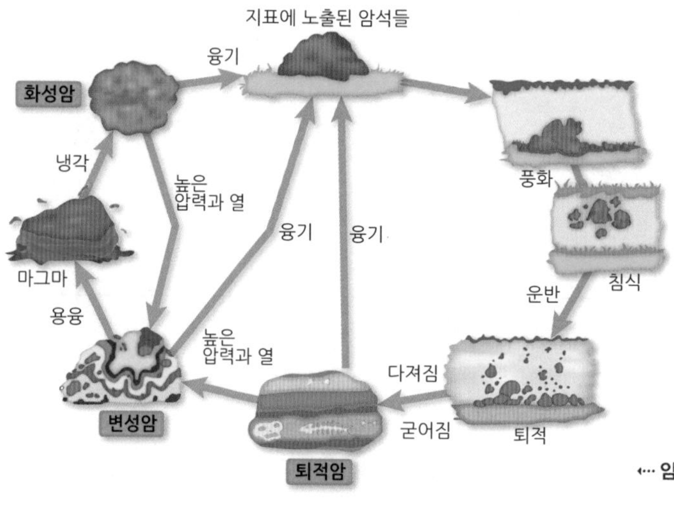

⋯ 암석 순환 과정

더 알아보기

▶ 우리나라를 대표하는 화성암

화강암과 현무암은 우리나라에서 흔히 관찰할 수 있는 화성암이다. 화강암은 주로 산 정상부가 돌로 이루어진 산에서 나타나고, 현무암은 제주도나 경기 북부의 철원에 가면 볼 수 있다. 그런데 화강암과 현무암은 색깔부터 구조까지 서로 너무나 다르다. 화강암은 마그마가 지하 깊숙한 곳에서 천천히 식으며 만들어졌기 때문에 암석을 구성하는 결정이 성장할 충분한 시간이 있었다. 그래서 화강암은 암석의 입자가 크다. 이에 비해 현무암은 지표에서 급속도로 식으며 형성되어 입자가 작은 편이다. 색깔 또한 대비되는데 화강암은 실리카(이산화 규소)라는 물질이 많이 포함되어 밝은색을 띠고 현무암은 실리카가 적게 포함되어 있어 어두운색이다. 화성암에서 실리카의 비율은 폭발 양식에 영향을 주기 때문에 매우 중요하다. 실리카가 많이 포함될수록 더 격렬하고 강하게 화산 폭발이 일어난다. 따라서 제주도의 현무암을 만든 마그마는 천지를 흔들 만큼 격렬한 분화보다는 비교적 얌전하게 흘렀을 가능성이 크다.

핵심 출제 포인트

▶ 침식 ▶ 풍화 ▶ 판 구조론
▶ 판 구조 운동과 자연재해

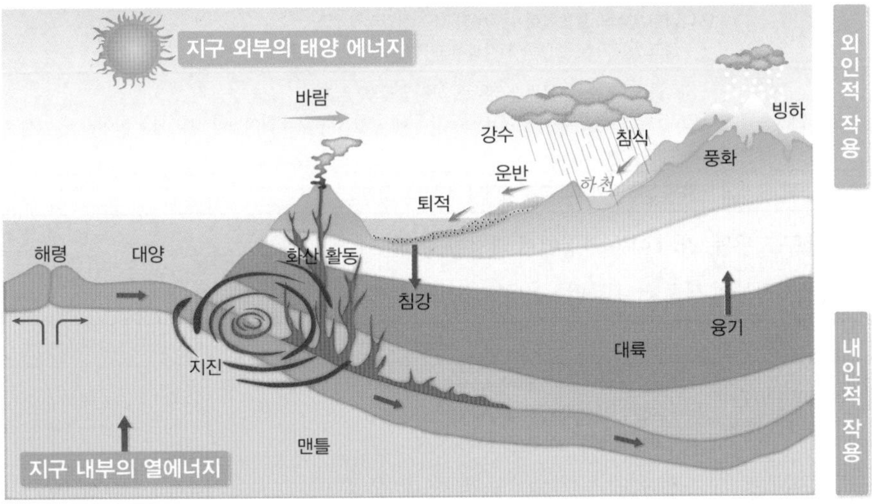

지형 형성 작용 지구 표면에 변화를 일으키는 다양한 물리적·화학적 변화이다. 이는 태양 에너지로부터 기원해 지표면 또는 대기권에서 일어나는 외인적 작용과 지구 내부의 열에너지를 통해 나오는 지질적 힘인 내인적 작용 등에 의해 이루어진다.

1. 외인적 작용

(1) 침식

① 정의: 하천, 파도, 바람, 빙하 등이 이동하며 충격을 가해 암석이 파괴되는 과정

② 침식 지형

부용대	• 위치: 경상북도 안동 하회마을 • 하천에 의한 침식으로 커다란 바위가 파괴되며 절벽 형성
12사도 바위	• 위치: 오스트레일리아 멜버른 그레이트오션 도로 • 파도의 침식 작용으로 해식애, 시 스택, 해식동 등의 지형 형성
버섯바위	• 위치: 미국의 모뉴먼트밸리 및 여러 사막 기후 지역 • 바람에 의한 침식 작용으로 바위 아랫부분이 제거되어 버섯모양의 바위 형성
마터호른	• 위치: 스위스와 이탈리아 접경 지역의 마터호른 산 • 높은 산지에 위치한 빙하의 이동에 의한 침식으로 날카로운 바위 형성

(2) 풍화

① 정의: 암석이 물질의 이동 없이 제자리에서 부서지는 과정

② 기계적 풍화: 암석을 구성하는 물질의 화학적 변화 없이 외부의 자극으로 인한 파괴

• 눈썹바위(인천 강화도 보문사): 지하 깊숙이 묻혀 있던 화강암이 지표로 노출되면 누르고 있던 압력이 제거되어 기계적 풍화로 형성

③ 화학적 풍화: 암석을 구성하는 물질의 화학적 변화와 함께 파괴되는 과정으로 고온 다습한 환경에서 활발히 진행

• 해안분지(강원도 양구군 해안면): 화강암의 화학적 풍화로 편치볼 모양의 분지 지형 형성

(3) 매스무브먼트

① 정의: 사면의 암설이 중력에 의해 제자리에서 굴러 떨어지는 현상

② 얼음골(경상남도 밀양): 풍화 작용에 의해 파괴된 암설이 무너져 내리며 사면에 분포

■ 12사도 바위

■ 버섯바위

■ 눈썹바위

■ 얼음골

■ 지구의 구조

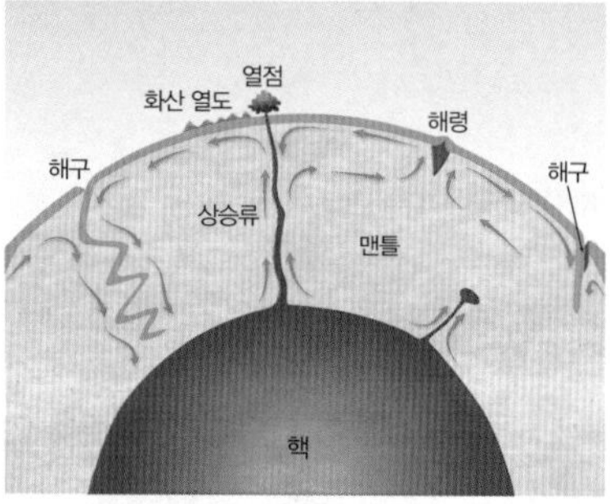

■ 해양판과 해양판의 분리

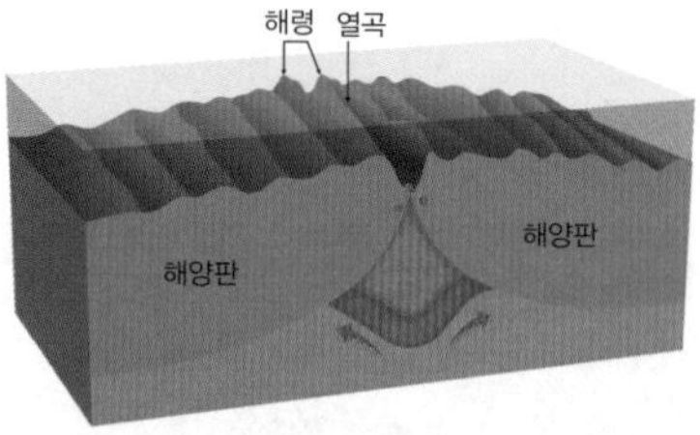

• 해령: 대규모의 해저 산맥
• 열곡: 해령 꼭대기에 지각이 갈라져서 생긴 틈

■ 해양판과 해양판의 충돌

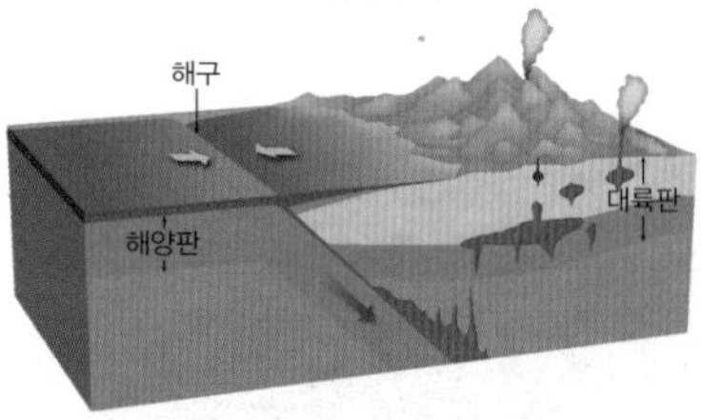

■ 대륙판과 대륙판의 충돌

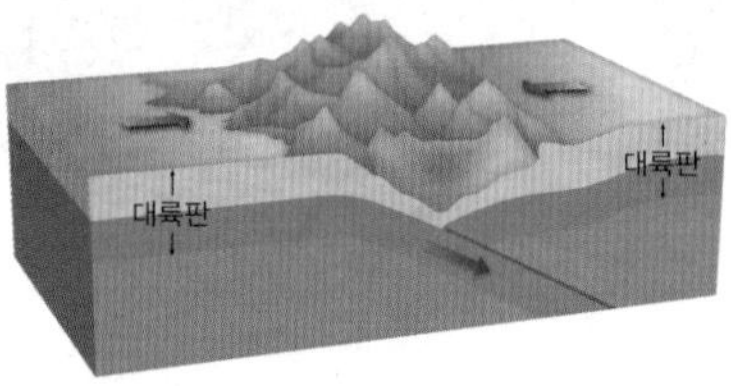

■ 일본 열도

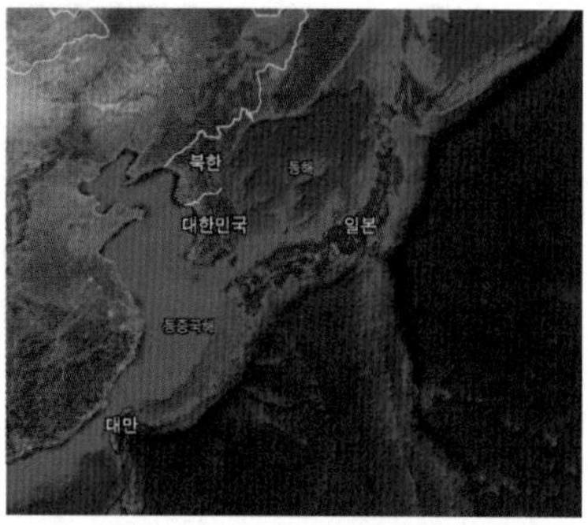

판과 판의 경계부에 위치한 일본은 연속적인 화산 분화에 의해 줄지어진 형태로 형성된 화산섬이다.

2. 내인적 작용

(1) **판 구조론** 여러 개의 크고 작은 판이 유동성 있는 연약권 위에 떠서 이동

① 지구의 구조

지각	• 다양한 암석의 혼합물로 이루어진 지구 최외곽의 껍질 • 두껍고 밀도가 낮은 대륙 지각과 비교적 얇고 밀도가 높은 해양 지각
맨틀	• 지각을 포함하는 암석권과 연약권, 하부 맨틀로 구성 • 연약권의 암석은 매우 뜨겁고 강도가 약해 유동성이 있어 암석권이 맨틀 위를 움직일 수 있게 해 주는 원동력
핵	• 액체 상태의 외핵과 고체 상태의 내핵으로 구성

(2) **판 구조 운동** 판의 이동 과정에서 대지형 형성

① 충돌: 판들이 서로 만나 부딪히는 곳

충돌	특징	사례 지역
대륙판과 해양판의 충돌	• 무거운 해양판이 대륙판 아래로 들어감 • 높은 신기 습곡 산맥과 해구의 형성 • 화산 활동과 지진 활동이 자주 발생	로키 산맥, 안데스 산맥 등
해양판과 해양판의 충돌	• 충돌하는 두 해양판 중 무거운 쪽이 아래로 들어감 • 판의 경계를 따라 화산섬이 선 모양으로 분포하는 호상 열도 형성	일본, 인도네시아, 앤틸리스 제도 등
대륙판과 대륙판의 충돌	• 밀도가 낮아 부력이 큰 대륙판은 아래로 들어가지 않고 찌그러지며 높은 습곡 산맥 형성	히말라야 산맥, 알프스 산맥 등

② 분리: 판들이 서로 멀어지는 곳

특징	• 두 판이 멀어지며 벌어지는 틈에서는 현무암질 마그마가 분출 • 분출하는 현무암질 마그마에 의해 바다에서는 해령과 열곡이 형성 • 대륙에서 두 판이 갈라지는 경우에는 '대륙 열곡'이 형성
사례 지역	• 아이슬란드: 바다에서 형성된 해령이 육지로 노출되어 형성된 섬 • 동아프리카 지구대: 아프리카가 두 개의 판으로 갈라지고 있는 곳

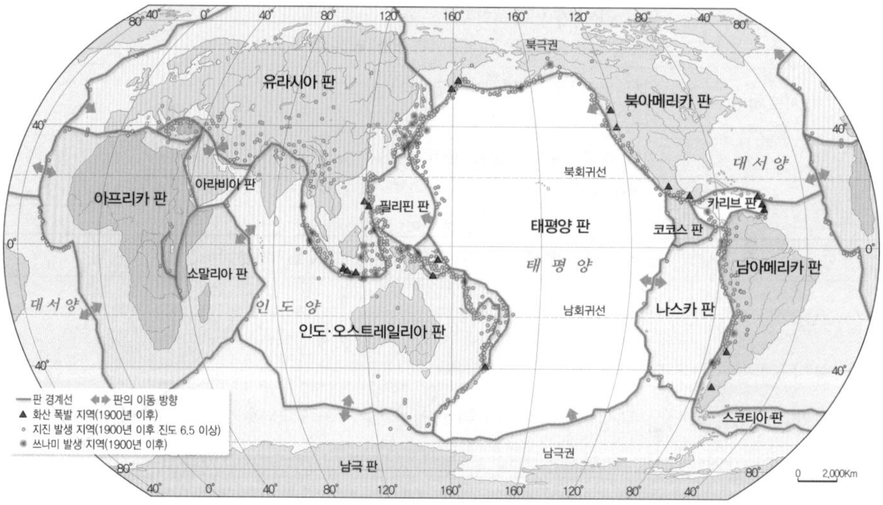

↑ **판의 경계와 판의 이동 방향** 지구의 표면은 여러 개의 판으로 구성되어 있다. 하나의 판에는 대륙판과 해양판이 동시에 나타나기도 한다. 예를 들어 유라시아 판에서 우리나라는 대륙판에 위치해 있고 일본은 해양판에 위치해 있다.

(3) 판 구조 운동과 자연재해

① 지진 및 지진 해일: 장기간 축적된 지구 내부의 에너지가 일시에 방출하여 발생

• 피해: 건물이나 교량 등 인공 구조물 붕괴로 인한 인명 및 재산 피해, 지진 해일의 경우 태평양 연안과 인도양 연안에 주로 발생하여 침수로 인한 인명 및 재산 피해 발생

• 대책: 내진 설계, 방파제 설치, 관측·경보·대피 시스템 구축

② 화산: 판과 판의 경계 또는 지각의 약한 부분에서 지하 깊은 곳의 마그마가 지표면 위로 분출하여 발생

- 피해: 용암, 화산 쇄설물, 화산 가스 등에 의한 인명 및 재산 피해 발생
- 대책: 화산 관측, 경보·대피 시스템 구축, 화산 이류, 산사태 등에 대비한 사방 댐 설치

③ 화산과 주민 생활

- 농업 발달: 화산암과 화산재가 쌓여 비옥한 토양 발달

이탈리아 시칠리아 섬	에트나 화산 주변에서 포도와 오렌지 생산
일본 간토 평야	화산회토로 형성된 간토 평야에서 벼농사 발달

- 지열 및 지하자원 풍부

뜨거운 지하수	지열 발전에 이용하거나 가정에 공급(아이슬란드, 이탈리아, 뉴질랜드, 필리핀 미국 등)
광물 자원 풍부	금, 은, 구리, 주석, 흑연, 유황 풍부(칠레, 볼리비아 등)

- 관광 산업 발달

다양한 화산 지형	분화구, 주상 절리, 용암 동굴 등
온천 및 간헐천	일본의 규슈 지방, 미국의 하와이, 아이슬란드, 뉴질랜드 등

더 알아보기

일본 온타케 산 화산 분화와 화쇄류

흔히 화산 폭발에 의한 재해를 떠올리면 뜨거운 용암이 흘러내리며 불타는 도시를 상상하곤 한다. 그런데 용암은 이동 속도가 느려서 비교적 쉽게 피할 수 있다. 인간에게 가장 큰 피해를 끼치는 화산 재해는 아마 화쇄류에 의한 재해일 듯하다. 2014년 9월 27일 일본 나가노 현의 온타케 화산이 분화해 수십 명의 사상자가 발생했다. 사진은 실제 온타케 화산의 분화구를 촬영한 것인데 화산 재에 의해 온통 회색빛이 되었다. 화쇄류는 화산 폭발에 의한 재해 중 하나로 화산재를 포함한 쇄설물과 가스가 뒤섞인 고밀도의 혼합물이 시속 100km 이상의 속도로 사면을 덮으며 흘러내리는 것을 가리킨다. 고온의 혼합물이 매우 빠른 속도로 흘러내리기 때문에 피할 겨를이 없이 주변에 심각한 피해를 입힌다. 온타케 화산의 분화가 많은 사상자를 일으킨 것은 화쇄류가 발생했기 때문이다. 높은 고도에 위치한 화산 주변에는 산지 빙하가 존재할 수 있는데, 화산 분화에 의해 빙하가 녹으며 화쇄류와 합쳐지면 더욱 강력한 화산 이류가 발생한다. 화산 이류는 골짜기를 따라 매우 빠르게 흐르며 지나온 길의 모든 것을 파괴한다.

(4) 신기 습곡 산맥과 주민 생활

① 신기 습곡 산맥: 중생대 말기부터 조산 운동이 지속되어 현재까지 계속되는 산지

② 지역의 경계 역할

- 자연환경의 경계: 지역 간 기후 및 식생의 경계, 하천 유역의 분수계 역할
- 국가 간 경계: 피레네 산맥(에스파냐와 프랑스), 히말라야 산맥(중국과 인도 및 파키스탄), 안데스 산맥(칠레와 아르헨티나) 등
- 문화 교류의 경계: 알프스 산맥(북서유럽과 남부 유럽의 경계)

③ 경제 활동

- 농목업: 교통이 발달하면서 고산 지역의 서늘한 기후 조건을 이용한 농업이나 목축업 발달
- 자원의 보고: 삼림 자원, 수력·풍력 등의 전력 자원, 석유, 천연가스, 구리, 주석 등의 지하자원 풍부
- 관광 산업: 자연 경관이 아름다운 지역을 중심으로 산악 스포츠 및 관광 산업 발달

■ 화산 재해의 종류

용암류	• 비교적 느린 속도로 이동 • 농경지와 인공 구조물에 큰 피해
화쇄류	• 빠른 속도로 이동하는 고온의 화산재와 증기의 혼합물
화산 이류	• 화산재와 물이 뒤섞여 형성 • 가장 큰 인명 피해 발생 • 빙하로 덮여 있는 화산이 폭발할 경우 빙하가 녹으며 화산 이류 형성
화산 가스	• 이산화 황, 질소 산화물 등에 의해 산성비 발생
화산재	• 햇빛 차단으로 기온 저하 • 항공기 운항에 지장 초래

■ 용암류

용암류는 우리가 생각하는 것 이상으로 느려서 비교적 쉽게 피할 수 있다.

■ 화쇄류

화산 폭발에 의한 분연주가 무너지며 화쇄류가 발생하였다.

■ 란사로테의 포도 재배

카나리아 제도의 화산섬인 란사로테는 스텝 기후에 속하며, 개울이나 강이 거의 없어 농사짓는 것이 쉽지 않다. 하지만 토양은 화산재 등으로 이루어져 있어 비옥한 편이다. 란사로테의 주민들은 이러한 자연환경을 극복하기 위해 구덩이를 파고 그 구덩이마다 한 그루씩 포도나무를 심어 밤새 누적된 습기를 흡수하게 하였다. 또한 반원 모양의 낮은 돌담을 쌓아 건조한 바람을 막았다.

지리 상식 1 기름진 땅, 척박한 땅… 토양의 비밀은 무엇일까?

조선 후기 실학자 이중환이 쓴 『택리지』는 몰락 양반의 처지로 '사람이 살기에 적합한 곳'을 찾아 조선 팔도를 답사하며 발 디딘 곳의 모든 것을 상세히 기록한 지리지이다. 이중환은 풍수지리적 이점 다음으로 기름진 땅이 있는 곳을 사람이 살기 적합한 곳으로 꼽았는데, 풍수지리가 다소 추상적인 개념임을 감안할 때 실질적으로 인간 거주에 가장 중요한 조건을 토지의 비옥도로 꼽은 것이라 볼 수 있다. 이처럼 우리가 발을 딛고 살아가는 토양은 기름진 땅과 척박한 땅이 있는 것처럼 지역마다 수많은 종류의 토양이 있고 인간 생활에 미치는 영향도 다양하다.

토양은 기반암이 풍화를 받는 등의 토양 생성 작용을 거치면서 형성된다. 토양 형성 과정에 기후적 요인이 크게 작용하면 이를 성대 토양이라 하고, 기반암의 특성이 중요하게 작용하면 간대 토양이라 한다.

- 성대 토양: 토양이 형성된 기후 조건의 영향을 크게 받음
- 간대 토양: 토양의 재료가 되는 기반암의 영향을 크게 받음

최근에는 성대 토양과 간대 토양의 분류에서 나아가 토양 단면의 특성을 기준으로 상세히 분류한 미국 농무부(USDA)의 토양 분류 체계가 널리 사용되고 있다. 총 12개의 종류로 토양을 분류하였는데 이 중 인간 생활과 밀접한 관계가 있는 중요도 높은 토양에는 안디솔, 스포도솔, 몰리솔, 옥시솔이 있다. 현행 교육 과정에서 이들 토양은 다음과 같이 표기된다.

스포도솔 = 포드솔	몰리솔 = 체르노젬	옥시솔 = 라테라이트

먼저 안디솔(Andisol)의 이름은 안데스 화산에서 유래했다. 이를 통해 알 수 있듯이 화산 폭발 과정에서 형성된 화산재가 쌓여 형성된 토양이다. 비옥도가 높아 농작물이 자라기에 유리하며 일본, 인도네시아, 남아메리카 화산 지대에 주로 분포한다. 화산 활동이 꼭 인간에게 피해만 가져오는 것이 아니라는 것을 안디솔을 통해 알 수 있다. 위험하기는 하지만 화산 주변의 토양은 비옥하다.

스포도솔(Spodosol)은 냉대 침엽수림에서 발달하는 토양으로 영양분이 모두 빠져나가 식물이 잘 자라지 못한다. 토양의 염기가 빠져나가는 용탈 작용을 강하게 받아 토양 중간에 흰색 층이 나타난다. 극지방 근처의 타이가 지대가 나타나는 북유럽 주변이나 캐나다 북부의 오대호 근처에서 주로 분포한다.

몰리솔(Molisol)은 건조한 기후 환경에서 식물이 박테리아에 분해되지 못하고 쌓여 천연 비료가 되기 때문에 매우 비옥한 토양이다. 우크라이나의 흑토 지대, 아르헨티나의 팜파스, 미국의 중앙 대평원에 많이 분포하며 이들 지역은 세계적인 곡창 지대로 작물 생산량이 매우 높다.

마지막으로 옥시솔(Oxisol)은 고온 다습한 열대 기후에서 매우 활발한 풍화 작용을 받아 형성된 토양이다. 대부분의 영양분이 용탈되어 매우 척박하다. 옥시솔 토양에서는 1년 이상 농사짓기 힘들어 열대 우림 기후에서 이동식 화전 농업이 발달했다. 남아메리카의 아마존, 아프리카의 콩고 분지에 주로 나타난다.

안디솔은 기반암의 영향을 많이 받는 간대 토양이다. 석회암의 영향을 받은 테라로사 또한 간대 토양이다. 스포도솔, 몰리솔, 옥시솔은 모두 기후 조건이 중요하게 작용을 하는 성대 토양에 속한다.

지리 상식 2 높은 산과 암석을 파괴하는 풍화 사이의 관계는?

지리산과 설악산, 강원도 양구의 해안분지는 모두 지리적으로 이해하면 더욱 아름다운 곳이다.

지리산은 산 높이에 비해 경사가 완만하고 산 대부분이 흙으로 덮여 있는 토산이다. 지리산이 이러한 모습을 갖추게 된 것은 지리산을 구성하고 있는 기반암인 편마암 때문이다. 편마암은 변성암의 하나로 화성암보다 화학적 풍화에 저항력이 강하다. 지리산은 우리나라에서 형성 연대가 가장 오래된 곳 중 하나인데도 불구하고 남한에서 가장 높은 고도를 유지하고 있다. 편마암은 암석을 구성하는 조암 광물의 크기가 작은 세립질 암석으로 오랜 시간 동안 화학적 풍화를 받아 세립질의 토양이 형성된다. 그래서 흙으로 덮여 있는 지리산은 경사가 완만하다.

설악산은 지리산과 달리 기반암이 화강암이다. 화강암은 화성암의 하나로 주로 편마암보다 화학적 풍화를 더 잘 받아 빠른 시간 안에 파괴된다. 화학

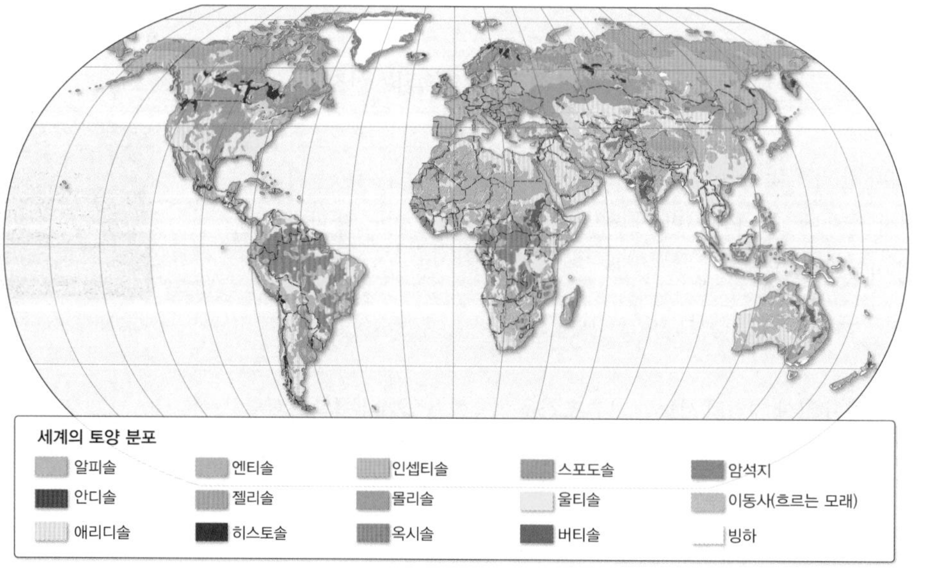

⇡ 지리산

⇡ 설악산

⇡ 양구 해안분지

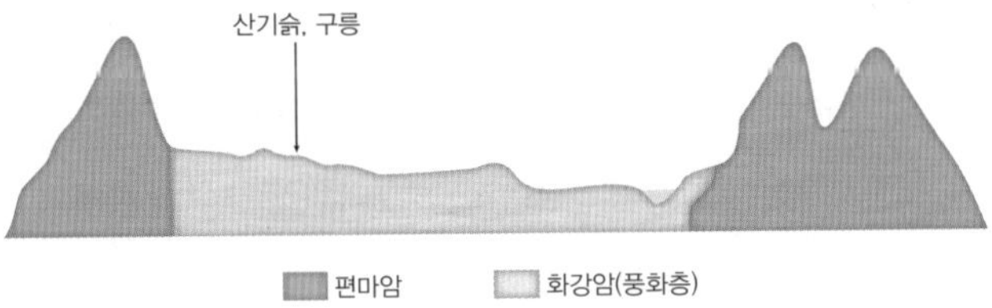

⇡ 침식 분지

적 풍화는 풍화를 도와주는 물이 많을 때 활발히 일어나기 때문에 암석에 갈라진 틈이 '절리'가 많아야 그 사이로 물이 침투해 풍화가 활발히 진행된다. 화강암이 기반암인 지역에서 절리가 많은 부분은 화학적 풍화 작용을 크게 받아 빗물에 제거되고, 절리가 치밀하지 않은 부분은 봉우리로 남아 가파른 산지 사면을 이룬다. 화강암은 편마암보다 조암 광물의 크기가 큰 광물로 구성되어 있기 때문에 풍화의 결과 형성되는 토양의 입자가 크다.

그렇다면 편마암과 화강암이 만나는 곳에서는 어떤 일이 일어날까? 앞 내용을 정리하면 편마암은 화학적 풍화에 강하고, 화강암은 약하다. 해안분지는 편마암이 있던 곳에 화강암이 관입하며 형성된 지역이다. 먼저 화강암 관입 때 발생한 충격으로 화강암 위의 편마암은 빠르게 침식되어 제거되었다. 지표에 화강암과 편마암이 노출되었을 때, 화강암은 빠르게 풍화와 침식이 진행되며 이후 흐르는 물에 제거되어 분지의 낮은 면을 형성하였다. 화강암을 둘러싸고 있던 편마암은 풍화를 견뎌 내어 높은 산지가 되었다. 이렇게 형성된 지역을 차별 풍화에 의한 '침식 분지'라고 한다.

지리 상식 3 태평양 판 한복판에 하와이 섬? 얜 뭐지?

판의 경계부에서는 판이 갈라지고 충돌하면서 생긴 틈으로 마그마가 흘러나와 화산 활동이 활발하게 일어난다. 그런데 화산섬인 하와이는 판의 경계가 아니라 오히려 태평양 판 한가운데 위치해 있다. 하와이의 킬라우에아 화산은 지금도 분화 중이다. 하와이를 중심으로 여러 개의 화산섬이 줄지어 분포하는데 이를 하와이 제도라 한다. 이들 섬은 지금은 화산 활동을 멈춘 사화산이 대부분이다. 그리고 하와이 너머 바다 깊숙한 곳에서는 열심히 화산 활동을 하며 언젠가는 하와이처럼 바다 위로 올라올 새로운 화산이 꿈틀대고 있다. 이 지역은 어떠한 이유로 화산 활동이 활발한 것일까? 판 구조론으로 설명하기 힘든 이 지역을 보고 많은 사람들은 당황스러운 감정을 느꼈을 것이다.

최근 연구 결과에 따르면 화산 활동은 판의 경계 부분에서만 일어나는 것이 아니라는 것이 밝혀졌다. 판의 내부에는 '열점'의 형태로 맨틀의 마그마가 덩어리째 올라오는 지역이 있는데 열점이 위치한 곳에서는 킬라우에아 화산과 같이 끊임없이 용암이 분출한다. 그런데 열점이 지구 한 곳에 비교적 오랜 시간 동안 멈춰 있는 반면 지각은 끊임없이 이동한다. 태평양 판의 이동 결과 열점에서 거리가 멀어진 화산섬은 더 이상 분화하지 못하고 사화산이 된다. 하와이 또한 시간이 지나면 열점에서 벗어나고 지금 바다에 있는 해저 화산이 하와이 섬의 위치에서 큰 분화를 일으킬 것이다. 이러한 원리로 하와이 섬 주변의 여러 섬들과 분화 시기를 조사하면 태평양 판의 이동 속도를 측정할 수 있을 것이다. 하지만 열점 이론은 아직 연구가 한창인 영역이다. 열점 또한 긴 시간을 두고 움직인다는 의견도 제시되어 하와이 제도를 완전히 알기 위해서는 아직도 많은 시간과 노력이 필요할 듯하다.

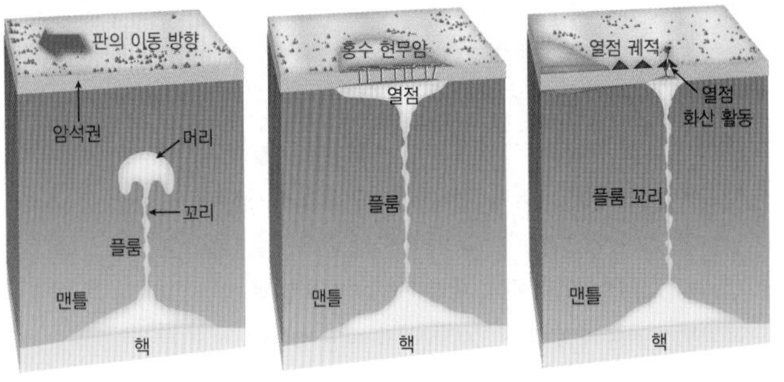

A. 플룸에서 가열된 물질이 맨틀 내부에서 상승
B. 풀룸의 머리 부분이 지표로 도달해 유동성 현무암질 용암이 분출
C. 판 운동에 의해 분출된 홍수 현무암이 이동하고 새로운 화산 또는 화산섬 형성

[선택형]

· 2012 6 평가원

1. 다음 자료는 세계 대지형의 분포를 나타낸 것이다. A~E에 대한 설명으로 가장 적절한 것은?

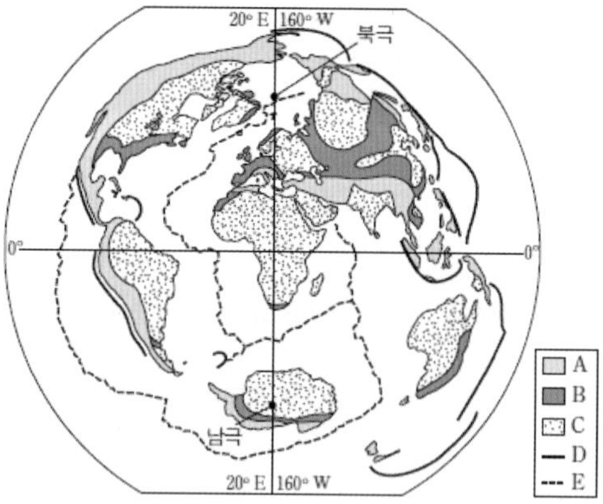

① A는 우랄 산맥이, B는 안데스 산맥이 대표적인 지형이다.
② B는 C보다 지각이 안정되어 있고 평탄한 지형을 이룬다.
③ D에서는 지각판이 확장되고, E에서는 지각판이 충돌한다.
④ E에는 D보다 화산 활동으로 형성된 열도가 더 많이 분포한다.
⑤ A~C에서 A가 가장 험준하며 대체로 C가 가장 먼저 형성되었다.

· 2012 9 평가원

2. 다음 글에서 밑줄 친 ㈎~㈑에 대한 옳은 설명만을 〈보기〉에서 있는 대로 고른 것은?

> 성대 토양은 주로 기후의 영향을 받아 형성된 토양이다. ㈎ 냉대 기후에서 발달하는 포드졸, 열대 기후에서 발달하는 ㈏ 라테라이트, 반건조 초원 지대의 체르노젬 등이 대표적인 예이다. 간대 토양은 주로 암석의 종류에 따라 특성이 결정되는 토양이다. 대표적인 간대 토양으로는 ㈐ 레구르가 있다. 비성대 토양은 토양 형성 작용을 충분히 받지 못해 토양층의 발달이 이루어지지 않은 토양을 말한다. ㈑ 범람원의 충적토, 산지의 암석토 등이 여기에 속한다.

보기

ㄱ. ㈎에서는 침엽수림대인 '타이가'가 넓게 펼쳐진다.
ㄴ. ㈏는 토양에 포함된 철분의 산화로 인해 붉은색을 띤다.
ㄷ. ㈐는 지중해 연안에 넓게 분포하는 석회암 풍화토이다.
ㄹ. ㈑는 하천 퇴적 작용으로 인해 형성된 지형이다.

① ㄱ, ㄷ ② ㄱ, ㄹ ③ ㄴ, ㄷ
④ ㄱ, ㄴ, ㄹ ⑤ ㄴ, ㄷ, ㄹ

· 2008 9 평가원

3. 지도에 표시된 지역에서 나타나는 A 지형의 형성 과정에 대한 설명으로 가장 적절한 것은?

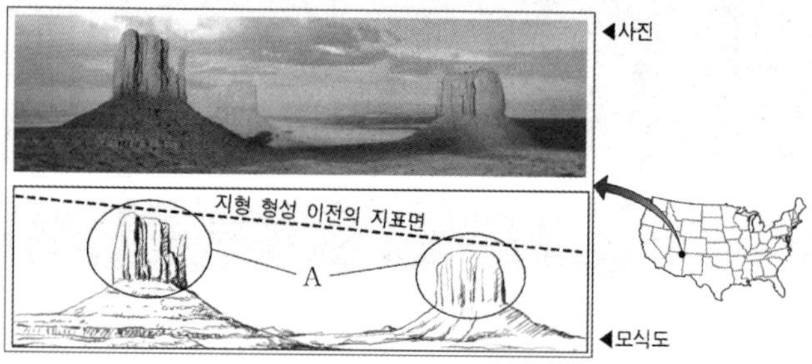

① 석회암이 용식되어 형성되었다.
② 파랑의 침식 작용으로 형성되었다.
③ 암석의 차별적인 풍화·침식 작용으로 형성되었다.
④ 빙하가 이동되면서 기반암이 침식되어 형성되었다.
⑤ 화산재와 유동성이 작은 용암이 분출되어 형성되었다.

· 2013 수능

4. 다음 자료의 ㈎, ㈏에 대한 설명으로 옳은 것은?

㈎

암석으로 이루어진 구이린(桂林)의 기묘한 봉우리들

㈏

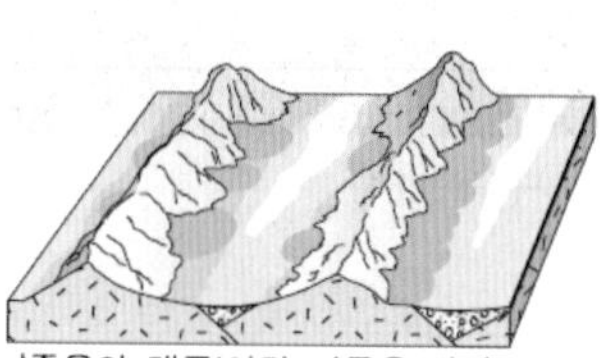

'죽음의 계곡'이란 이름을 가진 분지의 선상지와 플라야

① ㈎의 봉우리는 점성이 큰 용암이 분출하면서 굳어져 형성된 것이다.
② ㈎의 평지는 융빙수에 의해 운반된 빙하 퇴적물이 쌓여 형성된 것이다.
③ ㈏의 산지는 석회암이 일부 용식되고 남겨져 형성된 것이다.
④ ㈏의 분지는 건조 분지로, 수분이 증발되면 저지대에 염분이 주로 집적된다.
⑤ ㈎와 ㈏ 모두 화학적 풍화보다 기계적 풍화가 활발하다.

• 2013 6 평가원

5. 다음 자료는 산지를 상대적 특성에 따라 구분한 것이다. A, B 산지의 사례로 옳은 것은?

구분	A	B
특성	• 주로 변성암으로 이루어짐. • 식생 밀도가 높고 숲이 무성함. • 바위의 노출이 적고 토양층이 비교적 두꺼움.	• 주로 화강암으로 이루어짐. • 식생 밀도가 낮고 큰 암반이 봉우리를 이루기도 함. • 기암괴석이 많고 경치가 빼어남.

	A	B
①	금강산	오대산
②	덕유산	오대산
③	북한산	설악산
④	설악산	지리산
⑤	지리산	금강산

• 2007 6 평가원

6. 그림을 보고 학생들이 발표한 내용으로 옳지 않은 것은?

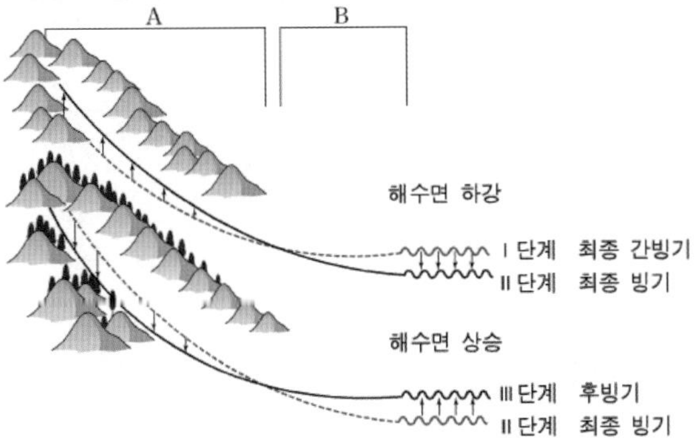

> **발표 주제: 기후 변동에 따른 하천 작용의 변화**
> 교사: 최종 빙기에는 어떤 현상이 나타났었는지 말해 봅시다.
> 종헌: 해수면이 하강하니까 B 부분이 깊게 파였을 것입니다.
> 민영: A에서는 식생 피복이 빈약하고 기계적 풍화도 활발해졌을 것입니다.
> 현숙: 그럼 A에는 많은 퇴적물이 쌓였을 것입니다.
> 교사: 그러면 후빙기에는 어떤 현상이 나타났을까요?
> 민호: 침식 기준면이 낮아졌을 것입니다.
> 경란: B에서는 퇴적이 활발해졌을 것입니다.

① 종헌 ② 민영 ③ 현숙 ④ 민호 ⑤ 경란

[서술형]

• 2011 수능 변형

1. 다음 자료에서 (가)와 (나)에 해당하는 식생을 A~D에서 찾고, 해당 지역을 대표하는 토양의 특징을 서술하시오.

> **러시아 및 주변 지역의 식생과 인간 생활**
> • 툰드라: 이끼 및 지의류, 툰드라토, 순록 유목
> • (가): 초원, 체르노젬, 밀 농사 활발
> • (나): 침엽수림, 포드졸, 임업 발달
> • 사막: 건조 식생, 사막토, 관개 농업

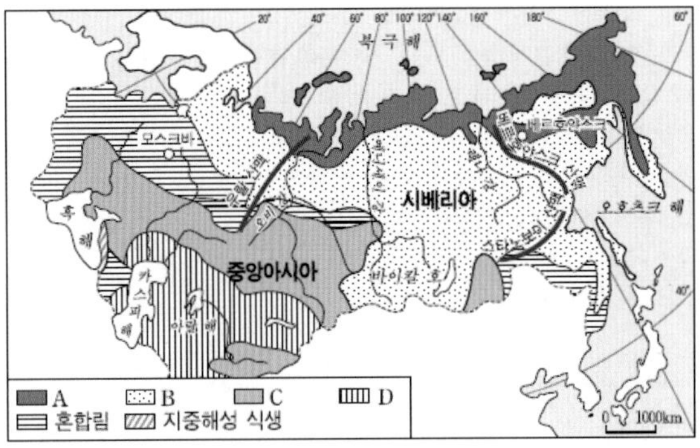

2. 화산 활동이 인간 생활에 미치는 긍정적 영향을 구체적인 사례 지역을 들어 3가지 이상 서술하시오.

chapter
02

지형

03. 세계의 대지형

핵심 출제 포인트

▶ 알프스-히말라야 조산대　▶ 환태평양 조산대　▶ 고기 습곡 산맥
▶ 안정육괴

■ 조산대

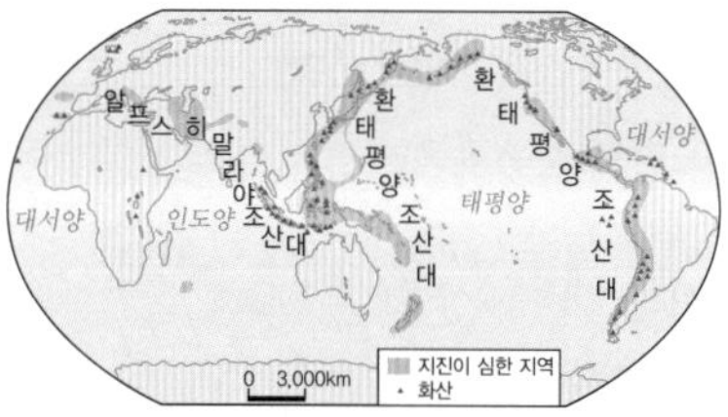

서로 다른 대륙판이 충돌하면서 솟아올라 산맥을 형성하는 과정을 조산 운동이라 한다. 그리고 이러한 조산 운동의 결과 형성된 습곡 산맥들이 분포하고 있는 지대를 조산대라고 하는데, 실제 지구상에서는 좁고 긴 띠 모양을 이루며, 지각 변동이 활발한 변동대에 해당하는 지대이다. 이러한 지각 변동이 일어날 때 화산 활동이나 지진 활동이 함께 나타나기 때문에 조산대는 지진대 및 화산대와 대체로 일치한다.

■ 인도네시아

인도네시아는 판과 판의 경계에서 화산이 선상으로 분출하며 형성된 호상 열도이다.

■ 일본 주변의 지각판

여러 개의 지각판이 충돌하는 지역에 위치한 일본에서는 화산과 지진 활동이 활발하게 일어난다.

1. 신기 조산대

(1) 형성 과정과 특징

형성	• 판의 충돌 과정에서 지층이 습곡 작용으로 인해 구부러지며 솟아오름
특징	• 높고 험준한 지형으로 인해 지역의 경계 역할 • 자연환경의 경계: 지역 간 기후 및 식생의 경계, 하천 유역의 분수계 역할 • 인문 환경의 경계: 국가 간 경계 및 문화 교류의 경계
자원	• 석유, 천연가스, 구리, 주석 등

(2) 분포

① 알프스-히말라야 조산대

아틀라스 산맥	• 아프리카 판과 유라시아 판의 충돌 • 아틀라스 산맥이 지나는 알제리와 리비아에 상당량의 석유와 천연가스가 매장 • 리비아 내전은 천연자원 이권을 둘러싼 세력 다툼이 깊숙이 개입
알프스 산맥	• 아프리카 판과 유라시아 판의 충돌 • 남부 유럽과 서부 유럽의 경계
카프카스 산맥	• 아라비아 판과 유라시아 판의 충돌 • 험준한 지형으로 인해 교류가 어려워 좁은 지역에 다양한 언어 집단이 분포 • 카프카스 산맥의 동쪽 카스피 해에는 석유와 천연가스가 다량 매장 • 체첸 분쟁 등 석유와 천연가스 이권을 둘러싼 국제 분쟁이 진행 중
히말라야 산맥	• 인도 판과 유라시아 판의 충돌 • 대륙판과 대륙판이 만나는 지역으로 화산 활동보다는 지진 활동이 주를 이룸
순다 열도	• 유라시아 판과 오스트레일리아 판의 충돌 • 순다 열도의 인도네시아 방카 섬은 세계적인 주석 산지

② 환태평양 조산대

로키 산맥	• 태평양 판과 북아메리카 판의 충돌 • 알래스카의 오일샌드는 국제 유가 상승으로 최근 활발히 채굴 중
안데스 산맥	• 나스카 판과 남아메리카 판의 충돌 • 저지대의 열대 기후를 피해 고산 도시 발달 • 안데스 산맥 인근의 베네수엘라는 석유수출국기구(OPEC)에 가입된 산유국 • 칠레의 추키카마타는 세계적 생산량을 자랑하는 구리 광산이 위치
일본 열도	• 유라시아 판, 북아메리카 판, 필리핀 판의 충돌 • 판의 경계를 따라 화산섬이 열을 지어 분포 • 동일본 대지진 등 지진으로 인한 피해, 인구 밀집 지역이라 피해 극대화
뉴질랜드	• 오스트레일리아 판과 태평양 판의 충돌 • 남섬의 서던알프스 산맥은 신기 습곡 산지

2. 고기 조산대

(1) 형성 과정과 특징

형성	• 습곡 산지가 오랜 시간 침식·풍화 작용을 받아 경사가 완만해지고 낮아짐
특징	• 아주 오래전 고대륙들이 충돌했던 흔적으로 고도가 높지 않고 내부 구조가 많이 노출
자원	• 석탄

(2) 분포

스칸디나비아 산맥	• 북유럽의 스칸디나비아 반도에 위치 • 스칸디나비아 반도의 서쪽 사면은 편서풍과 북대서양 해류의 영향으로 동쪽보다 더 따뜻하며, 산맥에 의한 지형성 강수로 강수량이 큼
우랄 산맥	• 슬라브 족 중심의 러시아 핵심 지역의 최동단으로 유럽과 아시아의 경계 • 석탄 외에도 다양한 자원이 매장되어 있어 우랄 공업 지역을 형성
애팔래치아 산맥	• 북아메리카 동부 해안을 따라 위치 • 애팔래치아 산맥의 석탄은 미국 오대호 연안의 제철 공업 발달에 영향
그레이트디바이딩 산맥	• 오스트레일리아 동부 해안을 따라 위치 • 습윤한 공기가 그레이트디바이딩 산맥에 부딪혀 비가 내리고 이는 찬정 분지의 지하수 공급원이 됨

3. 안정육괴

(1) 형성 과정과 특징

형성	• 고생대 이래 지각 변동을 겪지 않은 지역, 오랜 침식으로 인해 대체로 기복이 작음
특징	• 각종 변성암으로 이루어져 있으며 대륙 지각의 핵심부에 해당 • 방패 모양의 대지인 순상지와 탁자 모양의 높고 평탄한 고원인 탁상지로 구분
자원	• 철광석

(2) 분포

발트 순상지	• 스칸디나비아 반도의 동부와 핀란드 및 발트 해 연안 지방을 포함
시베리아 탁상지	• 철광석 외에도 금, 다이아몬드, 보크사이트 등 다양한 자원이 매장 • 1980년대 BAM(Baykal-Anmur Mainline) 철도의 완공으로 자원 개발이 활발히 진행 중
아프리카 탁상지	• 대륙 이동설에 따르면 아프리카는 과거 곤드와나 대륙의 중심부 • 동아프리카 지구대: 아프리카는 현재도 분열 중
오스레일리아 순상지	• 오스트레일리아 순상지와 고기 습곡 산맥인 그레이트디바이딩 산맥으로 이루어짐 • 지형적으로 매우 안정된 지역
캐나다 순상지	• 캐나다 순상지 오대호 연안의 풍부한 철광석은 애팔레치아 산맥의 석탄과 결합해 제철 공업이 발달
브라질 순상지	• 브라질은 중국에 이어 세계 2위의 철광석 생산 국가

4. 해구와 해령

해구	형성	• 판이 충돌하는 경계에서 밀도가 높은 판이 낮은 판 아래로 들어가며 좁고 매우 깊은 골짜기가 만들어짐
	자연재해	• 해구 주변은 판이 압력에 의해 끊어지면서 해저에서 큰 지진이 빈번히 일어나는데 이로 인해 쓰나미가 발생
	분포	• 마리아나 해구, 자바 해구, 페루·칠레 해구 등
해령	형성	• 판이 갈라지는 곳에서 현무암질 마그마가 분출해 해서 화산이 만들어짐
	아이슬란드	• 아이슬란드는 대서양 해령이 해수면 밖으로 드러난 곳
	분포	• 대서양 중앙 해령, 동태평양 해령 등

더 알아보기

습곡 작용과 케스타 지형

판이 충돌하면서 지각이 휘어지는 과정을 습곡이라 한다. 이러한 습곡 작용은 습곡 산지의 중심부에 가까울수록 더욱 활발히 일어난다. 습곡 산지와 멀리 떨어진 곳에서는 지층이 살짝 들린 형태로 완만한 경사의 지형이 나타난다. 완경사 지형이 침식을 받아 제거되면 한쪽은 급경사이고 다른 한쪽은 완경사인 비대칭의 산릉이 형성되는데 이를 케스타라 한다. 케스타가 잘 관찰되는 곳은 프랑스의 파리 분지, 영국의 버밍엄, 미국과 캐나다의 국경을 따라 흐르는 나이아가라 폭포 주변 등이 있다. 나이아가라 폭포는 비대칭 산릉의 급경사면에 형성된 폭포이다.

■ **찬정 분지**

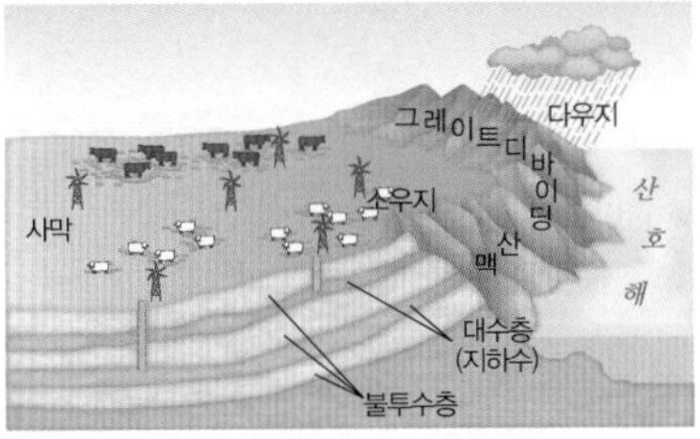

찬정 분지에서는 지하수를 끌어올려 가축을 기르는 데 활용한다. 지하수로 농사짓는다는 오개념이 형성되기 쉬운데 찬정 분지를 통해 공급되는 물은 염도가 높아 농사에 사용하기는 어렵다.

■ **곤드와나 대륙**

판 구조 운동으로 대륙이 분열되면서 오늘날 아프리카 대륙과 여러 대륙의 모습이 형성되었다. 퍼즐처럼 맞춰지는 대륙의 모습은 판 구조론의 중요한 증거이다.

■ **마리아나 해구와 에베레스트 산**

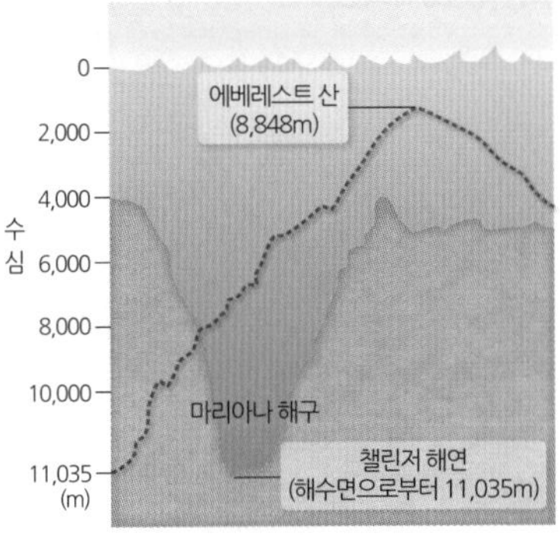

판이 충돌하는 지역에서는 지층에 거대한 주름이 생긴다. 마리아나 해구는 세계에서 가장 깊은 해구로 뒤집어 놓으면 에베레스트 산의 높이에 근접한다. 산맥이 형성되는 지역에서 지진이 활발한 것처럼 해구에서도 지진이 빈번하게 일어난다. 동일본 대지진에 의한 쓰나미 피해 또한 해구에서 일어난 지진으로 발생한 것이다.

핵심 출제 포인트

- ▶ 석회암과 석탄
- ▶ 조산 운동
- ▶ 경동성 요곡 융기
- ▶ 고위 평탄면

■ 한반도의 지체 구조

한반도는 평북·개마 지괴, 경기 지괴, 영남 지괴가 서로 분리되어 있었다. 이들 지괴가 충돌하는 과정에서 한반도가 형성되었다.

■ 산맥 방향에 따른 구분

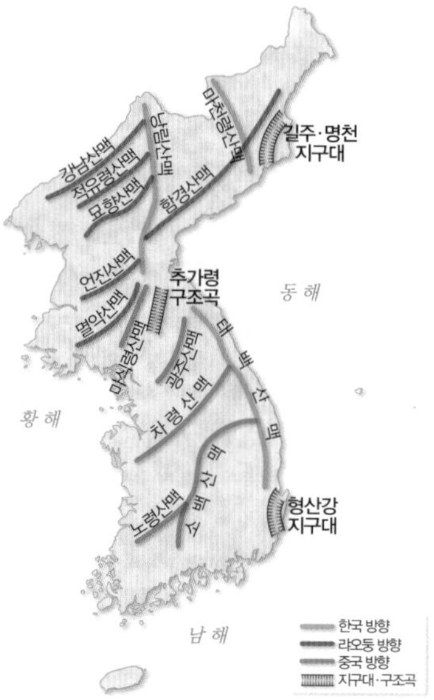

한반도에 나타나는 산맥 방향은 한국, 랴오둥, 중국 방향이 있다. 산맥 방향은 한반도 형성 과정을 밝히는 중요한 단서이다.

1. 한반도의 형성 과정

(1) 시생대/원생대

① 지괴

- 오랜 시간 동안 지각 운동을 받지 않은 지역으로 우리나라는 원래 2~3개의 지괴로 분리되어 존재
- 한반도에서 가장 넓은 면적을 차지

② 편마암

- 지하 깊숙한 곳에서 변성 작용을 받아 형성된 편마암이 침식과 풍화로 지괴의 지표 가까이 노출

(2) 고생대

석회암	• 해성층: 고생대 초기 지괴 사이의 얕은 바다에서 형성 • 조선계 지층에 분포
석탄	• 육성층: 고생대 중·후기 삼각주나 호소에서 형성 • 평안계, 대동계 지층에 분포

(3) 중생대

① 조산 운동: 지괴의 충돌 과정에서 습곡 작용이 일어나 높은 산지 형성

송림 변동	• 트라이아스기에 평북·개마 지괴와 경기 지괴의 충돌 • 랴오둥 방향의 구조선 형성
대보 조산 운동	• 쥐라기에 경기 지괴와 영남 지괴의 충돌 • 중국 방향의 구조선 형성
불국사 변동	• 백악기에 경상 분지에 영향

② 화강암

- 조산 운동 과정에서 대규모의 관입
- 대보 화강암과 불국사 화강암이 대표적

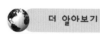

더 알아보기

◗ 지질 시대의 구분

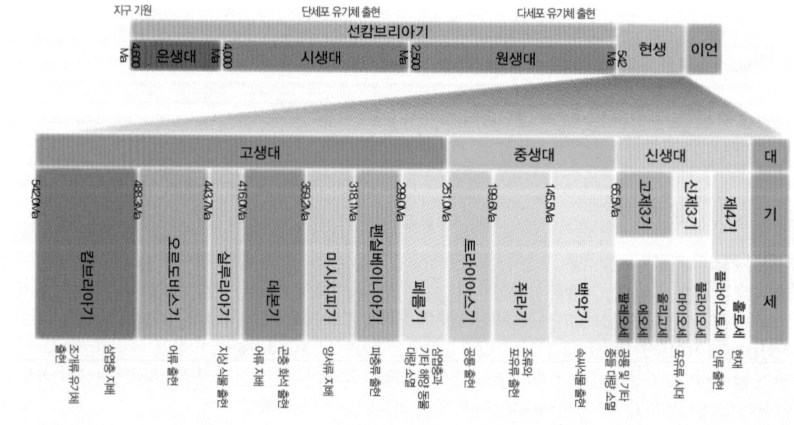

③ 경상 분지

- 대보 조산 운동 과정에서 경상 분지 일대에 호소가 형성되고 이후 퇴적 작용이 활발하게 진행되어 경상 분지의 퇴적층 형성
- 호수를 거닐던 공룡 발자국이 그대로 굳어 다량의 공룡 발자국 화석이 발견됨

(4) 신생대

① 경동성 요곡 융기

- 조륙 운동: 제3기 마이오세에 융기 축이 동쪽으로 치우친 비대칭 요곡 융기가 일어남
- 한국 방향의 구조선과 연속성이 높은 1차 산맥 형성
- 융기로 인해 동고서저의 지형과 고위 평탄면, 하안 단구, 해안 단구, 감입 곡류 하천 등 발달

감입 곡류 하천	• 융기로 인해 침식 기준면이 하강하며 하천의 하방 침식력이 증가 • 자유 곡류 하천이 유로를 유지하며 아래를 깎아 내려가 산지를 구불구불 흘러나가는 감입 곡류 하천이 형성
하안 단구	• 감입 곡류 하천 주변에 형성 • 융기로 인해 하천의 침식 기준면이 내려가면서 평탄했던 하천의 충적지가 높은 고도에 위치
해안 단구	• 과거의 파식대가 융기로 인해 해발 고도가 높아지면서 파랑의 침식을 받지 않고 평지 형태로 잔존
고위 평탄면	• 중생대에 형성된 습곡 산지들은 오랜 시간 풍화와 침식으로 평탄해짐 • 요곡 융기로 인해 평탄한 지역의 해발 고도가 높아져 고위 평탄면 형성

② 화산 활동: 백두산, 독도, 울릉도, 제주도 등이 분화

③ 자원

- 길주·명천 지괴, 두만 지괴, 포항 영일만 일대에 신생대 지층 분포
- 육지의 3기층에는 갈탄이, 바다의 3기층에는 천연가스가 매장

⫶ 시·원생대

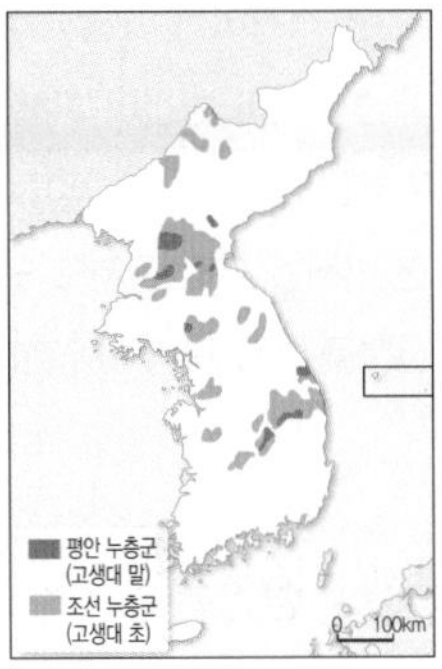

⫶ 고생대

⫶ 중생대

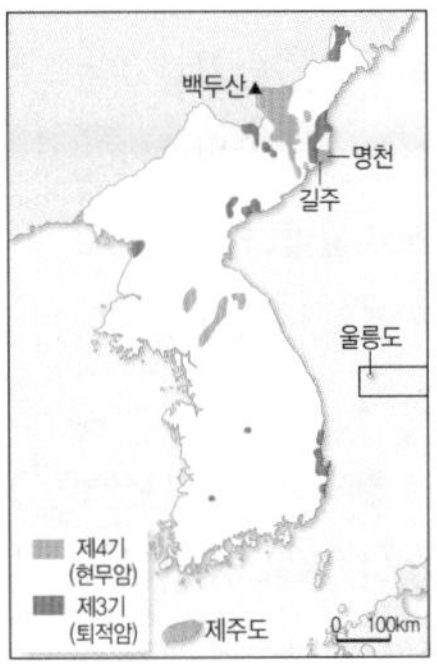

⫶ 신생대

더 알아보기

거꾸로 분포하는 석회암과 석탄

석회암과 석탄은 고생대 때 퇴적 작용에 의해 형성된 지층에 분포한다. 석회암은 고생대 초기, 석탄은 고생대 중·후기에 만들어졌기 때문에 이들 암석을 채굴하기 위해 땅을 파고 들어가면 석탄이 먼저 나오고 석회암이 뒤에 나와야 정상이다. 그런데 강원도 일부 지역에서는 석회암이 석탄보다 더 지표에 가깝게 매장되어 있다. 이것은 중생대에 발생한 조산 운동을 통해 이해할 수 있다. 조산 운동이 일어나면 강력한 횡압력으로 인해 수평 지층이 구부러지며 산맥이 형성된다. 산맥의 중심부는 횡압력이 가장 강한 지역으로 평평했던 지층이 엿가락처럼 접혀서 먼저 형성된 지층이 나중에 형성된 지층 위로 올라갈 수도 있기 때문에 석회암과 석탄의 채굴 순서가 바뀔 수 있는 것이다. 이러한 습곡 작용을 횡와 습곡이라 하고, 더욱 강력한 힘에 의해 지층이 끊어지면 오버스러스트라 한다.

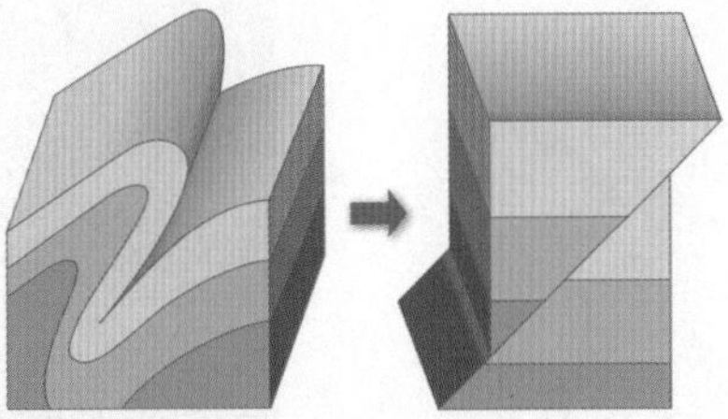
횡와 습곡 오버스러스트

■ 대보 화강암의 설악산

■ 하안 단구의 형성

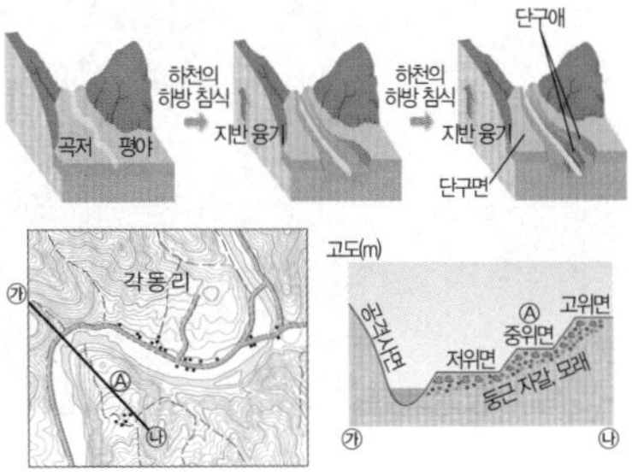

■ 고위 평탄면의 형성

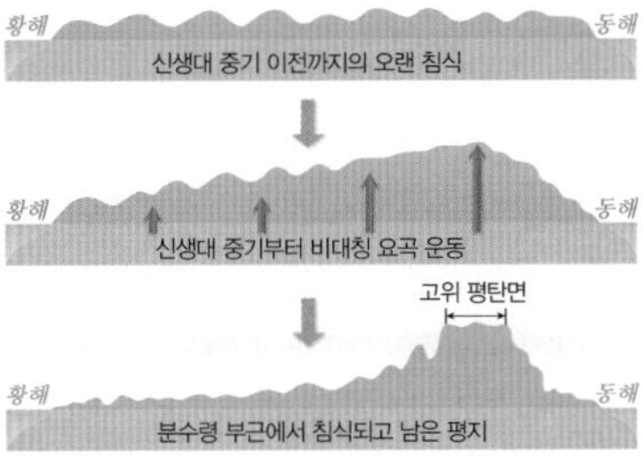

■ 동해 가스층 발견 지역

1998년 울산 남동쪽 58km에 위치한 대륙붕에서 천연가스층이 발견되었다. 동해-1 가스전에서는 하루에 34만 가구가 사용할 수 있는 천연가스와 자동차 2만 대를 운행할 수 있는 석유가 생산된다. 동해-1 가스전을 통해 우리나라는 세계 95번째 산유국이 되었다.

지리 상식 1 지진과 단층 작용, 우리나라는 안전할까?

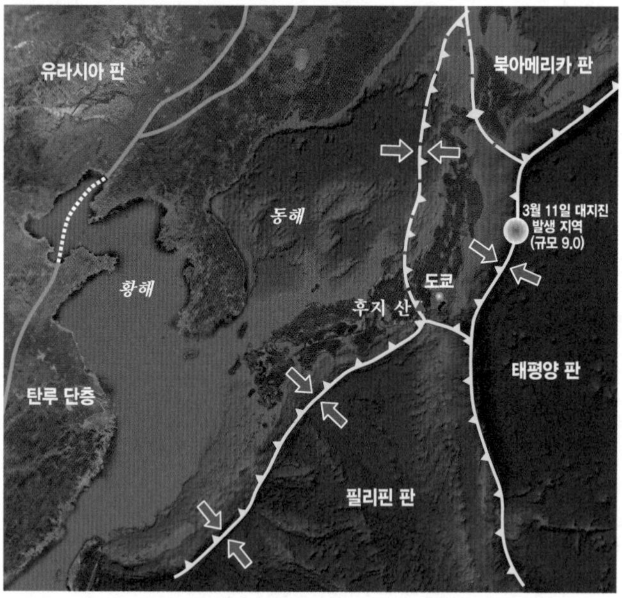

2011년 3월 11일 일본 북동부 태평양 판 연안의 해저에서 해양 지각판인 태평양 판이 대륙 지각판인 북아메리카 판 아래로 섭입되는 과정에서 규모 9.0의 대지진이 발생하였다. 이 지진은 두 판 사이에서 일어난 강력한 횡압력으로 역단층 작용이 일어나 형성된 것이다. 평균 17m, 최대 24m의 변위가 있었으며 이 충격으로 지진 해일이 발생해 도호쿠 지역에 심각한 피해를 끼쳤으며 후쿠시마 원전이 회복 불능 상태로 손상되었고 지금도 방사능이 누출되어 주변 지역에 영향을 미치고 있다. 이처럼 지진은 횡압력 또는 인장력이 작용하는 곳에서 단층 작용이 일어나며 그 충격으로 발생한다. 그래서 판과 판의 경계가 되는 지역은 지진 작용이 매우 활발하다. 실제로 판과 판의 경계를 확인하는 증거 자료로 지진 발생 지역과 빈도가 활용되기도 한다.

그렇다면 우리나라는 판의 경계에서 다소 멀리 떨어져 있기 때문에 지진에서 안전한 것일까? 동일본 대지진과 같이 강력한 지진이 나타나지 않았을 뿐이지 우리나라에서도 지진은 꾸준히 발생하고 있다. 우리나라의 땅속 상황을 완전히 모르는 상태에서 '우리는 큰 지진에서 안전해요'라고 단정 짓기에는 위험성이 너무 크다. 그런데 쉽게 접할 수 있는 포털 사이트의 지도

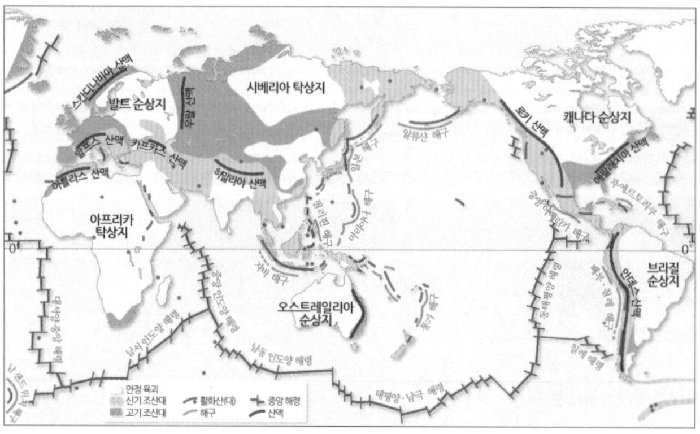

↑ 세계의 대지형

↑ 포털 사이트 지도 서비스를 통해서 본 경상남도 일대의 단층

서비스만 이용해도 우리나라에서 단층 작용과 관련이 있어 보이는 지형을 찾아 볼 수 있다. 단층은 지진을 동반하기 때문에 우리가 주목할 필요가 있다. 단층은 직선 형태로 암석을 쪼개며 단층이 일어났던 지역에서는 직선 형태의 사면이 나타난다.

위 사진은 포털 사이트 지도 서비스를 이용해 찾아본 경상남도 일대의 위성 사진이다. 사진을 살펴보면 오른쪽으로 기운 대각선 방향의 직선 구조를 여러 개 관찰할 수 있다. 이 지역의 단층들은 주향 이동 단층으로 신생대 제4기에도 활동한 것으로 밝혀졌다. 즉 최근에도 단층 작용이 일어난 곳으로 언제 또 다시 단층 작용이 일어날지 예측하기 힘든 곳이다. 단층에 의한 지진으로 일본의 후쿠시마 원전이 피해를 입은 것처럼 경주의 월성, 울산의 고리에 원자력 발전소가 입지해 있어 지진이 일어난다면 큰 피해가 예상되는 곳이다. 지진 피해가 가장 클지도 모르는 지역에 원전을 지은 것은 아닌지 돌아보고 원전을 더욱 세심하게 관리할 필요가 있다.

지리 상식 2 암석의 강자, 화강암으로 본 지형 형성 작용

↑ 브라질 리우데자네이루의 거대한 화강암의 슈거로프

지형을 형성하는 힘인 내인적 작용과 외인적 작용은 개별적이기보다 복합적으로 작용하며, 힘의 균형 상태에 따라 다양한 지형이 형성된다. 세계 3대 미항의 하나인 브라질의 리우데자네이루로 눈을 돌려 지형이 내인적·외인적 작용을 동시에 받으면서 어떻게 형성되었는지 그 과정을 살펴보자. 거대한 예수상으로 유명한 리우데자네이루의 코르코바두 언덕에서 과나바라 만을 바라보면, 마치 송곳니를 닮은 해발 고도 396m의 거대한 바위가 눈에 들어온다. '설탕 덩어리'라는 뜻의 슈거로프(sugar loaf)라고 불리는 이 바위의 정체는 화강암이다. 화강암은 지하 깊은 곳에 있던 마그마가 압력에 의해 지각의 약한 틈을 타고 지표 부근으로 올라오다가 지하에서 굳어지며 형성된 암석이다. 지각에 눌려 있던 화강암이 지표 가까이로 올라오면 거대한 압력으로부터 벗어남에 따라 부피가 급격하게 팽창한다. 이 과정에서 화강암에는 수직 또는 수평 형태의 금이 가는 절리 현상이 발생한다. 슈거로프의 경우 수평의 편상 절리가 발달하였고, 이후 절리 사이로 빗물이 침입하여 얼고 녹기를 반복하면서 마치 양파 껍질이 벗겨지듯 판상 절리를 따라 침식이 진행되어 돔 모양의 바위산이 되었다.

전국지리교사연합회, 2011, 『살아있는 지리 교과서 2』

지리 상식 3 테라로사(Terra Rossa)가 아니라 테라록사(Terra Roxa)라구요 – 붉은색 현무암 풍화토

↑ 이구아수 폭포의 전경을 보여 주는 〈미션〉의 시작 부분

남아메리카의 이구아수 폭포는 파라나 고원을 동에서 서로 흐르는 이구아수 강이 파라나 강과 합류하기 전 약 25km 지점에 위치한다. 이구아수는 과라니 어로 '거대한 물'을 의미한다. 사바나 기후 지역인 이곳은 건기에는 유량이 적어 폭포가 두 개로 갈라지고, 우기에는 두 개의 폭포가 합쳐져 너비가 4km에 달하는 거대한 폭포가 된다. 영화 〈미션〉의 시작 부분에서 이구아수 폭포의 절경을 한눈에 볼 수 있다.

〈미션〉은 18세기 중반에 아르헨티나(당시 파라과이 영토)와 브라질 국경지대의 이구아수 폭포 지역에서 일어난 실화를 바탕으로 한 작품이다. 예수회 신부들은 원주민인 과라니 족을 선교하기 위해 자치 구역을 만들었다. 실제로 과라니 족의 예수회 전도 부락은 유네스코에 의해 세계 문화유산으로 지정되어 있다. 여기에 대조적인 성향을 지닌 두 신부, 로드리고와 가브리엘이 등장한다. 노예상 로드리고(로버트 드니로)는 사랑 때문에 동생을 죽이고 죄책감에 시달린다. 가브리엘 신부(제러미 아이언스)는 로드리고를 신부의 길로 인도하고, 과라니 족은 자신들의 형제를 팔아넘긴 로드리고를 용서하고 받아들인다.

이구아수 강이 흐르는 파라나 고원은 브라질 고원의 일부로서 대서양 연안의 좁은 해안 평야를 제외한 대부분의 지역이 두터운 현무암층으로 덮여 있다. 이구아수 강은 이렇게 현무암으로 덮인 고원을 흘러서 폭포에 이른다. 가브리엘 신부가 죽은 신부를 추모하면서 쌓아 놓은 돌무더기에서 구멍이 많은 현무암 기원의 돌을 관찰할 수 있다. 이 돌은 하천을 따라 오랫동안 흘러온 듯 마모가 많이 되어서 각이 사라지고 매우 둥근 모습을 띤다. 신부들이 폭포를 오르는 장면에서도 검은빛을 띠는 현무암의 기반암을 볼 수 있다.

↑ 파라나 고원의 현무암

파라나 고원의 표면을 이루는 현무암층은 상대적으로 침식에 강한 단단한 암석인 데 비하여 현무암으로 이루어진 용암 대지의 하부에는 침식에 약한 무른 암석이 분포한다. 이러한 용암 대지에서 단층 운동이 일어나고, 이로 인해 형성된 불연속선을 따라 폭포가 형성된다.

검은색의 현무암이 풍화되면 현무암을 구성하는 많은 양의 철로 인해 토양은 붉은색을 띠게 된다. 따라서 이곳을 흐르는 이구아수 강물과 폭포수는 적갈색을 띤다. 폭포를 거슬러 오르는 로드리고의 몸이 온통 붉은빛을 띠는 것도 적색의 현무암 풍화토 때문이다. 이러한 빛깔은 이리 호에서 기원하는 나이아가라 폭포의 물이 푸른빛을 띠는 것과 대조를 이룬다. 이구아수 폭포의 하부에는 폭포가 후퇴하면서 떨어져 나온 조각인 커다란 바위들이 쌓여 있다.

〈미션〉의 이구아수 폭포는 백인 노예상의 사죄 공간이자 서구의 영토 분할 과정에서 고통받는 원주민에 대한 선교의 공간이다. 노예상 로드리고는 그동안 입었던 갑옷을 짊어지고 반복해서 폭포를 거슬러 오른다. 그는 그동안의 악행에 대해 고행을 자처한다. 이처럼 자신을 고통에 빠뜨리지 않고서는 스스로를 견뎌 내기 힘들기 때문이다. 그리고 그의 고행은 과라니 족의 용서를 받으면서 끝을 맺는다.

폭포수 위쪽에 거주하는 과라니 족을 선교하려면 목숨을 건 등반을 해야만 한다. 폭포를 오르는 행위는 선교사들에게 죽음을 무릅쓴 고난의 길이자 숭고한 선교의 과정이다. 〈미션〉에서 적갈색의 폭포수가 성스럽게 보이는 이유이다.

양희경·장영진·심승희, 2007, 『영화 속 지형 이야기』

[선택형]

· 2013 6 평가원

1. 다음 자료에서 설명하는 지역을 지도의 A~E에서 고른 것은?

> 이 지역은 거대한 분지이다. 이 분지 내에는 그림과 같이 경암층과 연암층의 차별 침식으로 형성된 지형이 나타난다. 이 지형은 구릉과 평야가 반복되는 모습을 보이며, 완경사면에서는 포도밭과 밀밭이 나타난다.

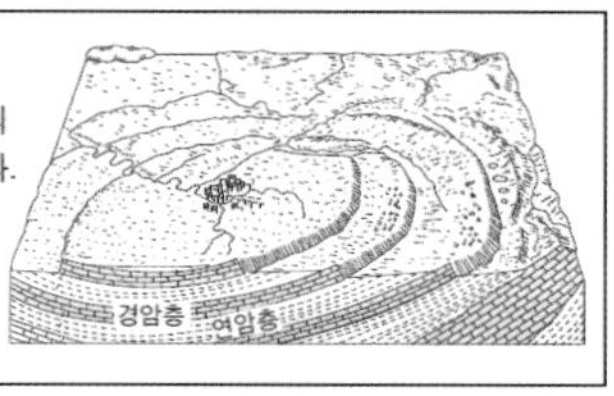

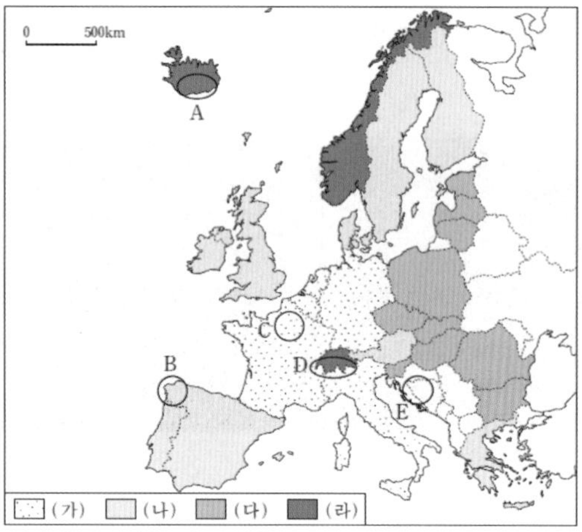

* 과거 서독은 현재의 독일로 표현함.

① A ② B ③ C ④ D ⑤ E

· 2007 수능

2. 다음은 인터넷 검색을 통해 얻은 지리 정보이다. 이용한 검색어와 관련된 조사 내용으로 가장 적절한 것은?

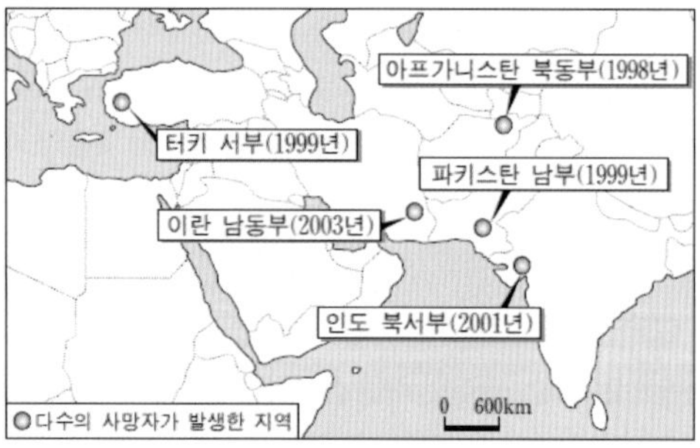

① 지각 운동에 의한 자연재해 발생 사례
② 종족 간 갈등에 의한 내전의 확산 결과
③ 석유 자원 확보를 위한 지역 분쟁 결과
④ 소수 민족 분리 독립을 위한 무력 충돌 사례
⑤ 이상 기후 현상에 따른 식량 생산량 감소 결과

· 2012 6 평가원

3. A-B의 지형 단면 모식도로 가장 적절한 것은?

①
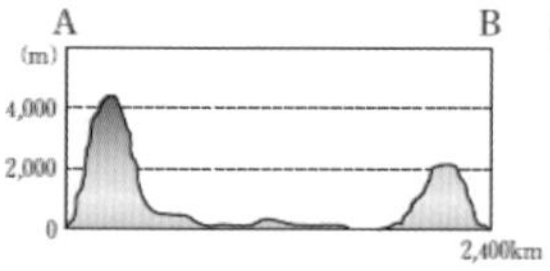

②
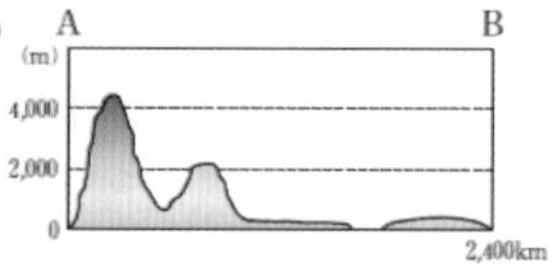

③
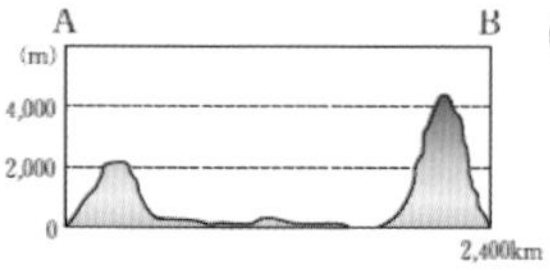

④
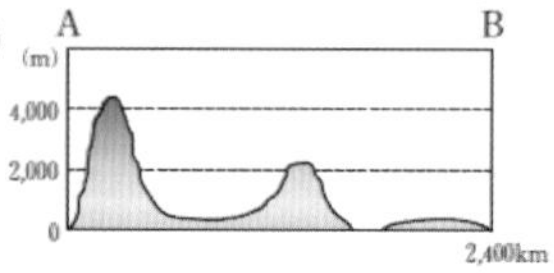

⑤
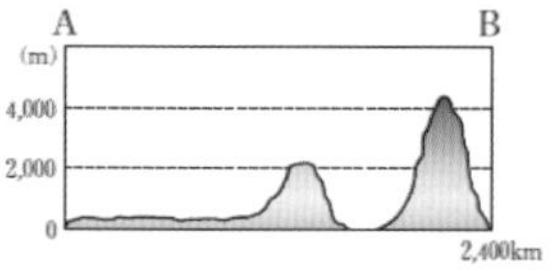

· 2009 6 평가원

4. 지도는 아시아의 대지형을 나타낸 것이다. A~C 지형에 대한 옳은 설명을 〈보기〉에서 고른 것은?

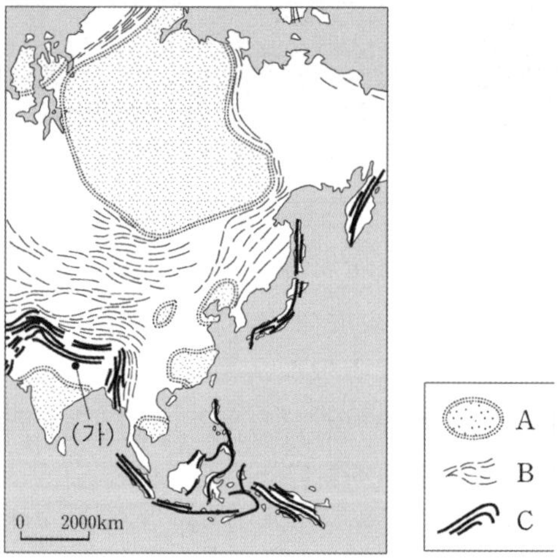

보기

ㄱ. A는 B보다 지표의 기복이 심하다.
ㄴ. B는 C보다 지반이 안정되어 있다.
ㄷ. C는 A보다 지진이 활발하다.
ㄹ. A~C는 중생대 이후 지각 변동으로 형성되었다.

① ㄱ, ㄴ ② ㄱ, ㄷ ③ ㄴ, ㄷ ④ ㄴ, ㄹ ⑤ ㄷ, ㄹ

• 2014 9 평가원

5. 다음 자료는 우리나라의 지체 구조와 지질 시대별 지각 변동을 나타낸 것이다. 이에 대한 설명으로 옳은 것은?

지질 시대		지각 변동
신생대	제4기	
	제3기	← 경동성 요곡 운동
(가)	백악기	← 불국사 변동
	쥐라기	← ㉠
	트라이아스기	← ㉡
(나)	페름기	
	⋮	← 조륙 운동
	캄브리아기	
원생대		
시생대		

① A는 대부분 육성층으로 공룡 발자국 화석이 발견된다.
② B는 평북·개마 지괴와 함께 (가)에서 형성된 퇴적암층이다.
③ C는 (나)에 형성된 해성층으로 다량의 석회암이 매장되어 있다.
④ ㉠으로 인해 관입된 암석은 북한산의 기반암을 이루고 있다.
⑤ ㉡으로 인해 한국 방향의 1차 산맥이 형성되었다.

• 2011 9 평가원

6. 지도에 관한 분석으로 옳은 것은?

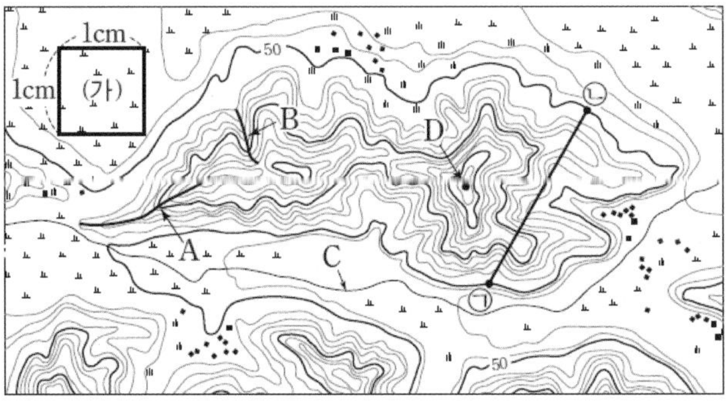

① A는 계곡, B는 능선이다.
② C 하천은 서쪽에서 동쪽으로 흐른다.
③ D의 해발 고도는 210m보다 높다.
④ ㉠-㉡의 단면은 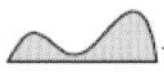 모양이다.
⑤ (가)의 실제 면적은 $0.25km^2$이다.

• 2010 수능

7. 지도에 대한 분석으로 옳지 않은 것은?

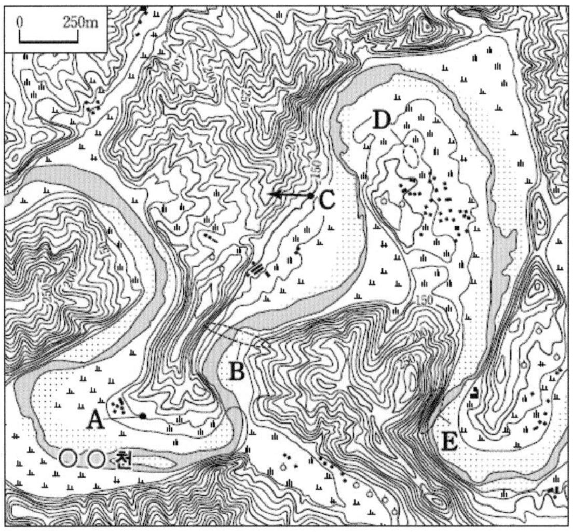

① B에 댐을 건설하여 하천 수위가 30m 상승하면, A 지점은 침수된다.
② C에서 화살표 방향으로 동일 고도를 유지한 채 직선의 터널을 뚫으면 그 터널의 길이는 250m 이상이다.
③ D에서 땅을 파 보면 둥근자갈을 발견할 수 있다.
④ E에는 하천의 측방 침식 작용에 의해 형성된 절벽이 나타난다.
⑤ OO천은 하방 침식 작용의 영향을 받았다.

[서술형]

1. 일본에 위치한 판의 종류와 이와 관련해 판의 충돌에 따른 2010년 이후 일본에서 일어난 대표적인 자연재해를 서술하시오.

2. 한반도의 형성 과정에서 경동성 요곡 융기에 의해 만들어진 지형을 구체적인 사례 지역을 들어 설명하시오.

chapter 02

지형

05. 하천 지형

핵심 출제 포인트

- ▶ 하천 유역과 하계망
- ▶ 우리나라 하천의 특징
- ▶ 하천차수와 하계 밀도
- ▶ 하도의 유형
- ▶ 하천의 운반 및 퇴적 작용
- ▶ 하천의 침식 작용과 지형

1. 하천

(1) 하천 유역과 하계망

① 하천: 크기와는 상관없이 일정한 물길을 따라 흐르는 물

② 하천 유역: 하천을 중심으로 물이 모여드는 범위, 분수계로 둘러싸인 분지 형태

③ 하계망: 하나의 본류와 합류하는 여러 지류로 이루어진 하천의 얼개

(2) 주요 하천 작용

① 하천의 침식 작용

• 하식: 하천에 의해 하도에서 물질이 제거되는 과정

수압에 의한 물질의 흡취 및 제거	• 범람원을 관류하는 하천에서 활발하며 하천의 유로 변경과 관련
굴식 작용	• 하상에서 절리로 분리된 암괴를 기반암에서 뜯어내는 작용
마식 작용	• 암석의 원마도를 크게 하거나 모래 혹은 자갈로 인해 하상의 기반암이 깎여 연마되는 작용

• 하식의 방향

하방 침식	• 하천이 아래 방향으로 침식하여 V자형 하곡 형성
측방 침식	• 하천이 옆 방향으로 침식하여 하곡을 넓히며 범람원 형성
두부 침식	• 폭포의 절벽이 상류 쪽으로 후퇴하는 현상 • 우곡이 크게 성장하여 하도를 이루는 경우에도 형성 • 하천의 유로를 상류 쪽으로 연장시키는 역할을 함 • 습곡 산지의 개석 단계, 하천 쟁탈 과정에서도 나타남

• 침식 기준면

침식 기준면	• 하천이 하방 침식을 할 수 있는 최저 기준면 • 지표가 유수에 의해 낮아질 수 있는 한계, 일반적으로 해수면
일시적 기준면	• 하식에 대한 저항력이 대단히 큰 경암층이나 호소는 상류의 하천에 대해 일시적으로 기준면의 역할을 함
국지적 기준면	• 하천의 본류가 지류와 합류하는 지점의 고도, 지류는 이 합류 지점의 고도 이하로 하방 침식을 진행할 수 없음

② 하천의 운반 작용

• 퇴적물의 성질과 퇴적물의 운반 유형, 유속에 따라 다르게 이동

• 하천이 운반하는 토사를 하중이라 하며, 하중은 부유 하중, 하상 하중, 용해 하중으로 구분

하상 하중	• 자갈이나 모래와 같이 물에 뜰 수 없는 무거운 입자가 하상을 따라 구르거나 미끄러지면서 이동하는 것, 비약 운동
부유 하중	• 점토, 실트, 유속이 빠를 때는 모래(세사)도 일부 이동 • 홍수 시 부유 하중 증가로 하천의 색이 누렇게 변함
용해 하중	• 용해된 물질 운반 • 석회암 지대를 흐르는 하천을 제외하면 그 양은 극히 적음

③ 하천의 퇴적 작용

• 유속과 입자의 크기에 따라 다양한 퇴적 작용이 발생하며, 유속이 감소함에 따라 입자가 큰 것부터 퇴적됨

• 퇴적물의 분급 현상: 퇴적물이 크기별로 나뉘는 현상으로, 입자의 크기에 비례

■ 하천 유역과 분수계

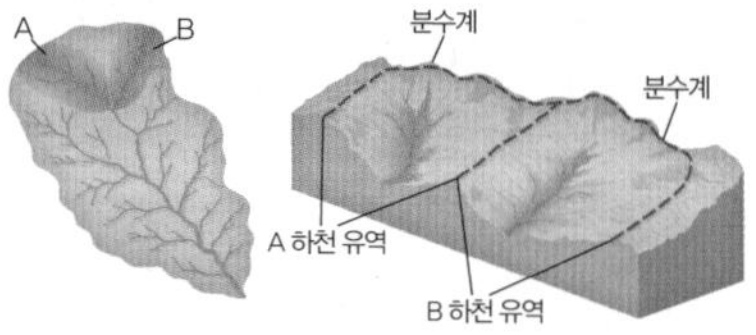

분수계는 물이 나누어지는 경계로, 물의 흐름을 나눈다.

■ 하천차수

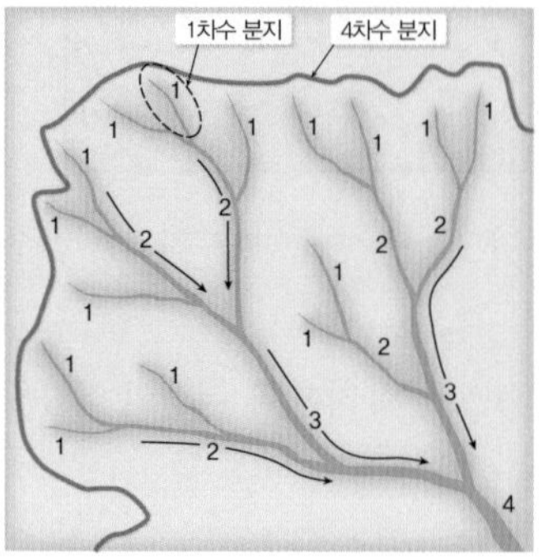

하천의 주된 가지들과 지류들은 작은 것부터 큰 것까지 각 하천 구간의 위계에 따라서 구분된다.

■ 상류와 하류 특징 상대적 비교

상류에서 하류로 갈수록 유량 증가에 따라 하폭, 수심, 유량 순으로 증가한다.

구분	상류(계곡)	하류
하폭	좁음	넓음
유량	적음	많음
수심	얕음	깊음
평균 경사	급함	완만함
해발 고도	높음	낮음
유역 분지	좁음	넓음
평균 입자 크기	큼(조립질)	작음(미립질)
퇴적층 두께	얇음	두꺼움
원마도	낮음	높음
경지율	낮음	높음

■ 하천의 최대 유속 지점

하천은 제방과 유수의 표면 간 마찰 때문에 중앙 부분과 수면 부근에서 가장 빨리 흐른다. 하천 횡단면이 대칭일 경우 수면 중앙부의 1/3의 깊이에서 최대 유속이 된다.

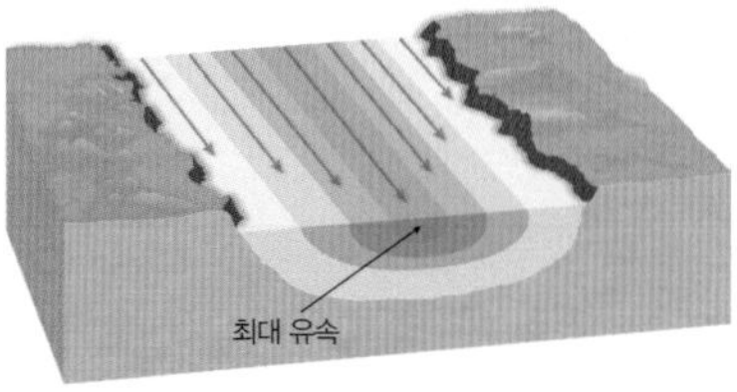

(3) 하천(하도)의 유형

① 직류 하천

• 곡 폭이 좁거나 양안에 기반암이 노출되어 있어 측방 침식에 의한 유로 변동을 자유로이 하지 못하며 하도는 직선에 가까움

• 짧고 흔하지 않으며 일반적으로 지질 구조의 강력한 영향을 받는 곳에서 나타남

• 곡류 하천으로 변하면서 공격면에는 풀(소), 맞은편의 퇴적면에는 포인트 바(모래톱), 공격면의 풀과 맞은편 하안의 풀로 넘어가는 사이에 여울이 형성

– 풀: 공격면의 하안으로 모래로 형성, 수심이 깊고 수면이 잔잔함

– 포인트 바: 공격면의 맞은편 하안에 모래나 자갈이 쌓여 범람원에 붙어 있는 상태에서 전진하는 모래톱

– 여울: 풀과 맞은편 풀 사이에 자갈로 이루어져 수심이 얕고 경사가 급해 하상의 경사나 기울기가 수면에 반영되어 수면이 부서지는 가운데 흐르는 곳(포인트 바와 포인트 바 사이)

② 곡류 하천

• 하천이 넓은 범람원을 관류할 때 나타남. 사행천(곡류 하천), 우각호, 하중도, 구하도 형성, 자유 곡류 하천과 감입 곡류 하천으로 구분, 감입 곡류 하천은 생육 곡류 하천과 굴삭 곡류 하천으로 구분

• 공격면 쪽은 침식을 받아 수심이 깊고, 맞은편 포인트 바 쪽은 수심이 얕으며 공격면과 공격면 사이에는 여울이 형성되고 하상 단면이 대칭되며 수심도 얕아짐

• 곡률도=하도의 길이(하천 길이)/하곡의 길이(골짜기의 길이)

• 자유 곡류 하천과 감입 곡류 하천

자유 곡류 하천	감입 곡류 하천
• 하천의 중·하류 지역 • 하천의 측방 침식 • 유로 변경 심함 • 하중도, 우각호, 구하도, 범람원 등 형성 • 홍수 시 범람으로 유로가 직선화되기도 함	• 하천의 상류 지역 • 지반의 융기 및 하천의 하방 침식 • 유로 유지(제한적 유로 변경) • 하안 단구 형성(비대칭적 생육 곡류) • 다목적 댐 건설 및 래프팅에 유리

③ 망류 하천

• 하천의 운반 물질(하중)이 운반력에 비하여 과다할 때 유속이 느려지면서 유로가 여러 갈래로 나뉘어 발달

• 식생의 파괴→토사의 유출량 확대→망류 하천의 형성

• 삼각주에서 두드러지게 나타나며 빙하 지역의 융빙수 하천, 선상지 하천, 건조 지역 하천 등이 대표적인 망류 하천

④ 유로 변경

• 유로 변경의 원인

– 공격면의 측방 침식 작용과 보호면의 퇴적 작용

• 유로 변경으로 형성된 지형

– 하중도: 유로의 변경으로 하천 중앙에 형성된 섬

– 구하도: 하천의 퇴적물에 의해 육지화된 과거의 유로

– 우각호: 구하도에 의해 하천의 본류와 분리된 호수

■ 유속과 침식·운반·퇴적의 관계

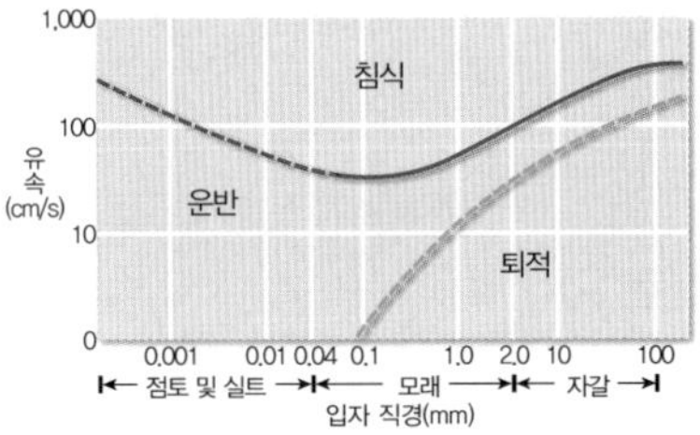

유속이 증가되면 침식에 의해 모래(중사)가 가장 먼저 움직이며, 운반 중인 토사는 유속 감소에 따라 크기 순으로 퇴적된다.

■ 하천의 구조

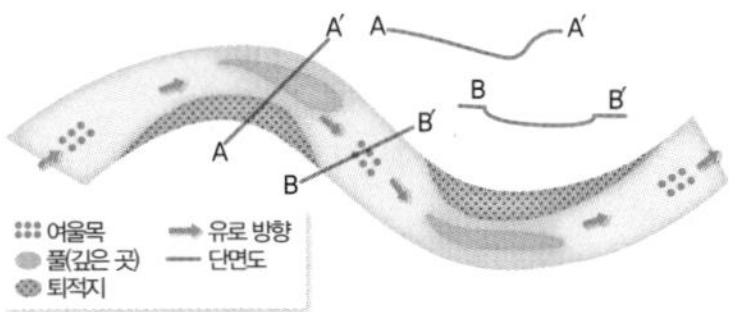

A′면은 빠른 물살의 공격을 받는 면으로 수심이 깊고 측방 침식이 진행되고 있어서 뒤로 후퇴하며 하천을 더 휘게 한다. A면은 퇴적면으로 수심이 얕고 범람원이 된다. B–B′는 수심이 얕은 여울목으로 징검돌을 놓아 물을 건너는 자리이다.

■ 하천의 유로 변경

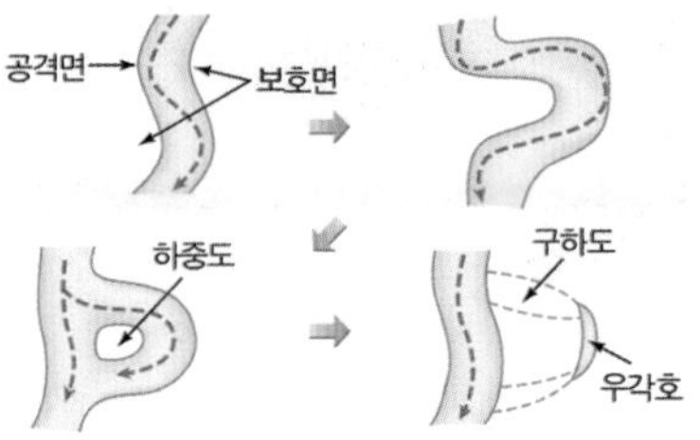

■ 하도의 유형

A는 직류 하도, B는 곡류 하도이다. 침식은 수심이 가장 깊고 유속이 가장 빠른 굽이의 바깥쪽 부분에서 일어나며, 퇴적은 물의 속도가 가장 느린 굽이의 안쪽에서 발생한다.

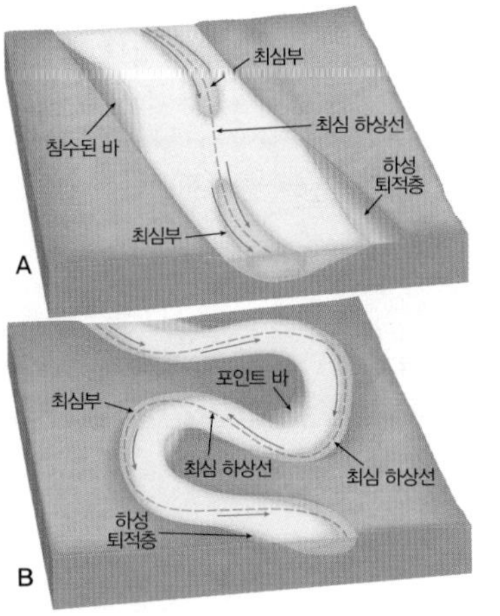

■ 자유 곡류 하천과 감입 곡류 하천

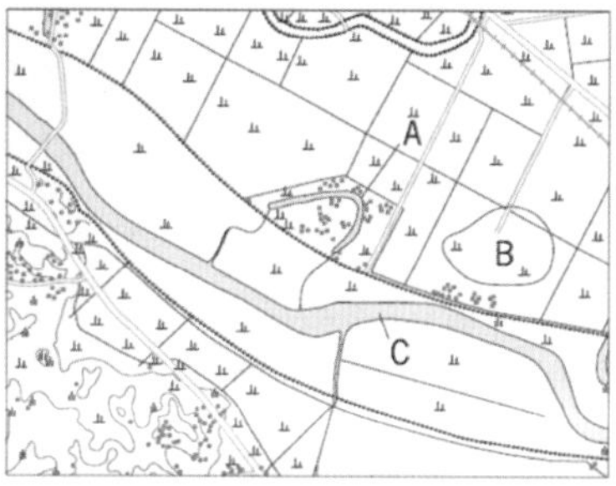

A: 우각호　B: 배후 습지　C: 자유 곡류 하천

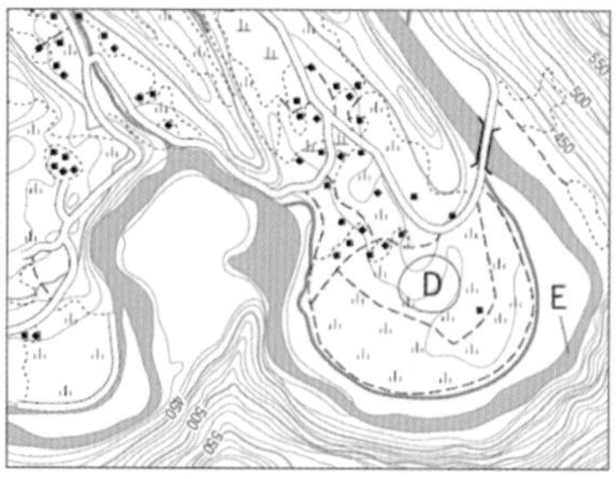

D: 하안 단구　E: 감입 곡류 하천

■ 포트홀과 폭호

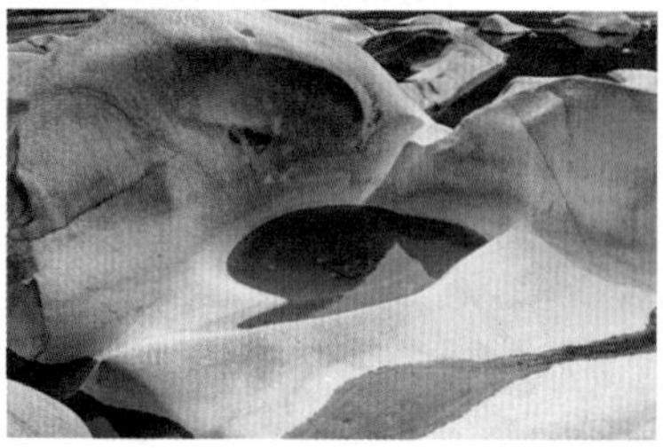

포트홀은 하상의 기반암에 마식에 의해 파인 작은 항아리나 원통 모양의 구멍으로 괴상의 화강암에서 잘 형성된다. 강원 영월 요선암 돌개구멍이 그 예이다.

포트홀의 형성 과정

폭호는 포트홀과 유사한 과정으로 폭포 밑에 모양 좋게 파이는 깊은 웅덩이이다. 설악산 천불동계곡 오련폭포의 폭호, 주왕산, 밀양 얼음골의 호박소에서 볼 수 있다.

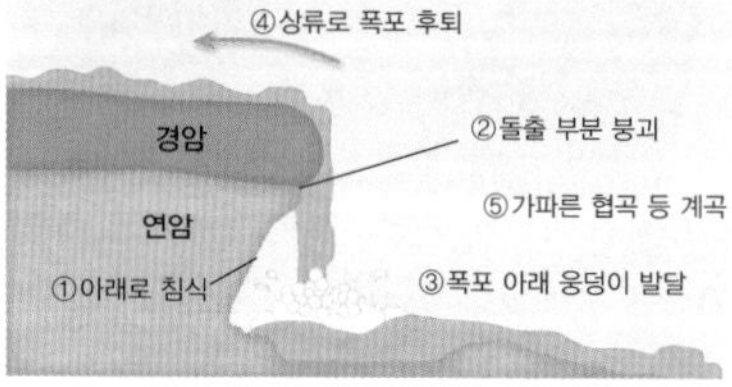

폭호의 형성 과정

2. 하천 지형

(1) 주요 하천 지형

① 침식 지형

구릉성 침식 평야	• 기복이 작은 산지가 오랜 기간 침식을 받아 형성된 파도 무늬의 평야 • 계단식 논, 밭, 과수원, 목장 등으로 이용
하안 단구	• 형성 원인: 과거 하상이 융기하여 형성된 하천 옆 계단 모양의 평탄면 • 분포: 하천의 상류 지역, 감입 곡류 하천과 함께 분포 • 특징: 둥근자갈 발견, 홍수 피해 적음, 농경지, 취락, 교통로 등으로 이용
침식 분지	• 형성 원인: 암석의 경연 차에 의한 하천의 차별 침식으로 형성 • 분포: 하천 중·상류의 화강암 분포 지역, 두 하천의 합류 지점 • 특징: 내륙 지방의 중심지로 도시가 발달함(대구, 안동, 춘천, 청주 등), 기온 역전 현상으로 안개, 대기 오염, 냉해 발생하기도 함

② 퇴적 지형

• 선상지: 하천의 경사 급변점(곡구)에 형성
• 범람원: 중·하류 연안 저지대에 형성
• 삼각주: 하천 최하류(하구), 해수와 담수가 만나는 곳(기수), 육지와 바다 사이의 점이 지대
  – 하천 경사도가 완만하고 유속이 느려 퇴적 활동에 유리해야 함
  – 하천이 공급해 주는 퇴적물의 양이 조류로 인한 침식 물질의 양보다 많아야 함
  – 조차가 작은 해안이 발달하기에 유리함(조차가 큰 지역에서는 삼각강 형성)
• 하천 퇴적 지형별 특징

	선상지	범람원	삼각주
구성 물질	선앙: 모래, 자갈(사력질) 선단: 세립질, 미립질	자연 제방: 사질토 배후 습지: 실트, 점토	실트(이토), 점토
하천	복류천	자유 곡류 하천	자유 곡류 하천
토지 이용	선정: 취락, 소규모 논 선앙: 밭, 과수원 선단: 논	자연 제방: 과수원, 밭, 교통로 배후 습지: 논	배후 습지: 논
취락 분포	선단(용천대): 득수 취락	자연 제방: 피수 취락	자연 제방: 피수 취락
발달 정도	노년기 지형으로 발달 미약	보편적으로 분포	조수로 인해 발달 미약

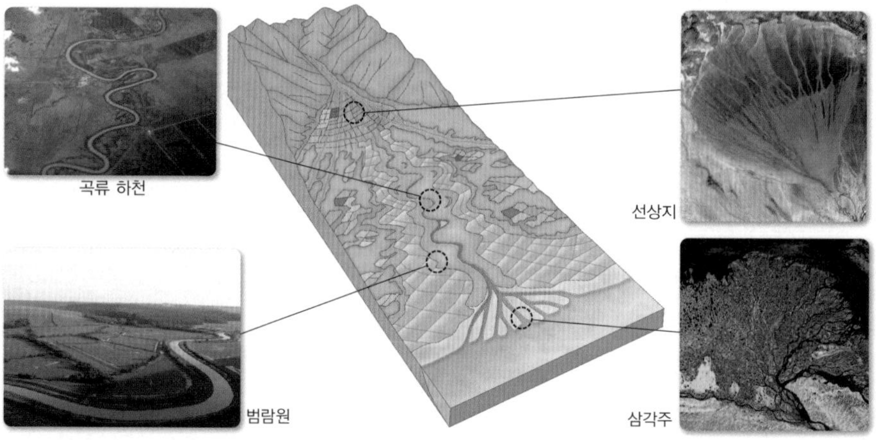

⇡ 하천 지형의 형성

③ 삼각주 사례
- 우리나라의 삼각주: 낙동강 삼각주, 두만강 삼각주, 압록강 삼각주, 형산강 삼각주
- 다양한 형태의 삼각주: 호상 삼각주, 조족상 삼각주, 첨각상 삼각주, 만입상 삼각주

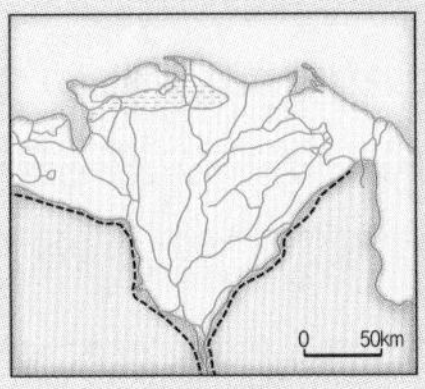

나일 강 삼각주(호상)

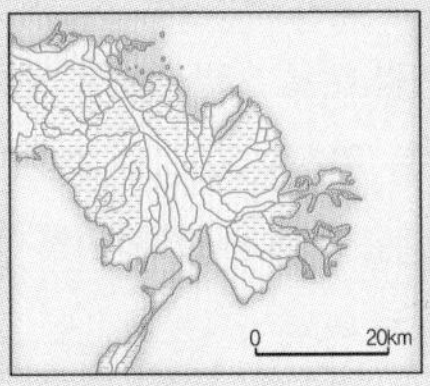

미시시피 강 삼각주 (조족상)

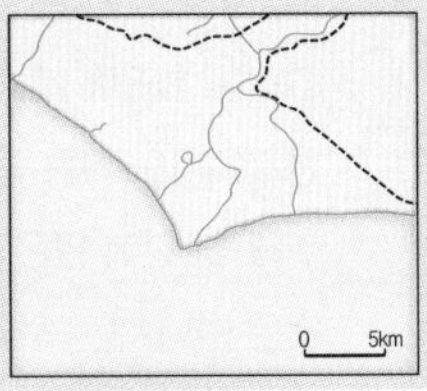

테베레 강 삼각주 (첨각상)

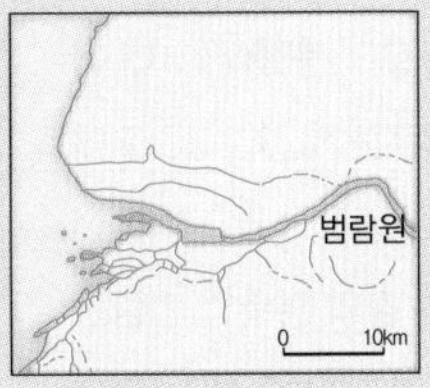

센 강 삼각주(만입상)

(2) 우리나라 하천의 특징

① 하천의 방향
- 경동성 지형의 영향: 대분수계인 함경·태백산맥 등이 북동쪽으로 치우쳐 발달
- 대체로 대 하천은 구조선 방향을 따라 황해와 남해로 유입
- 동해로 유입되는 하천은 유로가 짧고 경사가 급함

② 유황(流況)

원인	• 여름철 집중 호우(강수의 계절 차가 큼), 좁은 유역 면적, 빈약한 삼림
결과	• 하상 계수(하천의 최소 유량에 대한 최대 유량의 비율)가 큼 • 하천 규모에 비해 인공 제방이 높게 조성되어 있으며 하폭도 넓음 • 홍수와 가뭄의 조절이나 물 자원 관리 등이 어려움 • 하천 교통(내륙 운하) 이용 불편, 수력 발전 불리
대책	• 다목적 댐(홍수 조절, 용수 공급, 발전 등) 건설, 녹색 댐(삼림) 조성 등

③ 감조하천(感潮河川)
- 원인: 조석의 영향으로 하천의 수위 변화가 심함
- 영향
  - 감조 구간에 염해 피해 발생
  - 여름철 집중 호우와 만조 시간이 겹칠 때 홍수 위험 증가
  - 하천 하구에 삼각주 발달 저조
- 대책: 하굿둑 건설, 방조제·제수문 설치 등

더 알아보기

하계망 유형

수지상(dendritic)	• 기반암이 등질적이고 특정한 지질 구조가 결여된 지역
격자상(trellis)	• 경암층과 연암층이 반복해서 지표에 노출되어 있는 퇴적암 지역, 가장 규칙적
직각상(rectangular)	• 여러 절리나 단층선 등이 직각으로 교차하는 지역, 격자상에 비해 덜 규칙적
구심상(centangular)	• 여러 하천이 하나의 중심 저지로 모여드는 하천 • 암석의 차별 침식에 기인하는 여러 분지에서 나타남(대표적인 집중형 하계망)
방사상(radial)	• 중심 고지에서 하천들이 사방으로 흘러 나가는 경우 • 화산과 퇴적암층의 도움에서 전형적으로 나타남(대표적인 분산형 하계망)
평행상(parallel)	• 경사가 비교적 급한 퇴적암층

■ 우리나라 중부 지방의 동서 단면도와 흐르는 방향에 따른 하천의 특성

구분	황해로 흐르는 하천	동해로 흐르는 하천
유로	길다	짧다
하천 경사	완만하다	급하다
하천이 바다에 공급하는 물질	미립질(진흙) 갯벌 형성	조립질(모래) 사빈 형성
유역 분지	넓다	좁다

■ 천정천(天井川)이란?

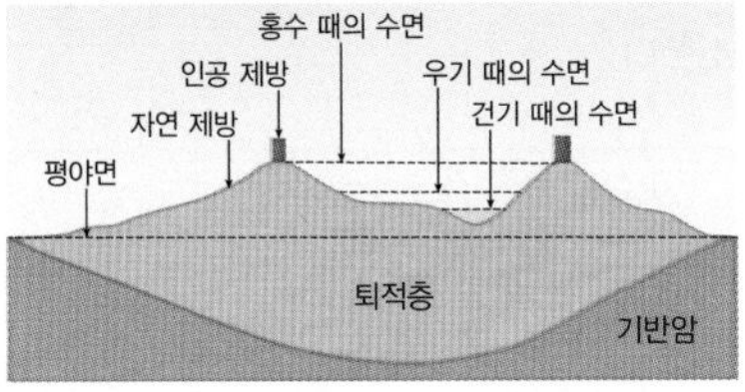

평야 위를 흐르는 작은 하천은 하상에서 퇴적 작용이 일어나고 시간이 지나면서 강바닥이 자꾸만 높아져 홍수 위험이 커지게 된다. 그래서 하천 양옆에 제방을 쌓는데, 시간이 지나면 하상이 또 높아져서 제방을 자꾸만 쌓다 보니까 주변 평야에 비해서 하천 바닥이 오히려 더 높아지기도 하는데, 이런 하천을 천정천이라고 한다.

지리 상식 1 나일 강이 먹여 살린 이집트

아프리카에서 가장 찬란했던 문명은 지금으로부터 약 6,000년 전 나일 강 유역에서 나타났다. 고대 이집트 문명은 강력한 왕권을 유지하며 발달했고, 고대 그리스 문명에 영향을 끼쳐 서구 문화의 원류로 작용했다. 고대 이집트 문명이 3,000년 동안이나 번성할 수 있었던 이유는 무엇일까? 고대 그리스의 역사학자 헤로도토스가 표현했듯이, 그것은 바로 '나일 강의 선물' 덕분이었다. 매년 여름 주기적으로 일어나는 나일 강의 홍수와 범람은 주변의 땅을 비옥하게 만들었고, 이것이 고대 문명이 발생할 수 있는 토대를 마련해 주었다. …(중략)… 한편 이집트 정부는 나일 강의 수위 조절을 위해 1960년대 초 아스완 하이 댐 건설을 시작해서 1971년 완공했으나 현재 수많은 문제를 안고 있는 실정이다. 나일 강의 범람으로 비옥했던 토양은 댐 건설 후 염류가 쌓이면서 농작물에 해를 입히기 시작했고, 나일 강이 지중해에 공급하던 영양분이 줄면서 지중해 연안의 어획량이 급격히 감소했다.

⁝ 나일 강변의 유적

전국지리교사모임, 2014, 세계 지리, 『세상과 통하다 2』

지리 상식 2 우기에는 하천, 건기에는 육지로 바뀌는 우리집 주변!

메콩 강은 동남아시아에서 가장 큰 강이고, 가장 중요한 강이다. 중국의 티베트 고원에서 발원하여 베트남 남단의 삼각주까지 이어지는 메콩 강은 총 4,200km를 흐르는 강이다. 메콩 강은 동남아시아의 5개국을 지나간다는 점에서 '동남아시아의 다뉴브 강'이라고 부를 수 있다. 메콩 강은 관개용수를 공급하고, 어업 활동의 터를 제공하며, 주요한 교통로 역할을 수행하고, 상류에서는 수력 발전에 이용된다. 라오스의 농민으로부터 중국의 도시민까지 수천만 명의 사람들이 메콩 강으로부터 제공되는 용수에 의존하여 살고 있다. 베트남 남단의 삼각주는 동남아시아에서 가장 인구 밀도가 높은 지역이고, 엄청난 양의 쌀이 생산되는 지역이다.

그런데 최근에 메콩 강 이용과 관련하여 여러 가지 문제가 발생하고 있다. 중국에서는 메콩 강을 '란창 강'이라고 부르며, 윈난 성에 전기를 공급하기 위해 이 강에 많은 댐을 만들고 있다. 비록 수력 발전용 댐이 물길을 막는 것은 아니지만, 하류에 위치한 국가들은 심한 가뭄이 들면 중국인들이 댐에 물을 저장하느라고 물을 적게 흘려보내지 않을까 걱정하고 있다. 캄보디아는 메콩 강으로부터 물이 공급되는 톤레사프(Tonle Sap) 호의 미래를 걱정하고 있고, 베트남은 메콩 강 수위가 내려가면 염해를 입지 않을까 걱정하고 있다. 벌써부터 메콩 강의 어획량이 줄어들고 있고, 이라와디 돌고래와 시암 악어 등 희귀 동물들이 멸종 위기에 처해 있다.

⁝ 메콩 강과 주변 국가들

H. J. de Blij · Peter O · Muller, 기근도 · 이종호 · 지평 역, 2009, 『개념과 지역 중심으로 풀어 쓴 세계 지리』

지리 상식 3 상전벽해(桑田碧海)가 아닌 벽해상전(碧海桑田) 서울의 잠실

⁝ 서울 서초구 잠원동에 있는 서울시 기념물 1호 '잠실리 뽕나무(좌)'와 현재의 대규모 잠실 아파트 단지(우)

상전벽해는 뽕나무 밭이 푸른 바다로 바뀐다는 뜻으로 세상 일이 몰라보게 확 달라졌다는 의미이다. 그러나 상전벽해가 아닌 벽해상전(바다가 뽕나무 밭으로 바뀜) 지역이 바로 서울의 잠실이다. 서울의 잠실은 바다의 영향을 받는 감조 구간이다. 잠실섬은 한강이 하류에서 유속이 감소하면서 하중도(荷重島)로 바뀐 지역이다. 1930년대까지 잠실섬은 뽕나무가 무성하게 자라는 지역이었으나, 일제 강점기 말 주민들이 채소밭을 가꾸기 위해 나무를 제거하였다. 1970년대 이 지역의 개발을 위해 서울시가 잠실과 송파 사이를 메운 이후인 1980년대부터 대규모 아파트 단지가 들어서게 되었다.

1970년대 매립 당시 토사량이 부족해 서울시는 방이동의 큰 언덕을 헐어 그 흙으로 땅을 메우자는 제안도 하였으나 무산되고, 그 대신 시내 쓰레기를 모아 저지대를 메우기도 하였다. 헐어 버리자는 말이 나왔던 방이동의 큰 언덕은 이후 '몽촌토성'으로 밝혀졌으니 소중한 문화재가 사라질 뻔한 아찔한 순간이었다.

지리 상식 4 전진은 없다. 무조건 후퇴하라! 나이아가라!

나이아가라 폭포는 이구아수 폭포, 빅토리아 폭포와 함께 세계 3대 폭포이다. 이것은 캐나다와 미국의 국경 사이에 있는 5대호 중에서 이리 호와 온타리오 호를 통하는 나이아가라 강에 위치하며, 높이 48m, 너비 900m에 이르는 말굽 모양의 폭포이다. 현재 두부 침식(하천이 상류 쪽으로 침식되면서 강의 길이가 길어지는 현상)이 계속 진행되어 조금씩 상부로 전진하고 있다. 이는 폭포를 형성하는 상부와 하부의 지층이 서로 다르기 때문이다. 상부는 견고한 석회암으로 이루어진 반면, 하부는 비교적 연약한 사암으로 구성되어 있다. 그 결과 폭포의 물이 떨어질 때 견고한 상부보다 벼랑 하부의 연층을 후벼 내듯이 파헤쳐 깎아 내면, 이후 돌출한 듯 남아 있는 상부의 석회층도 허물어진다. 이런 식으로 벼랑은 해마다 약 1m 정도씩 후퇴하고 있다.

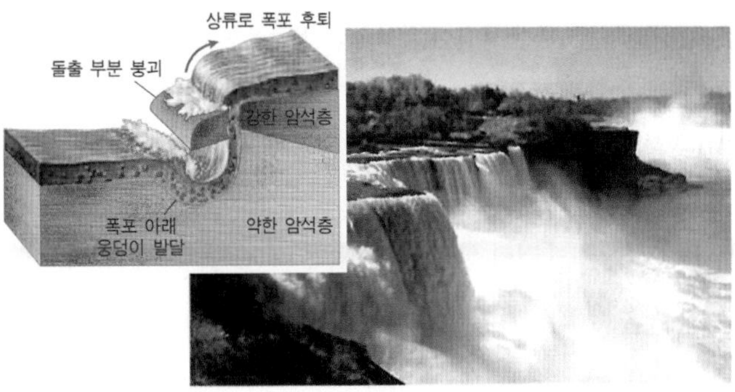

전국지리교사연합회, 2011, 『살아있는 지리 교과서 1』

지리 상식 5 지구의 나이테를 볼 수 있는 곳

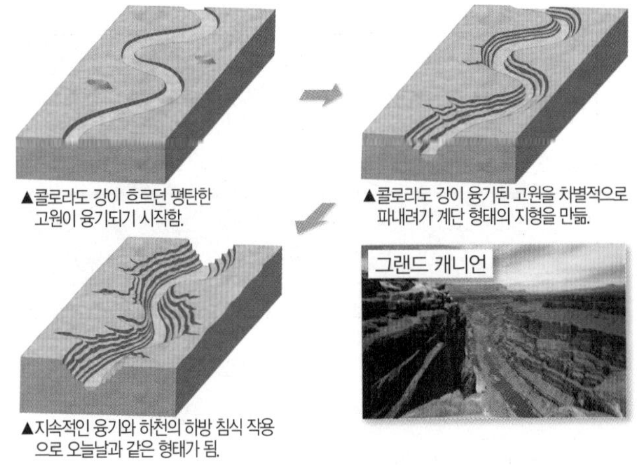

▲콜로라도 강이 흐르던 평탄한 고원이 융기되기 시작함.

▲콜로라도 강이 융기된 고원을 차별적으로 파내려가 계단 형태의 지형을 만듦.

▲지속적인 융기와 하천의 하방 침식 작용으로 오늘날과 같은 형태가 됨.

미국의 그랜드 캐니언은 길이 447km, 너비 6~20km, 깊이 1,500m로, 콜로라도 강이 침식시킨 대협곡의 일부로 시생대 이후 20억 년 동안 지질 시대 순으로 차곡하게 쌓인 퇴적층을 한눈에 감상할 수 있는 곳이다. 콜로라도 강의 침식에 의해 속살을 드러낸 대협곡의 폭과 깊이를 보면 하천이 지표를 깎아 내는 힘이 얼마나 강한지 알 수 있다.

전국지리교사연합회, 2011, 『살아있는 지리 교과서 1』

지리 상식 6 바다에서 생을 마감하는 강물의 일생

하천은 지표를 깎아 내기도 하지만 하류로 이동하면서 유속이 감소하여 운반 물질이 퇴적되면서 충적 지형을 만들기도 한다. 하천 구간마다 유속과 경사가 다르고 유량도 변화하기 때문에 충적 지형의 형태는 다양하게 나타난다.

히말라야 산맥의 중부에서 발원하여 남쪽 힌두스탄 평원을 지나 벵골 만으로 유입되는 인도의 갠지스 강 유역에 발달한 다양한 충적 지형을 살펴보자. 히말라야 산맥의 험준한 산간 지대를 흐르는 갠지스 강 상류는 골짜기가 끝나는 지점에 이르면 갑자기 경사가 완만해지면서 운반해 온 물질이 쌓여 선상지라 불리는 부채꼴 모양의 퇴적 지형이 만들어진다.

하천의 중류로 접어들면 우기의 잦은 범람으로 넓은 범람원을 형성한다. 강물이 범람하며 입자가 큰 모래자갈은 하천 주변부에 쌓여 둔덕을 이루고, 입자가 작은 실트와 점토는 둔덕 너머 멀리에서 쌓여 습지를 만든다. 인도 북두의 힌두스탄 평원은 갠지스 강이 만든 범람원으로, 벼농사가 발달하여 인도 최대의 농업 지역이 되었다.

하류로 이동한 갠지스 강은 마지막으로 바다와 만나는 하구에 이르면 유속이 갑자기 느려져 강물에 실려온 퇴적물을 하구에 쌓아 삼각주를 형성한다. 세계의 대하천이 바다로 유입되는 하구에는 삼각주가 발달하는데, 삼각주는 토양이 비옥하여 농업 생산력이 높다. 삼각주는 대부분 세계적인 곡창 지대에 해당하며, 이를 바탕으로 인구 조밀 지대를 이루고 있다.

전국지리교사연합회, 2011, 『살아있는 지리 교과서 1』

지리 상식 7 우리는 유치원에서 풍화 작용과 하천의 차수에 대해 배웠다!

우리가 어린 시절 불렀던 동요 중에 "돌과 물"이라는 노래가 있다. 2절로 구성되어 있는 이 노래의 1절은 풍화 작용에 대해 나와 있다. 암석이 잘게 쪼개지는 것이 풍화인데 1절의 내용을 보면 바윗돌이 모래알로 되어가는 풍화, 특히 기계적 풍화에 대해 잘 설명하고 있다. 2절의 내용은 하천의 상류에서 하류로 오는 동안의 하천차수 변화에 대해 언급하고 있다. 하천의 상류 1차수인 도랑물부터 큰 강물까지 이어지고 이내 침식 기준면인 바닷물(해수면)에 이르러 그 생을 마감하는 내용이다.

바윗돌 깨뜨려 돌덩이
돌덩이 깨뜨려 돌멩이
돌멩이 깨뜨려 자갈돌
자갈돌 깨뜨려 모래알
랄라랄랄라 랄랄라
랄라랄랄라 랄랄라
도랑물 모여서 개울물
개울물 모여서 시냇물
시냇물 모여서 큰 강물
큰 강물 모여서 바닷물
랄라랄랄라 랄랄라
랄라랄랄라 랄랄라

[선택형]

· 2005 수능

1. ㈎는 우리나라의 어느 하천 유역의 모식도이며, ㈏는 ㈎의 A~C 지점에서 측정한 수위를 나타낸 것이다. 이에 대한 바른 설명을 〈보기〉에서 모두 고른 것은?

㈎

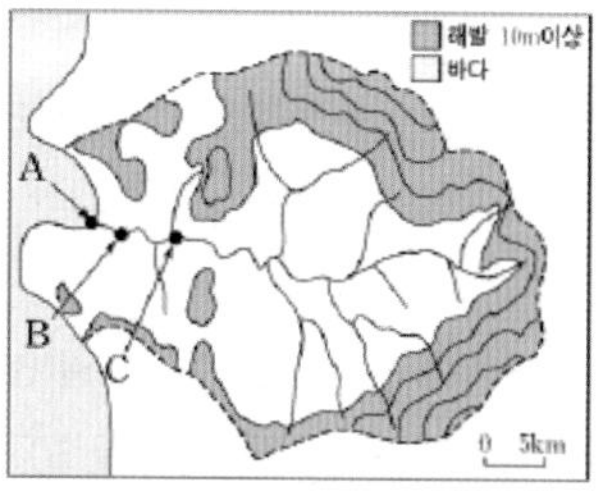

㈏

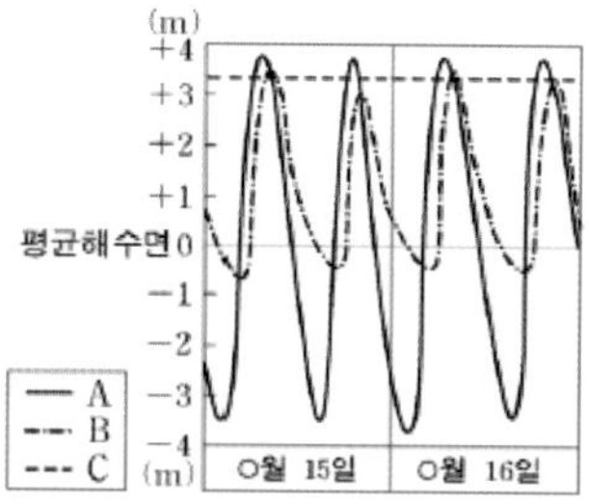

보기

ㄱ. A에서의 최대 조차는 약 4m이다.
ㄴ. 만조 시 A에서 C로 갈수록 담수의 비율이 줄어든다.
ㄷ. 하천이 유입하는 만입부는 간석지 형성에 유리하다.
ㄹ. A–B 하천 양안의 농경지에서는 염해를 입을 수 있다.

① ㄱ, ㄴ ② ㄱ, ㄷ ③ ㄴ, ㄷ ④ ㄴ, ㄹ ⑤ ㄷ, ㄹ

· 2006 6 평가원

2. ㉠, ㉡의 지형 특성을 그린 A, B, C 기간과 관련지어 추론한 것으로 옳지 않은 것은?

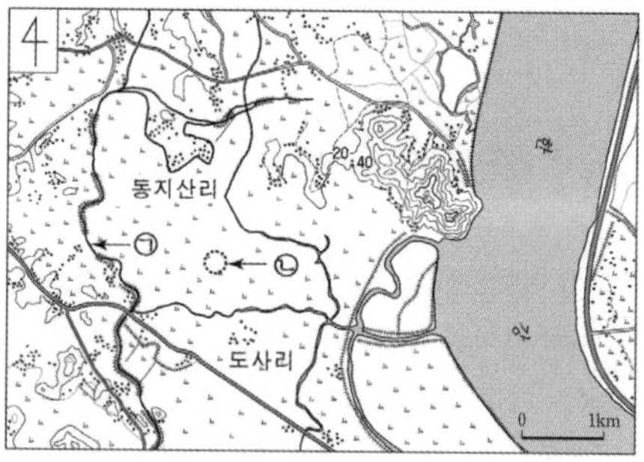

〈한강 하류 지역의 일부〉

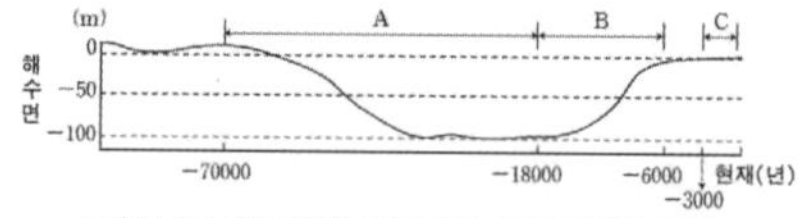

* 제4기 후기 중부 유럽의 해수면 변화 곡선을 나타낸 것이다. 우리나라에서도 이 시기에 유사한 경향을 보였다고 알려져 있다.

① ㉠ 하천에서 B 기간보다 A 기간에 하방 침식이 활발했을 것이다.
② ㉠ 하천은 인간의 간섭이 없다면 C 기간에 자유 곡류하였을 것이다.
③ ㉡ 지점은 B 기간에 유수(流水)의 퇴적 작용으로 형성되었을 것이다.
④ ㉡ 지점은 C 기간에 제방이 없으면 홍수 시 침수될 가능성이 높을 것이다.
⑤ B 기간에 해수면이 상승한 높이는 ㉡ 지점의 퇴적층 두께와 같을 것이다.

· 2014 6 평가원

3. ㈎, ㈏는 황해로 유입되는 하천의 일부이다. 이에 대한 설명으로 옳은 것은?

㈎

㈏

① ㈎의 하방 침식은 현재보다 빙하기에 활발했다.
② ㈏는 빙하기에 퇴적 작용보다 침식 작용이 활발했다.
③ ㈎는 ㈏보다 하천의 평균 경사가 급하다.
④ ㈏는 ㈎보다 범람에 따른 침수 범위가 넓다.
⑤ ㈏는 ㈎보다 퇴적 물질 중 점토 입자의 비율이 높다.

4. 다음 그림은 침식과 운반, 퇴적 관계를 입자의 크기와 운반 속도와의 관계에서 분석한 것이다. 이에 대한 설명으로 옳은 것은?

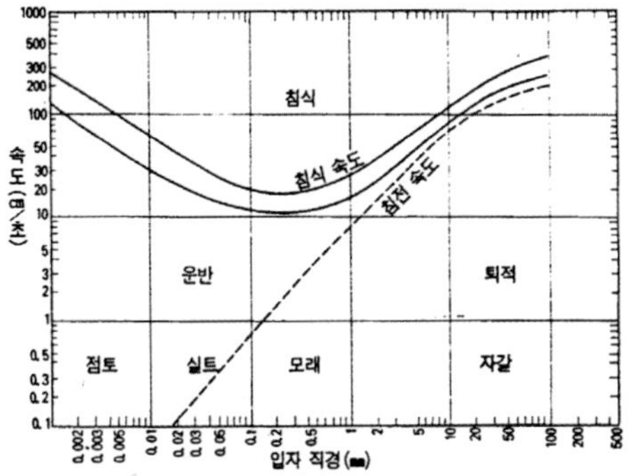

① 입자가 작을수록 침식이 잘 된다.

② 직경이 2cm의 자갈이면 침식이나 운반이 전혀 일어나지 않는다.

③ 점토는 1초에 0.1cm 만큼 이동되어서는 퇴적이 일어나지 않는다.

④ 50cm 이내의 모든 입자는 50cm/초 이상의 속도에서는 침식만 일어난다.

⑤ 가장 느린 속도에서 침식이 가장 활발한 입자의 크기는 1~10mm 사이이다.

• 2014 수능

5. 그래프는 태백산맥으로부터 황해와 동해로 흐르는 두 하천의 일부 구간 바닥 고도를 나타낸 것이다. (가), (나) 하천에 대한 설명으로 가장 적절한 것은?

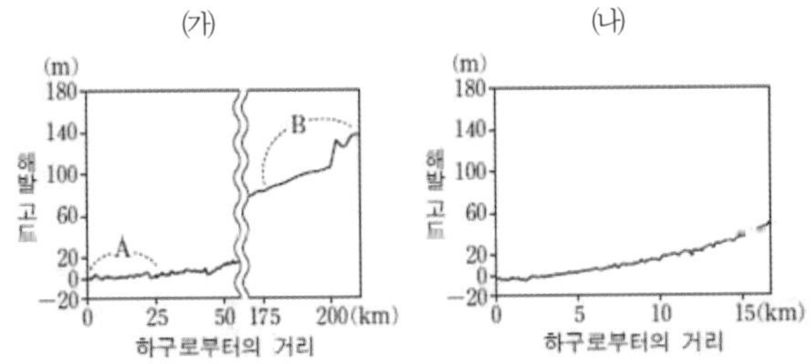

① (가)의 A에는 하천 수위가 밀물과 썰물의 영향을 받는 구간이 나타난다.

② (가)의 B 주변은 A 주변에 비해 자유 곡류 하천의 발달에 유리하다.

③ (나)는 (가)보다 유역 면적이 넓다.

④ (나)는 (가)보다 하구에서의 유량이 많다.

⑤ (나)의 하구는 (가)의 하구에 비해 퇴적물 중 점토의 비율이 높다.

[서술형]

• 2005 수능

1. (가), (나)는 우리나라 어느 지역의 하계망을 나타낸 것이다. 이러한 하계망 패턴이 나타나기 유리한 지형적 특징에 대해 서술하시오.

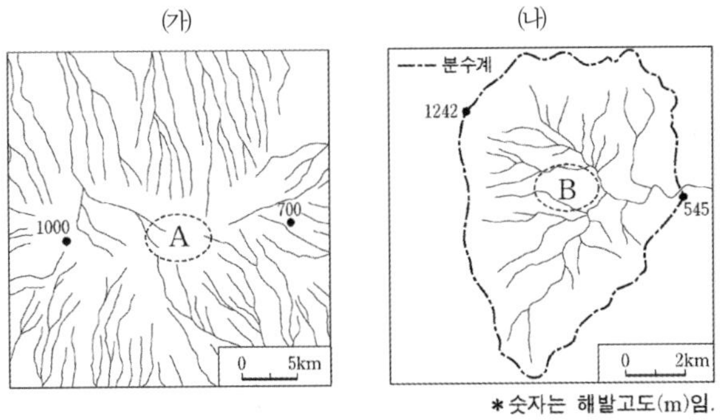

*숫자는 해발고도(m)임.

2. 다음은 신문 기사의 일부이다. 밑줄 친 현상의 원인을 알아보기 위한 조사 내용을 서술하시오.

□□ 신문 200◇년 7월 ○○일

강원도 ○○강의 물은 혼탁하다. 상류로 거슬러 올라가면 상황은 더욱 심각하여 강물은 마치 흙탕물처럼 보인다. <u>○○강의 지류 하천인 △천으로 올라가면 '관찰지점'의 물이 아예 흙탕물 수준을 넘어 벌걸기까지 하다.</u>

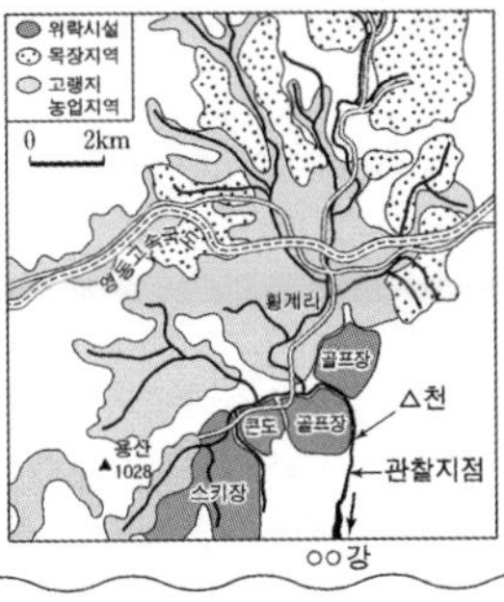

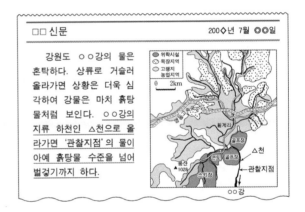

3. 지도에 ◌ 표시된 지형이 발달할 수 있는 조건을 하천과 해수의 작용 측면에서 3가지만 기술하시오.

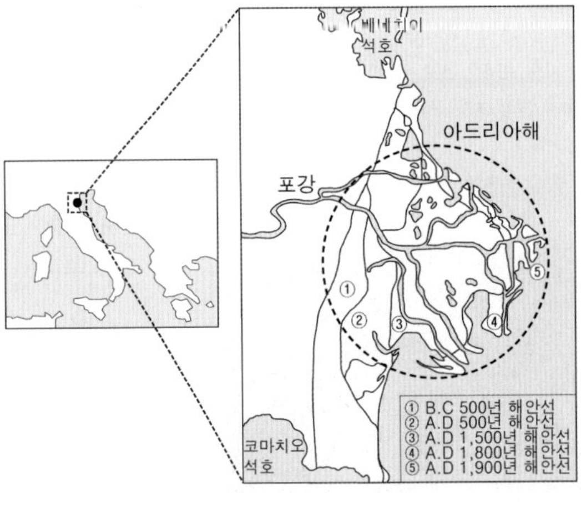

chapter 02

지형

06. 건조 및 빙하 지형

핵심 출제 포인트

- ▶ 사막의 형성 원인
- ▶ 빙하의 침식과 퇴적에 의한 지형
- ▶ 포상홍수
- ▶ 주빙하 지형의 종류와 특징
- ▶ 건조 지형의 주요 형성 요인
- ▶ 빙하의 굴식과 마식 작용

1. 건조 지형

(1) 건조 기후 지역의 기후 특성: 강수량보다 증발량(최대 증발산력)이 큼

사막 기후(BW)	• 연 강수량 250mm 미만: 연 강수량이 가능 증발량의 1/2 미만 • 일교차 최대, 기계적 풍화 작용 활발, 무수목, 사막토·밤색토 분포 • 저위도 아열대 고압대, 격해도가 큰 중위도 대륙 내부, 한류가 흐르는 대륙 서안, 대산맥의 풍화 지역 등에 발달
스텝 기후(BS)	• 연 강수량 250~500mm: 연 강수량이 최대 증발산력보다 작음 • 단초 초원의 경관, 목축업 발달(구대륙: 유목, 신대륙: 기업적 목축업 발달) • 사막 기후 주변에 분포(점이적 기후형) • 아열대 스텝과 온대 스텝으로 구분

(2) 사막의 형성 원인에 따른 분포

(아)열대 사막 (열대 사막, 저위도 사막)	• 대체로 위도 20~30° 부근, 연교차 작음 • 예: 사하라, 룹알할리, 아타카마, 벵겔라 사막 등
온대 사막 (고위도 사막)	• 대체로 위도 40~50° 부근에 분포, 연교차 크고 기후가 냉량함(겨울이 매우 추움) • 예: 고비, 타커라마간 사막 등

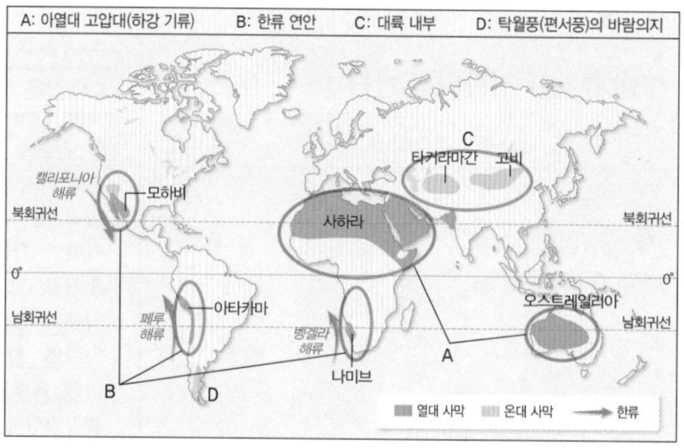

··· **사막의 형성 원인**

(3) 건조 지형의 일반적인 특징

① 큰 일교차로 기계적(물리적) 풍화 작용이 활발, 녹설 작용 활발(선상지 발달)

② 강한 바람으로 인해 바람의 침식·운반·퇴적 작용을 받은 지형 발달 → 버섯바위, 삼릉석, 사막 포도, 바르한(사구) 등

③ 녹설 작용이 활발하고 가끔씩 일어나는 포상홍수로 인해 와디(건천), 플라야, 선상지 등 독특한 지형 형성

(4) 건조 지형의 주요 형성 요인

① 바람의 침식(풍식)에 의한 지형

• 취식

– 사막 포도: 건조 지역의 선상지와 같이 모래와 자갈이 함께 존재하는 지역에서 바람이 모래(미립 물질)만 이동시켜 지표면에 암석만 남은 층을 형성한 것

– 취식 와지: 스텝에서 취식에 의하여 지표가 우묵하게 파인 것, 식물 피복이 파괴되어 토양이 직접 바람에 노출될 곳에 잘 발달하며, 동물의 서식처가 됨

• 마식

– 버섯 바위: 바람이 모래를 지표면에서 불어 올려 암석의 하부를 침식하여 형성된 버섯 모양

■ 건조 기후 지역

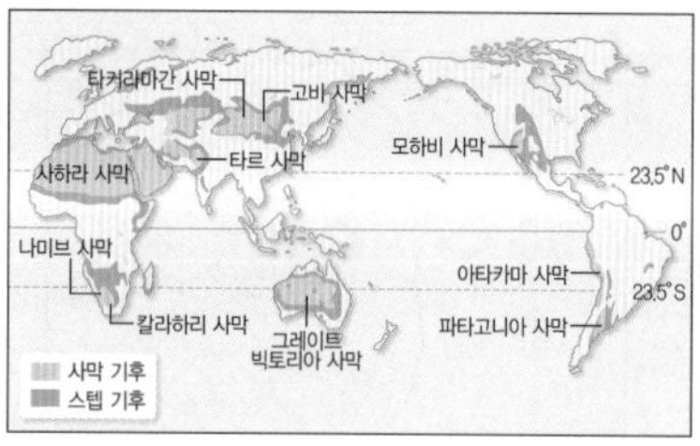

■ 포상홍수 침식

건조 지역은 식생이 거의 없어 가끔 비가 내릴 때 포상홍수가 일어나며 지표면 전체에 물이 흘러 지표면을 깎아 나가는데 이를 포상홍수 침식이라 한다.

■ 바람의 운반 작용

샐테이션 (비약 운동)	바람에 의하여 모래알들이 개별적으로 길게 뛰면서 이동하는 운동으로 모래알끼리의 충돌이 반복되어 이 운동을 더욱 가속화시킴
표면 포행	비약 운동을 하기에는 입자가 굵은 물질들이 지표면을 따라서 미끄러지거나 구르면서 천천히 이동하는 것

■ 취식과 마식

- 취식: 바람이 모래, 점토, 실트와 같은 미립 물질을 흡취, 제거해 운반하는 과정
- 마식: 바람에 의해 운반된 모래가 지표면 위에 돌출한 자갈이나 암석의 표면에 부딪칠 때 발생하는 침식 작용

■ 사막 포도의 형성 과정

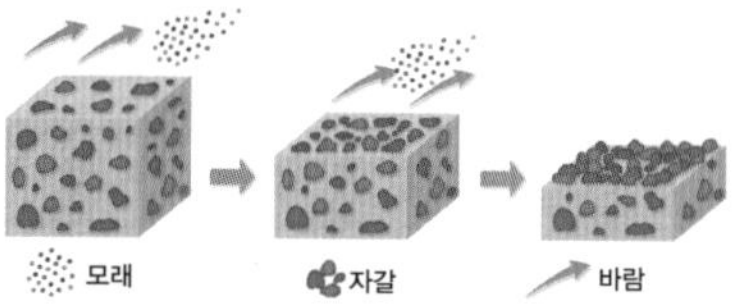

바람에 의해 가벼운 모래는 날아가고 자갈만 남아서 자갈을 깔아 놓은 도로처럼 보이는 사막 포도가 형성된다.

의 바위

– 삼릉석: 바람에 의해서 깎인 세 개의 모서리가 있는 사면체 모양의 암석을 의미

② 바람의 퇴적 작용과 지형

사구	• 바람이 우세하게 부는 지역에서 운반되는 모래가 쌓여 형성되는 지형으로 한 장소에 고정되지 않고 바람이 불어가는 쪽으로 이동하여 이동성 사구 형성 • 바람의 작용에 의해 다양한 모양으로 나타남
뢰스	• 바람에 운반되는 먼지가 쌓여 이루어진 담황색의 퇴적층 • 흔히 황토(黃土)라고 함

③ 하천의 침식에 의한 지형

페디먼트	• 포상홍수의 침식으로 형성된 기반암이 드러난 완사면 • 산지에서 퇴적물 공급이 충분하지 못해 선상지가 형성되지 못하는 곳에 경암으로 구성된 산지 전면의 비교적 약한 암석에 사력층이 얇게 피복된 기반암의 침식면
페디플레인	• 페디먼트 확장으로 산지가 거의 잠식당해 양쪽 산지의 페디먼트가 이어져 가운데 볼록하게 평탄면을 이루는 지형 • 페디플레인화 작용: 페디플레인을 향한 건조 지역의 평탄화 작용
도상 구릉(인젤베르그)	• 페디플레인이나 넓은 페디먼트 위에 섬처럼 남아 있는 잔구

④ 하천의 퇴적에 의한 지형: 바하다(복합 선상지)

• 단층 운동으로 생긴 분지 주변의 급경사 산사면 밑에 형성된 선상지들이 서로 결합해 있는 지형
• 지구대 양쪽 산기슭에서 발달하는 일련의 연속적인 복합 선상지
• 식생이 적은 건조 지역은 산사면의 물질이 많이 쓸려 내려와 선상지가 더욱 잘 형성됨

⑤ 그 밖의 지형

하천	와디 (건천)	• 유량이 부족하여 폭우 시에만 잠시 홍수로 흐르고 평시에는 하상이 말라 있는 하천 • 사막에서는 유수의 작용이 일시적이어서 물길이 얕고 넓게 유지되며 윤곽이 뚜렷하지 않음 • 모래사막, 사하라 사막에 와디 밀집: 모하비–워시라고 함
호수	플라야	• 건조 지역의 분지에 나타나는 말라 버린 호소 바닥으로 폭우 시 일시적으로 물이 채워져 호수가 형성되기도 하나, 평상시는 대부분 말라 있고 퇴적층이 두껍게 쌓인 평평한 충적 평야 • 플라야 퇴적층은 주로 점토로 형성되어 있으며 염류각으로 덮인 부분도 많이 보이고 중앙에 염류가 집적된 플라야 호(염호)가 있음 • 플라야의 지면은 매끄러우나 지표면의 점토층에서 모세관수에 의한 염류화 작용으로 염분이 결정체를 이루어 쌓인 곳은 지면이 매우 거침
분지	건조 분지	• 바하다와 플라야가 형성되어 있는 건조 지역의 폐쇄된 내륙 분지로 대개 단층 운동에 의한 지구대로 되어 있음 • 평지보다 산지에 비가 많이 내리게 되며 급사면인 곡구에 선상지가 형성되고, 외부로 나가는 출구가 없어 일시적 폭우 시 유수는 중앙의 평탄지인 플라야에 모임

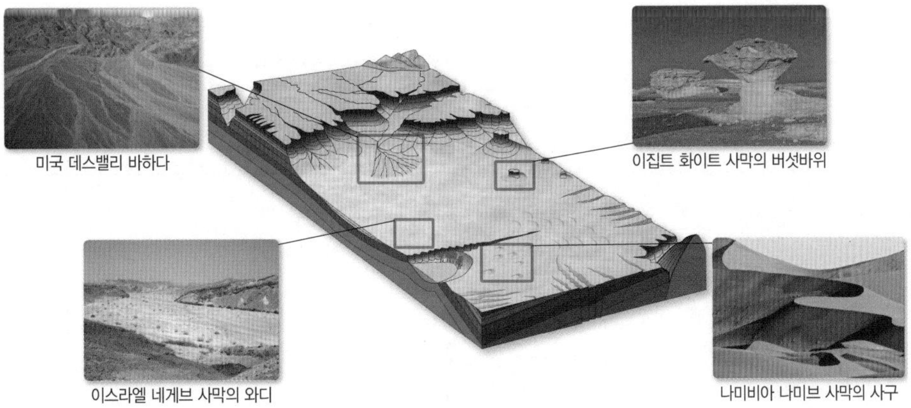

⁝ 다양한 건조 지형

■ 삼릉석과 삼릉석의 형성 과정

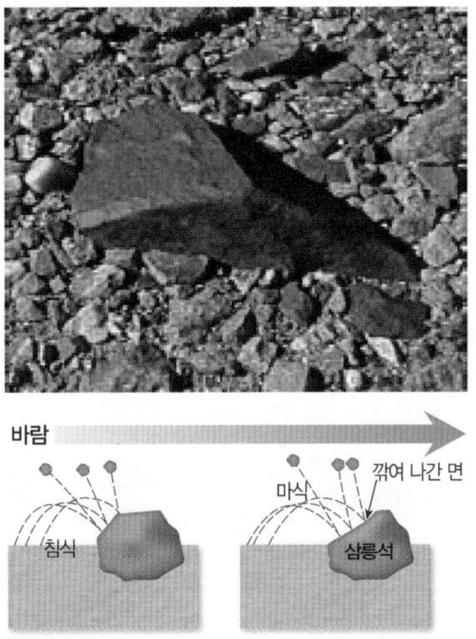

바람에 날리는 모래에 의한 침식으로 삼릉석이 만들어진다.

■ 사막의 사구 이동과 바르한의 형성

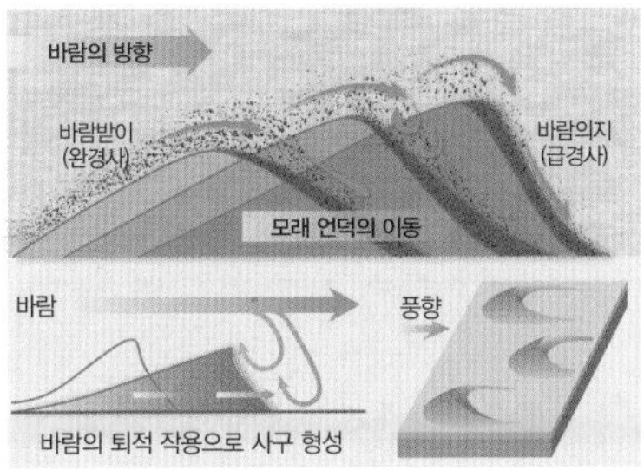

■ 메사와 뷰트의 형성

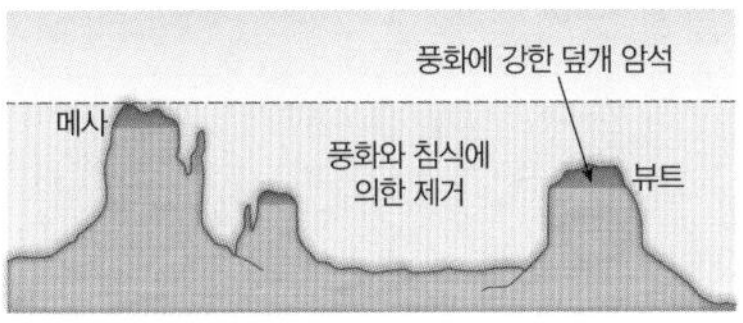

■ 건조 지형의 모식도

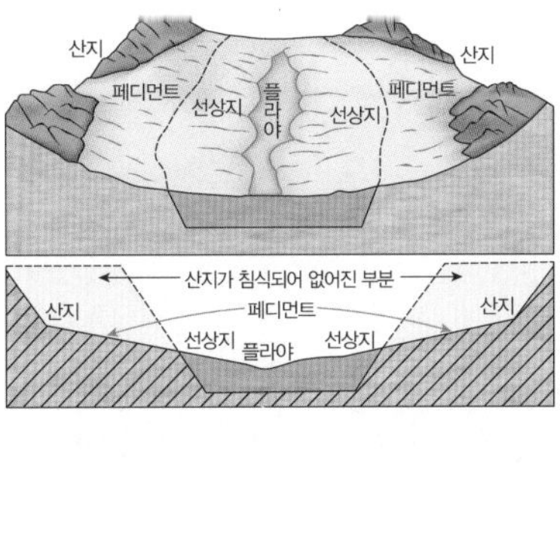

■ 건조 지형 침식 윤회

구조 지형이 건조 지역의 삭박 작용에 의해 기복이 점차 감소하면서 평탄화되는 과정을 말한다.

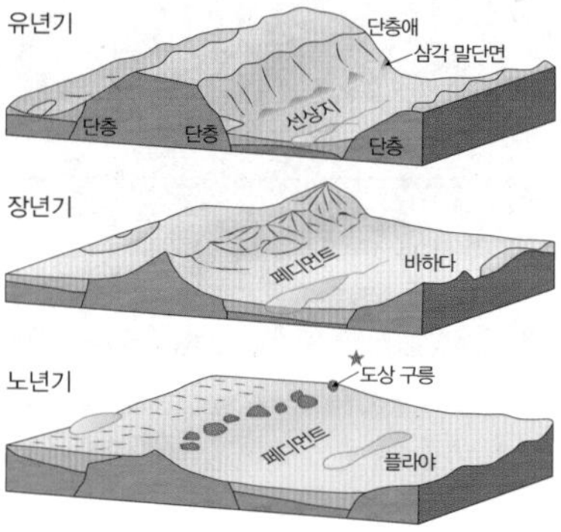

더 알아보기

다양한 모양의 사구

사구의 모양은 바람의 크기와 방향, 모래 등 퇴적물의 크기와 양에 의해 형태가 결정된다.

바르한	• 평면이 초승달 모양인 대표적인 이동성 사구 • 모래가 풍부하지 않고, 탁월풍이 한 방향에서만 부는 지역에서 발달
종사구	• 비슷한 방향의 두 탁월풍에 의해 형성 • 1차적인 탁월풍에 의해 바르한이 형성되고, 이에 2차적인 탁월풍이 작용하는 경우 발달
횡사구	• 바르한이 횡적으로 이어진 것으로 모래가 풍부한 사막에서 모래가 지표면 전체를 덮어 폭풍이 심할 때 형성, 거친 모래바다에 비유됨 • 사하라에서는 에르그(erg)라고 불림
성사구	• 탁월풍이 뚜렷하지 않은 지역에서 여러 방향에서 부는 비슷한 세력의 바람에 의해 형성되는 별 모양의 사구
해안 사구	• 사빈에서 공급되는 모래로 사빈의 뒤에서 발달하며 식생이 정착

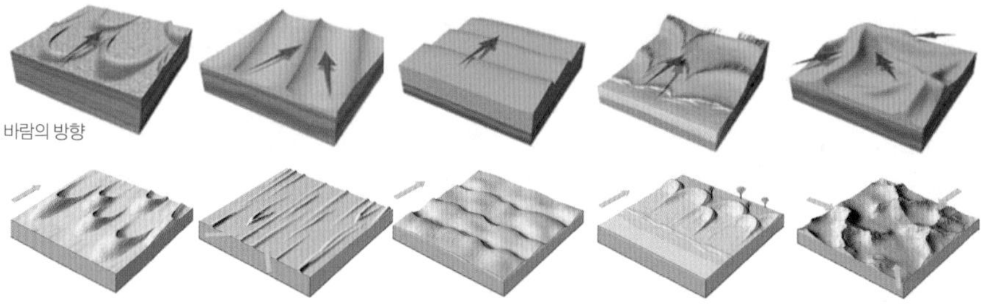

바르한 종사구 횡사구 U자형 사구 성사구

■ 빙하 시대와 현재의 빙하 범위 비교

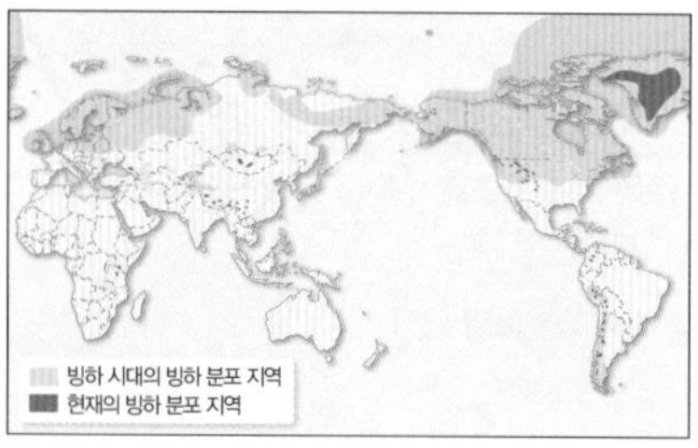

2. 빙하 지형 및 주빙하 지형

(1) 빙하의 분포와 형성

분포 지역	• 극지방, 그린란드, 고산 지방, 마지막 빙기에 빙하로 덮여 있던 지역 등
지형 형성 기구로서의 빙하	• 중력의 영향을 받아 높은 곳에서 낮은 곳으로 이동: 침식·운반·퇴적 • 움직이는 속도는 느리지만 엄청난 무게로 침식력이 매우 강함

(2) 빙하의 침식에 의한 지형 산악 빙하나 대륙 빙하가 이동하면서 침식시킨 지형

권곡	• 높은 산지에 빙식 작용으로 만들어진 반원형의 와지
호른	• 사방에서 권곡이 확장되어 형성된 산 정상의 뾰족한 봉우리 • 예: 알프스의 마터호른
빙식곡 (U자곡)	• 곡빙하의 침식으로 형성된 U자 모양의 깊은 계곡 • 피오르 해안 형성
현곡	• 지류 빙하의 빙식곡이 본류 빙하의 빙식곡에 높이 걸린 골짜기로 곡빙하 양측에 급경사 계곡으로 폭포 발달
빙하호	• 대륙 빙하의 침식으로 파인 곳에 물이 고여 발달한 호수 • 예: 핀란드, 캐나다 중·북부(오대호)

■ 모레인의 형성 과정

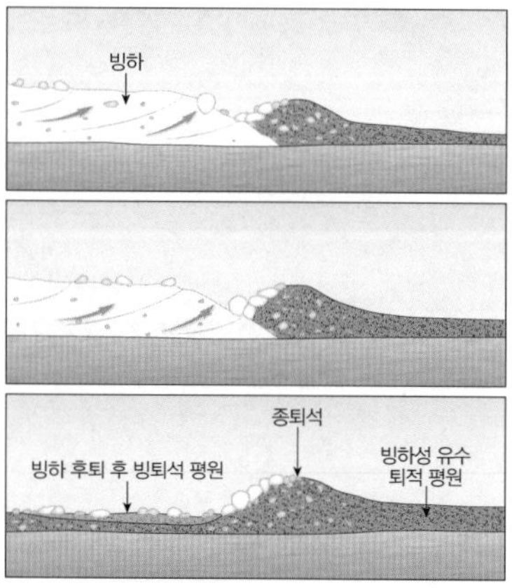

(3) 빙하의 퇴적에 의한 지형

모레인	• 빙하가 녹아서 후퇴할 때 형성된 빙퇴적물 • 빙하의 확장 범위를 유추할 수 있게 해 주는 지형 • 빙하에 의해 여러 물질이 섞여 퇴적되어 분급이 불량함
드럼린	• 빙하 바닥을 따라 운반되던 물질이 숟가락 모양으로 퇴적된 구릉 • 빙하에 의해 여러 물질이 섞여 퇴적되어 분급이 불량함
에스커	• 빙하 밑을 흐르던 융빙수(빙하가 녹은 물)가 얼음 터널 바닥에 제방 모양으로 토사를 쌓아 형성시킨 지형 • 빙하가 녹은 물에 의해 퇴적되어 분급이 양호함

빙하의 침식 지형

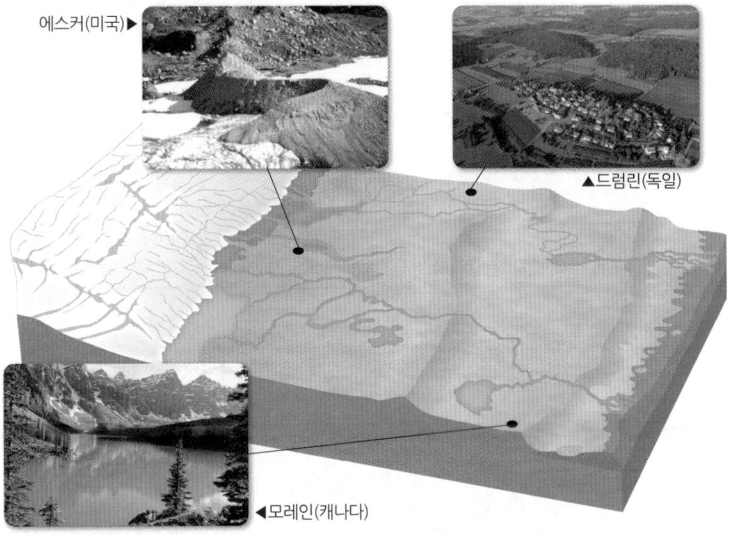

빙하의 퇴적 지형

■ 드럼린의 형성 과정

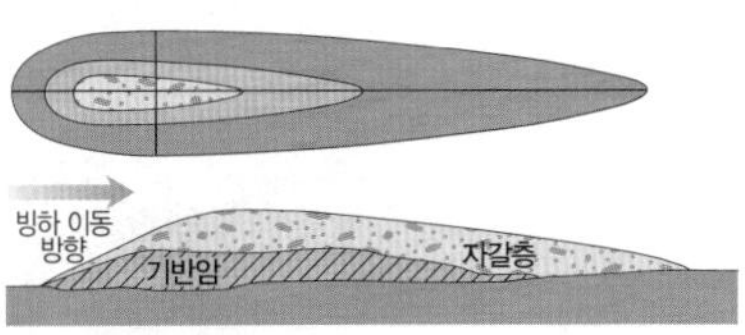

■ 알래스카의 영구 동토층과 활동층

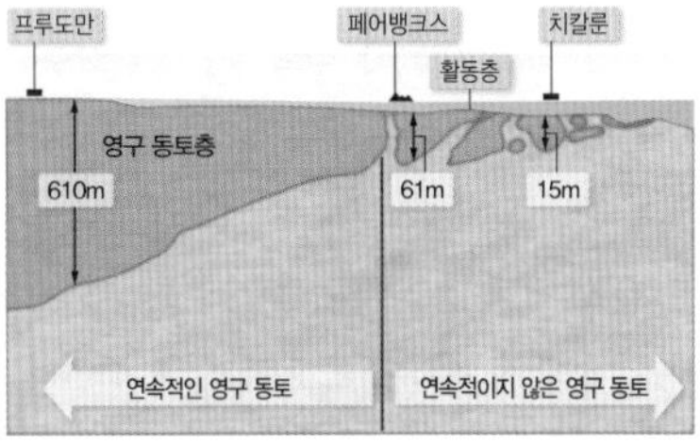

■ 주빙하 지형의 사면 이동(솔리플럭션)

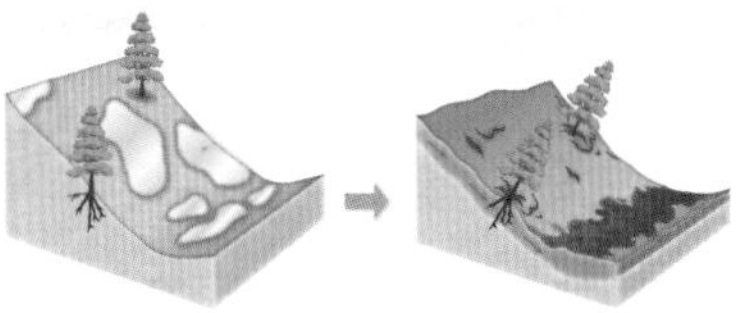

주빙하 지형이 분포하는 툰드라 기후 지역은 기온이 0℃이상 올라가는 짧은 여름에 지표면의 활동층이 녹아 내린다. 경사가 있는 곳의 경우에는 활동층의 토양이 사면을 따라 흘러내리는데 이러한 현상을 솔리플럭션이라고 한다. 주빙하 지역에서는 젤리플럭션이라고도 부른다.

(6) 주빙하 지형

① 빙하 주변의 한랭 기후 지역, 영구 동토 동결과 융해가 반복되는 지역에서 독특하게 나타나는 일련의 지형, 구조토의 발달 범위로 주빙하 지역의 범위를 설정하기도 함

② 분포 지역: 북극권의 툰드라 지대, 고산 지대는 수목선과 만년설 사이의 나지

③ 형성 원인: 토양 속 수분이 동결과 융해를 반복하면서 발달(기계적 풍화)

영구 동토층	• 토양 또는 기반암이 영구적으로 동결된 지대
활동층	• 영구 동토층 윗부분 중 여름철에 녹는 부분, 반복적인 동결·융해 작용으로 토양이 심하게 요동
구조토	• 툰드라 기후 지역에서 지표 물질이 동결·융해를 반복하여 지표에 만들어진 다각형·원형·타원형 모양의 지형
솔리플럭션	• 영구 동토층 위의 활동층이 사면을 따라 흘러내리는 현상

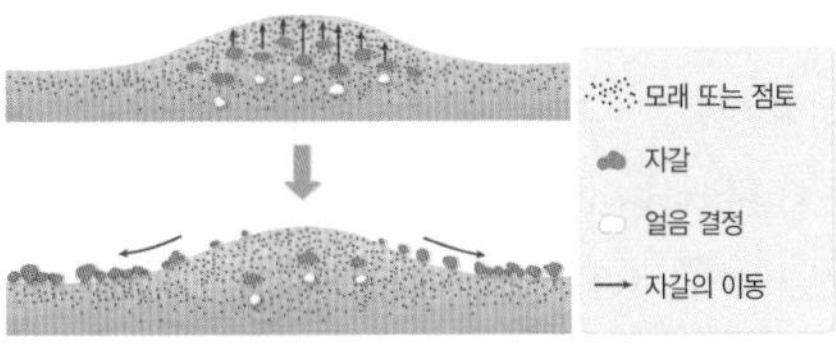

구조토의 형성 과정

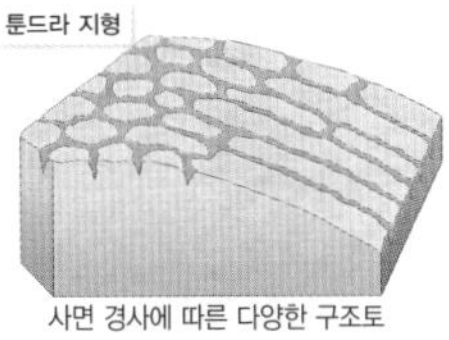

사면 경사에 따른 다양한 구조토

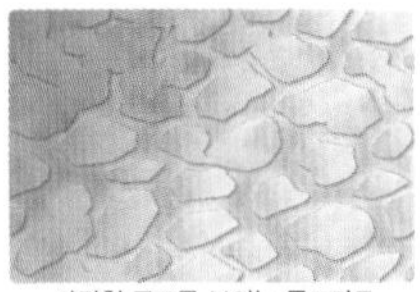
다각형 구조를 보이는 툰드라토

■ 영구 동토층의 분포

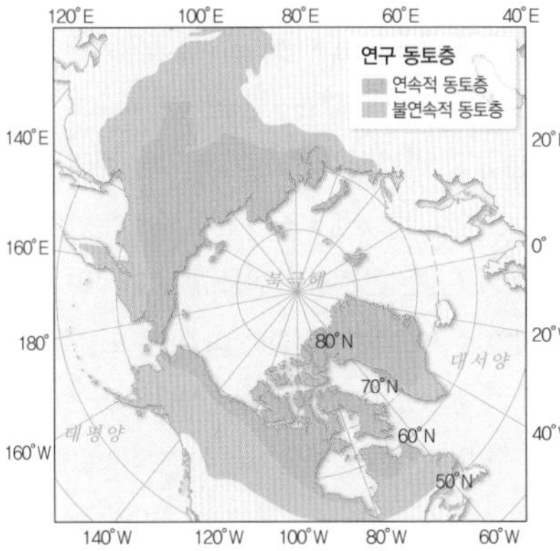

지리 상식 1 원판 불변의 법칙이 적용되는 이집트의 피라미드와 스핑크스!

이집트의 석조 유물 피라미드와 스핑크스! 과연 이 엄청난 건축물은 어떻게 만들어졌을까? 세계 7대 불가사의 가운데 하나인 이 건축물은 오늘날의 첨단 과학 기술로도 이해하지 못하는 건축물이다. 파라오가 통치하던 고대 이집트는 '돌의 왕국'이라 불릴 만큼 주변에 돌이 많았다. 그 돌의 대부분은 석회암이었다. 석회암은 상당히 무르고 연한 암석이기 때문에 고대 이집트 인들은 초보적인 연장을 가지고도 원하는 규모와 형태로 능숙하게 돌을 재단하거나 가공할 수 있었다.

4,600년이 지난 지금까지 크게 변하지 않은 유물들. 어떻게 반만년 동안 피라미드와 스핑크스는 그 원형을 보전할 수 있었을까? 암석은 기계적이건 화학적이건 수분이 풍부해야 풍화 작용을 잘 받는다. 그러나 사막은 수분이 부족하여 다른 어떤 기후 지역에서보다 풍화 작용이 더디게 진행된다. 그래서 이집트의 석조 유물 중에는 수천 년이 지난 지금까지 원형을 잘 보존하고 있는 것이 많다. 또한 건조 지역의 지형도 전반적으로 극히 느리게 변화한다.

김대훈·박천선·최재희·이윤구, 2013, 『톡! 한국지리』

지리 상식 2 아직도 동굴에서 생활하는 4,000만 명의 중국인

우리나라에서도 웰빙이라 하여 황토를 이용한 집을 많이 짓기도 하지만 몇 천 년이 지난 지금에도 황허 강 중류 지방에서는 이런 동굴집에서 사는(혈거 생활) 사람이 약 4,000만 명이나 된다고 한다. 구멍 혈(穴) 자는 바로 이 동굴집에 들어가는 입구의 모습에서 만들어진 글자이다. 옛 중국 사람들은 황토 고원의 비탈진 언덕(厂)에 굴(窟)을 뚫어 만든 집에서 살았다. 그리고 굴 안의 통풍이나 채광을 위해 조그맣게 구멍을 낸 것이 바로 창이다. 황토는 습도가 높을 때는 습기를 흡수하고, 건조할 때에는 오히려 습기를 발산한다. 또 바깥의 더운 열기를 막아 주며, 날씨가 추울 때는 반대로 온기를 발산시키기도 한다. 또한 살아 숨 쉬는 방으로 공기를 순환시켜 준다. 이러한 황톳집은 만들기도 쉬울 뿐만 아니라 사람들에게 해를 끼치는 병균들을 막아 주기도 해서 건강에 아주 큰 도움을 준다. 흙을 파서 만든 동굴은 사람이 살기도 하지만 때로는 식량 등을 보관하는 창고로도 쓰인다. 동굴 입구를 밀폐시키면 곡물에서 자연적으로 발생하는 이산화 탄소로 벌레들이 죽게 되고, 또 1년 내내 서늘한 온도를 유지할 수 있어서, 지금도 중국 북부나 몽골에서는 아직도 이러한 동굴 창고를 많이 사용하고 있다.

황토의 특징과 분포

특징	• 균질적이며 다공질이어서 충격을 받으면 부서지기 쉬움 • 층리가 없고 지탱력이 크며 수직적인 벽개(특정면을 따라 쉽게 쪼개지는 성질)가 탁월하여 절벽이 잘 형성(수직적 단애) • 황토 고원의 주민들이 예로부터 황토층에 굴을 파고 혈거 생활
형태와 분포	• 담황색 및 회색의 지형으로 흔히 황토(黃土)라고 불림 • 바람에 운반된 먼지가 쌓여 이루어진 담황색의 퇴적층 • 석영을 중심으로 한 실트가 구성 성분의 40~50% 차지 • 주요 분포 지역: 주빙하 지역, 가용성 염류가 집적될 수 있는 사막 주변 스텝 지역, 건조 지역(중앙아시아 지역, 황허 강 중·상류의 황토 고원과 주빙하 기후 지역, 빙상 주변의 융빙수 하천이었던 미시시피 강, 라인 강, 다뉴브 강 등의 유역 분지나 하곡에 널리 분포)
기원	• 뢰스는 바람의 원거리 기원으로 대부분 빙기에 쌓였으며, 융빙수 하천의 범람원에서 불려온 것이 많으며, 건조 지역에서도 기원 • 유럽의 경우는 빙하성 유수 하천이었던 라인 강, 다뉴브 강의 범람원이 기원이며, 미국의 경우 미시시피 강 하류의 범람원에서 기원된 동쪽 구릉지에도 뢰스 분포 • 빙하성 유수 하천 주변의 범람원은 미립 물질이 쌓여 있으나, 낮은 기온으로 식생이 정착하지 못하고, 빙하에서 부는 강한 중력풍으로 인해 뢰스 형성 • 유럽과 북아메리카의 빙상 주변에 속했던 지역의 빙하 퇴적에서 미립 물질인 암분에 기원한 것 외에도 황토 고원의 뢰스(고비 사막), 미국 중서부 캔자스 주 지역(서부 건조 지역), 아프리카 수단의 목화 지대(사하라 사막) 등은 건조 지대에서 기원

⇡ 비탈진 언덕에 굴을 뚫어 만든 동굴집

지리 상식 3 마법 양탄자를 타던 알라딘, 오늘날 태어났다면 스노보드를 타고 사막 여행!

만화 영화 〈알라딘〉에서 주인공 알라딘은 자스민 공주를 마법의 양탄자에 태운 채 온 세상을 누비며 여행을 한다. 왕궁에 갇혀 온실 속의 화초처럼 지내며 지루한 삶을 살던 공주에게 마법의 양탄자를 통한 알라딘과의 하늘 여행은 공주에게 새로운 세상을 경험할 수 있는 기회가 된다. 만일 알라딘이 오늘날 이야기라면 아마도 양탄자 대신 스노보드를 타고 여행을 했을지

도 모른다. 요즘 사막의 언덕을 이용하여 스노보드(샌딩보드)를 타거나 차량에 보드를 묶어서 바인딩을 즐기는 스포츠가 급격히 늘고 있다. 아라비아 반도는 아시아와 아프리카를 연결하는 위치에 있는 서아시아 남서쪽 거대한 반도이다. 반도로는 세계 최대이며 반도 전체가 대지이자, 사막 지대이다. 사막의 사구는 높이 1m 정도부터 200m에 이르기까지 다양하게 나타난다. 이러한 사막의 언덕에서 스노보드를 타고 연인과 같이 내려오거나 바인딩을 한다면 얼마나 즐거울까!

지리 상식 4 아버지를 아버지라고 말하지 못하는 아라비아 숫자!

보통 산술에서 쓰는 0, 1, 2, 3, 4, 5, 6, 7, 8, 9 열 개의 아라비아 숫자는 약 1,400~1,500년 전에 인도에서 시작되어 아라비아 상인(대상)들에 의해 유럽으로 전파된 숫자이다. 그래서 인도에서 시작되었음에도 아라비아 숫자라고 불리게 되었다. 아라비아 숫자를 정확하게 말한다면 인도-아라비아 숫자라고 할 수 있다.

아랍 민족은 척박한 기후 환경에서 살아남기 위해 낙타를 타고 무리를 지어서 이동하는 대상 무역을 발달시켰다. 대상(隊商)은 낙타 등에 짐을 싣고 떼 지어 다니면서 특산물을 팔고 사는 상인의 집단을 뜻하며, 카라반(caravan)이라고도 부른다. 사막이나 초원, 비단길과 같은 사람이 살지 않는 곳을 가로질러 다니므로, 도적 떼로 부터 상품을 보호하기 위해 모여 다녔다. 대상은 동아시아와 유럽을 연결하여 비단이나 보석 같은 귀중품이나 특산품을 운반했다.

지리 상식 5 빙하 이동의 열쇠 드럼린!

독일의 드럼린

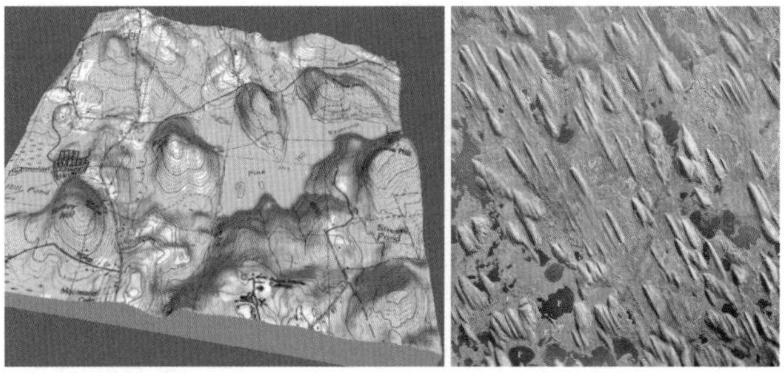

캐나다의 드럼린 무리

북서부 유럽 독일, 핀란드, 노르웨이나 북아메리카 캐나다 지역을 여행하다 보면 일정한 방향을 따라 무리를 지어 나타나는, 숟가락을 엎어 놓은 듯한 언덕이 나타난다. 이러한 언덕을 드럼린이라 한다. 드럼린은 빙하의 이동에 의해 형성된 지형인데, 이를 통해 빙하의 이동 방향을 파악할 수 있다. 드럼린은 마을이 입지하기도 하고 작은 숲으로 이용되기도 한다. 캐나다 드럼린 무리의 주된 방향은 빙하의 이동 방향을 유추할 수 있는 증거이다.

지리 상식 6 지구를 조각한 그대, 그대 이름은 빙하!

미국 북동부 5대호 중 하나인 온타리오 호 부근에 가면 손가락 모양으로 길게 뻗은 호수들이 일정한 방향으로 나타난다. 이러한 호수를 핑거레이크라고 한다. 과거 빙기 대륙 빙하가 이 지역까지 크게 성장하면서 지표면에 빙하의 이동 방향에 따라 큰 홈을 형성하였고, 이후 빙하가 후퇴하면서 형성된 홈에 물이 고이면서 호수가 일렬의 대상 분포를 형성하게 된 것이다. 인근의 산지에도 이러한 빙하의 이동에 의한 거대한 홈들이 나타나는데 이러한 지형은 과거 빙하의 이동에 대한 연구에 큰 도움을 주고 있다. 미국 뉴욕의 센트럴파크에 있는 길 잃은 돌들, 즉 표석(漂石, erratic boulder)도 이러한 빙하의 이동에 의해 운반된 돌들이다. 기반암 위에 놓인 이질적인 암괴로 빙하의 이동 범위와 방향을 알 수 있다.

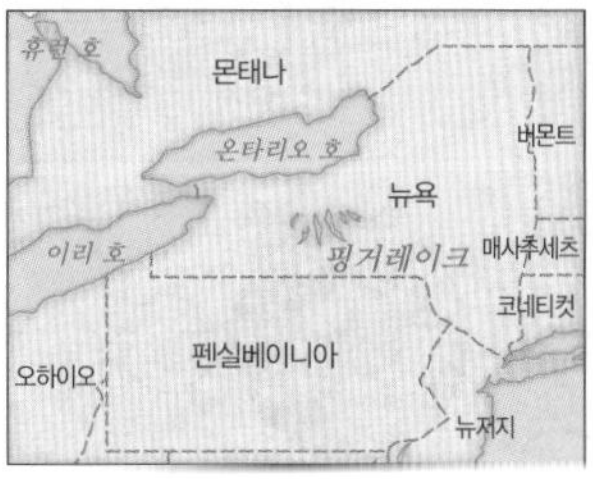

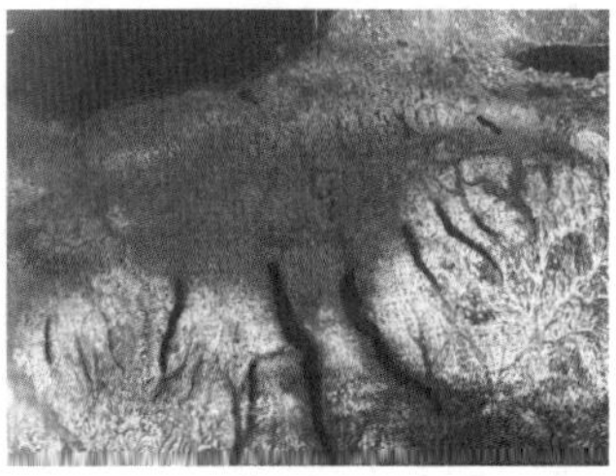

핑거레이크의 위치와 위성 사진으로 본 모양

[선택형]

• 2015 6 평가원

1. 지도의 A~E 지역에 나타나는 사막의 주된 형성 원인으로 가장 적절한 것은?

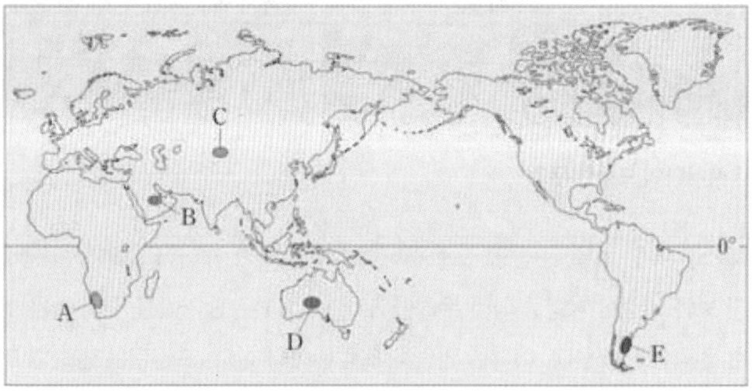

① A-해발 고도가 높아 수분의 공급이 어렵기 때문이다.
② B-바다로부터 멀리 떨어져 있기 때문이다.
③ C- 아열대 고압대에 해당되기 때문이다.
④ D-한류가 흘러 대기가 안정적이기 때문이다.
⑤ E-주변에 높은 산지가 있어 탁월풍의 바람그늘이 되기 때문이다.

• 2013 4 교육청

2. 그림은 건조 지형의 모식도이다. A~E 지형에 대한 설명으로 옳지 않은 것은?

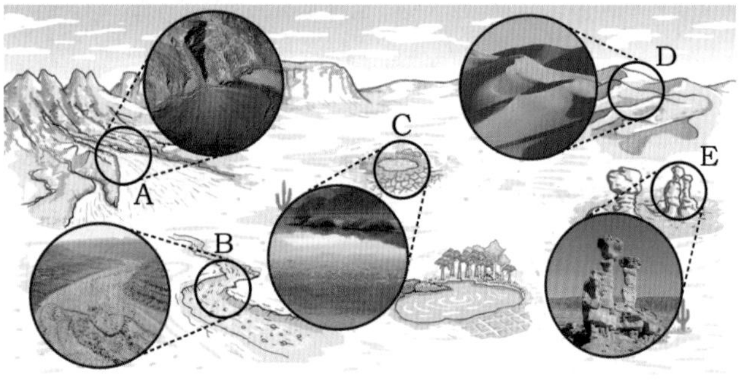

① A는 경사가 완만한 고기 습곡 산지 주변에서 주로 발달한다.
② B는 비가 올 때에만 물이 일시적으로 흐르는 하천이다.
③ C는 분지 내부에 만들어지고 염분이 함유되어 있다.
④ D는 바람의 방향에 따라 모양이 쉽게 바뀔 수 있다.
⑤ E는 바위가 바람에 날려 온 모래에 깎여 형성되었다.

3. 자료는 어떤 지형의 형성 과정을 설명한 것이다. 이와 같은 지형이 잘 발달하는 지역의 특색으로 옳은 것은?

〈1〉 바람이 땅에서 모래 알갱이를 들어올리고,

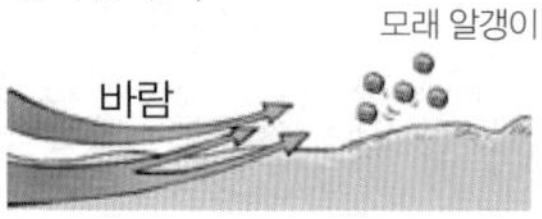

〈2〉 모래 알갱이는 땅 위를 튀면서 이동한다.

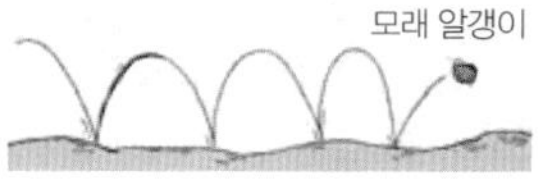

〈3〉 모래가 아주 높이 튀어 오르지 않기 때문에 바위의 아래 부분은 많이 깎이지만, 윗부분은 잘 깎이지 않는다. 그래서 거대한 버섯 모양의 바위가 만들어진다.

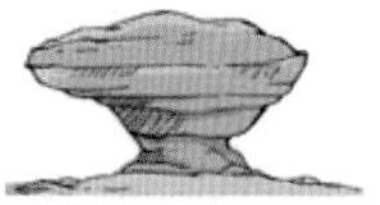
〈버섯 바위〉

① 기온의 일교차가 작다.
② 강수량보다 증발량이 많다.
③ 강한 일사에 의해 스콜이 자주 내린다.
④ 여름은 고온 다습하고 겨울은 한랭 건조하다.
⑤ 바다로부터 습윤한 바람이 불어와 연중 습윤하다.

• 2015 9 평가원

4. 지도의 A~D에 대한 설명으로 옳은 것은?

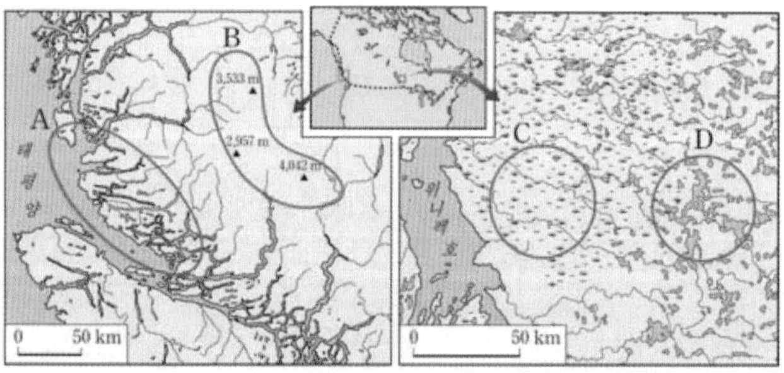

① A는 전형적인 리아스 해안이다.
② B의 산지 정상부에서는 모레인이 활발히 형성되고 있다.
③ C의 토양은 비옥하고 배수가 양호하여 농경에 유리하다.
④ D의 호수는 대부분 영구 동토층이 녹아 형성된 것이다.
⑤ A~D 지역 모두 최후 빙기에 빙하로 덮인 적이 있다.

• 2013 6 평가원

5. 그림은 빙하 지형의 모식도이다. A~E에 대한 설명으로 옳은 것은?

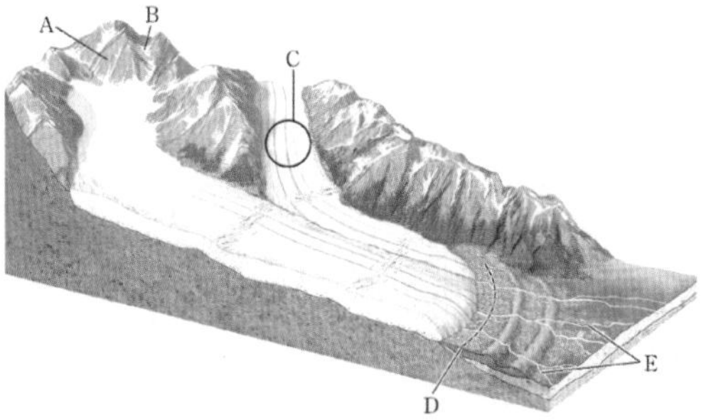

① A 사면은 화학적 풍화 작용이 매우 활발하다.
② B 와지에서는 바람의 작용이 강하여 버섯바위가 형성된다.
③ C의 빙하가 모두 녹으면 U자 형태의 골짜기가 나타난다.
④ D의 최후 빙기 때 빙하가 최대로 확장되었던 범위이다.
⑤ E 하천은 증발량이 많아 염도가 매우 높다.

• 2007 4 교육청

6. 다음은 어느 지역을 학습하기 위하여 수집한 자료이다. 이와 관련 있는 사진은?

○ 여기는 쿠차마을, 지금은 건기라 강이 바닥을 드러낸 울퉁불퉁한 돌길을 지나서 험준한 산골 동네에 도착했다. …(중략)… 마른 강바닥을 달리는 우리 앞의 자동차가 잔뜩 먼지를 일으킨다. 아, 저 펄펄 날리는 흙먼지가 모두 밀가루라면 얼마나 좋을까!

한비야, 『지도 밖으로 행군하라』

○

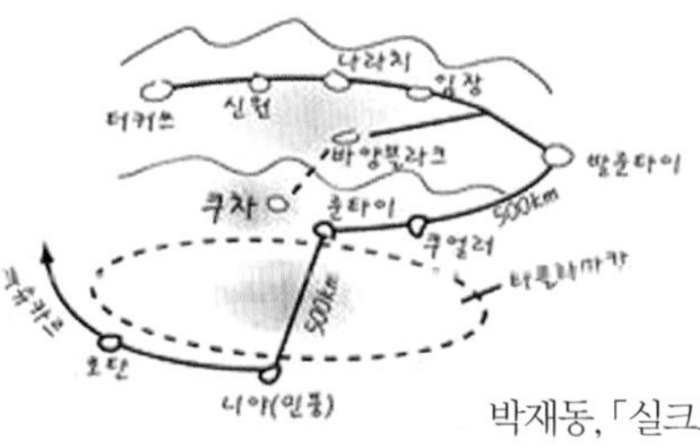

박재동, 「실크로드 스케치 기행」

①  ②  ③ 
④  ⑤ 

[서술형]

1. 다음 그림은 미국의 5대호 근처에 있는 지형을 나타낸 것이다. 이러한 지형의 형성 원인을 외적 작용과 연결시켜 서술하시오.

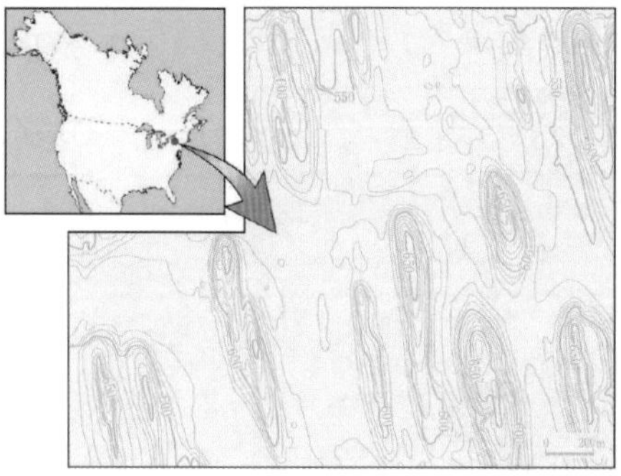

2. 다음은 미국의 알래스카 북극해 연안에 위치한 어느 지역의 토양 표면의 모습을 나타낸 것이다. 이러한 토양 모습이 나타난 이유를 이 지역의 기후 특성과 연결시켜 서술하시오.

 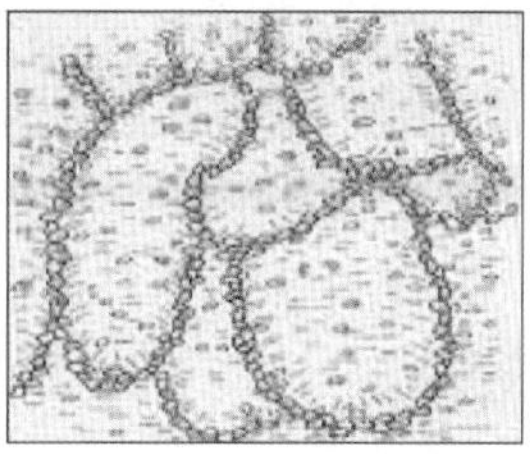

3. 자료는 어느 학생이 만든 지형 학습 카드이다. (가)에 들어갈 지형의 형성 원인에 대해 쓰시오.

3. 지형 정리	No. 27

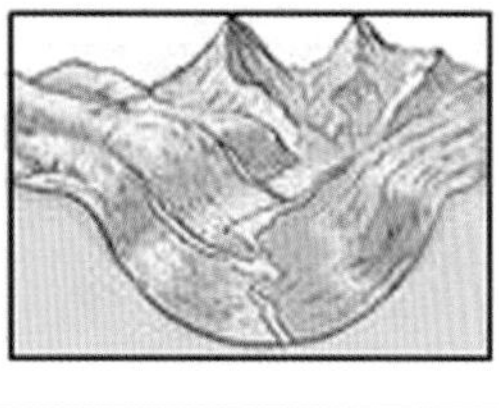

(1) 지형: 호른
(2) 형성 원인:
(가)
(3) 분포 지역: 현재의 냉대 기후를 포함한 고위도 지역, 고산 지역 등

핵심 출제 포인트

- ▶ 해안 지형을 형성하는 작용
- ▶ 석호의 형성 과정과 변화
- ▶ 해저 지형의 종류와 특징
- ▶ 침수 해안과 이수 해안 비교
- ▶ 우리나라 해안의 비교
- ▶ 해안 침식 지형과 퇴적 지형
- ▶ 세계의 해양과 해류

1. 해안 지형

(1) 해안 지형을 형성하는 작용

파랑	• 파도에 의한 바닷물의 흐름: 해안선과 비스듬히 올라와 수직으로 내려감 • 파랑 에너지가 집중되는 돌출부(곶): 침식 작용 우세 → 암석 해안 형성 • 파랑 에너지가 분산되는 만입부(만): 퇴적 작용 우세 → 모래 해안 형성
연안류	• 해안선과 나란하게(대체로 평행하게) 흐르는 바닷물의 흐름 • 하천에서 유입되거나 곶에서 떨어져 나온 모래나 자갈은 연안류에 의해 운반·퇴적되어 해안 퇴적 지형을 형성
조류	• 조수가 오르내릴 때 바닷물의 흐름, 밀물과 썰물 • 조차가 클수록 빠르며, 폭이 좁은 바닷길을 지날 때도 빠름 • 조류에 의한 퇴적 작용이 활발한 곳에는 갯벌 해안이 형성
지반 운동 및 해수면 변동	• 황·남해안의 해안선이 복잡한 리아스식 해안, 정동진 해안 단구 등 형성
바람	• 파랑을 형성하고, 해안의 모래를 이동시켜 사구 형성 • 탁월풍의 영향으로 우리나라 황·동해안에 형성된 사구의 높이 차이

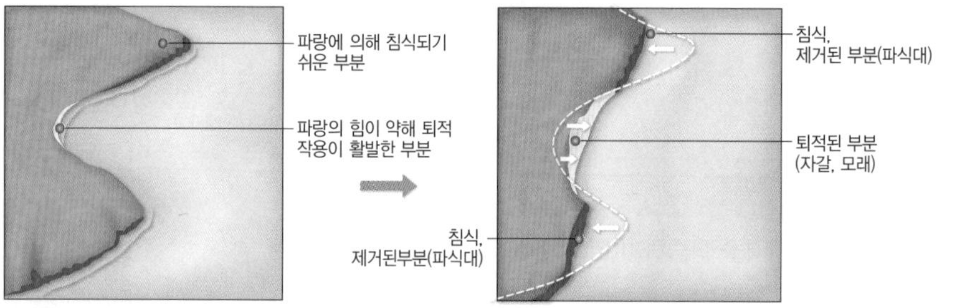

해안 지형의 변화 파도는 해안선에서 튀어나온 부분에 집중되면서 침식을 진행한다. 이로 인해 점점 단조로운 해안선으로 변화된다.

(2) 해안선의 형태 해수면 변동이나 지반 운동의 영향에 따라 형태가 다르게 나타남

이수 해안 (단조로운 해안선)		• 지반의 융기나 해수면의 하강으로 형성 • 우리나라의 동해안
침수 해안 (복잡한 해안선)		• 지반의 침강이나 해수면 상승으로 형성
	리아스식 해안	• 하식곡이 바닷물에 침수되어 형성 • 섬과 만이 발달 • 에스파냐 북서 해안, 우리나라 황·남해안, 일본 규슈 서부 해안
	피오르 해안	• 빙식곡이 바닷물에 침수되어 형성 • 수심이 깊고 경관이 수려함 • 리아스식 해안보다도 만의 굴곡이 심함 • 노르웨이, 알래스카 남부, 칠레 남부, 뉴질랜드 남섬 해안 등

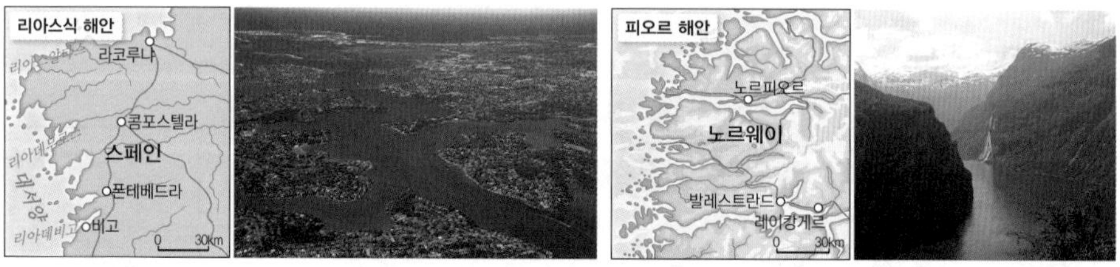

복잡한 해안선

■ 곶과 만에서 파랑의 작용

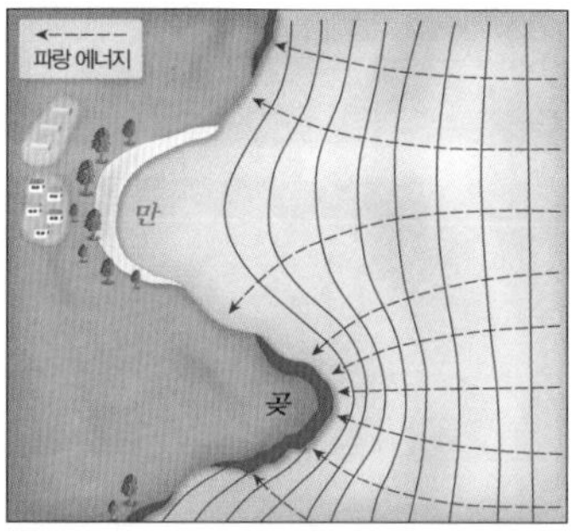

파랑 에너지가 곶에서는 집중되고 만에서는 분산된다. 곶의 침식물은 연안류를 따라 만으로 이동한다.

■ 조수 간만의 차를 이용한 전통적인 어업 시설

남해안 죽방렴

서해안 독살

■ 피오르 형성 과정

빙하의 침식으로 형성된 골짜기에 바닷물이 들어와 피오르가 형성된다.

(3) 해안 침식 지형과 퇴적 지형

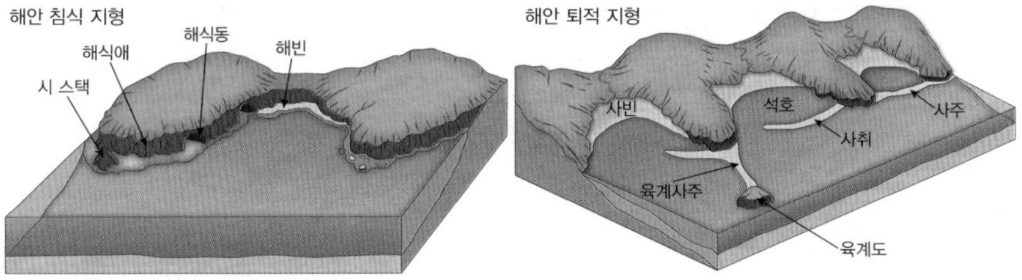

⁝ **해안 침식 지형 및 퇴적 지형 모식도**

① 해안 침식 지형: 파랑의 작용이 강한 돌출부에 발달 → 암석 해안을 이룸

해식애	• 파랑의 침식 작용에 의해 형성된 암석 해안에 나타나는 해안 절벽 • 지형이 융기하면 해안 단구의 단구애를 이룸
파식대	• 파랑의 침식 작용에 의해 형성된 평탄한 기반암의 침식 지형 • 해안 퇴적물이 쌓이며, 지형이 융기하면 해안 단구의 단구면을 이룸
시 스택	• 해식애가 후퇴하면서 연암층이 분리되고 남은 경암층의 바위섬 • 시 아치(sea arch)는 아치 모양의 시 스택
해식동	• 해식애의 기저부에 발달한 해안 동굴로 파도, 조류, 연안류 등의 작용으로 형성
해안 단구	• 지반의 간헐적 융기 혹은 해수면 하강으로 파식에 의해 평탄화된 계단상의 지형 • 과거, 바닷물의 영향을 받았던 곳으로 둥근자갈 및 모래, 조개 껍데기 등이 관찰됨 • 농경지, 취락, 교통로, 관광지(전망대) 등으로 이용 • 우리나라의 경우 황해안보다는 경상북도와 부산광역시 사이의 동해안에 집중 분포

② 해안 퇴적 지형: 파랑의 작용이 미약한 만입부에 발달 → 모래, 갯벌 해안을 이룸

사빈	• 하천에서 공급된 물질이나 주변 암석 해안에서 공급된 물질이 파랑의 작용으로 해안에 퇴적되어 형성 • 주로 해수욕장으로 이용
사구	• 사빈의 모래가 바람에 의해 육지 쪽으로 운반·퇴적된 모래 언덕 • 방풍림(우리나라의 경우 소나무 숲)이 조성되거나 해수욕장 시설물로 이용 • 우리나라의 경우 겨울철 북서 계절풍의 영향으로 규모가 큰 사구는 주로 황해안에 발달 • 예: 충남 태안 신두리, 황해의 섬들(대청도, 우이도, 임자도 등)
사주 (사취)	• 연안류 및 파랑의 작용으로 해안을 따라 이동한 모래가 해안선과 평행하게 퇴적된 지형 • 새부리 모양의 퇴적 지형을 사취, 해안과 평행하게 발달한 사주를 연안 사주라 함 • 수면 아래 발달할 경우 이안류 발생
육계도, 육계사주	• 사주의 성장으로 육지와 연결되면 섬은 육계도, 사주는 육계사주라 함
석호	• 후빙기 해수면 상승 + 육지의 만입부 앞에 사주 퇴적 = 바다와 격리된 호수 • 하천의 퇴적 및 인간에 의한 인공적 매립으로 석호의 규모 축소, 매립되면 농경지로 이용 • 일부 관광지로 이용되는 석호는 호수 준설 작업으로 규모 유지
갯벌 (간석지)	• 조수 간만의 차가 큰 해안이나 내해에 발달 • 하천에 의해 운반된 물질이 조류에 의한 운반·퇴적 작용으로 형성되며, 미립질(점토)로 구성됨, 구성물질에 따라 사질 갯벌과 미립질 갯벌로 나뉨 • 썰물 때는 드러나고 밀물 때는 바닷물 밑으로 잠기는 지형 • 다양한 생물이 서식하는 생태계의 보고, 오염 물질을 정화하는 자연 정화조 역할 • 간척 사업, 양식장, 염전 등으로 이용

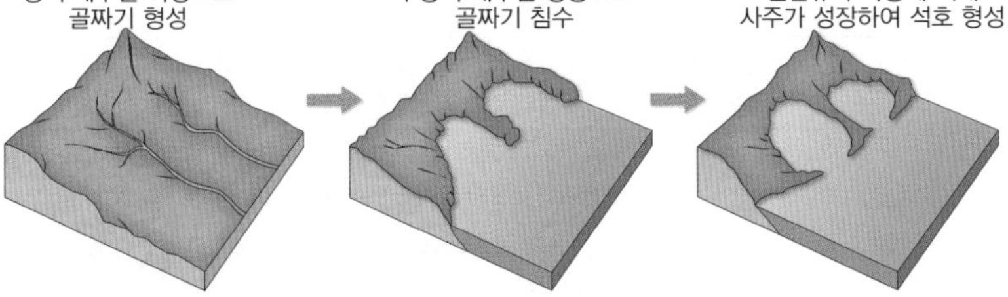

⁝ **석호의 형성 과정**

■ **정동진의 지형도**

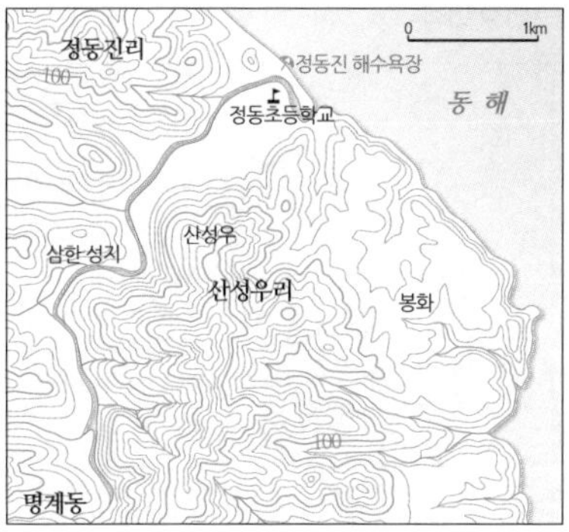

■ **해안 단구의 형성 과정**

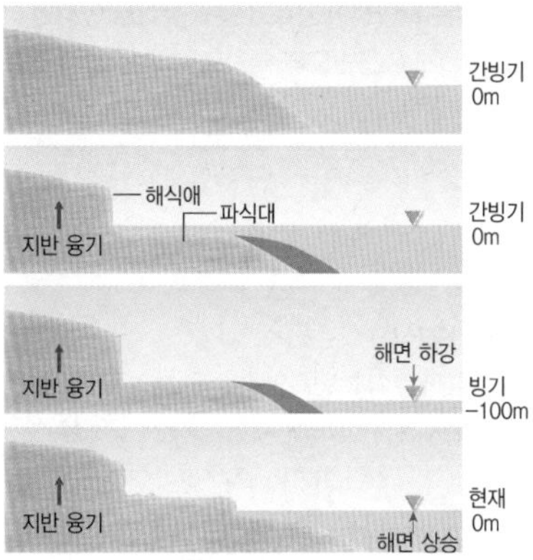

■ **사구의 형성 과정**

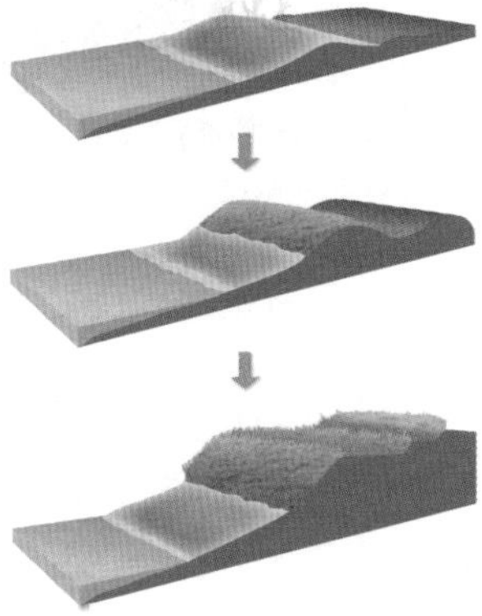

사빈의 모래가 해풍에 의해 날아가 배후에 쌓이면서 1차 사구가 형성된다. 이후 1차 사구의 모래가 또 다시 배후로 날아가 쌓여 2차 사구가 형성된다. 사구에 식생이 안착하면서 그 형세가 분명해진다.

■ 우리나라 동해안의 석호인 경포의 시기별 호수 면적 변화

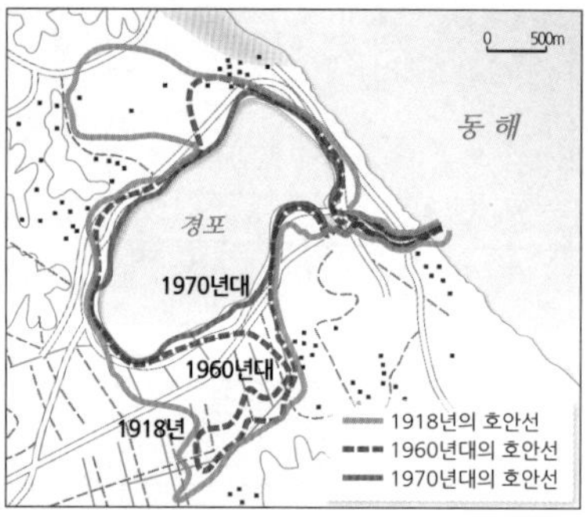

석호는 호수로 유입되는 하천의 퇴적 작용으로 시간이 지나면 사라진다. 현재 우리가 볼 수 있는 모래사장은 해안선이 자료 수준의 높이로 안정된 이후의 것이다. 한반도의 역사로 보면 상당히 젊은 층에 속한다.

■ 해안 침식

해안 침식은 기후 변화와 관련된 자연적 요인뿐만 아니라 무분별한 모래 채취와 해안 구조물 설치 등 인위적 요인이 작용한 결과이다.

강원도 강릉 경포 해변

(4) 우리나라 해안의 특색

	황·남해	동해
해안선	• 복잡한 해안선(리아스식 해안)	• 단순한 해안선
원인	• 랴오둥, 중국 방향의 2차 산지와 해안선이 직각을 이룸	• 경동성 요곡 운동에 의한 남북 방향의 1차 산지와 해안이 평행을 이룸 • 파랑과 연안류에 의한 만입부 퇴적
특색	• 조차 크고, 조류가 주도 • 갯벌 해안, 조력 발전(시화호), 조류 발전(진도 울돌목), 특수 항만 시설 발달 • 다도해, 양식업	• 파랑(연안류)의 작용이 강함, 조차 작음 • 사빈, 암석 해안 발달
지형도 예시		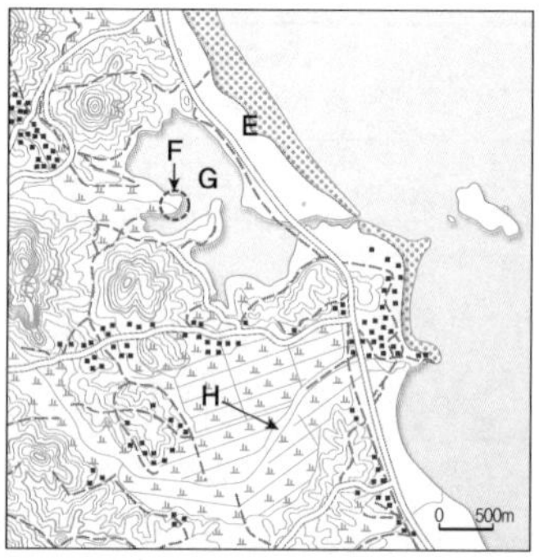
해설	• A: 조류의 퇴적에 의한 갯벌 • B: 갯벌에 D와 같은 인공 제방을 쌓은 뒤 염전으로 이용되는 지역 • C: 빙기 때는 육지였다가 후빙기 해수면 상승으로 섬이 된 지역	• E: 파랑과 연안류의 퇴적 작용에 의해 형성된 사주 • F: 석호로 유입되는 하천에 의해 퇴적된 지형 • G: 후빙기 해수면 상승으로 형성된 만입부에 사주가 발달하여 형성된 석호 • H: 바다로 유입되는 하천 주변에 쌓은 인공 제방

(5) 우리나라 동해안과 황해안 사빈 비교

	동해안	황해안
하천의 구성 물질·경사와 길이	• 조립질 • 급경사 하천의 운반 거리 짧음 • 침식 기간 짧음	• 미립질 • 완경사 하천의 운반 거리 긺 • 풍화 기간 긺
토사 공급	• 지속적 공급(하천 운반)	• 연안의 침식 물질(빙하기 녹설물)
발달 상태	• 탁월 • 파랑 작용 활발, 해안선 단조로움	• 미약 • 포켓비치: 헤드랜드 사이 초승달 모양
특징	• 사빈 안정 상태 유리, 사구열 형성	• 밀물 때 침수, 사빈 침식 활발

2. 해양과 해류

(1) 세계의 해양과 해류

해양의 분류	대양		• 태평양, 대서양, 인도양, 북극해, 남극해
	부속해		• 대륙으로 둘러싸인 지중해, 대륙 및 열도 사이의 연해
	내해		• 좁은 출구를 통해 외부 해양과 연결된 해양 • 흑해, 발트 해
해류	해류		• 일정한 방향으로 순환하는 해수의 흐름: 난류(저위도→ 고위도)와 한류(고위도 → 저위도), 북반구는 시계 방향, 남반구는 시계 반대 방향
	해류의 영향	기후	• 한류 연안 → 건조 기후, 난류 연안 → 해양성 기후 • 찬 공기와 따뜻한 공기를 순환시킴
		수산업	• 한류와 난류가 만나는 조경 수역은 영양 염류가 풍부해 플랑크톤이 풍부하여 좋은 어장을 형성

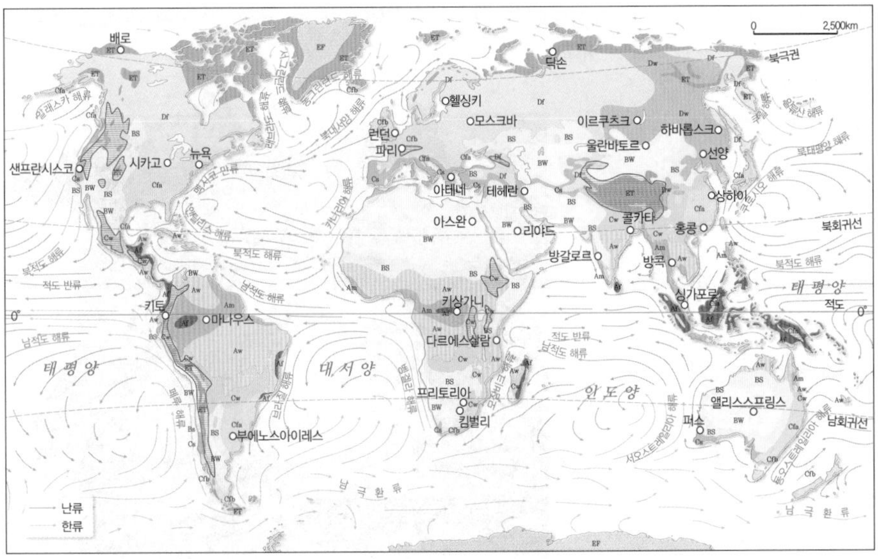

⁝ **세계의 기후구와 해류**

(2) 해안 및 해양 환경의 이용과 보전

해안과 해양의 가치	• 삶의 터전: 전 세계 인구의 40% 이상이 해안에 거주 • 교통로 역할, 풍부한 수산물과 광물 자원의 보고, 관광 및 레저의 장소
대도시 발달	• 농경에 유리하고, 해상 교통과 육상 교통이 만나는 집결지
해양 환경의 보전을 위한 노력	• 오염 물질의 해양 유입 방지, 기름 유출 사고 예방 • 국제적인 협력 체계 강화, 해양 오염 방지 협약 준수

(3) 세계의 해저 지형

대륙 주변	• 대륙 지각과 해양 지각이 접하는 일대 • 대륙붕: 수심 200m 이내의 얕은 해저 지형 → 어족 자원, 석유·천연가스 등 지하자원 풍부 • 뱅크: 대륙붕 상의 해저 언덕 → 수산 자원의 보고 • 대륙 사면: 대륙붕과 대양저 사이의 경사진 사면
대양저	• 수심 4,000~6,000m 거의 평탄한 심해저 → 망간 단괴 분포, 해령·기요·해구로 구성 • 해령: 해저 산맥으로 해양 지각 생성, 판의 분산대 • 기요: 해저 산맥의 봉우리가 파랑에 침식된 평정해산 • 해구: 대륙 사면과 대양저 사이의 가장 깊은 해저 골짜기

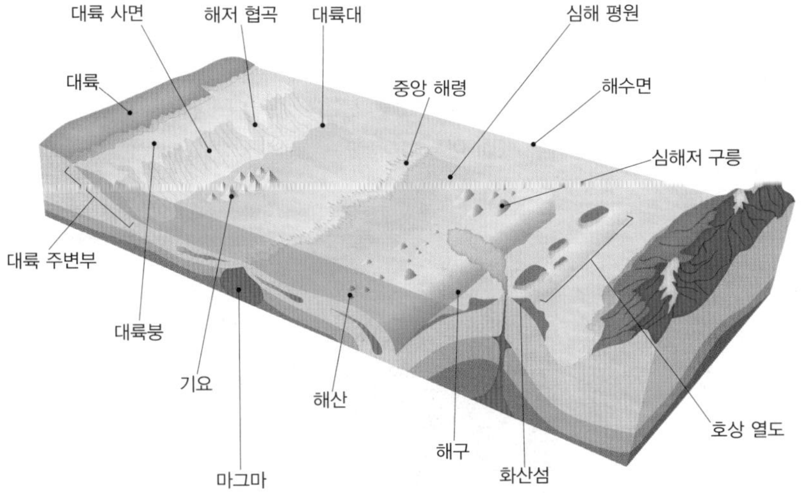

⁝ **주요 해저 지형**

■ **모래 유실을 방지하기 위한 시설물**

(가) 태안 모래 포집기

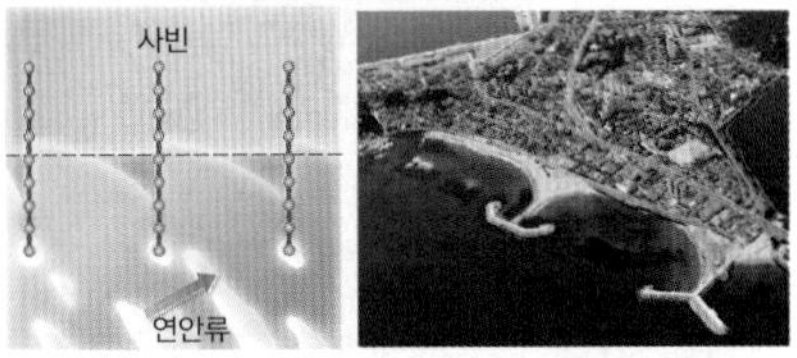

(나) 속초 T자형 그로인

해안 침식 현상으로 모래가 유실되는 것을 해결하기 위해 (가), (나)와 같은 시설물을 만들기도 한다. (가)는 모래 포집기로 탁월풍에 수직으로 설치하여 지상풍의 속도를 감속시켜 움직이는 모래를 고정시키는 역할을 한다. (나)는 바다 쪽으로 돌출되도록 설치한 인공 구조물인 그로인으로, 연안류에 의해 운반되는 모래가 그로인 안쪽으로 퇴적될 수 있도록 도와주는 역할을 한다.

■ **노르웨이 친환경 해안 호텔**

주변 해양 경관에 대한 시각적·환경적 영향을 최소화할 수 있도록 언덕 아래 지하에 지어졌다. 녹색 지붕과 지하에 묻힌 방은 자연 단열을 고려한 구조이다.

■ **네덜란드의 주요 간척지(폴더)**

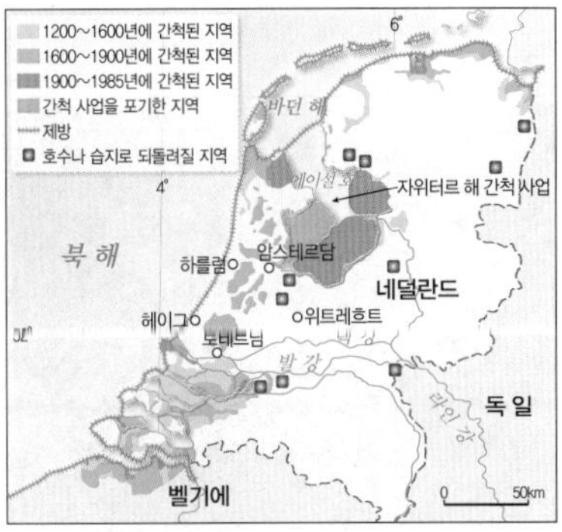

■ **폴더의 형성 과정**

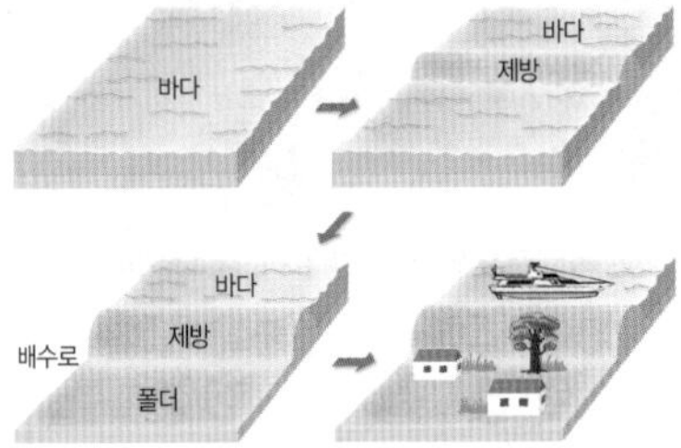

지리 상식 1 **바닷속에서 계속 커지는 ♡(하트)섬이 있다!**

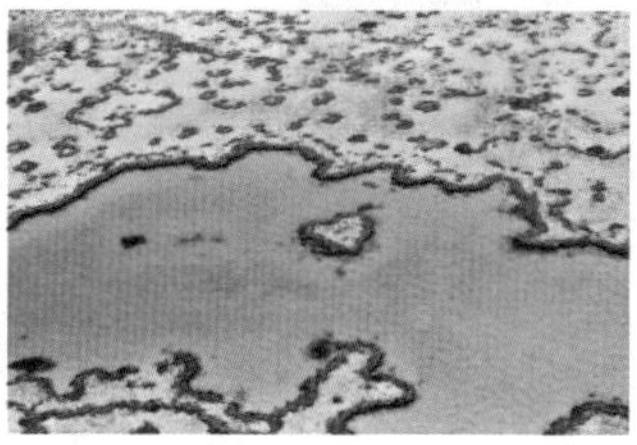

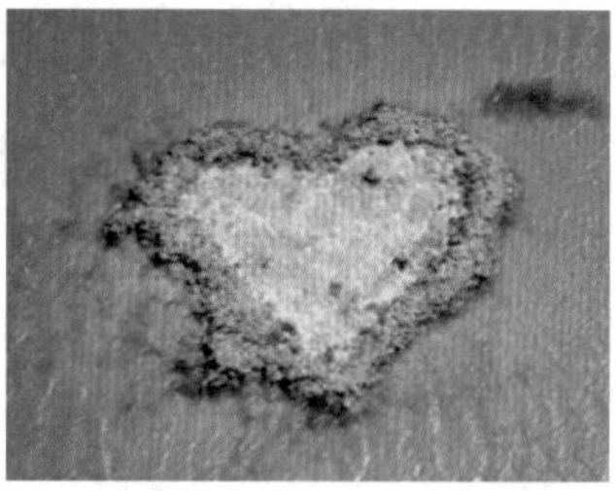

태평양 산호섬, 바닷속 하트 모양의 섬, 유네스코 세계 자연 유산, 죽기 전에 꼭 가 보아야 할 곳 2위, 모두 우주에서도 보인다는 오스트레일리아 북동부 아름다운 해안인 그레이트배리어리프를 말하는 것이다. 이곳에 가면 산호로 된 하트 섬이 있다. 2만 년 정도의 긴 세월 동안 산호들이 성장하여 만들어진 자연의 신비이다. 헬기를 타고 상공에서 하트 모양의 섬을 바라본다면 얼마나 좋을까!

산호섬은 크게 거초와 보초, 그리고 환초로 나뉜다. 시간이 지남에 따라 산호는 점점 성장하고 섬 주위로 성장을 시작해 거초가 형성되고 이후 섬을 둘러쌓으면서 보초, 환초가 형성된다.

지리 상식 2 **세계에서 가장 큰 야자수·세계 지도 모양의 인공 섬!**

아랍 에미리트 두바이에 해상 도시인 '팜 제벨알리', '팜 주메리라'라는 거대한 야자수 모양이며, '더 월드'는 말 그대로 세계를 그대로 축소한 인공 섬이다. 팜 제벨알리는 줄기와 17개의 야자수 잎, 초승달 모양의 방파제로 어우러진 인공 섬이다. 팜 주메이라는 전체적으로 야자수 형태를 하고 있다. 하나의 굵은 나무줄기와 17개의 가지로 구성되어 있으며, 11km의 긴 방파제로 이루어진 초승달 형태의 섬으로 둘러싸여 있다. 나무줄기 부분에는 아파트와 상가가 들어섰고, 가지 부분에는 고급 주택과 빌라 등의 거주 단지, 초승달 부분에는 초호화 호텔과 휴양 시설이 들어섰으며, 모노레일이 건설되었다.

↕ **팜 아일랜드의 팜 제벨알리, 팜 주메이라, 더 월드**

비상, 2009, 『세계 지리』

지리 상식 3 **지구 온난화에 따른 국토 침수에 대비한 몰디브의 계획!**

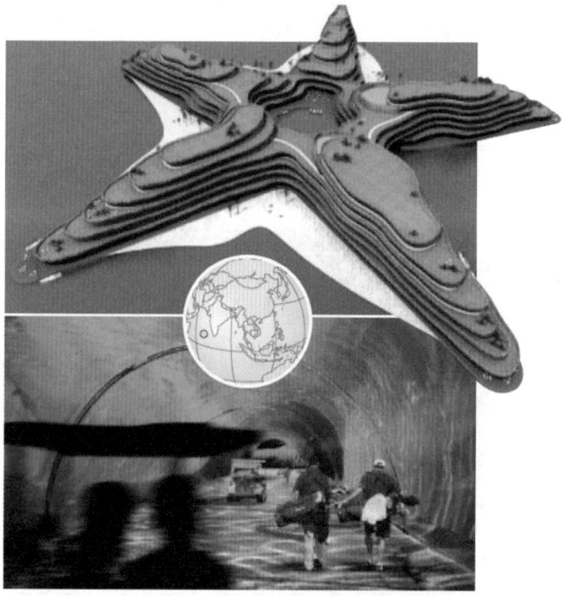

'인도양의 보석'으로 불리는 몰디브에 골프장을 갖춘 초호화 인공 섬이 들어설 예정이다. 최근 네덜란드의 도크랜즈 인터내셔널은 호텔과 컨벤션 센터, 요트 클럽뿐만 아니라 18홀 골프장까지 갖춘 초호화 인공 섬 조성 계획을 발표하였다. 무려 1,192개의 '섬 부자'인 몰디브에 인공 섬까지 들어서는 이유는 해수면 상승으로 나라 전체가 물에 잠기고 있기 때문이다. 침수에 대한 우려 때문에 관광 대국인 몰디브 정부는 네덜란드 회사와 조인트 벤처를 시작했다. 해양 생물이나 주변 환경의 피해를 최소화하도록 설계된 이 인공 섬에서 관광객들은 수영이나 스쿠버 다이빙, 심지어 개인 잠수함으로 해저 탐험도 할 수 있다. 또한 18홀 골프 코스가 마련되어 있으며, 이용자들은 해저 터널을 통해 골프 카트를 타거나 걸어서 이동할 수 있다. 골프 코스는 2013년 말에, 전체 섬은 2015년에 개장할 예정이다. 이 인공 섬은 몰디브 수도에서 고속 보트로 5분 안에 도착할 수 있을 정도로 접근성이 좋다.

비상, 2009, 『세계 지리』

지리 상식 4 **바다의 파도 소리가 아닌 바닷물이 흘러가는 소리를 들어본 적이 있는가!**

해남과 진도를 이어 주는 진도대교는 우리나라에서 가장 조류가 센 곳 중 하나인(현재 조류 발전 시험 가동 중인 곳) 울돌목에 있는 다리이다. 이곳은 2014년 최고의 한국 영화인 〈명량〉으로 유명한 곳인데 실제 바닷물이 흘러가는 소리를 들을 수 있다. 울돌목은 조류가 바위에 부딪쳐 우는 지역이라는 의미에서 이름이 유래되었다고 한다. 이순신의 명량 대첩으로 유명한 이곳은 식도락가들에게는 뜰채로 잡은 자연산 숭어를 맛볼 수 있는 장소이기도 하다. 숭어를 뜰채로 하루 최고 300마리까지 잡을 수 있다는 이곳의 뜰채 숭어잡이는 1980년대부터 시작되었다고 한다. 지역 주민들 사이에서만 전해오다가 이색 볼거리로 소문이 나면서 울돌목을 찾는 관광객들에게 이맘 때 꼭 들려야 할 관광코스가 됐다. 그러나 이곳은 조류가 워낙 빨라서 전문가가 아니면 엄두도 내지 말아야 한다. 객기에 숭어를 잡다가 자신이 숭어 밥이 되거나 정유재란 때 이곳에 침몰된 왜적 선을 보게 될지도 모르니 말이다.

지리 상식 5 바다도 없는데 해군을 보유한 나라

남아메리카 중앙부, 브라질과 칠레 사이에 끼여 있는 볼리비아는 국토 절반이 안데스 산중에 있다. 과거 볼리비아는 잉카 제국의 영토였는데 16세기 스페인에 정복되었다가 1825년에 해방된 이후 쿠데타를 비롯해 이웃 나라와의 분쟁이 끊이지 않았다. 볼리비아는 내륙에 있지만 해군을 보유하고 있으며 티티카카 호에서 군사 훈련까지 한다. 해군에 투자할 돈이 있으면 분쟁과 내란 진압을 위해서라도 육군에 사용하는 게 나을 것 같지만 나름대로 이유가 있다. 태평양에 접한 칠레의 안토파가스타 주는 한때 볼리비아의 영토였다. 1879년 칠레와의 사이에서, 바다에 접해 있을 뿐만 아니라 초석이 매장된 이 지역을 둘러싸고 일어난 싸움에서 패하여 칠레에게 빼앗긴 것이다. 안토파가스타 주에는 세계 제일의 건조 지대인 아타카마 사막이 있는데, 그곳이 바로 초석의 보고였다. 볼리비아는 안토파가스타 이외에도 여러 지방을 이웃나라에게 빼앗긴 비극의 나라이다. 1903년에는 동부 지방이 브라질에 넘어갔고 1935년에는 파라과이와의 전쟁에서 패해 차코 지방을 잃었다. 1990년에는 천연고무 개발에 얽혀 북부의 한 지방이 분리 선언을 했다. 이렇게 국토의 약 60%를 잃은 볼리비아는 바다에 접한 토지를 되찾는 날이 올 때까지 각오를 다지며 티티카카 호에서 해군 훈련을 계속하고 있는 것이다.

지리 상식 6 세상에서 인간이 만든 가장 큰 인공물은?

이 세상에서 인간이 만든 가장 큰 인공물은 과연 무엇일까? 중국의 만리장성? 고대 이집트의 유적인 피라미드? 인도의 타지마할? 캄보디아의 앙코르와트? 아랍 에미리트의 두바이 브루즈 칼리파 빌딩? 모두 인간의 한계를 뛰어넘어 만들어진 훌륭한 세계 문화유산이지만 정답은 따로 있다. 바로 태평양의 '쓰레기 섬'이다. 정식 명칭은 'Great Pacific Garbage Patch'로 태평양 거대 쓰레기 지대이다. 하와이 섬의 북쪽 그리고 일본과 하와이 섬 사이의 태평양을 떠다니고 있는 거대한 두 개의 쓰레기 더미로 하나는 그 크기가 한반도의 약 7배, 다른 하나는 텍사스 주의 약 2배 크기라고 하니 실로 엄청난 크기이다. 이제는 섬을 넘어서서 하나의 대륙 크기 정도까지 커진 상태이다. 태평양의 해류와 바람이 원을 그리며 움직이면서 해류의 소용돌이 핵을 형성하는데 이것이 세계 각국에서 온 쓰레기들을 잡아 가두는 역할을 해 거대한 섬과 같은 쓰레기 더미를 형성한 것이다. 쓰레기 섬의 90%는 비닐과 플라스틱 조각 등의 쓰레기로 해양 플랑크톤과 섞여 죽과 같은 상태라고 한다. 이와 같은 쓰레기 섬은 존재만으로 사람들에게 경각심을 일깨워 주기에 충분하지만, 여러 가지 문제점을 안고 있다. 첫째로 해양 생물들의 생태계를 위협하고 있다. 쓰레기들의 독성 물질들에 의해 해양 오염이 심화되고 이에 따라 생태계의 교란 및 파괴, 먹이 사슬에 따른 오염 물질의 전이 등으로 인간에게도 악영향을 미칠 것은 불을 보듯 자명한 일이다. 쓰레기 섬의 대부분은 몇 백 년이 지나도 썩지 않을 플라스틱 등으로 이루어져 있으며, 더욱 심각한 것은 사실상 이를 인간의 힘으로 처리할 수 없다는 것이다. 쓰레기 섬의 규모는 1950년 처음 생성된 이후부터 10년마다 그 규모가 10배 정도씩 커지고 있다. 결국 인간이 버린 쓰레기들에 의해 인간이 다시 영향을 받는 악순환이 계속되고 있는 실정이다.

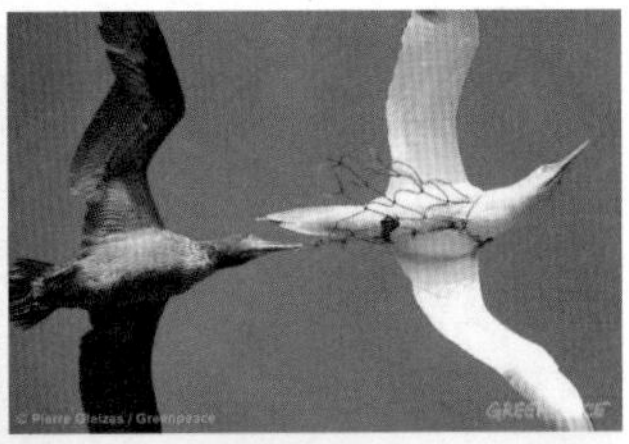

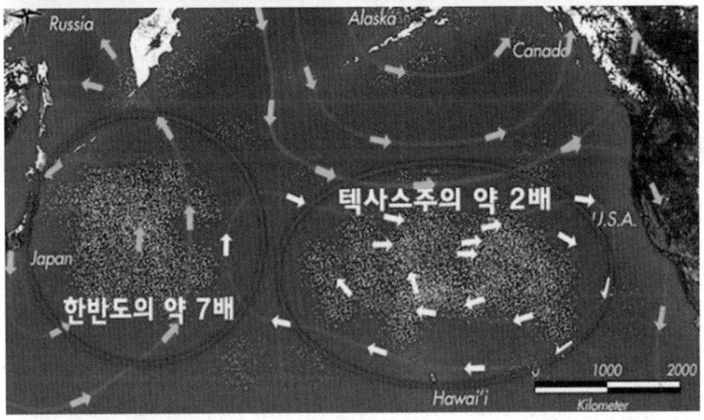

↑ 쓰레기 섬의 비교

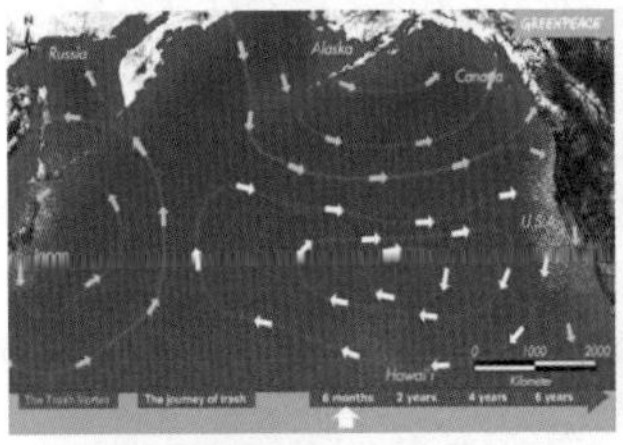

↑ 쓰레기 여행(6개월)

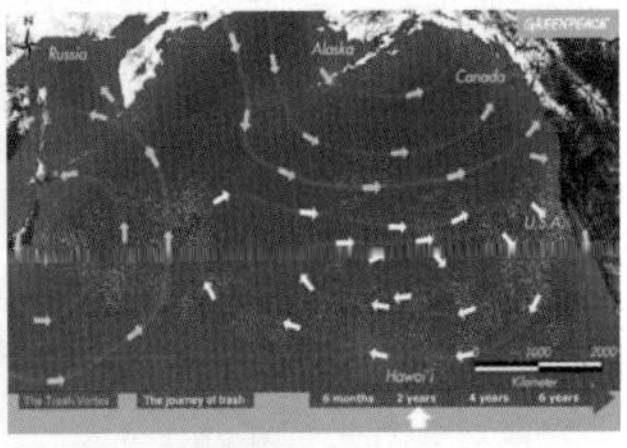

↑ 쓰레기 여행(2년)

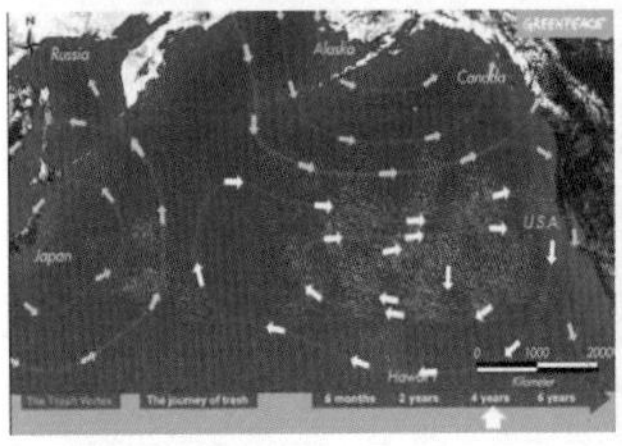

↑ 쓰레기 여행(4년)

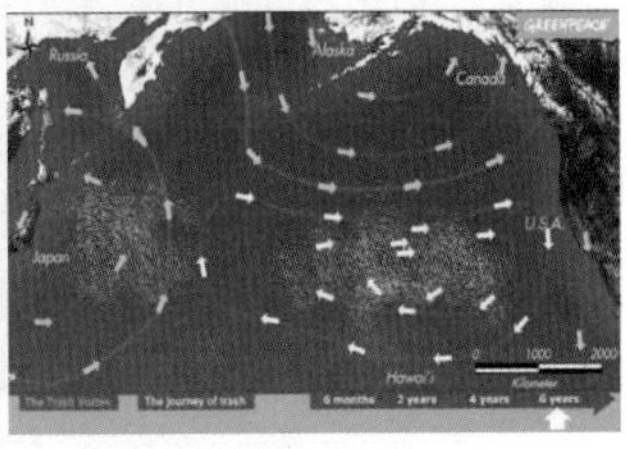

↑ 쓰레기 여행(6년)

그린피스 웹사이트

[서술형]
· 2014 6 평가원

1. 지도의 A~E 해안에 대한 설명으로 가장 적절한 것은?

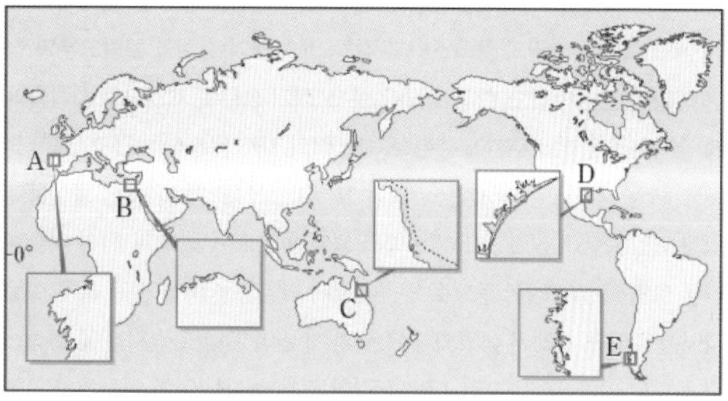

① A는 맹그로브 숲으로 이루어진 갯벌 해안이다.
② B는 파랑의 침식으로 만들어진 암석 해안이다.
③ C는 산호가 서식하면서 발달한 산호초 해안이다.
④ D는 빙식곡이 침수되어 만들어진 피오르 해안이다.
⑤ E는 산지의 골짜기가 침수되어 만들어진 리아스식 해안이다.

· 2008 수능

2. 다음은 수업 시간에 어떤 현상을 설명하기 위해 교사가 학생들에게 제시한 자료이다. 가장 적절한 내용을 발표한 학생은?

교사: 자료를 보고 이 시기의 해수면 온도와 관련된 현상에 대해 발표해 봅시다.
학생 1: 해안 지역 도시에 열섬 현상이 심화될 것 같아요.
학생 2: 해안 지역에 안개 발생 일수가 증가할 것 같아요.
학생 3: 난류성 어류의 서식 환경이 나아지게 될 것 같아요.
학생 4: 해류를 따라 내려온 유빙이 녹아서 나타난 현상 같아요.
학생 5: 해수면이 상승하여 해안 지역의 침식이 일어날 것 같아요.

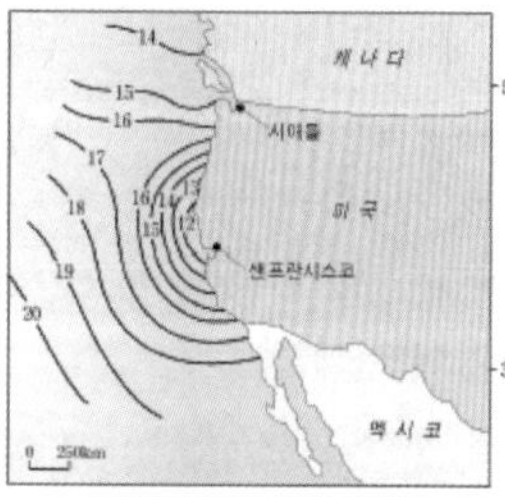

〈8월 평균 해수면 온도(℃)〉

① 학생 1 ② 학생 2 ③ 학생 3 ④ 학생 4 ⑤ 학생 5

· 2010 6 평가원

3. 사진 촬영 지점을 지도에서 고른 것은? (단, 촬영 방향은 사진의 정중앙임.)

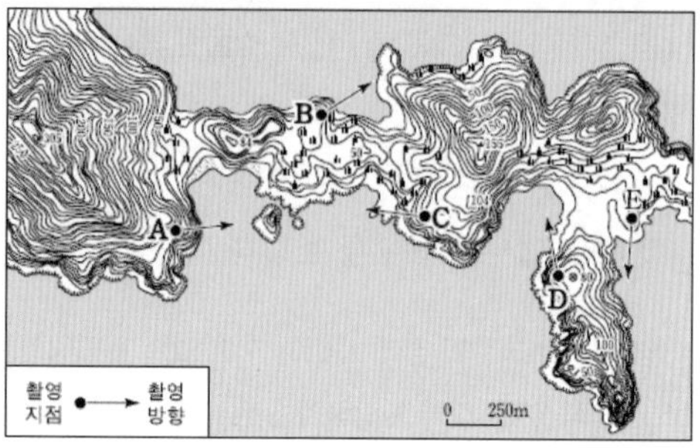

① A ② B ③ C ④ D ⑤ E

· 2007 9 평가원

4. 그림은 2004년 12월에 발생했던 쓰나미(지진 해일)의 영향을 나타낸 것이다. 이에 대한 설명으로 옳지 않은 것은?

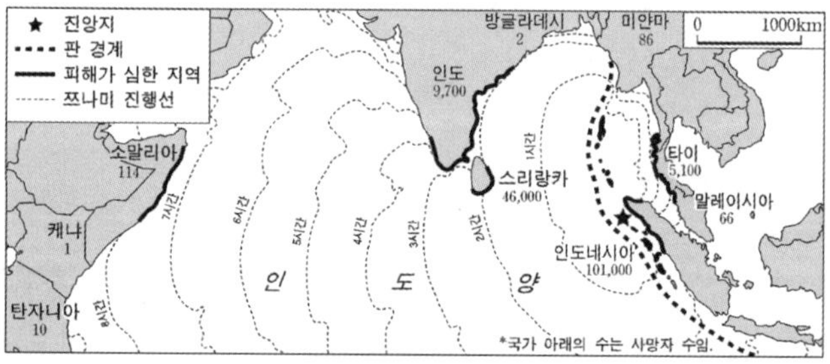

① 타이 서부 해안의 관광 산업에 타격을 주었다.
② 인도차이나 반도 동쪽에는 거의 피해가 없었다.
③ 대부분의 사망자는 지진에 의한 직접 충격으로 발생하였다.
④ 수천 km 이상 떨어진 아프리카 동부 해안에도 피해가 있었다.
⑤ 이 쓰나미는 지각판의 경계 부근에서 발생한 지진의 결과이다.

• 2015 4 교육청

5. 자료의 A, B 지형에 대한 설명으로 옳은 것은?

이탈리아의 베네치아는 B지형에 의해 만의 입구가 막혀 형성된 A호수 위의 섬에 발달한 수상 도시이다. 최근 베네치아에서는 해수면 상승으로 인한 침수 피해 문제가 심각하게 대두되고 있다. 이를 막기 위해 B지형 사이의 호수 입구에 구조물을 설치하여, 호수의 수위를 조절하려는 계획이 추진 중이다.

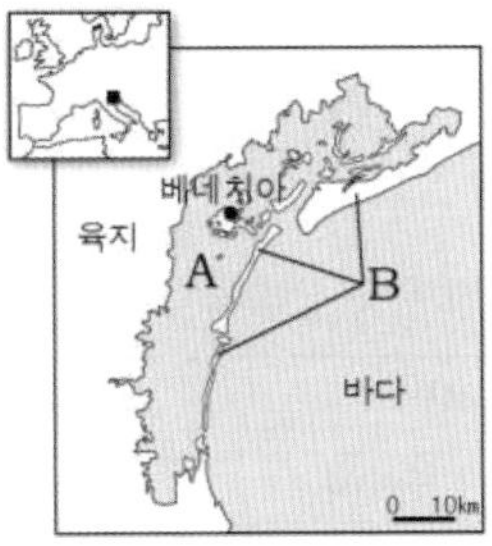

① A는 판과 판이 갈라지는 경계부에서 형성된다.
② A의 물은 염도가 낮아 농업용수로 많이 이용된다.
③ B는 파랑의 침식으로 인해 급경사의 절벽을 이룬다.
④ B는 파랑과 연안류에 의해 운반된 토사가 쌓여 형성되었다.
⑤ A와 B는 모두 빙기의 해수면 하강에 의해 형성되었다.

6. 지도의 ㈎~㈑에 대한 설명 중 옳지 않은 것은?

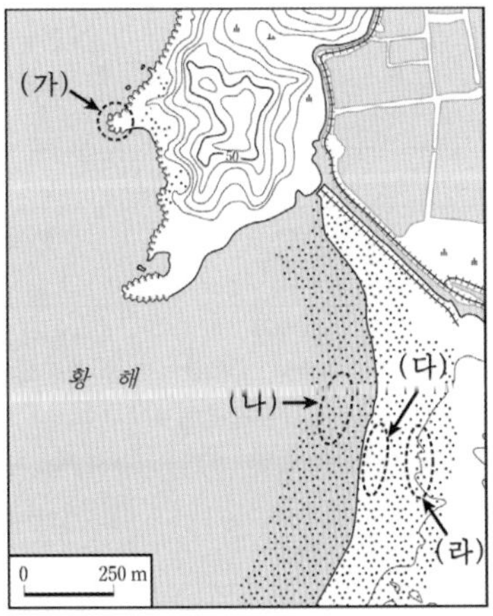

① ㈎는 파랑 에너지가 집중되는 부분으로 해식애가 발달한다.
② ㈏는 주로 조류의 퇴적 작용으로 형성된다.
③ ㈐는 해수욕장으로 활용된다.
④ ㈑의 침식을 막기 위해 모래 포집기가 설치된다.
⑤ ㈐에서 ㈑로 가면서 퇴적물의 입자 크기는 커진다.

7. 지형도와 단면도를 보고 학생들이 발표한 내용으로 옳지 않은 것은?

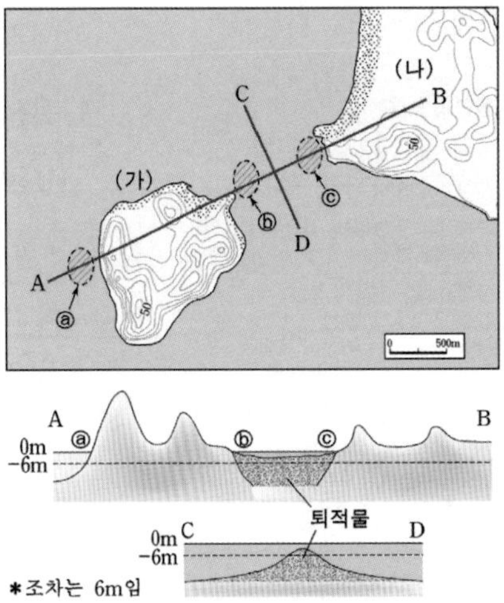

수업 주제 : 해안 지형

교사: 자료를 보고 황해에 위치한 ㈎, ㈏ 두 섬의 지형 변화에 대해 말해 봅시다.
갑: ㈎, ㈏는 후빙기에 섬이 되었습니다.
을: 썰물이 되면, ㈎와 ㈏는 연결됩니다.
병: ⓑ는 ⓐ보다 파랑의 힘이 강하여 많은 퇴적물이 쌓입니다.
정: ⓒ에서 ⓑ쪽으로도 퇴적물이 쌓이고 있습니다.
무: 현재와 같은 환경이 지속되면, ㈎와 ㈏는 하나로 연결될 것입니다.

① 갑 ② 을 ③ 병 ④ 정 ⑤ 무

[서술형]

1. 지도는 경포호의 시간에 따른 면적의 변화를 나타낸 것이다. 시간에 따라 호수의 면적이 변화하는 이유를 하천 작용 측면에서 서술하시오.

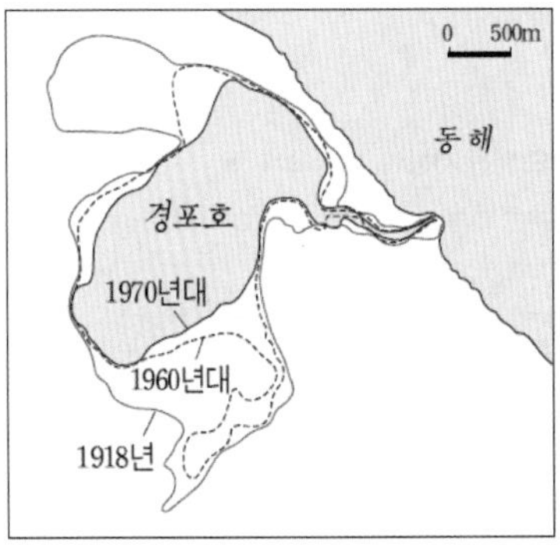

지형

08. 화산 및 카르스트 지형

핵심 출제 포인트

- ▶ 다양한 화산 지형의 특성
- ▶ 우리나라 화산 지형의 특징
- ▶ 화산과 주민 생활의 이해
- ▶ 카르스트 형성의 특성
- ▶ 카르스트 지형의 형성과 인간 생활
- ▶ 생태 관광 자원으로서의 지형 경관

■ **화산 재해의 원인과 종류**

용암류	• 비교적 느린 속도로 이동 • 농경지와 인공 구조물에 큰 피해
화쇄류	• 빠른 속도로 이동하는 고온의 화산재와 증기의 혼합물
화산 이류	• 화산재와 물이 뒤섞여 형성 • 가장 큰 인명 피해 발생 • 빙하로 덮여 있는 화산이 폭발할 경우 빙하가 녹으며 화산 이류 형성
화산 가스	• 이산화 황, 질소 산화물 등에 의해 산성비 발생
화산재	• 햇빛 차단으로 기온 저하 • 항공기 운항에 지장 초래

■ **화산 활동 지역의 농업(이탈리아)**

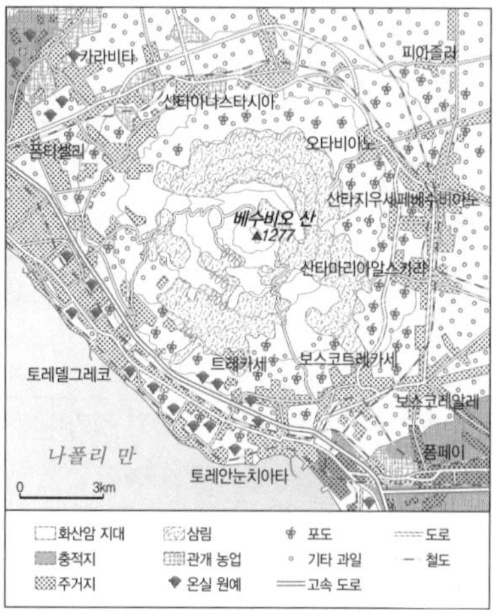

■ **화산재로 인한 피해**

일본 나가노 현의 온타케 산의 화산 폭발로 발생한 화산재가 마을을 뒤덮었다.

■ **우리나라 주요 화산 지형의 형성 시기**

지형	형성 시기
제주도(한라산)	약 180만 년 전~2만 5천 년 전
울릉도	약 210만 년 전~1만 년 전
독도	약 460만 년 전~270만 년 전
철원 용암 대지	약 27만 년 전

1. 화산 지형

(1) 용암

• 지표로 분출한 마그마가 아직 용융 상태에 있는 것 또는 마그마가 식어서 생긴 화산암

구분	현무암질 용암	조면암·안산암질 용암	유문암질 용암
SiO_2(규산) 함량	52% 이하(염기성 용암)	52~66%(중성 용암)	66% 이상(산성 용암)
색깔	흑색 또는 흑갈색	◀────▶	회백색
온도	높다	◀────▶	낮다
점성	작다	◀────▶	크다
유동성	크다	◀────▶	작다
화산체의 형태	• 경사가 완만한 순상 화산, 용암 대지를 형성 • 제주도·백두산의 완만한 산록, 철원의 용암 대지	• 성층 화산	• 경사가 급한 종상 화산, 탑상 화산을 형성 • 제주도의 산방산
분출 형태	• 비교적 조용히 분출 • 다량 분출 시 용암류를 이루면서 흘러감 • 일출식 분화	• 용암과 화산 쇄설물이 교대로 분출	• 격렬하게 폭발하면서 분출 • 폭발식 분화
모습	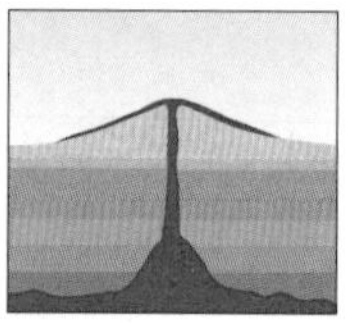	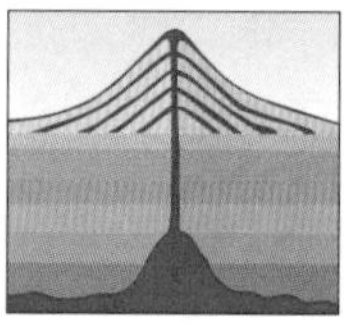	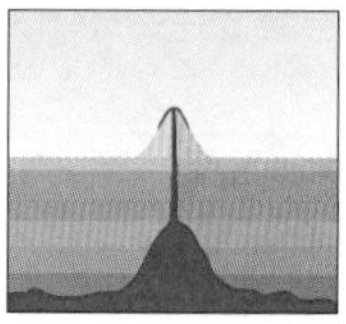

(2) 우리나라 화산 지형 특징

	백두산	제주도	울릉도	용암 대지 (철원~평강, 신계~곡산)
형태	• 복합 화산 – 산꼭대기: 종상 – 산기슭: 순상	• 복합 화산 – 산꼭대기: 종상 – 산기슭: 순상	• 종상 화산	• 현무암질 용암의 열하 분출
화구	• 칼데라 호: 천지	• 화구호: 백록담	• 칼데라 분지: 나리분지	–
용암 성분	• 조면암 • 현무암	• 조면암 • 현무암	• 조면암 • 안산암	• 현무암
기타 지형	• 주변에 넓은 용암 대지	• 기생 화산(측화산) • 용암 동굴 • 주상 절리, 해안 폭포	• 이중 화산 • 칼데라: 나리분지 • 중앙화구구: 알봉	• 주상 절리 • 수직적인 하천 계곡 발달
인간 생활	• 한랭한 기후: 농경 불리	• 지표수 부족: 밭농사, 과수원, 해안 취락(용천) 발달	• 경지 협소: 밭농사, 어업 중심	• 저수지, 양수 시설 • 논농사 발달
기타	• 임업 발달	• 다양한 식생 분포	• 다설지 → 우데기	• 철새 도래지
생태 관광	–	• 세계 자연 유산 • 한라산, 성산 일출봉, 거문오름 용암동굴계	• 천연 원시림	• 비무장 지대 • 고인돌, 고석정 등
모습	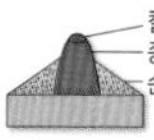		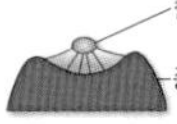	

* 독도: 서도와 동도로 구성된 종상 화산, 극동, 메탄하이드레이트와 해양 심층수, 어족 자원 풍부

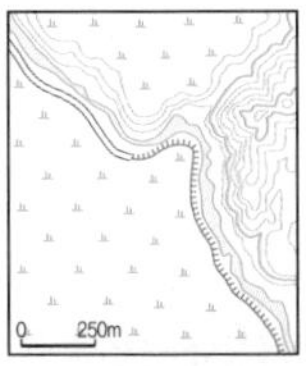

철원▶
용암 대지와
한탄강

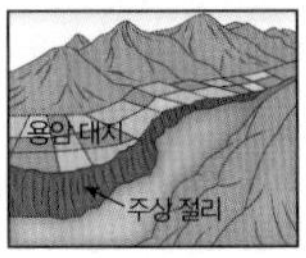

한탄강 일대의▶
모식도

제주도▶
기생 화산

▲화산 지형의 분포

◀백두산
천지

◀울릉도
나리 분지

제주도의 특징적 화산 지형→관광 자원
- 오름(악): 한라산 산기슭에 산재하는 360여 개의 기생 화산
- 용암 동굴: 흘러내리던 용암이 식어 굳을 때 표층부와 하층부의 냉각 속도 차이로 생기는 동굴로 만장굴, 협재굴 등
- 주상 절리: 해안 및 하천 양안에 이룬 절벽
- 유네스코 세계 자연 유산: 한라산, 성산 일출봉, 거문오름 용암 동굴계

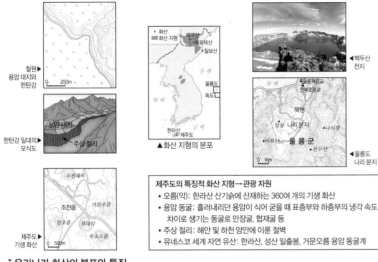

⇡ **우리나라 화산의 분포와 특징**

더 알아보기

◗ 제주도 및 백두산의 형성 과정

- 제주도의 형성 과정: 산방산 서귀포를 잇는 해안선을 중심으로 최초 제주도가 형성(1단계) → 엄청난 양의 현무암질 용암이 열하 분출하여 현재 제주도의 테두리 형성(2단계) → 비교적 점성이 큰 용암이 폭발식 분출하여 한라산이 솟아오름(3단계) → 기생 화산 형성됨(4단계)
- 백두산의 형성 과정: 전체적으로 복합 화산을 이룸. 화산 활동 초기에는 점성이 작고 유동성이 큰 현무암질 용암이 여러 번 분출하면서 겹겹이 쌓인 용암 대지와 경사가 완만한 순상 화산을 형성 → 후기에는 점성이 큰 조면암질 용암이 분출하여 종상 화산을 형성하였으며, 화산체 중앙 산꼭대기에 분화구의 함몰 칼데라 형성 → 칼데라에 물이 고여 칼데라 호 '천지' 형성

제주도의 형성 과정

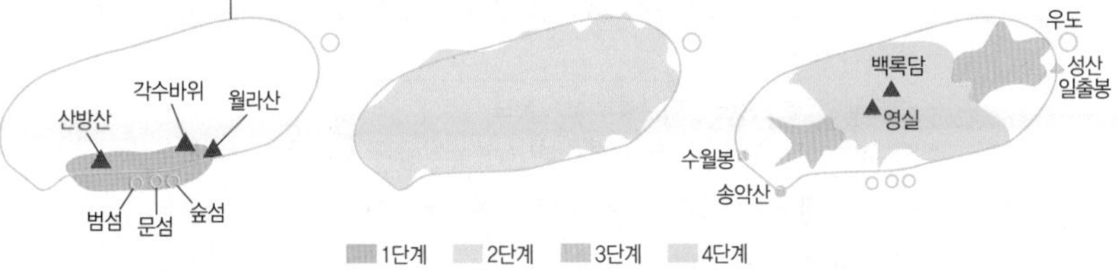

백두산의 형성 과정

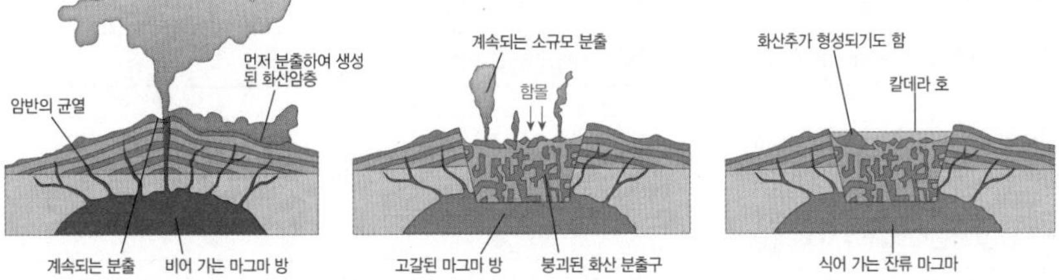

(3) 화산과 주민 생활

- 농업 발달: 화산암과 화산재가 쌓여 토양 비옥

이탈리아 시칠리아 섬의 에트나 화산 주변	비옥한 화산회토를 이용한 포도와 오렌지 생산
일본 혼슈의 간토 평야	화산회토를 이용한 벼농사 발달

- 지열 및 지하자원 풍부

뜨거운 지하수	지열 발전에 이용하거나 가정에 공급(아이슬란드, 이탈리아, 뉴질랜드, 필리핀, 미국 등)
광물 자원 풍부	금, 은, 구리, 주석, 흑연, 유황 풍부(칠레, 볼리비아 등)

- 관광 산업 발달: 다양한 화산 지형을 관광 자원으로 활용, 온천 및 간헐천

■ **지열 발전소의 분포**

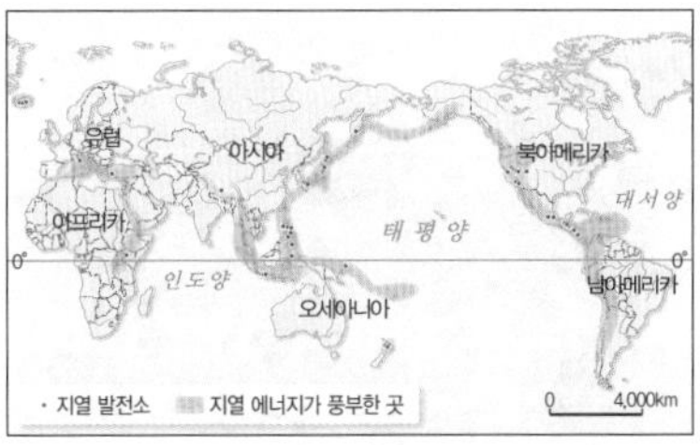

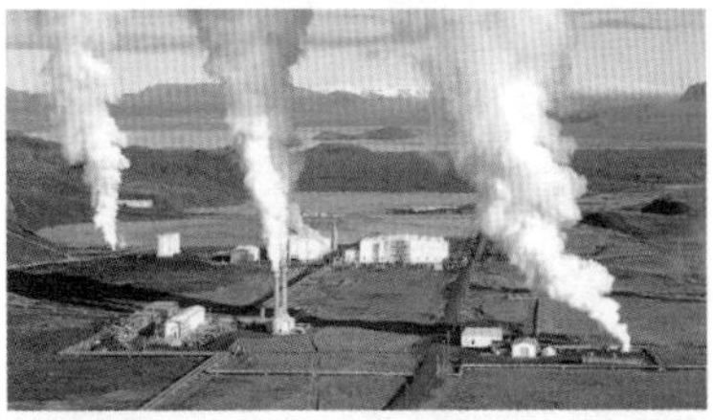

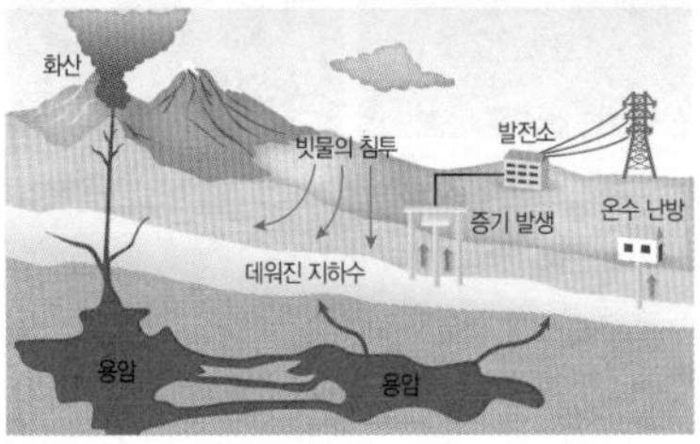

사진은 아이슬란드 싱크바틀라바트 호숫가에 위치한 네시야베틀리르 지열 발전소이다. 해저 2,000m의 지열로 데운 바닷물로 터빈을 돌려 전기를 생산한다.

지구 지표면으로부터 수십 m 땅속의 지하 열을 이용하는 방식으로 연중 10~18℃ 정도로 변화가 없고 지하 수 km의 지열 온도는 40~150℃ 정도를 유지한다. 지열 냉난방은 여름에는 시원하고 겨울에는 따뜻한 지하의 성질을 활용하는 방식이다. 겨울에는 외부의 차가운 물을 지하에서 데우고, 여름에는 외부의 더운 물을 지하에 방출시키는 장치를 이용한다. 이때 이용되는 기기를 히트 펌프라고 한다. 히트 펌프란 열을 낮은 온도에서 높은 온도로 인위적으로 끌어올리는 핵심 장치로 냉장고, 에어컨 등에도 사용된다.

■ **간헐천 체험과 화산 관광**

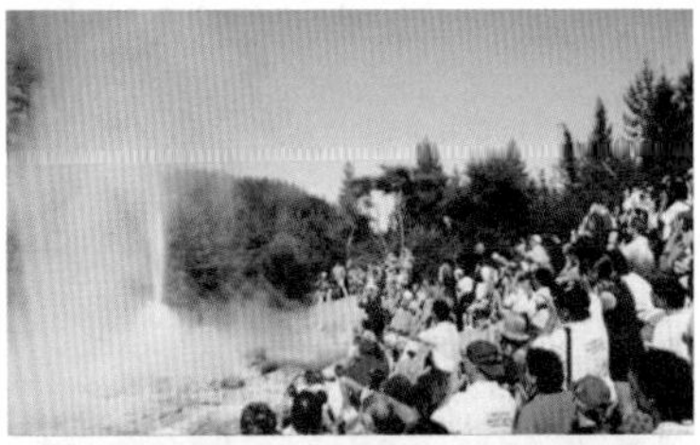

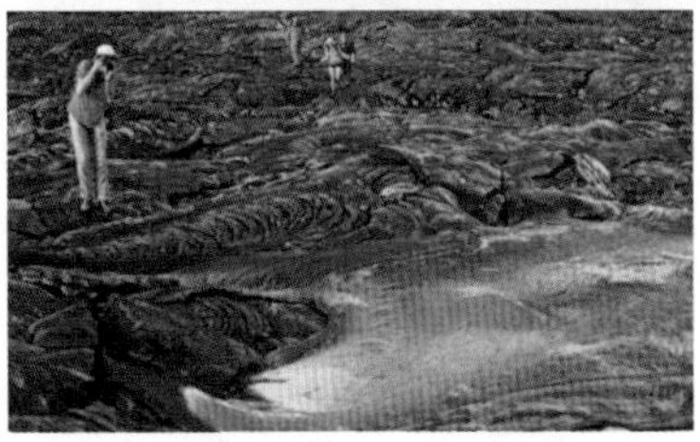

■ 카르스트 지형의 모식도

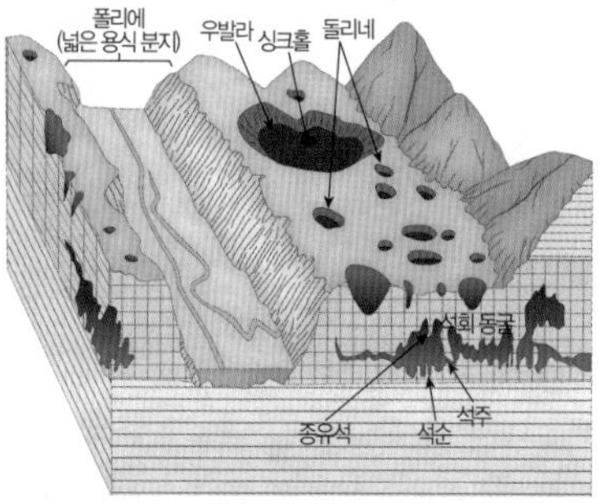

■ 중국 구이린(좌), 베트남 하롱베이(우)의 탑 카르스트

탑카르스트는 중국 화난 지방의 구이린, 베트남 북부의 하롱베이, 말레이 반도의 킨타 계곡, 사라와크, 쿠바 등지에 발달되어 있다. 중국의 광시좡족 자치구에 속한 구이린의 탑카르스트는 특히 유명하다. 이곳의 탑카르스트는 하천변이나 논으로 이용되는 범람원 위로 가파르게 치솟은 석회암의 돌산으로 되어 있다. 돌산 또는 탑의 높이는 100~130m 정도인데, 사면이 매우 가파른 것은 범람원과 접한 기저부에 용식이 가해지기 때문이다. 베트남 하롱베이의 탑카르스트는 구이린의 것과 모양이 거의 같으나 바다에 솟아 있어 더욱 이색적이다. 3,000여 개에 이르는 탑이 바다와 어우러진 경관이 출중하여 1995년에 유네스코는 이곳을 세계 7대 절경의 하나로 지정했다.

■ 터키 파묵칼레

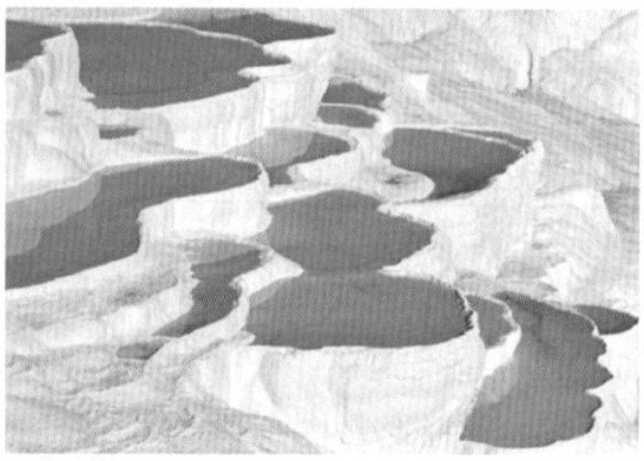

휴대폰 광고에 나온 외계의 행성같은 지역 파묵칼레는 석회층으로 인해 만들어진 환상적인 경관을 자랑한다. 그중에서도 파묵칼레의 석회층은 자연이 만들어 낸 경이로운 산물로, 대지 상부에서 흘러내려 온 석회 성분을 포함한 물이 오랜 시간에 걸쳐서 결정체를 만들고 이것들이 점차적으로 쌓여서 현재의 광활하고 희귀한 경관을 만들어 낸 것이다. 딱딱해진 석회층의 패인 곳에 상부 쪽에서 흘러내려 온 온천수가 담겨 야외 온천을 만들기도 한다. 멀리서 파묵칼레 석회층을 바라보면 목면을 뭉쳐 놓은 듯 보인다. '파묵칼레'라는 지명이 터키 어로 '목면의 성'이라는 뜻을 가진 이유가 바로 여기에 있다.

2. 카르스트 지형

(1) 카르스트

• 석회암이 빗물이나 지하수에 용식되어 형성된 각종 지형

• 석회암 지역인 슬로베니아 크라스(고대 슬라브 어 kras의 독일식 표기인 krast, 척박한 땅을 의미) 고원 지역에서 유래

(2) 카르스트 지형의 형성과 인간 생활

발달 조건		• 조직이 치밀한 반면 절리가 많아서 지하수의 순환이 원활할 것 • 석회암의 산지나 대지 사이에 깊은 하곡이 있을 것 • 강수량이 풍부할 것
성인		• 석회암의 주성분인 탄산 칼슘($CaCO_3$)이 이산화 탄소를 포함하는 빗물과 지하수에 녹는 용식 작용에 의해 형성(화학적 풍화 작용)
형태		• 지표의 카르스트 지형: 돌리네, 우발라, 폴리에 등 – 돌리네: 빗물이 지하로 스며드는 배수구 주변이 빗물에 용식되어 만들어진 와지 – 우발라: 돌리네의 성장으로 인접한 것들끼리 붙어서 형성된 복합 돌리네 – 폴리에: 우발라보다 훨씬 큰 용식성 골짜기나 분지 지형, 지질 구조의 특성 반영 – 라피에(카렌): 석회암이 용식되는 과정에서 남게 된 뾰족한 석회암 돌부리(암주) – 석회암 잔구: 용식 작용에 의해 형성된 잔구성 지형, 열대 및 아열대 습윤 지역에서 다양한 모습으로 발달, 코크핏 카르스트·탑카르스트가 대표적 • 지하의 카르스트 지형: 석회 동굴(내부에 종유석, 석순, 석주 등 형성), 석회화 단구 • 카르스트 지형의 하천 – 싱킹크리크: 용식 분지를 흐르던 하천이 포노르를 통해 지하로 스며들어 지하로 흐르는 하천 – 건곡: 지표를 흐르던 하천이 지하로 스며들어 싱킹크리크와 같이 지하로 흐를 때, 지표에 흐르던 하곡의 물이 말라 형성되는 지형 – 자연교: 싱킹크리크가 하천 쟁탈에 의해 유로가 변경될 때 동굴 내에 물이 흐르지 않고, 동굴 천장이 붕괴되어 골짜기를 형성할 때 그 일부가 다리 모양을 이뤄 골짜기를 연결하는 것(석문)
토양		• 테라로사(석회암 풍화토): 석회암이 용해될 때, 철·알루미늄 등 불용성 광물이 산화 작용을 받아 형성된 붉은색의 토양
우리나라	분포	• 고생대의 조선누층군 석회암층에 집중 분포 • 평안남도 일대, 강원 남부(삼척, 영월 등), 충북 단양, 경북 문경, 전남 장성 등
	이용	• 밭농사, 석회 동굴은 관광지로 이용, 시멘트 공업(원료 지향) 발달
세계	분포	• 기반암이 석회암인 세계 여러 지역 • 중국 남동부, 지중해 연안 이탈리아, 구 유고슬라비아, 베트남, 자메이카, 말레이 반도, 필리핀(보홀 섬), 자바 등
	이용	• 다양한 석회암 지형을 이용하여 관광 산업 발달

더 알아보기

생태 관광 자원으로서의 지형 경관

산지 지형	• 돌산(화강암 산지): 설악산, 북한산, 관악산, 월출산 등 • 고위 평탄면: 대관령 양떼 목장, 평창·태백 일대의 스키장 등
하천 지형	• 감입 곡류 하천: 영월 동강 래프팅, 인제 내린천 래프팅 등 • 하안 단구: 한반도 지형 전망대, 회룡포 전망대 등
해안 지형	• 해식애·파식대: 변산반도 채석강, 거제 해금강, 부산 태종대 등 • 해안 단구: 정동진, 포항 호미곶, 울산 간절곶, 해돋이 전망대 등 • 석호: 강릉 경포호, 속초 청초호·영랑호, 고성 송지호·화진포호 등
화산 지형	• 기생 화산: 성산 일출봉, 산방산, 산굼부리 등 • 용암 동굴: 거문오름 용암 동굴계(만장굴, 김녕사굴 등), 협재굴 등 • 주상 절리: 대포 주상 절리대, 철원 한탄강변
카르스트 지형	• 석회 동굴: 영월 고씨동굴, 단양 고수동굴, 삼척 환선굴 등
습지 지형	• 내륙 습지: 창녕 우포늪, 주남저수지 등 • 연안 습지: 순천만 갯벌, 소래포구 등

(3) 지형 경관을 활용한 다양한 지역 축제

공룡 엑스포(경남 고성)	중생대 경상계 지층이 분포하는 곳으로 공룡 화석 및 공룡 발자국이 발견
동굴 축제(강원 삼척)	고생대 조선계 지층이 분포하는 곳으로 카르스트 지형(석회 동굴)이 발달
지평선 축제(전북 김제)	만경강, 동진강 하류 구간으로 자유 곡류 하천과 범람원이 발달했으며 우리나라 최대의 평야 지역을 활용한 축제
머드 축제(충남 보령)	황해안의 넓은 갯벌을 이용한 축제
눈꽃 축제 (강원 대관령, 태백)	해발 고도가 높은 고위 평탄면 지역으로 겨울철 잔설 기간이 길어 눈이 잘 녹지 않는 것을 이용한 축제
해맞이 축제 (정동진, 호미곶, 간절곶 등)	사빈과 어우러진 아름다운 해안과 일출을 조망하기 좋은 해안 단구가 발달한 동해안 여러 곳에서 시행되고 있음
신비의 바닷길 축제 (전남 진도, 충남 무창포 등)	조차가 큰 황해안에서 자주 나타나는 현상으로 주위보다 높은 해저 지형이 바닷물에 빠질 때 드러나 바닷물이 갈라지는 것처럼 보임
순천만 갈대 축제 (전남 순천)	람사르 협약 등록 습지로 우리나라 대표적인 연안 습지인 순천만의 생태 경관을 활용한 축제

⇡ 눈꽃 축제(강원 태백)

⇡ 순천만 갈대 축제(전남 순천)

더 알아보기

카르스트 지형의 발달

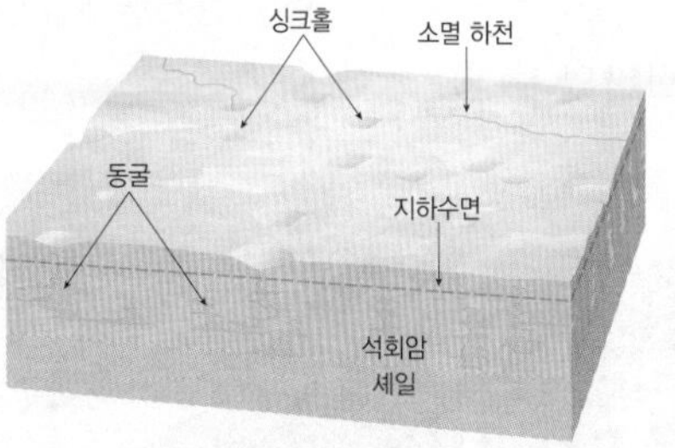

유년기: 두꺼운 석회암의 지반이 지하수면 위로 융기하면서 지표 상에 돌리네가 발달한다. 원지형의 여기저기에 돌리네가 불규칙하게 파인다.

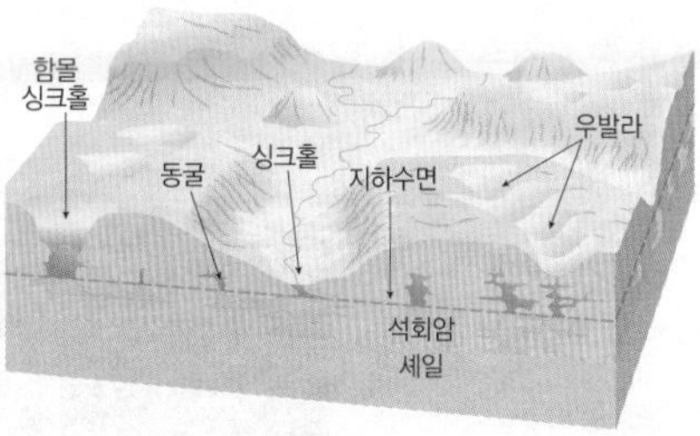

장년기: 하천이 점차 지하로 사라지고 돌리네, 우발라가 발달하며, 지질 구조와 관련된 폴리에가 형성되며 동굴 발달이 절정에 이른다.

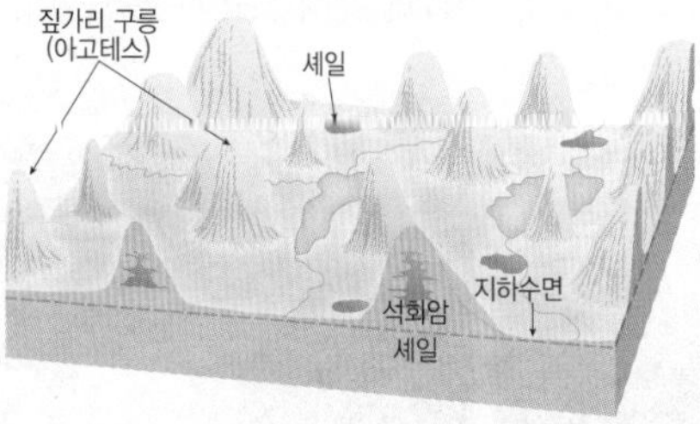

노년기: 지표면 전체가 용식 기준면인 지하수면과 가까워지고 라피에 등이 형성되며, 나중에는 지하의 석회암 동굴이 현저히 커져서 함몰된다. 용식 평원이 발달하고 원추형의 잔구가 산재한다.

주요 석회암 지역 및 카르스트 지역

■ 지형 경관을 활용한 우리나라의 지역별 축제

공룡 엑스포(경남 고성)

동굴 축제(강원 삼척 환선굴)

지평선 축제(전북 김제)

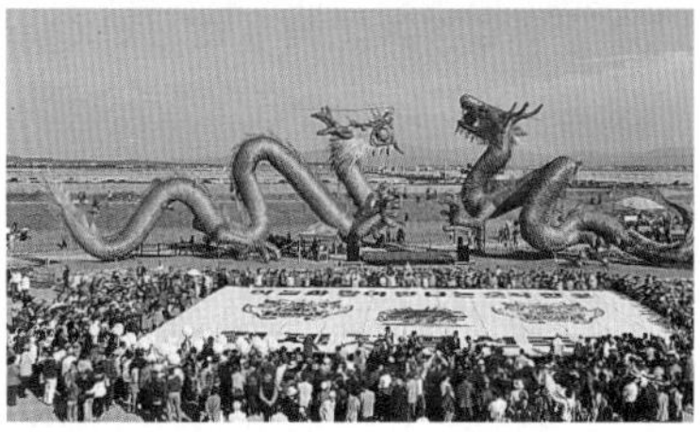

머드 축제(충남 보령)

해맞이 축제(정동진)

신비의 바닷길 축제(충남 무창포)

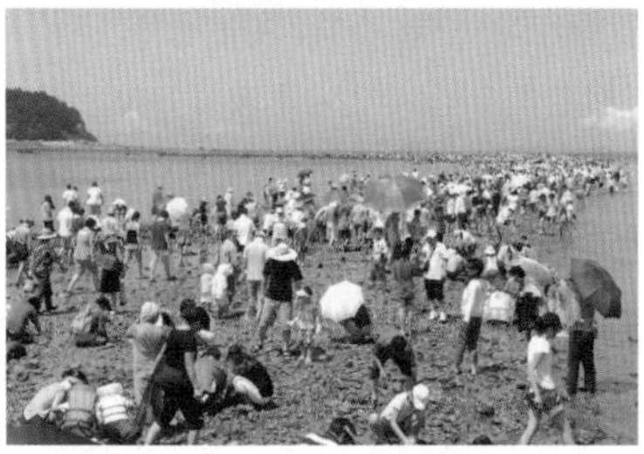

지리 상식 1 〈볼케이노〉와 〈단테스 피크〉의 차이

1997년 말, 화산을 소재로 한 두 편의 영화가 동시에 개봉되었다. 이름하여 〈볼케이노〉와 〈단테스 피크〉, 이 두 영화는 모두 화산 재해에 맞서 온갖 곤경에 처했다가 마침내 이겨 내는 인간 승리를 줄거리로 하고 있지만 두 영화에서 비춰지는 화산의 모습은 판이하게 다르다.

〈볼케이노〉가 도시를 향해 줄줄 흘러드는 시뻘건 용암류를 바다로 돌리려는 영화였다면, 〈단테스 피크〉는 원자 폭탄의 600만 배에 달하는 가공할 폭발력을 지닌 화산이 마을을 덮친다는 줄거리의 영화이다. 이 두 영화에 등장하는 화산 분화 활동은 서로 어떻게 다를까?

〈볼케이노〉가 용암을 소재로 했다면 〈단테스 피크〉는 화쇄류를 소재로 한 영화이다. 즉 〈단테스 피크〉에서는 〈볼케이노〉에서 봤던 시뻘건 용암을 거의 볼 수 없으며, 〈볼케이노〉에서는 〈단테스 피크〉에서와 같이 하늘에서 쏟아져 내리는 화산재와 화산력 같은 화산 쇄설물을 좀처럼 볼 수 없다.

박종관, 2009, 『박종관 교수의 LET'S GO 지리여행』

지리 상식 2 두려워도 결코 떠나지 않는다!!!

사람들은 화산을 무서워 하면서도 실제로는 거대한 화산의 산비탈이나 그 아래에 살기도 한다. 인도네시아 발리 섬에 있는 거대한 분화구 안에도 사람들이 산다. 이들은 왜 그런 곳에 살까?

사실 화산 활동이 무섭지만 해마다 일어나는 것은 아니다. 몇 년에 한 번 또는 어쩌다 한 번 일어나는, 어찌 보면 우연일 뿐이다. 또 어떤 사람은 분화구 안에서 태어났어도 죽을 때까지 화산 연기만 보고 실제 폭발은 보지 못할 수도 있다. 이러다 보니 화산에 대해 안전 불감증에 걸릴 것 같기도 하다. 두려움이 무뎌지는 것이다. 실제로 필리핀에서 피나투보 화산이 폭발했을 때 주민 일부가 대피령을 무시하고 버틴 나머지 경찰이 권총으로 협박해서 강제로 대피시킨 일도 있다. 그런가 하면, 신비스러운 화산 활동을 피할 수 없고 피해서는 안 되는 일종의 미신으로 받아들여 많은 인명 피해가 나기도 한다. 인도네시아는 발리 섬 이외에도 100개가 넘는 활화산이 있으며 지난 500년 간 14만 명이 화산 활동으로 목숨을 잃었다. 그들 중에는 화산을 숭배해서 화산이 폭발을 해도 도망가지 않고 죽음을 맞이한 사람도 있다.

화산 주변에 사람들이 사는 데 또 다른 이유가 있다. 화산 폭발로 지하의 마그마가 솟아올라 용암이 되어 지표를 채운 후 식으면서 굳어져 땅이 되고, 하늘을 잿빛으로 채운 화산재는 지표를 덮어 비옥한 토양을 만든다. 또 용암이 굳어진 화산암은 건축 재료가 되고, 마그마가 지하에서 굳으면서 만들어지는 구리, 주석 따위는 중요한 지하자원이다.

이것만이 아니다. 연기를 뿜어 올리는 화산을 보려고 외국에서 관광객이 몰려들어 뜨끈뜨끈한 화산 온천수에서 목욕도 하며 주민들의 소득을 올려준다. 알고 보면 화산은 두 개의 얼굴을 하고 있는 '야누스'이다.

조지욱, 2012, 『동에 번쩍 서에 번쩍 세계 지리 이야기』

지리 상식 3 세계 지형의 축소판 뉴질랜드

뉴질랜드는 남위 34~48°, 동경 166~179°에 위치한 남태평양 상의 섬나라로 남섬과 북섬 그리고 주변의 작은 섬들로 이루어져 있다. 전 국토의 면적은 약 26만 8,676km^2로 한반도보다 조금 크고 영국과 비슷하다. 뉴질랜드는 태평양 지각판과 오스트레일리아 지각판의 충돌 지점에 위치하여 지반이 매우 불안정하다. 북섬에서는 현재까지도 화산 활동이 활발히 진행되고 있다. 북섬의 화산은 타우포 화산 지대를 중심으로 밀집되어 있다. 이곳에는 활화산과 칼데라가 많고 지열 지대가 넓게 형성되어 있어 간헐천, 온천, 유황 지대 등이 분포한다. 남섬에 위치한 서던알프스 산맥의 정상부에는 만년설이 덮여 있으며 3,000m 이상의 고봉이 18개나 있다. 서던알프스 산맥의 눈과 얼음은 360개가 넘는 빙하를 따라 이동되며 이 중 몇몇 빙하는 해안 가까이 있는 우림 속까지 펼쳐져 있다. 또한 해안에는 지반의 융기와 해수면 상승, 파랑과 조류의 작용 등에 의해 독특한 지형이 발달해 있다. 뉴질랜드의 기후는 전형적인 서안 해양성 기후로 연중 편서풍의 영향을 받는다. 또한 뉴질랜드 남·북섬을 따라 북동, 남서 방향으로 발달해 있는 산맥은 강수 분포에 커다란 영향을 주는데 예를 들어 태즈먼 해의 습기를 동반한 편서풍은 서던알프스 산맥을 넘으면서 냉각되어 저지대에는 비, 고지대에는 눈을 뿌린다. 따라서 남섬의 서해안 지역은 세계적으로 강수량이 많은 곳인 반면 동해안 지역은 산맥으로 인한 푄 현상의 영향으로 매우 건조하다. 이러한 뉴질랜드의 독특하고 다양한 지형은 많은 영화의 배경으로 사용되었다. 특히 〈반지의 제왕〉에 나온 가상 공간인 중간계가 뉴질랜드에서 촬영되었다. 영화 감독 피터 잭슨은 자연 그대로 보존된 지역으로 문명의 흔적이라고는 전혀 찾아볼 수 없는 순수한 자연을 표현하는데 뉴질랜드만한 곳은 없었다고 밝힌 바 있다.

통가리로 국립공원: 〈반지의 제왕〉에서 모르도르 지역으로 나왔다.

로토루아 지열 지대: 마오리 문화의 중심지이며 온천과 간헐천이 발달해 있다.

타우포 호: 화산 폭발 후 형성된 칼데라에 물이 고여 만들어진 호수이다.

프란츠 요셉 빙하: 기후 변화에 따라 빙하의 성장과 후퇴가 반복되고 있다.

수기

지리올림피아드 도전을 통해 얻은 것

한준호 • 도담고등학교 지리교사

"상장, 위 학생은 제5회 전국 지리올림피아드에서 위와 같이 수상……."

학교 강당에 모인 수백 명의 학생들이 주의를 집중하여 나의 수상 모습을 지켜본다. 초, 중, 고 12년의 학창시절 중에 이런 경험은 처음이다. 학창 시절 동안 반장은커녕 친구들 앞에서 발표 한 번 제대로 해 본 경험 없는 소극적인 편이었으니 그럴 법도 하다. 교실에서 조용하고 튀지 않던 아이가 전교생 앞에서 수상을 하니 선생님들도 짐짓 놀란 눈치다. 이처럼 지리올림피아드 수상은 내 학창시절 중 가장 인상 깊은 장면으로 기억되고 있다.

초등학생 자녀를 둔 부모님은 아이가 학교나 학원에서 집에 오다가 길을 잃을까 걱정을 많이 한다고 하지만 동네 지도를 그려서 친구들에게 길을 알려주고 있으니, 나의 부모님께서는 일찍이 아들이 길을 잃어버릴까 하는 걱정은 접어 두셨다. 나는 이미 초등학교 2학년 때 누나 책장에서 사회과부도를 꺼내 보고 우리나라 지도, 세계 지도를 그리는 게 일상이었다. 친구네 집에서 푸대접을 받고 있는 도로지도를 독점하고 몇 시간이고 들여다보는 모습에 친구의 부모님께서 놀라시기도 했다.

소위 '중요 과목'에 속하지 않는 지리를 잘 하는 것은 남들이 우러러볼 만하거나 또는 미래를 보장해 줄 만한 대단한 능력으로 평가되지는 않았다. 부모님도, 선생님도 지리에 빠져 있는 나를 그저 신기하게 보시면서 은연중에는 "저러다 말겠지..." 라고 생각하셨던 것 같다. 나 역시도 대단한 미래의 꿈을 성취하기 위해서 지리에 관심을 가진 것은 아니었다. 그러다 보니 내 취미는 분명 '지리' 혹은 '지도책 보기' 등이었지만, 학교 생활기록부 기입 전에는 마지막까지 고민하다가 '독서'로 바꿔 적은 적이 많았다. 장래희망 란에도 '과학자', '회사원', '공무원' 등 알 수 없는 조합의 직업들이 의미 없이 나열되어 있을 뿐이었다.

그러던 와중에 고 2가 되었고 1학년 때부터 나의 지리에 대한 관심을 알고 수업시간에 여러 지리 상식 등을 발표하게 하면서 나의 잠재력을 일깨워 주신 선생님을 만났다. 그리고 선생님께서는 2학년이 된 내게 5월에 지리올림피아드 지역대회가 있다는 것을 소개해 주시면서 출전을 권하셨다. 다른 과목은 몰라도 지리라면 자신이 있었기에, 일단 출전해 보기로 했다. 지역대회는 큰 준비를 하지 않았지만, 금상 수상이라는 의외의 결과가 돌아왔다. 지역대회 수상자들에게 주어지는 전국대회 출전 기회가 와서 6월에 서울대에서 전국대회를 치렀다. 하지만 호기 있게 출전한 전국대회에서는 수상을 하지 못했다. 학교 내신 문제나 모의 고사 문제 수준 정도를 익히면 어느 정도 수상이 가능한 지역대회와는 달리, 전국대회 문제는 지리에 대한 단편적인 지식을 넘어서 고차원적인 개념, 원리를 묻거나 지리적 사고력, 문제 해결력을 필요로 했기 때문이다. 혼자 지도를 보면서 지리에 관심을 좀 가지면 수상이 가능할 것이라고 자만했던 나는 전국대회를 다녀오면서 큰코다쳤지만, 그래도 지리 공부에 더욱 정진할 것이라고 마음을 다잡는 계기가 되었다.

이 경험을 통해서 나는 3학년 때는 더욱 체계적으로 지리올림피아드를 준비해서 전국대회 수상을 목표로 세웠다. 우선 기본은 학교 공부였다. 우리 학교는 2학년 때 경제지리, 3학년 때 한국지리를 내신 과목으로 배웠다. 스스로 지리를 잘 한다고는 하지만 세부적으로 보면 부족한 파트가 많이 있었다. 자원, 공업 등 자주 틀리는 부분을 꼼꼼하게 공부하여, 학교에서 배운 내용이 시험에 나온다면 절대 틀리지 않도록 하였다. 그리고 한국지리, 세계지리, 경제지리 3과목 모의고사 기출문제와 예상 문제들을 구할 수 있는 데까지 다 모아서, 부족한 부분이 없도록 문제를 풀고 모르는 부분을 점검하였다. 그리고 지리 선생님께 부탁을 해서 지리 관련 교양도서를 추천받아 틈틈이 읽었다. 지리에 대한 식견을 더욱 넓고 깊게 하여, 처음 보는 내용의 문제가 나와도 당황하지 않고 풀 수 있기 위해서였다.

당시에는 『지리 이야기』(권동희), 『남기고 싶은 우리의 지리 이야기』(권혁재) 등의 책이 큰 도움이 되었던 기억이 있다. 그리고 대학 수준의 개론서인 『지형학』(권혁재), 『경제지리학』(이희연), 『세계문화지리』(류제헌) 등도 읽기를 시도했었다. 내용은 어려웠지만, 사진이나 도표 위주로 공부한 것이 도움이 되었다. 잘 모르는 것이 있으면 지리 선생님께 질문을 하여 궁금증을 풀려고 했고, 인터넷을 검색하면서 해결하기도 했다. 지리부도는 지리올림피아드 공부에서 최고의 파트너였다. 항상 가방에 휴대하고 세계 여러 지역의 모양은 어떤지, 어떤 산이나 강, 호수 등은 어디에 있는지, 크기는 어떤지, 어떤 나라의 수도는 어디인지, 대도시의 이름은 무엇인지 찾아보았고 다른 공부를 하다가도 잠시 쉬는 동안 꼭 지리부도를 들었다. 암기하기 위해 지리부도를 보는 것이 아니라 지리부도를 보면서 우리나라, 세계 여러 지역을 돌아다닌다는 가벼운 마음으로 습관적으로 지도를 보았다. 그러다 보니 어느새 지도를 술술 그리면서 암기하는 수준에 이르렀다.

3학년 때 참가한 제5회 지리올림피아드에서는 제법 많은 시간을 할애한 것에 대한 성과를 보았다. 지역대회에서는 2년 연속 금상을 수상하였고, 떨리는 마음으로 치른 전국대회에서 이룬 결과는 동상 수상이었다. 노력한 것에 대해 보상을 받았다는 성취감은 생각 이상이었고 수상이라는 결과뿐만 아니라 나의 진로 목표 설정에도 큰 영향을 주었다. 지리올림피아드 참가와 준비를 계기로 지리에 대한 사적인 관심을 넘어서 지리학을 더욱 깊게 공부해보고 싶다는 목표가 생겼다. 내가 알고 있는 개인적인 지리에 대한 지식들을 토대로, 대학에서 지리학을 전문적으로 배우고 싶어졌다. 그리고 이처럼 내가 좋아하는 지리라는 과목을 가르치는 지리 교사가 되어 지리의 흥미로움과 즐거움을 학생들에게 알리고 싶어졌다. 학생들과 함께 지리의 세계를 즐기면서 지리 분야의 저변을 넓혀야 겠다는 목표를 가지게 되었다.

지금은 교단에서 학생들과 지리의 즐거움을 공유하려고 노력하고 있다. 아직은 풋내기 교사여서 의욕만 앞서는 것은 아닌지 걱정이 되기도 하지만 꾸준히 노력해서 많은 학생들이 지리의 세계에 입문하게 하고 싶다. 이처럼 지리올림피아드 공부는 지금까지의 삶 속에서 가장 인상 깊은 장면 하나로 꼽을 만한 가치가 있다고 감히 평가하고 싶다.

[선택형]

· 2007 9 평가원

1. 그림은 철원의 화산 지형을 답사하면서 스케치한 것이다. 이에 대한 설명으로 옳지 않은 것은?

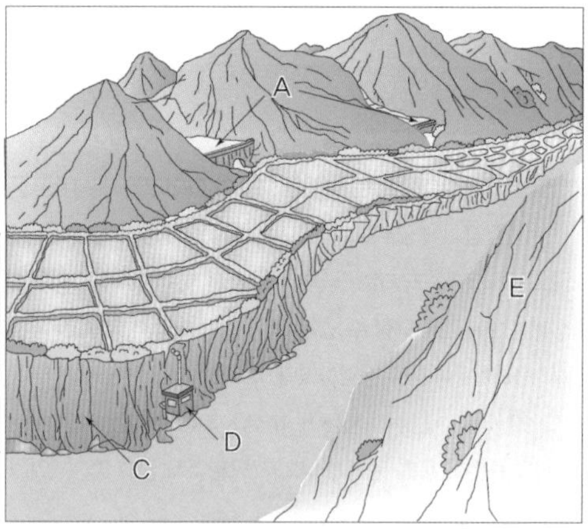

① A 저수지의 기반암은 현무암이다.
② B 지형은 열하 분출에 의해 형성되었다.
③ C 절벽에는 주상 절리가 발달해 있다.
④ D 양수장은 논농사를 위한 시설이다.
⑤ E 산은 B 지형보다 오래전에 형성되었다.

· 2008 3 교육청

2. 그림은 학생들이 만든 지리 신문이다. 이를 통해 파악할 수 있는 지형 형성 작용과 관계 깊은 경관을 〈보기〉에서 모두 고른 것은?

보기

ㄱ.

ㄴ.

ㄷ.

ㄹ.

① ㄱ, ㄴ ② ㄱ, ㄷ ③ ㄴ, ㄷ ④ ㄴ, ㄹ ⑤ ㄷ, ㄹ

· 2012 6 평가원

3. A~C는 제주도 화산 지형의 단면을 고도별로 나타낸 것이다. (가)~(마)에 대한 설명으로 옳지 않은 것은?

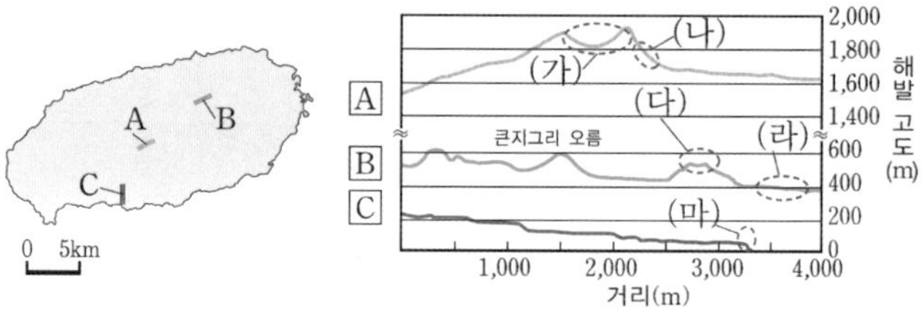

① (가)는 화산 폭발로 인하여 형성된 화구이다.
② (나)는 산정부 종상 화산체의 일부분이다.
③ (다)는 화산 활동 후기에 주로 열하 분출로 형성되었다.
④ (라)는 (나)보다, 유동성이 큰 용암으로 인해 형성되었다.
⑤ (마)의 주상 절리는 용암의 냉각·수축으로 형성되었다.

· 2015 9 평가원

4. 도는 (가), (나) 동굴의 분포 현황이다. 이에 대한 설명으로 옳은 것은?

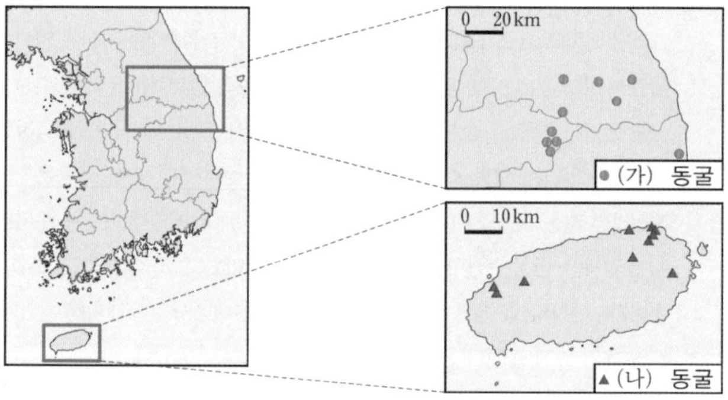

① (가) 동굴 기반암은 (나) 동굴 기반암보다 형성 시기가 늦다.
② (가) 동굴 인근의 토양은 기반암에 포함된 철분으로 인해 붉은색으로 나타나는 경우가 많다.
③ (나) 동굴은 기반암이 지하에서 용식 작용을 받아 형성되었다.
④ (나) 동굴의 인근에는 기반암이 풍화된 회백색 토양이 널리 나타난다.
⑤ (나) 동굴 내부에는 기반암의 용해와 침전으로 형성된 종유석과 석순이 널리 나타난다.

• 2014 6 평가원

5. 다음 자료의 (가)에 해당하는 내용으로 옳은 것은?

〈지리 동아리 탐구 보고서〉

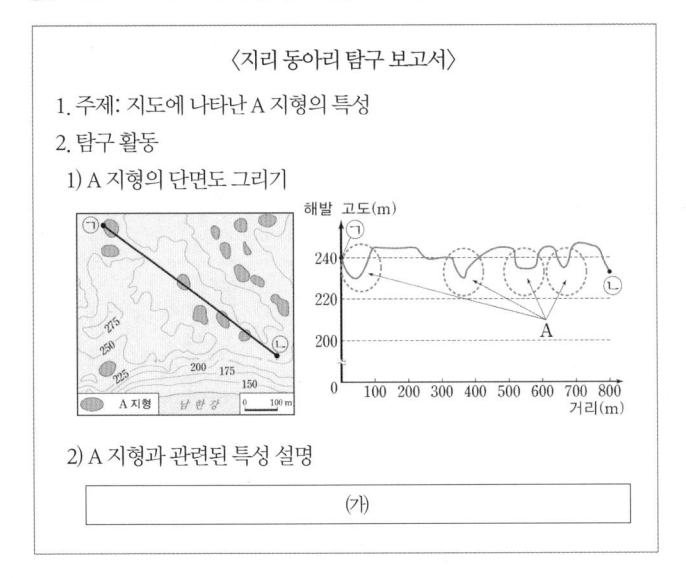

1. 주제: 지도에 나타난 A 지형의 특성
2. 탐구 활동
   1) A 지형의 단면도 그리기

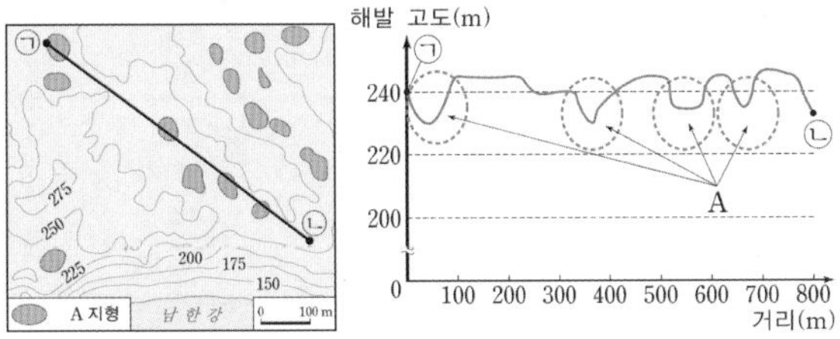

   2) A 지형과 관련된 특성 설명

(가)

① '람사르 협약 지정 습지'로 관리되고 있다.
② 중생대 화강암이 분포하는 곳에 주로 나타난다.
③ 하천 주변의 평탄한 면에 위치하여 주로 논으로 활용된다.
④ 지표면에는 기반암이 풍화된 검은색 토양이 널리 나타난다.
⑤ 용식 작용으로 인접한 A와 결합되어 규모가 커지기도 한다.

[서술형]

1. 그림은 우리나라 어느 지역에서 나타나는 지형을 모식적으로 나타낸 것이다. A~F에 해당하는 지형 명칭과 형성 원인을 각각 쓰시오.

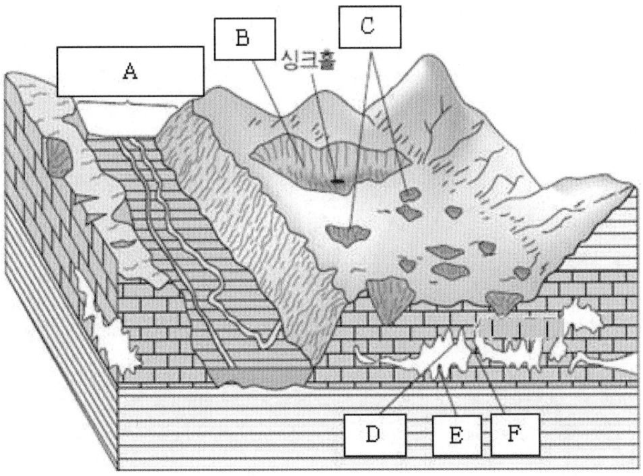

2. A, B는 우리나라의 어느 지역에 위치한 일부 지형을 나타낸 것이다. A, B의 지형 용어와 형성 원인에 대해 각각 서술하시오.

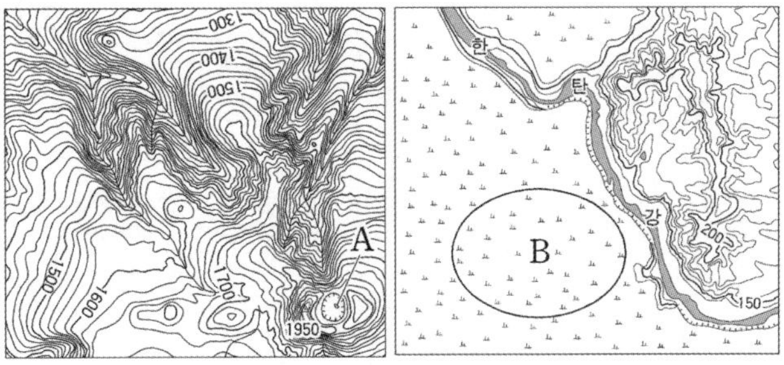

3. 지형도는 제주도 남서부 지역의 일부를 나타낸 것이다. 물음에 답하시오.

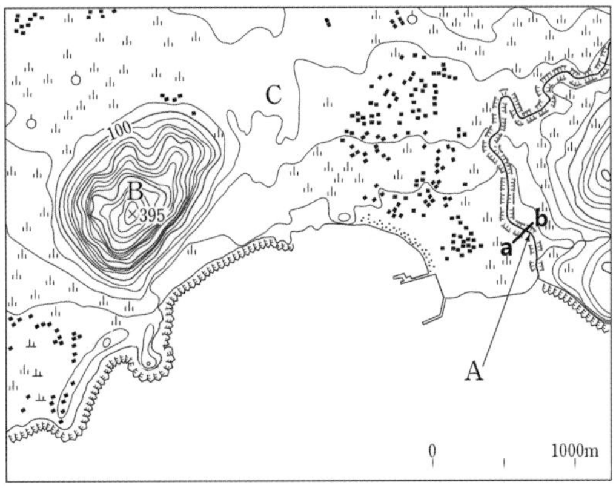

(1) A 하천의 하천 유량과 형태적 특징에 대해 쓰시오.

(2) B 화산의 경사가 주변 C 지역보다 급한 이유를 용암의 특성 측면(용암의 종류, 점성, 유동성)에서 비교 서술하시오.

한 권으로 끝내는
지리 올림피아드

All about Geography-Olympiad

Chapter 03

제3장

기후

01. 기후 요인과 기후 요소

02. 세계의 기후

03. 우리나라의 기후

04. 기후 변화와 식생 및 토양

chapter 03

기후

01. 기후 요인과 기후 요소

핵심 출제 포인트

- ▶ 태양 복사 에너지
- ▶ 지구 복사 에너지
- ▶ 기후 요소
- ▶ 기온의 분포
- ▶ 강수의 형성과 분포
- ▶ 대기 대순환과 계절풍
- ▶ 지리적 기후 요인과 동적 요인

1. 대기 현상의 근원

(1) 기상과 기후

- 기상: 단기간에 나타나는 물리적인 대기 현상, 날씨라고도 함
- 기후: 한 지역에서 매년 되풀이되어 나타나는 종합적이고 평균적인 대기 상태, 인간의 의식주와 같은 생활 양식을 결정

(2) 대기 현상의 근원

① 대기와 대기권

- 대기는 지구 중력에 의하여 지표면에 밀착되어 지구와 같이 회전하고 있는 각종 기체의 혼합체
- 대기가 존재하는 약 1,000km 정도의 고도까지를 대기권이라고 하며, 이 대기권은 기온 체감의 특성에 따라 지표면에서부터 대류권, 성층권, 중간권, 열권으로 구분

② 대기 복사: 지구는 태양으로부터 단파장의 태양 복사 에너지를 얻으며, 장파의 지구 복사 에너지를 우주로 돌려보냄

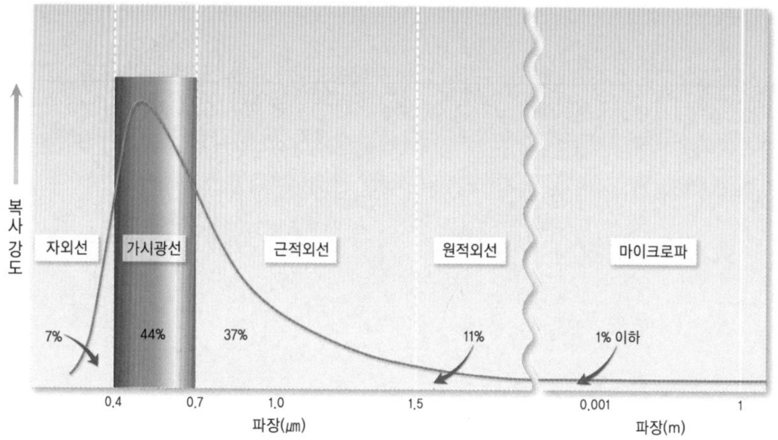

↑ 전자파 스펙트럼 태양 복사의 44%는 가시광선이며, 적외선 49%, 자외선 7%로 구성된다. 자외 복사는 상층 오존층(O_3)에 의해 흡수되며, 적외 복사는 대기 중의 수증기, 이산화 탄소 등(온실 기체)에 의해 잘 흡수된다.

- 태양 복사: 대기 현상을 일으키는 모든 에너지의 근원이며, 외인적 지형 형성 작용의 근원
- 지구 복사: 지구가 지표면에 도달한 태양 복사 에너지를 흡수한 후 자신의 에너지로 다시 복사하여 방출
- 복사 평형과 자연적 온실 효과: 태양 복사와 지구 복사는 장기적으로 복사 평형을 이루며 (약 255°K=−18℃), 지구 대기에 존재하는 온실 기체(CO_2, H_2O, O_3, CH_4 등)에 의한 자연적 온실 효과로 지표면의 평균 온도를 15℃가량으로 유지

③ 위도별 일사량의 분포와 열수지

- 위도별 일사량 분포
  - 저위도는 일사량의 계절차가 작고, 고위도는 일사량의 계절차가 큼
  - 계절별로는 여름(하지)에 일사량이 많고, 겨울(동지)에 일사량이 적음, 최대 일사량은 하

■ 대기권의 연직 구조

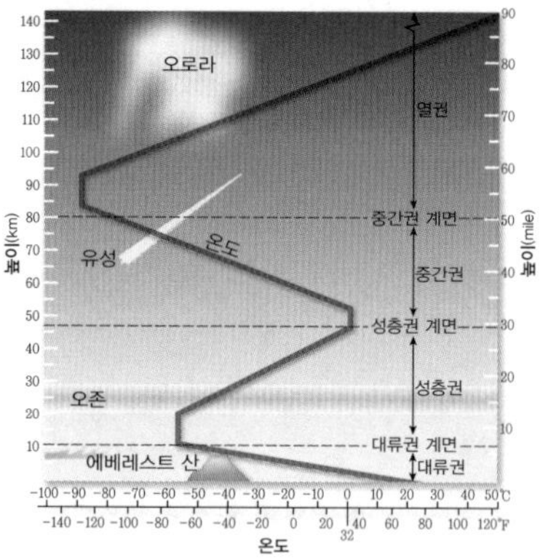

기후와 관련된 대기 현상은 대부분 대류권에서 일어난다. 성층권에는 오존층이 분포하여 기온이 역전되며, 이 오존층이 자외선을 흡수한다. 중간권에서는 대류가 발생하지만 수증기가 희박하여 기상 현상은 일어나지 않는다. 열권에서는 자기층이 엷은 극지방을 중심으로 오로라(극광) 현상이 나타난다.

■ 열 이동의 형태

전도	물질의 이동 없이 열이 물체의 고온부에서 저온부로 이동하는 현상
대류	유체가 가열·팽창되어 밀도가 낮아져 열과 함께 위쪽으로 이동하는 현상
복사	열에너지가 전자파로서 물질의 매개 없이 물체로부터 직접 방출되어 이동하는 현상

■ 자연적 온실 효과와 인위적 온실 효과

지구 복사 평형 온도는 약 −18℃로 지금과 같은 생태계가 형성되기 어려운 환경이다. 그러나 실제 지표면의 평균 온도는 15℃로 인류와 생태계가 유지되기 위한 적절한 환경이 만들어져 있다. 이 33℃의 차이에 해당하는 승온 효과는 바로 지구 대기에 존재하는 온실 기체들에 의한 자연적 온실 효과 때문이다. 한편 최근 전구적인 기온 상승은 대기 중에 장파를 흡수할 수 있는 온실 기체들, 특히 이산화 탄소 등의 증가로 온실 효과가 강화되어 발생하는 것으로 이해되고 있으며, 이를 인위적(강화된) 온실 효과라 한다.

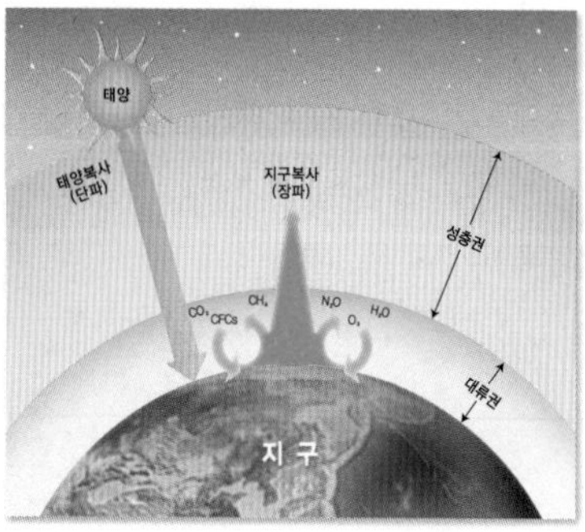

지 무렵 극지방에서 나타남(백야)

• 위도별 열수지: 위도에 따른 열수지의 차이 → 대기 및 해수의 순환, 제트 기류, 태풍 등의 작용을 통해 지구 전체적으로 에너지의 균형을 이룸

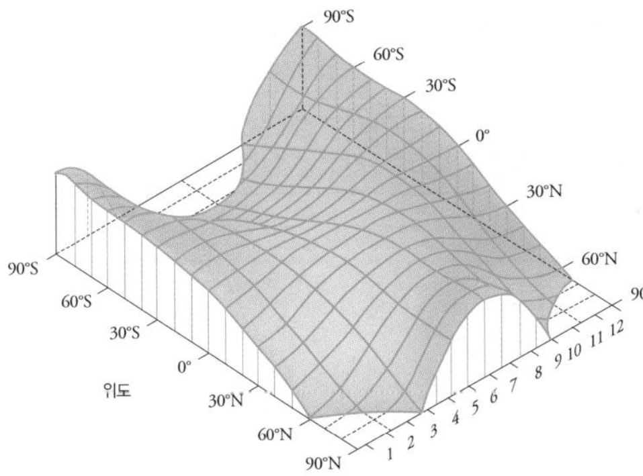

⇡ 위도별 일사량 분포

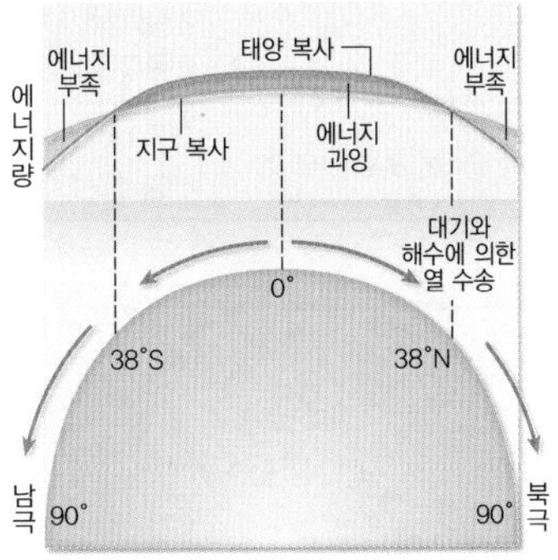

⇡ 위도별 열수지

2. 기후 요인

지역 간의 기후 차이를 만드는 요인을 기후 요인이라 하며 크게 지리적 기후 요인과 동적 요인으로 구분한다. 지리적 기후 요인은 위도, 해발 고도, 수륙 분포, 해류, 지형 등 변하지 않는 것이며, 동적 요인은 기단, 전선, 기압 배치 등 수시로 변하는 것을 말한다.

(1) 지리적 기후 요인

① 위도: 위도대별 수열량의 차이 → 위도대별 열수지의 차이

• 위도대별 수열량의 차이: 저위도로 갈수록 수열량이 많고 고위도로 갈수록 수열량이 적음

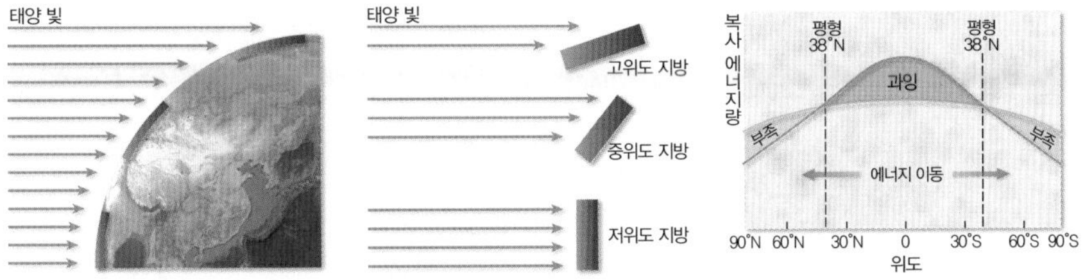

⇡ 위도대별 수열량

• 위도대별 열수지의 차이: 저위도로 갈수록 열 과잉, 고위도로 갈수록 열 부족 현상이 나타나며 대기와 해양 순환의 원인이 됨 → 지구 전체로는 평형을 이룸

② 지리적 위치: 중위도 대륙 동안과 서안의 기후 차이

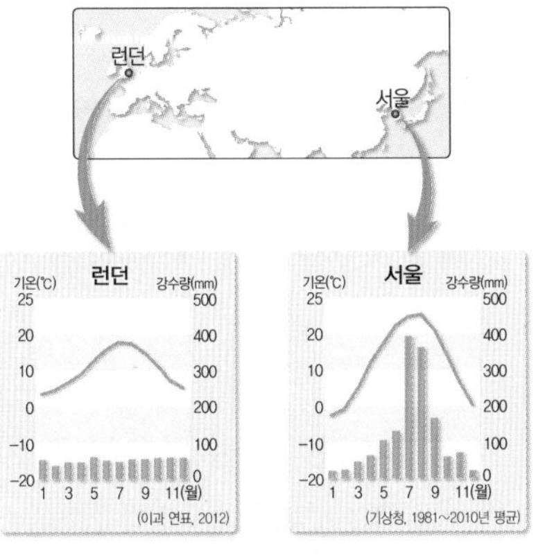

⇡ 대륙의 서안과 동안의 기후 비교

• 대륙 서안: 해양의 영향을 지속적으로 받음 → 연교차가 작은 해양성 기후의 특성이 강함

• 대륙 동안: 대륙의 영향을 지속적으로 받음 → 연교차가 큰 대륙성 기후의 특성이 강하게 나타나며, 계절풍이 뚜렷함

도시	위도	연평균 기온	최한월 평균 기온	최난월 평균 기온	기온의 연교차
런던	51°09′N	9.7℃	3.8℃ (1월)	16.5℃ (7월)	12.7℃
서울	37°34′N	12.5℃	−2.4℃ (1월)	25.7℃ (8월)	28.1℃

■ 지구의 열수지와 복사 평형

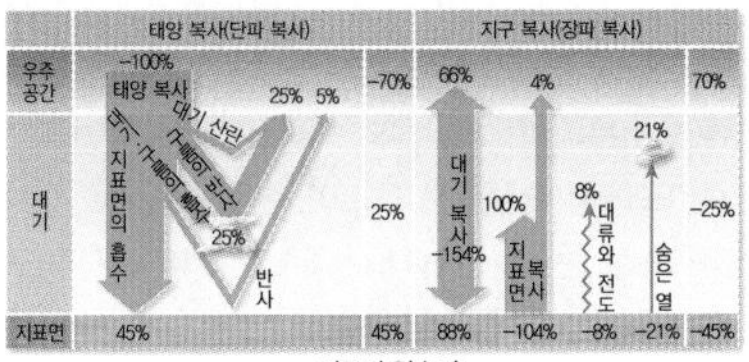

지구의 열수지

지구가 흡수하는 태양 복사 에너지의 양과 지구가 방출하는 지구 복사 에너지의 양이 같아 전체적인 지구의 열수지는 균형을 이룬다.

■ 태양 고도와 복사 강도

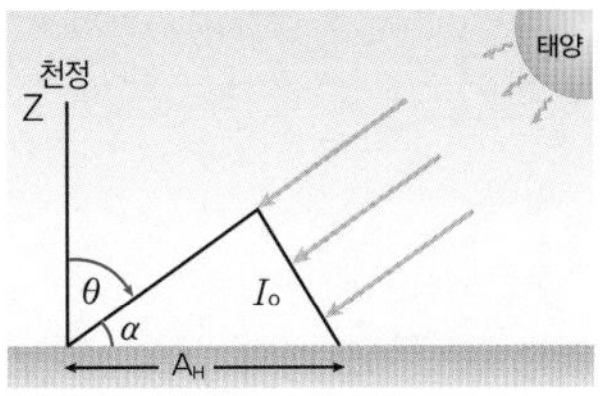

태양 고도각이 α일 때 수평면에 단위 면적·단위 시간당 입사하는 복사 에너지량, 즉 복사 강도를 $I\alpha$, 태양 고도각 90°일 때의 복사 강도 I_0라 하면, $I\alpha = I_0 \sin\alpha$

■ 비열

물질 1g의 온도를 1℃만큼 올리는 데 필요한 열량을 cal 단위로 나타낸 것

물질		비열(cal/g·℃)
금속	납, 금	0.03
	은	0.05
	구리	0.09
	철	0.11
	알루미늄	0.22
기체	공기	0.24
고체	유리	0.20
	화강암, 모래	0.20
	나무	0.41
	얼음	0.50
액체	알코올	0.58
	물	1.00

• 대륙: 비열 작다 → 빨리 데워지고 식음

• 해양: 비열 크다 → 천천히 데워지고 식음

■ 대륙도

대륙 또는 대륙성 기후가 나타나는 정도를 나타내는 지수이다. 고르친스키(Gorcynski)의 대륙도를 많이 사용하는 편이다.

$$K_G = 1.7\frac{A}{\sin\varphi} - 20.4$$

(K=대륙도, A=연교차, φ=위도)

■ **해류**

대기 대순환에 의한 공기의 흐름이 광범위한 수체의 이동을 만들게 되는데, 이를 해류라고 한다. 해류는 수온에 따라 난류와 한류로 나뉜다. 난류는 저위도에서 고위도로 흐르며, 한류는 고위도에서 저위도로 순환하면서 대기 대순환과 함께 지구 표면의 열 수송에 중요한 역할을 한다.

주요 난류	멕시코 만류와 북대서양 난류, 쿠로시오 난류 등
주요 한류	벵겔라 한류, 페루 한류, 캘리포니아 한류 등

■ **해류와 기온 분포**

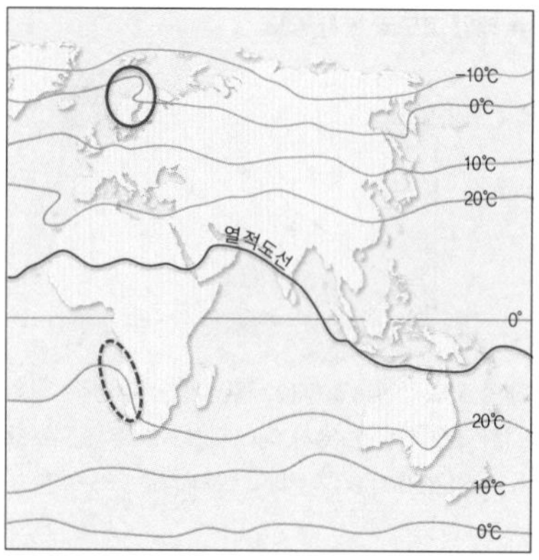

북서 유럽의 북대서양 난류 해역은 주변보다 기온이 높아 등온선이 극 쪽으로 만곡되어 있으며, 남서부 아프리카의 벵겔라 한류 해역은 주변보다 기온이 낮아 등온선이 적도 쪽으로 만곡되어 있다.

■ **우리나라의 기후와 해류**

쿠로시오 난류가 동해안으로 올라오면 동한난류를 형성한다. 동한난류의 영향으로 우리나라 동해안 지역과 울릉도의 겨울은 동위도 상의 내륙에 비해 온화하다. 차가운 북동 기류가 동해안으로 유입되면 동한난류와의 온도 차에 의해 강수 구름이 형성되고 이 구름이 태백산맥에 부딪히면서 영동지방의 폭설을 야기하기도 한다.

■ **해발 고도와 환경 기온 감률**

대류권 내에서 고도가 증가하면 중력이 작아져 공기 밀도가 감소하게 되고, 지구 복사를 흡수할 공기 분자가 부족해지므로 기온이 낮아지게 된다. 이처럼 고도의 증가에 따라 기온이 낮아지는 평균적 비율을 환경 기온 감률이라고 하며, 대류권 계면 평균 기온 -56.5℃와 지표면 평균 기온 15℃의 차이 값인 -71.5℃를 대류권 계면 평균 고도인 11km로 나누어 구한다. 즉 환경 기온 감률은 -6.5℃/km(또는, -0.65℃/m)이며, 실제 기온 감률은 환경에 따라 항상 달라진다.

■ **자유 대기와 지표면의 거칠기**

고도가 증가하여 대략 850hPa가량의 해발 고도 약 1.0km(0.5~1.5km) 정도에서는 지표면의 마찰력이 영향을 미치지 않아 이를 자유 대기라고 한다. 지표면의 영향력은 고도가 낮을수록 큰데 이

③ 수륙 분포: 해양과 대륙의 비열 차이 → 가열과 냉각의 차이

연교차와 기온 분포	대륙: 비열이 작음 → 계절에 따라 온도 변이가 큼 → 기온의 연교차가 큼 해양: 비열이 큼 → 계절에 따라 온도 변이가 작음 → 기온의 연교차가 작음
	대륙과 해양의 계절별 기온 분포 겨울(1월): 대륙 냉각 → 동위도 상 해양보다 기온이 낮음(대륙 〈 해양) 여름(7월): 대륙 가열 → 동위도 상 해양보다 기온이 높음(대륙 〉 해양)
수증기량과 강수량	대륙 내부: 수증기 공급이 적음 → 대체로 일교차가 크고 강수량이 적음 해양 부근: 수증기 공급이 많음 → 대체로 일교차가 작고 강수량이 많음

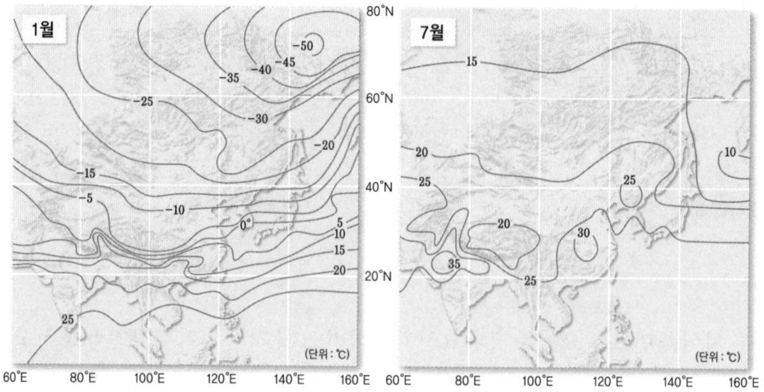

⁝ **대륙과 해양의 계절별 기온 분포 비교**

④ 해류: 난류의 영향을 받는 지역과 한류의 영향을 받는 지역의 기후 차이 발생

	난류의 영향을 받는 지역	한류의 영향을 받는 지역
기온	주변보다 기온이 높음	주변보다 기온이 낮음
강수	대기가 불안정하고 강수량이 많음	대기가 안정되어 강수량이 적음
사례 지역	북대서양 난류와 북·서유럽 서안	벵겔라 한류와 남아프리카 서안(나미브 사막) 페루 한류와 남아메리카 서안(아타카마 사막) 등

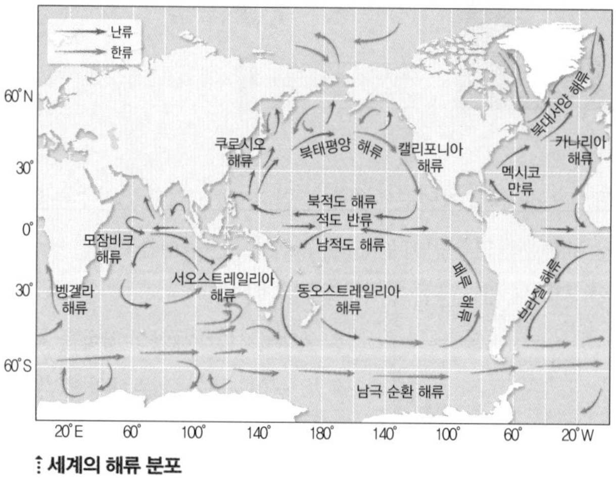

⁝ **세계의 해류 분포**

⑤ 해발 고도: 위도가 같더라도 고도가 높을수록 기온이 낮고(고산 기후), 마찰력이 감소하여 자유 대기 상태에 가까워지므로 풍속이 강함

⑥ 지형

- 다우지와 소우지: 바람받이와 바람그늘 사면 간 기온 및 강수 차이(푄 현상)가 발생함
- 탁월풍과 관련하여 바람받이 사면은 다우지가 되며, 바람그늘 사면은 소우지가 됨
- 상승 기류를 일으킬 만한 지형이 없는 대동강 하류의 저평한 평야 지역, 재령평야, 평양평야

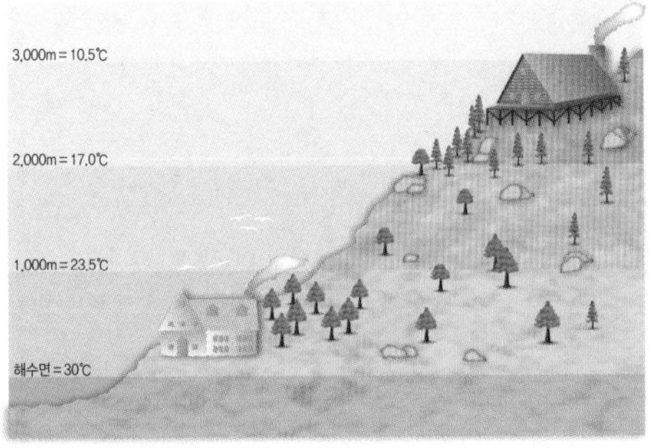

⁝ 고도에 따른 기온 변화

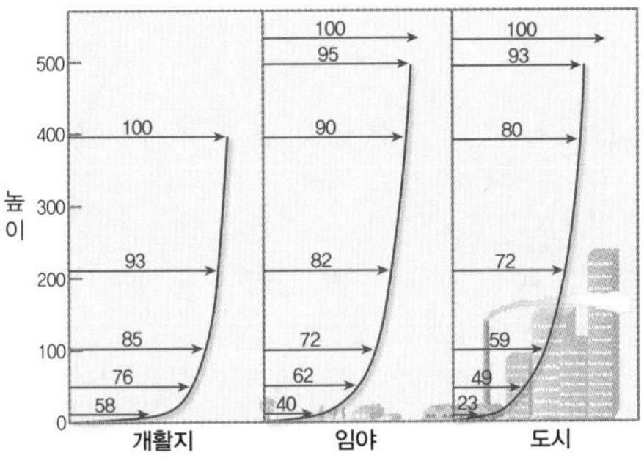

⁝ 거칠기가 다른 지표에서 바람의 수직 분포

⁝ 지형 장벽에 의한 강수

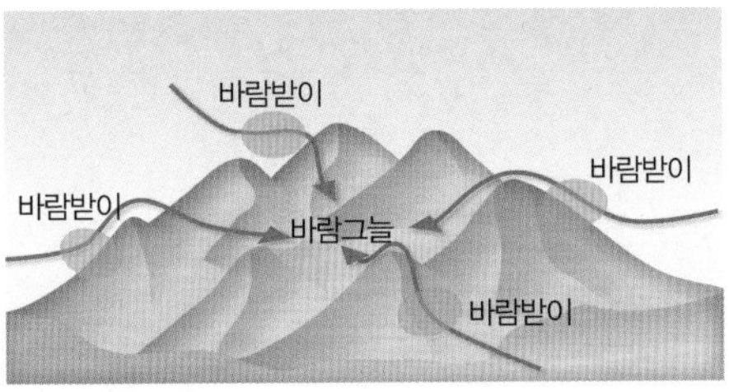

⁝ 분지 지역의 기후

등의 지역은 소우지가 됨

- 분지: 산지로 둘러싸인 분지(영남 내륙, 대구분지 등)는 어느 방향에서 바람이 불어와도 분지 내부는 바람그늘에 해당하여 소우지가 됨(푄 현상)
- 소규모 지형 효과: 일반풍이 약한 날의 산곡풍, 산간 분지에서의 냉기류로 인한 기온 역전 현상
- 사면의 방향: 산지의 남북 사면 간 일사량과 적설량 차이

(2) 동적 요인

① 기단: 성질이 비슷한 대규모의 공기 덩어리

- 범위: 대체로 수직 범위는 3~10km, 수평 범위는 1,000km 이상
- 기단의 발원지
  - 공기가 장기간 정체할 수 있는 곳: 고위도, 저위도
  - 중위도는 열 교환 장소의 역할을 하며, 상층에 발달한 제트 기류의 이동이 활발하여 기단이 형성되기 어려움
  - 지표의 특성이 일정한 곳: 광대한 대양, 대륙 평원
- 기단의 종류 및 특성

1차 분류(영문 소문자)		
c	continental	대륙성 기단
m	maritime	해양성 기단

2차 분류(영문 대문자)		
T	Tropical	열대 기단
P	Polar	한대 기단
A	Arctic	극 기단
E	Equatorial	적도 기단

3차 분류(영문 소문자)	
k	한랭(cold) 기단
w	온난(warm) 기단

	저위도: 열대 (고온·온난)	고위도: 한대 (한랭·냉량)
대륙성(건조)	cT	cP
해양성(습윤)	mT	mP

- cT: 대륙성 열대 기단
- cP: 대륙성 한대 기단
- mT: 해양성 열대 기단
- mP: 해양성 한대 기단
- mE: 적도 기단
- mA(또는, cA): 북극 기단

를 지표면의 거칠기로 표현한다. 지표면의 거칠기에 따라서도 바람의 수직 분포 차이가 발생한다. 거칠기가 큰 도시 지역은 교외 지역에 비해 지표 부근의 풍속이 더 느리며 대기 경계층(자유 대기)의 고도도 더 높다.

■ 기단의 변질과 3차 분류

기단이 형성되고 시간이 흐르면 공기가 주변으로 이동하는데, 발원지에서 멀어질수록 발원지의 성질과 차이가 커지면서 변질되기도 한다. 기단을 3차 분류하는 경우, 지표면 상태와 그 위를 덮고 있는 공기의 온도 특성에 따라 온난 기단(w)과 한랭 기단(k)으로 분류한다. cP기단이 온화하게 변질되어 우리나라의 늦겨울과 봄에 영향을 미치는 경우가 cPw에 해당한다.

■ 구조적 고기압 기단과 열적 고기압 기단

대기 대순환에 의해 만들어지는 고기압 기단을 구조적 고기압이라하며, 이는 지표면에서부터 대류권 계면까지 주변보다 기압이 높은 키가 큰 고기압이다. 주로 아열대 고압대에서 형성되어 주위보다 중심이 온난한 온난 고기압이며, 북태평양 기단, 사하라 기단 등이 이에 해당한다. 반면에 지표의 냉각에 의해 만들어지는 고기압을 열적 고기압이라 하며, 이는 대체로 지표면 냉각의 영향을 받는 고도까지지만 주변보다 밀도가 높아서 키가 작은 편이다. 지표의 냉각에 의해 형성되므로 중심이 주변보다 한랭하여 한랭 고기압이라고 하며, 시베리아 기단이 대표적이다.

■ 중위도 한대 전선 이론

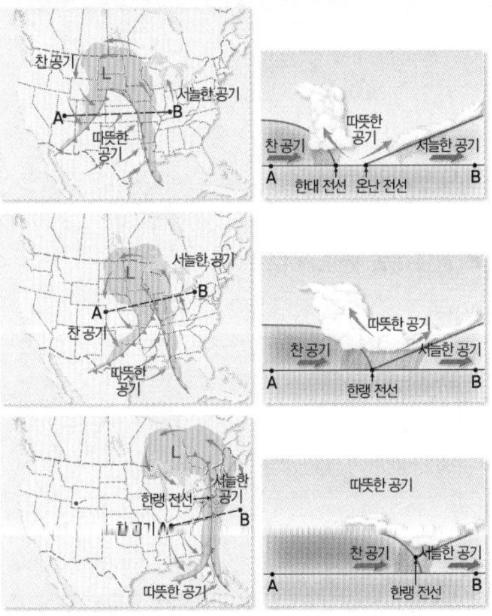

중위도에서 한대 전선을 따라 파동이 발달하면 차가운 공기가 따뜻한 공기를 밀어 올리는 한랭 전선과, 따뜻한 공기가 차가운 공기를 타고 오르는 온난 전선이 만들어져서 편서풍의 방향을 따라 서쪽에서 동쪽으로 이동하게 된다. 속도가 빠른 한랭 전선이 온난 전선을 따라잡으면 폐색되어 전선의 일생을 다하게 된다.

■ 한대 전선의 평면 및 단면 구조

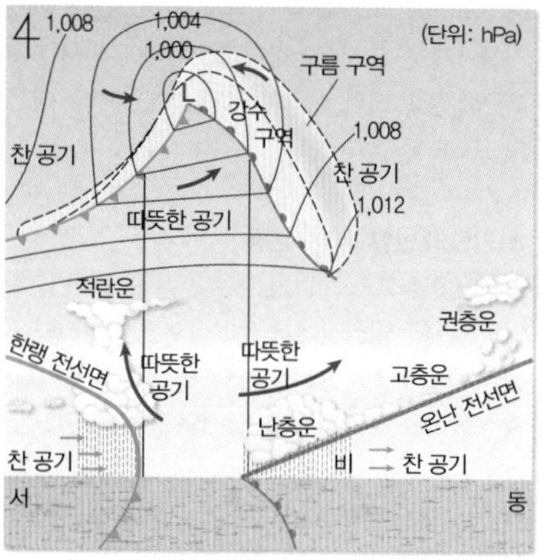

■ 고기압과 저기압 모델

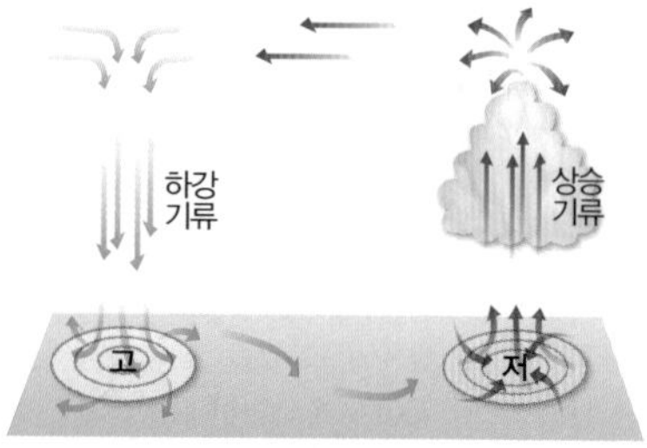

■ 기온 및 복사 에너지의 일변화

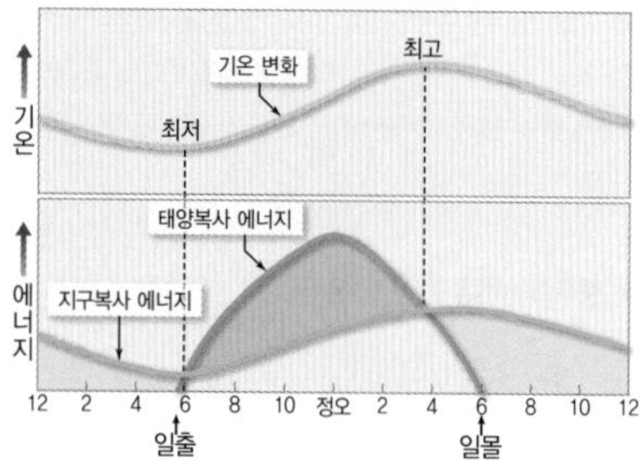

하루 중 일 최저 기온은 일출 직후, 일 최고 기온은 복사 수지에 따라 정오 이후 지체되어 나타난다.

■ 위도대별 연교차 분포

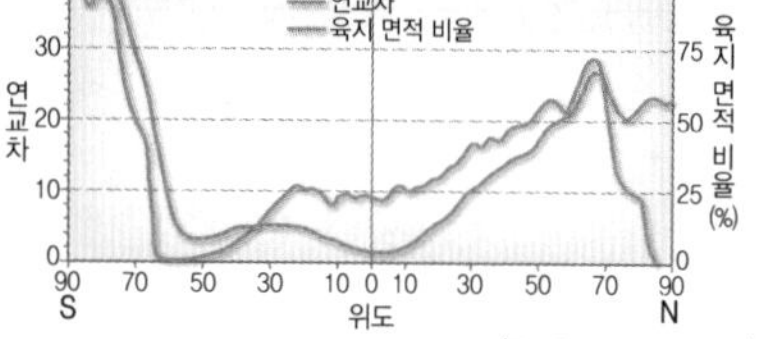

(B. Geerts, 2002)

연교차는 전체적으로 저위도에서 고위도로 갈수록 커지나, 대체로 육지가 넓은 북반구에서 연교차가 크고 바다가 넓은 남반구는 연교차가 작은 편이다. 연교차의 분포는 대륙의 면적 비율과 높은 상관관계에 있다. 고위도이며 대륙으로만 이루어진 남극에서 연교차가 최대이며, 대륙의 면적이 가장 넓은 북반구 약 60°N 부근에서 연교차가 두드러지게 크다. 반면 고위도지만 북극(해)는 남극만큼 연교차가 크지 않으며, 대륙이 존재하지 않는 남반구 약 50°S 부근은 연교차가 가장 작게 나타난다.

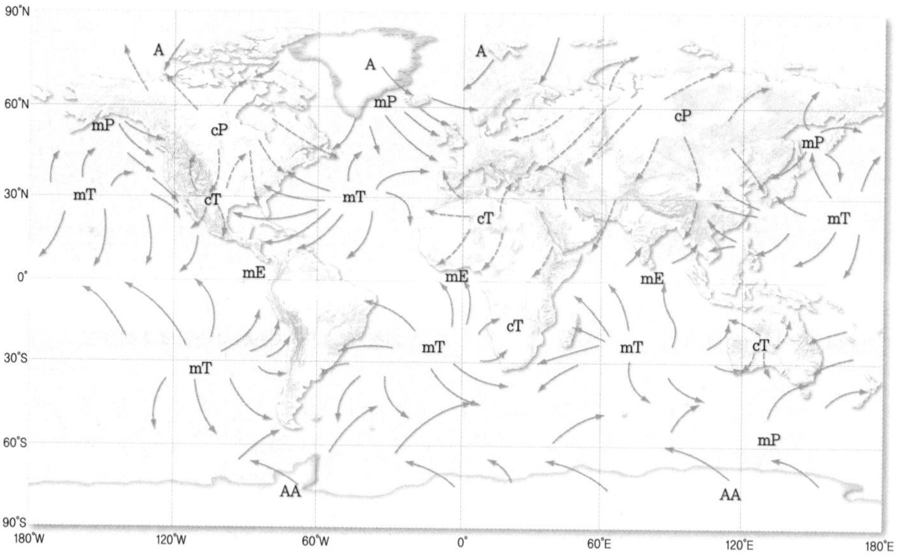

⇡ 세계의 주요 기단 분포

② 전선

• 성질이 서로 다른 두 개의 기단이 만나는 경계면(전선면)이 지면과 만나는 선

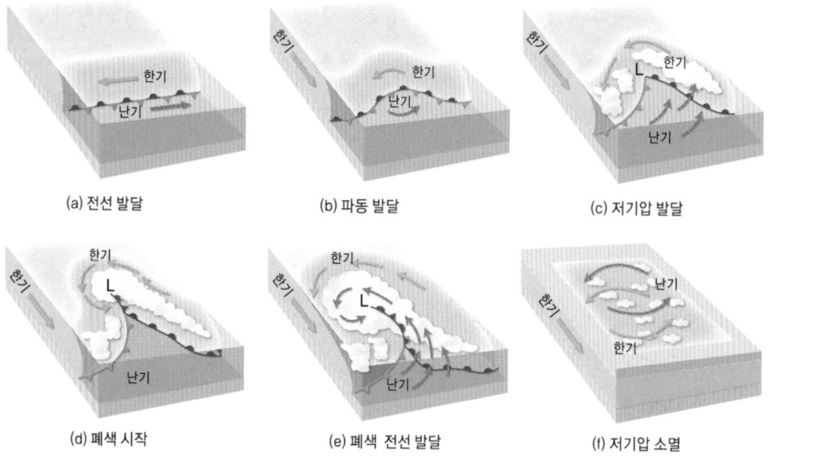

⇡ 온대성 저기압의 일생

• 두 기단의 온도 차에 의해 응결 현상 발생, 전선에서의 상승 기류로 흐리고 강수

③ 기압계

• 기압계와 기상 현상

고기압(H) 기압능	주변보다 기압이 높아 공기가 발산하여 상승 기류가 없음(하강 기류), 맑음
저기압(L) 기압골	주변보다 기압이 낮아 공기가 수렴하여 상승 기류 발생, 흐리고 강수 발생

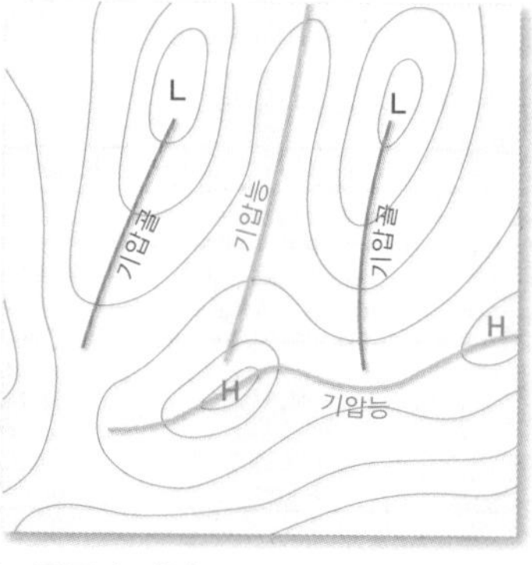

⇡ **기압골과 기압능** 고기압과 저기압은 중심이 있고, 기압골과 기압능은 중심이 없다. 등고선에서 골짜기와 능선에 해당한다.

• 고기압과 기단: 고기압은 기압이 높아 공기 밀도가 높으므로, 공기가 밀집된 집단인 기단은 대부분 고기압(예외로 적도 기단은 저기압 기단)

• 저기압과 전선: 한대 전선대를 따라 이동하는 중위도 전선의 중심은 주변보다 기압이 낮아 저기압이 위치함

3. 기후 요소

보통 덥고 추움, 비가 많고 적음, 바람이 약하고 강함, 안개가 잦음 등을 모두 기후라고 한다. 즉 기후는 어느 한 가지를 지칭하는 것이 아니라 다양한 요소들을 모두 포함하고 있다. 이처럼 기후를 구성하는 개별적 요소들 즉, 기온, 강수, 바람, 안개, 서리 등을 기후 요소라 하며, 특히 이 중 기온, 강수, 바람을 기후의 3요소라 한다.

(1) 기온

① 기온의 일변화와 일교차

- 기온의 일변화: 일 최저 기온은 일출 직후에 나타나며, 일 최고 기온은 일사량이 최대가 되는 정오를 지나 복사 수지가 음의 값으로 나타나는 오후까지 지체되어 나타남(대기 상태에 따라 차이) 맑고 고요한 날일수록 지체 시간이 길어짐
- 일교차: 일 최저 기온과 일 최고 기온의 차이를 말하며, 맑고 고요할수록 크고, 흐리고 비가 올수록 작은 편임
- 일교차의 지역 분포
  - 중위도 지역이 저·고위도 지역보다 큼(단, 열대 지역은 연중 기온의 변화가 작아 일교차보다 연교차가 더 작음)
  - 수증기량의 차이로 건조 지역이 습윤 지역보다 큼
  - 수증기량의 차이로 내륙 지역이 해안 지역보다 큼
  - 공기 밀도의 차이로 고산 지대가 저지대보다 큼

② 기온의 연 변화와 연교차

- 기온의 연 변화: 지구 공전에 의한 태양 고도 변화에 의해 나타남, 보통 최난월은 하지가 지난 후에, 최한월은 동지가 지난 후에 나타남
- 연교차: 최난월 평균 기온과 최한월 평균 기온의 차이로 대륙도의 지표가 됨
  - 고위도의 대륙 내부에서 가장 크며, 저위도의 해안에서 가장 작음
  - 대륙과 해양의 면적으로 인해 북반구가 남반구보다 큼
  - 동 위도 상의 내륙 지역이 해안 지역보다 큼
  - 중위도의 대륙 동안이 대륙 서안보다 큼

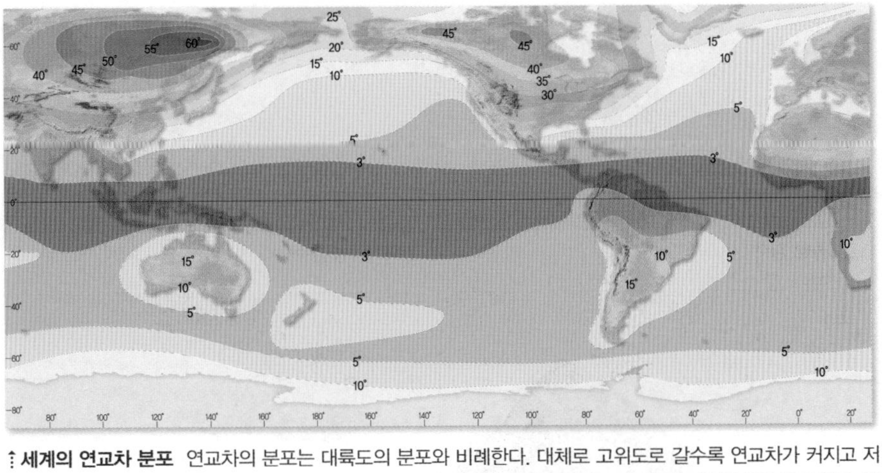

⁝ **세계의 연교차 분포** 연교차의 분포는 대륙도의 분포와 비례한다. 대체로 고위도로 갈수록 연교차가 커지고 저위도로 갈수록 연교차가 작아진다. 같은 위도에서는 대륙 내부의 연교차가 크며, 해안 지역의 연교차가 작다. 북반구 유라시아 대륙 내부의 동부 시베리아 지역의 연교차가 가장 크게 나타나며 적도 주변의 저위도 지역의 연교차가 가장 작다.

■ **상대 습도와 기온 변화**

상대 습도(RH, relative humidity)는 주어진 온도에서 최대 수증기압인 포화 수증기압에 대한 실제 수증기압의 비율이다.

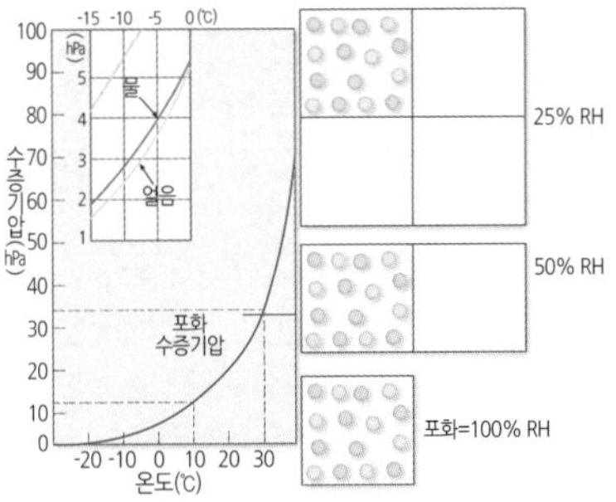

RH(%)=(현재 수증기압/포화 수증기압)×100

상대 습도는 수증기량보다 기온 변화에 더 큰 영향을 받는다. 수증기량의 변화 없이 기온이 상승하면 포화 수증기압이 상승하므로 상대 습도가 낮아진다.

■ **공기의 수직 이동과 단열 변화**

공기가 수직으로 이동하면서 외부와 에너지를 주고받지 않고 압력의 변화에 의해서만 기온이 변하는 것을 단열 변화라고 한다.

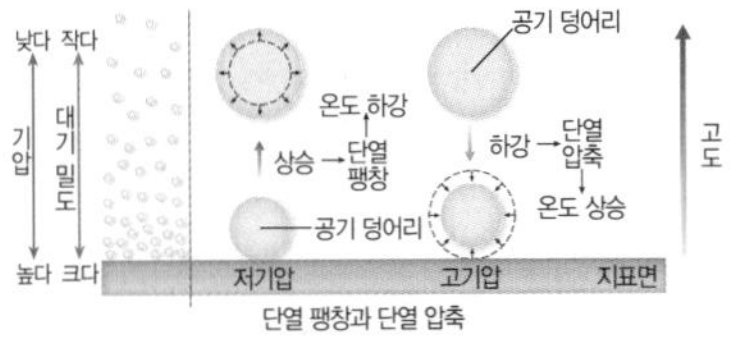

단열 팽창과 단열 압축

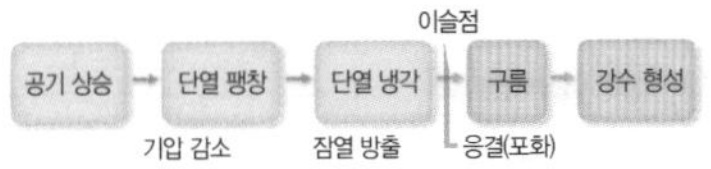

■ **수분의 상 변화**

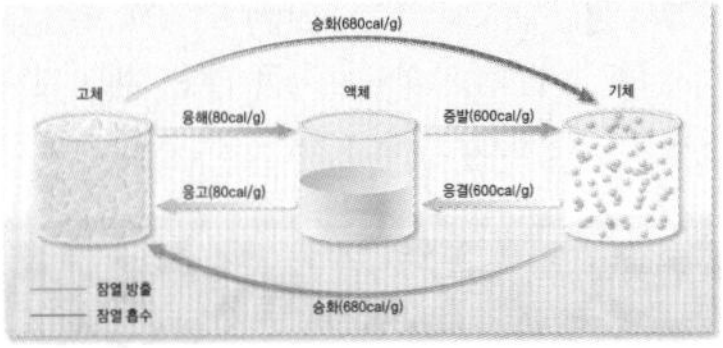

수분이 주어진 온도와 압력하에서 고체, 액체, 기체로 상이 바뀔 때는 잠열(숨은열)을 방출하거나 흡수하여 기온의 상승과 하강에 영향을 미친다.

■ **열대성 저기압과 온대성 저기압**

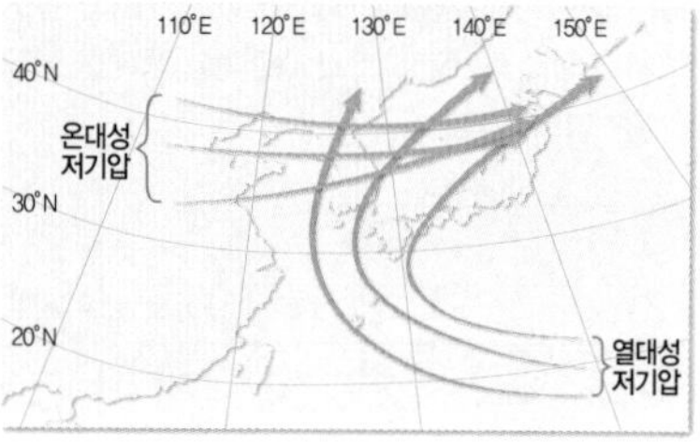

저기압은 불안정한 대기 상태에서 수증기와 잠열을 공급받아 성장하여 이동한다. 우리나라에 영향을 미치는 저기압은 중위도의 중국 화중·화난 지방에서 형성되어 한대 전선대를 따라 우리나라를 거쳐 알류샨 열도 부근에서 소멸되는 온대성 저기압과 매우 뜨겁고 대기가 불안정한 필리핀 남동부 열대 해상에서 형성되어 북상하는 열대성 저기압이 있다. 온대성 저기압은 이동하면서 비교적 온화하게 강수를 형성하지만, 열대성 저기압은 수증기와 열에너지가 과잉되는 열대 해상에서 형성된 태풍의 형태로 강한 바람과 많은 비를 동반하게 된다.

■ **열대 수렴대(ITCZ, Interconvergence zone)**

적도 저압대에서 공기가 수렴하는 수렴대로서 열대 기후의 강수 구역을 형성하며, 적도를 중심으로 계절에 따라 남북으로 회귀하여 이동한다.

■ **기압의 단위**

기압의 단위는 세계기상기구(WMO)의 권고에 의해 국제 단위계(SI)의 압력 단위인 hPa을 사용한다. 1hPa은 1cm^{2}의 면적에 103dyne의 힘이 작용할 때 받는 압력이며, 1hPa=103dyne/cm^{2}로 표시할 수 있다. 세계 표준 해면 기압은 수은주 760mm의 높이에 해당하는 1,013hPa이며, 이를 1기압이라고 한다. 1기압은 중위도(45°N) 해면상에서 정상 대기의 압력을 말한다. (국제 표준 대기는 해면 기압 1,013hPa, 기온 15℃, 환경 기온 감률 0.65℃/100m로 함)

■ **전향력**

운동하는 물체에 지구 자전으로 인하여 발생하는 잠재적인 힘으로, 북반구에서는 운동 방향의 오른쪽으로, 남반구에서는 왼쪽으로 작용한다. 정지한 물체, 그리고 적도에서는 전향력이 0이다.

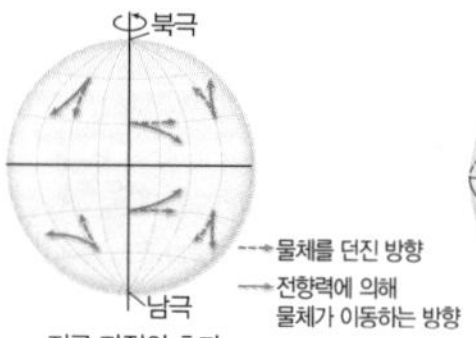

지구 자전의 효과

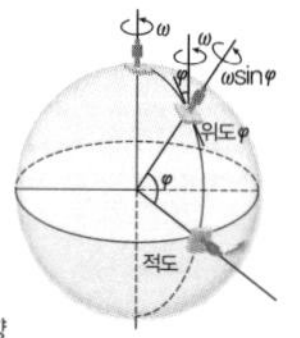

전향력의 크기

③ 기온 분포

기온의 수직 분포	• 공기 밀도의 영향을 크게 받아 중력이 가장 큰 지표면에서부터 고도가 높아짐에 따라 평균 0.65℃/100m 비율로 기온이 낮아짐(환경 기온 감률)
기온의 수평 분포	• 대체로 고위도로 갈수록 기온이 낮아지며 저위도로 갈수록 기온이 높아짐 • 대륙이 많은 북반구의 등온선 굴곡이 심함 • 겨울이 여름에 비해 등온선 간격이 좁음 – 대륙의 등온선이 겨울에는 적도 쪽으로 만곡되고, 여름에는 극 쪽으로 만곡됨 – 1월에는 대륙의 열적도가 남반구로 만곡되어 있지만, 7월에는 북반구로 만곡됨 – 해류의 영향도 반영되어, 한류 지역은 주변보다 등온선이 적도 쪽으로 만곡되고(예: 페루 해류, 벵겔라 해류), 난류 지역은 극 쪽으로 만곡됨(예: 북대서양 해류 등)

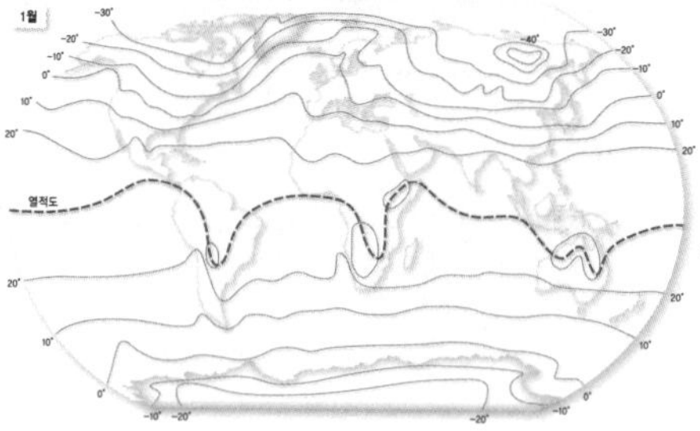

세계의 1월 평균 기온

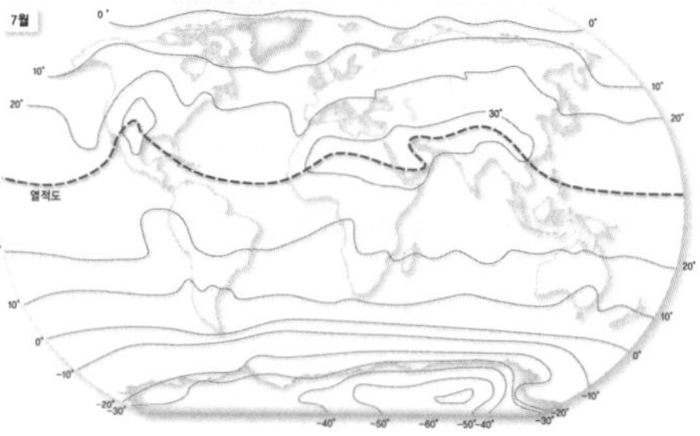

세계의 7월 평균 기온

(2) 강수 강우, 강설, 우박 등 대기 중의 수적이 지표로 떨어지는 모든 현상

① 강수의 형성: 공기 중의 수증기가 응결되면 구름이 만들어져 강수가 일어남

• 절대 습도가 높아져 응결되는 경우: 수증기원으로부터의 수증기 공급

• 상대 습도가 높아져 응결되는 경우: 상승 기류에 의한 단열 변화로 가장 효율적임

② 강수의 유형

강수 유형	강수의 형성 과정	사례
대류성 강수	강한 일사에 의한 국지적 가열로 상승 기류 형성	우리나라의 소나기 열대 지방의 스콜
저기압성 강수	주변보다 기압이 낮아 주변 공기의 수렴으로 상승 기류 형성	온대성 저기압 강수 열대성 저기압(태풍)
지형성 강수	바람받이 쪽에서 지형에 의한 강제 상승으로 형성	우리나라 대부분의 다우지 (한강 중상류, 청천강 중상류)
전선성 강수	성질이 다른 공기 간의 온도 차에 의한 응결과 전선면에서의 상승	한대 전선대에 의한 장마

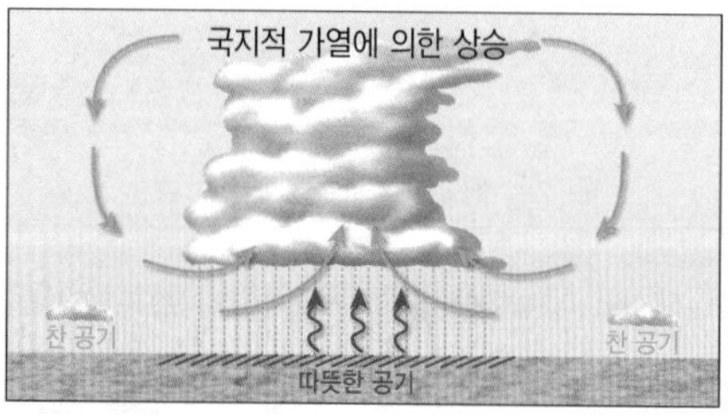

대류성 강수

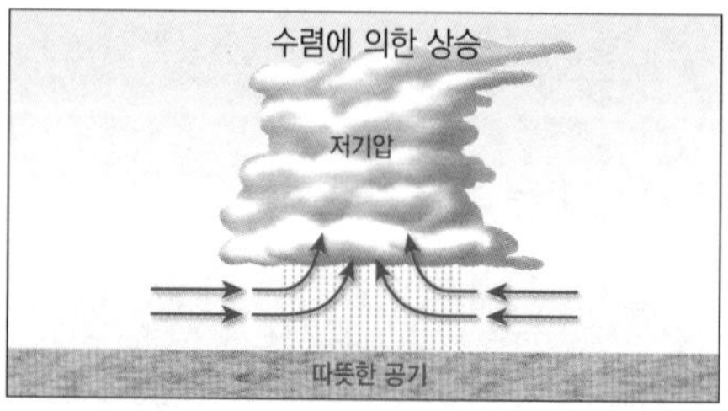

저기압성 강수

지형성 강수

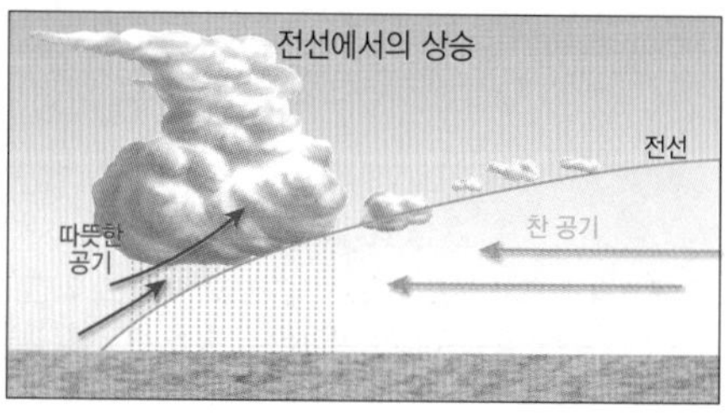

전선성 강수

⋮ 세계의 1월 강수량

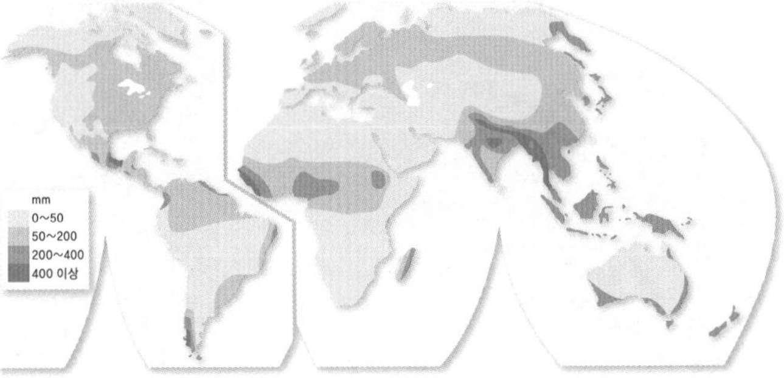

⋮ 세계의 7월 강수량

③ 강수 분포: 대기 대순환, 수륙 분포, 지형, 해류 등이 영향을 미침

다우지	적도 저압대 (열대 수렴대)	대기 대순환에 의한 연중 상승 기류	아마존 분지, 동남아시아, 기니 만 연안 등
	열대 산지 지역	해양으로부터의 공기가 열대 산지의 높은 지형을 만나 자주 수렴	인도 북부 아삼 지방
소우지	극 고압대 (90°N, S)	대기 대순환에 의한 연중 하강 기류	남북극 및 주변 지역
	아열대 고압대 (20~30°N, S)	대기 대순환에 의한 연중 하강 기류	사하라 사막, 빅토리아 사막, 룹알할리 사막 등
	격해도가 높은 지역	해양과의 거리가 멀어 수증기 공급 부족	중앙아시아 지역의 고비 사막, 타커라마간 사막 등
	한류의 영향을 받는 지역	중위도의 서안에서 대기가 안정적인 한류의 영향을 지속적으로 받음	아타카마 사막, 나미브 사막 등

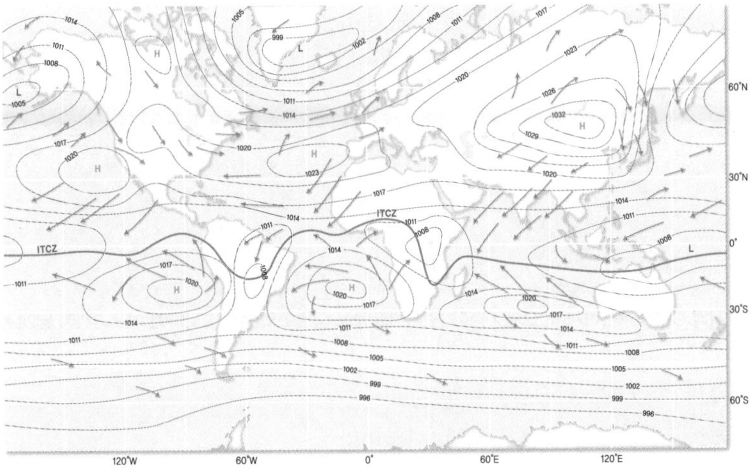

⋯ 세계의 1월 기압 분포

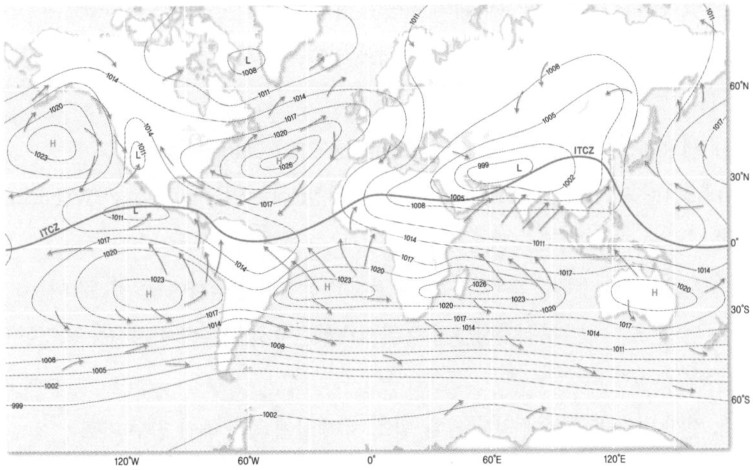

⋯ 세계의 7월 기압 분포

■ 동부 아시아 계절풍(몬순)

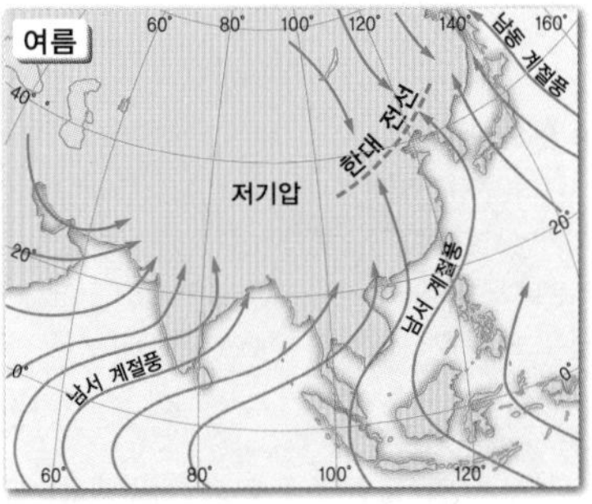

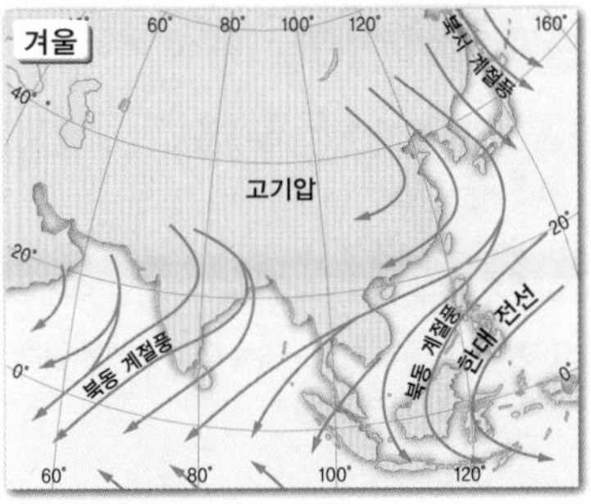

중위도 동부아시아 계절풍은 주로 대륙과 해양의 계절에 따른 가열·냉각 차로 인한 기압 배치에서 비롯된다.

- 여름(7월): 대륙의 가열로 저기압 형성, 대륙← 해양(북태평양 고기압)
- 겨울(1월): 대륙의 냉각으로 고기압 형성, 대륙 →해양(시베리아 고기압)

■ 남부 아시아(인도) 계절풍(몬순)

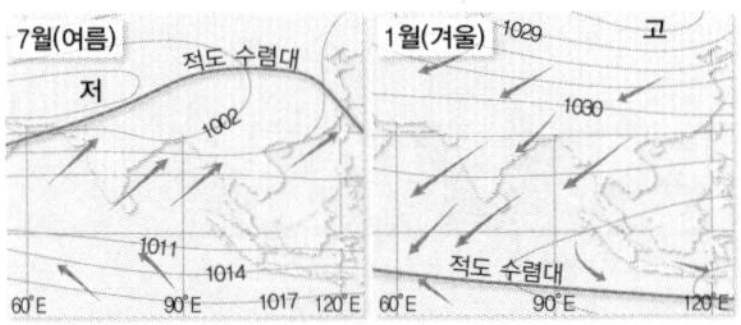

여름에는 열대 수렴대가 북상함에 따라 남동 무역풍이 북반구까지 진출하면 전향력이 오른쪽으로 작용하여 남서 계절풍의 형태로 남아시아에 영향을 미친다. 반면 겨울에는 열대 수렴대가 남하함에 따라 북동 무역풍이 불면서 겨울 몬순기가 된다.

■ **태풍의 위험 반원과 안전 반원**

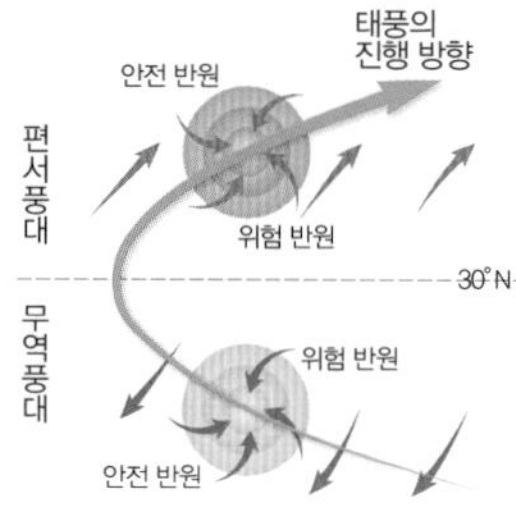

태풍 진행 방향의 오른쪽 반원의 풍향은 일반풍의 풍향과 일치하므로 두 힘이 합쳐져 풍속이 더욱 강해져 위험 반원이 되며, 그 반대쪽은 두 풍향이 서로 상쇄되어 상대적으로 풍속이 약해지는 안전 반원이 된다. 태풍의 어느 반원에 영향을 받느냐에 따라 피해 규모와 피해 정도가 달라진다.

■ **푄(Föhn) 현상**

바람이 산지를 넘을 때 산지의 영향으로 바람그늘 사면에서 고온·건조해지는 현상이다. 바람받이 사면에서 응결하여 습윤 단열 변화 과정을 거치면 바람그늘 사면에서 고온·건조해지게 된다.

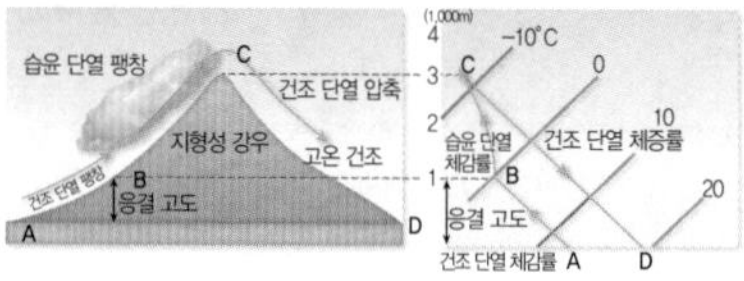

① 바람받이: 공기 상승→단열 팽창→기온 하강
- AB: 건조 단열 변화(팽창)
- B: 응결, 구름 형성
- BC: 습윤 단열 변화(팽창), 강수

② 바람그늘: 공기 하강→단열 압축→기온 상승
- CD: 건조 단열 변화(압축)

> ※ 건조 단열 변화: 약 1.0℃/100m
> ※ 습윤 단열 변화: 약 0.5℃/100m

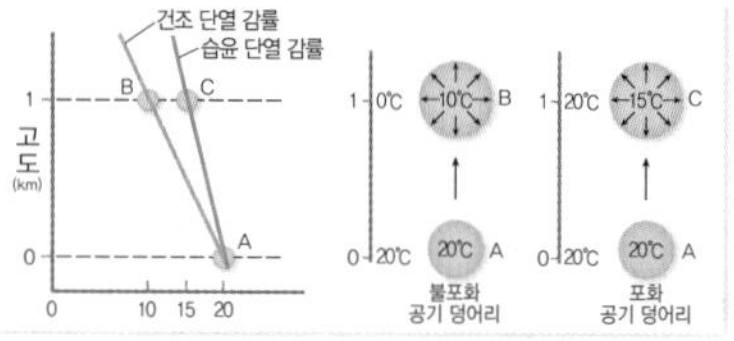

■ **대기 대순환의 세 가지 세포**

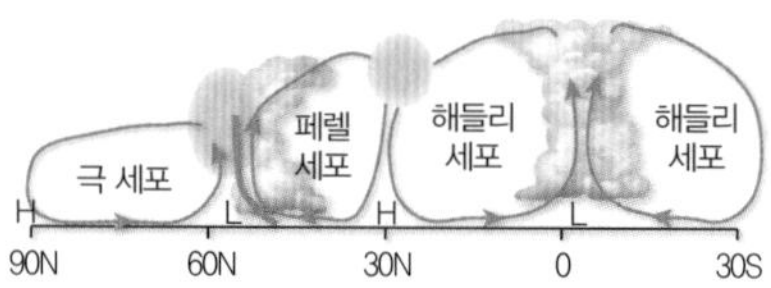

해들리 세포와 극 세포는 가열과 냉각에 의한 직접 순환이며, 페렐 세포는 직접 순환에 의해 형성된 간접 순환이다.

(3) 바람 지표면의 부등 가열로 인한 기압 차이로 생기는 공기의 이동

① 기압
- 공기가 지표면과 물체의 표면에 가하는 압력
- 기압의 수직 분포: 고도가 높아지면 중력의 감소로 공기 밀도가 감소하므로 기압은 낮아짐
- 고기압과 저기압
  - 기온이 높아지면 공기 밀도가 낮아져 저기압(L)이 만들어지고 상승 기류가 발달
  - 기온이 낮아지면 공기 밀도가 높아져 고기압(H)이 만들어지고 하강 기류가 발달

② 바람
- 하강 기류가 있는 고기압 지역에서 상승 기류가 있는 저기압 지역으로 이동
- 바람의 규모에 따른 종류: 시·공간적 규모에 따라 분류

전 지구 규모	대기 대순환 바람(극동풍, 편서풍, 무역풍)
종관 규모	계절풍, 태풍 등
중 규모·국지 규모	지방풍, 해륙풍, 산곡풍 등
미 규모	토네이도, 용오름, 난류(亂流) 등

- 전 지구 규모의 바람: 대기 대순환
  - 위도별 수열량의 차이로 불균등하게 분포하는 에너지의 평형을 위한 지구 규모의 대기 순환 형성
  - 적도의 가열에 의한 상승 기류와 극의 냉각에 의한 하강 기류로 기본적인 남북 순환 형성
  - 3개 세포(cell)로 분화: 해들리, 페렐, 극 순환
  - 전향력에 의해 3개의 지상풍계 형성: 무역풍, 편서풍, 극동풍

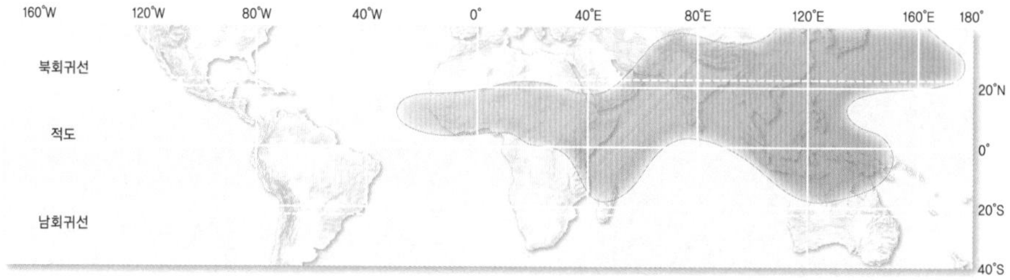

⇡ **세계의 몬순 지역** 아프리카, 아시아, 오세아니아 등 저위도에서 중위도의 동부아시아에 이르기까지 넓게 분포

- 종관 규모의 바람: 계절풍(몬순)
  - 계절풍: 계절에 따라 풍향이 현저하게 바뀌는 바람
  - 계절풍의 원인: 저위도는 열대 수렴대의 이동이 영향을 크게 미치며, 중위도는 수륙 간 비열 차에 의한 기압 배치가 주된 원인으로 바람에 영향을 미치는 모든 기후 요인과 관련
- 종관 규모의 바람: 열대성 저기압
  - 정의: 열대 해상에서 발생한 저기압 중 중심 최대 풍속이 17m/s 이상인 것
  - 명칭: Typhoon(북태평양), Hurricane(북대서양), Cyclone(인도양), Willy-Willy(오스트레일리아)
  - 발생: 해수면 온도가 높은 남·북위 5~20°의 열대 해상에서 발생하여 중위도로 이동
  - 이동 경로: 발생 초기에는 북서진하다가 북위 30° 부근에서 전향력과 편서풍의 영향으로 빠르게 북동진
  - 재해 형태: 강한 바람과 호우에 의한 피해, 만조 시 해일에 의한 해안 침수 피해

• 국지 규모의 바람: 지방풍

성질	특징	종류
고온 건조풍	산지를 넘으면서 고온 건조해지는 바람	푄(알프스 산맥), 치누크(로키 산맥), 높새(태백산맥)
건조 열풍	사막에서 발생하여 뜨겁고 건조한 바람	시로코(사하라 → 지중해), 스호베이(중앙아시아), 하르마탄(사하라 → 기니 만), 브릭필더(오스트레일리아)
사면 하강풍(한랭풍)	높은 곳에 찬 공기가 많이 쌓여 낮은 곳으로 흘러내리는 바람	보라(디나르 알프스 → 아드리아 해), 미스트랄(오베르뉴 고원 → 론 강), 컬럼비아 협곡 바람(컬럼비아 고원 → 컬럼비아 계곡)
눈보라풍	극지방에서 저위도 쪽으로 부는 바람	블리자드(북아메리카), 팜페로(아르헨티나), 푸르가(시베리아)

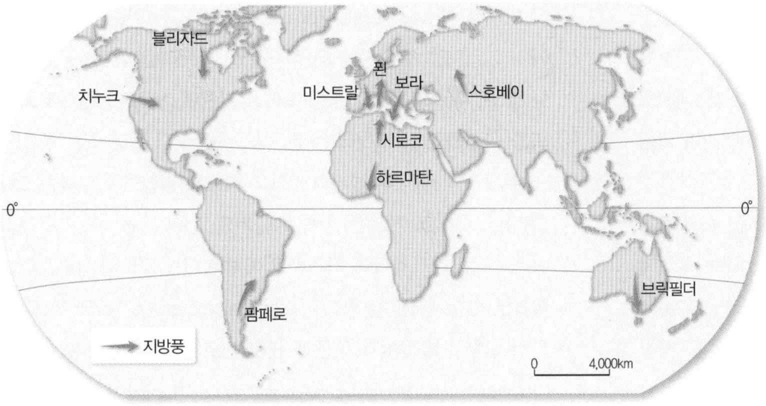

⇡ 세계의 주요 지방풍

• 국지 규모의 바람: 해륙풍과 산곡풍

– 해륙풍: 비열이 큰 바다와 비열이 작은 육지의 가열·냉각 차이로 해안가에서 하루를 주기로 방향이 바뀌어 부는 바람(해풍 + 육풍)

해풍	낮에 육지가 가열되어 상승 기류가 생기면서 바다에서 육지로 부는 바람
육풍	밤에 육지가 냉각되어 하강 기류가 생기면서 육지에서 바다로 부는 바람

– 산곡풍: 고도가 높아 공기 밀도가 낮은 산꼭대기와 고도가 낮아 공기 밀도가 높은 계곡의 가열·냉각 차이로 산간 곡지에서 하루를 주기로 방향이 바뀌어 부는 바람(곡풍 + 산풍)

곡풍	낮에 산꼭대기가 가열되어 상승 기류가 생기면서 계곡에서 산꼭대기로 부는 바람
산풍	밤에 산꼭대기가 냉각되어 하강 기류가 생기면서 산꼭대기에서 계곡으로 부는 바람

⇡ 해풍 – 낮

⇡ 육풍 – 밤

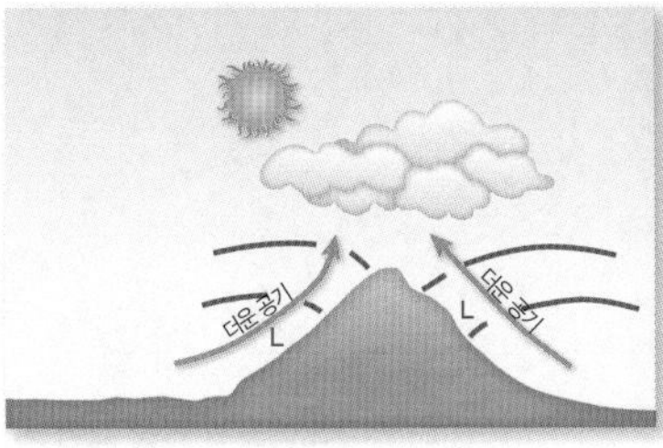

⇡ 곡풍 – 낮

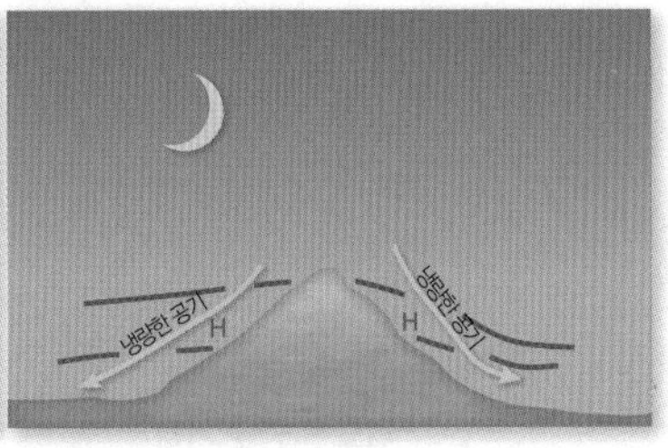

⇡ 산풍 – 밤

■ 대기 대순환 모식도

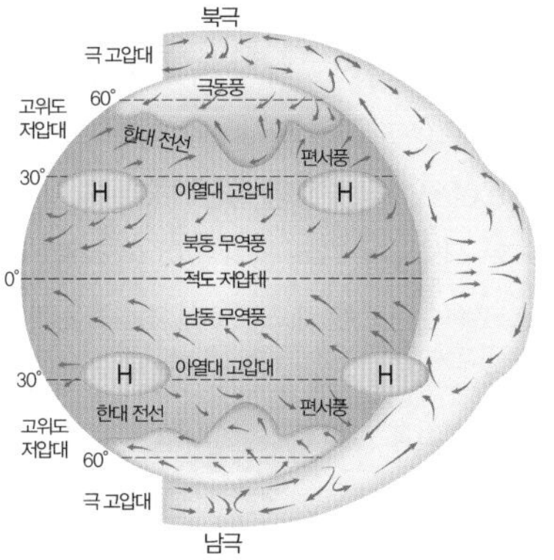

■ 세계의 몬순 지역

계절풍	여름 계절풍	겨울 계절풍
남아시아(인도) 몬순	남서 계절풍(인도양)	북동 계절풍(티베트 고원)
오스트레일리아 몬순	북서 계절풍(인도양)	남동 계절풍(내륙 사막)
서아프리카 몬순	남서·남동 계절풍(대서양)	북동 계절풍(사하라 사막)
동아시아 몬순	남서·남동 계절풍(북태평양)	북서 계절풍(시베리아)

■ 태풍의 구조

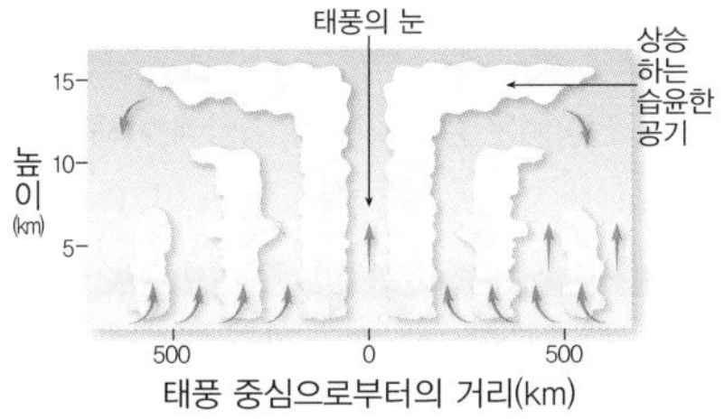

■ 열대성 저기압의 발생과 이동

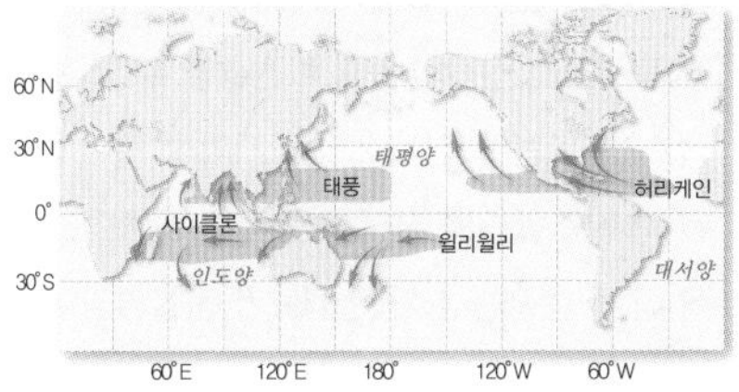

지리 상식 1 적도 박물관, 방송도 대놓고 속는 그 사기의 현장!

남아메리카의 적도 지역에 위치한 에콰도르(Ecuador)는 이름 자체가 스페인 어로 '적도'라는 의미이다. 에콰도르에는 적도가 지나는 지리적 특징을 이용한 세계적인 관광 상품이 있는데, 바로 적도 박물관이다. 적도 박물관에는 적도 선을 그려 놓고 간이 싱크대를 마련해 놓았다. 이 싱크대에 물을 넣고 배수구로 흘려보내는 실험을 하는데, 한 번은 적도선 위에서, 또 한 번은 적도 바로 아래 남반구 쪽에서, 마지막으로 북반구 쪽에서 물을 흘려보내는 모습을 보여 준다. 그러면 신기하게도 적도 선에서는 물이 그대로 빠지고, 북반구에서는 오른쪽으로 남반구에서는 왼쪽으로 물이 빠져나간다. 그리고 이러한 현상을 코리올리 힘이라고 설명해 준다. 이 실험은 이곳을 방문하는 관광객들을 통해서만 아니라 여러 다큐멘터리 프로그램에서조차도 버젓이 사실로 소개되고 있어 이를 본 많은 이들이 신기해하며 의심 없이 믿는 경우가 많다. 이 신기한 실험은 과연 사실일까?

결론부터 말하면, 이는 사실이 아니다. 관광 상품으로 만들어진 쇼에 불과하다. 우선 코리올리 힘, 즉 전향력은 지구의 자전 때문에 운동하는 물체에 작용하는 잠재적인 힘으로 극지방에서 최대이며, 저위도에서 최소가 된다. 따라서 적도에서는 전향력이 0이며, 적도에 위치한 에콰도르의 적도 박물관에서는 전향력을 관찰할 수가 없다.

$$\text{전향력 } F=2mV\omega\sin\varphi$$

(m=물체의 질량, V=물체의 속도, ω=지구의 각속도, φ=위도)

한편 전향력은 물체의 운동 방향에 가해지는 잠재적인 힘이다. 설사 적도 지역에 전향력이 존재하더라도 시공간적으로 그렇게 좁은 지역에서 단시간에 비관성계에 속해 있는 인간의 눈으로 구분할 수 있는 스케일의 것은 아니다. 전향력은 보다 긴 시간을 먼 거리로 이동하는 자연 현상에서 잘 관찰할 수 있다. 대기 대순환, 열대성 저기압의 이동, 해류의 이동 등의 규모가 해당한다. 물론 국지풍 규모, 혹은 더 작은 스케일에서도 전향력은 작용하고 또 관찰되기도 한다. 하지만 고작 싱크대 정도에서 물이 빠지는 그 찰나의 시간에 인간의 눈으로 관찰할 수 있는 스케일은 아니다.

적도가 양 반구 경계로서의 지리적 의미가 큰 지역이기에 이러한 잠재적 힘 마저도 일종의 거짓 흥밋거리 대상으로 이용될 수 있다손 치더라도, 정작 더 큰 문제는 잘못된 정보가 진실인양 계속 잘못된 정보를 양산하고 있다는 것이다. 특히 공신력을 가져야 할 방송 매체나 일부 교육 현장에서조차 잘못된 정보를 검증 없이 사실인양 무분별하게 제공하고 있으니 그 파급력이 엄청날 것이다.

⇠ 에콰도르의 적도 표지판

지리 상식 2 세계 평균 기압은 1,013hPa보다 작다.

우리는 표준 기압을 1,013hPa로 정하여 사용하고 있다. 그런데 이 값이 지구의 평균 해면 기압의 평균일까? 아니라면, 지구의 평균 해면 기압은 어느 정도일까? 모르긴 해도 아마도 이런 생각을 해 본 학생은 많지 않을 것이다. 대부분의 경우, 지구과학 교과서에서 1,013이라는 매직넘버를 듣는 순간 모두 이 값을 지구의 평균 기압이라고 생각하고 다시는 궁금해하지도 않는다.

갈릴레오 갈릴레이(Galileo Galilei, 1564~1642)의 제자였던 에반젤리스타 토리첼리(Evangelista Torricelli, 1608~1647)는 1643년 세계 최초로 공기의 압력을 측정하는 데 성공하였다. 토리첼리는 수은을 유리관에 가득 넣고, 수은이 들어있는 통 속에 유리관을 거꾸로 세움으로써 공기의 압력을 측정하였다. 그 원리는 통 속의 수은보다 위에 있는 유리관 속 수은의 무게가 유리관 밖 공기의 무게와 같도록 평형을 이룬다는 것이다. 토리첼리는 여러 번의 실험을 통해서 공기의 압력이 76cmHg라는 결과를 얻었다. 그는 또 일기 상태에 따라 기압이 변한다는 것도 관찰하였다.

확률론의 창시자인 블레즈 파스칼(Blaise Pascal, 1623~1662)은 토리첼리의 실험을 발전시켜 '진공에 관한 새로운 경험(Experiences nouvelles touchant le vide)'이라는 논문을 발표하여 진공에 대한 과학적인 의견을 제시하였다. 이것은 우리가 기압의 단위로 토리첼리가 아니라 Pa(파스칼의 약자)을 사용하는 이유이다. 현재 기상학적 표준 해면 기압은 1,013hPa을 사용하고 있다.

그러나 과연 1기압이 해면 기압의 전 지구 평균값일까? 우선 1기압이 정의된 배경을 살펴보자. 물론 토리첼리(또는 파스칼도)가 전 세계를 돌아다니며 실험한 것은 아니다. 그러므로 1기압이 1,013hPa이라는 것은 특정 지역(유럽)의 장기간에 걸친 평균값이라고 볼 수 있다.

그러면 평균 해면 기압의 전 지구 평균은 얼마나 될까? 영국 기상청의 해들리 센터에서 분석한 해면 기압 자료를 30년 간(1961~1990년) 위도별로 평균한 값을 이용하여 남반구, 북반구, 전 지구 평균을 구하면, 남반구 평균은 1,010.2hPa, 북반구 평균은 1,012.4hPa, 전 지구의 평균은 1,011.3hPa이다. 즉 지구의 평균 기압은 1기압이 아니라 0.998기압이다. 유럽 지역의 평균 기압은 이보다 약간 낮아서 계절에 따라 1,010~1,015hPa이다. 그러므로 토리첼리가 측정한 기압은 이탈리아의 평균

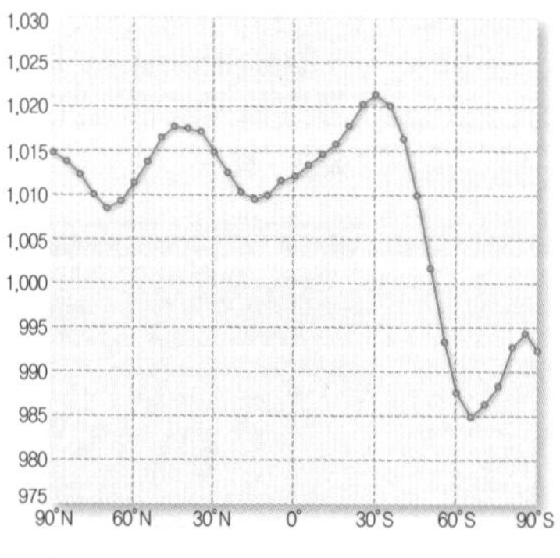

⇡ 위도별 평균 기압

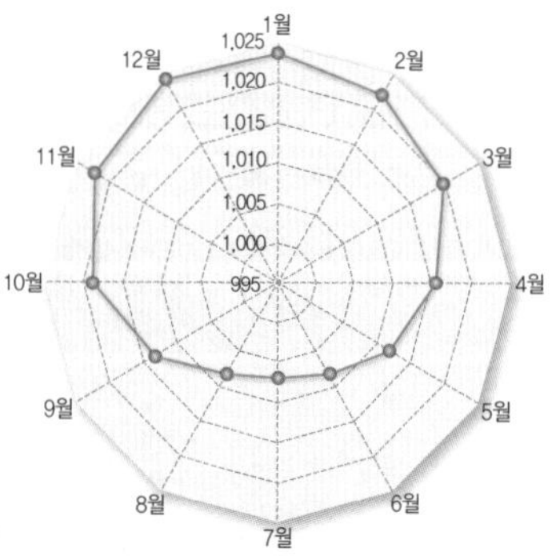

⇡ 우리나라의 월별 해면 기압

해면 기압의 평균이라고 생각할 수 있다.

우리나라는 여름철에 기압이 낮으며(1,007~1,008 hPa) 겨울에는 1,023 hPa 정도로 기압이 높아진다. 또 우리나라 연평균 기압은 약 1,016hPa로 세계 평균 기압보다, 또 표준 기압보다 높다.

권원태, 2001, 『기상소식』

지리 상식 3 갓난애가 투레질하면 비가 온다.

돌 안팎의 아기들이 입술을 떨면서 열심히 투레질할 때가 있다. 아이를 길러 본 사람이면 누구나 잘 아는 사실이며, 이것이 비가 올 징조라는 속담 또한 들어 보았을 것이다. 이 속담은 일기 속담 중에서도 지역적인 차이가 없이 가장 광범위하게 전국적으로 퍼져 있다. 정말 투레질은 날씨와 어떤 관계가 있으며, 왜 투레질을 하게 되는가에 대하여 살펴보자.

『생활기상과 일기속담』의 저자 김광식은 막내 아이가 어릴 적에 투레질할 때마다 달력에 표시해 보았다. 물론 하나도 빼놓지 않고 포착할 수는 없어 대체적인 조사이기는 하지만 투레질한 후 24시간 안에 비가 내리는 비율이 거의 60%나 되며 4계절 중에서 투레질을 가장 많이 하는 계절은 늦은 봄철에서 여름 사이임을 알 수 있었다. 그래서 저자는 갓난아이의 투레질이 생리학적인 원인에 기인한다고 보았다. 이와 같은 공기 밀도의 변화는 높은 곳에서만 일어나는 것이 아니라 우리가 살고 있는 지표면 부근에서도 일어난다. 즉 저기압일 때는 고기압일 때보다 공기의 밀도가 작아진다. 그러므로 비가 오기 전에는 지상의 산소율도 줄어들게 되고 이것이 호흡에 지장을 초래하게 된다고 할 수 있다. 같은 환경에서 오랫동안 살고 있으면 그곳 기압의 고저에 맞게 호흡기가 발달되기 때문에 호흡에는 지장이 없으나 기분의 변화는 어느 정도 느낄 수 있다. 그러나 갓난아이들은 아직 호흡기가 공기 밀도의 변화에 순화되어 있지 않으므로 마치 성인들이 높은 산에 올라간 것과 비슷한 영향을 받게 되어 한숨을 내쉬게 되고 입술이 연하기 때문에 떨려서 투레질이 되는 것 같다.

김광식, 1979, 『생활기상과 일기속담』

깊이 읽기 추천 도서 소개

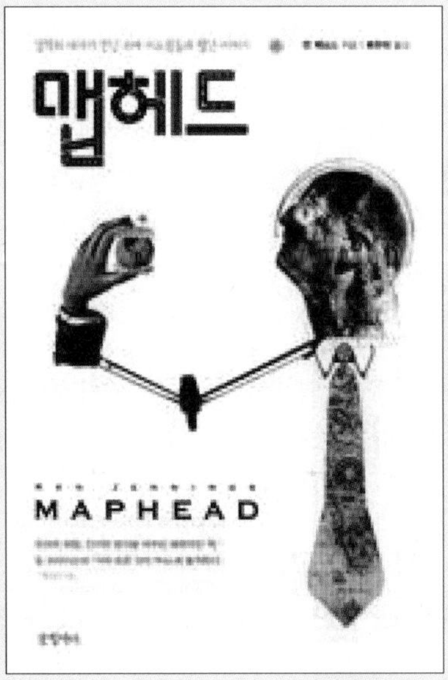

미국의 퀴즈쇼 '제퍼디!'. 최장기간 우승 기록 보유자인 잡학의 대가 켄 제닝스가 지리 덕후들을 만났다. 지도 제작과 수집, 활용 등 지도에 대해 상상할 수 있는 모든 것이 흥미진진하게 펼쳐진다. 이 책에 등장하는 지리덕후들은 여러 지역의 지도가 인쇄된 넥타이만 수백 개 모은 지도 수집광, 반드시 지도를 통해 또 다른 세계를 구축하는 판타지 작가, 서바이벌 지리 퀴즈 대회에 참가한 지도광 학생들, 분쟁 지역도 마다 않는 여행꾼들의 모임, 지도 위에서 레이스를 펼치는 사람들, 도로란 도로는 다 꿰고 있는 도로광, GPS를 활용해 보물찾기를 즐기는 사람들, 지도 제작 기술의 최전선 구글어스의 개발자, 빵 조각을 지구 표면상 180도 대척점에 각각 놓아 '지구 샌드위치'를 만든 유머 작가 등이다. 지도와 지리에 미친 사람들의 기상천외한 활동과 그들만의 독특한 문화가 역사와 정보 기술 분야 등 다방면에 걸쳐 유용한 정보와 재미난 이야깃거리를 선사한다. 숨겨진 지리의 명작이다. 많은 사람들이 읽으면 좋겠다.

←··· 켄 제닝스, 류한원 역, 2013, 『맵헤드』

[선택형]

· 2009 수능

1. 지도의 두 지역에 나타난 현상에 영향을 준 공통 요인으로 가장 적절한 것은?

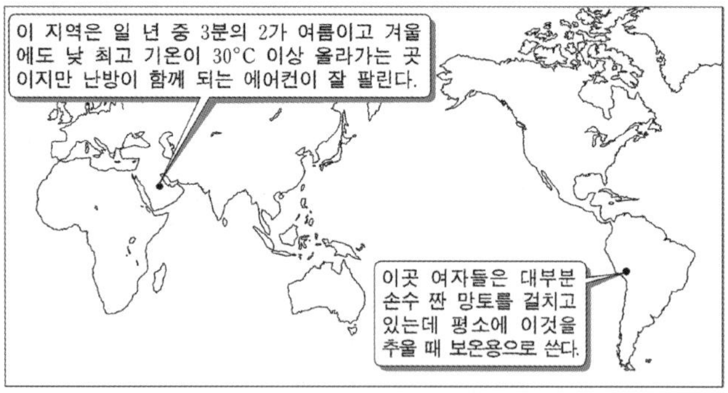
이 지역은 일 년 중 3분의 2가 여름이고 겨울에도 낮 최고 기온이 30°C 이상 올라가는 곳이지만 난방이 함께 되는 에어컨이 잘 팔린다.
이곳 여자들은 대부분 손수 짠 망토를 걸치고 있는데 평소에 이것을 추울 때 보온용으로 쓴다.

① 열대 고산 지대이다.
② 기온의 일교차가 크다.
③ 연중 하강 기류가 발달한다.
④ 차갑고 건조한 지방풍이 분다.
⑤ 겨울 계절풍의 영향을 받는다.

· 2013 수능

2. 지도는 ㈎, ㈏ 시기의 평균 기압 분포를 나타낸 것이다. A~C 지역에 대한 설명으로 옳은 것은?

㈎ ㈏

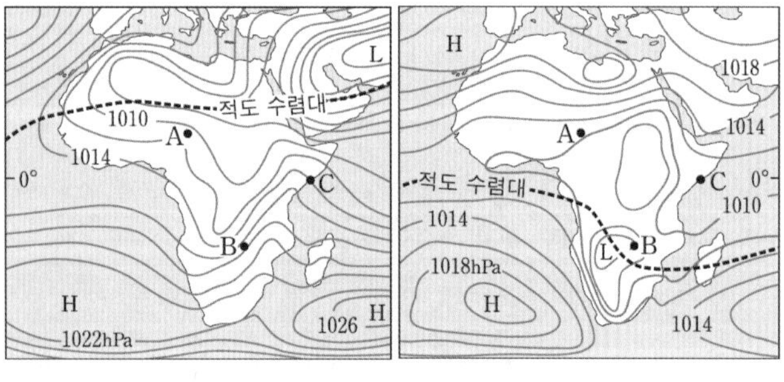

① A는 ㈎보다 ㈏ 시기에 강수량이 많다.
② A는 ㈏보다 ㈎ 시기에 정오의 태양 고도가 높다.
③ B는 ㈎보다 ㈏ 시기에 밤의 길이가 길다.
④ B는 ㈏보다 ㈎ 시기에 평균 기온이 높다.
⑤ C는 ㈎보다 ㈏ 시기에 평균 기압이 높다.

· 2008 수능

3. ㈎~㈐는 서로 다른 세 지점 A, B, C를 연결한 것이다. A~C에서 나타나는 기후 요소의 상대적 차이를 비교한 내용으로 옳지 않은 것은?

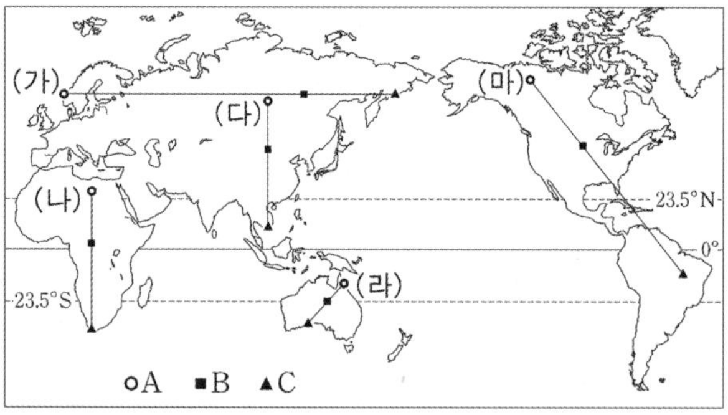

	기후 요소	A	B	C
①	㈎ 1월 평균 기온	높음	낮음	중간
②	㈏ 7월 평균 기온	중간	높음	낮음
③	㈐ 7월 강수량	중간	적음	많음
④	㈑ 연 강수량	많음	적음	중간
⑤	㈒ 기온의 연교차	큼	중간	작음

· 2008 수능

4. 지도에 표시된 A~D 해역과 그 주변 지역에 대한 옳은 설명을 〈보기〉에서 고른 것은?

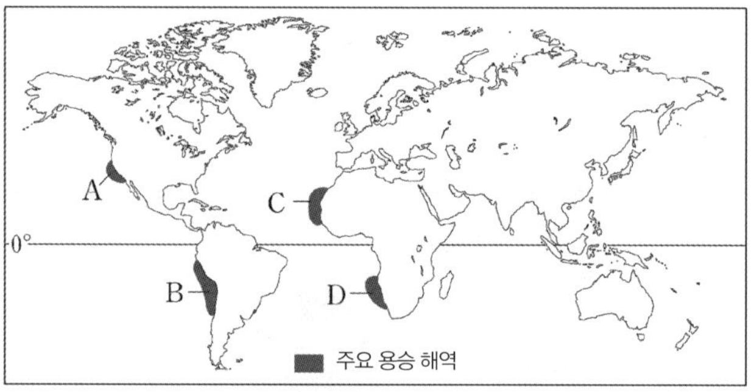
A
C
0°
B
D
주요 용승 해역

* 용승: 심해의 차가운 물이 표층으로 상승하는 현상

보기

ㄱ. A와 인접한 해안은 해양의 영향으로 연중 강수량이 풍부하다.
ㄴ. 엘니뇨 현상의 발생 시기는 B에서 용승이 약화되는 시기와 대체로 일치한다.
ㄷ. C는 여름철에 아열대 고기압의 영향을 받아 동위도 인접 해역보다 수온이 높다.
ㄹ. D와 인접한 해안에는 수온과 고기압의 영향으로 사막이 형성된다.

① ㄱ, ㄴ ② ㄱ, ㄷ ③ ㄴ, ㄷ ④ ㄴ, ㄹ ⑤ ㄷ, ㄹ

[서술형]

1. 그림에서 산의 고도는 1,800m이다. 바람받이 사면 A 지점에서 기온(T)이 22℃이고 이슬점 온도(T_d)가 10℃라 하자. 단열 변화만을 고려하여 제시된 물음에 답하시오.

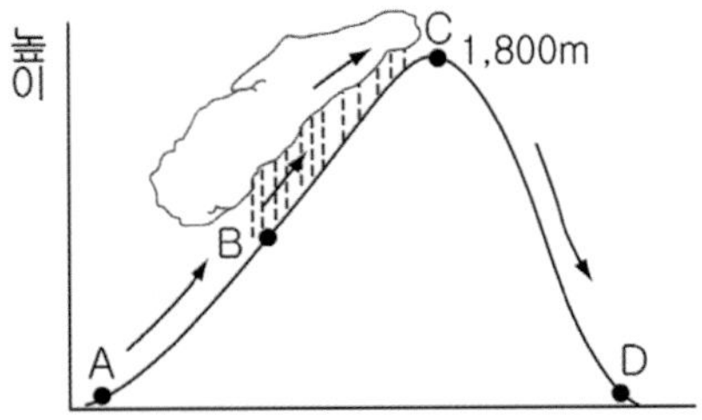

참고 사항
- 건조 단열 변화: 100m 당 1℃
- 습윤 단열 변화: 100m 당 0.5℃

※ 단, 이슬점 감률은 고려치 않는다.

(1) 응결 고도 B의 높이, B, C, D 각 지점에서의 기온을 각각 구하시오.

(2) 모식도의 푄 현상이 강화될 수 있는 조건(즉, 바람받이 A 지점과 바람그늘 D 지점의 기온 차이가 더욱 커질 수 있는 조건)을 유입되는 공기의 특성 및 지형의 고도를 기준으로 간략히 설명하시오.

2. 그림은 세계의 연평균 기온 및 강수량 자료이다. 이를 바탕으로 제시된 물음에 답하시오.

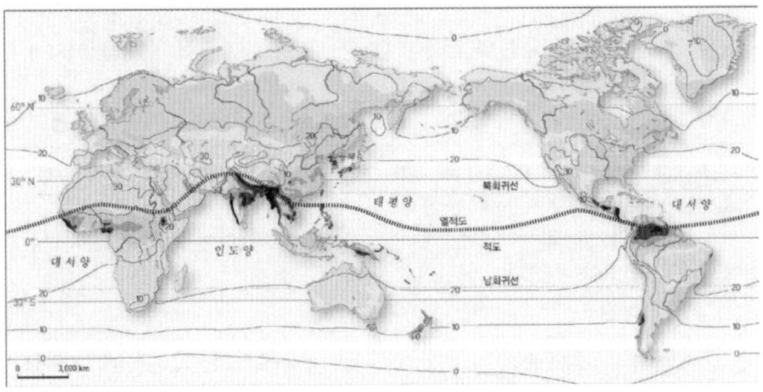

(1) 열적도와 적도가 일치하지 않는 이유를 간략히 설명하고, 연평균 열적도의 분포 특성을 간략히 설명하시오.

(2) 열적도와 강수량과의 관계를 설명하고, 이를 바탕으로 세계의 다우지에 대해 간략히 설명하시오.

(3) 제시된 지도의 기온과 강수량 자료에는 다양한 기후 요인이 반영되어 있다. 그중 강수량 분포에는 반영되어 있으나 기온 분포에는 반영되어 있지 않은 기후 요인을 한 가지 지적하시오.

• 2008 임용 변형

3. 다음 그림은 지구의 열수지를 위도별로 나타낸 모식도이다. ㉠과 ㉡이 가리키는 것을 각각 쓰고, 지구 전체의 열수지 평형을 이루게 하는 대순환 형태의 열수송 방식 2가지를 쓰시오.

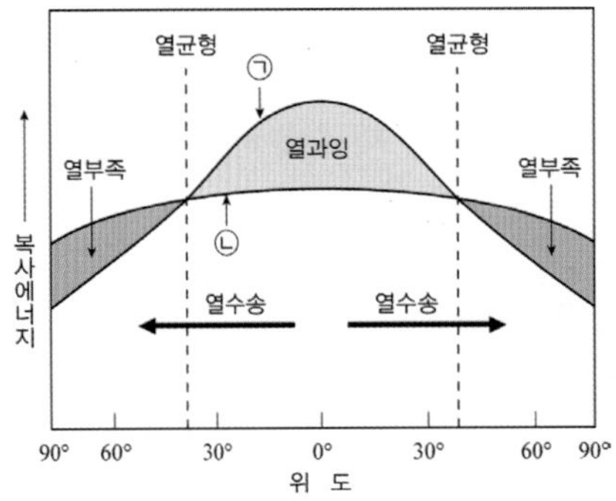

(가) ㉠: ______________, ㉡: ______________

(나) 열수송 방식: ______________, ______________

chapter 03

기후

02. 세계의 기후

핵심 출제 포인트

- ▶ 쾨펜의 기후 구분
- ▶ 열대 기후의 특색
- ▶ 건조 기후의 특색
- ▶ 온대 기후의 특색
- ▶ 냉대 및 한대 기후의 특색
- ▶ 고산 기후 지역의 인간 생활

■ 가상 대륙의 기후 분포

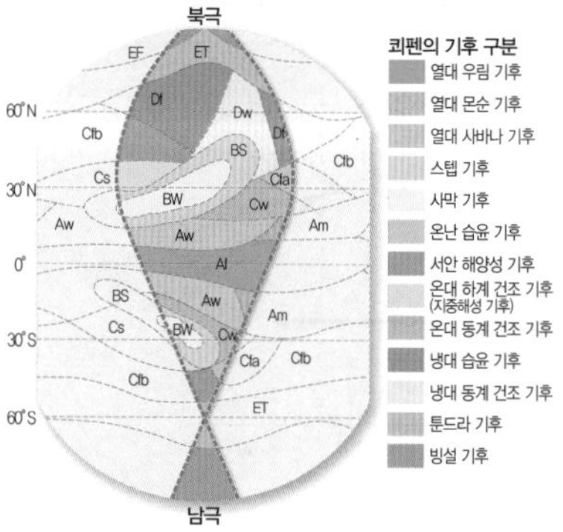

쾨펜에 의해서 분류된 각 기후 지역의 대륙별 분포를 보면 일정한 분포의 특징이 나타나는 것을 알 수 있다. 이 특징을 더욱 확실히 살펴보기 위하여 고안한 것이 가상 대륙의 기후 분포이다.

가상 대륙이란 위도별로 육지와 바다의 비율을 계산하고 흩어져 있는 육지를 위도별로 한 곳에 모은 하나의 대륙을 가상한 것이다. 이렇게 가상된 대륙에서 육지의 분포 면적은 북위 30~60°부근에서 가장 넓게 나타나고, 남위 60°부근에서 가장 좁게 나타난다.

■ 열대 기후 세부 구분 기준

Af: 가장 건조한 달의 강수량이 60mm 이상

Am: 가장 건조한 달의 강수량이 60mm 미만이지만 [100-r/25]보다 크거나 같은 경우

Aw: 가장 건조한 달의 강수량이 [100-r/25]보다 적은 경우

*r=연 강수량

■ 쾨펜의 기후 구분에서 열대 몬순 기후(Am)와 열대 사바나 기후(Aw)의 경계

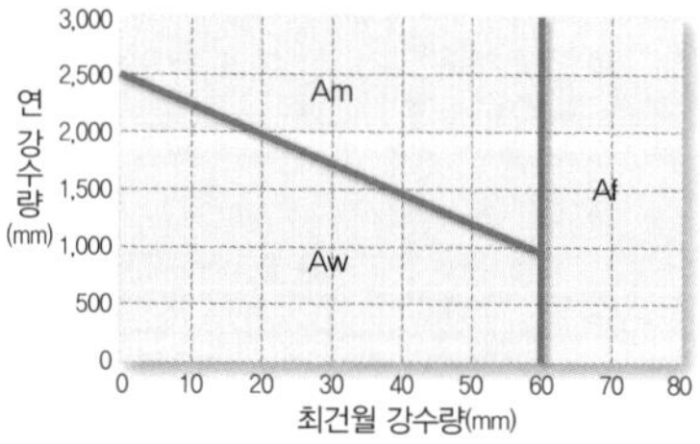

1. 기후 구분

독일의 기상학자인 쾨펜은 기후 환경을 잘 반영하는 자연 식생을 지표로 삼아 세계의 기후를 구분하였다. 식생 분포 한계와 일치하는 기온과 강수량으로 기후의 경계를 정하고, 알파벳 기호를 사용하여 기후형을 표현하였다.

1차 기후 구분			2·3차 기후 구분	
수목 기후	열대 기후 (A)	최한월 평균 기온 18℃ 이상	열대 우림 기후(Af) 열대 사바나 기후(Aw) 열대 몬순 기후(Am)	f: 연중 습윤 s: 여름 건조 w: 겨울 건조 m: 몬순 기후(f와 w의 중간) a: 최난월 평균 기온 22℃ 이상 b: 최난월 평균 기온 22℃ 미만, 월평균 기온 10℃ 이상인 달이 4개월 이상
	온대 기후 (C)	최한월 평균 기온 -3~18℃	온난 습윤 기후(Cfa) 서안 해양성 기후(Cfb) 온대 하계 건조 기후(Cs) 온대 동계 건조 기후(Cw)	
	냉대 기후 (D)	최한월 평균 기온 -3℃ 미만, 최난월 평균 기온 10℃ 이상	냉대 습윤 기후(Df) 냉대 동계 건조 기후(Dw)	
무수목 기후	한대 기후 (E)	최난월 평균 기온 10℃ 미만	툰드라 기후(ET) 빙설 기후(EF)	T: 최난월 평균 기온 0~10℃ F: 최난월 평균 기온 0℃ 미만
	건조 기후 (B)	연 강수량 500mm 미만	스텝 기후(BS) 사막 기후(BW)	S: 연 강수량 250~500mm W: 연 강수량 250mm 미만

2. 열대 기후(A)

열대 기후는 최한월 평균 기온이 18℃를 넘고, 일 년 내내 기온이 높아 기온의 연교차가 작으며, 강수량과 강수의 계절적 분포에 따라 열대 우림 기후, 사바나 기후, 열대 몬순 기후로 나뉜다.

	기후 특성	식생 특성	농업 및 인간 생활
열대 우림 기후 (Af)	• 연중 고온(A) • 연중 다우(f): 연중 열대 수렴대 영향 • 최소우월 강수 60mm 이상	• 열대 우림(정글, 셀바스): 밀림(密林) • 상록활엽수, 수종 다양, 다층의 수관(水冠)을 형성 • 경질목(가구, 선박 재료)	• 전통 농업: 이동식 경작(화전)으로 주로 주식 작물(얌, 카사바, 타로 등) 재배 • 플랜테이션: 카카오, 고무 등
열대 사바나 기후 (Aw)	• 연중 고온(A) -긴 건기: 아열대 고압대 영향(겨울 건조: W) -짧은 우기: 열대 수렴대 영향	• 사바나 초원: 장초(긴 풀) 초원 - 소림(疏林)이 관목류 중심 • 동물의 왕국 • 남아메리카에서는 야노스, 그란차코, 캄푸스	• 이동식 경작(화전) 및 플랜테이션 • 플랜테이션: 커피, 면화, 사탕수수 등
열대 몬순 기후 (Am)	• 연중 고온(A) -짧은 건기: 아열대 고압대 영향 -긴 우기: 열대 수렴대와 계절풍 영향(몬순: m)	• 열대 우림(몬순림) • 긴 우기로 열대 우림과 유사한 식생 분포를 보임	• 주로 대하천의 충적평야 지역을 중심으로 벼 재배(1년 2기작 또는 3기작) • 플랜테이션: 차, 사탕수수 등

(1) 열대 우림 기후(Af)

① 특색: 연중 열대 수렴대(ITCZ)의 영향으로 고온·다우(최소우월 강수량 60mm), 대류성 강수 빈번함

② 분포: 아프리카 콩고 분지, 말레이 반도, 인도네시아, 브라질 아마존 분지 등

③ 주민 생활: 고상식 가옥, 지붕의 경사 급함, 이동식 경작(화전)을 통한 주식 작물 생산(얌, 카사바, 타로 등), 플랜테이션(카카오, 고무, 기름야자 등)

(2) 열대 사바나 기후(Aw)

① 특색: 긴 건기와 짧은 우기 뚜렷이 구별, 태양의 회귀로 열대 수렴대의 영향을 받는 시기에 짧은 우기가 나타나며, 아열대 고압대의 영향을 받는 시기에 긴 건기가 나타남

② 분포: 열대 우림 주변(동아프리카, 오스트레일리아 북부, 남아메리카 야노스, 캄푸스 등)

③ 농업: 이동식 화전 및 유목, 플랜테이션(목화, 커피, 사탕수수 등)

(3) 열대 몬순 기후(Am)

① 특색: 짧은 건기에는 아열대 고압대의 영향을 받는 짧으며, 열대 수렴대의 영향의 받는 우기에는 계절풍의 영향이 더해져 우기가 더욱 길어지고 강수량도 많아짐(평균적으로 Af 기후에 비해 강수량이 많은 편임)

② 분포: 인도 남서 해안 및 북동부(벵골만 지역), 인도차이나 반도 및 필리핀 등 동남아시아 일대 등

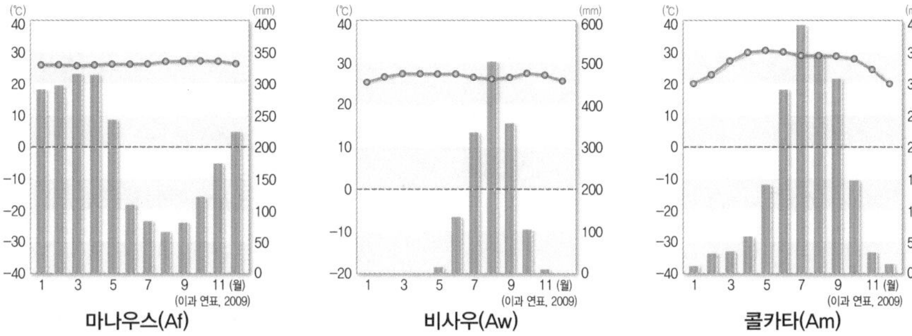

⇡ 열대 기후 지역의 기온 및 강수량 그래프

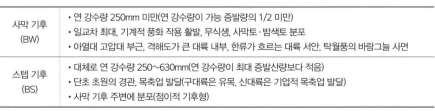

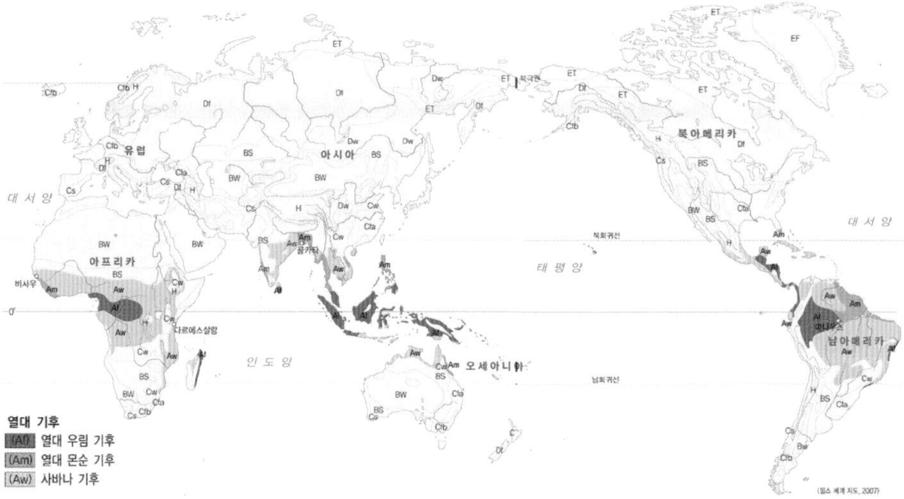

⇡ 열대 기후의 분포

3. 건조 기후(B)

건조 기후는 강수량보다 증발량이 많은 곳으로, 사막 기후와 스텝 기후로 구분한다. 건조 기후는 식생이 빈약하고 기온의 일교차가 매우 크며, 전 세계 육지 면적의 약 1/4에 달한다.

사막 기후 (BW)	• 연 강수량 250mm 미만(연 강수량이 가능 증발량의 1/2 미만) • 일교차 최대, 기계적 풍화 작용 활발, 무식생, 사막토·밤색토 분포 • 아열대 고압대 부근, 격해도가 큰 대륙 내부, 한류가 흐르는 대륙 서안, 탁월풍의 바람그늘 사면
스텝 기후 (BS)	• 대체로 연 강수량 250~630mm(연 강수량이 최대 증발산량보다 적음) • 단초 초원의 경관, 목축업 발달(구대륙은 유목, 신대륙은 기업적 목축업 발달) • 사막 기후 주변에 분포(점이적 기후형)

■ 열대 우림 기후 지역의 생활

원주민의 이동식 농업과 천연고무, 카카오, 기름야자 등의 상품 작물 재배가 활발하다.

■ 열대 사바나 기후 지역의 생활

넓은 초지가 발달하여 야생 동물의 낙원으로 불린다. 농경과 목축 생활을 하며 커피, 목화, 사탕수수 등의 상품 작물 재배가 활발하다.

■ 열대 몬순 기후 지역의 생활

동남 아시아에서 전형적으로 나타나며, 벼농사가 활발하여 세계적인 인구 조밀 지역을 이루고 있다. 차, 사탕수수 등의 상품 작물 재배가 활발하다.

■ 위도대별 강수량과 증발량 분포

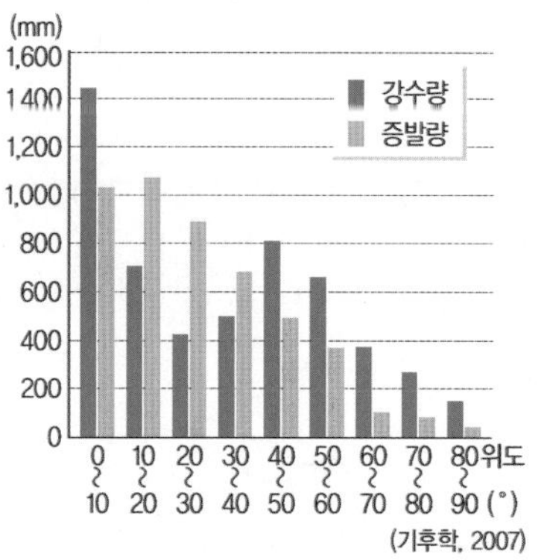

위도 10~40° 지역은 강수량보다 증발량이 많아 건조 기후가 나타난다.

■ 사막 기후 지역의 경관

오아시스, 외래 하천 유역을 중심으로 밀과 대추야자 등을 재배한다. 최근 지하수를 개발하여 농업에 이용하고 있으며, 석유의 개발이 활발한 곳이 있다.

■ 스텝 기후 지역의 경관

■ 건조 기후 지역의 가옥 구조

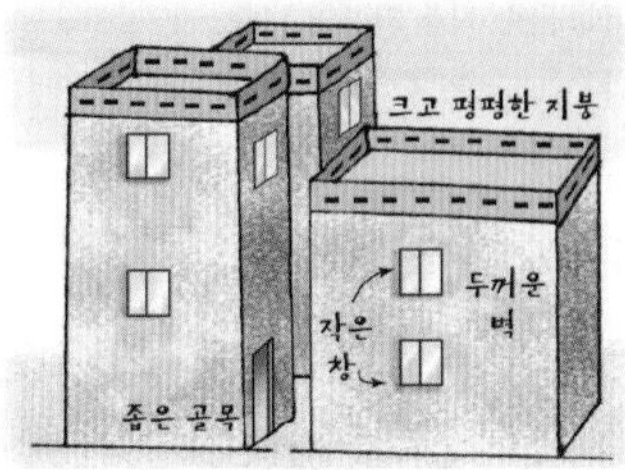

강수량이 적어 지붕이 평평하며 흙을 이용하여 벽을 쌓는다. 흙은 단열재로 외부로부터의 열을 차단하는 효과가 크다.

■ 관개 수로(카나트)의 구조

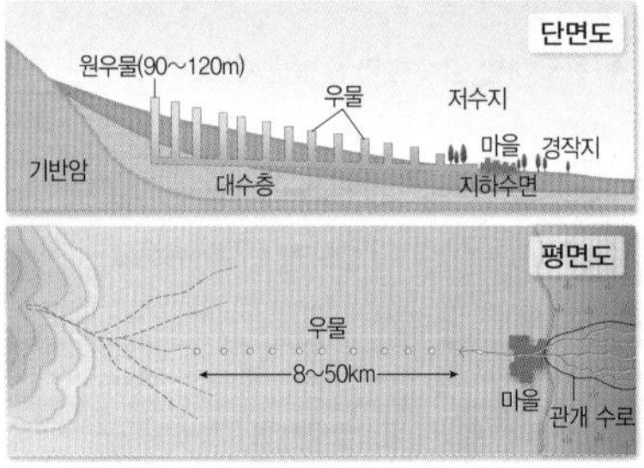

■ 태양광 발전소 예정지

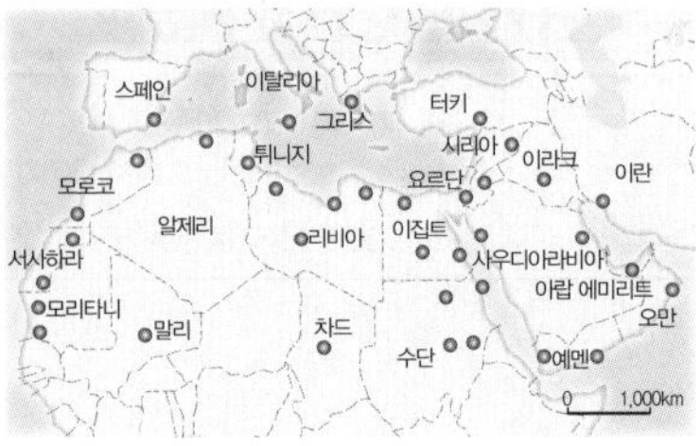

(1) 사막 기후(BW): 강수량 250mm 이하

① 성인: 아열대 고압대 등에 의해 상승 기류가 발생하지 않기 때문

② 특색: 일교차 최대(기계적 풍화 작용), 대부분 무수목, 사막토 및 밤색토

③ 분포: 아열대 사막은 위도 20~30°부근의 사막으로 사하라 사막, 룹알할리 사막, 타르 사막 등이 대표적이며, 온대 사막은 중위도 지역의 대륙 내부 혹은 거대한 분지 지역에서 발달하며 타커라마간 사막, 고비 사막 등

④ 농업: 오아시스 농업과 관개 농업(밀, 목화, 대추야자 등)

(2) 스텝 기후(BS): 강수량 250~500mm 내외

① 특색: 단초 초원, 토양 비옥(체르노젬), 이동식 가옥

② 분포: 사막 기후 주변, 열대 사바나 기후와 사막 기후 사이(사바나형 스텝), 지중해성 기후와 사막 기후의 중간 지역(지중해성 스텝) 등

③ 농업: 목축업(구대륙 – 유목, 신대륙 – 기업적 방목)

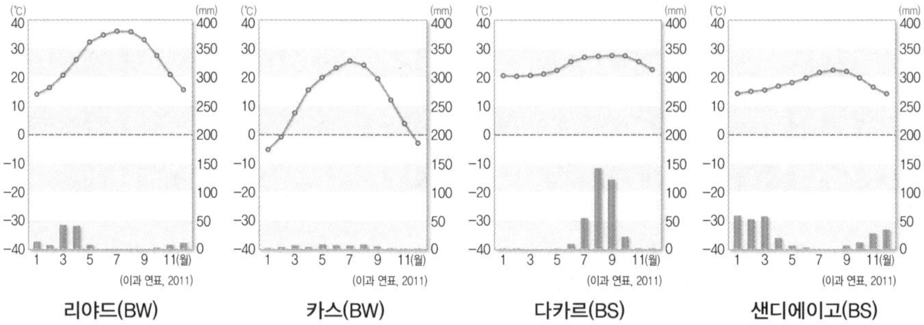

⇡ 건조 기후 지역의 기온 및 강수량 그래프

더 알아보기

▶ 건조 기후의 구분 기준

건조 기후는 보통 연 강수량 500mm 미만인 지역의 기후를 말하지만 반드시 그런 것은 아니다. 예를 들어 극지방의 한대 기후는 건조 기후 지역보다도 강수량이 적지만 건조 기후라고 하지 않는다. 그 이유는 기온이 매우 낮기 때문에 증발량이 적어서 강수량은 적어도 건조하다고 볼 수 없는 것이다. 그러므로 건조 기후는 일괄적으로 강수량만 고려할 것이 아니라 강수량과 증발량, 정확히 말하면 최대 증발산력과의 비교를 통해서 결정되어야 한다. 비가 많이 오더라도 기온이 높으면 증발량이 많아 건조할 수 있다는 점에 착안한 것이다. 예를 들어 열대 기후는 건·우기의 구별을 60mm를 기준으로 하지만, 온대 기후는 30mm를 기준으로 한다. 열대 기후가 온대 기후보다 기온이 높아 증발산력이 크기 때문이다.

1. 건·우기가 구별되지 않는 경우
 2T+14〉R/10
2. 하계 강수 집중의 경우
 2T+28〉R/10
3. 동계 강수 집중의 경우
 2T〉R/10
*T: 연평균 기온, R: 연 강수량

여름과 겨울의 강수 차이가 크지 않은 지역에서는 2T+14〉R/10이라는 공식을 사용한다. 만약 A라는 지역은 연평균 기온이 25℃, 연 강수량이 600mm, B라는 지역은 연평균 기온 10℃, 연 강수량이 400mm라고 해 보자. 이 경우를 공식에 대입하면 A는 건조 기후, B는 습윤 기후이다. A 지역은 B 지역보다 강수량이 많아도 기온이 높아 증발산력이 크기 때문에 건조 기후가 될 수 있는 것이다.

지역	연평균 기온	연 강수량	기후 판단
A	25℃	600mm	건조 기후
B	10℃	400mm	습윤 기후

지역	연평균 기온	연 강수량	기후 판단
뉴델리	25℃	715mm	스텝 기후 (하계 강수)
카사블랑카	19℃	400mm	습윤 기후 (동계 강수)

두 번째로 주로 여름철에 비가 오는 지역은 2T+28〉R/10이라는 기준이 강화된 공식을 사용한다. 여름철은 기온이 높아 강수가 많더라도 증발산력이 크기 때문이다. 연평균 기온이 25℃인 인도 뉴델리의 경우 연 강수량이 700mm가 넘지만, 6~9월이 우기이므로 사바나 기후가 아니라 스텝 기후로 분류된다. 그러나 주로 겨울철에 비가 오는 지역은 2T〉R/10 이라는 공식을 사용한다. 그렇기 때문에 실제로 북부 아프리카의 지중해 주변은 연 강수량이 300~400mm임에도 불구하고 스텝이 아니라 지중해성 기후로 분류되는 것이다.

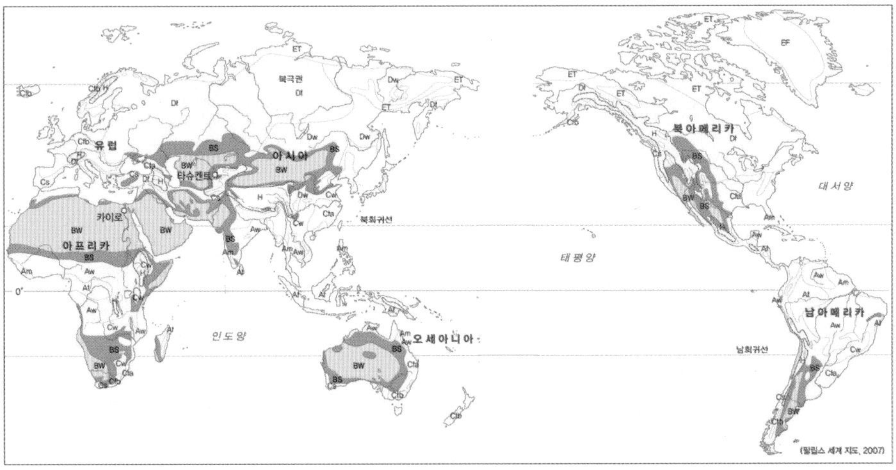

⁝ 건조 기후의 분포

▶대기 대순환의 아열대 고압대 지역

아열대 고압대에서 하강하는 기류는 압축되고 더워지면서 강수량이 극히 적게 나타나게 된다. 사하라 사막, 룹알할리 사막 등이 있다.

▶중위도 대륙 서안의 한류 연안 지역

한류의 영향을 받는 해안에서는 한류의 영향으로 강수량이 적어 사막이 발달한다. 나미브 사막, 아타카마 사막 등이 있다.

▶바다로부터의 수분 공급이 적은 지역

바다로부터 공급되는 습기가 적은 대륙의 내륙에서는 사막이 발달하는데 타커라마간 사막, 고비 사막 등이 있다.

▶탁월풍의 바람 그늘

습윤한 바람이 높은 산맥을 넘으면서 비를 뿌리고 건조해져 생기는 사막으로 아르헨티나 남부의 파타고니아 사막이 대표적이다.

⁝ 사막이 형성되는 여러 가지 원인

4. 온대 기후(C)

온대 기후는 대륙 서안에서는 위도 30~60°, 대륙 동안에서는 위도 20~40°에 분포한다. 중위도는 편서풍대에 있으므로 대륙 서안은 바다에서 불어오는 바람의 영향을 받고, 대륙 동안은 대륙 내부를 거쳐 불어오는 바람의 영향을 받는다. 그러므로 대륙 서안과 동안은 같은 온대 기후 지역이라도 기후 특징이 다르고, 생활 양식도 다르게 나타난다.

(1) 바다의 영향을 크게 받는 온대 서안 기후

① 온대 하계 냉량 기후: 서안 해양성 기후(Cfb)

- 성인: 연중 바다에서 불어오는 편서풍과 난류(실제로는 한대 전선대에 위치)
- 특색 여름은 냉량 습윤, 겨울은 온난 습윤 → 연교차가 작고 연중 강수가 고름
- 분포
  - 중위도(대체로 40~60°) 대륙 서안에 분포하며 인구 밀도가 높음
  - 북·서유럽, 캐나다 서안, 칠레 남부, 오스트레일리아 남동부, 뉴질랜드 등
- 농업: 상업적인 혼합 농업(목초지 조성에 유리)과 낙농업 발달

■ 서안 해양성 기후 지역의 경관

서안 해양성 기후 지역은 낙엽수림이 널리 분포하며, 목초 조성에도 유리하다.

■ 지중해성 기후 지역의 경관

여름철 기온이 높고 건조한 지중해 연안 지역에서는 가옥의 벽을 하얀색으로 칠하여 빛이 쉽게 반사될 수 있도록 한다.

■ 유럽의 혼합 농업과 낙농업의 발달 과정

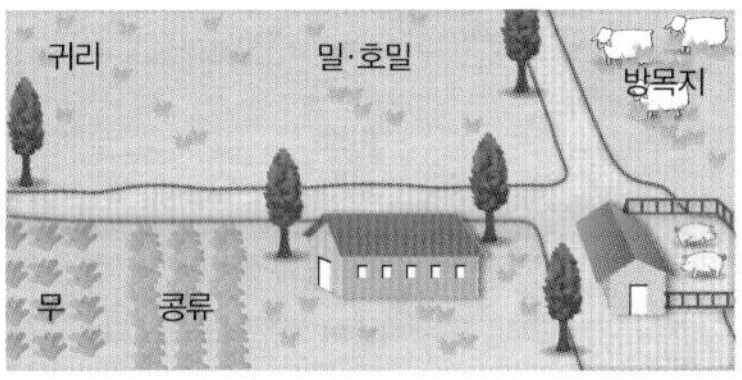

혼합 농업

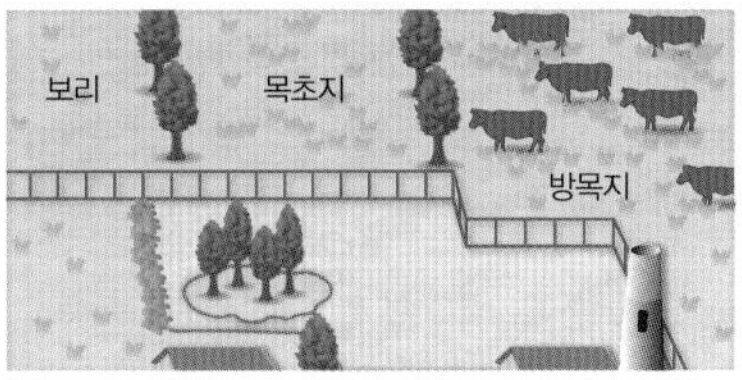

낙농업

중세 이후 유럽에서는 지력 유지를 위해 경지의 1/3은 휴경지로 두고 돌려 짓는 삼포식 농업이 발달하였다. 산업 혁명 이후 도시 인구가 급격히 증가하면서 곡물과 육류의 수요가 크게 증가하였으며, 19세기 후반부터 신대륙의 값싼 밀이 수입되면서 보리류 생산이 큰 타격을 받게 되자 유럽의 농민들은 사료 작물 생산 및 가축 사육과 판매에 중점을 두는 상업적 혼합 농업으로 전환하였다.

북서부 유럽의 서늘하고 습윤한 기후는 곡물 재배보다 사료 작물이나 목초 재배에 더 적합하다. 낙농업은 생활 수준이 향상됨에 따라 혼합 농업에서 목축 부문이 고도로 전문화된 것이다. 특히, 인구가 많은 지역은 수요가 많고, 우유나 낙농 제품은 신선도가 중요하기 때문에 신대륙과의 경쟁에서도 유리하다.

■ 온난 습윤 기후 지역의 농업

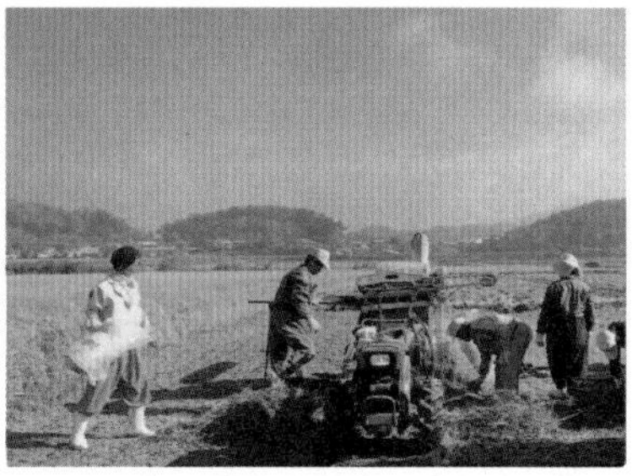

동아시아에서는 벼농사, 북아메리카의 남부에서는 목화, 콩 등의 재배가 활발하며, 남아메리카의 팜파스에서는 상업적 농업과 목축이 이루어지고 있다.

■ C 기후와 D 기후의 하위 분류

기후형	C기후			D기후	
기온 \ 강수	w	s	f	w	f
a	○	○	○	○	○
b	○	○	○	○	○
c			○	○	○
d				○	

a: 최난월 평균 기온이 22℃ 이상인 경우
b: 최난월 평균 기온이 22℃ 미만이고, 월 평균 기온이 10℃ 이상인 달이 4개월 이상인 경우
c: 최난월 평균 기온이 22℃ 미만이고, 월 평균 기온이 10℃ 이상인 달이 4개월 미만인 경우
d: 최한월 평균 기온이 -38℃ 미만인 경우

위 구분 기준을 세계 각 지역에 적용하면 같은 지중해성 기후라도 여름이 서늘한 샌프란시스코는 Csb, 여름이 더운 로마는 Csa 기후가 된다. 마찬가지로 서안 해양성 기후에 해당하지만 고위도에 위치하여 극지방에 가까운 칠레의 푼타아레나스와 아이슬란드의 레이캬비크는 Cfc 기후가 된다.

② 온대 하계 건조 기후: 지중해성 기후(Cs)

- 성인: 태양의 회귀, 여름에는 아열대 고압대, 겨울에는 편서풍대(해양 기단 및 전선)의 영향
- 특색: 여름은 고온 건조, 겨울은 온난 다우 → 겨울 강수 집중률이 높음
- 분포
  - 중위도(대체로 30~40°) 대륙 서안에 분포
  - 지중해 연안, 캘리포니아 일대(LA), 오스트레일리아 남서부(퍼스), 아프리카 남단(케이프타운), 칠레 중부(산티아고) 등
- 농업: 여름-수목 농업(올리브, 코르크, 무화과, 포도 등), 겨울-곡물 농업

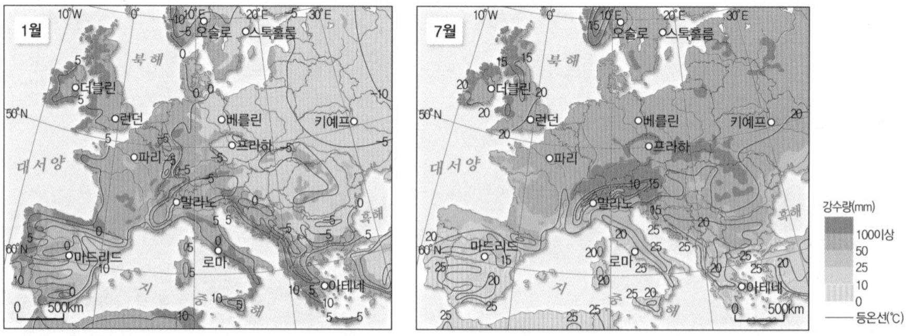

⫶ **해양의 영향을 많이 받는 유럽의 기후** 대륙 서안에 위치한 유럽은 같은 위도의 대륙 동안보다 연교차가 작은 편이다. 또한 대륙 동안은 겨울철 기후의 지역별 차이가 크지만 유럽은 여름철 기후의 차이가 크다. 기온에 있어서도 겨울철은 기온의 동서 차가, 여름철은 남북 차가 크게 나타난다.

(2) 대륙과 계절풍의 영향을 크게 받는 온대 동안 기후

① 온난 습윤 기후(Cfa)

- 여름은 고온 다습하고 겨울은 비교적 온난 습윤
- 중국 동남부, 일본 혼슈 지방, 미국 동남부, 아르헨티나, 오스트레일리아 동부 등

② 온대 동계 건조 기후(Cw)

- 여름은 고온 다습하고 겨울은 건조
- 중국 내륙 및 화중 지방, 인도 및 인도차이나 북부

위도와 연교차로 구분한 온대 동안 기후

세부 기후	성인	분포 지역의 사례	기후 특색	식생, 토양 농업 및 인간 생활
온대 대륙성 기후	계절풍 또는 지리적 위치 및 위도	• 중국 화중 지방(상하이, 충칭) • 우리나라 남부 지방 • 뉴욕, 위치토(캔자스 주)	하계: 고온 다습 동계: 한랭 건조 또는 한랭 습윤	식생: 혼합림 토양: 삼림토, 프레리토 농업: 벼농사, 밀농사
아열대 습윤 기후	계절풍 또는 지리적 위치 및 위도	• 홍콩, 마카오, 알라하바드(인도) • 아순시온, 프리토리아(남아공) • 찰스턴(사우스캐롤라이나)	하계: 고온 다습 동계: 온난 건조	식생: 조엽수 토양: 적황토 농업: 벼농사, 플랜테이션

온대 동안 기후 지역의 기온과 강수량

지명 \ 월	1	2	3	4	5	6	7	8	9	10	11	12	전년
도쿄 35°12′N	4.1	4.8	7.9	13.5	18.0	21.3	25.2	26.7	23.0	16.9	11.7	6.6	15.0
	49	65	98	122	145	192	140	153	182	203	96	58	1,503
상하이 32°12′N	4.2	4.7	8.6	14.5	10.0	23.6	27.8	27.8	23.4	18.6	12.2	7.2	16.1
	48	58	84	94	94	180	147	142	130	71	51	36	1,135
뉴올리언스 29°59′N	12.3	13.4	15.8	19.3	23.3	26.4	27.3	27.4	25.4	21.1	15.3	12.7	20.0
	98	101	136	116	111	113	171	136	128	72	85	104	1,369

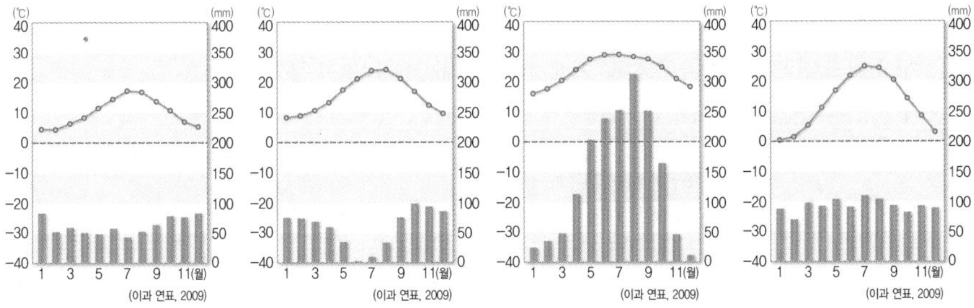

⇡ 온대 기후 지역의 기온 및 강수량 그래프

5. 냉대 기후(D)와 한대 기후(E)

냉대 기후는 최한월 평균 기온이 −3℃ 미만이며, 최난월 평균 기온이 10℃ 이상으로 기온의 연교차가 크다. 냉대 기후는 주로 북반구에서 나타나는데 대륙의 서안에서는 고위도 지역에서 나타나고, 동안에서는 중위도 지역에도 나타난다. 한대 기후는 최난월 평균 기온이 10℃ 미만으로 위도가 높은 곳에서 나타나는 기후이기 때문에 낮이 긴 여름 동안에는 백야 현상이 나타난다. 한대 기후는 짧은 여름 동안 기온이 0℃ 이상이 되는 툰드라 기후와 연중 영하의 기온이 나타나는 빙설 기후로 구분한다.

(1) 냉대 기후(D)

① 냉대 기후의 특징

- 최한월 평균 기온 −3℃ 미만, 최난월 평균 기온 10℃ 이상
- 일반적으로 20℃ 이상 차이가 날 정도로 기온의 연교차가 큼
- 북위 40~70° 부근에 분포, 남반구에서는 나타나기 어려움
- 식생: 냉대림(침엽수림), 연질의 수목, 벌채가 용이한 단순림
- 타이가 지대: 세계적인 임업 지대
- 토양: 회백색의 포드졸 토양으로 산성을 띠며, 비옥도 낮음

② 냉대 기후 지역의 구분

냉대 습윤 기후 (Df)	• 긴 겨울과 혹독한 추위, 연중 강수 고름 • 스칸디나비아, 러시아 서안, 캐나다	• 북위 50~70° 부근의 대륙 서안
냉대 동계 건조 기후 (Dw)	• 연교차 최대, 강수가 여름에 집중 • 시베리아 및 중국 북동부	• 북위 40~60° 부근의 대륙 동안

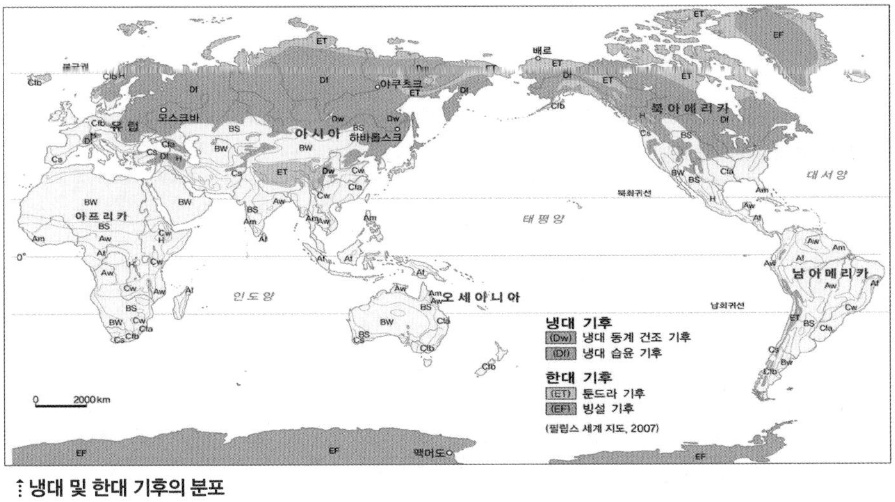

⇡ 냉대 및 한대 기후의 분포

■ 따뜻한 냉대 기후(Da, Db)의 기후 그래프

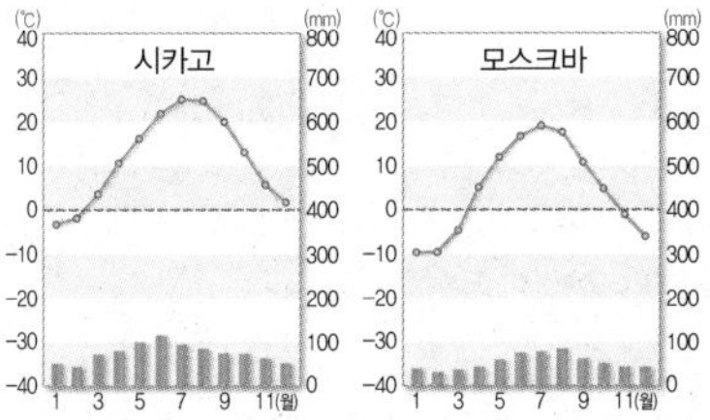

따뜻한 냉대 기후는 겨울 기온이 한랭하다는 것 이외에는 온대 습윤 기후와 별반 차이가 없다. 그래서 영국과 미국에서는 따뜻한 냉대 기후와 온난 습윤 기후를 구분하지 않고 합쳐서 습윤 대륙성 기후로 분류하기도 한다.

■ 아극 기후(Dc, Dd)의 기후 그래프

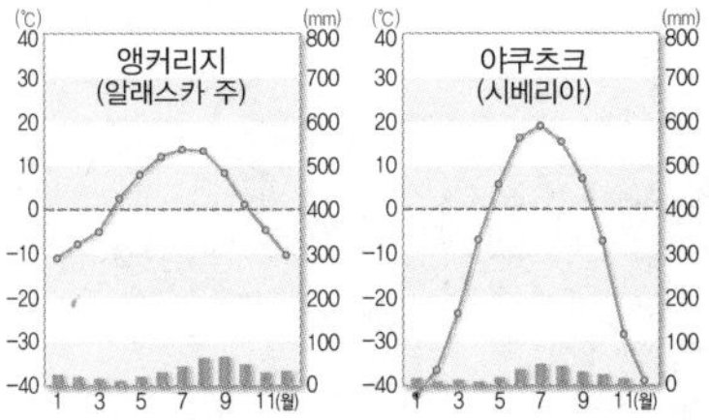

아극 냉대 기후는 겨울이 매우 추우며(혹한), 여름도 짧고 서늘하다. 정도의 차이가 있을 뿐, 툰드라 기후와 매우 유사하다.

■ 냉대 기후 지역의 경관

냉대 기후 지역의 남부에서 호밀, 귀리, 감자 등이 재배되며, 북부에는 타이가가 펼쳐져 임업이 활발하다.

■ 툰드라 지역의 생활

북극해 연안의 소수 민족들은 순록을 유목하거나 어로 작업으로 생활하고 있다. 북극권을 중심으로 대권 항로의 요지를 이루고 있다.

■ 빙설 기후 지역의 경관

인간이 거주하기에 적합하지 못한 기후 지역이다. 남극 대륙의 내륙에는 과학 조사를 위한 각국의 기지가 건설되어 운영되고 있다.

■ 고산 기후 그래프

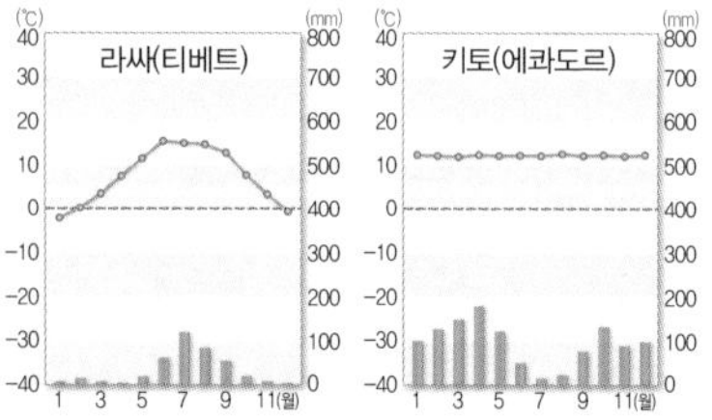

열대 고산 기후는 연교차가 거의 없고 평균적으로 온대 기후에 해당하는 기온 분포를 보인다. 반면 온대 고산 기후는 연교차가 크며 냉대 기후에 해당하는 평균 기온 분포를 보인다.

(2) 한대 기후(E)

① 한대 기후의 특징: 최난월 평균 기온 10℃ 미만, 수목 생장 불가능

② 한대 기후 지역의 구분

툰드라 기후(ET)	• 최난월 평균 기온: 0~10℃ • 아주 짧은 여름: 기온이 0℃ 이상인 2~4개월 정도(지의류·선태류 등 서식) • 북극해 주변, 그린란드 남단, 노르웨이 북단 등
빙설 기후(EF)	• 최난월 평균 기온 0℃ 미만 • 기온 역전 현상 심함, 강설량은 적으나 적설량은 많음

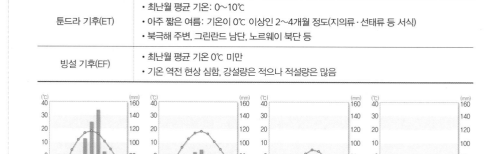

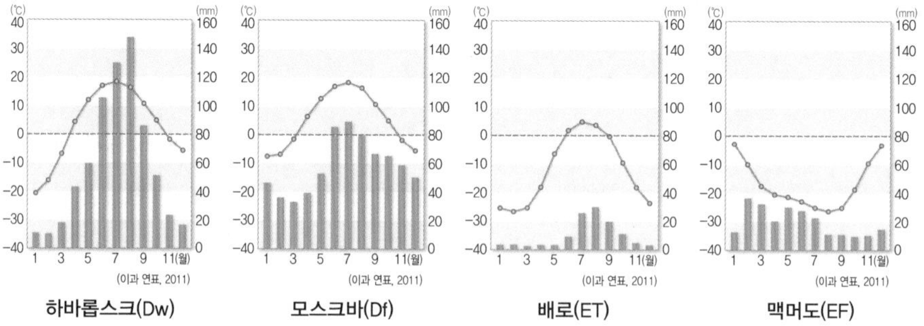

⇡ 냉대 및 한대 기후 지역의 기후 그래프

6. 고산 기후(H)

기온은 해발 고도가 높아짐에 따라 낮아지므로 저위도의 고산 지역은 월평균 기온이 10~15℃ 정도로 일 년 내내 일정한 상춘 기후가 나타난다. 이러한 기후를 열대 고산 기후라고 한다. 반면 온대 지역의 고산 지역은 냉대 및 툰드라 기후의 특성이 나타나는 온대 고산 기후가 나타나기도 한다.

(1) 열대 고산 기후(AH)

① 성인: 저위도 및 해발 고도

② 특색: 연교차 없는 상춘 기후, 연교차보다 일교차 큼, 강수량은 예측 불가

③ 분포: 남아메리카의 안데스 산지, 멕시코 고원, 아프리카의 아비시니아 고원 등

④ 농업: 옥수수, 감자, 야콘 등의 냉량성 작물 재배, 야마, 알파카 등의 목축업

(2) 온대 고산 기후(CH)

① 성인: 중위도 및 해발 고도

② 특색: 상춘 기후 아님(연교차 15~20℃ 내외), 냉대 및 툰드라 기후와 비슷

③ 분포: 히말라야 산맥과 티베트 고원, 알프스 산지 등

④ 농업: 티베트 고원은 유목과 냉량성 작물 재배, 알프스 산지는 이목 발달

고산 기후의 기온과 강수량

지명 \ 월	1	2	3	4	5	6	7	8	9	10	11	12	전년
라싸(3,659m)	-1.7	1.1	4.7	8.1	12.2	16.7	16.4	15.6	14.2	8.9	3.9	0.0	8.3
26°43′N	0	13	8	5	25	64	122	89	66	13	3	0	406
키토(2,818m)	13.0	13.0	12.9	13.0	13.1	13.0	12.9	13.1	13.2	12.9	12.8	13.0	13.0
0°10′S	119	131	154	185	130	54	20	25	81	134	96	104	1,233
보고타(1,789m)	17.0	17.2	17.3	17.2	17.2	17.1	17.3	17.7	17.7	16.9	16.7	16.9	17.2
2°30′N	161	149	199	174	161	92	40	31	94	196	306	312	1,015

* 표에서 위의 수치가 기온(℃), 아래의 수치가 강수량(mm)이다.

지리 상식 1 냉대 기후보다 따뜻한 한대 기후?

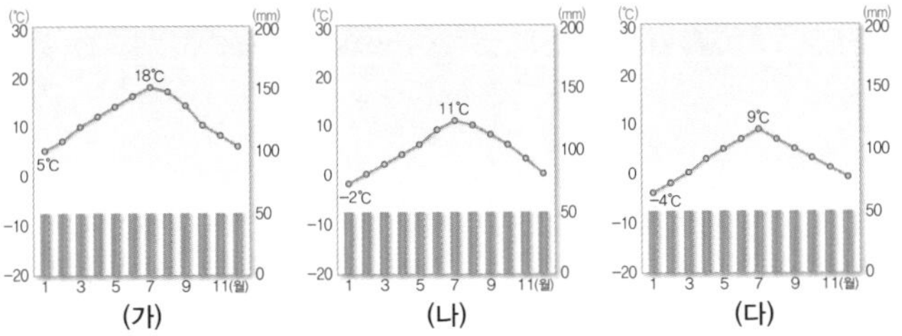

'남반구에는 냉대 기후가 없다!'

세계 지리를 조금이라도 공부한 학생이라면 그리 어렵지 않게 진위를 파악할 수 있는 문장이다. 남반구에 냉대 기후가 나타나기 어려운 것은 수륙 분포의 상황, 즉 남반구에 냉대 기후가 나타날 수 있는 위도대에 육지가 분포하지 않기 때문이다.

그렇다면 한대 기후는 나타날까? 남극 대륙이 있으므로 당연히 한대 기후는 분포한다. 그런데 남극 대륙 이외에도 남반구에 한대 기후가 분포하는 곳이 있다. 아프리카 대륙과 오세아니아 대륙은 위도상으로 볼 때 온대 기후까지만 분포하지만, 남아메리카 대륙은 고위도 지역까지 펼쳐져 있어 한랭한 기후가 나타날 수 있다. 실제로 칠레와 아르헨티나의 최남단 지역이나 포클랜드 말비나 섬에는 한대 기후가 나타난다.

그런데 이상한 점은 칠레나 아르헨티나 남단에서 온대 기후에 해당하는 서안 해양성 기후 다음으로 냉대 기후를 건너뛰고 바로 한대 기후가 나타난다는 점이다. 편의상 기후 지역을 구분하기는 하지만 기후 현상이 어떤 경계를 넘어서자마자 급격히 변하는 것이 아니라 점차로 변화하는 것임을 감안하면 참으로 이상한 일이 아닐 수 없다.

그러나 실은 전혀 이상한 일이 아니다. 해답은 쾨펜의 기후 구분 기준 속에 있다. 위에 제시된 (가)~(다) 지역의 기후 그래프를 보고 기후형을 판별해 보자. (가) 지역은 최한월 기온이 5℃, 최난월이 18℃ 이므로 전형적인 온대 하계 냉량 기후, 즉 서안 해양성 기후(Cfb)에 해당한다. 다음으로 (나) 지역의 최한월이 −2℃로 온대 기후의 최한월 기온 하한선 −3℃보다 따뜻하므로 역시 서안 해양성 기후가 된다. 다만 온대 및 냉대 기후에서 평균 기온이 10℃ 이상인 경우가 4개월 미만인 경우에는 3차 분류에서 b가 아니라 c를 사용하므로 (나) 지역의 기후는 Cfb가 아니라 Cfc 기후가 된다.

마지막으로 (다) 지역의 기후는 최한월 기온이 −4℃ 이므로 냉대 기후가 될 수 있다. 그런데 냉대 기후는 최난월 기온이 10℃ 이상이어야 하므로 그 조건을 충족하지 못한다. 결국 (다) 지역의 기후는 최난월이 10℃ 미만이므로 한대 기후가 된다. 물론 (다)와 같은 지역이 지구 상에 존재하지 않는다면 문제가 되지 않겠지만 상당 지역에 나타나고 있다. 대표적으로 북반구의 섬나라인 아이슬란드 남부 지역은 여름이 매우 서늘한 서안 해양성 기후, 즉 Cfc 기후가 나타나고 북부 지역은 (다)와 비슷한 기후가 나타난다. 즉 섬의 남부는 온대 기후가, 북부는 한대 기후가 나타나는 것이다. 언뜻 보면 납득하기 어렵지만 이 경우의 한대 기후는 오히려 평균적인 냉대 기후보다 겨울철이 더 따뜻하다.

이렇게 겨울철이 냉대 기후보다 따뜻한 한대 기후를 '해양성 툰드라 기후'라고 한다. 지구 상에서 해양성 툰드라 기후가 나타나는 곳은 아이슬란드와 노르웨이 북서부 해안, 알래스카 해안 등과 남반구의 칠레 및 아르헨티나 남단과 포클랜드 섬 등이다. 남극으로 가는 관문으로 유명한 아르헨티나의 우수아이아 항구는 한대 기후라서 매우 추울 것 같지만 실제로는 우리 나라의 대관령보다 따뜻한 지역이다.

지리 상식 2 세계의 한극, 베르호얀스크와 보스토크 기지

우선 남극과 북극은 어느 쪽이 더 추울까? 남극점은 남극 대륙에 위치한다. 표고는 약 2,800m이다. 북극점은 해빙으로 덮여 있는 경우가 많지만 거의 0m이다. 그러므로 대륙에 위치하며 표고가 높은 남극점이 북극점보다 훨씬 추운 것을 알 수 있다. 남극점의 연평균 기온은 −49℃이며, 북극점은 관측점이 없으므로 연평균 기온 데이터는 없다. 그렇다면 지구 상에서 가장 추운 곳은 어디인지 생각해 보자. 물론 관측하고 있는 곳만 비교한 결과이다. 북극권의 경우 과거에는 시베리아의 베르호얀스크를 들었지만, 시베리아의 오이먀콘에서 최저 기온 −77.8℃가 기록되었다. 남극 대륙은 더욱 추워 보스토크 기지에서 1983년 최저 기온 −89.2℃가 관측되었다. 최저 기온은 어느 쪽이나 매우 낮아 비슷하지만, 연평균 기온은 상당한 차이가 있다. 보스토크 기지는 −55℃이며, 베르호얀스크는 −16℃이다. 그래서 북극권의 베르호얀스크와 오이먀콘, 남극권의 보스토크 기지가 양극에서 가장 추운 곳이며, 곧 '세계의 한극(寒極)'이다.

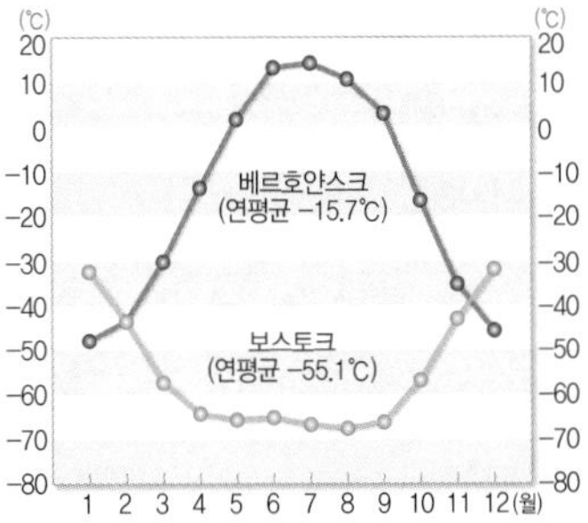

⁝ 보스토크 기지와 베르호얀스크의 월평균 기온의 변화

가미누마 가츠타다, 김태호 역, 2009, 『남극과 북극의 궁금증 100가지』

지리 상식 3 덥고 건조할수록 홍수가 난다

지구는 넓다. 비가 내리면 사막에서도 홍수가 난다는 사실은 널리 알려져 있지만, 이 지구에는 햇볕이 내리쬐는 날이 계속되면 홍수가 나는 장소도 있다. 그곳은 바로 고비 사막이다. 여러 날 햇빛이 내리쬐면 오아시스가 넘쳐 주변 마을이 잠겨 버린다는 것이다. 그 원인은 고비 사막에서 멀리 떨어진 곳에 솟아 있는 톈산 산맥에 있다. 톈산 산맥은 길이는 약 2,000km에 이르고 최고봉 포베다 산은 해발 7,439m의 높이를 자랑하여 한여름에도 만년설로 덮여 있다. 문제는 이 산맥 고지대의 만년설이다. 고비 사막에서 햇볕이 내리쬐면 톈산 산맥을 덮고 있는 대량의 눈이 녹기 시작한다. 그것이 지하로 흘러 나가 지하수의 출구인 오아시스에서 일제히 뿜어져 나오는 것이다. 2,000km에 이르는 대산맥에서 녹아 흘러나오는 물이 집중적으로 분출하는 것이므로 그 수량은 결코 장난이 아니다. 다시 한 번 말하자면, 톈산 산맥의 눈이 녹아 흐르는 물은 5,000km나 떨어진 오아시스까지 흘러갈 정도이다. 이 얼마나 엄청난 규모인가!

재미있는 지리학회, 2010, 『세상에서 가장 재미있는 세계지도』

[선택형]

· 2008 9 평가원

1. 그래프와 지도를 참조할 때, 해안에 위치한 (가)~(다) 도시의 1월과 7월 강수량으로 적절한 것은?

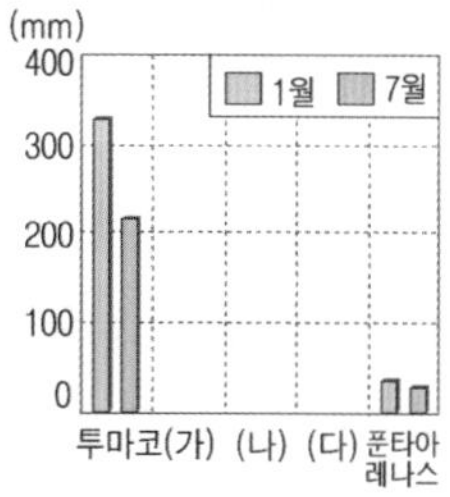

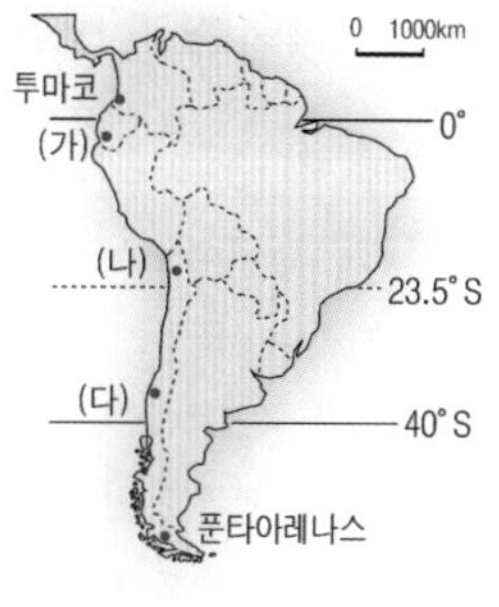

①
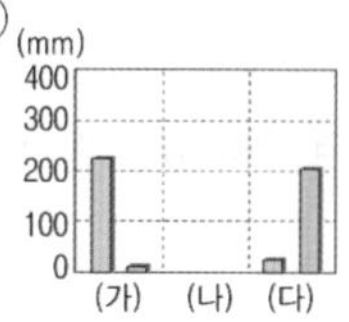

②
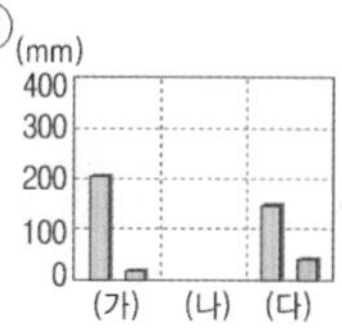

③
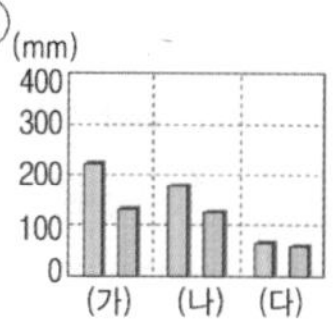

④
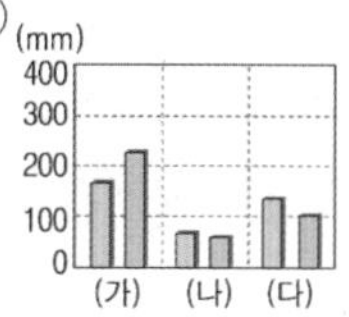

⑤
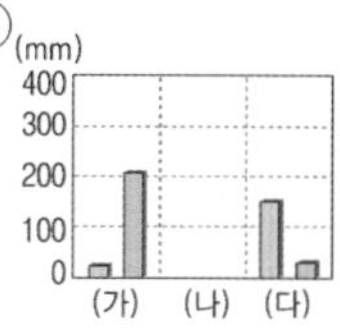

· 2009 수능

2. 표는 오스트레일리아의 각 지역 기후를 나타낸 것이다. A~E 지역에 대한 추론으로 가장 적절한 것은?

지역	6~8월 강수량 (mm)	12~2월 강수량 (mm)	연 강수량 (mm)	최한월 평균 기온 (℃)	최난월 평균 기온 (℃)
A	7.4	965.6	1,573.5	24.9	29.5
B	491.6	34.4	864.9	13.1	24.9
C	76.3	64.3	256.6	10.7	25.7
D	148.1	153.6	656.0	9.5	19.9
E	172.4	451.8	1,150.6	15.0	24.7

① A는 건조에 잘 견디는 밀을 많이 재배할 것이다.
② B는 여름철에 포도와 오렌지를 재배할 것이다.
③ C는 넓은 장초의 초원에서 소를 대규모로 기를 것이다.
④ D는 계절풍의 영향으로 사탕수수 플랜테이션이 발달할 것이다.
⑤ E는 지하수를 이용한 기업적 규모의 목양을 주로 할 것이다.

3. 다음 기후 자료를 보고 학생들이 토론한 내용 중에서 바른 것을 모두 고르면?

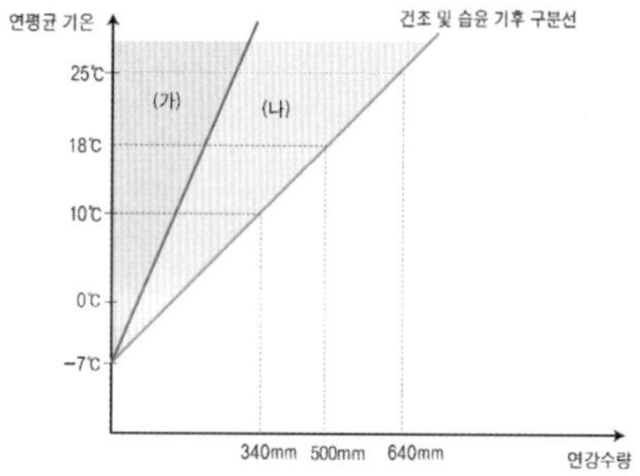

> 철수: (가) 기후 지역은 연평균 기온이 높아 식생이 발달하기에 유리한 환경을 가지고 있어!
> 영희: (나) 기후 지역은 (가) 기후 지역 주변에 나타나는 일종의 점이적 기후라고 할 수 있지!
> 미령: 연평균 기온이 25℃, 연 강수량이 600mm인 지역은 열대 사바나 기후에 해당한다고 할 수 있지!
> 유이: 연평균 기온이 10℃, 연 강수량이 400mm인 지역은 열대 사바나 기후에 해당하겠네!

① 철수 ② 영희 ③ 철수, 유이
④ 영희, 미령 ⑤ 철수, 영희, 유이

4. 다음은 대륙별로 열대~한대 기후대가 나타나는 면적을 순위로 표시한 것이다. 이 자료를 토대로 학생들이 진술한 것으로 바른 것을 〈보기〉에서 모두 고르면?

	열대 기후	건조 기후	온대 기후	냉대 기후	한대 기후
(가)	–	4	1	2	3
아시아	3	4	2	1	5
아프리카	2	1	3	–	–
북아메리카	5	3	2	1	4
(나)	1	3	2	–	4
(다)	3	1	2	–	–

보기

> 갑: (가) 지역은 인구 밀도가 높고, 일찍 산업화된 대륙으로 위도에 비해 온화한 기후가 나타나는 지역이 많아.
> 을: (나) 지역은 해안가나 해발 고도가 높은 지역에 도시가 발달해 있고, 혼혈 인종이 많이 분포해 있어.
> 병: (다) 지역은 남반구에 위치한 대륙으로 1인당 자원의 양이 가장 많은 대륙이라고 할 수 있어.
> 정: (나)는 구대륙, (가), (다)는 신대륙에 해당되지!

① 갑, 을 ② 갑, 정 ③ 을, 병
④ 갑, 을, 병 ⑤ 을, 병, 정

[서술형]

1. 지중해 주변 지역의 가옥 구조의 특징에 대해 100자 내외로 서술하시오.

2. 기온의 연교차보다 일교차가 큰 기후 지역을 세 곳만 골라 각각의 이유에 대해 간략히 서술하시오.

3. 다음과 같은 기온 분포가 나타나는 지역의 주민 생활을 기후 특징과 관련해 서술하시오.

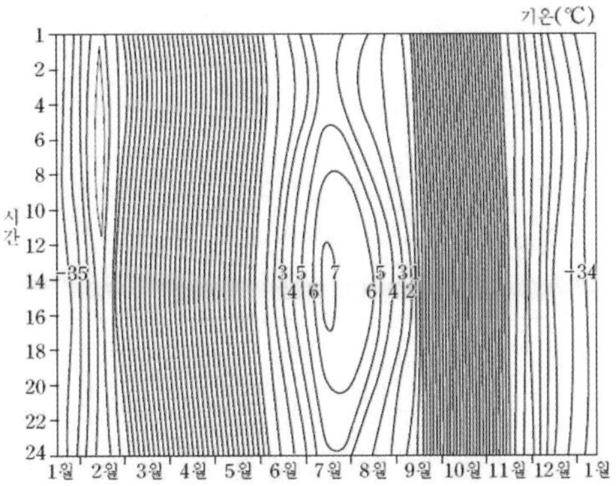

4. 다음 제시된 (가)~(마) 지역의 기후를 판별해 보시오.

지역	기온 / 강수누적비	1월	2월	3월	4월	5월	6월	7월	8월	9월	10월	11월	12월	연평균 기온 및 총강수량
(가)	평균기온	26	26	27	27	28	27	27	27	27	27	27	26	27(℃)
	강수누적비	11	19	26	34	41	48	54	62	70	78	86	100	2,282mm
(나)	평균기온	23	25	22	19	16	13	11	12	14	17	20	22	17(℃)
	강수누적비	2	5	9	17	32	47	65	70	83	90	96	100	619mm
(다)	평균기온	8	9	11	14	18	23	25	24	22	17	12	9	16(℃)
	강수누적비	14	27	35	42	46	49	51	54	61	73	86	100	653mm
(라)	평균기온	3	4	7	10	14	17	19	18	16	11	7	4	10(℃)
	강수누적비	9	17	24	32	41	50	57	64	73	82	91	100	585mm
(마)	평균기온	16	18	19	21	24	27	28	27	23	20	18	17	21(℃)
	강수누적비	1	3	7	13	22	40	66	81	93	97	99	100	1,891mm

5. 다음 제시된 두 도시의 기후 차이의 근본적인 이유는 무엇인가? 간략히 말하시오.

(가) 밴쿠버(49.3°N) (나) 런던(51.5°N)

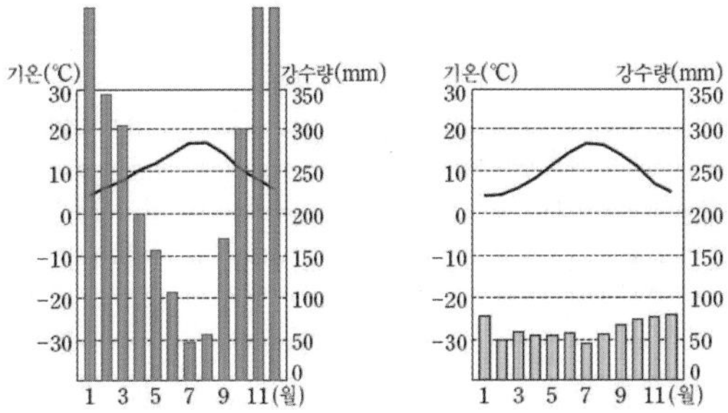

6. 냉대 기후가 점이적 기후에 해당한다는 주장에 대해 주장의 근거를 제시하고 비판하시오.

chapter 03

기후

03. 우리나라의 기후

핵심 출제 포인트

▶ 기온 분포 특성
▶ 겨울 기온의 동서차
▶ 동위도 상의 연교차 비교
▶ 강수 분포 특성
▶ 우리나라의 다우지, 소우지, 다설지
▶ 기단과 계절 변화
▶ 국지 기후: 도시 기후와 분지 기후

1. 우리나라의 기온 특성

우리나라는 중위도에 위치하고 있어 온(냉)대 기후가 나타나고 계절 변화가 뚜렷하다. 또한 대륙을 지나온 편서풍이 연중 우리나라 대기의 흐름을 지배하고 있어 대륙의 영향이 강한 편이다. 이 때문에 한서(寒暑)의 차가 심하여 연교차가 크며, 특히 계절풍의 영향을 받아 여름과 겨울의 기후 특성이 뚜렷이 구분된다.

(1) 기온 분포와 관련된 기후 요인

① 위도: 고위도 지역으로 갈수록 기온이 낮고, 저위도 지역으로 갈수록 기온이 높음

② 지형 및 해양: 동위도 상의 동해안이 서해안 및 내륙보다 겨울 기온이 높으며, 태백산맥(지형)과 동해(해양)의 영향으로 1월 등온선이 동해안에서는 해안선에 나란히 분포함

황해안	1월 평균 기온	내륙	1월 평균 기온	동해안	1월 평균 기온
인천	−2.1℃	홍천	−5.5℃	강릉	0.4℃
보령	−0.8℃	보은	−3.4℃	영덕	0.7℃
군산	−0.4℃	구미	−1.3℃	포항	1.8℃

③ 해발 고도: 해발 고도가 높은 경동 지형의 산맥(함경산맥, 태백산맥)을 따라 등온선이 아래로 만곡되며, 지역 간 기온 차가 매우 작은 8월의 경우 평균 기온이 대관령, 개마고원 및 백두산 지역 등 고산 지역에서 두드러지게 낮게 나타남

	8월 평균 기온		8월 평균 기온	
중강진	21.8℃	삼지연	15.8℃	삼지연(백두산)이 중강진보다 6℃ 낮음
강릉	24.6℃	대관령	19.1℃	대관령이 강릉보다 5.5℃ 낮음

※ 8월 평균 기온의 경우 신의주는 24.2℃, 제주는 26.8℃로 위도 차가 크지만 2.6℃ 차이밖에 나지 않는다.

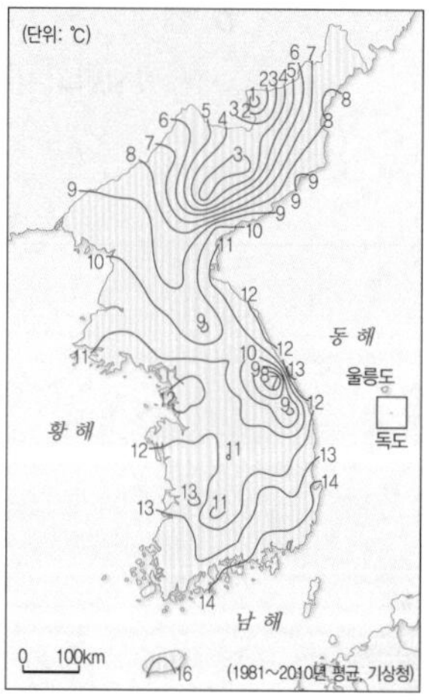

↑ 연평균 기온

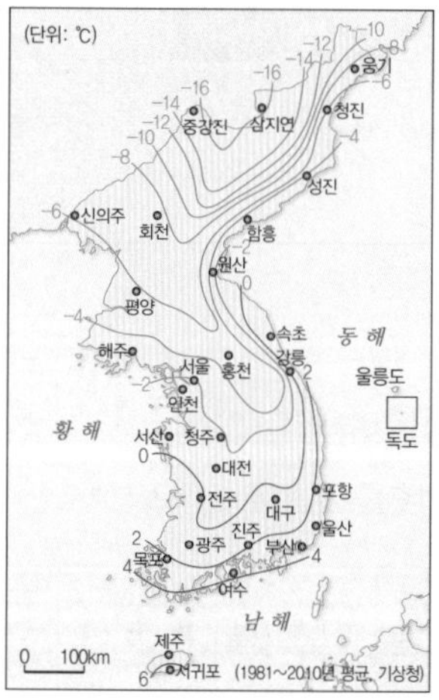

↑ 1월(최한월) 평균 기온

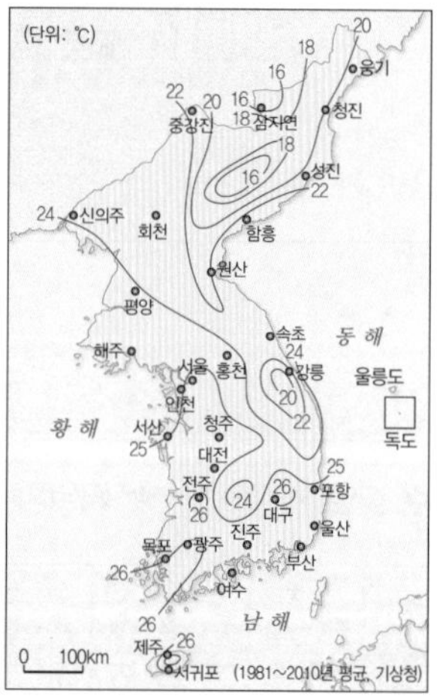

↑ 8월(최난월) 평균 기온

※ 우리나라의 최한월과 최난월: 겨울과 여름에 대륙과 해양의 영향을 각각 받는 우리나라의 경우 대부분의 지역에서 최한월은 1월, 최난월은 8월이지만, 개마고원 지역의 중강진, 혜산, 삼지연, 강계, 풍산 등은 7월이 최난월이다.

(2) 기온의 동서 차와 남북 차

① 남북 차: 위도 반영, 남북으로 국토가 길어 동서 차에 비해 뚜렷함

• 여름: 개마고원 일대는 약 16℃, 제주 지역은 약 26℃로 대략 10℃ 정도이며, 해발 고도의

■ 중위도 기후

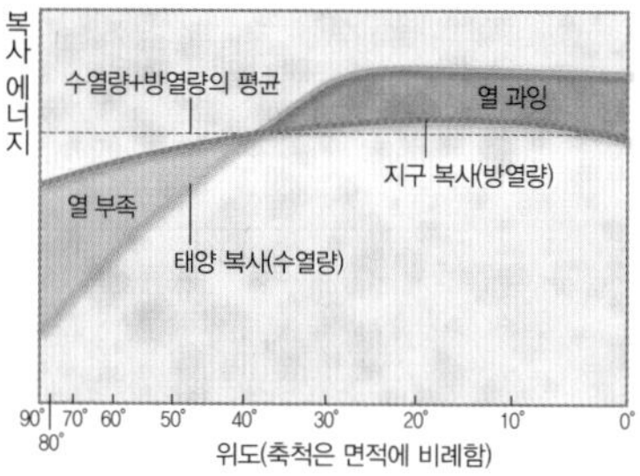

열 부족의 고위도는 한대 기후(E)가, 열 과잉의 저위도는 열대 기후(A)가 나타난다. 열 균형 지역에 해당하는 중위도에 위치한 우리나라는 온대(C)와 냉대(D) 기후의 특성이 나타난다. 한편 태양의 회귀로 인해 열 균형 지점이 고위도와 저위도로 계절에 따라 이동하게 되므로 중위도에 위치한 우리나라는 계절 변화가 뚜렷한 편이다.

■ 대륙 동안 기후

중위도는 대기 대순환에 의해 연중 편서풍의 지배를 받는다. 이 때문에 대륙 동안에 위치한 동아시아에서는 대륙을 거쳐 온 편서풍이 대륙의 성격을 고스란히 전달하여 연교차가 큰 대륙성 기후의 특성이 뚜렷하다. 한편 편서풍은 대륙을 거쳐 오는 동안 강도가 비교적 약해지고, 비열이 작은 대륙이 계절에 따라 온도가 크게 변하면서 대륙 동안에서는 계절풍이 뚜렷이 나타난다.

■ 동해와 황해의 수심 및 수온 비교

황해의 평균 수심은 약 44m로 100m가 채 되지 않는 반면, 동해의 수심은 약 1,684m에 최대 수심 3,762m에 달한다. 이 때문에 겨울에는 동해의 거대한 수체(水體)가 황해에 비해 덜 냉각되어 수온이 4~5℃가량 높다.

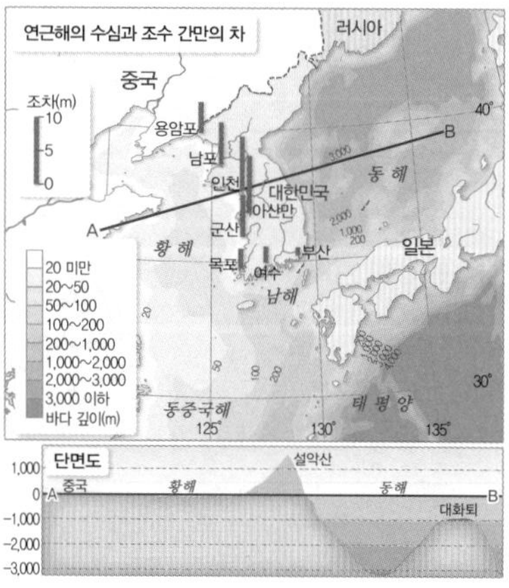

영향을 제외하면 실질적인 여름의 남북 차는 대략 5℃ 내외(중강진 22℃, 제주 26℃)
- 겨울: 개마고원 일대는 약 −16℃, 제주 지역은 6℃로 대략 22℃ 정도

② 동서 차: 여름보다 겨울에 뚜렷한 기온의 동서 차 존재
- 겨울: 대략 2~4℃가량 동해안(강릉)이 황해안(인천)보다 높음
- 원인
  - 지형: 산맥(태백산맥)이 차가운 북서 계절풍을 막아 줌
  - 해양: 동해가 황해보다 수심이 깊어 수온이 높음

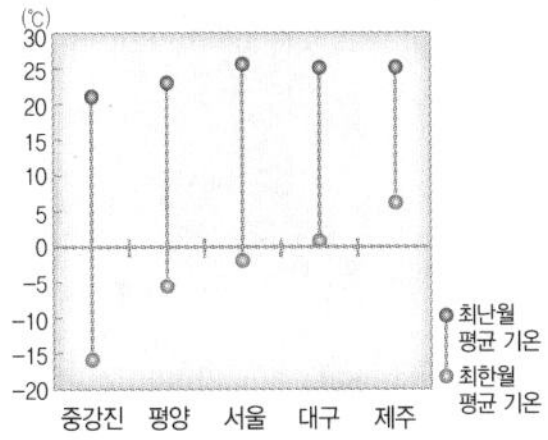

⇡ 기온의 남북 차

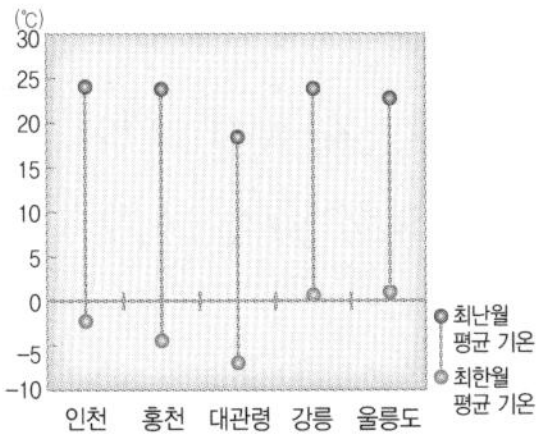

⇡ 기온의 동서 차

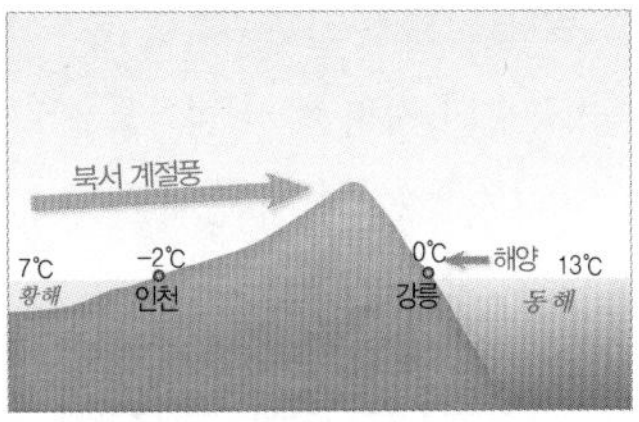

⇡ 겨울 기온의 동서 차 원인 모식도

(3) 연교차의 분포
- 남부 지방에서보다 북부 지방에서 크게 나타남
- 동위도 상에서는 내륙 > 해안, 황해안 > 동해안 순으로 나타남

– 동위도 상에서는 홍천 > 인천 > 강릉 > 울릉도 순으로 나타남

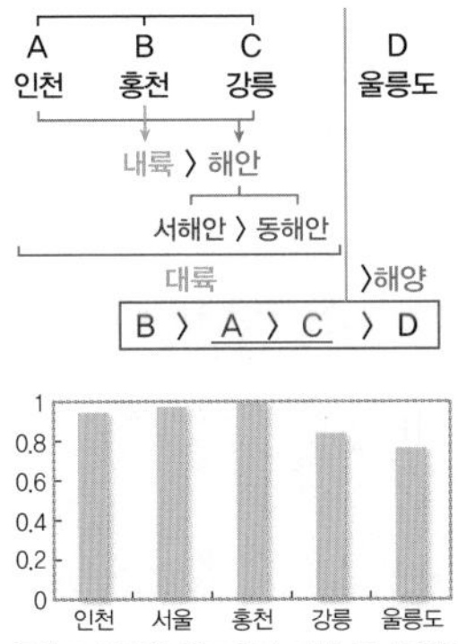

동위도 상에서 연교차가 가장 큰 홍천을 1이라 하고, 이에 대한 상대적 비율을 나타낸 것

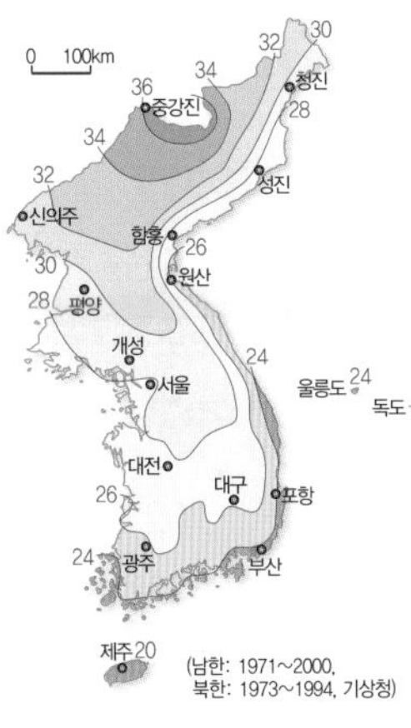

⇡ 연교차

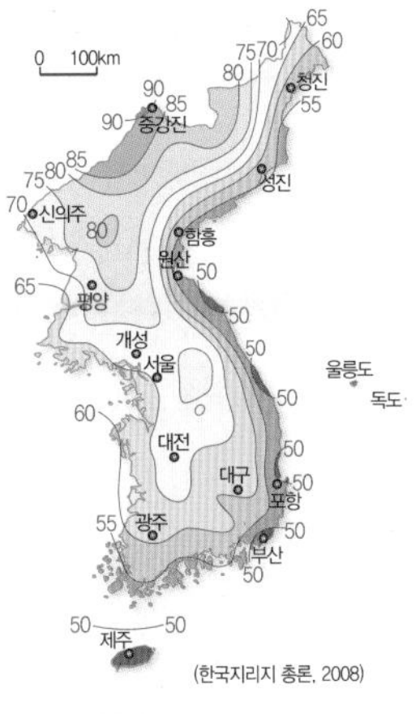

⇡ 대륙도

2. 우리나라의 강수

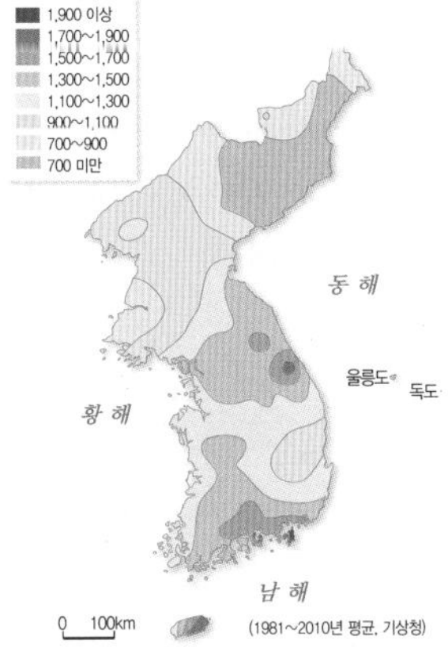

⇡ 연 강수량

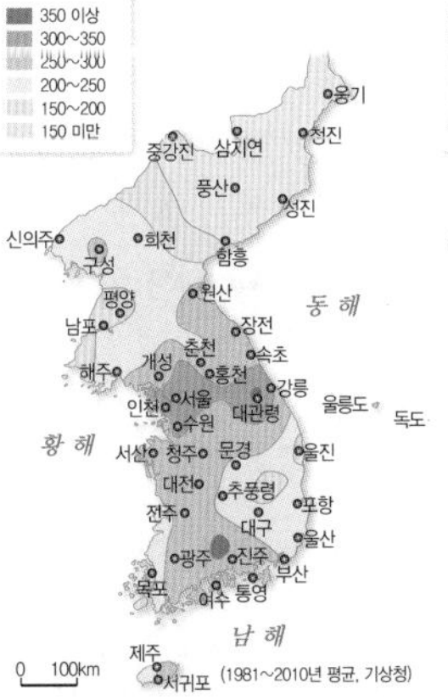

⇡ 8월 강수량

⇡ 1월 강수량

■ 우리나라 근해의 수온 분포(1월), 단위(℃)

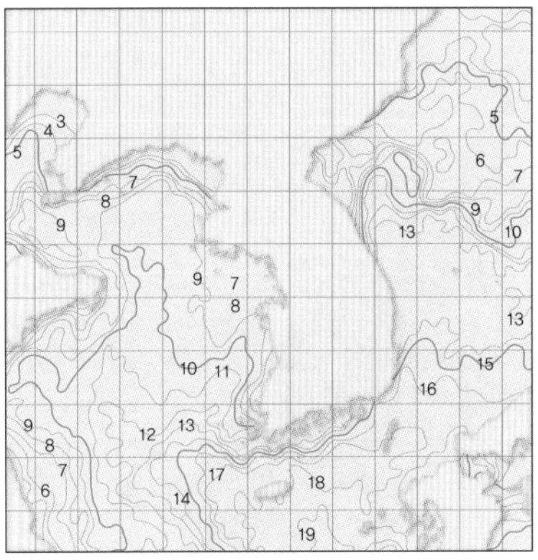

■ 수륙 분포와 동위도 상의 연교차

같은 위도 상에서 연교차는 해양의 영향을 받는 해안 지역보다 내륙 지역이 더 크다. 이는 수륙 분포 때문이다. 같은 해안이라도 수체가 작고 대륙 기단의 영향을 전면에서 받는 서해안이 동해안에 비해 연교차가 큰 편이다.

■ 해에 따른 강수 변동(서울)

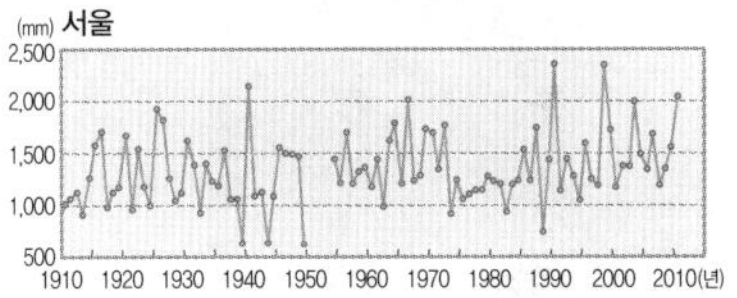

서울의 연평균 강수량은 약 1,450mm 정도이지만 해에 따라 2,500mm에 육박하기도 하고 1,000mm 이하로 내려가기도 한다. 이처럼 우리나라의 모든 지역은 해에 따른 강수량의 차이가 매우 큰 편이다(강수의 경년 차가 크다).

■ 월별 평균 강수량(mm)

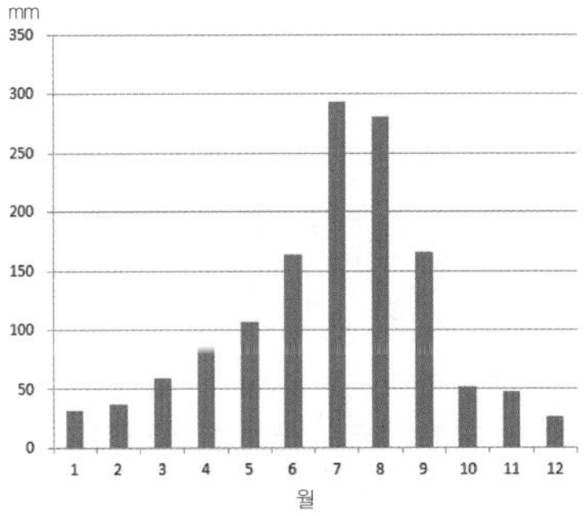

■ 강수의 계절 차와 하계 강수 집중률

우리나라는 장마, 태풍, 집중 호우 등의 영향으로 연 강수량의 50% 이상이 여름철에 집중된다. 하계 강수 집중률은 연 강수량에 대한 여름 강수량의 비율을 나타낸 것을 말하는 것으로 강수의 계절차를 나타내는 지표가 된다. 하계 강수 집중률은 대체로 해안에서 내륙으로 갈수록 커지며, 같은 위도에서는 바다의 영향이 큰 동해안이 서해안에 비해 작은 편이다.

■ 여름 강수량과 여름 강수 비율

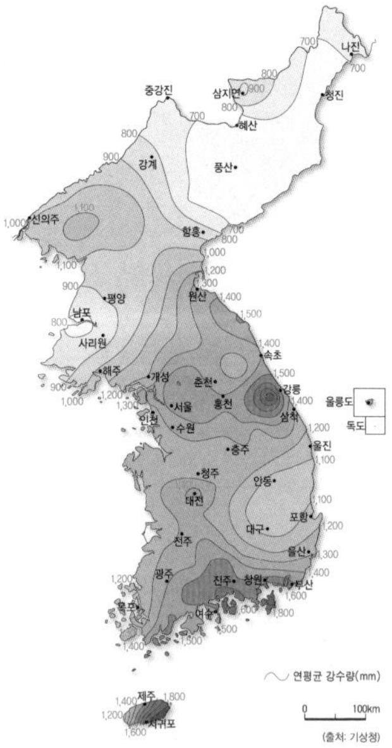

■ 우리나라의 다우지와 소우지

우리나라는 국토 면적이 좁지만 지형이 복잡하고 다양하여 지역 간의 강수 차이가 크다. 대체로 북동·남서 방향 산맥과 남풍 계열의 여름 계절풍이 일치하여 수렴하는 지역이 다우지가 되며, 평야나 고원, 분지처럼 상승 기류를 일으키기 어려운 지형이나, 바람그늘 사면인 경우 소우지가 된다.

■ 연 강설량 분포

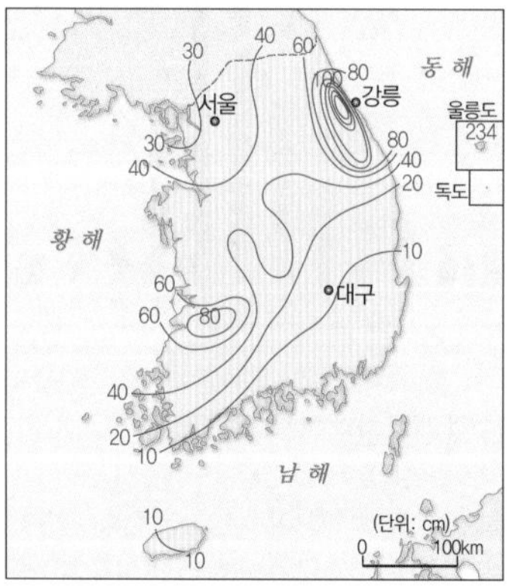

우리나라 대표적 다설지인 영동 산간 지방은 북동 기류가, 호남 황해안 지방은 시베리아 기단 확장 시 북서 기류가 주된 강설 기구이다. 울릉도는 이들의 영향을 모두 받아 타 지역과 비교가 안 될 만큼 우리나라의 최다설지를 이룬다.

(1) 강수 특색

① 해에 따른 강수 변동이 큼
- 중위도에 위치하여 다양한 강수 기구의 영향을 받음
- 홍수와 가뭄이 빈번함

② 강수의 계절차가 큼
- 연 강수의 50%가 여름에 집중(장마, 태풍, 집중 호우)
- 저수지, 보(洑), 다목적 댐 건설 등 수자원 관리를 위해 많은 노력을 기울임

③ 강수의 지역 차가 큼: 소우지(중강진, 청진, 혜산)와 다우지(남해안 일대와 제주도) 간 연 강수량이 약 3배 이상 차이가 나기도 함

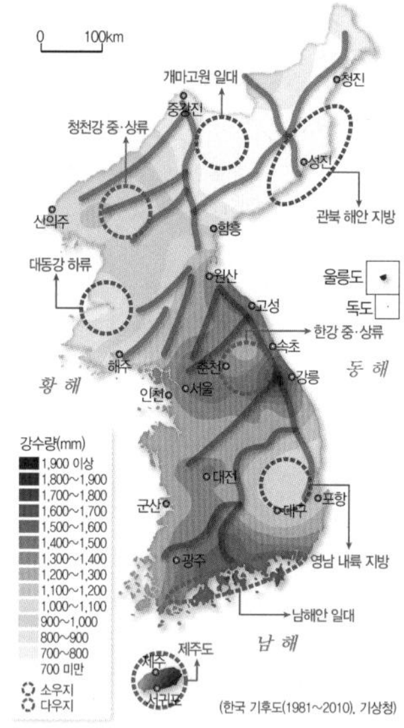

⇡ 우리나라의 다우지와 소우지

(2) 강수의 지역 분포: 다우지와 소우지

① 다우지: 바람(여름 계절풍)과 지형(산맥의 방향)이 수렴할 수 있는 지역(대체로 남서기류가 우세하나, 제주도 및 남해안은 남동기류가 우세)
- 남해안 일대와 제주도: 남동 기류와 남해안 산지의 수렴, 태풍의 영향이 가장 큼, 우리나라 최다우지(제주는 남동 기류의 영향으로 성산, 서귀포의 강수량이 많음)
- 한강 중·상류 지역: 남서 기류와 산맥의 수렴으로 하계 강수 집중률 최대
- 청천강 유역: 남서 기류와 산맥의 수렴으로 북한 지역의 다우지

② 소우지
- 개마고원 일대: 내륙 고원으로 대륙도 및 격해도 최대(혜산, 중강진 등)
- 관북 해안 일대: 산맥 방향이 풍향과 나란함, 한류 영향으로 대기 안정(청진, 나진 등)
- 대동강 하류 지역: 지형이 낮고 평평하여 상승 기류를 일으키기 어려움(평양, 남포 등)
- 영남 내륙 지역: 산지로 둘러싸인 분지 지역으로 푄 현상이 일어남(대구, 구미 등)

(3) 강설 분포
- 겨울 계절풍과 지형 및 난류가 만나 겨울에 강수가 많은 다설지
- 울릉도: 북서·북동 기류와 동해의 난류, 급경사의 종상 화산 지형으로 우리나라 최다설지 형성
- 호남 황해안 및 소백산맥 서사면(노령산맥): 주로 대륙(시베리아) 고기압 확장 시
  - 호남 황해안: 차가운 북서풍과 따뜻한 난류 간 온도 차에 의한 강설(군산, 김제, 부안 등)
  - 소백산맥 서사면 및 노령산맥: 해안의 눈구름을 동반한 북서 기류가 산맥과 수렴하여 강설 형성(장수, 무주, 정읍, 임실 등)
- 영동 산간 지방: 북동 기류와 동해의 난류, 태백산맥으로 인한 급경사 지형(속초, 강릉, 삼척, 울진 등 대관령을 포함한 영동 산간 및 해안 지역)

더 알아보기

▶ 호수 효과와 바다 효과

오대호 연안 지역은 겨울에 북부 지역의 대륙 고기압 확장 시 차가운 바람이 따뜻한 오대호를 지나면서 형성하는 온도 차이에 의한 강설로 다설지를 이루었다. 이와 같은 현상을 호수 효과라 하며 이 때문에 오대호 연안이 스노우 벨트(snow belt)라고 불리게 되었다. 오대호를 넘어온 눈구름은 애팔래치아 산맥을 맞닥뜨리면서 지형성 강설을 만든다. 이러한 호수 효과의 원리는 우리나라 호남 서해안 지역의 강설 기구 역시 잘 설명해 준다. 황해의 난류는 오대호와, 시베리아 대륙 고기압은 북아메리카 대륙 고기압과 같은 역할을 하여 이를 바다 효과라 부르기도 한다.

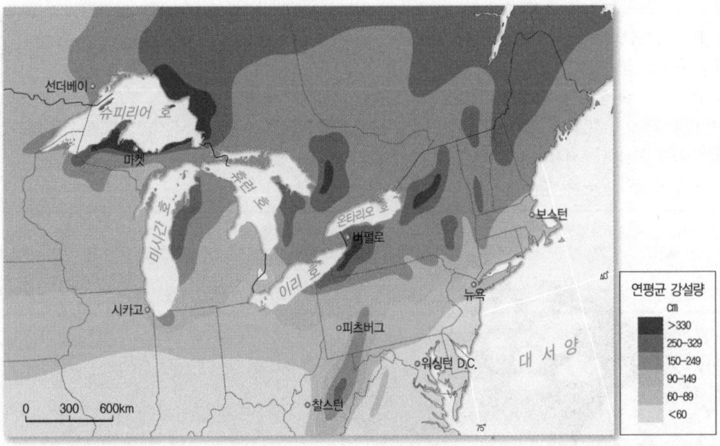

오대호 연안의 강설 분포

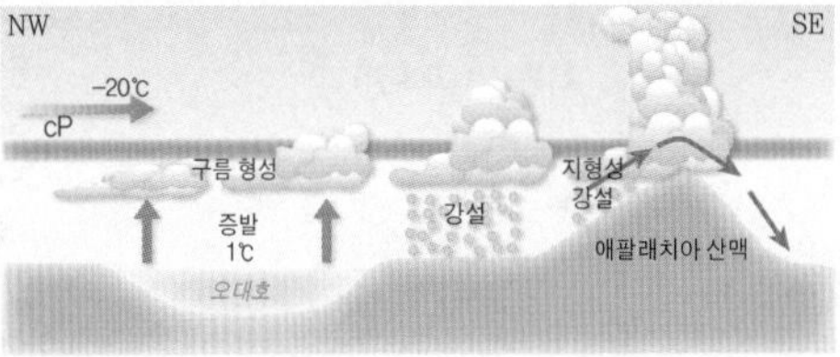

오대호 연안의 강설 모형

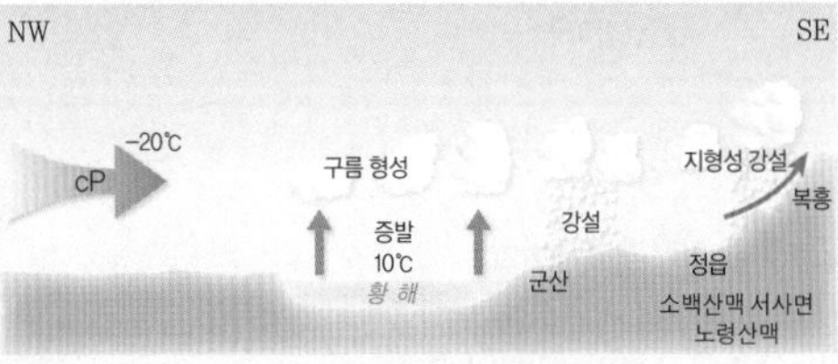

호남 황해안 및 소백산맥 서사면의 강설 모형

3. 우리나라의 바람

우리나라는 중위도에 위치하여 전반적으로 편서풍의 지배하에 있다. 그러나 대륙 동안에 위치하여 계절에 따라 바람 방향이 바뀌는 계절풍 기후가 나타난다. 한편 우리나라는 지형이 복잡·다양하여 지역마다 국지적으로 형성되는 다양한 지방풍이 존재한다.

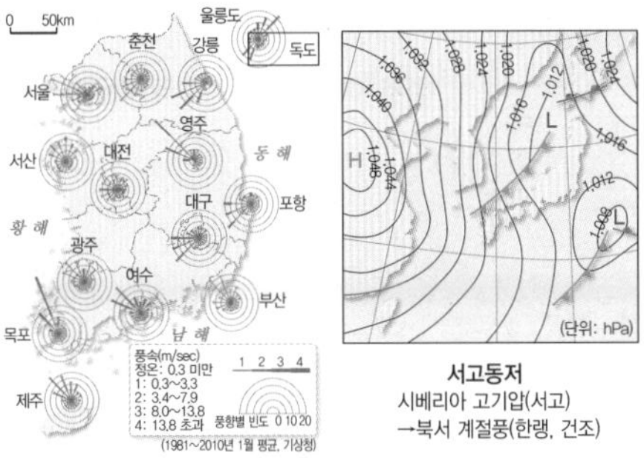

⁝ **겨울 계절풍(1월)**

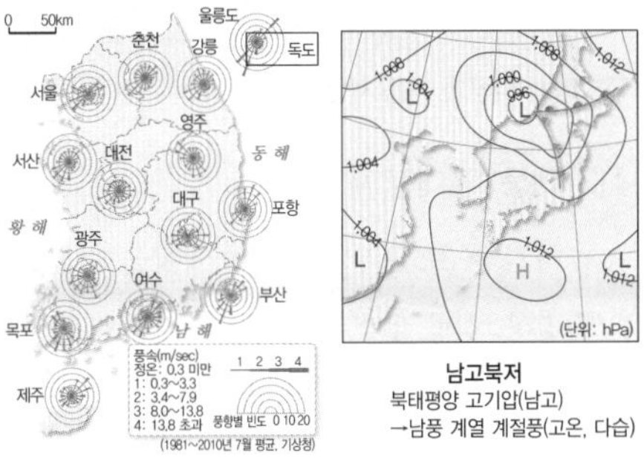

⁝ **여름 계절풍(8월)**

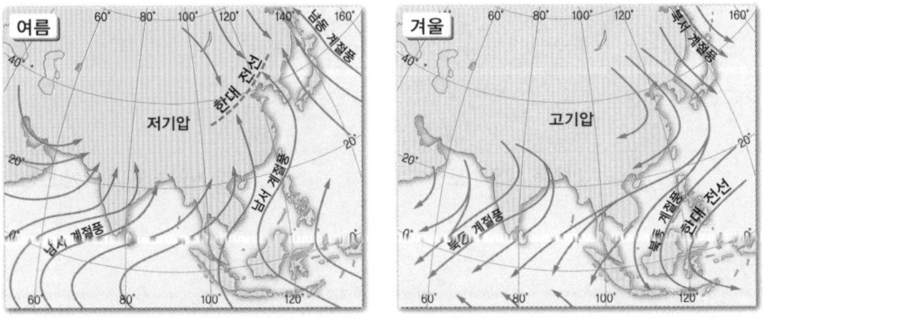

⁝ **우리나라의 계절풍** 동부아시아 계절풍은 수륙 간의 비열 차에 의해 발생한다. 겨울은 시베리아 대륙에서 냉각된 공기가 한랭 건조한 북서 계절풍의 형태로 우리나라에 영향을 주며, 여름은 대륙이 가열되면서 북태평양으로부터 고온 다습한 공기가 남풍 계열의 계절풍 형태로 우리나라에 영향을 준다. 이러한 계절풍은 우리나라의 의식주 등 문화 전반에 다양하게 영향을 미쳤다.

(1) 계절풍

겨울 계절풍	• 시베리아 기단(cP)의 확장, 한랭 건조한 북서 계절풍이 탁월 • 영향: 배산임수 취락 입지, 온돌, 솜옷, 김장 등
여름 계절풍	• 북태평양 기단(mT)의 확장, 고온 다습한 남풍 계열 계절풍이 탁월 • 영향: 벼농사, 대청마루, 터돋움집 등

■ **영동 산간 지방 강설 모형**

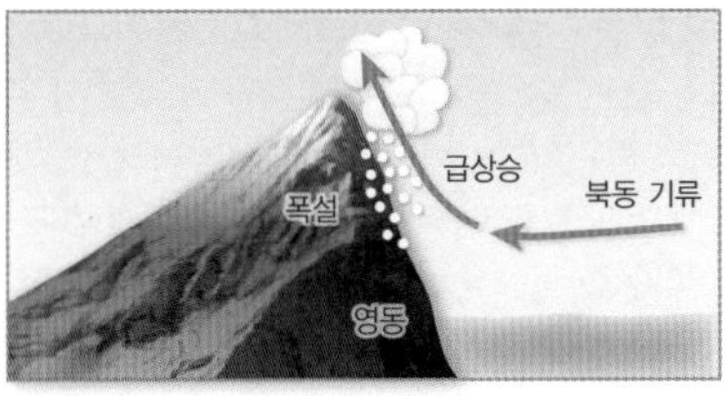

영동 산간 지방은 겨울철 따뜻한 동해를 거쳐온 북동 기류가 태백 산지의 급경사 사면을 만나면서 형성되는 강설 형태이다. 겨울철 시베리아 고기압의 성쇠에 따라 이동성 고기압의 형태로 분리되어 한반도의 북부 지역을 지날 때, 한반도 북동쪽에 기압의 중심이 자리하는 경우 북동 기류가 불어오게 된다.

■ **바람장미**

한 지점에서 바람의 분포 특성을 나타내기 위해 사용하는 그래프이며, 보통 풍향별 빈도만을 나타내는 것이 일반적이다. 해당 방향의 막대가 길수록 그 풍향의 빈도가 높음을 나타낸다. 경우에 따라 풍향별 빈도와 풍속을 함께 나타내기도 한다.

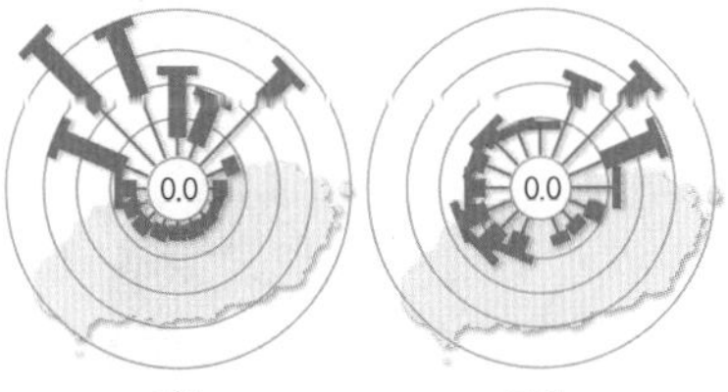

제주도의 1월과 7월 바람장미

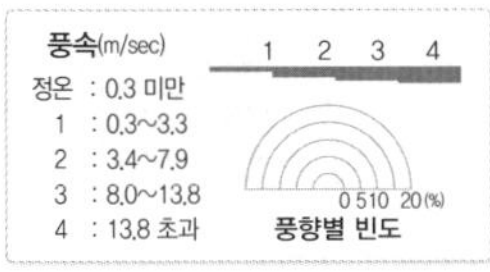

■ 풍향별 바람 명칭

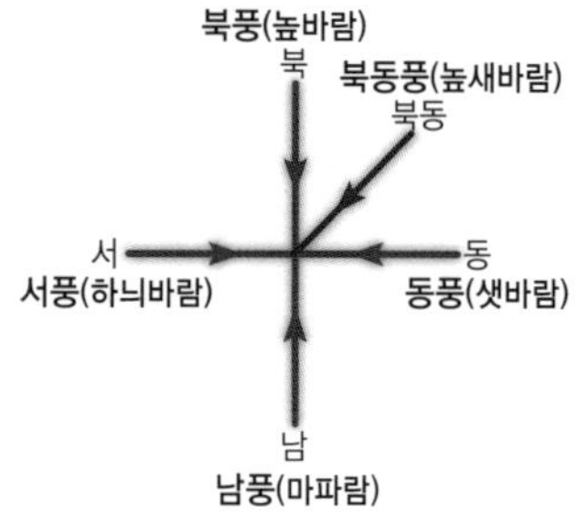

■ 오호츠크 해 기단과 높새바람

높새바람은 오호츠크 해 기단이 아니더라도 한반도의 북동쪽에 고기압이 자리하여 북동 기류가 불어오면 나타날 수 있다. 그러나 해양성 한대 기단인 오호츠크 해 고기압이 확장하여 생기는 북동 기류의 경우는 매우 습윤하기 때문에 태백산지를 만나 공기가 상승할 때 더욱 빠르게 응결할 수 있다. 이 경우 습윤 단열 변화 과정을 오래 거치게 되며, 습윤 단열 변화 과정이 길수록 양 사면 간 온도와 습도 차이는 더욱 커지게 된다. 따라서 높새바람은 오호츠크 해 기단에 의해서 주로 발생하게 된다.

■ 우리나라에서 태풍의 진로와 영향

태풍(열대성 저기압)은 시베리아 기단의 영향이 약화되면서 한반도 방향으로 진출하기 시작한다. 한반도가 북태평양 고기압의 영향을 받는 7~9월 동안 고기압의 가장자리를 따라 진로가 형성되며, 북태평양 기단이 완전히 물러나는 9월 이후에는 태풍의 진로도 한반도를 벗어나게 된다.

태풍의 중심이 우리나라를 지나는 경우 특히 남동 해안에서 피해가 잦고 큰 편이다. 이는 편서풍과 태풍의 풍향이 합성되는 태풍의 위험 반원 구역에 남동 해안이 위치하는 경우가 많기 때문이다.

■ 태풍으로 인한 피해

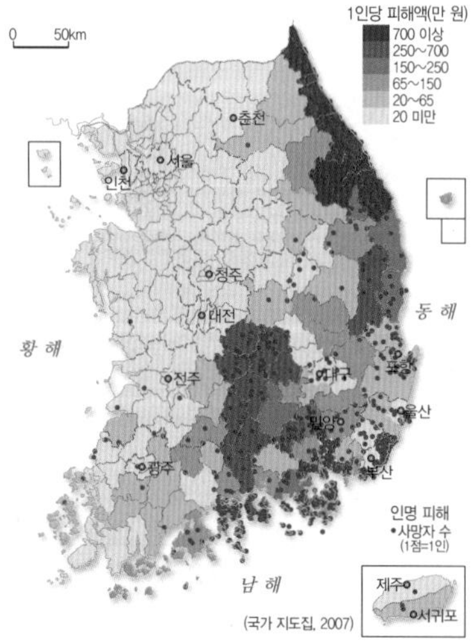

(국가 지도집, 2007)

(2) 국지풍

- 복잡하고 다양한 지형의 영향으로 다양한 지방풍 형성
- 영서 지방의 높새바람, 푄 현상 등
- 늦봄에서 초여름 사이 북동풍이 불 때(주로 오호츠크 해 기단 확장 시) 잘 나타남
- 북동풍(높새바람)이 태백 산지를 넘으면서 푄 현상으로 고온 건조한 바람을 일으켜 영서 지방 초여름 가뭄해의 원인이 됨(5~6월은 모를 이앙하는 시기로, 이때 마른 바람이 불면 모가 죽게 됨)
- 높새바람이 나타나는 경우 영동 지방에서는 냉해를 겪기도 함

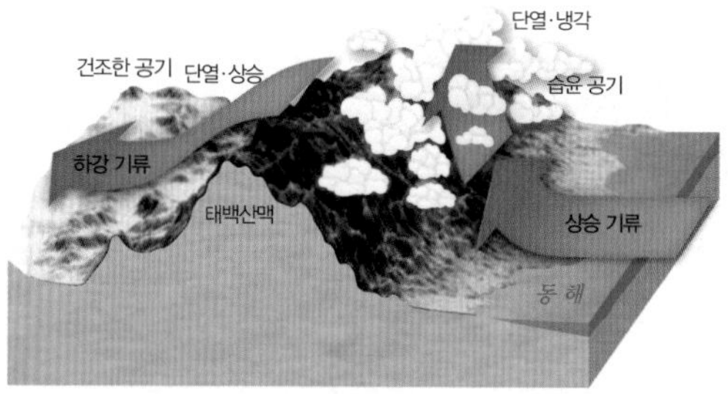

↑ 높새바람의 모식도

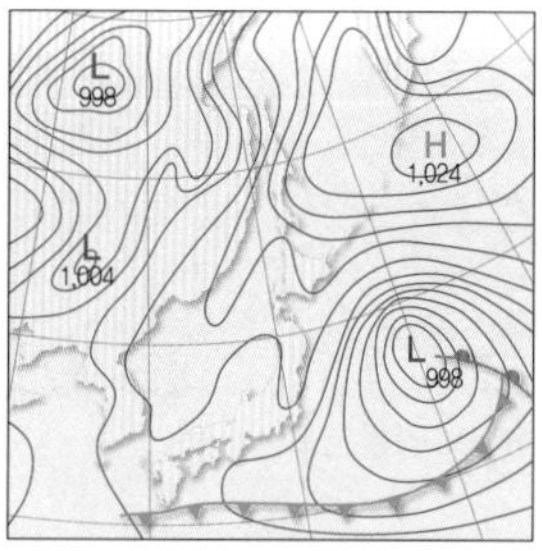

↑ 오호츠크 해 기단의 영향을 받을 때의 일기도

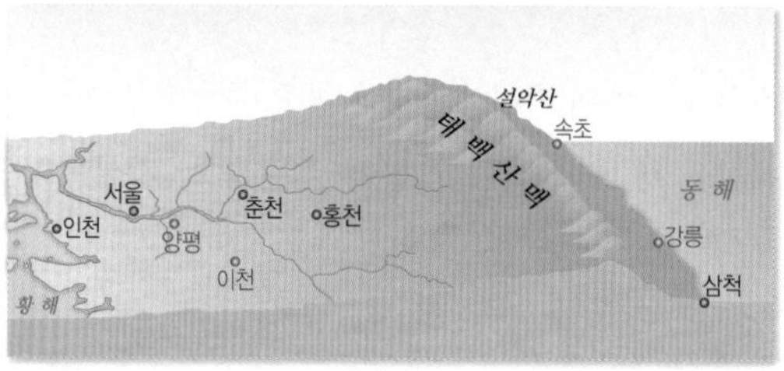

↑ 영서 지방과 영동 지방

	지역	기온(℃)	습도(%)
영서	양평	23.0	57
	이천	22.3	58
영동	강릉	15.5	85
	속초	14.8	90

(2004. 5. 8)

↑ 영서 지방과 영동 지방의 기온과 습도

(3) 태풍: 열대성 저기압

① 시기: 주로 7~9월 사이에 영향을 미침

② 영향: 강풍과 호우를 동반하여 막대한 풍수해 유발

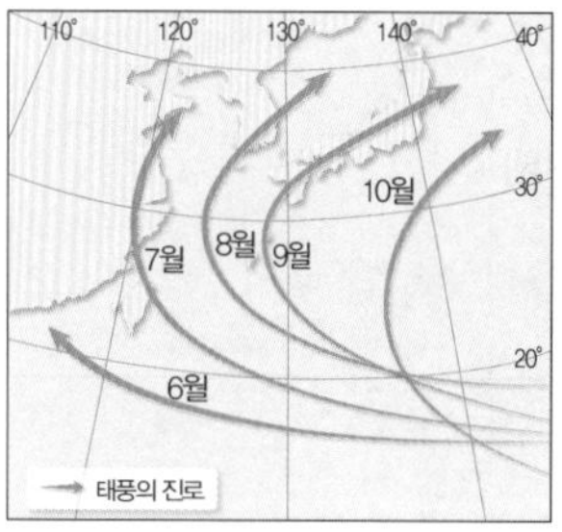

↑ 월별 태풍의 진로

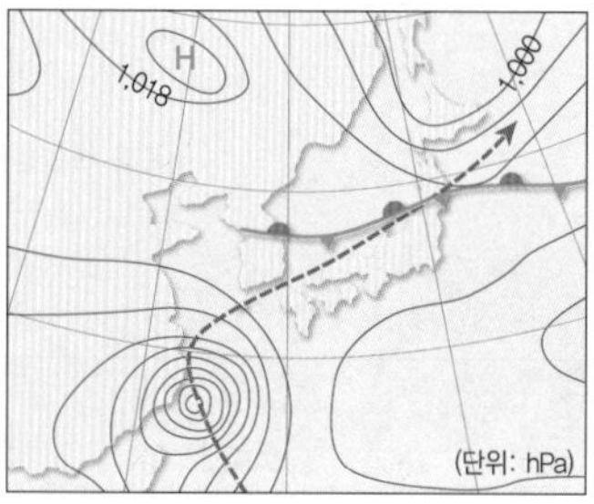

↑ 태풍 시 일기도

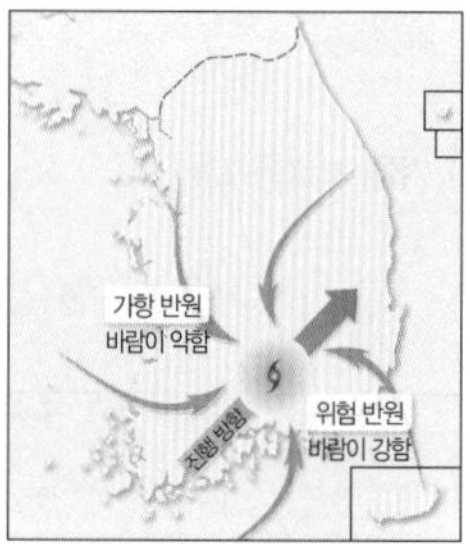

↑ 가항 반원과 위험 반원

4. 우리나라의 안개, 서리, 일조

(1) 안개 응결된 수증기가 안정된 대기 상태로 인해 지표 부근에 떠 있는 현상

① 분포

- 대관령 일대: 안개 일수가 연간 130일가량으로 가장 많음 → 사면을 따라 상승한 공기가 응결하여 형성되는 활승무(산안개)의 형태
- 내륙 분지 지역: 기온 역전에 의한 대기 안정으로 형성되며, 특히 대규모 댐 건설 지역을 중심으로 안개 일수가 많은 편
- 해안 지역: 바다로부터 따뜻한 공기가 밀려오면서 형성되는 이류무(해무) 발생

② 영향: 일조 부족으로 작물 수확량 감소 및 냉해, 안개로 인한 교통 장애 등

더 알아보기

▶ 우리나라 안개 일수의 분포 특성

우리나라는 대체로 내륙 지역에서 안개 발생 빈도가 높고, 해안 지역에서 낮은 편이다. 특히 대관령과 같은 산악 지역과 순천(주암호), 진주(진양호), 임실(옥정호), 양평(팔당호) 등 대규모의 댐에 인접한 내륙 지역이 비교적 안개 발생 빈도가 높다. 또한 해안 및 백령도, 흑산도 등의 도서 지역에서는 이류에 의한 안개가 빈번한 곳도 있다.

지역	일수
대관령	132
백령도	103
순천	92
진주	88
임실	83

(1981~2010)

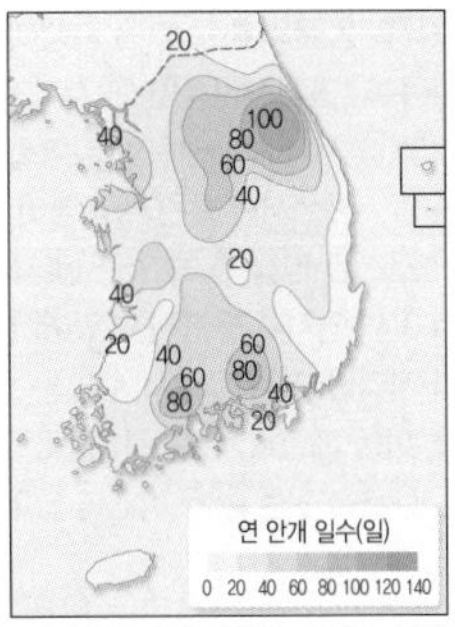

(2) 서리 응결한 수증기가 어는점 이하로 내려가 지면이나 물체에 부착된 얼음 결정

① 발생 시기: 한대 기단의 영향을 본격적으로 받기 시작하는 가을부터 이듬해 늦봄까지 발생

② 영향: 작물이 냉해를 입게 하거나, 생육을 지속하지 못하게 하는 등 작물의 생육 가능 기간을 결정

③ 무상 기간: 늦봄에 마지막 서리가 내린 후부터 가을에 첫 서리가 내릴 때까지 서리가 내리지 않는 기간으로, 대략 4~10월 정도이며 여름 작물의 생육 기간에 해당함

(3) 일조 시간

① 일출에서 일몰까지의 가조시간 중 구름 등의 영향을 받지 않고 실제로 태양에 노출된 시간으로 지표면에서 실제로 받는 일사량의 개념

② 관서 해안 평야, 영남 내륙 분지 등 소우지에서 일조 시간이 긺

③ 과수 농업, 천일제염 등에 중요한 영향을 미침

5. 기단과 계절 변화

우리나라는 계절에 따라 다양한 기단의 영향을 받는다. 겨울에는 한랭하고 건조한 시베리아 기단(cP)의 영향을 받다가, 태양 고도가 점차 높아지는 봄에는 시베리아 기단이 화중·화남 지방에서 온화하게 변질(cPw)되고 이 영향을 받아 온화한 날씨가 이어진다. 대륙 기단이 물러나고 늦봄에서 초여름 사이에 오호츠크 해 기단(mP)이 잠시 영향을 주다가 세력을 확장한 북태평양 기단(mT)과 한대 전선대를 형성하여 장마를 만든다. 이후 북태평양 기단의 영향권에 들면서 한여름의 무더위가 시작되고, 북태평양 기단이 물러가면 시베리아 기단(cP)이 다시 확장하면서 가을을 지나 겨울이 된다.

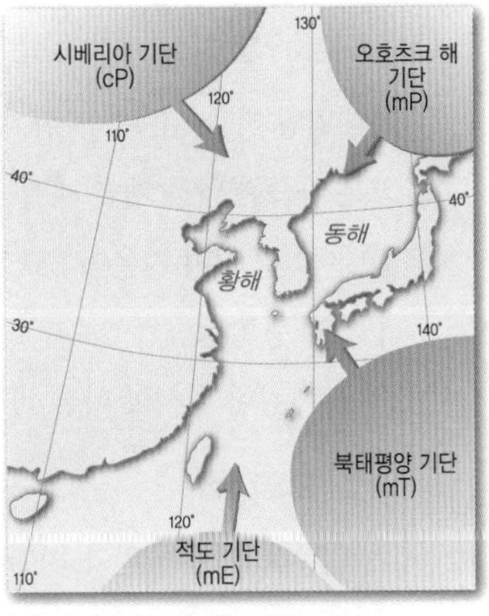

⁝ 우리나라에 영향을 미치는 기단

(1) 봄: 3~5월

① 변질된 시베리아 기단(c P w)의 영향
- w → 온난(개화)
- c → 건조(산불, 봄 가뭄 등)

② 꽃샘추위: 쇠퇴하던 시베리아 고기압의 일시적 확장

③ 날씨 변화가 심함: 이동성 고기압과 이동성 저기압이 교대로 통과

④ 황사: 호흡기 질환, 항공기 운항, 반도체 산업 등에 지장 초래

■ 안개의 종류
- 복사무: 지표면의 복사 냉각에 의해 발생
- 증발무: 호수 주변에서 수증기의 증발로 발생
- 활승무: 산 사면을 따라 기류가 상승하여 발생
- 이류무: 바다로부터 해안으로 따뜻한 공기가 몰려와서(이류) 형성

■ 무상 기간의 분포

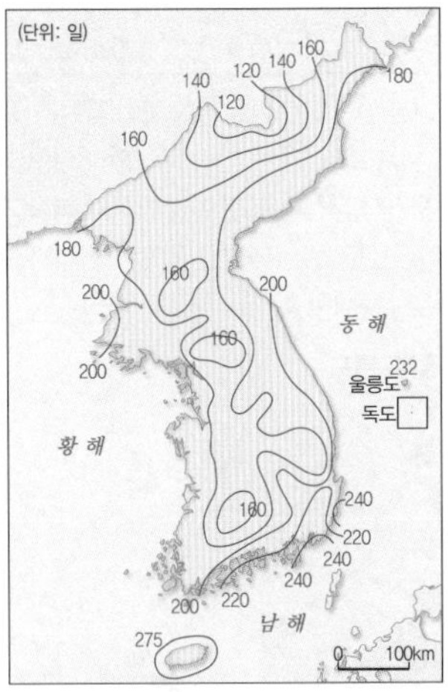

무상 기간은 한랭한 고위도로 갈수록 짧아지며 온화한 저위도로 갈수록 길어진다. 동 위도 상에서는 내륙에서 해안으로 갈수록 길어지며, 해양의 영향이 커서 겨울이 온화한 동해안의 무상 기간이 황해안에 비해 길다.

■ 일조 시간의 분포

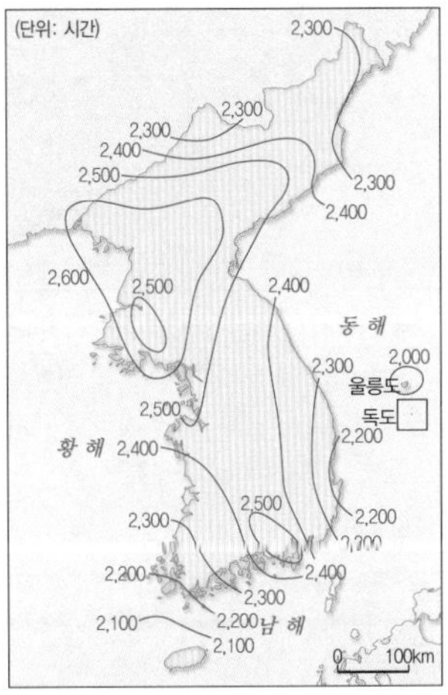

일조 시간은 대체로 소우지에서 긴 편이다. 우리나라에서 일조 시수가 최대인 지역은 관서 해안 평야 지역으로 과수 농업과 천일제염이 크게 발달하였다. 영남 내륙 지역도 일조율이 높아서 사과, 포도 등의 과수 농업이 많이 이루어지고 있다.

■ 장마철의 일기도

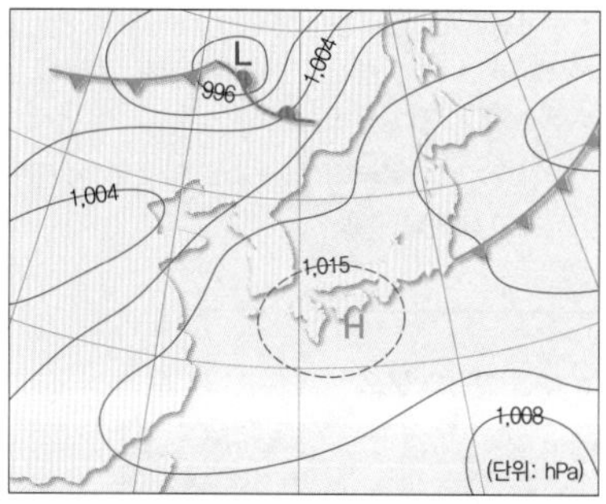

한대 전선대가 한반도 주변에 정체하여 장기간 비가 내리며, 남북으로 진동하다가 북태평양 기단의 세력이 커지면서 전선대는 만주 지방으로 북상하게 된다. 이 전선대는 북태평양 기단이 물러나는 초가을에 다시 내려와 초가을 장마를 만든다.

■ 열대야 일수 분포

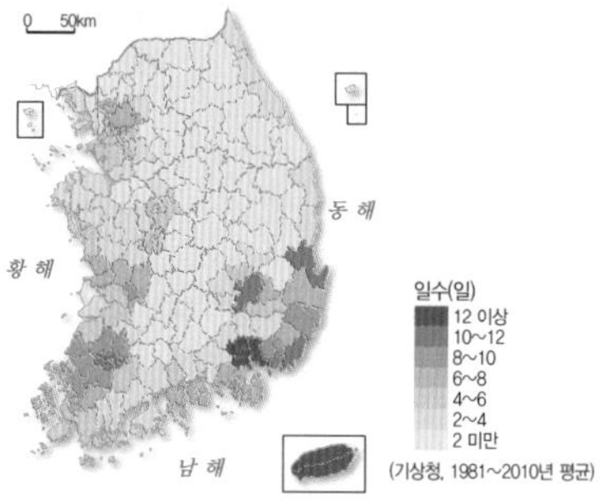

■ 한여름철의 일기도

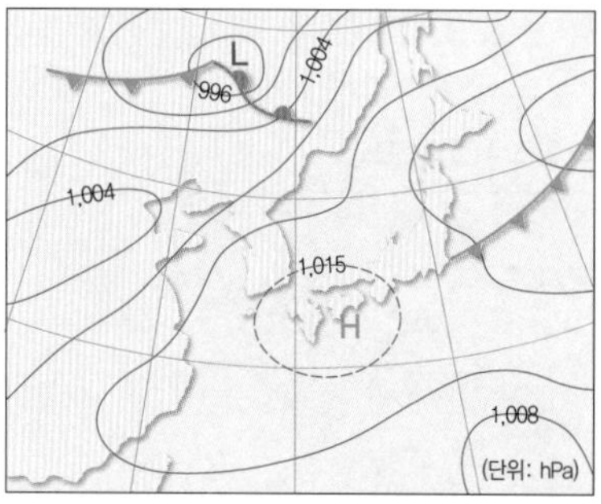

한여름에는 남고 북저형 기압 배치를 형성하며 해양성 열대 기단(mT)인 북태평양 고기압의 가장자리에 들어 전국적으로 무덥고, 곳에 따라서 국지적 가열에 의한 소나기가 내리기도 한다.

■ 한겨울철의 일기도

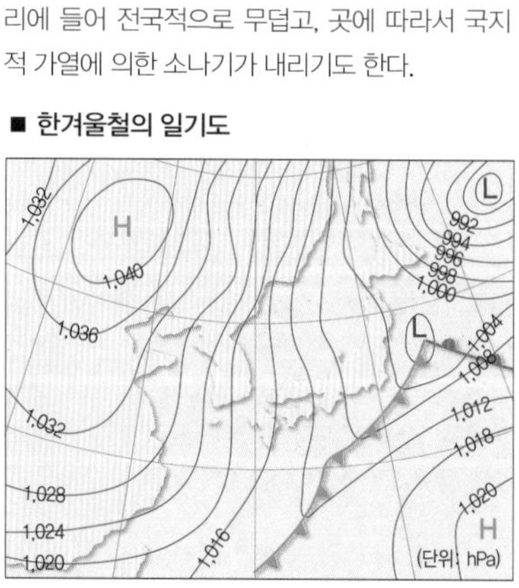

한겨울에는 서고 동저형 기압 배치를 형성하며 대륙성 한대 기단(cP)인 시베리아 고기압의 영향으로 전국적으로 한파가 몰아닥치게 된다.

더 알아보기

황사 현상

중국과 몽골의 황토 고원 지대에서 발생한 흙먼지가 상층의 편서풍을 타고 우리나라로 날아오는 현상을 황사 현상이라 하며, 이 흙먼지는 일본을 지나 태평양까지 날려 불게 된다. 황사의 발생지는 타커라마간 사막, 고비 사막, 황투 고원 등의 건조 지역에 해당하며 사막화가 확대되면서 최근 발생 일수가 증가하고 있는 추세이다. 대기 중에 수증기가 많은 여름이나 발생지인 발원지의 땅이 얼어 있는 겨울에는 발생 빈도가 낮다. 그러나 건조 지대의 땅이 녹으면서 대기가 여전히 건조한 봄철, 특히 3~5월 사이에 집중적으로 발생하여 우리나라에 영향을 미치게 된다. 황사에는 PM_{10}~$PM_{2.5}$ 등의 미세 먼지를 포함하고 있어서 반도체, 정밀기기, 항공기 산업 등에 많은 피해를 줄 뿐만 아니라 중국 동부 해안의 공업 지역을 거쳐 오면서 수많은 오염 물질을 함께 가지고 와서 호흡기나 눈과 관련된 질병을 유발하므로 더 문제가 된다. 이를 해결하기 위해서 중국 당국과 황사의 영향권에 속하는 인접 국가들은 서로 협조하여 황사 발원지의 조림 사업을 실시하는 등 황사 피해를 줄이기 위한 방법을 다각도로 모색하고 있다.

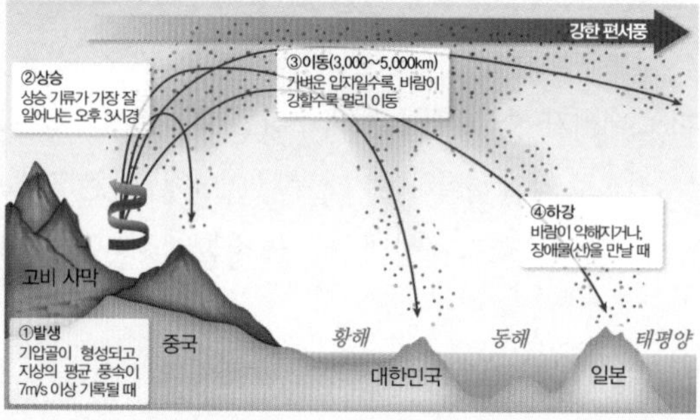

황사 현상과 황사의 이동

(2) 장마: 6월 하순~7월 중순

① 한대 전선대: 한대 기단(오호츠크 해 기단)과 열대 기단(북태평양 기단) 사이에 형성되는 한대 전선대가 우리나라 부근에서 정체하여 장기간 강수 형성

② 장기간 강수 현상이 지속되고 고온 다습하여 불쾌 지수 높음

③ 한대 전선대를 따라 남서 기류가 유입되는 경우 집중 호우에 의한 피해가 더욱 커짐

(3) 한여름: 7월 하순~8월 하순

① 북태평양 기단(mT)의 영향: 남고 북저형 기압 배치

② 고온 다습한 남풍 계열 계절풍에 의해 무더위 발생

③ 열대야: 일 최저 기온이 25℃ 이상인 날을 말하며, 해양의 영향이 큰 제주와 남해안 지방에서 더 자주 발생

④ 소나기: 강한 일사에 따른 국지적 가열로 발생하는 대류성 강수

(4) 가을: 9~11월

① 초가을 장마: 북태평양 기단이 물러남에 따라 장마 전선이 다시 남하하여 초가을 장마가 나타나며, 여름 동안 대기와 지표에 누적된 수분으로 짧은 기간에도 큰 피해를 야기하는 경우가 있음

② 이동성 고기압의 영향으로 청명한 날씨 → 일조가 풍부하여 작물의 수확·결실에 유리

③ 대륙 고기압(cP)이 점차 세력을 확장함에 따라 기온이 낮아짐 → 첫서리가 내림

(5) 겨울: 12~2월

① 시베리아 기단(cP)의 영향: 서고동저형 기압 배치

② 한랭 건조한 북서 계절풍, 한랭(한파), 건기

③ 삼한 사온 현상: 시베리아 기단의 주기적 확장과 쇠퇴로 기온의 하강과 상승 반복

6. 국지 기후

(1) 도시 지역의 기후

① 기온: 도심부는 인위적 활동에 의한 인공열의 방출로 교외에 비해 기온이 높은 도시 열섬 현상이 일어남

② 습도: 도심부 도로의 아스팔트 포장 및 식생 제거로 교외에 비해 습도가 낮은 '도시 사막화'가 일어남

더 알아보기

기후와 전통 가옥

전통 가옥의 구조와 기후는 밀접한 관계에 있다. 대체로 기온이 낮고 바람이 강한 북동부 산간 지역은 가옥 구조가 폐쇄적이며, 기온이 온화하고 여름 계절풍의 영향이 강한 남서부 평야 지역은 가옥 구조가 개방적이다. 폐쇄적 가옥 구조는 방풍과 보온을 위해 주로 겹집(田자형) 구조를 지니고, 마루가 좁거나 없는 편이다. 반면 개방적 가옥 구조는 통풍과 채광을 위해 주로 홑집(一자형) 구조를 지니고, 마루가 큰 편이다. 특히 관북 지방은 겨울이 혹독하게 추워 방과 부엌의 중간 형태인 정주간이라는 독특한 시설이 있으며, 남부 지방의 홑집에는 대체로 대청마루가 크게 만들어져 있다. 다설지인 울릉도의 전통 가옥에는 눈보라를 막고, 폭설로 고립 시 가옥 내의 이동로를 확보하기 위해 우데기 시설을 만들었다. 기온이 온화하지만 바람이 강하고 태풍의 내습이 잦은 제주도는 홑집이면서도 폐쇄적 가옥 구조를 지닌다. 이문간, 이중문, 풍채, 낭간 등이 매서운 북서 계절풍에 대응하기 위한 전통 가옥 시설이다. 지붕의 경사는 완만하며, 그물 지붕과 돌담 같은 시설이 있다.

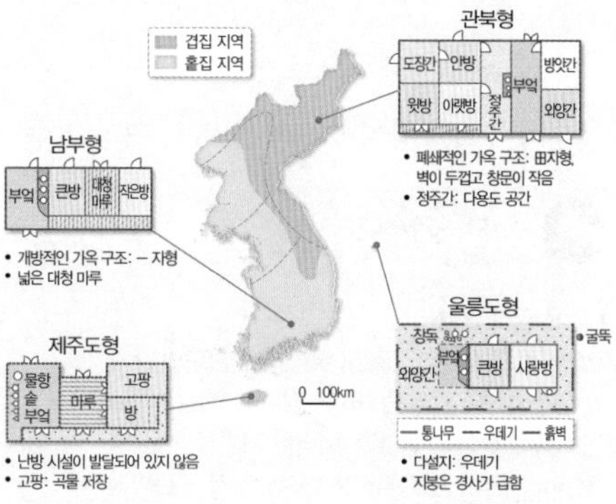

지역별 전통 가옥 유형

더 알아보기

도시 열섬 현상

일반적으로 도시는 인공적으로 발생하는 열로 인하여 도시 주변의 교외 지역에 비해 기온이 높게 나타난다. 그러므로 도시 주변의 기온 분포를 등온선으로 표현했을 때, 고온의 도심부를 중심으로 등온선의 형태가 폐곡선으로 나타나게 되는데, 이 형태를 섬에 비유하여 열섬이라 부른다. 이러한 열섬 현상은 기상학자 하워드(Howard, L.)가 런던을 대상으로 발견한 이후 도시 기후학 연구의 중요한 주제가 되어 왔다.

도시 열섬 현상은 도시 내외의 최대 기온 차, 즉 열섬 강도(ΔT_{u-r}; u=urban, r=rural)를 측정하여 판단하는데, 농촌 지역의 냉각률이 도시 지역을 초과하는 일몰 때 더 크며, 정체성 고기압의 영향으로 맑고 대기가 조용한 날, 특히 기온 역전이 일어나는 날의 밤에 더욱 커진다. 또한 계절적으로는 보통 여름보다 겨울에 높은 편이다.

도시 열섬의 주된 원인으로는 도심부에서 인간들의 인위적인 활동으로 방출되는 각종 에너지들 즉, 자동차 배기가스, 난방 열에너지, 대기 오염, 화학 작용 등의 인공 열들이 도시의 콘크리트와 아스팔트 포장으로 빠져나가지 못하여 나타난다. 이러한 도시 열섬 현상은 도시의 공기 순환을 막아 대기 오염을 가중시키고 여름철 냉방 에너지 소비를 증가시키는 등의 문제를 야기하게 된다.

이에 대한 대책으로 도시 녹지 공간의 중요성이 강조되는데, 이는 녹지가 도시의 대기 질을 개선하고 도시 기온의 저감에 중요한 역할을 할 수 있기 때문이다. 즉 도시 내에 공원과 같은 녹지를 조성하면 시가지에 비해 상대적으로 기온이 낮아지므로 부분적인 하강 기류가 생기고 냉각된 공기가 주변 시가지로 이동할 수 있게 된다. 또한 식생에 의한 증발산 역시 기온 저감에 영향을 줄 수 있다. 최근에는 건물 옥상에 녹지를 조성하는 건물 옥상 녹화 사업이나, 도시 바람 길을 확보하는 등 다양한 방법으로 도시 열섬 현상에 대응하기 위한 노력을 시도하고 있다.

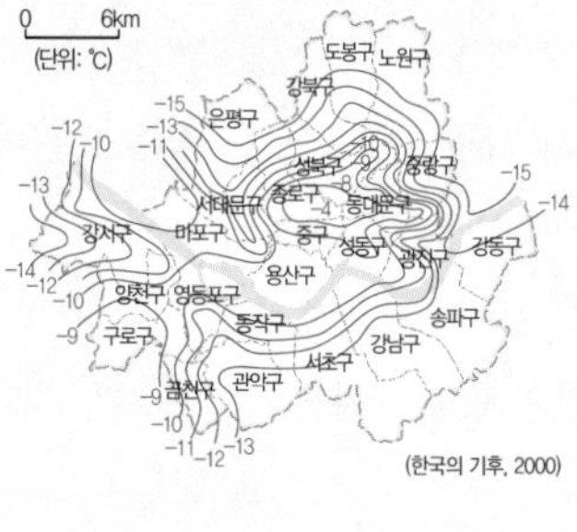

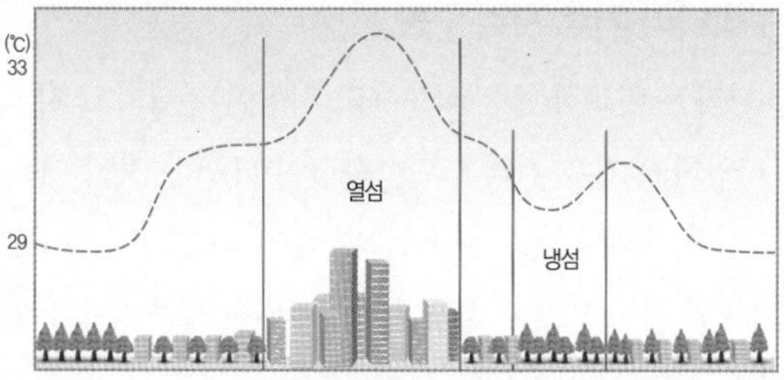

도시 열섬과 녹지 공간에서의 기온 저감 효과(냉섬)

■ 삼한 사온 현상

시베리아 기단의 주기적인 확장과 쇠퇴에 따라 일주일 정도를 주기로 한파와 풀림이 반복되는 현상을 말한다. 대체로 약 3일 정도 cP가 확장하면 이후 온화하게 변질된 cPw와 이동성 저기압(L)이 4일가량 영향을 주는 형태가 일반적이다.

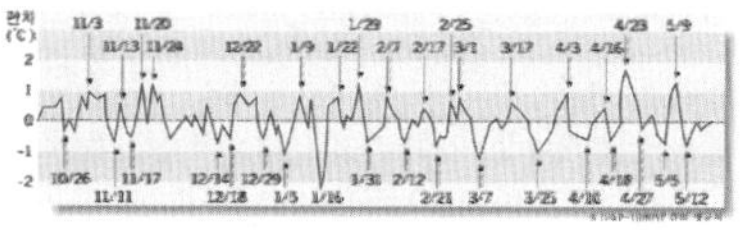

■ 한파와 상층 편서풍 파동

편서풍 상층(약 10km 정도의 고도)에는 강한 제트 기류가 파동을 이루고 있다. 이 편서풍 파동은 고위도와 저위도를 오가며 저위도의 과잉 에너지를 고위도로, 고위도의 한기를 저위도로 전달하는 역할을 한다. 우리나라의 한파 역시 상층 편서풍 파동에 의해 강화되어 나타난다.

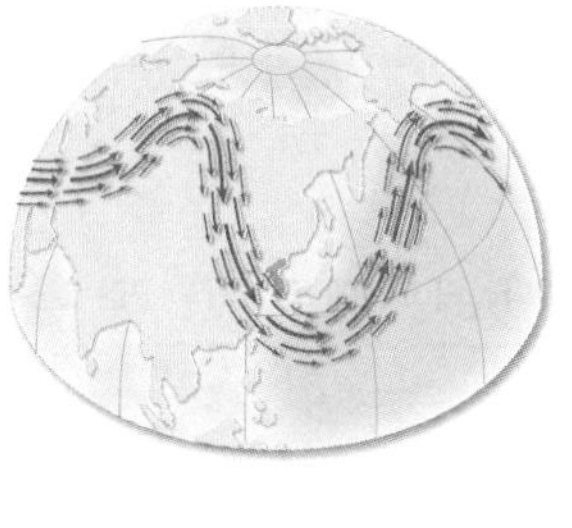

■ 도시 사막화

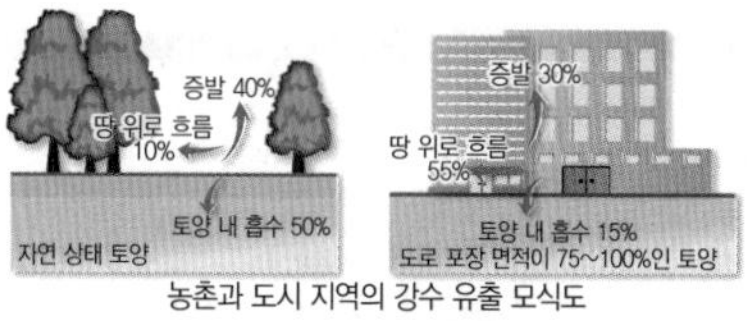

농촌과 도시 지역의 강수 유출 모식도

녹지 공간에서는 강수 시 지표 유출에 비해 많은 양의 수분을 식생 및 토양을 통해 흡수할 수 있으며, 이것이 습도를 높여 주게 된다. 그러나 도시화에 따라 녹지가 제거되고 아스팔트로 덮이게 되면 강수의 대부분이 하수관거를 통해 유출되어 버리고 토양이 흡수할 수 있는 수분이 줄어들어 점차 대기가 건조해지게 된다. 더욱이 도심은 열섬 현상이 발생하므로 상대 습도는 더욱 낮아지게 된다. 이처럼 도시 지역이 건조해지는 현상을 이른바 도시 사막화라 부른다.

■ 냉섬 현상

도심에 녹지 공간이 조성되면 녹지에 의한 증발산과 그늘 효과에 의해 주변 시가지보다 기온이 낮아지는데, 이를 열섬에 대응해서 냉섬 현상이라고 한다.

■ **산곡풍의 원리와 냉기류**

고도가 높은 곳은 공기 밀도가 낮기 때문에 온도 변화에 대한 기압 변화가 크다. 따라서 산꼭대기와 계곡이 함께 가열되면 산꼭대기의 기압이 계곡보다 낮아지며, 반대로 냉각되면 산꼭대기의 기압이 계곡보다 높아진다. 특히 밤에 산풍의 형태로 산꼭대기에서 계곡으로 내려오는 기류는 복사 냉각에 의해 더욱 차가워지고 무거워져 냉기류의 형태로 계곡에 내려와 쌓이게 되는데, 이것이 산간 분지에서 나타나는 기온 역전 현상의 원인이 된다.

■ **차밭의 바람개비**

제주도 서광리 다원(차밭)에서는 냉기류에 의한 냉해를 방지하기 위해 설치한 바람개비를 볼 수 있다.

■ **우리나라의 쾨펜에 의한 기후 구분**

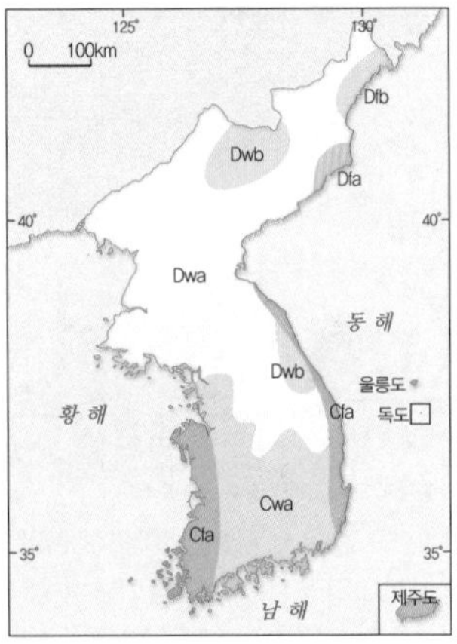

쾨펜의 기후 구분은 지구 전체에 나타난 기후형의 분포를 파악하려는 것이 주요 목적이므로, 우리나라 규모에서 특정 지역의 기후형 판단을 위해 사용하기에는 적절하지 않다. 겨울 지면 동결 온도인 최한월 평균 기온 −3℃를 유의미한 기준으로 하여 우리나라를 단순히 2개의 기후구로 나누는 것은 큰 의미가 없다.

쾨펜의 기후 구분을 적용할 경우 주로 Cw 기후에 해당하는 남부 지방에서, 해양의 영향을 많이 받는 제주도, 울릉도를 비롯하여 황·남해안과 일부 동해안 지역의 연중 월 강수량이 30mm 이상인 지역은 Cfa 기후에 해당한다. 동백, 송악, 마삭줄 등의 식생 경관이 대체로 Cfa 기후 구분의 지표가 될 수 있다.

중부 및 북부 지방은 대부분 Dw 기후이다. 구체적으로는 Dwa이지만 개마고원 지역과 관북 해안 일부 지역은 최난월 평균 기온 22℃ 미만인 Dwb(월 평균 기온 10℃ 이상인 달이 4개월 이상)에 해당한다.

③ 그 외 기후 요소

일사량	도심 〈 교외	도심 대기 중의 오염 물질로 일사 부족
평균 풍속	도심 〈 교외	도심의 고층 인공 구조물에 의한 바람 차단
강수량	도심 〉 교외	도심의 인공열에 의한 가열과 오염 물질이 응결핵 역할
안개	도심 〉 교외	도심 대기 중 오염 물질이 응결핵 역할

(2) 산간 분지 지역의 기후 산지가 많은 우리나라의 산간 분지 지역에서는 기온 역전 현상이 자주 발생

① 산곡풍: 하루를 주기로 낮에는 계곡에서 산꼭대기로(곡풍), 밤에는 산꼭대기에서 계곡으로(산풍) 부는 국지적 바람

② 냉기류와 기온 역전 현상: 야간에 냉각된 산의 상층에서 계곡으로 산풍이 불면서 산꼭대기의 찬 공기가 계곡으로 이동하는 냉기류가 형성되는데 무거워진 찬 공기가 분지 바닥에 쌓여 냉기호를 형성하여 기온 역전 현상 발생

더 알아보기

▶ 기온 역전 현상

고도의 증가에 따라 기온이 낮아지나, 고도의 증가에 따라 기온이 함께 증가하는 경우가 있는데 이를 기온 역전 현상이라 하고, 이러한 기층을 기온 역전층이라 한다. 기온 역전은 성층권에서 오존층에 의해 형성되는 상층 역전과, 대류권에서 지면의 냉각에 의해 형성되는 하층 역전이 있다. 특히 인간이 직접 접하는 지표면 부근에서의 하층 역전은 주민의 삶에 직접적인 영향을 주게 되므로 지리학에서는 하층 역전을 중요한 연구 대상으로 삼고 있다.

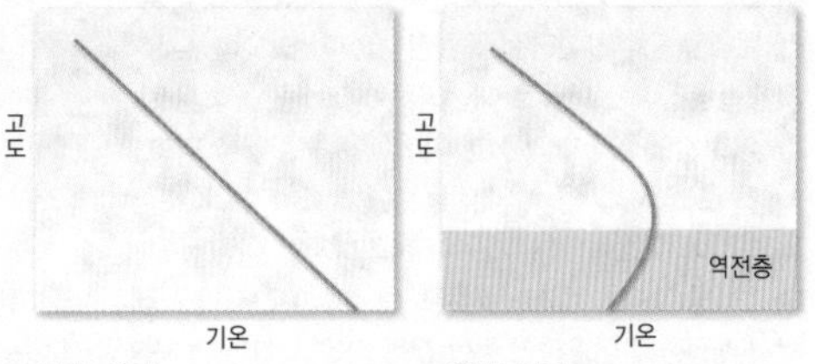

정상 상태 역전 상태

기온 역전 현상은 지표에 찬 공기가 모여 형성되는데, 가장 기본적인 지표 냉각의 원인은 지구 복사에 의해 일어나는 야간 복사 냉각이다. 또한 산간 분지에서는 야간에 산풍이 산정의 냉각된 공기를 냉기류의 형태로 분지 바닥에 쌓아 역전이 나타나게 되며, 해안에서는 바다로부터 뜨거운 공기가 내륙으로 몰려오는 이류(移流)가 해안의 찬 공기를 넓게 덮어 역전층이 형성되기도 한다. 이러한 기온 역전 현상은 주로 날씨가 맑고 바람이 없는 날 더욱 잘 발생한다.

기온 역전층에서는 무거운 찬 공기가 하층을 덮어 냉기호를 형성하므로 대기가 안정되어 대류와 같은 공기 이동이 일어나지 않고 오염도가 증가할 수 있다. 또한 서리와 안개로 작물 생육이 불량해짐에 따라 수확량 감소로 이어질 수 있으며, 안개는 특히 교통의 소통을 방해하는 등의 문제를 야기하게 된다. 이런 이유로 산간 분지 지역에서는 분지 바닥보다 산지 사면의 온난대, 즉 역전층이 끝나는 고도의 가장 기온이 높은 지점에서 농업 활동을 한다. 한편 제주도의 차밭에서는 바람개비를 설치하거나 중산간의 귤 농장에서는 야간에 모닥불을 지펴 역전층을 뒤섞음으로써 냉해를 막기도 한다.

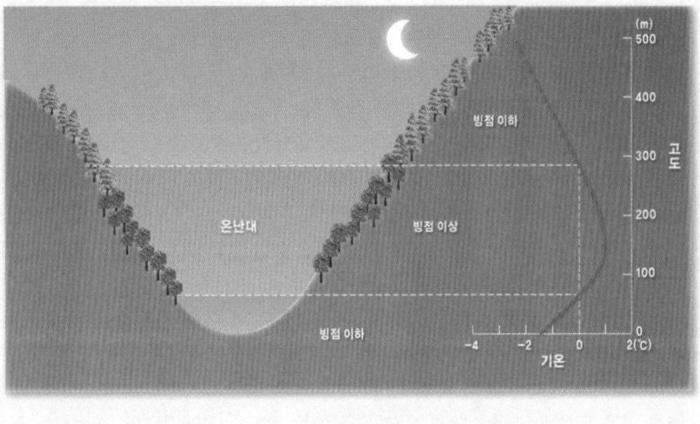

7. 우리나라 기후 지역 구분

우리나라는 비교적 좁은 국토에도 지형이 복잡하고 지역 간 기후 차를 만드는 기후 요인이 복잡·다양하여 기후 지역을 단순화하여 나누는 것이 매우 어렵다. 세계 기후 구분에 널리 쓰이는 쾨펜의 기후 구분은 우리나라와 같이 좁은 지역에서는 유용하지 않으며, 중등 교육 과정에서는 다양한 기후 요인을 종합적으로 고려하여 우리나라의 기후에 맞게 기후 지역을 나누기도 하였다.

(1) 쾨펜의 기후 구분 최한월 평균 기온 −3℃ 이상인 경우 온대(C) 기후, 최한월 평균 기온 −3℃ 미만이고, 최난월 평균 기온 10℃ 이상인 경우 냉대(D) 기후

온대 기후	• 대체로 남부 및 남해안 지방 – 남부 지방: Cw(Cwa) – 제주도 및 남해안, 울릉도 및 일부 동해안: Cfa
냉대 기후	• 대체로 중부 및 북부 지방 – 중부·북부 지방: Dw(Dwa) – 개마고원 및 관북 해안 일부: Dw(Dwb)

(2) 구 중등 교육 과정에서의 지리적 기후 구분 1964년 문교부에서 중등 교육용으로 개발한 구분으로 다양한 기후 요인을 종합적으로 고려하여 13개의 기후구로 구분

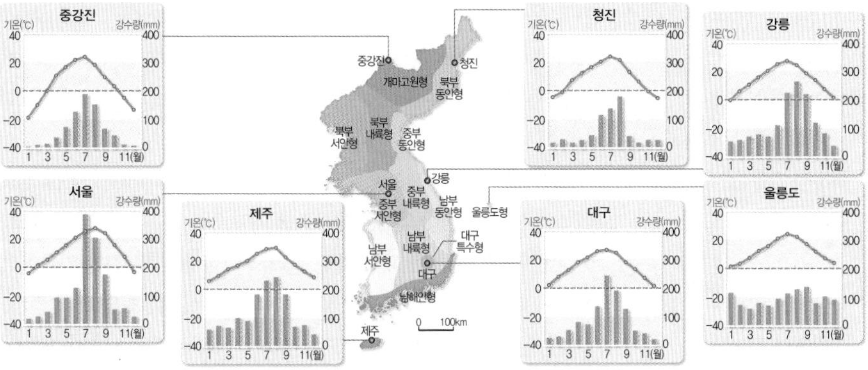

⁝ 구 중등 교육 과정에서의 지리적 기후 구분과 지역별 기온 강수량 그래프

① 기후 구분의 기준

• 1차적 기준: 위도에 따른 기온 분포를 기준으로 북부, 중부, 남부로 구분

• 2차적 기준: 수륙 분포의 동서 차 요인을 반영하여 서안, 내륙, 동안으로 구분

• 1, 2차 기준에 따라 3×3의 9개 유형으로 구분

• 3차적 기준: 예외적 기후 특성을 지니는 4개의 특수형 지역을 분리하여 개마고원형, 남해안형, 울릉도형, 대구형을 포함하여 13개 기후 지역으로 구분(9개 일반 유형+4개 특수형)

② 각 기후 지역별 특성

구분		서안	내륙	동안
북부		• 대동강 하류: 소우지 → 일조 시수 최대(과수 농업, 천일제염업 발달), 진압 농법	• 청천강 중상류: 다우지	• 관북 해안 지역: 소우지, 여름 냉해 및 안개 잦음(한류 영향)
중부		• 점이적 기후 • 동위도 상의 영동 해안 지역과 비교하여 연교차가 큼	• 한강 중상류: 다우지 • 영서 지방: 높새바람에 의한 늦봄 및 초여름 가뭄 피해	• 동한만 일대: 다우지 • 겨울 온화
남부		• 호남 서해안: 겨울철 다설지 • 해안 및 도서 지역: 여름 소우지(지형), 해무 잦음 • 벼와 보리의 그루갈이	• 소백산맥 산간 분지 및 영남 내륙: 소우지, 일조 시수 높음(과수 농업 발달) • 소백산맥 서사면: 다설지	• 영동 지역: 다설지, 겨울 온화, 봄철 강풍 및 산불 피해
특수형	개마고원형	• 극한지, 최소우지(혜산), 대륙도 최대, 연교차 최대 • 벼농사 불가능(무상 일수 부족), 1년 1작(감자, 귀리 등) • 침엽수림 및 회백색토(포드졸성)		
	남해안형	• 최다우지, 겨울 온화(0℃ 이상), 난대림(상록 활엽수) • 라테라이트성 적색토		
	울릉도형	• 최다설지: 겨울 강수량 최대 • 해양성 기후의 특성, 연중 고른 강수(비교적 여름 소우)		
	대구 특수형	• 여름 극서지, 소우지, 푄 현상(분지 지형)		

■ 구 중등 교육 과정에서의 지리적 기후 구분

7차 교육 과정이 2013년에 수정되기 전까지 중등 교육 과정에서 지리적 기후 구분이라는 이름으로 다루어지던 기후 구분이다. 이는 1964년 문교부 수석편수관 이영택 등이 중등 교육용으로 개발한 것으로 남북 차와 동서 차의 요인이 전체적 구분 기준이 되고, 중등 교육 과정에서 다루는 주요 한국의 기후 주제가 대체로 잘 반영되어 있어 오랫동안 사용되어 왔다. 그러나 13개의 구분으로는 같은 기후 지역 안에서도 동일화시키기 어려운 부분들이 상당히 많은 한계점이 있으며, 너무 오랫동안 검증과 변화 없이 주입식으로 고착화해 온 경향이 있다.

■ 온량 지수에 의한 기후 구분

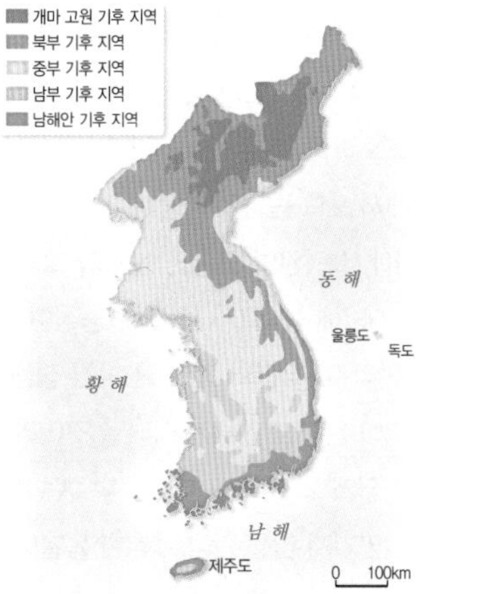

온량 지수는 1년 12개월 중 월평균 기온 5℃ 이상인 달을 기준으로, 각 월평균 기온에서 식물 생장에 필요한 최저 기온인 5℃를 뺀 값을 모두 합한 값을 말한다.

온량 지수는 식물 생장의 유효 기온을 양적으로 표현한 지수로서 식물의 생육 가능성과 분포를 설명하기 위해 주로 사용되는 중요한 농업 기후 요소이다. 이 온량 지수는 작물뿐만 아니라 식생도 잘 반영하고 있어 우리나라 식생대의 분포와 대체로 일치한다. 이런 이유로 과거 중등 교육 과정에서 일종의 기후 구분으로 다루기도 하였으나 온량 지수에 의한 구분은 단순히 식생의 분포만 반영하여 나타낼 뿐 기후 지역 구분으로서 의미는 별로 없다.

지리 상식 1 높새요? 그거 우리도 글로 배웠어요.

지리를 가르치는 사람들은 대부분 '영서 지방 사람들은 북동쪽에서 불어오는 바람을 높새라고 한다'라고 가르친다. 그때 머릿속에 떠오르는 영서 지방은 대개 홍천이다. 고등학교 교과서에도 영동 지방 강릉과 영서 지방 홍천의 기온과 상대 습도를 비교하면서 높새를 설명하기도 한다. 그런데 막상 홍천에서 높새를 아는 노인은 만날 수 없고 오히려 '어려서부터 들어 왔다'는 것이 아니라 '지리 시간에 배워서 안다'는 젊은 사람들만이 있었다. 지역 주민들이 북동쪽에서 불어오는 고온 건조한 바람을 높새라고 한다는 것은 잘못 알려진 것이었다. 그 어원이 어찌되었던 간에 오늘날에는 교육의 효과로 북동풍으로 푄 현상을 일으켜 고온 건조해진 것을 높새라고 부른다.

푄은 알프스 지방에서 유래한 말이다. 봄이 되면서 알프스 남쪽에서 푄이 불어오면 눈을 녹여서 라인 강을 넘치게 하고 농사의 시작을 알린다. 스위스나 프랑스에서 고도가 높은 지방을 여행하다 보면 뜻하지 않은 곳에서 광활한 포도밭을 볼 수 있다. 바로 푄이 기온을 높여 주기 때문에 고도가 높은 곳에서 포도 농사가 가능하다고 한다.

우리나라에서는 푄의 일종인 높새가 그리 좋지 않은 현상으로 알려져 있다. 영서 지방에 높새가 나타날 가능성이 높은 시기는 5월에서 장마 전까지이다. 만약 이 무렵의 어느 날 아침 집을 나섰을 때 쾌청한 날씨면서 신선한 느낌이 든다면 높새가 나타날 것이라고 보아도 틀림이 없다. 서울 사람이라면 쉽게 느낄 수 있다. 늘 뿌옇던 하늘이 도무지 '서울 하늘'이라고 하기에는 믿기지 않을 만큼 쾌청한 봄날이 바로 그날이다. 그러나 그런 날씨에 흥분하고 상쾌할 수 있는 것은 오늘날의 이야기이다.

농사가 전부였던 시절에는 어땠을까? 높새 현상이 며칠이고 계속된다면 결코 즐거워할 수는 없었을 것이다. 계속해서 건조한 바람이 불면 땅이 마르기 시작한다. 더구나 건조한 봄을 지나온 시기이기 때문에 논에 모내기조차 어려워질 수 있다. 전통적으로 높새는 이렇게 농사를 어렵게 하는 것으로 인식되어 왔다.

오늘날에는 높새에 의한 가뭄이 아무리 길어진다 해도 영서 지방이든 영동 지방이든 간에 스프링클러 덕분에 해결할 수 있다. 이제는 전국적으로 관개 시설도 잘 갖추어져 있다. 물이 넘쳐서 홍수 피해를 입는 경우는 자주 있지만 높새에 의하여 가뭄을 겪고 있다는 뉴스는 좀처럼 접하기 어렵다.

높새바람의 모식도

이승호, 2009, 『한국의 기후 & 문화 산책』

지리 상식 2 7월, 제5의 계절

우리나라는 봄, 여름, 가을, 겨울 외에 제5의 계절이 있다고 한다. 제5의 계절이란 6월 하순부터 7월 하순경까지의 '장마'를 말한다. 일반적으로 장마라고 하면 흐리고 비 오는 날이 잦은 시기를 말하는데, 기상청에서 보는 장마는 실제 날씨보다는 기압 배치가 장마 형태를 이루었을 때를 말한다. 그래서 이따금 기상청에서 예보하는 장마와 실제의 날씨가 다른 경우가 생기기도 한다.

장마는 평균 20~25일가량 계속되지만 장마라고 해서 허구한 날 비만 내리는 것은 아니다. 이른바 '장마 휴식'이라고 해서 이따금 햇빛을 보이기도 한다. 우리 옛말에 "땔감 준다."라는 말이 있는데, 이는 해가 나면 나무를 말릴 수 있어 땔감을 얻을 수 있기 때문에 생겨난 말로 장마 휴식을 일컫는다. 이러한 장마 휴식이 길어질 때에는 장마가 있는 둥 없는 둥 흐지부지 지나가 버린다.

장마 때에는 한두 차례 반드시 저온 현상이 나타난다. 이런 현상을 '장마 냉기'라고 부른다. 장마 때에는 오호츠크 해에 있는 차고 습기가 많은 고기압이 한반도까지 밀려올 때가 많다. 그래서 며칠 동안 낮 최고 기온이 24℃ 전후에 머물기도 한다. 장마 냉기는 장마 전기(前期)에 많고, 후텁지근한 북태평양 고기압이 밀고 올라오는 장마 후기에는 드물다. 장마 냉기가 파고들 때엔 감기에 걸리는 사람도 많아지고, 소화기 계통의 질병이나 수인성(水因性) 전염병이 유행하기도 한다.

지루하고 답답한 장마가 지나는 하순부터는 연일 계속되는 더위 때문에 숨이 막힐 지경이 된다. 장마 후기의 높은 습도 때문이다. 사실 여름철 무더위의 주범은 기온보다는 높은 습도라 할 수 있다. 그래서인지 불쾌지수도 장마 후기에 가장 높다. 또한 장마와 더위로 이어지는 이 달은 곰팡이가 많이 피는데, 기온과 습도가 높더라도 통풍을 잘 시키면 방지할 수 있다.

장마가 본격적으로 시작되고 태풍까지 거들게 되는 7월에는 천둥과 번개가 많이 발생한다. 그런데 구름과 구름 사이에서 일어나는 번개는 직접적인 피해는 없다. 그러나 구름과 땅 사이에서 발생하는 낙뢰는 우리에게 직접적이고도 엄청난 피해를 줄 수 있다. 따라서 낙뢰가 일어날 때 쇠붙이를 몸에 지니고 높은 곳이나 넓은 들판에 있는 일 따위는 절대로 해선 안 될 것이다.

김동완·김우탁, 1998, 『날씨 때문에 속 상하시죠』

지리 상식 3 태풍은 가을의 전령사?

매년 늦여름에서 초가을 사이에는 한두 개의 태풍이 우리나라나 주변을 지나간다. 가뭄이 길어지면 태풍을 기다리기도 하지만, 대부분 태풍이 반갑지는 않다. 한여름에 해수욕장에서 장사하는 사람들이 대표적이다. 태풍 소식이 전해지면 인파로 북적이던 백사장이 썰렁하게 변한다. 태풍이 한 번 훑고 가면 하늘은 깨질 듯 파랗고 바닷물은 옥색이 되지만, 백사장에는 사람보다 쓰레기가 더 많아진다. 그렇게 태풍은 해수욕장에서 사람들을 몰아내 버린다.

태풍이 광복절을 전후한 시기에 찾아오면 백사장의 모습은 더욱 극명하게 뒤바뀐다. 찾아오는 피서객이 거의 없다. 이렇게 백사장이 한산해진 것은 계절이 거의 바뀌었음을 의미한다. 이제 가을이 다가온 것이다. 물론 태풍이 지나고 난 후에도 뜨거운 낮이 계속되기도 한다. 그러나 대부분의 사람들은 공기가 달라졌음을 실감한다. 해가 지고 나면 하루가 다르게 선선한 공기로 바뀌어 가고 있음을 누구나 알 수 있다.

태풍이 지나고 나면 왜 계절이 바뀌는 것일까? 태풍은 저기압의 일종이다. 지구 상의 기압계는 차가운 극지방과 무더운 적도 지방의 공기에서부터 시작된다. 극지방에는 연중 찬 공기가 가라앉아 있어서 극 고기압대가 발달한다. 반면 적도 지방은 열이 남아도는 곳이라 더운 공기가 상승하면서 적도 저기압대를 발달시킨다. 적도 저기압대에서 만들어진 작은 소용돌이 가운데 끝까지 살아남은 것이 점차 태풍으로 성장한다.

태풍은 적도 부근의 풍부한 열과 수증기를 가지고 중위도 지방으로 이동한다. 그런 태풍이 우리나라로 다가올 때는 남쪽에 중심을 두고 있는 북태평양 고기압과 북쪽의 시베리아 고기압 사이를 지난다. 즉 북태평양 고기압의 가장자리를 따라서 포물선 모양을 그리며 이동한다. 이때 두 고기압의 강약에 따라서 진로가 바뀌며, 8월에 발달한 태풍은 우리나라를 직접적으로 지난다. 태풍이 북상하면서 북태평양 고기압의 세력을 우리나라에서 멀리 몰아낸다. 그러므로 태풍이 지나가고 나면 점차 선선한 날씨로 바뀐다. 그런 의미에서 태풍을 '가을의 전령사'라고 할 수 있다.

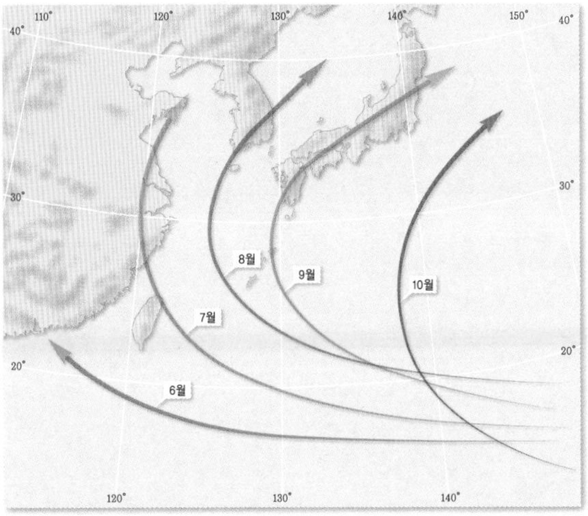

⇡ **6~10월 사이 태풍의 이동 경로**

이승호, 2009, 『한국의 기후 & 문화 산책』

지리 상식 4 날씨의 가늠자, 무지개

비가 오기 전이나 비가 내린 뒤에는 곧잘 무지개가 선다. 특히 여름철은 불규칙적이고 산발적인 비 때문에 무지개가 잘 나타나는 시기이다. 웅장하게 발달한 소나기구름 사이로 햇빛을 받아 홀연히 떴다가 사라지는 일곱 색의 아름다운 반원 무지개는 곧잘 멋진 미래의 대명사가 된다.

무지개는 한쪽 하늘에 떠 있는 빗방울이 반대쪽에서 오는 햇빛을 받아 반사, 굴절되고, 이것이 다시 분광되어 우리 눈에 보이게 된다. 그래서 무지개가 보일 때는 반드시 등 뒤의 하늘은 푸르고 태양이 떠 있으며, 반대쪽 하늘에는 비록 지상까지는 떨어지지 않는다 해도 공중에 빗방울이 떠 있다고 보면 틀림없다.

그러므로 태양이 동쪽에 있을 때의 아침 무지개는 서쪽 하늘에서 나타나며, 이것은 서쪽에 비가 내리고 있다는 증거이다. 그래서 우리 속담에 '아침 무지개는 비가 올 징조'라고 했다. (우리나라는 편서풍의 영향을 받는 지역이다. 따라서 서쪽 지역의 날씨가 시간이 지나면 동쪽 지역에 나타난다는 것을 생각하면 충분히 납득할 수 있다.) 반대로 태양이 서쪽에 있는 저녁에는 무지개가 동쪽 하늘에 나타나기 마련이며 이것은 비가 그친 뒤에 나타난다. 따라서 '저녁 무지개는 맑을 징조'가 되는 것이다. 무지개는 특히 여름철에 소나기가 잦을 때 소나기가 생기는 곳을 알 수 있게 하므로 일기를 가늠하기에 좋은 기상 현상이 된다.

무지개를 일명 '홍예(紅霓)'라고도 하는데, 여기에 연유하여 중간이 무지개처럼 둥글고 불룩 솟아오르게 놓은 다리를 홍예교라 한다. 마찬가지로 무지개같이 반달형으로 만든 문을 홍예문이라고 한다.

김동완 · 김우탁, 1998, 『날씨 때문에 속 상하시죠』

깊이 읽기 | 추천 도서 소개

가난한 나라는 언제부터 가난했고, 왜 여전히 가난한가? 이 책에서는 제국주의와 세계화가 만든 불평등한 세계의 구조를 연대기적으로 파헤친다. 아침에 먹은 신선한 바나나, 출근하며 마신 향긋한 커피, 오후에 즐기는 달콤한 초콜릿, 저녁으로 먹은 칵테일 새우 같은 일상적으로 소비하는 것들 속에 빈곤의 지리학이 숨겨져 있다. 이 책은 풍성하고 다양한 사례를 통해 가난한 나라가 처한 빈곤의 속성을 파헤치고 있다. 제국주의 국가들의 식민 정책과 오늘날 신자유주의 세계화 정책이 어떻게 빈곤을 확대 재생산하고 고착화했는가를 지리적 · 역사적 맥락에서 해석하고 있다.

⋯ 박선미 · 김희순, 2015, 『빈곤의 연대기』

[선택형]

· 2011 수능

1. 그래프는 A~C 지역의 계절별 평균 기온과 강수량을 나타낸 것이다. 이에 대한 옳은 설명을 〈보기〉에서 고른 것은?

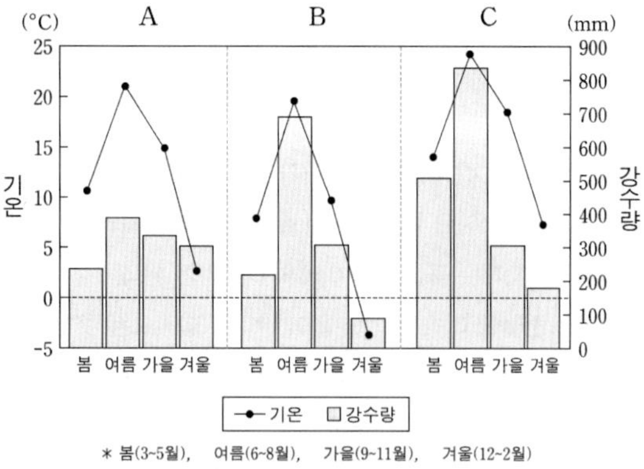

보기

ㄱ. A는 B보다 해양의 영향을 많이 받는다.
ㄴ. B는 C보다 무상 일수가 많다.
ㄷ. C는 A보다 위도가 낮은 곳에 위치한다.
ㄹ. 하계 강수 집중률이 가장 높은 지역은 C이다.

① ㄱ, ㄴ ② ㄱ, ㄷ ③ ㄴ, ㄷ ④ ㄴ, ㄹ ⑤ ㄷ, ㄹ

· 2013 수능

2. 지도의 A~C 지역을 (가)의 기간이 긴 순서대로 바르게 배열한 것은?

서리는 식물의 성장 기간을 결정하기 때문에 농업에서 중요하다. 특히 (가) 봄철의 마지막 서리가 내린 날부터 가을철의 첫서리가 내린 날까지가 농작물 재배 가능 기간을 결정한다. 이 기간은 지역의 지리적 조건에 따라 차이가 난다.

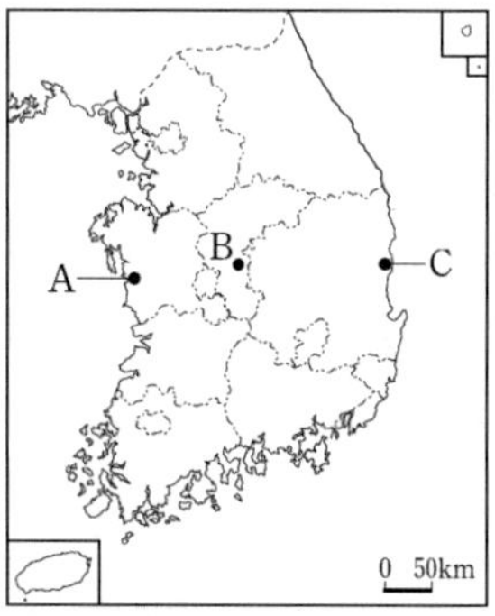

① A－C－B ② B－A－B
③ B－C－A ④ C－A－B
⑤ C－B－A

· 2010 수능

3. 다음 글의 (가), (나)에 해당하는 지점을 지도에서 고른 것은?

(가) 한랭한 기단이 상대적으로 온난한 바다 위를 지나면서 온도차에 의해 구름이 형성되어 많은 눈이 내린다.
(나) 북동쪽에서 유입되는 습기를 가진 공기가 산맥에 부딪혀 상승되면서 많은 눈이 내린다.

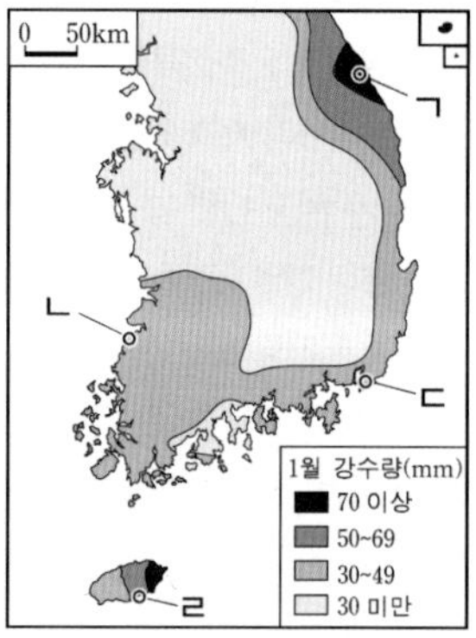

	(가)	(나)
①	ㄴ	ㄱ
②	ㄴ	ㄹ
③	ㄷ	ㄴ
④	ㄷ	ㄹ
⑤	ㄹ	ㄱ

· 2012 수능

4. 다음 자료의 A에 대한 설명으로 옳은 것은?

A가 발생하면 대기 중 미세 먼지 농도가 높아져 호흡기 질환의 발생이 증가하는 경향이 있다. 뿐만 아니라 A는 정밀 기계 생산에 영향을 주고 가시거리를 짧아지게 하여 하여 항공기 운항에 차질을 주기도 한다.

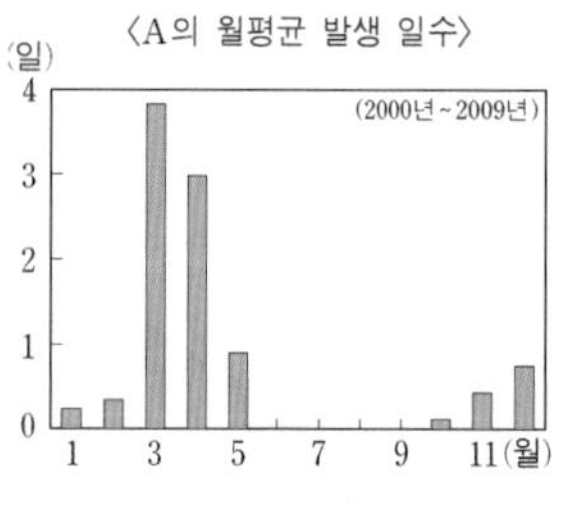

① 강풍과 많은 비를 동반하여 풍수해를 일으킨다.
② 적조 현상을 심화시켜 양식장의 피해를 늘린다.
③ 냉방 수요를 급증시켜 야간 전력 사용량을 늘린다.
④ 오호츠크 해 고기압의 영향으로 영동 지방에서 자주 발생한다.
⑤ 중국 내륙의 건조 지역에서 주로 발원하여 우리나라로 이동한다.

[서술형]

1. 제시된 자료는 1월 ○○일 우리나라 주변의 위성 영상이다. 이를 바탕으로 이 날의 일기 상태를 유추하여 서술하고, 이에 영향을 미친 기후 요인을 모두 서술하시오.

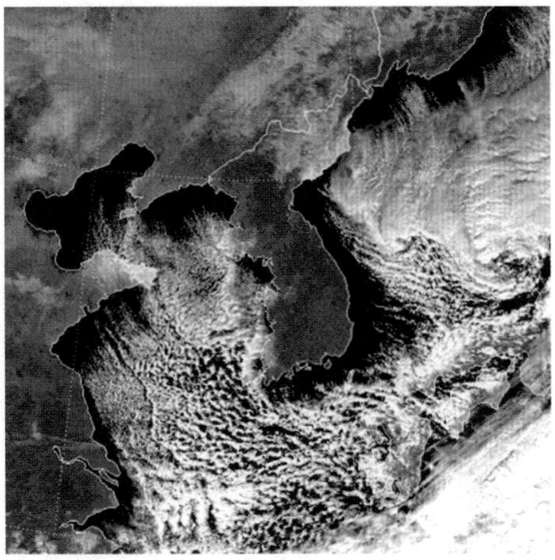

2. 우리나라 사람들이 쌀을 주식으로 삼게 된 이유를 우리나라 기후와 관련지어 간략히 설명하시오. (벼의 생육에 영향을 미치는 기후 요소를 중심으로 서술할 것.)

• 1997 수능 변형

3. 다음은 기상 이변이 있었던 어느 해 여름에 자주 나타났던 유형의 일기도 (가)와, 이런 유형의 일기도가 나타났을 때의 기온 분포 (나)를 나타낸 것이다. 이 일기도를 분석하고, 그해 여름철에 우리나라에서 자주 발생하였을 기후 현상을 유추하여 설명하시오.

(가)

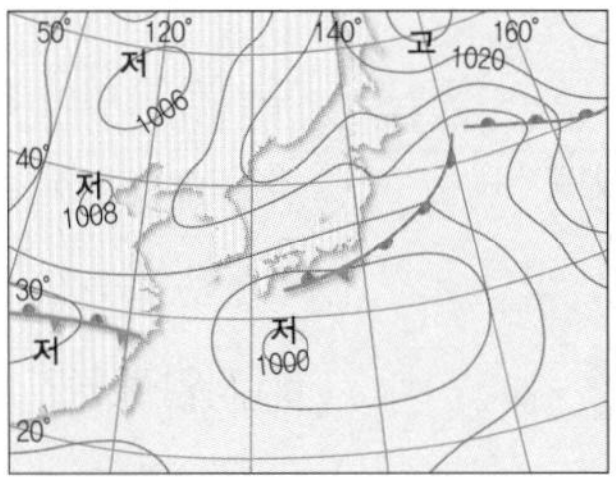

(나)

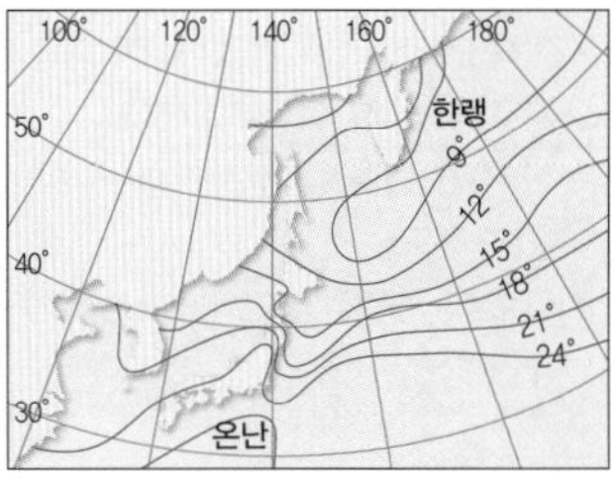

chapter 03

기후

04. 기후 변화와 식생 및 토양

핵심 출제 포인트

▶ 기후 변화와 그 영향 ▶ 우리나라의 기후 변화 ▶ 세계 식생 분포와 특성
▶ 우리나라 식생 분포와 특성 ▶ 세계 토양 분포와 특성 ▶ 우리나라 토양 분포와 특성

■ **밀란코비치 이론**

① 지구 자전축의 기울기 변화
- 약 4만 1,000년을 주기로 21.5~24.5°까지 변화(현재 23.5℃)
- 기울기가 커질수록 계절 변화가 더욱 커짐

② 지구 공전 궤도 이심률의 변화
- 약 10만 년을 주기로 변화(현재 이심율 약 0.017 정도)
- 근일점과 원일점의 변화(현재는 남반구의 여름이 근일점)

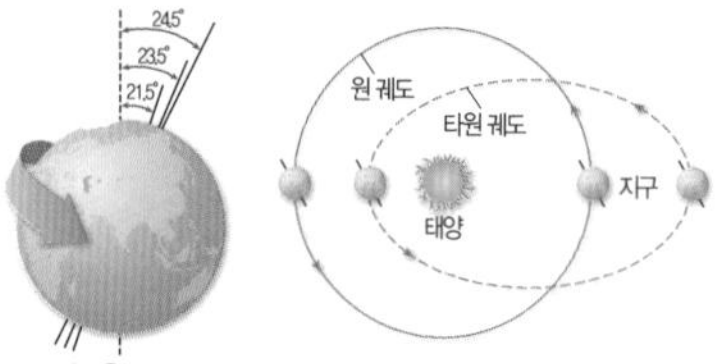

지구 자전축 경사각의 변화 지구 공전 궤도 이심률의 변화

③ 지구의 세차 운동: 지구 자전축이 팽이처럼 원을 그리며 회전(약 2만 7,000년 주기)

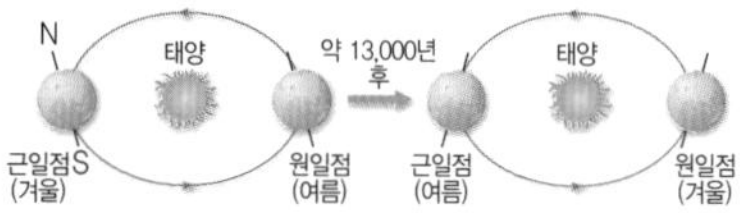

■ **지질 시대의 기후 변화**

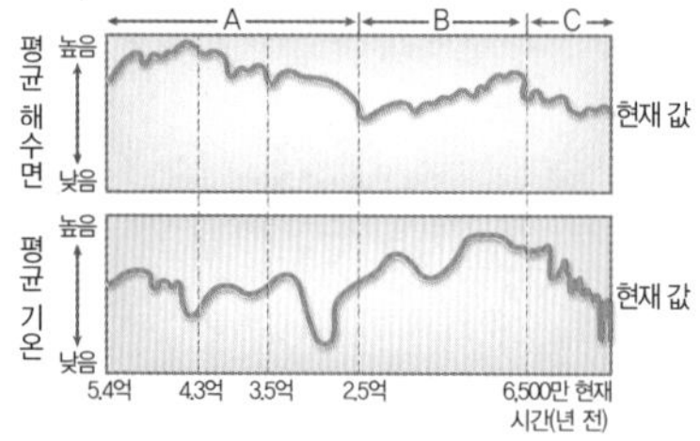

선캄브리아대는 전반적으로 온난했으며 중기와 말기에 큰 빙하기가 있었다. 고생대 초기는 온난했으며, 말기에는 남반구의 넓은 지역에 빙하가 분포하였다. 중생대는 빙하기가 없이 전 기간에 걸쳐 온난하고 건조한 시기가 지속되었다. 신생대는 제3기 동안 온난하다가 다시 한랭해졌으며, 제4기에는 수차례 빙기와 간빙기를 반복하였다. 약 2만 년 전 최후 빙기의 최성기를 지나 현재의 후빙기까지 기온이 상승하였으며, 약 6,000년 전에 현재의 해수면에 이르게 되었다.

1. 기후 변화의 원인

기후 변화란 넓은 의미로 기후가 변하는 모든 형태를 총괄하는 용어이다. 기후는 지질 시대를 거쳐 계속 변화하고 있고 장기 경향, 변동, 불연속을 모두 포함하여 기후 변화라고 한다. 주로 자연적 요인에 의해서 나타나는 변화는 장기 경향과 변동이며, 관측 시대 이후 인위적인 활동 증가에 따라 나타나는 비정상적 변화는 불연속성의 개념이다. 특히 최근 나타나는 이상 기후 현상은 기후가 정상 상태에서 벗어나 비정상 상태로 점차 변하는 것을 말한다.

(1) 자연적 원인

① 태양 활동도의 변화: 태양 흑점 수의 주기(약 11년)를 통해 유추

② 천문학적 요인(밀란코비치 이론): 지구 자전축 기울기의 변화, 지구 공전 궤도 이심률의 변화, 지구의 세차(歲差) 운동에 따른 장주기의 기후 변화 발생

③ 화산 활동의 영향: 화산 폭발에 의한 화산재, 이에 따른 태양 복사 차단, 황산(에어로졸)의 태양 복사 후방 산란으로 인한 냉각 효과, 응결핵 증가로 운량 증가 등

④ 해양 순환 변동: 열대 해양의 증발과 한대 해양의 침강류로 인한 해양 간 온도 및 염도 차이에 따라 해양 순환(컨베이어 벨트)이 형성되며, 막대한 담수가 유입되는 등의 변화에 따라 해양 순환에 변동이 생기면 기후 변화 발생

더 알아보기

◗ 역사 시대와 관측 시대 이후의 기후 변화

약 2만 년 전 최후 빙기 정점의 해수면은 지금보다 120m가량 낮았으며, 이 시기에 베링 육교를 통해 시베리아와 알래스카가 이어져 있어 인류와 동물이 아시아와 북아메리카를 이동하였다. 이후 기온 상승으로 빙하가 후퇴하다가 약 1만 2,000년 전 영거드리아스(Younger-Dryas)라고 부르는 아빙기를 겪고 다시 기온이 상승하여 약 6,000년 전 현재와 같은 해수면이 되었다. 이때 대륙 빙하가 완전히 사라졌으며 이를 '기후적 최적기'라고도 한다.

현재는 최후 빙기 이후 전반적으로 기온이 상승하는 후빙기에 속하지만, 지구는 그 안에서도 더 작은 주기의 아빙기, 아간빙기를 수차례 겪어 왔다. 관측 시대 이후 역사 기록, 나이테, 빙하 코어 분석 등을 통해 최근 약 1,000년 동안은 현재보다 약간 낮은 기온 상태가 지속되었다고 한다. 11세기부터는 대체로 온난한 시기였으며, 특히 10세기 중반부터 13세기 중반까지는 중세 온난기라고 불릴 만큼 온화했다. 이 시기는 영국에서도 포도가 널리 재배되어 와인이 만들어졌으며, 11세기까지 바이킹 족이 아이슬란드와 그린란드를 개척하는 등 바이킹의 전성기가 전개되었다. 그 이후 1550~1890년의 약 300년간은 소빙기라고 불릴 만큼 한랭했는데, 특히 1816년은 인도네시아의 탐보라 화산 폭발로 '여름이 없는 해'의 한랭한 해로 기록되고 있다. 당시 예술 작품에는 얼음과 눈을 주제로 한 풍경들이 많이 등장하며, 아일랜드 감자 대기근과 프랑스 대혁명도 이와 무관하지 않다고 알려져 있다. 19세기 이후는 과거 1,000년 동안 가장 온난했던 시기였으며, 기상 관측이 이루어진 지난 100여 년 동안 전 지구의 평균 기온이 약 0.7℃가량 상승하였다. 1940년대 기온 상승과 1960년대 기온 하강을 반복하고, 1970년대 이후 기온이 다시 상승하면서 산업화와 인위적 활동에 의한 지구 온난화가 크게 주목받게 되었다.

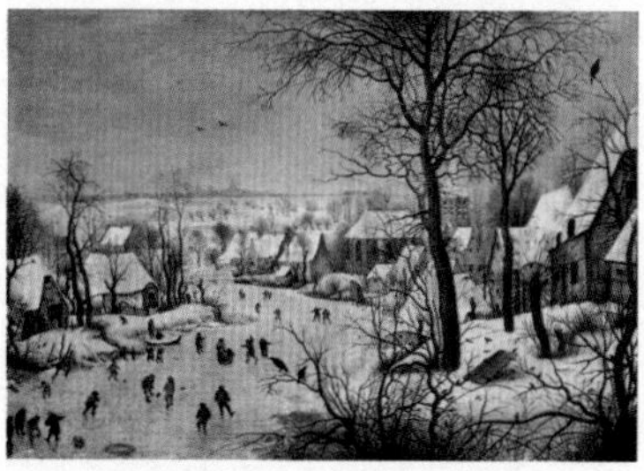

『템스 강의 빙상 시장』(*River Thames frost fairs*, 1683-1684, Thomas Wyke)

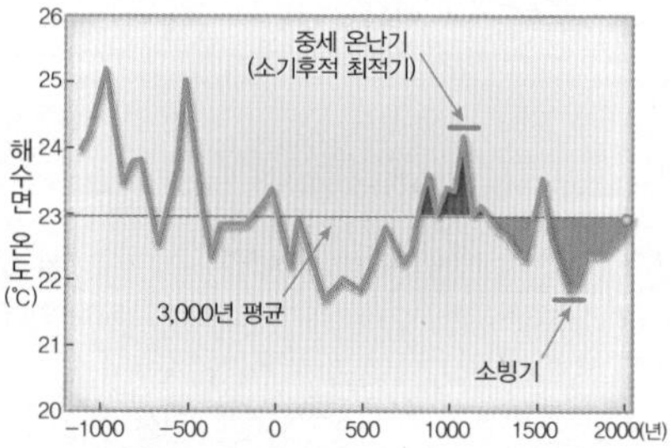

최근 3,000년간 기온 변화

(2) 인위적 원인

① 산업화 이후 인위적 활동의 증가에 따라 나타나는 기후 변화의 원인에 주목

② 화석 연료 소비 증가에 따른 온실가스(이산화 탄소 등) 배출 증가: 지구 평균 기온의 상승

③ 삼림 개발 및 과도한 경작 및 방목 등: 사막 면적 확대

2. 지구 온난화

기온 상승의 경향은 18세기 산업 혁명 이후 뚜렷하다. 특히 최근 100년간 전 지구의 평균 기온이 약 0.74℃ 상승하였는데, 이는 과거 1만 년 동안 약 2℃가량 상승하였음을 감안하면 최근의 기온 상승 경향이 훨씬 심각한 문제임을 알 수 있다.

(1) 원인 산업화 이후 화석 연료 사용 증가로 인한 대기 중 온실가스, 특히 이산화 탄소의 증가는 온실 효과를 강화하여 지구 평균 기온 상승

(2) 경향

① 19세기 이래 전 지구의 평균 기온이 약 0.7℃가량 상승

② 북반구보다 남반구의 상승 폭이 크며, 중국 등 산업화가 빠르게 진전되고 있는 동아시아 지역의 상승 폭이 지구 평균보다 큼

(3) 영향

① 해수면 상승: 극지 및 고산 지대 빙하 감소, 해안 저지대 침수

② 이상 기후: 위도별 에너지 불균형 심화로 가뭄, 홍수, 한파, 열파 등 증가

③ 생태계 변화: 생물 서식 환경 변화로 인한 생물 종 다양성 위협

④ 식생 분포 및 작물 재배 지역 변화: 열대림 분포 면적 확대, 재배 북한계선 상승

더 알아보기

엘니뇨

- 정의: 적도 동태평양 해역에서 평년보다 높은 해수면 온도가 6개월 이상 지속되는 현상
- 원인: 무역풍의 이상 약화 등 추정
- 정상적인 해
  - 무역풍의 영향으로 적도 해류가 서태평양 해역까지 이동하여 다우지 형성
  - 동태평양 지역은 용승 및 한류의 영향으로 해수면 온도 하강
- 엘니뇨 해
  - 무역풍의 약화로 적도 해류가 서태평양 해역까지 이동하지 못하여 다우지가 동태평양 해역으로 이동
  - 동태평양 해역 해수면 온도 상승
- 영향: 대기 대순환 및 해수의 이동에 영향을 미쳐 서태평양 연안의 가뭄 및 산불, 페루 연안의 폭우 등 지구 규모 이상인 기후 현상들의 원인이 됨

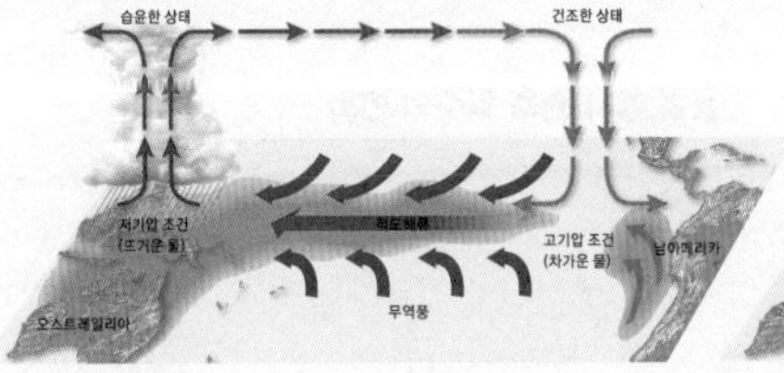

정상

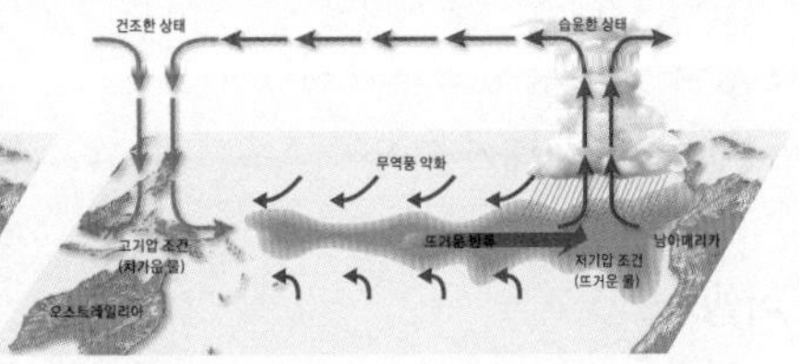

엘니뇨

3. 사막화

사헬 지역이나 아시아 내륙 지역 등 사막 주변 지역에서 장기간의 가뭄이 지속되거나 인위적인 삼림 벌채 및 개간, 경작으로 사막의 면적이 지속적으로 확대되는 현상을 말한다.

■ 이산화 탄소 농도 변화와 기온 변화

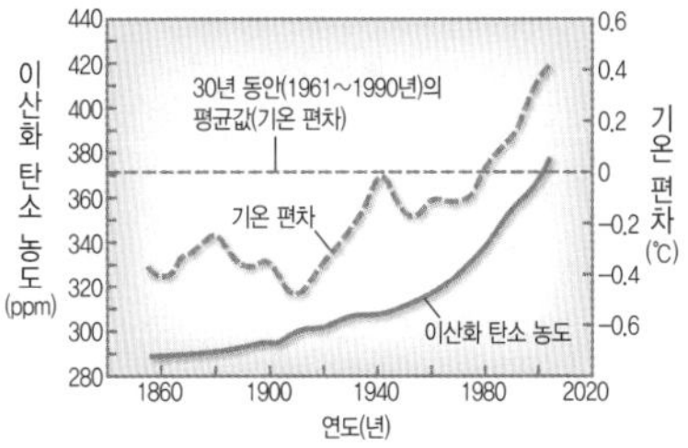

산업 혁명 이후 최근 100년간의 대기 중 이산화 탄소 농도 증가와 기온 상승 경향이 대체로 일치하고 있어 학자들은 지구 온난화의 주된 원인으로 강화된 온실 효과를 주목하고 있다.

■ 지구 온난화의 연쇄 반응

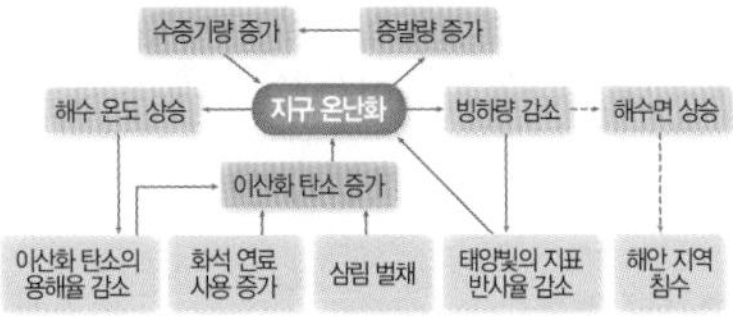

■ 라니냐

엘니뇨 해는 무역풍이 약화되면서 적도 해류가 서태평양까지 이동하지 못하는 것에 비해, 라니냐 해는 무역풍의 강화로 적도 해류가 서태평양 해역까지 많이 이동하여 동태평양 해역의 용승이 더 강화된다. 따라서 동태평양 해역 해수면 온도가 정상인 해보다 더욱 하강하게 된다.

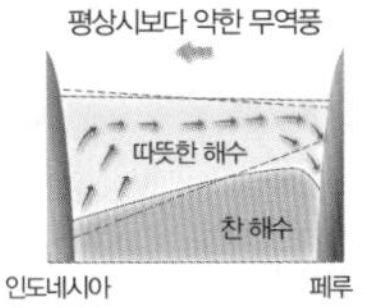

엘니뇨

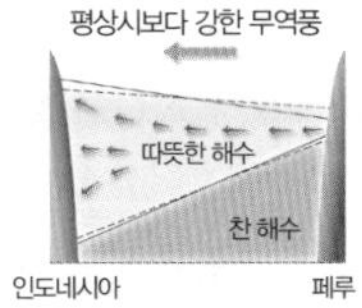

라니냐

■ 사막화의 과정

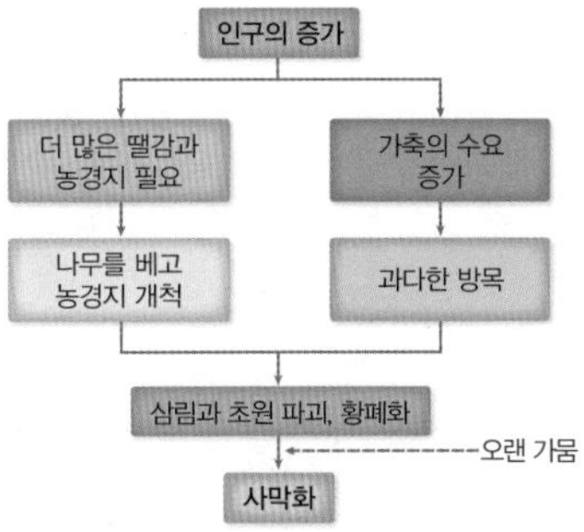

■ 우리나라의 기온 상승

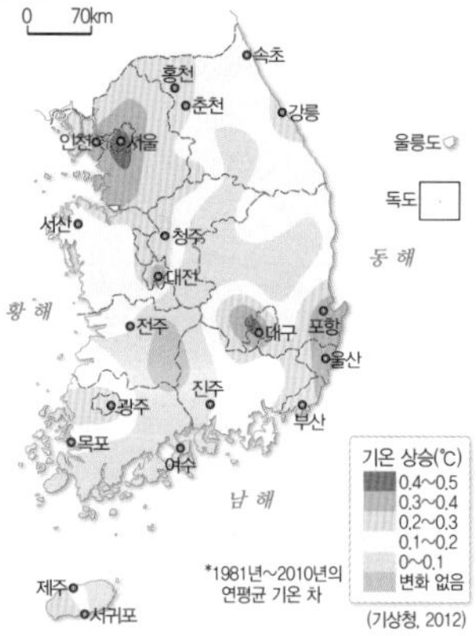

■ 우리나라 주요 관측 지점에서의 기온과 강수량 변화

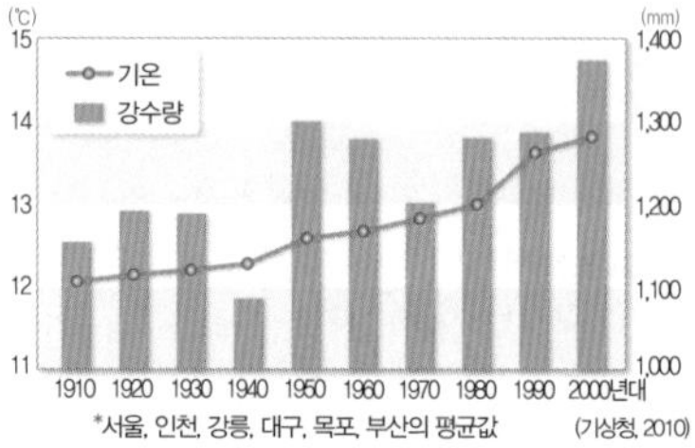

■ 서울의 계절 시작일과 지속 기간 변화

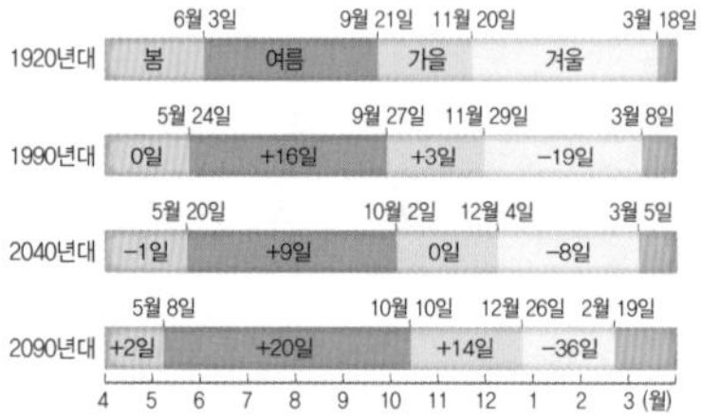

■ 기온 상승에 따른 농산물 재배 적지의 변화

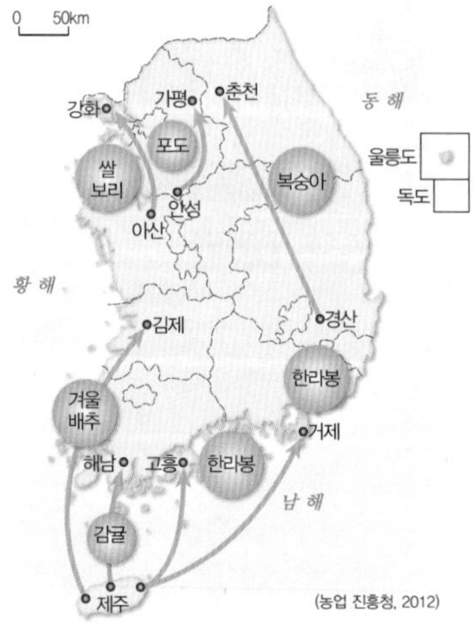

(1) 원인

① 직접적 원인: 장기적 가뭄과 강수량 감소

② 인위적 요인: 인간의 삼림의 과도한 벌채, 과도한 경작, 과잉 방목, 과도한 수자원 개발 등

(2) 영향

① 사막 주변의 스텝 지역으로 사막 확대

② 식생 파괴, 토양 침식, 식수 부족

③ 황사 발생 빈도 증가

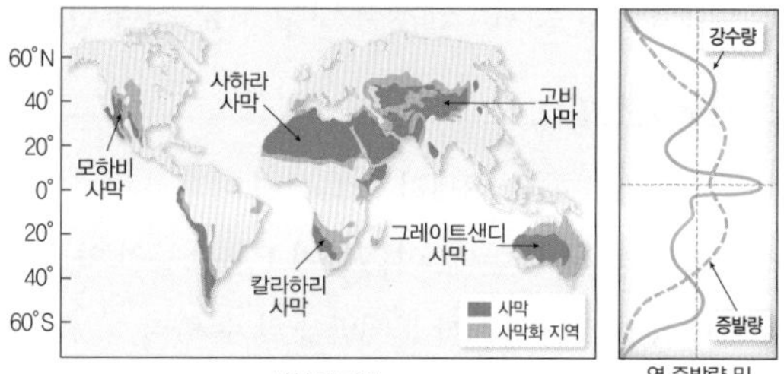

사막화 지역

연 증발량 및 강수량(상대값)

4. 우리나라의 기후 변화

⇡ 우리나라의 최근 기온 상승

(1) 기온 변화

① 지난 100년간 약 1.7℃ 상승(세계 평균 약 0.7℃)

② 계절별로는 겨울을 중심으로, 지역별로는 도시 지역을 중심으로 상승 경향이 뚜렷함

③ 영향

• 한반도의 겨울은 짧아지고 여름은 길어짐: 열대야 발생 일수 증가

• 농작물 재배 북한계선 북상, 한류성 어족(명태, 대구) 어획량 감소

• 해충 피해 및 열대성 질병 발병률 증가 등

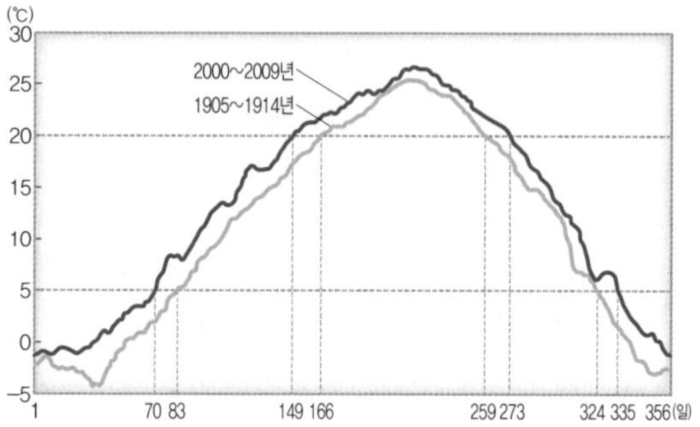

⇡ 일평균 기온의 변화 일평균 기온 5℃ 미만은 겨울, 5℃~20℃은 봄·가을, 20℃ 이상은 여름으로 계절 구분

(2) 강수 변화

① 강수량은 전반적으로 증가 경향

② 연 강수 일수는 감소하고, 호우 일수는 증가 경향

(3) 황사 현상의 증가

① 최근 황사 관측 일수가 크게 증가하는 경향

② 중국 및 몽골 황토 고원 사막 주변 지역의 사막화 확대가 원인

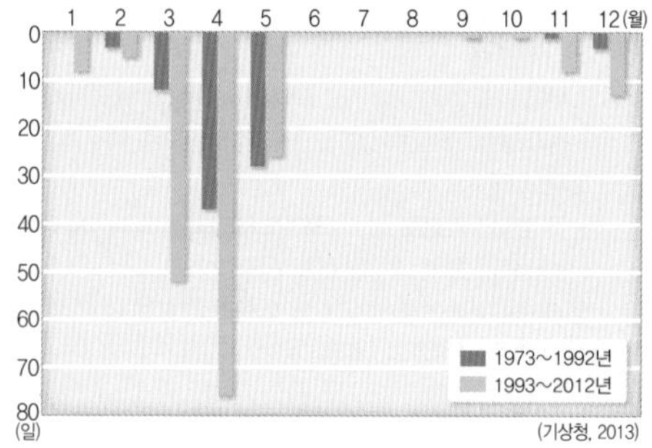

⇡ 월별 황사 관측 일수의 변화

5. 식생

식생이란 지표를 피복하고 있는 식물 군락을 말하며, 생육과 분포에 기후, 지형, 토양 조건 등을 다양하게 반영한다. 그중에서도 강수량과 기온이 식생 분포에 가장 큰 영향을 미친다.

(1) 식생 분포에 영향을 미치는 요인 기후, 지형, 토양 조건 등 중 기후 영향이 가장 큼

① 강수량: 수목 기후 판단의 1차적 기준이 되는 요소, 삼림의 형성에 필수

② 기온: 위도와 해발 고도를 반영

(2) 세계의 식생

구분		특성	사례	토양
삼림	열대림	• 밀림(정글): 삼림 밀도 높고, 울창한 숲 • 상록 활엽수림으로 수종이 매우 다양 • 다층의 수관을 형성하며 수목 성장 속도 빠름 • 목질이 단단한 경질목으로 가구, 선박 등에 이용	• 셀바스	• 라테라이트 등
	난대림	• 상록 활엽수림 – 조엽수림(겨울 건조 적응: 동백나무 등) – 경엽수림(여름 건조 적응: 올리브, 코르크 등)		• 라테라이트성 • 적색토 등
	온대림	• 낙엽 활엽수림, 혼합림(침엽수 혼합) • 인공림 많음		• 갈색 삼림토 등
	냉대림	• 최대 임업 지대 형성: 침엽수림, 단순림 • 목질이 연한 연질목으로 펄프, 목재 등에 이용	• 타이가(시베리아)	• 포드졸
초원	사바나	• 소림, 장초 초원(Aw) • 야생 동물 낙원	• 사바나(동아프리카) • 야노스(남아메리카 북부) • 캄푸스(브라질 고원) • 그란차코(남아메리카 중부)	• 라테라이트 등
	온대 초원	• 장초 초원 • 연 강수량 500mm 이상(Cfa)	• 프레리(북아메리카) • 팜파스(아르헨티나) • 푸스타(헝가리 분지) • 벨드(남아프리카 공화국)	• 프레리 등
	스텝	• 단초 초원 • 연 강수량 250~500mm가량(BS)	• 대평원(북아메리카) • 중앙아시아, 몽골 초원 • 찬정 분지(오스트레일리아)	• 체르노젬 등
기타	사막	• 선인장류(건조에 강함) • 연 강수량 250mm 이하(BW)		• 사막토
	툰드라	• 짧은 여름 동안의 이끼류(지의류, 선태류) • 최난월 평균 기온 0℃ 이상~10℃ 미만(ET)		• 툰드라토

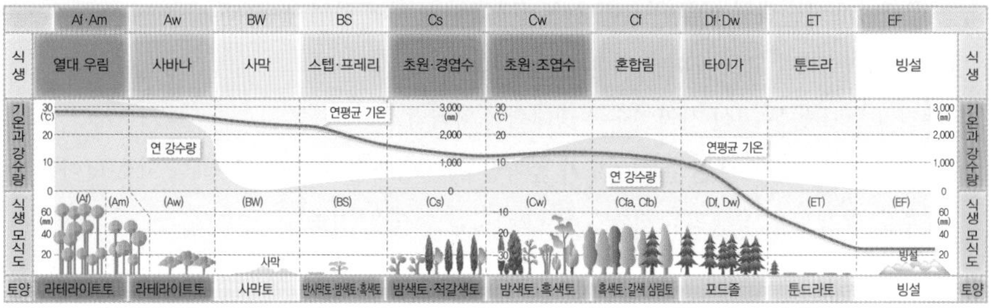

⁝ 기후대별 식생 및 토양 분포

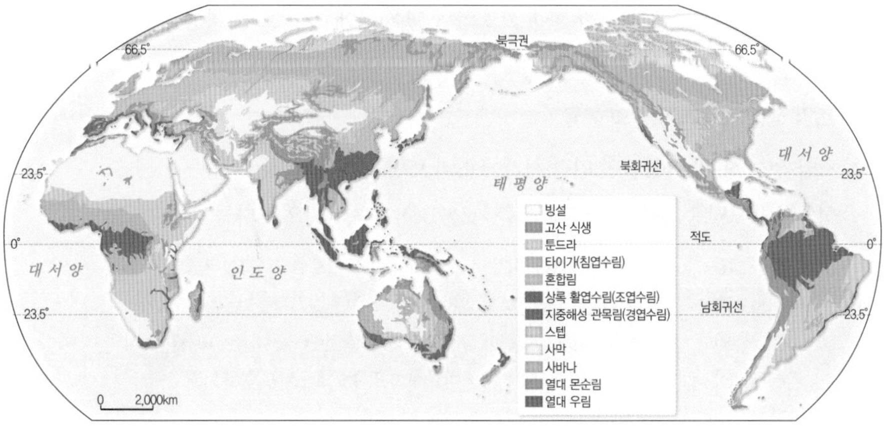

⁝ 세계의 식생 분포

■ 세계의 기후와 식생 및 토양

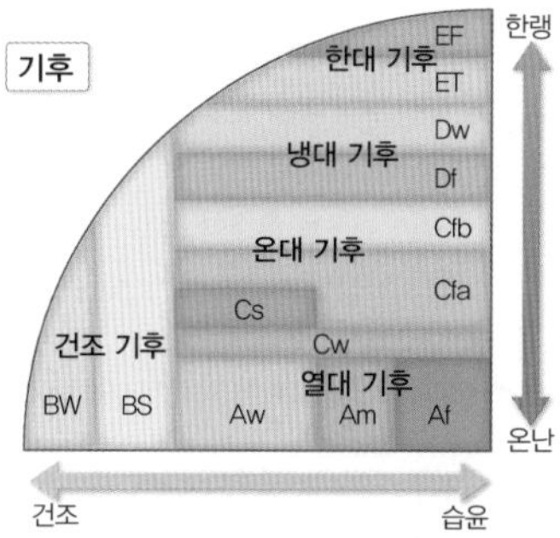

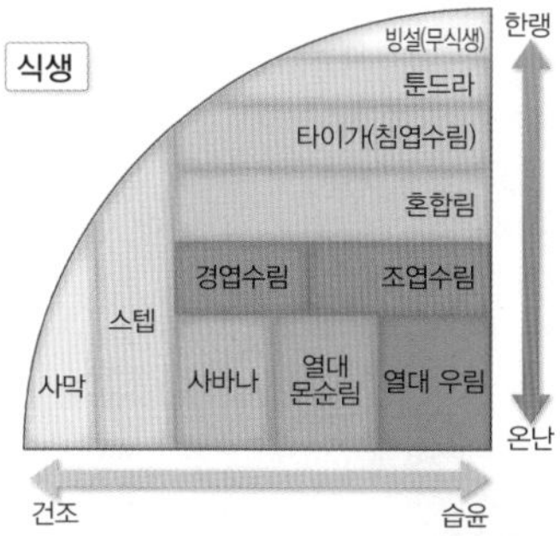

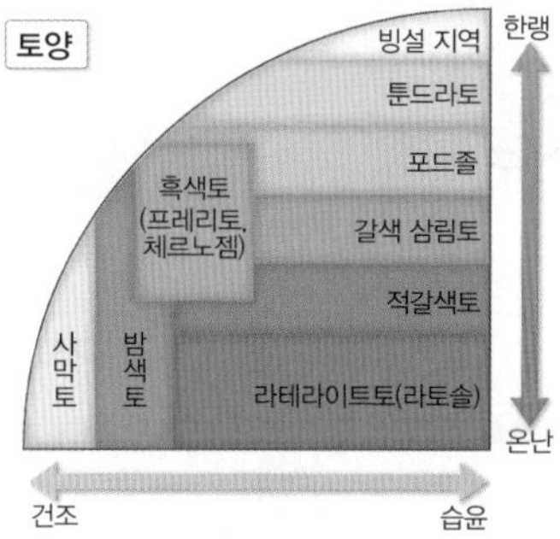

■ 사바나 초원

사바나는 건기와 우기가 뚜렷한 열대 사바나 기후 지역에서 형성되는 열대 초원 식생으로 야생 동물들의 삶의 터전이 된다.

■ 조엽수

조엽수는 잎이 작고 두꺼우며, 잎 표면의 큐티클층 때문에 반짝거리는 광택성을 지닌 상록 활엽수로, 동백나무와 사철나무 등이 있다.

동백나무

■ **제주도 및 울릉도 식생의 수직 분포**

제주도와 울릉도는 식생의 수직 분포를 잘 관찰할 수 있는 곳이다. 특히 제주도는 우리나라에서 저위도에 해당하는 곳으로 기본적으로 난대림 분포 지역이지만, 중심부 한라산의 해발 고도가 1,950m로 높아 고도의 증가에 따라 기온이 낮아지면서 식생의 분포도 난대림, 온대림, 냉대림, 관목림 순으로 달라진다. 이 때문에 우리나라에서 식생의 수직 분포를 가장 잘 관찰할 수 있는 곳이 제주도의 한라산이다.

난대림과 온대림 사이의 중산간 지역은 목축을 위해 인위적으로 조성한 2차 초지가 나타나기도 한다. 대체로 북서 계절풍의 영향이 큰 북서 사면이 남동 사면보다 식생 한계 고도가 낮은 편이다.

한편 울릉도는 일반적인 난대림 분포 위도는 아니지만 연중 해양의 영향이 커 겨울이 온화하므로 해안 저지대를 따라 난대림이 나타난다.

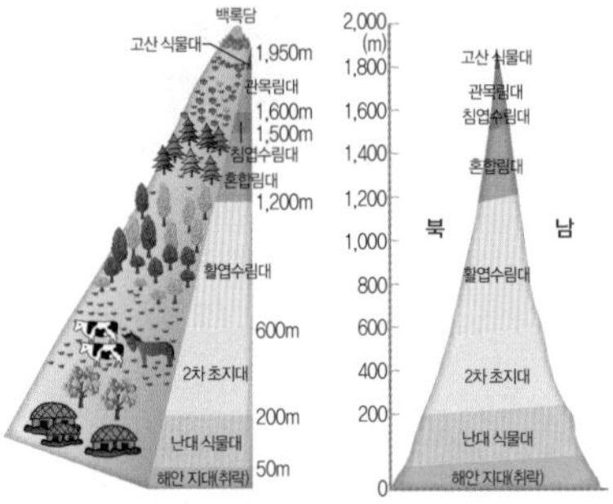

제주도 식생의 수직 분포

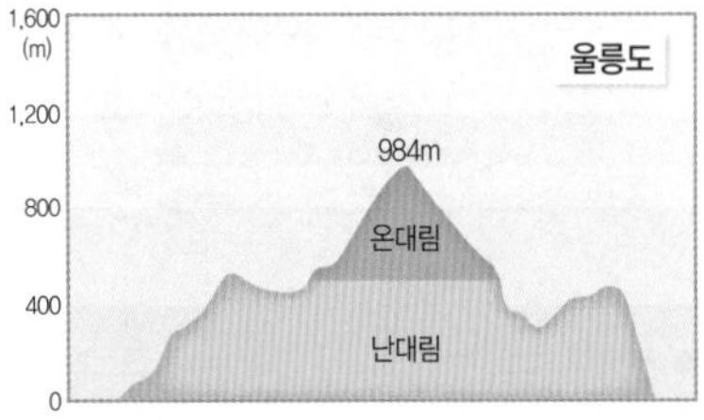

울릉도 식생의 수직 분포

■ **토양의 생성 과정**

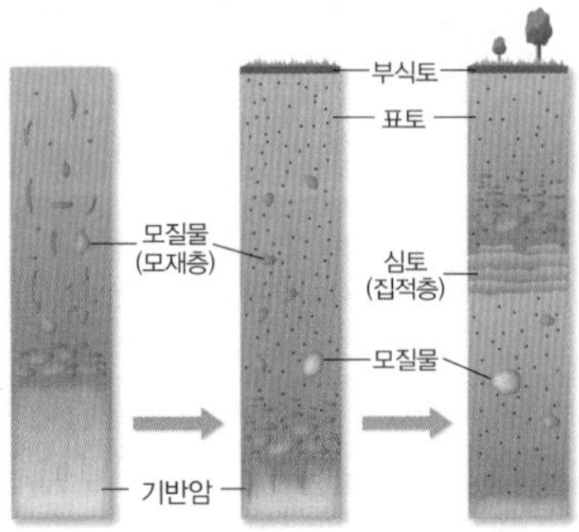

(3) 우리나라 식생 분포

① 우리나라 식생 분포 특성

• 분포에 영향을 미친 1차적 요소: 기온(전체적으로 습윤 기후 지역에 속함)

• 수평적으로는 위도에 따라, 수직적으로는 해발 고도에 따라 식생 분포가 다양함

• 과거 삼림 남벌과 전쟁으로 자연림이 많이 파괴되어 인공적인 2차 식생 중심

② 수평 분포: 위도에 따른 기온 차이 반영

• 난대림

– 분포: 1월(최한월) 평균 기온 0℃ 이상(겨울 온화)인 남해안 일대, 제주도, 울릉도

– 상록 활엽수림 중심: 동백나무, 사철나무 등 조엽수

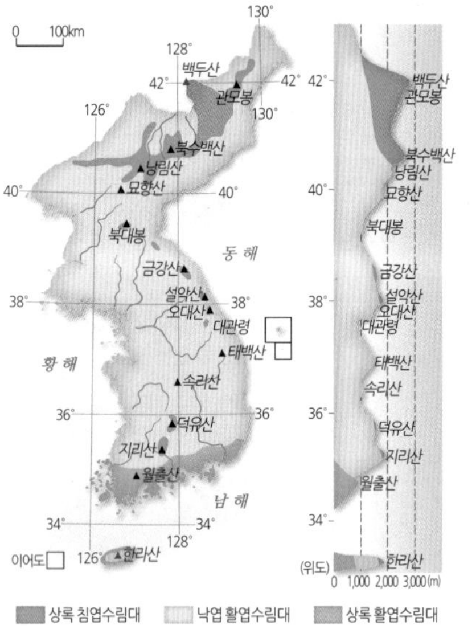

⇡ **우리나라의 식생 분포**

• 온대림

– 분포: 개마고원, 남해안을 제외한 한반도 전역

– 낙엽 활엽수 중심의 혼합림(낙엽 활엽수+침엽수): 참나무, 상수리나무, 느티나무 등이며 위도가 높아질수록 가문비나무, 전나무 등의 침엽수가 혼합됨

• 냉대림

– 분포: 연평균 기온 5℃ 이하인 개마고원 및 북부 내륙 지역, 일부 고산 지역

– 전나무, 잣나무, 가문비나무, 자작나무 등의 침엽수림 중심

– 침엽수가 단순림을 이루어 우리나라 최대의 임업 지역 형성

③ 수직 분포: 해발 고도에 따른 기온 감률 반영

• 해발 고도가 높은 고산 지역일수록 냉대림이 나타남

• 대체로 북부 지방으로 갈수록(위도가 높아질수록) 냉대림이 나타나는 해발 고도 낮아짐

• 제주도, 울릉도는 식생의 수직 분포를 잘 관찰할 수 있는 지역

6. 토양

암석이 침식되고 풍화되면 그 침식과 풍화 산물이 기후와 식생 및 생물 활동 등의 다양한 영향을 받아 토양이 된다. 토양은 다양한 환경 요소와 오랜 시간에 걸친 토양 생성 작용에 따라 특성이 결정된다.

(1) 토양 생성 작용과 토양의 종류

① 토양 생성 작용: 다양한 요인과 시간에 따라 토양층이 분화되는 작용 → 성숙토

② 성숙토의 토양층: 표토에서부터 O층, A층, B층, C층, R층으로 나눔

O층(유기물층)	낙엽, 배설물 등이 쌓여 분해되고 있는 유기물 층으로 표토의 윗부분
A층(용탈층)	유기물이 부식되며 풍부한 표토층으로 광물질이 용탈되는 토층
B층(집적층)	A층의 용탈 광물질이 집적되는 토층으로 알루미늄(Al), 철(Fe) 등의 집적
C층(모재층)	기반암이 풍화된 층으로 토양 생성 과정을 별로 받지 않은 토층
R층(기반암)	풍화되지 않고 고결되어 있는 기반암층

② 토양 생성 작용에 따른 종류

- 미성숙토
  - 암석이 풍화된 후 토양 생성 작용을 충분히 받지 못해 토양층 분화가 뚜렷하지 않은 토양
  - 충적토, 염류토, 삼림 암쇄토 등
- 성숙토
  - 암석이 풍화된 후 토양 생성 작용을 충분히 받아 토양층이 뚜렷이 분화된 토양
  - 토양 생성 작용을 받는 과정에 따라 크게 간대 토양과 성대 토양으로 분류
  - 간대(間帶) 토양: 토양 생성 과정에서 기반암(모암)의 특성을 반영하는 토양으로 레구르토, 테라로사 등
  - 성대(成帶) 토양: 토양 생성 과정에서 기후 및 식생의 특성을 반영하는 토양으로 툰드라토, 라테라이트토, 사막토, 흑색토, 포드졸토 등

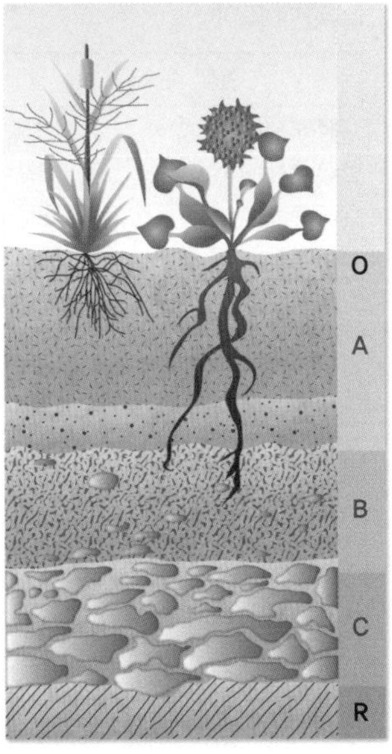

↑ 성숙토의 토양 단면

(2) 세계의 토양

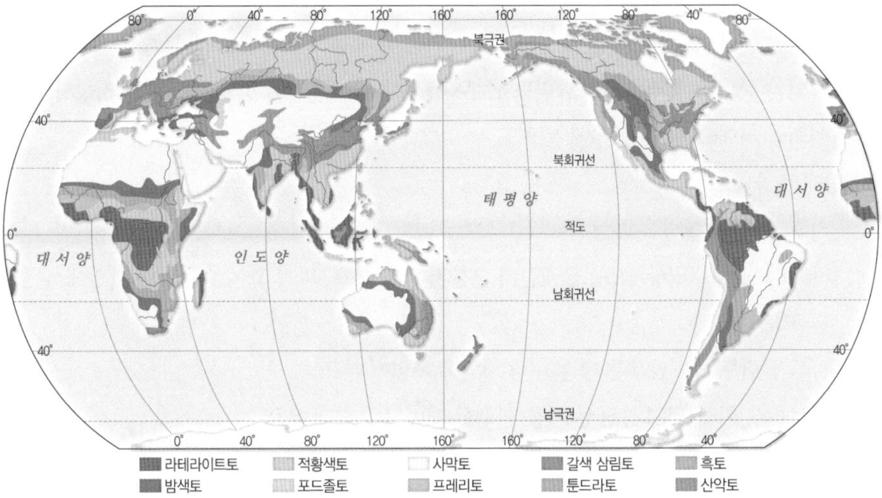

① 성대 토양

종류		분포	특성	색깔
습윤 토양	라테라이트토	열대 우림, 사바나	철, 알루미늄 산화	적색
	적색토	아열대 몬순	산성, 비교적 토박함	적색
	갈색토	온대 지역	중성, 비교적 비옥함	갈색
	포드졸토	침엽수림 지대	강 산성, 척박함	회백색
	툰드라토	툰드라 지역	강 산성, 이탄질(泥炭質)	회갈색
반건조 토양	프레리토(흑토)	연 강수량 500mm 이상 초원 지대	비옥함	흑색
	체르노젬(흑색토)	연 강수량 250~500mm가량 스텝 지역	두터운 유기질층으로 곡창 지대	흑색
	밤(율)색토	사막과 스텝 사이	비교적 비옥한 약 알칼리성	밤색
건조 토양	사막토	사막 지대	강 알칼리성	회백색

■ **라테라이트토**
열대 우림 기후 지역을 중심으로 발달하는 붉은색의 성대 토양을 라테라이트토라고 한다. 고온 다습한 환경에서 화학적 풍화 작용이 극도로 진행되어 염기가 모두 용탈되고, 박테리아의 활동이 매우 활발하여 유기물과 부식이 집적되지 않으며, 풍화 산물로 형성되는 산물(Fe_2O_3, Al_2O_3 등)이 잔류하여 붉은색을 띤다. 라테라이트토에서는 집적층인 B층이 발달하지 않아 토층 구분이 뚜렷치 않다. 이 라테라이트토는 척박하며, 탈수 현상이 일어나면 돌처럼 단단하게 굳는데, 열대 지방에서 이를 벽돌로 만들어 사용하여 라테라이트라는 용어가 생겨났다(later는 라틴 어로 벽돌을 의미).

라테라이트토로 만든 열대 지방의 벽돌

■ **포드졸토**
박테리아의 활동이 억제되는 한랭하고 습윤한 기후 환경에서 형성되는 회백색의 강산성 토양을 포드졸토라고 하며, 특히 타이가 삼림 지대에서 널리 분포한다. 포드졸토는 유기물과 부식이 지표에 두껍게 쌓여 토양수가 강한 산성을 띠게 되고, 이로 인해 토양수는 토양의 상층에서 염기를 씻어 내리는 용탈 작용을 하게 되는데, 이때 염기와 함께 점토나 부식과 같은 미립 물질도 밑으로 제거된다. 이 포드졸토는 염기가 거의 없어 농경에는 불리하며, 주로 산성에 강한 침엽수가 삼림을 이루는 경우가 많다.

■ **체르노젬(흑토)**
강수량이 증발량보다 적은 반건조 지역의 토양은 칼슘, 마그네슘 등의 염기가 토양층에 잔류하고 부식이 풍부하여 매우 비옥하다. 특히 체르노젬이라고 불리는 흑토는 스텝 초원 지역에서 잘 발달하며 비옥한 토질을 바탕으로 대규모 상업 농업이 이루어진다.

■ **정적토와 운적토**
모재(母材)가 풍화되어 그 자리에서 만들어진 토양을 정적토(定積土)라고 하고, 바람이나 유수에 의해 운반되어 만들어진 토양을 운적토(運積土), 또는 이적토(移積土)라고 한다. 운적토에는 하천 퇴적에 의한 충적토, 빙하 퇴적에 의한 빙적토, 바람에 의한 풍적토 등이 있다.

■ **남부 라테라이트성 적(황)색토와 테라로사**

고온 습윤한 기후 환경에서 토양의 불용성 광물인 알루미늄(Al), 철(Fe) 등이 산화 작용을 받아 적색을 띠게 되는 것을 라테라이트화 작용이라 하며, 이러한 라테라이트토는 열대 기후 지역에서 널리 분포한다. 우리나라의 황·남해안 지역의 구릉지를 중심으로 발견되는 적색토는 과거 간빙기의 고온 습윤한 환경에서 라테라이트화 작용을 받은 고토양의 일부로 해석하고 있다.

한편 석회암 지대를 중심으로 분포하는 적색토(테라로사) 역시 불용성 점토물이 산화 작용을 받아 형성된 것으로, 기반암이 석회암이라는 점 외에는 다른 지역의 적색토와 형성 과정 및 물리·화학적 특성이 거의 유사하다(강영복, 1994). 이 때문에 농촌진흥청 등 토양 학자들은 이를 성대 토양으로 분류하기도 한다. 우리나라의 중등 지리 교육에서는 기반암인 석회암의 영향을 강조하여 간대 토양으로 분류하고 있다. 슬로베니아의 카르스트 지역 석회암 지대의 붉은 토양을 일컫던 테라로사라는 명칭은 라틴 어의 terra(soil)와 rossa(rose)에서 기원한 것이다.

통영 한산도의 적색토(고토양)

■ **간대 토양의 분포**

우리나라의 간대 토양으로는 고생대 조선 누층군 석회암 지대의 석회암 풍화토와 신생대 화산 지형의 현무암 풍화토가 대표적이다.

② 간대 토양

종류	모암(기반암)	색깔	분포	이용
테라로사(terra rossa)	석회암	적색	지중해 연안	과수 재배, 밭농사
테라록사(terra roxa)	현무암, 휘록암	붉은 보라색	브라질 고원	커피 재배
레구르토	현무암	흑색, 흑갈색	데칸 고원	목화 재배
황토(loess)	황토 고원 사막 먼지	황색	중앙아시아	혈거 생활, 밀 재배

(3) 우리나라의 토양

① 우리나라 토양의 특색

• 정적토가 대부분을 차지함

• 화강암, 화강 편마암이 풍화된 사질 토양이 대부분

• 여름철 집중 호우로 인해 유기물이 적은 산성토가 많음

② 미성숙토: 토양 발달 기간이 짧아 토양 층의 분화가 미흡

• 삼림 암쇄토: 산지의 사면에 분포

• 염류토: 하천 하구, 간척지에 분포

• 충적토: 하천 주변 범람원에 분포, 비옥함

③ 성숙토: 토양 생성 작용을 받아 토양층 분위가 뚜렷함

• 간대 토양

– 기반암의 영향을 반영

– 현무암 풍화토: 제주도, 철원 일대, 길주·명천 일대 등의 화산 지형에 분포

– 석회암 풍화토(테라로사): 강원도 남부~충북(옥천 지향사), 평안남도(평남 지향사) 등의 석회암 지대(조선 누층군)에 분포

• 성대 토양

– 기후·식생의 영향을 반영

– 라테라이트성 적(황)색토: 남해안의 구릉지 일대 분포, 과거 고온 습윤했던 환경에서 형성된 고토양

– 갈색 삼림토: 중·남부 지방 온대림 지역에 폭넓게 분포

– 포드졸성 회백색토: 강산성 토양, 한랭한 개마고원 일대 분포

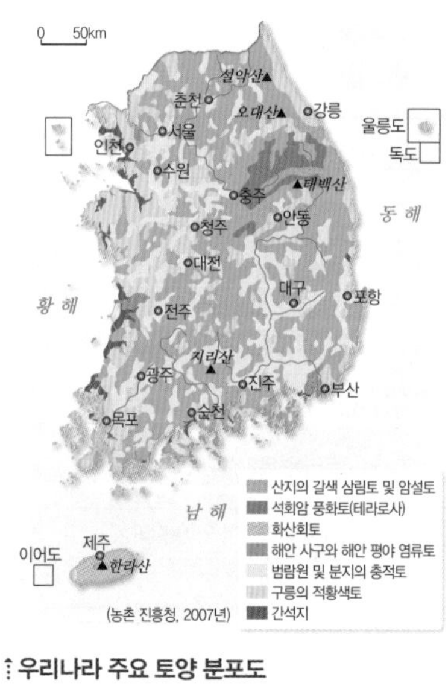

⇡ **우리나라 주요 토양 분포도**

⇡ **우리나라 성대 토양의 분포 모식도**

지리 상식 1 지구 온난화라는데 요즘 겨울은 왜 더 추울까?

최근 몇 년간 우리나라의 겨울은 지구 온난화라는 말이 무색할 정도로 혹심한 한파가 잦았다. 이 때문에 주변에서 "아니 지구 온난화라는데 뭐가 이렇게 추워?"라는 이야기를 자주 들을 수 있었다. 지구는 점점 따뜻해지고, 겨울 기온은 유난히 큰 폭으로 상승한다는데 도대체 어찌된 것일까?

중위도 편서풍대의 상층에는 고위도와 저위도의 에너지 차이에 의해 형성되는 전선대를 따라 강한 서풍 기류가 나타나는데 이를 제트 기류라고 한다. 제트 기류는 제2차 세계 대전 중 미국이 B29 전투기로 사이판 섬에서 일본의 도쿄를 공습하는 과정에서 알려졌다. 조종사들은 도쿄 공습을 위한 비행 시 강한 공기 저항을 받았으며, 반대로 귀환 시 비행 속도가 빨라지면서 제트 기류의 존재를 인식하게 된 것이다. 이러한 제트 기류는 서에서 동으로 사행하면서 저위도의 에너지를 고위도로 전달해 주고, 고위도의 한기를 저위도로 전달해 주면서 지구의 위도 간 열수지를 맞추는 데 기여하며, 한파나 폭염의 원인이 되기도 한다.

제트 기류는 극지방과 적도 지방의 에너지 차이가 크면 더욱 강해지고 팽팽하게 사행하며, 북극의 찬 공기 소용돌이(polar vortex)의 주기적 강약에 따라 진폭이 변화하는데 이를 북극 진동(AO, Arctic Oscilliation)이라 한다. 이 북극 진동의 주기에 따라 최근 북극의 찬 공기를 팽팽히 감싸고 있던 제트 기류가 늘어진 고무줄처럼 느슨해지면서 묶여 있던 북극의 찬 공기가 우리나라까지 쏟아져 내려오게 된 것이 최근 겨울 한파의 주된 원인이다. 이로 인해 최근 우리나라를 비롯한 동아시아와 유럽, 북아메리카 등에서

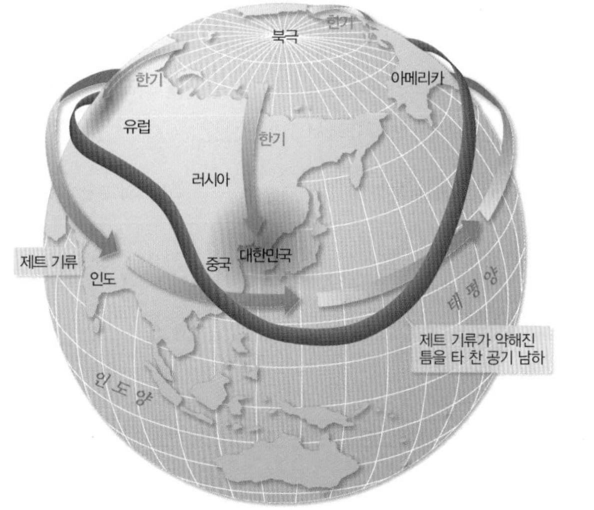

한파와 폭설이 잦았으며, 2011년 영국은 100년만의 한파와 17년만의 최악의 폭설을 겪었고, 미국 또한 중서부에서 시작된 기록적인 폭설과 한파가 동남부까지 강타해 몸살을 앓았다.

북극 진동의 주기는 대략 10여 년 정도로 알려져 있다. 결국 최근 잦았던 겨울 한파는 지구 온난화의 경향과는 별개로 북극 진동에서 그 원인을 찾을 수 있을 것이다. 하지만 최근의 기후 변화의 양상이 이 북극 진동의 주기에도 영향을 미쳐 지구 곳곳에 다양한 형태로 문제를 만들 수 있음을 한 번쯤 생각해 보아야 할 것이다.

깊이 읽기 추천 도서 소개

현직 지리 교사들의 집단 지성 프로젝트! 세상에 퍼진 다양한 지식을 '지리'라는 필터링을 통해 쉽고 재미있게 확산해 보자는 공감대로 책을 집필했다. 이 책은 세상을 품은 지리, 지리를 품은 지식을 모토로, 지리 속에 숨어 있는 문화, 경제, 생활, 음식, 여행, 스포츠 이야기를 추적하고 있다.

- 지리 파트(연애가 어려운 당신, 지금 주위를 둘러보세요! : 최초의 연애 컨설턴트, 지구)
- 여행 파트(미국은 왜 야구를 아침에 하죠? : 하룻밤 사이에 이틀이 지났다)
- 음식 파트(진짜 커피를 알고 싶니? : 커피, 알고 마시자! 커피의 종류)
- 문화 파트(와~! 뽀로로다! : 〈뽀로로〉를 보면 세상이 보인다)
- 생활 파트(현수막, 그냥 지나치지 마세요! : 현수막과 〈인터스텔라〉)
- 경제 파트(어머! 이건 꼭 질러야 해 ! : 지름신이 내리는 장소는 따로 있다)
- 스포츠 파트(토탈 사커? 토탈 스케이팅! : 오렌지 군단 네덜란드, 축구보다 스케이팅을 더 잘하는 이유) 등이다.

←… 박대훈 · 최지선, 2015, 『사방팔방 지식특강』

[선택형]

· 2013 수능

1. 그래프는 우리나라 8개 도시의 기온 변화를 나타낸 것이다. 이에 대한 옳은 분석을 〈보기〉에서 고른 것은?

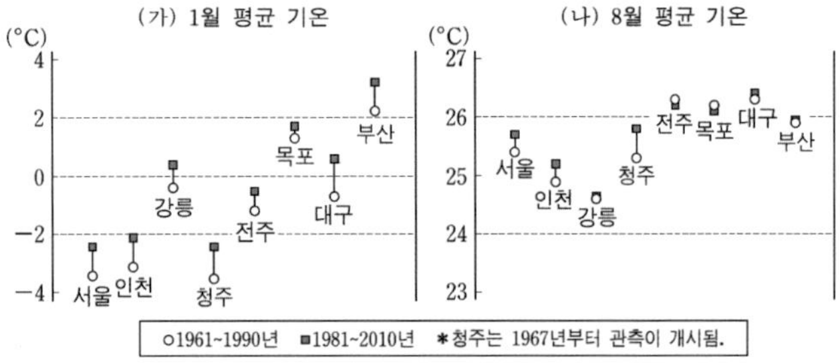

보기

ㄱ. (가)의 경우, 특별시와 광역시의 평균 상승 폭이 그 외 도시의 평균 상승 폭보다 작다.
ㄴ. (나)의 경우, 해안 도시의 평균 상승 폭이 내륙 도시의 평균 상승 폭보다 작다.
ㄷ. (나)의 경우, 영남권 도시의 평균 상승 폭이 수도권 도시의 평균 상승 폭보다 작다.
ㄹ. 8개 도시의 평균 상승 폭은 (가)가 (나)보다 작다.

① ㄱ, ㄴ ② ㄱ, ㄷ ③ ㄴ, ㄷ ④ ㄴ, ㄹ ⑤ ㄷ, ㄹ

· 2006 수능

2. 자료를 보고 엘니뇨가 발생하였을 때 오스트레일리아에서 일어날 수 있는 현상을 바르게 추론한 것은?

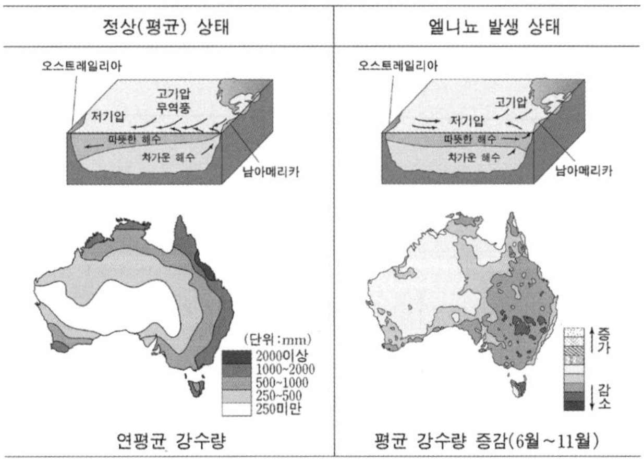

① 산지에서 산불이 더 자주 발생할 것이다.
② 남동 무역풍의 세력이 더 강해질 것이다.
③ 북동부 해역에서 수온이 더 높아질 것이다.
④ 밀 재배 지역의 경우 생산량이 더 증가할 것이다.
⑤ 남동부 해역에서 열대성 저기압의 발생 횟수가 더 많아질 것이다.

· 2007 수능

3. 자료를 토대로 (가), (나) 지역의 식생과 토양에 대한 설명이 적절한 것을 〈보기〉에서 모두 고른 것은?

지역	연평균 기온(℃)	최난월 평균 기온(℃)	연교차(℃)	연 강수량(mm)	최소 월 강수량(mm)
(가)	25.7	26.3	1.3	2,731	86
(나)	−12.0	4.0	32.0	110	3

보기

ㄱ. (가) 지역에는 관목과 장초가 섞인 경관이 특징적이다.
ㄴ. (가) 지역에는 라테라이트 토양이 발달한다.
ㄷ. (나) 지역에는 이끼류와 지의류가 자라는 곳이 많다.
ㄹ. (나) 지역에는 비옥한 밤색토가 발달한다.

① ㄱ, ㄴ ② ㄱ, ㄷ ③ ㄴ, ㄷ ④ ㄴ, ㄹ ⑤ ㄷ, ㄹ

· 2005 수능

4. 그림 (가)는 식생이 분포하는 지역의 기후를 나타낸다. 글 (나)에 해당되는 것은?

(가)

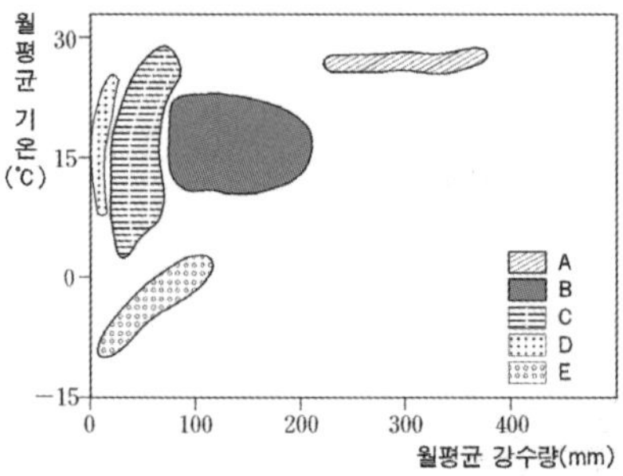

(나)

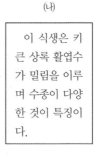

이 식생은 키 큰 상록 활엽수가 밀림을 이루며 수종이 다양한 것이 특징이다.

① A ② B ③ C ④ D ⑤ E

• 2007 수능

5. (가)와 (나) 토양의 설명으로 적절하지 <u>않은</u> 것은?

<table>
<tr><td>구분</td><td>(가)</td><td>(나)</td></tr>
<tr><td>기후</td><td>냉량 습윤</td><td>고온 습윤</td></tr>
<tr><td>단면</td><td>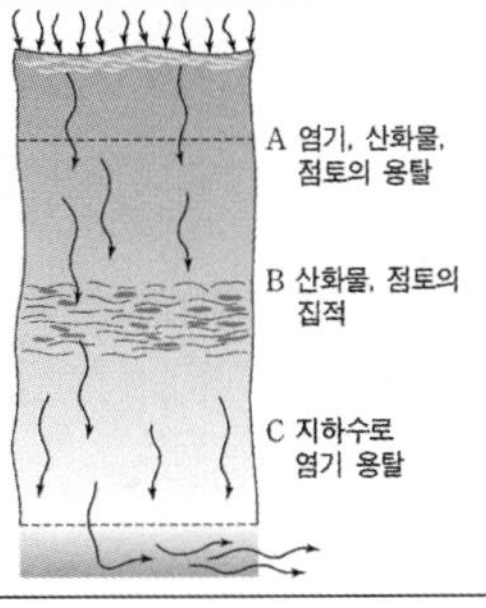
</td><td>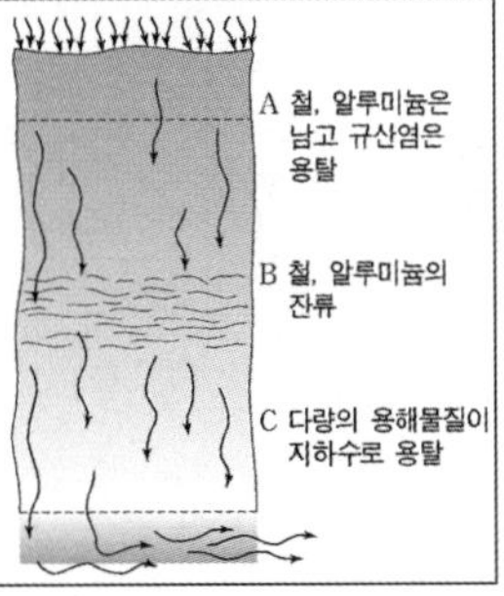
</td></tr>
</table>

① (가)는 유기 물질이 잘 분해되지 않으며 산성을 띤다.
② (가)에는 염기와 산화물이 용탈된 회백색 토층이 나타난다.
③ (나)는 화학적 풍화 작용을 받은 알칼리성 토양이다.
④ (나)는 남해안의 낮고 완만한 구릉지에 분포한다.
⑤ (가)와 (나)는 기후와 식생의 영향을 강하게 반영한다.

[서술형]

1. 온실 효과를 간략히 설명하고, 이 온실 효과와 지구 온난화의 관계를 간략히 설명하시오. (단, 자연적 온실 효과와 인위적 온실 효과를 명확히 구분하여 설명할 것.)

2. 우리나라 식생의 분포에 주된 영향을 미치는 기후 요인과 기후 요소에 대해 간략히 설명하시오.

3. 제시된 표는 A~C 세 지역의 월평균 기온의 평년값을 나타낸 것이다. 이를 바탕으로 다음 질문에 적절한 답을 하시오.

(단위: ℃, 1980~2010년 평년값)

지점	1월	2월	3월	4월	5월	6월
A	−16.4	−11.3	−3.0	6.0	12.5	17.2
B	−2.4	0.4	5.7	12.5	17.8	22.2
C	6.8	7.8	10.6	14.8	18.6	21.7
지점	7월	8월	9월	10월	11월	12월
A	20.6	20.1	13.3	5.5	−4.3	−13.3
B	24.9	25.7	21.2	14.8	7.2	0.4
C	25.6	27.1	23.9	19.3	14.1	9.3

(1) 온량 지수는 월평균 기온 5℃ 이상인 달의 5℃를 초과하는 온도를 월별로 합산한 값을 말한다. 온량 지수와 식생 분포와의 관계에 대해 간략히 설명하시오. (온량 지수를 구하는 기준 온도인 월평균 기온 5℃의 의미를 감안할 것.)

(2) A~C 세 지점의 온량 지수를 각각 구하고, 각 지역의 식생(삼림) 특성에 대해 간략히 설명하시오.

Chapter 04

제4장

인구 지리

01. 인구 변천 과정과 인구 구조

02. 인구 이동과 인구 문제

03. 인구론

인구 지리

01. 인구 변천 과정과 인구 구조

핵심 출제 포인트

- ▶ 인구 피라미드
- ▶ 인구 변천 곡선
- ▶ 저출산 고령화
- ▶ 합계 출산율
- ▶ 출산 장려 정책
- ▶ 인구 부양비
- ▶ 중위 연령, 고령화 지수

■ 선진국과 개발 도상국의 인구 비중 변화

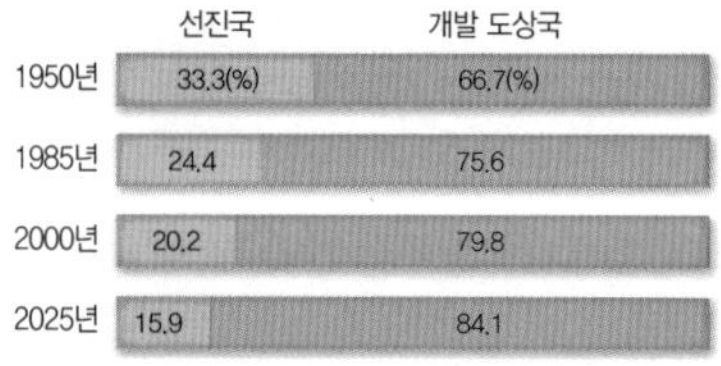

소산 소사의 저위 정체기로 접어든 선진국은 인구가 정체되거나 감소하는 추세이지만, 개발 도상국은 아직 초기 팽창기 혹은 후기 팽창기에 해당되어 인구가 폭발적으로 증가한다. 따라서 전 세계의 인구 중 선진국이 차지하는 비율은 감소, 개발 도상국이 차지하는 비율은 증가하고 있다.

■ 세계의 합계 출산율

합계 출산율은 가임 여성이 평생 동안 낳을 수 있는 아이의 숫자를 의미한다.

순위	국가	2000년	2010년
1	니제르	7.16	7.68
2	우간다	6.96	6.73
3	말리	6.89	6.73
4	소말리아	7.18	6.44
5	부룬디	6.25	6.25
6	부르키나파소	6.44	6.21
7	콩고 민주 공화국	6.92	6.11
8	에티오피아	7.07	6.07
9	잠비아	5.62	6.07
10	앙골라	6.52	6.05
141	북한	2.30	1.94
225	남한	1.72	1.22
세계 평균		-	5.24

■ 아프리카 출산율

세계에서 출생률이 가장 높은 국가들은 모두 아프리카에 있다. 특히 영유아 사망률이 높은데 보통 1세 이하의 신생아 10명 중 1명이 사망한다. 또한 많은 자손을 남기는 것을 미덕으로 여기는 전통 때문에 지금도 높은 출생률을 유지하고 있다.

1. 인구 성장

(1) 인구의 변화 및 인구 성장의 원인

① 인구의 급속한 성장 시기

농업 혁명	• BC 7000년 곡류 재배와 가축 사육 성공으로 채집 경제가 생산 경제로 변화
산업 혁명	• 1650년 5.5억 명이었던 전 세계 인구가 18세기 후반(1850년대) 11.7억 명으로 증가
의학 혁명	• 1850~1950년경 사망률 감소로 25억 명으로 증가
1950년 이후	• 선진국을 중심으로 인구 성장 둔화(피임법 개발, 가족계획, 가치관 변화) • 개발 도상국은 높은 출생률 유지(의학 기술 보급, 경제 성장)

② 우리나라의 인구 성장

~조선 시대	• 높은 영아 사망률과 낮은 토지 생산성으로 인구 부양력이 낮음 • 출생률은 높지만 질병, 전쟁, 기근 등으로 인한 사망률이 높음
일제 강점기	• 근대 의학 보급으로 영아 사망률이 급감하면서 인구 증가율은 높아짐
광복 후~ 1960년대 이전	• 광복 후: 해외 동포 귀국 및 북한 동포의 월남으로 인구의 사회적 증가 • 6.25 전쟁 기간 중 높은 사망률, 전쟁 후에는 높은 출산률(베이비 붐)
1960년대 이후	• 출산 억제 정책과 여성의 사회 진출 확대로 출산율 감소 시작 • 사망률의 지속적 감소로 인구 증가율 둔화
최근	• 극심한 저출산 현상, 인구의 노령화 급진전

③ 세계의 인구 성장: 산업 혁명 이전 약 2.5억 명이었던 인구는 2010년 현재 약 70억 명

선진국	• 산업화에 따른 경제 발전과 생활 환경의 개선 • 산업 혁명 이후 인구 변천 모델의 2단계에 진입하여 인구 급증 • 최근에는 인구 변천 모델의 4단계에 진입하여 인구 성장이 정체되어 있음
개발 도상국	• 의료 기술 발달과 공공 위생 시설의 개선으로 사망률이 감소, 20세기 중반부터 인구 급성장 • 현재 대부분 2단계와 3단계에 해당

(2) 인구 변천 모델

① 자연 증감에 의한 인구 성장 과정을 보여 주며, 산업화를 일찍 경험한 서구의 인구 변동 설명에 적합

② 의학의 발달, 생산성 향상, 출산율 조절 등에 의해 영향을 받음

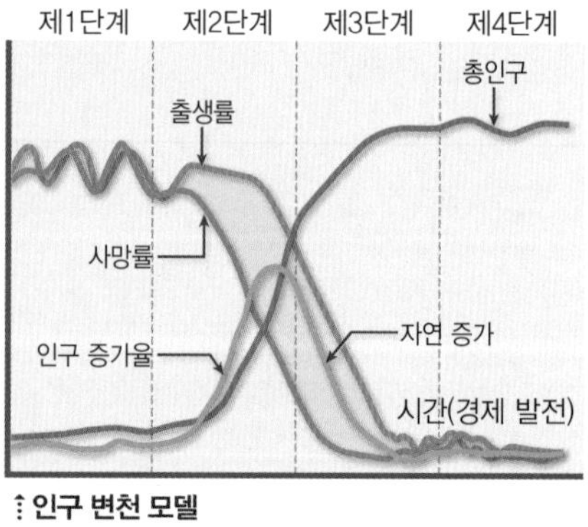

⁝ 인구 변천 모델

1단계 (다산 다사)	• 산업화 이전의 농업 중심 사회로 자녀 출산을 농업 노동력 확보로 인식하여 출생률 높음 • 출생률·사망률이 모두 높아 인구는 증가하지 않고 정체하는 고위 정체기 • 낮은 농업 생산력으로 인한 식량 부족 및 전염병, 전쟁 등 시기에 따라 사망률이 급격히 높아짐 • 인구의 평균 연령이 낮고 평균 수명도 매우 짧음 • 현재 아마존 강 유역의 원주민 부족들에 해당 • 한국은 1910년대 이전에 해당

2단계 (다산 감사)	• 초기 팽창기: 높은 출생률을 유지한 상태에서 사망률이 급격히 감소하는 시기로 인구가 폭발적으로 증가하여 인구 증가율 매우 높음 • 사망률 감소의 원인: 의학 기술 발달 및 보건·위생 시설 개선, 식량 공급으로 인하여 평균 수명 연장 • 산업 혁명기의 유럽과 현대 아프리카 대부분의 국가가 해당 • 한국은 일제 강점기 및 1950~1960년대에 해당
3단계 (감산 소사)	• 후기 팽창기: 2단계에서 줄어든 사망률은 낮은 상태로 유지되는 가운데 출생률이 급격히 감소하는 시기로 인구는 꾸준히 증가하고 인구 증가율은 감소 • 출생률 감소의 원인: 산아 제한 정책을 핵심으로 한 가족계획 시행 • 자녀는 자산이 아니라 책임이라는 가치관 변화, 피임법 보급, 가임 여성당 출생자 수 감소 • 현재는 중국과 태국 등이 해당되며, 한국은 1970~1980년대에 해당
4단계 (소산 소사)	• 저위 정체기: 출생률과 사망률이 모두 낮은 상태, 인구가 증가하지 않고 정체 • 경제적 여건 및 사회적 변화에 따라 자녀에 대한 가치관 변화로 출생률 변동 • 저출산·고령화 문제 발생으로 인구 감소 우려 • 사망률이 출생률을 초과하면서 국제적 인구 유입을 통해 인구 보충 필요 • 현재 대부분의 선진국들이 해당 • 한국은 1990년대 이후에 해당되며 현재는 출산 장려 정책을 펴고 있음

2. 세계의 인구 분포

(1) 인구 분포의 특징

세계	• 세계 인구의 90% 이상은 북반구에, 10% 미만은 남반구에 거주 • 세계 인구의 약 56%는 해발 고도 200m 이하, 약 80%는 해발 고도 500m 이하에 거주 • 전 세계 인구의 약 67%는 해안으로부터 500km 이내 지역에 거주 • 동아시아, 동남아시아, 남아시아, 유럽, 미국 북동부에 집중 분포
한국	• 1960년대 이전: 기후가 온화한 남서부 일대의 평야 지대에 밀집, 산지가 많고 기후 조건이 불리한 북동부 지역은 희박 • 1990년대: 대도시와 주변 지역 및 공업 지역에 인구 밀집, 산간 지대와 농촌 지대는 인구 희박
기후	• 기온이 온화한 온대 기후가 인간 생활에 가장 적합 • 건조 기후와 한대 기후는 인간 거주에 매우 불리
지형	• 전통적으로 농경에 유리한 하천 주변, 평야 지역이 인간 거주에 유리 • 산지, 사막, 빙하 및 주빙하 지형은 인간 거주에 불리
산업 발달	• 산업 활동이 활발한 지역이 인구 흡인 요인이 많아 인구가 많음
분포 요인	• 흡인 요인: 고용 기회, 높은 생활의 질, 지역의 매력적 이미지, 향수 • 배출 요인: 경지 부족, 고용 기회 부족, 편의 시설 부족, 상대적 박탈감 • 장애 요인: 이주 비용, 현 거주지에 대한 애착, 미지의 장소에 대한 불안감
인구 비거주 지역	• 사막 중심의 건조 지역, 열대 우림 지역, 한대 기후 지역 등 • 수평적 한계: 북위 70°, 남위 45~55° • 수직적 한계: 해발 고도 3,000m 이상, 연 강수량 100mm 이하

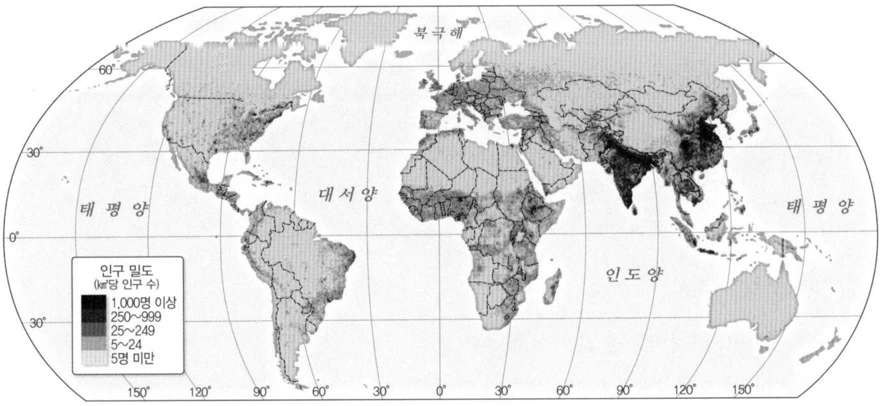

■ 인구 피라미드 살펴보기

인구 피라미드는 인구의 연령별, 성별 구조를 도표로 나타낸 것으로, 수직축은 연령, 수평축은 성별 인구 수 혹은 인구 비율 분포를 나타낸다. 0~14세 인구를 유소년층, 15~64세 인구를 청장년층, 65세 이상의 인구를 노년층이라 한다.

- 피라미드형: 개발 도상국, 인구 급증, 유소년층 비율 높음
- 종형: 선진국 및 한국, 유소년층 증가 비율 둔화, 노년층 비율 증가
- 방추형(항아리형): 영국, 프랑스, 네덜란드 등 일부 선진국, 인구 감소, 초고령 사회
- 별형: 청장년층 전입으로 인구 증가
- 표주박형: 청장년층의 전출로 인구 감소

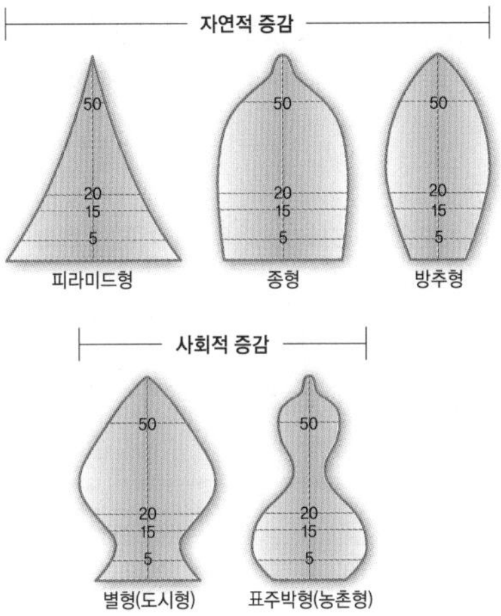

■ 국가별 인구 변천의 사례

- 카보베르데: 1950년에 인구 변천 2단계 진입 이후 출생률과 사망률의 격차 커짐
- 칠레: 1930년대에 사망률 급감으로 인구 변천 2단계에 진입, 1960년대 출생률이 빠르게 줄어들면서 3단계 진입
- 덴마크: 인구 변천 4단계에 해당되며, 전체 인구는 1970년대부터 큰 변화가 나타나지 않음. 노년 인구의 비율이 높고 유소년 인구의 비율이 낮음

세 국가의 인구 피라미드 비교

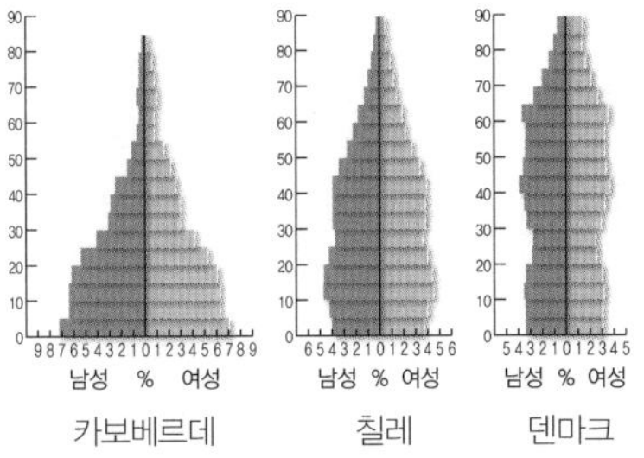

- 스웨덴과 멕시코의 비교: 스웨덴은 이미 18세기부터, 멕시코는 19세기 말에 이르러서야 본격적으로 인구 변천이 시작되었다. 멕시코의 경

우 1950년 이후부터는 연간 자연 증가율이 스웨덴보다 높은 것을 알 수 있다. 이는 19세기 중반 스웨덴의 자연 증가율을 대폭 뛰어넘는 수치다. 오늘날 멕시코의 사망률이 스웨덴보다 낮은 이유는 멕시코 인구 중 아동 및 청소년이 차지하는 비율이 매우 높아서이다.

인구 1,000명당 출생자 및 사망자 수

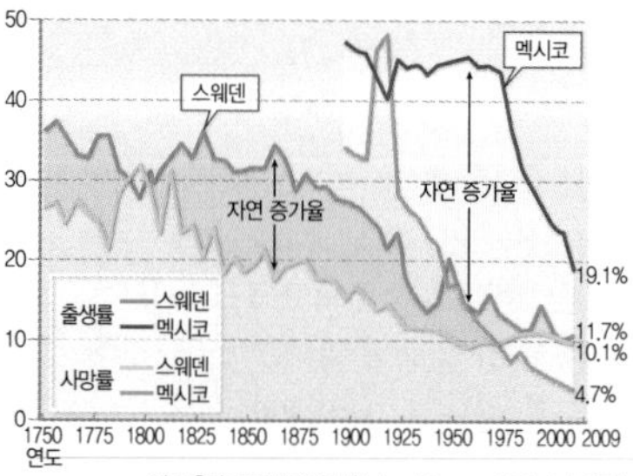

자료 출처: 국립인구연구소(National demographic institut), 유엔

■ **기원전 6만 5,000년 이후의 세계 인구 변화**

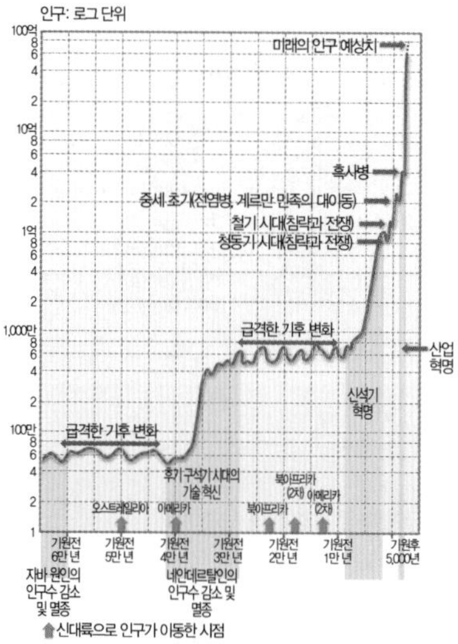

자료 출처: 장-노엘 비라벵, 《인구 증가 수치》, 《인구와 사회》 394호, 프랑스 국립인구통계연구소, 2003년 3월.

■ **한국의 성비 불균형**

강한 남아 선호 사상과 산아 제한 정책의 부작용으로 성비의 균형이 맞지 않는다. 특히 농촌 지역에서 젊은 여성들이 일자리를 찾아 도시로 이동하여 농촌 지역의 청장년층은 남초 현상이 나타나며, 국제결혼이 증가하였다.

3. 인구 구조

어느 집단의 성별·연령별 인구 구성 상태를 의미한다. 성비, 인구 부양비, 고령화 지수, 중위 연령, 인구 부양력 등을 파악함으로써 해당 집단의 인구 특성을 알 수 있다.

(1) 인구 구조를 파악하는 공식

① 성비: 여자 100명당 남자 인구 수로 100을 초과하면 남초, 100 미만이면 여초

② 인구 부양비: 생산 연령층(청장년층) 인구가 비생산 연령층(유소년층 + 노년층) 인구를 얼마나 부양해야 하는지에 대한 비율을 백분율로 계산

총인구 부양비 한국: 농촌 > 도시	$\frac{\text{유소년층 인구+노년층 인구}}{\text{청장년층 인구}}\times100$=유소년 부양비+노년 부양비
유소년 부양비 한국: 농촌 < 도시	$\frac{\text{유소년층 인구}}{\text{청장년층 인구}}\times100$
노년 부양비 한국: 농촌 > 도시	$\frac{\text{노년층 인구}}{\text{청장년층 인구}}\times100$

③ 고령화(노령화) 지수: 유소년층 인구에 대한 노년층 인구의 백분율을 의미

• 노령화 지수=$\frac{\text{노년층 인구}}{\text{유소년층 인구}}\times100$	• 우리나라에서 도시 지역은 100 미만, 농촌 지역은 100 이상으로 나타남

④ 고령화율: 총인구에 대한 노년층 인구의 백분율(고령화 정도의 판단 기준)

구분	• 고령화 사회: 노년층 인구 비율이 7% 이상~14% 미만일 때 • 고령 사회: 노년층 인구 비율이 14% 이상~20% 미만일 때 • 초고령 사회: 노년층 인구 비율이 20% 이상일 때
계산	고령화율=$\frac{\text{65세 이상 인구}}{\text{총인구}}\times100$

⑤ 중위 연령: 전체 인구를 연령 순으로 세웠을 때 가운데 서 있는 사람의 연령으로, 인구 고령화의 정도를 알아보는 데 사용(우리나라의 중위 연령은 2010년 현재 37.9세)

• 모나코는 48.9세로 가장 중위 연령이 가장 높고, 일본은 44.6세, 독일은 43.7세

• 중위 연령이 40세 이상 되는 국가는 총 27개국인데 이 중 22개가 유럽에 있음

• 우간다의 중위 연령은 15세로 가장 낮음

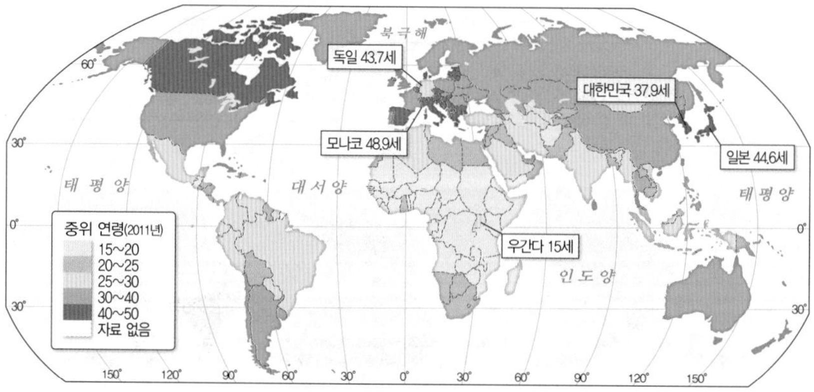

(2) 연령별 인구 구조

① 다산 다사형: 피라미드형 인구 구조

• 낮은 의학 및 경제 수준: 높은 출생률과 사망률

• 유소년층 비율은 높지만 연령이 높아질수록 인구가 급격히 감소(개발 도상국)

② 소산 소사형: 종형 혹은 방추형 인구 구조

- 높은 의학 및 경제 수준: 여성의 사회 진출 활발, 낮은 출생률과 사망률
- 저출산 고령화 문제: 유소년층 인구 비중은 감소, 노년층 인구 비중은 증가

(3) 성별 인구 구조

연령대별 성비	• 연령대가 높아질수록 성비는 감소함 • 출생 시: 남초, 자연 상태에서 성비는 103~104 정도 • 노년층: 여초, 남녀 간 사망률 및 평균 수명의 차이를 반영
지역별 성비	• 지역의 연령별 인구 구성 비율, 경제 및 산업 활동에 영향을 받음 • 남초 지역: 중화학 공업, 건설업, 광업이 발달한 지역, 군사 지역 등 • 여초 지역: 관광 산업 등 서비스업이 발달한 지역, 인구 고령화 지역 등 • 한국의 순수 농어촌: 결혼 적령기에서 극심한 남초 현상이 나타남(전체 성비는 여초 현상)

(4) 국내외 다양한 형태의 인구 구조

① 한국 도시들의 인구 구조

대도시형 (여초)	• 이촌 향도에 의한 대도시의 인구 증가가 원인 • 특히 여성의 비중이 높은 것은 직장을 구하기 위해서 농촌에서 많이 상경해 왔기 때문
중공업 도시형 (남초)	• 중화학 공업은 특성상 남성 노동력을 많이 필요로 함 • 인구 전입 지역이므로 전입형(별형) 인구 피라미드가 형성됨
농촌형 (남초)	• 노년층의 비율이 상대적으로 높게 나타나며 청장년층 유출로 인한 출산력 저하 문제 등으로 인구의 사회적 감소가 심함 • 가족을 부양해야 하는 결혼 연령층에서 남초 현상 발생 및 국제 결혼 증가
경공업 도시형 (10~20대 여초)	• 청장년층의 비율이 높음 • 젊은 여성 노동력을 필요로 하는 인구 전입 지역
광업 도시형 (40대 남초)	• 40대 남초 현상이 발생하며 20~30대는 전출 현상을 보이고 있음 • 광업의 특성상 남성이 경제 활동을 전담하는 경우가 대부분

② 미국 내 도시들의 인구 구조

- 미국 전체
  - 종형의 인구 피라미드
  - 이주민이 많고, 안정된 생산 연령층
- 디트로이트·러레이도: 유소년층의 비율과 출산력이 높음
- 네이플스: 노년층 비율이 높고, 여초(역삼각형의 인구 피라미드)
- 로렌스: 캔자스 대학 입지, 20대 비율이 높음
- 어널래스카: 고립된 군사 지역 입지, 남초
- 시더래피즈: 옥수수 지대로 농업 지역이며, 노년층 여초, 생산 연령층은 늘지 않음

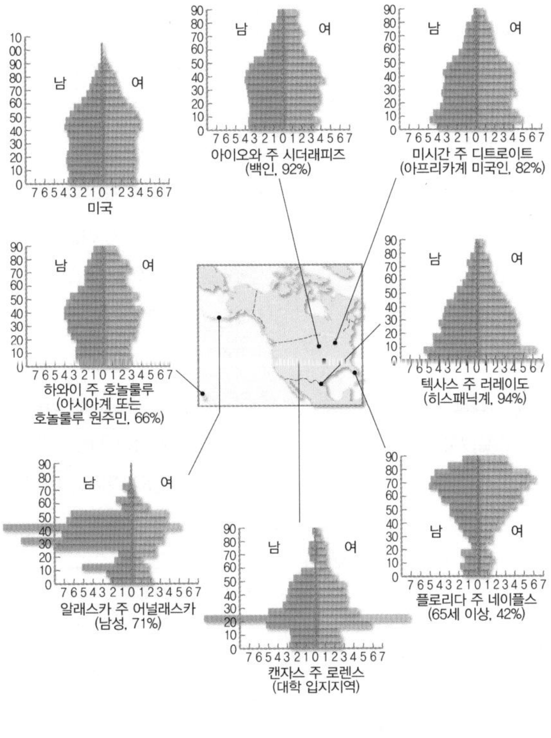

■ 한국 내 외국인의 인구 피라미드

이주 외국인들의 연령별 성별 구성을 보면 20세 이상 생산 연령층 비중이 매우 높게 나타난다.

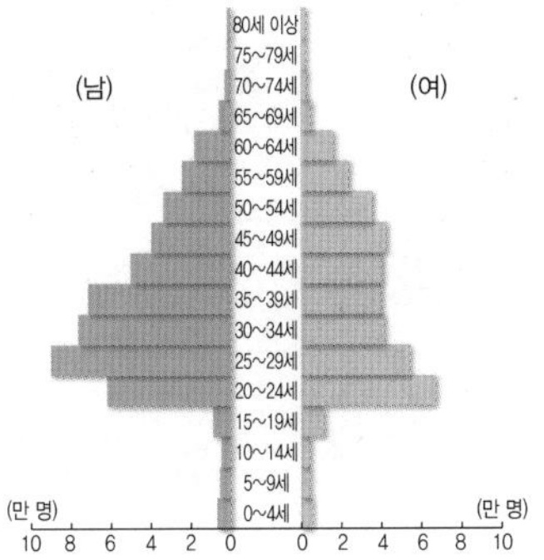

■ 한국 도시들의 인구 구조

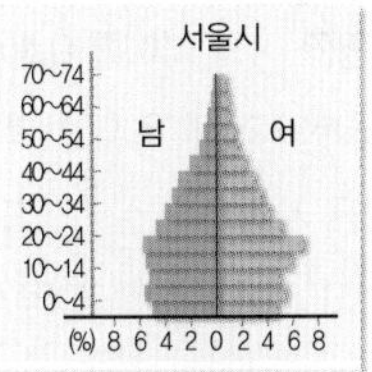

대도시형
20대 여초

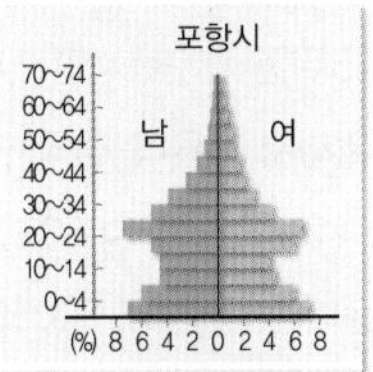

중공업 도시형
20~30대 남초

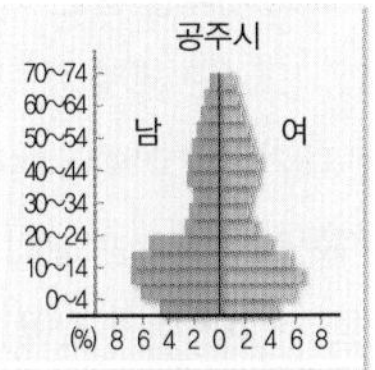

농촌형
30대 남초

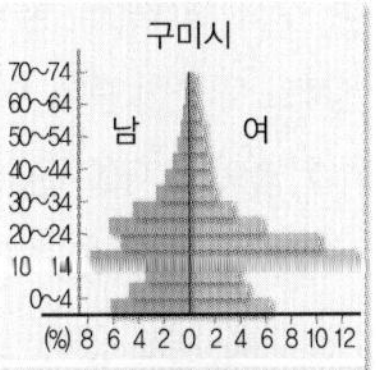

경공업 도시형
10~20대 여초

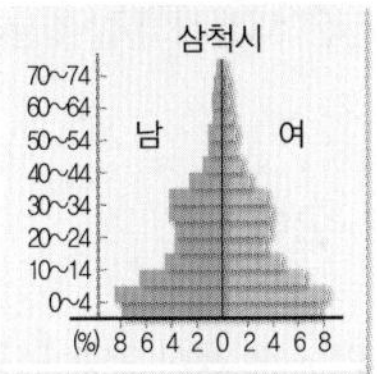

광업 도시형
40대 남초

지리 상식 1 148,940,000km² vs 4,200Km²?

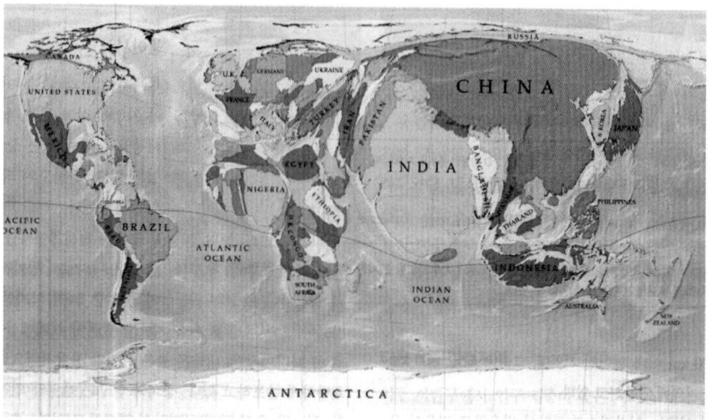

⇡ **세계의 인구를 나타낸 왜상 통계 지도**

만약 70억 명의 인구를 모두 눕혀서 면적을 구해 보면 얼마나 될까? 1인당 평균 키를 1.5m, 평균 어깨 넓이를 0.4m로 계산해 보면 대략 4,200km² 정도 된다. 반면에 세계의 전체 육지 면적은 148,940,000km²나 된다. 그럼 어디에 얼마나 많은 사람들이 살고 있을까? 세계 인구는 이미 1999년에 60억 명에 도달했고, 2011년 말 70억 명을 넘어섰다. 카토그램을 보면 세계 인구의 무게 중심이 아시아로 쏠려 있는 것이 한눈에 들어온다. 2013년 기준 중국(13.5억 명)이 세계 1위, 2위는 인도(12.2억 명)였으며, 한국은 4,895만 명으로 25위를 차지했지만 2,472만 명의 북한 인구를 합하면 7,367만 명으로 20위까지 오른다. 중국, 인도, 미국, 인도네시아, 브라질, 파키스탄 의 6개국이 세계 인구의 약 50%를 차지한다.

중국보다 인구 성장률이 높은 인도는 2050년 중국을 제치고 세계 최대 인구 국가가 될 전망이다. 만약 인도가 세계 제1의 인구 대국이 된다면 어떻게 될까? 인도는 양적으로 거대할 뿐만 아니라 질적으로도 우수한 인력들이 경제를 이끌고 있다. 1954년 세계 최초로 산아 제한 정책을 실시하기도 했으나 인도 국민들은 대가족을 이루어 여러 세대가 함께 살아가는 것에서 인생의 행복을 찾기 때문에 중국과는 달리 잘 실천이 되지 않았다. 또 종교와 관련하여 남아 선호 사상이 뿌리 깊어 최소한 2명의 아들을 갖고자 하는 성향이 있다. 특히 인구의 반 이상이 25세 이하이기 때문에 그야말로 팔팔 뛰는 젊은 나라이며, 주요 소비층인 중산층은 3억 명 정도로 미국 전체의 인구와 맞먹으며 현재도 뚜렷한 증가 추세를 보이고 있다.

인도는 이처럼 다국적 기업의 투자를 끌어올 수 있는 매력적인 인구 조건을 갖추고 있다. 특히 정부의 적극적인 개방 및 투자 환경 개선에 힘입어 외국인들의 투자액이 갈수록 늘고 있다. 그러나 7억 명이 넘는 사람들이 하루 2달러 이하의 비용으로 생활하고 있으며, 여전히 카스트 제도의 잔재가 존재하고 있다는 점은 해결해야 할 부분이다.

지리 상식 2 인구 보-오너스?

인구 보너스란 전체 인구 중 생산 연령 인구의 비중이 증가해 노동력과 소비가 함께 늘어나고 경제가 성장하는 현상이다. 1970~2011년 한국의 연평균 실질 성장률이 약 7.2%에 달할 수 있었던 데는 당시 풍부한 인적 자본이 바탕이 되었다는 의견들이 많다.

인구 오너스란 미래의 생산 가능 인구가 줄어들고 부양해야 할 노인 인구가 증가하면서 경제 성장이 지체되는 현상이다. 취업 인구의 고령화를 반영하여 예측한 우리나라 국내 총생산(GDP) 증가율은 2010년대 3.4%, 2020년대 2.0%, 2030년대 1.2%, 2040년대 0.8% 수준으로 하락하게 된다. 특히 생산 가능 인구의 감소와 고령 취업자의 비중이 증가함에 따라 취업 인구의 생산성이 하락한다. 더 큰 문제는 우리나라의 고령화가 매우 빠른 속도로 이루어지고 있다는 점이다. 우리나라는 2000년에 이미 고령화 사회(65세 이상 인구가 총인구에서 차지하는 비율이 7% 이상)에 진입했으며, 2018년에는 고령 사회(14% 이상), 2026년에는 초고령 사회(20% 이상)에 진입할 것으로 보인다.

지금처럼 빠른 속도로 인구 구조에 변화가 올 경우 사회에 큰 충격이 생겼을 때 이를 회복할 수 있는 복원력이 약해질 수 있으며, 급격한 인구 구조의 변화는 세대 간 일자리 경합, 생산성 저하 등의 문제를 야기할 수 있다. 특히 인구는 사회를 변화시키는 강력한 엔진이기 때문에 향후 수십 년간은 인구 구조의 변화가 새로운 사회 변화의 흐름을 형성하게 될 것이다.

	고령화	고령	초고령	소요 연수(고령화▶고령▶초고령)
대한민국	2000	2018	2026	26년
일본	1970	1994	2006	36년
독일	1932	1972	2009	77년
이탈리아	1927	1988	2006	79년
미국	1942	2015	2036	94년
프랑스	1864	1979	2018	고령화▶고령▶초고령 154년

⇡ **주요 국가별 인구 고령화 속도** 한국이 고령화 사회에서 초고령 사회에 도달하는 데 걸리는 시간은 26년으로 일본(36년), 독일(77년), 이탈리아(79년), 미국(94년), 프랑스(154년)에 비해 월등히 빠르다.

지리 상식 3 나도 모르게 오르는 보험료?

노후를 준비하기 위해 일정 기간 동안 보험료를 납입하고, 본인이 원하는 시점부터 일정 금액을 받음으로써 고정 수익을 발생하게 만드는 것이 연금이다. 연금액을 산출하는 기준은 정부에서 발표하는 경험 생명표이다. 대체로 연금 상품에 가입할 때의 경험 생명표를 적용해서 은퇴 이후에 받을 연금 액수를 정한다. 이는 보통 5년마다 갱신되는데 앞으로는 3년마다 갱신된다고 한다. 이것이 의미하는 것은 무엇일까? 경험 생명표는 보험사에서 적용하는 성별, 연령별, 직업별 등 세분화된 분류에 따라 질병이나 재해, 상해와 사망 사고에 대한 발생 확률을 나타낸 통계로 구성되어 있다. 특히 생존율을 바탕으로 연금액을 산정하게 되는데, 생존율이 높을수록 동일한 적립금을 오랜 기간 지급받게 되므로 연금 수령액이 감소하게 된다.

결국 평균 수명의 증가에 따라 납입해야 할 보험료는 비싸지는 반면, 수령하게 될 금액은 줄어들게 된다. 이러한 상황에 더하여 합계 출산율의 감소

회차	1회	2회	3회	4회	5회	6회	7회
시행 시기	1989~1991	1992~1996	1997~2002	2002~2005	2006.04~2009.09	2009.10~	2012.07~
남자(세)	65.75	67.16	68.39	72.32	76.4	78.5	80.0
여자(세)	75.65	76.78	77.94	80.90	94.4	85.3	85.9

⇡ **경험 생명표 평균 수명의 변동 추이**

로 인한 잠재적 생산 연령층 인구 감소는 노후 대비를 위해 개인이 지출하는 비용을 더욱 증가시킨다.

지리 상식 4 인류의 바벨탑! 인구 피라미드

• 러시아: 러시아의 비극적인 역사와 격변하는 시대상을 간접적으로 보여주고 있다. 전쟁 및 정부가 제안한 각종 정책에 따라 인구는 큰 폭의 변화하였다. 1920년대 말에는 스탈린이 농업 집단화 운동을 벌였고, 그 영향으로 1933년 대기근이 발생하였다. 1930년대 말에 소련 정부는 출산을 장려하기 위해 애썼으며, 1980년대에도 비슷한 정책을 폈다. 소비에트 연방이 붕괴된 이후로 러시아의 출생률은 급격하게 감소했다.

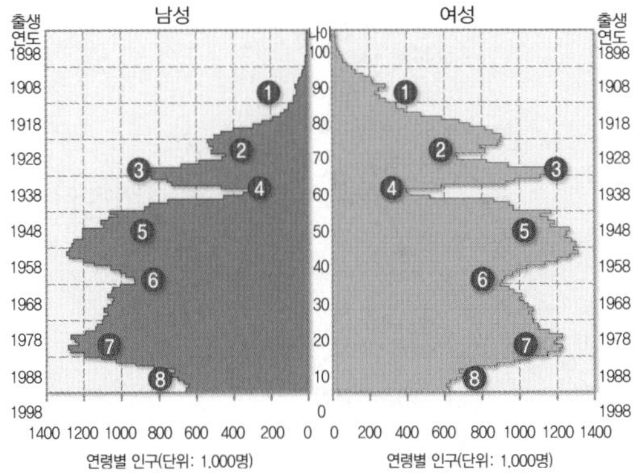

① 제1차 세계 대전(1914~1918년)의 영향으로 신생아 인구 감소
② 농업 집단화 운동(1928~1932년)과 기근(1933년)으로 생식 능력이 있는 인구 감소
③ 1936년, 정부가 낙태를 불법화하고 출산 장려 정책을 실시
④ 제2차 세계 대전(1939~1945년)의 영향으로 신생아 인구 감소
⑤ 제2차 세계 대전 이후 감소한 출생률을 회복하기 위한 출산 장려 운동
⑥ 합계 출산율 2명 미만 유지
⑦ 1983년 이후부터 새로운 가족 부양 정책 실시
⑧ 1989년 결핵 등의 질병으로 인한 인구 감소와 출산율 저하

• 독일: 두 차례에 걸친 세계 대전이 독일 인구에 큰 영향을 미쳤다. 특히 전쟁 직후에 일어난 베이비 붐 이후부터 약 20년 동안은 낮은 출생률이 지속되었다.

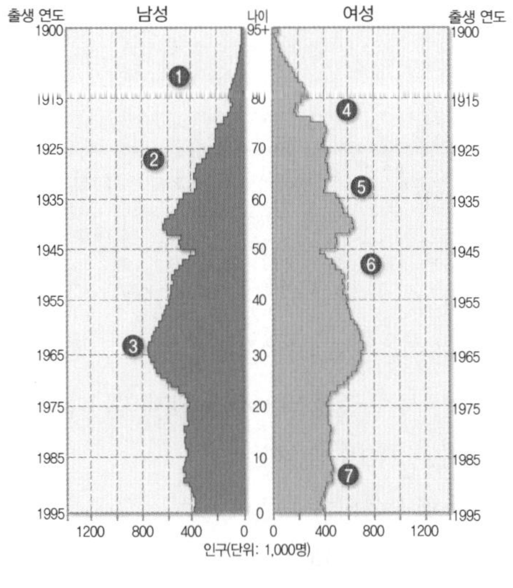

① 노년층의 높은 사망률
② 제2차 세계 대전으로 인한 남성 인구의 감소
③ 제2차 세계 대전 이후의 베이비 붐
④ 제1차 세계 대전으로 인한 출생률 감소
⑤ 경제 위기로 인한 출생률 감소
⑥ 제2차 세계 대전으로 인한 출생률 감소
⑦ 신생아 인구의 장기적인 감소

지리 상식 5 산유국의 인구 피라미드

산유국의 경우 특이하게도 남성이 여성보다 압도적으로 많다는 공통점이 있다. 바레인의 성비는 135, 쿠웨이트 151, 오만 135, 카타르 173, 사우디아라비아 116, 아랍 에미리트 186을 기록했다. 그 이유는 석유 개발지에서 일하는 미혼 남성이 많은데다가 외국(필리핀, 인도, 한국, 파키스탄, 스리랑카 등)에서 일자리를 찾아 이주한 남성이 많기 때문이다. 페르시아 만 전쟁이 일어나기 전까지만 해도 아라비아 반도의 노동 인구 중 70%가 외국인이었다고 하니 산유국에 거주하는 외국인의 비율이 얼마나 높은지 알 수 있다.

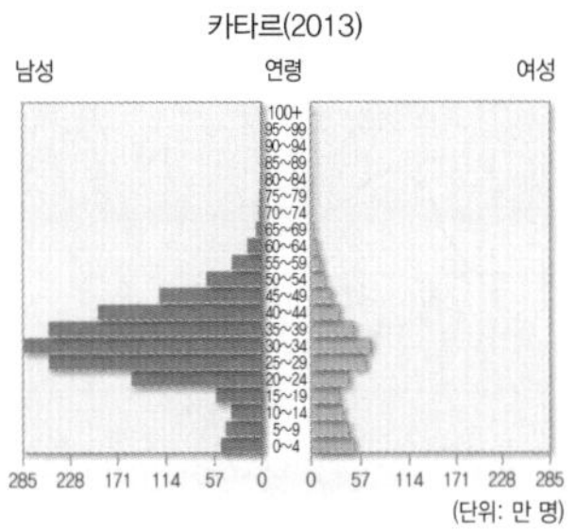

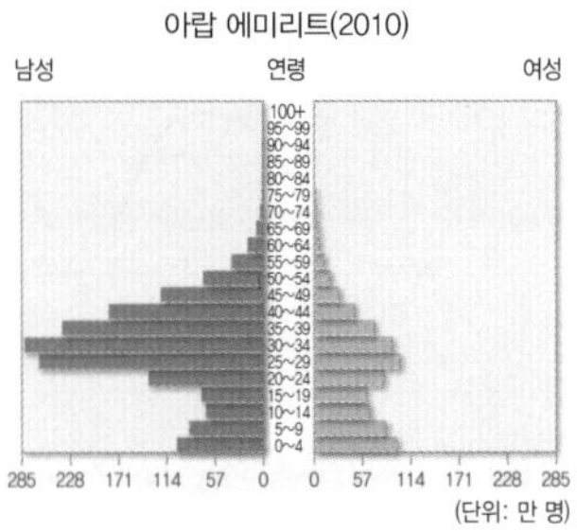

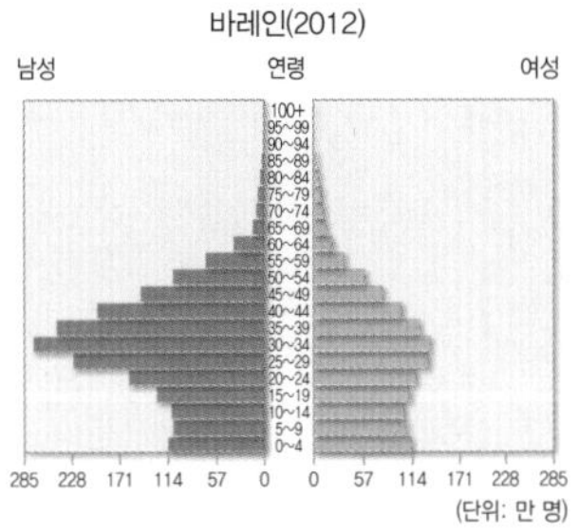

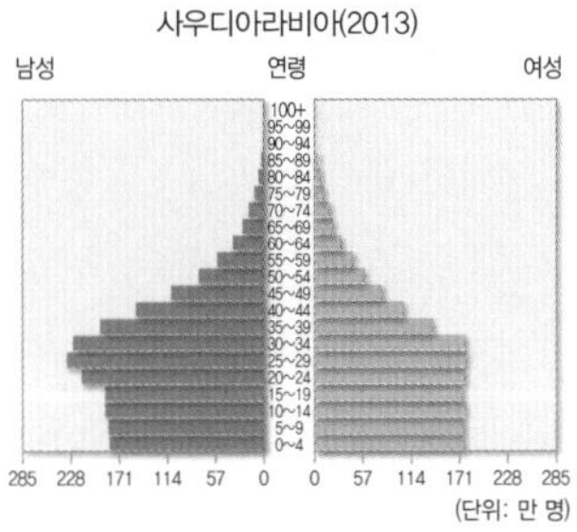

[선택형]

• 2013 임용

1. 다음은 젤린스키(W. Zelinsky)의 인구 이동 변천 모형에 관한 글이다. 인구 이동의 변천이 젤린스키의 가설에 따라 바르게 표현된 것만을 〈보기〉에서 있는 대로 고른 것은?

> 젤린스키의 인구 이동 변천 모형은 사회 발전을 근대화의 정도에 따라 Ⅰ단계 전근대적 전통 사회 → Ⅱ단계 초기 전환 사회 → Ⅲ단계 후기 전환 사회 → Ⅳ단계 고도 사회 → Ⅴ단계 초고도 사회의 5단계로 구분하고, 도시 내 또는 도시 간 이동, 농촌에서 도시로의 이동, 국제 이동, 국내 변방 개척 이동이 각 단계에 따라 활발해지거나 약화된다는 것이다.

보기

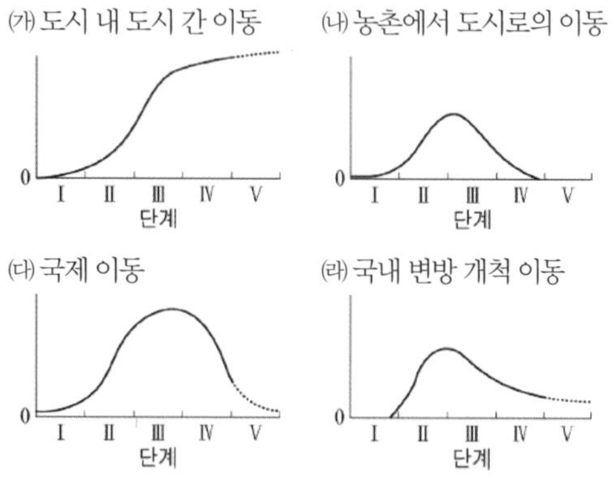

① (가)　② (가), (나)　③ (나), (다)
④ (가), (나), (라)　⑤ (나), (다), (라)

• 2010 수능

2. (가)는 두 시기의 중국 인구 구조를 비교한 것이다. 이를 바탕으로 파악할 수 있는 가장 적절한 변화를 (나)에서 고른 것은?

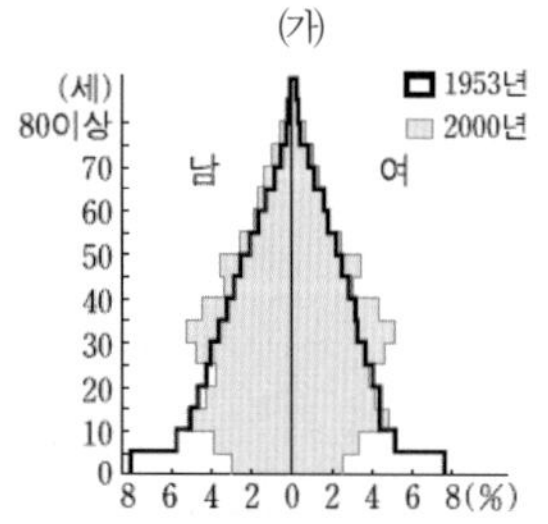

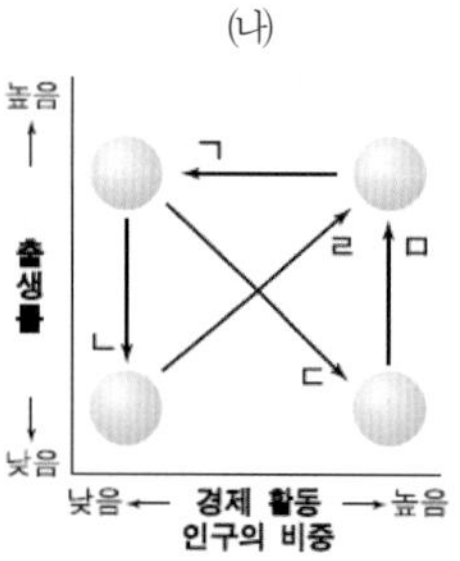

① ㄱ　② ㄴ　③ ㄷ　④ ㄹ　⑤ ㅁ

• 2015 6 평가원

3. 다음 (가), (나)에 해당하는 국가를 그래프의 A~C에서 고른 것은?

> (가) 이 국가는 1952년 국가적 차원의 산아 제한 정책을 실시하였다. 그러나 여전히 높은 출산율이 유지되고 있어 가까운 미래에 인구 최대국이 될 가능성이 높다.
> (나) 이 국가는 최근 인구 고령화 수준이 세계 최고로, 2006년 이후 노년층 인구 비율이 20%를 넘어섰다. 이로 인해 노년 인구 부양비가 높아지고 있다.

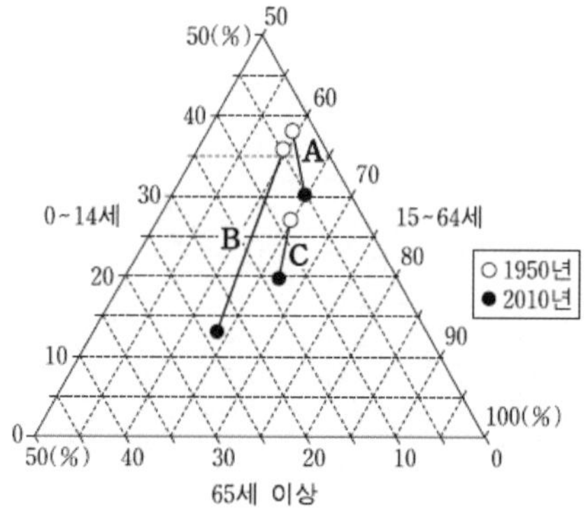

	(가)	(나)		(가)	(나)		(가)	(나)
①	A	B	②	A	C	③	B	A
④	B	C	⑤	C	B			

• 2014 9 평가원

4. 그래프는 시·도별 인구 구조에 관한 것이다. 이에 대한 분석으로 옳은 것은?

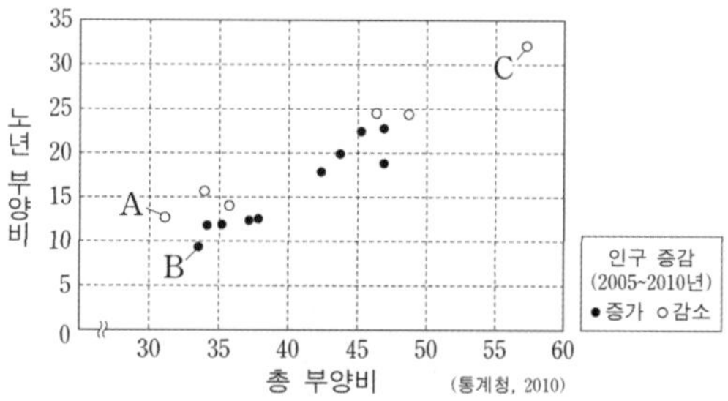

① A의 인구 감소는 이촌향도 때문이다.
② B의 청장년층 인구는 노년층의 10배를 넘지 않는다.
③ C의 노령화 지수는 110을 넘는다.
④ A는 B보다 유소년 부양비가 크다.
⑤ A는 C보다 중위 연령이 높다.

• 2010 임용

5. ㈎와 ㈏는 2008년 우리나라 16개 특별(광역)시·도의 인구와 관련된 현황을 나타낸 것이다. ㈎의 A~C를 ㈏에서 골라 바르게 연결한 것은?

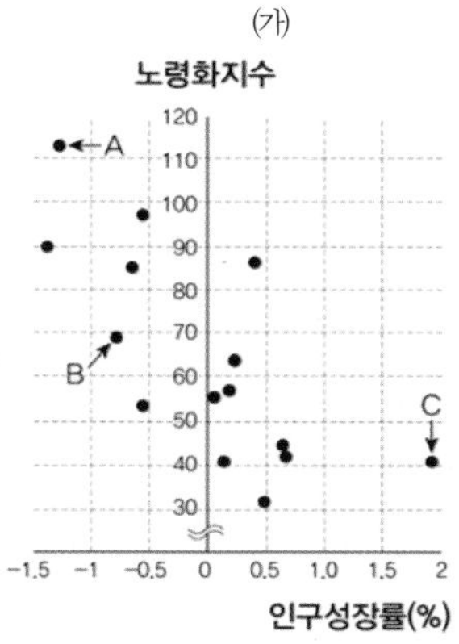

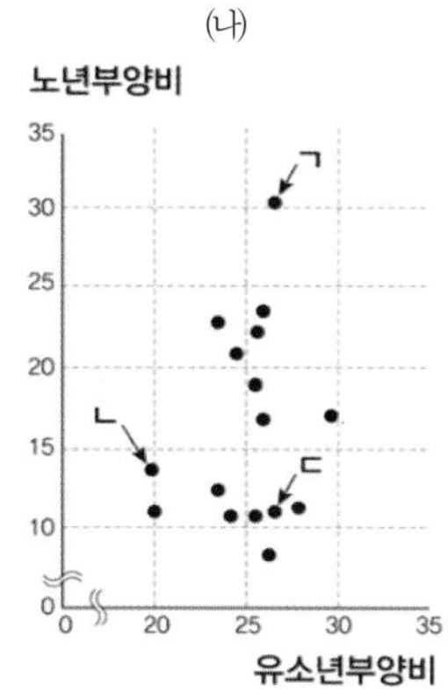

	A – B – C		A – B – C
①	ㄱ – ㄴ – ㄷ	②	ㄱ – ㄷ – ㄴ
③	ㄴ – ㄱ – ㄷ	④	ㄴ – ㄷ – ㄱ
⑤	ㄷ – ㄴ – ㄱ		

[서술형]

1. 거제도와 서울의 인구 피라미드 유형을 제시하고, 그 이유를 서술하시오.

2. 다음은 세계 여러 나라의 인구 자료를 나타낸 그래프이다. B 국가와 비교하여 A 국가와 C 국가가 가장 필요로 하는 인구 정책에 대하여 서술하시오.

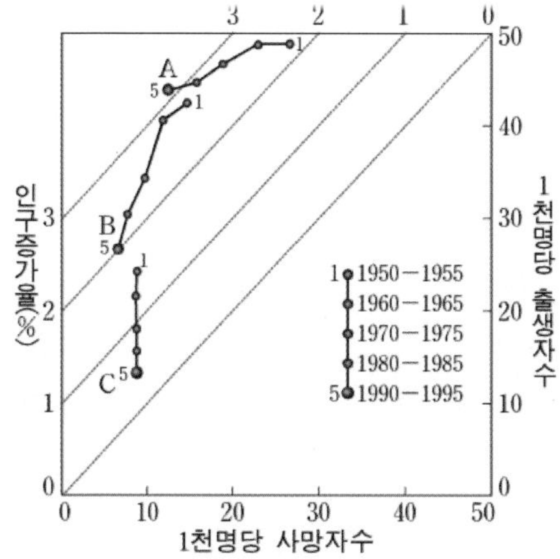

3. 어떤 국가의 인구 피라미드가 2000년의 형태에서 2050년의 형태로 변화하였을 때 나타나는 현상을 극복하기 위한 방안 및 각종 인구 관련 통계 항목들의 변화를 키워드를 사용하여 서술하시오.

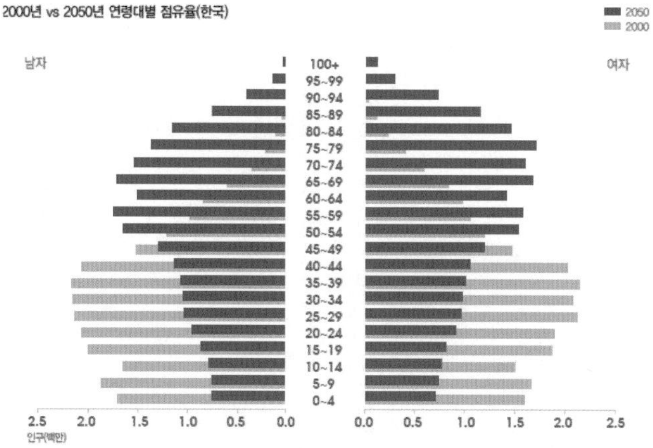

키워드: 합계 출산율, 인구 증가율, 인구 부양비, 고령화 지수, 중위 연령, 성비

4. 인구 성장 모형에서 감산 소사 단계가 나타나는 이유를 우리나라의 상황을 예로 들어 설명하시오.

5. 어떤 국가의 유소년 인구 부양비가 높아지는 원인을 두 가지 제시하고, 이러한 문제의 해결 방법을 서술하시오.

chapter 04

인구 지리

02. 인구 이동과 인구 문제

핵심 출제 포인트

▶ 인구 문제 ▶ 국제적 인구 이동 ▶ 인구 이동으로 인한 주민 갈등
▶ 저출산 고령화

■ 대륙별 중위 연령의 변화

대륙	1950년	1980년	2009년	2050년
세계	24.0	23.0	28.9	38.4
아시아	22.3	21.1	27.7	40.2
아프리카	19.2	17.5	19.2	28.5
유럽	29.7	32.7	39.2	46.6
북아메리카	29.8	30.0	36.4	42.1
남아메리카	20.0	20.0	26.4	41.7
오세아니아	28.0	26.6	32.3	39.4

중위 연령은 전체 인구를 연령순으로 일렬로 세워 정확히 2등분이 되는 연령을 의미한다. 전 세계적으로 사망률 감소 및 평균 연령 상승으로 인해 시간이 지남에 따라 중위 연령은 상승한다. 대륙별 중위 연령을 비교했을 때는 경제 수준이 높아 저출산 고령화 사회로 진입한 유럽, 북아메리카에서 중위 연령이 높음을 알 수 있다.

■ 종주 도시화

급격한 산업화·도시화를 겪고 있는 개발 도상국에서 주로 나타나며, 수위 도시 인구가 2위 도시의 인구 보다 2배 이상 많은 것을 의미한다. 수위도시로 인구 및 산업 활동이 집중하면 과밀화 문제가 발생하며 타 지역과의 불균형 현상이 심화된다. 서울을 포함하여 대표적인 종주도시로는 태국의 방콕, 방글라데시의 다카, 영국의 런던, 프랑스의 파리, 멕시코의 멕시코시티, 아르헨티나의 부에노스아이레스, 페루의 리마, 칠레의 산티아고 등이 있다.

■ 딩크 족, 듀크 족, 딘트 족, 통크 족

- 딩크(DINK) 족: Double Income No Kids의 준말로 사회적 성공이나 육아에 대한 부담 등을 이유로 의도적으로 자녀를 두지 않는 맞벌이 부부를 말한다.
- 듀크(DEWK) 족: Dual Employes With Kids의 준말로 아이가 있는 맞벌이 부부를 의미한다.
- 딘트(DINT) 족: Double Income No Time의 준말로 수입은 두 배이나 돈 쓸 시간이 없는 신세대 맞벌이 부부를 지칭한다.
- 통크(TONK) 족: Two Only No Kids의 준말로 손자, 손녀를 돌보던 전통적인 할아버지와 할머니의 역할에서 벗어나 자녀들에게 부양받는 것을 거부하고 부부끼리 독립적으로 취미와 여가 활동을 즐기는 노인 세대를 말한다.

1. 선진국과 개발 도상국의 인구 문제

(1) 선진국의 인구 문제

① 저출산: 경제의 성장, 여성의 활발한 사회 진출 등으로 자녀 출산 기피

② 고령화: 생산 연령층의 비율 감소는 노동력 부족 문제, 노년 부양 부담 상승으로 이어짐

(2) 선진국의 인구 정책

① 출산 장려 정책 실시: 출산 장려금 지급, 유급 출산·육아 휴가 보장 등

② 노인의 재취업 기회 제공, 정년 연장, 연금 제도 등 사회 보장 제도 정비

(3) 개발 도상국의 인구 문제

① 폭발적인 인구 증가에 따른 자원 부족, 기아, 빈곤 등의 인구 과잉 문제 발생

② 급격한 산업화·도시화로 인한 종주 도시화 현상 발생

(4) 개발 도상국의 인구 문제 대책

① 산아 제한 정책: 높은 문맹률, 낮은 피임률 등으로 효과가 미비

② 인구 분산 정책: 고용 기반이 갖추어지지 않아 효과가 미비

2. 우리나라의 인구 문제

(1) 저출산 고령화

① 저출산의 원인과 배경

- 1960년대 이후 정부의 강력한 인구 억제 정책으로 합계 출산율의 급격한 하락
- 생활 수준의 향상으로 여성의 교육 수준 상승 및 경제 활동 참가율 증가
- 자녀를 가문의 계승자로 생각하는 전통적 관점 퇴색
- 자녀에게 얽매이지 않고 개인적인 시간을 즐기려는 경향 강화 → 딩크 족 증가
- 자녀의 양육비와 교육비 부담, 청년층의 고용 불안 등 경제적 요인에 의한 출산 기피

② 고령화의 원인과 배경

- 경제 및 생활 수준 향상으로 인한 사망률 감소, 평균 수명 증가
- 베이비 붐 세대의 은퇴로 인한 노년 인구 비율 상승
- 고령화 사회로의 진입: 우리나라는 2010년 현재 전체 인구 대비 65세 이상 노인 인구 비율이 11%인 고령화 사회로 2018년에 고령 사회 진입 예정

(2) 성비 불균형 문제와 대책

① 성비 불균형의 원인

- 강한 남아 선호 사상과 산아 제한 정책의 부작용
- 도농 간 성비 불균형: 농촌 지역의 젊은 여성들이 일자리를 찾아 도시로 이동

② 성비 불균형으로 인해 나타나는 현상들

- 2005년 현재 15세 미만 아동의 성비는 110 이상으로, 이들이 결혼 적령기가 되었을 때 남성의 20%는 한국 여성과 결혼하기 어려움
- 농촌 지역 청장년층의 심각한 남초 현상 발생으로 국제결혼 증가

③ 현황과 대책

현황	• 2009년 정상 성비가 유지됨(성비 106.8) • 남아 선호 사상의 잔존 → 세 번째 출산하는 아동의 경우는 높은 성비 유지(성비 114 이상)
대책	• 태아 성 감별에 대한 의식 개혁과 제도적 장치 마련 • 여성의 지위 향상, 양성 평등을 위한 홍보와 양성 평등 교육의 강화

(3) 저출산 문제의 대책

① 육아에 대한 적극적인 재정 지원, 결혼 장려를 위한 공공 지원 강화

② 출산 여성의 취업 기회 확대, 다자녀 가구 우대 정책 실시

③ 개인적 차원: 출산과 육아에 대한 가치관의 변화

(4) 고령화 문제와 대책

① 고령화로 인한 영향: 의료, 사회 보장 수요 증가는 청장년층의 사회적 부담 증가로 연결

② 노인 복지 정책 강화

• 평생 교육, 취업 및 재취업 기회 제공: 노인 경제 활동 기반 구축 등의 노동 시장 구조 개선

• 연금, 치료 및 요양 서비스 지원 체계 강화

③ 실버 산업 확대를 통한 노인들의 삶의 질 향상, UD(유니버설 디자인) 산업의 활성화

④ 외국 국적의 동포와 외국 인력의 합리적 활용 및 사회적 수용을 위한 정책 추진

⑤ 남아 선호 사상을 완화할 수 있는 사회 제도 개선(새로마지 플랜)

3. 인구 이동

(1) 인구 이동의 의미와 요인

① 인구 이동의 의미: 2개 이상의 지역 사이를 이주하는 사람들의 유입·유출 현상

② 인구 이동이 발생하는 원인: 정치, 경제, 종교, 문화, 환경 조건 등에 따라 생기는 인구의 배출 요인과 흡인 원인에 따라 발생

(2) 우리나라의 인구 이동

① 시기별 인구 이동

일제 강점기	• 일제의 토지 수탈과 병참 기지화 정책에 의함 • 남부 지역의 농업 인구가 북부 광공업 지역으로 이동
광복 후	• 해외 동포 귀국, 북한 동포 월남으로 높은 사회적 증가
6.25 전쟁	• 전쟁으로 400만 명에 달하는 실향민 발생 • 피난민들이 부산, 거제 등 남부 지역 정착
1960년대 이후	• 산업화, 도시화에 따라 농촌에서 도시로 이동: 이촌 향도
1990년대 이후	• 대도시의 인구 전출 초과 현상 발생

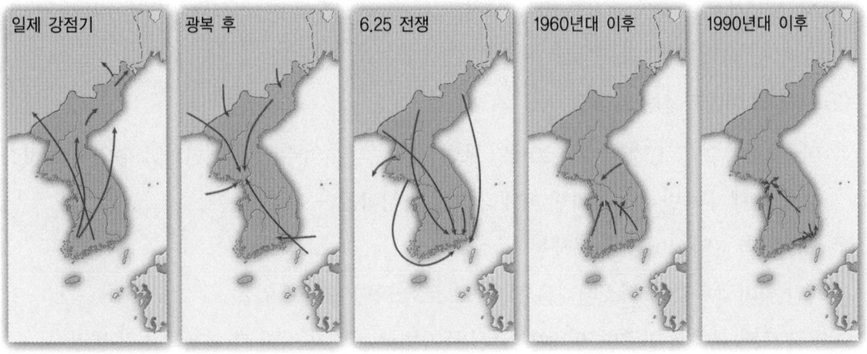

■ UD 산업

UD는 'Universal Design(유니버설 디자인)'의 약자로 어린아이에서부터 고령자, 신체적·정신적 장애에 관계없이 많은 사람들이 사용하기 편리한 제품이나 건축물, 도시 환경을 설계하는 것에서 나아가 사회적 제도 개선 등의 폭 넓은 환경까지 개선하는 것을 목표로 하고 있다.

■ 새로마지 플랜

보건복지부가 주관하는 저출산 고령 사회 대책을 위한 정책의 명칭으로 '새로움'과 '마지막'이 합성된 신조어이다. '새롭게 태어나는 아이부터 노후의 마지막 생애까지 희망차고 행복하게'라는 국가의 인구 복지 정책 목표를 담고 있다. 주요 과제로 일·가정 양립 지원, 결혼·출산 지원, 보육·양육 부담 경감, 다자녀 가정 지원, 베이비 붐 세대 은퇴 지원, 현 세대 노인 지원 등이 있다.

■ 배출 요인과 흡인 요인

배출 요인	잦은 자연재해, 정치적 불안정, 낮은 경제 수준, 부족한 일자리 등
흡인 요인	온화한 기후, 정치적 안정, 풍부한 일자리, 높은 임금, 사회 기반 시설 등

■ 에스메랄다의 나라 루마니아

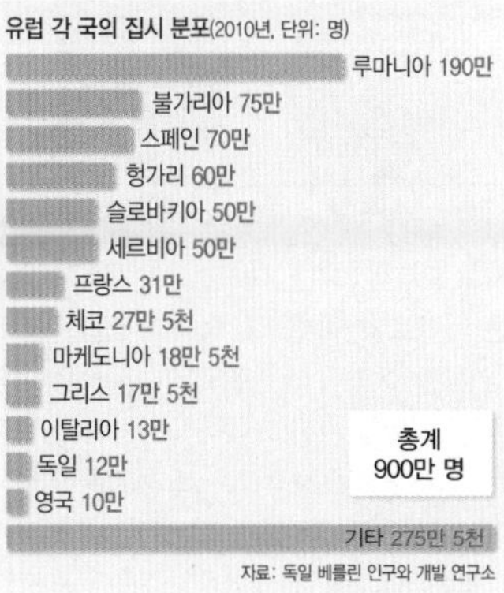

루마니아가 집시의 나라가 된 것은 히틀러 정권의 이른바 '집시 청소'와 관련되어 있다. 히틀러 정권 시절 서유럽의 집시들은 탄압을 피해 대거 동유럽으로 유입되었다. 이때 루마니아는 인권 탄압을 하지 않는다는 것을 보여 주기 위해 집시들에게 시민권을 부여했고 수많은 집시들이 루마니아에 정착하게 되었다.

■ 아프리카 최초의 공화국 라이베리아

라이베리아는 '작은 미국'이라고 불릴 정도로 미국의 역사와 관련이 깊다. 미국의 5대 대통령 제임스 먼로는 노예를 해방하여 아프리카로 돌려 보냈다. 고향으로 돌아간 흑인들은 '자유의 땅'이라는 의미를 가진 라이베리아를 설립했다. 수도는 몬로비아로, 제임스 먼로의 이름을 땄다.

■ 프랑스 축구계의 전설 지단은 프랑스 인?

지네딘 지단은 과거 프랑스를 대표하는 축구 선수였다. 그의 부모님은 1968년 알제리의 카빌리 지역의 아게몬이라는 마을에서 파리로 이주하였다. 그들은 몇 년 뒤 마르세유로 거처를 옮겼으며, 그곳에서 지단이 태어났다. 지단은 프랑스, 이탈리아, 스페인의 축구 클럽에서 활동하였으며, 프랑스 국가 대표팀의 주장을 맡았다. 2006년 FIFA 월드컵 이후, 프로 선수로서는 은퇴하였고 지금은 레알 마드리드 카스티야 감독을 맡고 있다. 그는 프랑스 신문 『MARCA』가 선정한 축구 역사상 다섯 손가락 안에 드는 최고의 축구선수로 선정되기도 했다. (알프레드 스테파노, 펠레, 요한 크뤼이프, 마라도나, 지네딘 지단)

■ 노동자의 국제적 이동

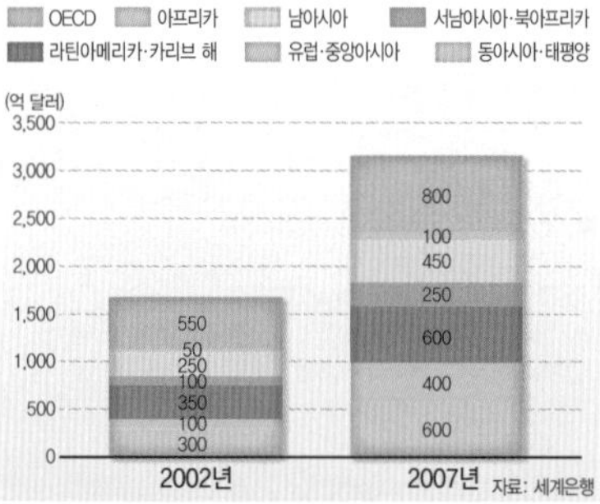

노동자의 국제적 이동은 대체로 가난한 나라에서 잘사는 나라로 이루어진다. 외국에 취업하면 더 많은 돈을 벌 수 있기 때문에 국제 이동 노동자 중에는 박사 학위를 가진 고학력 노동자도 있지만, 대부분 단순 노동을 하고 있다. 노동자들이 외국에서 벌어 본국으로 보내는 돈은 세계적으로 한해 3,200억 달러에 달한다. 모로코의 경우 관광 수익보다 이주 노동자가 송금해 오는 돈이 더 많으며, 스리랑카도 차(茶)를 수출해서 번 돈보다 송금을 통해 국내로 유입되는 돈이 더 많다. 하지만 세계 경제가 어려워지면서 외국인 노동자와 내국인 간의 갈등이 확대되고 있다. 일본의 한 자동차 회사의 경우 경제 여건이 좋을 때 브라질 사람들을 많이 고용했다가, 경제난으로 인력을 감축하는 과정에서 해고하였다. 이 일로 많은 브라질 사람들이 삶의 터전이었던 일본 땅을 떠나게 되었다.

② 현재의 인구 이동

• 최근의 인구 이동은 이촌 향도 단계에서 완전히 벗어남

• 도시 간 인구 이동이 전체 인구 이동의 80% 이상을 차지하며 대도시의 교외화가 일어남

• 중심 대도시와 주변 위성 도시 간의 인구 이동이 가장 활발

(3) 국제적 인구 이동

① 20세기 이전의 국제적 인구 이동: 자발적 이동뿐 아니라 강제적 이동도 나타남

유럽계 백인	식민지 개척의 목적으로 주로 유럽에서 신대륙으로의 이주
아프리카계 흑인	노예 무역에 따른 강제적 이동으로 아프리카에서 신대륙으로의 이주
중국의 화교	동남아시아 등지에서 경제적 실권을 장악

② 최근의 국제적 인구 이동: 개발 도상국에서 선진국으로 이동 등 경제적 목적의 이동 활발

③ 국토 면적이 큰 국가에서의 역외 이주 특징

러시아	• 자원이 풍부한 원자재 산지 근처에 공장 건설 유도 • 시베리아를 포함한 러시아의 극북 지역으로 사람들을 강제 이주: 광산, 제철소, 수력 발전소 등에 인력 공급 위함 • 시베리아의 혹독한 기후로 이주자 중 절반이 타 지역 재이주 • 단기간 일하기 위한 젊은 노동자들이 경제적 목적으로 잠시 거주
브라질	• 인구 과소 지역인 열대 내륙 지역으로의 인구 이동 유도: 리우데자네이루에서 브라질리아로 수도 이전 • 일자리를 구하는 인구가 브라질리아로 대거 이동하여 판잣집 등 가건물 비중 높아짐, 과거 한국의 해방촌과 유사한 특성 보임
인도네시아	• 전체 인구의 2/3 이상 거주하는 자바 섬에서 타 섬으로 이주 장려 • 이주민들에게 혜택 부여: 2ha(2만m^2)의 토지, 종자와 농약, 1년치 쌀 배급 등
유럽	• 동쪽과 남쪽으로부터 서쪽과 북쪽으로 인구 이동 발생: 동유럽과 남유럽의 경제적 상황이 좋지 않음을 의미 • 20세기 서유럽 국가들은 그들의 식민지였던 아프리카와 아시아에서 많은 이주민들을 받아들임 • 동유럽 국가들의 유럽 연합(EU) 가입: 불가리아, 루마니아 등의 동유럽 국가 사람들이 서유럽으로 이동
인도	• 영국의 식민지 시절부터 다수의 지방 정부들이 주민들의 역외 이주를 제한함 • 인도인들의 아삼 지방 이주 제한: 아삼 지역의 일자리 경쟁과 토지 구입에 대한 외부인들의 권한 제한을 위함

3. 인구 이동으로 인한 주민 갈등과 지역 변화

(1) 서유럽으로의 외국인 이주 노동자 유입

① 서유럽의 외국인 이주 노동자 현황: 국가의 전체 노동자 중 외국인 이주 노동자가 약 10%를 차지함

• 동유럽, 북아프리카, 서남아시아 등에서 서유럽으로 이주

② 외국인 이주 노동자 유입에 따른 사회적 갈등: 크리스트교(유럽 현지인)와 이슬람교(북아프리카, 서남아시아 출신 이주 노동자) 간의 종교 갈등 발생

(2) 미국 내 이민자 집단의 유입

① 미국 내 이주민: 17세기에서 20세기 초반까지는 다수의 유럽계 백인과 소수의 아프리카계 흑인, 20세기 후반부터는 라틴 아메리카 및 아시아계가 이주

② 이주민의 다양성에 따른 문제점

• 백인에 비해 흑인과 히스패닉은 경제적으로 열악한 처지에 있음

• 미국 도시 내에서 인종별, 민족별, 출신 국가별로 이민자 집단 간 경제적 경쟁 발생

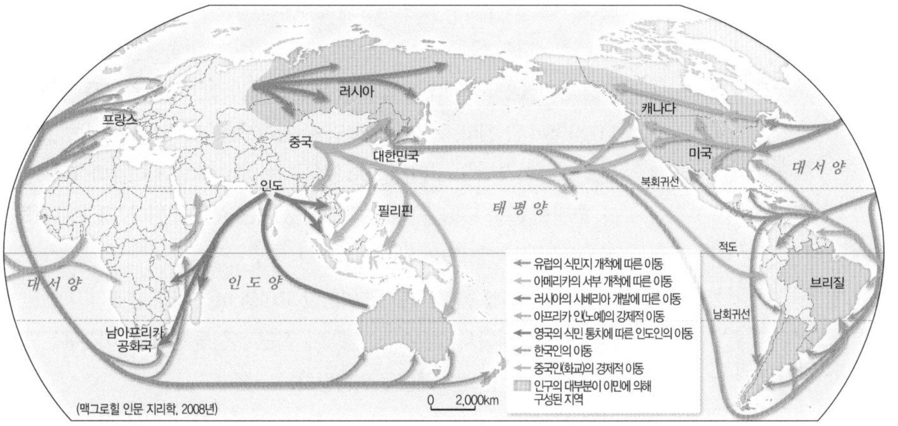

⁝ 국제적 인구 이동

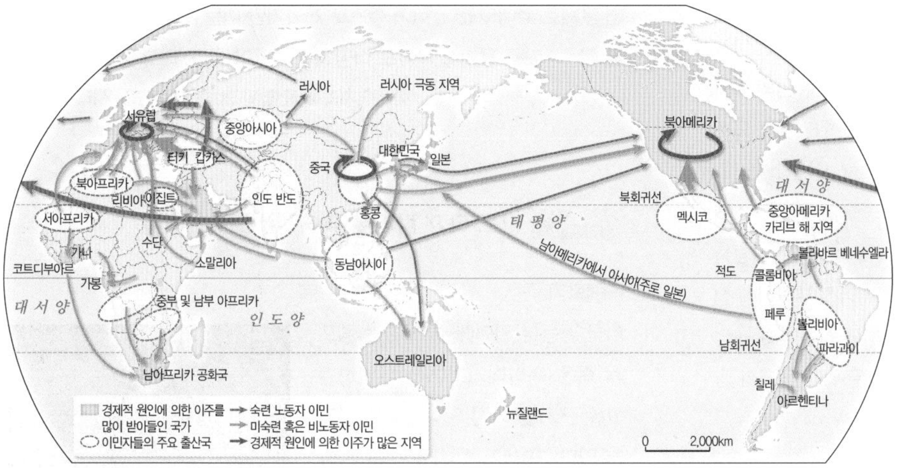

⁝ 경제적 목적의 이주

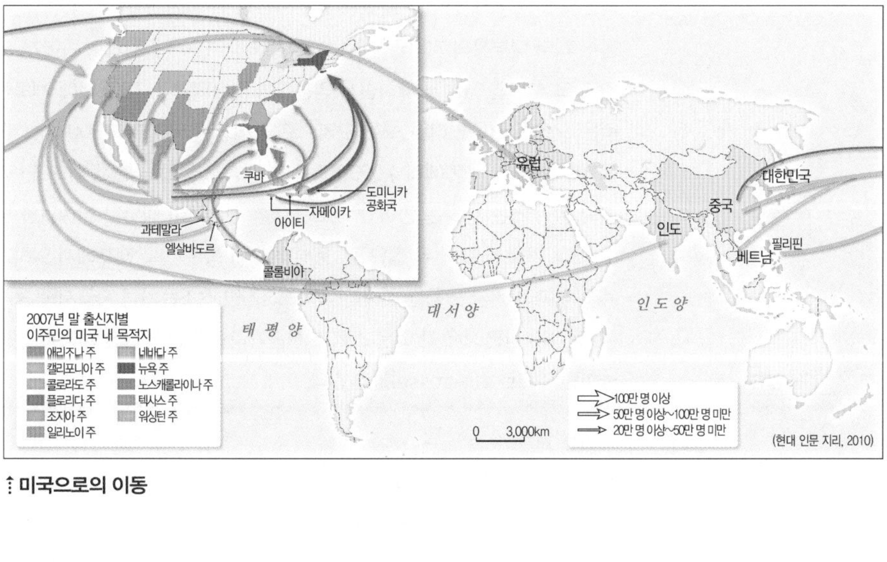

⁝ 미국으로의 이동

(3) 서남아시아 및 남아프리카의 이주 노동자

① 서남아시아의 이주 노동자 유입: 1970년대 초 석유 파동으로 서남아시아 지역에 대규모 자본이 유입되고 사회 간접 시설 및 기간산업에 투자가 유치되면서 외국인 노동자가 유입됨

② 남아프리카의 이주 노동자 유입: 남아프리카 공화국, 짐바브웨 등지의 광산 및 공업 지대로의 이주, 주변 아프리카 국가에서 이주해 온 흑인들이 대다수를 차지함

■ 미국 내 이주의 특징

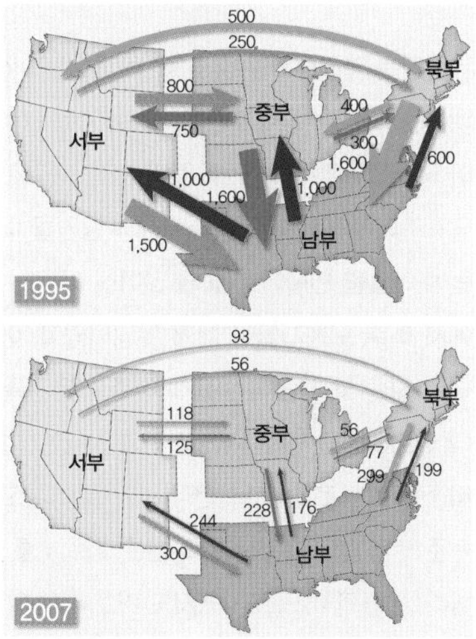

20세기에 미국의 인구 이동이 활발해졌다. 인구 중심점은 남쪽으로 약 120km가량 이동하였다. 이는 남부에 있는 주들로의 인구 순 이동이 증가하였기 때문이다. 그러나 21세기에 들어오면서 미국 내 역외 이주는 상당히 둔화되었고, 지역 간 순 이주는 현재 0에 가깝다. 주로 서비스 부문에서 새로운 일자리가 창출됨에 따라 일자리의 증감 비율이 전국적으로 비슷하게 나타나고 있기 때문이다.

■ 라벤슈타인(Ravenstein)의 인구 이동 법칙

라벤슈타인은 영국을 대상으로 한 출생지 자료 분석을 통하여 오랜 기간 동안 이동에 관하여 연구한 결과 다음과 같은 법칙을 정립하여 발표하였다. 세계적인 평균을 감안한다면 많은 부분 실제 상황에 근접해 있다.

① 인구 이동의 대부분은 단거리 이동이다.
② 국내 이동의 경우 여성이 탁월하지만, 남성의 경우 국제적 모험 이동을 시도한다.
③ 원거리 이동자는 대개 상공업 대도시 중심지를 향한다.
④ 도시로의 인구 전입 및 전출은 단계적으로 나타난다. 가령 성장하는 도시의 배후지로부터 인구가 전입하면 도시 주변의 농촌에 여백이 생기고, 그 여백은 보다 먼 거리의 농촌 인구가 유입됨으로써 채워진다.
⑤ 도시의 상공업 및 운송 기관의 발달은 전입 인구의 이동량을 증가시킨다.
⑥ 대도시는 인구의 자연 증가보다 사회적 증가에 의해서 성장한다.
⑦ 도시 출신자들보다는 농촌 출신자들의 이동 성향이 더 높다.
⑧ 인구 이동의 대부분은 경제적 이동이다. 이는 대부분의 사람들이 물질적인 풍요로움을 추구하고자 하는 열망에서 발생한다.

지리 상식 1 유라시아? 이제는 유라비아 시대로

유럽에는 약 5,000만 명의 모슬렘이 살고 있다. 프랑크푸르트의 한적한 동네에는 이슬람계 학교가 있고, 아파트 담벼락이나 버스 정류장에는 아랍어 낙서들이 가득하다. 독일의 시골 마을에도 케밥을 파는 모슬렘이 있고, 오스트리아의 빈에도 재래시장의 상인들 대부분은 터키계 사람들이다. 유럽에 이슬람 인구가 이렇게 많아진 이유는 제2차 세계 대전 후 복구 과정에서 이주 노동자들이 대거 유입되었고, 이후 산업이 발달하면서 험하고 힘든 일을 할 사람이 필요해 이주 노동자들을 더 많이 받아들였기 때문이다. 2008년 말 현재 유럽 인구의 약 7%가 모슬렘이며, 2050년이 되면 그 비중은 20%로 늘어날 전망이다. 유럽이 고령화됨에 따라 이슬람 인구는 꾸준히 유입되고 있으며, 이들은 기독교를 믿는 유럽 인에 비해 출산율도 높다. 유럽의 어느 도시에서도 마호메트, 아담, 함자와 같은 이슬람 이름을 쉽게 들을 수 있다. 이슬람 이름을 가진 아이들은 이슬람 음식을 먹고, 아랍어로 공부를 하며, 이슬람 율법에 따라 행동한다. 유럽 인들은 유럽의 아랍화 경향을 '유라비아'라고 하며 이에 대해 유럽의 기독교는 위기감을 느끼고 있다. 스위스와 오스트리아의 일부 지방 정부는 이슬람 사원의 첨탑인 미너렛 건설 금지법을 통과시켰으며, 벨기에와 프랑스에서는 공공장소에서 부르카 착용 금지법이 통과되었다. 유럽의 이슬람화를 걱정하는 사람들은 "이슬람의 첫 유럽 공격이 732년 피레네 산맥에서 벌어진 푸아티에 전투에서 멈추었고, 두 번째 큰 공격은 1683년 오스트리아의 빈 전투에서 멈추었지만, 지금 은밀하게 진행되고 있는 이슬람의 침입은 이제 우리가 막아야 한다."라며 목소리를 높이고 있다.

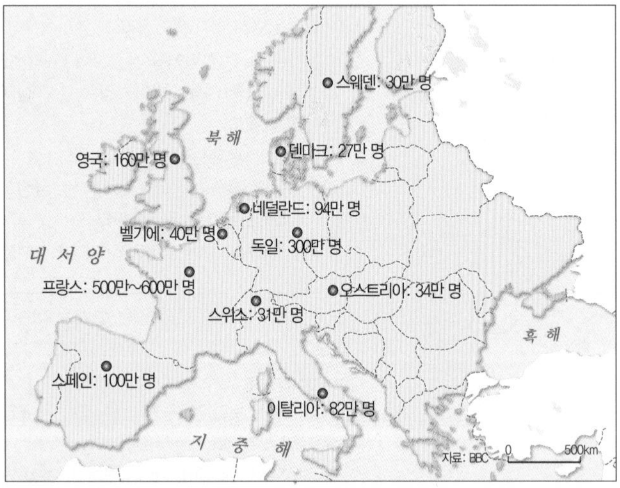

↑ **유럽 주요 국가의 모슬렘 인구**

이에 대해 '이슬람교를 포기할 권리'를 요구하는 목소리가 조심스럽게 확산되고 있다. 2009년 네덜란드 헤이그에서는 유럽 각국의 '엑스 모슬렘(Ex-Muslims, 이슬람을 버린 사람들) 위원회' 대표 모임이 열렸다. 네덜란드의 '엑스 모슬렘'도 이날 발족식을 열었다. 덴마크, 스웨덴, 핀란드, 노르웨이 등에서는 이미 이 같은 위원회가 활동 중이다. 2009년에 들어서면서 독일과 영국에 이어 네덜란드에서도 '엑스 모슬렘 위원회'가 발족되어 '이슬람 포기 움직임'이 커지고 있다.

이슬람교 집안에서 태어나 자신의 의지와 관계없이 이슬람교도가 된 이들은 '종교를 포기할 수 있는 자유를 달라'라고 외치고 있다. 이슬람교로 개종해 테러에까지 동참하는 유럽 인이 늘어나는 현실 속에서 이와 정반대의 길을 걷고 있는 것이다. 유럽 각국 위원회에 가입한 사람은 모두 합해 아직 1,000명이 안 된다. 독일 위원회의 한 관계자는 "지지 의사를 밝혀 왔지만 해를 입을까 두려워 가입은 하지 않은 사람이 수백 명에 이른다."라고 밝혔다. 코란의 특정 구절에 따라 "배교(背敎)자는 죽여야 한다."라고 주장하는 이슬람 근본주의자들의 위협 때문이다.

자미 씨도 캠페인을 시작한 뒤 위험한 고비를 여러 차례 넘겼다. 지난달 초에는 쇼핑센터에서 젊은이 세 명에게 집단 폭행을 당했고, 이전에는 칼을 들이댄 젊은이들에게 목숨을 위협당하기도 했다.

이런 사실이 알려지자 네덜란드의 유명 정치인, 작가, 언론인들이 자미 씨 지지 선언에 서명하면서 자미 씨의 사례와 '종교 포기의 자유'는 전 사회적인 문제로 확대되었다. 작가 주스트 즈와거만 씨는 DPA 통신에 "종교의 자유에는 종교를 포기할 자유도 마땅히 포함돼야 한다."라고 강조했다.

전국지리교사연합회, 2011, 『살아있는 지리 교과서 2』

지리 상식 2 지프 타고 치킨을 먹어? 원조는 인디언

• 체로키 족

↑ **체로키 족 깃발**

미국 남동부 일대에 살고 있는 체로키 족은 북아메리카에서 유일하게 고유 문자를 가진 인디언으로 알려져 있다. 18세기 초 체로키 족은 다른 부족들과의 전쟁에서 승리하며 빠른 속도로 지배 영역을 넓혔고, 남동부 지역 대부분의 지배권을 장악했다. 그러나 1768년 치카소 족에게, 그리고 그 후 백인들에게 패하면서 영향력이 약화되었다. 1828년에 체로키 족은 오클라호마 인디언 보호 구역으로 강제 이주되었고, 1,300km를 이동했던 '눈물의 여행'에서 4,000명 이상이 목숨을 잃었다. 현재 약 13만 명가량 남아 있는 이들은 영어와 체로키 어를 구사하며 대부분 침례교를 믿고 있다. 체로키 족의 두 집단 중, 동부 체로키 족은 벌목 캠프에서 일하고 계절에 따라 임금 노동을 찾아다니기도 하지만 선조들처럼 자급자족 농사를 짓는다. 한편 체로키 족은 스틱과 사슴가죽으로 만든 공을 사용한 전통 놀이인 라크로스(lacrosse)를 즐긴다.

• 지프 체로키

지프(JEEP) 체로키의 탄생 배경은 제2차 세계 대전이다. 세계 대전에서 강력한 기동력과 물자의 수송 능력을 극대화시키기 위해 제작된 차량들은 전쟁이 끝나고 민수용으로 생산되게 되었다. 이를 왜고니어(웨건) 이라고 정의했고, 이때부터 '체로키' 라는 명칭으로 생산되기 시작하였다. 이는 인디언의 강인함을 갖춘 자동차라는 이미지를 심기 위한 것이었다.

• 케이준 인디언

케이준(Cajun) 인은 프랑스 식민지 아카디아의 이주민들의 후손이다. 아카디아는 오늘날 캐나다의 노바스코샤 주와 뉴브런즈윅 주에 세워졌다. 1755년에 캐나다가 영국에 패배한 후에도 영국에 대한 충성을 거부했기 때문에 아카디아 인은 추방당했다. 그 후 20년 동안 이들 중 일부는 미시시피 강 유역의 습지에 무리를 지어 생활했다. 그들은 농경, 어업, 덫사냥을 하는 소규모 공동체를 형성했고, 거의 200년 동안 고립된 상태를 유지했다. 특히 이들은 케이준 프랑스 어로 감정이 풍부하게 담긴 노래들을 만들었다. 여기에는 왈츠와 투스텝 등이 포함된다. 오늘날 케이준 인들은 여전히 자족적인 공동체를 이루고 살아간다. 그들은 자신들만의 고유한 정체성에 자부심을 가지며, 상당수는 지금도 프랑스 어를 사용한다.

• 케이준 치킨 샐러드

패스트푸드와 외국 이민이 들여온 요리 문화에 크게 의존하는 미국에서 케이준 요리의 비중은 크다. 음식에는 양파, 샐러드, 쌀을 많이 쓰며, 대표적인 것에 채소와 닭고기, 햄을 넣고 볶음밥처럼 만든 잠발라야(jambalaya), 채소와 고기를 넣고 스튜처럼 끓인 검보(gumbo), 가재 꼬리에 케이준 스파이스로 튀김옷을 입혀서 바삭하게 튀긴 케이준 팝콘(cajun popcorn) 등이 있다. 패스트푸드용으로는 케이준 스파이스를 넣고 조리한 케이준 치킨 샐러드, 케이준 새우 샐러드, 케이준 치킨 핑거 등이 있다.

지리 상식 3 외국인이 외계인보다 무섭니?

글로벌 경기 침체로 각국에서 무역과 금융 보호주의 바람이 몰아치는 가운데 지구촌 곳곳에서 이주 근로자들에 대한 '제노포비아(xenophobia, 외국인 혐오증)' 현상이 급격히 확산되고 있다. 경기 불안으로 인해 실직 공포에 빠진 사람들은 자신들이 가져야 할 일자리와 이익을 누군가 빼앗아 간다는 피해 의식을 가지게 된다. 그 분풀이의 대상으로 가장 주목받는 것이 외국인 이민자들이다.

유럽에서는 금융 위기가 본격화된 2008년부터 외국인들에 대한 증오 범죄가 기승을 부리고 있다. 이 시기의 조사 결과에 따르면 독일에서 인종차별주의 극우 단체들이 벌인 범죄 행위는 2007년 대비 30%가량 급증하였고, 러시아의 경우 2008년에만 '스킨헤드'들에 의해 120여 명의 외국인 이주자들이 살해당했으며 380여 명이 부상을 입었다. 이탈리아에서는 2009년 30대 인도인 이주 근로자가 4명의 청년들에게 화염 테러를 당해 중태에 빠진 사건도 있었다. 심지어 일부 정치인들은 공개적으로 인종 차별 주의적인 발언을 던지며 대중들의 제노포비아를 자극하기도 한다. 이스라엘의 정당인 '이스라엘 베이테누'의 당 대표인 리베르만은 "이스라엘 내 아랍 주민들은 결국 하마스와 한패"라며 "유대인 국가에 대한 충성 서약을 하지 않으면 선거권을 박탈해야 한다"라고 발언하기도 했다.

이 같은 제노포비아 심리를 등에 업고 세계 각국의 노동 장벽도 갈수록 높아지고 있다. 미국의 마이크로소프트(MS)사의 경우 정치권으로부터 '외국인부터 먼저 정리해고 해야 한다'는 압박을 받고 있다. 그동안의 부동산 호황으로 많은 외국인 건설 노동자를 고용하였던 스페인은 최근 경기 침체가 가속화되자 2008년 9월부터 '앞으로 3년 안에는 스페인에 오지 않겠다'는 각서를 쓴 이민 근로자들에게 일시불로 4만 달러의 실업 수당을 주고 본국으로 돌려보내고 있다. 영국 또한 2008년 12월 이주 근로자의 학력, 나이, 기술력 등을 점수화한 새로운 점수 이민제를 도입하여 이민을 어렵게 만들었다.

아시아의 상황도 크게 다르지 않다. 말레이시아는 일부 산업에서 외국인의 취업을 법적으로 금지하고 있으며, 대만은 외국인 근로자를 대만 근로자로 교체하는 기업에 1인당 월 39만 원을 보조해 주고 있다. 국제노동기구(ILO)에서는 가장 나중에 고용되고 가장 먼저 해고당하는 이주 노동자들이 경제 위기의 희생양이 되면 안 된다고 지정했다.

세계은행은 선진국 노동시장의 위축으로 이주 근로자들이 일자리를 잃으면서 개발 도상국의 주요 자금원인 대외 송금이 크게 줄어 개발 도상국 경제에도 타격을 주고 있다고 발표했다. 특히 우리나라의 경우 제노포비아는 외국 유학생들에 대한 왕따의 형태로 나타나고 있다.

사람은 1mm의 피부를 제외하고는 구조상으로 크게 다르지 않다. 그러나 제노포비아의 경우 이 1mm의 영향력이 얼마나 커질 수 있는지를 단적으로 알려 주는 사례일 것이다.

지리 상식 4 회색의 혁명

최근 유럽에서는 인간의 주기를 네 단계로 구분한 다음 40세에서 70세까지 무려 30년간을 차지하고 있는 '제3연령기'에 대한 준비를 해야 한다는 주장이 대두되고 있다. 특히 제3연령기와 제4연령기에 속하는 노년층 인구가 급격하게 늘어나는 현상을 '회색혁명'이라고 한다.

제3연령기는 '생활'을 위한 단계로 청년기인 제1연령기 때 학습을 통해 이루어지는 성장과는 다른, 2차 성장을 통한 일종의 자기실현을 추구해 나가는 시기다. 장수 혁명으로 새롭게 생겨난 인간의 생애 중간쯤의 시기에 해당된다. 오늘날 제4연령기(80세 이상의 노년층)가 6,900만 명이라면 2050년에는 3억 7,700만 명으로 늘어날 예정이다. 세계 인구 중 제4연령기가 차지하는 비율이 가장 빠른 속도로 증가하고 있어서 2050년에는 21개국 인구 10명 중 1명이 80세 이상이 될 것으로 보인다. 대표적인 예로 유럽의 여러 나라, 일본, 한국, 싱가포르, 마카오, 홍콩, 쿠바, 프랑스령 과들루프 섬 등이 있다. 중국의 경우 2050년에 80세 이상의 노년층이 1억 200만 명을 돌파할 것으로 예상되며 전체 중국 인구의 7.2%를 차지할 것으로 보인다.

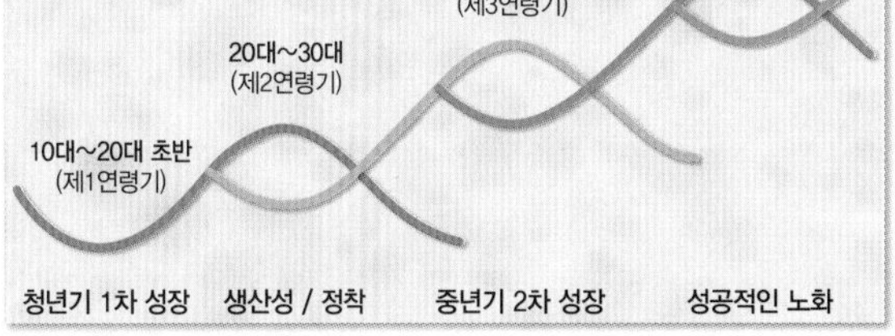

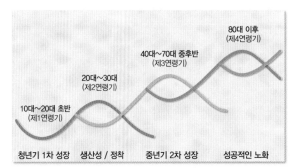

인간의 성장 곡선 인간의 성장 곡선이 겹쳐 있는 것이며 각각의 연령기에는 새로운 형태의 과제에 대해서 성장 곡선이 재시작되는 것이다. 그리고 전체적인 성장의 수준은 나이가 들어 갈수록 성숙하게 된다.

[선택형]

· 2011 임용

1. 자료는 서남아시아의 디아스포라(diaspora)에 대한 것이다. ㉠~㉣에 대한 설명으로 옳은 것만을 <보기>에서 모두 고른 것은?

> 20세기에 서남아시아에서 가장 중요한 ㉠디아스포라 인구 집단은 팔레스타인 인, 레바논 인, 쿠르드 민족이다. 아래 지도는 세 인구 집단 중 두 집단(A, B)의 디아스포라를 표현한 것이다. A의 디아스포라는 ㉡종교적 갈등으로 인한 긴장 때문이며, 1975년에서 1990년까지 장기간의 내전으로 ㉢많은 인구가 이주했다. B는 20세기 초 독립 국가를 세우는 데 실패했으며, 주변국들인 ㉣이란, 이라크, 터키, 시리아 접경 지역으로 중심으로 흩어져 살고 있다.

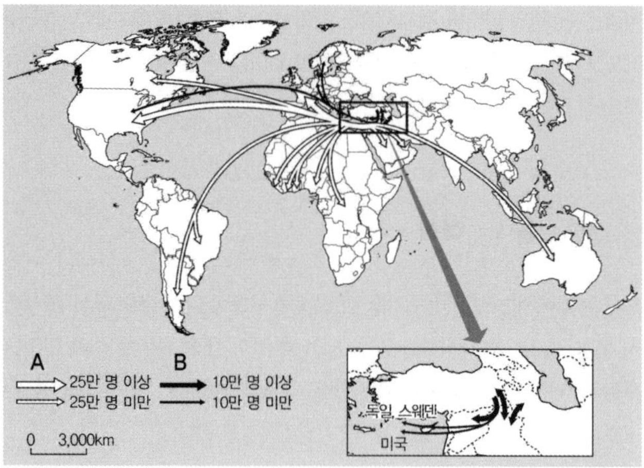

보기

ㄱ. ㉠은 유대인의 역사적 경험에서 비롯된 개념으로, 특정 인구 집단이 원래의 거주지를 떠나 다양한 외부 지역으로 흩어져 이주함을 의미한다.

ㄴ. ㉡은 1940년대에 A가 독립할 당시 다수의 이슬람교도와 소수의 유대교도 간에 나타난 갈등이다.

ㄷ. ㉢ 중에서 지도에 나타난 프랑스로의 대규모 이주는 20세기 전반부에 A가 거주하던 지역이 프랑스의 위임 통치를 받았던 것과 관계가 있다.

ㄹ. B는 ㉣ 중 시리아에 가장 많이 거주하고 있다.

① ㄱ, ㄷ ② ㄴ, ㄹ ③ ㄱ, ㄴ, ㄷ
④ ㄱ, ㄷ, ㄹ ⑤ ㄴ, ㄷ, ㄹ

2. 지도는 미국의 이웃 국가에서 미국으로 이주하는 인구 이동을 나타낸 것이다. (가), (나)의 이주민의 특징으로 옳지 않은 것은?

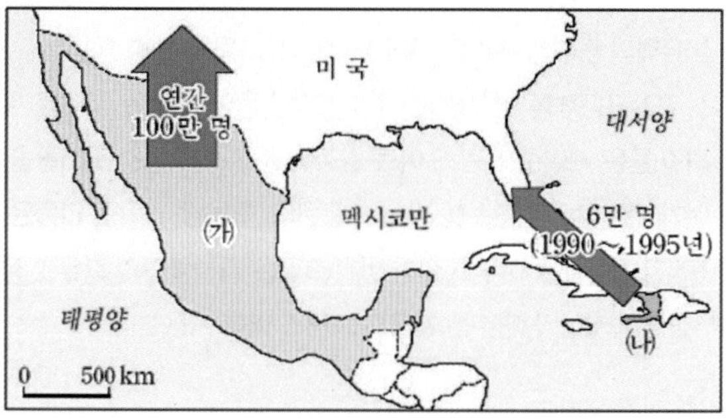

① 많은 이주민들은 3D 업종에 종사한다.
② (가)는 주로 스페인 어를 (나)는 프랑스 어를 사용한다.
③ 주로 청·장년층의 경제 활동 인구가 이동한다.
④ 미국에서의 거주지는 모국과 가까운 곳을 선호한다.
⑤ 북미 자유 무역 협정 체결에 따라 자유롭게 이동하였다.

· 2010 9 평가원

3. (가), (나)의 지도에 나타난 인구 유출의 주요 원인으로 옳은 것은?

(가)

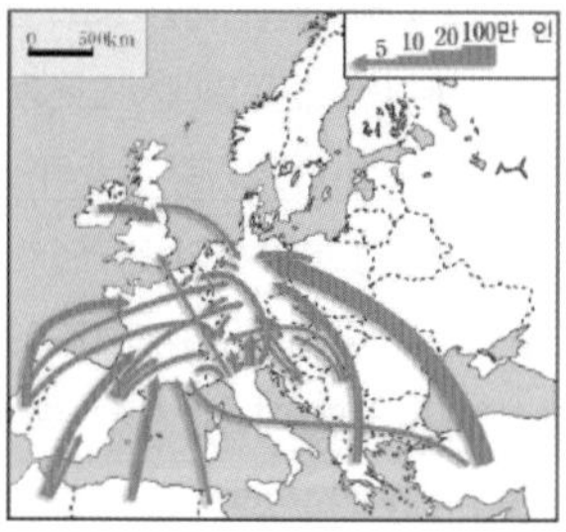

(나)

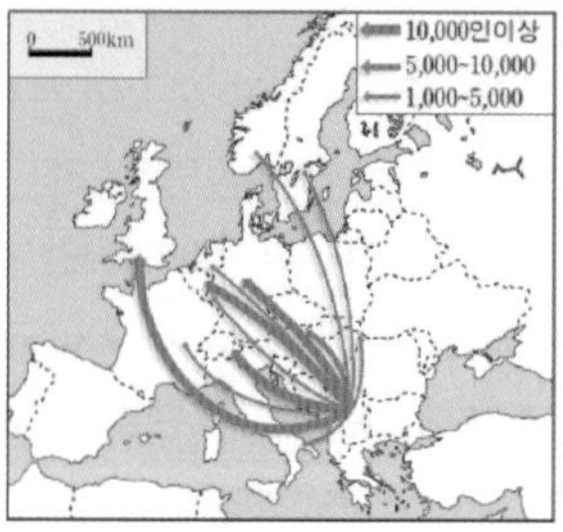

① (가): 급격한 산업화로 인한 환경 오염
② (가): EU 가입에 따른 노동력의 자유로운 이동
③ (나): 국제결혼을 목적으로 한 이민 증가
④ (나): 다양한 민족 및 종교 분포로 인한 분쟁
⑤ (나): 뜨거운 여름 날씨로 인한 해외 관광 수요 증가

• 2007 6 평가원

4. ㈎에서 설명하고 있는 인구 이동을 ㈏에서 고른 것은?

㈎

ㅇ인구 유입국은 선진 산업 국가이다.
ㅇ이주자는 가까운 이주 대상지를 선호한다.
ㅇ인구 유입국은 제조업과 서비스업에 저렴한 노동력을 제공한다.

㈏

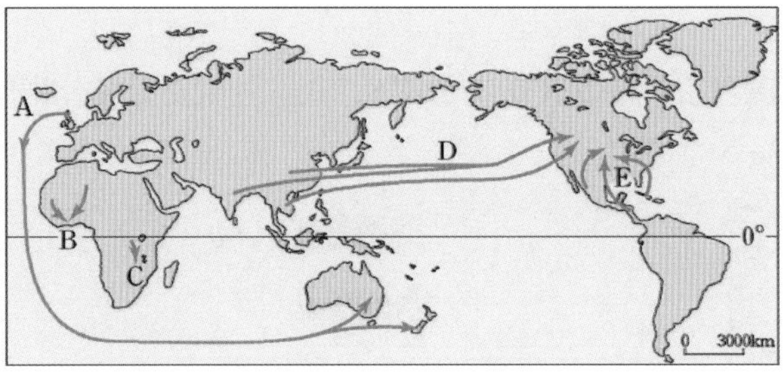

① A ② B ③ C ④ D ⑤ E

5. 밑줄 친 ㈎, ㈏ 현상에 대해 옳은 내용으로 토론을 한 학생을 〈보기〉에서 모두 고른 것은?

프랑스에서는 1960년대 이후 ㈎ 경제 활동 인구가 급속히 감소하면서 외국인 노동자들의 비중이 증가하였다. 특히 외국인 노동자들 중 이슬람권의 노동자들이 대거 유입되면서 프랑스 노동 시장의 구조에 큰 변화가 나타났고, ㈏ 프랑스 내 이슬람 공동체가 형성되었다. 최근에는 이슬람권 출신 이주자와 프랑스 기존 주민 간의 갈등이 커지면서 심각한 사회 문제들이 발생하기도 하였다. 대표적인 사례로는 2005년 프랑스 전역에 걸친 대규모 소요 사태를 들 수 있다.

보기

이연: ㈎는 높은 소득 수준과 여성의 지위 향상으로 인한 저출산 현상 때문이야.
명태: 맞아! 그로 인해 인구의 노령화가 심화되고, 노년층에 대한 부양 부담이 증가하고 있어.
박민: 그 결과 사회 복지 예산이 감소하고, 낮은 세율로 인해 근로 의욕이 저하되는 결과를 초래했지.
병만: 부족한 노동력을 메우는 외국인 노동자들은 주로 과거 프랑스의 식민 지배를 당한 국가에서 유입되고 있어.
신동: 아! ㈏가 가능한 것은 결속력이 강한 바바리 3국, 즉 이란, 이라크, 터키 등에서 오는 사람들이 주류를 이루기 때문이구나.

① 이연, 명태 ② 명태, 박민 ③ 병만, 신동
④ 이연, 명태, 병만 ⑤ 박민, 병만, 신동

[서술형]

1. 선진국의 인구 문제를 크게 두 가지로 나눈 다음 각각의 이유를 서술하시오.

2. 개발 도상국의 폭발적 인구 증가에 따른 과잉 문제를 해결하기 위한 방법을 구체적으로 서술하시오.

3. 다음 용어에 대해서 설명하시오.

DINK, DEWK

4. 지도에 제시된 인구 이동의 형태가 나타났던 시기의 사회적 특징에 대해서 간략히 설명하시오.

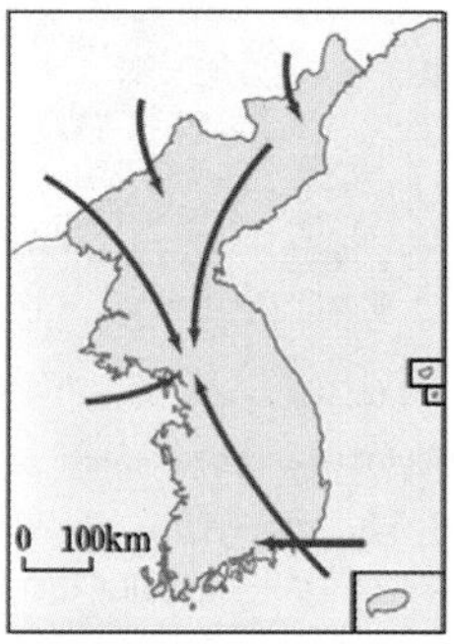

5. 다음 표는 20세기 이전의 국제적 인구 이동과 관련된 것이다. 빈칸에 알맞은 설명 또는 인종을 쓰시오.

인종	주요 이주 지역과 이주의 목적
유럽계 백인	㈎
아프리카계 흑인	㈏
㈐	동남아시아 등지에서 경제적 실권을 장악

6. 유럽 및 개발 도상국의 제노포비아가 확산되는 주요 원인에 대해서 서술하시오.

7. 아래 그림의 제3연령기와 제4연령기의 증가는 미래의 제1연령기와 제2연령기에 해당되는 세대에게 어떤 영향을 미칠 수 있는지 산업과 복지의 측면에서 서술하시오.

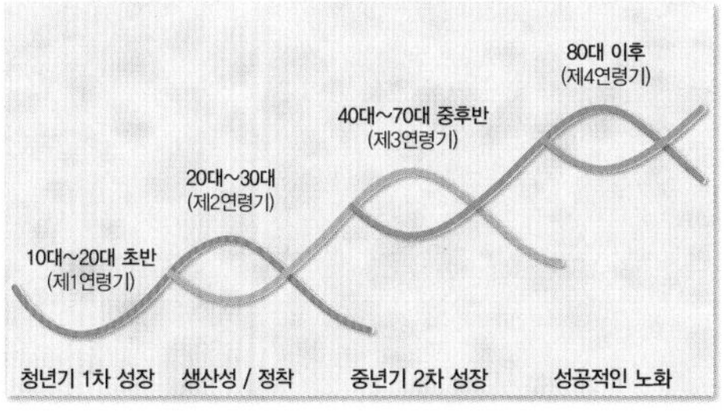

핵심 출제 포인트

▶ 맬서스의 인구론　▶ 마르크스의 상대적 과잉 인구론　▶ 밀의 인구론

1. 맬서스의 인구론

(1) 인구론

① 인구 성장 법칙: 인구는 기하급수적, 식량은 산술급수적으로 증가

② 각종 사회악과 지구의 자원 고갈 등으로 조절이 불가할 경우 인구 법칙에 의해 필연적으로 인구 과잉 발생

③ 도덕적 억제에 의한 조출생률의 감소 혹은 질병, 기근, 전쟁, 기타 재해를 통한 조사망률이 상승해야만 인구 조절이 가능

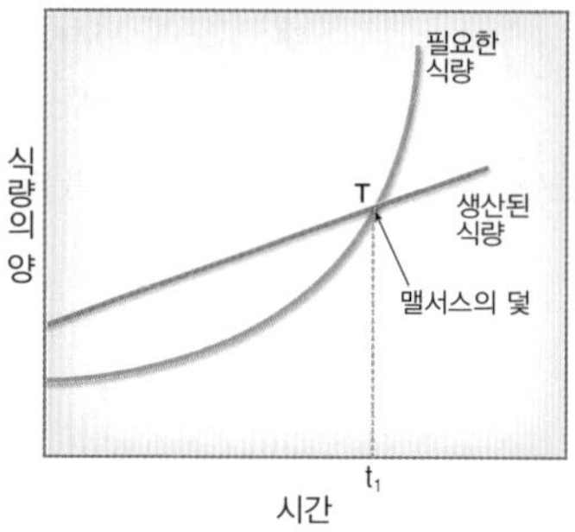

⁝ 맬서스의 인구론

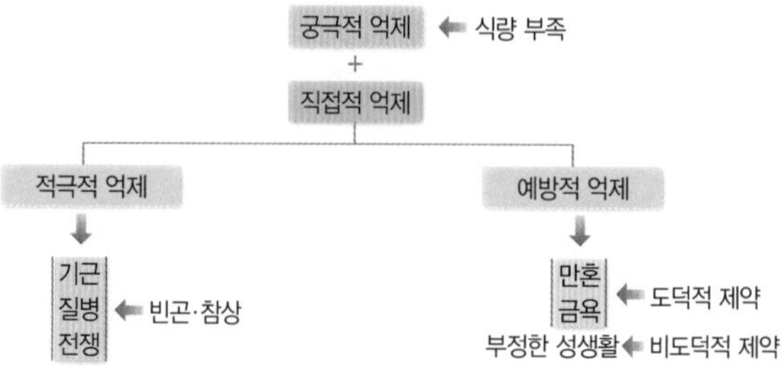

⁝ 인구 증가를 억제하는 방법

(2) 이론에 대한 지지 및 신 맬서스 주의

① 후진국에 대한 선진국의 의료 지원 확대: 일부 국가에서는 인구 증가와 식량 생산의 격차가 더욱 벌어짐

② 신 맬서스주의(F. 플레이스)

- 과잉 인구는 사회 진보의 최대 장애 요인이라고 주장
- 세계 인구 증가는 식량 외의 다른 자원 소비 또한 가속화: 식량, 공기, 농지 및 연료 부족은 폭동 및 전쟁 발생 가능성을 증가시킴
- 맬서스의 도덕적 억제는 현실성이 없으므로 가족계획(산아 조절)을 통한 개인과 가정 복지 향상을 추구하고 사회 계몽 운동으로 확산시킴

(3) 비판 및 현실 적용

① 인구와 식량만의 관계를 축으로 인구 문제 제기(인간을 동물과 동일시)

② 식량의 산술급수적 증가에 대한 주장은 식량 증산 기술의 발달을 예측 못한 결과

- 20세기 후반 품종 개량 기술 발달 및 경작지 면적 확대로 1950년 이후 인구의 자연 증가율보다 빠른 식량 생산 증가
- 1950~2000년 사이 25억의 세계 인구가 100억 명이 될 것이라고 주장하였으나, 실제로는 60억 명으로 증가

③ 도덕적 억제는 소극적이며 비현실적인 측면을 가짐

④ 인구의 증가는 국력의 향상: 군 복무를 위한 젊은 인구 필요

⑤ 악덕과 곤궁의 원인을 인구 과잉으로 일반화할 수 없음

- 저개발 국가들의 세계 인구 비율 추가 확장의 억제를 위한 선진국의 의도일 수 있음

■ 기하급수와 산술급수

기하급수는 일정한 수를 곱해가는 총합이고, 산술급수는 일정한 수를 더해가는 수의 합을 의미한다. 가령 2+4+6+8+10은 산술급수이지만 2+4+8+16+32는 기하급수이다. 기하급수는 또한 $2^1+2^2+2^3+2^4+2^5$와 같이 표현되기도 한다.

■ 인구와 질병

유럽에서는 1347년 발생한 흑사병으로 약 2,500만 명이 희생되었다. 이는 당시 유럽 인구의 약 30%에 달하는 숫자이다. 이때의 흑사병은 유럽의 사회 구조를 붕괴시킬 정도로 큰 영향을 주었다. 당시에는 흑사병의 원인을 몰랐기 때문에 거지, 유대인, 한센병 환자, 외국인 등이 흑사병을 몰고 다니는 자들로 몰려서 집단 폭력을 당하거나, 심지어는 학살을 당하기도 하였다.

■ 인구의 역학적 변천

인구 변천의 5단계에서 각 단계마다 두드러진 사망 원인에 초점을 맞추는 것이다. 이 용어는 전염병 또는 다수의 사람들에게 영향을 미치는 질병의 발병, 파급 및 통제와 관련된 의학인 역학(epidemiology)에서 유래되었다. 특히 5단계의 경우 최근 에이즈 바이러스나 에볼라 바이러스의 확산에 대한 두려움의 근거가 될 수도 있다.

단계		이유
1	전염병 및 기근	사고 및 동물이나 타인의 습격, 전염성 및 기생충성 질환: 인구 성장의 자연적 조절(맬서스)
2	전염병의 후퇴	산업 혁명 동안의 공중위생, 영양 및 의학의 발달: 감염성 질병 확산 감소, 콜레라의 원인 발견(존 스노우)
3	퇴행성 및 인간이 창조한 질병	감염성 질병으로 인한 사망 감소: 노화와 관련된 만성 질환의 증가
4	지연되는 퇴행성 질병	약물을 통한 퇴행성 질병 제거, 위생 환경 유지 및 금연, 금주를 통한 건강 향상 노력 확산
5	전염성 질병의 재출연	전염성 질병 미생물의 진화, 가난한 지역에서의 경제적 부담으로 인한 질병 창궐(결핵), 교통수단 발발로 인한 여행 증가와 관련된 전염

• 중국의 1인 1자녀 갖기 운동, 한국의 산아 제한 정책 등에 영향을 줌
• 식량 생산량의 문제라기보다는 부의 분배 문제 때문

2. 마르크스의 상대적 과잉 인구론

(1) 인구론

① '과잉 인구' 대신에 '상대적 과잉 인구' 개념 사용
• 잠재적 과잉 인구: 농업 노동 현장에서 발생한 과잉 인구
• 상대적 과잉 인구: 자본주의 사회에서 항상 존재하는 것으로서 노동을 하지 못하는 상황에서 실업의 운명에 처해 있는 인구
• 부유(浮游)적 과잉 인구: 도시의 근로 현장에서 축출당한 도시 실업자
• 정체(停滯)적 과잉 인구: 가족노동을 하다가 머지 않아 자본가의 대기업 조직에 흡수, 병합되어 버릴 소규모 직종 노동자들

② 인구 문제의 근본 이유는 사회·구조적 모순에서 비롯되며, 해결책은 급진적인 사회 개혁이라고 주장

③ 상대적 과잉 인구는 자본가들의 자본 축적 과정 중에 발생하며 사회주의 체제에서는 과잉 인구가 나타나지 않는다고 봄

(2) 비판

① 인구와 식량 문제는 사회주의 국가에서도 존재
② 산업화 진전과 함께 고용 창출
③ 자본주의 국가보다 사회주의 국가에서 상대적 과잉 인구가 더 많이 나타남

3. 밀의 인구론

(1) 인구론

① 생활 수준이 변화하면, 출산 수준이 변화됨
② 인간의 이성적 통제 신뢰: 인간의 증식 억제 요소는 결핍 그 자체가 아닌 '결핍에 대한 두려움'에 있음
③ 인간은 경제적 안정 상태 추구: 인간 본질의 경제적 특성 강조
④ 인본주의에 입각한 '이상적 상태' 역설
• 사회의 구성원 모두가 경제적으로 안정된 상태
• 인구의 안정이 필요하고 문화적·도덕적·사회적인 진보 필요
• 빈자들의 생활 여건을 획기적으로 개선하여 인구 성장을 초월한 잉여 생산 유도

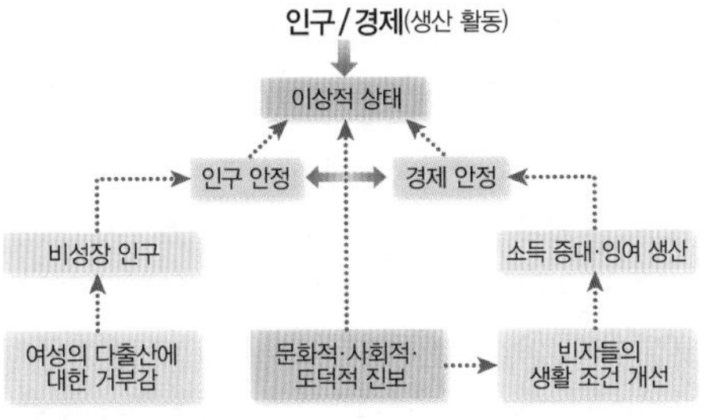

밀의 인구론 도식

■ **상대적 과잉 인구**
자본주의하에서는 노동력 수요의 상대적 감소를 초래하는 기술 진보가 존재하기 때문에 상대적 과잉 인구는 항상 존재한다. 특히 실업자의 증가는 노동 강도의 증대와 여성 노동의 증가에 의해서 가속화된다.

■ **맬서스의 딜레마**
오늘날 지나친 인구 증가를 예방할 수 있는 억제책이 실효를 거두지 못하고 있는 개발 도상국들의 경우 식량 사정이 허용하는 한계에 다다를 때까지 인구가 계속 증가되어 생활 수준은 계속 낮아지게 된다. 결국 생활 수준이 최저 상태에 이를 때까지 인구가 증가하게 되는 인구 증가의 악순환이 계속되는 것이다.

■ **인구와 관련된 재미있는 통계**
• 50,000년: 전 세계 인구수가(1800년에) 최초로 10억 명을 돌파할 때까지 걸린 기간
• 158명: 매분 더해지는 인구수(출생-사망)
• 227,252명: 매일 더해지는 인구수
• 82,947,000명: 매년 더해지는 인구수
• 5.0명: 1950년 여성의 평균 출산율
• 2.5명: 오늘날 여성의 평균 출산율
• 2,150,000명: 임신을 피하거나 연기하고 싶지만 현대적 피임법에 접근하지 못하는 여성의 수
• 169억 달러: 개발 도상국에서 모든 여성들을 위한 가족계획에 연간 지원되는 비용
• 12억 5,000만 명: 선진국에 살고 있는 인구수
• 57억 5,000만 명: 개발 도상국에 살고 있는 인구수

(국제 연합 인구 기금, 2011)

지리 상식 1 맬서스∩댄 브라운∩단테=인페르노!?

"특단의 대책이 마련되지 않는 한 기하급수의 수학이 당신의 새로운 신으로 등극할 겁니다. 그런데 그 신은 복수의 신이에요. 바로 이 뉴욕 한복판에 단테가 말하는 지옥의 풍경이 펼쳐질 겁니다. 무리를 지은 군중은 자신이 내지른 배설물 속을 뒹굴겠지요."

세계적 베스트셀러 소설 『다빈치 코드』의 작가 댄 브라운이 쓴 『인페르노』의 한 구절이다. 세계의 인구수는 실제로 0.5초도 채 안 돼 1명씩 증가한다. 이 작품은 단테의 『신곡』 중 「지옥(인페르노)」 편을 각색한 것으로 인구 폭증 현상을 부각시키고 있다. 소설 속 유전공학자 버트런드 조브리스트는 영국의 경제학자 토머스 로버트 맬서스의 '인구론'을 신봉한다. 그는 인류의 종말을 막기 위해 인류의 3분의 1을 줄이는 생물학적 테러를 시도한다. 특히 이 부분은 영화 〈월드워 Z〉에서도 비슷한 장면으로 묘사되고 있다. 영화에서는 좀비 바이러스에 감염된 인간을 대량으로 소멸시키는 것을 통해 인류의 파멸을 막겠다는 각오가 곳곳에 반영되어 있다.

소설 『인페르노』에는 허구와 사실이 모두 포함되어 있다. 세계 인구는 1800년대 초 10억 명에 도달했고, 그 인구가 두 배로 증가하기까지는 100여 년밖에 안 걸렸다. 1920년대에 20억 명, 1970년대에 40억 명, 그리고 2011년 70억 명을 돌파했다. 국제 연합(UN) 경제사회국 인구부는 세계 인구가 2025년 81억 명, 2050년에는 96억 명에 이를 것이라고 추산하였다. 『인페르노』에서도 그래프를 통해 인구 증가에 따른 이산화 탄소 농도, 멸종 생물 종수, 물 소비량 등이 완만하게 상승하다 20세기 들어 급격히 치솟았음을 보여 준다.

정말 지구는 머지않아 인구 증가로 몸살을 앓다 파멸을 향해 치닫게 될까? 이 문제에 대해서 인구학자들은 다시금 맬서스의 인구론은 언급한다. 전광희 충남대학교 사회학과 교수(인구학)는 "'인구론'에서 말하는 '식량'은 오늘날로 치면 사람이 먹고 살게 해 주는 '직장'과 같은 의미"라며 "저출산에도 불구하고 지금 태어난 아기들이 자라면 상당한 취업난에 직면할 것이다. 고용 안정이 시급한 문제다."라고 분석했다. 인구 증가를 흡수할 만큼 경제가 성장하지 못해 문제가 된다는 것이다. 미국 중앙정보국(CIA) 국장을 지낸 마이클 헤이든은 2008년 미국 캔자스주립대학교 강연에서 에티오피아, 나이지리아, 예멘 등 인구가 폭증하는 빈곤국의 청년층을 걱정하였다. "이 젊은이들은 기본적인 자유는 물론이고, 식량, 주택, 교육, 취업 등의 기본적 필요가 충족되지 않을 경우 폭력과 폭동을 일삼는 극단주의로 빠질 우려가 높다." 또한 이정전 서울대학교 명예 교수(경제학)는 "오늘날

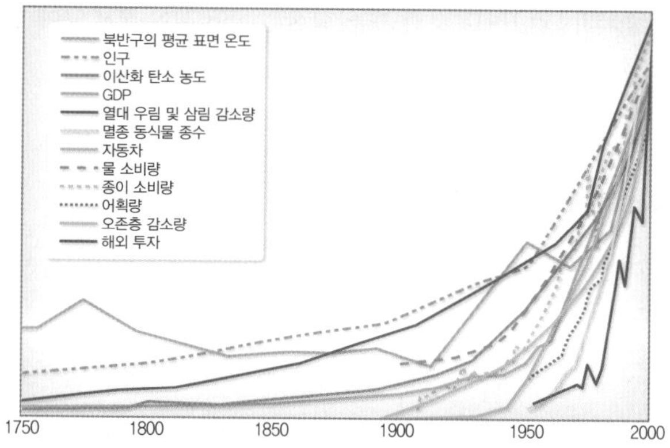

불안에 빠진 빈곤국의 국민이 정부나 선진국에 대해 테러할 가능성이나 범지구적 환경 문제를 생각하면 맬서스의 예언은 아직도 유효한 면이 있다."고 언급하였다.

지리 상식 2 피임의 예술적 승화 or 사회 고발?

이제 혼인 여부와 관계없이, 대부분의 성인은 연인 사이의 섹스를 더 이상 금기시하지 않는다. 섹스가 '번식'의 수단만으로 사용되던 시기는 '종말'했다고 해도 과언이 아닌 것이다. 애정을 확인하고 친밀함을 배가시키기 위한 '사랑의 수단'으로서 섹스의 위상은 점점 더 높아지고 있다. 이에 따라 원치 않는 임신을 피하기 위한 피임의 필요성도 강조되고 있지만, 섹스에 관한 담론이 넘쳐나는 것에 비해 피임은 그렇지 않은 것처럼 보인다. 이와 관련하여 영화 〈자, 이제 댄스타임〉은 인구 증감 정책에 따라 국가가 '임신 중절'을 대하는 태도가 달라지고 있음을 폭로하고 있다. 보건소에서 콘돔을 나누어 주고 암묵적으로 임신 중절이 허용되던 시절의 여성들과, 출산율 저하의 원인으로 임신 중절을 꼽으며 이를 불법화하는 시절의 여성들. 이들의 경험은 교차되며 시대의 모순을 드러내고 있다. 〈자, 이제 댄스타임〉의 인터뷰 중 한 남성은 자신의 피임법은 오직 "오늘 해도 되나?"고 묻는 게 전부라며, 피임을 여성만의 문제로 전가시키는 모습을 보이기도 한다. 피임에 대한 무지와 오해에서 비롯된 많은 사건과 사고들은 비단 특정 개인의 문제만은 아닐 것이다. 현재는 피임 기구에 대한 광고가 지상파 각종 지면에 공공연하게 게시되고 있다. 인구의 조절에서 중요한 비중을 차지하고 있는 피임은 이제 하나의 '문화적 아이콘'으로서 이 사회에 자리매김하고 있는 것처럼 보인다. 지금부터는 맬서스의 인구론에서처럼 인구를 숫자로 보는 의식에서 탈피해야 할 필요성도 대두된다.

[선택형]

• 2011 임용

1. 그림은 미국 주요 도시의 인구 규모(1990년)와 인구 변화율(1970~1990년)을 나타낸 것이다. A~C 도시(군)에 대한 설명으로 옳지 않은 것은?

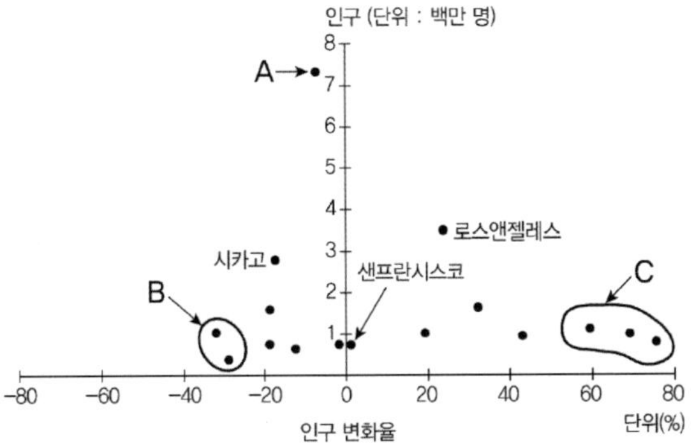

① A는 인구 감소에도 불구하고 금융 산업을 비롯한 서비스 산업에 기반하여 수위 도시의 지위를 유지하였다.

② B의 인구 감소는 수입 제품에 대한 가격 경쟁력 약화가 주요 원인이다.

③ B에서는 소규모 기업들의 집적과 협력에 기반한 산업 지구가 성장함에 따라 1990년대 이후 인구가 늘어나고 있다.

④ C의 성장 배경으로 자연환경적 요인, 연방 정부의 경제 지원, 첨단 산업의 발전 등을 들 수 있다.

⑤ B와 C의 평균 인구 규모의 격차는 1970년에 비해 1990년에 줄어들었다.

2. 다음 그래프와 관련된 문제로 가장 적절한 것은?

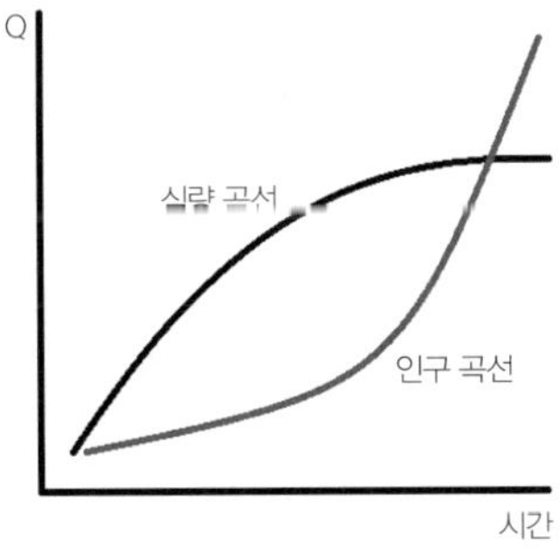

① 산업 예비군이 존속하는 한 인구 문제는 피할 수 없는 비극이다.

② 맬서스가 주장하는 도덕적 억제는 비현실적이므로 논의할 가치가 없다.

③ 오늘날 대부분의 아프리카 국가들은 높은 출생률로 인한 빈곤에 허덕이고 있다.

④ 인구와 식량과의 불균형은 영구히 되풀이되는 인구 문제의 원인이 되고 있다.

⑤ 피임 기구와 성교육의 확산은 인구 곡선의 가파른 상승을 막아 줌으로써 인구의 기하급수적 증가를 완화시킨다.

[서술형]

1. 다음 그림은 맬서스(T. Malthus)의 인구론을 모형화한 것이다. 그림에서 인구 규모가 증가한다면 변수들 간의 관계에서 식량 가격을 비롯한 다른 변수들에도 영향을 미치게 된다. 그 결과 인구 규모는 어떻게 변화되는지를 서술하시오.

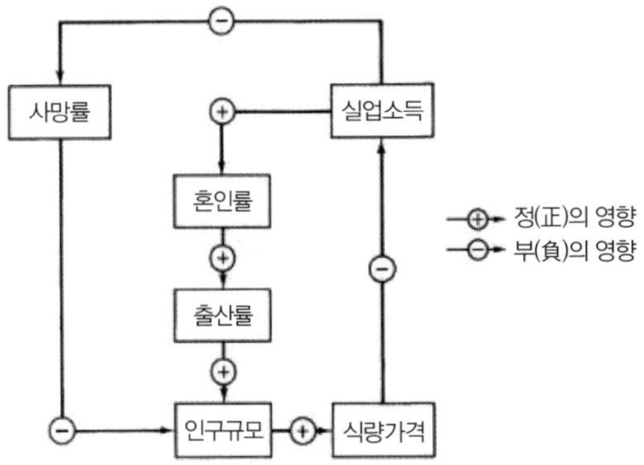

2. 다음 그래프에서 조선 시대의 시점에 나타나는 인구 특징과 그 사회적 배경 및 이유를 키워드를 사용하여 설명하시오.

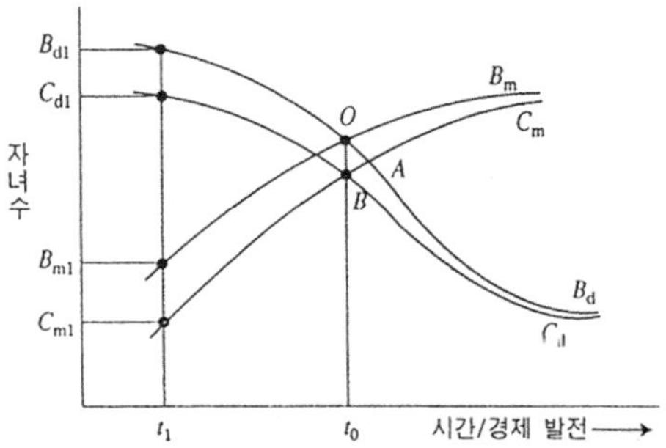

키워드

Cm－평균적으로 부부 한 쌍이 가질 수 있는 최대 어린아이 수

Cd－갖기 원하는 최대 어린아이 수

Bm－Cm을 갖기 위해 출생시켜야 할 최대 출산 수

Bd－Cd를 위해 출생시켜야 할 최대 수

Chapter 05

제5장

공업 지리

01. 공업 입지론

02. 우리나라의 공업 지역

03. 세계 주요 공업 지역과 무역

04. 중심지 이론

chapter 05

공업 지리

01. 공업 입지론

핵심 출제 포인트

- ▶ 공업 활동
- ▶ 공업 입지
- ▶ 운송비
- ▶ 노동비
- ▶ 집적 이익

■ 부가 가치
어떤 제품을 생산하여 얻는 총수입과 그 제품을 생산하기 위해 들어간 원료, 노동력, 부품, 각종 서비스 등에 쓰인 비용과의 차이를 말한다.

■ 파급 효과
하나의 산업이 성장하면서 주변의 자원 생산과 기술의 발달을 촉진하여 다른 산업에 영향을 미치는 효과이다.

■ 2차 산업의 노동 생산성
기계화, 자동화 등 노동을 기계로 대체한 정도가 높아 다른 산업 부문보다 노동 생산성이 현저히 높다.

■ 생산 요소
재화나 서비스를 생산하기 위해 생산 과정에 투입되는 자원으로 원료, 노동력, 자본, 토지, 기술 등이 있다.

■ 적환지
운송 과정에서 운송 수단이 바뀌는 지점이다.

1. 공업의 특성

(1) 공업 활동

① 의미: 원료를 보다 유용성이 크고 부가 가치가 높은 제품으로 바꾸는 경제 활동

② 공업 활동의 특성

- 다른 산업에 비해 자연 환경의 제약이 적음
- 기계와 기술을 이용한 높은 생산성으로 많은 이윤 창출
- 타 산업과의 연관성과 파급 효과가 큼
- 좁은 공간에 많은 사람과 기능을 집중시켜 다른 지역과 구별되는 지역 경관 조성

(2) 공업 활동의 종류

① 기계화, 자동화 정도에 따라

- 전통 공업: 원료 산지에서 소규모로 이루어지는 전통적인 가내 수공업
- 현대 공업: 산업 혁명 이후 정착된 공장제 기계 공업

② 생산하는 제품의 특성에 따라

- 경공업: 식품, 섬유, 종이 등 부피에 비해 상대적으로 무게가 가벼운 제품을 생산하는 공업
- 중화학 공업: 철강, 조선, 금속, 기계, 화학 등 무게와 부피가 큰 원료를 사용하여 제품을 생산하는 공업

③ 생산 요소의 종류에 따라

- 노동 집약적 공업: 주로 사람의 노동력을 이용하여 제품을 생산하는 공업(경공업)
- 자본 집약적 공업: 많은 자본이 필요한 고정된 설비를 이용하는 공업(중화학 공업)
- 기술 집약적 공업: 새로운 지식이나 정보, 신기술 등을 바탕으로 하는 공업(주로 첨단 산업)

④ 생산물의 용도에 따라

- 생산재 공업: 제품 생산 과정에서 쓰이는 중간재를 생산하는 공업
- 소비재 공업: 소비에 의해 직접 소비되는 제품을 생산하는 공업

(3) 공업 입지

① 의미: 공장이 특정 장소에 자리 잡는 것

② 입지 요인

- 자연적 조건: 지형, 기후, 용수(기술 발달로 영향력 감소)
- 사회적 조건: 원료, 시장, 노동력, 자본, 교통, 환경, 정부 정책 등 최근의 공업 입지에 많은 영향을 미침

③ 공업의 입지 유형

원료 지향	• 원료 무게 〉제품 무게: 시멘트, 정미 공업 • 원료의 부패, 파손 위험이 큰 공업: 통조림, 낙농 제품 • 태백산 공업 지역
시장 지향	• 제품 무게 〉원료 무게: 양조, 음료, 가구 공업 • 제품이 변질, 파손되기 쉬운 공업: 식료품 공업, 유리 공업 • 소비자와 접촉을 필요로 하는 공업: 인쇄·출판업, 의류 산업 • 수도권 공업 지역

중간지 지향 (적환지)	• 대량의 원료를 수입하는 경우: 제철, 정유·제분 공업 • 남동 임해 공업 지역
노동력 지향	• 생산비 중 인건비의 비중이 큰 경우: 섬유, 전자 조립, 신발 • 영남 내륙 공업 지역
집적 지향	• 기술 연관성이 높고 계열화된 경우: 자동차, 기계, 조선 • 한 가지 원료에서 여러 제품을 생산하는 경우: 석유 화학 • 남동 임해 공업 지역
동력 지향	• 전력 소비가 많은 경우: 알루미늄 제련, 화학 비료 공업 • 남동 임해 공업 지역
입지 자유형	• 운송비에 비해 부가 가치가 월등히 큰 경우: 반도체, 정밀 기계 • 수도권 공업 지역(연구 시설에 근접한 곳)

2. 베버의 공업 입지론

(1) 의의와 전제 조건

① 의의: 최소 생산비 지점이라는 관점에서 공업 입지에 대한 이론을 최초로 전개

② 전제 조건

• 운송비는 거리·중량에 비례

• 수요는 무한, 시장 가격은 고정

• 생산자는 합리적인 경제인으로 최대 이윤 추구

• 노동력은 비유동적, 주어진 임금하에서 무한히 공급

(2) 최적 입지와 최소 운송비의 원리

① 최적 입지: 최소 생산비 지점

• 생산비: 운송비, 노동비, 동력비, 원료비 등으로 구성되며, 특히 운송비를 근본적인 입지 결정 요인으로 봄

• 최소 운송비 입지에 변동을 가져오는 요인으로 노동비와 집적 이익을 제시

② 최소 운송비의 원리

• 다른 생산 요소 비용(인건비, 원료비)의 지역 간 차이가 없다면 총운송비가 최소인 지점이 최적 입지

• 총운송비 = 원료 운송비 + 제품 운송비

– 원료 운송비: 원료의 무게 × 원료 운송 거리

– 제품 운송비: 제품의 무게 × 제품 운송 거리

③ 입지 유형에 따른 운송비 곡선

• a=원료의 무게, b=제품의 무게

원료와 제품 무게 동일 a=b 일 때	원료가 무거울 때 2a=b일 때	제품이 무거울 때 a=2b일 때
	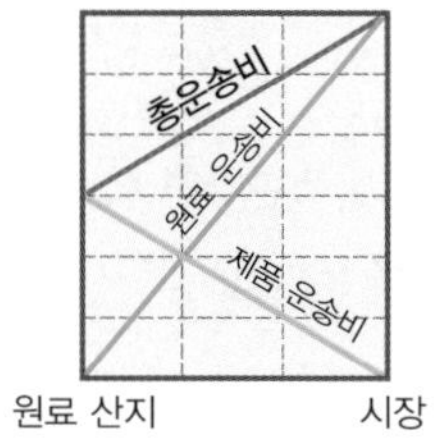	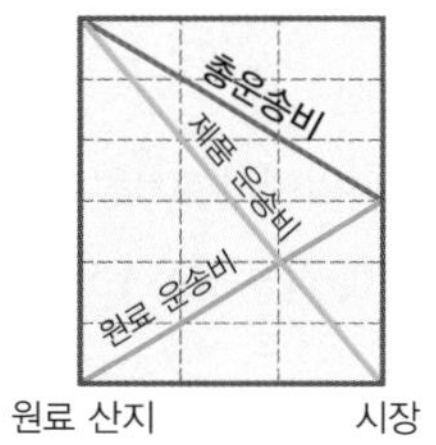
모든 지역의 운송비 동일	원료 산지에서 최소 운송비	시장에서 최소 운송비

■ 집적
산업이나 인구 등의 경제 활동과 인간 활동이 한 지역에 집중되는 현상을 말하며, 이를 통해 얻는 이익을 집적 이익, 이를 통해 발생하는 불이익을 집적 불이익이라고 한다.

■ 운송비
원료, 제품 등을 운송하는 데 드는 비용을 의미한다. 공업 입지론의 운송비에는 원료 운송비, 동력 운송비, 제품 운송비가 있으며, 운송비는 거리와 중량에 비례한다.

■ 공업 유형에 따른 베버의 입지 삼각형

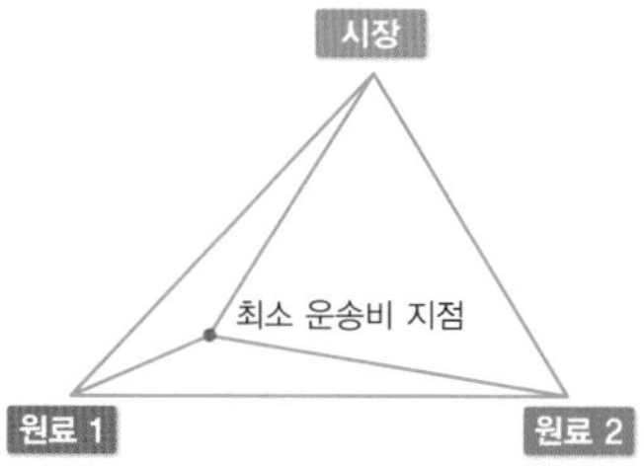

원료 지향성 공업

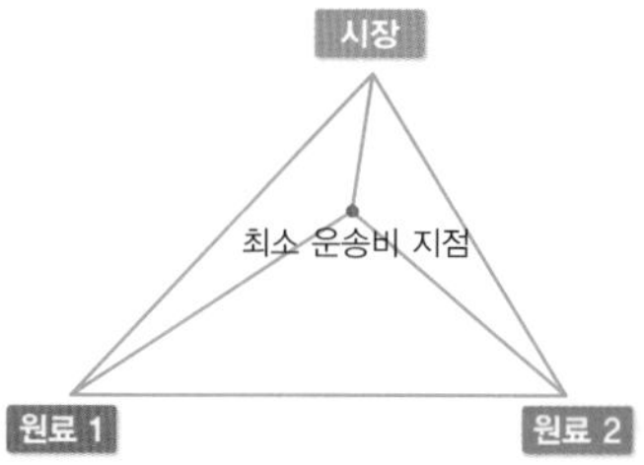

시장 지향성 공업

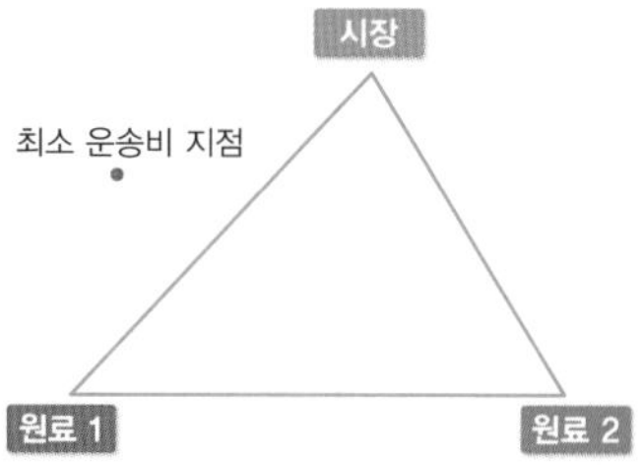

노동비 지향성 공업

■ 등비용선
총운송비가 동일한 지점을 이은 폐곡선을 말한다.

■ 한계 등비용선
노동비 절감액이나 집적 이익액 같은 액수를 나타내는 등비용선을 말한다.

■ 집적 지향성 공업

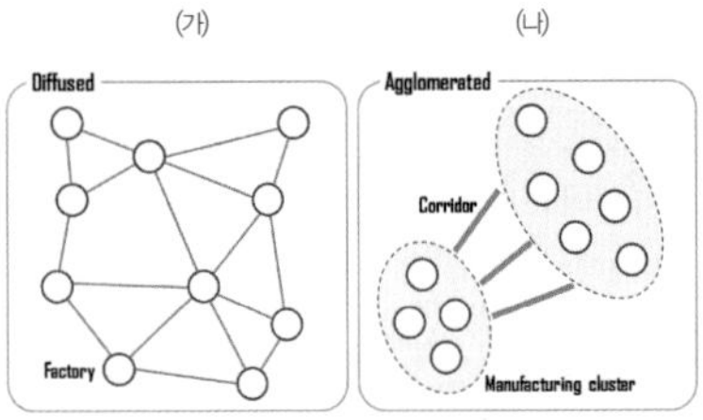

(가)는 시장과 원료 산지를 고려하여 운송비를 최소화하는 공업 분포인 반면, (나)는 집적 이익의 극대화를 통해 비싼 운송비를 상쇄하는 공업 분포이다. (나)와 같은 업종으로는 대량의 원유를 사용하는 석유 화학 공업과 수만개의 부품이 들어가는 자동차 공업이 있다.

■ 규모의 경제

일반적으로 생산 규모가 증가함에 따라 생산비에 비해 생산량이 크게 증가하여 경제적 이익이 발생하는데 이를 '규모의 경제'라고 부른다.

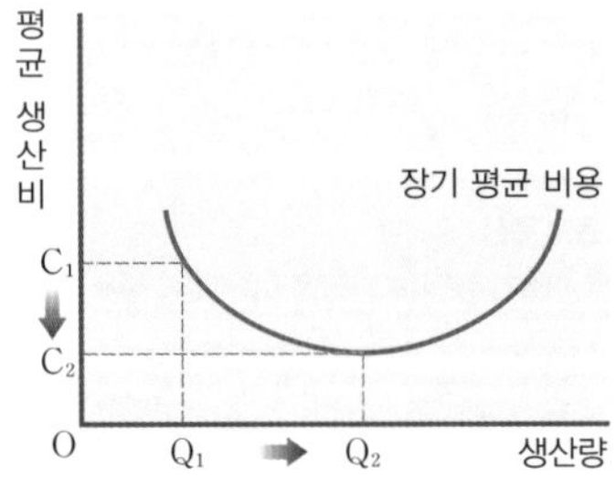

생산량이 Q_1에서 Q_2로 증가함에 따라 평균 생산 비용이 C_1에서 C_2로 감소할 때 규모의 경제가 나타나고, Q_2 이상을 생산하면 오히려 평균 생산 비용이 증가하는 '규모의 불경제'가 나타난다.

(3) 베버의 입지 삼각형

- 공장의 위치: P
- 원료 및 제품의 무게: x, y, z
- 공장과의 거리: a, b, c

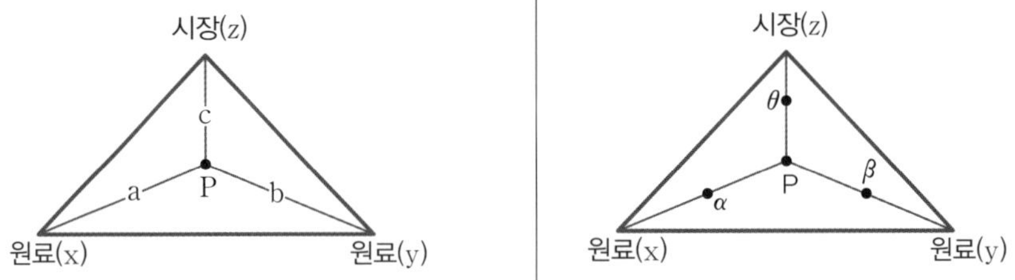

- 최소 운송비 지점은 ax+by+cz가 최소가 되는 지점
- 운송비만 고려한다면 최소 운송비 지점은 삼각형을 벗어날 수 없음

- 공장의 위치: P
- 원료 및 제품의 무게: x, y, z
- x의 무게가 무겁다면 α로 이동
- y의 무게가 무겁다면 β로 이동
- z의 무게가 무겁다면 θ로 이동

(4) 최소 노동비의 원리

① 지역 간에 노동력의 차이가 발생하여 임금의 차이가 발생

② 노동비의 절감분이 운송비의 증가분보다 큰 경우에는 임금이 저렴한 곳에 입지

- K: 소비 시장
- M_1, M_2: 원료 산지
- P: 최소 운송비 지점
- L_1, L_2: 단위 제품당 노동비가 P보다 300원 싼 지점
- 한계 등비용선은 300원의 등비용선으로 그 안에 있는 L_1 지점으로는 공장을 이전하는 것이 유리하나, L_2 지점으로 이전할 경우에는 불리함

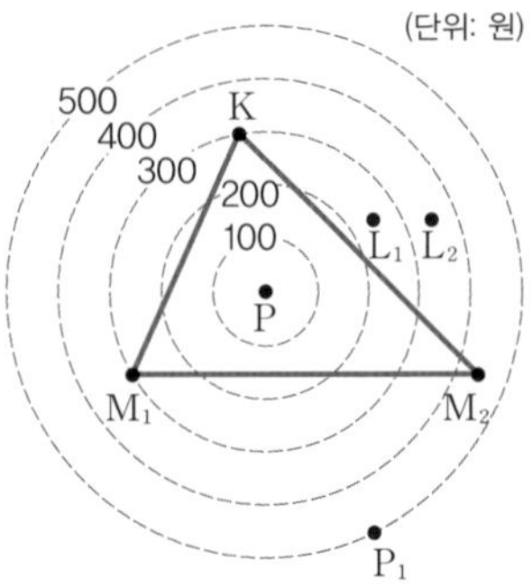

(5) 집적 이익의 원리

① 공장이 모이면 원료의 공동 구매 및 제품 판매, 정보 교환, 기반 시설의 공동 이용, 정부의 정책적 지원 등의 집적 이익 발생

② 집적에 의한 생산비 절감 효과가 운송비의 증가분보다 클 때에는 집적 이익 발생 지점으로 공장 이전

- K: 소비 시장
- M_1, M_2: 원료 산지
- A, C, D: 각각의 최소 운송비 지점
- A, C, D를 중심으로 하는 원은 500원의 등비용곡선
- B지역에서 500원의 집적 이익이 발생한다면 A, C, D의 공장은 B로 이전하는 것이 유리함

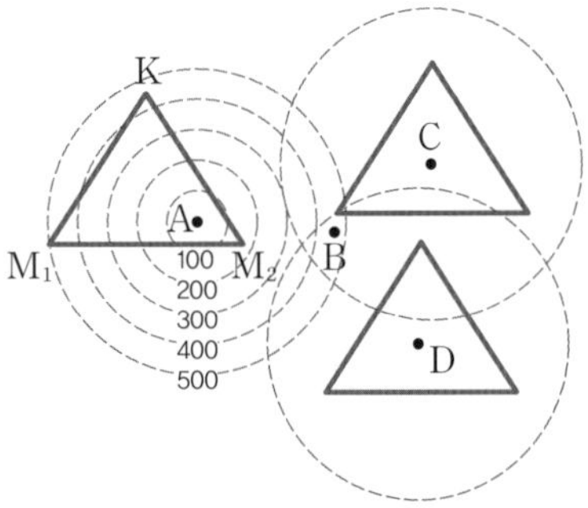

(6) 결론과 비판

① 결론: 공업 입지의 최적 장소는 최소 운송비 지점, 최소 노동비 지점, 집적 이익을 고려하여

최소 생산비 지점

② 비판

• 운송비는 거리·중량에 비례한다는 전제로 종착지 비용은 고려하지 않음
• 수요는 무한하고 시장 가격은 고정되어 있다는 전제는 수요가 유한하다는 점에서 한계
• 노동력은 비유동적이며, 주어진 임금하에서 무한히 공급된다는 전제는 고급 노동력이나 외국인 노동자는 설명하지 못한다는 한계

3. 베버 이론의 수정 및 확장

(1) 후버의 운송비 곡선

① 의의: 운송비에 종착지 비용, 장거리 운송 효과 개념을 도입

② 최적 입지 지점: 운송 수단이 바뀌는 운송 적환지에 공장이 입지할 경우 하역비가 별도로 들지 않기 때문에 총 운송비의 최소 지점이 됨

③ 평가: 해외로부터 원료를 수입하여 제품을 가공한 뒤 해외로 수출하는 공업의 입지 설명에 적합

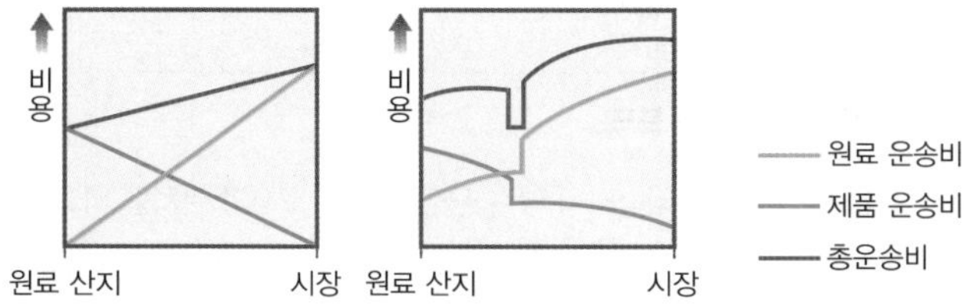

⁝ 베버의 운송비 곡선 ⁝ 후버의 운송비 곡선

(2) 팔랜더의 배달 곡선

① 의의

• 베버 모델을 일부 수정하여 입지론 정립
• 생산지, 생산 비용, 운송비가 주어졌을 경우 자유 경쟁하에서 생산 활동이 전개될 때 생산자의 상권은 배달 가격에 따라 어떻게 결정되는 가를 분석
• 소비자 가격 = 생산비 + 제품 운송비

② 최적 입지

• 기업의 총이윤은 공장의 입지 지점으로부터 그 기업의 세력이 미치는 상권까지의 거리에 비례하여 상권이 넓어지면 그만큼 기업의 총이윤이 증가함
• 상권의 경계는 배달 곡선이 만나는 점, 즉 두 기업으로부터 동일한 배달 가격으로 살 수 있는 지점

③ 결론: 기업가는 최대 이윤을 창출하기 위해 생산비를 절감하고 새로운 교통수단을 통해 운송비를 낮춰 상권을 넓혀야 함

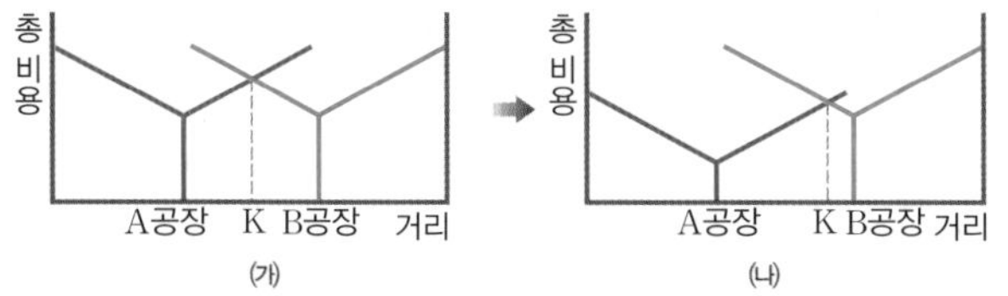

⁝ **시장의 경계 확대** (가)에 비해 (나)에서 A공장이 생산비를 절감하여 상권(K, 시장 경계)이 넓어졌다.

■ **종착지 비용**
운반 거리와 관계없이 일정하게 소요되는 비용으로, 여객 및 화물의 하역과 보관비, 관리·유지비, 운영비 등이 포함된다.

■ **운송비 체감의 법칙**
주행 거리가 증가함에 따라 단위 거리당 운송비는 작아지는 것을 의미한다.

지리 상식 1 공장은 어디에 입지하는 것이 좋을까?

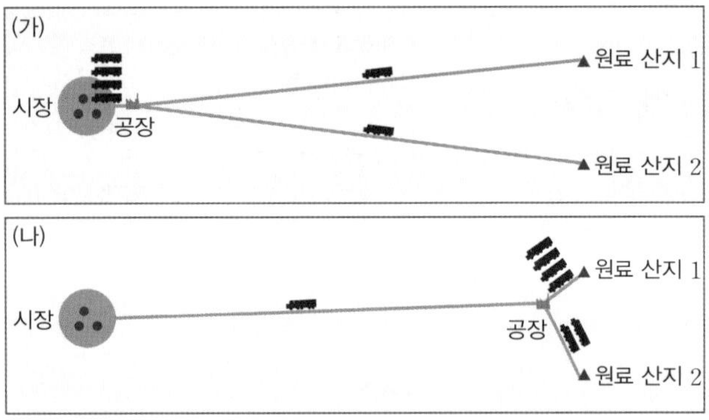

(가) 공업은 원료를 운송하는 데에는 트럭 2대만 있으면 되지만, 공장에서 만든 제품을 운송하는 데에는 트럭이 4대나 필요하다. 반면에 (나) 공업은 원료를 운송하는 데 6대의 트럭이 필요한 반면, 제품을 운송하는 데에는 1대만 있으면 된다. 합리적인 판단을 하는 사람이라면 (가)와 같은 경우 시장 주변에 공장을 입지해서 운송비를 줄일 것이다. 반면, (나)의 경우에는 원료 산지 주변에서 제품을 생산해서 시장까지 낮은 운송비로 운반하게 될 것이다. 공업의 종류에 따라 최적 입지 장소가 달라지고, 그에 따라 기업의 경쟁력에도 큰 영향을 주게 된다.

지리 상식 2 공업 입지를 결정하는 요소로는 어떤 것이 있을까?

공장을 경영하는 기업은 최대한의 이윤을 창출하기 위해 노력한다. 기업의 이윤은 총수익에서 총비용을 뺀 값이다. 공업 입지에서 이윤이 최대인 지점은 비용이 같다면 총수익이 최대인 지점, 수익이 같다면 총비용이 최소인 지점이다. 아래 그래프를 보고 공장이 입지할 수 있는 지점을 찾아보고, 최적 입지 지점은 어디인지도 찾아보자.

(가) (나) (다)

※이윤=수익−비용이며, A∼E는 입지 대상 구간임

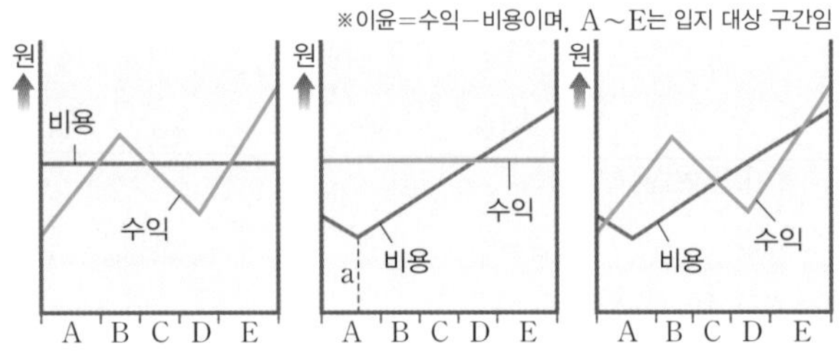

(가)는 비용을 일정하게 두고 수익이 최대인 지점을 찾는 것으로 '뢰슈'에 의해 이론화되었다. (가)에서는 B와 E에서 수익이 비용보다 크기 때문에 공장의 입지가 가능하고, 가장 오른쪽 끝 지점이 최적 입지 지점이 된다. (나)는 수익을 일정하게 두고 비용이 최소인 지점을 찾는 것으로 '베버'의 입지론이다. (나)에서는 비용이 수익보다 적은 A∼C에 공장이 입지할 수 있고, 비용이 가장 낮은 지점(a)이 최적 입지 지점이 된다. (다)는 '스미스'의 입지론인데, 비용과 수익을 모두 고려하는 것이다. 가장 현실과 비슷하지만, 변수가 너무 많아 고등학교 교육 과정에서는 자세히 다루지 않는다.

지리 상식 3 공업 입지 이론, 현실에는 어떻게 적용될까?

공업 입지론에서 맥주는 원료에 비해 제품 운송비가 매우 비싼 상품으로, 시장에 가깝게 입지할 때 비용을 최소할 수 있다. 이에 따라 많은 맥주 공장들은 제품의 수요가 많은 도시 주변에 입지하게 되는 것이다. 다음은 미국의 주요 도시(원의 크기는 도시의 경제력)와 주요 맥주 공장의 분포를 나타낸 것이다. 두 지도를 비교해 보면, 도시와 맥주 공장의 분포가 매우 유사하다는 것을 알 수 있다.

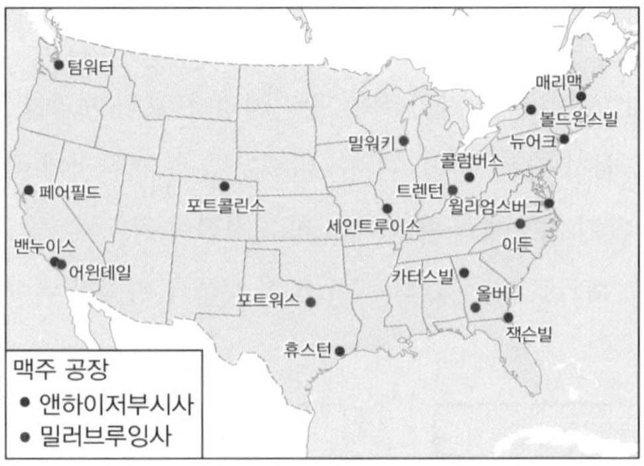

⁝ **미국의 맥주 공장 분포**

그럼 이번에는 우리나라의 맥주 공장 위치와 도시의 위치를 비교해 보자. 미국과 달리 우리나라의 맥주 공장은 도시 분포와 상당한 차이를 보이고 있다. 특히, 절반 이상의 인구와 경제력이 집중되어 있는 수도권에는 공장이 하나도 없다. 왜 이런 현상이 나타나는 것일까?

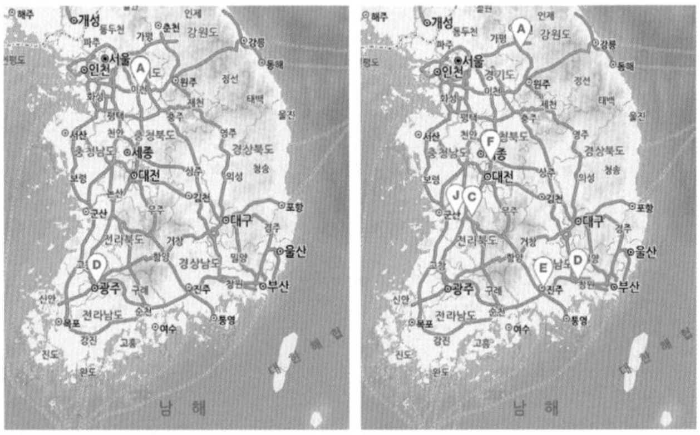

⁝ **우리나라 맥주 공장의 분포(왼쪽: O사, 오른쪽: H사)**

이동 거리가 먼 미국은 생산비에서 운송비가 여전히 높은 비중을 차지하지만, 우리나라의 경우 이동 거리가 짧아 운송비보다는 도시 주변의 높은 지가가 생산비에서 더 큰 비중을 차지하며, 좋은 물에 대한 선호 등으로 인해 공장이 시장에서 멀리 떨어진 지역으로 이동하게 되었다.

이와 같이 공업 입지는 지역에 따라, 상황에 따라 달라질 수 있다. 우리에게는 제조 과정에서 대량의 전기를 필요로 하는 알루미늄 공업이 '동력 지향성' 공업이지만, 보크사이트가 생산되는 브라질에서는 원료 지향성 공업이 된다. 과거 노동 집약적이었던 대구의 섬유 공업은 임금 상승과 기술 수준의 발달로 이제는 모든 염색과 소재를 만들어 낼 수 있는 기술 집약적 집적 지향성 공업으로 바뀌기도 하였다.

지리 상식 4 **자동차 산업의 성장과 그 파급 효과**

자동차는 관련 제조업의 생산과 소비를 넘어 문화 전반에 큰 영향을 준 위대한 발명품으로 뽑을 수 있다. 20세기 초 자동차는 숙련된 전문가가 망치와 렌치 등을 이용하여 모든 과정을 수작업으로 제작하였다. 숙련공 1명이 자동차 1대를 만드는 데 한 달이나 걸렸기 때문에 자동차는 부자들만을 위한 것이었다.

포드는 1903년 자신의 이름을 딴 자동차 회사를 설립하였고, 1908년 역사적인 T 모델 자동차를 생산하였다. T 모델이 등장했을 당시에는 자동차 도로의 대부분이 비포장이었고, 포장이 되어 있더라도 도로면이 너무 울퉁불퉁했기 때문에 많은 자동차들이 버티지 못했다. 하지만 T 모델은 내구성을 갖추어 열악한 도로 사정에도 버텼고, 자동차 역사에서 전설이 될 수 있었다. 그런데 이 모델이 전설이 된 것은 뛰어난 내구성 때문이 아니라, 컨베이어 벨트라는 생산 방식의 혁명을 가져왔기 때문이었다.

포드는 육류 판매 공장의 컨베이어 벨트에서 자동차 공장의 조립 라인을 착안하였다. 컨베이어 벨트에서 천천히 이동하며 해체되는 육류의 가공 과정을 보면서 자동차도 이러한 방식으로 조립할 수 있을 것이라고 생각한 것이다. 자동차 제작 공정별로 각 단계에 맞는 도구와 기계를 만들었고, 각각의 기계들은 작업 공정 순서대로 배치하였다. 모든 기계들은 오직 한 가지 공정만을 위해 사용되었고 각각의 공정은 컨베이어 벨트로 연결되었다. 노동자들의 업무도 각자의 생산 라인에서 자신이 맡은 일만을 하였고 마지막 단계에서 제품이 완성되었다. 이러한 생산 방식의 변경으로 자동차 1대를 조립하는 데 걸리는 시간은 93분으로 짧아졌고, 자동차의 가격은 360달러로 떨어졌다. 다른 자동차 가격이 2,000달러가 넘었던 점을 감안하면 혁명에 가까운 가격으로 자동차가 공급된 것이다. 자동차의 폭발적인 수요 증가가 이루어지면서 포드 자동차의 본사가 입지한 디트로이트의 자동차 산업에 종사한 노동자는 1904년 2,000명에서 1920년에는 7만5,000명으로 늘어났다. 디트로이트는 미국에서 가장 먼저 도로가 포장된 데 이어서 가장 먼저 교통 신호기가 설치된 도시가 되었다.

자동차 산업의 발달은 단순히 경제적인 풍요만을 가져온 것은 아니다. 자동차에는 기계, 섬유, 전자 등과 관련되는 다양한 제품들이 들어가기 때문에 관련 산업들이 급성장하게 되었다. 자동차 타이어의 원료가 되는 고무의 수요가 많아지면서 고무의 가격이 오르고, 고무를 생산하는 농장의 수가 증가했다. 또한 차체의 원료가 되는 철강 제품의 수요가 많아지면서 철강 생산량도 비약적으로 증가하였고 관련 산업이 성장하였다. 도로의 포장이 증가하고, 교량 등 구조물이 늘어나면서 아스팔트, 시멘트에 대한 수요가 증가하였고, 건설업도 호황을 누리게 되었다. 자동차의 연료인 휘발유의 사용량이 증가하면서 정유, 석유 화학 산업이 발달하였고, 주유소가 생기면서 서비스업도 발달하였다. 네온사인은 자동차를 타고 다니는 사람들이 늘면서 광고판을 볼 수 없게 되어 등장한 것이었다. 자동차를 타고 멀리까지 이동하는 사람들이 많아지면서 모텔이 등장하게 되었고, 자동차를 이용해서 대량 구매를 할 수 있는 쇼핑센터도 발달하게 되었다.

박선미 · 김희순, 2015, 『빈곤의 연대기』 ·
Jackson, Kenneth T., 1939, 『The Drive-In Culture of Contemporary America)』

수기

지리올림피아드 준비 경험에 대하여

강호길 • 서울대학교 경제학부

지리올림피아드를 준비하는 경험이, 또 그 도전의 추억이 제게 선사하는 것은 크게 두 가지였다고 생각합니다. 하나는 말 그대로 준비하는 과정 속에서 고등학생이었던 제가 얻게 된 교훈이며, 두 번째는 대학 진학 후 어떤 마음가짐을 가지게 되었는가에 관한 것입니다.

지리올림피아드를 준비하게 된 것은 우연한 기회로부터 시작되었습니다. 교내 지리올림피아드를 준비하면서 평소 배우던 경제지리와 한국지리는 물론, 배운 적 없던 세계지리를 독학하면서부터 시작되었지요. 고등학교 정규 과정 속에서 지리 세 과목을 모두 배울 수는 없습니다. 대부분 한 과목을 1년에 걸쳐서 배우게 되니까요. 그럼에도 불구하고 세 가지 모두 도전해 보려면 반드시 '도전 정신'이 필요합니다. 경제지리와 한국지리를 어려워하던 친구들도 있었지만 저는 참 재미있는 과목이라는 생각이 강했습니다. 단순한 암기 과목으로 치부되는 여타 사회 과목과는 다른 매력을 발견할 수 있었기 때문입니다. 특히 경제지리는 얼마나 논리적인 학문인지 지금 생각해 보아도 참 유익합니다.

아무리 지리올림피아드를 준비해야 한다는 명목이 있더라도 혼자 공부하는 것은 쉽지 않은 일이었습니다. 하지만 한 번 도전을 시작하니 자기 주도 학습의 습관이 강화되는 것은 물론이고, 새로운 학문을 배운다는 것이 고등학생으로서 꽤나 괜찮은 도전이라는 생각을 하게 되었습니다. 대학에 진학해서 만난 교수님도 비슷한 말씀을 해 주셨습니다. "고등학교 시절에는 한 가지 길을 정해놓고 도전하겠다는 생각보다는 최대한 많이 부딪혀 보라." 그런 의미에서 그간 지리 과목을 공부하지 않았던 학생들도 지리올림피아드를 통해 자신이 배우지 못했던 학문 분야에 한 번 쯤 도전해 보는 것이 분명 유의미하리라 생각합니다. 그 과정의 끝에서 수상의 기쁨이 부수적으로 따라올지 모릅니다.

이제 2학년에 불과한 저는 의대, 언론정보학과, 역사학과, 천문학과, 체육교육과, 영어영문학과, 경영학과, 사회학과, 농경제사회학부, 종교학과, 환경대학원, 심리학과, 국어국문학과 등에서 개설한 과목을 모두 들어 보았습니다. 좋은 학점을 받기 위해서라면 굳이 다양한 학과의 다양한 과목을 들을 필요는 없었지요. 하지만 저는 고등학교 때 지리올림피아드를 준비하면서 몸과 마음으로 배운 소중한 교훈을 기억하고 있었습니다. 한 가지 학문에 대한 깊이 있는 탐구보다는 여러 학문에 대한 융합적 접근이 필요한 이 시대에는 반드시 지레 겁먹지 않는 '도전 정신'이 필수입니다. 지리올림피아드의 도전 과정에서 자신이 맛보게 될 도전의 쓴맛 혹은 달콤함은 분명 자신의 커다란 밑거름이 될 수 있으리라 생각합니다. 쓰더라도 뱉지 않고 견딜 수 있는, 달콤하다면 너무 재지 않고 한 번쯤 입에 넣어볼 수 있는 학생이 되고자 한다면, 지리올림피아드에 도전하는 것이 충분히 가치 있는 일이 되리라 확신합니다.

[선택형]

· 2009 수능

1. 다음 조건하에 그림과 같이 공장(P)의 입지가 주어졌을 때, 투입된 원료의 무게 비율과 제조 과정에서의 무게 변화로 옳은 것은?

보기

- P 지점에서 제품 1단위에 투입된 원료 M_1의 총운송비, 원료 M_2의 총운송비, 제품 1단위의 총운송비는 동일함.
- 단위 무게·거리당 운송비는 원료의 경우 1,000원/kg·km이고 제품의 경우 2,000원/kg·km임.
- 주어진 조건만 고려함.

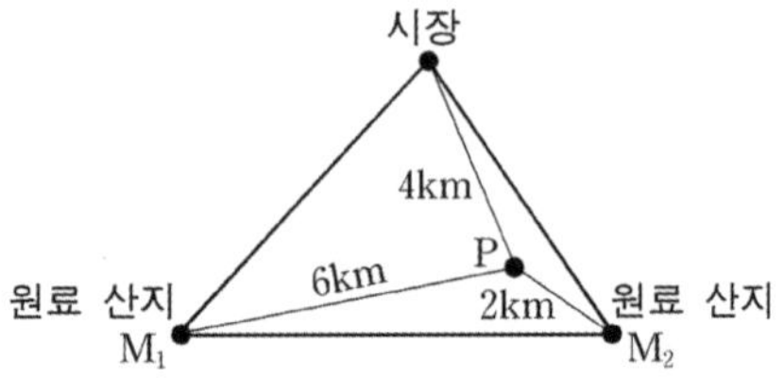

	투입된 원료의 무게 비율	제조 과정에서의 무게 변화
①	$M_1 : M_2 = 1 : 3$	없음
②	$M_1 : M_2 = 1 : 3$	증가
③	$M_1 : M_2 = 3 : 1$	증가
④	$M_1 : M_2 = 1 : 3$	감소
⑤	$M_1 : M_2 = 3 : 1$	감소

· 2007 6월 평가원

2. 자료는 공장의 입지와 관련된 총비용의 공간적 분포와 제품 가격 및 정부 보조금을 나타낸 것이다. 이에 대한 설명으로 옳은 것을 〈보기〉에서 모두 고른 것은? (단, 생산비, 정부 보조금, 제품 가격은 모든 지역에서 동일함.)

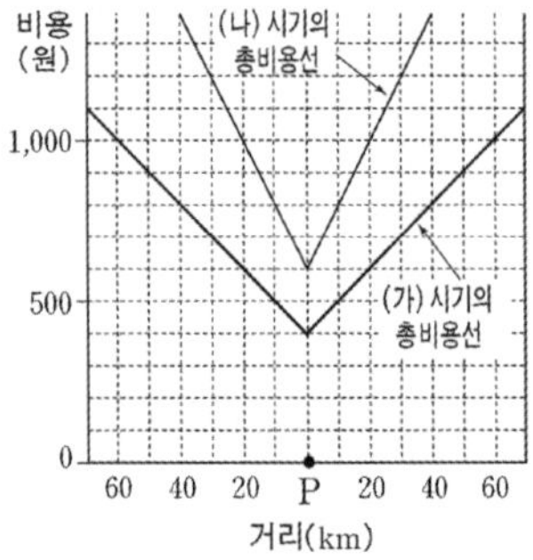

(단위 : 원/제품 1단위)

구 분	(가) 시기	(나) 시기
P 지점의 총비용	400	600
제품 가격	700	500
정부 보조금	200	300

* 총비용 = 생산비 + 총운송비 (다른 비용 요소는 고려하지 않음.)

보기

ㄱ. (가) 시기에 이윤이 발생하는 범위는 P로부터 40km 이내이다.
ㄴ. (가) 시기의 최적 입지는 P이고, 이때 이윤은 제품 1단위당 500원이다.
ㄷ. (나) 시기에 이윤을 얻으려면 정부 보조금이 반드시 필요하다.
ㄹ. (나) 시기에 P로부터 30km 지점에서 이윤을 얻으려면, 제품 1단위당 400원이 넘는 정부 보조금이 추가로 지원되어야 한다.
ㅁ. P로부터 10km 지점에서, (나) 시기에 (가) 시기와 동일한 이윤을 얻으려면, 제품 1단위당 200원의 정부 보조금이 추가로 지원되어야 한다.

① ㄱ, ㄴ, ㄹ ② ㄱ, ㄷ, ㅁ ③ ㄱ, ㄹ, ㅁ
④ ㄴ, ㄷ, ㄹ ⑤ ㄴ, ㄷ, ㅁ

· 2009 6월 평가원

3. 자료에서 최소 운송비 지점(K)에 입지한 공장이 노동비를 고려할 때, 비용 절감을 위해 이전 가능한 지점을 고른 것은? (단, 주어진 조건만 고려함.)

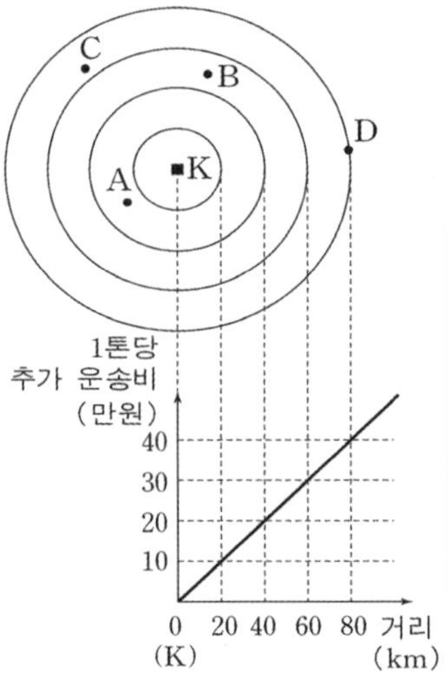

입지 지점	제품 1톤당 노동비 (만원)
K	80
A	70
B	50
C	50
D	30

① A, B ② A, C ③ B, C ④ B, D ⑤ C, D

4. 다음 그림은 어느 공업의 원료와 제품의 거리에 따른 운송비를 나타낸 것이다. 이에 대하여 바르게 설명한 것을 〈보기〉에서 모두 고른 것은?

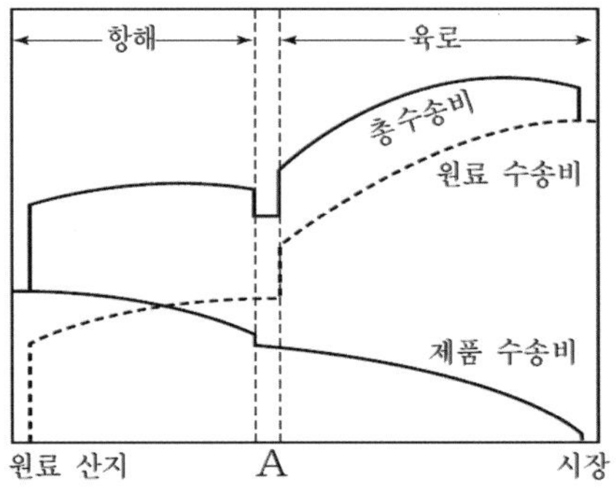

보기

ㄱ. A지점은 적환지의 성격을 띠고 있다.
ㄴ. 거리가 증가할수록 단위 거리당 운송비는 증가하고 있다.
ㄷ. 최소 운송비 지점 선정에 종착지 비용이 고려되었다.
ㄹ. A에 입지하는 대표적인 예로는 첨단 산업을 들 수 있다.

① ㄱ, ㄴ ② ㄱ, ㄷ ③ ㄱ, ㄹ ④ ㄴ, ㄷ ⑤ ㄴ, ㄹ

5. 같은 제품을 생산하는 (가), (나) 기업의 배달 곡선을 나타낸 것이다. 이를 보고 아래 물음에 답하시오. 이에 대한 〈보기〉의 설명 중 옳은 것을 모두 고르면?

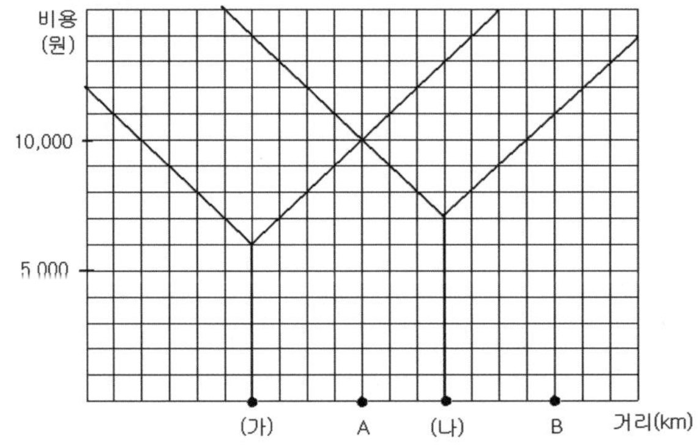

보기

ㄱ. (가) 기업의 생산비가 (나) 기업보다 높다.
ㄴ. 두 기업의 운송비는 동일하다.
ㄷ. A는 상권의 경계 지점으로 총비용이 가장 저렴하다.
ㄹ. B에서는 (나) 기업의 제품을 구입하는 것이 유리하다.

① ㄱ, ㄴ ② ㄱ, ㄹ ③ ㄴ, ㄷ ④ ㄴ, ㄹ ⑤ ㄷ, ㄹ

6. 다음은 최소 운송비 지점에 대한 베버의 입지 삼각형이다. 최소 운송비 지점 P에 대한 설명으로 옳은 것을 고르면? (단, 운송비는 무게에 비례함.)

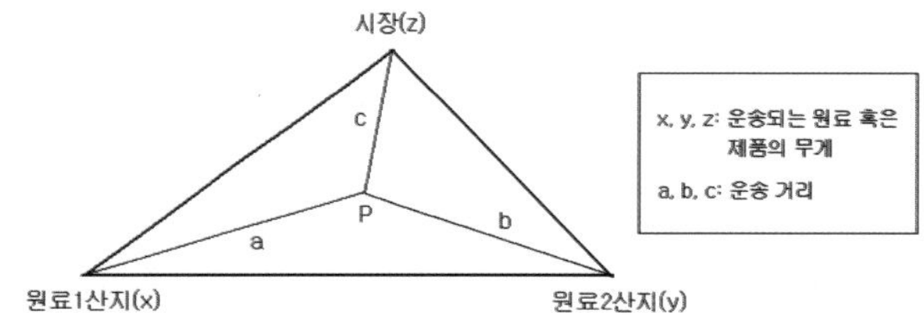

보기

ㄱ. 운송비만을 고려한다면 P는 삼각형을 벗어날 수 없다.
ㄴ. 제과 공장의 경우 P는 시장에 근접해서 입지할 것이다.
ㄷ. 원료 2의 원료 무게가 증가한다면 P는 원료 2 산지에서 멀어질 것이다.
ㄹ. P는 ax+by+cz가 최대인 지점이 될 것이다.

① ㄱ, ㄴ ② ㄱ, ㄷ ③ ㄱ, ㄹ ④ ㄴ, ㄷ ⑤ ㄷ, ㄹ

[서술형]

1. 지도는 우리나라 자동차 공업의 분포에 대한 것이다. 이를 토대로 자동차 공업의 입지 유형이 무엇인지 밝히고, 이와 같은 입지 유형을 가지게 된 이유에 대해 서술하시오.

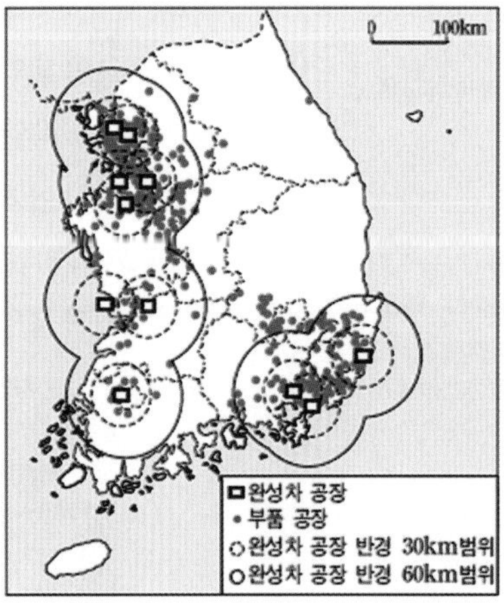

핵심 출제 포인트

- ▶ 우리나라 공업의 발달 과정
- ▶ 우리나라 공업의 특징 및 분포
- ▶ 우리나라 공업의 특징
- ▶ 공간적 분업
- ▶ 우리나라의 공업 지역

1. 우리나라 공업의 특성

(1) 우리나라의 공업 발달 과정

① 조선 시대

- 원료 산지를 중심으로 전통 공업 발달, 가내 수공업 형태
- 강화(화문석), 안성(유기), 담양(죽세공품), 통영(나전 칠기)

② 일제 강점기

- 1920년대: 수도권과 영남 지역 중심으로 소비재 중심의 경공업 발달
- 1930년대: 관북 지역에서 병참 기지화 정책으로 군수 공업 발달

③ 1960년대: 섬유, 의류, 신발, 가발, 봉제, 완구 등 수입 대체 산업과 노동 집약적 경공업 발달

④ 1970년대: 제철, 조선, 정유, 화학 등 자본 집약적 중화학 공업 발달

⑤ 1980년대: 자동차, 전자, 기계 장비 등 자본·기술 집약적 중화학 공업 발달

⑥ 1990년대: 반도체, 생명 공학, 우주 공학, 신소재, 컴퓨터, IT 등 기술 집약적인 첨단 공업 발달, 탈 제조업 현상

산업별 GDP 성장 기여도 (단위: %)

순위	1975~1985년		1986~1990년		1991~1995년		1996~2000년		2001~2005년	
1	섬유	3.4	자동차	3.0	자동차	3.1	반도체 및 전자 부품	14.4	반도체 및 전자 부품	19.4
2	식료품	3.2	철강	2.2	반도체 및 전자 부품	2.9	컴퓨터 및 사무기기	3.8	영상, 음향 및 통신 기기	12.0
3	금속 제품	2.3	금속 제품	2.0	철강	2.6	자동차	3.6	자동차	4.4
4	철강	1.9	영상, 음향 및 통신 기기	1.4	일반 산업용 기계	2.2	산업용 화합물	3.0	석유 및 석탄 제품	2.4
5	기타 수송 기계	1.2	섬유	1.3	산업용 화합물	2.1	영상, 음향 및 통신 기기	2.9	기타 수송 기계	2.0

*성장 기여도=(특정 부문의 실질 부가 가치 상승분/GDP 성장분)×100 (○○경제연구원, 2006)

(2) 우리나라 공업의 특색

① 원료의 해외 의존도가 높아서 원료 수입과 제품 수출에 유리한 임해 공업 지역이 발달

② 높은 교육열로 우수한 인력이 풍부

③ 공업의 이중 구조

- 초기 대기업 위주의 경제 발달 정책으로 대기업이 중소기업보다 노동 생산성과 고용 효과가 훨씬 높음

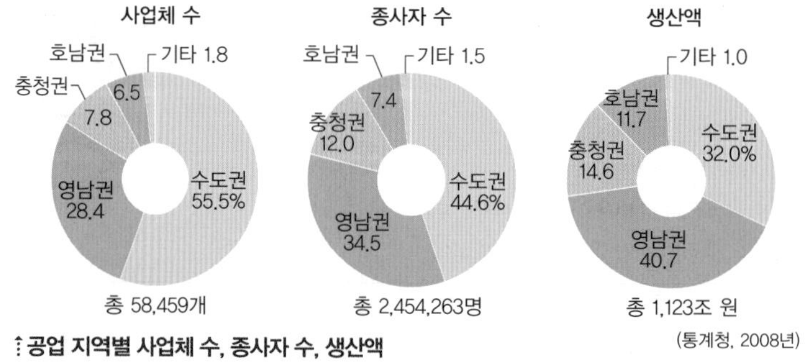

(통계청, 2008년)

⁝ **공업 지역별 사업체 수, 종사자 수, 생산액**

■ **수입 대체 산업**
한 나라가 기존에 외국으로부터 수입하고 있던 생산물을 국내에서 부분적 또는 전면적으로 국산화하여 자급하는 경우의 산업

■ **중화학 공업**
철강, 비철금속, 기계, 자동차, 조선 공업 등의 중공업과 석유 제품, 석탄 제품, 제조업 등의 화학 공업에 대한 일반적인 총칭이다. 철강, 비철금속, 화학 등의 자본 집약적 공업과 기계, 전기 기계, 수송 기계, 정밀 기계 등의 기술 집약적 공업으로 나누어진다.

■ **첨단 산업**
첨단이란 유행이나 시대 사조 등에 가장 앞장서는 것으로 첨단 산업은 기술 집약도가 높은 로봇, 통신 기기, 의약품, 항공, 마이크로 일렉트로닉스, 우주 관련 산업, 원자력 등 고도의 기술을 요하는 산업을 이른다.

■ **산업의 생산성 지수**

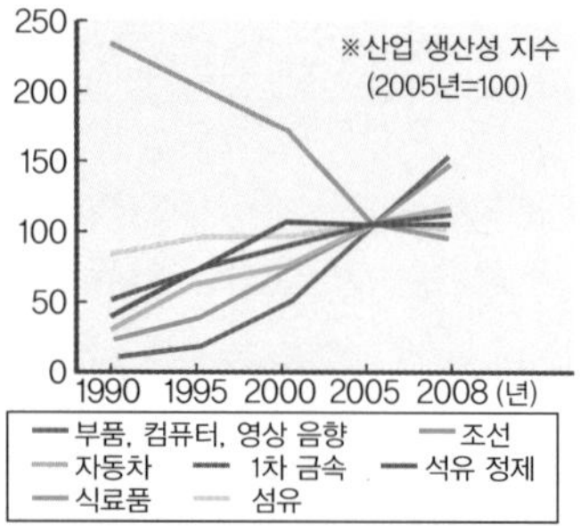

(통계청, 2009)

생산성 지수는 2005년의 생산액을 100으로 하여 증감 정도를 나타낸 값이다. 산업별 생산성 지수 변화를 보면 경공업은 낮아지고 있으며, 중화학 공업과 첨단 산업은 높아지고 있어 우리나라의 공업 구조가 중화학 공업과 첨단 산업 중심으로 변화하고 있음을 알 수 있다.

■ **공업의 이중 구조**
중소기업과 대기업이 공존하면서 규모에 따른 경제적 격차가 뚜렷한 상태를 말한다. 우리나라는 공업 발달 초기에 수출 위주의 경제 성장 정책을 유지하면서 대기업 편향적 투자와 지원이 이루어져 중소기업과의 격차가 심화되었다.

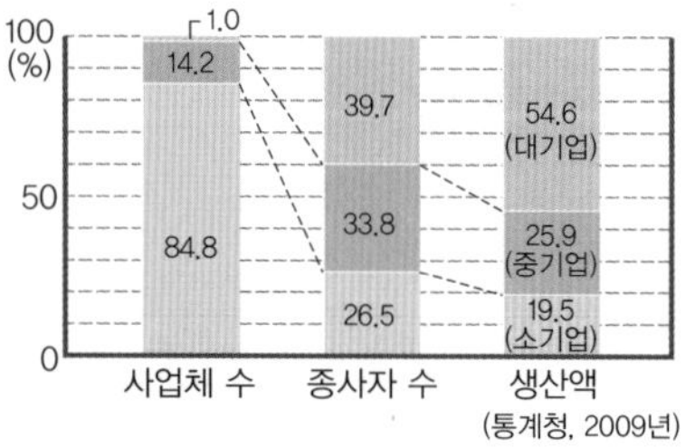

(통계청, 2009년)

- 공업의 안정적 성장과 후기 산업 사회에 대처하기 위해서 부품, 소재를 책임지는 중소기업 육성이 정책적으로 필요

④ 공업 지역의 편재성: 수도권과 남동 임해 지역에 공업 지역의 집중 분포로 지역 간 불균형 초래

2. 우리나라 공업 지역과 공간적 분업

(1) 공업 지역의 형성과 분산

① 공업 집적: 기술, 정보 교환, 원료의 공동 구매, 판매 시장의 확보, 사회 간접 자본의 공동 이용 등 → 집적 이익 발생

② 산업과 인구의 집중 : 과도한 집적이 이루어져 지가 상승, 용수 부족, 교통 혼잡, 환경 오염 등으로 인한 비용 증가 → 집적 불이익 발생

③ 공업의 분산 : 저렴한 용지 확보, 풍부한 용수 확보, 저공해 지역, 세제 및 금융 지원을 통해 새로운 공업 지역으로 공업 분산 → 신공업 지역 형성

(2) 우리나라의 주요 공업 지역

① 수도권 공업 지역: 우리나라 최대의 종합 공업 지역

- 입지 조건: 풍부한 자본, 넓은 소비 시장, 편리한 교통, 오랜 전통
- 과도한 집적, 지가 상승, 환경 오염 등으로 집적 불이익 발생
- 내륙은 서울, 수원, 용인 등지에, 해안은 인천, 안산 등지에 중화학 공업 발달

② 남동 임해 공업 지역: 우리나라 최대의 중화학 공업 지대

- 입지 조건: 해상 교통 편리, 원료 수입과 제품 수출에 유리
- 적환지 지향형, 중화학 공업 발달, 석유 화학과 같은 집적 지향 공업 발달
- 포항에서 광양으로 이어지는 거대한 공업 벨트 형성

③ 영남 내륙 공업 지역: 밀라노 프로젝트, 혁신 클러스터

- 입지 조건: 풍부한 노동력, 오랜 전통
- 섬유(대구), 전자 조립(구미) 등 노동 집약적인 경공업 발달

④ 충청 공업 지역

- 입지 조건: 편리한 육상 교통, 수도권에서 분산되는 공업 지역
- 내륙은 대전(대덕 연구 단지), 청주(첨단 산업 발달) 등지, 해안은 서산, 당진 등지의 중화학 공업 발달

⑤ 호남 공업 지역: 제2의 임해 공업 지역으로 성장 기대

- 입지 조건: 해안 지역과 더불어 중국 교역의 거점, 서해안 고속 노로

⑥ 태백산 공업 지역

- 입지 조건: 풍부한 지하자원(석회석)
- 원료 지향성 공업: 시멘트, 통조림 공업 발달

(3) 기업 규모의 성장에 따른 공간적 분업

① 공간적 분업: 기업의 규모가 커지면서 본사, 연구소, 생산 공장 등의 기업 기능이 지리적으로 분리되어 입지하는 현상

② 본사: 기획 및 관리 기능 담당, 자본과 정보 확보에 유리한 대도시에 입지

③ 연구소: 연구 개발 기능 담당, 연구 인력 확보에 유리한 대학 및 연구소 밀집 지역에 입지

④ 생산 공장: 생산 기능 담당, 저임금 노동력이 풍부한 지방이나 개발 도상국에 입지

■ 공장의 이전 사례

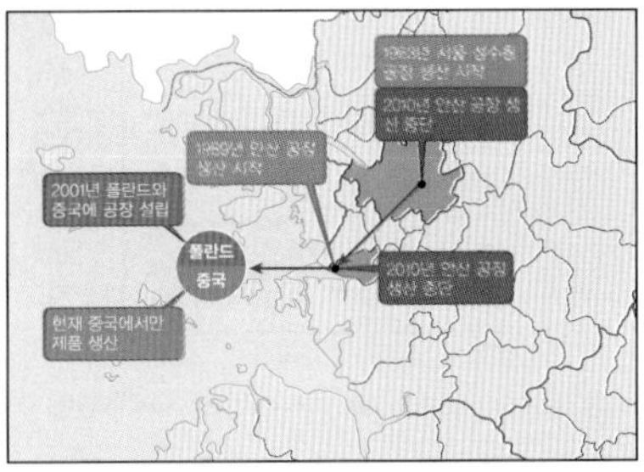

우리나라의 대표적인 문구 회사인 M사는 1963년에 서울 성수동에서 본사와 공장이 같이 입지한 채로 사업을 시작하였다. 이후 1989년에는 안산에 대규모 공장을 신축하여 이전하였고, 그 후 폴란드와 중국에도 공장을 신설하였다. 2010년에는 안산 공장을 폐쇄하였고 현재는 중국에서만 제품을 생산하고 있다. 또한 M사의 주요 사업 영역도 문구 생산에서 문구 유통으로 바뀌었다.

■ 우리나라의 주요 공업 지역

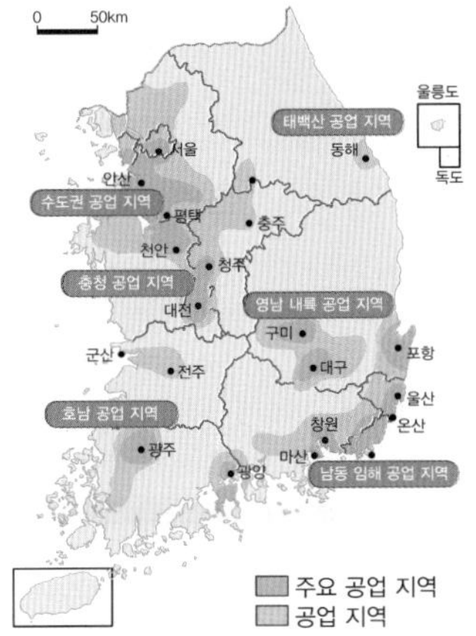

■ 대덕 연구 단지

대전 유성구에 위치하는 과학 연구 단지로 1970년대에 조성되었다. 정부 출연 연구 기관 및 민간 연구 기관이 밀집해 있고 카이스트를 비롯한 고등 교육 기관도 입지해 있다.

■ 공간적 분업

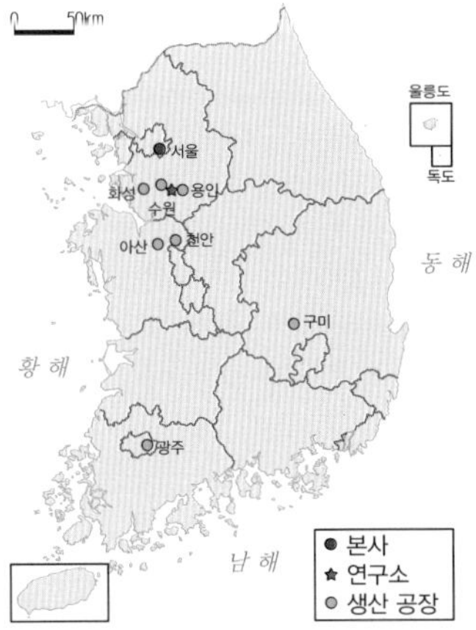

■ 섬유 산업 동향

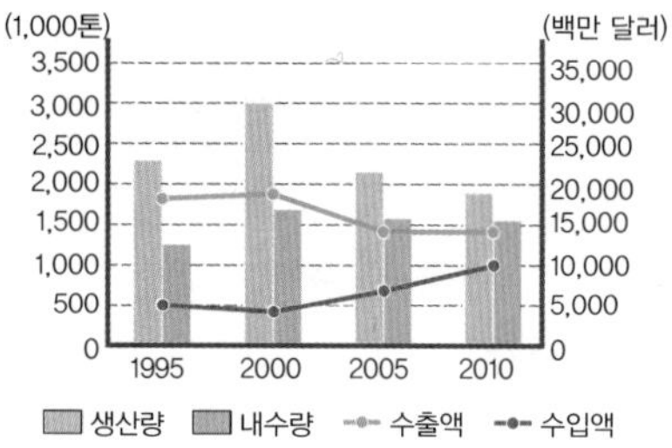

섬유 산업은 한때 우리나라의 핵심 산업이었으나, 최근에는 대부분 해외로 이전하면서 생산량은 줄어들고 수입액은 증가하고 있다.

■ 클러스터

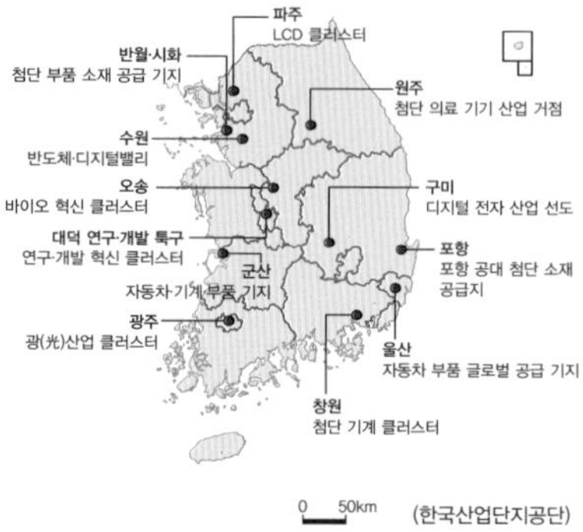

산업 집적지로 해석되며, 직접 생산을 담당하는 기업뿐만 아니라 연구 개발 기능을 담당하는 대학, 연구소와 각종 지원 기능을 담당하는 벤처 캐피털, 컨설팅 기관 등이 한곳에 모여 있어서 정보와 지식 공유를 통한 시너지 효과를 노릴 수 있다.

■ 구로 공단의 변화

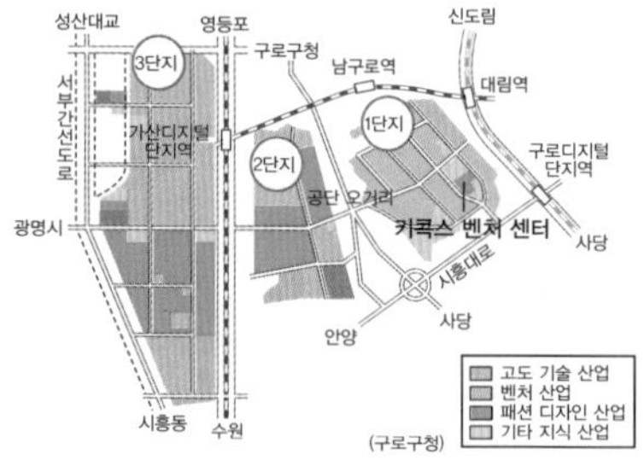

서울 구로구와 금천구 일대에 위치한 서울 디지털 산업 단지는 우리나라 최초의 국가 계획 공단으로 1960년대 수출 산업 육성을 위한 섬유, 봉제 산업 중심의 산업 단지였다. 한때 우리나라 총 수출액의 10%를 차지할 정도로 활기를 띠던 곳이었으나 1980년대 이후 수출을 주도하던 기업들이 공장을 이전하면서 이 지역은 침체를 겪었다. 이에 따라 1990년대 이후부터 업종 첨단화 계획을 추진하여, 오늘날에는 소프트웨어, 멀티미디어 등 지식 서비스 관련 기업들이 입주해 있다.

3. 주요 공업의 분포(종사자 및 생산액 기준)

섬유 · 의류

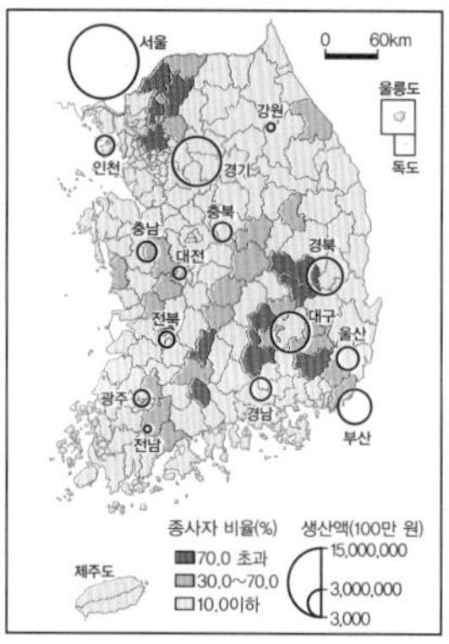

조선

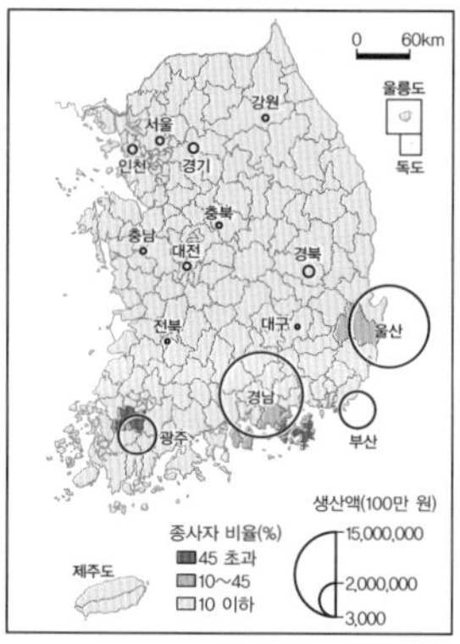

IT 산업

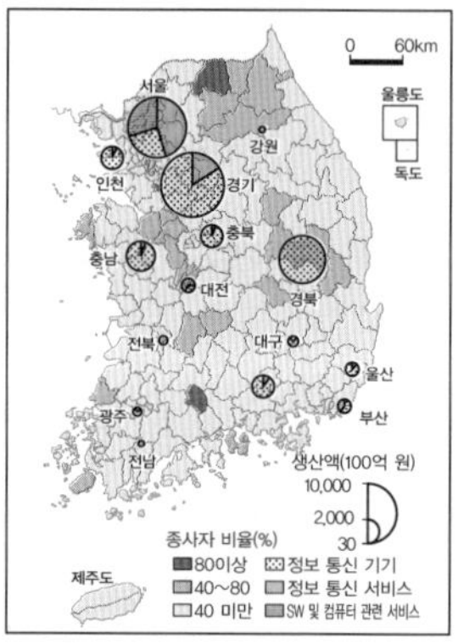

기계 · 장비 공업

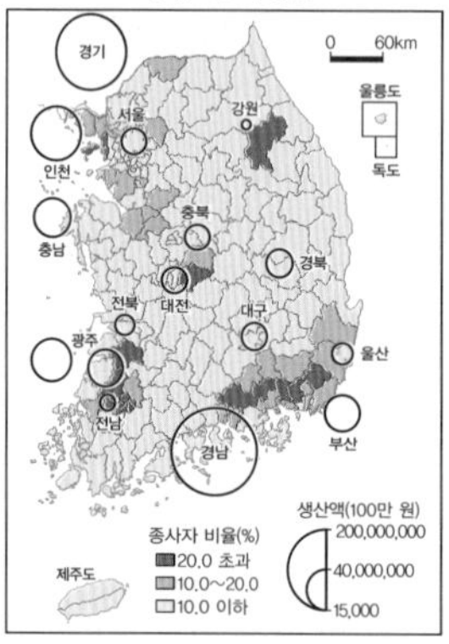

자동차

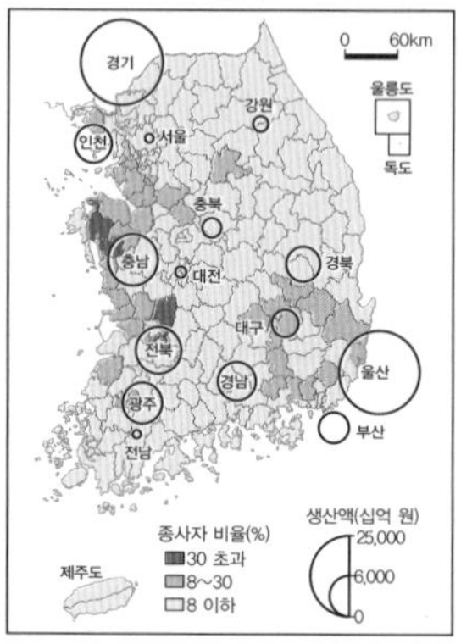

철강 · 금속 공업

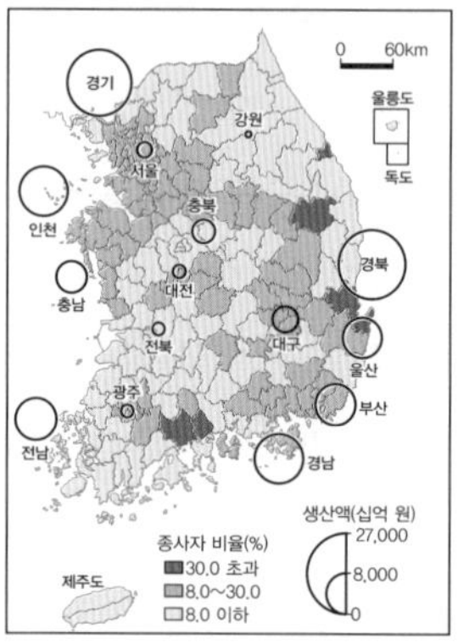

제조업 주요 생산 지역과 주요 업종별 출하액

	출하액(조)	1위	2위	3위
제조업 전체	1,122	경기(20.9)	울산(13.6)	경남(12.0)
전자 부품, 컴퓨터, 영사, 음향 및 통신 장비	-	경기(37.3)	경북(28.2)	충남(11.2)
자동차 트레일러 제조업	113.2	울산(25.7)	경기(21.5)	충남(12.8)
1차 금속 (철강, 비철)	113	경북(27.6)	전남(13.2)	울산(14.8)
코크스, 연탄 및 석유 정제품 제조업	92.4	울산(55.9)	전남(27.3)	충남(11.9)
화학 물질 및 화학제품 제조업(의약품 제외)	99.4	전남(29.1)	울산(22.4)	충남(14.7)
기타 운송 장비 제조업(조선)	82	경남(54.4)	울산(31.2)	전남(8.4)
기타 기계 및 장비 제조업	72.8	경남(32.3)	경기(24.5)	인천(9.6)
섬유 제품 제조업(의복 제외)	17.5	경기(23.6)	경북(18.3)	대구(14.4)
의복, 의복 액세서리 및 모피 제품 제조업	16.3	서울(81.2)	부산(5.9)	경기(5.4)
가죽, 가방 및 신발 제조업	4	경기(37.3)	서울(25.1)	부산(21.2)
인쇄 및 기록 매체 복제업	4	경기(44.4)	서울(39.2)	인천(2.7)

*괄호 안은 비율

4. 공업 발달에 따른 문제점

① 지역 간 불균형 심화

• 원인: 거점 개발 방식에 의해 수도권과 남동 임해 지역에 공장이 집중

• 대책: 공업 시설의 분산을 통한 산업 시설의 재배치, 지방 산업 단지 육성 등

② 환경 오염: 에너지 소비량 증가, 오염을 둘러싼 갈등 증가 → 환경 친화적 첨단 산업 중심으로의 전환 필요

③ 노동력 부족과 외국인 근로자 문제: 임금 상승과 3D 업종 기피 현상에 따른 노동력 부족으로 외국인 근로자 유입 증가

지리 상식 1 산업이란 무엇인가?

산업의 가장 큰 특징은 독자적으로 존재할 수 없다는 것이다. 다시 말해 어떤 산업이 존속하기 위해서는 그 산업이 생산하는 재화나 서비스를 소비하는 전방 산업이 존재해야 하고, 그 산업의 재화나 서비스 생산에 필요한 원재료를 공급하는 후방 산업이 있어야 한다. 한국 제철 산업의 전방 산업은 자동차, 조선 산업 등이고, 후방 산업은 호주, 브라질의 철광석, 석탄 생산업이 된다. 이처럼 하나의 산업이 또 다른 산업을 연쇄적으로 창출하는 것을 전후방 연쇄 효과라고 한다.

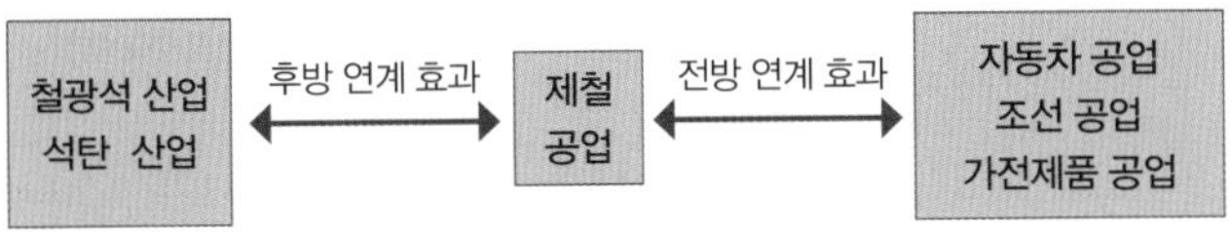

농업이 발전하면서 수레나 마차를 이용해 시장까지 농산물을 실어 나르기 위해 물류업이 탄생했고, 농업에 필요한 쟁기나 낫을 만들어 내는 수공업이 발전했다. 하나의 산업이 또 다른 산업을 만들어 내는 것이다. 파는 사람과 사는 사람의 물품 교환을 원활하게 하기 위한 화폐도 이 무렵 생겼다. 이처럼 산업은 인류 역사 발전의 출발점이라는 사실을 알 수 있다.

지리 상식 2 산업의 근간, 정유 산업과 석유 화학 산업

"인간의 몸의 70%가 물이라면 인간의 소지품의 70%는 석유다." 당신이 출근을 하려면 옷을 입어야 하고, 휴대폰을 소지해야 하고, 가방을 들어야 한다. 그리고 자동차를 운전하거나 지하철을 타야 한다. 이런 물건이나 제품, 기계 장치는 언뜻 무관해 보이지만 실은 원재료가 석유라는 공통점을 갖고 있다. 원유 1t을 정제하면 나프타 0.13t이 나오는데, 이 분량의 나프타로 셔츠 153벌, 농업용 필름 2,023m^3, 운반용 상자 23개, 자동차 타이어에 들어가는 튜브 22개, TV 15대를 만들 수 있다. 이처럼 석유를 이용해 일상생활에 필요한 물건의 중간 단계를 만들어 내는 업종이 석유 화학 산업이다.

에너지와 소재 산업(素材産業)은 금융업과 더불어 모든 산업의 후방 산업으로 중요성을 인정받고 있다. 정유, 원자재, 에너지 등 에너지와 소재 산업은 대규모 장치 산업(裝置産業)이어서 단기간에 공급을 늘리기가 쉽지 않다. 그러나 보니 에너지와 소재 제품의 가격이 폭등할 가능성이 갈수록 커지고 있는 것이다.

업스트림(upstream)이란 땅속에 있는 석유를 탐사, 굴착, 채굴, 생산하는 단계를 말한다. 업스트림이 끝나면 다운스트림(downstream)으로 이어지는데, 이는 원유를 수송해 가솔린, 중유 등의 석유 제품으로 정제하고 판매하는 단계를 말한다.

정유 회사는 이런 과정을 거쳐 확보한 원유를 LPG(4%), 나프타(18%), 등유(5%), 경유(28%), 벙커C유(41%), 기타(4%)로 분리한다. 이를 통해 얻은 이익을 정유 업계에서는 정제마진이라고 한다. 정제마진 사업은 정유 회사의 주요 비즈니스 모델이다. 국제 유가가 상승할수록, 그리고 환율이 하락할수록 정유 회사의 이익은 커진다.

석유 화학 산업이란 정유 회사가 생산한 나프타를 원료로 섬유, 타이어, 자동차, 전자, 정밀 화학, 신발 산업 등에 기초 원료를 공급하는 산업을 말한다. 석유 화학 산업의 규모는 에틸렌으로 평가한다. 미국(2,850만t), 중국(980만t), 사우디아라비아(820만t), 일본(770만t), 한국(690만t), 독일(550만t) 순이다.

지리 상식 3 산업의 쌀, 철강 산업

철광석을 원재료로 철을 만드는 것을 '고로 방식'이라고 한다. 고철을 원재료로 철을 만드는 방식을 '전기로 방식'이라고 한다. 세계에서 생산되는 철강의 약 70%는 고로 방식으로, 30%는 전기로 방식으로 만들어진다. 고로 방식은 순수 쇳물을 녹여 생산하기 때문에 성분을 조정해 용도에 맞고 품질이 좋은 철강을 만들어 낼 수 있다. 고로 방식으로 만들어진 제품은 자동차, 가전제품 등에 쓰인다. 고로 방식은 생산 효율이 높은 반면, 건설비가 비싸다는 단점이 있다. 고로 1기의 건설비는 약 3조 원에 달한다. 또 다른 문제는 이산화 탄소 배출량이 많다는 것이다. 전기로 방식은 전기를 사용하기 때문에 친환경적이라는 장점이 있다. 쓸모 없는 고철이 전기로를 거치면 철로 바뀐다. 전기로 방식은 건설 비용이 상대적으로 저렴하다. 전기로 1기의 건설비는 5,000억~1조 원으로 고로 방식에 비해 3분의 1 이하이다. 최근에는 전기로 방식의 기술이 향상되어 고로 방식에서 만들어 내는 철강도 만들어지고 있다.

지리 상식 4 기계 산업의 꽃, 자동차 산업과 조선 산업

자동차를 만드는 데 들어가는 원재료 가운데 철강의 비중은 70%를 차지한다. 중형 승용차의 무게가 1,200kg이면 840kg이 철강이다.

완성차 업체가 자동차 신모델을 개발하기 위해서는 연구 개발비를 포함해 3,000억 원가량을 쏟아부어야 하고, 마케팅에도 엄청난 비용을 들여야 한다. 30만 대를 생산하는 승용차 공장 하나를 만들기 위해서는 2조 원가량이 소요된다.

조선업은 필수적으로 대형 건조 설비를 갖추어야 하기 때문에 막대한 초기 설비 자금이 필요한 대규모 장치 산업이다. 건조 공정이 매우 다양하고 대형 구조물의 제작상 자동화에도 한계가 있기 때문에, 다수의 기술 및 기능 인력이 필요한 노동 집약적 산업으로 높은 고용 효과를 유발한다.

또한 전·후방 산업에 파급 효과가 크다. 조선업은 철강, 기계, 전기, 화학 및 전자 등 국내외의 방대한 후방 산업으로부터 부품을 조달받고 있다. 후방 산업의 기초 원자재는 주로 수입에 의존하므로 환율 변동 등에 직간접적인 영향을 받을 수 있다. 조선업은 호황과 불황을 주기적으로 반복하는데, 사이클은 6~8년으로 짧지 않다.

이민주, 2010, 『대한민국 산업분석』

[선택형]

· 2012 9 평가원

1. 다음 글은 우리나라의 공업 발달에 관한 내용이다. ㉠~㉤에 대한 설명으로 옳지 않은 것은?

> 우리나라의 공업은 기반 시설이 취약하고 국내 시장이 협소한 상태에서 ㉠ 노동 집약적 공업이 우선적으로 발전하였고, 1960년대에는 ㉡ 수출 산업 공단이 조성되기 시작하였다. 1970년대에는 자본 집약적 산업을 육성하기 위해 ㉢ 중화학 공업에 지원을 집중하였다. 1980년대 말 이후 ㉣ 기술 집약적 산업의 중요성이 부각되어 첨단 산업 육성 정책이 실시되었고, 기업의 조직 확대에 따른 ㉤ 노동의 공간적 분업이 뚜렷해졌다.

① ㉠ – 섬유, 의류, 신발 등 경공업 제품의 생산이 이루어졌다.

② ㉡ – 기반 시설이 갖추어져 있고 노동력이 풍부한 도시 지역을 중심으로 이루어졌다.

③ ㉢ – 원료의 수집과 제품의 수출에 유리한 남동 임해 공업 지역에 집중되었다.

④ ㉣ – 고급 인력의 부족으로 외국인 전문직 종사자가 대규모로 유입되었다.

⑤ ㉤ – 관리 기능은 대도시 지역으로 생산 기능은 주변 지역으로 분리되었다.

2. 자료는 제조업의 사업체 수, 종사자 수, 생산액에 관한 그래프이다. 이에 대해 옳게 분석한 내용만을 <보기>에서 있는 대로 고른 것은?

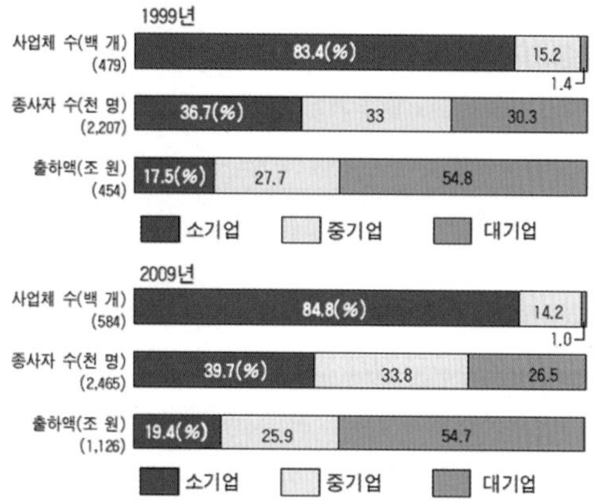

보기

ㄱ. 중소기업의 노동 생산성이 증가하였다.
ㄴ. 대기업의 업체당 종사자 수가 증가하였다.
ㄷ. 고용에 대한 증가율은 대기업이 가장 컸다.
ㄹ. 중소기업과 대기업 모두에서 업체당 생산액이 증가하였다.

① ㄱ, ㄴ　② ㄱ, ㄷ　③ ㄱ, ㄴ, ㄷ
④ ㄱ, ㄴ, ㄹ　⑤ ㄴ, ㄷ, ㄹ

3. (가)는 우리나라의 공업 종사자 수 비중 변화를 나타낸 것이다. A 공업에 대한 B 공업의 상대적 특징을 (나)에서 고른 것은?

(가)

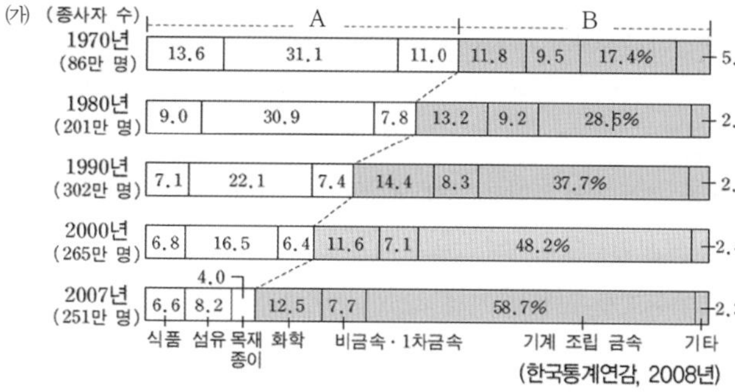

(한국통계연감, 2008년)

(나)

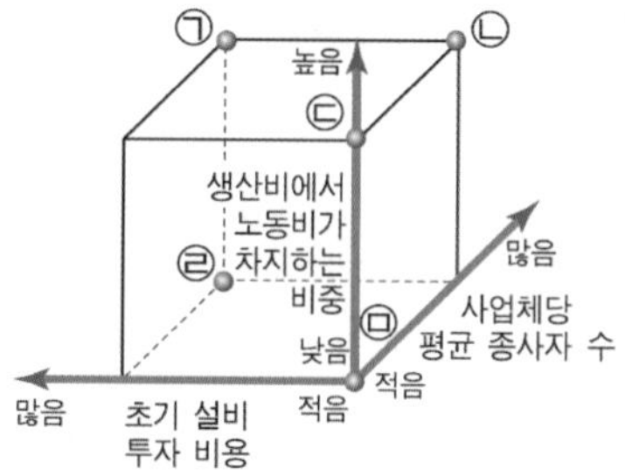

① ㉠　② ㉡　③ ㉢　④ ㉣　⑤ ㉤

[서술형]

1. 다음 자료를 보고 ○, X로 표시하시오.

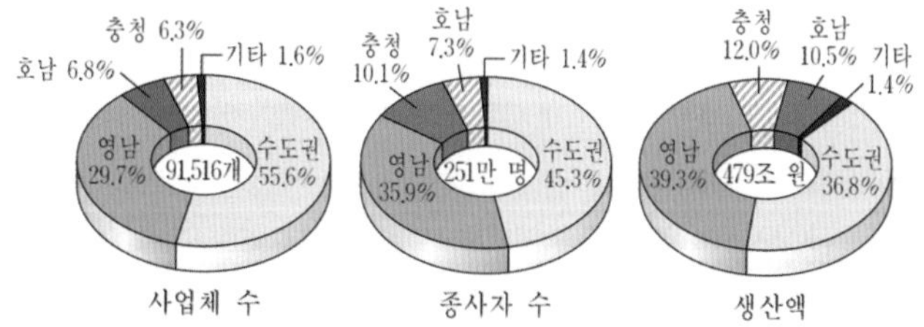

(1) 수도권은 영남에 비해 사업체당 종사자 수가 많다. (　　)

(2) 영남권은 충청권에 비해 노동 생산성이 높다. (　　)

(3) 호남권은 수도권에 비해 사업체당 생산액이 많다. (　　)

2. 다음 자료를 보고 물음에 답하시오.

(1) 다음은 우리나라 주요 공업 지역의 특징을 간략히 정리한 것이다. (가)~(다)에 해당하는 공업은?

(가)	(나)	(다)
• 수도권에 인접해 있으며, 도로 및 철도 교통이 편리함. • 정부의 공업 분산 정책으로 수도권에서 공장이 이전해 오고 있음.	• 석회석 등 풍부한 지하자원을 바탕으로 원료 지향 공업이 발달해 있음. • 교통이 불편하고 소비 시장과 거리가 멀어 공업 비중이 낮음.	• 풍부한 노동력을 바탕으로 섬유, 전자 조립 공업이 발달해 있음. • 국내 임금 상승과 개발도상국의 공업화로 경쟁력이 약화되었음.

(2) 그래프는 세 지역의 제조업 업종별 생산액을 나타낸 것이다. (가)~(다)에 해당하는 도(道) 지역을 지도의 A~C에서 고른 것은?

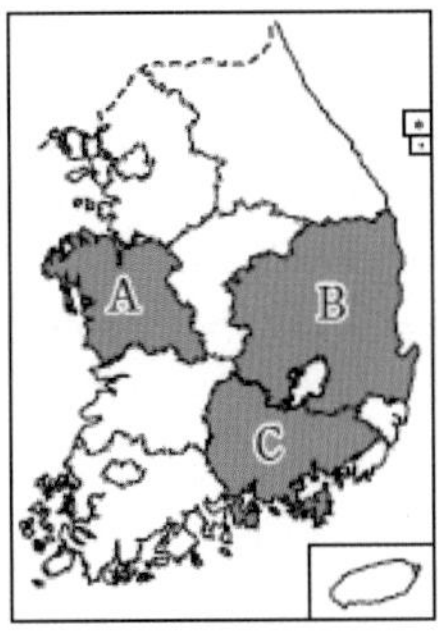

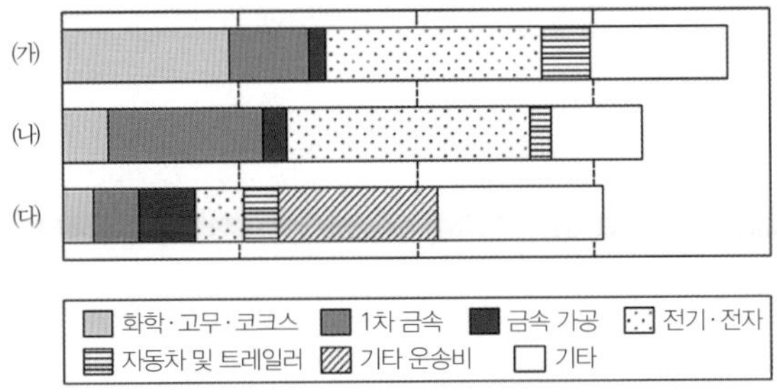

3. 자료는 자동차, 조선, 반도체 공업의 종사자, 출하액 비중을 나타낸 것이다. (가)~(다)에 해당하는 공업은 무엇인지 쓰시오.

(가)

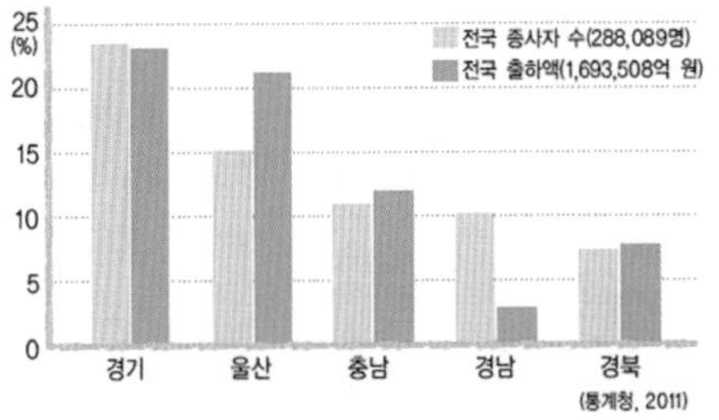

(나)

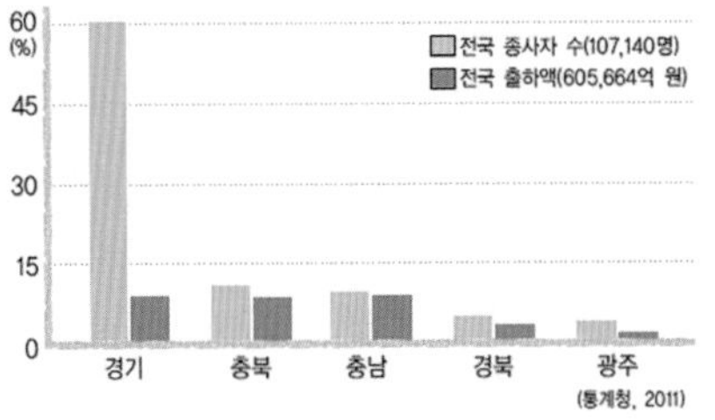

(다)

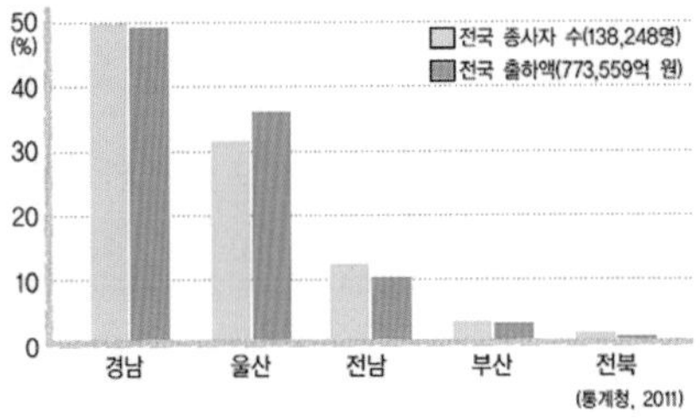

4. (가)~(다)는 자동차, 철강, 섬유 공업의 시도별 1인당 생산액과 종사자 비율을 나타낸 것이다. (가)~(다) 공업이 무엇인지 밝히고, 판단 근거를 간단히 서술하시오.

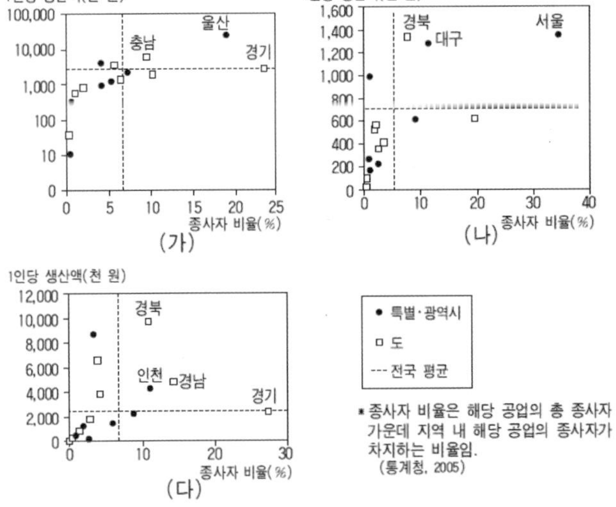

공업 지리

03. 세계 주요 공업 지역과 무역

핵심 출제 포인트

- ▶ 세계 공업 지역의 형성
- ▶ 서유럽 공업 지역과 산업 혁명
- ▶ 스노우 벨트와 선벨트
- ▶ 중국의 경제 특구
- ▶ 러시아의 콤비나트
- ▶ 멕시코의 마킬라도라

■ 서부 유럽 공업 지역의 변동

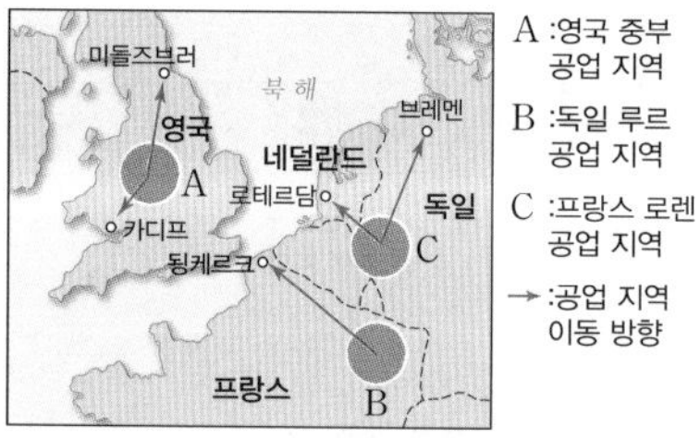

유럽에서는 영국의 중부 공업 지역, 프랑스의 로렌 공업 지역, 독일의 루르 공업 지역 등 동력(석탄)과 원료(철광석) 산지를 중심으로 공업이 발달하였으나, 제2차 세계 대전 이후 오랜 채굴로 자원 생산이 줄어들면서 해외 자원을 수입하는 데 유리한 임해 지역으로 공업의 중심이 옮겨졌다. 최근에는 대도시 지역을 중심으로 첨단 산업이 발달하고 있다.

■ 미국 공업 지역의 특성과 변화

1850년대

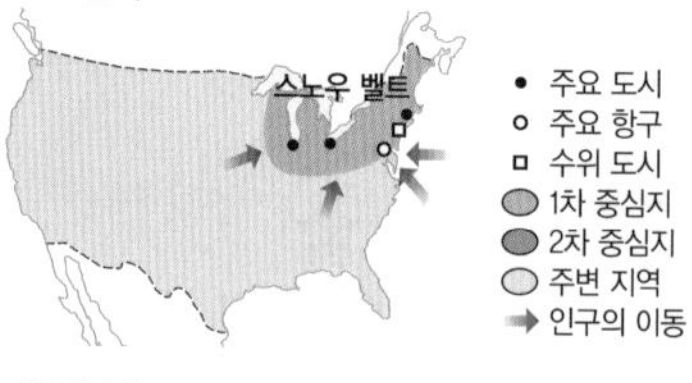

1950년대

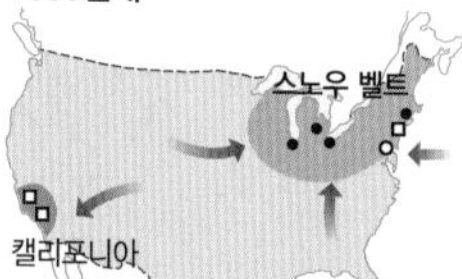

1990년대

미국은 공업 발달 초기에 풍부한 석탄과 철광석, 편리한 수운, 넓은 시장 등의 유리한 조건을 갖춘 북동부 스노우 벨트를 중심으로 공업이 발달하였다. 1960년대 이후 대규모 노동 운동과 집적 불이익이 발생하면서 좋은 기후와 각종 세금 혜택 등을 제공하는 선벨트 지역으로 공업 지역이 이동하게 되었다.

■ 실리콘 밸리

미국 캘리포니아 주 샌프란시스코 만 부근의 산타 클라라 일대에 위치한 첨단 기술 연구 단지로, 반도체의 재료인 '실리콘'과 '산타클라라 계곡'에서 유래된 말이다.

1. 세계의 주요 공업 지역 분포

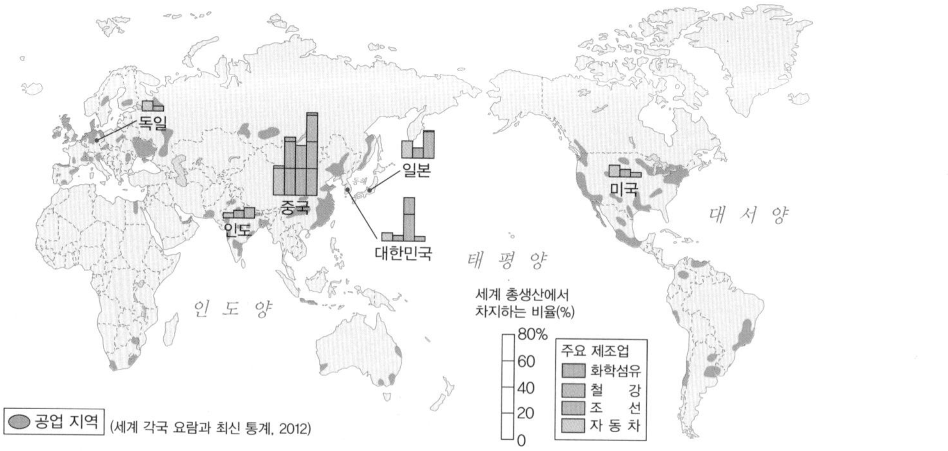

↕ 세계의 공업 지역은 크게 서유럽, 러시아, 아시아, 북아메리카 공업 지역으로 나눌 수 있다.

2. 서유럽 공업 지역

(1) 전통적인 공업 지역

① 산업 혁명: 주요 동력원으로 석탄을 이용하여 탄전 지대를 중심으로 공업 발달

② 독일의 루르, 프랑스의 로렌, 영국의 중부 공업 지역

(2) 신흥 중화학 공업 지역

① 석탄 고갈과 석유 사용 증가, 해외 원료 수입 증가로 대량 원료와 제품의 대량 수송에 편리한 내륙 수로 연안, 해상 교통이 편리한 항만 지역으로 공업 입지 변화

② 라인 강 하구의 로테르담, 독일의 라인-쉬네, 영국의 카디프, 프랑스의 됭케르크

(3) 첨단 산업 지역

① 영국의 남동부, 프랑스의 남부, 독일의 남부, 이탈리아의 북동부 등 대도시 주변을 중심으로 성장이 두드러짐

② 프랑스의 소피아 앙티폴리스, 핀란드의 오울루, 스웨덴의 시스타 등

3. 북아메리카 공업 지역

(1) 세계 최대의 공업 지역

• 풍부한 자원과 자본, 발달된 과학 기술, 편리한 교통과 넓은 소비 시장

(2) 공업 지역의 변화 스노우 벨트에서 선 벨트로 이동

구분	스노우 벨트	선벨트
범위	• 미국 북위 37° 이북의 북동부 지역에서 뉴잉글랜드, 오대호 대서양 연안	• 미국 북위 37°이남의 남서부 지역에서 멕시코만, 태평양 연안
입지 조건	• 오대호의 편리한 수운, 풍부한 철광석, 석탄, 넓은 소비 시장	• 온화한 기후, 넓고 저렴한 부지, 풍부한 노동력, 지방 정부의 세금 우대 정책
발달 공업	• 제철, 자동차, 기계, 금속 등 중화학 공업	• 남부 지역: 섬유, 의류, 우주 항공, 석유 화학 • 태평양 연안: 항공기, 반도체
최근 변화	• 집적 불이익 발생과 선벨트로의 공업 이전	• 첨단 산업 발달과 함께 인구 증가율이 높음

(3) 주요 공업 지역 및 특징

① 대서양 연안: 오랜 역사, 넓은 소비 시장과 풍부한 노동력

② 오대호 연안: 넓은 소비 시장, 풍부한 노동력, 편리한 교통을 바탕으로 제철, 자동차 기계 공업 등 발달

③ 멕시코 만 연안: 석유 화학 및 우주 산업(휴스턴), 첨단 산업(오스틴) 등 발달

④ 태평양 연안: 항공(시애틀), 반도체 및 IT 산업 발달(실리콘 밸리)

4. 중국 공업 지역의 특징

(1) 공업의 특징

① 1978년 대외 개방 정책 실시 이후: 풍부한 동력 자원과 지하자원, 저렴한 노동력 및 넓은 국내 소비 시장, 외국의 자본, 기술, 경영 기법 등 개방 정책 적극 추진하여 개방 지역으로 선정된 해안 지역을 중심으로 공업 발달

② 2001년 세계 무역 기구(WTO) 가입 이후: 다국적 기업의 투자, 판매 시장으로 각광받음

③ 최근: 동부 해안 지대에서 중서부 내륙 지역으로 확대

(2) 주요 공업 지역

둥베이 공업 지역	하얼빈, 안산, 선양, 다롄	• 중국 최대의 중화학 공업 지역 형성 • 풍부한 석탄, 철광석, 석유
화베이 공업 지역	베이징, 톈진, 칭다오	• 풍부한 석탄, 석유, 노동력, 넓은 소비 시장 • 섬유, 기계, 화학 공업 발달
화중 공업 지역	상하이, 우한, 충칭	• 중국 최대의 종합 공업 지역 • 풍부한 자원, 편리한 내륙 수운, 넓은 소비 시장
화난 공업 지역	광저우, 선전, 주하이 등	• 경제 특구로 지정되어 급속한 공업 발달 • 섬유 공업 중심, 최근 해안에서 첨단 산업 발달

5. 일본 공업 지역의 특징

(1) 공업의 특성

① 자원의 높은 해외 의존도: 국내 부존 자원 부족으로 원료의 해외 의존도 높음

② 임해 공업(태평양 연안) 발달: 원료 수입과 제품 수출에 유리

③ 높은 중소기업 비중: 대기업과의 상호 보완적인 결합으로 국제 경기 변동에 탄력적 대응

(3) 주요 공업 지역

게이힌 공업 지역	도쿄, 요코하마	• 일본 최대의 종합 공업 지역 • 대규모 시장, 자본, 기술, 용수 등 유리한 조건
주쿄 공업 지역	나고야, 도요타	• 전통 공업(도자기, 섬유) 발달 • 철강, 기계, 화학, 자동차 등 중화학 공업 발달
한신 공업 지역	오사카, 고베	• 일본 제2의 공업 지역
기타큐슈 공업 지역	기타큐슈, 후쿠오카	• 풍부한 석탄을 중심으로 산업화 초기 개발 • 최근에는 첨단 산업 발달

6. 기타 공업 지역

(1) 러시아와 동유럽

① 콤비나트: 원료와 동력 산지를 철도나 파이프라인으로 연결하고 관련 산업을 계열화시킨 공업 지역

■ 중국의 주요 공업 지역

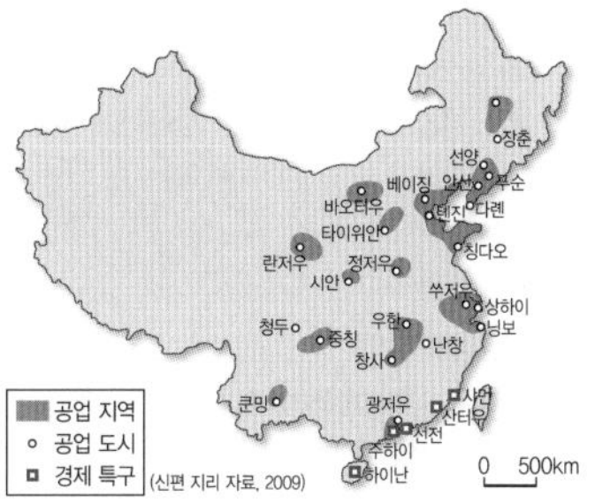

■ 중국의 경제 특구

외국 자본과 기술을 국내에 유치하기 위해 각종 인프라 제공은 물론, 세제 및 행정적 특혜를 부여하는 특정 지역이나 공업 단지를 말한다. 원래는 1979년 중국이 광둥성의 선전, 주하이, 산터우와 푸젠 성에 처음 설치하면서 사용한 용어이다. 이후 1988년에 중국은 하이난 성을 5번째 경제 특구로 지정하였으며, 이후 내륙 지역으로 경제 특구를 확대하고 있다.

■ 일본의 주요 공업 지역

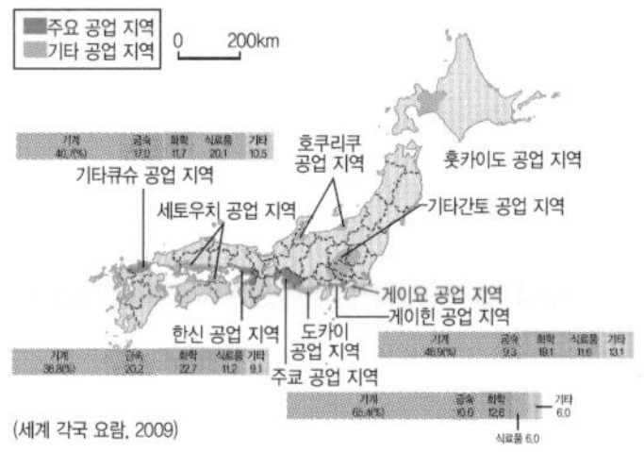

■ 콤비나트

일정 지역에서 제품의 기초가 되는 원료에서부터 완제품에 이르기까지 여러 단계의 생산 부문이 기술적으로 연결되어 집약적으로 결합된 지역을 말한다. 원료의 확보, 생산의 집중, 유통의 합리화를 통한 원가 절감을 목적으로 한다. 가장 대표적인 콤비나트는 석유 화학 콤비나트이며, 러시아 공업 지역의 기본 형태를 이루고 있다.

■ 기업의 동유럽 진출

동유럽이 유럽 연합에 가입함에 따라 동유럽에서 서유럽으로 제품을 판매하는 것이 유리해져 외국 기업들의 동유럽 진출이 활발해지고 있다. 동유럽은 서유럽에 비해 기술 수준은 낮지만 저렴한 임금과 지가, 정부의 지원 등으로 인하여 외국 기업들의 진출이 확대되고 있다.

② 경제 개발 5개년 계획 추진: 급속한 공업 발달로 중공업 중심, 낮은 노동 생산성

③ 풍부한 자원: 천연가스와 석유 등 풍부한 자원을 바탕으로 급격한 경제 성장을 이룸

(2) 동유럽 구소련으로부터 원료를 공급받아 성장하였고 대부분이 유럽 연합에 가입하여 서유럽과의 교류 증대

(3) 인도 식민지 시대 이후 면방직 공업이 중심이었으나 미국과의 시차가 약 12시간이라는 점, 영어 가능, 우수한 연구 인력 공급 가능 등을 바탕으로 첨단 산업이 빠르게 성장(벵갈루루)

(4) 동남아시아

① 타이, 인도네시아, 말레이시아, 베트남 등: 풍부한 저임금 노동력을 바탕으로 외국 자본을 유치하여 노동 집약적 상품의 생산 기지로 성장

② 싱가포르: 인도양과 태평양을 연결하는 지리적 장점을 살려 해운, 통신, 석유 화학 등의 산업 발달

(5) 멕시코 북미 자유 무역 협정(NAFTA) 체결 이후 미국과 캐나다의 노동 집약적인 제조업이 멕시코로 이전하고 외국 기업의 직접 투자가 증가하면서 공업이 성장

(6) 브라질 넓은 영토, 풍부한 노동력, 풍부한 지하자원과 삼림 자원을 바탕으로 공업이 빠르게 성장

7. 세계 무역

(1) 세계 무역의 특징

① 교통 통신의 발달로 19세기 후반부터 급속히 발전, 자유 무역이 확대되고 있으나 보호 무역도 여전히 지속되고 있음

② 최근 나타난 무역의 변화: 세계 무역 기구(WTO) 체제의 도입에 따른 새로운 교역 질서의 확립, 경제 통합, 경제 협력 체제, 자유 무역 협정의 확대, 다국적 기업의 무역 비중 확대

(2) 상품별 세계 무역 구조

① 선진국의 공산품 수요 증가와 신흥 공업국의 수출 증가로 공산품의 비중이 높아짐

② 공산품 중에서 중화학 공업의 제품 비중이 높아짐

(3) 지역별 세계 무역 구조

① 고소득 국가일수록 공산품의 무역 비중이 높고, 저소득 국가일수록 1차 상품의 수출과 공산품 수입 비중이 큰 경향이 나타남

② 서유럽과 북아메리카 등 선진국의 무역 비중이 크며, 최근 신흥 공업국 및 동아시아의 비중이 점차 높아지는 추세임

(4) 세계 무역의 문제점

① 지역 편재성: 무역 활동이 일부 지역에 편중

② 상품 편재성: 부가 가치가 큰 무역품의 수출은 선진국에 의해 주도되고 있음

③ 선진국에 유리한 무역 환경: 공업화 시기가 이르고 부가 가치가 높은 품목으로 특화된 선진국은 부가 가치가 낮은 제품을 수출하는 개발 도상국에 비해 유리

④ 개발 도상국의 산업이 경쟁력을 갖출 수 있도록 자본과 기술 지원이 요구

■ 마킬라도라
외국에서 원자재 및 중간재를 수입한 후 멕시코의 노동력을 이용하여 조립, 제조한 뒤 다시 수출하는 멕시코 내에 위치한 공장을 말한다. 대부분 멕시코 북부의 미국 국경 근처에 있는 도시에 집중되어 있다.

■ 비교 우위와 무역
한 나라가 두 가지 제품에서 모두 절대 우위(생산비가 모두 적게 듦)에 있다 할지라도 한 나라에서 생산되는 제품 중 생산비가 더 적게 드는 (기회 비용이 적용) 제품을 특화하여 교역을 하게 되면 양국 모두에 이익이 된다는 이론이다.

■ 자유 무역 주의
무역 거래에 대한 수량 제한, 관세 및 수출 보조금 등의 국가 간섭을 폐지하고 자유롭게 수출입하고자 하는 사상과 정책이다.

■ 보호 무역 주의
국가가 무역 거래에 대해 관세나 비관세 장벽으로 제한을 가함으로써 국내 산업을 보호 육성하는 것이다.

■ 경제 블록화
지리적으로 인접하고 상호 필요성이 있는 국가끼리 경제적 협력을 강화하기 위해 경제 블록을 형성하게 된다. 경제 블록은 역외 국가에 대해 일종의 무역 장벽으로 작용한다.

■ 무역 의존도
한 나라의 국민 경제가 어느 정도 무역에 의존하고 있는가를 나타내는 지표로, 무역 의존도를 구하는 식은 아래와 같다.

$$\text{무역 의존도} = \frac{\text{수출액+수입액}}{\text{국내 총생산(GDP)}} \times 100$$

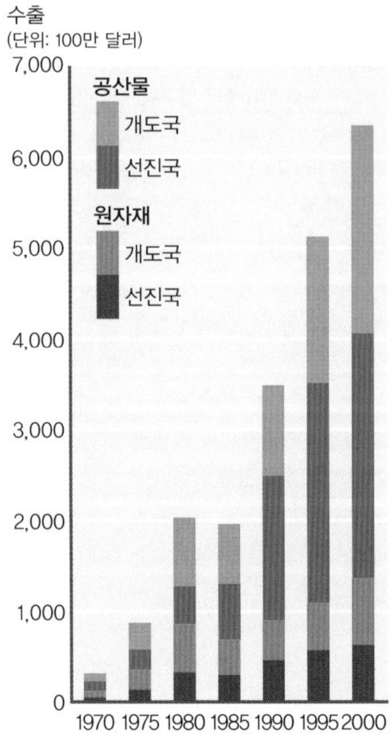

지리 상식 1 산업 혁명이란?

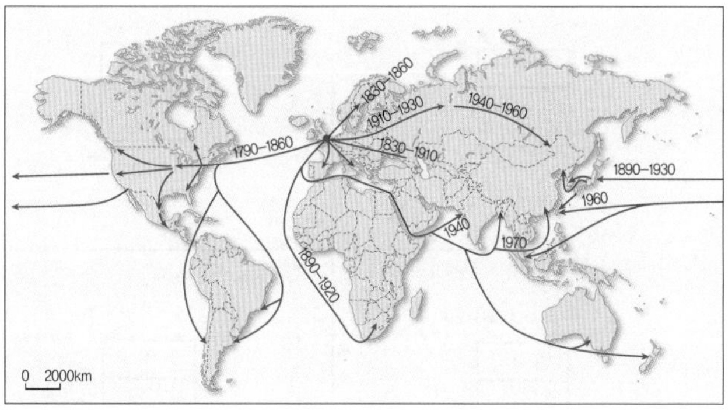

⇡ **산업 혁명의 전개**

산업 혁명은 18세기 중엽 영국에서 시작된 기술 혁명으로 생산 기술과 그에 따른 사회 조직의 변화를 말한다. 이와 같은 변화는 농업 중심 사회에서 공업 사회로 경제 구조를 변혁시켰고, 원료 산지에 입지한 공업 지역으로 일자리를 찾기 위한 인구의 이동이 발생하였다. 산업 혁명을 받아들인 시기에 따라 경제 수준과 도시화가 지역에 따라 다르게 나타나게 되었다.

지리 상식 2 산업 혁명은 어떻게 시작되었을까?

영국에서는 일찍부터 봉건 제도가 해체되면서 농촌에서 자유로운 농민층이 많이 나타났다. 이들 자유농민층을 모체로 농촌 모직물 공업이 발달하여 초기 자본주의적 생산관계가 유럽의 다른 나라에서보다 순조롭게 나타나게 되었다.

또한 영국에서 공업화를 촉진한 가장 중요한 이유는 석탄 이용 때문이었다. 16세기 중엽 세계는 소빙하기로 인한 기후 변화로 목재 자원이 고갈되었다. 목재의 대체 자원으로 석탄이 사용되었는데, 영국은 1540~1640년에 석탄 채굴과 이용에 관한 기술을 계속 개발하면서 생산성 확대를 가져오게 되었다.

특히 와트의 증기 기관은 수력·풍력·축력·인력 등 농업 사회의 기본적인 동력을 능가하는 것으로 동력 혁명을 가져왔으며, 산업 혁명을 혁명이라고

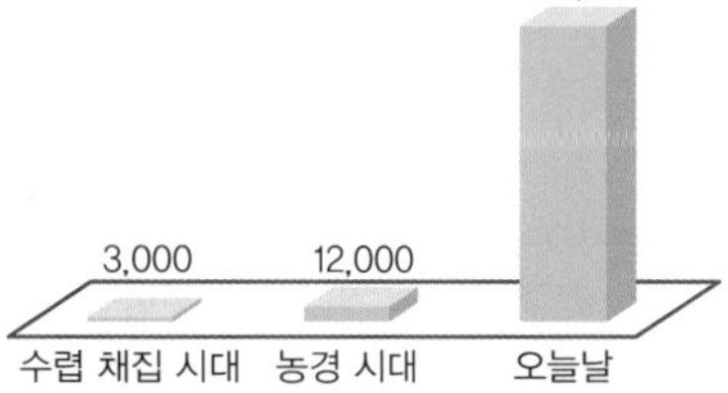

⇡ **인류의 에너지 소비량** 인류가 하루 사용하는 에너지는 수렵 시대 3,000kcal에서 농경 시대 가축을 이용하면서 12,000kcal까지 증가하였다. 산업 혁명 이후 화석 연료를 사용하면서 오늘날 인류는 하루 230,000kcal의 에너지를 소비하게 되었다.

부를 수 있게 한 기술적인 기초를 준비하기에 이르렀다.

지리 상식 3 영국에서 산업 혁명은 어떻게 진행되었을까?

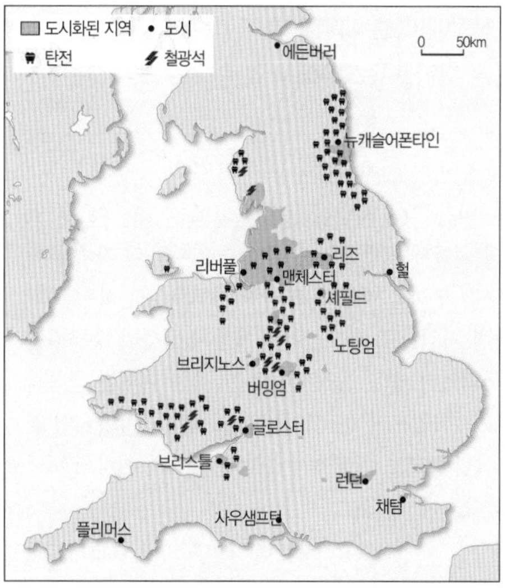

⇡ **산업 혁명 초기 영국의 공업 지역** 초기 영국의 공업 지역은 수력을 이용할 수 있는 산 중턱에 발달하였다. 하지만 증기 기관의 발명과 기계 공업의 발달로 철강 수요가 증가하면서 공업 지역은 탄전과 철광석 산지 주변으로 이동하였다. 버밍엄, 리버풀, 맨체스터 등은 과거 탄광을 중심으로 공업이 발달했던 대표적인 도시들이다.

면공업의 급속한 발전은 관련된 모든 산업의 발전을 촉진시켰다. 특히 기계 생산을 중심으로 하는 생산재 생산 부문에서는 철공업·석탄업·기계 공업의 발전을 자극하여, 석탄과 철의 생산이 급속히 증대하였다. 에이브러햄 다비1세가 철광석을 코크스로 용해하는 제련법을 개발한 것은 철과 석탄 시대를 가져온 가장 중요한 기술 혁신이었다.

영국의 산업 혁명에서 기술 및 생산력의 성과는 철도의 출현으로 마무리가 된다. 스티븐슨이 발명한 증기 기관차는 속도와 능률에서 획기적인 성공을 거두어 철도 시대를 맞이하게 되었다. 18세기 중엽에는 국민 소득의 5%만 생산적 투자에 충당되었으나, 철도 붐이 일어난 1840년대에는 10%에 달했다. 그 결과 농업 인구의 비율은 18세기 중엽의 약 70%에서 급격하게 감소하여, 1850년에는 22%로 저하되었다.

지리 상식 4 산업 혁명은 어떻게 전 세계로 확산되었을까?

18세기 중엽 영국에서 시작된 산업 혁명은 서유럽을 거쳐 전 세계로 확산되었다. 19세기 서유럽, 미국, 러시아 등으로 확대되었으며, 20세기 후반에 이르러서는 동남아시아와 아프리카 및 라틴아메리카로 확산되었다.

산업 혁명과 함께 확산된 산업화로 농업 비중은 줄어들고, 공업과 서비스업의 비중은 늘어나게 되었다. 한 장소에 많은 사람이 함께 모여 일하는 공업의 특성상 공업 지역에 많은 인구가 몰리면서 도시의 인구가 증가하였다. 따라서 산업 혁명 이후 공업이 발달하면서 세계적으로 인구 100만 명을 넘는 대도시들이 출현하게 되었고, 산업과 도시뿐만 아니라 정주 체계의 변화도 가져오게 되었다.

[선택형]

• 2012 6 평가원

1. 자료는 제조업 쇠퇴에 따른 지역 변화에 대한 것이다. ⓐ~ⓓ에 대한 추론으로 옳은 것만을 〈보기〉에서 있는 대로 고른 것은?

> 미국 북동부 오대호 연안에 위치한 플린트 시의 주력 기업이던 ○○ 자동차 공장은 인건비가 70% 저렴한 ⓐ 멕시코로 공장을 이전하였다. 이후 3만여 명의 실업자가 생겼으며, 이들 중 일부와 그 가족을 합쳐 8만여 명의 인구가 도시를 떠났다. 또한 멕시코로 이전하지 못한 ⓑ 자동차 부품 관련 기업들도 줄도산하여 자동차 산업의 수도라는 과거의 명성이 퇴색되었다. 한편 공장이 이전한 뒤 ⓒ 폐쇄된 공장과 공장 부지는 폐허로 변하였으며, ⓓ 시의 재정도 급격히 악화되어 열악해진 도시 기반 시설 등으로 미국에서 가장 살기 힘든 최악의 도시로 선정되기도 하였다.

보기

ㄱ. ⓐ – 무역 장벽을 극복하기 위한 이전이었을 것이다.
ㄴ. ⓑ – 산업 연계 효과에 따른 이익이 낮아졌을 것이다.
ㄷ. ⓒ – 도시의 물리적 환경 약화로 이어졌을 것이다.
ㄹ. ⓓ – 지역 내 공공 서비스 공급이 축소되었을 것이다.

① ㄱ, ㄷ ② ㄱ, ㄹ ③ ㄴ, ㄷ
④ ㄱ, ㄴ, ㄹ ⑤ ㄴ, ㄷ, ㄹ

2. 다음 글을 읽고 루르 지역의 변화를 옳게 표현한 것을 고르면?

> 독일의 루르 지역은 유럽 최대의 광공업 지대였다. 그러나 장기간의 탄광 개발로 인해 심각한 환경 오염이 나타났고, 석탄 산업의 쇠퇴와 제철 산업의 경쟁력 상실로 극심한 경제 침체를 겪게 되었다. ○○ 주 정부는 이러한 문제를 해결하기 위해 방치되어 있는 시설들을 새로운 용도로 이용하였다. 탄광이나 제철소 시설은 전망대 또는 사무실로, 물탱크는 스쿠버 다이빙 훈련장으로 이용하였다. 또한 폐석장에 돔을 설치하여 만든 실내 스키장은 연중 사람들로 붐비고 있다.

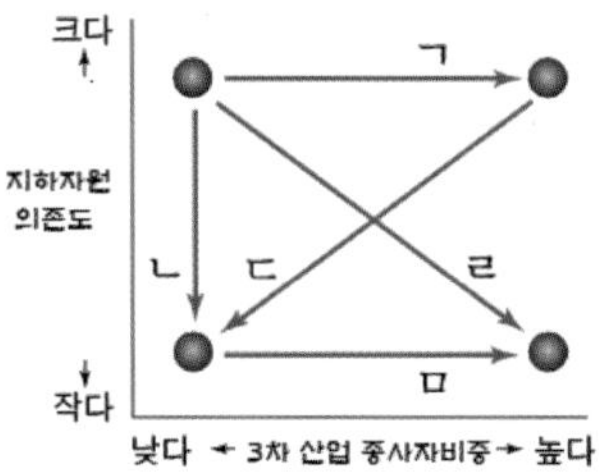

① ㄱ
② ㄴ
③ ㄷ
④ ㄹ
⑤ ㅁ

3. 자료는 미국 주요 산업의 기간별 성장성과 수익성의 차이를 나타낸 것이다. 이에 대한 분석으로 적절한 것을 〈보기〉에서 고르면?

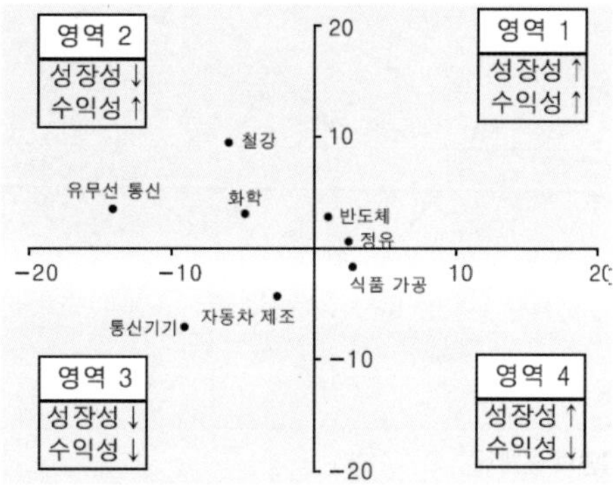

보기

ㄱ. 철강 산업의 성장성이 높아졌다.
ㄴ. 통신 기기는 식품 가공에 비해 성장성이 높아졌다.
ㄷ. 반도체 산업은 자동차 제조업에 비해 수익성이 향상되었다.
ㄹ. 유무선 통신은 수익은 높아졌지만 성장의 한계에 부딪치고 있다.

① ㄱ, ㄴ ② ㄱ, ㄷ ③ ㄴ, ㄷ ④ ㄴ, ㄹ ⑤ ㄷ, ㄹ

4. 다음 두 지도에서 주요 공업 지역의 이전 대한 수업 내용 중 적절한 반응을 보인 학생을 모두 고르면?

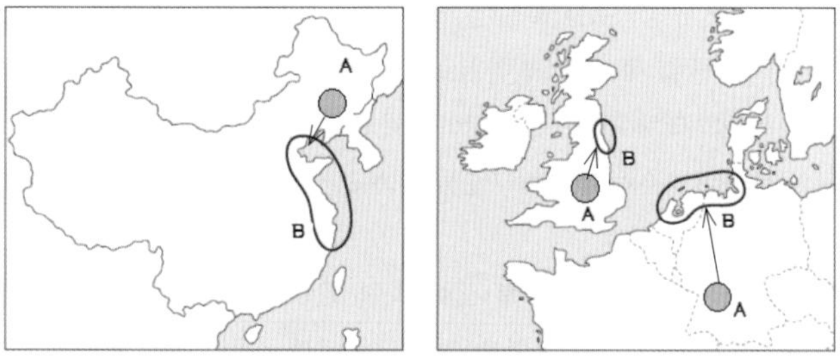

> • 교사: 중국과 유럽의 주요 공업 지역이 A에서 B로 이전하게 된 요인은 무엇일까요?
> • 하승: 원료의 수입과 제품 수출에 유리하기 때문입니다.
> • 유철: 유가 상승으로 석탄의 중요성이 강화되었기 때문입니다.
> • 영옥: 기존 A 지역에서 노동력이 부족하게 된 것도 주요 원인입니다.
> • 교사: 그렇다면 A에 비해, B의 지역으로 이전했을 때 어떤 특징이 있을까요?
> • 희만: 경공업에서 중화학 공업으로 바뀌었습니다.
> • 진성: 항구의 중요성이 이전에 비해 훨씬 커졌습니다.

① 하승, 유철 ② 하승, 진성 ③ 유철, 영옥
④ 유철, 희만 ⑤ 영옥, 진성

5. 그래프는 두 국가의 품목별 수출액 비중을 나타낸 것이다. (가) 국가와 비교한 (나) 국가의 상대적 특성을 그림의 A~E에서 고른 것은?

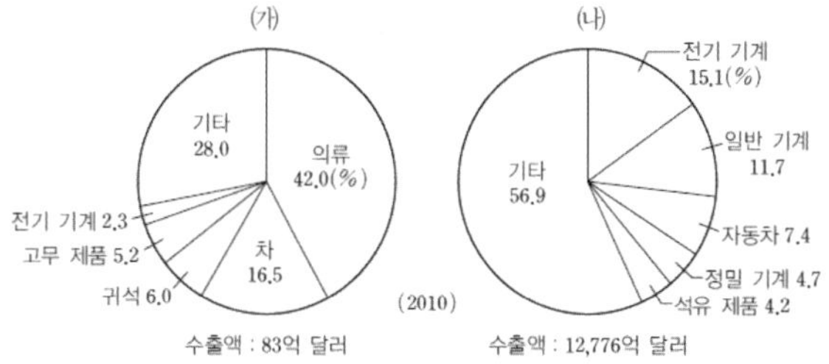

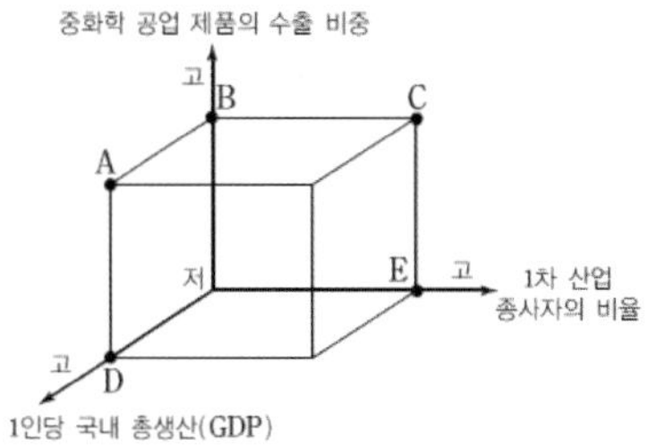

①A ②B ③C ④D ⑤E

[서술형]

1. 다음은 '공업과 무역'에 대한 주요 개념들이다. 아래 〈보기〉를 참고로 개념의 주제어를 찾아 연결하시오.

(가) 기업의 생산 규모 증대로 단위 제품당 생산비가 절감되면서 발생하는 이익 (   )
(나) 기업의 다양한 기능이 요구하는 상이한 입지 조건에 의해 발생하는 현상 (   )
(다) 산업이 특정 공간에 집중하면서 발생하는 이익 (   )
(라) 공업의 규모에 따라 경제적 격차가 뚜렷한 상태 (   )
(마) 관련 산업들 간의 계열화 (   )
(바) Those U.S firms that have factories just outside the United States/Mexican border in areas that have been specially designated by the Mexican government. In such areas, factories cheaply assemble goods for export back into the United States. (   )
(사) Sending industrial processes out for external production. The term outsourcing increasingly applies not only to traditional industrial functions, but also to the contracting of service industry functions to companies to overseas locations, where operating costs remain relatively low. (   )

보기

○규모의 경제 ○공간적 분업 ○집적 이익
○콤비나트 ○공업의 이중 구조 ○아웃 소싱
○마킬라도라

2. 아래 물음에 답하시오.

(1) 자료는 1950년과 2009년의 미국 각 주별 노동자 수를 나타낸 것이다. 이와 같은 변화가 발생하게 된 이유를 간단히 설명하시오.

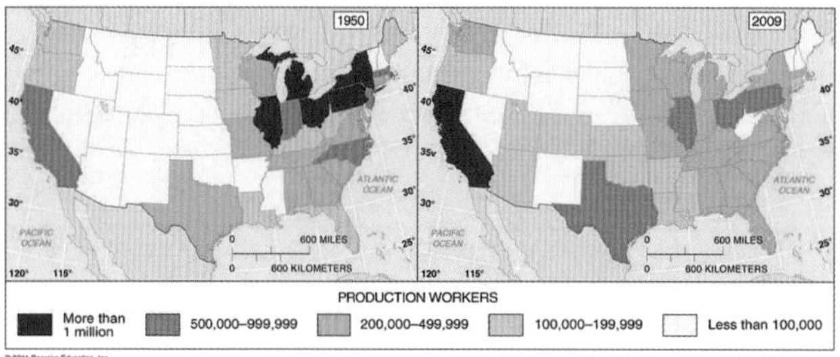

(2) 자료는 세계 경제의 중심을 기원부터 나타낸 것이다. 이와 같은 변화를 산업 혁명과 관련하여 간단히 서술하시오.

By far the most rapid shift in the world's economic center of gravity happened in 2000–10, reversing previous decades of development

Evolution of the earth's economic center of gravity[1]
AD 1 to 2025

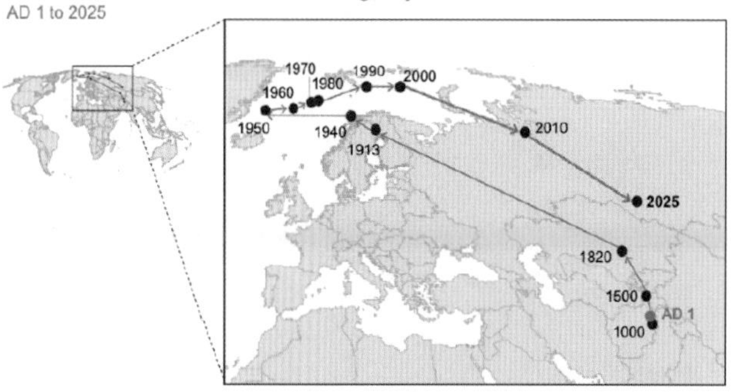

1 Economic center of gravity is calculated by weighting locations by GDP in three dimensions and projected to the nearest point on the earth's surface. The surface projection of the center of gravity shifts north over the course of the century, reflecting the fact that in three-dimensional space America and Asia are not only "next" to each other, but also "across" from each other.

SOURCE: McKinsey Global Institute analysis using data from Angus Maddison; University of Groningen

핵심 출제 포인트

▶ 중심지 이론의 주요 개념 ▶ 중심지의 성립 조건 ▶ 중심지의 계층성과 포섭 원리
▶ 중심지의 공간적 변이 ▶ 현대의 상업 입지 변화

1. 크리스탈러의 중심지 이론

(1) 의의

① 중심지의 계층과 분포의 규칙성을 밝힌 이론으로 3차 산업의 입지 설명

② 도·소매업, 교통, 금융·보험·사업 서비스, 행정, 교육, 기타 서비스 산업들이 어떻게 입지하는가를 설명하려는 이론

(2) 중심지 이론

전제 조건	• 지표면은 균질한 평야 지대: 이동 시 지형적 제약이 없음 • 소비 성향이 동일하고 구매력도 같은 인구가 균등하게 분포 • 소비자는 합리적 사고로 소비 행위를 하는 경제인(최근접 중심지로 이동) • 하나의 교통수단만이 존재하며, 운송비는 거리에 비례
주요 개념	• 중심지: 재화나 용역을 제공하는 곳 • 배후지: 재화나 용역을 제공받는 곳 • 최소 요구치: 중심지 기능 유지를 위한 최소한의 수요 범위, 중심지가 기능을 유지하는 데 필요한 최소한의 고객 또는 인구수 • 재화의 도달 범위: 중심지 기능이 미치는 최대 공간 범위, 중심지의 재화나 서비스가 공급될 수 있는 최대한의 거리(수요가 0이 되는 지점)
중심지의 성립	• 최소 요구치보다 재화의 도달 범위가 클 때 성립 • 재화의 도달 범위 〉 최소 요구치: 판매자의 이익을 극대화 • 재화의 도달 범위 〈 최소 요구치: 상권 성립이 어려워 정기 시장 형성 • 재화의 도달 범위 = 최소 요구치: 최소 이익하에 상품을 공급
배후지의 형태	• 하나인 경우: 모든 방향에서 쉽게 접근할 수 있는 동심원 • 둘 이상의 경우: 중심지 간 경쟁을 피하고 보다 균등한 혜택을 주기 위해 정육각형의 배후지를 형성

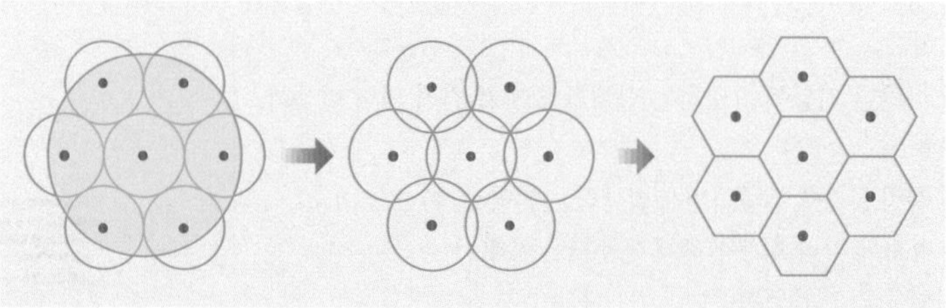

외접형 내접형 육각형 중심지 간의 배후지가 접할 때까지 확장하다 보면, 서비스를 제공받지 못하는 지역이 나오게 된다. 이 경우 중심지들은 이러한 지역을 차지하기 위해 경쟁을 하게 되면서 중첩되는 배후지가 발생한다. 그러므로 불필요한 경쟁을 피하기 위해 원형이었던 배후지의 모양이 정육각형으로 바뀌게 되는 것이다.

2. 중심지와 계층

(1) 계층 중심지 기능들 간의 최소 요구치나 보완 구역의 차이

① 중심성이 큰 기능을 보유한 중심지를 고차 계층 중심지, 그 반대를 저차 계층 중심지라고 함

② 크고 작은 중심지들은 그 기능을 수행하는 데 필요한 최소 요구치가 다르기 때문에 각각 다른 재화의 도달 범위를 갖게 됨

③ 재화의 도달 범위가 작은 중심지는 도달 범위

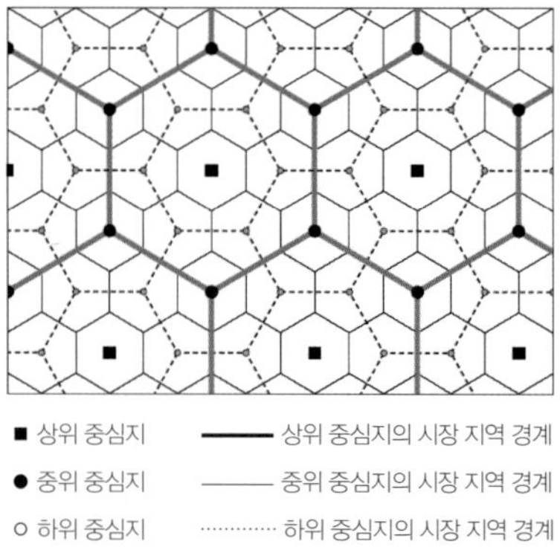

■ 중심지 성립

O~A 구간이 최소 요구치이며, O~B 구간이 재화의 도달 범위이다. 따라서 중심지가 성립하려면 재화의 도달 범위가 A~B 구간 사이에 위치해야 한다.

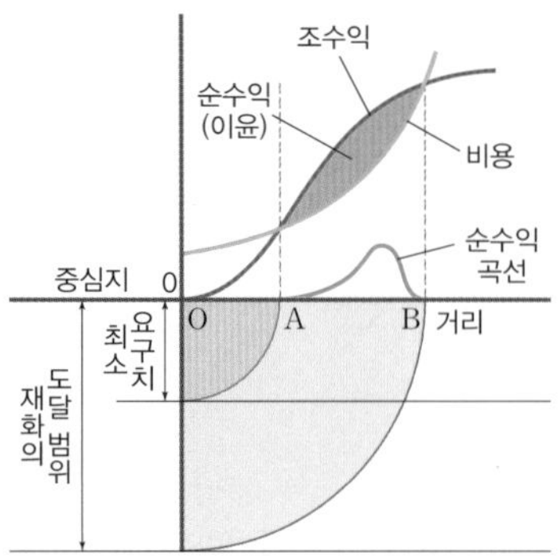

■ 중심지 계층 형성

상점마다 중심지 형성에 필요한 최소한의 수요, 즉 최소 요구치가 다르기 때문에 중심지 계층이 형성된다.

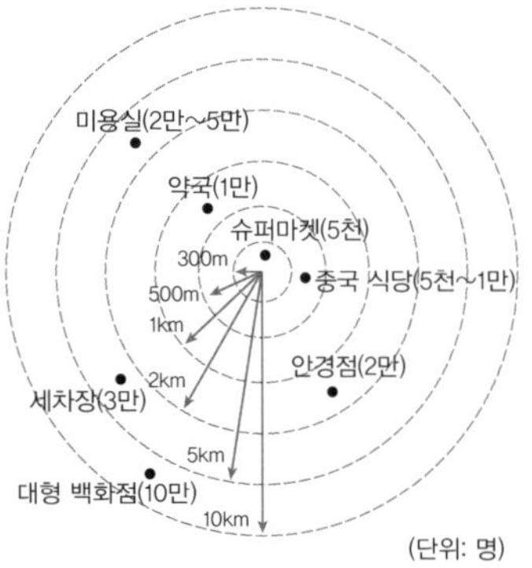

(단위: 명)

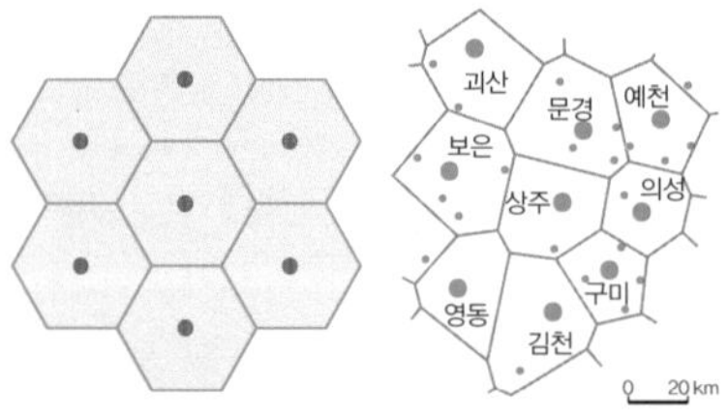

(A) (B)

그림 (A)는 중심지 이론에 따른 이상적인 도시의 분포를 나타낸 것이고, (B)는 우리나라의 실제 지역에 중심지 이론을 적용하여 도시의 분포를 그린 것으로, 실제 중심지의 모양이 정육각형이 되지는 않는다. 그 이유는 인구 밀도와 소득 수준의 차이, 지형적 특성 등을 고려하지 않은 전제 조건 때문이다.

가 넓은 중심지의 배후지 속에 포함되며, 이는 다시 더 큰 중심지의 배후지에 포함되는 모습을 띰

④ 중심지는 계층이 높아질수록 그 수는 적어지고, 중심지 사이의 거리는 멀어지게 됨

(2) 중심지의 계층성

구분	고차 중심지	저차 중심지
중심지 수	적다	많다
최소 요구치	넓다	좁다
재화의 도달 범위	넓다	좁다
중심지 간 간격	멀다	가깝다
보유 기능	많다	적다
구매 빈도	적다	많다
사례	백화점, 종합 병원, 대학교, 시청	구멍가게, 의원, 초등학교, 동사무소

(3) 중심지 구조의 변화

① 인구 밀도와 소득의 변화: 일정 지역의 인구 또는 소득이 증가하면 중심지 수는 증가하고 (중심지 간의 거리는 감소), 배후지의 크기는 축소(조밀한 육각형 형태)

② 교통 조건의 변화: 교통이 발달하면 상위 중심지 기능은 강화되는 반면, 하위 중심지 기능은 쇠퇴(교통이 발달하면 대도시 기능은 확대되고, 중·소도시 기능은 쇠퇴)

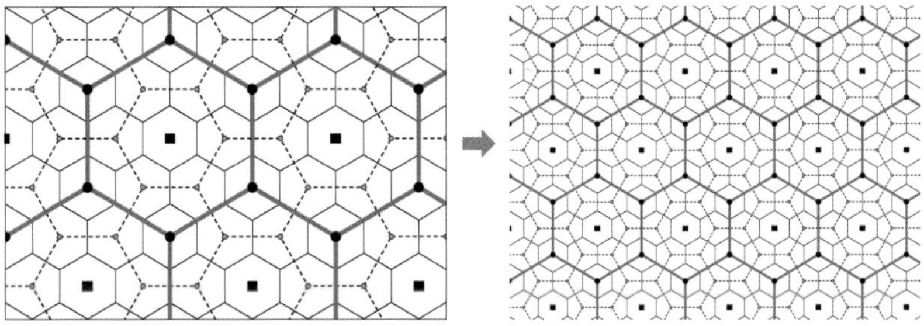

↑ 계층 구조는 동일한 채로 모든 계층의 중심지가 증가하는 모습

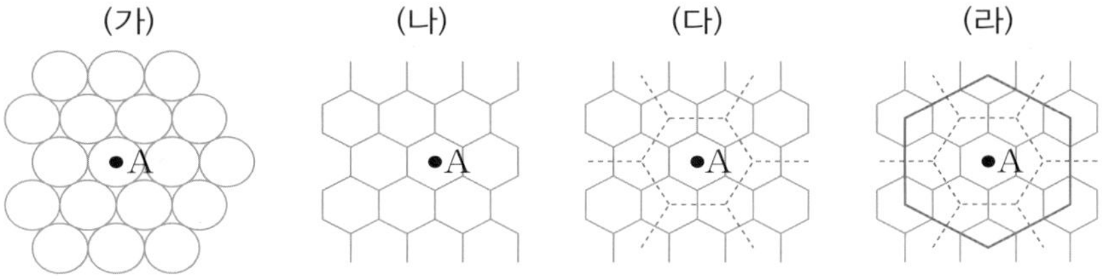

↑ 계층 구조가 복잡해지는 모습

(4) 중심지 계층의 포섭 원리

① 시장 원리: 가능한 적은 수의 중심지에서 보다 넓은 지역에 재화와 용역을 공급하기 위해서 중심지들은 서로 분산되어 있어야 한다는 것

② 교통 원리

- 큰 도시들을 연결하는 도시 노선 상에 가능한 한 중요한 중심지들만이 배열되도록 하는 원리로 효율적인 교통 체계망을 이용하여 최소한의 비용으로 재화 수송을 최대화하고자 하므로 시장 원리에 입각한 중심지의 공간 배열에 비해 더 많은 수의 중심지가 공간상에 배열됨
- 교통 원리는 시장 원리가 나타나지 않는 계곡 지역이나 산지와 인접한 취락 지역에서 찾아볼 수 있음

■ **재화 도달 범위와 최소 요구치의 관계**

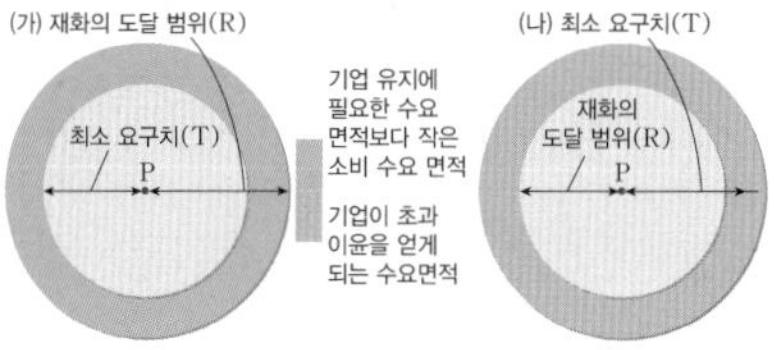

■ **가격과 수요에 따른 재화의 도달 거리**

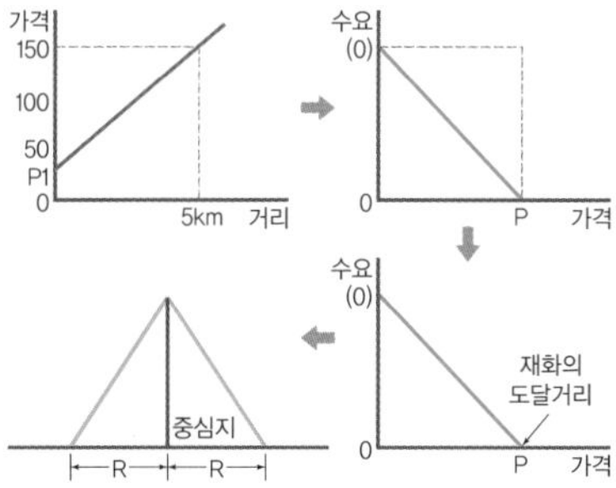

■ **고차 중심지**

고급 중심 기능은 최소 요구치가 크고 그 도달 범위가 넓기 때문에, 그 수가 적고 서로 멀리 떨어져 분포한다.

■ **저차 중심지**

생활 필수품처럼 소비자들이 자주 찾는 재화와 서비스를 제공하는 중심지는 그 수가 많고 간격도 좁아 주변에서 쉽게 찾아볼 수 있다.

■ **중심지의 형태와 계층 형성**

1932년 독일의 크리스탈러(W.Christaller)가 중심지 개념을 들어 도시의 계층 구조와 분포에 관해 밝힌 이론이다. 이 이론에 따르면, 비슷한 규모의 중심지들은 일정한 거리를 두고 분포하며, 중심지 간의 경쟁에 의하여 육각형의 배후지가 형성된다.

■ **남부 독일 중심지 계층성 비교**

크리스탈러는 남부 독일의 중심지에는 7개의 계층이 있음을 밝혔는데, 고차 중심지일수록 상권이 넓고 그 수가 적어 중심지 간의 간격이 넓게 나타났다.

중심시의 계층	중심지			배후지	
	중심지의 수	중심지 간의 거리	인구 수 (천 명)	면적	인구 수 (천 명)
Marekt hamlet	486	7	0.8	45	2.7
Township center	162	12	1.5	135	8.1
County seat	54	21	3.5	400	24
Distict city	18	36	9.0	1,200	75
Small state capital	6	62	27.0	3,600	225
Provincial head city	2	108	90.0	10,800	675
Regional capital city	1	186	300.0	32,400	2,025

■ 인구 밀도의 변이에 따른 배후지의 왜곡

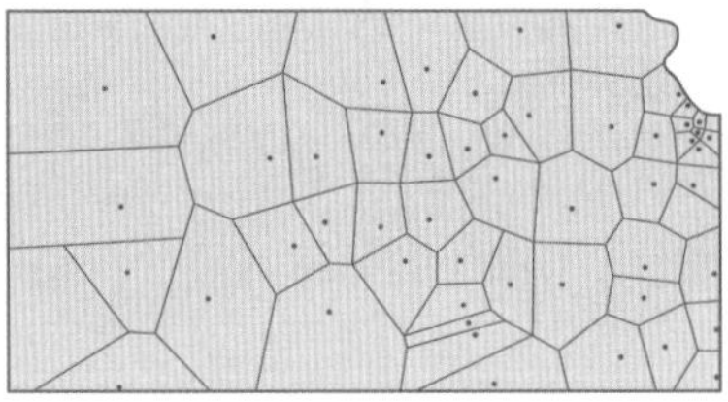

■ 소득 수준에 따른 중심지 계층 구조의 변화

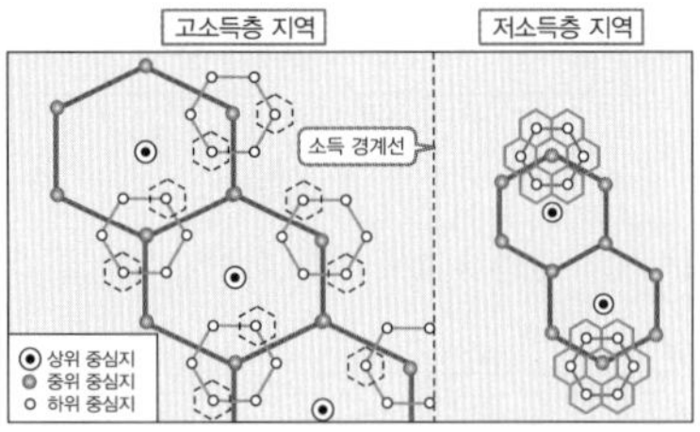

■ 고객들의 선호도에 따른 중심지 계층 구조의 변화

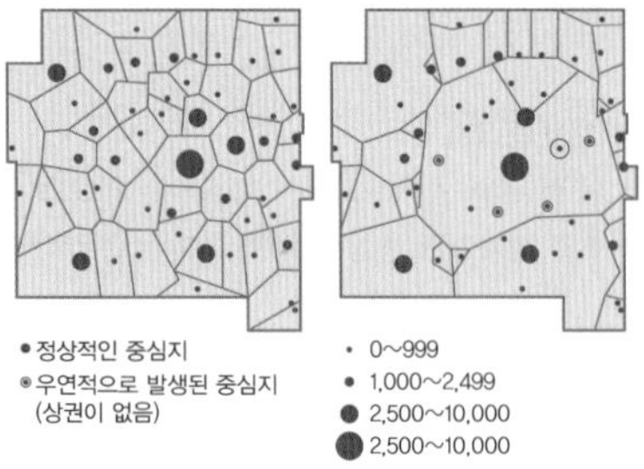

■ 도시 집적 경제 효과에 따른 중심지 체계망의 변형

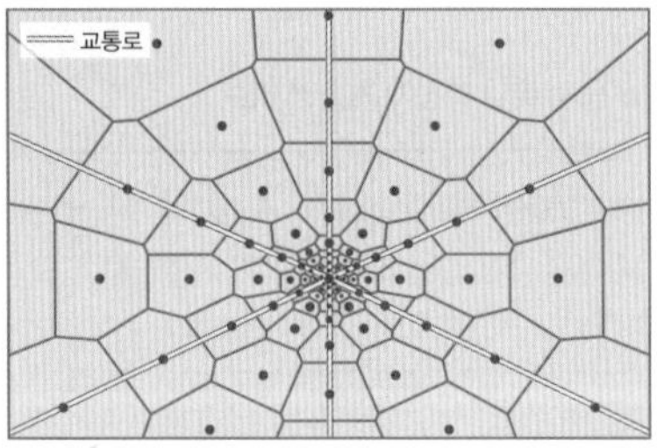

대도시에 가까울수록 도시 집적 경제 효과에 따라 최소 요구치의 범위는 작아진다.

③ 행정 원리

- 주로 정치적인 측면에서 유도된 중심지의 공간 배열 원리
- 행정의 통제상 각 중심지의 영향권이 세분될 필요가 없다는 전제하에서 고차 중심지 세력권 내에 저차 중심지 모두가 포섭되도록 하는 원리

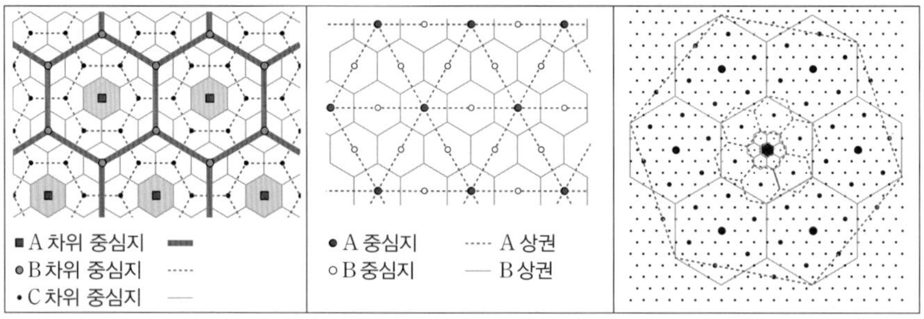

↑ 시장 원리　↑ 교통 원리　↑ 행정 원리

계층 원리	대표 출현
시장 원리	농촌, 중세 도시 공동체, 자본주의 자유 시장 경제 지역
교통 원리	교통망 발달 시대, 신개척 식민지, 계곡이나 산지에 인접한 취락
행정 원리	절대주의 시대, 사회주의 국가

3. 중심지 이론의 수정과 응용

(1) 공간적 변이

① 인구 밀도의 변이에 따른 배후지 왜곡

- 자연 경관이 다르게 나타나는 지역의 경우 그에 따라 인구 밀도도 달라지게 되므로 육각형의 배후지 규모와 형태가 불규칙해질 수 있음
- 일반적으로 지형이 험준하거나 건조하여 인구가 희박한 지역의 경우 시장 면은 불규칙한 유형의 넓은 시장 면적을 나타내게 됨

② 교통로에 따른 왜곡

- 접근도가 용이한 교통축을 따라 재화의 도달 범위는 상대적으로 길게 발달
- 교통 축과 인접한 지역의 경우 운송비가 낮기 때문에 시장 면적은 넓어지게 됨

③ 소득 수준의 공간적 변이에 따른 왜곡

- 부유한 소비자의 경우 교통비를 더 많이 지불 할 수 있으며 보다 높은 계층의 재화를 구입하려고 하기 때문에 재화의 도달 범위가 상대적으로 커지게 됨

(2) 아이사드의 중심지 모델의 수정

① 인구 밀도가 높은 핵심 지역일수록 도시 경제의 효과로 인해 재화의 최소 요구치가 훨씬 작게 나타남

② 주변 지역으로 갈수록 인구 밀도가 희박하여 최소 요구치가 크게 나타남

③ 대도시 중심을 향해 배후지가 점차 작아지는 불규칙한 육각형망의 중심지 수정 모델 제시

지리 상식 1 입지와 입지론

지리를 배우다 보면 '입지'라는 말을 많이 듣게 된다. 입지란 경제 활동을 위해 인간이 장소를 선택하는 것을 의미한다. 그렇다면 경제 활동에 유리한 장소는 어떤 곳일까? 바로 '이윤'이 많이 나는 곳이다. 경제학에서 '이윤'은 '총수입'에 '총비용'을 뺀 '순수익'을 뜻한다.

입지='MAX 이윤(총수입– 총비용)'인 장소를 찾는 것

이러한 입지를 과학적으로 분석하는 것을 입지론이라고 한다. 튀넨의 농업 입지론, 베버의 공업 입지론, 크리스탈러의 중심지 이론은 1, 2, 3차 산업의 입지를 과학적으로 분석한 것이다. 그런데 이 3대 입지론을 주장했던 학자들에게는 몇 가지 공통점이 있다. 시기적으로 '1930년대 대공황' 이전에 활동했던 '독일' 출신의 '경제학자'라는 것이다. 이러한 공통점이 어떻게 입지론에 영향을 주게 되는지 살펴보도록 하자.

튀넨(1783~1850) 베버(1868~1958) 크리스탈러(1893~1969)

① 인간관: 합리적 경제인

애덤 스미스 이후 고전 경제학에서는 이기적이고 합리적인 인간관을 가정하고 이론을 전개하였다. 대공황 이후 인간은 합리적으로 행동해도 전체적으로는 합리적이지 않을 수 있다는 '구성의 모순', '죄수의 역설' 등이 나오면서 합리적 인간에 대한 가정이 깨어졌다. 3대 입지론은 이러한 인간관의 변화 이전에 발표된 것이기 때문에 인간의 합리성을 가정하고 있다.

② 자연관: 기후, 지형, 토양의 비옥한 정도가 동일한 동질적인 공간

입지론을 주장했던 학자들은 '지리학자'가 아닌 '경제학자'로서 지형, 기후, 토양 등 자연 지리적인 차이점에는 큰 관심을 기울이지 않았다. 3대 입지론이 현실과 맞지 않는 가장 큰 이유는 바로 이 자연적인 차이를 무시했기 때문이다.

③ 운송비: 거리에 비례

입지론이 발표되었을 때에는 철도, 도로, 하천 교통 등 소규모 운송이 대부분이었다. 이후 해상 교통에 의한 장거리 운송이 일반화되면서 운송비 체감의 법칙이나 운송 수단에 따른 교통비의 차이가 이전에 비해 중요해졌다. 3대 입지론은 현재와 같은 정교한 운송비 개념이 정립되기 이전에 나왔기 때문에 운송비는 거리에 비례한다고 가정한 것이다.

지리 상식 2 우리나라의 시장 발달과 중심지 이론

우리나라의 시장 발달 단계로 중심지를 설명할 수 있다.

① 행상: 최소 요구치를 확보하기 위해 매우 많이 이동

② 정기 시장: 사람이 많고 교통이 발달한 곳에 며칠 단위로 개설되는 시장(장시)

③ 상설 시장: 인구 증가, 교통의 발달로 상인이 이동하지 않는 시장(시전, 육의전)

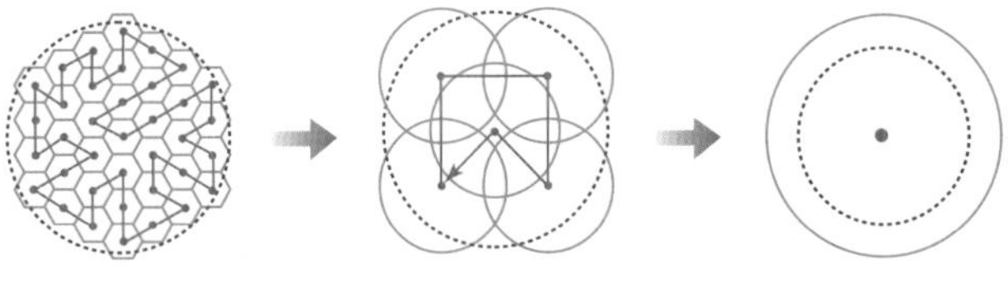

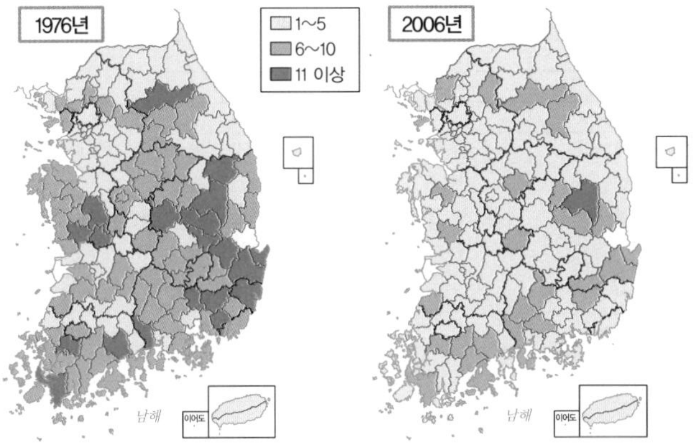

우리나라 시장의 변화 과정 우리나라 시·군별 정기 시장은 1976년에 비해 2006년에 두드러지게 감소하였다.1976년 당시 상주 지역 16개소를 비롯하여 해남과 의성 15개소 등 정기 시장이 10개를 넘는 시·군 수가 20곳이었으나, 현재는 안동이 11개소로 가장 많다.

한국농촌경제연구원, 2007

지리 상식 3 중심지 이론의 응용

① 제과점과 패밀리 레스토랑의 중심지 비교: 제과점은 패밀리 레스토랑에 비해 하위 계층 재화로 보다 넓은 지역에 분포하고 있다.

② 식료품과 귀금속의 소비자 구매권 비교: 식료품은 지역 내에서 구매하는 경향이 크지만, 귀금속은 지역 중심지나 서울에서 구매하는 경향이 크다. 식료품과 귀금속을 비교하면 식료품은 저차 재화, 귀금속은 고차 재화이기 때문에 귀금속의 구매권이 식료품 구매권보다 더 넓다.

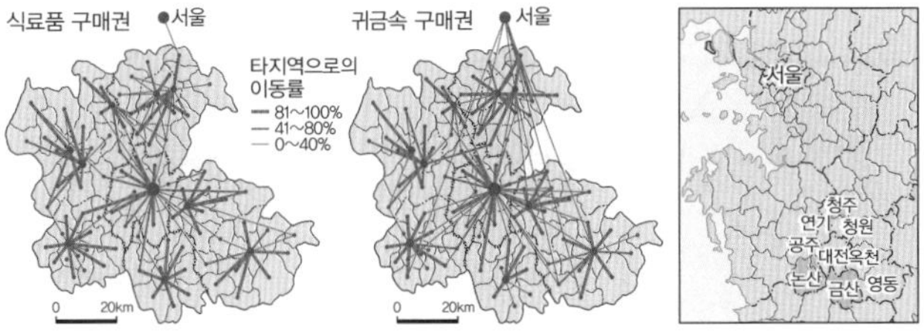

금성교과서, 2011, 『한국지리』

[선택형]

· 2009 9 평가원

1. 크리스탈러의 중심지 이론을 적용할 때, (가), (나), (다)의 종합으로 옳은 것은? (단, 인구는 공간 상에 균등 분포함)

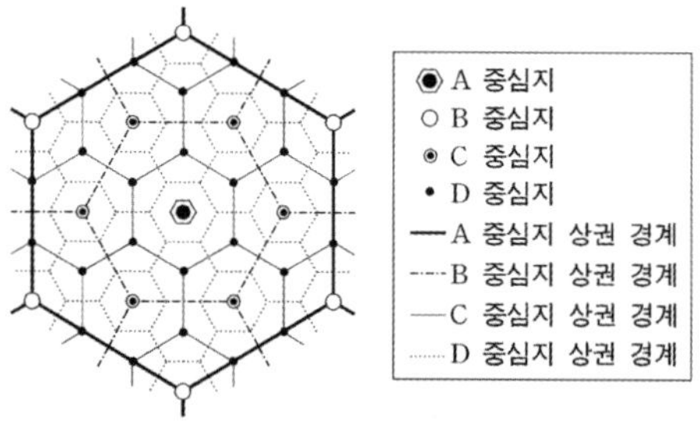

중심지	한 개의 중심지 상권 내 인구
A	270만 명
B	(가)
C	(나)
D	(다)

① 90만 명 ② 100만 명 ③ 120만 명
④ 130만 명 ⑤ 140만 명

· 2007 9 평가원

2. 크리스탈러의 중심지 이론을 적용할 때, 다음 조건으로 나타날 변화를 각각의 요인별로 적절하게 표현한 것은?(단, 상점은 하나이며 상점 규모는 변화 없음)

- 상점 근처에 고급 아파트 단지가 들어서면서 구매력 수준이 높은 고소득층 주민의 수가 늘어났다.
- 정부에서 지역 내 도로를 확충하고 간선 도로와 연계시키는 사업을 완료하였다.

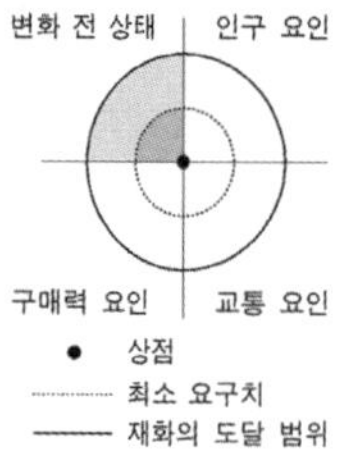

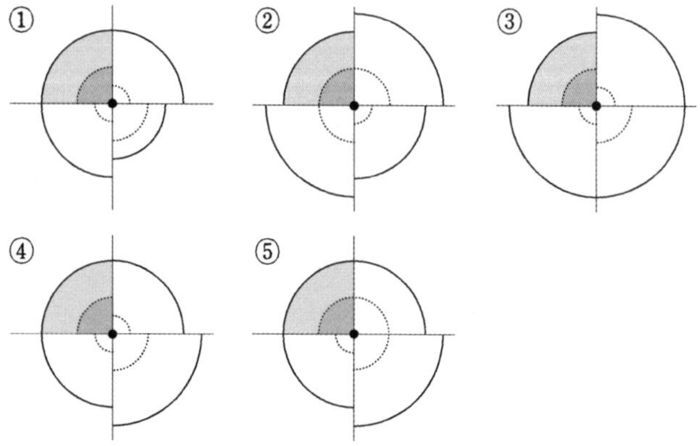

3. 그림 (가), (나)는 어느 지역의 중심지 기능 분포를 그린 것이다. 이에 대한 설명으로 옳은 것은? ((가)와 (나)는 동일 지역에 다른 종류의 상업 기능이 분포한 것임.)

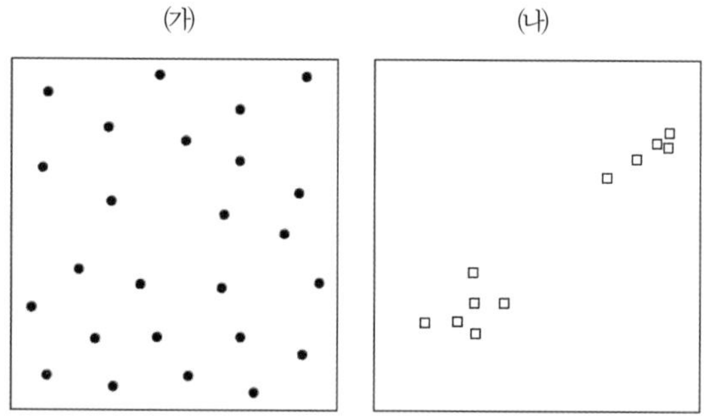

보기

ㄱ. (가)의 최소 요구치가 (나)보다 작다.
ㄴ. (가)는 (나)보다 중심지로의 이동 거리가 짧다.
ㄷ. 상업 중심지라면 (가)는 일상 용품, (나)는 고급 소비재를 주로 판매한다.
ㄹ. 교통이 발달하면 (가)의 이용 빈도가 (나)의 이용 빈도를 능가할 수도 있다.

① ㄱ, ㄴ ② ㄱ, ㄹ ③ ㄴ, ㄷ
④ ㄱ, ㄴ, ㄷ ⑤ ㄱ, ㄴ, ㄹ

4. 다음은 우리나라 시장의 변화 과정을 나타낸 것이다. 이에 대한 보기의 설명 중 옳은 것을 모두 고르면?

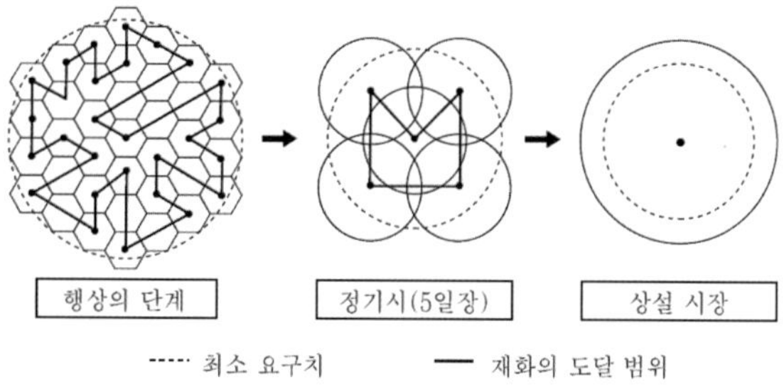

보기

ㄱ. 인구 증가와 구매력 향상은 시장을 행상 단계에서 상설 시장 단계로 변화시킨다.
ㄴ. 행상 단계는 최소 요구치가 재화 도달 범위보다 작아서 나타난다.
ㄷ. 교통이 발달하면 재화 도달 범위가 작아지게 된다.
ㄹ. 조선 시대 종로 일대에 발달한 시전은 최소 요구치보다 재화 도달 범위가 넓은 상설 시장이었다.
ㅁ. 자동차의 보급으로 정기 시장이 다시 늘어나고 있는 추세이다.

① ㄱ, ㄴ ② ㄱ, ㄹ ③ ㄴ, ㅁ
④ ㄱ, ㄷ, ㄹ ⑤ ㄴ, ㄷ, ㅁ

5. 〈조건 1〉의 ㈎, ㈏, ㈐ 지역에 대한 최소 요구치 크기 순위와 재화 도달 범위 크기 순위를 〈조건 2〉에서 찾아 순서대로 바르게 배열한 것은?

〈조건 1〉

	㈎	㈏	㈐
인구	1만	2만	1만
구매력 지수	1.0	1.5	2.0
교통 지수	1.0	1.5	2.0

〈조건 2〉

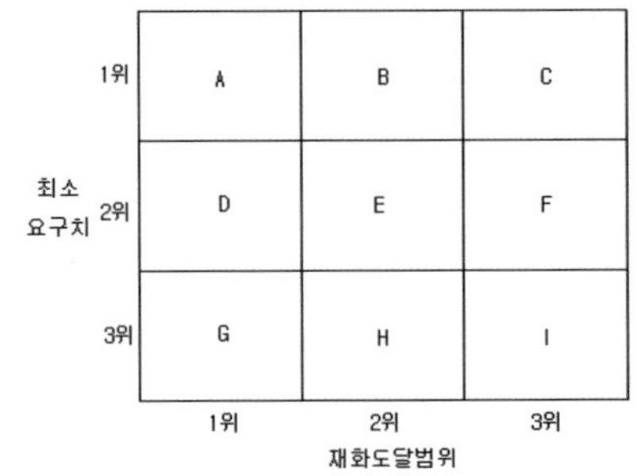

	㈎	㈏	㈐
①	A	F	H
②	A	E	I
③	B	D	I
④	B	F	G
⑤	C	H	D

• 2008 수능

6. 다음 자료는 어떤 상점의 재화 가격과 운송비(교통비) 변화에 대한 조건이다. 중심지 이론에 따른 t_0와 t_1 시기의 공간 수요 곡선 변화로 옳은 것은?

〈조건 1〉

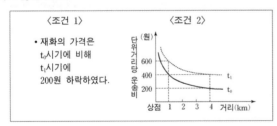

• 재화의 가격은 t_0시기에 비해 t_1시기에 200원 하락하였다.

〈조건 2〉

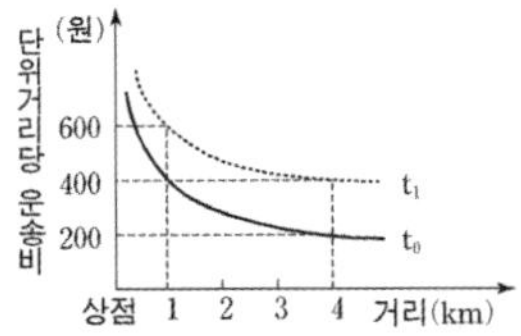

* 단, 아래 t_0시기 상점의 재화 도달 범위는 1km보다 크며, 상점은 하나이고 운송비는 소비자가 부담함.

①
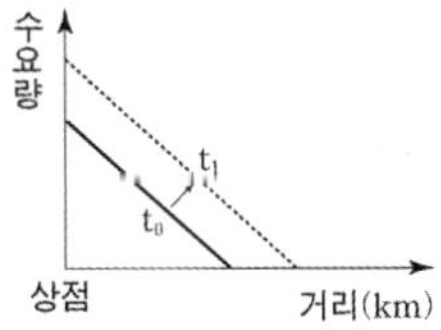

②
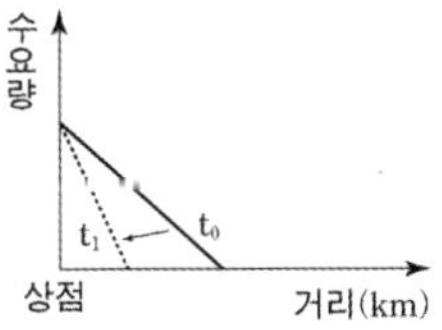

③
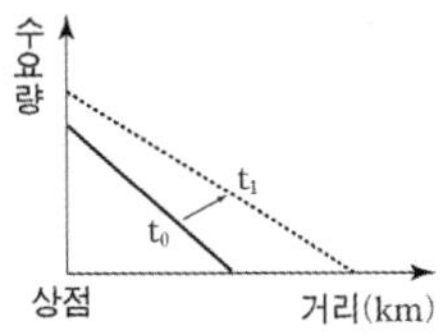

④
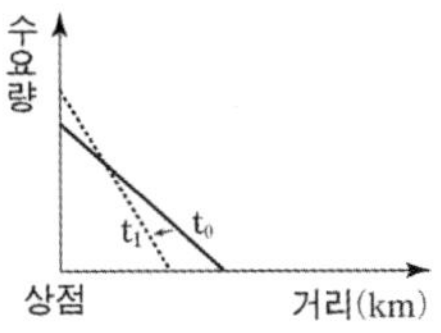

⑤
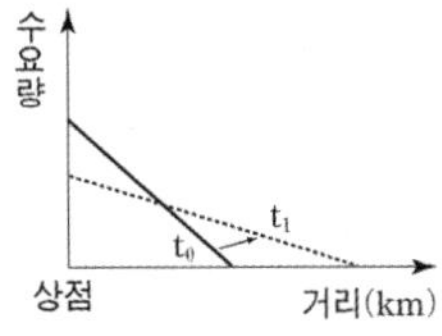

[서술형]

1. 그림은 중심지와 배후지의 범위를 나타낸 것이다. 아래 물음에 답하시오.

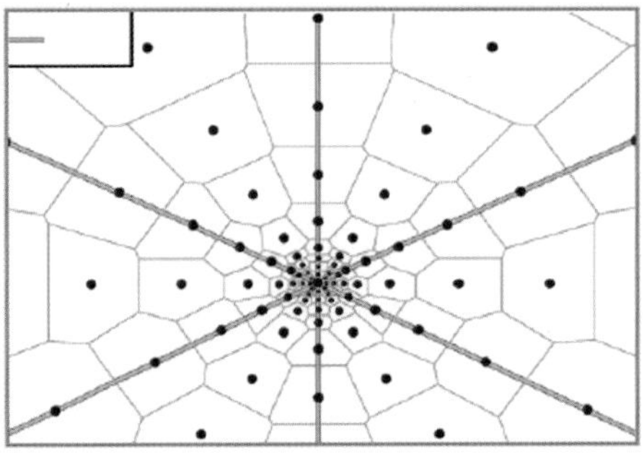

(1) 크리스탈러의 중심지 이론과의 차이점을 중심지와 배후지를 중심으로 설명해 보자.

(2) 이와 같은 차이가 나타나게 된 이유를 아래 크리스탈러의 중심지 이론의 전제 조건을 이용하여 서술하시오.

• 지표면은 동질적 평야 지대이다.
• 소비 성향이 동일하고 구매력도 같은 인구가 균등하게 분포하고 있다.
• 소비자는 합리적 사고로 소비 행위를 하는 경제인이다.
• 동일한 교통수단이 존재하며, 운송비는 거리에 비례한다.

교통로

한 권으로 끝내는

지리 올림피아드

All about Geography-Olympiad

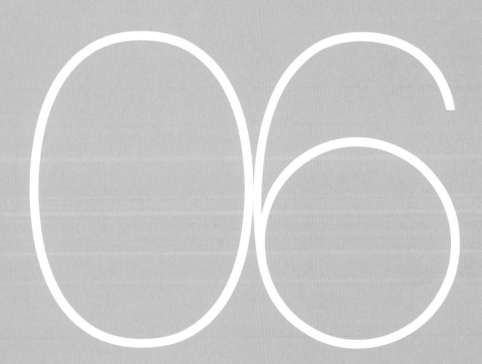

Chapter 06

제6장

서비스 및 산업 지리

chapter 06

서비스 및 산업 지리

01. 서비스 산업의 입지 변화

핵심 출제 포인트

▶ 서비스 산업의 특징 ▶산업의 분류 ▶탈공업화 사회의 특징
▶서비스 산업의 입지와 분포

■ 서비스 산업의 비중 변화

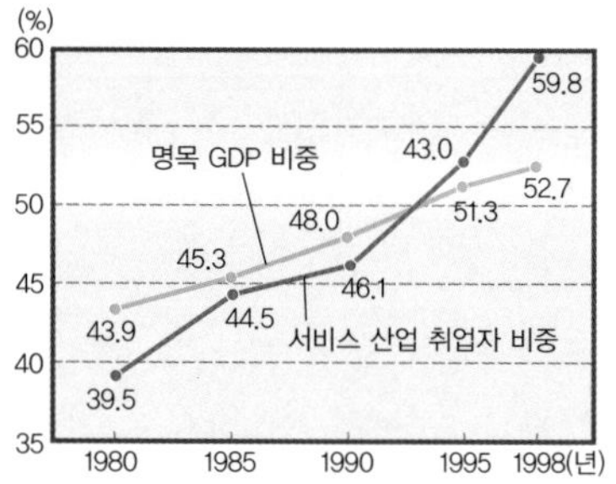

1990년대 이후 서비스 산업의 취업자 비중이 급속히 늘기 시작하는데, 소득의 증가, 생활 수준의 향상, 교통과 통신의 발달 등이 원인이다.

■ 국가별 서비스화 수준

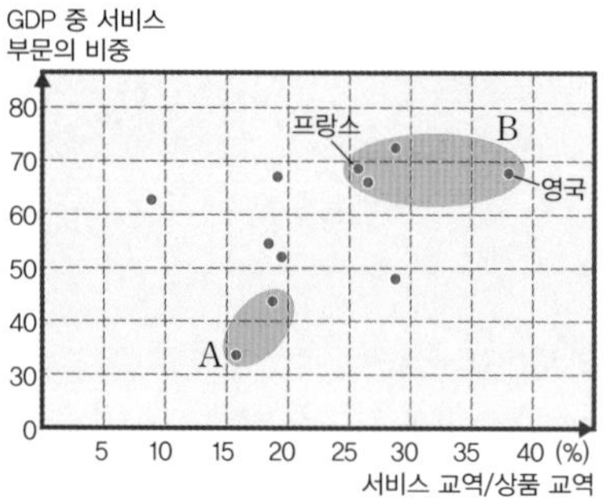

한 국가의 서비스화 수준은 GDP 중 서비스 부문이 차지하는 비중과 서비스 교역 및 상품 교역의 비율로 구분할 수 있다.

- A국가군: 서비스 산업의 비중이 낮고 1, 2차 산업의 비중이 큰 국가들로 경제 발전 수준이 그다지 높지 않다.
- B국가군: 서비스 산업의 비중이 높고 산업 구조가 고도화되었다.(일반적으로 서비스 산업의 고용 비율이 50%를 넘으면 선진국에 진입했다고 봄)

1. 산업의 분류와 서비스 산업

(1) 산업의 분류

① 서비스 산업: 광의적 개념으로 3차 산업 전체를 일컫는 말로 1차, 2차 산업에 종사하는 사람들이 경제 활동을 원활하게 할 수 있도록 보조 역할을 하는 산업

② 산업의 분류와 서비스 산업 분류

산업 분류	• 1차 산업: 농업 및 수산업 • 2차 산업: 광업, 제조업, 건설업 • 3차 산업: 사회 간접 자본 및 기타 서비스업
서비스 산업 세부 분류	• 3차 산업: 일반적인 소비자 서비스업으로 음식, 숙박, 수리, 보수, 개인 서비스 등 • 4차 산업: 서비스 산업 중 지식 및 정보, 기술에 기반한 산업으로 교통, 통신, 상업, 금융 등 • 5차 산업: 최근 나타난 고부가 가치를 창출할 수 있는 산업으로 보건, 위생, 교육, 위락 등
서비스 수요자에 따른 분류	• 소비자 서비스: 수요자가 일반 개인 소비자인 서비스업으로 도·소매업, 식당, 숙박, 교육, 의료, 관광 등 • 생산자 서비스: 수요자가 기업과 같은 생산자인 서비스업으로 금융, 보험, 광고, 운송, 회계, 연구 개발 등
서비스 공급자에 따른 분류	• 공공 서비스: 정부와 공공 기관이 제공하는 서비스업으로 정부 기관의 행정 서비스 등 • 민간 서비스: 일반 개인이나 사기업이 제공하는 서비스업으로 도·소매업, 금융, 관광, 의료 등

(2) 탈공업화와 산업 구조의 변화

① 배경: 국민 소득 증가, 생활 수준 향상, 여가 시간 증대 등으로 인한 다양한 서비스에 대한 욕구 증가, 기계화와 자동화로 인한 노동력 이동, 공장의 해외 이전으로 인한 제조업의 공동화 등

② 탈공업화 사회의 산업 구조 특성

- 산업 구조 변화: 1·2차 산업의 비중 감소, 3차 산업의 비중 증가
- 경제의 소프트화: 제조업(하드웨어) → 서비스 산업(소프트웨어)
- 금융 산업, 컴퓨터 및 정보 관련 산업, 지식 집약형 서비스 산업 중심
- 탈공업화 사회의 문제점: 정보의 상품화를 통한 사생활 침해, 정보 습득의 불평등, 업무 자동화로 인한 대량 실업 사태, 비인간화 등

산업 사회와 후기 산업 사회 비교

구분	산업 사회(포드주의)	후기 산업 사회(포스트주의)
가치 창출	노동, 자본	지식, 정보
생산 방식	소품종 대량 생산	다품종 소량 생산
특색	단순화(저급화), 규격화(표준화), 전문화(분업화)	차별화(고급화), 다원화(다양화), 종합화
상거래 형태	시장 등 일정한 장소에서 거래	전자 상거래

③ 우리나라 산업 구조의 변화

- 1960년대 이전: 농업 중심의 1차 산업의 비중이 높았음
- 1960년대 이후: 급속한 공업화 과정이 진행되면서 2차 산업의 비중이 증가함
- 1990년대 이후: 3·4차 산업 비율 증가, 탈공업화 진행

④ 세계 산업 구조의 변화

- 저개발 국가: 서비스업이 발달하지 못해 1·2차 산업과 종사자 비율이 높음

⋮ 시·도별 1인당 총생산 및 산업별 인구 구조

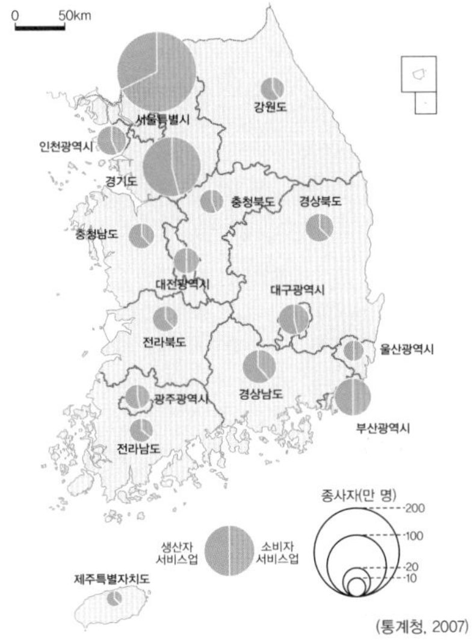

⋮ 시·도별 서비스 산업의 분포

■ 우리나라 산업 종사자 비율 변화

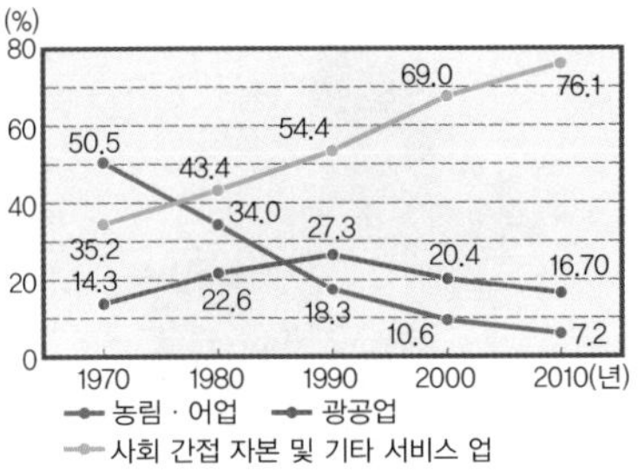

■ 주 5일 근무제와 서비스 산업

2004년 7월 공기업, 금융업, 보험업 등 근로자 1,000명 이상인 사업장에서 처음 실시된 주 5일 근무제는 점차 확대 실시되었다. 이후 근무 시간은 줄어들고 여가 시간이 늘어나면서 서비스 업종별 매출 증감률에 변화가 나타났다. 서비스업 중에서도 오락, 문화, 운동 등 여가 생활 및 여행 관련 서비스업은 매출이 증가한 데 반해, 직장인들이 많이 찾는 음식점업이나 통근에 이용되는 버스, 택시 등 육상 여객 운송업은 매출이 감소했다.

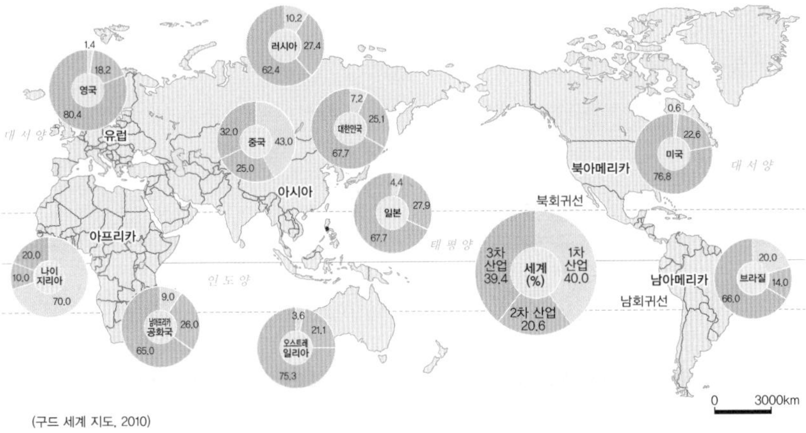

⋮ 국가별 산업 구조

- 개발 도상국: 산업화의 진전으로 탈공업화가 진행되고 있으며, 3차 산업의 비중이 급격히 증가
- 선진국: 전체 산업 종사자 중 서비스업 종사자 비중이 평균 70~80%에 달함

(3) 서비스 산업의 발달 요인과 특성

발달 요인	• 인구와 소득(구매력) 변화, 교통 통신 및 지식 산업 발달, 관광 및 여가 산업의 성장, 근무 형태의 변화(주 5일제 근무 등)
특성	• 공급자에 따라 제공하는 서비스가 달라져 표준화와 대량 생산 어려움 • 기계화 수준이 매우 낮은 노동 집약적 산업으로 고용의 파급 효과가 큼 • 제조업의 성장 지원, 정보·기술·지식 공급을 위한 생산자 서비스 수요 증대 • 높은 소득 탄력성: 소득이 높아질수록 서비스업에 대한 수요가 급격히 증가
중요성	• 산업 구조가 고도화되면서 서비스 산업의 비중 확대되고 고용의 확대, 소득의 증가로 이어져 경제 활동의 활성화

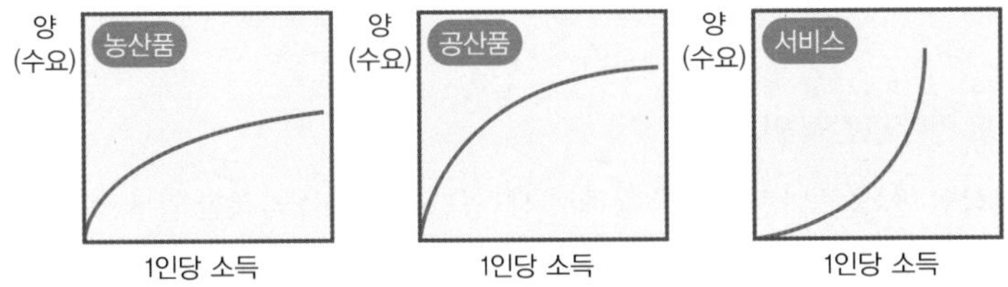

⋮ 산업별 소득 탄력성

■ 수도권 제조업 종사자 수 증감률

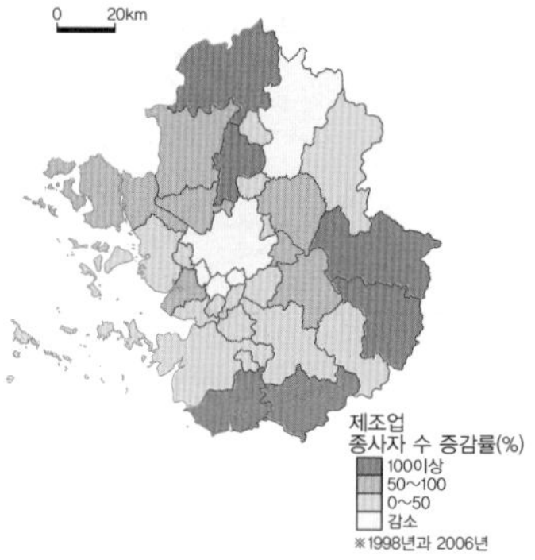

연천군, 평택시, 안성시 등 수도권 외곽 지역의 제조업 종사자 수 증가가 두드러진다.

■ 수도권 생산자 서비스업 종사자 수 증감률

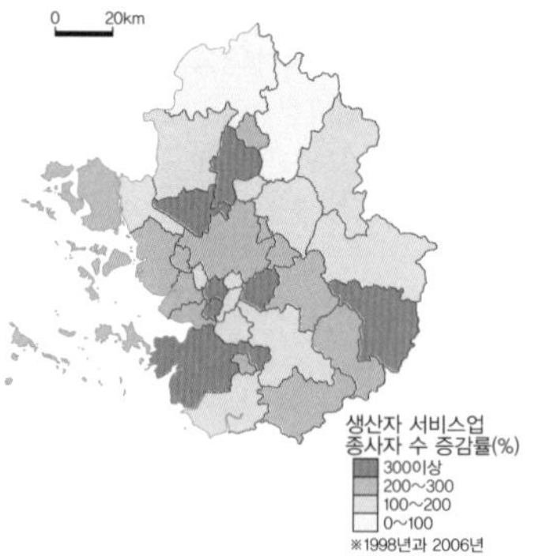

화성시, 고양시, 성남시 등의 증가율이 뚜렷하게 나타난다.

■ 지식기반 서비스업의 수도권 집중도

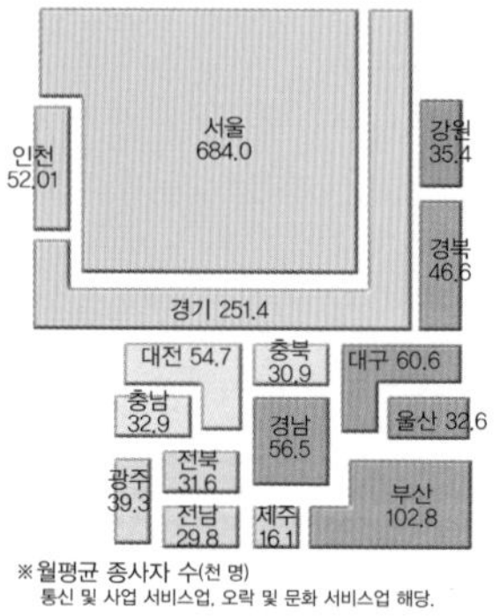

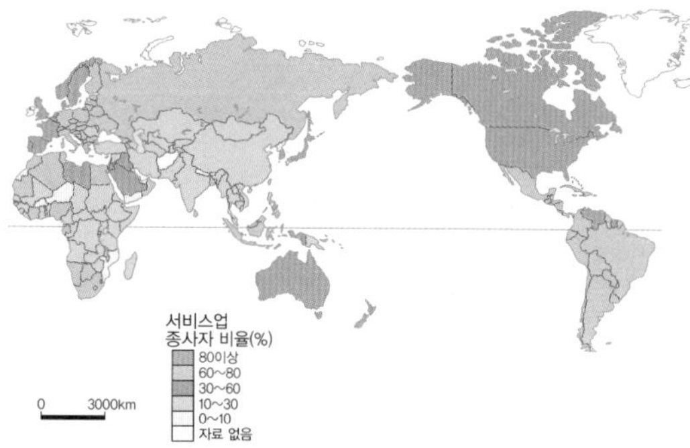

↑ 서비스업 종사자 비율

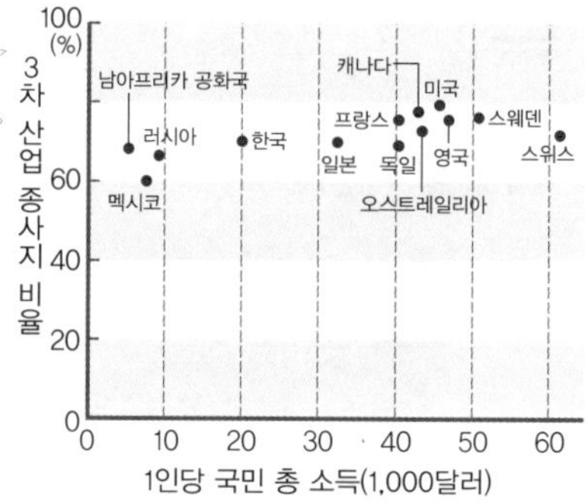

↑ 3차 산업 종사자 비율

(4) 서비스 산업의 입지와 분포

① 소비자 서비스업의 입지

• 일정한 거리를 유지하면서 소비자 부근에 분포(편의점)

• 전문화된 소비자 서비스업(귀금속 상가)은 한 곳에 집중

① 생산자 서비스업의 입지

• 교통과 통신이 편리하고 정보 획득이 용이한 곳

• 기업과 가까운 곳에 분포하며 대도시, 특히 도심, 부도심에 집중

↑ 서울특별시의 소비자 서비스업 분포

↑ 서울특별시의 생산자 서비스업 분포

2. 지식 정보화와 공간 변화

(1) 지식 기반 산업의 공간적 집중

① 지식 기반 산업: 지식과 정보의 활용도가 높거나 부가 가치 창출에 크게 기여하는 산업

• 개인 및 조직 간 상호 작용을 통한 혁신 강조

• 연구 개발 부문에 대한 투자 비용이 높고 타 산업에 대한 파급 효과가 매우 큼

② 입지 특징: 연구·개발 시설이 인접해 있으며 교통이 편리한 곳을 선호

• 공간적 집중: 수도권 등 대도시 핵심 지역에 집중 분포

• 수도권 내에서도 서울(지식 기반 서비스업)과 경기도(지식 기반 제조업)의 공간적 분업을 형성

(2) 정보화로 인한 공간적 변화

① 근무 방식의 변화: 스마트 워크를 통해서 시·공간적 제약을 극복한 업무 수행 가능

② 전자 상거래 발달: 정보 통신 네트워크를 통해서 물품을 구매하여 운송·택배업 성장

3. 서비스업의 세계화

(1) 금융의 세계화

① 의미: 금융이나 자본이 국가와 지역 사이를 제약 없이 자유롭게 이동하는 현상

긍정적 영향	• 금융·자본 배분 효율을 높여 투자 증대 및 경제 성장 촉진 • 금융 시장의 경쟁 촉진으로 금융 기관 및 제도의 효율성 향상
부정적 영향	• 개발 도상국의 경우 해외 자본 유입으로 인플레이션이 발생하여 주식과 부동산 가격 상승 및 경상 수지 적자 • 금융 기관의 시장 점유율 확대를 위한 무분별한 경쟁과 대출 증가로 금융 위기 초래 가능

② 세계적 규모의 금융: 국제 통화 거래량 및 해외로부터 유입된 금융 자산의 규모가 크고 세계적인 대형 은행의 본점이 입지(뉴욕, 런던, 도쿄 등)

• 금융업의 입지 특성

집중	의사 결정 기능은 세계 도시나 메갈로폴리스 지역에 집중
분산	영업 지점, 현금 인출 기능, 인터넷 금융 등의 기능은 자유롭게 분산

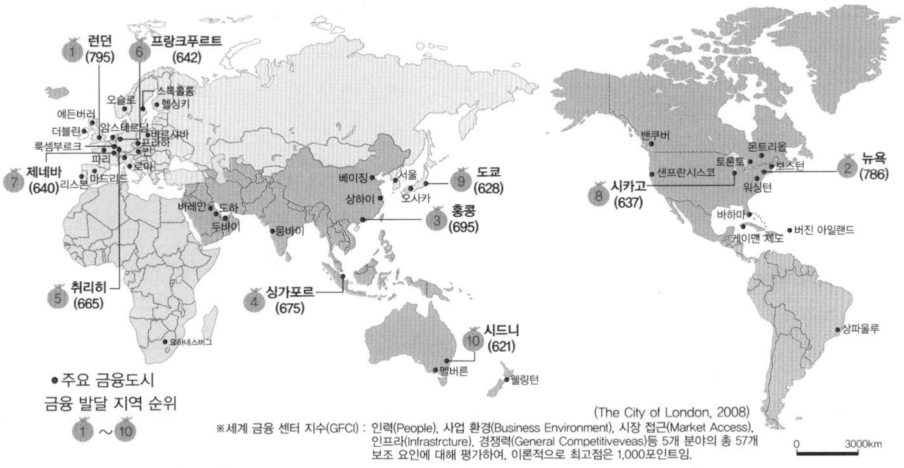

⁝ **세계 주요 금융 도시**

(2) 유통의 세계화와 영향

① 배경: 다국적 기업의 활동 증가, 유통 시장의 개방, 외국 자본과 기술의 직접 투자, 전자 상거래 급증 등에 의해 가속화

② 변화: 외국 자본에 의한 새로운 유통 질서 형성, 편의점, 창고형 대형 할인 매장 등이 발달

③ 영향: 생산과 소비에 강력한 영향력 행사

• 제조업체에게 제품 가격 인하 요구 → 제조업체는 노동자의 근무 시간 연장, 비정규직으로의 전환 등으로 생산비 절감 → 노동자의 실질 임금 저하

• 국내 업체 생산 제품과 유사한 제품을 수입·판매하여 국내 업체에 타격을 줌

(3) 관광의 세계화의 영향

① 배경: 경제적 풍요, 기계화·자동화로 노동 시간 단축, 여가 시간 증가, 교통 발달, 정보 통신 발달로 관광 정보 획득이 용이해져 전 세계적으로 관광을 위한 이동 증가

② 영향: 관광객의 수송 증가, 자본의 흐름 확대, 관광 정보·서비스 산업 발달

긍정적 영향	국민 총생산 증가, 고용 창출, 교통·통신·전기·도로·항공 등 기반 시설 개선, 국민 보건 증진, 국제 문화 교류와 친선 증진, 국민 교육 향상
부정적 영향	정부의 소비 지출 증가, 관광 관련 시설에 대한 과잉 투자, 계절 노동자 등의 고용 불안, 관광지로의 인구 유출, 물가 상승, 빈부 격차 심화, 고유 문화의 상품화, 생활의 서구화, 자연 환경 파괴

■ 인터넷을 통한 해외 직접구매 시장 규모 변화

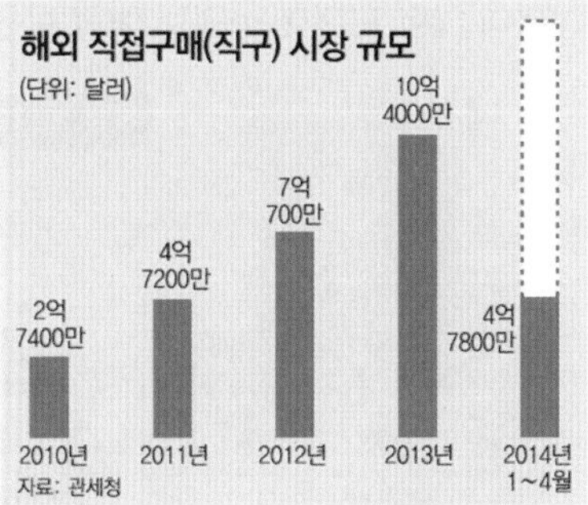

인터넷 발달과 해외 배송 대행업체의 등장으로 소비자들의 해외 직접 구매가 급격히 증가하고 있다.

■ 세계의 인터넷 사용률

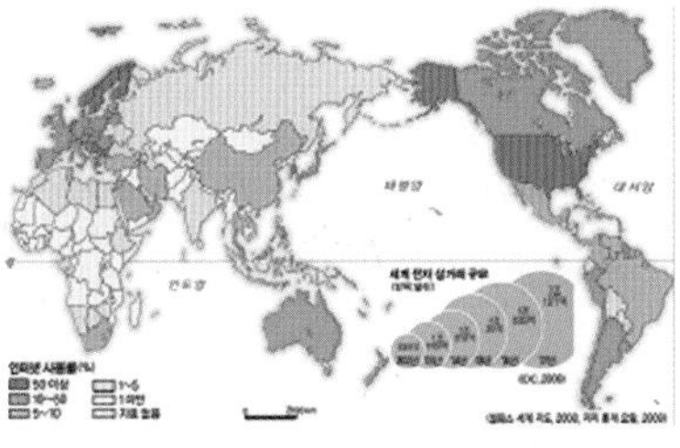

인터넷 사용률이 높은 국가에서 전자 상거래 이용도 높게 나타난다. 세계 전자 상거래 규모가 매년 빠르게 증가하고 있다.

■ 지역별 관광객 수의 변화

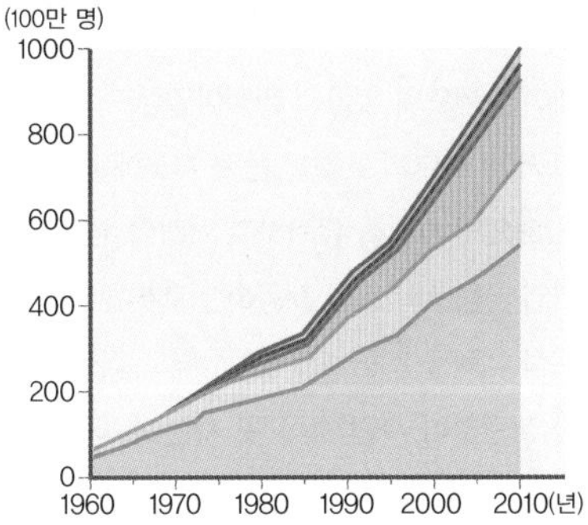

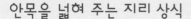

지리 상식 1 전 세계의 자본 수천 조 원이 몰려드는 케이맨 제도, 해적이 찾던 진정한 카리브 해의 보물섬?

주요 조세 피난처

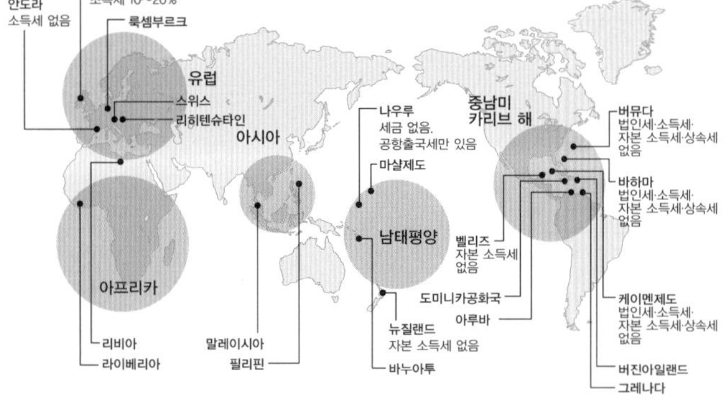

조세 피난처를 이용한 탈세

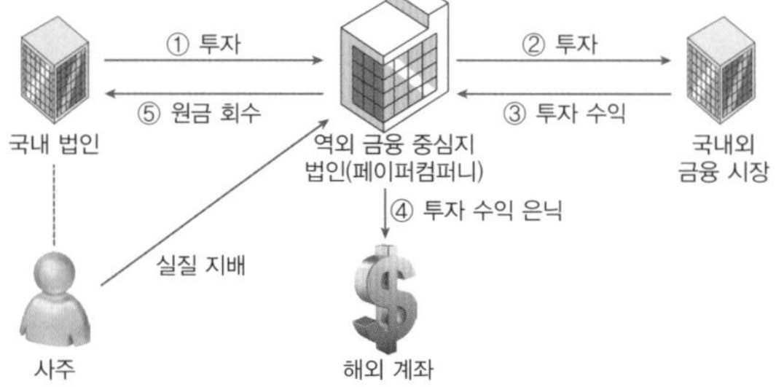

쿠바 인근의 작은 섬 케이맨 제도는 영국령으로 3개의 큰 섬과 여러 개의 작은 섬으로 구성되어 있다. 전체 주민은 4만 명에 불과한 아주 작은 섬이지만 1조 달러가 넘는 자산을 보유한 전 세계 수백여 개 은행들이 몰려 있다. 카리브 해의 작은 섬에 전 세계의 많은 자본과 은행들이 몰려드는 이유는 무엇일까?

케이맨 제도와 인근의 버진아일랜드, 바하마와 같은 작은 규모의 국가들은 전 세계 자본의 흐름을 돕고 자국에 자본을 유치하기 위해 역외 금융 서비스(해외의 자본을 유치하고 거래할 수 있도록 하는 서비스)를 제공한다.

역외 금융 서비스를 제공하는 대부분의 국가들은 투자 기업에게 다양한 제도적 혜택을 제공하고 있다. 역외 금융 서비스를 채택하는 기업들은 국적과 상관없이 사업 소득 및 자본 소득에 대한 세금의 면세 혜택을 받을 수 있다. 또한 역외 금융 거래 정보에 대한 보호가 법적으로 보장되어 있다. 이러한 개인 정보 보호 기능과 세금 우대는 오히려 범죄 및 불법 거래를 위한 방도로 악용되고 있어 큰 문제가 되고 있다.

세계의 많은 기업들은 세금을 내지 않기 위해 케이맨 제도와 같은 역외 금융 중심지에 유령 회사(Paper company, 서류상으로만 존재하는 회사)를 만든다. 기업들은 그 회사가 수출입 거래를 하거나 수익을 이룬 것처럼 조작해 세금을 내지 않거나 축소한다. 국내 거주자의 경우 외국에서 발생한 소득(역외 소득)도 국내에서 세금을 내야 하지만 외국에서의 소득은 숨기기 쉽다는 점을 악용한 것이다. 이러한 이유로 케이맨 제도, 버진아일랜드와 같은 역외 금융 중심지 국가들에게는 조세 피난처라는 불명예스러운 별명이 붙게 되었다. 2013년 조세정의 네트워크의 발표에 따르면 우리나라의 기업과 부자들도 조세 피난처에 무려 866조 원이라는 천문학적인 자본을 꽁꽁 숨겨 놓았다고 한다.

지리 상식 2 뉴욕 가정집 냉장고 고장 접수를 지구 반대편 인도에서 받는다구?

지난 2008년 개봉한 인도를 배경으로 한 영화 〈슬럼독 밀리어네어〉에서 주인공 자말은 정규 교육을 받지 못한 고아 소년이다. 그가 생계를 위해 할 수 있었던 직업은 현실적으로 인도에서 많지 않았다. 영화 속 주인공은 영국과 미국 기업 아웃소싱을 하는 콜센터 직원으로 근무하면서 생계를 해결한다. 그러던 어느 날 그는 어릴 적 헤어진 운명적인 미소녀를 만나기 위해 퀴즈쇼에 참가하기로 결심한다. 이 영화에서처럼 영어권 선진국의 콜센터의 대부분이 인도나 필리핀과 같은 영어권 개발 도상국으로 이전되고 있다. 콜센터에서의 상담과 같은 후방 지원 업무를 통틀어 백오피스(back office) 라고 한다.

백오피스의 주된 업무는 보험 처리, 급여 관리, 문서 작업, 기타 반복적인 회사 업무를 담당한다. 또한 신용카드, 배달 처리, 그리고 설치, 관리, 수리에 관련된 모든 기술적인 질의에 대응하는 업무도 맡는다.

전통적으로 백오피스는 주로 도심의 본사 건물 내 혹은 근접한 곳에 입지하며, 도심에서 일하는 종업원들은 대부분 단순히 전표를 정리하는 작업을 한다. 단순한 작업의 감독과 신속한 전표 처리를 위해 백오피스의 접근성은 가장 중요한 입지 요인이었다. 그러나 도심 지가 상승과 정보 통신 기술의 발달로 백오피스의 공간적 접근성이 중요하지 않게 되었다. 이러한 백오피스 입지 환경의 변화 속에서 개발 도상국은 두 가지 차원에서 백오피스를 입지시키는 데 유리하다. 첫째는 저렴한 노동이다. 대부분의 백오피스 종사자는 연봉이 수천만 원 정도이다. 이 급여는 개발 도상국의 다른 경제 부문의 임금 수준을 고려하면 높은 편이지만, 선진국의 급여 수준과 비교하면 1/10 정도에 그친다. 따라서 선진국에서는 하찮은 일로 여겨지는 업무가 개발 도상국에서는 교육과 일에 대한 열정이 높은 사람들에게 매력적인 일로 간주된다. 둘째는 영어 구사 능력이다. 대부분의 개발 도상국이 선진국보다 낮은 임금 수준을 제시할 수 있지만 영어를 구사하는 노동력이 있는 국가는 그리 많지 않다. 아시아의 경우, 인도, 말레이시아, 필리핀과 같은 국가만이 과거 영국 및 미국의 식민지 경험으로 인해 영어를 구사할 수 있는 충분한 인력을 가지고 있다. 아메리칸 익스프레스나 제너럴 일렉트릭과 같은 미국의 다국적 기업은 이러한 개발 도상국에 백오피스를 두고 있다.

아시아에서 전화상으로 영어를 구할 수 있는 노동력을 보유한 국가는 백오피스의 입지를 선정하는 데 있어서 전략적으로 유리하다. 단순히 고객의 질문에 영어로 답할 수 있는 능력뿐만 아니라 미국 소비자의 음악, 영화, TV에 대한 선호를 이해할 수 있기 때문이다.

James M. Rubenstein, 정수열·이욱·백선혜 외 역, 『현대인문지리학』

[선택형]

· 2011 6 평가원

1. 그래프는 수요자 유형에 따라 분류한 (가), (나) 서비스의 시·도별 종사자 수 비율을 순위대로 나타낸 것이다. 이에 대한 설명으로 옳은 것은?

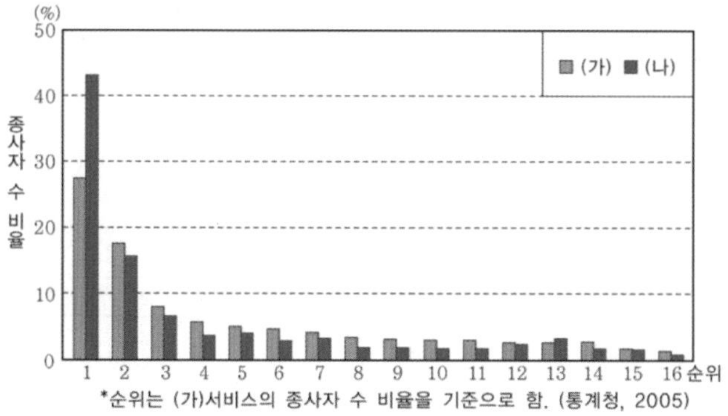

① (가)는 (나)에 비해 전체 종사자 수가 적다.
② (가)는 (나)에 비해 지역 간 분포가 불균등하다.
③ (가)는 (나)에 비해 접근성이 큰 지역에 입지한다.
④ (가)는 생산자, (나)는 소비자에게 주로 제공된다.
⑤ 탈공업화 사회에서는 (나)의 중요성이 높아진다.

2. (가)~(다) 국가의 산업 구조로 옳은 것을 A~C에서 고른 것은?

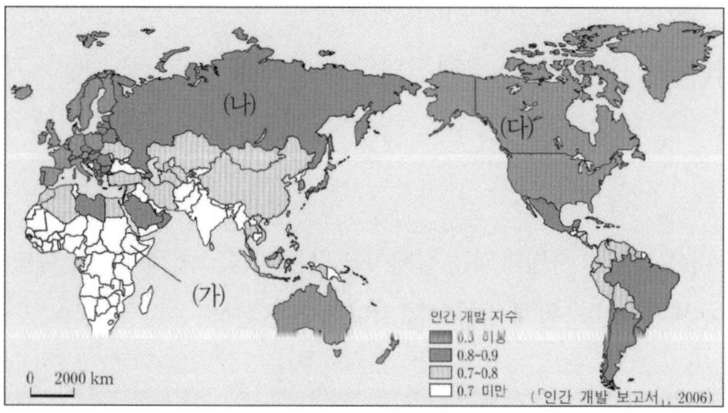

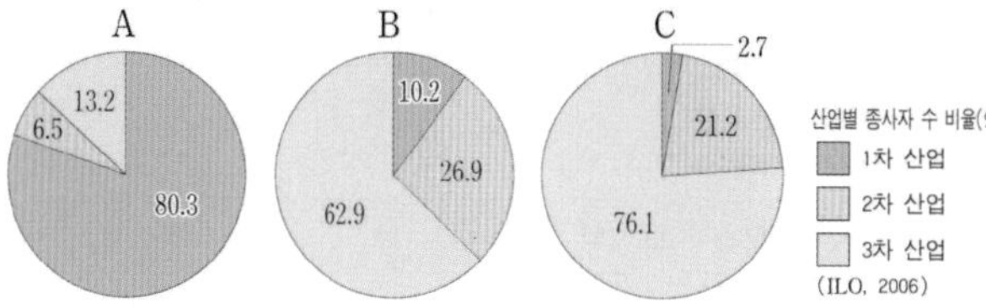

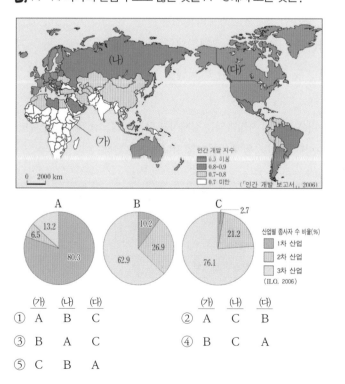

	(가)	(나)	(다)		(가)	(나)	(다)
①	A	B	C	②	A	C	B
③	B	A	C	④	B	C	A
⑤	C	B	A				

[서술형]

1. 아래에 제시된 서비스 업종들을 서비스 ㉠ 수요자에 따라 분류하고 수요자 기준으로 분류한 각각의 서비스업들의 ㉡ 입지 및 분포의 특징을 각각 논하시오.

회계, 세무, 연구 및 개발, 도매업, 숙박업, 레저, 요식업

2. 아래 지도에 제시된 나라에서 공통적으로 나타나는 금융 서비스업의 특징과 이와 관련된 이들 국가 내에서의 법적 혜택에 대해 서술하고, 아래 국가들의 특정 금융 서비스를 이용한 범죄 행위와 관련해 생겨난 신조어를 쓰시오.

chapter 06

서비스 및 산업 지리

02. 경제 활동의 변화와 다국적 기업

핵심 출제 포인트

- ▶ 세계화의 의미와 영향
- ▶ 지역화의 의미와 영향
- ▶ 지역 경제 블록의 유형과 종류
- ▶ 지역 경제 블록의 분포
- ▶ 다국적 기업

1. 세계화

(1) 세계화의 의미 교통과 정보 통신 기술의 발달에 따른 활동 공간의 지리적 확대와 국제 상호 연계성이 증가되는 현상

(2) 세계화의 원인

① 교통과 정보 통신 기술의 발달: 지형이나 거리의 영향력 감소로 사람과 물자의 이동이 용이해 짐

② 자유 무역의 확산을 위한 국제적 노력

관세 무역 일반 협정 (GATT, 1947년)	• 공산품 위주의 자유 무역 추구
우루과이 라운드 (1993년에 타결, 1995년에 발효)	• 1986년 관세 및 무역에 관한 일반 협정의 제 8차 다자간 무역 협상 • 농산물과 섬유류를 자유 무역 대상에 포함하는 등 관세 무역 일반 협정(GATT)의 확대 및 강화 추구
세계 무역 기구(WTO,1995년)	• 공산품, 농산품, 서비스업 등 전 방위에 걸친 자유 무역 추구 • 국가 간 무역에서 발생하는 분쟁을 해결 및 조정

(3) 세계화의 영향

① 거대 단일 시장으로의 세계 통합: 상품, 서비스, 자본, 노동, 정보 등의 자유로운 이동이 가능해져 개인, 기업, 국가 간 경쟁 심화

② 지구적 규모의 상호 의존도 증가: 국경을 초월한 교류 확대로 각 지역의 정치, 경제, 사회, 문화의 연계성 증가

(4) 세계화에 따른 지역 간 갈등

① 다국적 기업의 발달로 국가 간 경제 격차 및 소득 불균형 심화

② 인종·민족·종교 간 갈등, 국가 간 정치적 이해에 따른 갈등 발생

③ 전 지구적 환경 문제 심화: 자원, 산업 폐기물, 공해 산업의 개발 도상국 이전 등

2. 지역화의 의미와 영향

(1) 지역화의 의미 각 지역이 다른 지역과 차별화되는 정체성을 갖는 과정으로 세계화의 흐름 속에서 지역의 고유한 특성이 세계적인 차원에서 가치를 지니게 되는 현상

(2) 지역화의 영향

지역 간 경제 협력체 결성	• 지역 경제 블록 형성: 지역 단위 내의 자본·물자·정보의 자유로운 유통 추구 • 자유 무역 협정(FTA) 체결: 국가·지역 간 자유 무역 및 경제 협력 추구 • 특정 지역 간 경제 협력 지대 조성 • 시조리(SIJORI) 성장 삼각 지대
지방의 분권화	• 정부의 지방 통제권 약화, 지방 자치권 강화 • 지방 정부 주도의 국제 행사 개최 • 부산 국제 영화제, 평창 동계 올림픽 유치 등
지역의 세계화	• 지역적 문화의 세계적 확산 • 한류의 확산

■ 시조리(SIJORI) 성장 삼각 지대

싱가포르와 말레이시아를 잇는 통행로

동남아시아의 믈라카 해협에 인접해 있는 싱가포르, 말레이시아, 인도네시아는 국경을 넘어선 초광역 경제권이 형성된 곳이다. 싱가포르를 중심으로 인접해 있는 말레이시아의 조호르 주, 인도네시아의 리아우 주가 주요 무대로 각 지역 이름의 머리글자를 딴 '시조리 성장 삼각 지대'라는 별칭을 가지고 있다. 이 지역에서는 1990년대 초부터 본격적인 경제 협력이 이루어지기 시작했다. 싱가포르의 자본과 물류, 금융 인프라, 말레이시아와 인도네시아의 저렴한 토지, 노동력, 자원이 섞여 하나의 경제 권역을 형성하고 있다.

■ 북아메리카 자유 무역 협정(NAFTA)

일명 '나프타'라고 불리는 이 협정은 1994년 1월 1일부터 정식 발효되었으며, 미국, 캐나다, 멕시코의 북아메리카를 단일 시장으로 통합하여 자유 무역 지대로 묶는 거대한 경제 단위이다.

■ 동남아시아 국가 연합(ASEAN) 가입국

1961년 창설된 동남아시아 연합(ASA)의 해체 후 1967년 8월 8일 설립되었다. 설립 당시 회원국은 필리핀, 말레이시아, 싱가포르, 인도네시아, 타이 등 5개국이었으나, 1984년의 브루나이에 이어 1995년 베트남이 정식으로 가입하고, 그후 라오스, 미얀마, 캄보디아가 가입하여 10개국으로 늘어났다. 이 기구는 동남아시아 지역의 경제적, 사회적 기반 확립과 각 분야에서의 평화적이며 진보적인 생활 수준의 향상을 목적으로 한다.

3. 자유 무역 협정의 확산

(1) 자유 무역 협정(FTA: Free Trade Agreement)의 의미 협정을 맺은 당사국 간의 상품에 관한 관세 인하 및 철폐, 투자의 자유화, 서비스업 교역의 확대 등 무역 장벽의 해소를 위한 협정

(2) 자유 무역 협정의 장·단점

장점	• 무역 장벽 해소로 인한 교역량 증가는 무역 수지의 증가로 이어짐 • 외국인 직접 투자 확대로 경제적 효율성 및 기업 경쟁력의 강화 • 소비자가 재화 및 서비스를 저렴하게 이용 가능
단점	• 개발 도상국의 경제적 종속 • 국내 사양 산업의 쇠퇴 가속화

4. 지역 경제 블록

(1) 결성 목적 지리적으로 인접해 있으며 경제적으로 상호 의존도가 높은 국가들이 공통의 이해 증진을 위해 결성

(2) 영향

① 국가 간 관세나 무역 장벽을 철폐 또는 완화하여 국가 간 교역량을 확대하고 자원을 효율적으로 이용하여 투자의 활성화, 규모의 경제 효과 등을 얻을 수 있음

② 약소국들이 모여 자신들의 의견을 국제 사회에 반영하기 유리함

③ 배타적인 블록화는 블록에 소속되지 않은 비회원국에 대한 차별 유발

(3) 사례

① 북아메리카 자유 무역 협정(NAFTA)

• 미국, 캐나다, 멕시코 3개국으로 구성

• 미국의 자본과 기술, 캐나다의 풍부한 자원, 멕시코의 저렴한 노동력을 결합하여 상호 보완

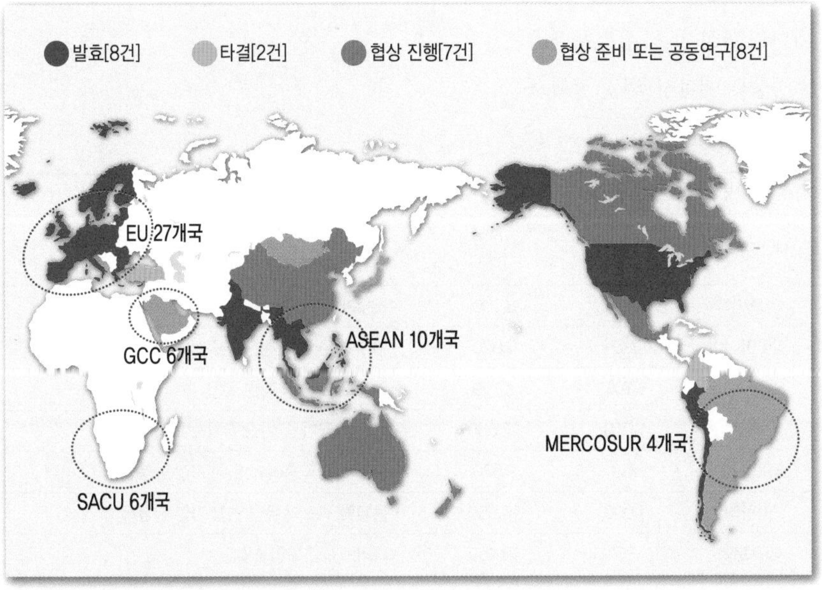

⇡ 세계의 지역 협력체와 우리나라의 FTA(2012) 국가는 반세기 전 만해도 정치·사회·문화적 경계로 뚜렷한 의미가 있었으나, 오늘날에는 그 역할이 점점 축소되고 있다. 세계화와 더불어 지역화가 진전되면서 국경의 개념이 상대적으로 약화되고 다양한 차원의 지역들이 세계를 움직이는 중요한 단위로 떠오르고 있다. 가장 큰 지역 단위로는 정치·경제적 각종 국제 협력 기구가 대표적이다. 유럽 연합(EU), 동남아시아 국가 연합(ASEAN) 등과 같은 지역 단위 내에서는 물자와 정보가 자유로이 국경을 넘나들고 있다. 작은 단위의 지역 경제 협력체로는 싱가포르, 말레이시아, 인도네시아 국경 지대의 시조리(SIJORI) 성장 삼각 지대나 스위스의 바젤, 프랑스의 알자스, 독일의 바덴 지방을 상호 연결한 경제 협력 지대 등을 들 수 있다.

■ 남미 남부 공동 시장(MERCOSUR)

남미 남부 공동 시장은 2005년 12월부터 결합 과정에 있으며 아르헨티나, 브라질, 파라과이, 우루과이, 베네수엘라를 포괄하는 경제 공동체이다. 물류와 인력 그리고 자본의 자유로운 교환 및 움직임을 촉진하며 회원국(브라질, 아르헨티나, 우루과이, 파라과이, 베네수엘라)과 준회원국(볼리비아, 칠레, 콜롬비아, 페루, 에콰도르) 사이의 정치·경제 통합을 증진시키는 것을 목적으로 하고 있다. 메르코수르는 외부 시장에 대한 동일한 관세 체제를 만들었고, 1999년부터는 회원국 사이의 무역에서 90% 품목에 대해 무관세 무역을 시행하고 있다.

■ EU와 NAFTA회원국의 총생산액 비교

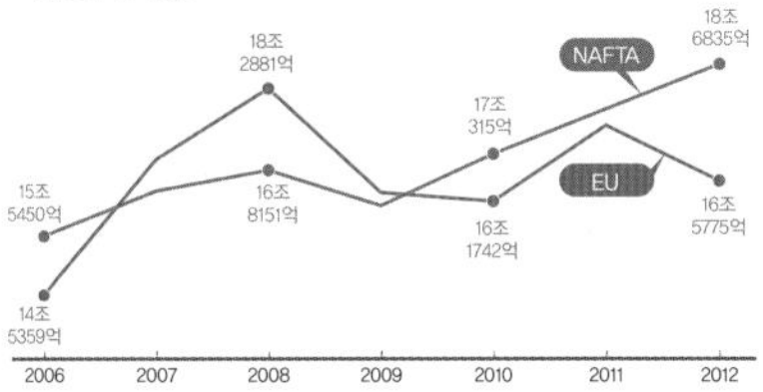

2010년 유로존 경제 위기 이후 EU와 NAFTA의 총생산액 순위는 역전되었다.

■ **세계적 경제 협력 기구**
- 국제 통화 기금(IMF): 환율 안정과 세계 경제의 균형적인 발전을 도모하는 기구
- 국제 부흥 개발 은행(IBRD): 회원국 간의 국제 무역 확대와 국제 수지의 균형을 도모하여 경제 부흥과 자원 개발을 도와주는 기구
- 경제 협력 개발 기구(OECD): 선진국을 중심으로 회원국의 경제 성장 촉진, 개발 도상국 지원, 세계 무역 확대를 목적으로 하는 기구

■ **마스트리흐트 조약**

유럽 공동체(EC) 회원국 간에 1991년 12월 11일 네덜란드 마스트리흐트에서 열린 유럽 공동체 정상 회담에서 합의한 유럽 통합 조약을 말한다. 1992년 2월 유럽 공동체 외무 장관 회의에서 정식으로 조인되어 1993년 11월 1일부터 정식으로 효력을 발휘하였다. 이 조약에 따라 유럽 공동체는 유럽 연합(EU: European Union)으로 명칭을 바꿔 출범했다. 유럽 연합이 출범하기 전까지는 유럽 공동체가 그동안 유럽 지역의 시장 통합을 넘어, 정치적·경제적 통합체로 발전하는 기반이 되었다.

■ **2013년 유럽 연합(EU) 가입국 현황**

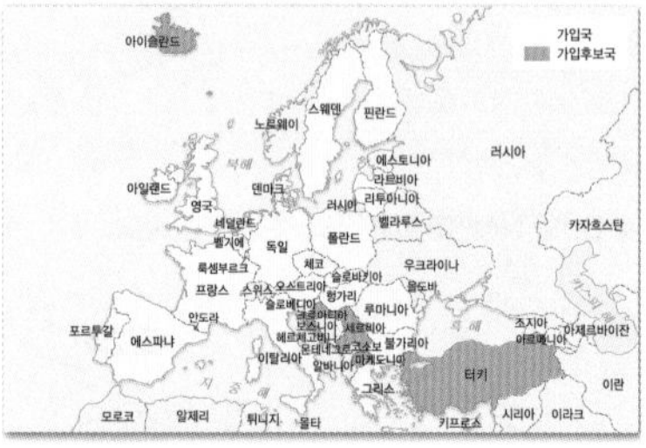

2013년 크로아티아가 유럽 연합(EU)의 회원국으로 가입함으로써 회원국은 총 28개국이 되었다. 현재 유럽 연합의 본부는 벨기에의 브뤼셀에 있으며 상임 의장은 벨기에 총리 출신의 반롬퓌이가 맡고 있다.

성이 높은 경제 협력을 추구하고 있음

② 동남아시아 국가 연합(ASEAN)
- 태국, 베트남, 필리핀, 인도네시아 등 동남아시아 10개국으로 구성
- 대부분 국가들의 경제 구조가 취약, 유사한 산업 구조를 보임

③ 기타: 아시아 태평양 경제 협력 각료 회의(APEC), 남미 남부 공동 시장(MERCOSUR) 등

(4) 경제 협력 기구에 대한 시각차

찬성	• 개발 도상국의 경제 발전에 크게 기여함 • 반대 논리가 개발 도상국의 경제 발전 기회를 빼앗을 수 있음
반대	• 선진국 중심의 세계 경제 체제를 더욱 공고히 함 • 선진국이 개발 도상국의 자원, 노동력, 토지 등을 착취하며 환경을 파괴함

5. 유럽 연합을 통해 하나의 연방으로 통합되는 유럽

(1) 유럽 통합의 역사

연도	특징
1944년	베네룩스 3국의 관세 동맹
1952년	유럽 석탄 철강 공동체(ECSC) 발족, 프랑스·독일·이탈리아·베네룩스 3국의 석탄, 철강 공동 정책 추진
1957년	유럽 경제 공동체(EEC) 출범, 자본·상품·노동력·서비스의 자유로운 이동을 목적으로 함
1967년	유럽 공동체(EC) 출범, 역내 관세 철폐 및 공동 관세 제도 시행
1993년	마스트리흐트 조약, 통화 및 정치 동맹을 추진하기로 함, 단일 통화 사용에 대한 법적 기틀 마련
1994년	유럽 연합(EU) 출범

(2) 통합의 목적 경제·군사·외교적 통합을 통하여 하나의 유럽으로 발전하는 것을 지향

(3) 통합으로 인한 변화

① 물자·노동력·자본의 자유로운 이동(국경의 소멸)

② 단일 통화 창출: 유로화 통용

③ 공동의 에너지·환경 정책 등

(4) 신규 회원국

국가명	인구(만 명)	1인당 GDP(달러)	특징
에스토니아	133	11,410	• 발트 해에서 1인당 국민 소득이 가장 높은 나라 • 스웨덴, 핀란드와의 교역 의존도 높음
라트비아	226	8,100	• 소수계인 러시아 인들이 유럽 연합 가입 반대
리투아니아	337	7,870	• 가장 빠른 경제 성장률을 기록 중
폴란드	3,802	8,190	• 가장 많은 외국 자본 유치
체코	1,018	12,680	• 동유럽 국가 중 가장 잘사는 나라
슬로바키아	539	9,870	• 신입 회원국 중 실업률이 가장 높음, 지리적 이점
헝가리	1,000	10,950	• 동유럽 최초의 유럽 연합 가입 신청국
키프로스	86	18,430	• 그리스계만 가입 신청
슬로베니아	200	18,890	• 구유고 연방 중 최초로 회원국이 된 나라
몰타	40	13,610	• 과거 영국령, 룩셈부르크보다도 작은 나라
불가리아	758	3,990	• 국제 프랑스 어 사용국 기구(프랑코포니)의 정회원국
루마니아	2,134	4,850	• 흑해 근해 석유 매장, 트란실바니아 고원의 천연가스
크로아티아	455	9,330	• 가장 최근인 2013년에 회원국이 된 나라

더 알아보기

경제 통합의 유형

① 자유 무역 협정: 회원국 간 관세 철폐를 중심으로 하는 자유 무역 협정(예: NAFTA, FTA)
② 관세 동맹: 회원국 간 자유 무역 외에도 역외국에 대해 공동 관세율을 적용하는 관세 동맹(예: MERCOSUR)
③ 공동 시장: 관세 동맹에 추가해서 회원국 간에 생산 요소가 자유롭게 이동할 수 있는 공동 시장(예: EEC)
④ 완전 경제 통합: 단일 통화, 회원국의 공동 의회 설치와 같은 정치·경제적 통합 수준의 단일 시장(예: EU)

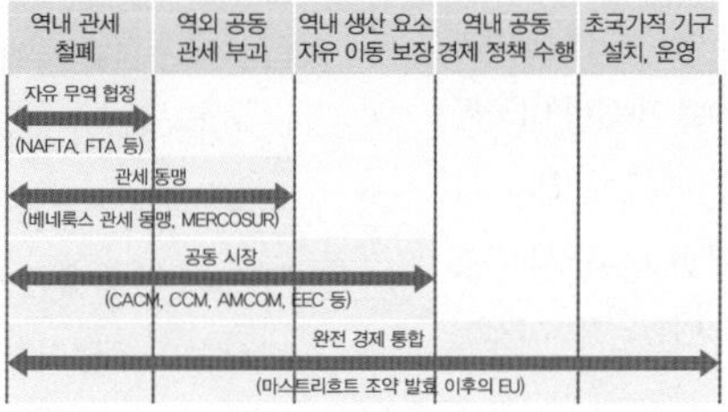

6. 다국적 기업의 성장

(1) 다국적 기업의 성장과 영향

① 성장 배경

- 교통·통신의 발달에 따른 경제 활동의 활성화, 자원 및 노동 비용 절감을 위해서는 개발 도상국으로 이동하고 무역 마찰 증대와 연구 개발의 중요성이 높은 경우에는 선진국으로 이동
- 국내 세금, 환경 오염 등 각종 규제를 피하기 위한 해외 이전으로 대량 생산의 이점이 감소하여 다품종 소량 생산 체제로 탈바꿈

② 다국적 기업의 역할

장점	• 현지 국가의 고용 창출 • 선진 기술 이전
단점	• 이윤의 해외 유출 • 다국적 기업의 결정으로 한 지역의 산업 공동화(공장 폐쇄) 가능성

(2) 기업 조직의 성장과 공간적 분업

① 본사(업무 관리 기능): 자본 및 우수 인력 확보가 쉬운 대도시, 중심 도시에 위치
② 연구 개발 시설: 우수한 연구 시설과 관련 시설이 집적되어 있는 지역
③ 공장(생산 기능): 저렴한 노동력을 충분히 확보할 수 있는 주변 지역이나 해외로 이전

(3) 기업 규모 성장 모델

단계	특징
1단계	• 단일 공장이 기업이 입지한 지역과 밀접한 관계를 가지고 성장
2단계	• 분공장이나 지방에 영업 지점을 설치하여 기업 조직 체계 수립
3단계	• 해외에 영업 대리점 설치로 해외 시장 침투
4단계	• 해외에 영업 지점 설치
5단계	• 해외에 분공장을 세워 다국적 기업으로 통합된 기업 조직 형성 • 본사와 분공장의 기능 분화 – 본사 : 자본, 의사 결정권, 행정 통제력의 집중 – 분공장 : 생산, 서비스, 시장 판매 등

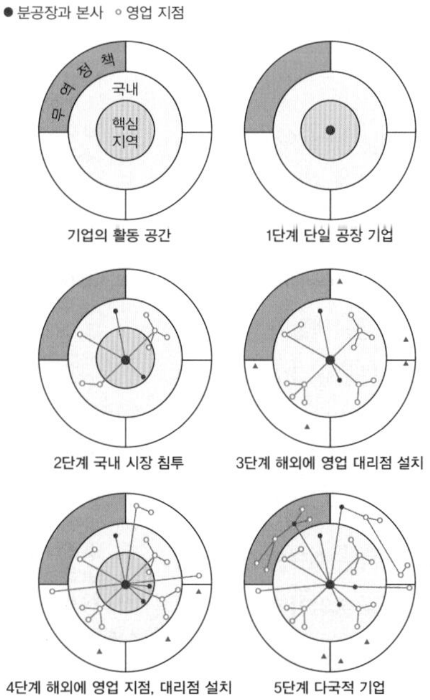

■ 다국적 기업의 국제 분업 체계도

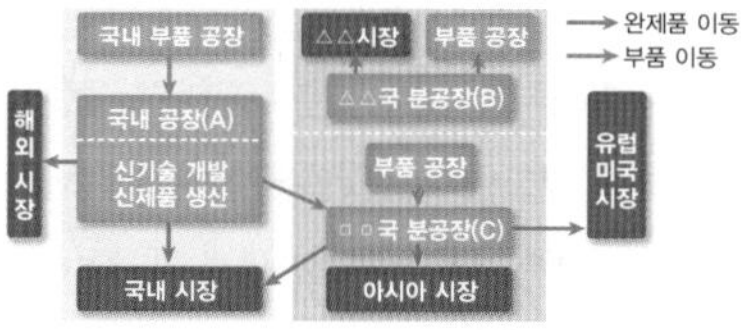

국내 공장(A)에서 제품을 만들어 수송하는 것보다 현지에 새로운 공장을 건설하여 제품을 생산, 공급하는 것이 더 이익이 된다면 그 지역에 공장을 설립하게 된다. (B) 공장의 경우 현지 시장 개척을 위해, (C) 공장의 경우에는 생산비 절감을 위해 입지한 것이다.

■ 다공장 기업과 다국적 기업

- 다공장 기업: 본공장 외에 다른 지역에 공장을 설립한 기업
- 다국적 기업: 생산비 절감, 해외 시장 확대, 무역 규제 완화를 위해 다른 나라에 생산 공장을 설립하거나 지사를 설립하여 운영하는 기업

■ 아웃소싱과 오프쇼링

아웃소싱(out sourcing)이란 기업 내부의 활동을 기업 외부의 제3자에게 위탁해 처리하는 것을 말한다. 예를 들면 A기업이 판매하는 선풍기를 B기업이 생산해서 A기업에 납품하는 경우에 A기업은 선풍기의 생산을 아웃소싱한 것이다. 오프쇼링(off shoring)은 IT 서비스 등 서비스 기능을 국외에 아웃소싱하는 것으로 정보 통신 기술의 발달, 선진국과 개발 도상국의 임금 격차 및 IT 기술의 전 세계적 확산 등의 이유로 발생하고 있다.

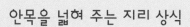

지리 상식 1 세계화의 뿌리, 신자유주의

신자유주의가 태동한 것은 1970년대 초반이다. 미국은 20세기 초반 경제 대공황을 겪으면서 이것을 극복하기 위해 세금을 통해 소득 격차를 줄이는 대압착 정책을 폈다. 제2차 세계 대전이 종료되면서 세계를 제패한 미국은 경제 황금기를 맞았고, 세계인에게 '아메리칸 드림'을 꿈꾸게 만들었다. 그러나 계속 유지될 것 같던 미국의 경제 성장은 1960년대 들어서면서 주춤거렸다. 이에 정부는 성장과 복지 중 성장을 우선시하게 되었는데, 이것이 곧 신자유주의의 시작이다.

미국과 영국으로 대표되는 신자유주의 정책하에서 정부는 작은 정부를 지향하였는데, 이것은 곧 복지 축소를 의미하는 것이다. 이는 계층 간 경제적 격차 심화로 이어져 빈익빈 부익부 현상을 가져왔다. 신자유주의를 채택하면서 미국과 영국은 무한 경쟁과 승자 독식의 사회로 접어들게 되었다.

신자유주의가 추구하는 '자유'를 좀 더 면밀하게 살펴보면 그것은 경제적 범주에만 한정된다는 특징이 있다. 곧 신자유주의의 발효는 '자유 시장, 자유 무역, 자유 송금, 사적 소유의 자유' 등을 의미한다.

워싱턴 컨센서스는 세계 무역 기구 등을 앞세워 무역의 완전 개방과 시장의 합리성이라는 논리에 근거하여 국영 기업의 민영화를 추구한다. 또한 사회 복지 관련 지출의 삭감을 통한 균형 재정, 탈규제의 논리에 근거한 금융 시장 개방과 투자자와 기업 활동에 최대한의 자율권 보장을 목표로 한다.

미국에 의해 신자유주의의 확대가 가속화되면서 다국적 기업의 활동이 늘어나게 되었으며, 시장은 세계 각국의 식량·교육·의료·상하수도·전력·교통·통신 등을 장악해 가기 시작하였다. 그 때문에 세계 곳곳에서 신자유주의의 부정적인 파열음이 확대되고 있다. 즉 시장이 공공 영역까지 장악해 들어가면서 제3세계 개발 도상국은 물론 미국에서도 많은 서민들이 고통을 겪고 있다.

전국지리교사연합회, 2011, 『살아있는 지리 교과서 2』

지리 상식 2 스포츠 세계화의 장 잉글랜드 프리미어리그, 비(非)유럽 연합 국가들에 쇄국 정책 시행?

박지성 선수가 활약했고 현재 기성용 선수가 맹활약하고 있는 세계 최고의 축구리그 잉글랜드 프리미어리그(England Premier League, EPL). 최고의 실력을 가진 선수들이 치열하게 경쟁하는 EPL은 전 세계에서 가장 많은 팬을 거느리고 있는 축구 리그이다. 다양한 민족과 인종들이 공 하나를 놓고 경쟁하는 EPL의 축구 경기를 보기 위해 세계의 많은 관광객들이 잉글랜드의 축구장을 찾고 있다. 나아가 최근 정보 통신 기술의 발달로 세계 어디에서든 경기를 실시간으로 볼 수 있게 되면서 EPL을 사랑하는 팬들은 기하급수적으로 늘고 있는 추세이다.

그런데 EPL이 요즈음 '쇄국 정책(鎖國政策)'으로 야단법석이다. 잉글랜드가 2014 브라질 월드컵에서 56년 만에 조별 리그에서 탈락하는 수모를 겪은 뒤 축구 종가의 부활을 위해 EPL에 외국인 선수의 영입을 줄여야 한다는 주장이 힘을 얻은 까닭이다. 자국 선수들이 경기에 나설 기회를 얻을수록 잉글랜드 축구가 강해질 것이라는 논리다. 실제로 잉글랜드 축구 협회(The Football Association, FA)는 8년 뒤인 2022년 카타르 월드컵 우승을 목표로 2015~2016 시즌부터 쇄국 정책의 도입을 추진하고 있다.

EPL에서 쇄국 정책이 추진된 것은 이번이 처음이 아니다. 6년 전인 2008년 잉글랜드가 유로2008 예선에서 탈락해 본선에 진출하지도 못하면서 한 차례 거론되었던 정책이다. 고든 브라운 전 영국 총리가 직접 나서 "EPL에 영국 출신 선수 비율을 늘릴 필요가 있다."라고 주장하면서 한 차례 태풍이 휘몰아쳤다. 당시 브라운 총리는 영연방(잉글랜드·스코틀랜드·웨일스·북아일랜드) 출신을 제외한 모든 선수들을 용병으로 분류해 보유 및 출전을 제한하길 원했다. 그러나 이 정책은 유럽 연합(EU) 내 노동자들(선수 포함)이 유럽 어느 곳에서든 차별받지 않고 자유롭게 일할 수 있다는 유럽 통합의 기본 취지와 배치돼 좌절되었다.

이 때문에 FA의 새로운 쇄국 정책은 유럽 연합 출신을 제외한 나머지 국적을 가진 선수들의 출전을 제한하는 쪽으로 짜이고 있다. 예컨대 이탈리아나 프랑스 출신 선수들은 쇄국 정책에 영향을 받지 않는다. 10년 사이 EPL의 한 축으로 떠오른 아프리카와 아시아 출신들을 타깃으로 삼은 정책인 셈이다. FA는 이번 정책으로 외국인 선수가 크게 감소할 것으로 기대하고 있다. 그렉 다이크 FA 의장은 "최근 4년간 EPL에 입성한 유럽 연합 출신이 아닌 외국인 선수는 122명인데, 새 정책을 도입하면 절반은 될 수 없을 것"이라고 주장하였다. 유럽 연합 회원국 28개국의 선수들을 제외한 아르헨티나의 디 마리아, 콜롬비아의 팔카오, 대한민국의 기성용, 코트디부아르의 야야 투레와 같은 최고의 선수들을 더 이상 EPL에서 보지 못할 수도 있다는 것이다.

맨체스터 유나이티드
D L D L W
23:00
QUEENS PARK RANGERS
W L L L L
Competition 프리미어 리그
Date 14 9월 2014
Game week 4
Kick-off 23:00
Venue Old Trafford (Manchester)
LINEUPS
1 데 헤아
6 에반스
2 하파엘
5 M.로호
42 T. Blackett
7 디 마리아
17 D.블라인드
21 안데르 에레라
20 판 페르시
10 루니
8 마타
Coach: 판 할
1 그린
5 퍼디낸드
6 힐
4 코커
19 크란차르
14 이슬라
10 페르
7 M.필립스
30 산드루
23 D.호일레트
9 C. Austin
Coach: 레드냅
SUBSTITUTES
3 쇼
9 팔카오
11 야누자이
13 린데가르트
24 플레처
25 발렌시아
44 A. Pereira
3 트라오레
12 A. McCarthy
15 오누오하
20 헨리
24 바르가스
25 자모라
27 타랍

↑ **축구의 세계화** 한 팀에 소속된 선수들의 국적이 서로 다르다.

주간경향, 2014.9, "더 이상 한국인 프리미어리거는 없다?"

지리 상식 3 **세계 경제 패권을 두고 경쟁하는 두 집안, 유럽 연합과 북미 자유 무역 협정! 승자는 누가될까?**

1993년 마스트리히트 조약의 발효로 완전 경제 통합체로 거듭난 유럽 연합은 2013년 현재 28개국의 회원국으로 구성되어있다. 28개국 간에는 노동, 재화, 서비스의 이동이 자유로우며, 동일한 통화를 사용하여 하나의 거대한 경제 국가를 형성하고 있다.

미국과 캐나다, 멕시코는 1992년 북미 자유 무역 협정을 체결하여 또 하나의 거대한 세계 경제축을 형성하고 있다. 미국의 기술, 캐나다의 풍부한 자원, 멕시코의 저렴한 노동력은 높은 상호 보완성을 보이면서 북아메리카의 경제 발전을 이끌고 있다. 멕시코와 미국의 국경 지역에는 '마킬라도라(Maquiladora)'라고 불리는 보세 공장들이 분포하고 있다. 이 공장들은 저렴한 노동력을 활용하여 부품과 완제품을 생산하고, 미국은 마킬라도라에 자본과 기술을 제공하며 제품의 소비지 역할을 함으로써 경제적 선순환 구조를 형성하고 있다.

줄곧 북미 자유 무역 협정이 쥐고 있던 세계의 경제 주도권이 2006년 이후 오락가락하고 있다. 2007년 유럽 연합에 역전되어 수위 자리를 넘겨 준 북미 자유 무역 협정의 연간 총생산액은 2008년 서브프라임 모기지 사태로 미국에 경제 위기가 닥치면서 유럽 연합과의 격차가 1조 5,000억 달러까지 벌어지게 되었다. 하지만 일명 PIIGS(포르투갈, 아일랜드, 이탈리아, 그리스, 스페인) 국가들의 과도한 국가 부채와 재정 적자, 높은 실업률로 인해 불어 닥친 경제 위기로 유럽 연합은 2009년 북미 자유 무역 협정에 경제 규모 수위 자리를 바로 넘겨주게 되었다.

2012년 현재 북미 자유 무역 협정의 총생산액은 18조 6,835억 달러, 유럽 연합의 총생산액은 16조 5,775억 달러로 무려 2조 달러 이상 차이가 나고 있다. 2000년대 세계의 경제 주도권을 두고 벌이는 북미 자유 무역 협정과 유럽 연합의 엎치락뒤치락 싸움은 결국 누구의 승리로 끝나게 될까?

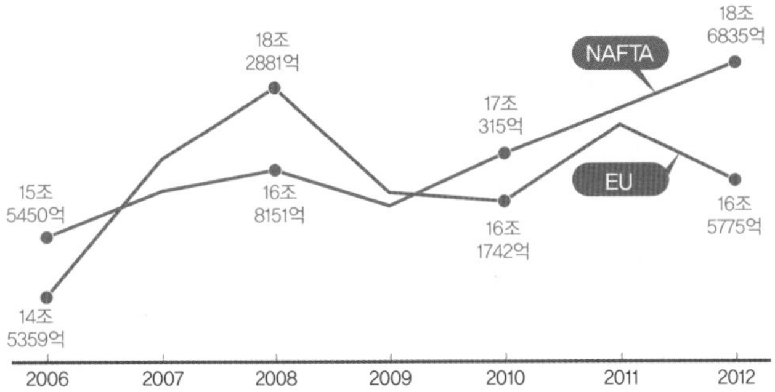

⋮ **유럽 연합과 북미 자유 무역 협정 회원국의 총생산액 비교**

지리 상식 4 **'하늘을 나는 호텔', A380과 국제 협업**

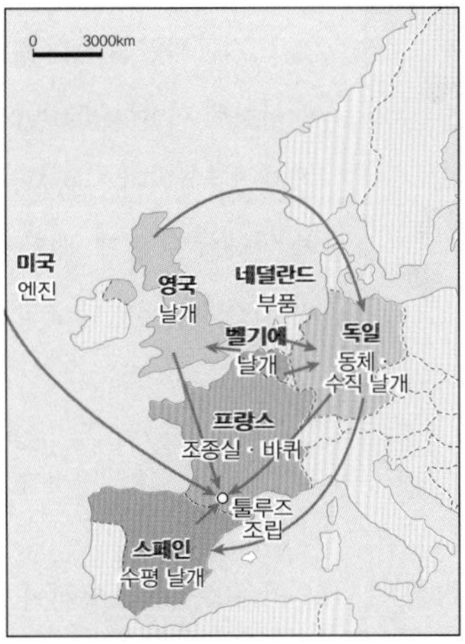

⋮ **A380 생산의 국제화**

프랑스의 에어버스사는 세계의 대형 여객기 시장을 독점하고 있는 보잉사의 B747기에 대항하기 위하여 1990년대 초부터 좌석 수 500석 이상의 대형 여객기에 대한 연구·개발을 시작하였다. 그 결과 2000년 12월 19일에 2층 구조의 초대형 여객기인 에어버스 A380 모델을 생산하기로 결정하였다. 5년여 기간의 연구 끝에 2005년 4월 27일 프랑스 툴루즈 공항에서 첫 비행을 성공적으로 마쳤으며, 2007년 10월 25일 싱가포르 창이 국제공항에서 첫 상업 비행을 시작하였다. 2011년에는 우리나라의 대한항공에서도 에어버스 A380을 도입하기에 이르렀다.

에어버스 A380은 '슈퍼점보'라는 별명답게 이전에 존재했던 가장 큰 비행기보다 내부 공간이 50% 이상 더 넓어졌다. 세 가지 종류(퍼스트, 비즈니스, 이코노미)로 좌석을 배치할 경우 555석, 전체를 이코노미석으로 배치할 경우 853석 규모다. 지금은 '하늘을 나는 호텔'로 불리고 있을 정도로 규모가 대단한 항공기임에 틀림없다.

A380은 연구 및 생산 과정에 유럽의 여러 나라가 공동으로 참여하여 국가(기업)별로 비행기의 특정 부분을 담당하여 완성된 항공기이다. 독일, 영국 등에서 제작된 중요 부품들이 선박이나 화물차 등으로 툴루즈로 보내져 최종적으로 조립된다. 이러한 생산의 국제화는 세계 경제가 국제 금융과 다국적 기업의 주도로 긴밀히 연결된 결과라고 할 수 있다. 세계화가 진행될수록 국가 간의 경계를 초월하여 사람, 물자, 정보의 교류가 이루어지면서 국제 경쟁이 더욱 치열해지는 동시에 국제 협력과 분업도 활발해지는 것이다.

저자가 직접 전국을 돌아다니며 절경을 자랑하는 자연 속에 숨겨진 비밀을 파헤치고, 전통 문화유산 속에 담긴 역사와 예술을 찾아내며, 도시에서 건축과 산업, 디자인 등에 대한 관심을 고스란히 담은 사진을 한데 모아 이 책으로 완성하였다.국토 여행을 하면서 볼 수 있는 자연환경과 인문 환경의 기본적인 요소를 알기 쉽게 서술하고 있다. 동계 올림픽을 개최하게 된 한국의 알프스 평창에서부터 시작하여 10년이 젊어지게 된다는 양구, 계속해서 아끼고 가꾸어야 할 동강, 그리고 세계자연유산이며 지질공원인 제주도까지, 어렵게만 느껴졌던 주제를 일반인과 중·고생 누구도 쉽게 이해할 수 있게 했다. 뿐만 아니라 각 지역마다 지리, 역사, 문화, 경제, 과학 등을 바탕으로 수업 시간에 다루었던 교과 내용과 접목하여 실질적인 국토 체험 진행 가이드로도 손색이 없다.

⟵ 이두현, 2013, 『선생님과 함께하는 국토 체험 1박 2일』

우리나라 지리 교양서의 고전이라고 말할 수 있는 교실밖 지리 여행은 여러 차례 개정을 거듭하여 아직까지도 많은 학생들의 사랑을 받고 있는 책이다. 지리 교과의 주요 개념과 원리들을 주제가 있는 생활 이야기로 풀어낸 책으로, 개정을 통해 급변하는 우리의 삶과 공간을 반영해 내용과 다양한 시각 자료를 보강했다. 지형, 기후, 역사, 공간 구조, 환경, 지역 갈등, 세계와 한국을 주제로 책을 구성했다. 단지 지리 정보만 전달하는 게 아니라 우리 국토와 세계 공간을 '세계 속의 한국', '한국 속의 세계'의 시점에서 동시에 바라보는 안목을 키울 수 있도록 다각도에서 조명한다.

⟵ 노웅희·박병석, 2006, 『교실밖 지리 여행』

지리교육과에 들어가면 반드시 수강해야 하는 인문지리학개론 수업에서 사용하는 교재이기도 한 『인문지리학의 시선』은 일반 고등학생에게는 어려울 수 있겠지만, 지리에 관심이 있는 학생들은 충분히 재미있게 읽을 수 있는 책이다. 기존의 인문지리학 개론서는 외국 번역서가 많았지만, 『인문지리학의 시선』에서는 외국의 낯선 사례는 꼭 필요한 곳에 한정하고, 사례의 대부분을 가급적 우리 주변에서 친숙하게 확인할 수 있는 사진, 그림, 지도로 대체하여 보다 더 한국적인 인문지리서의 모습을 갖출 수 있도록 했다. 지리 시간에 배우는 내용은 우리를 둘러싼 구체적인 삶이 빠진, 지나치게 추상화된 것들이 많다. 지금 내가 살아가고 있는 공간에 대한 인식이 부족한 지리 수업은, 기호로 가득찬 복잡한 지도들만 끊임없이 등장하는 암기 과목에 불과하다. 저자들은 이러한 문제점을 인식하고 독자들과 함께 우리가 살아가는 삶터를 지리적으로 읽고 교감하고자 집필했다. 또한 전공자뿐 아니라 비전공자에 이르기까지 지리학이 우리의 삶과 관련 있는 이야기라는 점을 알리고 있다.

⟵ 전종한·서민철·장의선·박승규, 2012, 『인문지리학의 시선』

[선택형]

· 2004 6 평가원

1. 지도에 표시된 (가), (나) 지역 경제 협력체의 통합 수준에 해당하는 것을 A~D에서 고른 것은?

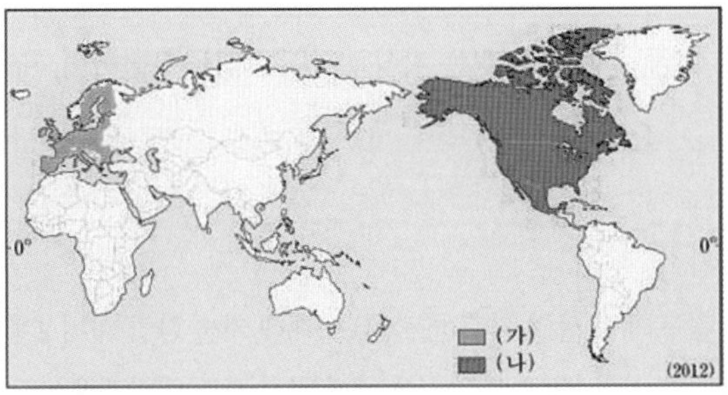

구분	역내 관세 철폐	역외 공동 관세 부과	역내 생산 요소의 자유로운 이동	역내 공동 경제 정책 수행	초국가적 기구 설치 및 운영
A	◀━━	━━	━━	━━	━━▶
B	◀━━	━━	━━▶		
C	◀━━	━━▶			
D	◀━━▶				

	(가)	(나)		(가)	(나)		(가)	(나)
①	A	C	②	A	D	③	B	C
④	B	D	⑤	C	D			

· 2009 9 평가원

2. 그림은 다국적 기업의 공간적 생산 조직 방식 중 세 가지 유형을 제시한 것이다. A, B, C 유형에 해당하는 사례를 <보기>에서 골라 바르게 배열한 것은?

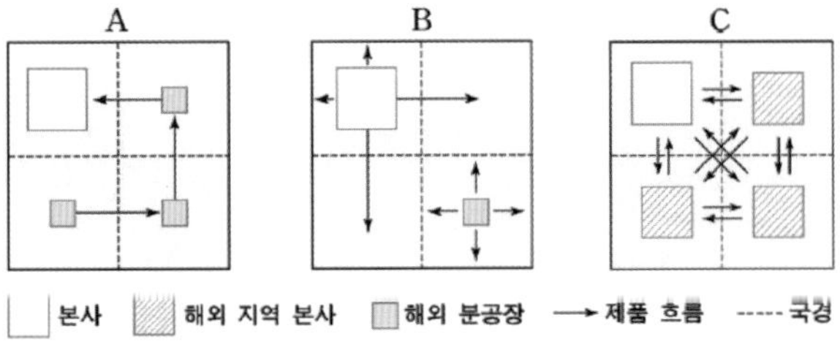

* 본사와 해외 지역 본사는 분공장을 보유함.

보기

ㄱ. K사는 ○○국가에 대한 시장 점유율을 높이기 위하여 현지에 최종 제품 생산 공장을 설립함.

ㄴ. L사는 본사에서 기획·디자인을 담당하고, 다양한 부품을 해외 현지 공장에서 단계적으로 생산하여, 자국에서 최종 조립함.

ㄷ. M사는 해외 지역별 특성에 맞는 현지 법인을 설립하여 독립적인 본사 기능을 부여하고, 세계 각 지역의 M사 법인들과 밀접한 연계를 갖도록 함.

	A	B	C		A	B	C
①	ㄱ	ㄴ	ㄷ	②	ㄴ	ㄱ	ㄷ
③	ㄴ	ㄷ	ㄱ	④	ㄷ	ㄱ	ㄴ
⑤	ㄷ	ㄴ	ㄱ				

[서술형]

1. 국가 간 경제 통합은 그 정도에 따라 4가지 유형으로 구분된다. 약한 경제 통합에서 강한 경제 통합 순으로 유형을 쓰고 각각의 특징을 서술하시오.

2. 유럽 연합에 속한 국가들로 높은 부채와 재정 적자, 높은 실업률로 인해 2010 유로 존 경제 위기를 가져온 국가들을 지도에서 찾아 기호와 국가명을 연결하여 쓰고, 이 국가들을 통틀어 무엇이라고 하는지 쓰시오.

핵심 출제 포인트

▶ 첨단 산업의 특징 ▶ 첨단 산업의 입지 조건 ▶ 첨단 산업 육성 정책
▶ 세계의 첨단 산업 집적지 분포 ▶ 세계 첨단 산업 집적지의 특징 ▶ 첨단 산업 발달에 따른 지역의 변화

■ **첨단 산업과 유사한 개념들**

- 지식 기반 산업: 지식(기술과 정보를 포함한 지적 능력과 아이디어를 총칭)을 이용하여 상품과 서비스의 부가 가치를 향상시키거나 고부가 가치 의 지식 서비스를 이용하는 산업으로 첨단 산업 보다 훨씬 광의의 개념이다.
- 벤처 기업: 위험성은 크나 성공할 경우 높은 기대 수익이 보장되는 새로운 기술 또는 아이디어를 독립된 기반 위에서 영위하는 기업이다.
- 창조 산업: 개인의 창의성과 기술, 재능 등을 이용하여 지적 재산권을 창출하고, 이를 소득과 고 용 창출의 원천으로 하는 산업이다.

■ **국제 특허 분쟁**

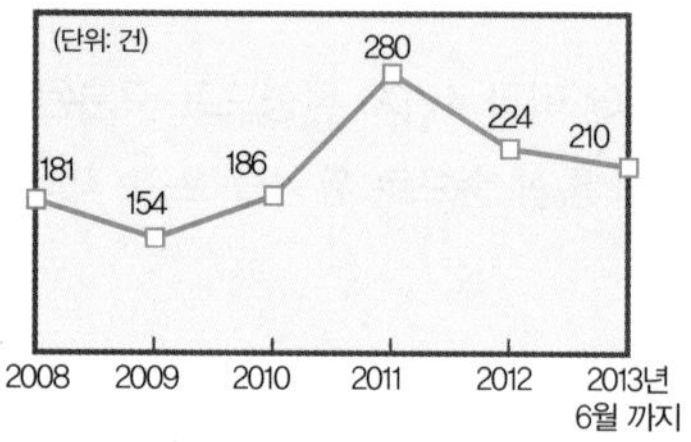

국제 특허 소송 건수는 2009년 154건, 2010년 186건, 2011년 280건으로 빠르게 증가하다가 2012년 224건으로 주춤했지만 2013년 상반기에만 2012년 연간 건수에 육박하면서 기업 경영은 물론이고 경제 전체에도 위험 요인으로 떠오르고 있다.

■ **첨단 산업의 업종별 분류**

대분류	소분류
전기 및 전자	유선 통신 장비 무선 통신, 반도체 및 관련 장비, 자동 자료 처리 장비, 전자 관제 조업
의료, 광학, 측정, 제어 기기	의료 처치 및 진단 가구, 광섬유
기계	금속 절단 기계, 산업용 로봇
운송 장비	자동차 부품, 항공기 제조 및 수선, 항공기 부품
산업용 화합물과 기타 화학제품	의약품, 농약, 염료, 안료, 도료, 계면 활성제, 플라스틱 첨가제, 조제 광택제
도기, 자기 및 토기와 기타 신소재	신금속, 고분자 신소재, 파인 세라믹스

1. 첨단 산업의 정의와 특징

(1) 첨단 산업의 정의 고도의 신기술을 바탕으로 하는 지식 집약적 산업을 포괄하며, 재래 기술 산업과 대비되는 개념

(2) 첨단 산업의 특징

① 막대한 연구 개발 자금의 투입
- 연구 개발 사업 지출의 비중(연구 개발 사업 지출/매출액)이 재래 기술 산업 대비 2배 이상
- 연구 개발 인력의 비중(연구 개발 인력/전체 근로자)이 재래 기술 산업 대비 2배 이상
- 지속적인 혁신 기술의 개발 목적
- 지식 집약적 산업으로서의 경쟁력 유지

② 높은 파급 효과
- 산업 구조, 고용 형태 등의 경제 전반에 영향
- 생활 양식, 가치관 등 사회·문화적 측면에 영향

③ 높은 불확실성
- 짧은 제품 수명 주기로 인한 기술의 가치 소멸이 빠름
- 투자의 위험도가 높음

④ 이종 기술 간 결합도가 높은 생산 체계
- 기술 간 결합을 통한 새로운 기술 개발 가능성 높음
- 한 분야의 기술 개발이 다른 분야의 기술 진보를 유발시키는 상승 효과가 높음

⑤ 기술을 둘러 싼 높은 국제적 마찰 가능성
- 기술 특허권을 둘러싼 다국적 기업 간 소송 증가

⑥ 자유 입지형 산업
- 운송비의 영향을 거의 받지 않고 자유롭게 입지할 수 있는 업종
- 획득되는 가치 대비 운송비의 비중이 매우 작은 산업

2. 첨단 산업의 입지 조건

(1) 인력

① 새로운 변화를 이끌어 갈 수 있는 모험심과 혁신적 정신, 리더십을 가진 기업가

② 최신의 정보와 지식을 갖고 새로운 기술을 창조할 수 있는 고도의 전문 연구 인력

(2) 대학·연구 기관

① 첨단 산업이 요구하는 고도의 노동력을 공급

② 빠르게 변화하는 고도의 기술을 학습·습득할 수 있는 조건 제공

③ 산학연 협력을 통한 정보의 창조, 집적, 교환 가능

(3) 교통 및 정보 통신

① 초고속 정보 통신망 등 정보에 대한 높은 접근성 필요

② 고속도로, 전철, 공항과의 접근성 등 고속 교통망에 대한 높은 접근성 필요

(4) 환경

① 고학력, 고소득의 첨단 산업 종사자들은 윤택한 생활 환경에 대한 욕구가 높음

② 교육, 문화, 여가, 의료 환경의 조성을 통한 고급 인력의 유인 필요

(5) 관련 산업의 집적

① 첨단 산업 관련 부품을 제작·가공할 수 있는 연관 산업의 집적

② 법률, 금융, 회계, 보험 등의 각종 생산자 서비스 업체의 집적

(6) 중앙 및 지방 정부의 지원과 협력

① 첨단 산업 단지에 입주하는 업체에 대한 면세 혜택

② 고속 도로, 철도, 항만과 같은 사회 간접 자본의 확충

3. 첨단 산업의 육성 정책: 산업 클러스터 이론

(1) 클러스터의 정의 공통성과 보완성을 통해서 연계된 관련 기업들과 특정 분야의 관련 기관들이 지리적으로 집적되어 있는 것

(2) 클러스터의 특징

① 특정 제품과 관련된 산업들이 특정 공간에 집중해 있으면서 이들 산업 간 연계 형성

② 특정 산업을 지원하는 다양한 관련 주체들(지원 서비스 제공 기업, 협회, 연구소, 대학, 정부 기관 등) 간에 공식적·비공식적 연계와 협력 관계 형성

③ 지역 내 해당 기업들의 혁신 능력과 경쟁력이 상호 작용하며 성장

④ 공식적 지식 연계를 통한 명시적 지식의 교류와 비공식적 지식 연계를 통한 암묵적 지식의 교류가 동시에 이뤄짐

(3) 클러스터의 장점

① 집적의 외부 효과: 거래 비용의 절감 효과, 생산 요소 및 숙련 노동력에의 접근성 및 공공재에 대한 접근성에 따른 혜택

② 관련 기업 및 기관의 집적: 시장 및 기술 동향, 관련 지식과 정보에 대한 접근성이 높아짐

③ 지역 브랜드 이미지 구축 효과: 자원 조달 및 마케팅 효과를 기업 간 공유

④ 해당 분야의 기술과 시장 동향, 환경 변화를 신속하게 감지

⑤ 상호 작용을 통한 학습 능력의 향상: 기업 간 자극 및 기술 결합을 통한 기술 혁신

⑥ 관련 업종 창업에 유리한 입지와 제도적 환경을 제공

(4) 포터의 다이아몬드 이론

① 다이아몬드 이론

- 클러스터의 경쟁 우위는 의도적으로 조성·개발되고 창조되는 것
- 국가 및 지역의 정책과 선택에 따라 클러스터의 경쟁 우위가 달라짐
- 포터는 클러스터의 형성 및 경쟁 우위 확보와 관련된 환경 요소들을 4가지로 분류, 정리하여 다이아몬드 이론을 전개함

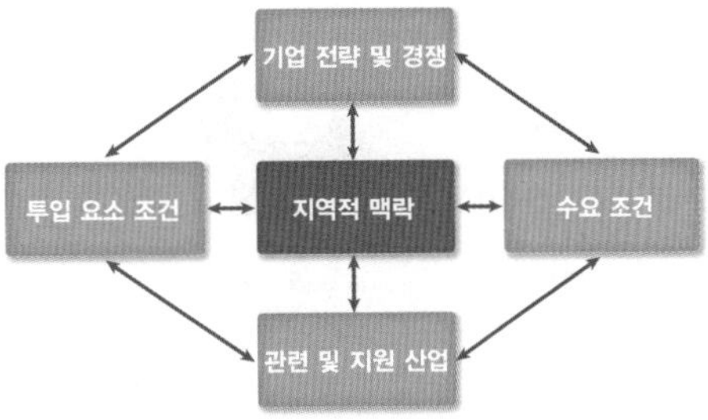

■ 명시적 지식과 암묵적 지식

폴라니(Michael Polanyi, 1891~1976)는 지식을 암묵적 지식과 명시적 지식으로 구분했는데, 명시적 지식은 문서 등의 형태로 표시된 지식을 의미하며 암묵적 지식에 비해 접근이 쉽다. 암묵적 지식이란 학습과 체험을 통해 개인에게 습득되어 있지만 겉으로 드러나지 않는 상태의 지식을 말한다. 폴라니는 암묵적 지식의 중요성을 강조했는데 대부분의 사람들은 말로 표현하는 것보다 더 많은 암묵적 지식을 보유하고 있기 때문이다.

첨단 산업 집적지에서는 관련 기업 간 지리적 접근성을 중요시한다. 그 이유는 근접한 기업들 간 비공식적인 정보 교환 과정을 통해 축적된 암묵적 지식의 교류를 할 수 있기 때문이다. 이는 새로운 기술 혁신의 밑바탕이 된다.

■ 제품 수명 주기 이론

신제품이 개발되면서부터 경쟁의 단계를 거쳐 쇠퇴하게 되는 단계와 단계별로 중요한 생산 요소를 설명하는 이론이다. 탈산업화 사회에서 정보·지식 등의 생산 요소가 중요해지면서 제품의 수명은 짧아지고 있다.

특징	도입기	성장기	성숙기	쇠퇴기
판매량	낮음	급속 성장	극대점 도달	감소
상품 원가	높음	점차 하락	낮아짐	낮음
이익	적자 또는 낮은 이익	점차 증가	높은 이익	감소
경쟁자	없거나 소수	증가	많음	감소
마케팅 목표	상품 인지도 형성, 신용 창출	시장 점유율 확대	이익 극대화를 위한 시장 점유율 유지	비용 절감, 투자 회수

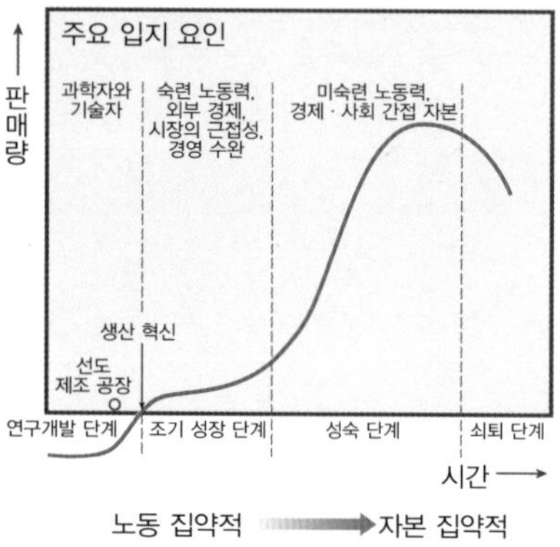

■ 국내 택배 시장 규모 변화

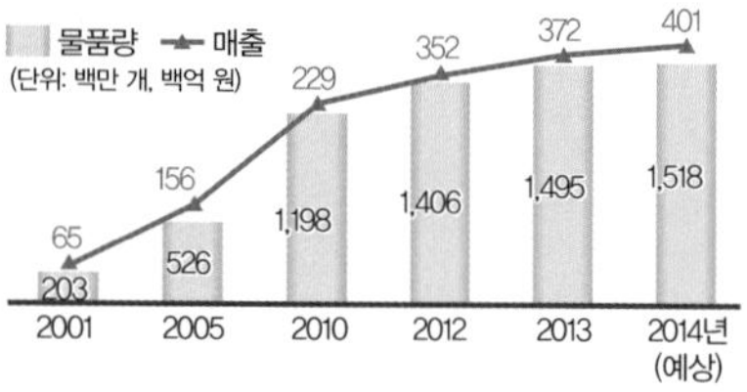

■ 국내 전자 상거래 규모 변화

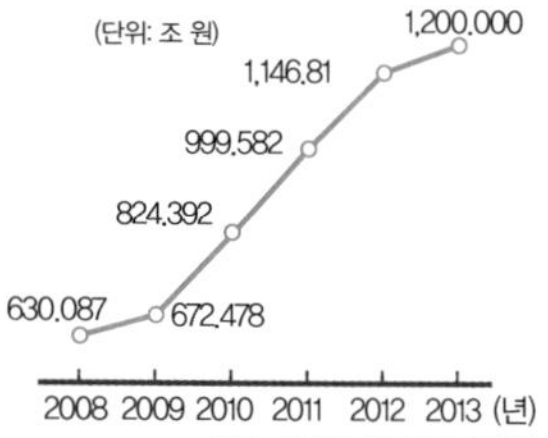

(자료 : 통계청, 2013년은 추정치)

② 다이아몬드 이론의 구성 요소

지역적 맥락(분위기)	• 적절한 투자와 지속적 개선을 고취하는 지역적 분위기
기업 전략 및 경쟁	• 지역, 기업들 간의 활발한 경쟁 관계는 경쟁적 기술 개발을 통한 기술 혁신의 가능성을 높임
수요 조건	• 지역 내의 요구 사항이 엄격한 고객 기업들의 존재 • 전문적인 지역 수요의 존재 • 타 지역의 시장 동향에 대해 민감한 고객들의 요구
관련 및 지원 산업	• 지역 내에 역량 있는 공급 기업 및 경쟁력 있는 연관 산업의 존재
투입 요소 조건	• 천연자원, 인적 자원(대학, 연구소), 자본(금융 기관) • 물적·행정적·기술적 하부 구조 • 특정 산업의 필요에 기초한 전문화된 투입 요소

4. 첨단 산업의 발달과 지역 변화

(1) 정보 및 지식 산업의 발달과 지역 변화

① 거리의 단축과 분산화

• 정보 통신의 발달과 신속한 업무 처리가 가능해져 공간 거리가 단축됨

• 재택근무 확산과 노동의 공간적 분업화로 기업 활동의 분산화 경향을 초래

② 지역 집중 현상: 정보 교환의 필요성에 의한 관련 업종의 집중화

③ 지역의 변화: 정보 및 지식 산업의 대도시 집중 경향으로 전문화된 지역 형성(테헤란 밸리, 대덕 연구 단지), 재택근무 증가에 따른 전원 도시 발달, 여가 및 관광 산업 발달, 전자 상거래 확대와 택배 산업 발달 등

(2) 지식 정보 산업과 지역 변화

① 집중화: 정보 및 지식 산업의 대도시로 집중되며, 도시 내에서도 특정한 지역에 모여 전문화되는 경향

② 분산화: 재택 근무와 교통·통신의 발달로 산업과 인구가 쾌적한 환경을 갖춘 외곽으로 이주(교외화)하면서 분산 증대

③ 토지 이용 변화: 노동 시간 단축으로 주변 지역에 여가 및 관광 산업 발달

④ 전자 상거래 발달: 무점포 업체의 증가, 택배 산업 발달 등

5. 첨단 산업 집적지의 분포

(1) 세계의 주요 첨단 산업 지역 분포

(세계 은행 통계, 2012)

(2) 세계의 주요 첨단 산업 지역의 특징

산업 지역(위치)	특징
실리콘 밸리 (미국 캘리포니아 주 샌프란시스코 반도 산타클라라)	• 12~3월을 제외하고 연중 건조: 습기가 적어 전자 산업 발전에 유리 • 명문 대학의 입지(스탠퍼드, 버클리, 산타클라라 대학): 우수한 인력 확보 • 세계 유수의 반도체 기업(인텔, 페어차일드)과 관련 기업들이 입지: 기술 혁신, 벤처 사업, 벤처캐피털(금융)의 중심지로 도약 • 입주 기업에 대한 주 정부의 세제 혜택
보스턴 루트128 (미국 보스턴의 128번 고속 도로 주변)	• 보스턴 외곽 순환 도로인 루트128을 따라 하이테크 기업(통신, 하드웨어, 소프트웨어, 바이오)과 지원 산업인 벤처캐피털이 밀집된 단지 • 우수한 인력(하버드, MIT 대학)과 첨단 기술, 풍부한 자금력을 바탕으로 발전
샌디에이고 바이오 클러스터 (미국 캘리포니아 주)	• 라호야 주변 바이오비치(Biobeach)에 연구소와 바이오 벤처 기업 밀집 • 탄탄한 연구 인프라(샌디에이고 대학과 솔크 연구소, 스크립스 연구소 등)
케임브리지 사이언스 파크 (영국 잉글랜드 케임브리지셔 주)	• 유럽 최대의 첨단 산업 클러스터 • 민간, 공공, 교육 부문을 엮어 주는 수많은 혁신 관련 회의 개최 • 케임브리지 대학을 중심으로 산학 협력을 용이하게 하는 시스템 운영 • 분리 신설 기업을 위한 대학 기금 운용 및 차세대 사업가 지원을 위한 케임브리지 기업가 정신 센터 등 운영
소피아 앙티폴리스 (프랑스 프로방스 알프코트다쥐르)	• 과거 농업 및 관광 지역이었던 곳을 프랑스 국가 균형 발전 시책을 통해 개발 • 70년대에 과학 단지 준공, 연구소, 대학 및 외국인 투자 유치 센터 설립 • 1,380여 개의 첨단 기업이 입지, 약 3만여 개의 일자리를 창출

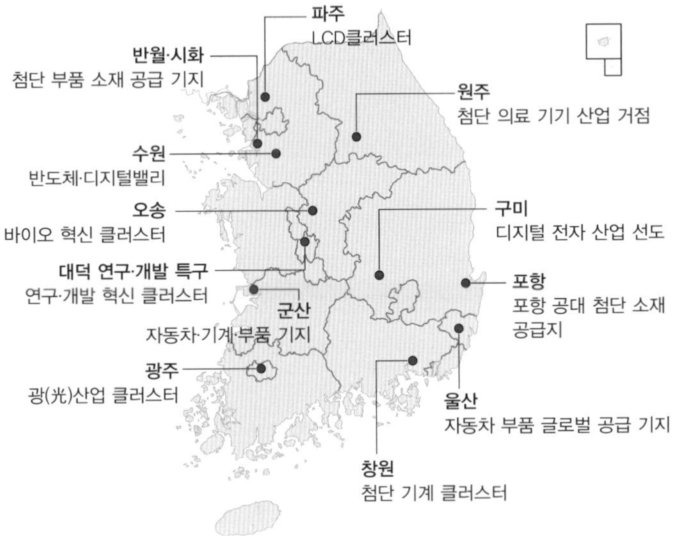

우리나라의 주요 첨단 산업 지역 분포

(3) 우리나라의 주요 첨단 산업 지역의 특징

① 서울 디지털 산업 단지

• 1960년대 수출 산업 육성을 위한 섬유, 봉제 산업 중심의 산업 단지였으나, 1980년대 기업 이전으로 인한 침체

• 1990년대 업종의 첨단화 추진: 지식 서비스 기반 산업(소프트웨어, 멀티미디어) 입지

② 오송 바이오 산업 단지

• 편리한 교통: 경부 고속 철도와 호남 고속 철도의 분기점

• 높은 접근성: 수도권, 대전, 대구, 부산 등 대도시와 높은 접근성

• 5개 국책 기관 및 의료 업체, 연구소, 대학원 입지

■ 실리콘 밸리

■ 케임브리지 사이언스 파크

■ 서울 디지털 산업 단지

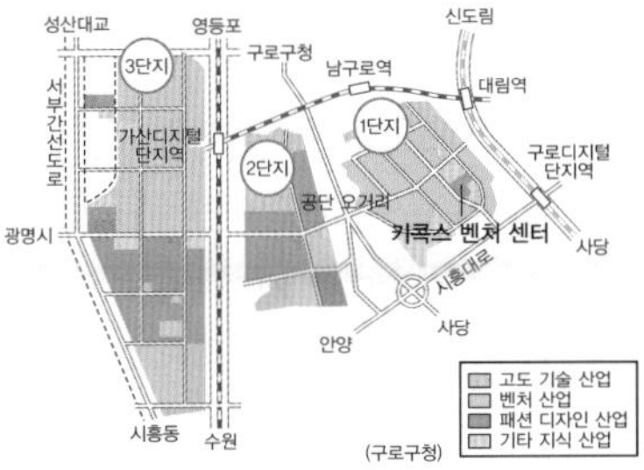

■ 오송 바이오 산업 단지

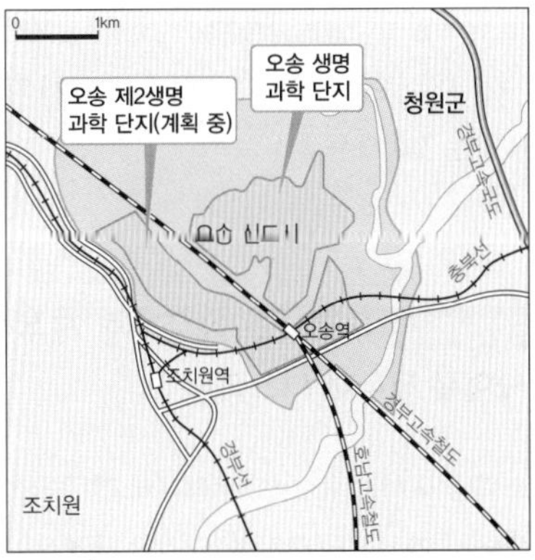

지리 상식 1 서부 캘리포니아에는 실리콘 밸리, 동부 뉴욕에는 실리콘 앨리!

미국 지역별 벤처캐피털 투자 증감률

뉴욕 IT 벤처 모임 '테크 미트업' 회원 수

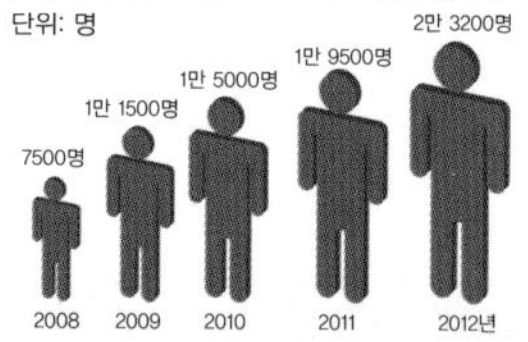

현재 뉴욕은 보스턴 등 경쟁자를 제치고 실리콘 밸리에 이어 제2의 벤처 허브로 떠오르며 '실리콘 앨리'로 불리고 있다. 이 같은 약진에는 풍부한 금융 자본과 문화·언론의 중심지, 거대 소비 시장 등 이점 외에 멘토링 서비스, 저가의 사무실 제공, 세제 혜택 등 뉴욕 시의 벤처 육성책도 한몫을 했다.

IT 산업은 금융에 이어 뉴욕 시의 중요한 성장 동력이다. 2012년 현재 뉴욕의 IT 산업의 일자리 수는 2009년보다 33%나 증가하였다. 뉴욕 시 다른 산업의 일자리 증가 폭인 8%의 4배에 이른다. IT 부문의 평균 연봉도 11만 8,600달러로 다른 부문의 7만 9,500달러보다 훨씬 많았다. 소셜 네트워크 서비스(SNS) 기업인 텀블러, 수공예 쇼핑몰인 에시, 위치 기반 SNS 업체인 포스퀘어, 온라인 디자이너몰인 팹닷컴(Fab.com) 등의 성공 신화도 뉴욕에서 탄생하였다.

빌 더블라지오(Bill de Blasio) 현 시장 역시 신생 기업 지원망을 더 촘촘히 짜고 있다. 그는 최근 '기술 인재 파이프라인'으로 불리는 훈련 프로그램에 1억 달러를 투입해 수천 개의 첨단 일자리를 창출한다는 계획을 발표하였다. 또 4,500명의 컴퓨터 과학과 엔지니어 전공 학생들을 신생 기업과 연결해 주는 등 일자리 창출에 적극 나서기로 하였다.

물론 뉴욕 시가 실리콘 밸리를 따라잡으려면 아직 멀었다는 평가가 일반적이다. 벤처캐피털 업계 시장 조사 업체인 CB사이트에 따르면 뉴욕 시의 벤처 투자액은 지난해 30억 달러로 2009년의 8억 달러보다 2배 이상 늘었지만 실리콘 밸리의 114억 달러에는 한참 밑돈다. 하지만 전문가들은 뉴욕의 성장 가능성에 주목하고 있다. 연구 중심인 실리콘 밸리와 달리, 실리콘 앨리는 IT 기술을 세계 최대 규모인 뉴욕의 연예오락, 패션, 외식 산업에 바로 접목할 수 있는 실용성이 강점이다. 또한 세계 문화의 중심지이자 분위기가 자유로운 뉴욕의 매력이 젊은 벤처 기업인을 블랙홀처럼 끌어당기고 있다는 것이다.

2014. 7. 22, 서울경제신문

지리 상식 2 우리나라 가요계를 접수한 시스타! 스웨덴의 첨단 산업을 접수한 시스타!

스웨덴의 시스타(Kista) 우리에게 매우 낯선 도시이다. 하지만 시스타는 유럽에서 가장 역동적이며, 활기찬 세계적인 혁신 도시이자 산업 클러스터이다. 스웨덴의 수도 스톡홀름 시 중심부에서 북서쪽으로 약 15km 떨어진 곳에 위치한, 시스타는 부지 면적이 약 20만m^2(약 66만 평), 사무실 면적이 약 11만m^2로 과거 1905년 조성된 군사 지역이었으나, 1970년대부터 주택 개발이 이루어짐과 동시에, 1976년 스웨덴의 휴대전화 브랜드 에릭슨

시스타 사이언스 시티 입주 기업 수

2009년	4,651개
2010년	8,500개
2011년	8,689개
2012년	9,987개

주: 2010년 이후 통계에는 연매출 5,000만 원 이하 기업도 포함

(Ericsson)이 연구 단지 및 사무실을 조성하면서 개발되기 시작하였다(현재 시스타에서 일하는 약 28,000명의 인력 중 8,000명이 에릭슨 종사자이다).

처음 시스타는 스톡홀름 시의 과잉 개발과 인구 과밀 현상을 해소하기 위해서 '시스타 신도시 개발 계획'이라는 명칭으로 개발되기 시작하였다. 때마침 당시 에릭슨은 연구소와 무선 통신 사업을 같이 연구, 개발할 수 있는 입지 조건을 찾고 있었고, 스톡홀름 시는 이에 적극적으로 개입하여 에릭슨을 유치하게 되었던 것이다. 또한 스웨덴 내 최대 자본가인 발렌베리 가문도 시스타의 개발에 적극 참여하게 되었고, 이 외에 세계 최대의 IT 기업인 IBM도 시스타에 입주하게 되었다. 더 나아가 시 당국의 적극적인 노력에 따라 1985년에는 세계 1위의 휴대 전화 기업인 핀란드의 노키아가 시스타에 입주하게 되었다.

실리콘 밸리와 같은 세계적인 첨단 산업 단지, 혁신 도시에는 최고의 대학교와 연구소가 인접함으로써 시너지 효과를 내고 있다. 스웨덴의 시스타 역시 마찬가지로, 스웨덴 왕립 공과대학과 스톡홀름 대학교가 공동으로 2001년 IT 대학을 출범하여 운영하고 있으며, 이외에도 정부 주도의 각종 첨단 연구소들이 단지 내에 입지하게 되어, 첨단 과학 기술, 메카로서의 시스타를 이끌었다.

1988년에는 시스타 사이언스파크 주식회사를 설립함으로써 보다 체계적이고, 조직적인 도시 발전을 도모하게 되었다. 이후 시스타는 더욱 급속한 성장을 이루게 됨에 따라 400개가 넘는 기업이 입주하고, 약 28,000명이 넘는 고용 인력이 근무하는 거대 단지로 변신할 수 있었다.

현재 시스타는 사이언스파크, 주거지, 연구 단지, 상업 시설, 대학교 등 모든 것이 따로 분리되지 않고, 효과적으로 복합되어 이루어짐으로써 주민들의 편리를 최우선적으로 하는 것은 물론이며, 이에 따라 근로자들의 삶의 질을 향상시키고 보다 유연한 근무 형태를 근로자들에게 보장해 줄 수 있었다는 점에서 주목해야 할 것이다. 일례로 시스타는 32층인 사이언스 타워를 제외하고 대부분의 건물이 10층 이하로 도시 자체의 시야가 시원하게 뚫려 있으며, 대부분의 시설이 도보 10분 내에 위치함으로써 편리성을 도모하고 있다고 할 수 있다.

지리 상식 3 떠오르는 IT 신흥 강국, 인도

인도의 천재들만 간다는 일류 명문 공과대학 ICE 다니는 세 친구 란초, 파르한, 라주의 유쾌한 삶과 인생에 대한 진지한 성찰을 담은 영화 〈세 얼간이〉.

이 영화는 인도 영화 시장에서 할리우드 대작인 〈아바타〉를 제치고 811억 원의 흥행 수익을 올린 인도 최고의 흥행작이다.

〈세 얼간이〉를 재미있게 본 사람들이라면 인구 12억 명의 대국 인도를 이끌어 나가는 두 종류의 산업에 대해서도 쉽게 이해할 수 있을 것이다.

인도인 대부분은 농업에 종사하지만, 정보 기술(IT) 산업 분야만큼은 예외이다. 2012년 기준으로 인도 IT 산업은 세계 IT 서비스 시장의 약 20%를 차지하고 있다. 미국 다음가는 세계 2위의 IT 강국이다.

인도 경제에서 IT 산업의 비중은 GDP의 8%, 인도 전체 수출량의 25%를 차지하고 있을 뿐만 아니라 고용 시장에서는 직접 고용 규모 약 300만 명, 간접 고용 규모 약 950만 명으로 추산되고 있다.

인도 IT 업계의 인재들은 이미 세계적으로 잘 알려져 있다. 미국 IT 기업의 산실인 실리콘 밸리의 약 30%를 인도인이 차지하고 있다. 이들이 인도로 돌아가 인도의 실리콘 밸리인 벵갈루루에서 새로운 사업을 활발하게 벌이고 있다. 전 세계 500대 기업 중 약 20%가 인도에 연구 개발 센터를 두고 있다. 이 개발 단지 안에는 IBM, 마이크로소프트, 모토롤라, 제너럴일렉트릭 등 세계 유수의 다국적 기업들이 진출해 있다.

그렇다면 인도의 IT 산업이 발전한 이유는 무엇일까? 무엇보다도 첨단 과학 기술과 풍부한 인적 자원이 있기 때문이다. IT 인력은 인도공과대학(Indian Institute of Technology)을 비롯한 230여 개의 종합 대학 내 2,100여 개의 컴퓨터 관련 학과와 각종 교육 기관을 통해 매년 12만 명의 IT 관련 인력이 배출되고 있으며 이들 중 매년 4~5만 명 이상이 해외로 진출할 정도로 기술력을 인정받고 있다. 특히 IT 소프트웨어 및 서비스 산업을 이끌고 있는 IT 소프트웨어 전문 기술 인력만 해도 50만 명이 넘으며, 이 중 과반수가 경력 5년 이상의 숙련 인력이다. 이들이 영어를 능숙하게 구사한다는 점도 큰 장점이다.

인도의 최대 도시인 뭄바이는 인도의 할리우드라 할 수 있는 '볼리우드(Bollywood)'의 도시로 발전하고 있다. 볼리우드에서 볼리는 뭄바이의 옛 이름인 붐베이를 가리키는 말이고, 우드는 미국이 할리우드에서 따온 것이다. 즉 볼리우드는 바로 인도의 영화 산업을 일컫는 말이다. 인도 도시의 거리마다 볼리우드의 최신 영화 포스터가 즐비해 있다. 우리나라에서도 〈내 이름은 칸〉, 〈세 얼간이〉 등의 인도 영화가 흥행 수익을 올렸다. 최근 들어 인도 영화 자본은 할리우드의 큰손으로 떠오르고 있다. 미국 30여 개 도시에 250개가 넘는 극장을 사들일 정도라고 한다.

지리 상식 4 중국산이라고 무시하지 마라! 가성비 쩌는 IT 제품이 황해를 건너온다! 베이징의 실리콘 밸리 중관춘

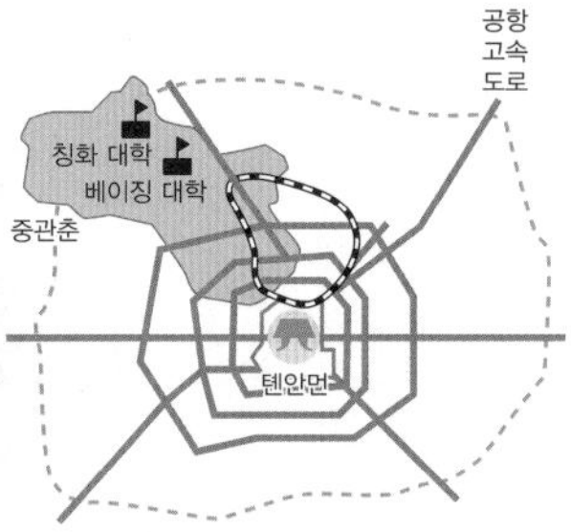

↕ 중관춘의 위치

중국 베이징(北京) 시 북서쪽의 하이뎬(海淀) 구 중관춘(中關村) 서구(西區)에 있는 3W커피닷컴은 휴일임에도 젊은이들로 북적거렸다. 이곳은 중국의 인터넷 관련 기업가와 창업가, 투자자들이 함께 만든 교류의 장이다. 미래 중국의 정보 기술(IT), 인터넷 기업가들을 육성하자는 취지에서 약 3년 전 문을 열었다. 지난 1~3일 중국의 대표적 인터넷 기업인 바이두(百度)가 주관한 교류 활동이 열렸다. 건물 안팎에는 "세상을 바꾸는 큰 작업", "전통적인 관념을 파괴하라", "미래는 당신을 위해 다가온다." 등의 문구가 붙어 있었다. 한 기업가는 "사업에 대한 영감을 얻고 파트너를 물색하는 곳으로 핵심적인 인맥 구축장"이라며, "직원들에게 시야를 넓히고 문제를 발견하기 위해 이곳에서의 활동에 적극 참여하라고 독려하고 있다."고 말했다.

'중국판 실리콘 밸리'로 불리는 중관춘이 중국 IT 인터넷 기업들의 혁신을 이끄는 전진 기지로 비상하고 있다. 중관춘은 1998년 중국 정부가 첨단 기술 개발 지역으로 지정했다.

전자 상가 외에 중국의 대표적 IT 인터넷 기업들이 들어서 있다. 최근에는 중관춘 일대가 스타트업(신생 벤처 기업)의 허브로 떠올랐다. 중관춘 관리 규제위원회에 따르면 지난해 1~7월에만 중관춘에 스타트업 3,000개가 신규로 설립됐다. 이 중 47%는 34세 이하가 창업했다. 중관춘의 창업 성공률은 80%를 넘는 것으로 알려졌다.

코트라 베이징 무역관은 중국 정부가 2010년 IT 산업 12차 5개년 계획을 발표하면서 적극적인 인재 유치와 세제 혜택 등을 내걸었다고 설명했다. 여기에는 창업 기업의 발전을 지원하는 창업 인도 펀드를 세우고, 기업이 세금 환급금을 소프트웨어 개발과 확대 재생산에 쓰면 거기서 발생하는 소득을 세금 부과 대상으로 간주하지 않는 정책 등이 포함돼 있다.

중관춘 일대는 스마트폰을 위한 소프트웨어 분야의 성장세가 폭발적이어서 외국 투자자들의 발길도 잦아지고 있다. 데이팅앱을 운영하는 모모(陌陌)기술은 최근 자금 모집 과정에서 기업 가치가 5억 달러(약 5,170억 원)로 평가됐다. 『월스트리트저널』은 "중국의 예전 IT 기업가들이 구글, 페이스북, 트위터 같은 것들을 대충 모방해 성공을 거뒀다면 요즘 기업가들에게는 새 아이디어가 강조되고 있다."고 전했다.

2014. 8. 6., 경향신문

[선택형]

1. 자료는 어느 산업 단지 지역과 지역 변화 과정을 나타낸 것이다. 그래프의 A~E 중 이 지역의 변화를 옳게 표현한 것은?

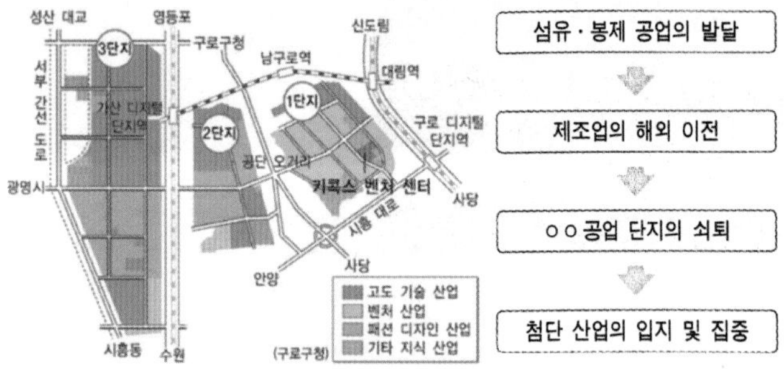

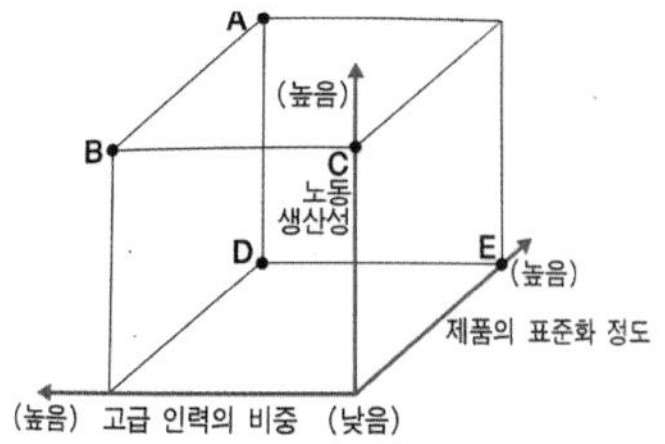

① A
② B
③ C
④ D
⑤ E

2. 다음 중 세계의 첨단 산업 지역의 이름과 위치를 올바르게 짝지은 것은?

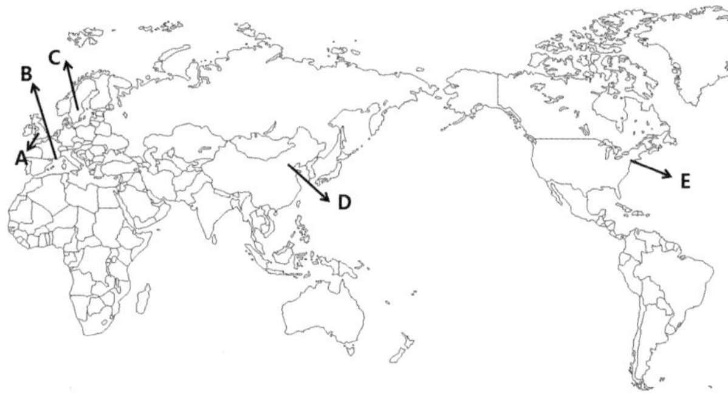

① A – 실리콘 앨리 ② B – 소피아 앙티폴리스
③ C – 오울루 테크노폴리스 ④ D – 신주 과학 공업 단지
⑤ E – 실리콘 밸리

3. 그래프는 동일한 제품의 생애 주기와 각 국가의 무역 구조의 변화를 나타낸 것이다. ㈎~㈐ 국가의 기술 수준과 노동 집약도를 표에서 찾아 바르게 배열한 것은?(단, 각 그래프의 원점은 동일 시점이다.)

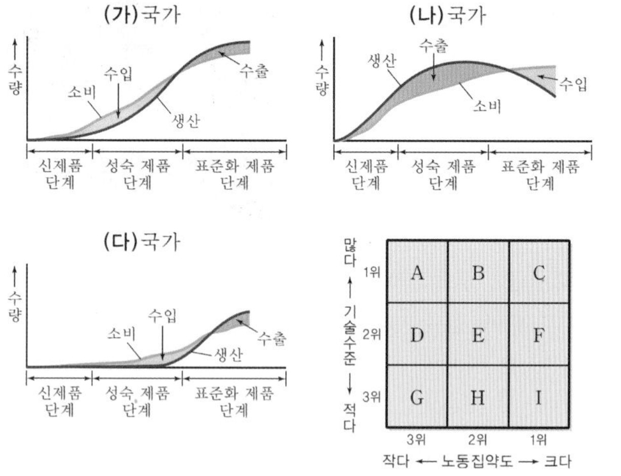

	㈎	㈏	㈐
①	B	D	I
②	C	E	G
③	E	A	I
④	G	B	F
⑤	H	A	F

· 2009 9 평가원

4. 다음 자료는 다국적 기업 제품의 수명 주기와 단계별 생산 요소의 중요도를 나타낸 것이다. 이에 대한 적절한 추론을 〈보기〉에서 고른 것은?

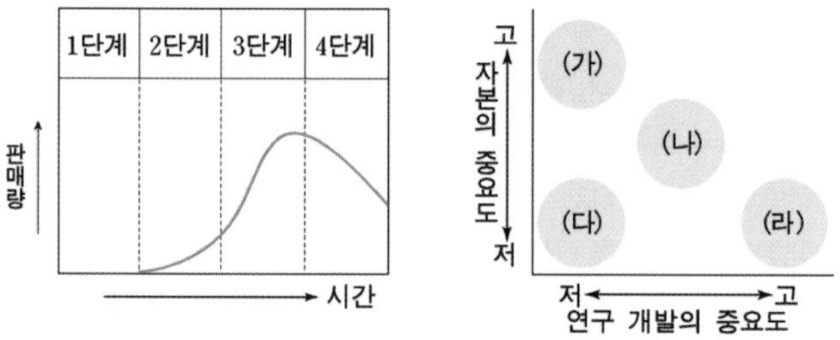

보기

ㄱ. 1단계에서 생산 요소의 중요도는 ㈑이며, 기업이 소도시보다는 대도시에 주로 입지한다.
ㄴ. 2단계에서 생산 요소의 중요도는 ㈏이며, 1단계보다 타 기업과 경쟁이 심하다.
ㄷ. 3단계에서 생산 요소의 중요도는 ㈐이며, 대량 생산을 위해 저임금 지역에 분공장이 설립된다.
ㄹ. 4단계에서 생산 요소의 중요도는 ㈎이며, 제품의 생산량은 계속 증가한다.

① ㄱ, ㄴ ② ㄱ, ㄷ ③ ㄴ, ㄷ ④ ㄴ, ㄹ ⑤ ㄷ, ㄹ

• 2011 수능

5. 그림은 A, B 기업의 입지 요인별 중요도를 나타낸 것이다. A에 대한 B의 상대적 특성을 추론한 것으로 적절하지 않은 것은?

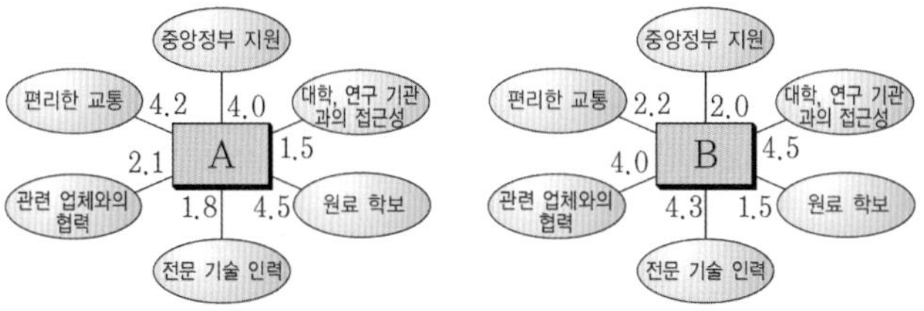

*숫자는 5에 가까울수록 중요도가 높음.

① 단위 제품당 부피가 작고 부가 가치가 높다.

② 원료 지향적이며 고정된 생산 설비를 이용한다.

③ 제품의 수명 주기가 짧아 신제품 개발과 혁신이 중요하다.

④ 인적 자원이 중요하므로 쾌적한 사회 문화적 환경이 강조된다.

⑤ 연구 개발의 비중이 높고 지식과 정보에 대한 높은 접근성이 요구된다.

[서술형]

1. 다음은 클러스터의 구성 요소를 정리한 포터의 다이아몬드 이론이다. A, B, C에 들어갈 클러스터의 구성 요소 세 가지를 쓰시오.

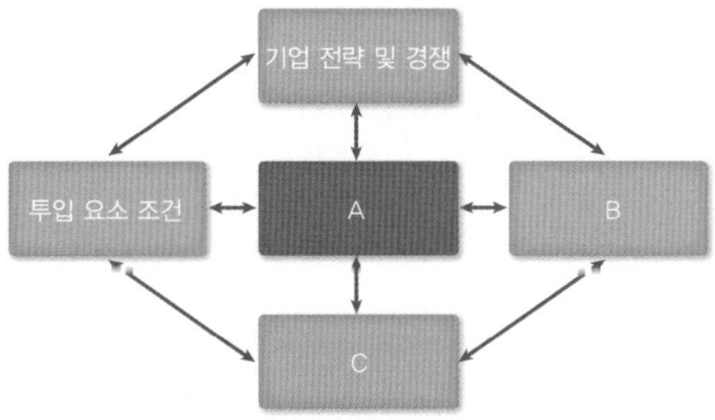

2. 다음 글에서 설명하는 세계의 첨단 산업 지역을 각각 쓰시오.

(가) 인도의 실리콘 밸리라고 불리는 지역이다. 이 지역은 인도 공과대학을 비롯한 230여 개 대학들의 컴퓨터 관련 학과에서 수많은 IT 인재들을 공급받고 있다. IT 인재들은 기술력을 갖추었을 뿐 아니라 영어 구사 능력도 갖추어 다국적 IT 기업에 종사하고 있다.

(나) 이 지역은 연구 중심인 실리콘 밸리와 달리 IT 기술을 세계 최대 규모인 뉴욕의 연예 오락, 패션, 외식 산업에 바로 접목할 수 있는 실용성이 강점이다. 세계 문화의 중심지이자 분위기가 자유로운 뉴욕의 매력이 젊은 벤처 기업인을 블랙홀처럼 끌어당기고 있어 첨단 산업 성장률이 두드러진다.

(다) 스톡홀름 시의 과잉 개발과 인구 과밀 현상을 해소하기 위한 신도시 개발 계획으로 개발되기 시작하였다. 에릭슨, IBM, 노키아와 같은 기업들이 입주하였으며, 스웨덴 내 최대 자본가인 발렌베리 가문도 개발에 적극 참여하였다. 스웨덴 왕립 공과대학과 스톡홀름 대학이 공동으로 2001년 IT 대학을 출범하여 운영하고 있으며, 이 외에도 정부 주도의 각종 첨단 연구소들이 단지 내에 입지하게 되어, 스웨덴의 첨단 과학 기술 메카를 이끌었다.

3. 다음은 제품 수명 주기 이론의 그래프이다. A~C 각 단계별 주요 생산 요소의 변화와 기업 입지의 변화에 대해 서술하시오.

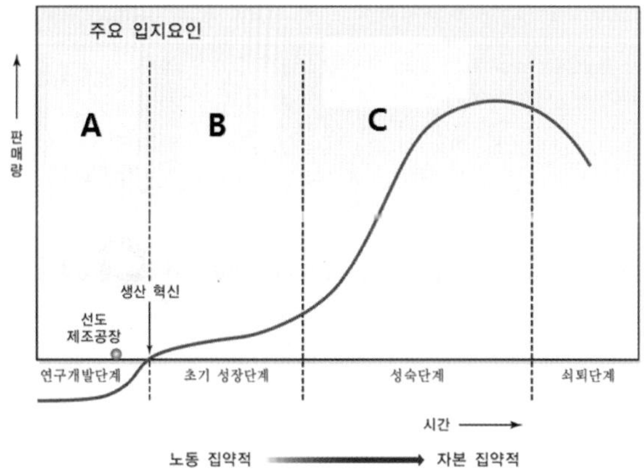

chapter 06

서비스 및 산업 지리

04. 교통수단의 발달과 관광 산업

핵심 출제 포인트

▶ 운송비 구조 ▶ 교통수단별 특징 ▶ 교통수단별 운송 분담율
▶ 도시 유형에 따른 교통 전략 ▶ 관광 산업의 효과 ▶ 지속 가능한 관광
▶ 장소 마케팅

1. 교통의 발달

(1) 교통의 발달과 지역 간 교류의 활성화

① 교통 발달의 영향

- '시·공간 수렴화': 지역 간 이동 시간 단축에 따른 공간적 제약 감소
- 사람·물자의 이동 활발로 생활권 확대: 지역 간 상호 의존성은 강화되고, 그 지역의 고유한 특성인 지역성은 약화됨

② 교통수단의 발달

도보	• 이동 거리 및 이동 범위의 제한
마차	• 이동 거리 및 물자 증가
철도	• 이동 거리와 이동량 급증, 이동 시간 대폭 단축
자동차	• 기동성·융통성, 문전 연결성이 높은 편리한 교통수단
비행기	• 신속성, 세계의 1일 생활권화

③ 국가 간 교류에 이용되는 교통수단의 발달: 주로 해상·항공 교통 이용

해상 교통	• 비용이 저렴함, 이동 속도가 느림, 대량 수송 가능 • 주로, 대량 화물 운송에 이용
항공 교통	• 비용이 비쌈, 이동 속도가 빠름: 최근 고가 제품의 신속한 운송을 위해 화물 운송량 증가 추세 • 주로 여객 운송에 이용
육상 교통	• 인접한 국가 간 고속 도로 및 철도 노선 연결 추진

■ 교통 발달에 따른 세계의 상대적 크기 축소
교통의 발달로 세계의 시·공간 거리가 단축되고 통신 기술의 발달로 지리 정보를 빠르게 수집할 수 있게 되었다. 이에 따라 각 국가는 국경을 넘어 교류를 확대하고 있다. 또한 교통이 발달할수록 지역 간의 상호 작용이 증가하여 생활 공간의 범위가 확대된다. 그러나 지역 간의 교류가 활발해질수록 각 지역이 지닌 독특한 지역성은 약화된다. 한편 통신도 시·공간적 제약을 완화하는 기능이 크기 때문에 통신이 발달할수록 우리의 생활권이 확대된다.

(2) 운송비 구조

① 총운송비=종착지 비용(기종점 비용)+운반 거리 비용(주행 비용)

② 종착지 비용(기종점 비용)

- 화물의 관리 유지비, 하역비, 운송 업무비, 보험료 등
- 운반 거리에 상관없이 일정하므로 결국 단위 거리당 종착지 비용은 점점 감소(운송비 체감의 법칙 또는 장거리 운송 효과)

③ 운반 거리 비용(주행 비용)

- 이동 거리에 따라 비례하여 증가하는 비용, 그러므로 단위 거리당 주행 비용은 일정한 것이 원칙
- 실제로는 단위 거리당 주행 비용도 점차 감소하는 경향이 나타남

■ 운송비 구조

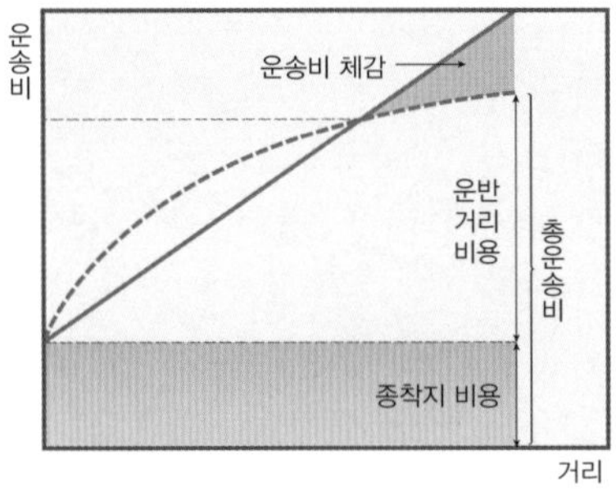

종착지 비용은 운반 거리에 상관없이 일정하지만 단위 거리당 운반 거리 비용은 감소한다.

더 알아보기

재화의 운송비 가격 정책

본선 인도 가격 (Free On Board, FOB)	• 공장 생산 비용+거리당 운송비=소비자 가격
균일 배달 가격 (Cost, Insurance and Freight, CIF)	• 본선 인도 가격에 의한 시장 면적보다 더 넓은 면적을 확보하여 총수입 증가 • 모든 소비자가 생산비에 일정한 운송비를 합친 가격으로 공급 • 구매 지역과 관계없이 넓은 지역에 걸쳐 동일한 가격으로 재화 공급 • 예: 의복, 술, 소형 가구
기본점 가격 (Basing Point Pricing, BPP)	• 모든 재화의 생산 위치와 관계없이 기본점에서 정한 가격을 기준으로 함 • 기본점 가격+거리당 운송비=소비자 가격

(3) 교통수단별 특징

구분	운송비 구조	특징
도로 교통	• 기종점 비용이 가장 저렴함 • 단위 거리당 주행 비용이 높음	• 문전 연결성과 기동성이 우수함 • 지형적 제약이 적고, 융통성 좋음
철도 교통	• 기종점 비용과 단위 거리당 주행 비용은 도로와 해운의 중간으로 중거리 수송에 적합	• 정시성과 안정성이 우수함 • 지형적 제약이 큼, 환경친화적임
해상 교통	• 기종점 비용이 비쌈 • 단위 거리당 주행 비용이 가장 낮음	• 장거리 대량 화물 수송에 유리 • 기상 조건의 제약
항공 교통	• 기종점 비용과 단위 거리당 주행 비용이 모두 높음 • 장거리 여객 및 고부가 가치 화물 수송에 유리	• 신속한 수송에 유리 • 기상 조건의 제약

■ 교통수단별 운송비 변화

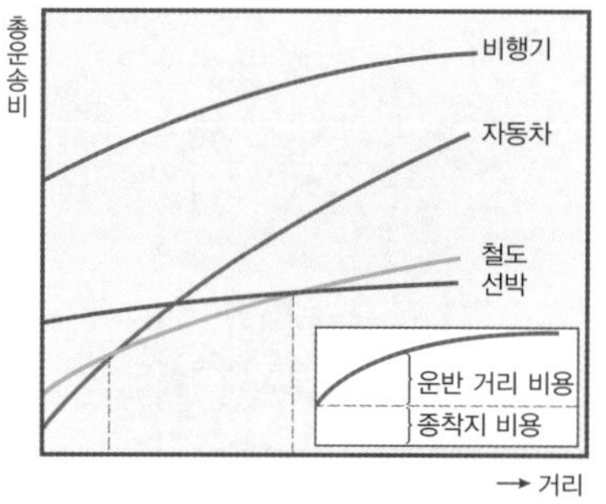

운송비 체감이 큰 교통수단일수록 장거리 운송에 적합하다. 즉 단거리 수송에서는 자동차가, 중거리 운송에서는 철도가, 장거리 수송에서는 선박이 유리한 것이다. 비행기는 운송비는 크지만 속도에서 경쟁력을 갖는다.

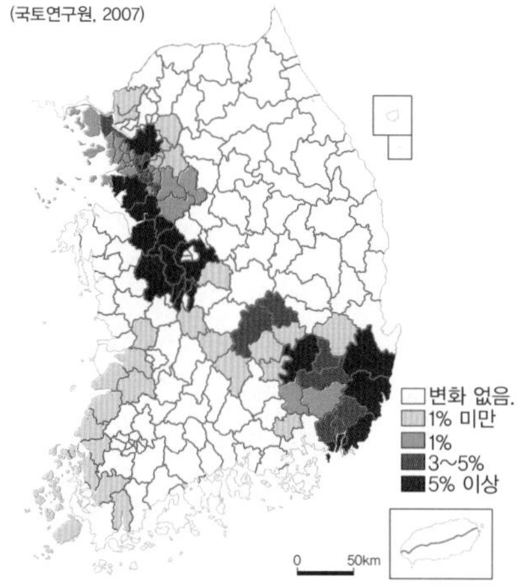

⇡ KTX 개통에 따른 접근 개선도

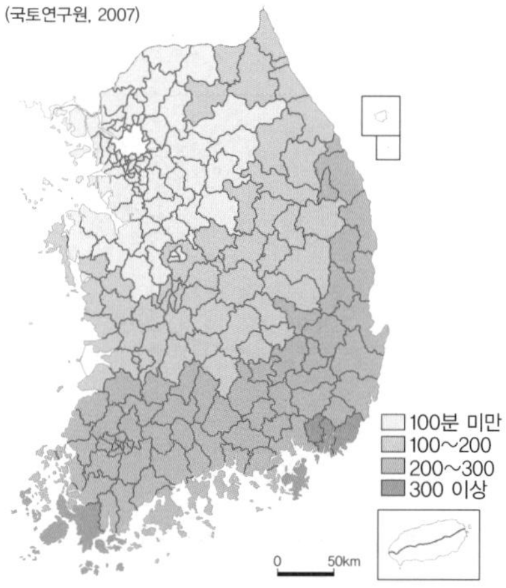

⇡ 고속 국도를 이용한 서울까지의 이동 시간

■ 해상 수출입 및 연안 물동량

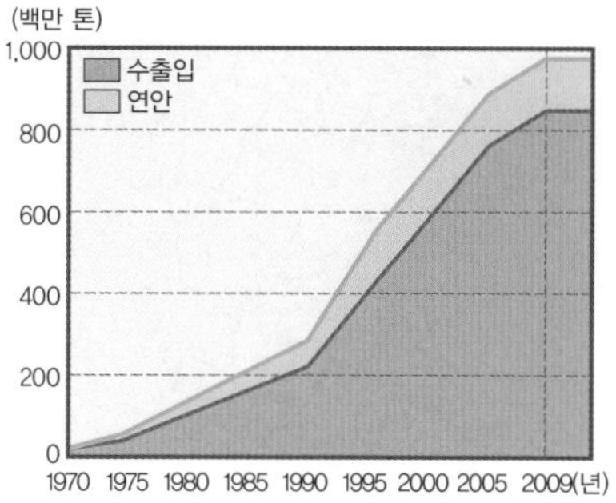

(4) 우리나라 교통의 발달 및 수송 구조

도로 (공로)	• 역원제(조선 시대) → 신작로(일제 강점기) → 군사 도로(1950년대) → 산업 도로(1960년대) → 고속 국도(1970년대 이후) • 국내 수송에서 여객과 화물을 가리지 않고 가장 보편적으로 이용됨
철도	• X자형 철도망(일제 강점기) → 산업 철도(1960년대) → 전철화 및 복선화(1970년대) → 고속 철도(2000년대) • 국내 화물 수송에서는 감소 추세지만 여객 수송에서는 다시 증가 추세
지하철	• 1974년 처음으로 개통된 이후 대도시권의 주요 교통수단으로 이용률 증가
해운	• 국내와 국제를 가리지 않고 이용되나, 화물 운송에서 차지하는 비중이 높음
항공	• 1969년 등장 이후 이용 증가율이 가장 높은 수단

■ 항공 여객 이용 승객 수의 변화

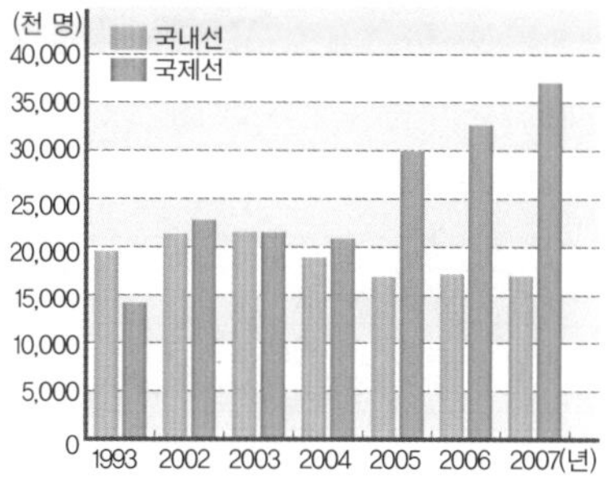

(5) 교통 특징에 따른 운임률의 변이

① 교통수단 간의 경쟁: 실제 운송 서비스 비용보다 하락

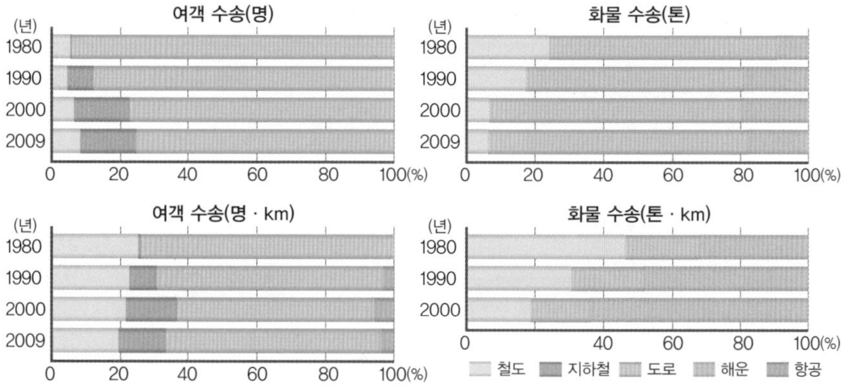

⇡ 국내 교통수단별 수송 분담률 변화

■ 인천 국제공항 해외 노선 수

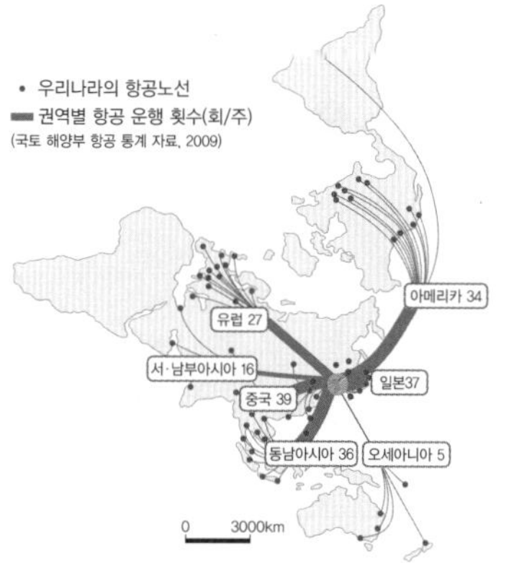

■ 우리나라의 교통망

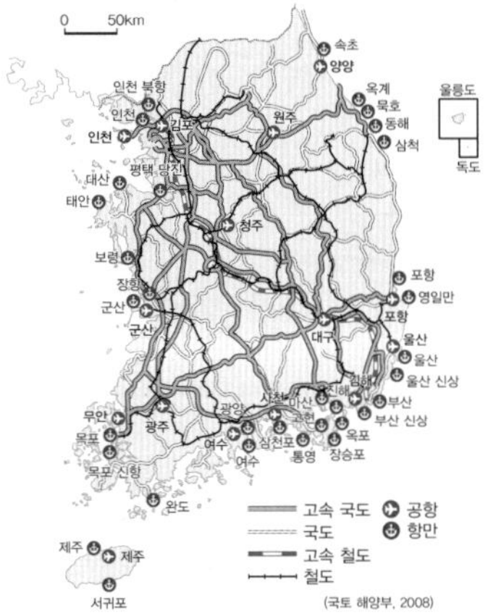

■ 국토 간선 도로망 계획

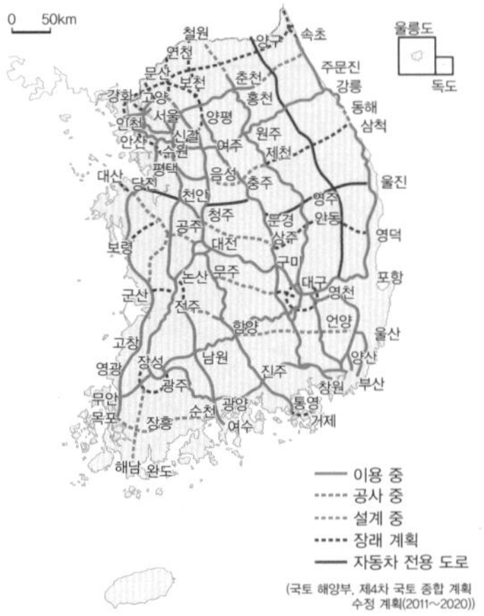

■ 교통로의 굴절 구분

양의 편의	더 많은 교통량을 흡수하기 위해 교통로를 굴절하는 것
음의 편의	지형 등의 자연환경을 우회하고 교통로의 건설비를 절감하기 위해 굴절하는 것

■ 직교형 교통망

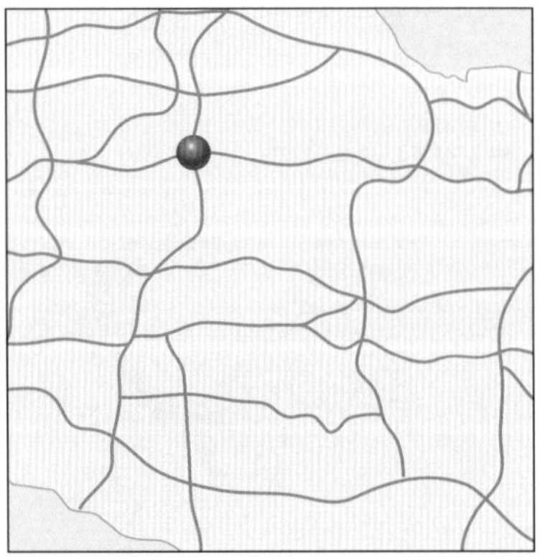

직교형 교통망은 교통 체증 시 우회로를 찾기 쉽다.

② 교통 밀도의 차이: 교통 밀도(교통 빈도)가 높으면 운송 비용 하락

③ 역수송률의 차이: 역수송 노선은 매우 저렴

(6) 교통망 분석

① 최적 교통망: 모든 지점을 연결하는 최소한의 효율적인 교통망(거점 개발)

② 완전 교통망: 모든 지점을 최단거리로 연결하는 완전한 교통망(균형 개발)

③ 교통로의 굴절: 더 많은 교통량 흡수, 지형적 제약, 높은 지가, 비옥한 토지에서 굴절하여 건설비 절감

• 장점: 수익의 증가

• 단점: 건설비 증가

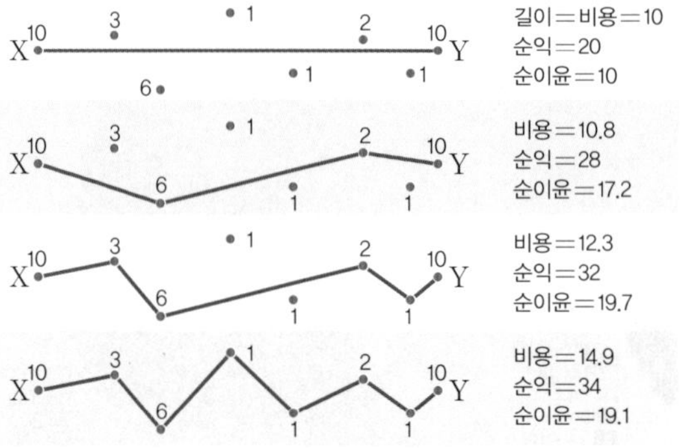

↑ 순이익을 최대화하기 위한 철도 입지

(7) 유통량 법칙

① 유통의 3대 조건

• 상호 보완성: 물자의 잉여 지역과 부족 지역, 상호 간의 이익

• 수송 가능성: 지역 간 상품 이동시 발생하는 비용

• 출발지와 도착지 사이의 방해 요인인 간섭 기회가 없어야 함

② 중력 법칙: 두 지역 간의 거리가 가까울수록, 인구가 많을수록 유통량이 증가

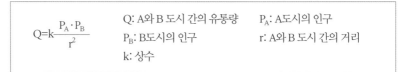

$$Q=k\frac{P_A \cdot P_B}{r^2}$$

Q: A와 B 도시 간의 유통량 P_A: A도시의 인구

P_B: B도시의 인구 r: A와 B 도시 간의 거리

k: 상수

더 알아보기

◗ Jannelle의 공간의 재조직화 모델 – 교통 발전에 따른 공간의 재조직화

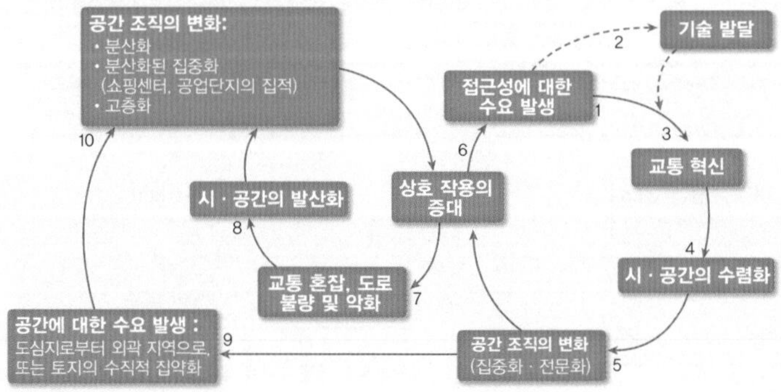

(8) 도시의 유형에 따른 교통 전략

전 자동차화 전략	• 자동차의 장점을 최대한 이용할 수 있도록 도시를 구조화 • 25만 명 이하의 소도시: 방사상 도로망을 직교형으로 개선하여 주차장과 인접한 중심부 주위에 내부 순환 도로 건설 • 대도시: 전통적인 단핵 도시를 중심지 외곽으로 고용, 쇼핑, 여가 활동 기능이 분산된 다핵 도시로 변화시키면서 대도시 전역의 자동차 접근성을 높게 유지(예: 미국 로스앤젤레스)
중심지 경감 전략	• 도시의 결절성이 미약하고 분산력이 탁월한 도시, 원심력이 강한 도시를 지향 • 전통적 도시의 중심성이 다른 근교 중심지와 비교하여 너무 강력하지 못하게 약화 유도 • 방사상 도로망과 순환 도로망의 결절점에 전략적 근교 중심지 설립(예: 보스턴)
중심지 강화 전략	• 중심지의 강력한 영향력 유지 • 순환 도로가 없고 방사상의 도로와 철도 네트워크가 있음 • 유입되는 교통량을 분산시키기 위해 짧은 구간과 운행 횟수가 많은 지하철 같은 대중 교통 체계 발달(예: 도쿄)
저비용 전략	• 기존 열거한 전략을 고비용 때문에 도입할 수 없을 경우, 자동차 소유가 적을 경우의 전략 • 기존 인프라 이용의 극대화(예: 버스 전용 도로) • 예: 홍콩의 2층 버스, 트램 등

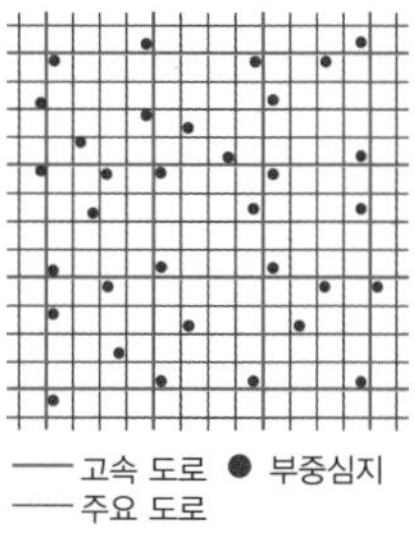

↑ 전 자동차화 전략

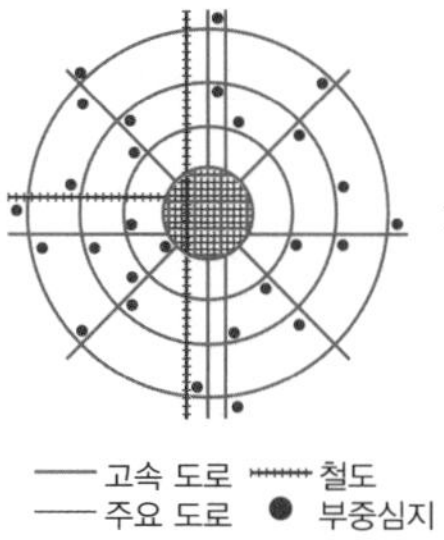

↑ 중심지 경감 전략

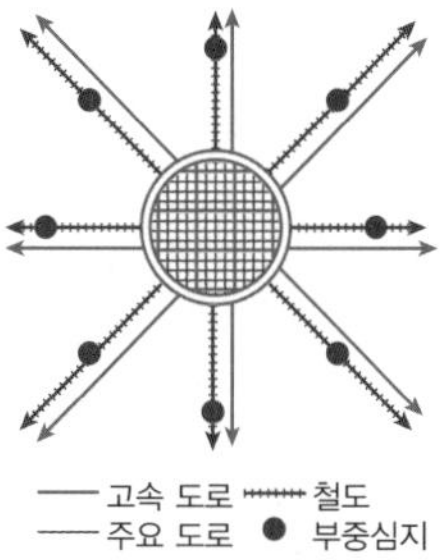

↑ 중심지 강화 전략

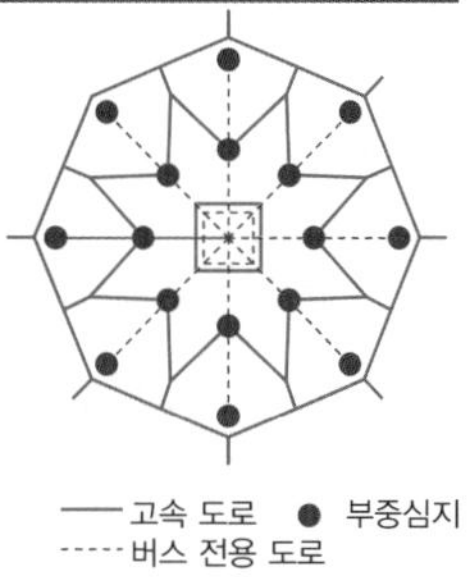

↑ 저비용 전략

2. 관광 산업

(1) 여가와 관광의 의미

① 여가: 생계를 위한 활동과 규칙적·반복적·필수적인 활동 시간을 제외하고 자유롭게 사용할 수 있는 시간

② 관광: 일시적으로 자기 생활권을 벗어나 다른 지역이나 나라를 여행하는 것으로 소비 등의 경제 활동이 일어나는 여가 활동

(2) 관광 산업의 발달 배경

① 주 5일 근무제 및 학교 수업제 도입 등 노동 시간의 단축에 따른 여가 시간의 확대

② 건강과 복지에 대한 관심 증가, 스트레스 해소에 대한 욕구의 증가

③ 소득 증대와 교통 발달로 자동차 보급, 항공 교통 수요 증가, 고속 철도 등장

(3) 관광 산업의 효과

① 경제적 효과

- 지역 경제의 활성화: 고용 창출 및 주민 소득 향상
- 국제 수지 개선: 외국인 관광 소비로 외화 유입
- 관련 산업에의 파급 효과

② 공익적·교육적 효과

- 우리 문화에 대한 이해 증진: 애국심과 자부심 고취
- 문화의 다양성 존중: 외국의 문화 습득
- 풍부한 정서의 함양과 건강 증진

■ 방사형 교통망

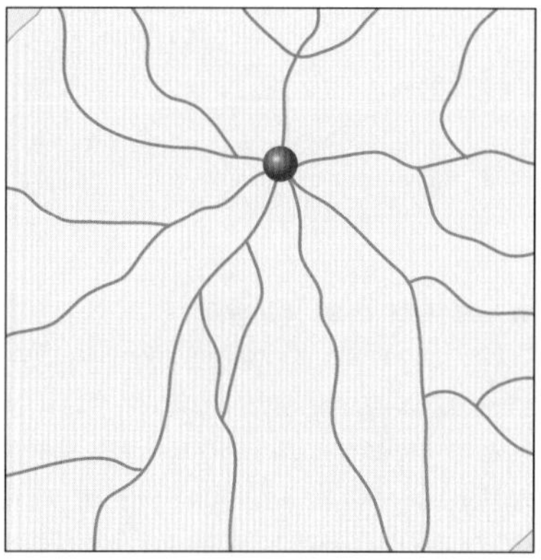

방사형 교통망은 중심지와 주변 지역을 최단 거리로 연결해 주는 장점이 있다.

■ 우리나라 관광 수지의 변화

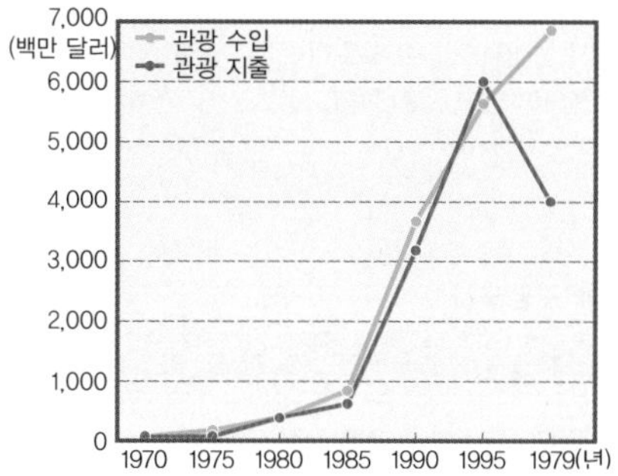

외국인 관광객의 지속적인 증가로 관광 수입도 늘어나고 있으며, 내국인 관광객 역시 증가 추세를 보이다가 1990년대 후반 외환 위기로 출국자 수가 감소하여 전체 관광 수지에서도 큰 흑자를 기록하였다.

■ 굴뚝 없는 공장, 보이지 않는 무역

관광을 소위 '굴뚝 없는 공장', '보이지 않는 무역'이라 하는데, 관광은 제품을 만드는 공장이 없어도 외국인 관광객이 입국하여 소비를 하기 때문에 외화를 벌어들이는 고부가 가치의 산업이며, 외국인 관광객의 소비와 내국인 관광객의 해외 소비 지출이 마치 제품의 수출과 수입처럼 눈에 보이지 않는 국가 간의 무역 활동이 된다는 의미에서 생긴 용어이다.

■ 녹색·청색·백색·생태 관광
순수한 자연 자원을 관광에 접목시키면서 환경도 보호하자는 관점에서 활발한 활동이 진행되고 있는데, 지역의 특성에 따라 전원에서 농촌 생활을 체험하는 녹색 관광, 푸른 바다가 있는 해안에서 이루어지는 청색 관광, 눈 덮인 산악 지대에서 행해지는 백색 관광 등 불리는 이름도 각기 다른 형태로 친환경적인 관광이 진행되고 있다. 즉 농·산·어촌이 가지고 있는 각종 생활 및 문화 자원을 관광 상품으로 제공하면서 동시에 지역의 경제 활성화에 기여할 수 있는 방향이라고 보면 된다. 생태 관광이란 자연 환경을 해치지 않는 범위 내에서 행해지는 관광을 말하는데, 자연환경이 잘 보전되어 있고, 생태학적으로 보전할 가치가 있는 지역에서 이루어지는 자연 체험 활동을 의미한다.

■ 관광 도시
명승지, 사적, 문화재, 온천지, 피한지, 피서지 등 관광 자원이 많은 도시를 말한다. 우리나라에서는 경주와 제주가 널리 알려진 국제 관광 도시이며, 유럽의 제네바, 로마, 베네치아, 일본의 교토, 나라 등도 국제적인 관광 도시이다. 관광 도시에서는 상업과 서비스업이 주가 되며, 소비 도시의 색채가 짙다. 근래 관광 산업이 '굴뚝없는 공장'이라는 고부가 가치 산업으로 각광 받고 있으며, 국가 경제에서 차지하는 비중도 커짐에 따라, 관광 도시의 보호, 육성에 각국이 힘을 기울이고 있다.

(4) 관광 자원의 종류

① 자연적 자원: 국립 공원, 도립 공원, 온천 등 자연 그대로의 자원

② 문화적 자원: 유물, 유적, 언어, 종교, 풍습, 지역 특산물 등 유·무형의 자원

③ 인공적 자원: 산업 시설, 놀이공원 등의 시설 자원

(5) 관광 산업과 지역의 변화

① 긍정적 측면: 고용 창출, 지역 경제 활성화, 지역 균형 발전, 지역 간 이해 증진

② 부정적 측면: 개발 이익의 외부 유출, 전통 문화의 변질·훼손, 환경 파괴

③ 지역 특성을 고려한 개발: 지역 축제의 활성화, 친환경적인 개발 도입

(6) 지속 가능한 관광

① 환경에 장기적인 손상을 주지 않는 수준에서 관광을 유지하는 것으로 환경, 생활, 관광이 공존하는 것을 의미

② 방법: 관광객 수의 제한과 분산, 개발 조건과 규제의 강화, 토지 이용 계획의 합리적 조정, 교통수단 통제 및 대중교통의 개선, 환경 교육, 유네스코(UNESCO)의 세계 유산 지정 사업 등

③ 종류: 녹색 관광, 청색 관광, 백색 관광, 생태 관광

(7) 장소 마케팅 전략

① 장소 마케팅의 개념: 특정 장소(도시)를 하나의 상품으로 인식하여, 지역의 공공과 민간의 협력하에 기업, 주민, 그리고 관광객이 선호하는 이미지, 제도, 시설 개발을 통하여 장소 상품의 가치를 상승시켜, 소기의 목적(지역 경제 활성화)을 달성하려는 전략

② 장소 마케팅 전략의 등장 배경

- 탈산업화로 인한 도시 제조업의 쇠퇴로 관광객 및 기업 유치를 통한 경제 회복 기대
- 소득의 증가, 노동 시간의 단축, 여가 시간의 확대로 자기 계발 욕구가 증가하면서 지역 주민의 문화적 충족과 삶의 질 향상에 대한 수요
- 관광객 유치를 위한 지역 간 경쟁의 증가
- 지역 경제 활성화 모색: 기업가주의 지방 정부로의 변신

③ 장소 마케팅의 유형

- 휴가 마케팅: 지역의 장소적 특수성을 개발하고 관광 환경을 정비하여 외부 지역의 휴가 수요를 흡수
- 사업 장소 마케팅: 외부의 기업을 유치하기 위해 사업 및 투자 환경을 조성하고, 도시 기반 기능의 유치를 통한 승수 효과 기대

지리 상식 1 지구와 원주민을 모두 살리는 여행, 공정 여행

비행기를 타고 여행 가이드의 깃발을 쫓아다니며 호텔에서 잠을 자고 호텔 식당에서 식사를 하며, 대형 쇼핑센터에서 국적 불명의 상품을 구매하고 관광용으로 잘 꾸며진 경관을 구경하는 것, 이것이 일반적인 패키지 해외 여행의 모습이다. 사람들은 이 모든 것이 평소에 자신이 경험하는 일상과 다르다는 이유로 그냥 받아들인다.

그러나 최근 이러한 여행 행태에 이의를 제기하는 사람들이 늘고 있다. 이들은 이산화 탄소를 많이 배출하는 비행기보다 도보나 자전거, 기차를 이용한 여행을 즐긴다. 또 현지인이 운영하는 숙박업소를 이용하고 현지인이 즐겨 먹는 음식을 맛본다. 현지인이 운영하는 상점에서 현지인이 만든 의미 있는 물건을 정당한 대가를 지불하고 산다. 이른바 '공정 여행'이다.

공정 여행이란 현지의 환경을 해치지 않으면서도 현지인에게 혜택이 돌아가는 여행으로, '착한 여행', '책임 여행'이라고도 불린다. 1980년대에 유럽 일부 국가나 미국 등 선진국을 중심으로 시작되었으나 아직 일반화되지는 못한 상태이다. 우리나라의 경우 2009년 초 중국 윈난 성 소수민족을 만나는 '공정 여행 1호' 상품이 나오면서 비로소 대중화의 첫 발을 떼었을 뿐 아직은 걸음마 단계이다.

공정 여행은 거창한 것이 아니다. 내가 움직이는 것은 누군가가 써야 할 자원을 사용하는 것이고, 내가 편리하기 위해서는 누군가가 불편함을 감내하고 수고한다는 것을 잊지 않고 여행하면 된다. 여행 중에 선택해야 하는 숙박, 음식, 관광과 같은 것에 대한 기준을 '어느 것이 더 저렴한가?'에서 '어느 것이 더 공정한가?'로 바꾸면 된다. '어디로' 여행할지가 아니라 '어떻게' 여행할지를 고민하면 된다.

지금까지의 자신의 여행 행태를 되돌아보았을 때 지역의 현지 주민들에게, 자연에게, 지구에게 무엇인가 마음에 걸리는 것이 있다면 공정 여행을 한 번쯤 생각해 봐야 하지 않을까?

■ 공정 여행 십계명

1. 현지인이 운영하는 숙소와 음식점, 교통편, 여행사를 이용한다.
2. 멸종 위기에 높인 동식물로 만든 기념품(조개, 산호, 상아)은 사지 않는다.
3. 동물을 학대하는 쇼나 투어에 참가하지 않는다.
4. 지구 온난화를 부추기는 비행기 이용을 줄이고, 전기와 물을 아껴 쓴다.
5. 현지의 인사말과 노래, 춤을 배워 본다.
6. 공정 무역 제품을 이용한다. 지나치게 가격을 깎지 않는다.
7. 여행지의 생활 방식과 종교를 존중하고 예의를 갖춘다.
8. 여행 경비의 1%는 현지의 단체에 기부한다.
9. 현지인과 한 약속을 지킨다. 약속한 사진이나 물건을 꼭 보낸다.
10. 내 여행의 기억을 기록하고 공유한다.

전국지리교사연합회, 2011, 『살아있는 지리 교과서 1』

지리 상식 2 돈 많은 꿀벌들을 유혹하기 위한 지방 자치 단체의 꽃단장 '장소 마케팅'

장소 간의 경쟁이 심화되면서 장소의 가치는 인간의 사회적·경제적 활동이 행해지는 공간의 의미를 넘어 상품화, 소비화, 그리고 마케팅이 가능한 대상으로 간주되고 있다. 이러한 상황 속에서 새롭게 대두된 개념이 바로 장소 마케팅(Place marketing)이다.

장소 마케팅 전략은 세계화가 진전됨에 따라 치열해지는 경쟁에서 살아남기 위한 수단으로 활용되고 있다. 더 나아가 장소의 브랜드화와 장소의 개선을 통한 장소 마케팅은 지역 경제 활성화뿐만 아니라 지속적인 지역 발전의 출발점으로 주목받으면서 장소 자체에 대한 개발이 전략적으로 추진되고 있다. 더욱이 장소를 기반으로 형성되는 문화가 상품화와 산업화가 쉽게 이루어지는 대상으로 인식되면서, 지역 문화 개발을 통한 장소 마케팅이 활발하게 추진되고 있다. 그렇다면 지역의 장소성을 판매하는 장소 마케팅의 등장 배경은 무엇일까?

첫째, 서구 도시들이 겪었던 탈산업화를 들 수 있다. 포스트포디즘으로 경제 구조가 변화하면서 기존 제조업이 쇠퇴하였다. 이러한 상황 속에서 나타난 산업과 고용의 공동화를 극복하기 위해 각 지방 자치 단체에서는 지역 일자리 및 기업 유치를 위한 차별화 전략을 펼치기 시작하였다. 또한 정보 통신 기술의 발달은 자본, 상품, 노동의 전 지구적 이동을 가속화하여 매력적인 장소에 대한 수요를 증가시켰다. 각 지역들은 자신들이 가진 장소적 특수성을 최대한 활용하고 가꾸고 홍보하며 자본, 고급 노동력, 관광객을 유치하여 경제를 활성화하려는 노력을 하게 되었다.

둘째, 개인의 '쉼'에 대한 욕구의 증가이다. 개인의 소득이 증가하고, 노동 시간이 단축되면서 여가 시간의 확대로 사람들의 자기 계발 욕구가 증가하고 있다. 이런 다양한 문화적 욕구와 삶의 질 향상에 대한 수요를 충족시키는 방안의 하나로 장소 마케팅이 등장 하게 되었다.

셋째, 지방 정부가 기업가주의로 변화하고 있다. 지역 간 경쟁이 치열해지면서 각 지방 정부는 지역 경제를 활성화하기 위해 지방 정부 스스로가 경영 능력을 갖춘 기업가로서 변신하게 되었다. 케인스주의 복지 정부에서 기업가적 지방 정부로 변화하면서 민간 기업과의 파트너십 구축, 지역 삶의 질과 이미지를 향상시켜 궁극적으로는 기업과 잠재적 투자자, 관광객 및 지역 주민, 이주자들을 유인하여 경제 성장을 시도하게 되었다. 장소가 단순히 더 이상 경제 활동이 이루어지는 무대가 아니라 상품화하여 판매할 수 있는 대상으로 보았기 때문에 기업가적 지방 정부는 우수한 기업 환경 조성, 삶의 질 개선, 그리고 장소 이미지를 향상시키려는 전략으로 장소 마케팅을 도입하게 되었다.

이와 같이 지방 정부들은 장소 마케팅 전략을 통해 지역의 고유한 문화, 이미지와 정체성을 확립하고, 주민들의 애착과 거주 욕구를 향상시키며, 장소적 가치를 개발하여 지속 가능한 발전을 추구하려고 한다. 이에 따라 최근 장소 마케팅은 지역 개발 분야에서 매우 중요한 부문을 차지하고 있으며, 지역 문화, 지역 경제, 지역 공동체의 활성화를 추구하려는 장기적인 지역 계획으로까지 확대되고 있다.

이희연, 2011, 『경제지리학』

지리 상식 3 대륙의 맞잡은 두 손을 끊다! 세계의 운하.

파나마 운하와 수에즈 운하의 건설은 해상 교역 거리를 혁신적으로 단축시켰다. 이는 교역 시간의 단축과 유류비의 절약을 가져왔으며, 대륙 간 해상 물동량은 급격히 증가하게 되었다.

최근 원유의 가격이 폭등하고 해운 업체의 유류비 부담이 증가하면서 운하의 가치는 높아지고 있다. 수십 년간 해상 교역에서 독점적 지위를 점하고 있던 수에즈, 파나마 운하도 해상 교역 거리를 더 줄이고자 하는 세계 여러 나라들의 도전을 받고 있다.

1. 니카라과와 대결하는 파나마의 1차 방어전은 성공할 수 있을까?

파나마 운하는 파나마 지협을 횡단하여 태평양과 카리브 해(대서양)를 연결한다. 태평양 연안의 발보아에서부터 카리브 해 연안의 크리스토발에 이르기까지 총길이 77km의 수로이다. 미국에서 태평양과 대서양을 관통하는 데 파나마 운하를 이용할 경우 남아메리카를 돌아가는 것보다 운항 거리를 약 1만 5,000km가량 줄일 수 있다고 한다.

⫶ 니카라과 운하와 파나마 운하의 위치

인구 380만 명에 불과한 파나마는 양 대양을 잇는 천혜의 지리적 이점을 활용한 운하 사업으로 중남미 최고의 성장률을 누려 왔으나, 이르면 향후 5년 이내에 해상 물류 전쟁을 벌여야 할 상황에 놓였다.

인접국인 니카라과가 동남부 카리브 해 연안의 푼타고르다 강에서 니카라과 호수를 거쳐 태평양 연안의 브리토 강까지 이어지는 수로 밑그림을 발표했기 때문이다. 니카라과 정부는 400억 달러의 공사비를 들여 5년 이내에 공사를 마친다는 계획을 잡고 있다. 니카라과 운하는 278km 길이에 최대 수용 선박 규모는 25만 t이다. 길이는 파나마 확장 운하의 3배에 가깝고, 수용 선박 규모는 배가 넘는다.

파나마 정부는 니카라과 운하를 대외적으로 평가 절하하면서도 지금까지 누려 온 파나마의 기득권에 대한 도전에 긴장을 늦추지 않는 모습이다. 중미의 빈국에 속하는 니카라과의 국민은 운하 건설로 파나마처럼 경제 성장을 구가하는 나라가 되는 꿈에 젖어 있다. 국경을 접한 두 나라의 '운하 전쟁'이 어떤 식으로 전개될지 관심이 모아진다.

2. 수에즈 운하의 최대 수혜국은 소말리아?

1869년 개통된 수에즈 운하는 아시아와 아프리카 두 대륙의 경계인 이집트의 시나이 반도 서쪽에 건설된 세계 최대의 운하이다. 지중해의 포트사이드(Port Said) 항구와 홍해의 수에즈(Suez) 항구를 연결하고 있다. 지중해와 홍해, 인도양을 잇는 수에즈 운하의 건설로 런던–싱가포르 항로는 케이프타운 경유로 2만 4,500km인 것이 1만 5,027km로 줄어들고, 런던–뭄바이는 2만 1,400km에서 1만 1,472km로 단축되었다.

유럽과 아시아를 오가는 수많은 선박들은 수에즈 운하 덕분에 아프리카를 돌아가지 않게 되었다. 운하의 소유권을 가진 이집트, 아시아를 교역 파트너로 삼고 있는 유럽의 국가들, 그리고 유럽을 상대로 교역하는 아시아의 국가들은 운하의 힘을 톡톡히 누리고 있는 것이다.

아프리카 동쪽 끝에 위치한 소말리아도 수에즈 운하의 덕을 보고 있다. 먹을 것이 없어 소가 말라 죽는 나라라 소말리아라는 농담을 할 만큼 세계의 대표적인 빈국인 소말리아. 1991년부터 이어져 온 오랜 내전으로 인해 삶터는 황폐해졌고 국민들은 굶주리게 되었다. 소말리아 사람들 중 일부는 황폐화된 내전의 땅을 일구는 대신에 소말리아 앞바다를 지나는 상선을 점령해 선원들의 몸값을 요구하는 해적질을 하기 시작했다. 소말리아와 예멘의 사이에 있는 아덴 만은 수에즈 운하를 통과하는 유럽과 아시아의 선박들이 불가피하게 지나야 하는 해협이다. 아덴 만을 통과하는 수많은 상선들이 해적들의 먹잇감이 된 것이다. 2011년 우리나라 선박 삼호주얼리호가 소말리아 해적들에 의해 납치된 장소도 바로 아덴 만이다. 삼호주얼리호의 구출 작전명이 '아덴 만의 여명'인 것도 이 때문이다.

3. 싱가포르의 목줄을 쥐고 있는 태국 크라 운하 계획

유럽과 아시아를 오가는 선박들과 중동의 산유국과 동아시아의 원유 소비 국가를 오가는 선박들은 말라카 해협을 지난다. 싱가포르는 말라카 해협을 품은 덕분에 많은 선박들의 기착지로 주목받게 되었다. 이를 통해 축적한 자본으로 싱가포르는 해운 및 금융 산업의 중심지로 성장할 수 있었다. 그런데 최근 중국과 태국이 싱가포르의 목줄을 쥐어 흔들고 있다. 중국 기업들이 태국 남부 말레이 반도의 허리를 관통하는 인공 대운하 건설을 추진하고 있는 것으로 알려졌기 때문이다. 중국의 쉬궁그룹, 싼이중공, 류궁그룹 등이 태국 크라 지협을 뚫는 '크라 운하' 프로젝트를 검토하고 있다고 한다.

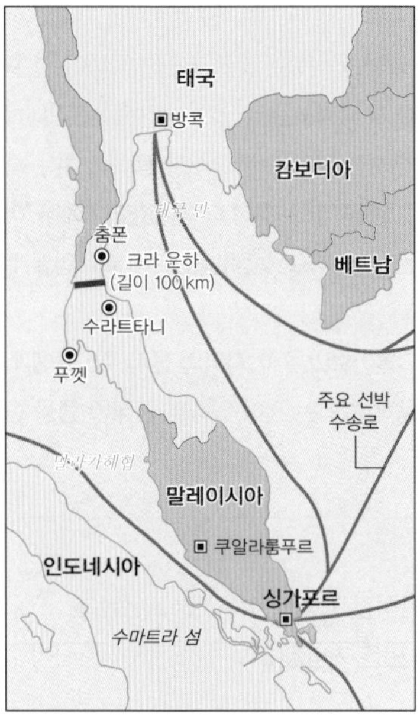

⫶ 태국 말레이 반도 인공 대운하 건설 계획

이 프로젝트에는 1,200억 위안(약 21조 원)의 사업비와 5년의 공사 기간이 투입될 것으로 추산된다. 이 운하가 실제 만들어지면 말라카 해협을 대신하는 인도양과 태평양을 잇는 단축 항로가 생긴다. 인도양과 태국만을 잇는 길이 100km의 크라 운하를 이용하면 말라카 해협을 거치는 것보다 뱃길은 1,200km, 항해 기간은 2~5일 줄일 수 있다. 중동산 원유 수입 비중이 높은 한국, 중국, 일본 등이 직접적인 수혜를 볼 수 있을 것으로 전망된다. 동남아시아 국가 연합(ASEAN)의 국가들도 말라카 해협을 대체하는 수송로를 확보하게 돼 물류 수송 비용과 시간을 대폭 절감할 수 있을 것으로 예상된다.

[선택형]

1. 지도는 특정 교통수단이 분포하는 지역을 모두 표시한 것이다. 이 교통수단의 특징으로 가장 적절한 것은?

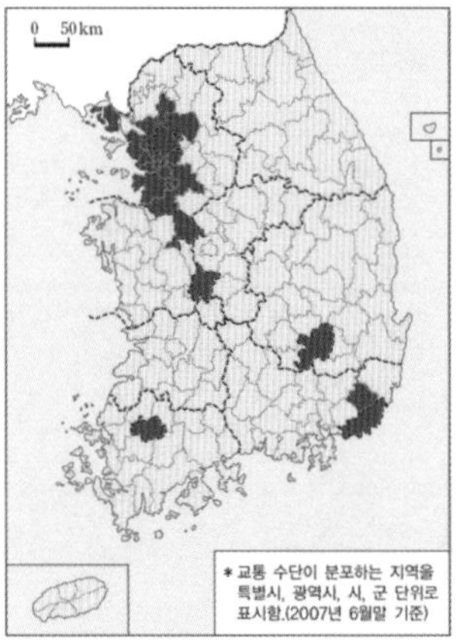

① 문전 연결성과 기동성이 양호하고 연계 교통 이용이 편리하다.
② 장거리 대량 화물 수송에 적합하여 해외 무역에 주로 이용된다.
③ 지역 생활권 내 출퇴근 시간대의 교통 문제를 개선하는 데 기여하였다.
④ 정시성이 뛰어나고 도시 간 장거리 이동 시간을 혁신적으로 단축시켰다.
⑤ 해외 여객 운송에 주로 이용되며 최근 고부가 가치 제품의 수송에도 이용되고 있다.

2. (가)의 단위 거리당 운송비 곡선을 바탕으로 공장에서 시장까지 가장 저렴하게 운송할 수 있는 노선을 (나)에서 고른 것은?

(가) 단위 거리당 운송비 곡선

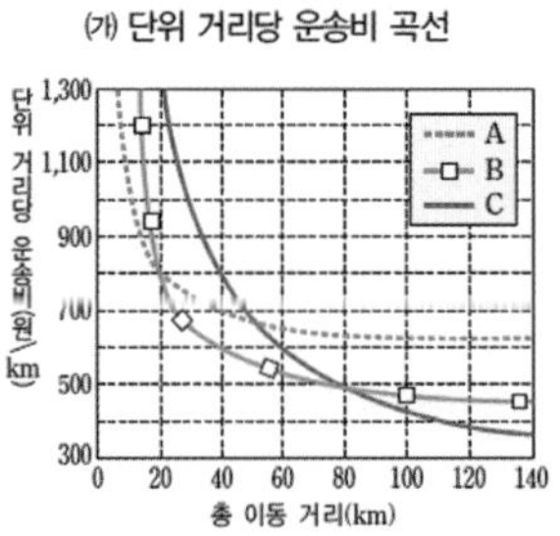

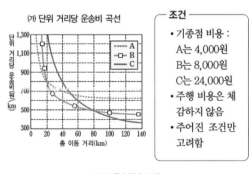

조건
- 기종점 비용 : A는 4,000원 B는 8,000원 C는 24,000원
- 주행 비용은 체감하지 않음
- 주어진 조건만 고려함

(나) 교통수단별 노선

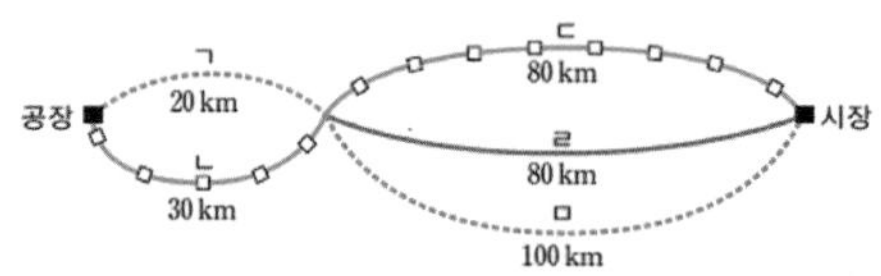

① ㄱ, ㄷ ② ㄱ, ㄹ ③ ㄱ, ㅁ
④ ㄴ, ㄷ ⑤ ㄴ, ㅁ

[서술형]

1. 지속 가능한 관광의 특징을 주민 참여도, 외부 자본 투자 비율, 지역 환경 보존과 관련하여 서술하시오.

2. 장소 마케팅의 유형을 장소 수요자 측면에서 2가지로 나누어 서술하고, 장소 마케팅의 등장 배경을 3가지 서술하시오.

3. 다음은 도시 유형에 따른 도시 교통 전략의 유형 2가지를 나타낸 모식도이다. A와 B가 나타내는 도시 교통 전략이 무엇인지 쓰고, 각각의 전략을 통해 기대되는 도시 구조의 변화에 대해 서술하시오.

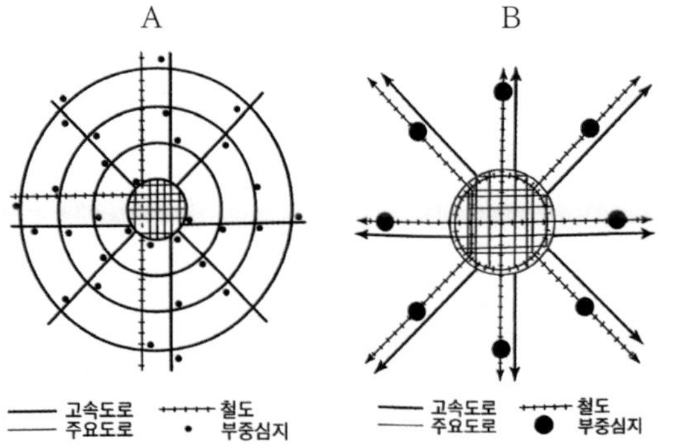

Chapter 07

제7장

도시 지리

01. 촌락

02. 도시 성장과 도시화

03. 도시 내부 구조

04. 도시 체계 및 도시권의 확대

05. 세계 도시 분포 및 도시 체계

chapter
07

도시 지리
01. 촌락

핵심 출제 포인트

▶ 촌락의 입지 조건　▶ 다양한 촌락의 유형　▶ 자연환경과 전통 가옥

■ 취락과 촌락의 차이점

취락은 가옥의 구성 단위이며 인간 생활의 거주지, 경계선의 의미를 가진다. 이러한 취락은 촌락과 도시로 나뉘며 특히 촌락은 부락, 읍락, 취락 등 정착의 개념을 뜻한다.

■ 도시와 취락의 사회학적 구분(Solokin & Zimmeman)

① 직업 구조: 1차 산업 종사 인구 비율이 높은 곳
② 환경적 측면: 도시는 인공 구조물, 촌락은 자연 구조물(돌출 지역)
③ 인구 규모: 인구 규모가 적은 곳(지리학)
④ 인구 밀도: 인구 밀도가 낮은 곳(견해)
⑤ 주민들의 동질성: 동질성 높은 곳이 취락
⑥ 계층: 촌락은 계층 분화가 덜 된 상태
⑦ 이동성: 촌락은 이동성 약함
⑧ 공간적 상호 작용: 촌락이 상호 작용이 작음

1. 촌락

촌락과 도시는 인구수 혹은 인구 밀도, 생활 기반, 주민의 행태, 경관과 토지 이용 등에 있어서 차이를 보인다.

(1) 대비되는 공간으로 인식

① 인구 규모: 인구가 많고 인구 밀도가 높은 취락이 도시이고, 그렇지 못한 취락은 촌락
② 행정적 지표: 우리나라의 경우 면 단위 지역을 촌락으로, 읍과 시 단위 지역을 도시로 분류
③ 경제적 지표: 촌락의 지배적인 경제 활동은 농업, 임업, 목축업, 어업과 같은 1차 산업
④ 사회 문화적 지표: 서비스의 제공, 주거의 수준, 고용 수준, 소득 수준과 같은 지표를 사용하여 도시와 촌락을 구분

(2) 촌락

• 도시 연속체로 이해: 도시와 촌락을 서로 대립되는 개념으로 파악하는 대신, 같은 연속선상에서 기준 척도의 정도 차이에 의해 도시와 촌락을 구분

(3) 공생적 관계

① 촌락과 도시가 하나의 시스템 내에서 상호 의존적이며 유기적 관계를 가지고 있음
② 촌락은 취락의 최소 단위이고, 농업, 어업, 임업 활동이 이루어지는 경제 공간으로서 생산 현장이며, 그곳 주민의 생활 중심지인 도시에 기능적으로 통합된 영역적 개체임

더 알아보기

▶ 사회·문화적 정의에 사용된 '도시-촌락'의 이분법 사례

학자	도시	비도시(촌락)
베커(Becker)	세속적	종교적
뒤르켐(Durkheim)	유기적 연대	기계적 연대
메인(Maine)	접촉	지위
레드필드(Redfield)	도시적	서민적
스펜서(Spencer)	산업적	군사적
퇴니에스(Tönnies)	이익 사회(게젤샤프트)	공동 사회(게마인샤프트)
베버(Weber)	합리적	전통적

Phillips and Williams, 1984; Reissman, 1964

■ 물과 관계되는 지명

물가를 나타내는 지명은 천(川), 수(水), 하(河), 강(江), 진(津), 탄(灘), 주(洲), 빈(濱), 계(溪), 호수와 소택(湖·沼), 바다(海·洋) 등이 있다. 이중 천이 가장 많이 나타나며, 포천군 포천(抱川)읍, 경북 영천(永川)시 등 전국 76개 지역에서 나타난다. 천은 산자와 더불어 큰 강을 낀 지역에 주로 많이 쓰는 지명이다. 경기도의 수원(水原), 전북 장수(長水: 긴 시내)군, 여수(麗水: 아름다운 물줄기), 평북 삭주군의 수풍(水豊: 물이 풍족한 곳), 경북 영덕군 창수면(蒼水: 창창하고 아름다운 물) 등은 모두 물과 관련된 지명이다.

2. 촌락의 입지

(1) 자연적 조건

① 물과 촌락 입지

• 득수(得水): 하천 양안, 선상지의 선정과 선단, 제주도 해안(용천대), 사막의 경우 오아시스 취락
• 피수(避水): 삼각주나 범람원 상의 자연 제방 취락, 간척지의 방조제 취락
• 배산임수: 농업용수, 생활용수 확보 유리
• 용수 부족 지역: 현무암질의 화산 지대, 선상지의 선앙은 취락 발달 미비

■ 제주도 해안가 용천대 분포

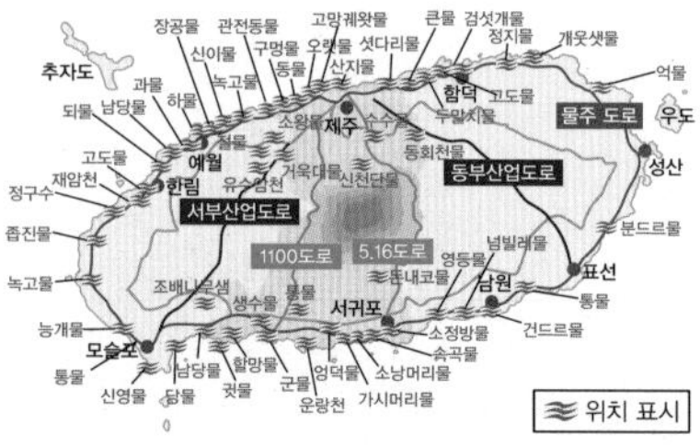

② 지형과 촌락 입지

- 배산임수: 추위에 적응력이 크고, 연료 구득이 쉽고 농경에 유리하며, 남향일 경우 일조량이 풍부하며 겨울 북서풍 차단
- 범람원이나 삼각주: 자연 제방에 대상으로 분포(열촌), 배후 습지는 터돋움집(돈대) 형태도 있음
- 평야 지역: 평지 촌락 발달
- 산지 지역: 해발 고도와 기복량, 일조와 양지 조건이 좋은 곳의 산기슭 완사면, 계곡에 촌락 입지
- 해안 지역: 어업 활동이 유리한 곳, 방조제가 갖추어진 곳

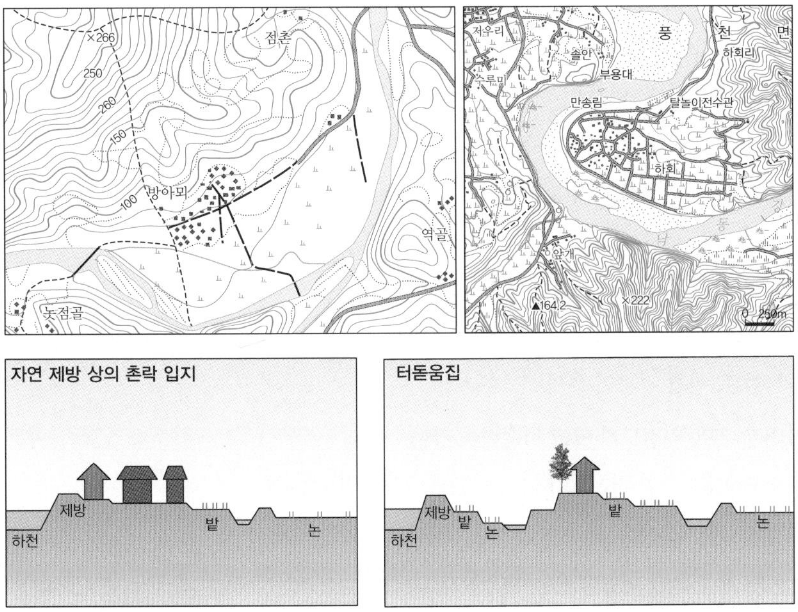

⁝ 지형에 따른 촌락의 입지

(2) 사회·경제적 조건

① 교통과 촌락의 입지

- 하천 교통: 도진 취락(도, 진, 포 등의 나루터 촌락), 현재는 쇠퇴(삼전도, 양화도, 노량진, 마포, 목계, 왜관 등)
- 역원 취락: 역, 원, 파발, 포, 막(幕), 거리, 영촌(嶺下村) 등(역리, 역촌, 장호원, 구파발, 주막리, 삼거리 등)
- 신흥 교통 취락: 근대 교통로를 따라 발달하여 구교통 취락 쇠퇴(대전, 익산은 대도시로 발달하고 의주, 포천은 쇠퇴)
- 령(嶺) 촌락(고개 취락)
  – 산을 넘어가는 교통로에 입지하는 촌락
  – 죽령(풍기읍 희방사, 대강면 용부원리), 조령(수안보, 문경읍), 우두령(상촌면, 구성면)

② 방어와 촌락 입지

- 협동과 방어력을 필요로 하는 사회 불안기에는 집촌의 경향이 있음
- 방어와 관련된 촌락 입지: 해안(좌, 우수영), 국경 부근(진촌), 군사적 요지에 산성 취락 발달(남한산성, 영변산성), 병영촌
- 이스라엘의 키부츠: 협동 생산, 공동 방어

■ 영변산성

철옹성은 평안도 영변에 위치한 중요 북방 요새지이다. 철옹산의 동쪽은 약산, 동대(藥山, 東臺)의 큰 낭떠러지이고, 남쪽은 넓은 들판이 펼쳐진 천혜의 요새지이다. 평북 영변군 영변읍에 있는 고구려 산성. 영변산성이라고도 한다.

■ 지명 속에 들어간 의미

영어의 'castle', 독일어의 'burg'는 모두 성을 뜻하는 지명이다. 영국의 뉴캐슬(Newcastle), 독일의 함부르크(Hamburg)와 오스트리아의 잘츠부르크(Salzburg) 등이 그 좋은 예이다. 반면 영어의 'ford', 독일어의 'furt', 프랑스 어의 'pont' 등의 어미가 붙은 것은 과거 도진 취락에서 발달한 경우가 대부분이다. 영국의 옥스퍼드(Oxford), 독일의 프랑크푸르트(Frankfurt) 등이 대표적이다.

■ 키부츠와 모샤브의 차이

키부츠는 그 구성원들이 함께 일하며 자신들의 자원을 개간하여 필요한 것만 취하는 집단 정착촌을 말한다. 이 키부츠가 경지에서 시작되었기 때문에 대다수의 키부츠들은 산업 용품을 제조한다. 모든 재산은 공동 소유이며 작업 계약, 학교 교과 과정, 오락 영화에 관한 결정은 다수결로 정한다. 모샤브는 모든 가정이 자신들의 집과 농장을 소유하지만 구매나 중장비 등을 사용할 때는 공동으로 하는 정착촌이다.

■ 방어를 위한 취락의 유형

- 성벽촌: 서구에서 오래전에 시작
- 산성촌: 위담촌
- 환호촌: 일본 나라 지역
- 병영촌: 논산 연무읍, 전북 황하읍
- 수영촌: 전라 좌·우수영
- 진영촌: 과거 군사진으로 혜산진, 마포진

■ 산성 취락(남한산성)

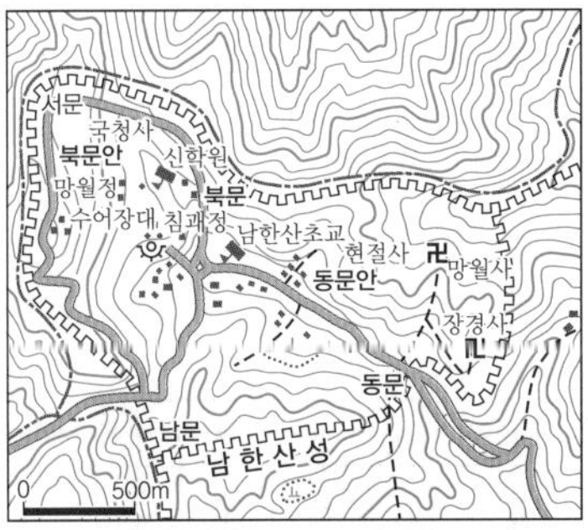

■ 키부츠(이스라엘)

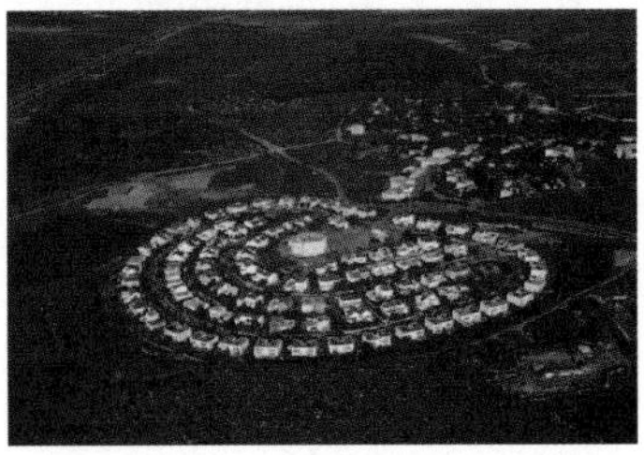

■ **계화도 간척지**

계화도는 원래 섬이었다. 육지가 된 것은 1963년에 벌어진 간척 사업 덕분이다. 5년에 걸쳐서 계화도와 부안군 동진면을 잇는 방조제가 만들어졌고, 그 안에 2,000ha(20km)가 넘는 농경지가 생겼났다. 1961년부터 1965년 사이, 섬진강 상류에 옥정댐이 건설되었고 그 물이 운암호로 모여들었다. 임실군 산골 첩첩이 숨어 있던 작은 마을들이 물에 잠겼다. 수몰민 2,786세대가 생겨났다. 이들을 어디론가 이주시켜야 했다. 갈 곳 없는 수몰민들의 집단 이주 지역으로 낙점된 곳이 바로 계화도 간척지였다.

■ **광산촌**

■ **격자촌**

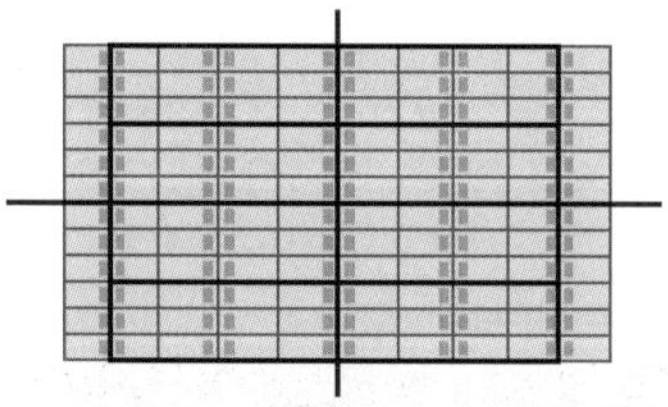

가장 규칙적인 평면 구성을 가지고 있으며, 격자로 교차하는 도로 양쪽에 농가들이 일정한 간격으로 배치된 형태이다. 미국 유타 주에 몰몬교도들이 계획적으로 건설한 농촌이 전형적인 모습이다.

③ 기타 촌락 입지

- 천연자원 생산지: 광산촌, 규칙적 가옥, 신흥 도시, 상업적 기능
- 관광 자원: 사하촌(寺下村)
- 종교 · 민간 신앙: 계룡산 일대 신도안, 풍기 금계마을

3. 촌락의 기능

농업, 목축업, 임업, 수산업 등 주로 1차 산업에 의존하고 있으며, 생산 활동과 지리적 위치에 따라 농촌, 산지촌, 어촌으로 구분한다.

(1) 농촌 농업적 생산 기반을 갖는 촌락

① 벼농사 지대: 벼농사 중심의 촌락, 공동체 의식이 강함

② 밭농사 지대: 협동 부진, 조방적 토지 이용

③ 근교 농업 지대: 토지 이용이 집약적이며 상업적 농업이 성함

④ 원교 농업 지대: 유리한 기후, 편리한 교통을 바탕으로 상업적 농업(대관령의 고랭지 농업)

(2) 산지촌 직업 구성이 다양하고 폐쇄적인 촌락이었으나 최근 관광 자원의 개발, 교통 발달로 기능 변화

① 임업촌: 전통적으로 임산물 채취, 삼림 개발

② 광산촌: 가옥이 규칙적으로 배열, 도시적 성격이 강함, 신흥 도시의 성격이 강함

③ 사하촌: 관광 기능이 우세

(3) 어촌 가옥 밀집도가 크고 결속력이 강함

① 순수 어촌: 어업 의존도가 높은 어촌으로 동해안 어촌 등

② 반농 · 반어촌: 농업을 겸하는 어촌으로 황 · 남해안 어촌 등

③ 관광지 어촌의 기능 변화: 해안 자연 경관이 수려한 어촌은 관광객의 증가로 관광 산업이 발달

4. 촌락의 유형

(1) **평면 형태에 의한 촌락 형태 분류** 지형도에 나타난 기하학적 형태

① 괴촌: 취락을 구성하는 기본 요소들이 무질서하고 불규칙적으로 특정 장소에 군집

② 환촌: 방어를 위한 형태가 우선이며, 환상의 광장을 중심으로 교회가 설치되어 촌락 공동생활을 위한 장소를 제공(광장촌, 녹지촌 등)

③ 열촌: 도로변에 농가가 배열, 농가의 배후에는 경지 구역이 길게 뻗어 있음

④ 가촌: 도로 의존도가 크며, 상업 경제에 기반을 둔 시장촌, 관광촌이 해당

⑤ 노촌: 도로 의존도가 작고, 토지 경제에 기반을 둔 국도와 지방도 연변의 촌락

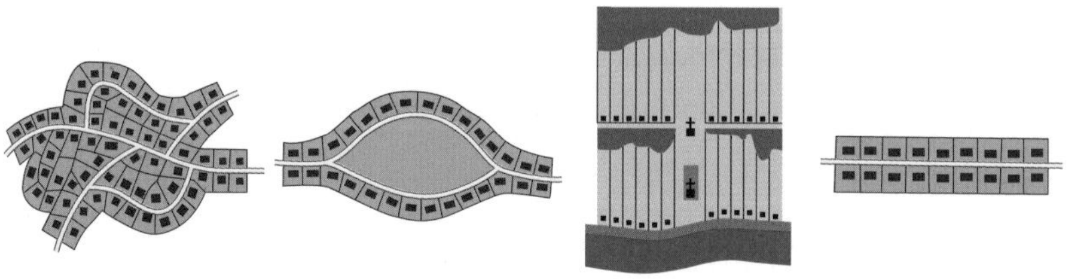

↑ 괴촌 ↑ 환촌 ↑ 열촌 ↑ 가촌

(2) **집합도에 의한 촌락 형태 분류** 촌락의 구성 단위인 가옥 및 대지의 집합도, 즉 밀도에 의해 집촌과 산촌으로 구분

① 집촌과 산촌

	집촌	산촌
정의	• 가옥의 밀도가 높은 촌락	• 가옥이 분산되어 있는 촌락
형성 조건	• 협동 노동의 필요성: 벼농사 지대(집약적 토지이용) • 혈연 공동체적 생활: 동족촌 • 공동 방어의 필요성: 산성 취락 • 용수 확보가 제한된 곳: 득수 지역(제주도의 해안, 선상지의 선단) • 지형적 요인: 피수 지역(범람원과 삼각주의 자연제방)과 같은 특정 장소에 가옥이 집합되는 상태를 의미하며 지역에 따라 다양한 형태를 가짐 • 계획 촌락: 광산 개발, 수몰로 인해 새롭게 이주한 촌락	• 정치적, 사회적으로 안정되어 큰 위험이 없는 지역 • 인구가 희박하거나 개별 영농 지역, 국가 정책에 의한 분산 거주가 행해지는 지역 • 경지가 좁고 지형적 제약이 큰 산간 지역 • 집단 방어나 협동 노동의 필요성이 적은 지역 • 조방적으로 토지를 이용하는 지역: 밭농사 지대, 과수원 지대 • 어디에서나 물을 구하기 쉬운 지역 • 신개척지(개척 단계에서 개별 가구의 이주가 이루어진 지역)
사례 지역	 전북 정읍시	 전북 김제시
종류 및 분포	• 괴촌: 벼농사 지역, 불규칙한 형태 • 열촌: 자연 제방 • 가촌: 도로변, 상업적 지역 • 노촌: 도로변, 농업적 특성	• 태안반도 • 제주도 귤 과수원 • 태백산지 일대

■ 산촌과 집촌의 분류 기준

가옥 간의 인접 거리보다 대지의 수평적인 정, 부 정합에 두는 것이 합리적이다. 공식은 K=EN/T(K는 분산계수, E는 핵심 부분을 제외한 취락 인구, N은 핵심을 제외한 취락 수, T는 취락의 인구수)

■ 산촌

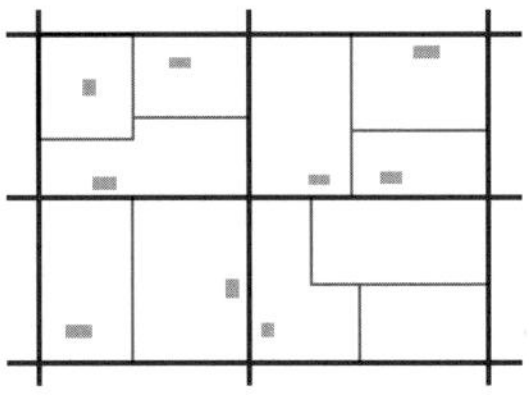

산촌이란 가옥이 밀집되어 있지 않고 분산된 형태를 말한다. 소촌의 분할 상속을 제도화했던 로마 제국 법률의 영향으로 로마 제국 시대 출현설이 가장 유력하다. 한편 토양이 척박한 곳에선 산촌이 유리하기 때문에 형성되었을 것이라는 자연환경 제약설도 있다.

③ 반집촌: 집촌에 비해 가옥의 밀집도가 낮으며 소촌, 군촌, 역촌으로 구분

소촌	• 반집촌의 대표적 유형으로 3~4가구에서 많으면 15~20가구로 구성되어 있는 유형 • 자연환경적 제약으로 집촌으로 성장하지 못한 촌락의 형태(척박한 토양, 구릉성 지형)
군촌	• 3~5개의 소촌이 거리와 상관없이 친족 관계, 민족, 언어, 종교 등의 사회 문화적 동질성을 가진 촌락 • 농가의 숫자는 집촌에 근접하여 밀집도가 집촌보다 약함
열촌	• 도로변, 산록, 하천, 인공 수로, 자연 제방 상에 열상으로 배열된 촌락으로 사회적 유대감을 통해 공동체 의식이 있음

■ 발칸 반도의 반집촌 진화 과정

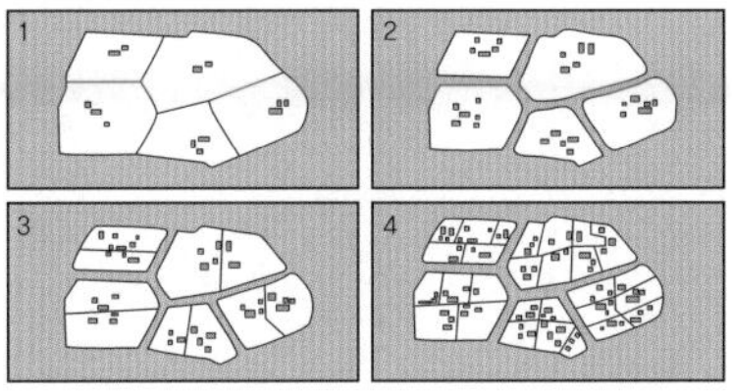

반집촌은 지금까지 대체로 4단계의 진화를 거쳐 완성되었다. 핵가족의 고립 농가는 먼저 확대되어 소촌으로 진화하고, 이 소촌은 종족 단위의 반집촌으로 진화하였다.

• 특징과 분포

	특징	분포
소촌 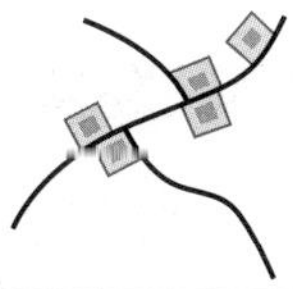	• 가장 흔한 유형 • 소수 농가가 듬성듬성 모여 있음 • 경지와 분리 • 경지 면적을 넓게 확보하기 힘든 구릉지 지역에서 잘 발달	• 중국, 인도, 베트남 등의 구릉지
군촌 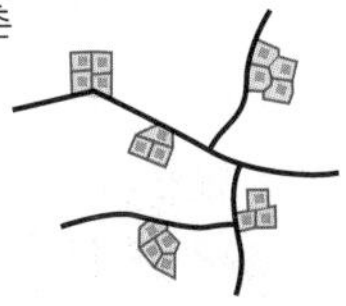	• 소촌이 일정 구역에서 상호 연결되어 형성 • 농가 수: 집촌〉군촌〉산촌 • 서로 긴밀한 사회적 유대감을 갖고 있음	• 발칸 반도의 비옥한 분지
열촌 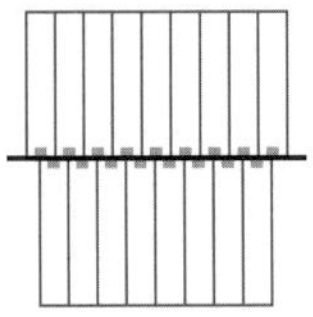	• 어느 정도 간격 유지 • 가촌이 농가가 도로변에 배열된 것이라면 농가들이 도로 이외에 하천, 인공수로 한쪽 변에 1개씩 형성되어 열을 이룸	• 유럽 중서부 구릉 지대, 해안 저지대, 캐나다 주빙하 지형 일대의 촌락

5. 촌락의 가옥

(1) 가옥의 재료

① 주변 환경에서 구득 용이한 재료를 사용

② 자연환경 및 주민의 생활 양식 반영

③ 지붕 재료가 가옥의 특성 잘 반영

재료	특징	분포
죽, 엽재	• 지붕 경사가 급하고 처마가 길며, 고상식 구조	• 열대 우림(이동 경작지), 동남아시아(베트남)
초재	• 자연적으로 성장하는 잔디, 새, 억새, 갈대, 왕골 등 초근 식물을 이용	• 제주도(지붕), 울릉도(지붕, 우데기), 아르헨티나 팜파스, 미국 프레리(잔디집), 아프리카 부시맨(거친 덤불, 초가)
목조	• 가장 널리 이용, 목재로 쓰여진 통나무집 • 오스트레일리아는 목재를 수직으로, 미국은 수평으로 눕히는 경향이 있음 • 귀틀집, 너와집	• 시베리아 침엽수림 지대, 알프스 고산 지대, 캐나다 중부, 스칸디나비아, 알래스카, 오스트레일리아, 일본의 홋카이도, 중국의 둥베이 지방(만주)
토조	• 지중해 연안의 반도 내부와 삼각주 평야 지대, 아프리카 중동 지방 등 석재가 없는 건조 기후에서 점토를 재료 삼아 축조	• 아프리카 북부, 중동, 인도 북부, 멕시코, 우크라이나와 동유럽 초원 지대
석조	• 자연석 이용 • 내구력이 좋음	• 제주도(현무암), 충북(점판암) • 남유럽, 안데스 산지, 인도 내륙
기타	• 모피로 만든 촌락(유르트, 파오 등) • 얼음으로 만든 빙조 가옥(이글루)	• 대륙 유목 지역 • 고위도 툰드라, 타이가 일대

(2) 가옥 구조와 자연환경

기후	특징	
열대 지역	• 창이 크고, 마루가 높은 개방적인 구조 • 수상 가옥 또는 나무 위에 가옥을 축조, 지붕은 급경사	• 지주에 의한 고상식 가옥
한랭 지역	• 폐쇄적인 구조, 낮은 지붕, 두꺼운 벽, 겹집	• 난방 시설 필요
다설 지역	• 눈의 중량에 견딜 수 있는 가옥, 방설벽	• 울릉도의 우데기(담)
강풍 지역	• 방풍림이나 방풍담(제주도의 돌담, 그물 지붕)	• 지붕은 유선형 구조
다우 지역	• 지붕이 급경사, 대만의 정자각, 낙동강	

더 알아보기

세계의 다양한 전통 가옥 구조

스위스의 샬레

밀라노 아케이드

일본의 갓쇼즈쿠리

일본의 간기

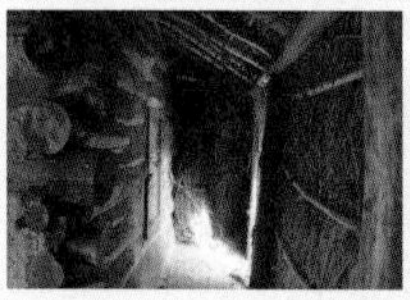
울릉도 투막집의 귀틀식 구조

울릉도 우데기

황해안 까데기

영동지방 뜨럭

■ 페치카와 캉

페치카는 겨울의 극한 추위를 이겨내기 위한 시베리아의 러시아식 벽난로를 가리키는 용어이다. 캉은 사용되는 지역 혹은 민족에 따라 몽고 캉, 중국 캉, 만주 캉, 발해 캉, 여진 캉, 상, 토상 등으로 불리나, 이들은 모두 구들이라 할 수 있는데, 구들의 초기 형태에서 비교적 덜 발달한 것이라고 볼 수 있다.

■ 다설 지역의 통나무

세계의 많은 다설 지역에서 전통 가옥을 지을 때 통나무로 짓는다. 눈이 많이 오는 지역은 대개 배후에 큰 산지를 끼고 있거나 또 침엽수림이 울창한 지역에 위치하기 때문에 통나무를 구하기 쉬울 뿐더러, 가옥을 튼튼하게 지을 수 있어 눈의 하중과 같은 기상 현상에 의한 파손이 적기 때문이다. 울릉도의 투막집도 통나무를 '井'자로 쌓아 집을 짓는 귀틀식 가옥이다. 울릉도는 여기에 '우데기'라는 옥수수대나 새 등으로 만든 외벽을 내벽에서 일정 간격을 두고 두르는데, 겨울철에 폭설이 내려 야외 활동을 할 수 없는 상황에서 실내에서 생활할 공간을 마련하기 위해서이다. 이와 비슷한 역할을 하는 것으로 '까대기'가 있는데, 황해안 지역에서 우데기와 비슷한 역할을 하기 위해 많이 설치하였다.

■ 일본의 간기(雁木)

적설기에 사람들의 통행을 위해 상점의 처마에 긴 차양을 단 것인데, 유럽의 아케이드와 유사한 역할을 한다. 로마 시대 때부터 비나 눈 그리고 뜨거운 햇빛 같은 자연환경을 극복하기 위해 고안된 아케이드는 오늘날 우리 재래시장이나 주요 상가에서도 흔히 볼 수 있는 구조물이다.

지리 상식 1 모샤브

모샤브란 '주택, 주거지' 등을 뜻하는 히브리 어로 현재는 집단 혹은 개인 농장의 연합체를 형성하고 있는 마을을 가리키는 말로 사용하고 있다. 모샤브는 키부츠와 같은 집단 농장의 개념을 포함할 뿐 아니라 개인적이고 독자적인 운영 체계까지도 포함하는 일종의 혼합 체계의 성격을 갖고 있다. 키부츠가 '운명 공동체'로 모든 재산을 공동 관리하는 데 반해 모샤브는 기본적으로 사유 재산을 인정하며 자율적인 삶은 누리되 단지 고가의 기술 장비나 농장 운영 등에서 서로 협력하여 일을 처리하는 '노동조합체'라고 할 수 있다. 이러한 모샤브는 현재 이스라엘 전역에 약 410개가 있으며 약 16만 명이 회원으로 구성되어 있다. 최초의 두 모샤브는 1921년 설립되었는데 이스르엘 계곡의 북부에 있는 '나할랄'과 동부에 있는 '크파르 예헤즈켈' 모샤브이다. 초기 모샤브 회원들은 대부분 키부츠 회원들이었다. 그 후 계속하여 그 수가 증가하다가 아랍 인들의 반란이 있었던 1930년대 말엽에 모샤브는 이스라엘 전 지역으로 확산되었다. 모슬렘 국가에서 온 유대 인들과 '대학살'을 피하여 이스라엘로 도망 온 유대 인들은 키부츠보다는 모샤브를 선호하였다. 이들에 의해 모샤브는 계속 건립되었는데, 이스라엘이 독립하던 1948년에는 전 지역에 58개의 모샤브가 있었으나 1950년을 전후로 그 수가 급격히 증가하여 약 250개의 새로운 모샤브가 건립되었다. 모샤브는 경제, 사회, 교육, 문화적인 활동을 관리하기 위하여 특별한 연합 단체를 구성하고 있는데, 매년 총회가 열리고 임원을 선출한다. 모샤브의 중요한 운영은 연합 단체의 관리 위원회가 결정한다.

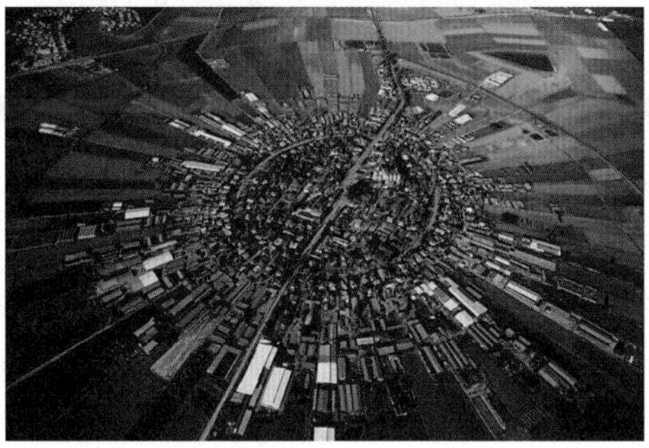

↑ 나할랄 농업공동체 모샤브

지리 상식 2 절은 우리 마을의 운명! 사하촌은 어떻게 형성되었을까?

사하촌이란 사찰에 필요한 물자를 공급하기 위해 만들어진 독특한 형식의 마을이다. 이 마을은 불교 국가에서 사찰의 존재와 더불어 형성된 집단 공동체인데, 사찰과 사하촌은 상생의 관계를 유지하며 존재해 왔다. 사하촌 사람들은 스님이나 절집에 사는 사람들의 의식주를 책임졌고, 사찰에서는 이들에게 소정의 사례를 지불함으로써 그들의 생활이 유지될 수 있도록 도왔다. 현대 사회로 오면서 교통수단이 좋아지고 생활권이 광역화되는 바람에 사하촌이라는 개념은 이미 없어져 버린 지 오래되었다. 그래도 공간적으로는 절 아랫마을이 여전히 존재하고 있는데, 이곳은 예전처럼 사찰에 필요한 물자를 공급하는 상생적 구조가 아니라 사찰을 찾는 사람들에게 다양한 서비스를 제공하고 경제적 이익을 취하는 구조로 변화되었다.

↑ 수덕사 앞 사하촌

지리 상식 3 '기승전결' 구조로 설명하는 전통 촌락의 입지

역사가 오랜 전통 마을, 특히 풍수지리관에 입각하여 형성된 촌락들은 '기승전결적 촌락 구조 모델'(그림)로 이해할 수 있다. 이런 촌락들은 좋은 산수배치(山水配置)를 갖고 있다. 즉, 산이 마을 앞을 가리고 있거나 마을 옆으로 길게 뻗어 있고, 물이 S자형으로 흐르며, 큰길로부터 마을 안으로 이어진 길은 자연히 직선이 아니고 곡선 형태로 되는 것이 보통이다.

마을로 들어가는 입구에는 장승이 세워져 있거나 시냇물 위에 다리가 있고 마을을 나타내는 표지판 등이 세워져 있다. 이 마을의 입구가 '기(起)'이다. 입구를 지나 마을을 가리는 언덕 모퉁이를 완만한 곡선형 길을 따라 들어가면 마을 중심부가 보인다. 이 길은 마을 초입까지 뻗어 있는데, 길가에는 아직 집이 없다. 여기가 '승(承)'이다. 마을 중심부 초입의 다리를 건너 효자비·열녀비를 지나 안으로 들어가면 본격적으로 집들이 모여 집촌 형태를 이루는데, 이 마을 중심부가 '전(轉)'에 해당한다. 기승전결적 체제의 중핵 부분이 되는 것이다. 그 중심부 중에서도 풍수상 길지(吉地)로 보이는 곳에는 종갓집(종택, 宗宅)이나 유력한 후손들의 집이 고풍스럽게 자리한다. 그 아래나 주변에는 영세 가옥들이 밀집하여 분포한다. 또, 조상에게 제사 지내는 사당(祠堂)도 있고, 광장 같은 것도 있고, 고목으로 자란 동수(洞樹)도 있으며, 경치 좋은 곳에는 정자(亭子)도 있다. 이러한 마을의 중심부를 지나 더 나가면 가옥들의 밀집도도 떨어지고 상엿집이나 기타 멀리 두어야 할 시설들이 자리 잡고 있는 것을 보게 된다. 여기가 마을이 끝나는 부분, 즉 '결(結)'에 해당한다.

이러한 기승전결적 촌락 구조는 마을마다 각기 사정에 따라 차이는 있겠지만, 우리 한국인들이 흔히 선호하는 구조라고 볼 수 있다. 따라서 기승전결적 촌락 구조는 우리나라의 역사가 오랜 전통 마을이면 부자 마을이나 동족촌이 아니더라도 어느 마을에나 적용할 수 있는 구조 모델이다.

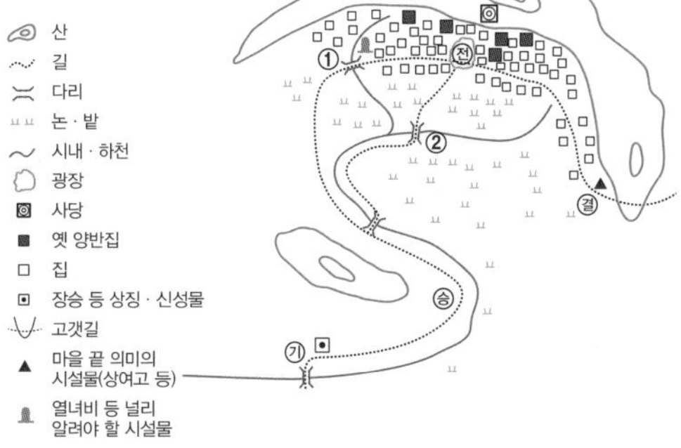

↑ 기승전결적 촌락 구조 모델

국토지리정보원, 2008, 『한국지리지』

지리 상식 4 성립 과정에 따른 촌락의 유형

(1) 자연 발생적 촌락

자연 발생적 촌락에는 집촌이 많다. 이것은 촌락 입지 조건으로서 지형, 수리 등을 고려하여 살기 좋은 장소에 집합하여 촌락을 형성했기 때문이다. 자연 발생적 촌락 중에서 집촌을 형성하는 예로서는 괴촌이 있고, 이외에도 다수의 노촌이 있다.

(2) 계획적 설정 촌락

촌락 형성의 주체가 된 정치체가 어떤 시대의 자백한 형태 이념에 따라 계획적으로 설정한 것을 말한다. 따라서 이들은 특별한 건축학적 양식이나 형태에 따라 설계된다.

① 독일 임지 촌락: 집촌의 하나이며 평면 형태 및 그 구성상으로는 노촌이다. 삼림 속을 통하는 가로를 중축으로 하여, 그 양편에 조금씩 떨어져서 100m 내외의 동일축의 정면을 가진 민가가 도로와 직각으로 줄지어 있다.

② 독일 습지 촌락: 북해나 발트 해 연안의 저습지에 분포한다. 범람의 방지를 위해 흙을 쌓아 올려서 택지를 만들고, 소택지에 배수와 교통에 사용할 수로를 만들어 그 양편 제방에 열촌을 형성했다.

③ 독일 게반(Gewann) 촌락: 게반 시스템은 경구제라고 번역되며 'open–field system'이라고도 한다. 지역이 방향에 가깝고 전 경지는 3개로 나누어져 있으며 촌락 형태는 계획적인 대광장 촌락이나 가촌을 형성하고 있다.

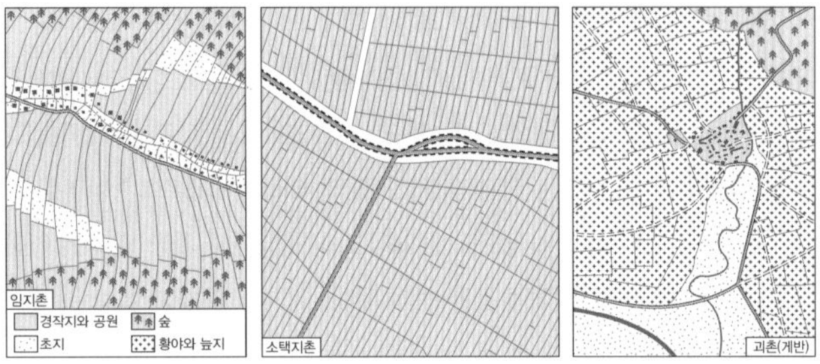

지리 상식 5 우리나라 전통 가옥 지붕의 모양

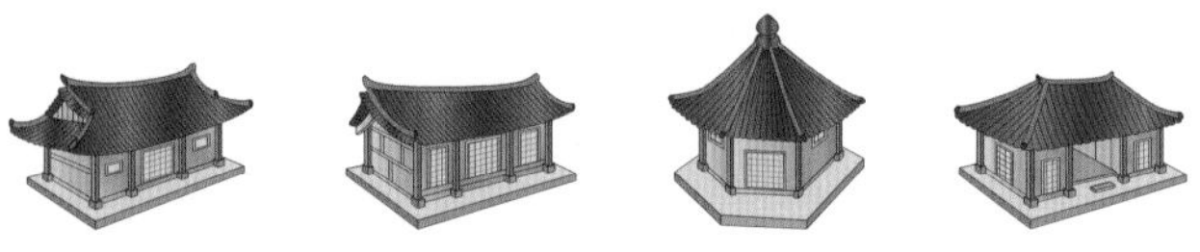

(1) 팔작지붕: 한식(韓式) 가옥 지붕 구조의 하나로, 합각(合閣)지붕, 팔작집이라고도 한다. 지붕 위까지 박공이 달려 용마루 부분이 삼각형의 벽을 이루고 처마 끝은 우진각지붕과 같다. 맞배지붕과 함께 한식 가옥에 가장 많이 쓰는 지붕의 형태이다.

(2) 맞배지붕: 건물의 앞뒤에서만 지붕면이 보이고 용마루와 내림마루로만 구성되어 있다. 맞배지붕은 측면에는 지붕이 없기 때문에 추녀라는 부재가 없다. 수덕사 대웅전, 무위사 극락보전 등이 대표적이다.

(3) 우진각지붕: 옆지붕면이 삼각형 모양을 하여, 그 꼭짓점이 용마루 끝에 닿은 형태로서 내림마루와 추녀마루가 하나의 선을 이루어 용마루 끝에서 추녀로 비스듬히 이어진다.

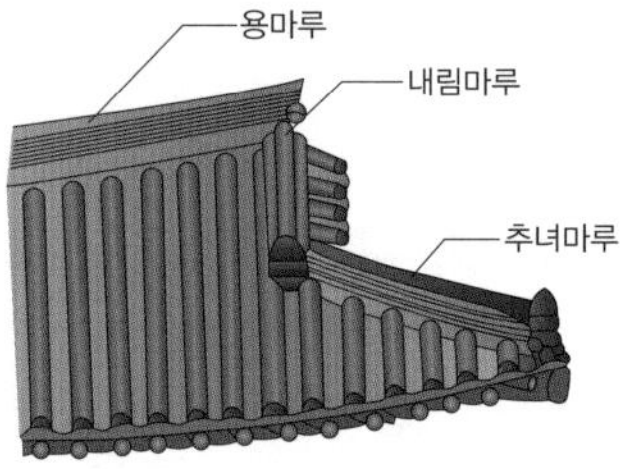

(4) 육모지붕, 사모지붕: 주로 정자 건축에 사용되었으며, 지붕은 정자의 평면과 같은 형태이다. 예를 들어 창덕궁 연경당의 농수정(濃繡亭)은 평면이 사각형으로 사모지붕이며, 경복궁의 향원정(香園亭)은 평면이 육각형으로 육모지붕으로 되어 있다.

출처: http://royalpalaces.cha.go.kr/makeup/roof.vm?mc=rp_03_04

지리 상식 6 내 이웃은 어디까지인가? 태안반도의 산촌-서산, 태안, 당진 일대

오늘날 이 지역에는 가옥들이 50~100m 간격으로 분포하는데, 한국의 여타 산촌에서 나타나는 가옥의 분포 간격도 대체로 이 정도로 관찰된다.

(1) 지형: 태안반도에는 이 일대에서 가장 높은 가야산지를 제외하면 산이라 할 수도 없고 들이라 볼 수도 없는 구릉성 산지가 나타난다.

(2) 주거 조건과 밭농사, 토양: 태안반도 일대는 가야산지 일부와 해안 저지대를 제외하면 하천 유수가 부족하여 경지는 대부분 밭으로 개간되었다. 재배할 수 있는 작물은 건조하고 척박한 땅에 잘 견디는 생강, 마늘, 양파, 과수 등이었는데 오늘날 이 작물들은 지역의 특산물이 되었다.

(3) 용수 조건: 식수를 쉽게 얻을 수 있는 지역으로 산촌 경관의 취락이 분포한다.

(4) 도피와 은거: 대규모 노동력 동원에 대한 기피와 은거에 의해 분산된 취락이 형성되었다.

(5) 왜구로부터 도주, 은신: 왜구를 피해 도주하여 돌아오지 않는 백성이 산촌 경관 형성에 기여하였다. 고려 말 황해안 일대에서 왜구의 출몰이 빈번하였는데 그중 피해가 가장 컸던 태안 지방은 완전히 폐허가 되었다.

(6) 택지 선정 시 독립 지향적 관행, 소유욕: 서산, 태안 지방에는 택지를 선정할 때 반드시 자기 소유의 경지에 위치해야 하며 타인의 택지에 근접하지 않는다는 관행이 있다.

↑ 태안군 남면 달신리

최원회, 2013, 『한국지리학회지』 2권 1호

[선택형]

· 2010 임용

1. 그림은 세계 주요 촌락 형태를 모식화한 것이다. (가)~(다) 촌락 유형별 분포 지역과 형성 과정을 〈보기〉에서 바르게 연결한 것은?

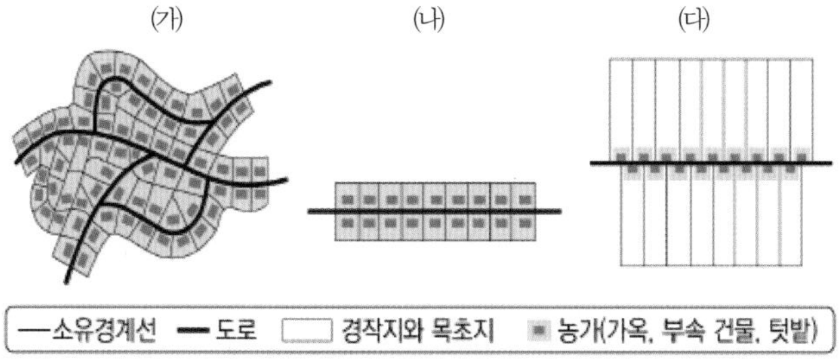

보기

ㄱ. 중유럽과 북서유럽의 구릉 지대와 저지대에 분포하며, 척박한 토양에 맞는 농기구를 사용하는 과정 또는 황무지를 개간하면서 외부로 통하는 한정된 교통로에 대한 접근성을 높이는 과정에서 형성되었다.

ㄴ. 중국, 인도, 서유럽과 같이 인구 밀도가 높고 거주의 역사가 오래된 지역에 흔히 분포하며, 촌락이 오랜 시간 인위적인 계획 없이 자연 발생적으로 성장한 결과이다.

ㄷ. 북미 대륙, 오스트레일리아, 뉴질랜드, 남아프리카 등지에서 많이 발견되며, 주로 지난 2~3세기 동안 새로운 경지를 개척하는 과정에서 형성되었다.

ㄹ. 러시아의 대부분 지역을 포함하여 동유럽의 슬라브 족 거주지역에서 흔히 발견되며, 전란 시 피난처로의 신속한 이동을 위해 가옥을 입지시키는 과정에서 형성되었다.

	(가)	(나)	(다)
①	ㄱ	ㄴ	ㄹ
②	ㄱ	ㄷ	ㄹ
③	ㄴ	ㄹ	ㄱ
④	ㄴ	ㄹ	ㄷ
⑤	ㄹ	ㄴ	ㄱ

· 2005 3 평가원

2. 사진은 어느 학교 지리 조사반이 (가)~(나) 두 지역을 답사하여 찍은 것이다. 이에 대하여 학생들이 발표한 내용 중 옳은 것은?

① (가)는 (나)보다 주민들의 직업 구성이 다양하다.
② (가)는 (나)보다 주민들 간에 공동체 의식이 약하다.
③ (나)는 (가)보다 토지 이용의 집약도가 높다.
④ (나)는 (가)보다 인구 유출 현상이 뚜렷하다.
⑤ (나)는 (가)보다 자급적 농업이 차지하는 비중이 높다.

[서술형]

1. 다음 지도는 어느 석탄 산지의 1980년대와 현재의 모습을 나타낸 것이다. 1980년대와 비교하여 현재 이 지역의 산업 구조에서 나타나는 두드러진 변화를 쓰시오.

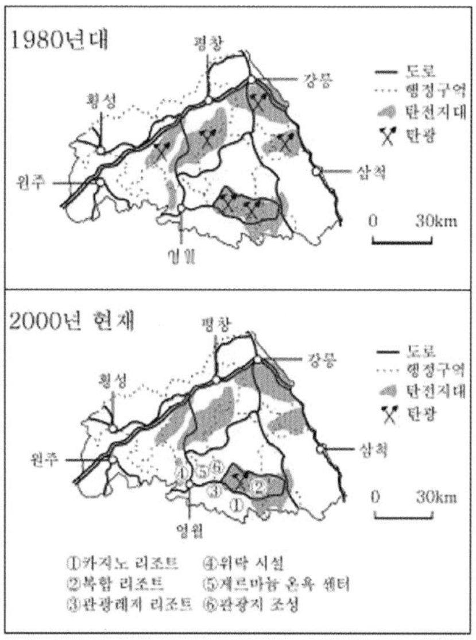

도시 지리

02. 도시 성장과 도시화

핵심 출제 포인트

- ▶ 도시의 특징
- ▶ 도시의 가로망 형태
- ▶ 도시화 곡선
- ▶ 교외화 현상
- ▶ 교외 도심
- ▶ 도시 규모

■ **도시의 어원**

도시는 왕이 거주하는 궁성인 도(都)와 교역이 행해지는 시장인 시(市)를 합친 말이다. 따라서 도시는 정치·행정의 중심지인 동시에 상업·경제적 기능이 집중되어 있는 장소를 의미한다.

도시(Urban)는 고대 메소포타미아의 우르(Ur)에 어원을 두고, 성곽 속의 정주 공간을 의미하는데 이곳은 정치, 경제, 종교, 문화의 중심지 역할을 수행하였다.

우르의 모식도

■ **우리나라의 시·읍 승격 기준**

- 시: 인구 규모 5만 명 이상, 2·3차 산업 종사자 50% 이상
- 읍: 인구 규모 2만 명 이상, 2·3차 산업 종사자 40% 이상

■ **전산업 시대 계급 구조와 도시 구조(sjoberg)**

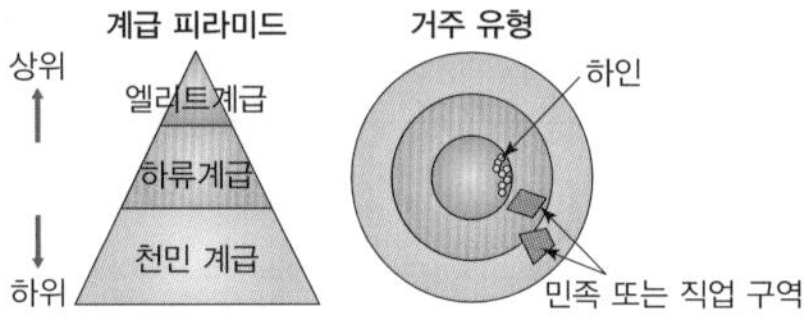

1. 도시의 성장

도시는 멈춰 있는 것이 아니라 역동적으로 변화한다. 도시의 정의는 국가마다 다양하지만, 도시가 인간 거주의 중심지 기능을 한다고 보는 것은 동일하다. 도시의 개념을 '도시 특성', '도시 역사', '도시 형태' 등의 다양한 관점에서 알아보자.

(1) 도시의 정의 정치·경제·사회·문화 활동의 중심 장소

① 도시의 역할: 다양한 사상과 예술이 창조되고 전파되는 중심지, 새로운 가치와 이념, 기술과 발명을 전파·확산시키는 변화의 중심지 역할

② 도시 설정 기준: 인구 규모, 인구 밀도, 비농업적 산업 종사자 비율, 도시화된 연속적 시가지 등을 기준으로 설정

(2) 도시의 특징: 도시성

밀집성(집단성)	• 한정된 좁은 공간에 많은 인구가 거주 • 인구 규모가 크고, 인구 밀도가 높음
비농업성	• 1차 산업(농·임·어업) 비중이 낮고 2차 산업(제조업·서비스업)의 도시적 산업 비율이 높음 • 농촌에 비해 집약적 토지 이용이 나타남
중심성(결절성)	• 주변 지역에 재화와 서비스를 제공해 주는 중심지 • 교통의 요지에 입지하여 접근성이 높음
익명성·이질성·이동성	• 도시의 복잡한 조직과 다양한 구성 요소를 바탕으로 나타나는 사회적 특징

(3) 도시의 역사

	전산업 시대	산업 시대	현대
기반 산업	• 농업, 상공업	• 제조업	• 정보, 서비스업
도시 입지	• 토지 지향적	• 자원 지향적	• 교통, 통신 지향적
도시 내부 구조	• 도심 기능이 강한 단핵 도시(성곽 도시) • 직주 미분리(보행 도시) • 신분 구조에 따른 분화(중심부에 고급 주택, 주변부에 저급 주택)	• 단핵 도시 • 직주 분리 • 경제적 지위에 따른 기능 분화	• 다핵 도시화
기타 특징	• 사회적 기능의 중심지	• 산업화, 도시화	• 세계화, 정보화

(4) 우리나라의 도시 발달

조선 시대 이전	• 성곽 도시의 형태: 방어 기능 탁월 • 행정 중심지(한양, 부, 목, 군, 현 등)와 군사 요충지(4군 6진, 감영, 수영 등)에 도시적 성격의 취락 형성
조선 시대 이후	• 상업의 발달 • 대구, 전주 등 약령시와 하천 교통의 요지(강경, 충주, 남포 등)에 상업 도시 발달
일제 강점기	• 일제의 식민지 정책에 의한 도시 발달 • 항구 도시: 부산, 원산, 인천, 목포, 군산 • 철도 교통: 대전, 신의주, 익산(하천 기반 중심 도시 쇠퇴) • 군수 도시: 함흥, 아오지, 흥남 • 도심부에 상업, 공업, 주거지가 혼재하는 점이적인 도시 구조 • 신시가지 형성과 구시가지의 변화로 인한 도시 이중 구조 형성
광복 후~1950년대	• 월남민, 해외 동포의 귀국 등으로 남한 도시의 급격한 성장 • 부산, 대구, 마산 등 6.25 때 피난 도시 인구 급증 • 도시의 양적 팽창, 질적 저하, 가도시화 현상

1960년대 이후	• 산업화·도시화 • 서울, 부산, 대구, 광주, 대전 등 대도시 성장 • 중소 공업도시 성장(남동 연안 공업 지대–포항, 울산, 창원, 광양 등)
1990년대 이후	• 수도권 위성 도시(안양, 성남, 부천, 안산, 고양, 과천 등) 발달 • 지방 중소 도시(목포, 군산, 순천, 진주, 전주) 정체 • 태백, 동해 등 자원 개발 관련 도시 정체

■도시 성장 격차

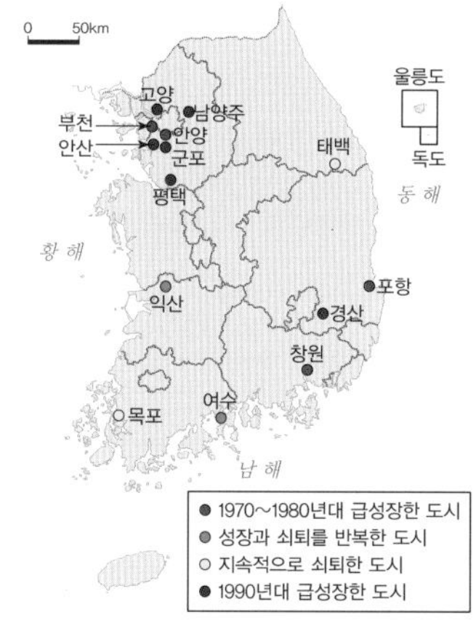

(5) 도시의 형태

① 도시의 평면적 형태에 따른 분류: 도시 발달의 역사, 기능, 자연환경의 영향을 받음

집단형 (단괴형)	• 방형, 원형의 도시로 중세 유럽의 성곽 도시, 중국의 베이징 등의 역사 도시가 이에 속함	• 서울, 대구, 개성
선형 (신장형)	• 간선 도로나 하천을 끼고 도시가 발달하거나 자연 지형의 제약으로 인해 길게 발달한 도시	• 부산
복합형	• 처음에는 방형, 원형의 도시였으나 도시가 성장하면서 불규칙하게 변하는 형태	• 대부분의 도시들이 복합형에 해당
분리형 (분단형, 산재형)	• 하나의 도시가 두 개 이상의 부분으로 나누어진 후 분리된 부분이 각기 도시로 발달	• 헝가리 부다페스트, 미국 트윈시티, 태백(장성, 황지), 울산(방어진), 동해(묵호, 북평)

■ 분리형 도시: 울산시청 일대와 방어진 일대

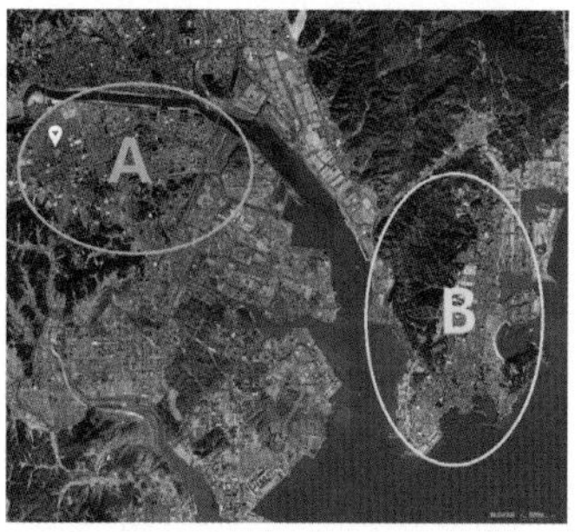

A는 울산시청이 있는 남구에 해당하고 B는 현대중공업이 위치한 방어진에 해당한다. 같은 울산이지만 태화강을 기준으로 분리된 부분이 각기 다른 성격의 도시로 발달하고 있다.

② 도시 가로망의 형태에 따른 분류

불규칙형		• 가로망의 방향과 규모에 일정한 유형이 없는 형태 • 자연 부락이나 지방 도시가 도시 계획 이전에 성장한 곳에서 발달 • 교통에 비효율적	• 역사적 요인이나 입지 요인에 따라 독특한 형태를 취함
규칙형	직교형 (격자형)	• 정연한 구획으로 행정적, 효율적인 도시 관리 가능 • 인구와 업무 기능의 도심 집중 방지 • 자동차 중심(도로 횡단의 어려움)	• 우리나라 대전, 군산 • 미국의 뉴욕, 필라델피아
	방사형	• 도시의 중심적 통일성과 미관 중시 • 도시 성장에 따라 주변에서 중심으로의 접근 용이 • 도심 교통이 집중되어 과밀화 우려가 있음	• 우리나라 진해, 나진 • 유럽의 파리 • 인도 뉴델리
직교 방사형		• 직교형을 중심으로 교통상 편의를 위해 방사형을 가미 • 도심 세력을 몇몇 중심지로 분산시켜 혼잡을 억제	• 우리나라 창원, 안산 • 미국 워싱턴, 인디애나폴리스
혼합형		• 규칙형과 불규칙형이 둘 이상 혼합된 형태 • 초기 불규칙에서 시작하여 후에 다른 형태가 부가되거나 변형되면서 발달 • 불규칙한 도심부와 규칙적인 신도심부가 양립	• 우리나라 서울, 울산

불규칙형

방사형

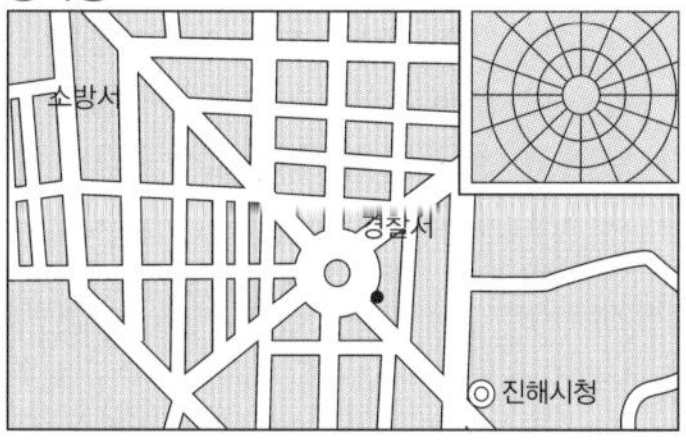

직교형

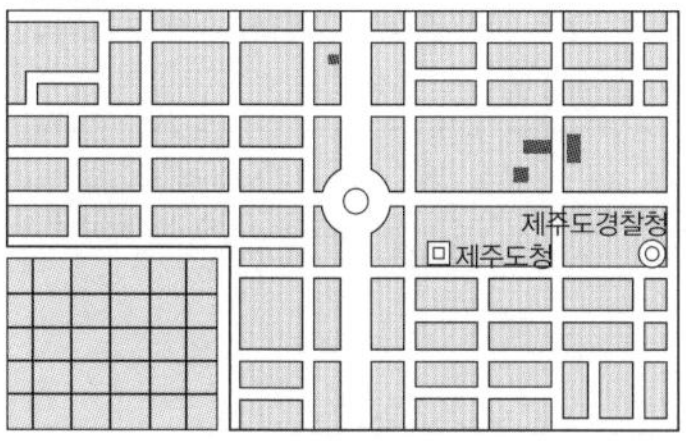

직교방사형

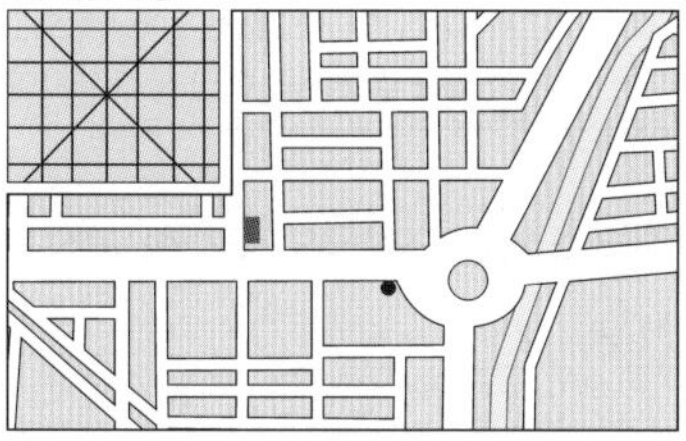

■ 도시 성장과 도시화의 개념

도시 성장	도시화
촌락 인구와 도시 인구의 비율이 변화를 고려하지 않고 도시의 인구가 증가하는 것	도시 성장과 더불어 촌락의 인구 비율이 감소하고, 상대적으로 도시의 인구 비율이 증가하는 것
도시 인구의 절대적 증가	도시 인구의 사회적 증가

2. 도시화

도시화란 도시에 거주하는 인구가 증가하고, 인구 밀도가 높아지며, 2·3차 산업의 비율이 늘어날 뿐만 아니라 도시 숫자가 증가하고 도시권이 확대되는 현상을 의미한다. 선진국과 개발 도상국의 도시화 특성 차이를 이해한다면 오늘날 발생하는 각국의 도시 문제를 보다 깊게 이해할 수 있다.

(1) 다양한 측면에서의 도시화

① 공간적 측면의 도시화

• 점으로서의 도시화

– 한 국가 또는 지역에서 도시의 수가 증가하는 현상

– 국가(지역) 내 인구의 도시 인구수, 비농업 산업 종사자율 증가

• 면으로서의 도시화

– 도시의 영역이 확대되어 도시 주변의 촌락 지역이 도시로 바뀌는 현상

– 더 넓은 지역에 재화와 서비스를 공급해 주는 도시권의 확장이 나타남

② 사회·경제적 측면의 도시화

• 사회학적 측면: 이촌 향도 등 비도시 지역의 사람들이 도시로 유입되면서 도시 생활에 참여하고 도시적 생활 양식(도시성)이 강화되는 과정

• 경제학적 측면: 경제 발전, 기술 진보, 농업 경제에서 비농업 경제로의 전환 과정에서 도시화 발생

■ 도시화 단계

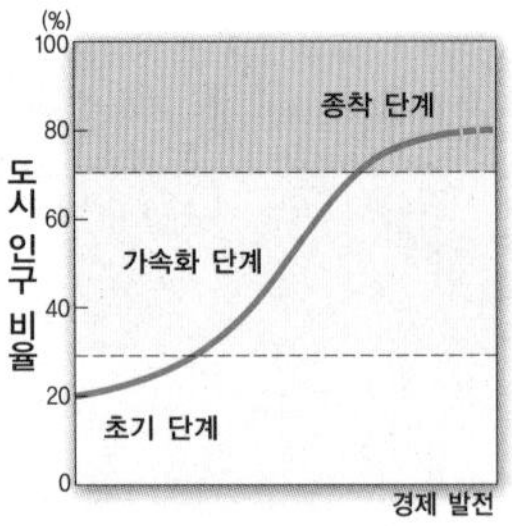

도시화 단계는 농업 사회 또는 전근대 사회에 해당하는 초기 단계, 급격한 산업화와 병행되는 가속화 단계(촉진 단계), 산업이 고도로 발달한 선진국에서 나타나는 종착 단계로 구분된다.

(2) 도시화 과정: 도시화 곡선

① 도시화 곡선의 개념: 총인구에 대한 도시 인구의 비율을 나타낸 그래프로 S자 곡선의 형태로 표현됨

② 도시화 과정

초기 단계	• 도시 인구의 비율이 20% 미만으로 낮음 • 1차 산업에 의존(농업 사회), 인구가 농촌 지역에 산재된 형태	
가속화 단계	• 도시 인구의 비율이 급격히 증가하는 단계 • 인구 및 경제 활동이 공간적으로 특정한 장소에 집중 • 산업화 사회	• 초기 가속화 단계: 농촌의 농업 생산성 향상으로 유휴 노동력의 도시 유입(이촌향도)으로 인한 과잉 도시화 발생 • 후기 가속화 단계: 공업화를 통한 도시의 인구 수용 능력 향상으로 도시 인구 비율은 증가, 도시 인구 증가율은 둔화
종착 단계	• 도시 인구 비율이 80% 이상으로 높음 • 도시화율의 성장 추세 둔화, 생활 양식이 도회적으로 변모 • 과도한 공간 집중으로 집적 불경제가 나타나 경제와 인구의 분산 촉진 • 탈공업화 사회, 후기 산업 사회로 변하며 교외화 및 대도시권의 확대 현상 • 역도시화 현상 발생: 유턴 현상, 제이턴 현상 • 과도한 집중에서 분산이 진행되면서 지역 균형 발전 추구	
퇴행 단계	• 도시 인구 비율이 감소하며 탈도시화 및 귀농 현상의 보편화 • 종착 단계의 일부분으로 도시 인구 비율이 급격하게 낮아지는 것은 아님 • 개인의 기동성 증대로 대도시를 벗어나 소규모의 전원적 환경에 사는 것을 선호함 • 도시에서는 인구 노령화가 가속화되고, 저소득층 유입으로 인한 중심부 슬럼화, 주변부 노후화, 불법·무허가 불량 주거 지역 형성 등 대도시의 주거 환경이 열악해 짐	

■ 선진국과 개발 도상국의 도시화 과정

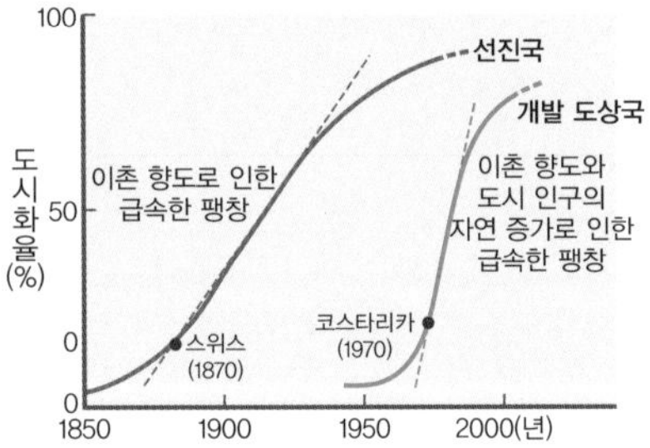

선진국은 산업 혁명을 계기로 산업화가 이루어지면서 도시화가 오랜 기간 동안 진행되어 왔고, 지금은 대부분 종착 단계에 속한다. 따라서 도시화 곡선의 모습이 완만하게 나타난다.

반면에 개발 도상국은 제2차 세계 대전 이후 산업화가 급속하게 이루어지면서 초기 단계에서 종착 단계에 이르는 기간이 매우 짧았다. 이는 급격한 이촌 향도 현상에 의한 것이며, 종주 도시화 현상과 같은 도시 문제를 일으키는 요인이 되었다.

급속한 인구 유입에 제대로 대처하지 못하면 높은 실업률과 빈곤화, 범죄율 급증, 환경 오염을 겪게 된다.

(3) 선진국과 개발 도상국의 도시화 과정 차이

① 선진국

• 농업 혁명에서 산업 혁명까지 다양한 산업적 기반이 도시화의 기틀을 이룸

- 공업화가 인구의 흡인 요인으로 작용
- 공업의 발달과 병행하여 도시화 진행
- 약 200년에 가까운 시기에 걸쳐 농촌의 인구가 서서히 도시로 유입
- 20세기 중반에 종착 단계에 도달하였고, 현재는 탈도시화 단계에 진입

② 개발 도상국

- 20세기 중반까지 1차 산업에 의존하여 도시 인구 비율이 낮았음
- 20세기 중반 이후 산업 기반이 제대로 갖추어지지 않은 상태에서 급속한 도시화가 진행되어 경제 성장 및 기술 혁신 없이 인구 성장만 나타남
- 자연적 인구 증가에 의한 도시화, 식민 통치 기간을 통한 종주 도시화로 주택 부족, 환경 오염, 고용 기회 부족 등 각종 도시 문제 발생

더 알아보기

◗ 우리나라의 도시 규모와 도시 성장률

대도시들(A)과 남동 임해 공업 지역의 도시(C)의 인구는 대체로 정체 중인 반면, 수도권의 위성 도시들(B)은 최근 급성장하고 있다. 한편 산업 기반이 취약한 지방 중심 도시와 광산 도시(D)는 최근 인구 감소를 겪고 있음을 알 수 있다.

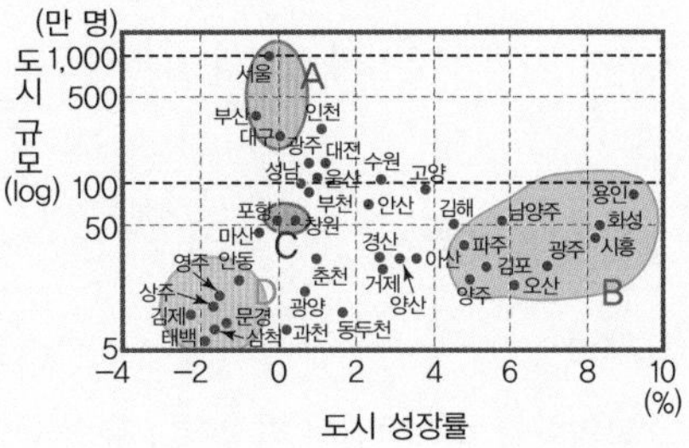

3. 교외화 현상

교외화란 중심 도시의 인구와 기능이 도시 주변의 교외 지역으로 이동하는 것을 말한다. 교외화 현상이 가속화될수록 도시의 주변 지역은 점차 도시화되고, 도시권의 확장이 이어진다.

(1) 교외화의 순서 거주 교외화 → 상업 교외화 → 공업 교외화 → 고용 교외화

① 초반의 교외화는 거주지만 교외로 이동하여 중심 도시로 출근하는 형태로 시작됨(거주 교외화)

② 이후 교외에 형성된 주거지를 따라 상업 시설들이 뒤따라오고(상업 교외화) 교외 거주자들을 노동력으로 활용하는 공업 시설들이 들어옴(공업 교외화)

③ 점차 교외 지역에서의 고용이 활성화되면서 교외의 도시들이 빠르게 성장(고용 교외화)

(2) 교외화의 조건

① 자동차, 철도 교통의 발달 등 교통의 발달로 기동성 증대

② 중심 도시 주택의 절대적인 양과 주택 공급의 한계, 지가 상승

③ 주거 환경에 대한 공간 인식의 변화

④ 도시 정부의 인구 분산 정책

(3) 도시 성장에 따른 인구 이동 단계 도시화 → 교외화 → 탈도시화 → 재도시화

① 도시화 단계

- 초기: 농촌 지역의 노동력이 도시로 이동하여 도시 중심부의 인구는 빠르게 증가하는 반면 외곽 지역의 인구는 중심부로의 유입 때문에 감소
- 후기: 중심지 성장이 계속되고 동시에 주변부의 인구도 증가하여 도시권 전체의 인구가 크게 증가

■ 교외 지역의 유형

- 거주 교외 지역: 거주지만 교외 지역으로 옮기고, 계속해서 중심 도시로 통근하는 교외 지역이다(침상 도시).
- 고용 교외 지역: 교외화의 진전에 따라 중심 도시와 관련된 산업 지역이 교외 지역에 만들어져 취업 기회의 제공 장소가 되는 교외 지역이다.
- 혼합 교외 지역: 거주 및 고용 기능이 동시에 전개되는 교외 지역이다.

■ 도시의 성장과 도시 구조의 변화 모델

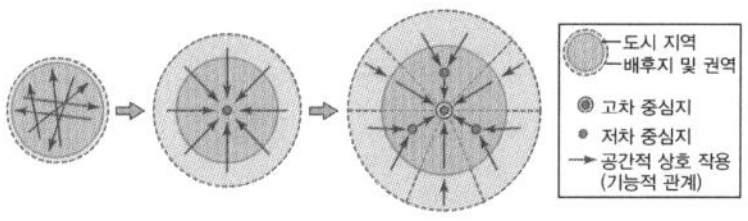

- 소도시: 접근성에 따른 지대의 차이가 적어 도시 내부의 지역 분화가 이루어지지 않은 상태로 도심이 형성되지 않고 배후지가 좁다.
- 중도시: 도시가 성장하면서 도심이 형성되고 중심지와 배후지 간의 기능적 관계에 의해 도심으로의 이동이 발생하며, 배후지가 넓어진다.
- 대도시: 도심의 과밀화로 도심의 기능을 분담하는 부도심이 형성되어 다수의 배후지를 형성하면서 도시 구조가 다핵화되고 광역화된다.

② 교외화 단계
- 초기: 교외에서 중심으로의 통근 비용이 저렴해지고 저밀도의 쾌적한 생활이 보장되는 교외 주거를 선호하면서 도심부의 인구 성장률이 감소하기 시작
- 후기: 중심 지역 인구의 절대 수가 감소하는 경향이 나타나고 주변 지역 인구는 계속 성장

③ 탈도시화(역도시화) 단계
- 초기: 교외화가 진전됨에 따라 주변 지역의 인구는 계속 증가하고 교통이 정체되어 소규모 도시 지역으로의 인구 이동을 유발시키며, 중심지의 인구 감소가 주변부의 인구 증가를 초과하여 도시권 전체의 총인구 감소
- 후기: 주변 지역도 점차 과밀화되면서 도시권 바깥 지역으로 인구와 도시 기능이 이동하여 도심과 외곽의 인구 모두 감소

④ 재도시화 단계
- 초기: 외곽 지역의 인구 감소가 중심 지역의 인구 감소보다 빠르게 진행
- 후기: 쇠퇴한 도심의 활성화 정책 등으로 인해 도심의 인구가 다시 증가

4. 교외 도심의 등장

(1) 개념

① 교외화가 계속되면서 미국이나 유럽 등에서 새롭게 등장한 교외 지역의 도심(근교 도심이라고도 함)

② 기존 도심에 집적해 있던 고차 경제 활동이 교외로 이전하면서 다양한 고차 경제 활동이 집적된 새로운 중심지를 의미

(2) 특징

① 기존의 도심으로부터 독립해 있고, 그 영향력이 기존의 도심을 능가

② 각종 시설이 분산되어 있고, 보행자 위주보다는 자동차 중심의 도로망 발달

③ 독립적이고 전문화된 고차 서비스 기능으로 특화

(3) 명칭

① 밴스(Vance)는 교외화의 진전으로 형성된 이러한 교외 지역의 새로운 중심지를 '교외 도심'이라고 명명

② 가로(Garreau)의 에지시티(edge city): 교외 도심과 유사한 개념이며, 대도시 교외 지역에서 단순한 침상 도시 기능을 초월하여 기존의 도심이 수행했던 기능을 갖춘 새로운 중심지를 의미

(4) 밴스의 도시 권역 모델

① 별개로 독립적인 각각의 도심이 중심지를 이루고 있는 근교 지역 근교는 모도시와 기능적으로 독립된 대규모의 자족적인 지역을 이룸

② 하나의 광역적 대도시권이 여러 권역들로 쪼개져 있는 형태이므로 '페페로니 피자 모델'이라고도 함

③ 기존의 도심 외에 각 근교 도심, 상업 중심지 등이 독립된 각각의 도시 권역을 지님

■ 밴스의 도시 권역 모델

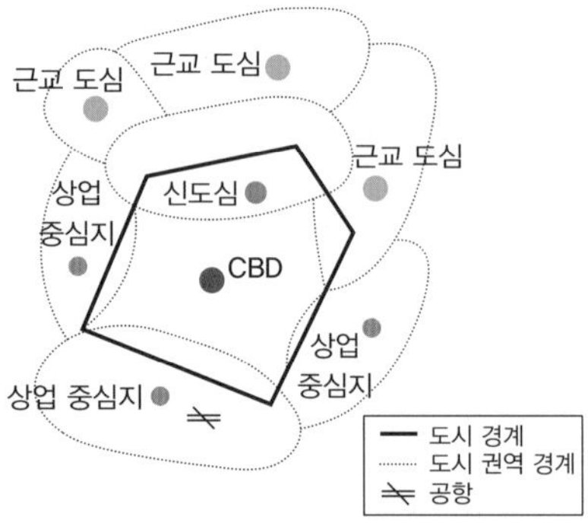

교통망의 확충과 도시의 확대에 따라 성장한 도시 구조를 설명하는 데 이용되고 있다. (2. 도시 성장과 도시화 참고) 이 모형의 특징은 대규모의 자족적인 교외 지역의 출현을 들 수 있는데, 교외 도심지가 각 권역의 중심지로 발달하면서 전통적인 중심 도시와 공존하고 있다는 점이다.

■ 페퍼로니 피자

지리 상식 1 도시는 카멜레온!? 변화하는 도시성

오늘날 세계 인구의 절반은 도시에서 살아가고 있다. 우리나라의 도시화율 또한 종착 단계에 이르러 우리 모두는 알게 모르게 도시적인 생활 양식을 갖추고 살아간다. 그런데 우리가 알고 있는 도시의 특성은 도시가 태어났을 때부터 정해져 있는 것이 아니라 끊임없이 변화하는 것이다. 시대의 흐름과 역사적인 사건, 정부의 정책 등 다양한 요소에 따라서 도시는 변화하고 그에 따라 하락세를 타기도 하고 상승세를 타기도 한다.

우리나라에서 석탄으로 유명한 곳은 어디일까? 강원도 태백시는 석탄 생산으로 과거 명성을 날렸던 곳이다. 강원도 남부 지향사 일대의 평안계 지층에서는 무연탄이 많이 채굴된다. 따라서 강원도 남부 지방은 과거 석탄 생산의 중요한 장소로 기능하였다. 이 지역에 매장되어 있는 석탄, 석회석, 철광석 등은 우리나라 산업화 시기에 성장의 밑바탕이 된 매우 중요한 자원들이었다. 탄광 개발이 활성화되면서 석탄 운송을 위한 산업 철도가 개설되고, 석탄 생산 지역의 인구 또한 급증하였다.

그러나 1980년대 중반 이후 가정용 연료가 연탄에서 석유로 바뀌면서 무연탄 소비가 줄어든 반면, 무연탄을 캐는 데 들어가는 비용은 증가하여 탄광의 경영난이 심각해졌다. 이에 정부는 무연탄 수요에 맞춰 생산량을 조절하는 '석탄 산업 합리화 정책'을 추진하였다. 경제성이 떨어지는 탄광들이 문을 닫게 되면서 일자리를 잃은 많은 사람들이 이 지역을 떠나 지역 경제가 타격을 입는 문제가 발생하게 되었다.

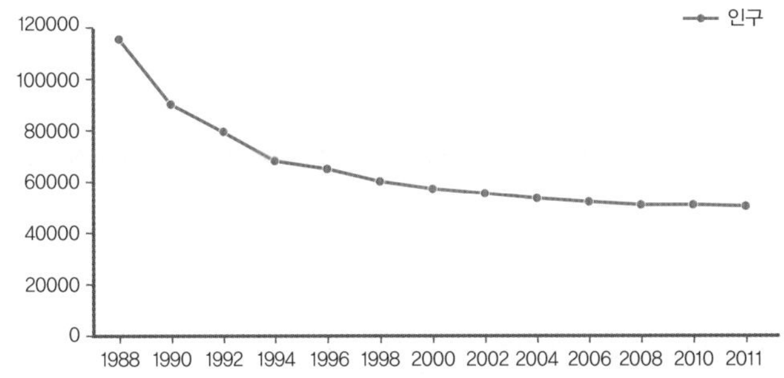

↑ 태백의 인구 변화

오늘날 태백에서는 기존에 가지고 있던 탄광 도시의 이미지로부터 벗어나 관광 도시로 새로운 도시의 지역성을 창출하기 위해 노력하고 있다. 과거 탄광 도시의 흔적들을 잘 재현하여 태백 석탄 박물관, 철암 탄광 역사촌 등의 관광지를 만들거나 고원에 위치한 특성을 살려 태백산 눈꽃 축제, 고원 레저 스포츠 등을 홍보하는 것이 대표적인 사례이다.

↑ 태백의 폐광

↑ 태백산 눈꽃 축제

지리 상식 2 우리 도시를 판매합니다!?

오늘날 도시 문화 환경과 지역 발전 간의 상관관계에 대해 인식하게 되면서 도시의 재도약을 위한 노력의 일환으로 '도시 마케팅'이 등장하였다. 도시의 문화 환경을 변화시킴으로써 지역의 성장과 발전을 도모하는 도시 마케팅은 다양한 형태로 기획되고, 수행되고 있다.

도시의 긍정적 이미지를 강화하고, 차별성과 매력도를 높이기 위한 수단으로 도시 브랜딩이 있다. 대표적으로 과거 '산업 폐기물 도시'로 불리던 스코틀랜드의 글래스고는 이미지 캠페인과 더불어 도시 공간에 대한 실질적 개선에 나섰다. 이후 10년도 지나지 않아 글래스고는 유럽의 문화 수도로 선정되었고 예술의 중심지로서 높은 인지도를 갖게 되었다.

뉴욕의 경우도 비슷하다. 1970년대 중반, 뉴욕은 경기 침체로 범죄와 실업이 증가했다. 기업들은 지역을 떠나고 지역의 이미지는 점점 추락하고 있었다. 그때 고안된 것이 'I Love New York' 캠페인이었다. 이러한 도시 브랜딩은 지역이 안정을 찾는 데 커다란 기여를 했다.

도시 마케팅에서 실제로 매력적인 이미지를 지닌 공간을 만들기 위해 상징 공간을 만들기도 한다. 작게는 거리 청소, 거리 장식, 브랜드 전시 공간에서 크게는 상징적인 빌딩이나 지구 개발에 이르기까지 다양하다.

일본 요코하마는 수도인 도쿄에 대한 의존성을 줄이고 지역 경제를 활성화하기 위한 상징적 거점으로 'MM21' 계획을 추진하였다. 지역의 랜드마크인 '랜드마크 타워'를 짓고 핵심 기능과 업무 상업 시설, 전시 컨벤션 센터 등을 입지하여 개장 2년 반 만에 약 1억 명이 방문하는 명소로 탈바꿈하기도 하였다.

축제나 이벤트는 매력적인 도시 이미지를 구축하고 전달하는 매우 효과적인 방법이다. 우리나라의 경우 과거 전쟁과 분단 상황 때문에 저개발 국가라는 이미지가 있었으나, 1988년 올림픽을 통해 세계 무대에서 근대화된 발전상을 보여 주었다. 이후 2002년 월드컵을 통해 한국 특유의 색깔을 입혀 이미지의 질적 개선을 도모하였다.

↑ 1988년 서울 올림픽 대회 마스코트 호돌이

지리 상식 3 파벨라를 아시나요?

도시화 곡선을 통해서도 알 수 있듯이 선진국과 개발 도상국은 도시화의 양상이 많이 다르다. 선진국은 오랜 시간에 걸쳐 도시화가 서서히 진행된 반면, 개발 도상국은 도시 인프라가 제대로 갖추어지지 않은 상태에서 급격하게 도시화가 진행되었다. 그에 따라 현재 개발 도상국의 도시에서는 다양한 도시 문제들이 발생했는데, 그중 가장 큰 문제는 '도시 내 빈부 격차'의 문제이다.

브라질의 리우데자네이루는 삼바와 카니발의 도시이다. 아름다운 해변과 힘차게 솟아오른 코르코바도 산, 별장용 개인 섬과 요트, 값비싼 호텔과 고층 아파트가 즐비하다. 하지만 이곳에는 또다른 모습의 공간이 있는데, 바로 빈민들이 거주하는 산동네 '파벨라'이다. 이처럼 브라질의 대도시 리우데자네이루에는 벽돌과 나무로 얼기설기 지은 오두막들이 빼곡히 들어찬 빈민가가 산자락부터 산등성이까지 타고 올라가 산 전체를 둘러싸고 밀집해 있다.

⋮ 리우데자네이루의 파벨라

파벨라에서는 대낮에도 총격전이 벌어져, 이곳의 아이들은 총성과 비명 소리를 들으며 자란다. 이곳의 삶은 열악하지만 여전히 사람들이 살아가는 곳이다. 범죄자가 적지 않지만, 보통은 가난 때문에 이곳에 거주하는 평범한 사람이 대부분이다.

2008년 서울에서 열렸던 인권 영화제의 개막작은 브라질 빈민가인 파벨라에서 음악을 통해 지역 자치 운동을 벌이는 아프로레게 그룹을 다룬 작품 〈파벨라 라이징〉이었다. 이 영화를 보면 파벨라가 얼마나 고통스러운 곳인지, 동시에 파벨라에 거주하는 사람들이 얼마나 순수한지 느낄 수 있다.

지리 상식 4 연기(smoke)에 안개(fog)를 더하면…?

인간은 도시를 이루고 생활하면서 끊임없이 대기 오염 물질을 방출해 왔다. 현대의 도시에서는 각종 산업과 자동차 매연 등 대기 오염 물질들이 지속적으로 방출되고 있다. 도시의 대기 오염이 문제가 되는 가장 큰 이유는 인간의 각종 활동으로 발생하는 대기 오염 물질이 자연적으로 발생하는 것과는 달리 그 집적도가 높아 도시 거주자의 생존을 위협하는 수준에 이르기 때문이다.

대도시 지역에서 지역적으로 발생하는 대기 오염을 스모그(smog)라고 부른다. 과거 영국 런던에서는 사상 최악의 산업 스모그가 발생하였다. 이 스모그로 인하여 약 4,000명의 런던 주민이 사망하였고, 이후 2개월에 걸쳐 휴유증으로 약 8,000명의 사망자가 추가로 발생하였다.

최근 많은 선진국에서는 각종 대기 관련 법안과 다양한 오염 저감 장치의 발달로 산업 스모그가 중요한 환경 문제로 간주되지 않고 있지만, 개발 도상국의 산업화 지역에서는 아직도 산업 스모그로 인한 대기 오염이 심각하다.

일반적으로 다루어지는 산업 스모그는 기온 역전층의 발달이 빈번한 겨울철에 주로 발생한다. 과거 런던의 산업 스모그 또한 1952년 12월 겨울에 발생한 스모그였다.

이와는 달리 '광화학 스모그'라는 것이 있다. 이는 일반적으로 태양광이 강한 여름철에 발생 빈도가 높은데 대기 중의 오염 물질인 질소 산화물, 탄화수소 등이 태양광(자외선)과 결합하면서 지표면 근처에 오존을 발생시키고, 오존은 또 다른 대기 오염 물질과 결합하여 100여 종의 2차 오염 물질을 생성시킨다. 이러한 2차 오염 물질은 식물의 세포 조직과 동물의 호흡기에 치명적인 영향을 미친다.

로스앤젤레스에서 발생했던 광화학 스모그는 처음에는 가로수가 고사하는 등 식물에 피해를 주었고 이후 호흡기 질환, 안구 질환 등 인간 생활에 치명적인 피해로 이어졌다. 로스앤젤레스에서 발생한 이러한 광화학 스모그는 이전의 런던에서 있었던 매연 등의 거무스름한 산업 스모그와는 형태나 색깔이 달라 '하얀 스모그', '자줏빛 스모그'라고도 부른다.

런던형 스모그와 로스앤젤레스형 스모그의 비교

종류	런던형 스모그	로스앤젤레스형 스모그
색	짙은 회색	연한 갈색
시정	100m 이하	1km 이하
오염 물질	먼지 및 SOx	NOx, 탄화수소
주요 배출원	가정과 공장의 연소, 난방 시설	자동차 배기가스
기상 조건	겨울, 새벽, 안개, 높은 습도	여름, 한낮, 맑은 하늘, 낮은 습도
피해	호흡기 질환, 심장 질환, 만성 기관지염	눈, 코, 기도 점막 자극, 고무 노화, 시정 악화

지리 상식 5 도시에 대한 삭막한 인식을 깨자!

도시는 이제 우리에게 너무나 익숙한 삶터가 되었다. '도시' 하면 떠오르는 이미지는 높은 빌딩과 수많은 차량, 거미줄처럼 얽히고설킨 복잡한 풍경이다. 그러나 생태 도시는 이러한 이미지와는 전혀 다른 도시이다.

오늘날 떠오른 생태 도시는 사람과 자연이 조화되어 살아가는 도시를 의미한다. 즉 환경적으로 건전하고 지속 가능한 개발을 시행하여 도시 지역의 환경 문제를 해소하고 환경 보전과 개발을 적절히 아우르는 도시를 말한다. 생태 도시는 자연성의 원칙, 자급자족의 원칙, 사회적 형평성의 원칙, 주민 참여성의 원칙, 미래성의 원칙을 추구하며 지속 가능한 도시를 형성하는 데 성공한 도시로 브라질의 쿠리치바, 독일의 프라이부르크가 있다.

쿠리치바는 과거 개발 도상국의 여느 도시들과 마찬가지로 급속한 인구 증가와 무질서한 개발로 환경 오염이 심각한 도시였다. 그러나 1971년 건축가 출신의 레르네르 시장이 취임하면서 이 도시가 바뀌기 시작했다. 먼저 자동차 전용 도로를 보행자 도로로 바꾸고, 입체적인 대중교통 노선을 개발하여 교통난을 해소하였다. 그리고 환경적으로도 녹지 확보에 힘썼다. 건물을 지을 때, 도로로부터 5m의 공간을 확보하고 나무를 심었다. 또한 주거 지역의 50%를 노지로 남겨 두어 토양의 빗물 흡수를 늘렸다. 쓰레기 관련 정책 또한 쿠리치바를 희망의 도시로 만들었다. 재활용품, 분리수거 등을 활성화함과 동시에 분리수거 재생 공장에 사회적 약자를 고용하여 이들의 사회적 적응을 돕기도 한다.

프라이부르크에서는 핵 발전소를 자기들의 도시에 건설하는 것을 반대한 주민들이 새로운 에너지 대안을 제시하였다. 정책적으로 저에너지 소비형 건물을 짓도록 유도하고, 시간대에 따른 전기료의 차이를 설정하여 낭비를 없앴다. 또한 이곳은 쓰레기 줄이기 운동을 펼치는 동시에 쓰레기를 소각이 아닌 생물공학적 방법으로 처리하여 환경에 미치는 영향을 최소화하였다. 프라이부르크는 대중교통 이용률과 자전거 이용률이 매우 높은 도시이기도 하다.

여러 생태 도시들은 많은 공통점이 있지만 그중에서도 가장 중요한 점은 거주민들의 적극적인 지지와 협조를 기반으로 생태 도시로의 탈바꿈이 이루어졌다는 점이다. 우리도 부러워만 할 것이 아니라, 지금부터라도 노력해야 할 필요가 있지 않을까?

지리 상식 6 가장 큰 도시는 어디일까?

"우리나라에서 가장 큰 도시는 어디인가요?"라는 질문을 받으면, 우리나라 대부분의 사람들은 아마 큰 고민 없이 '서울!'이라고 답할 것이다. 그렇지만 서울이 정말 가장 큰 도시일까? 질문의 답을 찾기 위해서는 도시가 '크다'는 것이 어떤 의미인가에 대한 정의가 필요하다. 일반적으로 '도시가 크다'라고 하면 인구가 많은 도시이거나 산업·경제 등이 고도로 발전한 도시를 떠올린다. 아니면 크다는 말 자체의 의미로 면적이 넓은 도시일 수도 있다. 인구가 많은 도시, 면적이 넓은 도시가 '큰 도시'라고 한다면 그 순위는 어떻게 될까?

우리나라 도시를 인구 순으로 순위를 매기면 다음과 같다. 유일한 천만 인구의 도시인 서울이 단연 1위이다. 부산이 2위, 인천, 대구, 대전 순으로 인구가 많다. 최근 인천의 인구가 급증하여 2005년 인구 총조사에서 대구 인구를 초월하였고, 앞으로 2030년을 전후로 2위 도시인 부산의 인구를 초월할 것이라는 예상도 나오고 있다.

우리나라 도시를 인구 순으로 순위 (2014년 8월)

순위	도시	인구수 (만 명)
1	서울특별시	1012.4
2	부산광역시	352.0
3	인천광역시	289.5
4	대구광역시	249.7
5	대전광역시	153.6
6	광주광역시	147.6
7	수원시(경기)	116.7
8	울산광역시	116.2
9	창원시(경남)	107.7
10	고양시(경기)	100.1

그렇다면 면적 순으로 나열하면 어떨까? 우리나라에서 면적이 가장 넓은 곳은 강원도 홍천군이 1819.67㎢로 1위에 해당한다. 군을 제외하고 시 단위 중 가장 넓은 곳은 1521.87㎢의 면적을 가진 경북 안동시이다. 그렇지만 인구는 약 16만으로 도시 인구 순위로는 53위에 해당한다. 아무래도 안동시를 가장 큰 도시라고 부르기에는 조금 부족함이 있는 것처럼 느껴진다.

그렇다면 세계에서 가장 큰 도시는 어디일까? 일본 모리기념재단에서 발표한 2014년 글로벌 파워 도시 지수는 도시를 경제력, 연구 개발, 문화 교류, 삶의 질, 환경, 접근성 등 6개 기준으로 매긴 점수이다. 이 자료에 따르면 우리나라의 수도인 서울은 당당히 6위에 올라와 있다. 런던, 뉴욕, 파리, 도쿄 등의 도시는 세계의 교통 및 통신의 중심지이며 다국적 기업의 본사가 많이 위치해 있는 경제의 중심지이기도 하여 '세계도시'라고도 부른다. 이 도시들 역시 큰 도시이지만 '크다'의 개념을 어떻게 정의 내리는가에 따라 다를 것이다.

같은 공간이라도 각자 개인에게 다른 모습으로 다가올 수 있다. 개인의 경험과 가치관, 도시를 바라보는 초점이 각각 다르기 때문이다. 도시의 크기 또한 마찬가지이다. 정해진 면적이 있다고 하더라도 우리가 느끼는 면적은 다를 것이며, 특화된 기능이 있다고 하더라도 우리가 느끼는 기능은 다를 것이다. 그렇다면, 여러분이 느끼는 가장 큰 도시는 어디인가?

2014년 글로벌 파워 도시 지수

순위	도시	경제	연구 개발	문화 교류	거주 삶의 질	환경	교통 접근성	총점
1	런던(영국)	308	149	347	244	189	249	1486
2	뉴욕(미국)	313	223	261	216	145	205	1363
3	파리(프랑스)	233	112	243	307	163	235	1292
4	도쿄(일본)	346	156	160	258	181	176	1276
5	싱가포르(싱가포르)	266	107	188	196	191	191	1139
6	서울(한국)	237	112	142	238	175	214	1118
7	암스테르담(네덜란드)	215	46	130	274	167	223	1056
8	베를린(독일)	210	63	161	289	180	153	1055
9	홍콩(중국)	268	78	97	204	157	209	1013
10	빈(오스트리아)	187	40	155	286	190	148	1004

[선택형]

· 2005 10 교육청

1. 그림은 우리나라 인구 이동 구조의 변화를 나타낸 것이다. 이를 보고 설명한 내용으로 옳은 것은?

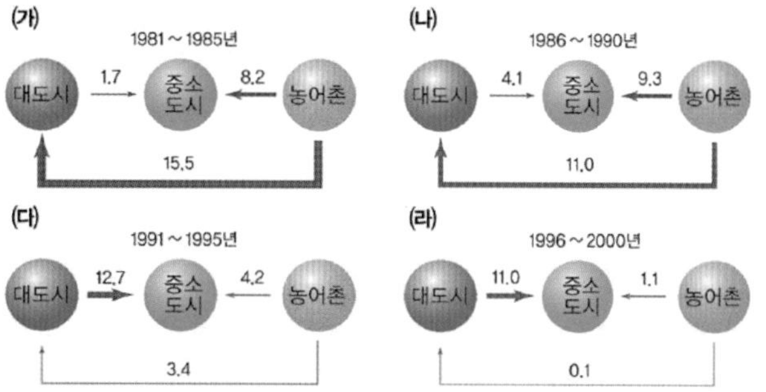

주) 1. 수치 : 해당 기간 중 국내 총 인구 이동량에 대한 순유입(전입-전출) 인구의 비율
2. 대도시 : 2000년 행정구역 기준의 특별시 · 광역시

① (가)는 도시화의 초기 단계에 해당한다.
② (나)부터 중소 도시의 사회적 증가가 대도시보다 많아진다.
③ (다)는 도시에 비해 농어촌의 인구 흡인 요인이 늘어난다.
④ (라)의 인구 이동으로 대도시의 영향권이 축소된다.
⑤ (가)에서 (라)로 갈수록 도농 간 인구수의 차이가 줄어든다.

· 2015 9 평가원

2. 지도는 ○○시 □□동 일부의 토지 이용 변화를 나타낸 것이다. 이 지역의 변화에 대한 추론으로 적절한 것을 〈보기〉에서 고른 것은?

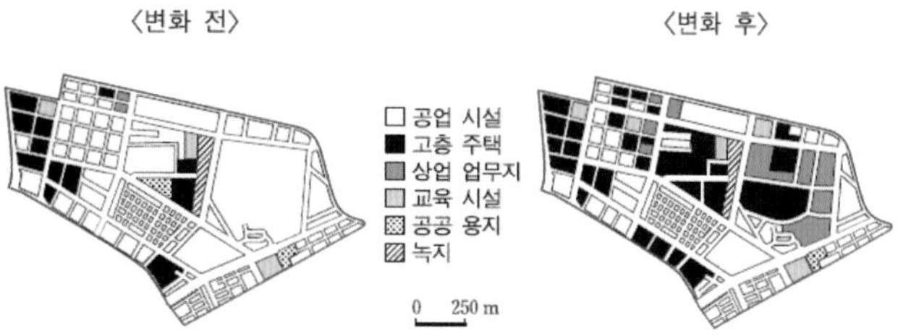

보기

ㄱ. 지가가 하락했을 것이다.
ㄴ. 상주인구가 증가했을 것이다.
ㄷ. 토지 이용 집약도가 낮아졌을 것이다.
ㄹ. 공업 용지의 면적 비중이 감소했을 것이다.

① ㄱ, ㄴ ② ㄱ, ㄷ ③ ㄴ, ㄷ ④ ㄴ, ㄹ ⑤ ㄷ, ㄹ

· 2008 수능

3. 그래프는 국가들의 1인당 국내 총생산과 도시화율의 관계를 시기별로 나타낸 것이다. 이에 대한 설명으로 옳지 않은 것은?

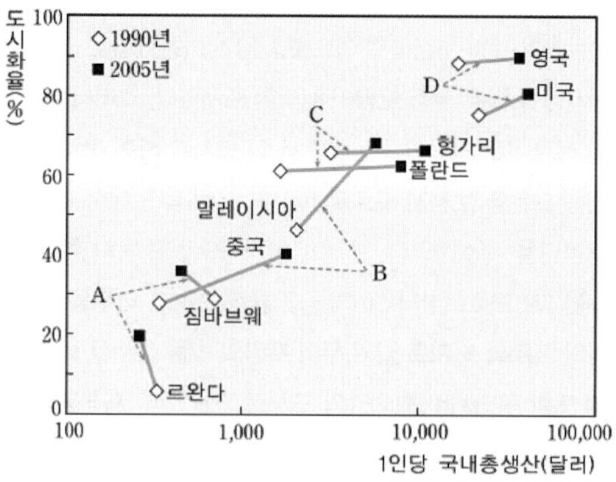

(국제통계연감, 2006)

① A 국가들은 경제 활동의 쇠퇴에도 불구하고 일자리와 주택 등이 부족한 과잉 도시화 현상을 겪고 있다.
② B 국가들은 산업화와 도시화가 동시에 빠르게 진행되는 개발 도상국에 해당한다.
③ C 국가들은 경제 개혁으로 인한 빠른 성장으로 도시의 수와 규모가 급격히 증가하고 있다.
④ D 국가들은 서비스 경제의 발달과 도시화의 성숙 단계를 보인다.
⑤ 소득 수준이 높을수록 도시화 수준이 높은 경향을 보인다.

· 2006 수능

4. 다음 그림 (가)~(라)는 도시화의 과정을 단계별로 나타낸 모식도이다. 각 단계에 대한 설명 중 옳은 것을 〈보기〉에서 모두 고르면?

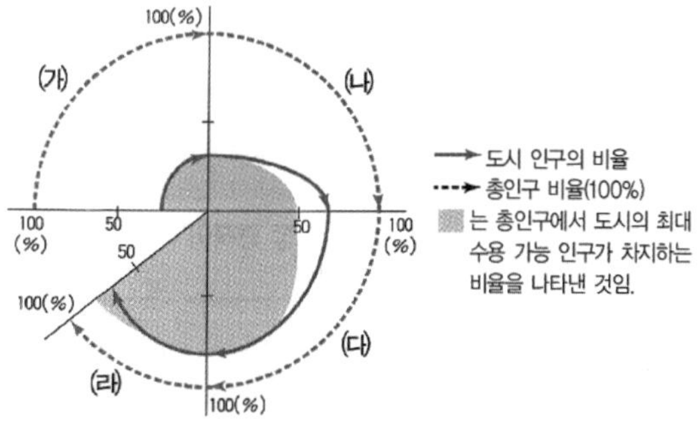

보기

ㄱ. (가) 단계는 도시 인구가 농촌 인구보다 많다.
ㄴ. (나) 단계는 과잉 도시화 현상이 나타난다.
ㄷ. (다) 단계는 도시화의 초기 가속화 단계이다.
ㄹ. (라) 단계는 역도시화 현상이 나타난다.

① ㄱ, ㄴ ② ㄱ, ㄷ ③ ㄴ, ㄷ ④ ㄴ, ㄹ ⑤ ㄷ, ㄹ

[서술형]
• 2005 6 평가원

1. 다음은 서울시 구별 인구를 도표로 정리한 것이다. ㈏와 비교되는 ㈎의 상대적인 특성을 화살표로 표시하시오.

서울시 구(區)별 인구 지표

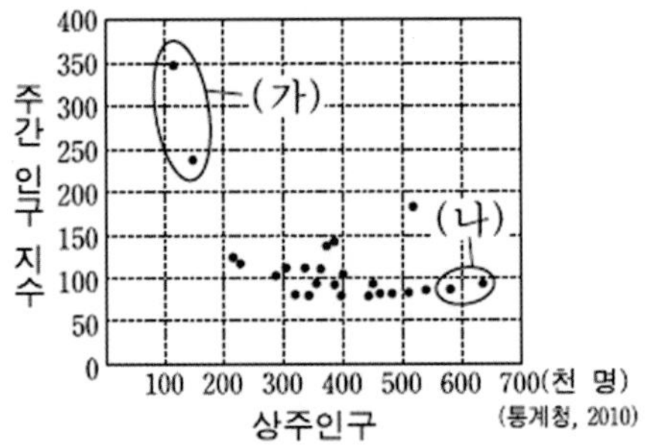

* 주간 인구 지수=(주간 인구÷상주인구)×100

주간 인구	
아파트 수	
대기업의 본사 수	
초등학교 학급 수	
출근 시간 유출 인구	
토지 이용 집약도	

2. 업무 공간과 생활 공간이 멀리 떨어져 있지 않아 거주민들이 출퇴근 시 걸어서 이동할 수 있는 환경이 조성된 도시를 무엇이라 하는가?

3. 다음은 인도의 도시 가로망 모습이다. 이곳은 각각 '올드델리'와 '뉴델리'로 구분된다. 각 가로망의 형태를 분류하고, 이것들이 혼합되어 나타나는 이유를 역사적인 이유를 쓰시오.

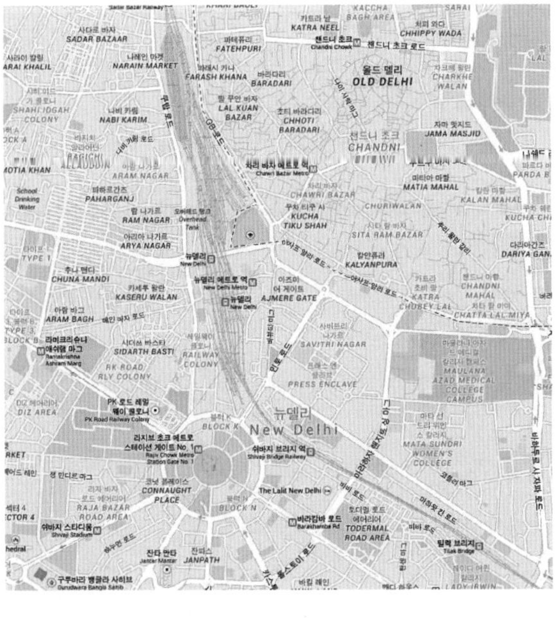

㉠ 올드델리의 가로망:

㉡ 뉴델리의 가로망:

㉢ 같은 도시 내에서 가로망이 혼합되어 나타나는 이유:

• 2014 임용

4. 다음은 분지에서 볼 수 있는 해발 고도에 따른 기온의 그래프이다. A 구간에서 나타나는 기온의 분포 현상을 지칭하는 단어를 쓰고, 이곳에서 스모그와 같은 대기 오염이 발생하게 되는 이유를 아래 그래프를 활용하여 쓰시오.

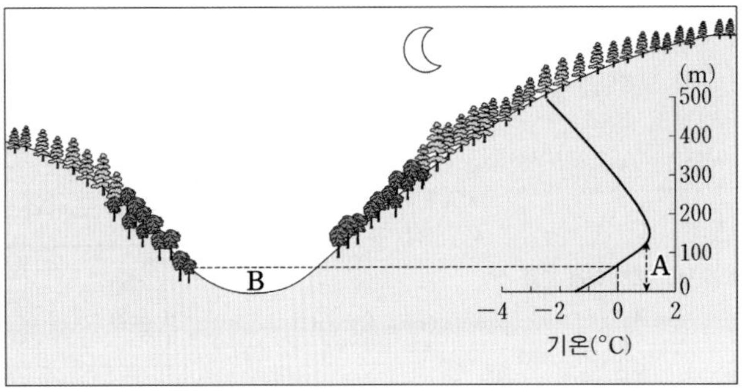

㉠ A 구간에서 나타나는 현상:

㉡ 대기 오염 발생 이유:

5. 다음은 도시화 곡선이다. A와 B를 비교하여 각각 무엇인지 쓰고, B에서 발생할 수 있는 문제를 2개 이상 약술하시오. (단, 선진국과 개발 도상국으로 분류한다.)

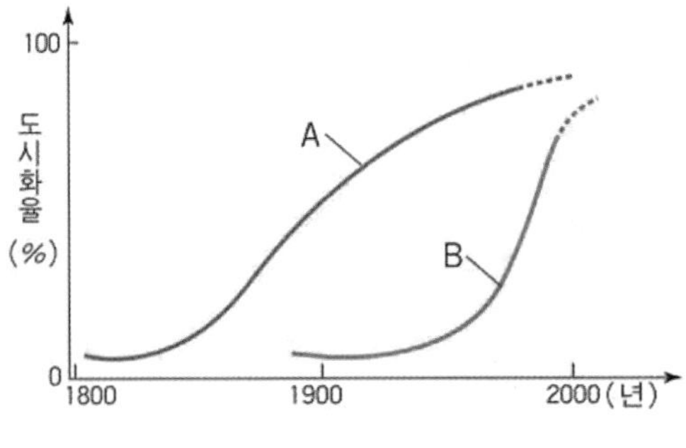

chapter 07

도시 지리

03. 도시 내부 구조

핵심 출제 포인트

- ▶ 도시 기능
- ▶ 흡인 요인과 배출 요인
- ▶ 슬럼(게토)
- ▶ 도시 내부 구조
- ▶ 도심 재활성화
- ▶ 사회 지역 분석
- ▶ 주택 여과 과정

■ 도시의 특화 기능

산업별 인구의 비율이나 생산액을 기준으로 다른 도시에 비해 탁월하게 나타나는 기능

■ 우리나라의 도시 특화 기능

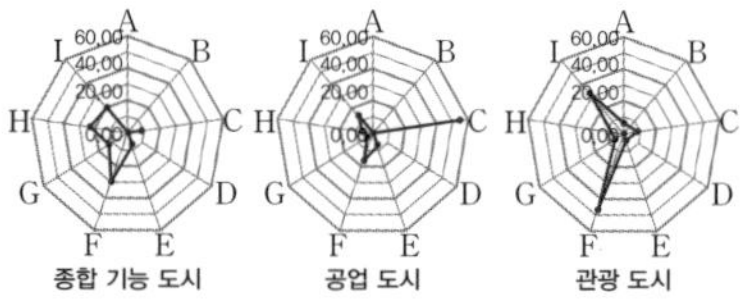

A: 농업, 임업, 어업 B: 광업 C: 제조업
D: 전기·가스·증기·수도 사업, 하수·폐기물 처리업
E: 건설업 F: 도·소매업, 숙박·음식점업
H: 운수업, 출판·영상·방송·정보 서비스업
G: 금융·보험업, 부동산 및 임대업, 사업 서비스업
I: 사회 서비스업, 개인 서비스업

2009, 한국 도시 통계

■ 도시의 토지 이용 분화

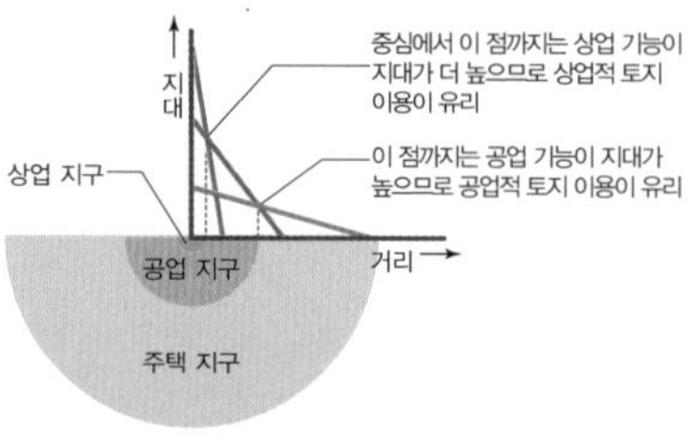

■ 라틴 아메리카의 도시 구조

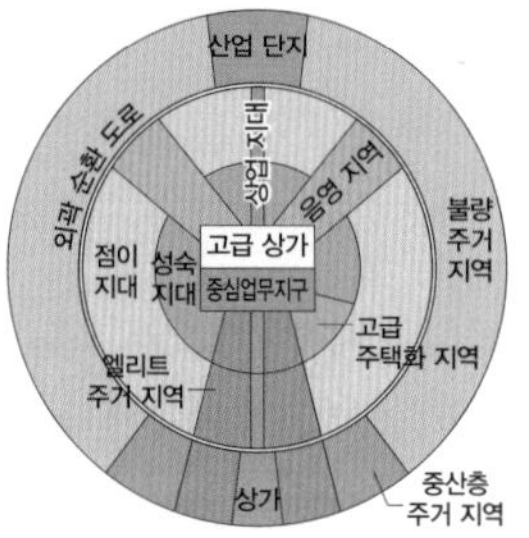

■ 동남아시아의 도시 구조

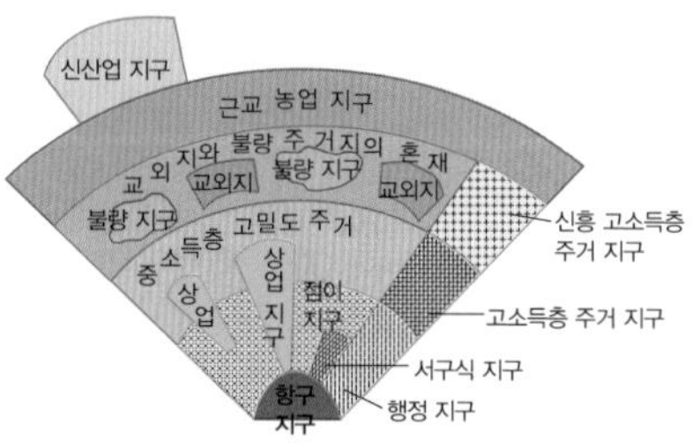

1. 도시 기능

도시는 여러 가지 기능을 가지고 있다. 특별한 기능을 갖춘 도시도 있고, 도시의 기능이나 역할이 변화한 도시도 있다. 도시의 특화된 기능을 이해하고, 그 도시에서 살아가는 사람들의 생활 모습을 생각해 보자.

(1) 기반 기능과 비기반 기능

① 기반 기능: 도시 성장의 기초가 되는 생산 기능으로 하나의 도시에서 생산된 재화를 외부 지역에 제공하여 외부 지역에서 소득을 가져오는 경제 활동

② 비기반 기능: 도시를 유지시키는 소비 기능으로 도시 주민의 필요를 충족시키기 위하여 재화와 서비스가 그 도시 자체에서 소비되어 외부로부터 소득을 가져오지 않는 경제 활동

③ 일반적으로 생산 도시는 비기반 기능보다 기반 기능의 비중이 높고, 도시의 성장에 따라 초기에는 기반 기능의 성격이 강하게 나타나지만 인구가 증가하고 소비가 증가하면 도시의 비기반 활동의 비중이 상대적으로 증가

(2) 특화 도시와 도시 기능의 변화

특화 도시	• 제조업 기능: 울산, 포항, 광양, 창원, 안산 • 광업 기능: 태백, 정선(사북, 고한) • 군사 기능: 의정부, 진해	• 종합 기능: 서울 • 관광 기능: 제주, 경주 • 행정 기능: 과천, 세종
도시 기능의 변화	• 원인: 산업의 발달 또는 산업 구조의 변화, 인구 증가, 교통 및 통신 발달 • 산업 구조의 변화: 광업 도시였던 태백시는 관광 도시, 휴양 도시로 변화 • 교통 발달과 인구 유입: 공업 도시였던 성남시는 주거 도시로 변화 • 과거 공업 도시였던 맨체스터는 산업 구조의 변화에 따라 관광 도시, 문화 도시로 변화	

2. 도시 내부 구조

도시 내부 구조는 다양한 학자들의 연구에 의해 이루어졌다. 도시 내부 구조가 왜 각각 다르게 나타나는지, 또 도시 구조 이론에 따라 도시 내부 구조를 어떻게 설명하는지 이해한다면 우리가 살고 있는 도시가 어떻게 나타나는지 새로운 관점에서 도시를 바라볼 수 있다.

(1) 대도시의 지역 분화

① 의미: 도시 내부 지역에 동질화된 여러 지역으로 나뉘는 현상

② 원인: 도시 규모가 커짐에 따라 도시 내부 지역의 접근성, 지대, 지가가 달라지기 때문

③ 지역 분화의 과정

• 집심 현상
- 특정 기능이 도시로 집중하는 현상
- 접근성이 중요하고, 지대 지불 능력이 높은 업종
- 행정 관청, 대기업 본사, 백화점, 은행 본점, 호텔 등

• 이심 현상
- 특정 기능이 도시의 외부로 나가는 현상
- 접근성에 상대적으로 덜 민감하며, 지대 지불 능력이 낮은 업종
- 학교, 주택, 공장 등

(2) 선진국과 개발 도상국의 도시 구조

① 선진국

- 도심, 상업 지구, 주택 지구, 공업 지구 등 도시 내부의 기능 분화가 잘 이루어짐
- 후기 산업 사회(탈공업화 사회)가 도래하면서 도시 내부로의 인구 집중이 완화
- 주거지 및 생산 시설은 외곽 지역이나 다른 지역으로 이주, 도심 재개발이 활발하게 진행

② 개발 도상국

- 식민 지배국의 정착촌이 발달한 형태
- 경제와 통치 핵심 지역이 도심부에 위치, 지배 계층 거주지는 도심 근처에 위치
- 도시 외곽으로 갈수록 저급 주택 지구가 나타나는 역전된 동심원 구조가 나타남
- 도시 최외곽에는 열악한 환경의 무허가 불량 주거 지구가 형성
- 자원 수탈을 목적으로 했던 항구를 중심으로 도심이 형성되며, 그 주변으로 상업 지구가 발달함

(3) 도시 내부 구조

중심 업무 지구 (CBD)	• 도시 내 접근성 최고: 높은 지가, 지대, 건물의 고층화 현상 • 업무 기능(관청, 은행, 대기업 본사), 전문 상업 기능(백화점, 호텔) • 인구 공동화 현상: 주거 기능 약화로 상주인구 감소
중간 지역	• 슬럼화: 도심 주변의 구주거지와 상가 및 중소 공장이 혼재하는 점이 지대
부도심	• 상업 기능 발달: 도심과 주변 지역을 잇는 교통의 요지에 발달 • 도심 혼잡 완화: 도심 기능의 분산으로 인한 교통량 분산 효과
외곽 지역	• 도시 경관과 농촌 경관 혼재 • 대규모 주택 단지 조성 • 개발 제한 구역(그린벨트): 도시의 무질서한 팽창 억제와 녹지 보전
위성 도시	• 중심 도시의 과밀화 방지: 대도시의 인구 및 주거 기능 분담 • 도시 바깥의 교통의 요지 • 침상 도시(베드타운)화로 인한 교통난 가중: 도심과의 교통 문제 해결, 도시 자족력 향상이 중요

(4) 도시 내부 구조와 관련된 이론들

동심원 모형 (버제스)	• 미국 시카고의 성장 과정을 사례로 함 • 도시 내부에서 외곽으로 중심 업무 지구, 점이 지대, 주택 지구가 원형으로 분화되어 나타남 • 침입과 천이: 동심원 내측의 시설물이 점차 외측의 지대로 침입해 들어감으로써 지역을 확대하고, 경쟁하며 결국 지대의 성격이 바뀌는 천이 단계에 이름 • 도시 바깥쪽에 중상류층 주거지가 입지
선형 모형 (호이트)	• 교통의 발달에 의해 교통로, 하천을 따라 사회 계층별 주거지가 부채꼴로 분화되어 나감 • 교통로를 따라 유사 기능과 주택들이 집합하고, 일정한 선형 내에서 점차 외곽으로 확대 • 방사상의 교통망이 발달함에 따라 지대가 차별적으로 형성되고, 교통망에 의해 도시 기능과 거주지의 분화 방향성이 유도됨 • 중심 업무 지구는 토지 이용의 집약이 현저하고, 중심 업무 지구 주변의 점이 지대는 막대한 재개발 비용, 중상류층 주택의 이심화 경향으로 인해 점차 쇠퇴되며, 도심의 내부와 주변에 슬럼이 발달
다핵심 모형 (울만, 해리스)	• 교통로가 점점 더 발달하고, 자동차가 주요한 교통수단으로 등장하면서 도시가 복잡해짐 • 도시의 토지 이용이 단일 중심이 아닌 여러 개의 핵을 중심으로 형성 • 도시가 커지면서 도심부 이외의 지역에도 교외의 업무 중심지, 교외의 공업 지구, 대학 등 사람들이 집중하는 지역이 다수 발생하여 집적 경제의 이익을 누림 • 특화 시설의 입지, 집적 이익과 집적 불이익, 지대 지불 능력 차이로 핵심이 형성
사회 지역 분석 (머디)	• 기존의 동심원 모형, 선형 모형, 다핵심 모형을 통합하여 도시 사회 공간 구조 분석에 적용 • 가족 상태(가족 구성, 세대 유형)에 따라서는 버제스의 동심원 유형이 나타남 • 경제 상태(사회 경제적 지위)에 따라서는 호이트의 선형 모형과 유사한 공간 유형이 나타남 • 인종 상태에 따라서는 서로 다른 인종끼리 분리되어 독자적인 지역 사회를 형성하는 다핵 유형이 나타남

■ 도시 내부 구조

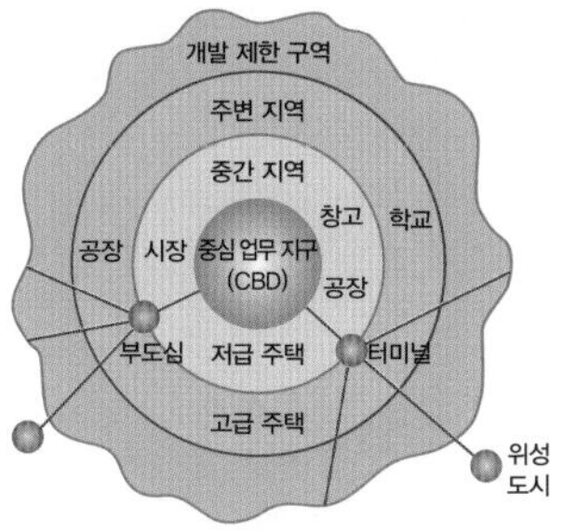

■ 동심원 모형

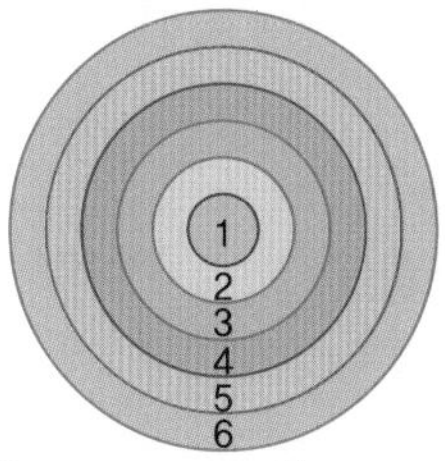

① 중심 업무 지구 ② 점이 지대
③ 저급 주택 지구 ④ 중산층 주택 지구
⑤ 고급 주택 지구 ⑥ 통근권

■ 선형 모형

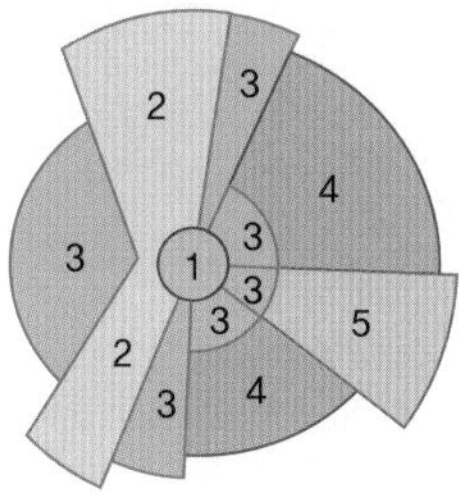

① 중심 업무 지구 ② 경공업 지구
③ 저급 주택 지구 ④ 중산층 주택 지구
⑤ 고급 주택 지구

■ 다핵심 모형

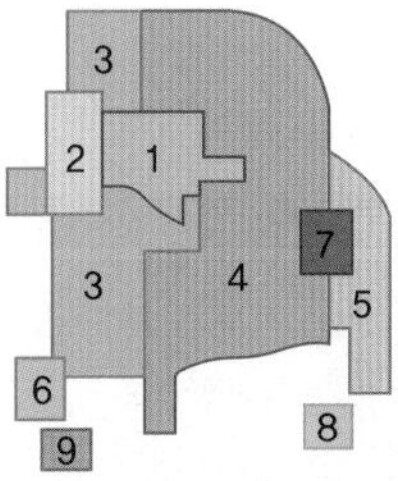

① 중심 업무 지구
② 경공업 지구 ③ 저급 주택 지구
④ 중산층 주택 지구 ⑤ 고급 주택 지구
⑥ 중공업 지구 ⑦ 주변 업무 지구
⑧ 신주택 지구 ⑨ 신공업 지구

■ 상주인구와 주간 인구

상주인구란 특정 지역에 거주하는 사람을 의미하고, 주간 인구란 일정 지역에서 낮에만 위치하는 사람을 의미한다.

주간 인구는 그 지역에서 일하는 사람이나 업무를 위해 일시적으로 해당 지역을 방문한 사람이 주로 해당되므로 상주인구와 주간 인구의 비율을 바탕으로 도시의 기능을 추론할 수 있다.

- 상주인구>주간 인구: 침상 도시(주거 기능)
- 상주인구<주간 인구: 업무 기능

■ 인구 공동화

인구 공동화 현상은 중심 시가지의 인구가 감소하고 교외의 인구가 증가하는 인구 이동 현상을 의미한다. 즉, 낮 시간에는 업무를 보는 주간 인구로 가득하지만 밤 시간에는 도시가 비어 버리는 현상이다. 그래서 이를 '도넛화 현상'이라고도 한다.

■ 머디의 사회 지역 분석

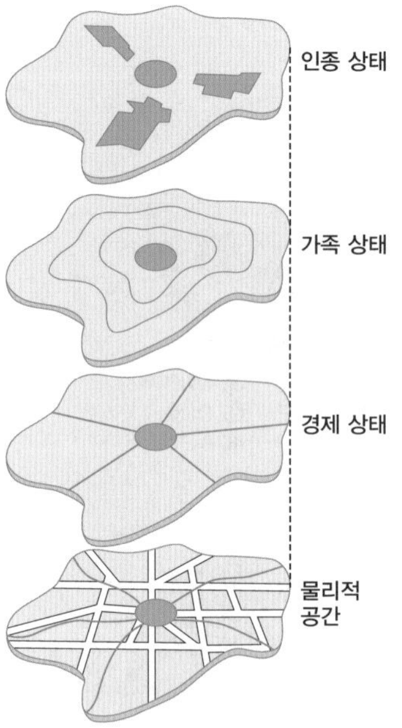

기존의 동심원, 선형, 다핵 모형들은 다른 유형의 주민들이 도시의 특정 지역에 살고자 하는 이유를 다 설명하지 못한다. 머디는 이 이론들을 복합적으로 고려하여 도시 내 사람들의 인종, 가족, 경제적 특성에 따라 분석하였다.

■ 세계 도시 뉴욕의 변화

미국 뉴욕 주에 있는 자치구의 하나인 브롱크스 지역은 1960년대 뉴욕 맨해튼의 게토 지역이 재개발되면서 집을 잃게 된 히스패닉 계와 흑인 주민들이 집단으로 이주해 오면서 미국에서 가장 가난한 지역이 되었다.

3. 도시 내 주거지 분화의 원리

도시에는 많은 사람들이 살아간다. 인종, 가족, 경제 상태에 따라서 도시 안에서도 거주하는 형태가 다양하다. 사람들이 살아가는 주거지가 어떻게 나누어지는지 알아보고 낙후된 주거지를 재개발하는 과정에서 어떤 사람이 떠나고, 어떤 사람이 들어오는지 살펴보는 것은 오늘날 도시 재개발을 바라보는 데 다양한 안목을 제공한다.

(1) 주거 이동

① 가구의 사회적, 경제적, 인구적 변화에 따라 주택 결정을 달리 하는 것

② 주거 이동에 영향을 미치는 요인

배출 요인	거주 공간에 대한 불만족, 주거 비용, 주택의 퇴락, 근린 지역의 물리적 환경이나 사회적 환경에 대한 불만족
흡인 요인	고용 변화, 쾌적성, 상가·교육·공공 시설에 대한 접근성, 특정 생활 양식을 추구할 수 있는 여건에 대한 긍정적 상황

(2) 주거 지역의 변화 단계: 주거 지역의 생애 주기

① 녹스(Knox)의 주거 지역 생애 주기 단계 모델

• 1단계: 교외화
  – 상대적으로 사회적 지위가 높은 가구들에 의해 점유되는 저밀도 단독 가구 주택이 교외 지역에 형성
• 2단계: 내부 충진
  – 나대지에 다가구 임대 주택이 공급되면서 주거 지역의 인구 밀도가 높아지고 사회·인구학적 동질성은 낮아짐
• 3단계: 하향화
  – 생애 주기 중 가장 긴 기간, 주택 재고의 퇴락과 가치 저하가 서서히 진행되며 인구 회전률은 빨라짐
• 4단계: 퇴락
  – 사회적·인구적 변화에 따른 높은 인구 회전률과 일부 주거 단위의 전환과 파괴가 일어남
• 5단계: 재개발
  – 철거 재개발, 수복 재개발, 도심 재활성화 등의 다양한 재개발 방식이 등장

② 주택 여과 과정: 호이트의 선형 이론에 바탕을 둔 이론이며 주택의 질적 변화와 가구 이동의 관계를 설명하고 도시가 성장함에 따라 주거지가 어떻게 변화하는지를 설명한 이론

• 고소득 계층의 가구가 접근성이 좋고 주거 환경이 양호한 교외 지역으로 이동하고자 하는 경향에 따라 도시가 교외로 확대
• 교외 지역에 건설된 신규 주택으로 이동함으로써 생긴 빈 집(공가)을 저소득 계층의 가구가 적은 비용으로 구매하여 점유하는 이동 과정
• 유형에 따라
  – 상향적 여과 과정: 기존 주택에 비해 양질의 주택으로 이동하는 것
  – 하향적 여과 과정: 기존 주택에 비해 저질의 주택으로 하향 조정되는 것
• 촉진: 인구 구조와 인구 규모 변화, 주택의 물리적 노후화, 신규 주택 건설 기술 발달, 주택 디자인 다양화, 가구 소득 변화, 공공 주택 기관 개입 등으로 촉진
• 발생 원인: 주거에 대한 수요의 탄력성 차이: 주거 여과 과정의 발생 원인은 저소득자의 주

거에 대한 비탄력적 수요, 고소득자의 주거에 대한 탄력적 수요에 의해 발생

• 결과

– 도시 외곽으로 갈수록 주택의 질이 향상되고 중산층의 비율이 높아짐

– 도시의 빈곤층(소수 민족)은 이 과정을 통해 도심에 인접한 쇠퇴 구역에 집중되며, 빈곤층의 적은 빈곤에 수반되는 각종 문제를 증폭시킴

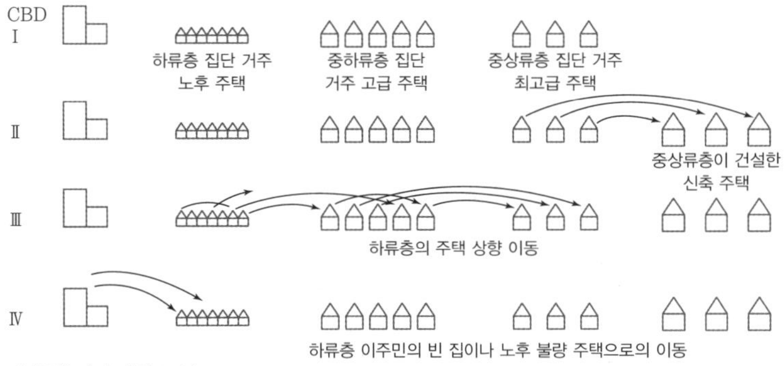

↑ **주택 여과 과정 모식도**

(3) 도심 재활성화와 주택 이동

① 개념

• 도심 상업지의 회복과 더불어 낡은 주택을 개조하여 고급 주택화를 시도하는 것

• 기존에 악화된 도심의 저소득층 주거 지역 주택을 재개발하여 고급 주택지가 도시 내부에 형성된 결과로 나타남

② 과정

• 도심부의 상업적 부활을 위해 도심부의 역사적 자원이나 쾌적성을 활용

• 신규 건설된 고급 주택에는 주로 도심부에 취업하는 관리직, 사무직 취업자들이 입지함

③ 특징

• 주거 여과 과정이 역으로 나타나는 현상: 도심지의 저소득층이 거주하던 지역에 도시 교외 지역에 거주하던 고소득층이 유입되어 정착

④ 원인

• 경제적 요인: 지대 격차–도심부의 주택의 실제 지대와 미래의 재개발 이후 지닐 수 있는 잠재 지대 간의 차이를 의미

• 문화적 요인: 포스트모던 문화–새로운 상류층(여피족, 딩크족 등)이 등장하면서 문화적인 다양성을 즐기는 전문적인 계층들이 이주

• 정치적 요인: 도시 정부 차원에서 세금을 확보하기 위해 도심부에 투자를 유지

더 알아보기

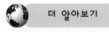

▶ 도심 재활성화(젠트리피 케이션)를 설명하는 경제적 원리

스미스(Smith)가 주장한 이론(1996)

• 도심 재활성화는 자본주의적 경제 발전 과정의 일부로서 토지 이용의 이윤 감소를 저지하기 위한 자본의 이동에 의한 것이라고 설명하였다.

• 교외 지역의 팽창과 발전으로 인해 도심 지역은 점차 쇠락하였으며 도심 지역의 지대 격차를 가져왔다.

• 부동산 개발업자 입장에서 많은 이윤을 남기는 방법은 노후화된 주택을 구입하여 새롭게 주택을 건설한 후 비싼 가격에 판매하는 것이다. 즉, 지대 격차에 의해 내부 도시가 충분한 이윤율을 확보하면 내부 도시에는 도심 재활성화(젠트리피케이션)가 발생한다.

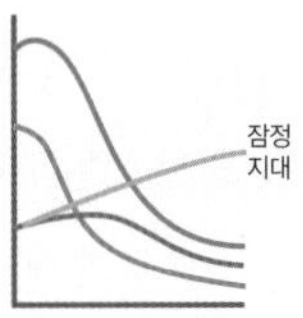

■ 뉴욕의 도심 재개발

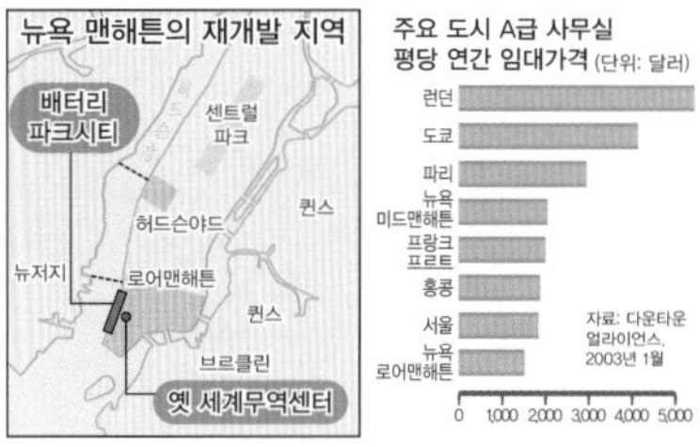

■ 파리의 도심 재개발

파리는 1960~1970년대 전후 복구와 현대적인 도시 기능을 수용하기 위해 순환 고속 도로 건설, 고속지하철을 건설하여 교통망을 조성하였다.

재개발 시작 전 철로가 복잡하게 뒤얽힌 파리 제 13구역

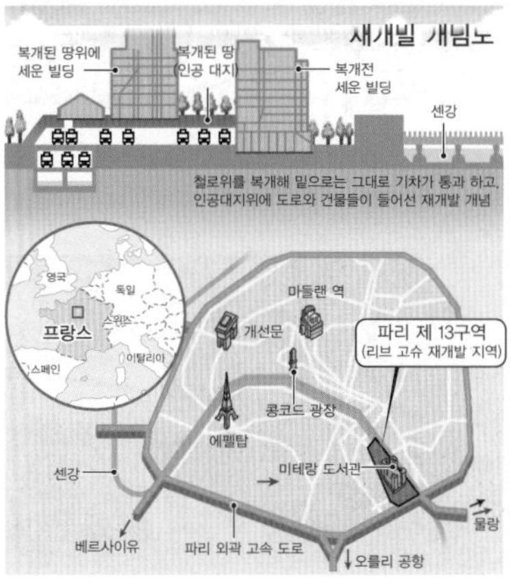

■ 디트로이트의 슬럼가

(4) 슬럼

① 개념: '선 잠'이라는 뜻의 'Slumber'가 어원이며, 눈에 띄지 않는 뒷골목 등 졸고 있는 듯한 장소라는 뜻을 가진 단어로 도시 사회에서 일반적으로 주택 환경이 열악하고 빈민 계층이 많이 거주하는 지역

② 특징

물리적 특징	• 주택 지구 전체가 노후화되고 임시로 건설되어 있음 • 주택이 밀집한 과밀 주거 형태 • 광열, 채광, 통풍 등 주택 조건이 열악하고 비위생적 • 도로, 상하수도, 배수 등 생활 환경이 불량
사회적 특징	• 이혼, 가출, 별거 등 가족 관계의 불안정성 • 주거가 일정하지 않고, 이동성이 높음 • 일용 근로자 및 저임금자와 같이 수입이 불안정한 인구가 많음
관계적 특징	• 익명성, 일시성 등

③ 입지: 페리(C. A. Perry)의 슬럼 입지론

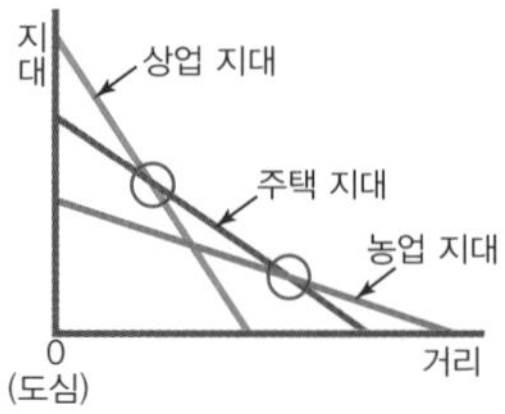

• 도시 슬럼은 도심과의 접근성과 토지의 사회적 효용성의 함수로 설명이 가능

• 슬럼은 토지 이용의 점이적 성격이 강한 지역에 입지

• 중앙 슬럼: 상업 지대와 주택 지대의 교점

• 주변 슬럼: 주택 지대와 농업 지대의 교점

4. 도시와 정치

도시를 경영하는 데에는 정치적인 요인들이 많이 작용한다. 사회학적 이론을 적용하여 도시를 살펴본다면 도시 개발이나 도시 문제에 대한 이해의 폭이 넓어질 것이다.

(1) 도시에 대한 정치적 인식의 변화

① 과거의 도시: 하향식 도시 정치로 중앙 정부의 권한이 강하여 정부의 의지에 따라 도시의 기능, 구조, 체계 등이 결정

② 오늘날의 도시: 상향식 도시 정치로 지방 자치 제도 등 지방 정부로 권한이 이전되면서 도시의 운영이나 지역 단위의 의사 결정이 주민들의 직접 참여에 의해 이루어짐

■ 집합적 소비

주택, 대중교통, 의료, 교육, 사회 서비스, 스포츠, 레저 시설 등 공공적이고 집합적인 방식으로 생산되고, 운영되며 공급되는 서비스의 소비를 말한다. 도시민들의 안락한 생활을 위해 반드시 제공되어야 하는 기본적인 서비스이다.

대중교통

교육 서비스의 대표적 사례인 학교

(2) 도시 정치에 대한 초기 이론: 집합적 소비 수단과 도시 정치(마누엘 카스텔)

① 집합적 소비 수단과 도시 정치

• 도시를 자본주의적 사회 구조의 한 부분으로 설명

• 도시는 집합적 소비의 공급이 공간적으로 집중되어 노동력의 재생산이 일상적으로 이루어지는 곳

② 자본의 이윤 추구 논리에 의해 집합적 소비 수단의 공급이 원활히 이루어지지 않을 때 주택 부족, 교통 시설 낙후, 사회 시설물 부족 등 각종 도시 문제 발생

③ 국가가 집합적 소비 수단 공급의 대표적인 주체로서 참여

• 도시의 문제와 갈등이 국가의 정책과 관련되면서 도시 정치가 등장

(3) 도시 정치에 대한 초기 이론: 자본주의 생산 관계와 도시 정치(하비)

① 자본주의 생산 관계와 도시 정치

• 자본주의 생산의 사회적 관계에서 핵심적인 것은 자본가와 노동자 사이에 형성되는 계급 관계

• 자본과 노동 사이의 의존적인 관계가 '도시 노동 시장'을 통해 공간적으로 표출
• 도시는 노동력의 교환이 이루어지는 노동 시장

② 하비의 용어

경쟁적 관계	• 자본가들이 초과 이윤을 얻기 위해 서로 경쟁 • 새로운 기술, 조직, 입지와 같은 변화를 추구하거나 기존의 기술, 조직, 입지를 보호하는 방식이 서로 모순적인 관계를 형성
구조화된 결합	• 어떤 도시에서 주요 생산 활동과 관련된 특정의 기술적 조합이 그 도시에서 지배적인 사회적 관계, 소비 구조, 노동 과정 등과 서로 조응하여 사회적이고 제도적으로 결합
계급 연합	• 자신들의 경제를 지키기 위해 도시의 영역적 이해와 정체성을 강조하고, 다른 정치적 이슈들을 사상시키는 노력을 함 • 자신들이 의존하고 있는 도시의 '구조화된 결합'의 상황을 지속하기 위해 경쟁, 갈등함

(3) 신 도시 정치의 이론들 성장 연합론과 기업가적 도시

① 배경

• 1980년대 후반 이후 전 세계적인 경제 재구조화와 세계화의 경향이 강화되어 자본을 유치하기 위한 도시 및 지역 간의 경쟁이 심화
• 도시들의 정책 초점이 자본, 기술을 끌어들여 지역 경제 성장을 촉진하는 방향에 맞춰짐
• 성장 지향적 정책들을 원활히 추진하기 위한 정치적 조직화와 정책이 중요하게 등장

② 성장 연합론(하비, 존)

• 토지에 기반을 둔 지역의 기업 및 엘리트 집단이 정치적 연대를 형성하는 것
• 성장 연합을 바탕으로 도시 정치를 지배하면서 도시 정부의 정책이 경제의 성장과 부의 축적에 치중하게 함
• '성장 연합'이 도시 정부에 영향력을 미치면서 도시 정부가 펼치는 정책이 자본가나 부동산 개발업자들의 이해를 대변하는 쪽으로 변할 가능성이 큼
• 도시 공간의 왜곡, 공공 서비스 약화, 복지 정책 쇠퇴, 빈부 격차 심화 등의 도시 문제 야기

③ 후기 포디즘과 기업가적 도시

• 새로운 도시 정치의 개념을 포스트포디즘적 생산 체제와 조절 양식으로의 변화와 관련지어 설명하고자 시도
• 포디즘 시대의 도시와 포스트포디즘 시대의 도시 정부
• 기업가주의: 도시가 마치 기업가처럼 행동하는 경향을 의미하며, 도시의 성장과 개발을 바탕으로 이윤을 창출하고자 하는 도시의 새로운 속성을 의미
• 포디즘 시대의 도시 정부
 – 관리주의 통치 체제
 – 중앙 집권적 복지 국가의 체제하에서 공공 서비스나 집합적 소비 수단을 공급하고 관리하는 일이 도시 정부의 주요 업무
• 포스트포디즘 시대의 도시 정부
 – 1970년대 경제 위기 이후 도시 재정 위기 초래
 – 사회 복지, 공공 서비스 지출을 감축하고 도시 정책에서 관계자의 이해 중시
 – 도시 정부와 민간 자본의 합작을 바탕으로 한 도시 정책 추진
 – 전기, 가스 등 대부분의 공공 서비스 민영화와 도로, 교량, 터널 등 도시 기반 시설의 민간 위탁을 통한 개발
 – 도시 내부의 분배보다는 도시의 성장을 더욱 중시하는 '기업가주의'의 특성 등장

■ 자본가와 노동자

마르크스주의 이론에 따르면 자본주의는 크게 생산 수단을 소유하고 있는 자본가와 소유하고 있지 않은 노동자로 나누어진다. 자본가들은 노동력이라는 상품을 노동자로부터 구입해야만 자신의 생산 수단을 이용하여 잉여 가치를 만들어내고 축적할 수 있다. 반면 노동자들은 생산 수단을 소유하고 있지 않기 때문에 자신의 노동력을 팔지 않고는 생계를 유지할 수 없다.

■ 도시 정치의 초기 이론들

어려운 개념이라고 느껴지지만, 결국 카스텔이나 하비의 이론은 모두 '도시에서 발생하는 다양한 현상들을 정치·경제적 시선'으로 접근한다는 공통점이 있다. 카스텔은 노동력의 재생산을 위한 소비 활동을 중심으로 도시를 이해하고자 했고, 하비는 생산과 소비를 양분하지 않고 계급의 관점에서 도시를 이해하고자 했다는 차이가 있을 뿐이다.

■ 미국의 다양한 성장 연합 사례들

Minnesota TOURISM GROWTH COALITION

미네소타 성장 연합

CSG Coalition for Smarter Growth DC • MD • VA

워싱턴 DC, 메릴랜드, 버지니아 성장 연합

■ 신자유주의와 기업가적 도시

경제학에서 많이 등장하는 신자유주의는 '기업가적 도시'와 관련해서 생각할 수 있다. 신자유주의란 국가 권력의 시장 개입을 비판하고 시장의 기능과 민간의 자유로운 활동을 중시하는 이론이다. 1970년대부터 케인스 이론을 도입한 수정 자본주의의 실패를 지적하고 경제적 자유방임주의를 주장하면서 본격적으로 대두되었다. 신자유주의는 자유 시장과 규제 완화, 재산권을 중시한다. 국가 권력의 시장 개입은 경제의 효율성과 형평성을 오히려 악화시킨다고 보고 국가 경쟁력을 강화하기 위해 자유로운 경제 활동을 지향한다. 결국 도시에서는 포스트포디즘 이후 등장한 기업가 주의는 신자유주의와 맥을 같이한다고 볼 수 있다.

지리 상식 1 사람만 움직이는 거야? 수도도 움직이는 거야!

⁝ 계획도시 캔버라

한 국가의 중앙 정부가 위치하는 수도는 국가의 정치적인 이유나 전략적 안보를 추구하기 위해, 혹은 균형 발전을 이루기 위해 새로운 지역으로 이전되기도 한다. 18세기에 건설된 미국의 워싱턴 D.C와 1920년대 건설된 오스트레일리아의 캔버라는 새롭게 건설된 수도의 대표적인 예다. 이 밖에 캐나다의 오타와, 인도의 뉴델리, 파키스탄의 이슬라마바드와 브라질 내륙 지역 개발을 위해 건설된 브라질리아 등도 수도로 건설된 '신도시'이다.

대학 도시는 세계적으로 유명한 대학이 도시의 상징이 되는 곳으로 영국의 케임브리지와 옥스퍼드, 미국 프린스턴 등이 대표적다. 이외에 친환경 생태 도시는 인간의 거주 환경이 자연환경과 어우러져 공생하도록 노력하는 도시다. 따라서 도시의 토지 이용과 기반 시설을 운영하는 데에 자원 절약적 측면을 강조한다. 프랑스 스트라스부르, 스웨덴 오슬로, 독일 카를스루에 등이 대표적인 친환경 생태 도시이다.

지리 상식 2 세계의 도시는 리모델링 중!!

⁝ 리옹의 전경

프랑스 파리가 21세기형 도심을 만들어 미래를 맞으려 한다면, 리옹은 도시의 과거를 되살려 냄으로써 내일을 다지고 있다. 리옹 거리를 걷노라면 시간의 역류에 휘말린 느낌이 든다. 중세와 르네상스 때의 건물과 골목이 보존, 복원돼 있기 때문이다. 2,000년 전 카이사르가 갈리아(현재의 프랑스 지역) 총독 시절에 머물던 곳, 프랑크 왕국의 역사가 서려 있고 프랑수아 라블레 등 르네상스의 인문주의자들이 활동하던 곳이 리옹이다. 로마 유적을 비롯해 로마네스크, 고딕, 르네상스 등 여러 양식의 건축물이 섞여 있다.

로마 인들이 푸르비에르 언덕에 지은 원형 극장은 아직도 사용된다. 19세기에 설치된 케이블카가 언덕과 평지를 오간다. 재개발이란 부수고 새로 짓는 것만이 아니다. 국립과학대학 모니크 지머만(도시공학과) 교수는 "역사 환경의 적극적 보존과 복원도 훌륭한 재개발 방식"이라면서, 리옹의 역사가 경제적 가치까지 지니게 된 것은 "시민과 프랑스 문화계 인사들이 엄청나게 노력한 결과"라고 말했다. 대표적 예는 주차장으로 쓰이던 광장과 강변을 중세 때 모습으로 복원해 시민들에게 돌려준 것이다. 주차장은 광장 지하로 들어갔다.

'빛의 도시'에 걸맞게 광장과 거리의 조명에도 공을 들였다. 빛의 도시는 파리를 수식하는 말로 유명하지만 리옹의 별명이기도 하다. 중세에 페스트가 유럽을 휩쓸 때 사람들이 언덕 위 푸르비에르 성당에 모여 촛불을 켜고 밤낮없이 기도를 드리자 페스트가 리옹을 스쳐 지나갔다는 데서 유래한다. 그래서 매년 12월 8일이면 온 시가지에 일제히 촛불과 조명을 밝힌다. 이처럼 노력한 결과, 관광객 수가 2000년 이후 해마다 30%씩 늘었다. 1998년 유네스코는 구도심 전체를 세계 문화재로 지정했다.

리옹은 실크로드의 유럽 쪽 기지 중 하나여서 견직 공업과 의료, 화학 공업 등이 번성했으나 20세기에 이들 산업이 기울자 도시 또한 침체되었다. 주거지가 교외로 확대되는 바람에 구도심의 퇴락은 더욱 심했다. 1960년대에 전면 철거와 재개발 이야기가 나왔다. 그러자 문화부 장관이던 앙드레 말로를 중심으로 리옹 구도심 보존 운동이 벌어졌다. 건축가, 미술가들은 철거 위기에 놓인 옛 건물을 사들여 직접 살기 시작했다. 이 추세가 30년 동안 지속되어 이제는 구도심 전체가 전통 도시의 모습을 지니게 됐다. 정부는 개수, 보수에 세제 혜택을 주고 비용 지원도 한다. 리옹의 구도심은 역사와 현재가 서로 응시하는 삶의 터다.

중앙일보, 2003.12.05, '세계도시는 리모델링 중'

지리 상식 3 슬럼, 지구를 뒤덮다! 신자유주의 이후 세계 도시의 빈곤화

⁝ 마이크 데이비스의 『슬럼, 지구를 뒤덮다』(2007)

슬럼은 누가 만드는 것일까? 왜 도시 빈민들은 슬럼에 모여서 거주해야만 할까? 또, 슬럼은 어떻게 만들어지는 것일까?

마이크 데이비스의 『슬럼, 지구를 뒤덮다』는 도시의 슬럼화를 환경, 건축공학적 문제로 끌어가기보다 우리 시대의 경제, 정치, 사회적 문제로 풀어본다. 도시가 슬럼화되면서 중산층의 요새와 이원화되고 슬럼은 점점 열악해진다. 이로 인해 비정규직과 임시직 노동자들이 양산되고 결국 이들은 지하 경제로 흘러들어가 그들만의 생활 공간을 만들고 살아가게 된다.

IMF, 세계은행 등을 비롯한 국제 금융 자본은 제3세계 국가에 대한 융자 조건으로 민영화, 무역 규제 철폐, 식량 보조금 중단, 공공 서비스 축소 등을 내세웠다. 그 결과 도시 중산층의 상당수가 빈민으로 전락했고 농민들 역시 삶의 터전을 잃고 도시로 내몰렸다.

제3세계 국가의 정치가는 도시 빈민을 위한 적절한 인프라를 갖춘 주택을 제공하는 정책을 펴지 않고, 오히려 주택 보조금을 횡령하는 등 부정부패를 일삼았다. 2010년 월드컵이 열렸던 남아프리카공화국의 더반 슬럼가

도 도시 미관을 해친다는 이유로 대거 철거되고 빈민들이 추방되는 비극을 맞았다. 필리핀 정부나 개발업자들은 슬럼을 없애기 위해 '뜨거운 철거법'이라는 것을 사용하는데, 들쥐나 고양이를 등유에 적신 후 꼬리에 불을 붙여 슬럼에 놓아준다. 이렇게 발생한 화재는 슬럼가에 큰 피해를 입히는데, 슬럼가의 집은 주로 나무로 짓는 데다 벽과 처마를 맞대어 짓기에 불이 쉽게 번져 슬럼이 잿더미가 되어 버린다.

그들은 최소한의 생존 공간을 지키기 위해 투쟁 운동을 하기도 하는데, 그 중 하나가 '스쾃'이다. 스쾃이란 사람들의 생존권이 재산권보다 우선한다고 주장하며, 부재지주의 집을 점유하는 투쟁 운동이다.

지리 상식 4 도시에 빗장을 걸어 잠그다? 빗장 도시!

⁝ 타워팰리스

'부자 아파트' 하면 떠오르는 우리나라의 아파트는 어디가 있을까? 단연 강남 도곡동의 타워팰리스를 꼽을 수 있을 것이다. 타워팰리스는 1999년에 착공하여 2002년에 완공되었다. 주상복합 아파트로서 세대 규모는 33평부터 102평까지 다양하다. 각 아파트 동의 중간층에는 연회장, 게스트 룸, 체육 시설, 옥외 정원이 있고 이외에 독서실, 취미실, 유아 놀이방 등이 꾸며져 있다. 또 수영장, 골프 연습장, 샤워장 등 주민 전용 시설이 모두 갖추어져 있어 단연 한국 최고의 초호화 거주 공간이라 해도 과언이 아니다. 경제력을 갖춘 사람들이 쾌적한 거주 환경에서 살아가는 것이 정말 당연한 일일까? 그렇다면, 경제력이 없는 사람들은 열악한 거주 환경에서 살아가는 것이 당연한 일인가?

도시 생활은 척박하다. 특히, 빈부 차이가 점점 커지고 있는 현대 사회에서는 다양한 계층이 지니는 계층 간 스트레스가 한층 증가할 수밖에 없다. '빗장 도시(빗장 동네)'란 거주자 외에 외부 사람들의 출입을 엄격히 제한하는 사유화된 지역으로 정의할 수 있다. 강남의 타워팰리스는 대표적인 한국의 '빗장 도시'이다. 부유층을 위해 차별화한 주거 시설인 만큼 일반인의 출입을 엄격히 제한한다. 이곳의 서비스를 이용하기 위해서는 입주민이거나 입주민과 함께 가야 한다. 이렇게 잘사는 사람들이 모여 사는 타워팰리스의 건너편에는 무허가 판자촌인 구룡마을이 있다. 이곳은 1970년대 후반부터 갈 곳 없는 사람들이 하나둘 모여 움막을 짓고 살아가던 곳이다. 1988년 올림픽 개최를 앞두고 도시 미관을 해친다는 이유로 서울 시내 판자촌을 철거하자 이곳에 모였다. 화장실도 없어 재래식 공용 화장실을 사용하고 수도나 가스 등 기초 생활 시설도 매우 낙후된 실정이다. 어떻게 하면 공생할 수 있을까? 도시 내 빈부 격차에 대한 고민이 필요한 시점이다.

⁝ 구룡마을

지리 상식 5 랜드마크, 도시를 점령하다!

랜드마크 또는 경계표, 마루지는 원래 탐험가나 여행자들이 특정 지역을 돌아다니던 중에 원래 있던 장소로 돌아올 수 있도록 표식을 해 둔 것을 가리키는 말이었다. 그러나 오늘날에는 그 의미가 확장되어 건물이나 상징물, 조형물 등 어떤 곳을 상징적으로 대표하는 것을 랜드마크라고 부르게 되었다. 세계의 랜드마크에 대해서 간단하게 알아보자.

엔 서울 타워

브란덴부르크 문

파르테논 신전

타지마할

피라미드

예수상

시드니 오페라 하우스

앙코르 와트

사그라다 파밀리아 성당

에펠 탑

[선택형]

• 2009 임용

1. 도심으로부터 거리에 따른 토지 용도별 지대 변화를 나타낸 그래프이다. A~F 중 슬럼화 가능성이 높은 곳을 모두 고른 것은?

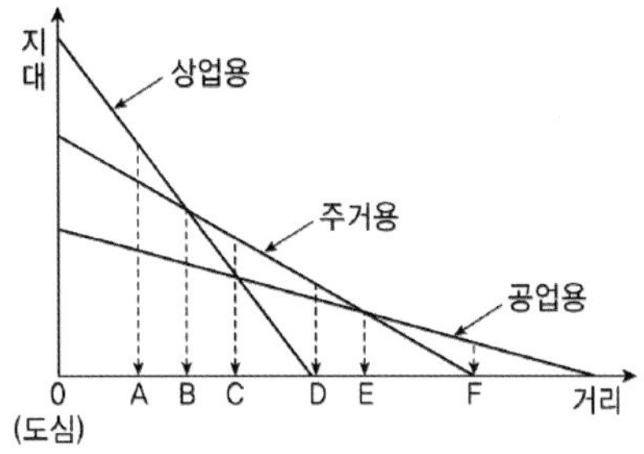

① A, F ② B, E ③ C, E
④ B, C, D ⑤ D, E, F

• 2007 수능

2. 다음은 (가), (나) 대도시의 통근·통학 관련 자료이다. 이에 대한 추론으로 적절한 것을 〈보기〉에서 모두 고른 것은?

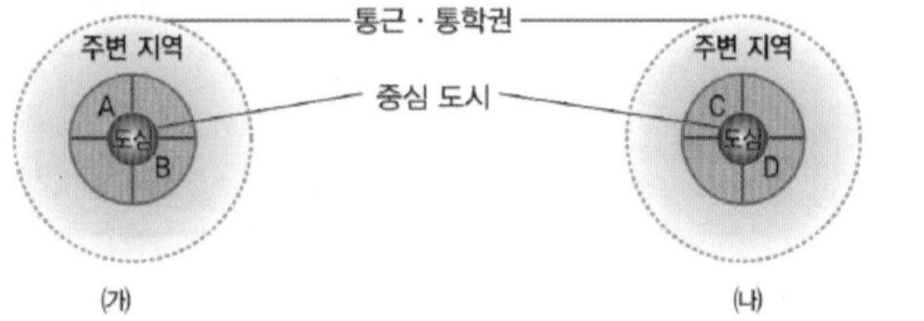

(단위: 천 명)

	상주인구	주간 인구		상주인구	주간 인구
중심 도시	2,500	3,000	중심 도시	2,000	1,800
도심	400	1500	도심	200	600
도심 외곽(A)	400	1000	도심 외곽(C)	300	500
도심 외곽(B)	600	400	도심 외곽(D)	500	300

보기

ㄱ. (가)는 (나)보다 중심 업무 기능이 발달한 도시일 것이다.
ㄴ. (가)의 A는 (나)의 D보다 부심 기능이 발달해 있을 것이다.
ㄷ. (나)의 C는 (가)의 B에 비해 주거지로서의 특성이 강할 것이다.
ㄹ. (나) 중심 도시의 주변 지역과의 통근·통학자 수는 유출보다 유입이 많을 것이다.

① ㄱ, ㄴ ② ㄱ, ㄷ ③ ㄴ, ㄷ ④ ㄴ, ㄹ ⑤ ㄷ, ㄹ

• 2010 임용

3. 그림은 도시에서의 주거 이동을 나타낸 것이다. 이에 대한 설명으로 옳은 것은?

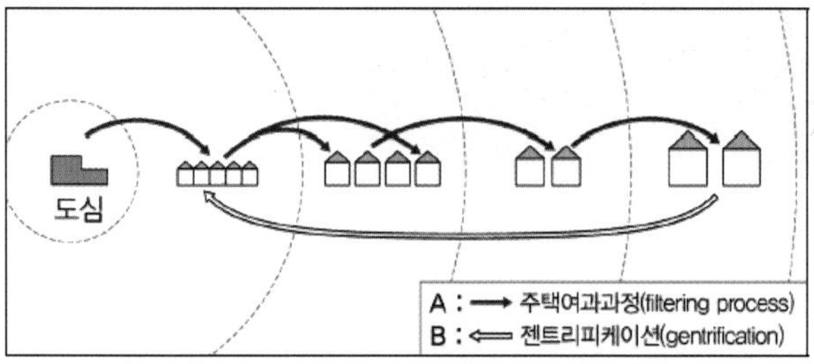

① A는 도심에서 시작된 이주가 외곽으로의 연쇄적 이주를 발생시키는 것이다.
② A는 제조업이 감소함에 따라 저소득층이 증가하기 때문에 나타난다.
③ B는 외곽의 저소득층이 도심 인근의 저렴한 주택으로 이주하는 것이다.
④ B는 도심 인근의 잠재적 지대 가치를 회복하려는 시장 메커니즘으로 설명할 수 있다.
⑤ 도시 발전 단계에서 B가 A를 유발하는 역할을 한다.

• 2014 수능

4. (가) 지역과 비교한 (나) 지역 도시 재개발의 상대적 특성을 그림의 A~E에서 고른 것은?

(가) 하늘 아래 첫 동네로 불리던 서울 관악구 ○○의 달동네 모습이 사라졌다. 과거 도시 철거민들이 밀집하여 거주했던 이곳은 대규모 아파트 단지가 건설되면서 새로운 모습의 거주 지역으로 변모하였다.
(나) 부산의 피란민 역사를 간직한 사하구 □□ 마을이 탈바꿈하고 있다. 빈집들 중 일부가 갤러리와 카페 공간으로 개조되고, 골목길 곳곳에 주민과 대학생들이 만든 조형물이 설치되어 문화 예술 체험 공간으로 재정비되었다.

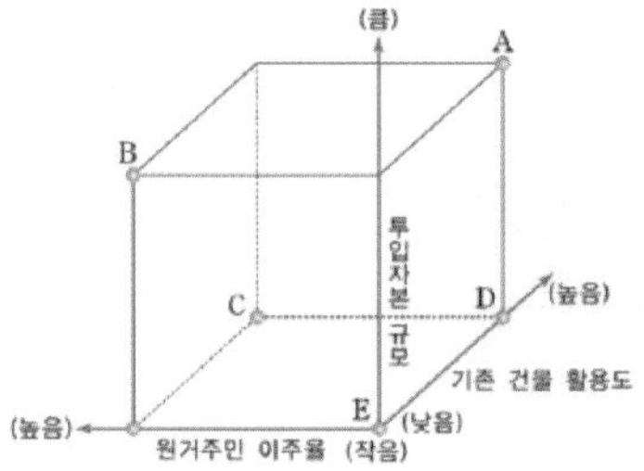

① A
② B
③ C
④ D
⑤ E

[서술형]
• 2012 임용

1. 다음 A는 도시의 성장과 개발을 바탕으로 이윤을 창출하고자 하는 도시의 새로운 성장을 나타내는 단어이다. A에 알맞은 단어를 쓰시오.

> 전 세계적인 경제 재구조화와 세계화의 경향 속에서 자본의 이동성이 증가하고 지역 경제의 재편이 이루어지면서 도시 정책의 초점이 지역 경제의 성장을 촉진하는 데 맞추어졌다. 이러한 성장 지향적 정책을 원활히 추진하기 위한 정치적 조직화와 정치 체제가 중요해졌다.
> 한편 포디즘적 조절 양식으로부터 포스트포디즘적 조절 양식으로의 이행은 (A)의 등장에 중요한 배경이 된다. 포디즘 시대에 도시 정부의 통치 체제는 관리주의라고 특징지을 수 있으며, 도시 정부는 복지 국가 체제하에서 공공 서비스나 집합적 소비 수단을 공급하고 관리하는 일을 중시하였다. 하지만 포스트포디즘 시대에 도시 정부의 통치 체제는 (A)라고 특징지을 수 있으며, 분권화의 경향 속에서 도시나 지역이 축적과 조절에서 중요한 단위가 되면서 부의 분배보다는 도시의 성장을 더 중시하였다.

2. 다음은 다양한 도시 구조 이론의 모식도이다. 각각의 도시 구조 모형의 이름과 특징을 정리하시오.

(가) 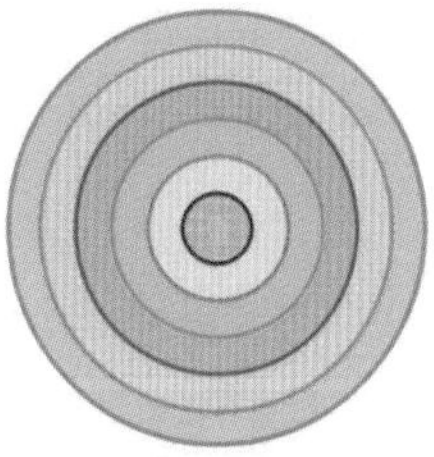	
(나) 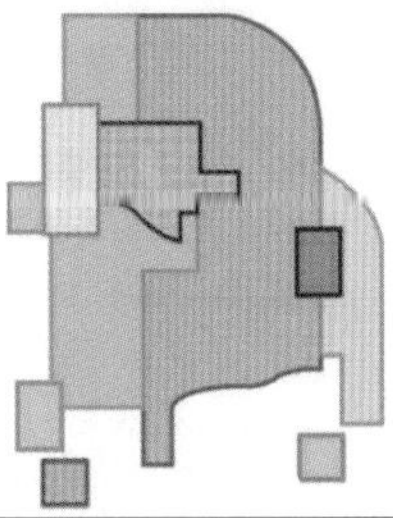	
(다) 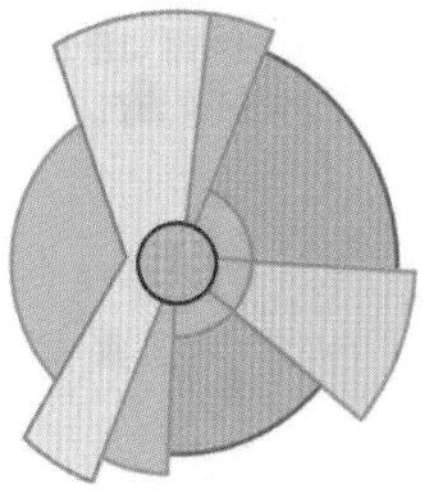	

3. 머디는 위와 같은 기존의 도시 구조 모형을 통합하여 도시 사회 공간 구조를 모식화하였다. 각각의 형태가 어떤 지위(상황)에 따라 나타나는지 연결하시오.

경제적 요인 •   • 

가족적 요인 •   • 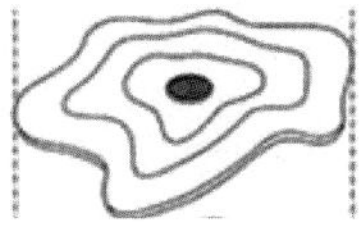

인종적 요인 •   • 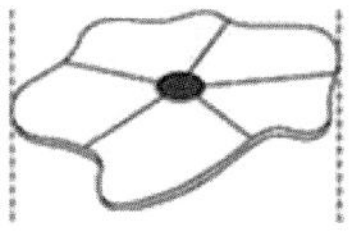

4. 다음은 도시 기능에 대한 설명이다. 빈칸에 들어갈 적당한 단어를 쓰시오.

> 일반적으로 도시의 성장에 따라 초기에는 도시 주민의 필요를 충족시키기 위해 재화 및 서비스를 자체적으로 소비하는 경제 활동인 (㉠)의 비중이 강하게 나타나지만 인구가 증가하고 소비가 증가하면서 도시에서 생산한 재화와 서비스를 외부 지역으로 제공하는 (㉡)의 비중이 상대적으로 많아진다.

핵심 출제 포인트

- ▶ 도시 체계의 변화
- ▶ 대도시의 성장
- ▶ 대도시권의 형성
- ▶ 대도시권의 발달과 변화
- ▶ 지역 개발의 방식
- ▶ 지역 개발과 균형 발전

1. 도시 체계

(1) **도시 규모** 한 국가의 모든 도시에 대해 인구수로 본 도시 순위와 인구 규모와의 관계

(2) **도시 순위 규모 법칙** 어느 지역 혹은 국가에서 도시의 인구 순위와 규모가 반비례적 관계를 유지하면서 일련의 규칙성을 나타내는 것

① 순위 규모 분포의 변천 모델(Malecki): 한 국가의 도시 체계 발전 양상을 상수 q값의 시간적 변화 추이를 통해 분석(동태적 파악)

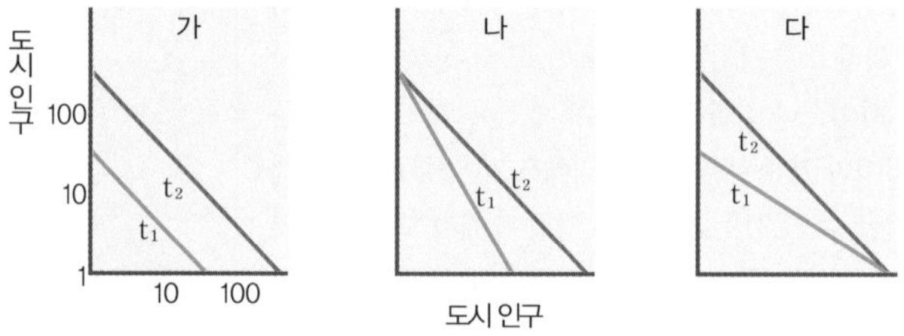

도시 체계의 변화
- (가) t_1에서 t_2로 시간 경과 동안 모든 등위의 도시가 전반적으로 성장
- (나) 하위군의 도시가 상대적으로 성장(기울기 완화)
- (다) 상위 계층의 도시가 상대적으로 성장한 형태로 종주 도시 체계를 반영하며, 우리나라의 도시도 이 유형에 속함(기울기 증가)

② 베리(Berry)의 도시 순위 규모 분포

초기 단계	저개발 상태, 지역 간 발전 격차 작음
중간 단계	지역 격차 심화, 이중 구조적, 종주화 급진전
성숙 단계	경제 발전 전국 확산, 지역 격차 해소, 이상적 도시 체계

(3) **종주 도시 체계** 수위 도시 또는 몇 개의 대도시에 인구가 과다하게 집중하는 도시 체계

① 전국적인 도시화가 진행되지 않은 나라에서는 제2위 이하의 도시에 비해서 제1위 도시의 인구 규모가 탁월하게 나타남

② 대체적으로 가속 성장을 거듭하는 개발 도상국에서 종주 도시 분포가 나타남

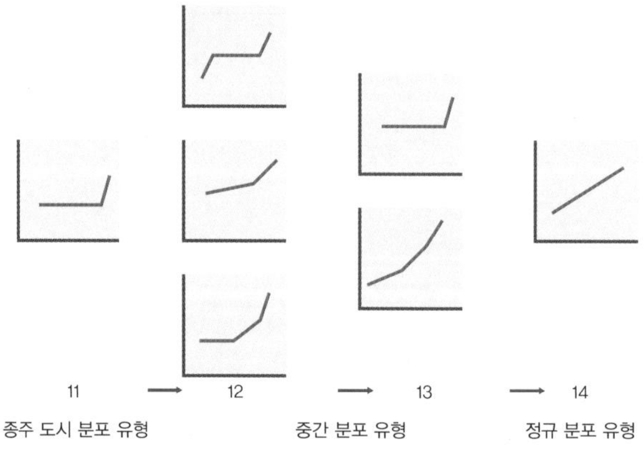

경제 발전 단계에 따른 도시 규모 분포 패턴의 변천

③ 수위 도시: 수위 도시는 지역이나 국가의 문화 및 특성을 잘 나타냄

④ 종주 도시: 수위 도시 인구 규모가 제2의 도시보다 2배 이상 될 때의 수위 도시

$$종주\ 도시 = \frac{제1위\ 도시의\ 인구\ 규모}{제2위\ 도시의\ 인구\ 규모}$$

■ **도시 순위 규모 법칙**

X축에는 도시의 인구 규모에 따른 순위를 기록하고, Y축에는 각 도시의 인구 규모를 나타내면 정형화된 일련의 규칙적 형태가 표현된다. 일반적으로 어떤 지역의 도시들이 인구 규모에 따라 순위 분포가 잘 나타나고 있다면, 인구 규모 두 번째 도시의 인구수는 수위 도시 인구수의 1/2 규모가 되고, 세 번째 도시의 인구수는 수위 도시 인구수의 1/3 규모가 되며, 마찬가지로 그 이하의 도시에 대해서도 동일한 비율의 인구수를 갖게 된다.

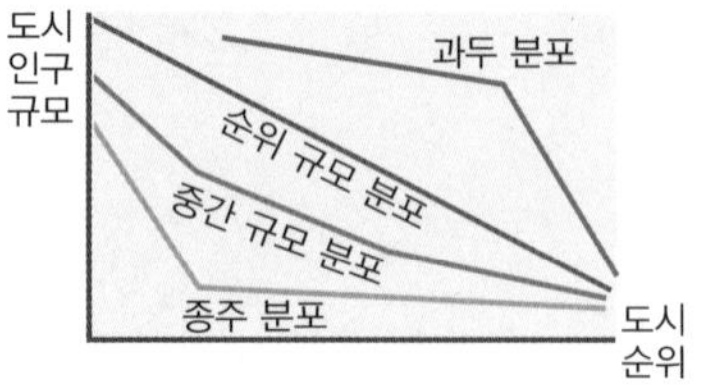

■ **순위 규모 분포 패턴**

인구 순위에 맞게 도시 순위가 대수 분포를 보이는 것을 말한다.

① 미국, 일본 등 선진 공업국 중에서 도시화가 고도로 진행된 국가
② 사회·경제 구조가 복잡한 국가
③ 외국에 경제적 의존도가 적은 국가
④ 연방제를 채용하는 국가
⑤ 도시 간의 상호 의존 관계가 한 도시에 집중되지 않고 여러 도시에 분산되어 있는 국가

■ **종주 분포 패턴**

① 국토의 면적이 협소하고 인구가 적은 국가
② 외국에 대한 경제적 의존도가 높은 국가
③ 국가 경제에 대한 정부의 개입이 강한 중앙 집권 국가
④ 도시 간 상호 의존 정도가 특정 도시에 집중되어 있는 국가
⑤ 구식민지나 개발 도상국

■ **종주 도시에 대한 부정적 평가**

① 국가 자원의 효율적 이용을 저해한다.
② 외국과의 교역을 촉진하지만 국내 유통을 감소시켜 경제 발전의 장애가 된다.
③ 생활 수준의 지역적 불평등을 초래한다.
④ 농촌 지역을 쇠퇴시킨다.

■ **종주 도시에 대한 긍정적 평가**

① 수도에 대한 집중적인 투자는 장기적으로 볼 때 효율성이 크고 국가 전체 규모나 집적의 경제 효과를 창출할 수 있다.
② 자본이나 인재의 집적과 지식의 전문화를 가져오고 교통망을 확대시켜 기술 혁신을 파급시키는 원동력이 된다.

2. 도시권의 확대

(1) 도시권 확대

① 도시가 팽창되면서 종래의 도시 경계를 뛰어넘어 도시 주변의 넓은 범위에 도시의 제 기능과 활동이 전개되는 것

② 중심 도시와 중심 도시 주변 지역의 넓은 범위에 도시의 기능과 활동이 전개되는 공간 영역

(2) 대도시권 형성 원인

① 교통 발달로 제조업 유통 시설이 도시 외곽으로 이전함에 따라 위성 도시와 신도시가 발달하면서 대도시권 형성(근교 농촌 형성)

② 거주지 확장, 연담 도시화 현상으로 연결

(3) 대도시 팽창

① 스프롤(Sprawl) 현상: 도시가 팽창되어 마치 살수차가 물을 뿌리듯 도시 주변 지역에 도시의 기능이 퍼져나가는 것

② 대도시 팽창 유형

외연적 팽창	비지적 팽창	방사형 팽창
중심 도시가 확대되면서 중심 도시의 기능과 활동이 주변 지역으로 확산	중심 도시의 시 경계 주변의 개발 제한 구역 등을 뛰어 넘어 확산	중심 도시에 연계된 교통로를 따라서 중심 도시의 기능과 활동 확산
단순한 도시 지역 공간 확대	개발 제한 구역을 설정한 경우	교통 축이 있는 경우

(4) 대도시 주변 지역의 공간 구조

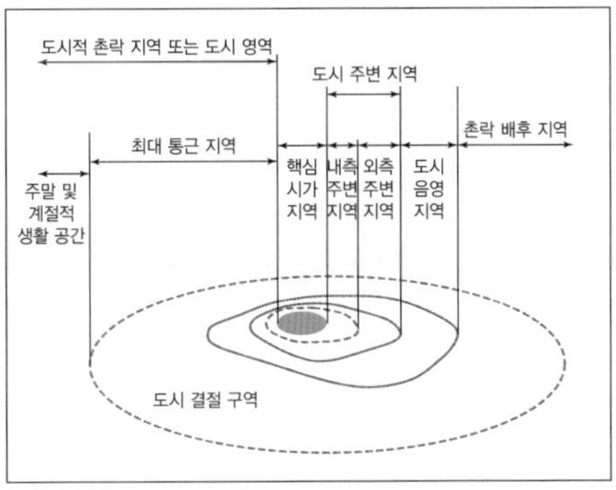

① 핵심 시가 지역

② 도시 주변 지역은 내측 주변 지역과 외측 주변 지역으로 구분

- 내측 주변 지역: 도시 지향적 제 기능과 고시용 도로의 토지 전용이 명백하게 전개되는 지역
- 외측 주변 지역: 경관상 농촌적 토지 이용 양상이 나타나지만 도시 지향적 현상이 확인되는 지역

③ 도시 음영 지역은 도시 기반 하부 구조 시설 미비, 토지 소유 관계, 비농가 가구 및 주민의 통행 유형이 중심 도시와 밀접하게 연관

④ 촌락 배후 지역: 중심 도시의 최대 통근 지역

⑤ 주만 및 계절적 생활 공간

(5) 대도시권 내의 도시들

위성 도시	• 인구의 대도시 집중을 막기 위하여 계획적으로 건설된 소도시 또는 대도시 주변에 분포하는 근교 도시	• 교통상 중심 도시와 결합하여 주택지나 공업 지구로서의 기능 등을 분담하고 중심 도시로부터 행정, 교육, 문화, 경제상으로 혜택을 받음 • 위성 도시는 계획적으로 조성되기도 하지만, 대도시의 근교 도시가 교통의 발달에 따라 위성 도시화하는 경우가 많음 • 예: 과천, 안양, 성남, 부천, 광명, 구리, 용인 등이 서울의 위성 도시로 발달
신도시	• 특정 목적에 맞도록 인위적으로 새로이 건설한 도시	
전원 도시	• 건강한 생활과 건전한 산업 활동이 행해지며 너무 크거나 작지 않은 규모의 전원 지대	• 쾌적한 환경 중시 • 삶의 질 추구 • 교통 발전

■ 대도시 의미

그리스 어로 모(母)를 의미하는 'metro'와 도시를 의미하는 'polis'에서 유래한 대도시라는 뜻의 Metropolis는 100만 이상의 인구 규모와 위성 도시를 포함하여 모도시로써의 기능을 수행한다.

■ 도시 권역 모델

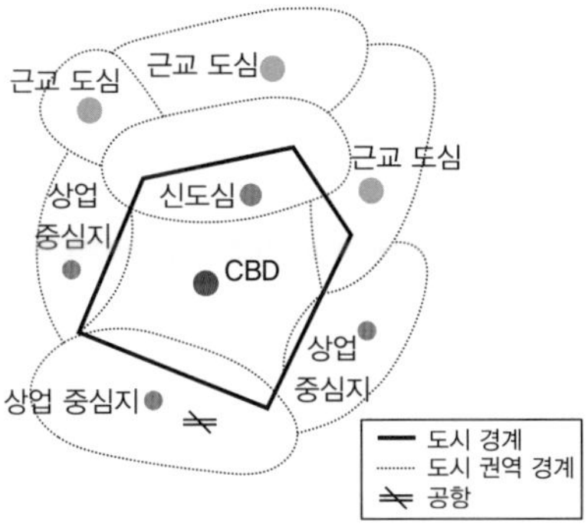

■ 신도시

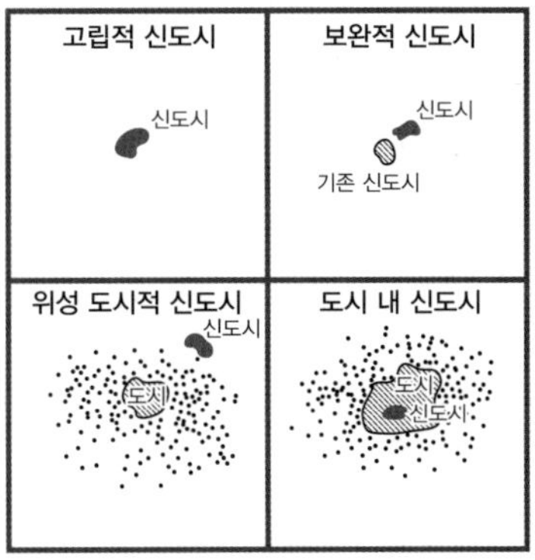

■ 메갈로폴리스

자동차 교통의 발달로 도시의 생활권이 확대되어 여러 개의 도시가 하나로 연결된 것을 말한다.

미국 북동부의 메갈로폴리스

■ 고트만의 메갈로폴리스 연구

① 도시화의 역동성: 인구, 공업, 소비 활동의 이집화로서 교외화 현상이 나타나고 중심 도시에서는 집약적 토지 이용이 나타난다.
② 토지 이용 혁명: 도시와 농촌이 공존·공생하는 토지 이용 구조이다.
③ 강화된 경제 활동: 접근성 강화로 대규모 소비 시장의 역할이 강화되기 때문에 공업이 성장한다.
④ 근린 관계: 근린 공동체 의식을 소유한다.

■ 전원도시

전원도시는 도시, 농촌, 도시-농촌 혼재 지역을 3개의 말발굽 자석에 비유하여 그 이해 득실을 비교한 후 도시와 농촌의 이점을 취하자는 구상이다. 전원도시의 시가지 패턴은 방사 환상형으로 중심 지대에는 광장, 시청, 박물관 등의 공공시설이, 중간 지대에는 주택, 교회, 학교 등이, 외곽 지대에는 공장, 창고, 철도 등이, 최외곽 지대에는 대농장, 임대 농원, 목초지 등의 농업 지대가 입지하도록 설계되었다. 전원도시는 신도시(new town)나 위성 도시의 모태가 된다.

■ 교외화의 형성 배경

① 교통의 발달과 기동성의 증대
② 중심 도시의 주택률과 주택 공급의 한계
③ 산업, 상업 시설의 교외화로 인해 교외 지역 취업 기회 확대
④ 가계 소득의 향상으로 인한 주택 소유 희망 인구 증대
⑤ 주거 환경에 대한 공간 인식의 변화
⑥ 정부의 인구 분산 정책

3. 대도시권의 발달

(1) 거대 도시권의 형성

① 연담 도시와 메갈로폴리스

연담 도시	메갈로폴리스(고트만)
• 두 개 이상의 도시가 차차로 확대하여 연담화되었을때, 이 연담화된 시가지역을 연담도시라 함. • 단순한 도시의 집합이 아니고 중핵 도시와 밀접한 일상적, 경제적, 사회적 관계를 맺고 있는 범위의 지역	• 그리스 어의 '큰'과 '도시'라는 말로부터 연유된 용어로서 미국의 북동부 해안 지역에 형성된 도시 유형을 설명함
• 영국의 런던, 멘체스터, 버밍햄, 웨스트 요크셔, 글래스고우 등 • 우리나라 서울, 부천, 인천의 경인축	• 미국 뉴햄프셔 주의 보스턴 북부로부터 버지니아 주의 노퍽에 이르기까지 960km에 걸쳐 전개되고 있는 연담도시형의 대규모 기성 시가지화 지역

(2) 교외화

① 교외화: 중심 도시의 기능이 주변 지역에 원심적으로 확대되는 현상과 과정
② 주변 지역과 교외 지역 간의 관계

교외 지역	중심 도시의 일부 기능을 담당하는 기능 지역의 개념
주변 지역	위치상 중심 도시와 인접한 모든 지역을 의미하는 위치적인 개념

③ 교외화의 종류

	거주 교외화	고용 교외화
형태	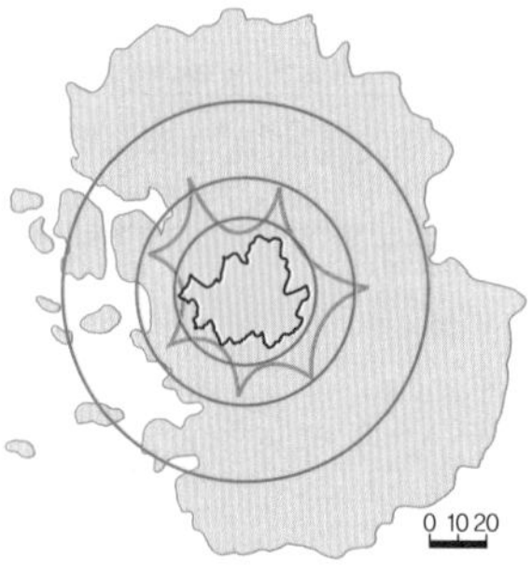	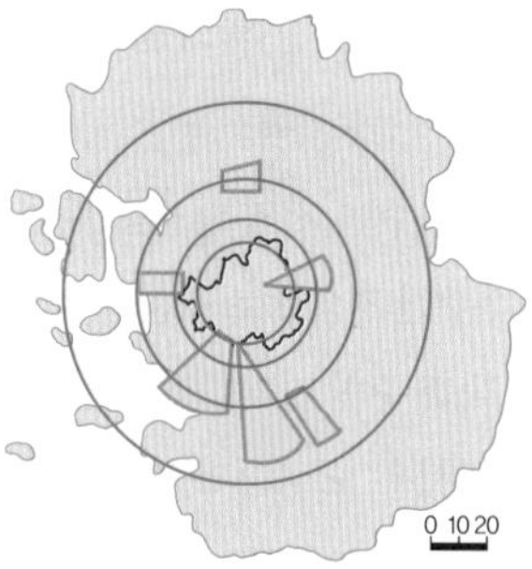
정의	• 교통로 따라 분산된 거주 지역	• 교통로 따라 분산된 고용 시설
원인	• 교통 발달 • 주거 환경 인식 향상 • 고용 교외화 • 정부의 분산 정책	• 기업 내부: 직접 불이익 해소와 노동의 공간적 분업 • 기업 외부: 정부의 분산 정책(유인책)

④ 교외화의 영향

측면	영향
인구 및 주택	• 도시의 이심화 현상 • 현대적 유형의 주택 건설 • 인구 증가 • 지가 상승
통행 행태	• 통근, 통학권, 상권 확대
농업 기능 및 토지 용도 변화	• 농업적 토지 이용은 도시적 토지 이용으로 변화 • 농작물의 상품화 현상 • 경지 면적 감소 • 겸업 농가와 비농가 증가
도시적 산업 구조(고용) 측면	• 공장 및 사무소 교외 이전에 따른 산업 이심화

4. 지역 개발

(1) 지역 개발의 정의

① 지역 개발의 의미: 지역의 잠재력을 최대한 개발하여 지역 주민의 삶의 질을 향상시키는 공공사업

② 지역 개발의 목표: 지역 간의 격차 해소, 자원의 효율적 이용, 균형 있는 국토 발전을 통한 복지 사회 건설

③ 지역 개발의 방향: 효율성과 형평성, 국가 통합성, 환경 보전 등

④ 지역 개발 방법

	성장 거점 개발	균형 개발
목표	• 성장 효과의 파급 효과	• 지역 간 균형 발전(형평성), 주민 복지 증대
방식	• 중앙 정부에 의한 하향식 개발	• 주민 참여를 바탕으로 상향식 개발
특징	• 개발 도상국이 주로 채택 • 짧은 기간, 큰 투자의 성과 • 성장의 파급 효과로 주변 지역의 성장 유도	• 선진국에서 주로 실시 • 지역 간 고른 발전 추구 • 복지 지향적: 주민의 기본 수요 중시
공간적 범위 및 통합 체계	• 국가 전체 또는 국제적 수준 • 공간 기능적 통합	• 선택적 하위 단위의 공간 수준 • 정주 공간적 부활
단점	• 역류 효과가 클 때 지역 격차 심화 • 주민의 의견 수렴이 어려움	• 효율적 자원 투자의 어려움 • 지역 이기주의
	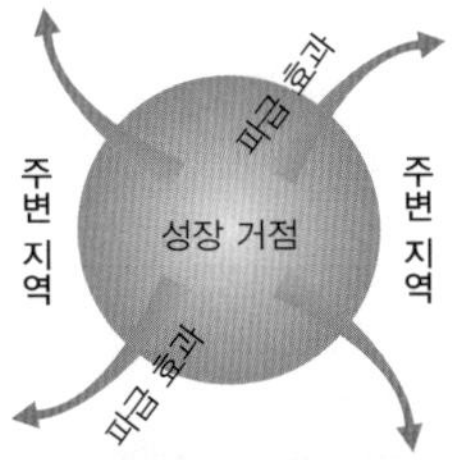	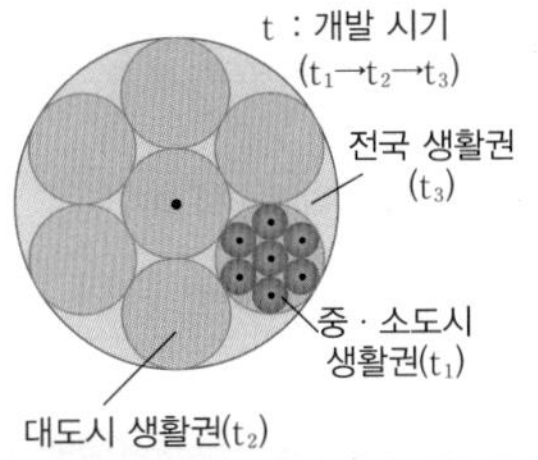

(2) 우리나라 국토 개발

시기	제1차 국토 종합 개발 계획(1970년대)	제2차 국토 종합 개발 계획(1980년대)	제3차 국토 종합 개발 계획(1990년대)	제4차 국토 종합 계획(2000~2020년)
배경	• 국력의 신장 • 공업화 추진	• 수도권 및 대도시 인구 집중 • 국민 생활 환경 개선 필요	• 기반 시설 확충 필요 • 공간적 불균형 심화	• 첨단 과학 및 지식 정보화 • 세계화와 지방화
개발 전략 및 정책	• 경제 성장을 위한 공업의 가속화 • 사회 간접 자본 확충 • 대도시로의 인구 집중 억제	• 성장 가능성의 분산(광역 개발) • 인구의 분산 유도 • 주택, 의료 등 사회 환경 개선	• 지방 육성과 수도권 집중 억제 • 신산업 지대 조성 • 통합적 고속 교류망 구축 • 남북 교류 지역 개발 및 관리	• 개방형 통합 국토 축 형성 • 지역 경쟁력 고도화 • 쾌적한 국토 환경 조성 등
개발 방식	• 거점 개발	• 광역 개발	• 균형 개발	• 균형 개발
문제점	• 경부축을 중심으로 인구와 산업 집중	• 국토 개발의 불균형 및 환경 문제 심화	• 개발 지향적 사고로 난개발 방치	

(3) 지역 격차와 국토의 균형 발전

① 경제 활동에 필요한 생산 요소가 공간적으로 불균등하게 분포

② 성장 거점 개발 도입: 성장과 효율을 중시한 중앙 집권적 지역 개발 정책의 산물

■ 개발 도상국의 성장 거점 개발 채택

① 낙후 지역의 개발을 위해 한정된 자원을 가장 효율적으로 이용

② 성장력의 공간적 파급 효과로 주변 지역을 함께 개발

③ 선진국의 경제성장이 도시화, 공업화 결과라는 경험적 사실

■ 국토 계획 수립 이전의 국토 개발

국토 계획이 수립되기 이전 한국 국토 개발의 주목적은 일본 식민지하에서 왜곡되게 형성된 국토 공간을 바로 잡고, 한국 동란으로 황폐화된 국토를 재건하는 것이었다. 1950년대는 해방과 한국 전쟁으로 국토가 피폐화되었고, 도시화로 인한 지역 불균형이 시작된 시기였다. 이 시기는 국토 개발의 준비 단계로, 과학적이고 체계적인 개발보다는 주택, 도로, 교량 건설 등 전쟁 복구 사업과 일부 내수 산업 부흥에 주력하였다.

■ 혁신 도시 건설 계획

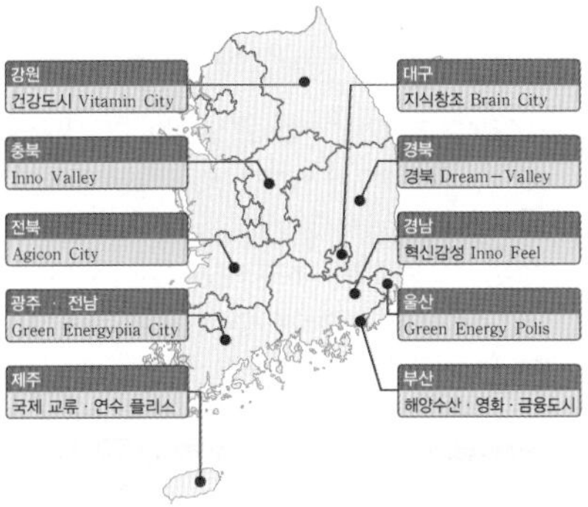

• 건설 개요: 전국 10개 시·도에 지역 혁신 거점 형성
• 추진 일정
– 2007~2012년 혁신 도시 건설 및 기관 이전
– 2013~2020년 산학연 정착
– 2021~2030년 혁신 확산

■ 기업 도시

■ 세계의 메갈로폴리스

국가	지역 범위
미국	보스턴-뉴욕-워싱턴 DC
영국	남동부의 런던 대도시권 일대
독일	쾰른-뒤셀도르프-도르트문트-라인-루르 메가리전
네덜란드	암스테르담-로테르담-헤이그-위트레흐트의 (Rand'stad) 메가리전
중국	홍콩-선전-둥관 진주만 삼각 메가리전, 상하이-난징-항저우

지리학자 고트만은 1961년 발간된 그의 저서를 통해 미국 동북부에 위치한 대도시들이 보스턴에서 시작하여, 뉴욕, 필라델피아, 볼티모어를 거쳐 워싱턴 DC까지 연담하여 형성된 거대도시권을 메갈로폴리스(megalopolis; 초거대 도시)라고 명명하고 도시화가 성장과 경제 발전에 미치는 긍정적인 측면을 강조하였다. 메갈로폴리스는 오늘날 메가리전(mega-region), 메가시티(mega-city) 등과 유사한 의미로 함께 사용되고 있다. 하지만 메가시티는 단일 대도시권을 의미하는 반면에 메가리전은 여러 개의 대도시권이 팽창하고 융합함으로써 생성되는 거대 도시권역을 의미한다고 할 수 있다.

(4) 바람직한 지역 개발

① 지역 특성을 살리는 지역 개발: 자연환경, 전통문화 등 지역의 잠재력을 충분히 활용하는 개발

측면	영향
수도권	국제 경쟁력을 재고하여 세계적 선진 도시 수준으로 발전
지방 중·소도시	권역의 중추 도시로 육성
중·소 도시	전문 기능 도시로 발전
농·산·어촌과 낙후 지역	기초 생활 환경 개선, 지리적 특성을 살린 친환경·고품질 농업 육성, 관광 마을 조성, 지역 축제 또는 국제 행사 유치 등 장소 마케팅

② 지역 격차를 줄이는 지역 개발: 기업 도시, 혁신 도시 등 중·소도시 개발

- 기업 도시: 산업·금융 등 경제 활동의 수도권 집중으로 지방은 인구 감소를 겪고, 산업 공동화에 따른 소득 감소 및 실업 증가로 지방의 자립 기반이 크게 약화되는 배경 속에 정부는 민간 자본을 활용한 도시 개발로 기업이 투자 의욕 고취 및 일자리 창출을 위한 도시 개발 전략
- 혁신 도시: 수도권 집중을 해소하고 낙후된 지방 경제를 활성화하기 위한 대안의 하나로, 수도권에 소재하는 공공 기관을 지방으로 이전하고 11개 광역시·도에 10개 혁신 도시를 건설하는 지역 발전 정책을 추진

더 알아보기

국토 정책의 시대별 변화 추이

시대 구분	시대적 특징	시대 상황	계획의 지향점
1950년대	혼란기	• 해방과 한국 전쟁으로 국토의 피폐 • 지역 불균형 시작	
1960년대	발아기	• 1950년대부터 누적된 국가 전반에 걸친 불안정성 계속	• 산업 구조의 근대화
1970년대	부흥기	• 1960년대 추진한 산업 구조의 변화로 효율성 증대 • 사회적 불균형 노정	• 제1차 국토 종합 개발 계획 실시 • 국토의 효율적 이용 • 환경 보전 • 대도시 인구 집중 억제
1980년대	성숙기	• 고도 성장 달성 • 대도시 인구 집중 • 난개발, 부동산 투기 심화	• 제2차 국토 종합 개발 계획 실시 • 개발 가능성의 전체 확대 • 인구의 지방 분산 • 자연환경 보전
1990년대	안정기	• 국토 개발의 불균형 심화 • 지가 상승 • 환경 오염의 확산 • 기반 시설의 미약	• 제3차 국토 종합 개발 계획 실시 • 수도권 과밀 억제 • 지역 격차 해소 • 환경 보전 • 국가 경쟁력 고도화 • 국토 기반 시설의 확충
2000년대	총체적 융합기	• 다양성의 시대 • 고도의 첨단 과학 및 지식 정보화 시대 도래 • 세계적 경쟁력의 시대 • 지방화 본격적 시작	• 제4차 국토 종합 계획 수립 추진 • 계획 기간: 10년에서 20년으로 변경 • 세계 경쟁 자유화와 동북아 성장에 적극 대응 • 지방화에 부응하는 개발 전략 마련 • 지식 정보화에 적합한 국토 여건 조성 • 안정 성장기로의 전환에 대응한 국토 정비

지리 상식 1 '파워 법칙'에서 우리가 얻을 수 있는 것들!

하버드 대학교의 언어학자인 조지 지프(George K. Zipf)는 『인간행동과 최소 노력의 원리』에 훗날 '지프의 법칙'이라고는 불리게 되는 놀라운 결과를 발표했다. 조지 지프는 제임스 조이스의 『율리시즈』에 나오는 모든 단어를 조사하는 무모함을 발휘하였는데, 가장 많이 사용된 단어부터 차례로 순위를 매기고 각각의 단어가 얼마나 자주 등장하는지 빈도수를 계산하여 로그(log) 단위의 비례로 표시하였더니, 왼쪽 위에서부터 오른쪽 아래로 향하는 직선을 그린다는 것을 발견하였다. 훗날 과학자들이 지프의 법칙을 사회과학, 물리, 생물 시스템 등 다른 여러 분야에서 발견하게 되면서 일반적인 파워 법칙이 탄생하게 되었다. 즉, 이 법칙이 동물의 질량과 대사율, 지진의 진동수와 파장, 산사태의 빈도수와 크기, 수입 분포(파레토의 법칙, '20 대 80'의 법칙) 소수의 법칙, 도시의 크기, 인터넷 트래픽, 기업의 크기, 주가의 변화 등 사회 시스템에도 적용되는 탁월한 원리임을 발견한 것이다. 예를 들면 스페인 최대의 도시 마드리드의 인구는 300만 명 이고, 2위인 바르셀로나의 인구는 마드리드의 절반이고, 3위인 발렌시아의 인구는 3분의 1이라는 이야기이다. 우리나라의 서울과 부산의 인구를 보면 슈퍼 파워 법칙이 적용되는 나라인 것 같다.

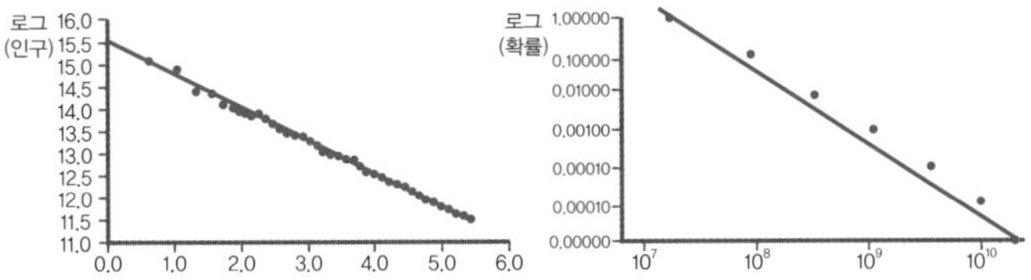

지리 상식 2 KTX 하나로 전국이 거대 도시권?

2004년 4월, 서울-대전-동대구를 잇는 경부 고속 철도 1단계 구간이 개통되어 고속 철도 시대가 막을 열었다. 시간은 획기적으로 단축됐고 전국이 하나의 거대 도시권으로 변했다. 인구의 90%가 총연장 938km, 41개 정차역의 인프라를 갖춘 KTX 수혜 범위 내에 거주하고 있다. 충청권은 이제 통근·통학이 가능한 제2의 수도권으로 인식된다. 일평균 KTX 이용자 수는 14만 9,000명으로 10년 전 5만 4,000명 대비 3배 가까이 늘었고, KTX는 중장거리 지역 간 통행의 핵심 교통수단으로 부상했다. 수도권-부산 간 철도 수송 분담률은 38%에서 69%로 늘어나는 등 빠른 이동성을 기반으로 하는 지역 경제 발전 현상이 나타났다. 수도권으로의 쇼핑·병원·학원 원정 통행은 매우 미미한 수준(전체의 5% 미만)이며, 오히려 지역 간 상호 교류가 증가한 것으로 조사됐다. 부산은 연간 300건 이상의 국제회의를 치르며 국제도시로 부상했다. 대전·대구·부산 등 정차 도시의 지가 상승률도 수년간 전국 평균을 상회했다. KTX 역세권을 중심으로 금융·보험업·교육 서비스업 등 3차 산업 고용 증대 효과가 뚜렷했다.

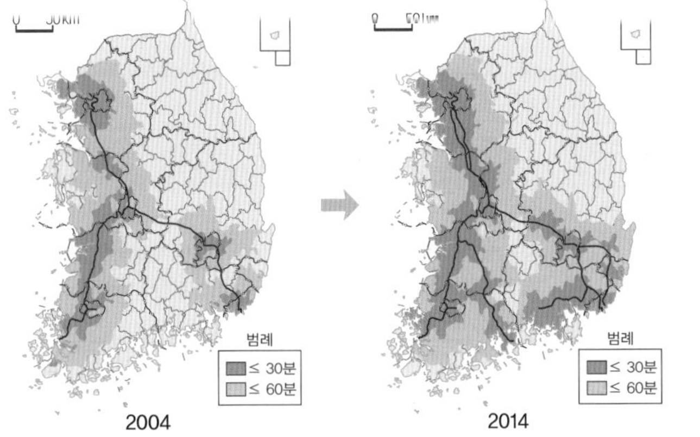

⁝ KTX 개통 후 통행이 빈번해진 지역

헤럴드경제, 2014. 3. 30., "KTX 10년, 전국이 거대도시권으로"

지리 상식 3 아프리카에서 들려오는 '새마을 운동'

왜 아프리카에서 새마을 운동인가? 최근 아프리카 여러 나라에서 한국의 새마을 운동에 깊은 관심을 가지고 우리나라를 찾고 있다. 세네갈 대통령, 탄자니아 총리, 짐바브웨 대통령 영부인과 총리, 우간다 부통령, 케냐 부통령 등이 다녀갔다. 그들은 한결같이 지난 1950년대 자신의 나라와 같은 처지였거나 오히려 뒤떨어졌던 한국이 어떻게 선진국 진입을 앞둘 정도로 급속한 발전을 이룩했는가를 경이롭게 생각하고 있다. 식민지 경험과 전쟁을 겪은 최빈국이었던 한국이 오늘날의 국가 발전을 이룩한 비결이 새마을 운동에 있다는 관점에서 우리나라 새마을 운동의 경험을 배워 가고 있다. 우리나라의 새마을 운동은 1960년대의 농어촌 소득 증대 사업의 성공 경험과 산업 발전을 바탕으로 1970년대 전국의 모든 마을에서 전개된 국민 운동이자 농업·농촌 정책으로 한국 현대 사회의 발전에 크게 기여하였다. 새마을 운동에서 정부의 역할도 대단히 중요했지만, 새마을 운동의 결정적 성공을 만들어 낸 원동력은 바로 농촌 주민들의 의식 개혁이었다. 아프리카는 우리나라의 성공 사례인 새마을 운동 현지화를 위하여, 현지 마을 주민과 공무원을 초청하여 새마을 교육을 실시하고 이들이 돌아가 새마을 운동 방식의 주민 참여를 바탕으로 한 생활 환경 개선 사업과 소득 증대 사업

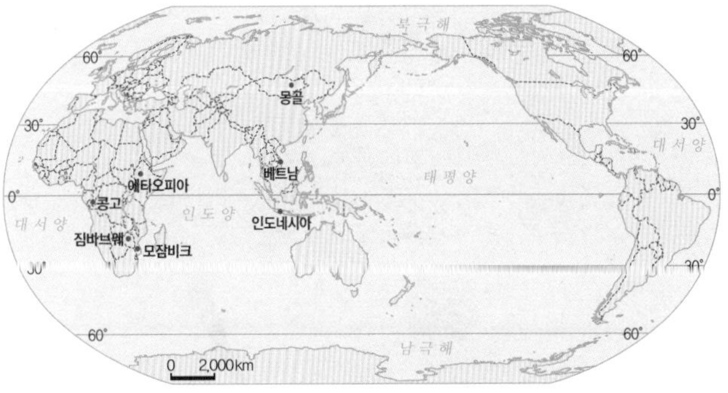

나라	특징
모잠비크, 짐바브웨	차세대 영농 지원 교육
에티오피아	새마을 시범 마을 조성
콩고	슈퍼 옥수수 보급 사원 지원
몽골	영농 교육 지원
베트남	드림빌리지 조성
인도네시아	마을 환경 개선 작업 지원

⁝ 세계 국가별 맞춤식 새마을 운동 지원 사례

을 전개하는 시범 마을 육성 사업을 추진하고 있다. 지난 2년 동안 콩고, 탄자니아, 우간다, 코트디부아르, 마다가스카르, 세네갈, 부룬디 등 17개국 새마을 추진 요원을 대상으로 새마을 교육을 실시했다. 국내 각급 기관, 단체가 해외에서 여러 가지 사업과 활동을 새마을 운동의 사업으로 각각 추진함으로써 문제가 제기되기도 했으나, 이제는 새마을 운동 방식을 바탕으로 농업 기술, 농업 인프라, 보건 위생, 교육 지원 등이 종합적이고 체계적인 방법으로 전수되고 있어 아프리카 현지의 개발에 앞장서고 있다.

지리 상식 4 장수군이 '장수 만세'를 외친 이유는?

장수(長水). 지명이 말해 주듯이 장수군은 금강과 섬진강의 물줄기가 시작되는 물의 고장이다. 장수읍과 장계면 일대의 분지 이외에는 대부분이 산지로, 그야말로 '산 좋고 물 좋은' 지역이다. 하지만 전체 면적의 77%가 산지이고, 개발로 사용할 수 있는 토지가 부족하기 때문에 산업 기반은 물론이고 농산물 가공 산업이 발달하기도 어려운 조건이다. 게다가 전국 군 단위 인구가 하위 7위를 기록하고, 전체 인구 중 60세 이상의 노인이 차지하는 비율이 38%이다. 이는 장수군이 변화에 재빠르게 대처하지 못하는 이유이기도 할 것이다. 그러나 해발 400m 이상인 중산간에 위치한 장수군은 그야말로 청정 지역이다. 농가 소득 중 농업 소득이 차지하는 비중이 80% 이상으로 매우 높다. 맑은 공기를 마시며 자란 농산물은 품질이 높아 소비자 사이에서도 인기가 높다. 이에 장수군은 농업을 더욱 특화시키자는 목표를 세우게 됐다. 그러기 위해서는 무엇보다 농가의 환경을 개선시킬 필요가 있었다. 이에 기계화 경작로 확포장 사업과 농촌 생활 환경 정비 사업의 두 가지 사업 계획이 세워졌다. 그리고 주민들의 의견을 반영하기 위해 대상지 확정 전에 주민 설문 조사를 실시했다. 주민들은 서로 의논하여 마을 내 사업 우선 순위를 선정했고, 군에서는 현지 확인을 하여 사업 승인 여부를 결정했다. 하지만 배정된 예산도 적었고 인력도 부족했다. 장수군은 주어진 예산 안에서 효율적으로 사업을 집행하기 위해 체계를 수립하였다. 가장 눈에 띄는 것은 군에서 자체 설계팀을 편성했다는 점이다. 용역회사에 지출되는 비용을 절감한 것이다. 절감한 용역을 지역 내 농로 포장에 더 투자하며 알뜰살뜰 예산을 유용하게 활용하였다. 또한 장수군은 지역별로 토양의 종류를 연구하고 그에 맞는 작목과 퇴비를 지원하는 등 농산물의 품질을 높이는 데 주력하고 있다. 그 덕인지 장수군은 농업 소득이 전국 최고 수준이다. 한우와 사과, 오미자, 토마토 등 붉은색 농산물은 장수군을 대표하는 특산물이다. 가을이 되면 장수군에서는 이 특산물을 주제로 한 '한우랑 사과랑 축제'를 연다. 장수의 특산물을 맛보며 갖가지 수확 체험과 '적과의 동침' 등 야간 프로그램도 경험할 수 있으며, 2년 연속으로 '전국 가 보고 싶은 축제 20선'에 선정되기도 했다.

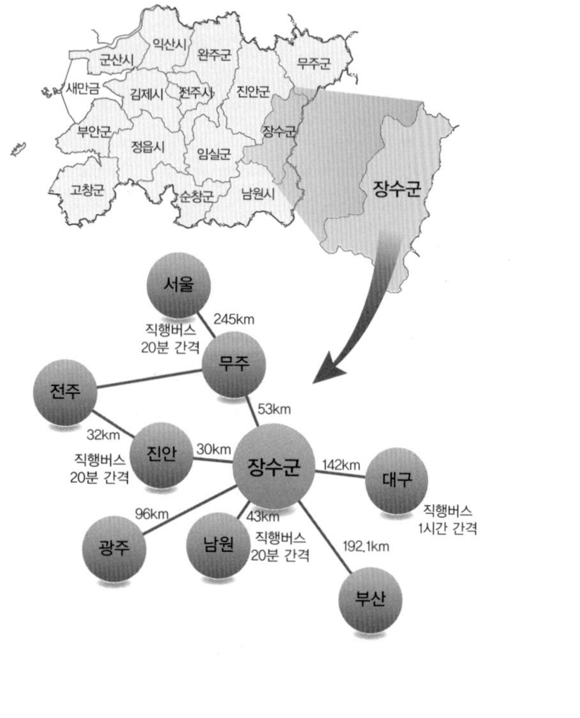

장수군 홈페이지

지리 상식 5 도시 이름의 유래

나라 이름	브라질리아(브라질), 멕시코시티(멕시코), 파나마(파나마), 과테말라시티(과테말라), 쿠웨이트(쿠웨이트), 룩셈부르크(룩셈부르크), 모나코(모나코), 알제(알제리), 산마리노(산마리노)
민족·종족 이름	런던(론디누스 족), 파리(파리시 족), 헬싱키(헬싱 족), 바르샤바(호족 바르샤베츠), 키토(키투 족), 팔레스티나(팔레스타인 족), 평양(배달겨레), 암만(아몬 인)
인물 이름	워싱턴(조지 워싱턴), 뉴욕(요크 공), 로마(로물루스), 밴쿠버(밴쿠버 선장), 산토도밍고(도메니크), 뉴델리(딜 왕자), 빅토리아(빅토리아 여왕), 보고타(인디오 족장), 아바나(콜럼버스), 울란바토르(창립자 바토르), 프놈펜(불상을 모신 여성), 포트루이스(루이 14세), 브라자빌(탐험가 이름), 웰링턴(영국 웰링턴), 키예프(바이킹의 아들 키이), 몬로비아(미 먼로 대통령)
수도·도시·항구·성채·마을을 뜻하는 이름	서울(수도), 베이징(북쪽 수도), 도쿄(동쪽 수도), 아스타나(수도), 코펜하겐(무역항), 부쿠레슈티(도시), 베오그라드(성채 도시), 리스본(항구), 빈(마을), 타슈켄트(마을), 싱가폴(도시), 킨샤사(마을), 포르토노보(항구), 트리폴리(도시)
종교·신앙과 관련된 이름	예루살렘(평화), 바그다드(신의 정원), 산살바도르(구세주), 이슬라마바드(이슬람교의 도시), 산호세(성 요셉), 산티아고(성 야곱), 소피아(소피아 성당), 마카오(수호성녀), 아순시온(성모승천축일), 카트만두(사원 이름), 라파스(평화), 아테네(여신)
지리·지형·자연과 관련된 이름	모스크바(습지), 베를린(소택지), 부에노스아이레스(바람), 암스테르담(강과 제방), 오슬로(숲), 마드리드(샘), 테헤란(산록), 베이루트(우물), 하노이(강으로 싸인, 河內), 앙카라(계곡), 브뤼셀(습지), 콸라룸푸르(강), 마나과(물), 다카르(메마른 땅), 리마(강), 바마코(악어), 나이로비(물), 바쿠(바람)
식민지 시대와 관련된 이름	사라예보(총독의 저택), 킹스턴(국왕의 도시), 포르토프랭스(왕자의 항구), 리브레빌(노예 해방)
교역·산물·관개와 관련된 이름	오타와(거래), 카불(교역), 홍콩(향나무), 마닐라(쪽 풀), 베른(곰), 아부다비(영양), 다마스쿠스(관개, 灌漑), 민스크(교역), 비엔티안(백단 향목)
전쟁·기타의 이름	자카르타(승리), 카이로(승리), 양곤(싸움의 끝), 스톡홀름(말뚝의 섬), 캔버라(집회소), 카르툼(코끼리의 코), 아디스아바바(새로운 꽃), 리야드(정원), 부다페스트(기타), 방콕(기타)

행정중심복합도시건설청 홈페이지

[선택형]

· 2010 9 평가원

1. 지도에서와 같이 신도시가 개발되었을 때, 나타날 수 있는 변화로 적절한 것을 〈보기〉에서 모두 고른 것은?

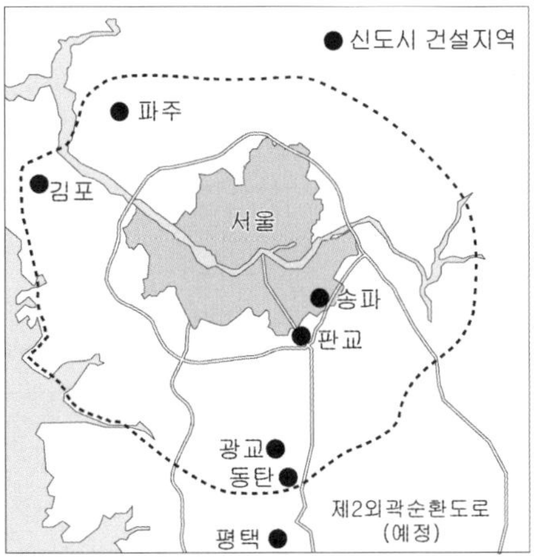

보기

ㄱ. 수도권 과밀화가 해소될 것이다.
ㄴ. 연담 도시화가 더욱 확대될 것이다.
ㄷ. 수도권의 공간 구조가 다양화될 것이다.
ㄹ. 수도권 동부 지역의 개발이 활성화될 것이다.

① ㄱ, ㄴ ② ㄱ, ㄷ ③ ㄴ, ㄷ ④ ㄴ, ㄹ ⑤ ㄷ, ㄹ

2. Which of the following is incorrect about BoWash megalopolis?

The BosWash or Bosnywash megalopolis is the name for a group of metropolitan areas in the northeastern United States, extending from Boston to Washington and linked by economics, transport, and communications.

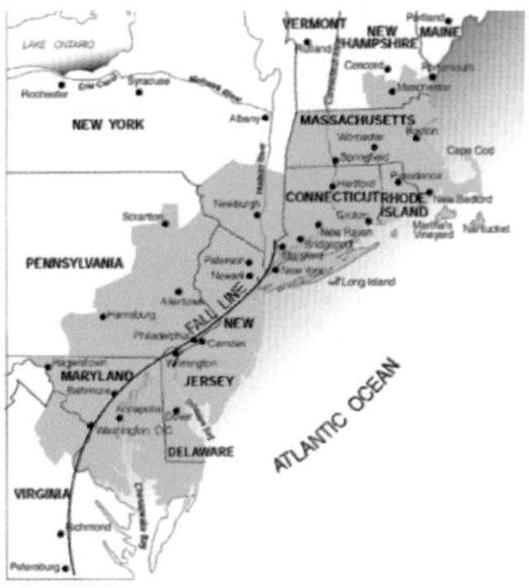

① BosWash contains a reported population of 44 million of the United States.
② BosWash contains Boston, New York, Philadelphia, and Washington .
③ The BosWash is the most heavily urbanized region of the United States.
④ The BosWash is grown on the basis of metropolitan agriculture.
⑤ On a map, the Northeast megalopolis appears almost as a straight line.

· 2010 9 평가원

3. 다음 자료를 바탕으로 한 탐구 주제로 가장 적절한 것은?

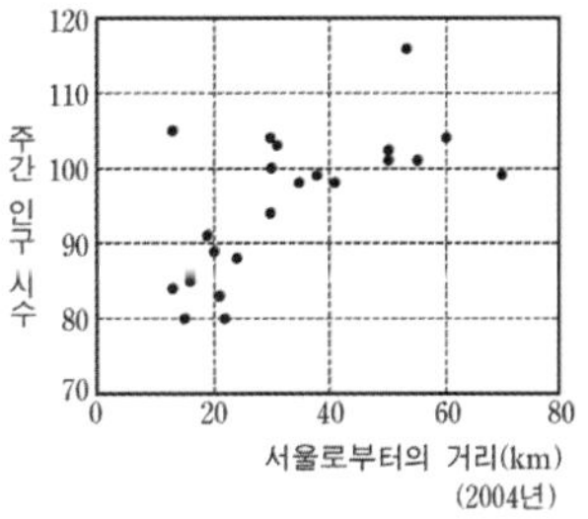

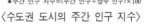

*주간 인구 지수=(주간 인구÷상주 인구)×100

〈수도권 도시의 주간 인구 지수〉

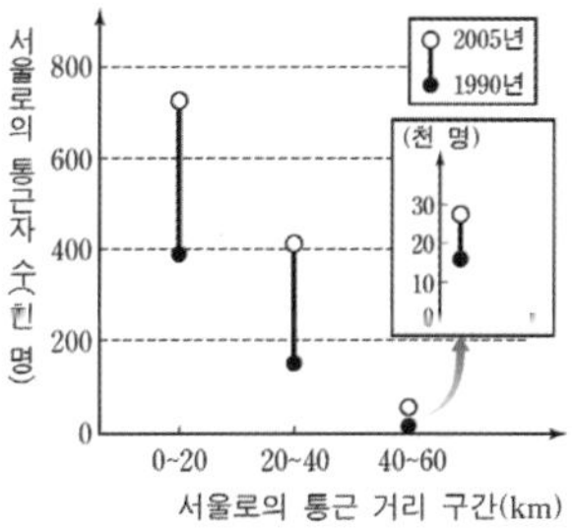

〈구간별 서울로의 통근자 수〉

① 교통 발달에 따른 교외화 현상
② 도시 시설 낙후에 따른 도시 재개발
③ 인구 증가에 따른 대도시의 다핵구조화
④ 산업 발달에 따른 도시 내부 구조의 분화
⑤ 위성 발달에 따른 도시 규모의 순위 변화

핵심 출제 포인트

▶ 세계 도시의 성장 요인 ▶ 세계 도시 체계와 도시 계층

■ 선진국과 개발 도상국의 도시화 비교

선진국의 도시 인구는 완만한 증가를 보이고 있는 반면, 도시화가 활발히 진행되고 있는 개발 도상국은 도시 인구가 급증하고 있다.

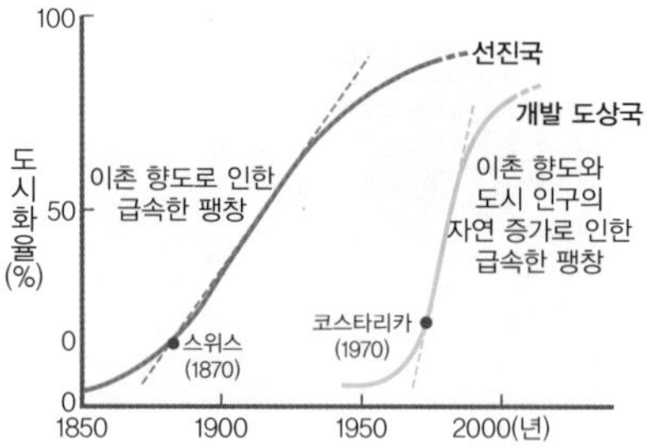

■ 세계 도시 등장 배경

① 교통·통신의 발달

② 다국적 기업의 등장

③ 중심부와 주변부 간의 교역량 증대

④ 국제기구의 역할 증대

■ 산업 클러스터

산업 클러스터(industrial cluster)란 일정한 지역에 기업과 대학, 연구소 등이 모여 네트워크를 구축하고 정보를 교류하여 새로운 기술 창출, 사업 활동, 생산 혁신 등의 활동에서 시너지 효과를 내고자 구축된 산업 거점을 의미한다. 이러한 산업 클러스터가 기존의 산업 단지 혹은 공단과 구별되는 차이점은 산업 단지의 경우 기업 중심으로 구성되어 있으며, 비용 절감을 주목적으로 형성되어 입주 기업 간 연관성이 낮은 반면, 클러스터는 일정한 산업을 중심으로 구성되며, 클러스터 내 모든 기업과 연구·교육 기관의 경쟁력 고양을 주목적으로 형성되어 그 산업에 관련되는 기업들은 물론, 이들 기업과 연구소, 대학과 같은 연구·교육 기관들도 네트워크를 구축, 정보 교류와 더불어 기술 개발 및 제품 개발 등에 시너지 효과를 발생시키려 한다는 점이다.

1. 세계 도시 분포

(1) 세계 주요 도시 각 대륙의 산업 발전에서 선도적 역할을 수행한 도시

(2) 세계의 선진 도시

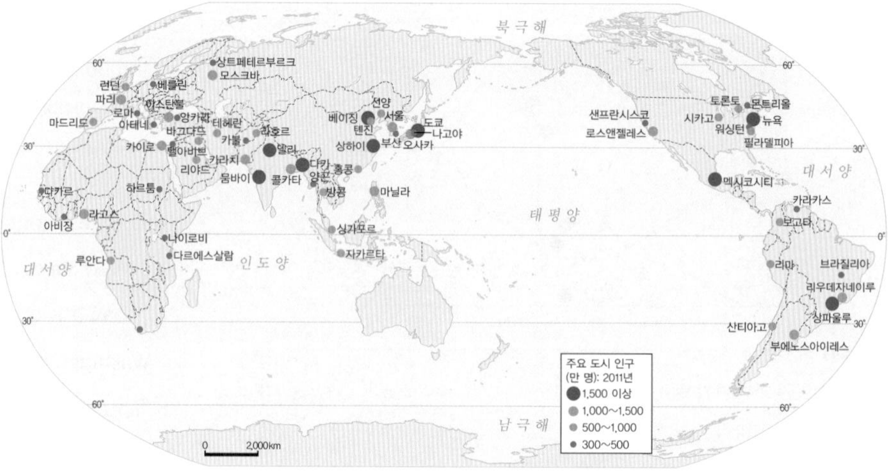

① 친환경형 도시

브라질 쿠리치바	• 대중교통 중심의 교통 체계, 충분한 녹지 공간 및 공원 등의 조성에 따른 자연환경 요인과 폐광, 채석장, 폐전주 등을 활용하여 주변 지역과 어우러지게 조성한 생태적 도시
네덜란드 알메러	• 자연과 인간이 조화된 환경 공생형 단지 조성을 목표로 설계 • 자연 보존형 공원 녹지와 차량이 교차하지 않는 이용 가능한 녹색 네트워크 형성, 친환경적인 버스 전용 도로를 순환형으로 설치
미국 레스톤	• 정부의 인구 분산 정책이 아닌 미국 내에서 민간 자본에 의해 건설된 최초의 신도시로 에버니저 하워드(Ebenezer Howard)의 전원 도시 이론이 적용된 대표적 신도시
독일 프라이부르그	• 제2차 세계 대전으로 도시의 80%가 파괴되었으나 1970년대 도시 재건을 거쳐 전체 에너지의 14~15%를 태양에너지로 충당하는 에너지 친환경 도시로 성장

② 산업 클러스터형 도시

핀란드 울루테크노폴리스	1950년대 후반부터 1970년대에 걸쳐 대학과 연구소가 입주하면서 하이테크 클러스터로 발전할 수 있는 기틀 마련, 특히 1970년대 초·중반에 노키아의 입지와 핀란드 기술 연구 센터가 역 내에 개설되면서 도약의 전기 마련, 핀란드 내 IT 산업이 주류를 이루는 성공적인 클러스터
스웨덴 시스타	• 에릭슨과 같은 기술력을 가진 선도 기업의 입지로 무선 이동 통신과 무선 인터넷 분야의 세계적인 기업들이 잇달아 입주하는 연쇄 효과
일본 츠쿠바	• 동경의 인구 과밀을 해소하기 위해 건설된 위성 도시 • 과학 기술 진흥, 첨단 연구 및 고등 교육 중심 계획 도시 • 츠쿠바 대학을 비롯한 여러 대학으로부터 우수한 인력이 공급됨 • 츠쿠바의 뛰어난 입지와 정부의 지속적인 투자

③ 문화와 첨단 기능 복합형 도시

• 영국 케임브리지 과학 단지: 영국의 가장 대표적인 첨단 산업 집적 지역으로 이미지를 확립

– 152acre(약 61만m^2) 규모의 단지에 창업 보육 공간과 생명 산업 연구소, 화학 연구소, 물리학 연구소, 사무 공간, 쾌적 시설 보유

– 산학연 연계의 중요성을 보여 주는 성공 사례로 꼽힘

• 말레이시아 사이버자야 : 말레이시아 통신 산업의 허브
  - 국제 기업을 유치하기 위한 리조트형 도시
  - 에릭슨, 지멘스, NTT 등 세계 유수의 정보 통신 및 전자 업체 등을 유치하여 아시아 정보 통신 산업의 '허브'로 성장 육성

④ 신도시 개발형 도시

미국 어바인	• 어바인은 1960년대 이후 주택과 일자리 간의 균형, 양질의 생활 환경 조성을 목표로 민간 개발 업체 어바인 컴퍼니가 지방 정부와의 협력 속에서 계획적으로 개발해 온 도시로 그 과정에서 미국에서 가장 살고 싶은 도시 중 하나로서 명성을 쌓아 오고 있음 • 미국 내에서 가장 안전한 도시이자 주민 만족도가 높은 도시로 거주 환경뿐만 아니라 일자리 창출로 명성을 지님 • 유리한 입지 조건, 캘리포니아 대학의 역할, 친기업적 지역 문화 등으로 태평양 연안의 대표적 기업 집적지로도 명성을 확보
영국 도클랜드	• 대규모 민자 유치에 의한 구항만 집단 재개발의 대표적 성공 모델 • 민자 유치 및 성공적인 재개발을 위해 인프라 역할을 한 완벽한 교통 시스템 • 전통과 수변의 현대적 이미지의 결합

2. 세계 주요 도시 체계

(1) 세계 도시 정의

① 프리드먼의 정의: 세계의 도시망을 통해 범세계적인 생산과 시장 체계의 출현이 공간적으로 접합된 장소

② 사스키아 사센의 정의: 국제적인 경제 활동을 통제·조정하는 결절 개념을 포함하여 세계 경제의 의사 결정 장소, 세계 자본이 집중되고 축적되는 장소, 세계 도시의 중추적 결절 지점

(2) 세계 도시의 기능과 특성

① 초국적 기업의 본사와 해외 지사, 금융, 보험, 은행, 증권을 비롯한 생산자 서비스업 집중

② 세계적 교통, 통신망의 핵심적인 결절점으로 세계 자본주의 경제의 흐름에 막대한 영향력을 행사

경제적 특성	• 1970년대부터 탈표준화와 다양성을 강조하는 유연적 네트워크 생산 체제로의 변화가 본격화됨에 따라 세계 경제를 선도하는 첨단 기술 산업, 전문 서비스업, 문화 상품 산업 등의 관련 기업들이 더욱 집중
사회적 특성	• 세계 도시 지역의 문화적 및 인구적 이질성이 증대되고, 세계 도시 지역의 공간 형태가 현저히 변화됨 • 상·하류층 간의 소득 격차에서 잘 나타나고 있는 양극화 현상으로 사회·경제적 불평등 심화
정치적 특성	• 중앙 정부의 간섭과 통제에서 어느 정도 받지 않을 만큼의 상당한 자율권과 자치권을 확보

⁝ 세계 도시의 계층 체계

■ 프리드먼의 세계 도시 가설

1. 특정 도시가 세계 경제에 통합된 형태와 범위 그리고 수행하는 기능은 그 도시 내에서 전개되는 구조적 변화에 결정적인 영향을 미친다.
2. 세계적인 핵심 도시들은 생산과 시장의 공간적 구조와 접합의 거점으로서 범세계적 자본에 의해 운용되며, 그 결과 도시 간 연계에 바탕한 복잡한 세계 도시 계층이 형성된다.
3. 세계 도시의 범세계적인 통제 기능은 도시의 산업 및 고용 구조에 직접적인 영향을 미친다.
4. 세계 도시는 국제 자본이 집중되고 축적되는 중심지이다.
5. 세계 도시들은 다수의 국내·국제 이민자들이 모여드는 장소이다.
6. 세계 도시의 형성에는 산업 자본주의의 주요 모순인 공간적·계급적 양극화가 수반된다.
7. 세계 도시의 성장은 국가의 재정 능력을 초과하는 사회적 비용을 유발한다.

■ 세계 도시 체계 전개 과정

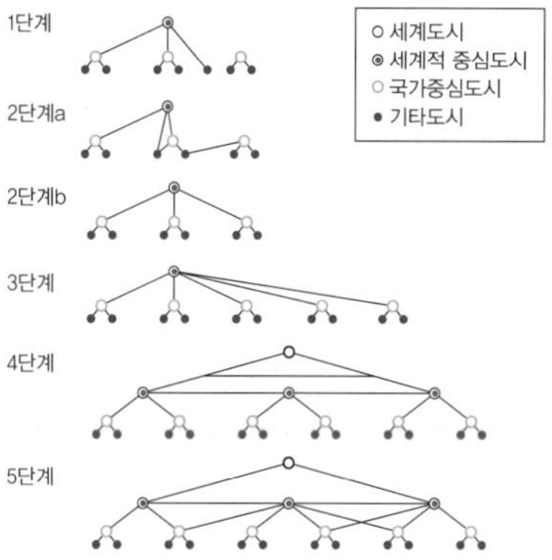

• 1~3단계: 국가 단위에서 고차가 저차 포섭
• 4단계: 제조업 관련 기능이 집중하여 세계적 차원에서 대도시로 통합되는 제조업 생산의 세계화
• 5단계: 대도시에서 탈공업화와 고차의 서비스 경제 부문 성장

■ 국제 금융 중심지 계층 구조

계층 수준	도시명
1차 중심지	뉴욕, 런던
2차 중심지	도쿄, 프랑크푸르트, 취리히, 파리, 암스테르담
3차 중심지	함부르크, 뒤셀도르프, 빈, 로마, 배이슬, 브뤼셀, 홍콩, 싱가포르, 봄베이, 시드니, 멜버른, 리우데자네이루, 상파울루, 토론토, 시카고, 샌프란시스코, 멕시코시티

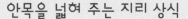

지리 상식 1 세계의 교통 도시를 가다! - 쿠리치바

브라질 쿠리치바는 대서양 연안 파라나 주의 주도(州都)로, 총면적 432km², 인구 약 180만 명 정도로 우리나라 대전보다 조금 큰 도시다. 16세기 중엽 포르투갈 식민지가 되면서 도시로 출발하게 되었다. 쿠리치바는 1950년대 급속한 인구 증가와 환경 오염, 교통 체증, 문화 유적 훼손 등으로 인해 심한 몸살을 앓았고, 제3세계 국가의 다른 도시들처럼 많은 문제를 안고 있었다. 이처럼 남미 변방의 조그만 도시가 세계가 주목하는 '꿈과 희망의 도시'로 화려한 변신을 시도할 수 있었던 것은 효율적인 대중교통 시스템에 있다.

3중 도로망과 도로 위계에 따른 종합적이고 체계적인 노선망, 승차 전에 미리 요금을 내고 들어가 대기하는 원통형 버스 정류장, 4가지 색깔로 구분해 각각 다른 기능을 수행하면서 한 번에 270명까지 수송할 수 있는 '굴절 버스'가 대표적이다. 2004년 추진된 서울의 버스 체계 개편이 쿠리치바를 모델로 한 것임을 알 수 있다. 기존 도로망을 이용하면서 지하철처럼 빠르고 편리한 장점을 가지도록 고안된 버스 교통 시스템은 '땅 위의 지하철'이라고도 불린다. 쿠리치바는 엄청난 비용과 시간이 소요되는 지하철 건설을 과감히 포기하고 지하철 건설 비용의 80분의 1만 투입해 도로 교통 체계를 확 뜯어고쳤다. 도로는 급행 버스가 다니는 길과 완행이 다니는 길을 철저히 분리해 이동 목적에 따라 인구를 분산시켰다. 그래서 경비나 효율성 측면에서 뉴욕의 지하철보다 300배나 능률적이라는 평가를 얻고 있다. 쿠리치바의 버스 교통 시스템이 주목받는 데는 또 다른 이유가 있다. 단순히 교통과 환경 문제 해결을 넘어 사회적 약자를 배려하고 있기 때문이다. 한 번만 요금을 내면 시내 어느 곳으로도 환승할 수 있는 단일 요금 체계(사회적 요금), 어느 정류장이나 휠체어를 타고도 자유롭게 승·하차 할 수 있는 원통형 정류장이 그렇다. 약 800m 간격으로 도로 한가운데 설치된 이 정류장은 지하철처럼 버스 문 높이와 승강장 높이를 똑같이 만들어 지체 장애인들의 승·하차가 편리하도록 도와주고 있다. 거기다 정류장 접근로 역시 계단이 아닌 경사면으로 만들었고 그중 절반 이상은 아예 소형 엘리베이터를 설치함으로써 장애인들의 공공 교통수단 이용에 불편함이 없도록 개선했다.

지리 상식 2 글로벌 기업의 전쟁터 맨해튼 광장

맨해튼의 타임스 스퀘어는 매일 30만 명이 지나가는 '세계에서 가장 분주한 광장'이다. '광고꾼'들에게는 광고의 전쟁터로 여겨진다. 타임스 스퀘어는 1900년대 초 뉴욕타임스 본사였던 '1 타임스 스퀘어' 건물이 있는 42번가에서 47번가까지, 브로드웨이를 따라 이어지는 맨해튼 중심부를 일컫는다. 이 지역에 광고를 걸 수 있는 전광판과 게시판은 230여 개로, 전 세계의 대기업, 중소기업, 이익 집단 등이 모두 뛰어들어 좋은 자리를 차지하기 위해 치열한 경쟁을 벌인다. 하루 31만 2,000명, 연간 1억 명 이상이 오가는 최고의 번화가로 코카콜라, 푸르덴셜 등 글로벌 기업들의 광고 경연장으로 유명하다. 5분 이상 광고에 집중하는 통행객 비율이 60%를 웃돌고, 자신의 모습을 찍은 사진 등을 소셜네트워크서비스(SNS)에 올리는 비율도 57%에 달할 만큼 광고 효과가 높다. 이 때문에 타임스 스퀘어 동서남북에 자리 잡은 빌딩에는 모두 230여 개의 광고판이 설치돼 있으며 연간 광고비 총액은 6억 달러에 달한다.

지리 상식 3 세계의 도시를 배경으로 한 소설들

『바람의 그림자』는1940년대 안개 낀 항구 도시 스페인의 바르셀로나를 배경으로 한 소설이다. 작가는 자신이 그려 내고자 하는 음울하면서도 신비스러운 공간으로 자신이 나고 자란 바르셀로나를 선택해, '시간과 기억, 역사와 허구가 온통 경계를 허문 채 뒤섞여 있는' 마법과도 같은 도시의 분위기를 작품 안에 오롯이 살려 냈다.

『런던의 강들』은 런던 수도 경찰국 엑스파일 부서, 소위 마법 부서에 근무하는 초짜 순경 피터 그랜트와 현직 마법사인 나이팅게일 경감의 좌충우돌 살인 사건 수사기 제1권이다. 판타지적인 설정을 가지고 있음에도 이 작품은 21세기 런던의 모습을 담았다.

[선택형]

· 2014 수능

1. 다음 자료는 매출액 기준 세계 100대 기업에 관한 것이다. 이에 대한 설명으로 옳지 않은 것은?

<도시별 본사 수와 총매출액>

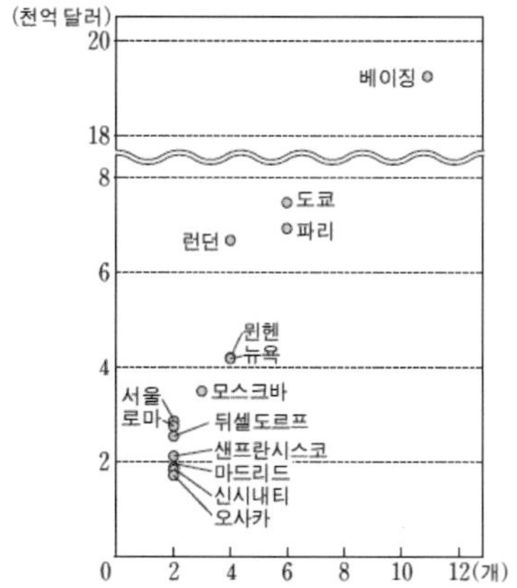

＊ 100대 기업 본사 수가 2개 이상인 도시만 표시함.

＊＊ 도시별 본사 수와 총매출액은 2012년 4월~2013년 3월까지의 통계임.

<본사가 위치한 국가와 기업 수>

국가	기업 수
미국	32
중국	12
일본	10
독일	9
프랑스	8
영국	5
이탈리아	4
러시아	3
대한민국	2
에스파냐	2
네덜란드	2
스위스	2
브라질	1
인도	1
기타	7
합계	100

① 100대 기업의 본사는 대부분 북반구에 위치하고 있다.

② 도시별 100대 기업의 평균 매출액은 파리가 런던보다 많다.

③ 미국은 중국보다 특정 도시에 대한 100대 기업 본사의 집중도가 낮다.

④ 아시아에서 100대 기업의 본사는 대부분 동부 아시아에 위치해 있다.

⑤ 도시별 100대 기업의 총매출액이 가장 많은 도시가 본사 수도 가장 많다.

2. A, B그룹에 속한 도시에 대한 설명으로 옳은 것을 고르시오.

A

도시	2014
자카르타	1
마닐라	2
아디스아바바	3
상파울루	4
뉴델리	5
리우데자네이루	6
보고타	7
뭄바이	8
나이로비	9
쿠알라룸푸르	10
벵갈루루	11
베이징	12
요하네스버그	13
콜카타	14
이스탄불	15
케이프타운	16
첸나이	17
튀니지	18
다카	19
카라카스	20

B

도시	2014	2012	2010	2008
뉴욕	1	1	1	1
런던	2	2	2	2
파리	3	3	4	3
도쿄	4	4	3	4
홍콩	5	5	5	5
로스앤젤레스	6	6	7	6
시카고	7	7	6	8
베이징	8	14	15	12
싱가포르	9	11	8	7
워싱턴	10	10	13	11
브뤼셀	11	9	11	13
서울	12	8	10	9
토론토	13	16	14	10
시드니	14	12	9	16
마드리드	15	18	17	14
비엔나	16	13	18	18
모스크바	17	19	25	19
상하이	18	21	21	20
베를린	19	20	16	17
부에노스아이레스	20	22	22	33

① A의 도시는 탈산업화를 겪고 있다.

② A의 도시는 세계 교통·통신의 중심지 역할을 한다.

③ B의 도시들은 제조업의 발달로 공업 생산액 비중이 높다.

④ B의 도시들은 금융, 보험, 은행, 증권을 비롯한 생산자 서비스업이 집중되어 있다.

⑤ 인구 증가율은 A보다 B가 더 크다.

[서술형]

1. 지도에 표시된 지역의 주요 도시들의 공통적인 특징과 그러한 특징을 가지게 된 배경을 중심도시와 주변 지역 간의 관계로 간략히 서술하시오.

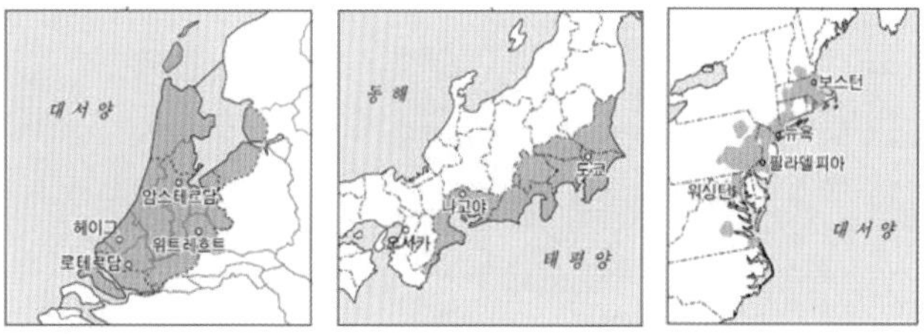

한 권으로 끝내는

지 리
올림피아드

All about Geography-Olympiad

Chapter 08

제8장

문화 지리

chapter

08

문화 지리

01. 문화와 종교

핵심 출제 포인트

- ▶ 문화의 전파와 확산
- ▶ 세계의 문화권 구분
- ▶ 민족(인종)의 이동으로 형성된 혼합 문화
- ▶ 민족(인종) 차별
- ▶ 보편 종교의 특징
- ▶ 세계의 언어

■ 문화의 특징

문화는 서로 접촉하고 충돌하고 융합되고 변용되면서 새로운 문화가 만들어지기도 하고 사라지기도 한다. 이렇게 문화는 끊임없이 변화하는 생물이고 실체이다.

■ 기후의 영향을 받는 가옥들

열대 우림 기후 지역의 가옥은 높은 기온과 많은 강수량으로 지표면에서 떨어뜨려 집을 짓고 지붕의 경사가 급하게 만든다. 사막 기후 지역의 가옥은 적은 강수량으로 지붕을 평평하게 만들고 낮 동안의 뜨거운 열을 피하기 위해 두꺼운 흙벽돌을 쌓고 가옥 사이를 붙여서 좁게 한다. 사막의 모래바람을 막기 위해 창문은 작게 만든다.

■ 세계의 문화 지역

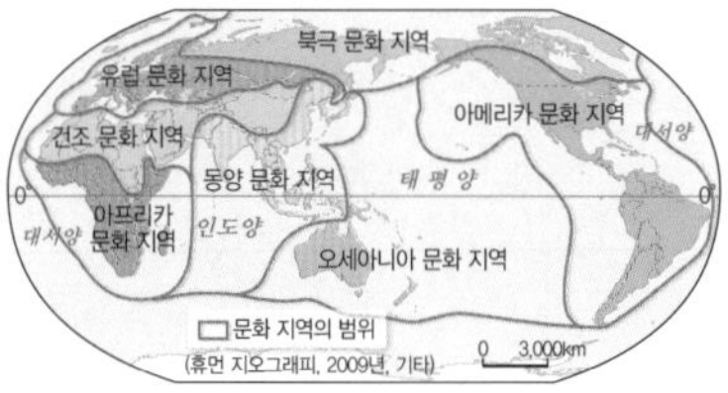

1. 문화

문화는 하나의 집단을 이루는 사람들의 독특한 전통을 구성하는 관습적 믿음, 사회적 형태, 물질적 특성으로 나타나는 일종의 실체이다. 모든 사람들의 일상생활에서 일어나는 생존 활동, 즉 의식주와 관련된 활동들로부터 형성된다.

(1) 살아 움직이는 문화

① 문화 환경의 상호 작용: 문화는 환경의 영향을 받고, 환경은 문화의 영향을 받음

- 환경의 영향을 받은 문화 : 기후의 영향을 받는 가옥
  - 언어에 자연을 반영: 이누이트 인의 언어에 눈에 대한 표현이 많음
- 문화의 영향을 받은 환경
  - 우리나라 사람들의 벼농사 문화(연해주에 이주한 고려인의 벼농사)
  - 북아메리카 지역의 유럽 인 이주로 혼합 농업 발달 등
- 문화는 민족(인종), 언어, 종교 등 다양한 분야에 걸쳐 특징이 구분됨

② 문화의 전파 유형과 확산: 문화는 전파되고 확산되며, 전파는 다양한 유형으로 나타남

전염 팽창 전파	• 지리적으로 인접한 사람들 간의 접촉을 통해 확산되는 것 • 예: 감기 바이러스의 전파
계층 팽창 전파	• 지리적 접근성과 상관없이 일련의 순서나 위계질서, 계층성을 통해 문화가 확산되는 것 • 상류층→하류층, 수도→지방, 고차 중심지→저차 중심지 • 예: 고급 상품 전래, 희귀한 외래 문물 전파)
재위치 전파	• 인간 집단이 거주지를 이동할 때 자신들이 가진 문화를 새로운 거주지에 이식하는 유형 • 예: 세계 각지로 파견된 선교사와 원주민과의 접촉을 통해 전파됨

(2) 문화의 모자이크

① 세계의 문화권 구분

동양 문화 지역	동아시아 문화 지역	• 유교와 불교 문화가 바탕 • 한자를 널리 사용
	동남아시아 문화 지역	• 태평양과 인도양을 연결하는 지리적 특징으로 독특한 문화가 나타남 • 예: 동서양의 문화와 원주민의 문화, 대륙 문화와 도서 문화 혼합
	남아시아 문화 지역	• 잦은 외세의 침입과 식민 통치의 역사로 인해 종교, 언어, 문화가 매우 복잡하게 나타남
유럽 문화 지역	• 근대 산업 사회 발달 및 자본주의에 많은 영향을 끼침 • 크리스트교가 생활 양식이나 제도에 많은 영향을 끼침 • 북서 유럽 문화 지역, 남부 유럽 문화 지역, 동부 유럽 문화 지역으로 구분	
건조 문화 지역	대부분 이슬람교를 믿고 아랍 어를 사용하며, 오아시스 농업과 유목 생활을 함	
아메리카 문화 지역	• 마야 문명, 잉카 문명 등 문명의 발생지 • 유럽 인에 의해 북유럽의 문화는 앵글로아메리카 문화 지역으로 전파되고, 남유럽의 문화는 라틴 아메리카 문화 지역으로 전파	
아프리카 문화 지역	• 사하라 이남의 아프리카 지역에 속하며 부족 단위의 공동체 생활과 원시 종교의 색채가 강함	
오세아니아 문화 지역	• 태평양 제도는 원시 농업 사회로 특유의 전통 문화를 지키고 있고 폴리네시아, 미크로네시아, 멜라네시아 지역으로 구분 • 유럽 인의 침입으로 유럽 문화가 나타남	

② 문화의 다양성: 문화는 언어, 인종, 종교, 가옥, 음식 등 구분 기준에 따라 다양한 문화권으로 구분

(3) 민족(인종)의 이동으로 꽃핀 문화

① 인류의 발생과 이동

- 전파와 확산의 기본 전제는 인류의 이동
- 생존하기 위해 대륙 곳곳으로 이동한 후 서로 다른 환경에 적응하며 변화 발전
- 새로운 환경에 적응하는 과정에서 니그로이드(흑인종), 코카소이드(백인종), 몽골로이드(황인종)로 분화

② 민족(인종)의 용광로 라틴 아메리카 대륙

- 유럽 인과 아프리카 인이 유입되면서 라틴 아메리카가 거대한 '인종의 용광로'로 변화

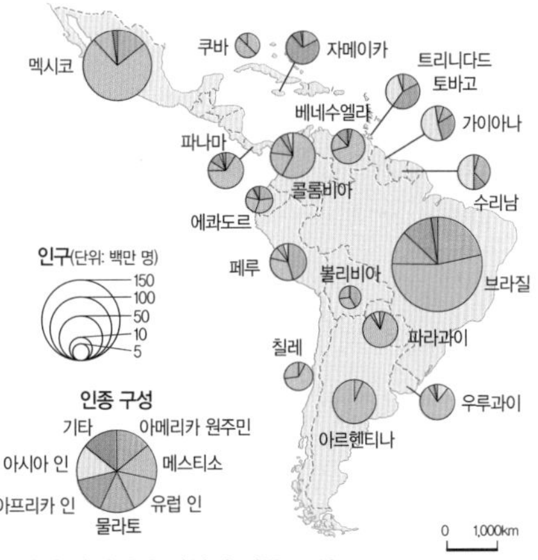

라틴 아메리카 지역의 인종 구성

- 다양한 혼혈인 존재: 가족 단위로 이주해 정착한 앵글로아메리카 지역보다 군인이나 상인 중심으로 이주해 정착한 라틴 아메리카 지역에서 혼혈이 더 많이 나타남
  - 메스티소: 라틴 아메리카의 스페인계 백인과 인디오의 혼혈
  - 물라토: 백인계와 아프리카계 흑인의 혼혈
  - 삼보: 인디오와 흑인의 혼혈

③ 민족(인종)의 차별과 분쟁

- 인종은 자연의 결과물로 모든 사람들에게 동등해야 하지만 백인 우월주의가 확산되었고 이로 인해 인종 간의 차별이 나타나고 갈등과 분쟁으로까지 번짐
- 남아프리카 공화국의 인종 차별: 인구의 14%를 차지하는 백인들은 다른 인종들을 지역으로 분리하는 아파르트헤이트(aparthied)라는 제도를 만들어 인구의 75%를 차지하는 흑인들의 거주지와 직업에 제약을 둠
- 1990년 이 법이 폐지되고 흑인 대통령이 선출됨

④ '차별'이 아닌 '차이'로의 인종

- 인종은 인류가 자연환경에 적응하는 과정에서 자연스럽게 분화되어 골격과 피부, 모발의 차이가 있을 뿐이지 우등한 인종도 열등한 인종도 있을 수 없음을 인정해야 함
- 교통의 발달로 세계 여러 인종(민족)의 이동은 많아졌으며 그 결과 세계 여러 국가에서 단일 민족이라는 말은 사라져 가고 있음
- 건강한 사회로 나아가기 위해서는 인종적·문화적 편견은 반드시 극복되어야 함

2. 종교

(1) 종교의 의미와 종류

의미	• 인간의 가치관을 형성하는 중요한 문화 요소로서 국가의 정치·경제·사회 등에 영향
종류	• 보편 종교: 보편적인 가치관을 바탕으로 국경과 민족을 초월하여 세계적으로 전파된 종교로 불교, 크리스트교, 이슬람교 등
	• 민족 종교: 어떤 특정한 민족의 문화, 역사 발달과 관련하여 성립된 종교로 힌두교, 유대교, 신도 등

(2) 주요 종교의 기원과 확산

① 크리스트교: 현재의 이스라엘 지역에서 발생

- 확산: 전염 확산, 즉 도시에 살고 있는 신도와 주변 농촌에 살고 있는 비신도 간 접촉을 통해

■ 식사 도구에 따른 문화 구분

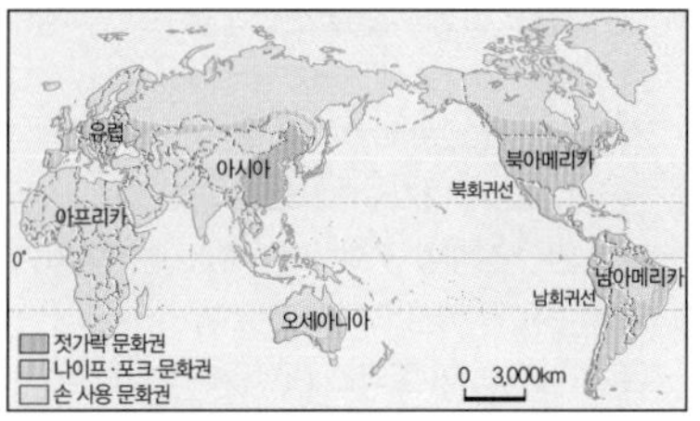

세계 각 지역에서는 식사 도구도 문화에 따라 다양하게 발달하였다.

■ 미국의 소수 인종 분포 지역

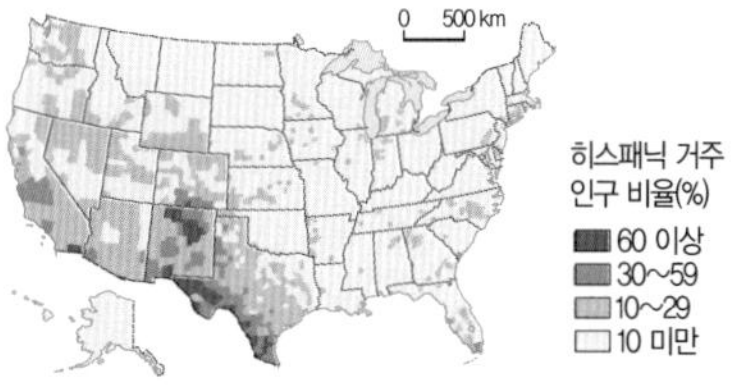

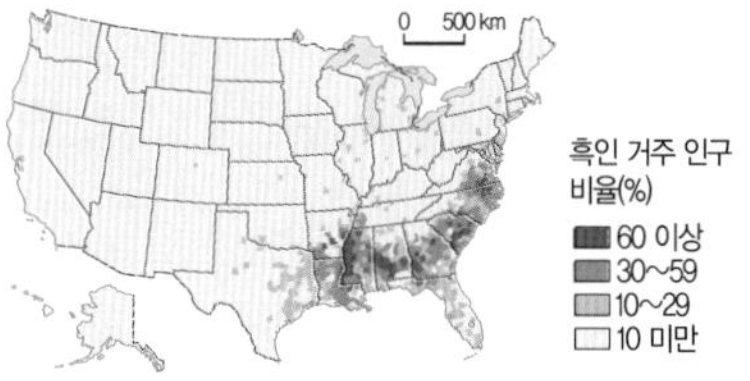

미국의 소수 인종은 히스패닉, 흑인, 아시아계(인), 원주민 순으로 나타난다. 히스패닉은 일자리를 찾아 멕시코에서 이주해 온 청·장년층이 빠르게 증가하여 미국 내에서 높은 비율을 차지하게 되었다. 주로 멕시코 접경 지역에서 분포 비율이 높게 나타난다. 흑인은 유럽 인의 아메리카 이주와 더불어 강제 이주되어 주로 미국 남부의 농업 지역에서 농사짓는 일을 했다. 현재도 미국 남부 지역에서 분포 비율이 높게 나타난다. 아시아계는 경제적인 목적으로 이주한 경우가 대부분이며 상대적으로 아시아와 가까운 태평양 연안 지역에서 분포 비율이 높게 나타난다.

로마 제국 내에서 널리 퍼졌고 1500년 유럽 인의 이주와 선교 활동으로 전 세계 여타 지역으로 확산

• 가톨릭: 이탈리아, 스페인 등 남유럽과 라틴 아메리카, 필리핀 등지에 분포

• 개신교: 영국, 스웨덴 등 북·서유럽, 앵글로아메리카 등지에 분포

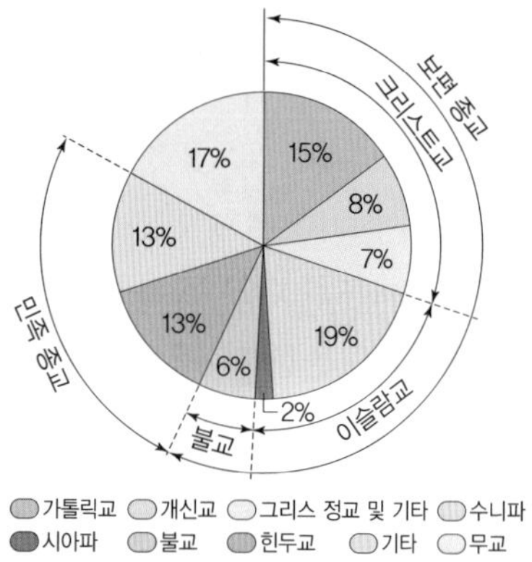

② 불교: 현재의 네팔과 인도 북부 지방에서 발생

• 확산: 인도 북동부로부터 무역 경로를 따라 상인들이 불교를 중국에 전한 이후 4세기에 중국은 백성들이 불교 수도승이 되는 것을 허용하면서 불교를 중요시함

• 대승 불교: 중국, 한국, 일본 등 동아시아에 주로 분포

• 상좌부 불교: 타이, 미얀마 등 동남아시아와 스리랑카에 분포

③ 이슬람교: 사우디아라비아의 메카에서 발생

• 확산: 정복 활동과 상인의 무역 활동 등에 의해 아시아 및 북아프리카 일대로 전파

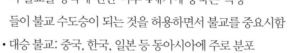

불교	기원		기원전 6세기경 가우타마 싯다르타에 의해 인도 북부에서 발생
	특징		자비와 만민 평등을 주장하고, 살생을 금지하며 윤회 사상을 강조
	주요 종파와 전파 지역		대승 불교(동아시아), 상좌부 불교(스리랑카 등 동남아시아), 라마교(티베트, 신장, 몽골)
크리스트교	기원		기원 원년에 예수 그리스도에 의해 서남아시아의 팔레스타인 지역에서 창시
	특징		유대교의 형식주의와 선민주의에 반대, 신분과 민족을 초월한 사랑과 평등 강조
	주요 종파와 전파 지역	가톨릭(구교)	초기 전파 지역: 남유럽, 확산 지역: 라틴 아메리카, 필리핀 등
		그리스 정교	초기 전파 지역: 그리스, 확산 지역: 동유럽 및 러시아 등
		개신교	초기 전파 지역: 북·서유럽, 확산 지역: 북아메리카 및 오세아니아 등
이슬람교	기원		7세기 초에 아라비아 반도에서 무함마드에 의해서 창시
	특징		아랍 민족의 원시 신앙과 유대교, 크리스트교와 결합, 평등과 형제애를 강조
	주요 종파와 전파 지역		• 시아파와 수니파로 구분, 대부분 수니파에 해당하며, 시아파는 이란·이라크 중심으로 분포 • 정복과 상업 활동에 의해 서남아시아 및 북아프리카, 중앙아시아, 유럽(이베리아 반도, 발칸 반도), 동남아시아(말레이시아, 인도네시아) 등에 전파
기타 종교	힌두교		• 카스트 제도를 기반으로 한 브라만교, 불교의 윤회 사상, 민간 신앙 등이 융합되어 형성된 다신교, 인도의 민족 종교적 특징을 가지며, 인도인의 관습과 생활 지배 • 분포 지역: 인도, 네팔, 발리 섬 등
	유대교		• 유일신 신앙과 선민 사상을 바탕으로 한 유대 인의 민족 종교로서 크리스트교 발생의 모체 • 분포 지역: 이스라엘
	유교와 도교		• 중국의 민족 종교, 한국과 일본에 영향 • 분포 지역: 중국, 한국, 일본
	신도		• 일본의 민족 종교, 불교·유교·도교의 혼합된 형태 • 분포 지역: 일본

(3) 종교에 따른 다양한 경관과 주민 생활의 모습

① 다양한 종교 경관

종교	예배 건물의 특징	성지
가톨릭교	• 규모가 크고 장엄하며, 정교한 성당 장식	–
크리스트교	–	예루살렘(예수의 포교 활동지)
이슬람교	• 둥근 지붕 • 돔과 높은 첨탑	• 메카(무함마드의 탄생지) • 예루살렘(무함마드가 승천했던 장소)

■ 대승 불교와 상좌부 불교

• 대승 불교: 상좌부 불교와 함께 불교의 두 갈래 큰 전통의 하나로서, 1세기 무렵 부처님의 가르침을 개방적이고 혁신적인 방식으로 해석하는 움직임으로서 나타났다. 특히 대승 불교에서는 널리 인간 전체를 구제하여 부처의 경지에 이르게 하는 것을 이상으로 삼고 있다.

• 상좌부 불교: 이 불교는 해탈을 위해 개인의 수행을 중시할 뿐 다른 사람을 구원할 의무는 없다. 스리랑카, 미얀마, 타이 등에 퍼져 있으며, 우리나라에는 대승 불교보다 먼저 전래되었다. 대승 불교 입장에서는 이를 출가자 중심의 소극적인 전통 교단이라 비판하며 '소승 불교'라고 부르기도 하였다.

■ 세계 주요 종교의 분포 지역

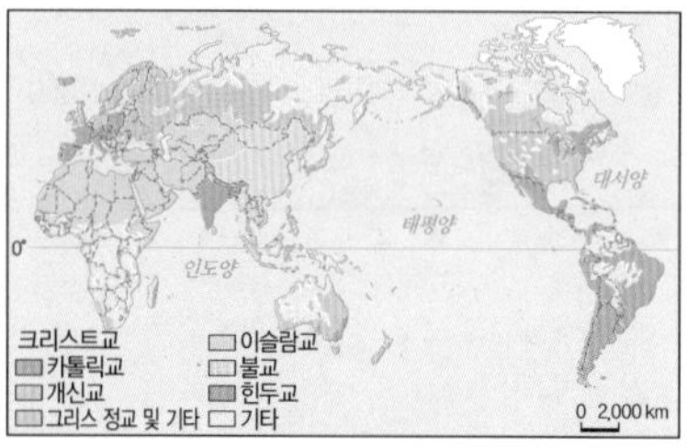

전 세계에서 신자 수가 가장 많은 크리스트교는 유럽과 남·북아메리카 및 오세아니아 대륙으로 전파되어 분포 범위가 가장 넓다. 이슬람교는 서남아시아와 북아프리카 그리고 동남 및 남아시아에 분포하고 있다. 불교는 동남아시아와 동아시아에 집중 분포하고 있으며, 힌두교는 주로 인도와 네팔에서 신봉되고 있다.

■ 둥근 지붕과 첨탑으로 이루어진 모스크

이슬람을 믿고 있는 지역에서는 '모스크'라고 불리는 웅장하고 아름다운 종교 건축물들을 많이 볼 수 있다. 특히 돔과 첨탑이 이슬람 사원인 모스크의 대표적 건축 양식이다.

모스크 중앙의 둥근 지붕은 영어로는 돔, 아랍 어로는 '쿱바'라고 하며, 뾰족하게 솟은 첨탑은 '미너렛'이라고 부른다. 완만한 선이 의미하듯 모스크의 돔은 평화를 상징한다. 돔의 끝은 보통 초승달로 장식하는데 초승달은 샛별과 함께 이슬람의 대표적 상징이며 '진리의 시작'을 의미한다.

모스크 건축 양식의 또 다른 특징인 첨탑은 기능면에서 두 가지 역할을 한다. 하나는 첨탑에 올라가 예배 시간을 알리는 기능이며, 또 하나의 기능은 이방인들에게 그 지방의 모스크 위치를 쉽게 알려 주기 위함이다.

■ 주요 종교의 공통 성지 예루살렘

현재 예루살렘은 이스라엘의 정치적 수도이다. 매우 복잡한 역사를 간직하고 있는 예루살렘은 유대교, 크리스트교, 이슬람교의 성지로, 통곡의 벽(유대교), 성묘 교회(크리스트교), 오마르 사원(이슬람교) 등의 유적이 밀집해 있어 많은 종교인들이 성지 순례를 하는 곳이기도 하지만 아직도 팔레스타인과의 분쟁이 지속되고 있는 곳으로 분쟁의 아픔이 가시지 않는 곳이기도 하다.

불교	• 불상과 탑 • 지역별로 건축 양식과 재료에 차이	• 룸비니(석가모니의 탄생지), • 부다가야(석가모니의 해탈 장소)
힌두교	• 다신교로서 외관에 다양한 신들의 모습 조각	• 갠지스 강(영혼을 정화시키는 성스러운 강)
유대교	• 시너고그	• 예루살렘(유대 민족의 기원지)

② 종교별 고유 생활 양식

종교	고유 관습	의상	금기
이슬람교	• 5대 의무 • 일부다처제	• 차도르와 히잡 • 터번	• 도박 • 술, 돼지고기, 비늘 없는 물고기
불교	• 탁발 • 출가		• 살생 • 육식
힌두교	• 카스트 제도	• 사리와 터번	• 쇠고기 • 살생과 바느질
유대교	• 금요일 안식일 지키기 • 명절 하누카	• 키파	• 술, 돼지고기, 조개류 등

3. 세계의 언어

(1) 세계 언어의 특징 및 분포

특징	• 언어는 음성을 통한 의사 전달 체계로, 문화 전파의 도구로서 문화를 담아내는 수단 • 대체로 한 나라 안에서는 하나의 언어를 사용하나, 민족 구성이 다양하거나 다른 나라로부터 식민 지배를 받은 경험이 있는 나라에서는 하나 이상의 언어가 사용되기도 함 • 지역별로 서로 다른 언어를 쓰는 근본적인 이유는 산맥이나 바다와 같은 자연적 경계가 언어 확산에 큰 장벽이 되기 때문 • 민족마다 서로 다른 정치적·경제적·문화적 경험과 특성이 세계의 언어 분포에 큰 영향을 미침 • 어족: 계통상 하나로 묶이는 언어의 종족으로 한 어족에 속하는 언어들은 그 기원이 같아 민족의 분포와 이동을 이해하는 데 도움이 됨 • 현재 세계 인구의 절반 이상이 인도-유럽 어족에 속하는 언어를 사용하며, 세계 인구의 1/4 정도가 중국-티베트 어족에 해당하는 언어를 사용
분포	• 민족의 이동: 언어 분포의 변화에 가장 큰 영향을 미침 • 15세기 이후 유럽 인들의 이동: 영어는 북아메리카, 오세아니아, 아시아 일부 국가 등에서 널리 사용 • 스페인 어는 라틴 아메리카에서 가장 널리 사용하는 언어 • 같은 지역 내의 언어라 해도 오랫동안 교류가 이루어지지 않을 경우 소통이 불가능한 별개의 언어로 변형되는 경우가 있음 • 인도-유럽 어족의 기원과 전파

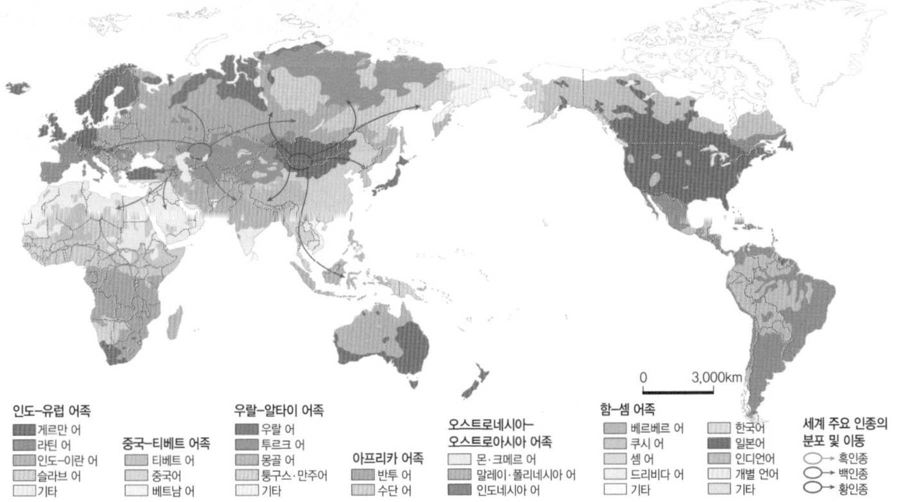

⋮ **세계 주요 언어와 분포**

■ **힌두교의 성지, 갠지스 강**

인도에서는 예부터 물과 하천이 신앙의 대상이고 갠지스 강은 여러 하천 중에서도 가장 신성시되었다. 힌두교도들은 갠지스 강이 원래 천상계(天上界)를 흐르고 있었던 성스러운 강이라고 믿고 있다. 갠지스 강가에는 가트(ghat; 목욕탕)가 설치되어 있으며 목욕으로 죄를 씻어 없애 버릴 수 있다고 믿고 있기 때문에 갠지스 강에서의 목욕은 이들에게 커다란 축복이라고 여겨지고 있다.

■ **이슬람 여성의 전통 의상**

부르카(Burka)

눈을 포함하여 전신을 가린다. 아프가니스탄 여성이 주로 착용하며 프랑스에서는 니캅까지 통칭한다.

히잡(Hijab)

얼굴만 내놓는 두건으로 종교뿐만 아니라 여성성을 표현한다. 시리아 등 아랍권 여성이 주로 착용한다.

니캅(Niqab)

눈을 포함하여 전신을 가린다. 파키스탄 여성이 주로 착용한다.

차도르(Chador)

얼굴을 제외한 전신을 가린다. 이란 여성이 주로 착용한다.

■ **인도-유럽 어족의 기원과 전파**

영어, 독일어, 프랑스 어, 러시아 어 등을 포함하는 인도-유럽 어족은 인도에서부터 유럽 대부분의 지역에 분포하며, 그 범위가 유럽 민족의 분포 범위와 거의 일치한다.

인도-유럽 어족의 기원과 전파에 관련된 학설은 두 가지가 있다. 하나는 농업 지역의 확대 과정에서 민족의 이동과 함께 이루어졌다는 것이고, 다른 하나는 국가 간의 전쟁을 통해 군사의 이동과 함께 전파되었다는 것이다. 이 두 가지 학설의 공통점은 모두 민족의 이동을 통해 인도-유럽 어족이 확산되었음을 밝히고 있다는 점이다.

지리 상식 1 미국의 언어가 영어에서 스페인 어로 바뀐다?

대규모의 라틴 아메리카 이주민이 미국으로 유입됨에 따라 미국에서는 스페인 어가 갈수록 주요한 언어가 되고 있다. 일부 지역에서는 정부의 문서와 공시가 스페인 어로 인쇄된다. 미국에서는 수백 개의 스페인 어 신문과 라디오, 그리고 TV 방송국이 운영되고 있으며 특히 남서부 지방과 플로리다 주 남부, 그리고 북부의 대도시에서 두드러지게 나타난다.

언어적 동질성은 이민자의 나라인 미국의 주요한 특성이며 미국 시민이 되기 위해서는 영어를 배워야 한다. 그러나 미국 내 언어의 다양성은 초기에 비해 보다 확대되었다. 2000년 현재 가정에서 영어 이외의 다른 언어를 사용하는 미국 인구는 4,700만 명에 이르는데, 이는 5세 이상 미국 인구의 17%에 달하는 것이다. 가정에서 스페인 어를 사용하는 인구는 2,800만 명에 달하고 200만 명 이상이 중국어를 사용하며 프랑스 어, 독일어, 이탈리아 어, 타갈로그 어, 베트남 어를 사용하는 인구 또한 각각 100만 명 이상에 이른다. 가정에서 아랍 어, 한국어, 폴란드 어, 포르투갈 어, 러시아 어를 사용하는 인구도 각각 50만 명 이상이다. 미국에서 스페인 어 사용 인구가 증가함에 따라 30개의 주와 일부 지역에서 영어를 공용어화하는 법을 제정하였다.

주	비율
텍사스	29.1
뉴멕시코	28.8
캘리포니아	28.4
애리조나	21.9
네바다	19.3
플로리다	18.7
뉴욕	14.2
뉴저지	13.9
일리노이	12.7
콜로라도	12.3
로드아일랜드	10
코네티컷	9.4
유타	9.4
오리건	8.5
워싱턴 DC	8.2
아이다호	7.7
워싱턴	7.2
조지아	7
미시간	3.1
테네시	3
루이지애나	2.7
앨라배마	2.5
미주리	2.4
뉴햄프셔	2.1
오하이오	2.1
켄터키	2
사우스다코타	2
미시시피	1.7
하와이	1.5
몬태나	1.5
노스다코타	1.5
웨스트버지니아	1.1
메인	1
버몬트	1

미국의 스페인 어 사용 주민의 주별 분포

미국인들은 학교에서 이중 언어 교육의 실시 여부에 대하여 의견이 분분하다. 일부에서는 스페인 어를 사용하는 아동들은 스페인 어로 교육을 받아야 한다고 주장하는데, 그들은 아동들이 모국어로 교육을 받을 때 더욱 효과적이고 그들의 문화적 유산을 더 잘 보존할 수 있다고 생각하기 때문이다. 다른 의견을 가진 이들은 실질적으로는 모든 곳에서 영어 구사 능력을 필요로 하기 때문에 스페인 어로 교육을 받는 것은 아동들이 성장하여 직업을 구할 때 일종의 핸디캡으로 작용할 수 있다고 주장하고 있다.

제임스 루벤스타인, 김희순 외 역, 2010, 『현대 인문지리』

지리 상식 2 '무지개' 국민과 남아프리카 공화국

남아프리카 공화국은 면적이 120만 km^2이며 수도가 세 곳으로, 행정 수도는 프레토리아, 입법 수도는 케이프타운, 사법 수도는 블룸폰테인이다. 이 나라의 인구는 4,420만 명으로 75%는 아프리카계(줄루 족, 소사 족, 소토 족, 츠와나 족, 총가 족 등)이고 14%는 유럽계(영국인, 포르투갈 인, 그리고 특히 아프리카너:17세기에 건너온 네덜란드 인의 후손)이며, 8.6%는 혼혈인, 2.4%는 아시아계(대부분 인도인)이다. 1991년까지 이 사람들은 아파르트헤이트 법에 따라 완전히 격리된 채 살아야 했다.

아파르트헤이트는 남아프리카공화국에서 1948년 아프리카너의 백인 권력을 대표하는 국민당에 의해 제정된 '분리 개발' 정책의 이름이다. 1950년대 초부터 남아프리카공화국의 인구는 아파르트헤이트에 의해 강압적으로 4가지 인종 집단, 즉 흑인, 유색인(다시 말해 혼혈인), 인도인, 백인으로 구분되었다. 이런 구분에 상응하여 인종 차별, 인종 분리 법안들이 마련되었다. 그 예로 다른 인종 간의 결혼과 성관계 금지, 교통수단 이용과 행정처리 과정의 격리 제도가 있었다. 조금씩 자리를 잡아 가던 아파르트헤이트는 마침내 실질적인 정치 경제 시스템이 되었다. 지역, 도시, 동네, 생활공간 등 나라 구석구석에 편입되어 지속적인 체제로 자리매김하게 된 것이다. 그렇게 해서 남아프리카 연합은 4개의 지역으로 나뉘게 되었는데, 그 내부에 흑인 자치 구역인 홈랜드 혹은 반투스탄이 10개 정해져 있었다. 그런데 인구의 약 70%를 차지한 흑인들은 그 나라 면적의 7%에 불과한 이 '토착민 보호 구역' 외에는 더 이상 땅을 소유할 수 없었다. 결국 아파르트헤이트에 의해 체계적으로 인종 분리가 이루어지면서 흑인들은 자신들의 고국에서 이방인이 된 것이다. 아파르트헤이트 정책은 1991년 6월 폐지되었다.

프랑크 테타르외, 안수연 역, 2008, 『변화하는 세계의 아틀라스』

지리 상식 3 예루살렘은 왜 세 종교의 성지가 되었는가?

세계의 화약고라는 이름이 어울리는 곳은 이스라엘의 수도 예루살렘 근처일 것이다. 분쟁이 끊이지 않고 피가 피를 부르는 항전이 계속된다는 뉴스가 자주 보도되고는 한다. 따라서 예루살렘을 여행하려는 관광객이 많지 않은 것이 현실이다.

우리에게 예루살렘에서 일어나고 있는 분쟁을 이해한다는 것은 쉬운 일이 아니다. 왜 예루살렘이 세계 주요 종교인 기독교, 유대교, 이슬람교의 성지가 되었는가. 이런 사실을 역사 시간에 배웠어도 피부로 느끼지 못하는 것이 현실 아닐까? '성지를 각각의 민족이 거주하는 장소로 옮겨 놓으면 싸울 일이 없을 텐데……' 하고 단순하게 생각하는 사람이 있을지도 모르겠다. 그러나 열렬한 신앙심으로 살고 있는 사람들에게는 예루살렘을 포기하지 못하는 사정이 있다. 방랑의 민족이라고 불려 왔던 유대 인들에게 예루살렘은 B.C. 1000년 다윗 왕이 유대 인들을 위해 세운 도시인데, 현재는 통곡의 벽과 서쪽 벽에서 기도를 올리는 것으로 예루살렘이 유대교의 가르침 속에 있는 '약속의 땅'임을 확인하고 있다. 한편 주민 수가 적은 기독교도에게도 예루살렘은 예수의 죽음과 부활이 일어난 무대이다. 그들에게 역시 예루살렘은 포기할 수 없는 성지이다. 이슬람교도에게도 예루살렘은 예언자 마호메트가 천국으로 인도된 장소로서 양보할 수가 없다. 이렇게 3개 종교의 원점이 예루살렘에 모여 있기 때문에 이 땅에서는 서로 싸우면서도 공존해야 한다는 난제에 부딪칠 수밖에 없는 것이다.

오기노 요이치, 김경화 역, 2004, 『이야기가 있는 세계 지도』

지리 상식 4 공용어 15개, 800여 개의 언어가 사용되고 있는 나라

작은 땅덩어리인 한국에도 사투리가 여럿 있다. 그러나 우선 표준어가 있기 때문에 어디서든 대화에 어려움은 없다. 그러나 인도에 가면 그렇지 않다. 인도의 표준어는 북인도 지방에서 사용하는 힌디 어이며, 헌법상 공식적으로 15개 언어를 인정하고 있지만 수많은 언어가 존재하고 있다. 인도는 현재 적어도 800여 개의 언어와 2,000여 개의 방언이 있는 것으로 밝혀져 있다. 인도 헌법에는 정부 기관 내에서 공식적인 의사소통은 영어와 힌디 어만 사용하도록 규정되어 있으며, 각 주에서 공식적으로 사용하는 공용어와, 공용어에 준하는 공용 인정어가 지정되어 있다. 이외에도 일부 프랑스 어가 사용되는 곳도 있다.

여러 종류의 언어가 사용되고 있는 인도의 사회적 특성을 감안하여 인도에서는 다른 어느 나라보다 화폐의 금액 표시에 세심한 주의를 기울이고 있다. 즉, 현재 인도에서 유통되고 있는 10, 50, 100, 500, 1,000루피(Rupee) 등 5종의 지폐에는 다양한 언어를 사용하는 국민이 지폐의 금액을 쉽게 알아볼 수 있도록 뒷면 왼쪽에 헌법상 공용어인 15개 언어로 금액 표시를 하였다.

지리 상식 5 크리스마스가 1월 7일인 크리스트교를 아시나요?

아프리카는 사하라 사막을 기준으로 사하라 사막 이북에는 이슬람교가, 사하라 사막 이남에는 토착 종교가 분포하는 것으로 알려져 있다. 하지만 이집트는 성 가족(요한과 마리아, 아기 예수)이 유대의 헤롯 왕을 피해 살았던 곳이다. 또한 예수의 제자인 마가가 알렉산드리아에 크리스트교를 전파했고, 이후 세계 크리스트교의 중심지 역할을 할 만큼 번창했다. 예수 사망 직후인 서기 40년 12사도 중 하나인 마가를 시작으로 이집트에 전파된 크리스트교는 451년 칼케돈 공의회에서 단성론자로 찍혀 이단시되었다. 이 지역의 크리스트교도들은 640년 이집트가 이슬람 세력에 정복된 뒤에도 원시 크리스트교의 정신을 엄격하게 지키며 살았는데, 유럽 인들은 이들을 킵트(Qibt)라고 불렀고, 나중에 콥트라는 말로 세상에 알려지게 되었다. 즉

콥트교는 이집트의 고대 크리스트교 일파이며, 나중에 에티오피아에 전파되어 에티오피아의 종교에 큰 영향을 미쳤다.
현재 이집트 인구 중 70%는 모슬렘이고, 30%는 콥트교도이다. 다수의 모슬렘과 소수의 콥트교도는 초기 교회처럼 조화롭게 살고 있다. 콥트교의 성탄절은 1월 7일이며, 성탄 40일 전부터 단식을 한다. 또 부활절이 오기 전 55일간 단식을 한다. 음식은 해가 뜨기 전과 해가 진 후에만 먹는데, 육식을 피하고 올리브유로 요리한 것만 먹는다.

유상철, 2012, 『카툰 지리』

지리 상식 6 소를 숭배하는 인도가 세계 최대 쇠고기 수출국!

인도의 물소 수출이 급증하면서 인도가 오스트레일리아, 브라질 등을 제치고 세계 최대 쇠고기 수출 국가로 부상할 것이라는 전망이 제기되고 있다. 『파이낸셜타임스』는 미 농무부를 인용해 인도의 올해 쇠고기 수출 물량이 152만 5,000t으로 오스트레일리아(142만 5,000t)나 브라질(135만 t) 수출량을 앞지를 것으로 예상된다고 전했다. 인도의 쇠고기 수출은 지난 2009년 60만 9,000t에 그쳤으나 국제 시장에서 가격 경쟁력이 높아지고 효율성 증대로 도살이 늘어나면서 가파른 증가세를 보이고 있다고 말한다.
현재 세계 쇠고기 생산량은 금융 위기 이전인 2007년의 정점에 비해 2.4% 줄어든 실정이다. 하지만 아시아와 중동·남아메리카 등지에서 소비가 급증하고 있어 세계 쇠고기 수요는 지난해 6,450만t에서 오는 2020년까지 24% 증가할 것으로 예상된다.

인도의 물소고기는 신흥국 시장에서 급팽창하는 쇠고기 시장을 파고드는 것으로 나타났다. 특히 베트남과 중동 국가들은 인도의 주요 수출 공략지이다. 라보뱅크의 데이비드 넬슨 글로벌 전략가는 "인도 이외의 사실상 모든 지역에서는 목축지가 고부가 가치의 다른 용도로 속속 변경되어 쇠고기 생산이 압박을 받고 있다. 따라서 인도가 이 시장에서 중요한 부분을 메우게 될 것"이라고 전망했다.
한편 인도에서 2009년 이후 물소고기 수출이 세 배 가까이 늘어나자 일각에서는 인도에서 신성시되는 일반 소까지 수출되는 게 아니냐는 우려가 나오고 있다. 소를 신성시하는 인도의 일부 주에서는 숭배 대상인 일반 소를 도살할 경우 실형이 선고된다.

서울경제, 2012. 6. 11., "소를 숭배하는 인도, 세계 최대 쇠고기 수출국으로"

[선택형]

· 2014 6 평가원

1. (가)는 미국의 지역 구분도이고, (나)는 A~C 인종(민족)의 지역별 분포 비율을 나타낸 것이다. A~C에 대한 옳은 설명을 〈보기〉에서 고른 것은?

(가)

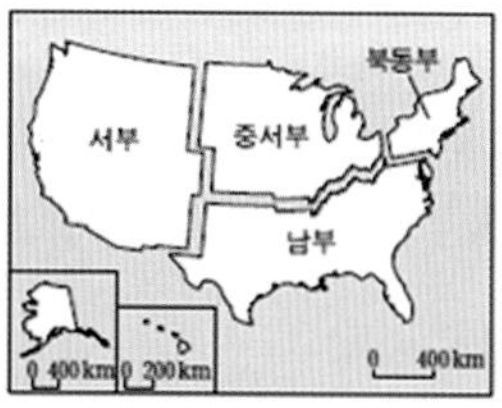

(나)

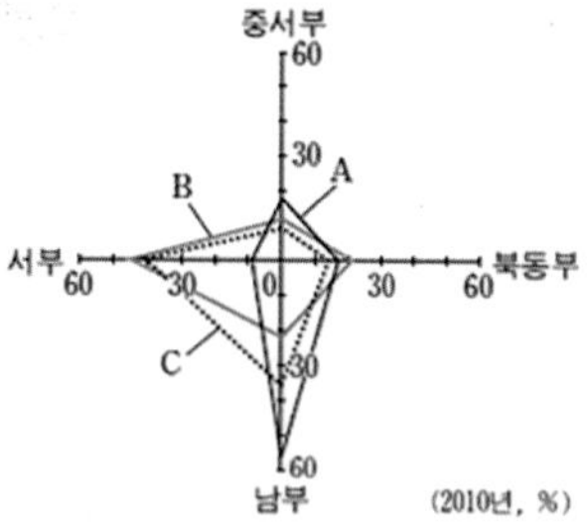

보기

ㄱ. A는 아시아에서 이주한 이들로 주로 상업에 종사한다.
ㄴ. B는 과거 노예 노동력으로 강제 이주되었다.
ㄷ. C는 가정에서 주로 에스파냐 어를 사용한다.
ㄹ. C는 A~C 중 미국 전체 인구에서 차지하는 비중이 가장 크다.

① ㄱ, ㄴ ② ㄱ, ㄷ ③ ㄴ, ㄷ ④ ㄴ, ㄹ ⑤ ㄷ, ㄹ

· 2010 9 평가원

2. 지도는 라틴 아메리카의 국가별 인종 구성을 나타낸 것이다. (가)~(라)에 대한 옳은 설명을 〈보기〉에서 고른 것은?

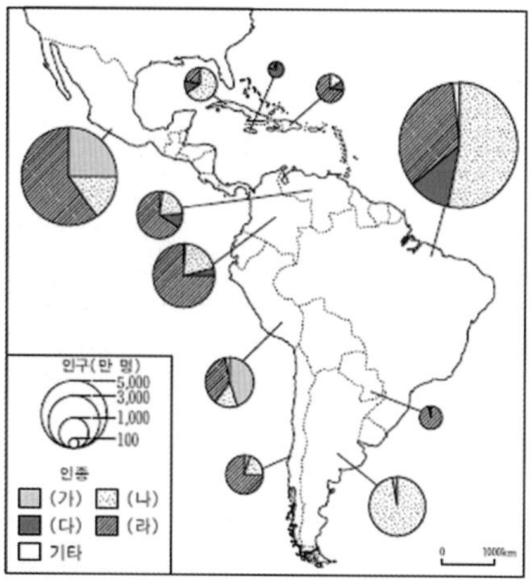

보기

ㄱ. (가)는 대하천의 평야 지역을 중심으로 이 지역의 고대 문명을 발달시켰다.
ㄴ. (나)는 동일한 언어를 사용하고, 가톨릭교를 믿고 있다.
ㄷ. (다)는 광산 개발과 열대 작물 재배에 필요한 노동력 확보를 위해 아프리카에서 강제 이주되었다.
ㄹ. (라)에는 메스티소, 물라토, 삼보가 있다.

① ㄱ, ㄴ ② ㄱ, ㄷ ③ ㄴ, ㄷ ④ ㄴ, ㄹ ⑤ ㄷ, ㄹ

· 2014 9 평가원

3. 지도는 남아메리카 주요 국가의 인종(민족)별 구성을 나타낸 것이다. A~D 인종(민족)에 대한 옳은 설명을 〈보기〉에서 고른 것은?

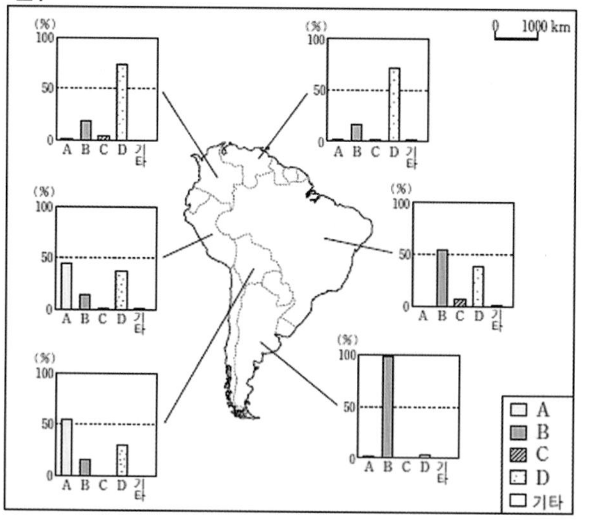

보기

ㄱ. A는 유럽 인 진출 이전 고산 지역에 고대 문명을 발달시켰다.
ㄴ. B는 원주민, 백인, 흑인 사이의 혼혈로 여러 나라에 분포한다.
ㄷ. C는 과거 플랜테이션을 위해 강제 동원되어 정착하였다.
ㄹ. D는 주로 대농장을 경영하며 사회적 상류층을 구성해 왔다.

① ㄱ, ㄴ ② ㄱ, ㄷ ③ ㄴ, ㄷ ④ ㄴ, ㄹ ⑤ ㄷ, ㄹ

· 2015 6 평가원

4. 지도는 해당 국가별 신자 수가 가장 많은 종교의 인구 비율을 나타낸 것이다. A~D 종교에 대한 설명으로 옳지 않은 것은?

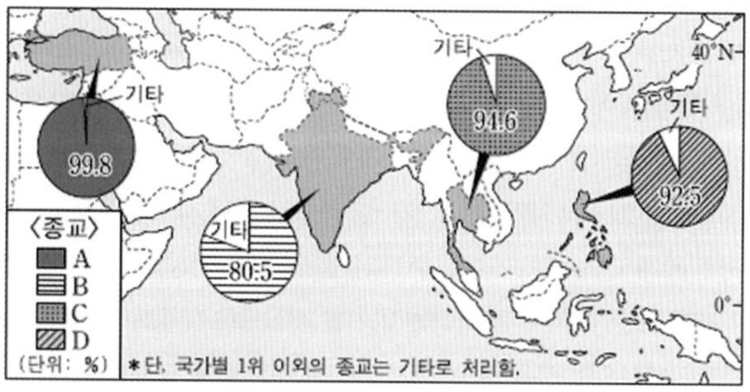

① A는 돼지고기를, B는 쇠고기를 금기시한다.
② A와 C의 사원에는 신들의 조각상이 장식되어 있다.
③ A와 D는 모두 유일신을 믿는다.
④ B와 C는 모두 남부 아시아에서 기원하였다.
⑤ B는 민족 종교이고, D는 보편 종교이다.

[서술형]

1. ㈎, ㈏, ㈐ 지역에서 높은 비중으로 나타나는 종교를 쓰고 종교의 특징을 서술하시오.

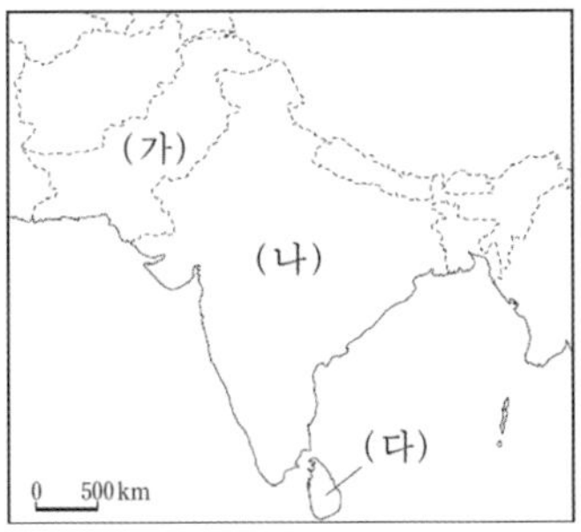

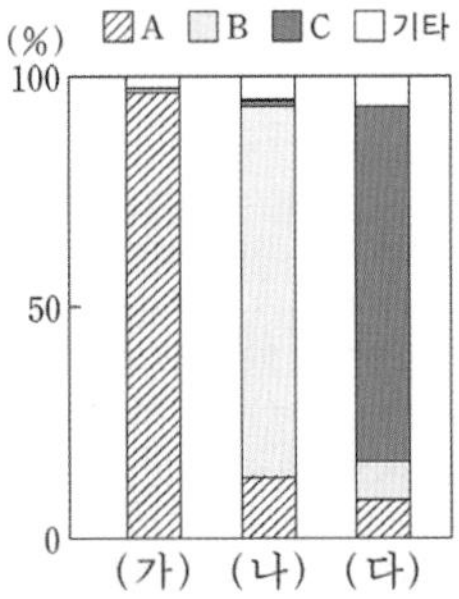

2. 이슬람교를 신봉하는 나라의 국기는 아래와 같이 초승달과 별이 그려져 있는 경우가 많다. 그 이유를 서술하시오.

3. 전 세계에서 이슬람교 인구가 가장 많은 나라를 쓰시오.

4. 동남아시아에서 불교 신자 수가 많은 나라를 있는 대로 쓰시오.

5. 이슬람교를 믿는 사람들이 지켜야 할 5대 규칙을 서술하시오.

문화 지리

02. 역사와 정치

핵심 출제 포인트

- ▶ 4대 문명 발상지 위치
- ▶ 국가 형상의 유형
- ▶ 문명이 사라진 원인
- ▶ 국가 간의 협력

■ 세계 4대 문명 발상지

문명 발상지의 공통점은 큰 강 유역에서 발생하였다는 것과 도시와 문자가 발달하였다는 것이다.

■ 잉카, 아스테카, 마야 문명 발생 지역

■ 이스터 섬의 모아이

이스터 섬의 모아이는 비극의 씨앗이었다. 권력의 상징이었던 모아이는 경쟁 관계의 부족에게는 부숴야 되는 상징이었다. 모아이 하나를 만들기 위해 수많은 나무를 베어 굴림대나 지렛대를 만들었으며, 이렇게 모아이의 수가 늘어나는 만큼 숲은 사라졌다.

1. 문명

(1) 싹트기 시작한 문명

① 문명 발상지

이집트 문명	• 나일 강 하류의 비옥한 토지에서 일찍부터 농경 발달 • 지리적 위치가 폐쇄적이어서 외부의 침입 없이 2,000년 동안 고유문화를 간직 • 나일 강의 범람을 예측·통제하기 위해 태양력, 기하학, 건축술, 천문학 발달
메소포타미아 문명	• 비옥한 초승달 모양의 티그리스 강, 유프라테스 강 유역을 중심으로 번영한 고대 문명 • 개방적인 지리적 요건 때문에 외부와의 교섭이 빈번하여 정치·문화적 색채가 복잡 • 메소포타미아 문명은 주위의 문화적 파급을 고려해 볼 때 세계사적 의의가 큰 문명
인더스 문명	• 기원전 3000년 중엽부터 약 1,000년 동안 인더스 강 유역에서 청동기를 바탕으로 번영한 고대 문명 • 메소포타미아의 영향을 받은 것으로 추측됨
황하 문명	• 비옥한 황토가 퇴적되어 황토 지대를 형성 • 주변 지역에서 농경 발달

(2) 사라진 문명 지역

이스터 섬	• 약 30만 년 전: 아열대의 원시림이 자라고 있는 아름다운 섬 • 숲의 파괴: 부족 간의 권력과 힘을 과시하기 위해 거대한 모아이 석상을 만들며 숲을 파괴 • 자멸: 늘어난 모아이 수만큼 숲이 사라지면서 동식물이 사라져 삶의 터전을 잃음
잉카, 아스테카, 마야 문명	• 마야 문명: 유카탄 반도를 중심으로 번성한 인디오 문명 및 이를 이룩한 민족의 문명 • 아스테카 문명: 13세기부터 스페인 침입 전까지 멕시코 중앙 고원에 발달한 인디오의 문명 • 잉카 문명: 15세기부터 16세기 초까지 남아메리카의 중앙 안데스 지방(페루, 볼리비아)을 지배한 고대 제국 • 문명의 멸망 원인설 – 식민지 개척을 위해 온 백인들을 자신들이 믿고 있는 신이라고 판단 – 백인들에게 면역이 있는 질병이 면역력 없는 원주민에게 퍼짐 – 식민지 점령 백인들에게 사이가 좋지 않은 부족의 위치를 알려 줌

2. 국가

(1) 국가의 발전

① 국가: 지표면 위에 영토를 점유하고 있으며, 주권에 의한 통치 조직을 가진 사회 집단이자, 국내외 현안을 다루는 정부에 의해 건립된 영역으로 지속적으로 거주하는 인구가 있음

② 고대 국가: 중세 이전에 형성된 여러 형태의 국가

- 최초의 국가 수메르는 도시 국가로 알려짐
- 국가의 발전은 비옥한 초승달 지역으로 알려진 고대 중동 지방으로 거슬러 올라감

③ 초기 유럽 국가

- 로마 제국의 건립으로 절정을 이룸
- 유럽이 국가로 조직되자 유럽 외 다른 지역에 식민지 건설

(2) 국가의 경계

① 물리적 경계: 산맥, 하천, 호수, 사막 등과 같은 자연환경에 의한 경계

② 문화적 경계: 일부 국가들 간에 나타나는 언어, 종교 등 민족성의 차이에 의한 경계

(3) 국가의 형상

• 감비아: 신장형

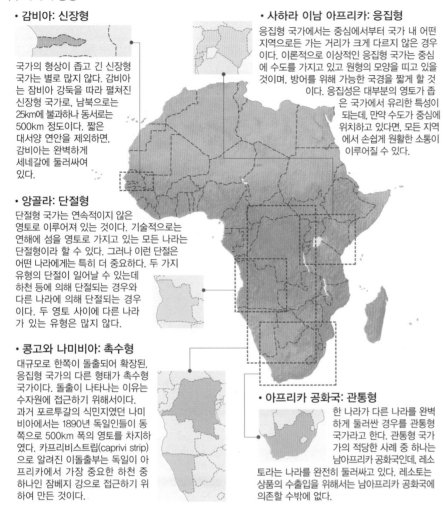

국가의 형상이 좁고 긴 신장형 국가는 별로 많지 않다. 감비아는 잠비아 강둑을 따라 펼쳐진 신장형 국가로, 남북으로는 25km에 불과하나 동서로는 500km 정도이다. 짧은 대서양 연안을 제외하면, 감비아는 완벽하게 세네갈에 둘러싸여 있다.

• 사하라 이남 아프리카: 응집형

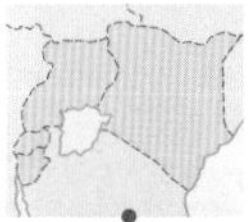

응집형 국가에서는 중심에서부터 국가 내 어떤 지역으로든 가는 거리가 크게 다르지 않은 경우이다. 이론적으로 이상적인 응집형 국가는 중심에 수도를 가지고 있고 원형의 모양을 띠고 있을 것이며, 방어를 위해 가능한 국경을 짧게 할 것이다. 응집성은 대부분의 영토가 좁은 국가에서 유리한 특성이 되는데, 만약 수도가 중심에 위치하고 있다면, 모든 지역에서 손쉽게 원활한 소통이 이루어질 수 있다.

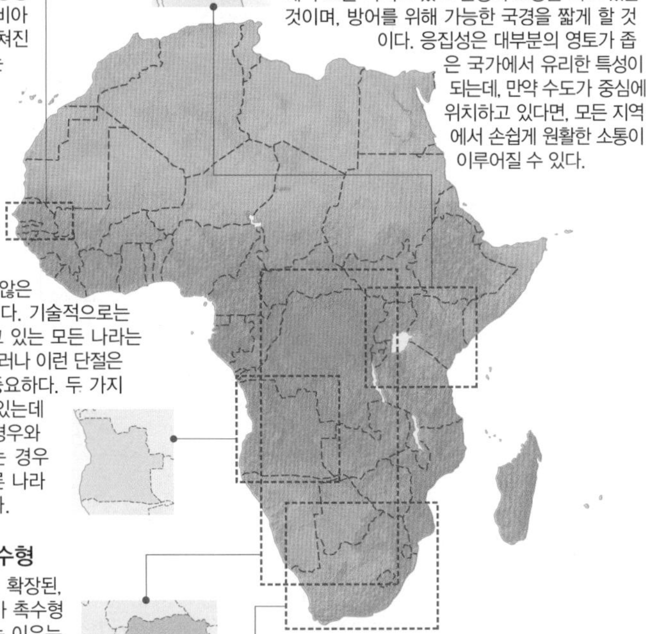

• 앙골라: 단절형

단절형 국가는 연속적이지 않은 영토로 이루어져 있는 것이다. 기술적으로는 연해에 섬을 영토로 가지고 있는 모든 나라는 단절형이라 할 수 있다. 그러나 이런 단절은 어떤 나라에게는 특히 더 중요하다. 두 가지 유형의 단절이 일어날 수 있는데 하천 등에 의해 단절되는 경우와 다른 나라에 의해 단절되는 경우이다. 두 영토 사이에 다른 나라가 있는 유형은 많지 않다.

• 콩고와 나미비아: 촉수형

대규모로 한쪽이 돌출되어 확장된, 응집형 국가의 다른 형태가 촉수형 국가이다. 돌출이 나타나는 이유는 수자원에 접근하기 위해서이다. 과거 포르투갈의 식민지였던 나미비아에서는 1890년 독일인들이 동쪽으로 500km 폭의 영토를 차지하였다. 카프리비스트립(caprivi strip)으로 알려진 이돌출부는 독일이 아프리카에서 가장 중요한 하천 중 하나인 잠베지 강으로 접근하기 위하여 만든 것이다.

• 아프리카 공화국: 관통형

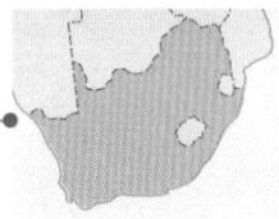

한 나라가 다른 나라를 완벽하게 둘러싼 경우를 관통형 국가라고 한다. 관통형 국가의 적당한 사례 중 하나는 남아프리카 공화국인데, 레소토라는 나라를 완전히 둘러싸고 있다. 레소토는 상품의 수출입을 위해서는 남아프리카 공화국에 의존할 수밖에 없다.

3. 국가의 협력과 정치

(1) 국가 간의 협력

① 군사 동맹

• 1940년대 후반부터 1990년대 초반까지의 냉전 시대에 유럽에서 활발히 결성된 동맹

• 미국과 소련이라는 두 강대국을 중심으로 구성되어 힘의 균형을 이룸

② 경제적 협력

• 유럽 연합: 군사적 목적에 치우친 동맹이 감소하면서 유럽 국가 간 경제적 협력이 이루어짐

– 1958년 설립 당시 유럽 연합의 전신에는 총 6개 회원국이 속해 있었다가, 1980년대 12개국, 21세기에 들어 28개국으로 늘어났고, 가입을 희망하는 국가가 있음

• 북미 자유 무역 협정: 미국, 캐나다, 멕시코 3국이 수출입 관세 등 무역 장벽을 폐지하고 자유 무역권을 형성한 협정

• 동남아시아 국가 연합: 1967년에 경제 성장 및 사회·문화 발전을 가속시키고 동남아시아 지역의 평화와 안전을 추진하기 위해 결성된 정부 단위의 협력 기구

• 아시아 태평양 경제 협력체: 환태평양 국가들의 경제·정치적 결합을 돈독하게 하고자 만든 국제 기구로 1989년에 12개 나라가 모여 결성한 이후 1991년에 중국, 홍콩, 대만에 이어

■ 종교의 기원과 확산

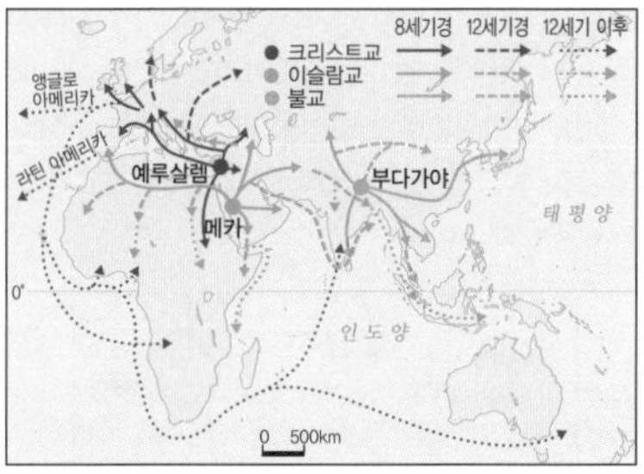

불교의 발상지는 네팔과 인도 북부이고 기독교의 발상지는 현재의 이스라엘, 이슬람교의 중심지는 현재의 사우디아라비아에 위치한다. 불교는 주로 동쪽으로 확산되었으며, 이슬람교는 서쪽으로는 북아프리카, 동쪽으로는 서남아시아로 확산되었다. 크리스트교는 식민지 개척과 유럽 인의 이주 등으로 아메리카와 오세아니아로 전파되었다.

■ 마야 문명

■ 아스테카 문명

■ 잉카 문명

■ 물에 의한 경계: 빅토리아 호

하천, 호수, 해양 등은 국가 간 경계로 자주 사용된다. 물에 의한 경계는 분쟁을 야기할 수 있는데, 국가들이 일반적으로 해안선을 따라 경계를 주장하는 것이 아니라 바다 바깥쪽까지 경계라고 주장하기 때문이다.

■ 비옥한 초승달 지역

페르시아 만과 지중해 사이에 초승달 모양으로 형성되었다. 동쪽 끝인 메소포타미아 지역은 티그리스 강과 유프라테스 강 사이 계곡의 중심에 있으며, 현재 이라크에 해당한다.

■ 게리맨더링

게리맨더링이라는 용어는 1810~1814년 매사추세츠 주지사였고 1813~1814년에 미국 부통령이었던 엘브리지 게리의 이름을 따서 만들어졌다. 주지사였던 게리는 그의 정당에 유리하게 주를 재조정하려는 법안을 통과시켰다. 반대자는 새로운 구역이 마치 '샐러맨더(도롱뇽)'같이 괴상하게 생겼다고 비판했으며, 또 다른 반대자는 그 운율을 살려 '게리맨더'라고 불렀다. 그리 신문은 몸통이 선거구로 이루어진 '게리맨더'라고 불리는 괴물을 만평으로 그려 넣었다.

게리맨더링이라고 불리는 괴물을 그린 만평

1993년에 멕시코, 파푸아 뉴기니, 1994년에 칠레, 1998년에 페루, 러시아, 베트남 등이 추가로 가입하여 총 21개 국가가 참여

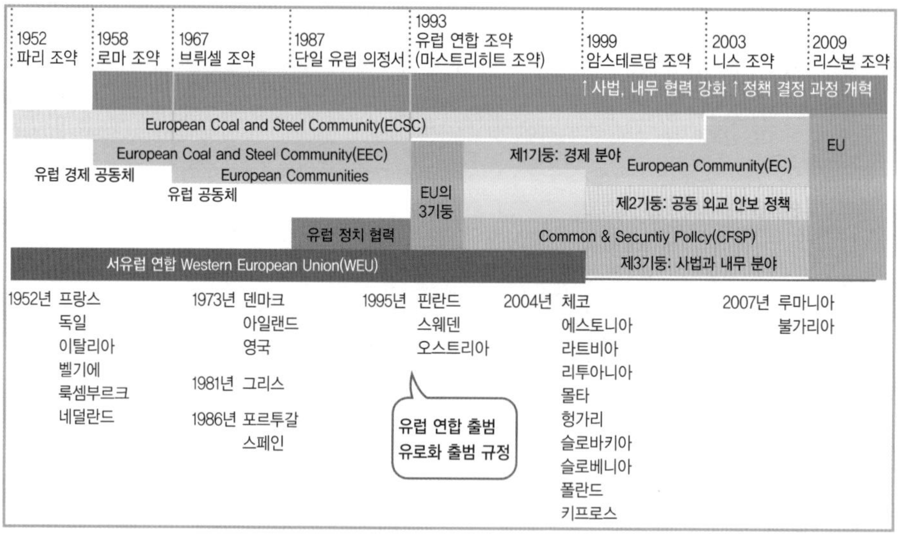

↑ 유럽 연합 연보

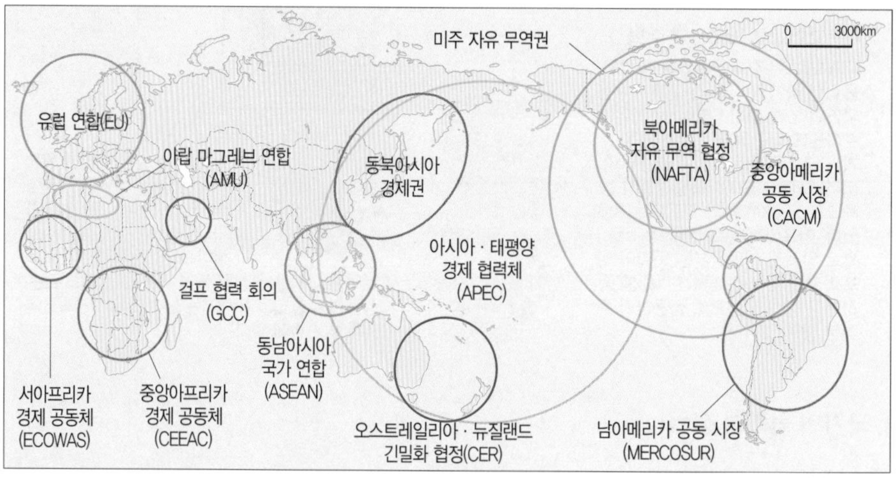

↑ **경제 협력 기구** 오늘날 국가는 군사적 동맹과 협력보다는 경제적 협력에 많은 노력을 하고 있다. 현재 가장 높은 단계의 경제 협력체로는 유럽 연합이 있다.

(2) 정치 지리의 사례(선거 지리)

① 여러 나라에서 법적인 구역을 나누는 경계는 각 구역이 가능한 한 동일한 인구 규모를 가질 수 있도록 주기적 재설정

② 이주로 인해 어느 한 지역의 인구가 증가하면 다른 지역의 인구는 줄어들기 때문에 경계의 재설정이 필요

③ 게리맨더링: 집권당이 이익을 얻을 목적으로 법적인 경계를 재조정하는 과정

지리 상식 1 항공 모함의 섬, '디에고가르시아' 여기가 어디?

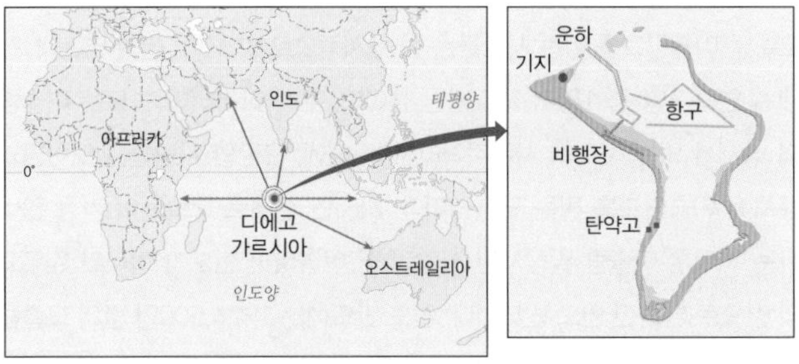

산호섬 디에고가르시아는 자연이 만든 요새이다. 산호초 안의 호수로 들어오는 길은 북쪽밖에 없고, 최대 깊이 31m, 최대 너비 10km에 이르는 호수는 항공 모함과 핵잠수함을 숨겨 두기에 최적의 조건을 갖추고 있다. 북쪽 출입구 쪽에는 미군 기지가 있어, 섬 전체가 완벽한 기지가 된다. 미군은 이 섬 한가운데 폭격기나 다른 비행기들이 뜨고 내릴 수 있는 활주로와 무기 창고를 만들었으며, 우주 감시 센터도 들여왔다. 총 3만 5,000명의 군인과 민간인들이 디에고가르시아에 주둔한 미군을 위해서 일하고 있다. 이 중 섬의 행정을 담당하는 사람은 약 100명가량의 영국인들이다. 공식적으로 디에고가르시아는 영국 영토이기 때문이다.

인도로 가는 길목에 있는 디에고가르시아를 두고, 18세기에 영국과 프랑스 간의 싸움이 끊이지 않았다. 1814년에 영국령이 된 디에고가르시아는 19세기 말 수에즈 운하가 열리면서 더욱 주목을 받았다. 영국에서 수에즈 운하를 지나 오스트레일리아로 가는 배의 중간 기착지 역할을 하기 때문이다. 제2차 세계 대전 중에는 일본 해군의 눈을 피해 영국 공군기들을 숨겨 놓는 기지로 사용되었고, 전쟁이 끝난 후에는 미국이 특히 이 지역에 관심을 가졌다. 중동의 석유를 싣고 온 배들이 머물다 가는 곳으로 이용된 것이다. 인도양에 출몰하는 소련 전함들을 감시하는 기지가 들어선 것은 그 다음의 일이다. 당시 인도양에는 소련 전함이 특히 많았다. 1971년 인도와 맺은 '우호 조약'으로 소련은 안다만 제도의 오카와 바샤카파트남, 블레어 등의 항구를 자유롭게 이용할 수 있었던 것이다. 그뿐만 아니라 남예멘에도 소련 기지가 있었고, 1975년 모잠비크에, 1976년 에티오피아에 친 소련 정권을 세움으로써 인도양에서의 주도권을 강화해 왔다. 1979년의 아프가니스탄 침공도 그 같은 전략의 일환이었다.

디에르가고시아는 미국의 방어 전략에서도 중요한 위치를 차지하고 있다. 1979년 이란에 이슬람 정권이 들어서면서 걸프 지역에서 근거지를 잃게 된 미국은 디에고가르시아에 눈을 돌렸다. 중동의 석유로 가는 길을 확보하기 위해서였다. 디에고가르시아는 인도양의 중심에 있어 미군이 좀 더 신속하게 분쟁지로 향할 수 있다. 4일이면 인도와 말라카 해협에 전함을 보낼 수 있고, 5~6일이면 걸프 만과 오스트레일리아 서부에 이르고, 희망봉까지도 1주일이면 닿는다. 1991년 이라크 공습도 이곳에서 시작되었다. 디에고가르시아는 미국 전투기 발진 기지이자 연료 공급 기지의 역할을 톡톡히 했다. 2001년 9·11 이후에는 탈레반 정권을 공격하는 병참 기지로 사용되고 있다. 디에고가르시아에서 출격한 B52 폭격기는 불과 여섯 시간 만에 아프가니스탄에 이르러 알카에다에 대한 폭격을 감행했다.

이처럼 디에고가르시아는 인도양의 미군에게는 없어서는 안 될 중요한 기지이다. 그곳에 살던 원주민들을 쫓아낸 것도, 혹시라도 공산주의자들의 땅이 될까 봐 두려웠기 때문이다. 미국으로서는 디에고가르시아를 포기할 이유가 전혀 없어 보인다.

장 크리스토프 빅토르, 김희균 역, 2007, 『아틀라스 세계는 지금』

지리 상식 2 남아메리카, '인디언의 귀환'

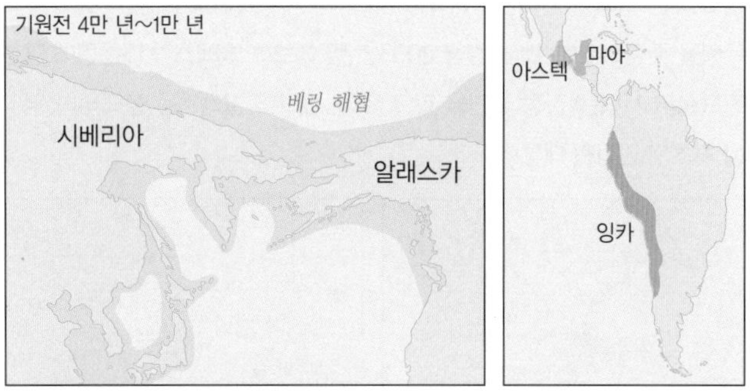

시베리아에서 알래스카까지의 이동

지금으로부터 4만~1만 년 전 사이, 마지막 빙하기에 해수면은 현재보다 50m 정도 낮았다. 베링 해에는 물이 없었고, 시베리아에서 알래스카까지 육지로 연결되어 있었다. 아시아에서 온 인디언들은 이 길을 따라 아메리카 대륙으로 건너왔고, '비어 있는' 땅에 자리를 잡았다. 사냥과 어업으로 먹고 살던 유목민이었던 그들은 새로운 땅에 널려 있는 들소와 맘모스 등 풍부한 사냥감에 매료되었다. 파나마 해협을 따라 남쪽으로 내려간 인디언들은 기원전 1만 년경에는 최남단 '불의 땅(티에라델푸에고)'에 이른다. 인디언들이 정착하면서 다양한 문명이 태어났다. 3~10세기에 마야 문명, 14~16세기에 중미의 아스텍 문명, 14~16세기 안데스 산맥의 잉카 문명 등이 그것이다. 1942년 바하마 제도의 과나하니(Guanahani) 섬에 도착한 콜럼버스는 그곳이 인도 대륙인 줄 알았다. 그래서 원주민을 '인디언'이라고 부른 것이다. 당시 '인디언'은 약 5,000만 명이었다. 유럽 인구 6,700만 명에 버금가는 숫자였다. 하지만 150만 년이 지나고, 인디언의 숫자는 500만 명으로 줄어들었다. 정복자들에 의해 죽임을 당하거나 유럽에서 들어온 전염병으로 목숨을 잃었던 것이다.

그런데 1996년 에콰도르에서는 인디언 정당이 탄생했다. 이 정당의 이름은 '파차쿠틱'으로 케추아 말로 '과거의 부활'이라는 뜻이다. 잉카 제국의 부활을 염두에 둔 이름이다. 파차쿠틱 당은 총 100명 가운데 6명의 국회의원을 배출했고, 22명 가운데 5명의 주지사와 여러 명의 군수가 소속되어 있다. 인디언 어린이들을 위해서 1988년부터는 케추아 어로 교육 과정이 개설되었고, 8~12세 아동을 위한 케추아 역사책이 만들어지고 있다. 이러한 정치적 세력화에 힘입어 수만 명의 인디언들은 야당과 합세해 1997년과 2000년 두 번의 대선에서 에콰도르 인 대통령을 몰아내는 데 성공했다. 2004년 대선에서는 루시오 구티에레스의 재선을 저지했는데, 이유는 당선 이후에 인디언들을 위한 정책을 펴지 않았다는 것 때문이었다. 페루에는 에콰도르와는 달리 인디언 정당이 존재하지는 않는다. 그렇지만 인디언들의 목소리는 점점 더 커지고 있다. 1996년 이후 아야쿠초 지방에서 당선된 10명의 시장이 케추아 어를 쓰고, 5명은 케추아 족 출신이다. 2001년 대통령에 당선된 알레한드로 톨레도도 인디언 출신이다.

볼리비아의 인디언들은 정치적 반대 세력으로서 확고한 입지를 갖고 있다. 70% 이상이 인디언인 나라이므로 어쩌면 당연한 결과일지도 모른다. 다만 인디언들의 정치 참여가 확대되면서 정정이 불안해지고 있는 것은 커다란 문제가 아닐 수 없다. 2003년 10월에는 아이마라의 인디언들이 주축이 돼서, 선거를 통해 당선된 곤살로 산체스 데로사다 대통령을 몰아냈다. 2005년 초에는 과격한 인디언들이 아이마라, 케추아, 과라니 등 세 부족의 분리 독립을 주장하기도 했다. 결국 2005년 말 에보 모랄레스가 대통령에 당선됨으로써 사태는 진정 국면을 맞고 있다. 에보 모랄레스는 볼리비아 역사상 최초의 인디언 대통령이다.

남아메리카 지역의 원주민 분포와 종류

페루와 볼리비아처럼 정정이 불안하고 마약이 횡행하는 가난한 나라에서는 인디언의 정치 세력화로 폭력 행위가 촉발되기도 한다. 최근 남미의 나라들은 인디언들에게 더 많은 기본권을 보장하는 데 난색을 표하고 있는 실정이다. 1781년 스페인 사람들이 아이마라의 지도자 투팍 아마루를 처형할 때, 투팍 아마루는 이렇게 말했다. "나는 언젠가 수백만 명의 인디언들과 함께 돌아올 것이다." 오늘날 바로 그런 사태가 벌어지고 있다.

장 크리스토프 빅토르, 김희균 역, 2007, 『아틀라스 세계는 지금』

지리 상식 3 이슬람 4대 천황

7세기경 서남아시아 아라비아 반도의 홍해 연안 도시인 메카에서 무함마드(마호메트)에 의해 창시된 이슬람교는 세계 3대 종교 중 가장 늦게 발생하였다. 그러나 이슬람교는 그 어떤 종교보다도 빠르게 퍼져 나갔다. 창시 후 겨우 100여 년 만에 서남아시아를 넘어 북아프리카, 유럽의 이베리아 반도, 중앙아시아, 인도 북서부 지역까지 진출하였다. 이슬람교가 이처럼 빠르게 퍼져 나갈 수 있었던 것은 전쟁과 무역을 통해 세력을 확장했기 때문이다. "그것이 진실이라는 믿음이 있고, 알라의 숭배만이 있을 때까지 싸워라." 이는 코란의 구절이다.

하지만 그들은 정복한 나라에서 포용적인 정책을 폈다. 정복한 지역의 주민들이 이전부터 갖고 있던 종교를 그대로 믿고 살 수 있게 하되 이슬람교로 종교를 바꾸면 세금 혜택을 주는 식이었다. 칼을 들이대고 윽박지르는 것보다 효과가 좋았을 것이다. 한편 사하라 사막 남쪽의 아프리카와 중국의 위구르 지역, 남부 아시아와 말레이시아, 인도네시아에서 많은 사람들이 이슬람을 믿게 된 것은 모슬렘 상인과 선교사들의 노력 때문이었다.

오늘날 이슬람교를 믿는 사람들은 전 세계적으로 약 13억 명이 넘는다. 전 세계 인구 4명 중 1명이 모슬렘인 셈이다. 우선 아라비아 반도는 이슬람의 성지가 있는 곳이며 사우디아라비아, 예멘, 오만의 사람들은 태어남과 동시에 이슬람교를 믿는 모슬렘이다. 하지만 실제로 모슬렘이 가장 많이 사는 지역은 이슬람 발상지인 사막의 땅 아라비아 반도가 아니라 힌두교의 땅으로 알려진 인도 반도이다. 인도 반도에는 1억 4,500만 명의 모슬렘이 사는 인도 외에도 파키스탄에 약 1억 7,000만 명, 방글라데시에 약 1억 3,800만 명 등 엄청난 수의 모슬렘이 살고 있다. 이것은 북아프리카와 서남아시아에 있는 3억 명보다도 많은 수이다. 모슬렘 수가 가장 많은 국가는 약 2억 7,000만 명(2009년 추정)이 있는 인도네시아이다.

조지욱, 2012, 『동에 번쩍 서에 번쩍 세계 지리 이야기』

지리 상식 4 유럽 연합의 확대, 어디까지?

동서 대립의 종식은 유럽 공동체의 입장에서 역사적인 기회였다. 동유럽 사회주의 진영이 해체되자, 1989년 이전과 달리 통합 유럽은 동유럽으로 확대되었다. 1993년 11월 1일, 마스트리히트 조약의 발효와 함께 유럽 공동체는 유럽 연합으로 발전했다. 이제 지리적으로 '거대해진 유럽'이 그에 걸맞은 사명을 모색할 차례였다. 1990년 독일의 통일과 함께 유럽 공동체는 자동적으로 옛 동독의 영토를 포괄하게 되었다. 동시에 옛 '동구권 국가들'을 지원할 방안을 마련했다. 이들 국가가 민주주의 체제와 시장 경제 체제로 이행하는 데 도움을 주기 위해서였다. 동유럽 국가들은 유럽 통합을 지대한 관심을 가지고 지켜보았다. 1993년 6월 코펜하겐 정상 회담에서는 유럽 공동체의 동유럽 확대와 이를 위한 가입 기준을 확정지었다.

1995년 1월 1일 오스트리아와 스웨덴, 핀란드가 유럽 연합에 가입하면서 회원국이 15개로 늘어났다. 이 세 국가는 유럽 연합에 가입하는 데 전혀 문제될 것이 없었다. 정치나 경제 분야에서 이미 오래전부터 서유럽 국가의 기준을 충족시켜 왔기 때문이다. 이들은 다만 군사적인 중립을 표방했을 따름이다. 노르웨이의 경우 국민 투표를 통해 유럽 연합 가입을 두 차례나 거부하기도 했으나, 옛 사회주의 국가들은 가입하기 쉽지 않았다. 터키 또한 가입 후보국이기는 했지만 특별 대상국으로 취급되었다. 2004년 5월에 마침내 10개국이 유럽 연합에 가입하였고, 2013년에 크로아티아까지 가입하면서 28개국이 되었다.

그러나 유럽 연합의 확대 과정에는 어려운 일들도 많다. 회원국 간의 단합, 제도적 균형에 위협이 될 수도 있기 때문이다. 빠른 확대에만 치중하다가 내부의 결속이 깨질 것을 염려하는 의견도 있지만 협력 기구로서 신속한 확대를 지지하는 의견도 있었다. 유럽의 경계가 어디까지인가 하는 문제도 남아 있다.

페터 가이스 · 기욤 르 갱트렉, 김승렬 · 이학로 · 신동민 · 진화영, 『독일 프랑스 공동 역사교과서』

[선택형]

• 2006 6 평가원

1. 세계지리 수업에서 (가)~(마) 지역을 이해하는 데 필요한 사진 자료로 적절하지 않은 것은?

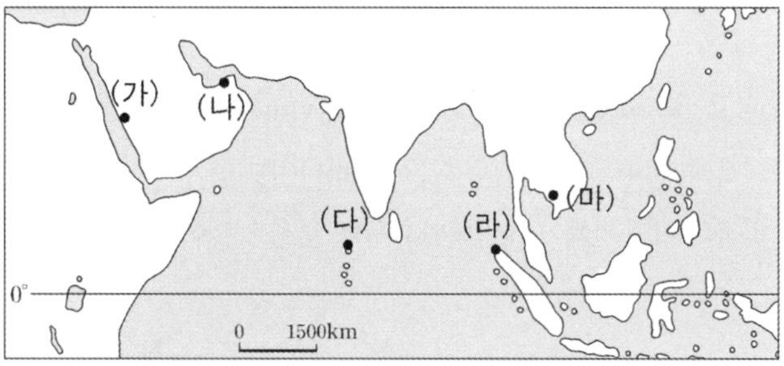

① (가) : '하지(hadj)'를 맞아 이슬람 성지를 찾는 순례객
② (나) : 오일 달러를 이용한 인공 섬 개발 현장
③ (다) : 해수면 상승으로 사라져 가는 산호 해안
④ (라) : 지진해일 이후 관광 인프라 재건을 위한 피해 복구 현장
⑤ (마) : 세계 최대 도시 국가의 마천루

• 2006 수능

2. 다음 종교와 가장 관련 깊은 국가를 지도에서 고른 것은?

> 이 종교는 건조 지역에서 발생했으며, 전 세계에 10억이 넘는 신도가 있다. 종교적 이유로, 신도들은 하루에 다섯 번 성지를 향해 기도하고 돼지고기를 먹지 않는다. 그리고 여성들은 대부분 얼굴을 가리고 다닌다.

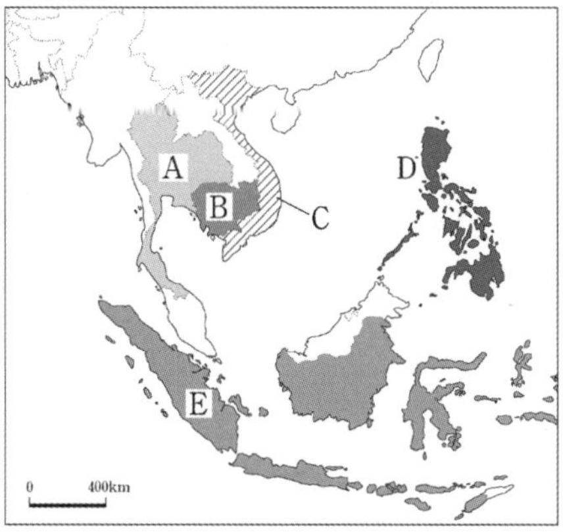

① A ② B ③ C ④ D ⑤ E

• 2009 11 평가원

3. 다음 대화 내용과 관계 깊은 지역을 지도의 A~E에서 고른 것은?

> 갑: 지난달에 이웃 국가를 다녀왔는데, 여권 없이 신분증만으로 국경을 넘을 수도 있었고, 공용 화폐도 있어 편리했어.
> 을: 우리 아빠는 어업에 종사하시는데, 다른 회원국 수역에서 조업을 할 수 있게 되어 예전보다 조업하시는 수역의 범위가 넓어졌다고 좋아하셨어.
> 갑: 그래, 맞아. 통합 이후 회원국들끼리는 배타적 경제 수역의 개념이 약해져 버렸지.

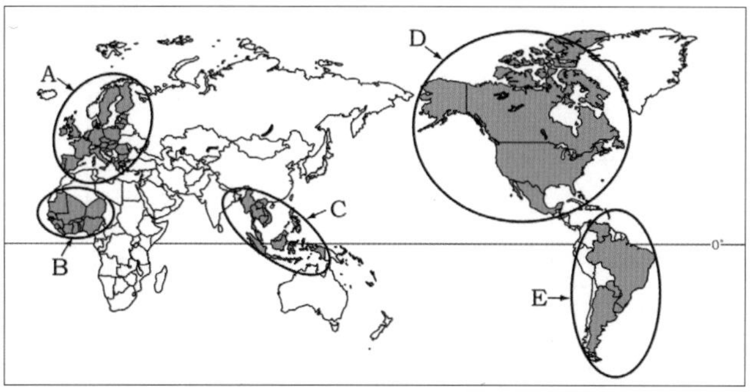

① A ② B ③ C ④ D ⑤ E

• 2009 수능

4. 사진 (가), (나)는 우리나라에 있는 서로 다른 종교 경관이다. 각 사진과 관련 깊은 종교를 표의 A~C에서 고른 것은?

(가)

(나)

세계 주요 종교 인구의 대륙별 비율(2004년)

(단위: %)

대륙 / 종교	아프리카	아시아	유럽	남·북 아메리카	오세아니아	합계
A	19.1	16.2	26.3	37.2	1.2	100.0
B	27.3	69.6	2.6	0.5	0.0	100.0
C	0.0	98.4	0.5	1.0	0.1	100.0
힌두교	0.3	99.2	0.2	0.3	0.0	100.0

* 구소련 중 중앙아시아 국가들은 아시아에 포함되며, 그밖의 국가들은 유럽에 포함됨.

	(가)	(나)
①	A	B
②	A	C
③	B	A
④	B	C
⑤	C	A

핵심 출제 포인트

▶ 언어 차이에 따른 갈등 ▶ 종교 차이에 따른 지역 갈등 ▶ 민족과 인종 차이에 따른 갈등
▶ 종교와 언어 차이로 인한 갈등의 해결과 공존

■ 종교를 바라보는 관점

기능론	• 주로 종교의 긍정적 기능과 역할에 대해 관심을 가짐. • 종교는 삶의 의미와 목적 제공, 공동체의 결합과 소속감 고취, 사회적 결속력 증진, 사회 통제와 질서 유지 등의 기능을 함
갈등론	• 종교의 부정적인 측면을 부각시킴 • 기존 질서 순응: 지배적 가치와 규범을 사회화, 사회 불평등 정당화 예) 인도의 카스트 제도를 유지하는 힌두교의 교리
상징적 상호 작용	• 미시적 관점에서 종교의 상징 부여적 기능 역설 • 종교는 서로 다른 상징과 의미를 부여하고 서로 다른 역할 기대를 만들어 낸다고 봄

■ 세계 평화를 위한 세계 종교자들의 노력

크리스트교, 이슬람교, 불교 등 세계 종교 지도자들은 2009년 폴란드 크라쿠프에 모여 "종교는 전쟁을 원하지 않으며, 특히 종교가 전쟁이나 분쟁에 이용되는 일이 있어서는 안된다."는 성명을 발표했다. 또한 종교 지도자들은 물질주의로 왜곡된 현 세태를 비판하며 종교가 현대 사회를 올바른 방향으로 이끌어 갈 책임과 의무를 지니고 있음을 강조하였다.

■ 북아일랜드 분쟁

■ 코소보 분쟁

1. 종교 차이에 따른 갈등

(1) 종교적 차이로 인한 갈등

① 종교 분쟁은 서로 다른 종교 간 갈등이 확대되어 발생하는 것이 일반적

② 종교의 기본 원리에 대한 해석의 차이로 종파 간의 갈등이 나타나기도 함

③ 종교 갈등에 주변 국가나 민족의 이해 관계가 개입되면 대규모 분쟁으로 이어짐

(2) 종교 공존을 위한 노력

① 모든 종교의 이념이 인류의 사랑과 평화라는 점을 깨닫고 포용력과 관대한 태도를 갖는 것이 필요

② 종교인들이 다른 종교를 이해하고 종교를 절대적인 규범이 아닌 하나의 삶의 형태로 보는 인식의 전환이 필요

③ 최근 세계 종교의 평화로운 공존을 위한 노력으로 세계 종교 지도자들이 함께 모여 종교 간의 갈등과 분쟁을 줄이기 위한 평화 회의 개최

(3) 종교 차이에 따른 갈등의 사례

① 분쟁의 끝이 보이지 않는 팔레스타인과 카슈미르

• 분쟁의 끝이 보이지 않는 이스라엘과 팔레스타인: 유대교와 이슬람교 간 분쟁

- 제2차 세계 대전 이후 팔레스타인 지역에서 유대교를 믿는 이스라엘이 건국되자, 이에 반발하는 이슬람 세력과 이스라엘 간에 네 차례에 걸친 중동 전쟁 발발
- 표면적 원인은 이스라엘이 팔레스타인 지역에서 독립 국가를 세웠기 때문으로 볼 수 있지만, 내면적으로는 이스라엘과 아랍권의 대립뿐만 아니라 이 지역을 둘러싼 강대국들의 패권 다툼이 배경
- 전쟁 이후 미국의 지원을 받은 이스라엘이 승리하면서 팔레스타인 지역의 대부분을 차지하게 되었고, 이후 이 지역의 종교 분쟁은 계속됨

• 버림받은 지상의 낙원 카슈미르: 이슬람교와 힌두교 간 분쟁

- 카슈미르 지역: 인도 북부와 파키스탄 북동부, 중국의 서부와 경계를 이룸
- 히말라야 산맥의 비경을 품은 웅장한 카라코룸의 K2 봉(8,611m)이 세계 산악인들을 유혹하고, 한여름이면 빙하와 만년설이 청정수로 흘러, 아름다운 경관을 뽐내는 '행복의 계곡',

카슈미르 분쟁 지역

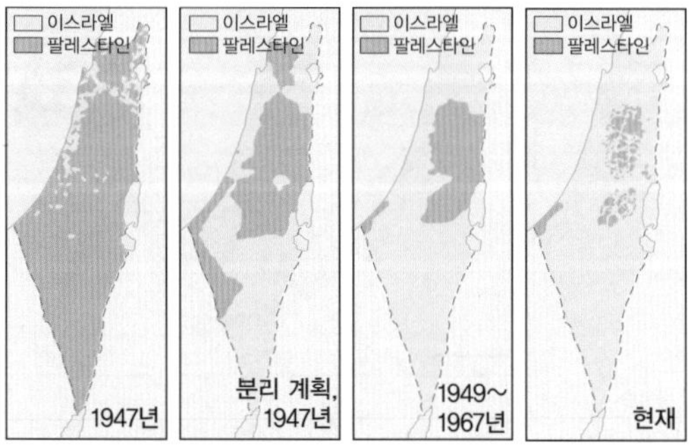

이스라엘과 팔레스타인의 영토 변화

'지상의 낙원'이라고까지 불림
- 지난 60여 년간 주민, 역사, 문화, 그리고 아름다운 자연환경이 무차별적으로 파괴되는 등 종교 분쟁으로 얼룩져 지금은 불타는 '지옥'으로 불리며 피폐해짐

② 그 밖의 종교적 갈등을 겪는 지역

지역	관련 종교	분쟁
북아일랜드	개신교와 가톨릭교	아일랜드가 1921년 영국으로부터 독립할 당시 북아일랜드의 신교도들은 영국으로 귀속되길 바랐고 이에 반대하는 가톨릭교도들과의 마찰이 발생하면서 지금까지도 분쟁 상황이 해결되지 않고 있다.
이란과 이라크	수니파와 시아파	이슬람교를 믿고 있는 서남아시아 대부분의 나라들은 수니파가 우세하고 정치적 권력을 가지고 있는 반면 이란은 시아파가 우세하다. 최근 이라크에서는 미군 철수 이후 시아파와 수니파 간의 종파 갈등이 격화되고 있다.
키프로스	그리스 정교와 이슬람교	1960년 영국으로부터 독립한 이후 그리스 정교를 믿고 있는 남부 그리스계와 이슬람교를 믿고 있는 북부 터키계의 갈등이 지속되고 있는 지역으로 우리나라와 함께 분단된 상태를 유지하고 있는 나라이다.
나이지리아	가톨릭과 이슬람교	나이지리아 북부 지역은 이슬람교도들이 대부분이고, 남부 지역은 크리스트교도들이 많아 이로 인한 대립이 격화되어 분쟁이 발생하고 있다. 아프리카에서 가장 석유가 많이 생산되는 지역이지만 이러한 종교 분쟁으로 인한 혼란은 계속되고 있다.
수단	크리스트교와 이슬람교	수단 분쟁은 1955년 영국이 수단을 독립시키던 당시 우간다 지배하에 있던 남수단을 병합하면서부터 시작되었다. 이슬람교도가 장악한 북쪽 아랍 인들은 기독교와 토속 신앙을 믿는 남쪽 아프리카계 흑인을 철저히 차별하였고, 종교적·문화적으로 큰 차이를 보여 온 이질적 요소들이 내전으로 이어졌다.
스리랑카	불교와 힌두교	인도 남부에 살던 힌두교도인 타밀 족이 영국 식민지 시기에 차 플랜테이션 노동자로 스리랑카에 이주한 뒤, 원주민인 불교도 싱할리 족과 분쟁이 발생하였다.
필리핀	가톨릭과 이슬람교	필리핀은 스페인 식민지 시기 이후 가톨릭교도가 대부분인데, 남부 민다나오 섬의 일부 지역에 이슬람교도인 모로 족이 거주하여 분리·독립 운동이 일어나고 있다.
동티모르	가톨릭과 이슬람교	포르투갈로부터 독립한 이후 인도네시아와의 갈등 속에서 수많은 사람들이 학살되었다. 2002년 마침내 독립을 이루어냈지만 아직도 이슬람교와 가톨릭교도 간의 분쟁이 지속되고 있어 현재 UN평화유지군이 파견되어 있다.
구유고 연방	그리스 정교와 이슬람교	구유고 연방 지역은 사회주의 붕괴 이후 민족과 종교를 달리하는 연방 국가들 간의 대립이 끊이지 않아 왔다. 그중 코소보 분쟁은 신유고 연방으로부터 분리·독립을 요구하는 이슬람교도들과 그리스 정교도들 사이에서 발생한 유혈 사태이다.

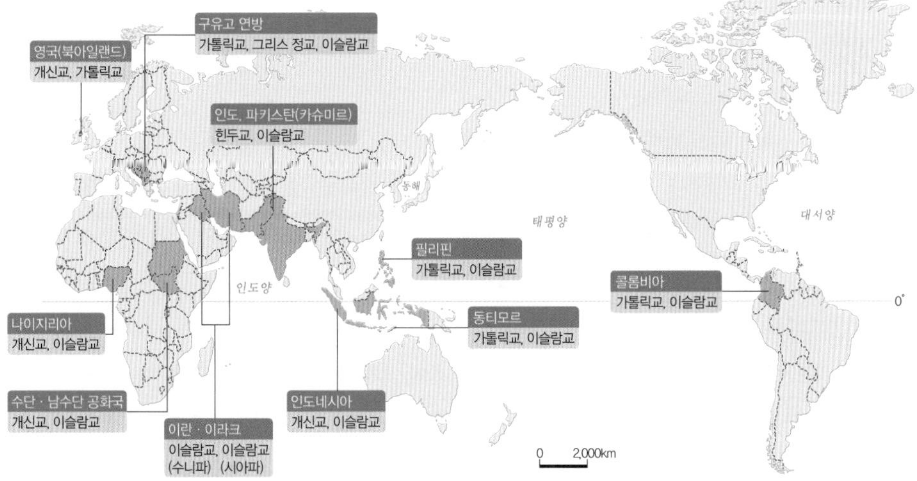

⁝ **세계의 종교 갈등**

■ 키프로스 분쟁

■ 수니파와 시아파

수니파는 코란 해석에 있어 무함마드의 언행인 '수나(Sunna)'를 이상으로 삼는 종파로 이슬람의 정통파로 인정되고 있으며 이슬람권의 약 90%가량을 차지한다. 사우디아라비아, 터키, 이집트, 인도네시아 등 대부분의 국가들이 수니파 이슬람 국가이다. 무슬림 세계에서 소수파인 시아파는 무슬림 공동체의 약 10%를 차지하며, 이란이 그 중심에 있다. 무함마드에게는 아들이 없었기 때문에 그가 죽은 후 후계를 둘러싸고 대립이 시작되면서 시아파가 생겨났다. 수니파는 무함마드의 후계자를 정통 칼리프 왕조와 역대 칼리프 왕조의 칼리프로 보는 데 반하여, 시아파는 마호메트의 사위 알리(제4대 칼리프)만을 정통 칼리프로 보고, 그 후임자들을 이맘(종교 지도자)으로 보았으며, 유파마다 해석이 다른 신성을 부여하였다. 수니파와 시아파는 1,400년 이상 동안 견해 차이로 화해와 조정 그리고 단합을 이루지 못하고 있다.

■ 인도의 언어 갈등

(현대 인문 지리, 2010)

■ 벨기에의 지역별 언어

(르 그랑드 세계 지도, 2010)

■ 캐나다의 퀘벡 주의 위치와 도로의 표지판

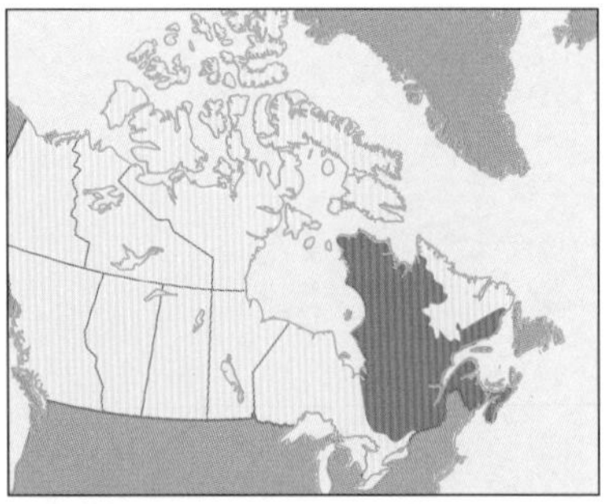

■ **쿠르디스탄**
쿠르디스탄은 "쿠르드 족의 땅"이라는 뜻을 가지고 있는 아나톨리아 반도의 동남부 지역을 말하며 면적은 약 20만km²에 이른다. 이란, 이라크, 시리아, 아르메니아, 터키 등에 걸친 산악 지대이다.

2. 언어 차이에 따른 갈등

(1) 언어 차이에 따른 갈등의 양상

① 언어적 차이로 인한 갈등은 역사나 민족, 영역 등의 문제가 복합적으로 결합되어 나타나기 때문에 해결하기가 쉽지 않음

② 대부분의 언어 갈등은 지역 분리·독립 운동으로 전개되고 있음

(2) 언어적 차이에 따른 갈등의 사례

벨기에	• 3세기 네덜란드 어 계통의 플라망 어를 쓰는 프랑크 족의 침범으로 프랑스 어 계통의 왈롱 어를 쓰던 벨기에의 켈트 족은 남쪽으로 밀려남 • 이후 북쪽은 플라망 어, 남쪽은 왈롱 어를 주로 사용 • 14세기 후반부터 벌어지기 시작한 경제적 차이 때문에 갈등이 불거짐 • 북부 지방은 상공업, 남부 지방은 농업과 광산업이 주를 이루면서 남북 간의 경제 격차가 커질수록 언어 격차도 심화
캐나다	• 캐나다의 퀘벡 주는 다른 주가 대부분 영국계 주민으로 구성된 데 비해, 인구의 약 80% 정도가 프랑스계로, '캐나다 속의 프랑스'라는 독특함을 지님 • 퀘백 주의 분리·독립 여부를 묻는 퀘백 주 주민 투표가 처음으로 실시된 1980년 이후 지속적으로 분리·독립을 요구 • 1995년 10월 30일 실시된 선거에서는 주민의 92%가 참여하였지만 부결 • 그 차이가 불과 5만 3,000표에 지나지 않아, 퀘백 주의 분리 움직임은 여전히 계속되고 있는 상황
인도	• 세계에서 가장 많은 언어가 사용되고 있는 나라 • 공용어로 힌디 어와 영어 사용 • 공용어 외에 약 21개의 언어를 함께 사용하고 있으며, 더욱 세분해서 보면 인도 전체에서 사용하는 언어 종류는 무려 800개 이상 • 현재 인도를 남과 북으로 분열시키는 원인이며, 인도 통합의 걸림돌이 됨
슬로바키아	• 전체 인구 중 헝가리 인이 약 10%를 차지 • 소수 민족의 인구 비율이 20% 미만인 마을에서 공적인 업무에 대해 슬로바키아 어를 공식 언어로 사용하고, 헝가리 어 등 소수 민족 언어를 사용하면 최고 5,000유로의 벌금을 부과하는 내용을 골자로 언어법을 개정하면서 헝가리와의 갈등
아프리카의 여러 국가들	• 식민 시기의 영향으로 영어, 프랑스 어 등을 토착어와 함께 공용어로 사용 • 예: 카메룬, 가나, 세네갈 등

(3) 언어 공존을 위한 노력

① 사람들의 이동은 언어를 다른 지역으로 전파하여 다른 민족·집단이 하나의 국가를 이루면서 여러 개의 언어를 사용하게 됨

② 중국, 인도 등 다국어를 사용하는 지역에서는 이해관계를 조정하는 데 어려움을 겪고 있음

③ 언어의 평화로운 공존을 위해서는 소수 언어도 인정하는 사회 제도와 사회 구성원들의 수용적인 태도가 필요함

④ 언어 공존을 위해 노력하는 국가들의 사례

- 스위스: 스위스에서 레토로망스 어의 사용자가 적음에도 불구하고 공용어로 사용되는 이유는 스위스 인들이 다른 언어 사용자들에 대해 관용적인 태도를 가지고 있으며, 소규모 사회 구성원에게도 상당한 권력을 부여하는 정부 형태를 취하여 문화적 다양성을 제도화하고 있기 때문
- 싱가포르: 싱가포르의 대표 공식 언어는 말레이 어지만, 사업·행정·교육 분야의 공식어로는 영어를 사용하며, 일상생활에서는 말레이 어, 중국어, 타밀 어(인도어)를 함께 사용(싱가포르 지하철역에서 영어와 말레이 어 등이 병기되어 사용되는 것을 쉽게 볼 수 있음)

3. 인종과 민족 차이에 따른 갈등

(1) 인종과 민족 차이에 따른 갈등의 양상

① 민족: 특정 국가·지역에서 오랫동안 공동생활을 하면서 언어와 문화상의 공통성에 기초하여 역사적으로 형성된 사회 집단

② 인종: 지구 상의 인류를 지역과 신체적인 특성에 따라 구분한 종류

③ 민족과 인종 차이에 따른 갈등은 그 지역의 역사와 지리, 문화, 종교 등의 문제가 복합적으로 결합되어 나타나는 것이 특징임

(2) 인종과 민족 차이에 따른 갈등의 사례

나라 없는 최대 민족, 쿠르드 족	• 약 4,000년 전부터 터키, 이라크, 이란에 걸친 쿠르디스탄에 거주 • 인구는 최소 2,600만 명 이상이며, 독특한 언어와 문화를 가짐 • 제1차 세계 대전 이후 인접 4개국으로 분할되었고, 이후 터키와 이라크에서 독립 운동 단체를 만들어 독립을 위한 투쟁을 벌이고 있음 • 현재 절반 이상이 터키 동남부의 쿠르디스탄 지역에 거주하고 있으며, 이란 지역에 23%, 이라크 지역에 18%, 시리아 지역에 5%, 아르메니아 지역에 1.5%가 살고 있다.
중국의 소수 민족 분쟁	• 중국의 광활한 면적 가운데 무려 60% 이상이 소수 민족 거주 지역으로 5개 자치구, 30개 자치주, 120개 자치현, 1,256개의 민족 자치향으로 이루어짐 • 오랫동안 한족 이주 정책을 통해 이들 지역의 중국화를 추진해 왔지만 티베트, 위구르 등은 아직 한족이 아닌 주민이 대다수를 차지 • 소수 민족의 생활 지역은 넓은 땅과 낮은 인구 밀도, 교통 불편 등 상대적으로 낙후된 환경으로 소수 민족의 박탈감이 심해지면서 시위와 유혈 진압이 연례행사처럼 반복
아프리카의 민족 분쟁	• 아프리카 여러 나라에서 민족 집단 간 분쟁이 만연하고 있는데, 이는 100여 년 전 유럽 열강들이 민족을 고려하지 않고 임의로 설정한 국경선을 확정하였기 때문 • 특히 1950년대와 1960년대에 유럽의 식민지로부터 독립한 아프리카 신생국가들의 국경선은 유럽 식민 정부가 정한 식민 통치 단위와 일치 • 많은 아프리카 국가들이 한 국경선 내에 여러 민족을 포함하며 분쟁의 씨앗이 됨
미국 내의 민족 갈등	• 현재 미국 내 인구의 변동으로 봤을 때 앞으로 미국은 과거 흑백 사회에서 동양계와 히스패닉 등을 포함한 다인종·다민족 사회로 변모 • 미국 사회의 인구 급증 및 변화 그리고 경제 구조 재구성은 인종 문제에 근본적인 변화를 초래 • 흑백 간의 문제로만 취급되던 미국의 인종 문제는 이제 아시아·라틴계 그리고 기타 여러 인종이 섞여 복잡한 양상을 띠고, 이에 따라 각자의 이익 추구 및 생존을 위한 인종과 민족 간의 경쟁 심화 • 현재 미국에서 백인을 제외한 가장 우세한 민족 집단은 전체 인구의 약 20%에 육박하고 있는 히스패닉과 약 13%를 차지하고 있는 아프리카계 미국 흑인이며, 아시아계 미국인이 약 5%를 차지

⁝ 중국의 소수 민족 분쟁

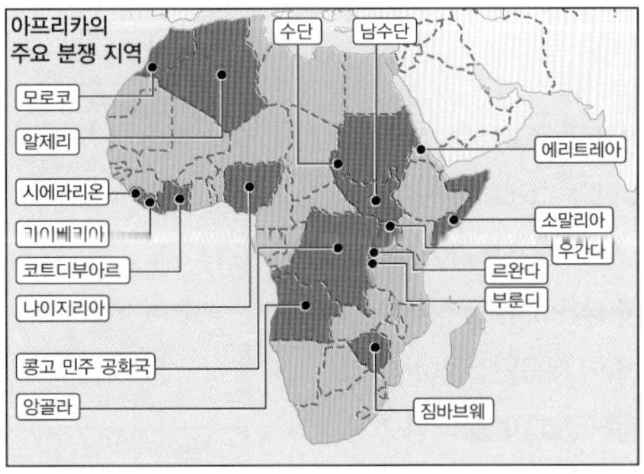

⁝ 아프리카의 민족 분쟁

■ **중국이 티베트에 집착하는 이유**

중국이 티베트를 침공하면서 내건 명분은 농노 해방이었지만, 진짜 이유는 티베트의 넓은 영토와 티베트에 묻혀 있는 풍부한 지하자원 때문이다. 또한 인도를 기반으로 하는 서구 세력으로부터 중국을 보호하는 방어적 요새 역할을 하여 전략적 가치가 크기 때문이다.

■ **르완다의 민족 분쟁**

아프리카의 작은 나라 르완다에서는 벨기에 식민지 시절 소수 민족인 투치 족이 인구의 대부분을 차지하는 후투 족을 지배하는 통치 구조가 형성되었다. 1962년 르완다가 독립을 쟁취하였을 때 후투 족은 투치 족이 다시 정권을 잡을 것에 대한 우려에서 투치 족에 대한 인종 청소를 단행하였다. 인종 청소로 인해 이웃한 우간다로 이주하여 성장한 투치 족 청년들이 르완다로 다시 돌아와 후투 족 군대를 물리치고 50만 명의 후투 족을 학살하였다. 이 과정에서 투치 족도 약 50만 명 정도의 희생자가 발생하였다.

■ **히스패닉**

히스패닉 혹은 히스패닉계 미국인이라는 용어는 1973년 미국 정부에 의해 채택된 것으로, 이 용어는 모든 스페인 어권 국가 출신의 사람들에게 적용될 수 있는 완곡한 표현이었다.

■ **미국의 인종 구성 비율 변화**

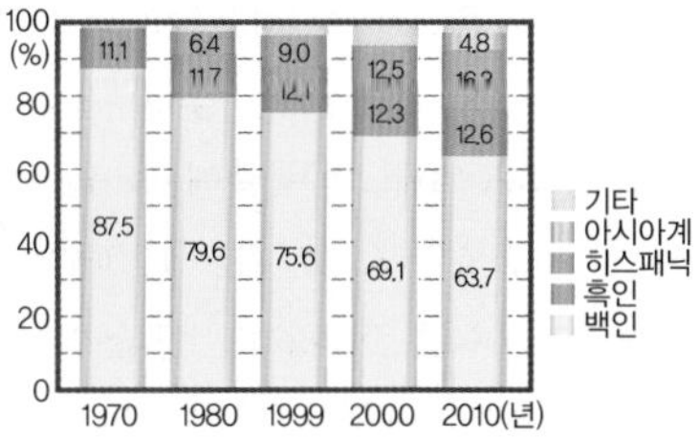

지리 상식 1 세계에서 가장 큰 감옥, 탈출구 없는 가자 지구

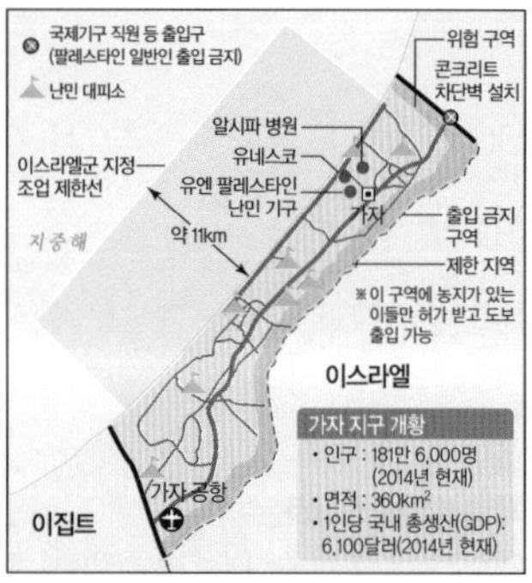

팔레스타인은 이스라엘 동쪽의 '서안 지구'와 서남쪽 귀퉁이의 '가자 지구'로 나뉘어 있다. 가자 지구의 세로 길이는 41km 정도이지만 가로 길이는 6~12km 밖에 되지 않아 좁고 긴 사각형 모양이다. 현재 약 182만 명이 살고 있는 가자 지구는 세계에서 인구 밀집도가 가장 높다. 문제는 이 땅의 동서남북이 이스라엘에 의해 완벽하게 봉쇄되어 있다는 점이다. 북쪽, 동쪽, 남쪽 등 이스라엘 땅과 인접한 내륙에는 8m가 넘는 높은 장벽이 둘러쳐져 있다. 지중해와 맞대고 있는 서쪽 역시 마찬가지이다. 이스라엘 해군은 가자 지구의 배가 바다로 나가는 것은 물론이고, 외국의 배 역시 가자 항구로 들어갈 수 없도록 막고 있다.

그렇다면 이렇게 이스라엘이 가자 지구를 극도로 봉쇄하려고 하는 이유는 무엇일까? 2007년 온건파 파타를 몰아내고 가자를 장악한 무장정파 하마스의 테러를 막기 위해라는 것이 이스라엘의 주장이다. 이스라엘은 2008년 12월에 가자 지구를 침공하여 1,400여 명의 팔레스타인 인을 숨지게 하고 도시를 초토화했으며, 2014년 7월에도 하마스의 테러를 막는다는 명목으로 대규모 공습을 감행하여 1,000여 명이 희생되었다. 이들 중 대부분은 팔레스타인에 살고 있던 어린이들과 노약자들이었다. 인류 역사상 가장 처참한 탄압을 겪었던 유태인이 또 다른 민족에게 저지르는 폭력의 끝은 과연 언제쯤 끝날 수 있을까?

지리 상식 2 1234567의 나라 유고슬라비아

동유럽의 발칸 반도는 동서 문명이 만나는 곳으로 여러 민족과 인종, 서로 다른 언어와 종교가 뒤섞여 분쟁과 충돌이 끊이지 않았다. 그래서 발칸 반도에는 '유럽의 화약고'라는 별칭이 붙었다. 오스만 제국, 오스트리아-헝가리 제국 등 외세의 침략 속에서도 발칸 반도의 민족들은 고유의 정체성을 유지하고 있었다. 그런 가운데 20세기 초 슬라브 족이 대동단결하여 슬라브 족의 나라를 건설하자는 '범 슬라브주의'가 태동하였다. 이를 배경으로 유고슬라비아 왕국이 탄생했지만, 곧이어 터진 제2차 세계 대전으로 유고슬라비아는 독일과 이탈리아에 분할 점령되었다. 이때 요시프 티토를 중심으로 한 공산당이 반 나치 운동의 중심에 서서 국민적 지지를 얻었다. 티토는 전후 수립된 유고슬라비아 사회주의 연방 공화국의 초대 대통령에 취임한다. 티토는 비동맹주의와 독자적 사회주의를 표방하면서, 소련과 미국 양쪽에 모두 거리를 두었다. 이는 유고슬라비아가 소련의 위성국으로 전락하는 것을 막았고, 동시에 유고슬라비아는 상당한 발전을 이루었다. 티토는 철저히 민족주의를 배격했고, 유고슬라비아의 여러 민족이 뒤섞여 최종적으로는 '유고슬라비아 민족'이라는 단일 민족이 탄생할 것으로 믿었다. 하지만 1980년 티토가 사망하면서 유고슬라비아는 서서히 분열의 길을 걷기 시작했다. 1989년 동유럽에서 공산주의가 몰락하면서 유고슬라비아에도 민주화의 물결이 거세졌고, 1991년 슬로베니아와 크로아티아, 마케도니아, 1992년에 보스니아-헤르체코비나가 연방을 탈퇴한다. 유고슬라비아 중앙 정부는 독립을 막고자 병력을 투입했고, 세르비아 인이 상당수 거주하는 보스니아가 그 한가운데에 있었다. 1995년 보스니아의 독립에 반대하는 세르비아계 보스니아 인들로 인해 내전이 발생하였고, 이는 '인종 청소'로 표면화되었다. 이어 1999년에는 세르비아 내 알바니아계들이 코소보에서 독립을 주장하면서 또다시 무력 충돌이 벌어졌다.

1개의 연방 국가
2개의 문자(로마자와 키릴 문자)
3개의 종교(로마 가톨릭, 그리스 정교, 이슬람교)
4개의 언어(세르보-크로아티아 어, 슬로베니아 어, 마케도니아 어, 알바니아 어)
5개의 민족(세르비아 인, 크로아티아 인, 슬로베니아 인, 마케도니아 인, 알바니아 인)
6개의 연방 구성국(세르비아, 크로아티아, 슬로베니아, 몬테네그로, 보스니아-헤르체코비나, 마케도니아)
7개의 접경 국가(이탈리아, 오스트리아, 헝가리, 루마니아, 불가리아, 그리스, 알바니아)

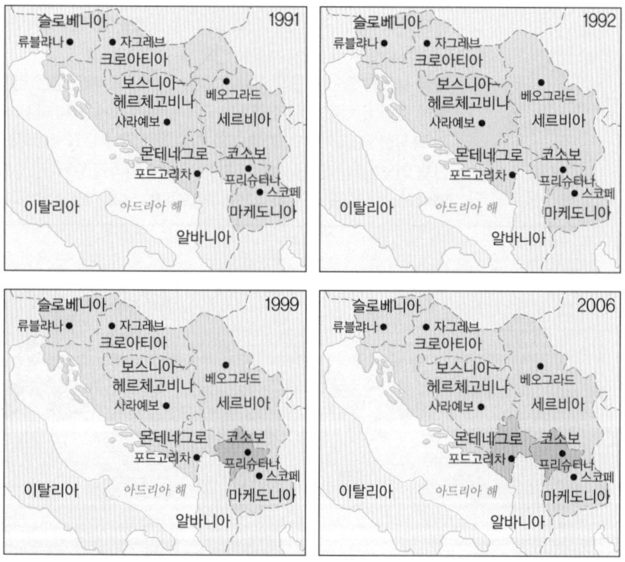

⁝ 발칸 반도의 국가들

지리 상식 3 민족·언어·종교의 전시장 '캅카스' 지역

캅카스 지역은 북쪽으로는 러시아, 남쪽으로는 이란과 터키, 서쪽은 흑해, 동쪽은 카스피 해와 접하고 있다. 그 중심에 1,200km에 달하는 캅카스 산맥이 있고 이 산맥의 남쪽인 남캅카스 지역에는 조지아, 아르메니아, 아제르바이잔 3국이 있고, 북쪽인 북캅카스 지역에는 러시아 연방이 있다. 러시아 연방의 영토에는 연방 내 공화국인 다게스탄, 체첸, 잉구셰티야, 북오세티야공화국이 동에서 서로 캅카스 산맥 자락을 따라 자리 잡고 있다.

과거 아랍의 지리학자들이 '민족과 언어의 산'이라고 표현하기도 했던 이 지역은 지리적으로도 다양한 특징을 가지고 있을 뿐 아니라 여러 방향에 걸쳐 민족의 이동 및 이주 때문에 민족 구성이 매우 복잡하여, 44만 km^2의 지역에 50여 민족 약 2,000만 명이 섞여 살고 있다. 언어 또한 매우 다양하여 40여 개의 언어가 통용되고 있다. 종교는 이슬람교, 그리스 정교, 개신교, 유대교 등인데, 아제르바이잔 인은 이슬람교, 조지아 인은 그리스 정교, 아르메니아 인은 아르메니아 정교를 믿고 있다. 이와 같이 복잡한 민족적·문화적 배경은 1991년 소련이 해체되고 캅카스 지역이 러시아, 조지아, 아르메니아, 아제르바이잔으로 분리되면서 소수 민족들의 독립 요구가 나오는 근거가 되었다. 러시아에 속한 체첸은 소련 해체 이후 가장 먼저 러시아로부터 분리 독립을 추진하여 러시아와 두 번이나 전쟁을 치렀다. 아르메니아와 아제르바이잔도 유혈 충돌하였으며, 조지아에 속한 남오세티야와 압하스의 분리 독립 운동은 결국 조지아와 러시아 간의 전쟁으로 이어지는 등 캅카스 지역은 21세기 '세계의 화약고'로 떠올랐다.

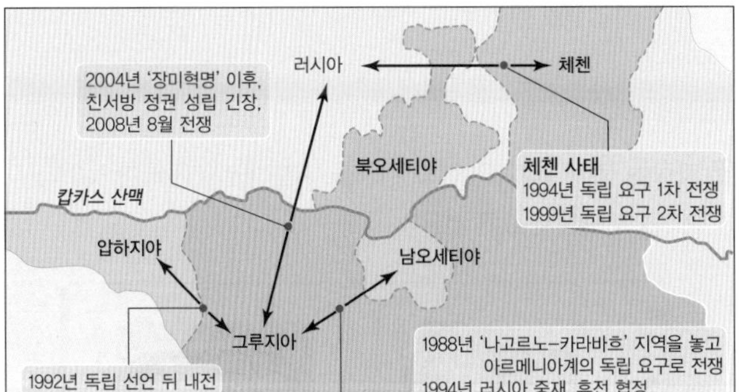

⁝ **캅카스 지역의 분쟁**

지리 상식 4 인도네시아에서 무신론자는 공산주의자로 취급된다?

2013년 11월 26일 인도네시아 국회는 이슬람교, 개신교, 가톨릭, 힌두교, 불교, 유교 등 6개의 종교를 공식적으로 인정한다는 법안을 통과시켰다. 유교는 화교 및 화인들의 요구에도 불구하고 인도네시아에서의 중국에 대한 혐오로 오랫동안 공식적인 종교로 인정받지 못했다.

이 6개의 종교에 속하지 않는 자는 '기타'를 선택해야 한다. 그러나 이로써 공격에 노출될 수 있고 공개적인 차별을 받을 수 있음을 각오해야 한다. 사실 주민등록증의 종교 표시는 인도네시아 같은 나라에서 민주주의에 장애가 될 수 있다. 최근 인도네시아에서 개인들 혹은 주민 그룹이 신앙 및 종파가 다르다는 이유로 공격당하는 일이 증가하고 있다. 극단주의 단체나 개별적인 광신자들이 공격을 하며 거기에 국가 공권력이 종종 가담한다.

인도네시아에서는 주민등록증에 종교를 표시하지 않는 것은 '무신론자'로 해석될 수 있기 때문에 심각한 결과를 초래할 수 있다. 이 나라에서는 사실 무신론은 바로 공산주의와 같은 것으로 연계되어 왔다. 1965년 9월 공산주의자들의 쿠데타 시도와 그 이후 벌어진 끔찍한 유혈 사태로 공산주의자는 인도네시아 통치 세력과 국민의 혐오 대상이 되었다. 이 사태로 1967년 권력을 장악한 수하르토 장군은 심지어 그 이후 공산주의의 배후에 중국과 인도네시아 화인의 세력이 있다고 천명하고 중국 문화와 중국 종교 즉, 유교를 금지시켰다.

최근 한 인도네시아 사람이 자신의 페이스북 프로필에 자신은 신을 믿지 않는다고 썼다. 이 때문에 그는 하마터면 중형의 체벌 혹은 감옥형에 처해질 뻔했다. 중부 술라웨시의 포소(Poso)와 말루쿠의 암본(Ambon)은 과거 종파 간 투쟁이 격렬하게 일어난 곳으로, 이 지역에서는 여전히 자신의 종교를 드러내는 것이 생사의 문제가 될 수 있다. 예컨대 극단적인 이슬람 조직에 속한 무장 조직들이 지방 도로의 검문소를 불법적으로 장악하여 지나가는 사람들의 주민등록증을 검사하고 현장에서 살해하는 일이 일어날 수도 있기 때문이다.

지리 상식 5 스리랑카는 진짜 인도양의 눈물인가?

1948년 스리랑카는 영국으로부터 독립했으나 독립과 함께 최대 민족인 싱할리 족과 소수 민족을 대표하는 타밀 족 간의 격렬한 싸움이 시작되었다. 압도적 우위에 있던 싱할리 족은 정권을 장악하여 타밀 족의 토지를 몰수하는 등 타밀 족에 대한 차별 정책을 폈다. 1956년 싱할리 어를 스리랑카의 공용어로 한 것을 계기로 타밀 족은 타밀 족만의 연방제 국가 수립을 위해 독립을 요구했다. 게다가 1972년 나라 이름을 실론에서 스리랑카 공화국으로 바꾸면서 실론 불교도들인 타밀 족은 분리 독립을 위해 게릴라 '타밀엘람 해방 호랑이'를 결성하여 무력 항쟁으로 맞섰다. 인도 정부는 1987년 스리랑카 내에 있는 자국민인 타밀 족을 구한다는 명분을 내세워 분쟁에 적극 개입하기도 했다. 2009년 스리랑카 정부군의 타밀 반군 소탕 작전이 성공을 거두면서 싱할리 족과 타밀족 간의 내전은 현재 막을 내린 상태이지만 그동안 국민들이 받은 아픈 상처의 눈물을 닦아 주기 위해서는 많은 노력이 필요하다.

⁝ **스리랑카 국기** 스리랑카 국기에 사자가 등장하는 것은 싱할리 족이 스스로를 '사자의 자손'으로 여기고 있기 때문이다. 네 귀퉁이의 보리수 잎은 불교국이라는 상징이며, 이슬람교·힌두교도의 소수 민족을 초록과 주황의 2색 줄로 나타냈다.

[선택형]

· 2014 4 평가원

1. 다음은 '갈등과 공존의 세계'에 관한 보고서이다. (가), (나)에 해당하는 지역을 지도에서 고른 것은?

수행 평가 보고서

3학년 ○반 이름: □□□

※ 주제: 문화적 차이로 인한 갈등과 공존의 지역 조사하기

문화 요소		갈등과 공존 사례	해당 지역
언어	갈등	공용어가 3개이며, 특히 북부와 남부 지역 간의 갈등이 심함	벨기에
	공존	공용어가 4개지만 정부의 정책과 적극적인 지방 자치로 안정됨	(가)
종교	갈등	이슬람교도와 힌두교도 간의 대립으로 인해 갈등이 지속됨	(나)
	공존	이슬람교가 국교이지만 다른 여러 종교들을 인정하고 이해함	말레이시아

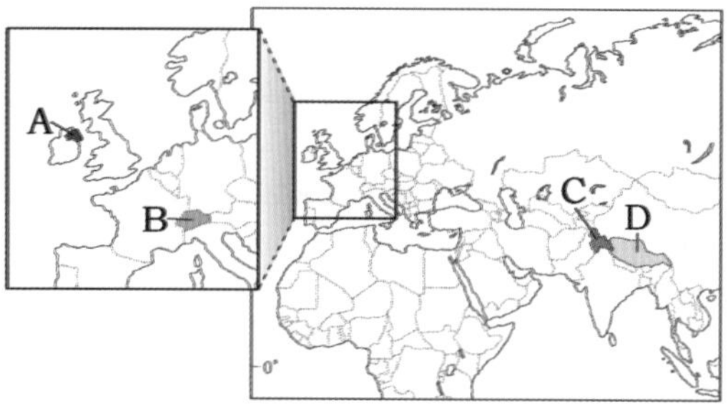

	(가)	(나)
①	A	B
②	B	C
③	B	D
④	C	A
⑤	D	A

· 2014 4 평가원

2. 자료는 다양한 종교가 공존하는 예루살렘의 모습이다. A, B 종교에 대한 옳은 설명을 〈보기〉에서 고른 것은?

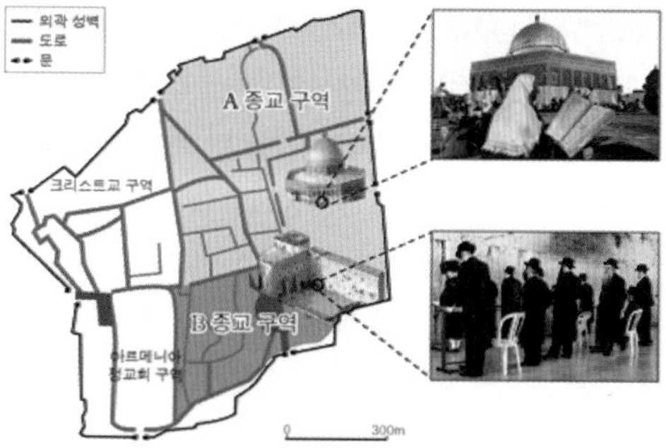

보기

ㄱ. A는 소고기로 요리한 음식을 금기시한다.
ㄴ. A는 정복과 무역 활동에 의한 전파가 활발했다.
ㄷ. B는 보편 종교로 분류된다.
ㄹ. A와 B는 모두 유일신을 믿는다.

① ㄱ, ㄴ ② ㄱ, ㄷ ③ ㄴ, ㄷ ④ ㄴ, ㄹ ⑤ ㄷ, ㄹ

· 2014 4 평가원

3. 자료는 북아메리카의 어느 지역을 여행하면서 기록한 것이다. 이 지역을 지도에서 고른 것은?

차가운 북풍을 막기 위해 창문을 없앤 벽에 건물과 창문을 그려 넣은 프레스코(fresco)화를 볼 수 있는 곳!

자동차 번호판에 프랑스 어로 'Je me souviens(나는 기억합니다)'라는 문구를 넣어 자신들의 정체성을 찾기 위해 노력하는, 북아메리카의 '작은 프랑스'이다.

① A
② B
③ C
④ D
⑤ E

[서술형]

1. 지도는 세계 분쟁 지역을 갈등의 주요 발생 요인에 따라 분류한 것이다. A와 B 지역에서 분쟁이 발생하고 있는 원인을 각각 서술하시오.

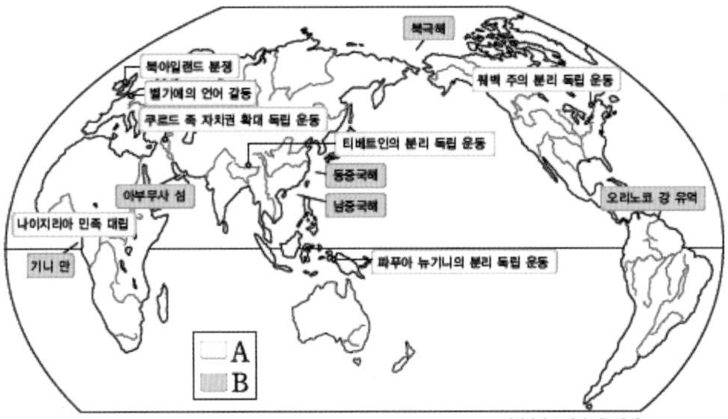

(위기와 분쟁의 아틀라스)

2. 지도는 언어, 종교와 관련된 갈등이 나타나는 지역을 나타낸 것이다. (가)와 (나)에 각각 공통적으로 해당하는 언어와 종교를 쓰시오.

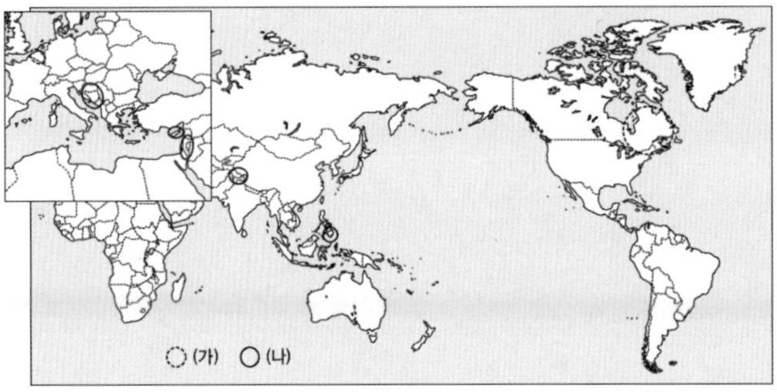

3. (가), (나)와 관련된 갈등이 발생하고 있는 국가의 이름을 각각 쓰시오.

> (가) 국가의 수도 중앙 기차역에는 비상구를 뜻하는 단어가 프랑스 어와 네덜란드 어로 모두 적혀 있다. 전체 인구 중 약 60%가 네덜란드 어를 쓰고 나머지는 프랑스 어(약 39%)와 독일어(약 1%)를 사용한다. 2010년 4월 선거구 분할에 대한 언어권 간 갈등으로 연립정부가 깨진 이후 정당 간 연정 협상이 교착에 빠지면서 2011년 11월 30일까지 무려 535일간 공식 정부가 출범하지 않아 사실상 무정부 상태로 지내기도 하였다.
>
> (나) 고급 모직물로 유명한 캐시미어는 부드럽고 윤기가 나며 보온성이 좋다. 캐시미어의 어원은 이 지역에서 잡은 산양의 털로 만든 것에서 유래하였다. 이 지역의 주민 대부분은 모슬렘이나 지역의 패권을 장악하고 있는 힌두교 지배층에 의해 소속 국가가 결정되어 이 지역의 분단과 전쟁을 초래했다. 현재 주변 4개국이 국경을 맞대고 있는 지정학적 요충지로 종교 갈등이 영유권 문제와 함께 발생하고 있다.

4. 지도에 표시된 A~D 지역에서 발생하였던 분쟁의 원인을 각각 서술하시오.

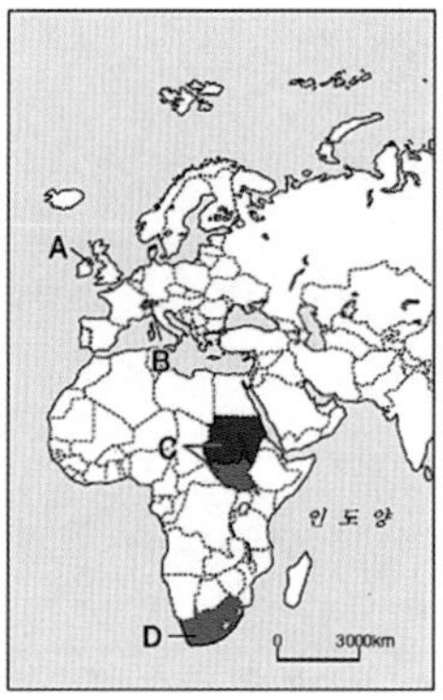

5. 지도에 표시된 국가들에서 발생하고 있는 종교 분쟁과 공통적으로 관련이 있는 종교를 쓰시오.

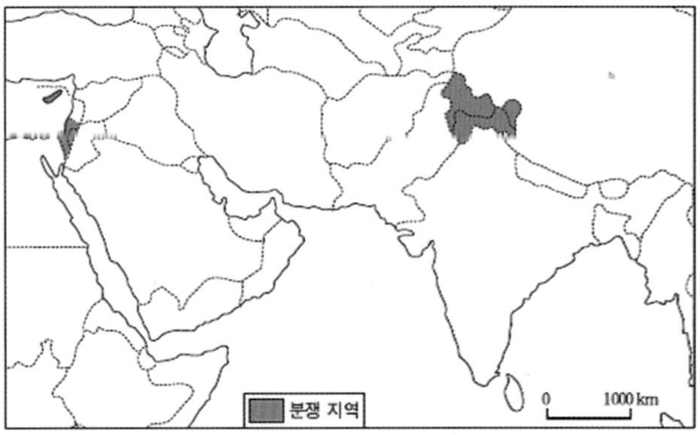

한 권으로 끝내는

지 리

올림피아드

All about Geography-Olympiad

Chapter 09

제9장

농업 지리

01. 농업 지역의 형성과 농업 입지론

02. 식량 자원

03. 우리나라 및 세계의 농업 지역

04. 식량 자원의 문제점과 대책

chapter
09

농업 지리

01. 농업 지역의 형성과 농업 입지론

핵심 출제 포인트

▶ 농업의 입지 요인 ▶ 입지 지대 ▶ 튀넨의 농업 입지론
▶ 싱클레어의 역전 모형

■ **작물 재배의 북한계선**
특정 작물이 어느 지역 이상의 북쪽 지역에서 재배가 어려울 때, 그 지역들을 한 줄로 이은 선을 말한다.

■ **경작의 최적 한계 범위**

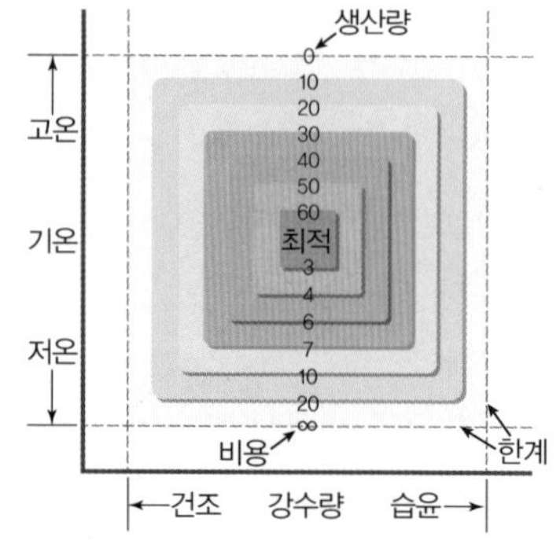

농업은 무엇보다 자연적 요인의 영향을 크게 받는데 기온과 강수량이 가장 큰 영향을 준다. 기온과 강수량의 조건이 좋은 지역은 농작물의 수확량이 많고, 생산비가 적게 들면서 농업의 최적지를 이루게 된다. 반면 기후가 불리하거나 토양이 척박한 곳은 생산비가 증가하며 수확량이 감소하면서 농업 입지에 불리하다.

■ **튀넨의 고립국 모형(1826)**

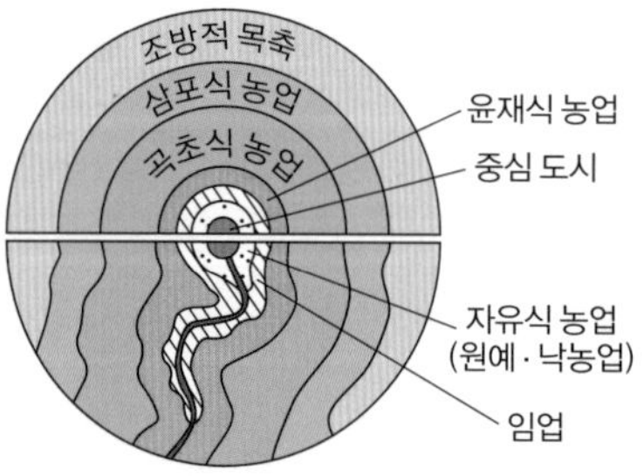

위 모형은 특정한 교통로가 없는 경우의 동심원 구조이고, 이 모형은 가항 하천이 있는 경우이다.

1. 농업의 입지 요인

(1) 자연적 요인 기후, 지형, 토양의 비옥도 등이 영향을 미치지만, 농업 기술과 교통의 발달로 점차 극복되고 있음

① 기후: 기온, 강수량, 무상 일수, 일조 시간, 증발량 등

요인	영향 및 사례
기온	• 여름철의 서늘한 기온: 대관령의 고랭지 농업 • 최한월 평균 기온: 작물의 북한계선에 큰 영향을 미침 • 고도에 따른 수직적 기온 분포: 안데스 산지 고도에 따른 재배 작물의 차이
강수량	• 고온 다습한 기후: 벼농사 • 반건조 기후: 밀 재배 및 목축업, 관개 농업 • 여름철 건조한 기후: 지중해 연안의 수목 농업
무상 일수	• 실질적인 작물의 재배 가능 기간을 의미하며, 최한월 평균 기온과 함께 농작물의 북한계선을 결정

② 지형: 일반적으로 낮고 평탄한 지형이 농업에 유리하며, 조건에 따라 농업 형태가 달라짐

• 평야 지역: 주로 논농사

• 산지와 구릉지: 계단식 논 또는 밭농사

③ 토양

• 하천 주변의 충적토는 비옥하여 벼농사 발달에 적합

• 반건조 지역의 프레리와 체르노젬은 밀 재배에 적합

(2) 인문·사회적 요인 농업 기술의 발달 및 농업의 상업화로 최근 중요성이 높아짐

교통의 발달	• 운송 시간과 비용의 감소로 근교 농업 지역이 확대되고 원교 농업이 발달 • 영동고속국도 개통으로 대관령 일대 고랭지 농업 지역의 확대 • 남해안 지역의 원예 농업 발달
소비 시장	• 소비자의 선호도에 따라 재배 작물 선택(원예 농업, 낙농업 발달) • 상업적 농업을 위한 토지 이용 증가, 논·밭이나 과수원으로 전용
영농 기술 발달	• 품종 개량, 비료·농약 개발, 기계화·자동화 등으로 자연 조건 극복
기타	• 정보 정책, 시장 개방으로 인한 상품 작물 재배 지역 확대 • 자본 및 농업 기술 발달 수준, 기계화로 인한 대규모 기업농의 등장

2. 튀넨의 농업 입지론

(1) 전제 조건

전제 조건	특징
고립된 지역 (고립국)	• 원형으로, 중앙에 하나의 도시(시장)를 가짐 • 외부 지역과는 교역이 전혀 이루어지지 않음
환경 조건	• 토양의 비옥도, 지형, 기후 등의 자연 조건이 모두 동질적인 평야를 가정함 • 고립국에서는 조건이 동일하므로 생산비가 동일한 것으로 여김
시장 조건	• 농산물의 가격은 시장에서 결정하며, 항상 안정되어 있음
교통 조건	• 유일한 교통수단은 우마차로, 직선 도로를 이용함 • 운송비는 소비 도시와의 거리에 비례함
인간 조건	• 농부는 합리적 경제인으로 개인적·주관적 선호에 의한 변수를 제거함 • 이윤을 극대화하기 위해 합리적인 행동을 함

(2) 이론의 전개와 결론

① 단일 작물의 입지 지대 곡선

• 지대=시장 가격−생산비−운송비(y=−ax+b)

• 시장에서 멀어질수록 운송비가 증가하므로 지대는 감소하게 되며, 지대가 0이 되는 지점이 작물의 한계 재배 지점이 됨

• 단일 작물의 경우 시장 가격과 생산비는 같고, 운송비는 거리에 따라 증가하므로 지대는 중심 시장으로부터 거리에 따라 감소하며, 일정 범위를 넘어서는 재배할 수 없음

• 토지 이용: 시장에 가까운 토지일수록 운송비가 저렴하여 지대가 높아져, 시장 가까이 갈수록 집약적 이용이 나타남

• 시장에 가까운 땅을 빌리는 농부는 그만큼 고가의 지대를 지주에게 지불해야 하므로, 주어진 면적에서 많은 생산을 하기 위해 가능한 자본과 노동 등의 생산 요소를 계속 투입함으로써 더욱 집약적인 토지 이용이 나타남

② 여러 작물의 경합에 따른 지대 곡선

• 여러 작물을 재배할 경우 지대에 의해 토지 이용 분화

• 여러 작물은 시장 가격과 운송비 특성이 다르므로 지대 곡선은 서로 교차

• 이때 농부는 주어진 구간에서 지대가 높은 작물 선택

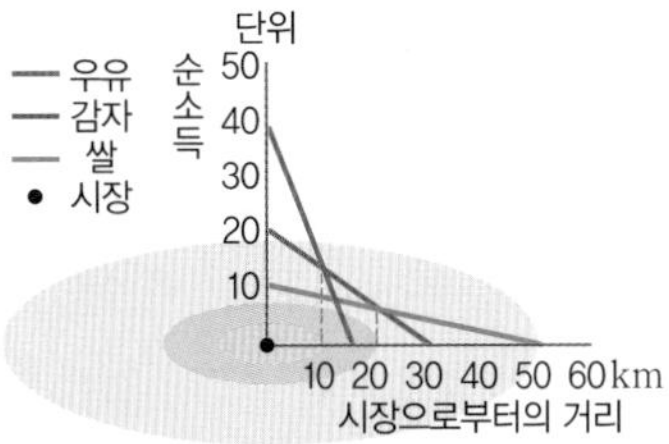

여러 작물의 경합에 따른 지대 곡선

• 작물 재배 지역은 시장으로부터 거리에 따라 동심원적인 배열을 보임

– 서로 다른 작물들은 운송비를 절감할 수 있는 곳에 입지하기 위해 서로 경쟁

– 해당 토지에서 가장 높은 지대를 지불할 수 있는 작물 재배

③ 고립국의 토지 이용 패턴

• 운송비 절감을 위해 가능한 시장 가까운 곳에 입지하려고 경쟁

• 도시와의 거리에 따라 도시를 중심으로 고립국 내에서 각 지점마다 가장 높은 지대를 얻을 수 있는 6개의 농업 지대가 동심원 모양으로 형성

• 토지 이용: 도시와 가까울수록 집약적 토지 이용, 도시에서 멀어질수록 조방적 토지 이용

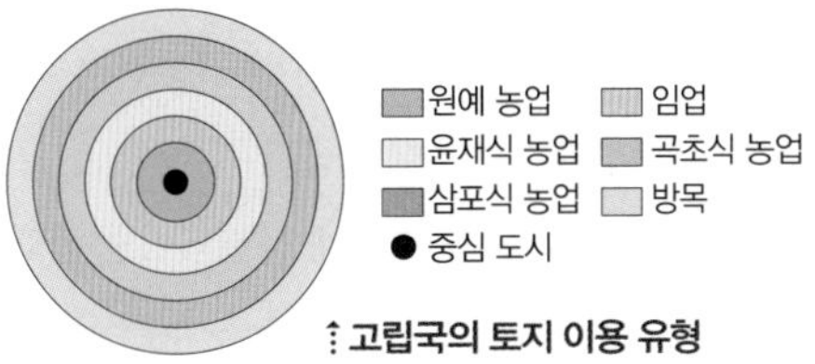

고립국의 토지 이용 유형

④ 결론 및 의의

• 농업 경영의 지역 차는 작물의 시장 가격과 운송비에 의해 결정

• 도시에 가까울수록 집약적인 토지 이용, 멀수록 조방적인 토지 이용이 이루어짐

• 농업 입지론의 시초로, 공간 입지에 따라 재배되는 농작물이 달라지는 요인을 규명

(3) 수정 모형

> 튀넨도 현실 상황은 고립국의 이상적인 조건과는 여러 측면에서 매우 다르며 복잡한 요인들에 의해 토지 이용이 나타날 것으로 보았고, 그는 보다 더 현실적인 조건에 부합하는 토지 이용 패턴을 제시하기 위해 몇 가지 조건들을 완화한 수정 모형을 발표하였다.

① 가항 하천이 있을 경우

• 마차를 이용하는 것보다 배의 운송비가 저렴

■ 지대의 개념

① 토지를 이용하여 얻게 되는 이윤

② 농작물을 재배하여 얻게 되는 이윤

③ 농작물의 시장 가격에서 농작물을 생산하는 데 드는 비용(생산비)과 시장까지 운반하는 데 드는 운송비를 뺀 순소득

■ 지대 곡선

농산물 가격은 시장에서 결정되는 것이며 고정되어 있는 것으로 가정하였으므로, 시장으로부터 거리가 멀어짐에 따라 운송비는 증가하여 이윤은 감소하게 된다. 이때 이윤을 지대라고 하며, 이러한 관계를 그래프로 나타낸 것이 지대 곡선이다.

■ 단일 작물의 입지 지대 곡선

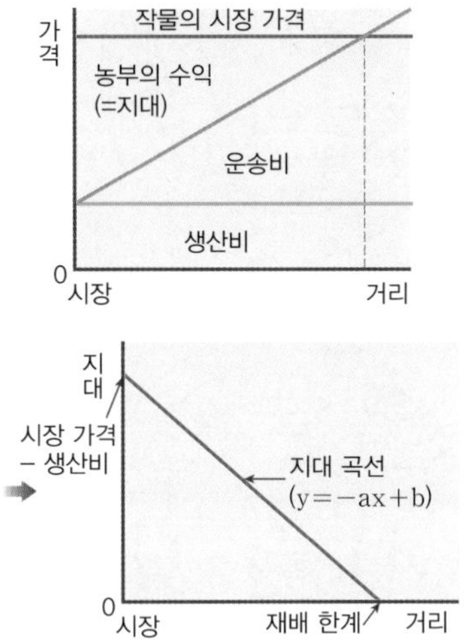

■ 윤재식 농업

사료 작물과 곡물을 일정한 순서로 반복하여 재배하는 돌려짓기 방식을 말한다.

■ 곡초식 농업

토지를 7등분한 후 7년 동안 곡물과 사료 작물을 돌려짓는 농업 방식으로, 경지의 비옥도를 유지하기 위해서 매년 7개 경지 중 하나를 휴경하는 방식이다.

■ 삼포식 농업

중세 유럽에서 발달한 농업으로 경지를 3등분하여 여름 작물, 겨울 작물, 휴경지로 나누고 돌려짓는 농업 방식을 말한다.

■ 임업이 도시 가까운 지역에서 이루어지게 되는 이유

19세기 독일에서는 목재가 주요 에너지원으로 이용되었으며, 건축 재료로 상당히 많은 양이 이용되어 도시민의 수요가 매우 높았기 때문이다.

■ 수정 모형

가항 하천 추가

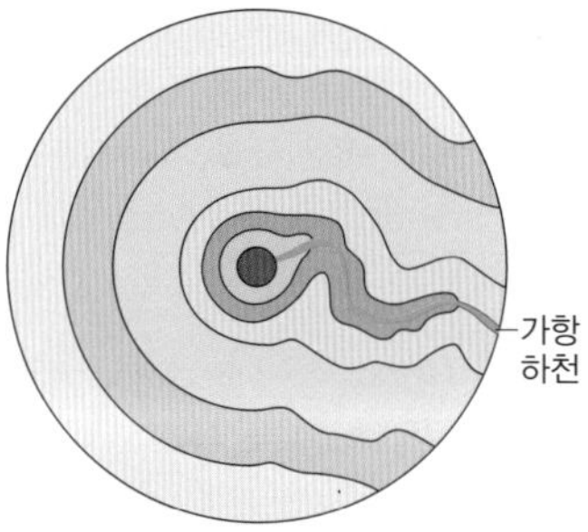

토지 비옥도가 다른 경우

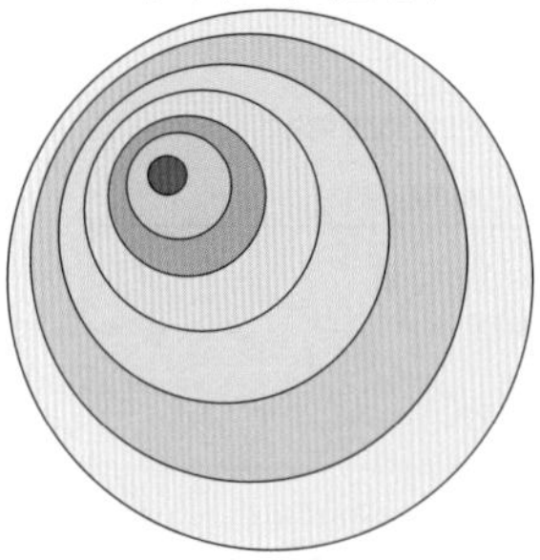

소도시 추가

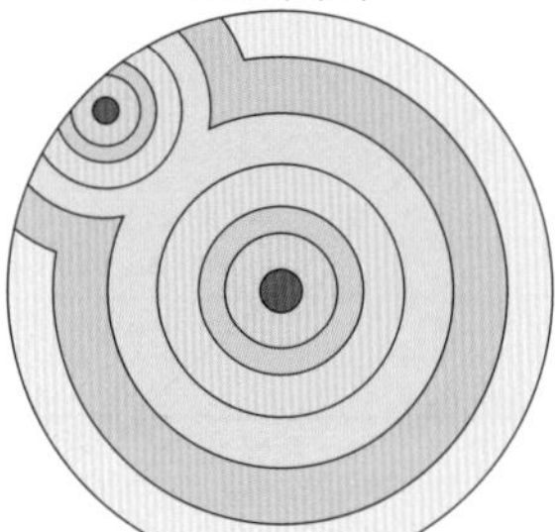

■ 결절(node, 結節)

마디와 마디가 만나는 곳이자, 흐름이 교차하는 곳을 말한다. 지하철 노선에서 환승역은 대표적인 결절에 해당한다.

■ 여러 개의 교통로가 있는 경우 농업 지역의 변화

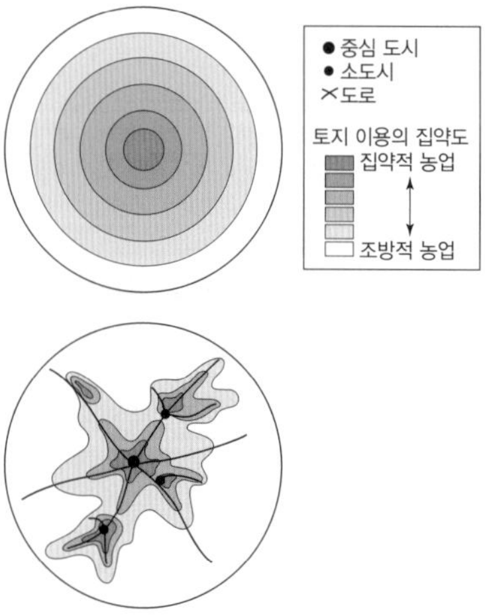

- 농산물 생산 지점에서 하천을 이용할 수 있는 지점까지의 비교적 단거리는 육상 교통 이용
- 도시와 가장 인접한 지역의 경우 수송 거리가 짧기 때문에 수운을 이용하는 것이 크게 도움되지 않아, 동심원적 형태의 토지 이용이 거의 변하지 않음(우유, 신선한 야채 등)
- 하천에서 중심 시장까지는 운송비가 적게 드는 배를 이용하기 때문에 농업 지역이 길게 배열되어 동심원적인 토지 이용은 하천을 따라 띠 모양으로 바뀜
- 수상 교통을 이용하게 될 경우 가장 크게 변화하는 지역은 목재 생산 지역

② 토지 비옥도의 차이가 있을 경우

- 비옥한 지역은 생산비가 적게 들기 때문에 상대적으로 운송비를 더 지불할 수 있음
- 중심 도시에서 더 멀리까지 작물 경작 지역의 확대가 가능하여 비옥한 토지 쪽으로 농업 지역 확대

③ 도시가 두 개 있을 경우

- 새로운 도시를 중심으로 새로운 농업 지역이 형성되어 두 개의 동심원이 경합
- 농업 지역의 크기는 도시(시장)의 소비 규모(인구 규모)에 의해 결정
- 규모가 작은 도시 주변의 동심원은 그 반경이 훨씬 작아짐

④ 교통축을 따라 도시가 발달되어 있을 경우

- 교통축을 따라 결절 지점에 도시가 입지할 경우 각 도시들이 상권 확보를 위해 경쟁
- 각 도시를 중심으로 교통축을 따라 방사상(별 모양)으로 형성
- 각 도시의 규모에 따라 방사상(별 모양) 토지 이용의 규모도 결정

3. 싱클레어의 역전 모델

(1) 주요 내용

① 적용 지역: 기술 혁신에 의해 대량 생산, 대량 수송이 가능한 선진국 중 도시 근교 지역

② 중심지로부터 멀어질수록 토지 이용이 조방적에서 집약적으로 나타나는 이유

- 도시화에 따른 토지 이용 변화(농업적 가치는 떨어지게 됨)
- 농업 지역은 비등질적 공간
- 도시 성장은 불균형하게 진행되어 농업적 토지 이용 유형에 영향을 줌
- 도시 팽창은 외부로 이동함 → 투기 유인 작용
- 도시화 과정에서 농업적 토지 이용 패턴은 여러 공공 정책에 영향을 받음

(2) 토지 이용

지대 구분	토지 이용
제1 동심원 지대	• 도시 농업 지대(온실 재배, 버섯 재배, 가금 사육) • 소규모 원예, 고층 건물 활용, 도시적 토지 이용의 세분화 • 토지의 농업적 가치는 하락하고, 자산(투기적 목적)으로서의 가치는 증가 • 교통의 발달로 원거리 지역보다 경쟁에서 불리
제2 동심원 지대	• 적절한 시기에 토지 매매: 공한지, 일시적 목축지
제3 동심원 지대	• 일시적 곡물 농업, 목축, 조방적 농업, 겸업 농가가 많음
제4 동심원 지대	• 낙농업, 곡물 농업, 집약도가 낮은 환금 작물
제5 동심원 지대	• 전형적인 농업 지대(전문화된 혼합 농업 지대) • 대도시로부터 경제 활동의 직접적인 영향이 없는 지대

(3) 농업적 가치에 의한 지가 곡선

① 농업적 토지의 지가는 집약도에 따라 달라지므로 도시 인접 지역은 농업적 가치가 낮음

② 도시에서 거리가 멀어짐에 따라 집약도는 증가하나, 도시화의 진전이 거의 기대되지 않는 지점부터는 집약도가 일정하므로 지가 곡선의 기울기가 수평을 이룸

(4) 튀넨의 이론과 싱클레어 이론의 비교

① 튀넨: 운송비가 공간 조직을 형성한다고 보았으며, 거시적인 농업 입지 전개 과정 설명

② 싱클레어: 도시화 과정에서 나타나는 도시의 외연적 팽창으로, 도시와의 절대 거리가 공간 조직에 영향을 준다고 보았으며, 미시적으로 도시 인접 지역의 토지 이용을 설명

4. 튀넨의 농업 입지론의 적용 사례

(1) 우루과이의 토지 이용

① 가설적인 모델과 실제 농업 지역

- 우루과이 토지 이용: 대체적으로 지형이 평탄하고, 아열대 기후로 튀넨의 고립국과 유사
- 토지의 비옥도와 교통축을 고려한 토지 이용

> 중심 도시인 몬테비데오는 남부 해안가에 입지하고, 몬테비데오를 중심으로 남부와 남서부 방향으로 교통망이 발달하였다. 남부와 서부의 토양이 비옥하고, 동부와 중앙부 및 북서부 토양이 상대적으로 척박하였다.

② 실제 토지 이용과 튀넨 모델과의 비교

유사점	몬테비데오(중심 도시)에서 북쪽으로 갈수록 원예, 낙농, 곡물, 방목 순으로 배열되고, 중심 도시에서 거리가 멀어질수록 토지의 집약도가 낮아짐
차이점	곡물 지대와 방목 지대가 세분화되어 있고, 혼합 농업 지대가 나타남

튀넨의 모델을 적용한 우루과이의 가상적인 토지 이용 패턴

토지 비옥도와 교통축을 고려한 토지 이용 패턴

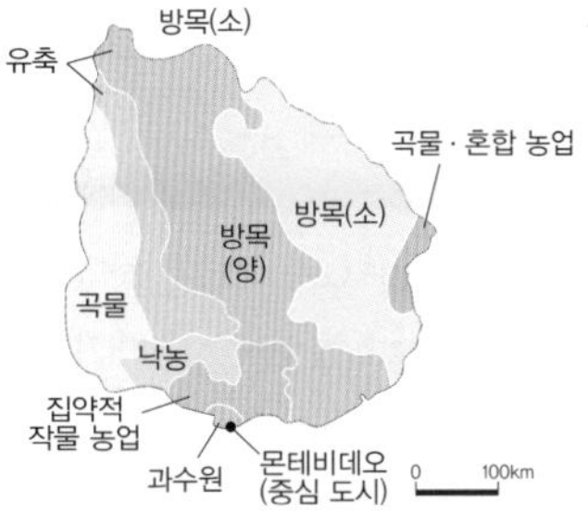

우루과이의 실제 토지 이용 패턴

(2) 유럽

① 북서 유럽 핵심 지역을 중심으로 거리가 멀어질수록 토지 이용의 집약도가 낮아짐

② 튀넨의 이론과 비슷한 토지 이용을 보여 주며 지역에 따라 집약도가 다르게 나타남

③ 고도로 산업화·도시화된 지역으로, 고도화된 토지 이용이 나타나고, 그 주변 지역에는 원예 작물과 낙농업을 위주로 집약도가 매우 높은 토지 이용이 나타남

(3) 미국

① 규모: 대륙이라고 볼 수 있을 정도의 넓은 토지를 가짐

② 토지 이용: 뉴욕이 유일한 중심 시장이며 전체 지역의 자연 조건이 동질적이라고 가정

- 뉴욕 시로부터 외곽으로 거리가 멀어짐에 따라 농업의 집약도가 점점 낮아질 것으로 예상
- 실제 미국 농업의 공간적 분포와 규범적인 토지 이용을 비교하면 상당 부분 유사
- 남부에서 북부로 이어지는 작물 배열 순서는 다소 차이가 남
- 옥수수 지대는 면화와 담배 지대의 북쪽에서 나타남

■ 싱클레어의 역전 모델

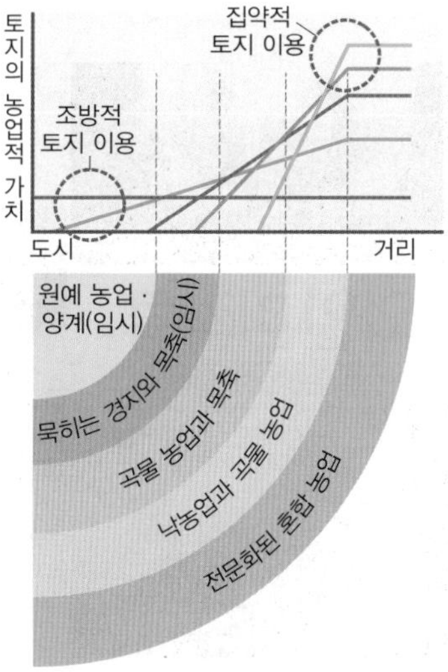

■ 미국의 토지 이용 패턴

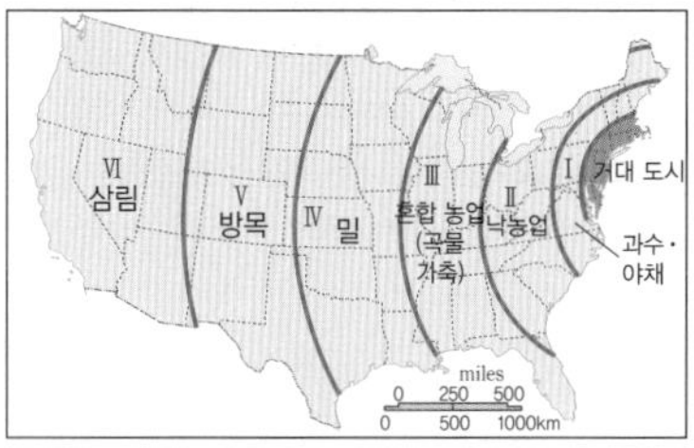

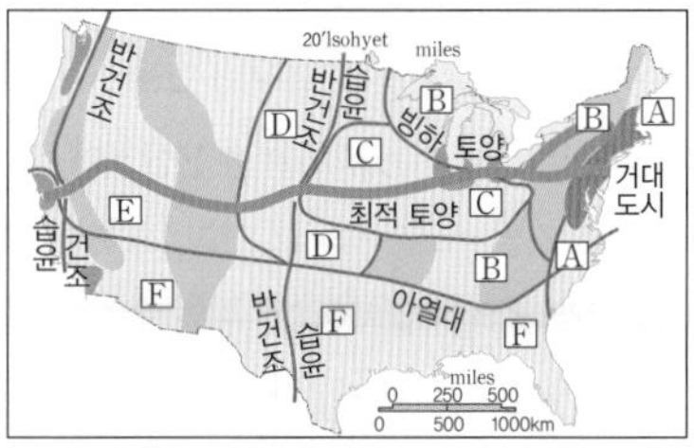

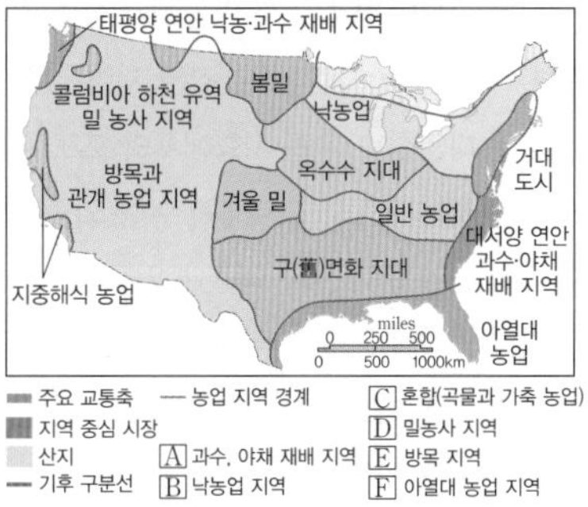

■ 유럽의 농업적 토지 집약도

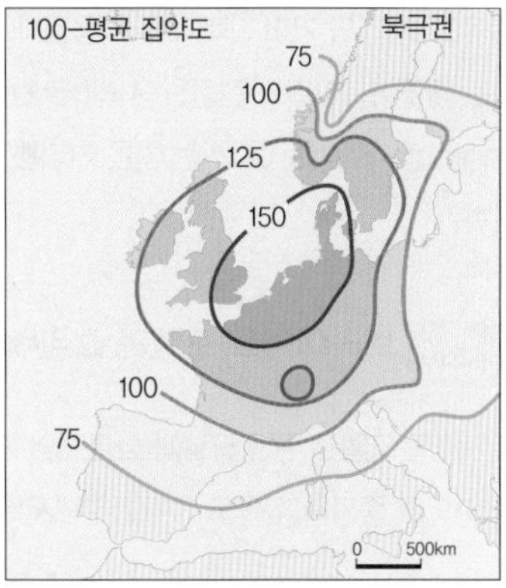

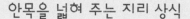

지리 상식 1 '테루아르', Geography is a flavor!

와인 미라클(왼쪽) 1976년 '파리의 심판'이라 불렸던 와인 블라인드 테이스팅 대회 실화를 다룬 영화이다. 프랑스 와인을 누르고 1위를 차지한 캘리포니아 와인을 생산해 낸 사람들과 와인에 대한 이야기로 촬영지인 캘리포니아 나파 밸리의 아름다운 풍광은 보너스로 주어진다.

산타바바라(오른쪽) 사사건건 충돌하던 음악감독 '정우'와 광고 AE '수경'이 광고 프로젝트를 위해 영화 〈사이드웨이〉의 무대가 된 산타바바라로 떠나게 된다.

'테루아르(Terroir)'는 와인 산지의 위치, 기후, 토질 등 자연적 요소와 그곳에서 와인을 만드는 사람들의 역사, 면면히 이어져 내려오는 기술, 장인 정신 등의 인적 요소를 통틀어서 말하는 개념이다. 테루아르는 철저히 '땅'의 개념이라고 할 수 있다. 와인 생산지에서 이루어지는 관광으로서의 와인 기행, 포도밭·포도 저장고 견학, 포도주, 시음, 농장 숙소 체류 등은 사실 테루아르에 대한 답사이다.

와인의 주원료인 포도는 대체로 여름에 고온 건조하고, 강수량과 일교차가 적절한 기후와 배수가 좋은 땅에서 잘 자란다. 포도의 맛은 해에 따른 기후 변화와 일사, 방향, 경사도 같은 지형 조건 등에 따라 달라지기 때문에 농장주는 다양한 기후와 지형에서의 포도 재배를 실험해 왔다. 와인은 사람들이 마시기까지 포도 재배와 수확, 와인 제조, 병입, 보관 및 숙성, 운송 등 복잡한 단계를 거친다. 예컨대 일정한 깊이의 지하에 보관하여 햇볕을 차단하고 일정한 온도를 유지한다. 이렇게 인공적으로 조절이 가능한 요소와는 달리 테루아르는 인간이 조절하기 힘든 자연 요소의 역할에 주목한다. 포도 재배 당시의 기후 조건은 토양에 그대로 영향을 미치고, 이는 포도의 성장과 결실에 바로 영향을 미친다. 이러한 테루아르는 동양권의 차 재배와 저위도 지역의 커피 재배에도 적용된다. 땅과 하늘 그리고 인간이 어우러지는 테루아르야말로 진정한 '지리(地理)'라고 할 수 있다.

"Geography is a flavor."라는 말은 커피뿐만 아니라 와인에도 해당되는게 아닐까?

교학사, 2007, 『세계 지리』

지리 상식 2 브라이언트 모델과 그린벨트 모델

브라이언트 모델은 튀넨 모델과 싱클레어 모델의 절충안으로, 처음에는 농업 집약도가 증가하다가 도시 주변부에서부터 거리가 증가함에 따라 감소한다. 브라이언트는 포도원 등의 과수원과 같은 농업 유형은 투자한 자본에 대하여 이익을 얻기 위해 시간이 필요한 농민의 욕망이 존재하고 있기 때문에 도시화에 의한 음의 영향을 받는다고 주장했다. 따라서 도시화의 영향을 받는 지역은 농업을 포기하든지 다른 곳으로 과수원을 옮기지 않으면 안 된다. 농업의 가치 변화는 특정 농기업이 잠재적인 도시 개발에 영향을 받는 정도에 따라 가능하고, 만일 시장의 접근성이 하나의 요인으로써 고려될 수 있다면, 농업 집약도는 처음에 증가하다가 도시 주변 지역에서 거리가 멀어질수록 낮아진다.

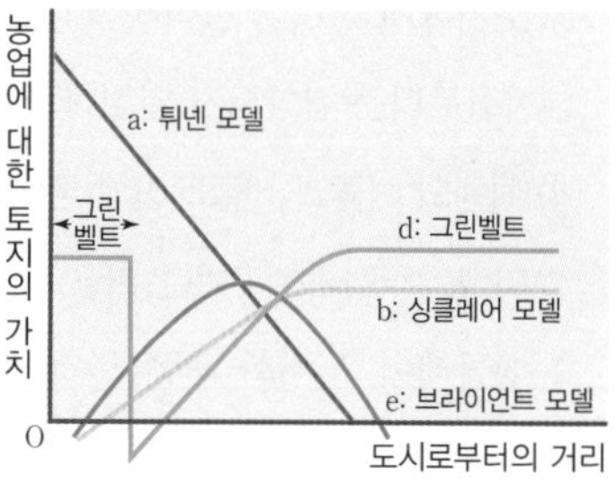

농촌과 도시 주변의 농업 집약도 모델

그린벨트 모델은 엄격한 정책으로 도시적 토지 이용에 대한 수요는 그린벨트 밖으로 편향될 수 있는 것이다. 그린벨트 지역 이후에는 점차 집약적이 되며, 그 이후는 농업에 대한 토지의 가치가 일정하게 유지된다. 도시 주변부에서 멀리 떨어져 있는 지역은 농업에 대한 토지의 가치가 일정하게 높아지는 현상을 나타낸 것이다.

지리 상식 3 리카도 씨! 중요한 건 거리예요!

경제학자인 데이비드 리카도(David Ricardo, 1772~1823)는 토지 비옥도에 따라 지대가 달라진다는 차액 지대 이론을 전개하였다. 비옥도의 차이에 따라 발생하는 수확의 양은 토지 소유자에게 지불되어야 한다고 주장하였다. 이에 비해 튀넨은 리카도와 달리 비옥도가 같은 지역 내에서도 지대가 달라질 수 있다고 보고 중심 시장으로부터의 거리에 따른 운송비의

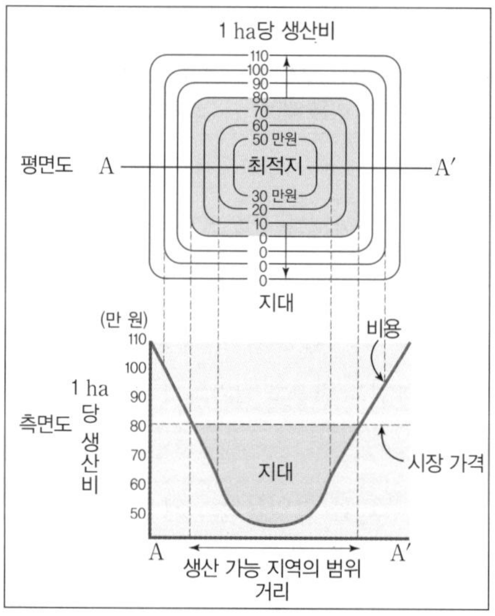

비옥도의 차이에 따른 경제 지대의 개념 80만 원 등비용 곡선에서 생산비와 시장 가격이 만나게 되므로, 이윤의 한계 지점이 된다. 비용이 80만 원을 상회할 경우 작물을 재배하지 않게 되며, 최적지에 가까울수록 수익이 높아져 경제 지대는 계속해서 증가한다.

차이에서 지대가 발생한다고 주장하였다. 따라서 튀넨은 지대가 입지에 따라 달라지기 때문에 입지 지대라고 불렀다.

서로 다른 주장을 했지만 실제로 튀넨과 리카도는 만난 적이 없었다는 후문이…….

지리 상식 4 응답하라! 그래프여!

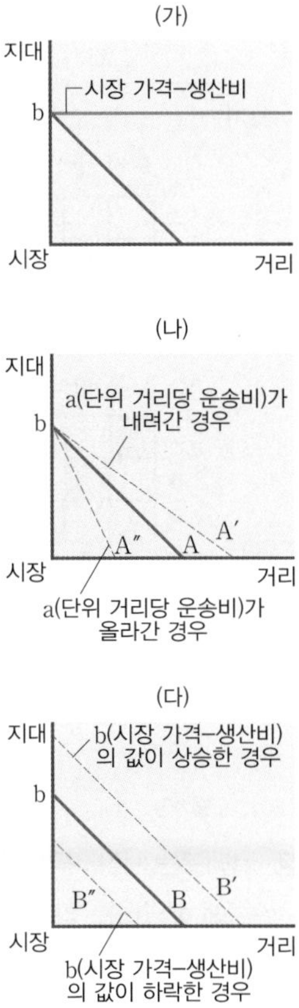

튀넨의 농업 입지론뿐만 아니라 입지론을 해결할 때 가장 어려운 점은 계산이다. 지대 곡선을 자세히 살펴보면서, 계산(하지만 틀림없이 산수인) 문제를 대비해 보자.

지대 곡선은 세로축이 지대, 가로축이 시장과의 거리를 의미한다. 어떤 작물의 시장 가격과 생산비가 일정할 때, 농부는 작물을 재배함으로써 얻을 수 있는 지대가 시장으로부터 거리가 멀어질수록 감소하므로 (가)와 같은 형태의 곡선이 된다. (가) 곡선을 일차 함수로 나타내면 y(지대)=b-ax(b: 시장 가격-생산비, a: 단위 거리당 운송비, x: 시장으로부터의 거리)가 된다. (나)는 운송비 변화에 따른 지대 곡선의 변화를 나타낸 것이다. 운송비의 증감은 수송 수단의 개선, 교통망 확충, 연료비, 교통 체증 등의 변화로 나타나게 된다. 운송비의 변화는 일차 함수에서 단위 거리당 운송비의 증감을 뜻한다. a가 감소할 경우 그래프는 A → A′로 이동하고, a가 증가하면 A→A″로 이동하게 된다.

(다)는 시장 가격과 생산비의 변화에 따른 지대 곡선의 변화를 나타낸 것이다. (다)에서 a(단위 거리당 운송비)는 고정되어 있고, b(시장 가격-생산비) 값의 변화에 따라 지대 곡선이 변한다. 시장 가격의 상승이나 생산비의 감소는 y절편(b)을 상승시켜 그래프를 B→B′로 이동시키고, 반대의 경우 y절편을 하락시켜 B→ B″로 그래프를 이동시킨다.

지리 상식 5 쌀 파는 나라에서 쌀 사는 나라로, 필리핀!

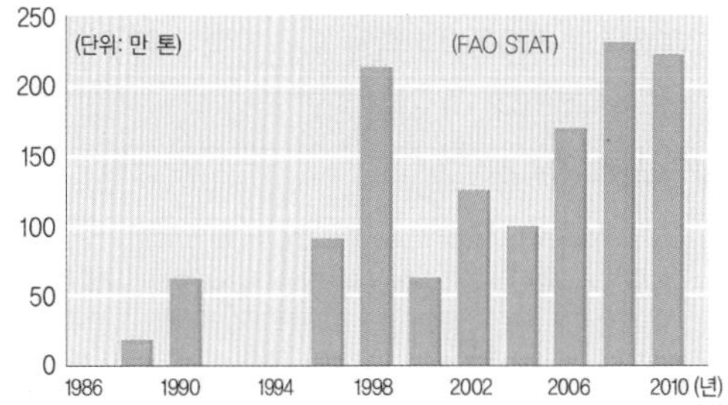

⋮ 필리핀의 쌀 수입량

필리핀은 1970년대 말부터 1980년대 중반까지 연 2회 벼를 수확하고, 벼 연구 분야에서 세계적 명성을 누리며 쌀을 수출하기도 하였던 대단히 모범적인 쌀 자급 국가였다. 그러했던 필리핀이 쌀 수입국이 된 것은 1993년부터이다. 현재 필리핀은 매년 100만~200만 t의 쌀을 국제 시장에서 조달받고 있는 세계 최대의 쌀 수입국이다. 쌀을 확보하기 위한 정부의 필사적인 노력은 2008년 내내 국내 신문의 1면을 장식했고, 가난한 지역에 쌀이 안전하게 배급되도록 하기 위해 군대까지 파견해야 할 지경이었다. 파견 군대의 활동의 모습을 담은 사진은 이제 국제적인 식량 위기를 나타내는 상징이 되었다. 이처럼 필리핀이 세계 최대의 쌀 수입국이 된 이유는 무엇일까?

식량을 수출하던 나라가 식량 수입 국가로 바뀌게 된 가장 근본적인 이유는 구조 조정 때문이었다. 마르코스는 집권 후반기에 들어 농민을 정권의 기둥으로 삼고자 하는 노력의 일환으로 갖가지 농업 지원 정책을 펼쳤다. 하지만 구조 조정이 이루어지면서 농업 지원과 관련된 예산이 모두 대폭 삭감되고 말았다. 구조 조정은 국가의 재원을 외채 상환에 우선적으로 투입하게 만듦으로써 경제에 심각한 타격을 주었다. 여기에 한 술 더 떠 1990년대 중반 무렵에는 WTO에 가입하면서 필리핀 경제에 미치는 악영향은 한층 배가되었다. 필리핀은 토지 개혁 정책에도 실패하여 농업 생산성마저 크게 하락했다. 정부 지원은 턱없이 부족했으며, 지주들의 방해 공작마저 효과적으로 차단하지 못하여 결국 실패하고 만 것이다. 지금의 상황이라면 필리핀은 앞으로도 영원히 쌀 수입국으로 남게 될 것이고, 다른 농작물도 대부분 수입에 의존해야 하는 상황을 맞게 될 것이다. 필리핀 정부의 시각과 인식 전환이 필요하다.

[선택형]

• 2009 임용

1. 표는 2005년과 2008년의 작물 A, B, C의 시장 가격, 생산비, 운송비를 나타낸 것이다. 이 기간 동안 작물 A, B, C의 재배 범위에 대한 설명으로 옳은 것은?

연도	작물	생산비(원/kg)	운송비(원/kg/km)	시장 가격(원/kg)
2005년	A	100	2	150
	B	100	1	150
	C	100	4	200
2008년	A	100	2	200
	B	100	1	150
	C	100	4	200

① 재배 면적이 가장 확대된 작물은 C이다.
② B의 재배 지역이 A의 재배 지역을 잠식하였다.
③ B의 재배 범위는 시장부터 16.7km였으나 16.7~50km로 바뀌었다.
④ 시장으로부터 50km 이내의 범위에서는 작물 A만 재배할 수 있게 되었다.
⑤ C의 재배 지역은 시장으로부터 16.7~50km 범위에서 16.7km 이내로 바뀌었다.

• 2012 임용

2. 다음은 튀넨(J. von Thünen)의 고립국 모델에 관한 글이다. ㉠~㉣의 설명 중 옳은 것을 고른 것은?

> 튀넨은 현실 세계를 단순화한 고립국 모델을 통해 그의 이론을 연역적으로 전개하여 나갔다. 그의 고립국 모델에서는 중심 도시 주위에 ㉠ 자유식 농업(원예와 낙농), 임업, 윤재식 농업, 곡초식 농업, 삼포식 농업, 방목의 순으로 6개의 농업 지대가 연속적으로 배열되어 있다. ㉡ 동일한 자연 조건하에서도 입지 지대에 따라 농업 생산의 공간적 분화가 이루어진다는 점을 과학적으로 밝힌 ㉢ 튀넨의 농업 입지 이론은 자급적 농업 체제하에서 농업 생산의 공간 조직을 이해하고 설명하는 데 공헌하였다. 그러나 그의 이론은 현실 상황의 단순화에 따른 설명의 한계 또한 적지 않으며, 이런 점에서 ㉣ 인간을 만족자(satisfier)가 아닌 최적자(optimizer)로 보는 행태주의 입지론과 비교하여 볼 필요가 있다.

① ㉠, ㉡ ② ㉠, ㉢ ③ ㉡, ㉢ ④ ㉡, ㉣ ⑤ ㉢, ㉣

• 2013 수능

3. 표는 가상 국가의 주요 농업 현황을 나타낸 것이다. A~C 국가의 상대적 특징으로 옳은 것을 〈보기〉에서 있는 대로 고른 것은?

국가 구분	농업 부가 가치 (백만 원/호)	농업 자본액 (백만 원/호)	경지 면적 (ha/호)	영농 시간 (시간/호)
A	44	49	4.6	950
B	30	47	3.6	1,240
C	45	57	3.7	1,170

보기

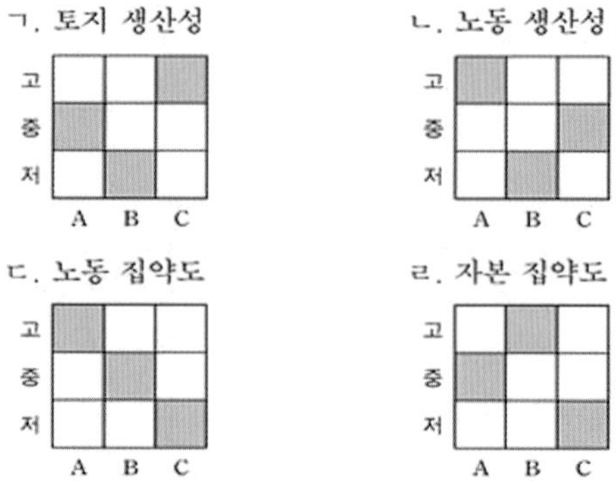

① ㄱ, ㄴ ② ㄴ, ㄷ ③ ㄱ, ㄴ, ㄹ
④ ㄱ, ㄷ, ㄹ ⑤ ㄴ, ㄷ, ㄹ

• 2013 9 평가원

4. 그래프는 시장 가격, 생산비, 운송비의 변화를 나타낸 것이다. (가)~(다)에 해당하는 입지 지대 곡선의 모식적인 변화를 〈보기〉에서 고른 것은? (단, 튀넨의 고립국 이론을 적용함.)

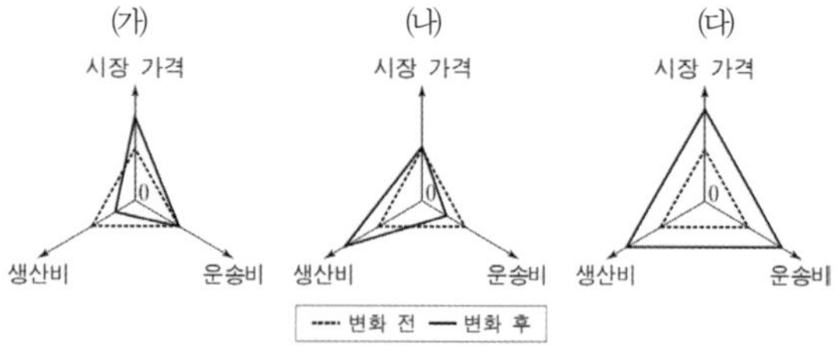

* 지대 = 시장 가격-생산비-운송비
** 시장 가격과 생산비는 원/kg이며 운송비는 원/kg·km이다.
*** 지대를 결정하는 각 요소의 증가분과 감소분은 동일하다.

보기

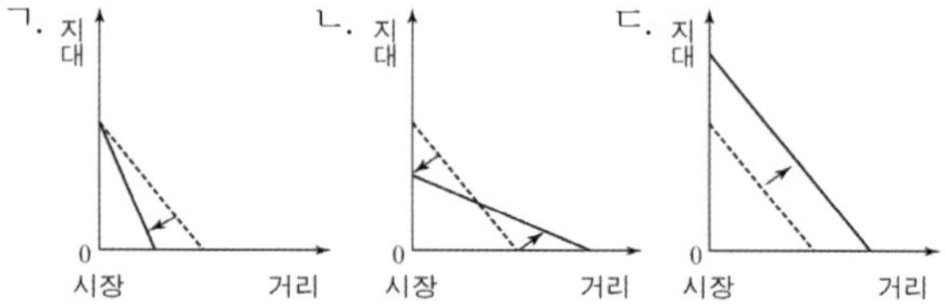

	(가)	(나)	(다)
①	ㄱ	ㄴ	ㄷ
②	ㄱ	ㄷ	ㄴ
③	ㄴ	ㄱ	ㄷ
④	ㄷ	ㄱ	ㄴ
⑤	ㄷ	ㄴ	ㄱ

[서술형]

1. (가)는 튀넨의 규범적 모델을 미국에 적용한 사례이다. 이 토지 이용은 뉴욕을 유일한 중심 시장으로 가정하고, 전체 지역의 자연적 조건이 모두 동질적이라고 가정할 경우를 나타낸다. (나)는 실제 미국의 농업 생산의 공간적 분포를 나타낸다. 튀넨의 이론에 따른 토지 이용 패턴과 실제 농업의 토지 이용 패턴이 다르게 나타나는 이유를 자연적 측면과 인문적 측면으로 구분하여 서술하시오.

(가) 튀넨의 모델을 미국에 적용한 사례

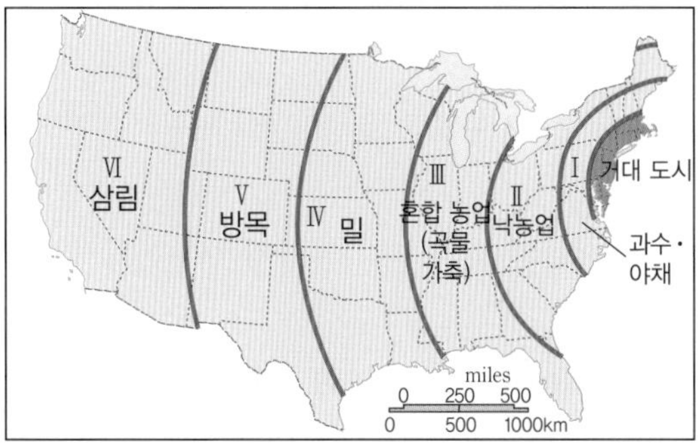

(나) 실제 미국의 농업 생산의 공간적 분포

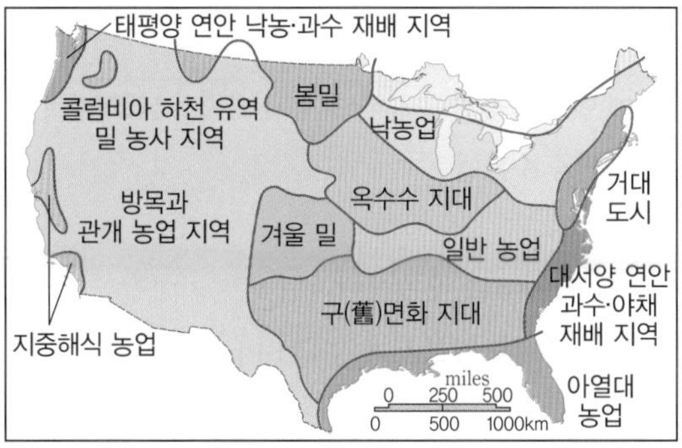

2. Describe the differences between Thünen and Sinclair's model in agricultural location theory.

3. 지도는 대륙적 규모에서 튀넨의 고립국 모형을 적용한 것이다. 농업 집약도가 가장 높은 지역은 어디이며, 그 지역의 집약도가 가장 높게 나타나는 이유를 서술하시오.

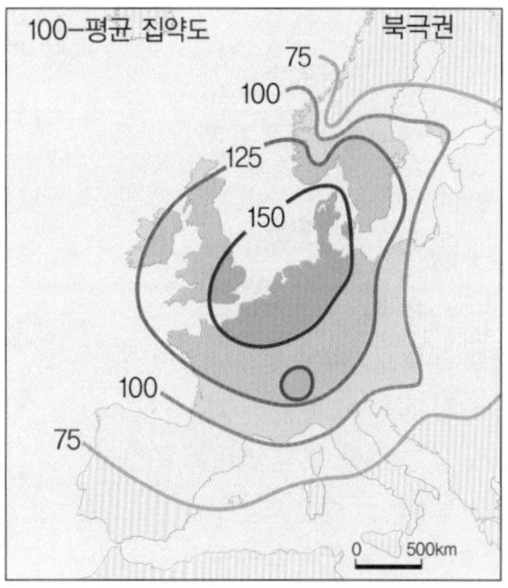

4. (가) 그래프는 세 작물 A, B, C의 입지 지대 곡선이다. (나) 자료에서 B 작물이 자료와 같이 변화하였을 때 지대 곡선을 그래프에 실선으로 표현하시오. (단, 지대=시장 가격−생산비−단위 거리당 운송비×거리)

(가)

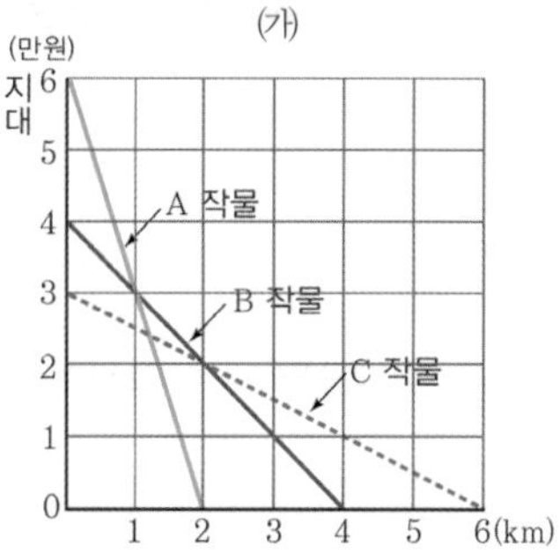

(나) B 작물은 농약, 비료 등을 사용하지 않은 유기 농산물로서 높은 수요에 따라 가격이 상승하였다. 그러나 최근 연료비의 상승으로 단위 거리당 운송비가 높아지면서 생산 농가는 어려움을 겪고 있다. 다만 농업 기술의 발달로 인해 생산비와 단위 면적당 생산량은 이전과 차이가 없었다.

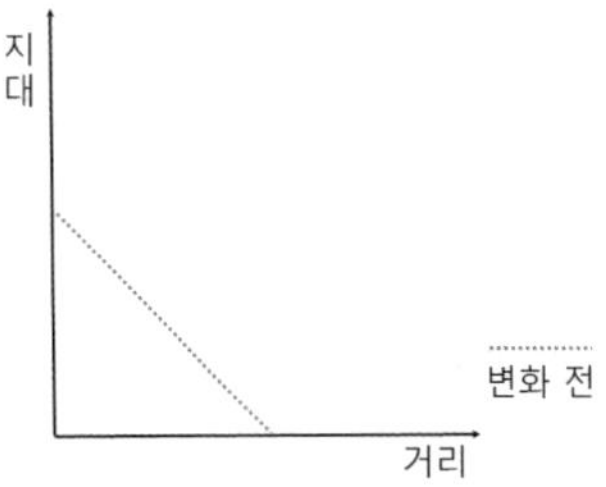

농업 지리

02. 식량 자원

핵심 출제 포인트

▶ 세계 식량 자원의 생산과 이동 ▶ 플랜테이션 작물과 주요 생산 국가

■ 토지 생산성과 노동 생산성

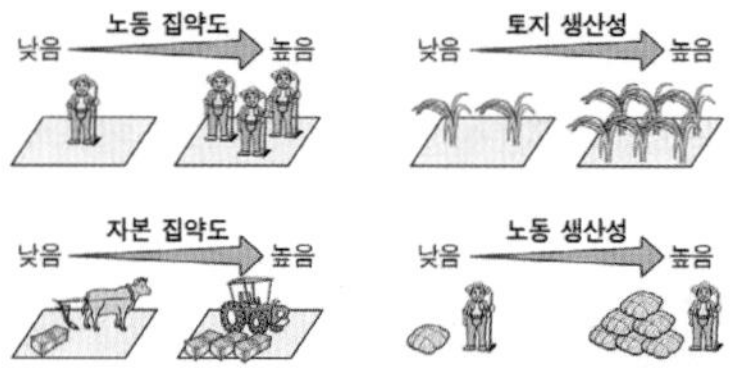

토지 생산성은 농업 소득을 토지 면적으로 나누어 단위 면적당 농업 생산력의 수준을 나타내는 지표로, 토지를 집약적으로 사용할수록 그 수치가 높게 나타난다. 노동 생산성은 농업 생산량을 투입된 노동의 양으로 나누어 구하며, 기계화 수준이 높을수록 그 수치가 높게 나타난다. 토지 생산성과 노동 생산성은 농업 생산력을 파악하는 중요한 지표가 된다.

■ 밀 캘린더

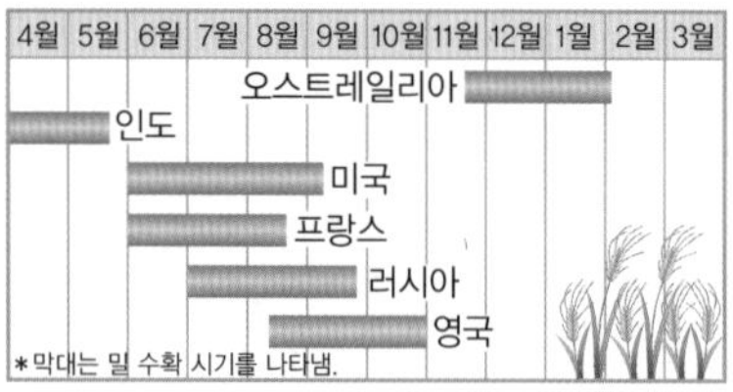

밀은 북반구와 남반구의 계절 차이로 인해 수확 시기가 달라 세계에서 연중 수확되고 있다. 북반구는 3월에서 11월까지, 남반구는12월에서 2월까지 수확한다. 따라서 남반구의 경우 북반구의 단경기에 수확하게 되어 수출에 유리하다.

■ 쌀의 생산과 수출입의 국가별 비중(2010년)

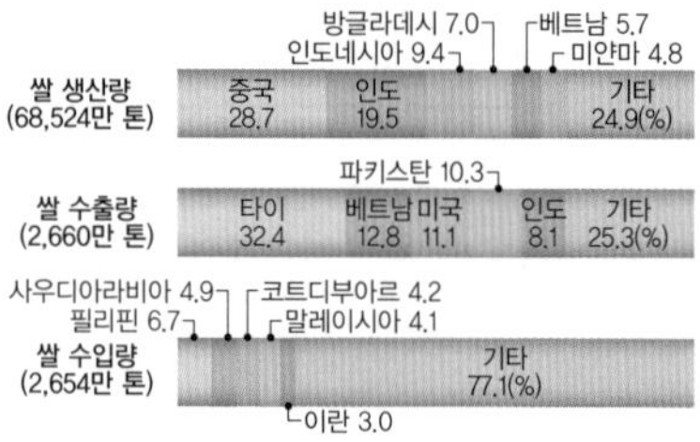

■ 밀의 생산과 수출입의 국가별 비중(2010년)

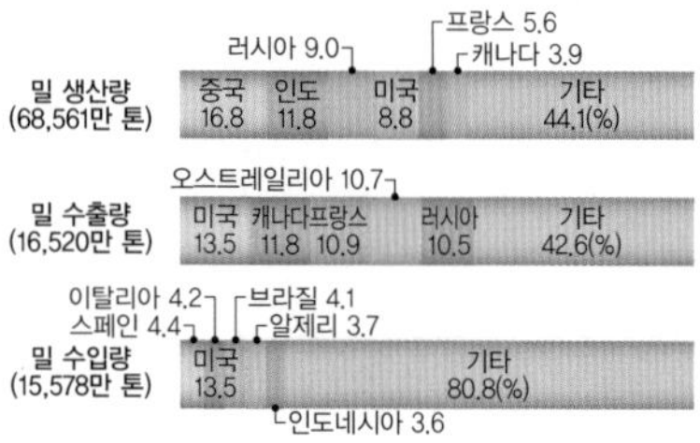

1. 쌀의 생산과 이동

(1) 쌀의 생산

① 특성: 단위 면적당 생산량이 많아서 인구 부양력이 높음

② 조건: 생육기에 고온 다습하고 수확기에 건조한 기후(계절풍 기후) 지역의 넓은 충적 평야

③ 지역: 주로 아시아 계절풍 기후 지역에서 재배

- 가족 노동력 중심의 자급적·영세적·집약적 농업
- 동남아시아(베트남, 타이, 인도네시아), 동아시아(중국, 한국, 일본), 남아시아(인도, 방글라데시)
- 미국 캘리포니아와 미시시피 강 유역, 이탈리아의 포 강 유역 등지에서 수출을 위해 기계화된 상업적 농업

(2) 쌀의 이동 생산지와 소비지가 거의 일치하여 밀과 옥수수에 비해 국제 이동량이 적음

2. 밀의 생산과 이동

(1) 밀의 생산

① 특성: 토지 생산성은 낮으나, 노동 생산성은 높음

② 조건: 내한·내건성이 커서 기후에 대한 적응력이 강하여 재배 범위가 넓고 냉대 및 반건조 기후 지역을 비롯한 세계 각지에서 연중 수확됨

③ 지역

- 구대륙: 중국의 화베이, 인도의 펀자브, 서유럽, 우크라이나의 흑토 지대 등
- 신대륙: 미국·캐나다(대평원~프레리 초원), 오스트레일리아(머리·달링 강 유역), 아르헨티나(팜파스)

(2) 밀의 이동

① 생산지와 소비지가 달라 국제 이동량이 많음: 신대륙 → 구대륙, 남반구 → 북반구

② 남반구는 북반구의 밀 수확이 끝날 때 수확하기 때문에 수출에 유리

③ 신대륙의 밀농사 지역은 대부분 기계화된 농업 방식으로 대량 생산

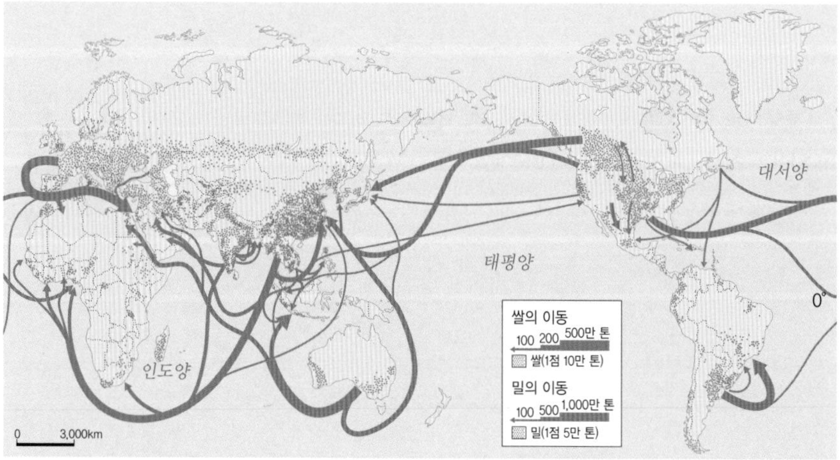

⁝ 쌀과 밀의 이동(2010)

3. 사료 작물과 플랜테이션

■ 옥수수의 생산과 수출의 국가별 비중

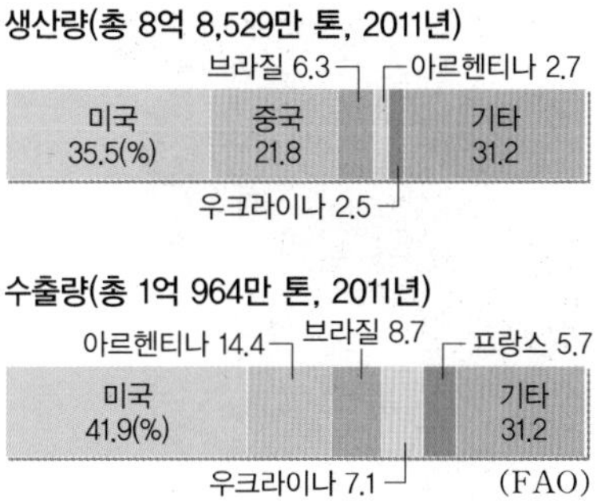

(FAO)

(1) 옥수수와 콩

① 옥수수

- 이용: 식량 및 사료 작물, 바이오 에탄올의 원료로 이용
- 주산지: 아메리카(미국 대평원, 브라질, 멕시코), 인도, 중국
- 특징: 목축업 발달에 따른 사료용, 바이오 에탄올의 원료 등 옥수수 수요 급증에 따른 가격 상승으로 국제 식량 가격 상승과 식량 문제의 원인이 됨

② 콩: 식량·사료·식용유의 원료, 토양의 지력 유지, 미국·브라질이 주요 수출국

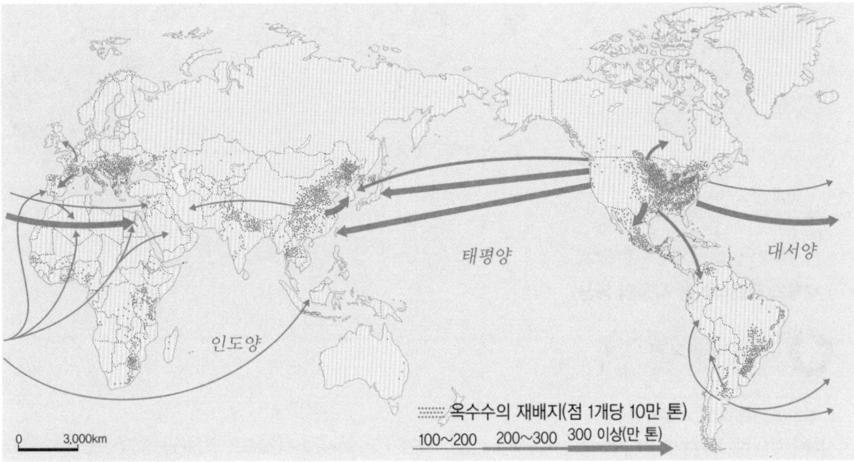

옥수수의 이동(2005)

(2) 플랜테이션

① 발달 배경: 산업 혁명 이후 공업 발달로 인한 원료의 수요 증가, 생활 수준의 향상으로 인한 기호품의 수요 증가로 열대·아열대 기후 지역을 중심으로 상업적 농작물 재배

② 재배 방법: 열대·아열대의 유리한 기후 조건과 선진국의 기술·자본, 원주민의 노동력이 만나 단일 경작에 의한 상품 작물 재배

③ 변화

- 수출 위주의 단일 경작을 하기 때문에 자연재해와 국제 가격 변동에 타격을 받을 위험이 큼
- 단일 경작에서 다각적 경작으로 변화, 식민지 지역의 독립으로 현지인들의 경영 증가

④ 주요 작물 및 생산 국가

- 차(茶)
  - 잎을 말리거나 약한 불에 볶은 후 물에 우려내 음료를 만드는 데 주로 이용
  - 재배 조건: 고온 다습하고 배수가 잘되는 경사지에서 주로 재배
  - 주요 생산지: 중국, 인도, 케냐, 스리랑카 등
- 커피
  - 열매 속 씨앗을 말린 후 볶아 음료를 만드는 데 주로 이용
  - 재배 조건: 건기와 우기가 뚜렷한 사바나 기후 지역에서 주로 재배
  - 주요 생산지: 브라질, 베트남, 인도네시아, 콜롬비아 등
- 카카오
  - 열매의 씨를 발효시킨 후 볶아서 초콜릿을 만드는 데 주로 이용

■ 주요 기호 작물의 국가별 생산 비중

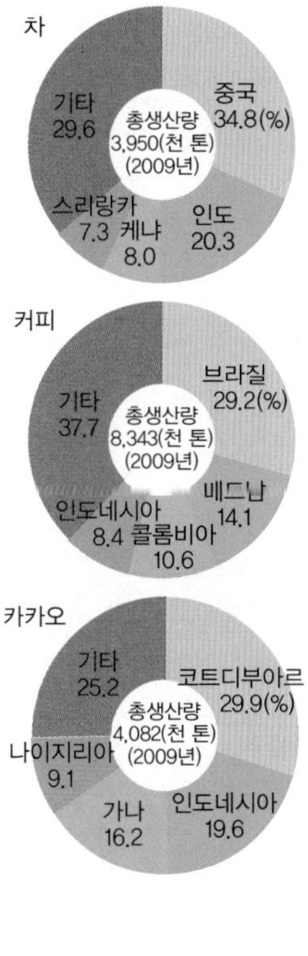

■ 커피

■ 카카오

– 재배 조건: 연중 고온 다습한 열대 우림 기후 지역에서 주로 재배
– 주요 생산지: 코트디부아르, 인도네시아, 가나, 나이지리아, 카메룬 등

• 기타 작물
– 사탕수수: 설탕의 원료로 이용되고, 브라질, 쿠바, 인도, 중국 등에서 주로 재배
– 천연고무: 다양한 공업 제품 제조에 이용되고, 타이, 인도네시아 등에서 주로 재배
– 목화: 섬유의 원료로 이용되고, 중국, 미국, 인도 등에서 주로 재배

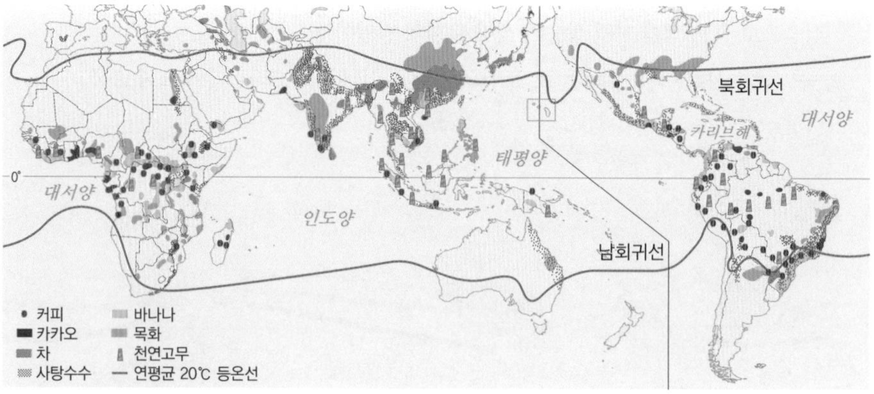

⁝ 세계의 플랜테이션 작물의 생산

더 알아보기

최초의 당분 식물, 사탕수수

사탕수수(학명: Saccharum officinarum)는 볏과 식물로 줄기가 5~9m나 되며 줄기를 구성하는 액체 성분의 13~16%가 자당(설탕, sucrose)이다. 동남아시아가 원산지이며, 고대 초기부터 갠지스 강과 인더스 강 유역은 물론 벵골 만에까지 알려진 식물이었다. 기원전 300년경, 알렉산더 대왕은 페르시아에서 발견한 사탕수수를 '꿀벌의 도움 없이도 꿀이 나오는 달콤한 갈대'로 묘사했다. 고대 그리스와 로마 인들도 사탕수수의 당분에 대해 알고 있었고 그 가치를 높게 평가했다. 또 아랍 인들이 아시아를 정복하면서 사탕수수가 이집트와 팔레스타인, 북아프리카는 물론 발레아레스 제도와 스페인 남부까지 퍼졌다. 하지만 12세기까지만 해도 유럽에서는 사탕수수로 만든 설탕이 매우 비쌌다. 그래서 많은 유럽 인들이 꿀에서 당분을 섭취했다. 사탕수수가 본격적으로 개발된 시기는 16~17세기, 서인도 제도와 아메리카 대륙에서 재배된 후였다. 당시 아프리카에서 끌려온 흑인 노예들이 사탕수수 농장에서 많이 일했다고 한다.
오늘날 사탕수수는 아열대 지방에서 재배되며 사탕수수 밭에 불을 피우고 나서 줄기를 수확하는 것이 특징이다. 그런 다음 공장으로 보내 사탕수수 줄기를 으깨서 수분과 자당, 섬유질로 이루어진 즙을 추출한다. 마지막으로 즙에서 자당만 따로 뽑아내어 정제 작업에 들어간다. 사탕수수 생산량 1위를 기록한 브라질에서는 당밀을 발효시켜 에틸알코올을 만든다. 대표적인 술이 바로 알코올 농도가 높기로 유명한 럼주다. 또 사탕수수의 잎은 가축에게 주는 사료로 쓰이고, 섬유질을 재료로 연료를 만들기도 한다. 리자 가르니에, 전혜영 역, 2012, 『세계 농작물 지도』

4. 축산 자원과 수산업

(1) 축산 자원 주요 생산지와 소비지가 일치하지 않는 경우가 많아 국제적 이동 발생

소	낙농업	• 생활 수준의 향상과 식생활의 개선 등으로 수요 증가 • 교통 편리, 냉량 습윤한 기후, 대소비지 부근에 발달 • 유럽의 북해 연안, 미국의 오대호 연안, 오스트레일리아 남동부, 뉴질랜드 등
	방목	• 산업 혁명 이후 육류 수요의 증가 • 교통의 발달과 냉동선의 발명으로 장거리 수송이 가능해지면서 신대륙에서 대규모의 기업적 목축업 형태로 발달 • 미국 대평원, 아르헨티나 팜파스 등 신대륙에 주로 발달
양		• 건조한 기후와 추위에 잘 견디기 때문에 사육 지역의 제한이 매우 적음 • 방목: 오스트레일리아 대찬정 분지, 아르헨티나 팜파스, 뉴질랜드 남섬 등 • 유목: 중앙아시아와 서남아시아의 건조 지역 및 아프리카의 초원 지대 • 이목: 지중해 주변과 알프스 산지 및 이베리아 반도의 메세타 고원 등
돼지		• 미국의 옥수수 및 혼합 농업 지대, 유럽의 혼합 농업 지대, 중국의 화베이·화중 지방 등

■ 쇠고기의 생산과 이동

쇠고기 생산량(총 6,408만 톤, 2010년)

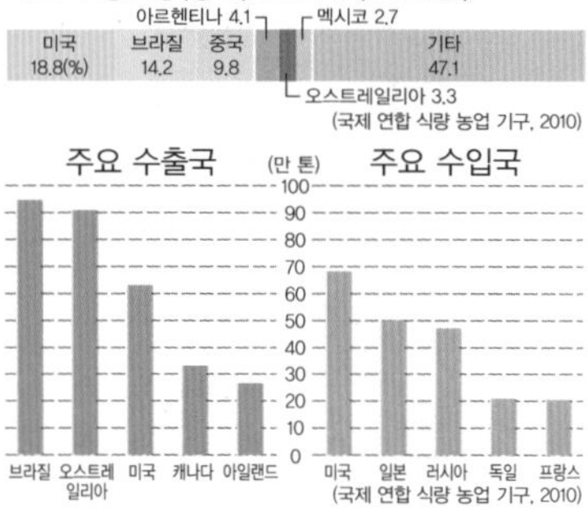

(국제 연합 식량 농업 기구, 2010)

■ 돼지고기의 생산과 이동

돼지고기 생산량(총 10,656만 톤, 2010년)

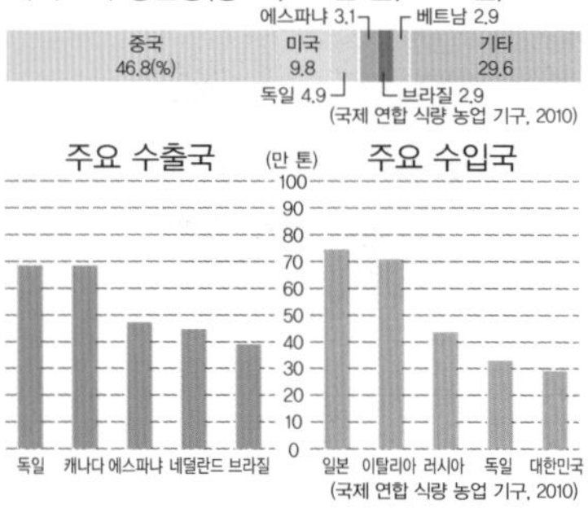

(국제 연합 식량 농업 기구, 2010)

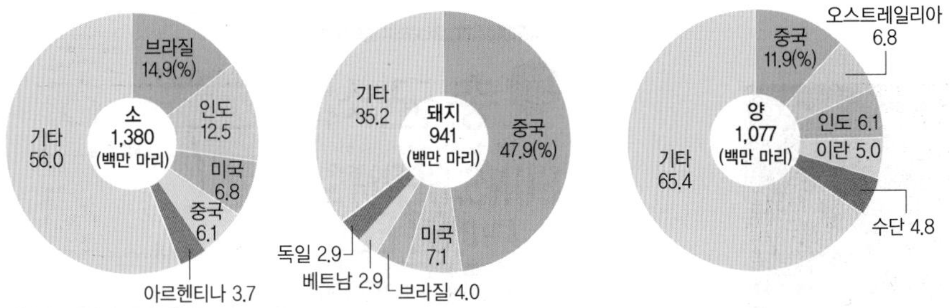

⫶ 전 세계의 주요 가축 현황(2011년)

⫶ 세계의 목축업 지역 분포(2012)

(2) 수산업 어선과 어로 장비의 현대화로 수산 자원이 남획되어 어족 고갈, 배타적 경제 수역 선포로 어장 축소

① 발달 조건: 대륙붕과 뱅크 발달, 조경 수역, 소비 시장 인접

② 세계의 주요 어장: 북서 태평양 어장, 북동 태평양 어장, 북서 대서양 어장, 북동 대서양 어장, 페루 어장

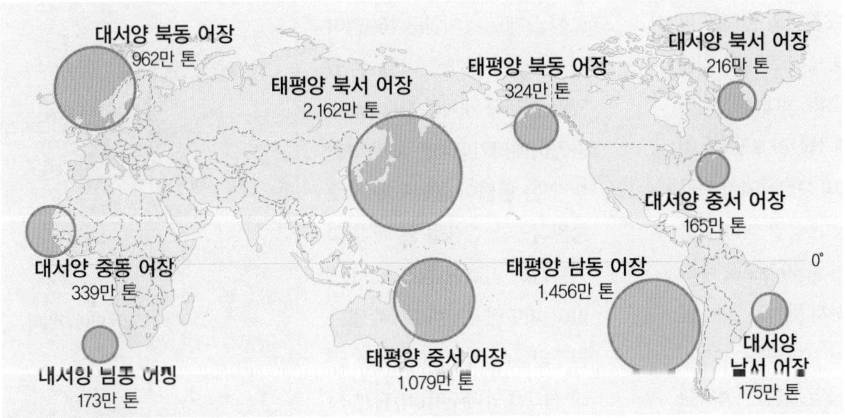

⫶ 어장별 어획량

■ 모선식 조업

여러 척의 어선으로 조업할 때 커다란 공선을 중심으로 하는 어업을 말한다. 즉 조업한 어획물은 공선 혹은 모선(母船)에서 처리·가공하며, 어로에 종사하는 배를 자선(子船) 또는 어로선이라 한다. 비유적으로 말하자면 스타크래프트에서 캐리어는 모선, 인터셉터는 자선에 해당한다. 이들 전체를 총칭하여 어선단이라 한다. 우리나라의 개척호와 북릉호가 공모선으로서 북태평양에서 명태잡이 모선식 어업을 하고 있다.

더 알아보기

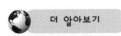

▶ 배타적 경제 수역은 대구에서 시작되었다!

물고기 때문에 전쟁을 했다는 것이 믿어지는가? 실제로 1958년 영국과 아이슬란드는 '대구' 때문에 세 차례의 전쟁을 치렀다. 대구는 맛있고, 값이 저렴하여 서민부터 귀족까지 인기가 좋았다. 15세기 무렵 북아메리카 해안 어장에서 떼를 지어 다니는 대구를 잡아 많은 사람들이 부를 축적했다. 산업 혁명이 본격화된 19세기에는 그물과 저장 기술의 발달로 더 깊은 곳에서 더 오래 더 많은 물고기를 잡을 수 있다는 굳건한 믿음을 가지고 '대구를 포함한 바닷물고기는 결코 고갈되지 않는다.'라고 생각했다. 1958년 대구 어장을 확대하기 위한 아이슬란드와 영국 사이의 전쟁이 시작되며, 이 전쟁은 이후 두 차례 더 발생했다. 대구를 둘러싼 세 번의 전쟁 끝에 모든 나라가 앞다투어 자기들만의 어장 배타적 경제 수역(EEZ)을 선포하게 된다.

지리 상식 1 초콜릿 공장의 주인은 과연 누가 될까?

팀 버튼 감독의 〈찰리와 초콜릿 공장(Charlie And The Chocolate Factory)〉은 2005년에 국내에서 개봉하여 큰 인기를 끌었다. 달콤한 초콜릿에 대한 갈망이 누구에게나 있는 터라, 초콜릿이 만들어지는 과정을 많은 사람들이 궁금해한다.

이야기의 내용은 단순하다. 세계 최고의 초콜릿 공장인 '윌리 웡카 초콜릿 공장'에서는 매일 엄청난 양의 초콜릿을 만들어 낸다. 하지만 일하는 사람들이 드나드는 모습을 몇 년 동안 본 적이 없다. 어느 날, 윌리 웡카가 5개의 웡카 초콜릿에 감춰진 행운의 '황금 티켓'을 찾은 어린이 5명에게 자신의 공장을 공개하고 그 모든 제작 과정의 비밀을 보여 주겠다는 선언을 한다. 찰리는 가까스로 황금 티켓의 주인공이 되어 공장을 견학하게 되고, 나중에는 공장의 주인이 된다. 여기서 초점을 맞춰볼 부분은 움파룸파 족이다.

웡카의 초콜릿 공장에서 내부 기밀이 계속해서 새어 나가자, 웡카는 공장에서 일하는 직원을 모두 내쫓는다. 밀림을 탐험하다 우연히 만나게 된 움파룸파 족에게 그들이 신성하게 여기는 초콜릿을 매일 먹게 해 준다고 말하고, 그들을 데려와 공장에서 일을 시킨다. 새로운 과자를 개발하려고 할 때, 가장 먼저 임상 실험을 하는 대상이 움파룸파 족이 되며, 그들은 온몸에 털이 길게 나거나, 온몸이 보라색으로 변하기도 한다.

움파룸파 족에게서 아프리카를 느낄 수 없는가? 과거 초콜릿의 열매인 카카오 재배를 시작할 때, 아프리카에서 흑인들을 잡아다 노예로 삼아 일을 시켰다. 아프리카 땅 코트디부아르와 가나 또한 카카오의 최대 생산지이다. 14세 미만의 어린이들이 카카오 농장에서 카카오를 생산하고 있다. 이곳에서 생산된 카카오는 대부분 벨기에 등과 같은 유럽의 선진국에서 가공되어 판매되고 있다. 문제는 카카오를 재배하느라 해당 본국의 식량 작물을 재배하지 못하는 데에 있다. 누군가의 디저트가 되어 줄 카카오를 수확하면서 정작 자신들의 배를 채워 줄 식량 작물은 재배하지 못하고 있는 실정이다.

참고로 이 영화 속에는 지리 교사도 나온다. 움파룸파 족의 고향인 '룸파랜드'가 지도에는 없다고 대답하는 한 장면에 그치지만 말이다.

지리 상식 2 총, 균, 쇠는 3부가 아니야!

유명 생리학자이자 지리학자인 제레드 다이아몬드의 베스트셀러 『총, 균, 쇠』를 모르는 사람은 거의 없을 것이다. 하지만 정작 읽어 본 사람들은 별로 없는 것 같다. 압도적 두께와 방대한 내용으로 인해 지레 겁먹는 것 같다. 그렇다 하더라도 총, 균, 쇠가 '총 따로, 균 따로, 쇠 따로'일 것이라고 생각하지는 말자. 『총, 균, 쇠』는 이 요소가 따로 서술되어 있지 않고, 여러 내용에서 함께 녹아 있다.

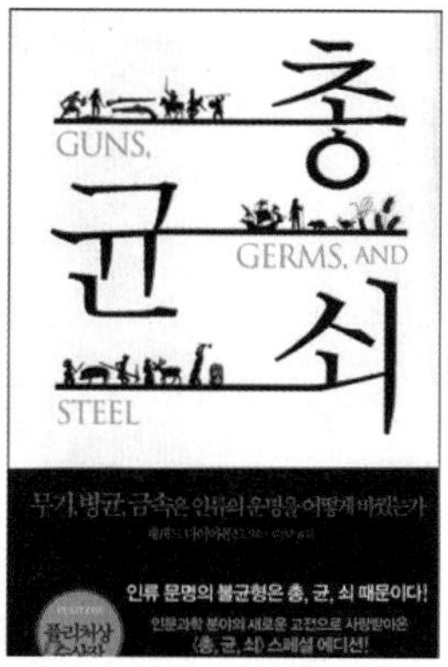

『총, 균, 쇠』를 읽어 본 사람은 알겠지만, 실제 주인공은 '작물화와 가축화'이다. 왜 유라시아 대륙에서는 많은 사람들을 먹여 살릴 수 있는 작물과 가축들이 존재했을까? 식량 생산을 일찍 시작한 지역의 민족들이 총, 균, 쇠를 발전시키는 방향으로 일찍 출발한 셈이다.

비옥한 초승달 지대에서 작물화가 먼저 시작된 이유는 다음과 같다. 첫째, 이 지역의 겨울은 지중해성 기후대에 속한다. 한해살이 풀들은 건조기 때 말라 죽는다. 1년밖에 못 사는 한해살이 풀은 초본의 크기가 작은 대신, 큰 종자를 만드는 데 많은 에너지를 투자한다. 둘째, 이미 그곳에는 야생 조상이 풍부하고, 생산성이 높았던 경우도 많으며, 큰 군락을 이루고 있었다.

작물화와 가축화를 통해서 훨씬 더 많은 식량을 확보할 수 있게 되었고, 이는 조밀한 인구로 이어졌다. 그 결과 잉여 식량이 생겨났으며, 이는 사회 계층의 출현으로 이어진다. 결과적으로 해당 지역은 근대에 들어오면서 더 진보된 기술, 더 복잡한 정치 조직, 그리고 다른 민족들을 감염시킬 수 있는 더 많은 유행병을 갖게 되었다.

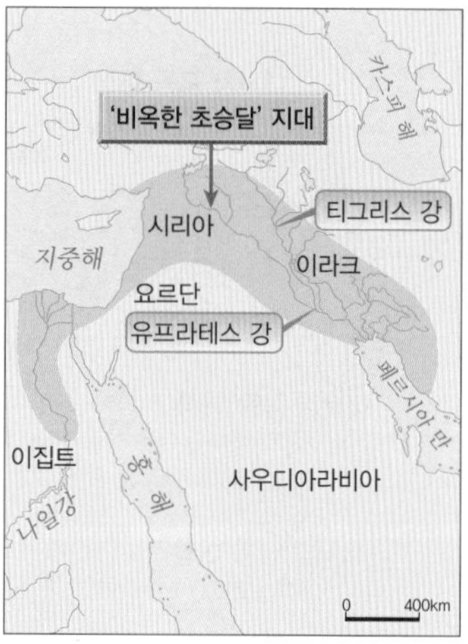

또한 실제로 스페인군 169명이 잉카의 8만 군대를 이길 수 있었던 결정적 계기는 '말'이었다. 중앙아메리카에서는 가축화할 수 있는 동물이 칠면조와 개 2종뿐이었다. 전쟁을 할 때 말의 기동성도 강력한 힘이 되지만, 말이 퍼뜨린 천연두로 수많은 원주민들이 죽어갔다. 이로 인해 신대륙의 주인이 바뀌게 되었다.

지리 상식 3 옥(!) 수수? 금(!) 수수?

슈퍼마켓이라는 다양성과 선택의 위대한 전당은 하나의 식물로 이루어진 지극히 한정된 생물학적 토대에 의존하고 있었다. 우리들이 옥수수라고 알고 있는 이 키 큰 열대 식물이 바로 그 식물이었다.

옥수수는 스테이크가 되는 수송아지의 사료이다. 또 닭과 돼지, 칠면조, 양, 메기, 틸라피아, 그리고 심지어는 연어가 먹는 사료이기도 하다. 연어는 원래 육식 어종이지만 양식업자들이 옥수수를 먹도록 유전자를 조작했다. 달걀도 옥수수로 만들어진다. 원래 유제품은 풀을 먹고 자란 소에서도 생산되었다. 하지만 이제는 우유와 치즈, 요구르트도 보통 평생을 실내에서 묶여 지내며 옥수수를 먹고 자라는 소에서 생산된다.

가공식품을 들여다보면, 더욱 복잡한 옥수수의 형태에 대해 알게 된다. 치킨 너깃은 옥수수 덩어리다. 치킨 너깃에 쓰인 닭은 어떤 닭이냐에 상관없이 옥수수에서 나왔으며, 다른 구성 요소 대부분도 마찬가지다. 접착제 역할을 하는 옥수수 전분, 효모, 레시틴, 모노글리세리드, 디글리세리드, 트리글리세리드, 너깃을 먹음직스럽게 보이게 하는 금빛 착색제, 그리고 너깃을 신선하게 유지시켜 주는 구연산조차도 모두 옥수수에서 비롯되었다.

치킨 너깃을 먹을 때 함께 마시는 청량음료 역시 거의 모두 옥수수 덩어리다. 따라서 치킨 너깃을 먹으면서 음료수를 마신다면 여러분은 옥수수에다 옥수수를 먹고 있는 셈이다. 1980년대 이후 슈퍼마켓에서 파는 거의 모든 탄산음료와 과일 주스는 고과당 옥수수 시럽으로 단맛을 내고 있다. 이런 음료의 주성분은 물을 제외하면 옥수수 감미료이다.

일반적으로 슈퍼마켓에는 약 4만 5,000가지의 물품이 있는데, 그중 4분의 1 이상에 옥수수가 들어 있다.

미국의 옥수수 이용 현황 세계 최대의 옥수수 생산 및 수출국인 미국에서 옥수수는 대부분 가축 사료용과 바이오 에탄올 생산용으로 이용되고 있다.

마이클 폴란, 조윤정 역, 2008, 『잡식동물의 딜레마』

지리 상식 4 종자 전쟁

한국인의 속담에 "농부는 굶어 죽어도 종자 꾸러미를 베고 죽는다."라는 말이 있다. 농부에게 종자야말로 내일의 희망이고, 죽을 때까지 희망의 끈을 놓지 않는 우리들의 치열한 삶을 나타내는 말이다. 그런데 농민의 생명과 같은 종자가, 씨앗이, 농민의 손에서 떨어져 나가고 있다.

세계 종자 시장이 소수의 대기업 수중에 들어간 것은 20세기 말의 무차별적인 기업 인수 합병에 기인한다. 더욱 염려되는 것은 최근 종자 회사들이 유통 가공 회사들과 연계를 강화하고 있다는 점이다. 몬산토는 세계 최대 곡물 메이저인 카길과, 신젠타는 ADM사와, 듀폰은 콘아그라사와 전략적 제휴를 맺었다. 이들 곡물 메이저들은 제휴 종자 기업들이 생산하는 특정 품종을 생산할 것을 농민들에게 강요하고 있다. 이로 인해 농민들은 특정 기업의 값비싼 종자를 사야 하며, 그들이 생산하는 농약과 제초제를 쓸 수밖에 없다. 이제 세계의 농업은 특정 종자 회사가 개발한 한두 가지 품종으로 통일되고 있으며 재래 토종 품종들은 사라져 종의 다양성이 크게 훼손될 위기에 있다.

공룡 종자 기업들이 시장 확대를 위해 시도하는 특허 종자의 세계화는 인류 생존에 대단히 위협적인 일이며 반드시 막아야 할 일이다. 이들이 농약 회사와 유통 회사까지 연합하여 농민의 자유 선택권을 빼앗아 가면 농민은 사실상 공룡 기업들의 노예로 전락하게 된다. 공룡 기업들이 지시하는 품종을 경작하고 그들이 결정한 가격을 받을 수밖에 없는 신노예 제도가 정착되는 것이다.

한국을 대표하는 4개의 토종 종자 기업들이 외국의 대기업에 인수 합병되면서 국내 채소 종자의 70% 이상이 외국 기업에 의해 공급되게 되었다. 종자 주권을 상실한 것이다. 종자는 농업 비용의 약 10%를 차지하는 핵심 소재이다. 이 종자가 외국의 손에 있으면 가격 조작에 속수무책으로 피해를 입게 되고 우리가 원하는 품종을 얻기도 어려워진다. 우리가 외국을 상대로 종자 전쟁을 치를 무기를 상당 부분 상실하고 대부분의 토종 종자를 역수입하는 처지가 된 것이다. 제주산 감귤, 완도산 김, 익산산 블루베리 등 모두 한국 땅에서 한국 농부들이 재배한 농산물이지만 2012년부터 국내 농가들은 이런 작물을 생산해 판매할 때마다 외국에 로열티를 내야 한다. 2012년부터 '국제 식물 신품종 보호 동맹(UPOV)' 협약이 전 작물로 확대되어 본격적으로 적용되기 때문이다. 이에 따라 그간 로열티 부담에서 제외되었던 딸기, 감귤, 나무딸기, 블루베리, 양앵두, 해조류(김, 미역, 다시마 등) 등 6개 품목도 로열티를 내야 한다. 문제는 우리나라의 외국산 종자 의존도가 매우 높다는 것이다. 특히 2012년을 기점으로 로열티 적용 대상이 되는 감귤, 해조류 등 6개 품목의 경우 일본산 종자에 대한 의존도가 최대 99%에 달한다.

2010년 현재 세계 종자 시장의 규모는 300억 달러(약 30조 원) 정도이다. 세계 종자 시장에서 10대 다국적 기업의 점유율은 1996년 14%에서 2007년 67%로 높아졌다. 다국적 기업들은 첨단 기술을 동원해 기후 변화에 잘 적응하는 종자를 만들어 내고 있다. 미국의 듀폰은 강풍에도 꺾이지 않아 단위 면적당 산출량이 두 배에 이르는 옥수수 종자를 개발 중이다. 종자 전쟁에서 뒤지면 다국적 기업의 씨앗을 비싸게 사오거나 로열티를 지불해야 한다.

세계 상위 10위 특허 종자 회사 목록(2007년 기준)

순위	회사명(국적)	매출액(백만 달러)	시장 점유율(%)
1	몬산토(미국)	4,964	23
2	듀퐁(미국)	3,300	15
3	신젠타(스위스)	2,018	9
4	그룹리마그렌(프랑스)	1,226	6
5	랜드오레이크(미국)	917	4
6	KWS AG(독일)	702	3
7	바이엘크롭사이언스(독일)	524	2
8	사카타(일본)	396	〈2
9	DLF-트리폴리움(덴마크)	391	〈2
10	타키이(일본)	347	〈2
	합계	14,785	67

이철호, 2012, 『식량전쟁: 2030년을 예측한다』

[선택형]

· 2013 6 평가원

1. 그래프는 세계 3대 식량 작물의 생산량 및 수출량을 나타낸 것이다. A~C 작물의 국가별 생산 비중에 해당하는 그래프를 〈보기〉에서 고른 것은?

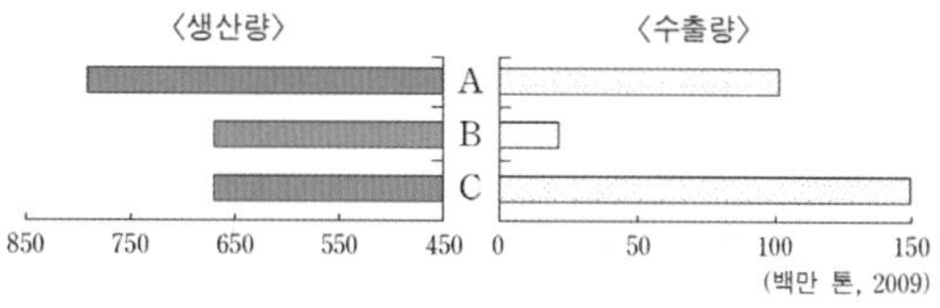

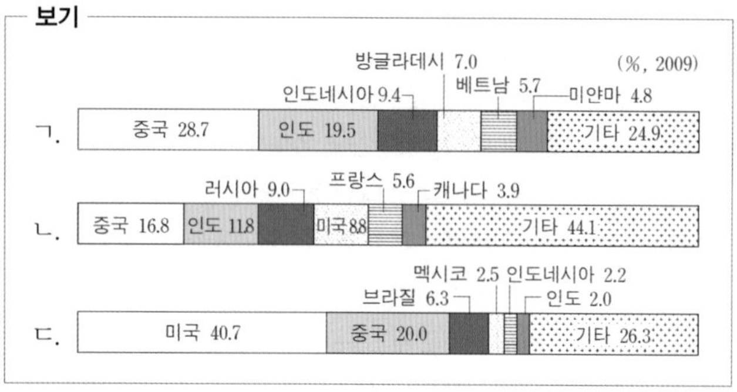

	A	B	C
①	ㄱ	ㄷ	ㄴ
②	ㄴ	ㄱ	ㄷ
③	ㄴ	ㄷ	ㄱ
④	ㄷ	ㄱ	ㄴ
⑤	ㄷ	ㄴ	ㄱ

· 2015 6 평가원

2. 지도는 A와 B 작물의 생산량 상위 5개국을 나타낸 것이다. 이에 대한 설명으로 옳은 것은?

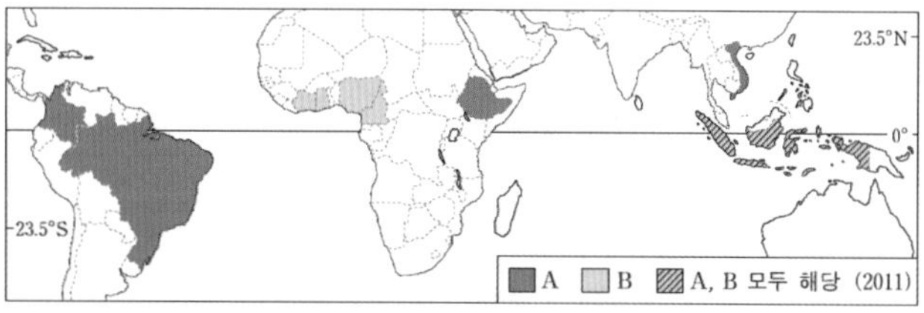

① A는 바이오 에너지의 생산에 주로 이용된다.
② B는 건기와 우기가 뚜렷한 기후에서 주로 생산된다.
③ A와 B는 단위 면적당 생산량이 많아 인구 부양력이 높다.
④ A와 B는 생산지와 소비지의 불일치로 국제 이동량이 많다.
⑤ A와 B는 대규모 농장에서 재배되어 노동력의 의존도가 낮다.

3. 그래프는 주요 가축 두수의 국가별 비율이다. A~C에 대한 설명으로 옳은 것은?

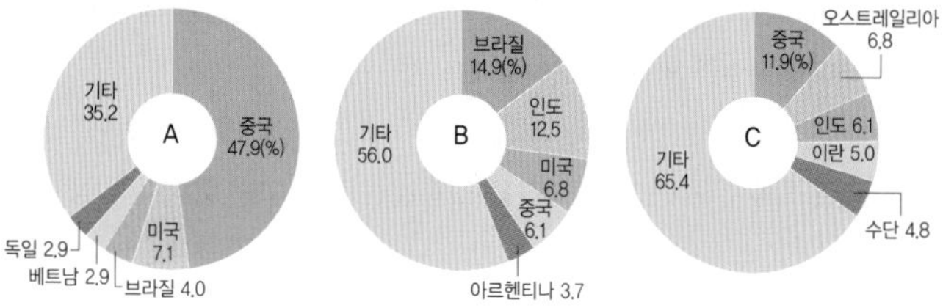

(국제 연합 식량 농업 기구, 2012)

① A – 산업 혁명 이후 섬유 산업의 발달로 수요가 급증하였다.
② A – 낙농업 지대에서 치즈와 버터 등의 생산을 위해 사육된다.
③ B – 이슬람교 신자들은 종교적인 이유로 먹지 않는다.
④ C – 벼농사 지대에서 농사를 짓기 위해 사육된다.
⑤ C – 신대륙의 초원 지대에서는 주로 기업적 형태로 사육된다.

· 2011 수능

4. (가), (나)는 아프리카에서 재배되는 주요 작물의 분포와 생산 비중을 나타낸 것이다. 각 작물에 대한 설명으로 옳지 않은 것은?

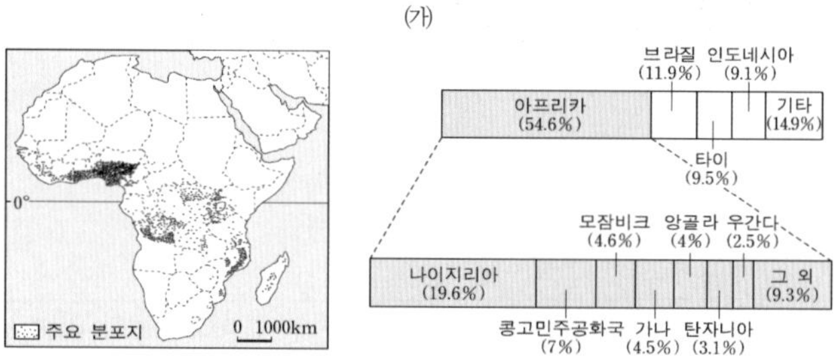

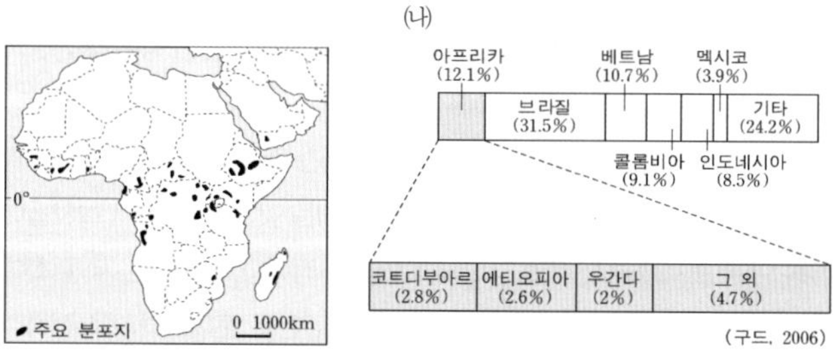

(구드, 2006)

① (가)는 식량 작물, (나)는 기호 작물이다.
② (가)는 신대륙에서 생산되는 비중이 높다.
③ (가)는 전통적으로 이동식 경작에 의해 재배되었다.
④ (나)는 주로 북반구의 선진국에서 소비된다.
⑤ (나)는 건기와 우기가 뚜렷한 열대 지역이 재배 적지이다.

[서술형]

1. 지도를 보고 커피와 포도가 재배되는 위도대를 쓰고, 각 작물의 재배 조건에 맞추어 커피 산업과 와인 산업이 한 지역에서 동시에 발달하지 못하는 이유를 서술하시오.

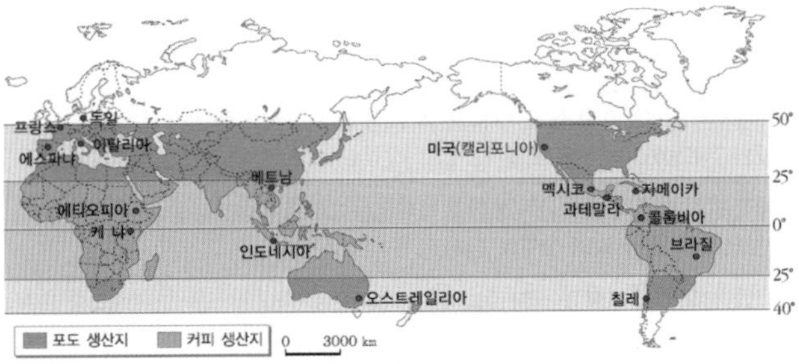

2. 쌀과 밀의 국제적 이동의 차이점을 설명하고, 남반구에서 밀의 수출이 많이 이루어지는 지역을 지도에서 찾아 쓰고, 그 이유를 서술하시오.

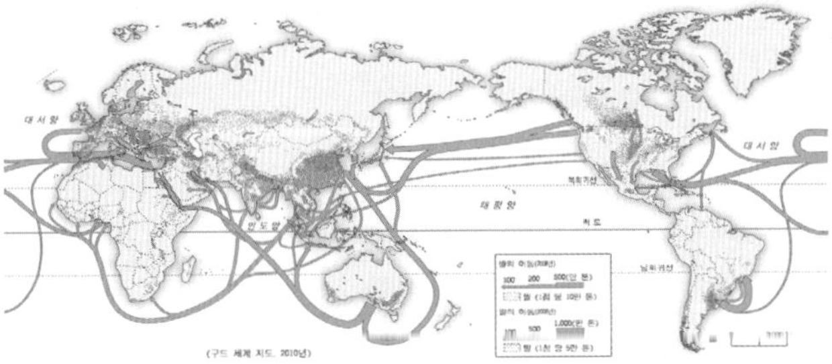

3. A와 B는 서로 다른 목축업 양식의 분포를 나타낸 것이다. A와 B에 해당하는 목축업 양식을 각각 쓰고, A 지역에서 가축이 이동하는 이유와, B 지역에서 소들을 이동시키는 이유를 서술하시오.

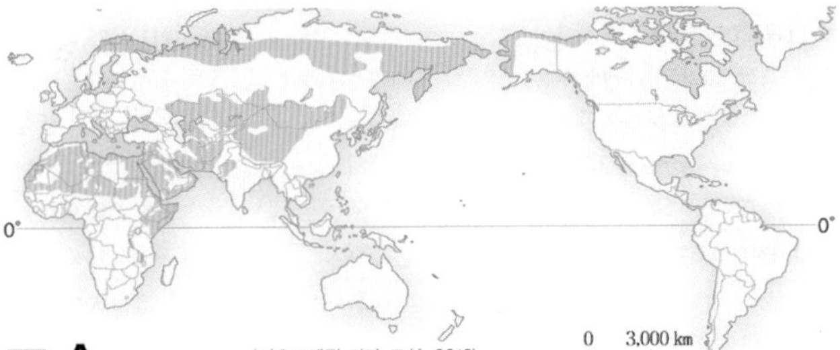

A (지오그래픽 지리 도설, 2012)

B (지오그래픽 지리 도설, 2012)

4. 다음 내용에 등장하는 국가를 지도에 표시하시오.

> 코트디부아르는 세계 제1의 카카오 생산·수출국이다. 이곳은 카카오 농장의 규모가 대부분 영세하여 가족 노동에 의존하기 때문에 카카오 수확철에는 아이들을 학교에 보내지 않고 일을 시킨다. 코트디부아르는 카카오를 전 세계 생산량의 절반 이상을 생산하지만, 이곳에는 초콜릿을 먹어 보지 못한 청소년이 대부분이다. 최근 한 국제 구호 단체에서 발표한 보고서에 따르면 초콜릿이 1,000원에 판매되면 카카오 농장으로 돌아가는 이익은 20원에 불과하다고 한다.

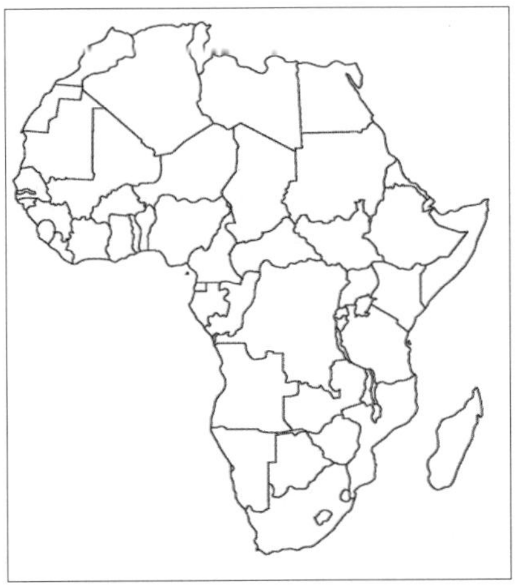

핵심 출제 포인트

- 우리나라 농업의 변화
- 주요 작물의 생산과 소비 변화
- 전통 농업과 시설 농업 비교
- 세계 농업 지역의 구분

■ 그루갈이
같은 경작지에서 일 년에 두 번 작물을 재배하는 방법으로 토지 이용률을 향상시켜 더 많은 농작물을 생산하고자 하는 방법이다. 우리나라의 논에서는 벼와 보리, 벼와 감자, 벼와 비료 작물 등의 형태가 많이 시행되고 있다.

■ 농가당 경지 면적 변화

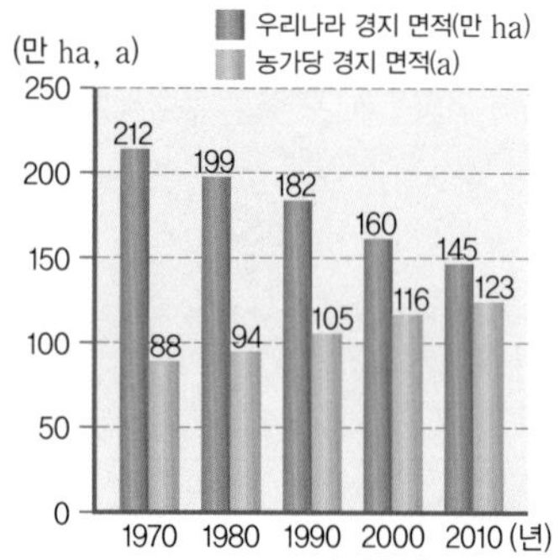

(농림어업 총조사, 2010)

총 경지 면적은 감소하는 추세이나, 농가 수 감소가 심해 농가당 경지 면적은 증가하고 있다.

■ 농가 인구와 고령화 추이

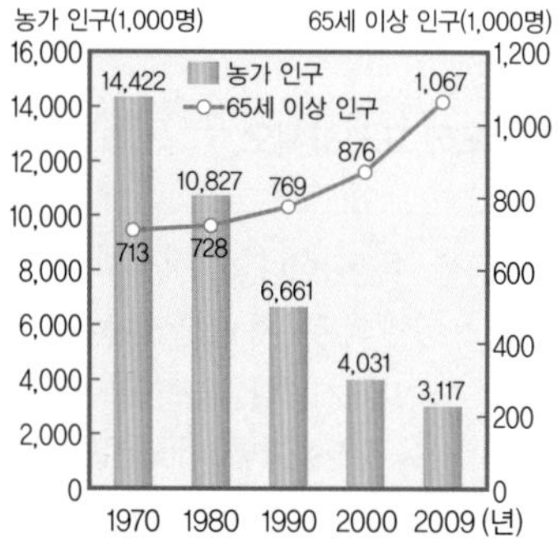

(통계청)

농촌 지역의 급격한 인구 감소와 고령화 심화로 농촌 지역 사회 유지가 어려워지고 있다.

■ 논농업 직불제
논농업 직불제는 논농사를 짓는 사람에게 ha당 일정액을 정부가 보조금으로 지원하는 제도를 말한다. 쌀 직접 지불제라고도 한다. 홍수 조절, 환경 보전 등의 공익적 기능에 대한 보상 차원에서 지원되는 것인데, 약정 수매(쌀을 수매해 가격을 지지함)가 아니라, 농가에 직접 얼마씩 지원하는 제도이다.

■ 쌀생산 조정제
쌀 생산량 조절을 위해 희망 농가에 한해 농사를 짓지 않으면 1ha당 300만 원의 보조금을 지급하는 한시적인 제도이다.

1. 우리나라 농업의 발달과 변화

(1) 우리나라 농업의 발달

조선 시대 이전	• 삼한 시대 벼농사가 시작된 이후 삼국 시대에는 우경, 수리 시설 확대 등 농경 문화 정착 • 고려 시대: 2년 3작과 이앙법 처음 도입
조선 시대	• 각종 농업 서적 발간, 측우기 제작 등을 통한 과학적 영농으로 토지 생산성 향상 • 외래 작물 전래: 고추, 호박, 담배, 고구마, 감자 등
일제 강점기	• 토지 조사 사업, 산미 증식 계획 및 식량 수탈
1960년대 이후	• 수리 시설 확충, 경지 정리, 농업의 기계화, 신품종 개발, 상업적 농업

(2) 우리나라 농업의 변화

농업의 비중 감소	• 국민 총 생산의 3% 미만, 농업 인구의 급격한 감소 • 농촌 인구의 급격한 감소와 고령화: 청년층 위주의 이동, 혼인률 감소, 출산력 저하로 농업 노동력의 양적·질적 하락
경지의 변화	• 총 경지 면적의 감소: 산업화와 도시화로 축소됨 • 호당 경지 면적 증가: 경지 면적 감소에 비해 농가 수 감소가 심해 농가당 경지 면적 증가 • 경지 이용률의 감소: 농업 인구의 감소로 인한 노동력 부족, 그루갈이 감소, 휴경지 증가
영농 방식의 변화	• 노동력 부족 문제를 해결하기 위해 영농의 기계화 추진으로 노동 생산성 향상 • 농가당 경지 면적의 확대와 영농의 기업화 추세로 영농 조합, 위탁 영농 회사 등장
상업적 영농의확대	• 영농의 다각화: 식생활의 변화로 주곡 작물 대신 채소·과일·화훼 작물 비중 증가 • 겸업농가의 증가

2. 우리나라 주요 작물의 생산과 소비 변화

(1) 주곡 작물

쌀	• 품종 개량, 관개 시설의 확충, 농약 및 비료의 보급 등으로 자급률이 매우 높음 • 소비량 감소, 시장 개방 등의 영향으로 재배 면적과 생산량이 감소 중임 • 논 농업 직불제, 쌀 생산 조정제(한시적인 제도임) 등 쌀의 적정 생산을 위한 대책 마련 노력
맥류	• 과거에는 쌀의 그루갈이 작물로 재배되었음 • 소비 감소로 수익성이 떨어져 생산량과 재배 면적이 감소 중임 • 값싼 수입산 밀에 밀려 국내 생산은 거의 이루어지지 않음
두류	• 기후 적응력이 높고 지력 회복에 좋아서 전국적으로 고르게 재배 • 수입 급증(대두): 콩 자급률 9.7%, 식용 콩 자급률 29.1%(2013년 기준)
서류	• 감자(냉량성 작물: 관북, 강원), 고구마(난대성 작물: 전남, 제주)

(2) 원예 작물 도시 인구 증가, 교통의 발달, 식생활 개선 등으로 계속 증가 추세에 있음

① 근교 원예 농업: 대도시 주변에서 시설 농업에 의해 상품 작물이 집약적으로 재배

② 원교 원예 농업: 여름에 서늘한 대관령, 겨울에 따뜻한 남해안 등 유리한 기후 지역에서 재배

(3) 목축업과 낙농업

① 목축업: 육우(제주도, 대관령), 돼지·닭(대도시 부근) 등을 사육하는 것을 말하며, 육류 소비가 늘어나면서 사육 마릿수도 증가

② 낙농업: 대규모 소비 시장이 인접해 있고, 교통이 편리하며 가공 처리 공장이 많이 분포하고 있는 수도권을 중심으로 발달

3. 전통 농업 지대와 시설 농업 지대

종류	전통 농업 지대(원교 농촌)	시설 농업 지대(근교 농촌)
경지 이용	• 벼농사 중심, 주식 작물(식량 작물) • 노지(露地) 재배 • 대규모 경지에서 조방적인 토지 이용 • 낮은 경지 이용률, 1인당 경지 면적 넓음	• 채소·화훼 등 상품 작물, 복합 영농 • 시설 재배 • 소규모 경지에서 집약적인 토지 이용 • 높은 경지 이용률, 1인당 경지 면적 좁음
농가 형태	• 전업농가의 비중이 높음 • 농업 소득이 대부분	• 겸업농가의 비중이 높음 • 농업 외 소득의 비중이 높음
인구 특성	• 이촌 향도로 인한 인구 감소 추세 • 청장년층 유출로 노동력 부족	• 이질적 주민 구성, 공동체 의식 희박 • 인구의 환류 지역
분포 사례	• 만경강·동진강 유역의 호남평야 지역	• 수도권 일대와 김해평야 지역

■ 작물별 재배 면적 비중 변화(%)

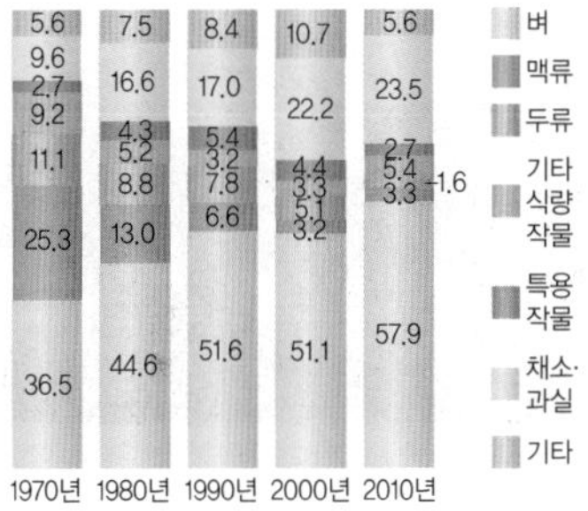

더 알아보기

남한과 북한의 농업 비교

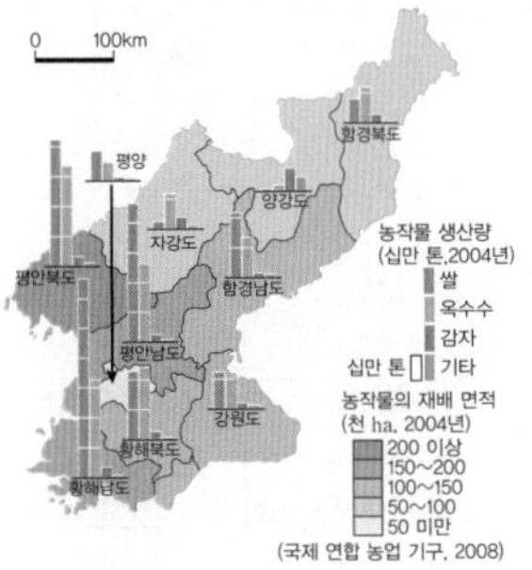

(국제 연합 농업 기구, 2008)

북한의 농업 생산 황해안으로 유입되는 하천 하류에 평야가 발달하므로, 이에 해당되는 황해남도, 평안남도, 평안북도가 농업 생산량이 상대적으로 많은 곳이다.

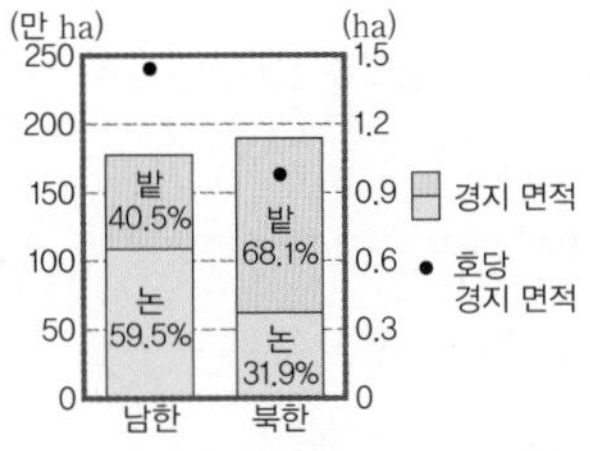

남북한의 경지 면적과 호당 경지 면적 남한은 밭보다 논의 비중이 높고, 총 경지 면적에 비해 호당 경지 면적이 넓은 반면, 북한은 산지가 많아 밭의 비중이 높으며 총 경지 면적에 비해 농가 수가 많아 호당 경지 면적이 좁다.

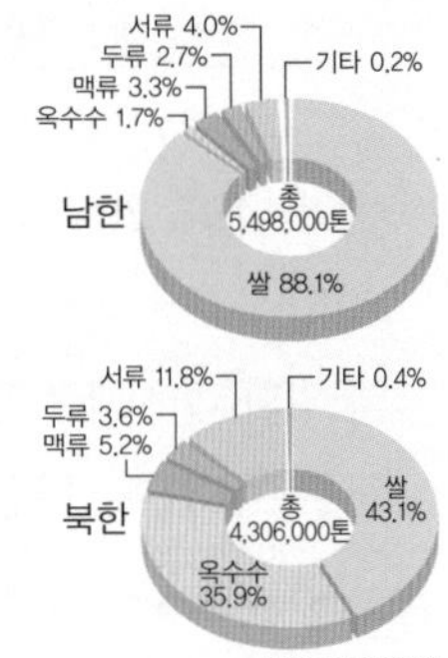

(자료: 통계청, 2008)

남북한의 식량 작물 생산량 비율 남한은 북한에 비해 상대적으로 평야가 넓고, 기후가 따뜻하여 쌀 생산에 유리하다.

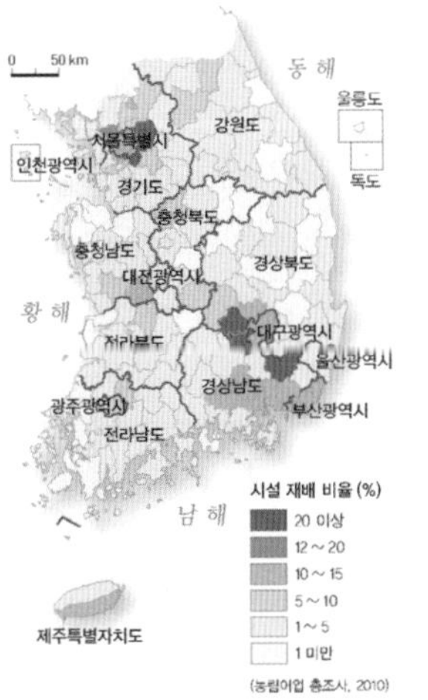

(농림어업 총조사, 2010)

우리나라의 시설 재배 비율 시설 작물 재배는 비닐하우스나 유리 온실과 같은 시설 투자가 필요하다. 운송 과정에서 작물의 신선도를 유지해야 하므로 운송비를 줄일 수 있는 대도시 주변에서 많이 이루어진다.

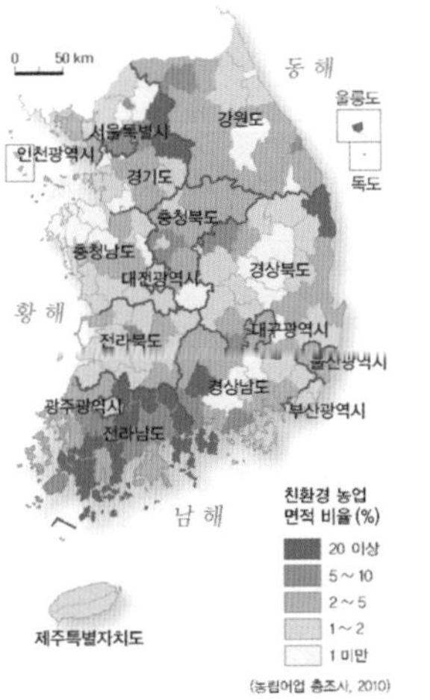

(농림어업 총조사, 2010)

친환경 농업 면적 비율 안전성에 대한 인식 변화로 친환경 농작물에 대한 수요가 증가하여 전라남도를 중심으로 친환경 농업의 경지 면적이 증가하고 있다.

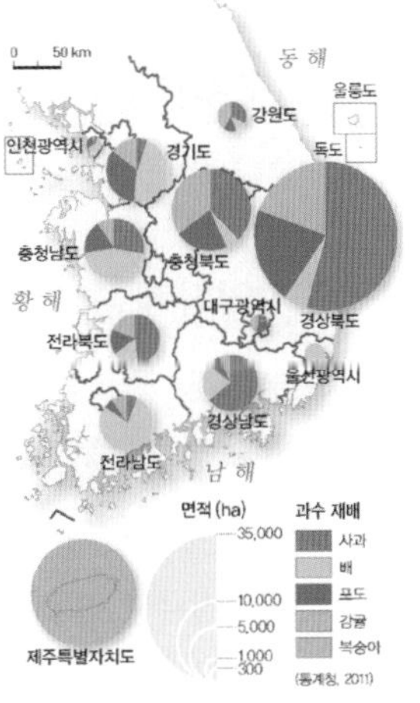

(통계청, 2011)

우리나라의 과수 재배 식생활의 변화로 과일 수요가 늘어나 과수 재배 면적이 늘어나고 있다. 과수 재배 면적은 일조량이 풍부한 경상북도가 가장 넓다.

■ 장소 마케팅과 농산물 브랜드화

횡성 한우 축제

장소 마케팅 및 농산물 브랜드화를 위해 횡성 한우 축제, 영동 포도 축제, 금산 인삼 축제와 같은 지역 축제를 활성화시키는 지역이 많다. 또한 고창 청보리, 제주 유채꽃, 평창 메밀꽃 등 환경을 파괴하지 않고 독특한 경관을 만들면서 소득을 올리는 경관 농업도 주목받고 있다.

■ 아파트 베란다 텃밭

세계 곳곳의 도시에서 텃밭, 옥상 및 베란다 등의 공간에 다양한 형태의 도시 농업이 등장하고 있다. 현재 전 세계의 도시 농부는 8억 명 이상으로 추산된다. 이렇게 도시에서 농사 활동을 통해 먹고, 보고, 즐기는 것으로써 인간 중심의 생산적 여가 활동으로 몸과 마음의 건강과 행복을 꾀하는 것을 도시 농업이라 한다. —출처: 농촌 진흥청

■ 서울 도시 농업 박람회 포스터

서울 도시 농업 박람회는 농업을 이용해 시민의 여가 활동 확대와 소통의 공간을 마련, 자연 친화적 도시 조성, 도시와 농촌이 함께 발전하는 방안 마련을 위한 취지로 시작하였다.

4. 우리나라 농업의 문제점과 변화

(1) 우리나라 농업의 문제점

① 농업의 영세성: 영세한 영농 규모, 토지 생산성은 높지만 노동 생산성은 낮음

② 낮은 곡물 자급도: 농산물 수입 개방 및 사료용 곡물의 수입량 증가가 원인

③ 기타: 복잡한 유통 구조 및 낮은 농업의 기계화율 등

(2) 우리나라 농업의 변화

구분	1970년	1980년	1990년	2000년	2010년
농가 인구(1,000명)	14,422	10,827	6,661	4,031	3,063
농가 인구 구성비(%)	44.7	28.4	15.5	8.6	6.4
농가당 인구(명)	5.8	5.0	3.7	2.9	2.6
호당 농업 총수입(1,000원)	248	2,342	9,078	19,514	27,221
경지 면적(1,000ha)	2,298	2,196	2,109	1,889	1,517
경지 이용률(%)	142.1	125.3	113.3	110.5	104.8
호당 경지 면적(a)	93	102	119	137	146

(통계청, 2011)

① 이촌 향도 현상으로 농가 인구 감소: 1970년 44.7% → 2010년 6.4%

② 산업화·도시화로 경지 면적 감소: 경지 면적보다 농가 인구의 감소율이 더 커서 호당 경지 면적은 증가

③ 그루갈이 감소, 휴경지 증가로 경지 이용률 감소

④ 자급적 농업에서 상업적 농업으로 변화함에 따라 밭의 비중 증가 추세

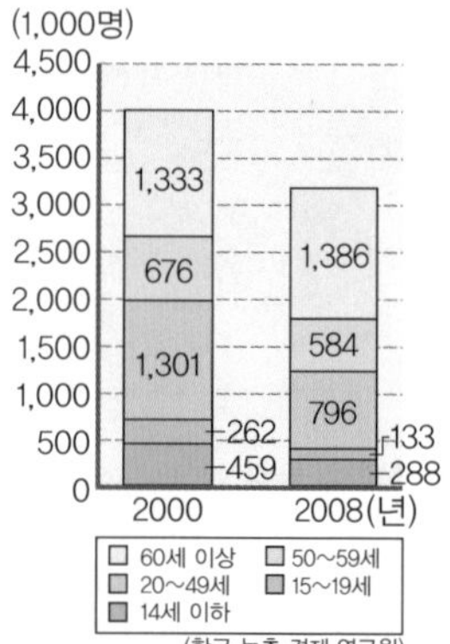

(한국 농촌 경제 연구원)

↑ 연령별 농가 인구 변화

(3) 농업의 경쟁력을 위한 대책

① 농산물의 브랜드화: 지리적 표시제 등을 통해 장소 이미지를 형성하며 농산물 판매와 지역 경제 활성화에 기여

② 농산물의 고급화: 고품질 농산물 개발 및 유기 농업, 무농약 농업 등의 친환경 농업 장려

③ 농업 경영의 대형화와 다각화: 규모의 경제를 이루기 위한 영농 조합이나 영농 회사 설립, 경관 농업 등 농업 구조의 다각화

④ 과학적 영농: 우수 품종의 연구 개발과 영농 교육 강화, 컴퓨터를 이용한 생산 관리

5. 휘틀지의 세계 농업 지역 구분

(1) 구분 기준

① 토지 이용: 집약적, 조방적

② 상업성: 자급적, 상업적

③ 작물의 전문성: 작물 중심, 가축 사육 중심

(2) 농업 지역 구분

① 자급 농업: 소비 목적, 전체 인구 대비 높은 비율의 농부, 소규모 농장, 소수의 농기계

- 이동식 화전 농업: 남아메리카, 아프리카, 동남아시아의 열대 지역
- 유목: 북아프리카와 서남아시아, 중앙아시아의 건조 및 반건조 지대
- 집약적 자급 자족 농업(미작 탁월): 동아시아와 남아시아의 인구 집중 지역

- 집약적 자급 자족 농업(미작 결여): 벼를 재배하는 것이 어려운 동아시아와 남아시아의 인구 집중 지역

② 상업 농업: 판매 목적, 전체 인구 대비 낮은 비율의 농부, 대규모 농장, 다수의 농기계

- 플랜테이션: 라틴아메리카, 아프리카, 아시아의 열대와 아열대 지역
- 혼합 농업: 미국의 중서부와 중유럽, 옥수수, 대두 등 가축의 사료
- 낙농업: 미국 북동부, 캐나다 남동부, 유럽 북서부의 인구 집중 지역 부근
- 상업적 곡물 농업: 미국 북중부 지역(대평원)과 동유럽, 밀
- 기업적 방목: 미국 서부 건조 지역, 남아메리카 남동부, 중앙아시아, 남아프리카, 오스트레일리아
- 지중해식 농업: 지중해를 둘러싸고 있는 지역, 미국 서부, 칠레
- 상업적 원예업, 과수 재배업: 미국 남동부와 오스트레일리아 남동부, 트럭 농업(시장 판매용 청과물 및 채소 재배업)

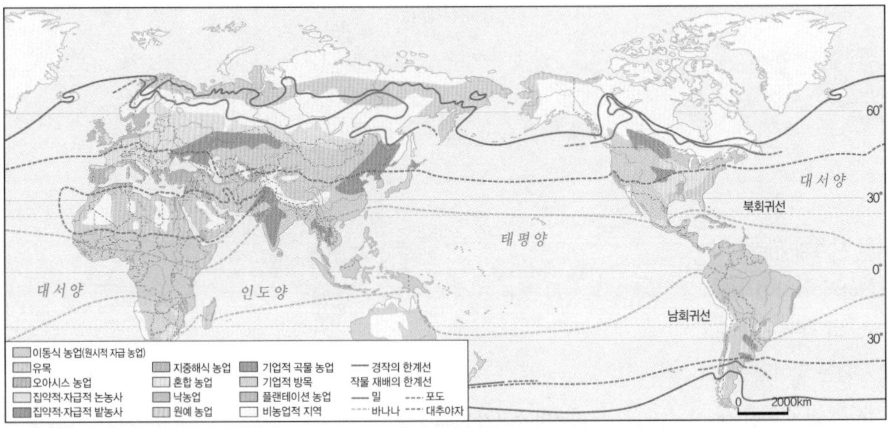

⁝ **세계의 농업 지역 구분**

더 알아보기

▶ 무역 환경 변화에 따른 미국 캘리포니아 주의 쌀 생산 급증

세계화와 더불어 무역 환경이 변화하면서 농목업 지역에 큰 변화를 가져왔다. 최근 농업 부문의 국가 간 자유 무역 협정이 체결되면서 미국의 쌀 생산량이 증가하고 있다. 특히 휘틀지는 농업 체계를 분류할 때 집약도, 작물의 전문성, 상업성을 기준으로 삼았다. 미국 캘리포니아 주에서는 대규모 농지에 기계를 활용하여 쌀을 대량 생산하고 있다. 미국의 쌀 생산량은 2010년 현재 759만t으로, 일본의 생산량(772만t)과 비슷하고 우리나라 430만t보다 많다. 또한 타이, 베트남, 파키스탄에 이어 쌀 수출국 세계 4위를 차지하고 있다.

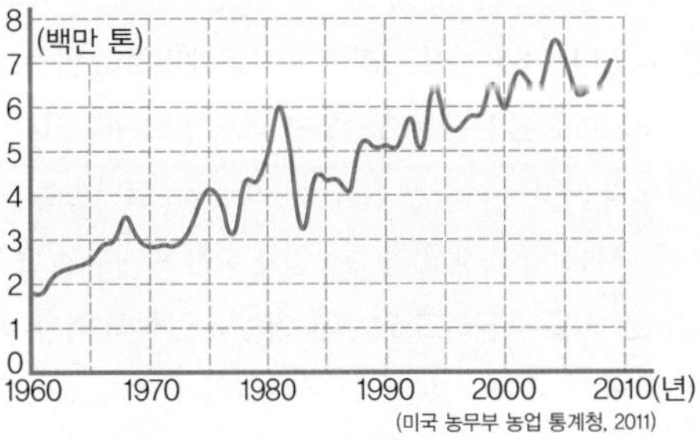

미국의 쌀 생산량 증가 추이

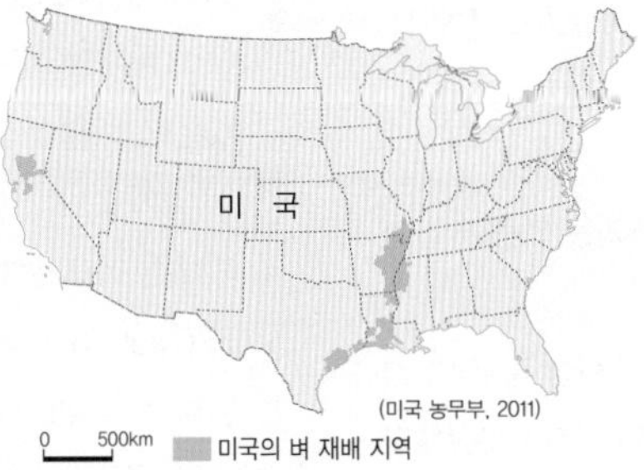

미국의 벼 재배 지역

■ **휘틀지의 농업 체계 분류 기준**

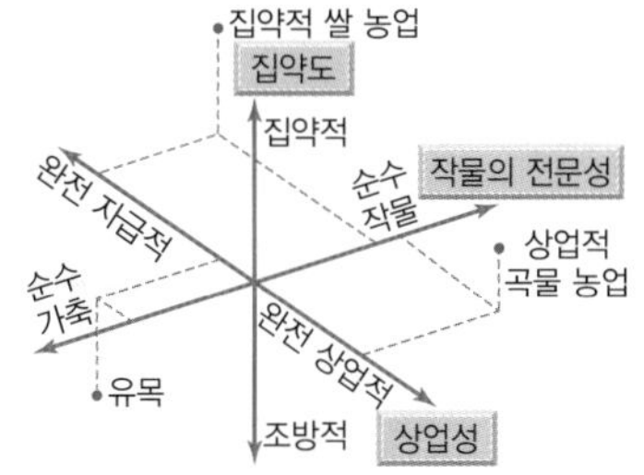

휘틀지는 농업 체계를 분류할 때 집약도, 작물의 전문성, 상업성을 기준으로 삼았다.

■ **휘틀지에 의한 농업 활동의 구분**

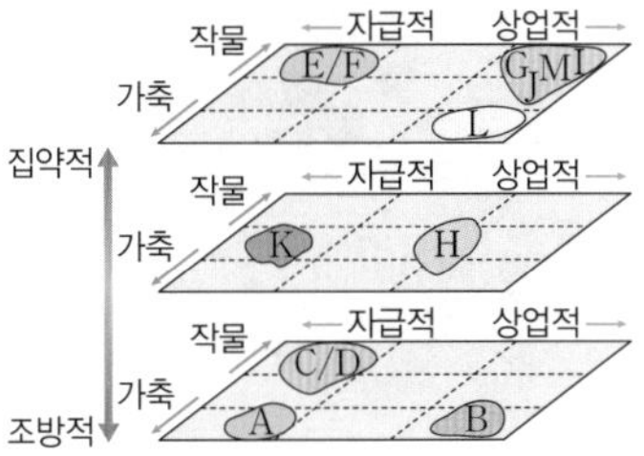

A: 유목
B: 기업적 방목
C: 이동식 화전 농업
D: 원시적 자급 자족 농업
E: 집약적 자급 자족 농업(미작 탁월)
F: 집약적 자급 자족 농업(미작 결여)
G: 플랜테이션
H: 지중해식 농업
I: 상업적 곡물 농업(자본 집약)
J: 혼합 농업
K: 동유럽의 혼합 농업
L: 낙농업

■ **이동식 경작**

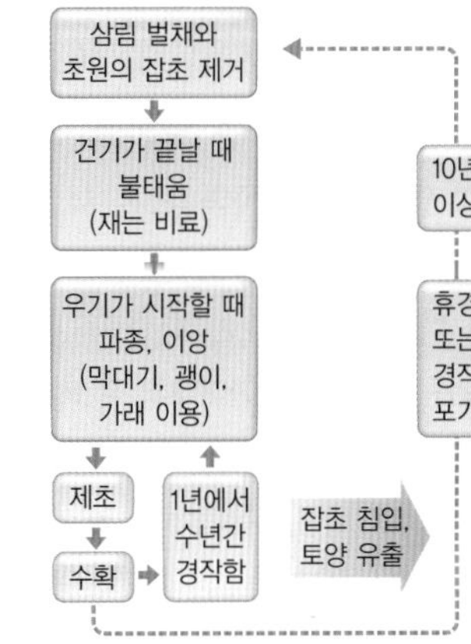

이동식 경작은 휴경과 화전의 순환 과정으로 이루어져 있으며, 주로 아프리카나 동남아시아의 열대 지역에서 행해진다.

지리 상식 1 녹차는 어디 녹차? 모르면 마이너스 100점!!!

⁝ 지리적 표시제 등록 상품

지리적 표시란 명성, 품질, 기타 특징이 본질적으로 특정 지역의 지리적인 특성에 기인하는 경우 해당 농산물 또는 가공품을 표현하기 위하여 사용되는 지역, 특정 장소의 명칭을 의미한다. 예를 들어 '코냑'의 경우 원래 프랑스 코냑 지역에서 생산되는 증류주에 지리적 표시로 사용된 것이었는데, 지금은 보통 명사처럼 사용되고 있을 정도로 널리 알려지게 된 것이다. 쿠바의 아바나 시가, 프랑스의 부르고뉴 포도주, 보르도(포도주), 샹파뉴(삼페인) 등 지리적 표시의 예는 많다. 이는 반드시 지리적 명칭(특정한 지역, 지방, 산, 하천 등의 명칭)이어야 하며, 지리적 명칭과 관련이 없는 브랜드는 상표로는 가능하나 지리적 표시의 대상은 아니다.

지리적 표시 대상이 되려면, 다음과 같은 충족 요건이 있다.

첫째, 해당 품목의 우수성이 국내나 국외에서 널리 알려져야 한다(유명성). 둘째, 해당 품목이 대상 지역에서 생산된 역사가 깊어야 한다(역사성). 셋째, 해당 상품의 생산, 가공 과정이 동시에 해당 지역에서 이루어져야 한다(지역성). 넷째, 해당 품목의 특성이 대상 지역의 자연환경적(지리적, 인적) 요인에 기인해야 한다(지리적 특성). 다섯째, 해당 상품의 생산자들이 모여 하나의 법인을 구성해야 한다(생산자의 조직화).

이와 같은 요건을 충족하여 지리적 표시제를 도입한 효과는 다음과 같이 나타난다.

첫째, 시장 차별화를 통한 농산물 및 가공품의 부가 가치 향상 및 지역 경제가 발전된다. 둘째, 생산자 단체가 품질 향상에 노력함으로써 농산물의 품질 향상을 촉진한다. 셋째, 생산자 단체 간의 상호 협조 체제가 원만히 구축될 경우 생산 품목의 전문화와 농산물 수입 개방에 효율적으로 대처할 수 있다. 넷째, 소비자 입장에서는 지리적 표시제에 의해 보호됨으로써 믿을 수 있는 상품을 구입(소비자 보호)할 수 있다. 다섯째, 정부의 입장에서는 지역의 문화유산 보존 등의 효과를 얻을 수 있으며, 따라서 장기적으로 지역 특산물을 육성하는 효과적인 방안이 될 수 있다. 여섯째, 지리적 표시에 등록된 상품과 관련된 지역 축제를 개최할 경우 지역성을 홍보하는 데에도 도움이 된다. 예를 들면, 지리적 표시 7호 괴산 고추를 알리는 '괴산고추축제(8월)', 지리적 표시 49호 군산 찹쌀보리쌀을 알리는 '군산꽁당보리축제(5월)' 등이 있다.

프랑스의 경우 AOC(원산지 명칭 보호) 승인 이후 지역의 토지 가격이 150배까지 상승한 곳이 있으며, 상파뉴의 경우 1ha의 포도밭에서 5억 원 정도의 수입(밀 농사의 1,000배)이 발생하기도 하였으며, 부르고뉴 지역의 포도 경작 면적은 1.8%에 불과하지만 농가 소득의 30%를 차지하고 있다.

지리 상식 2 미국 가면 뭐 하게노? 기분 좋다고 소고기 사묵겠지~

⁝ 미국의 소고기 벨트 지역

소고기 벨트(Beef Belt)는 미국에서 축산업이 상대적으로 많이 발달한 지역을 가리킨다. 선벨트나 스노 벨트는 기후에 따라 동서 방향으로 뻗어 있는 지대지만, 소고기 벨트는 기후와 함께 지형적 영향에 의해 남북으로 형성된 지대이다. 정확하게는 미국 본토의 중앙을 남북으로 관통하고 지형적으로 미시시피 강의 서쪽에 위치하는 대평원 지대를 이른다. 기후적으로는 우리나라의 연평균 강수량이 1,250mm 정도인 데 비해 소고기 벨트는 연강수량 500mm 정도의 매우 건조한 지역이다. 이 때문에 삼림보다는 초지가 더 잘 발달해 있다. 지형적으로는 구릉대가 발견되는 지역으로 과거 이곳이 사구였음을 알 수 있다. 이들 위에 자리한 초지를 개간하여 밀 농사를 짓는데, 가뭄이 심하거나 과도한 개간이 계속되면 나지가 되거나 먼지바람이 일기도 한다. 대규모의 상업적 목축은 집약적인 축산업으로 변모하면서 거대한 소고기 벨트를 형성하였다. 농업과 축산업을 위한 관개수는 오갈랄라(Ogallala)에서 상당한 양을 충당하고 있는데, 한반도 면적의 약 두 배에 달하는 약 45만km² 규모의 이 대수층은 사우스다코타, 네브래스카, 와이오밍, 콜로라도, 캔자스, 오클라호마, 뉴멕시코, 텍사스 등의 대평원에 존재하는 화석수로서 지금으로부터 200만~600만 년 전에 형성되었다. 이 지역 주민들의 음용수 82%를 공급한다고 하니 엄청난 양이지만 더 이상 채워지지는 않는 상태에서 채수량이 점차 많아져 지하수면이 저하하는 등의 환경 문제가 발생하고 있다. 이러한 문제 외에도 중산층의 교외화로 농경지가 교외의 고급 주거지로 변모하면서 삼림지와 일반 초지들이 다시 농경지로 전환되는 상황도 새로이 등장한 미국의 환경 문제이다.

이민부, 2009, 『이민부의 지리 블로그』

지리 상식 3 소개팅 남자가 '농부'라고? 됐거든요!!!

〈전원일기〉라는 텔레비전 드라마가 있었다. 이젠 이렇게 과거형으로 이야기 될 수밖에 없는 이 드라마는 대표적인 농촌 드라마로 1980년에 시작되어 2002년에 끝났다. 이렇게 오래 방송될 만큼 사랑받았던 드라마가 결국 종방에 이르게 된 데에는 사회 분위기가 반영돼 있다. 사람들이 농촌 마을에서 벌어지는 농민들의 이야기에 더 이상 재미를 느끼지 않게 된 것이다. 〈전원일기〉가 과거의 드라마가 된 것처럼 '농자천하지대본(農者天下之大本)'이라는 말도 이젠 옛말이 되었다.

이제 농업을 나라의 근간으로 여기는 사람들이 많지 않은 것은 분명하다. 심지어 어떤 사람들은 농업을 경제 발전의 발목을 잡고 있는 귀찮은 존재, 천덕꾸러기로 취급한다. 무역 관련 국제 협상이 열릴 때마다 농민들은 서울로 올라와 시위를 한다. 시시때때로 이렇게 시위를 해야 하는 농민들은 이것을 '아스팔트 농사'라고 부른다. 그렇지만 도시민들 대부분이 이런 아스팔트 농사에 대해 무관심하거나 냉정하다. 서울 도심에서 벌어지는 시위로 교통이 정체되기 때문이기도 하고, 언론이 의도적으로 부각시키는 폭력 시위의 이미지 때문이기도 하며, 국가가 농업 분야에 지원하는 돈이 모두 도시민들의 세금이라고 여기기 때문이기도 하다. 우리나라 국민 중 50대 이상에서는 농촌 출신인 사람들을 많이 볼 수 있고, 이들 중에는 여전히 고향에 노부모가 남아 있는 경우도 많다. 그래서 이 세대는 농촌이 처한 어려움에 대해 관심을 갖지만, 농촌에 연고가 없는 그 아래 세대는 농촌과 관련된 일에 무감각하기 마련이다.

한편 우리의 언론 보도 태도는 농촌에 대한 무관심을 부추긴다. 농업 문제는 국내 언론에서 제대로 다루어지지 않을 뿐만 아니라, 언론이 부각시키는 것은 그저 농민의 자살이나 농민 시위의 폭력성뿐이다.

그렇다면 우리가 미처 관심을 기울이지 못한 우리 농촌의 현실은 어떤 것일까? 우선 농촌의 낮은 소득 수준을 언급해야 한다. 도시와 농촌 간의 소득 격차는 나날이 벌어져서, 도시 가구의 평균 소득을 100으로 잡았을 때 농촌 가구의 평균 소득은 1994년 99.5, 2004년 77이었다. 이뿐만 아니라 교육, 의료, 복지, 교통, 문화 등 생활의 질을 결정하는 사회 제반 환경들이 농촌에서는 도시에 비해 한참 뒤처져 있다. 게다가 농민들은 가구 평균 약 3,000만 원에 달하는 농가 부채를 떠안고 있다. 상황이 이렇다 보니 젊은 이들은 농촌에 머물려 하지 않는다. 농가 세대주의 40%가 70세 이상이고, 그중 절반은 최저 생계비 이하로 생활하고 있다. 도시와 농촌의 삶의 질의 이런 현격한 차이는 앞으로 더 커질 가능성이 높다. 그런데도 농촌, 농업 문제에 대해 많은 사람들이 무감각하다. 식량 자급률이 고작 20%대에 불과하고 먹거리의 안전에 대한 불안감이 팽배해 있는 나라에서 이토록 농업과 농민의 삶에 무관심해도 되는 것일까?

허남혁·김종엽, 2008, 『내가 먹는 것이 바로 나』

지리 상식 4 너희가 신대륙을 '발견'하고 유전 자원도 '발명'했다고?!

농사의 출발점은 종자(씨앗)이다. 또한 종자는 농사의 수확물 그 자체이기도 하다. 그래서 우리 선조들은 "농사꾼은 굶어 죽어도 씨앗을 베고 죽는다."라는 속담으로 종자의 중요성을 표현했다. 현대 농업에서는 생산성을 높이기 위해 교배를 통해 인위적으로 개발한 우량 품종의 종자를 해마다 종자 가게에서 사서 심는다. 그럼 이 종자는 누가 만들어 공급하는가? 바로 종자 기업들이다. 종자 기업들은 우수한 성질을 가진 농작물을 입수하여 과학적인 방법으로 끊임없이 개량해 새로운 품종을 개발하고 이를 농민들에게 판매한다.

오늘날 선진국과 다국적 기업들은 생명 공학의 원료가 되는 유전 자원을 아무런 대가 없이 활용하고 있으며, 거기에 약간의 자본과 노력을 덧대어 자신들이 그것을 '발명'했다고 선언한다. 이는 이 종자에 대한 독점적 권리를 선언하는 것이자 이 종자를 '생명 특허'로서 보호할 것을 선언하는 것이다. 그러고 나서 이들은 이 신품종 종자를 제3세계 농민들에게 비싼 값에 팔아 엄청난 이윤을 남긴다. 이러한 행위를 제3세계 농민들은 '생물 해적질(biopiracy)'이라고 비난한다. 과거 콜럼버스가 신대륙을 '발견'한 후 유럽 열강들이 신대륙으로부터 엄청난 지하 자원을 약탈해 갔듯이 현대에도 강대국의 해적질은 계속되고 있다.

전 세계 식물 유전 자원 중심지

에티오피아	보리, 커피, 양파, 참깨, 수수, 밀
지중해	양배추, 상추, 귀리, 올리브, 밀
소아시아 (터키 등)	아몬드, 살구, 보리, 양배추, 체리, 당근, 무화과, 포도, 귀리, 양파, 완두콩, 호밀, 석류, 밀
중앙아시아	아몬드, 사과, 살구, 당근, 면화, 포도, 겨자, 양파, 완두콩, 배, 참깨, 시금치, 밀
인도·미얀마	살구, 오이, 가지, 레몬, 망고, 기장, 오렌지, 후추, 벼, 사탕수수
인도·말레이시아	바나나, 코코넛, 생강, 사탕수수
중국·한국	팥, 살구, 메밀, 배추, 수수, 기장, 귀리, 복숭아, 무, 대두(콩), 사탕수수, 차
중앙아메리카	옥수수, 카카오, 면화, 구아바, 파파야, 후추, 호박, 고구마, 담배, 토마토
페루·에콰도르· 볼리비아	카카오, 옥수수, 면화, 구아바, 파파야, 후추, 감자, 호박, 담배, 토마토
칠레 남부	감자, 딸기
브라질·파라과이	카카오, 카사바, 고무, 땅콩, 파인애플
북아메리카	블루베리, 크랜베리, 해바라기
서아프리카	기장, 기름야자, 수수
북유럽	귀리, 라즈베리, 호밀

허남혁·김종엽, 2008, 『내가 먹는 것이 바로 나』

[선택형]

· 2013 수능

1. 지도는 세계의 주요 농목업 분포를 나타낸 것이다. A~C에 대한 옳은 설명만을 〈보기〉에서 있는 대로 고른 것은? (단, 이동식 화전 농업, 유목, 방목만 고려함.)

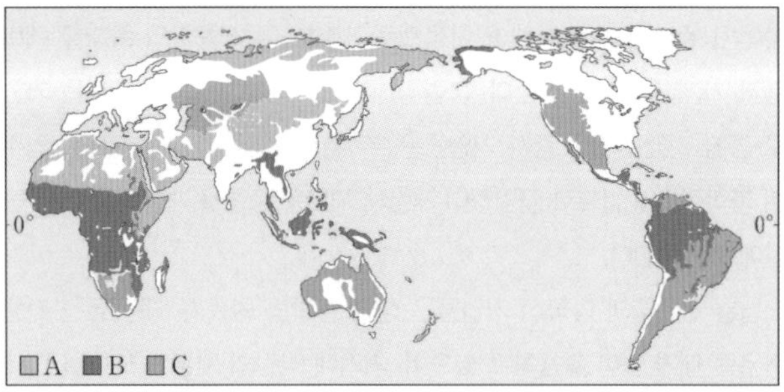

보기

ㄱ. A는 냉량한 기후 조건을 가진 대도시 주변에서 주로 이루어진다.
ㄴ. B가 한곳에서 오랫동안 이루어지면 토양이 척박해져 농목업에 불리하다.
ㄷ. B는 C에 비해 대체로 생산물의 국내 소비 비중이 높다.
ㄹ. C는 신대륙에서 A, B보다 기업적 형태의 운영이 활발하다.

① ㄱ, ㄴ ② ㄱ, ㄷ ③ ㄴ, ㄹ
④ ㄱ, ㄴ, ㄷ ⑤ ㄴ, ㄷ, ㄹ

2. (가)~(다) 농업의 특색으로 옳은 것은?

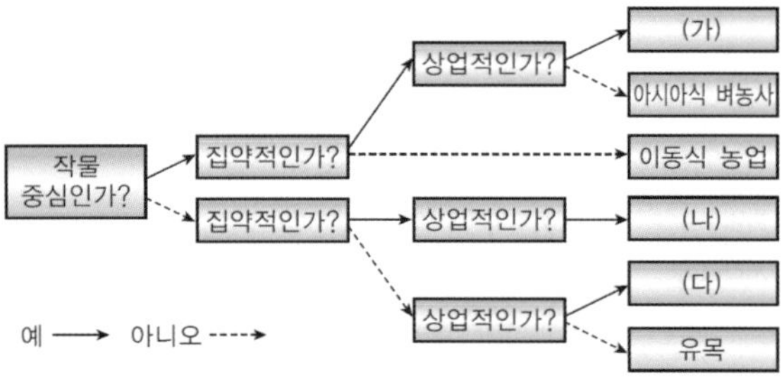

① (가)는 산업 혁명 이후 생산 지역이 줄어들었다.
② (가)는 (다)에 비해 단위 면적당 자본 투입량이 많다.
③ (나)는 주로 저위도의 열대 기후 지역에서 발달한다.
④ (나)는 (다)에 비해 더 넓은 면적의 토지가 필요하다.
⑤ (다)는 유럽의 상업적 혼합 농업이 대표적인 사례이다.

3. 지도는 어떤 기호 작물의 주요 재배 지역을 나타낸 것이다. A~C에 해당하는 작물을 〈보기〉에서 고른 것은?

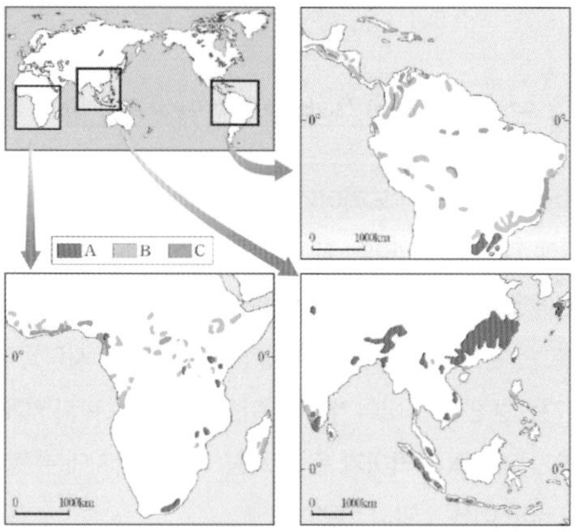

보기

	A	B	C
①	ㄱ	ㄴ	ㄷ
②	ㄱ	ㄷ	ㄴ
③	ㄴ	ㄱ	ㄷ
④	ㄴ	ㄷ	ㄱ
⑤	ㄷ	ㄱ	ㄴ

· 2006 수능

4. 농업의 유형을 생산 요소와 생산액에 근거하여 구분한 그림이다. (가)~(라) 유형의 사례를 〈보기〉에서 골라 바르게 짝지은 것은?

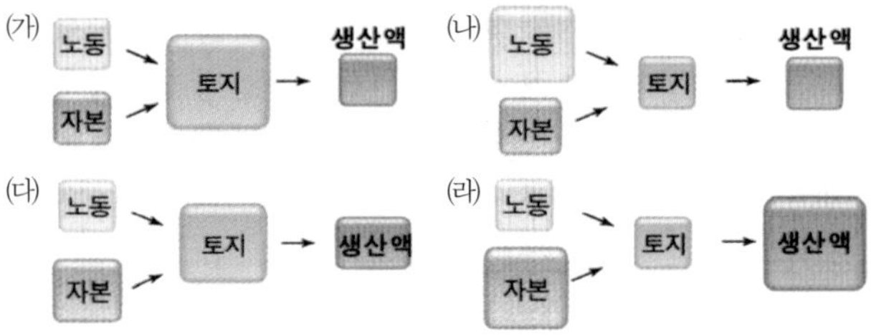

* 사각형의 크기는 상대적 양을 표현함.

보기

ㄱ. 캐나다 프레리의 상업적 목축업
ㄴ. 캄보디아의 자급자족적 벼농사
ㄷ. 에티오피아의 자급자족적 유목
ㄹ. 네덜란드의 상업적 화훼농업

	(가)	(나)	(다)	(라)
①	ㄱ	ㄴ	ㄷ	ㄹ
②	ㄴ	ㄷ	ㄹ	ㄱ
③	ㄷ	ㄴ	ㄱ	ㄹ
④	ㄹ	ㄱ	ㄴ	ㄷ
⑤	ㄱ	ㄹ	ㄷ	ㄴ

[서술형]

1. 표는 A, B 국가의 농업 현황을 나타낸 것이다. 두 국가에 대한 추론을 아래의 키워드를 사용하여 비교하시오.

구분	A 국가	B 국가	A/B
경지 면적	1,927천ha	1,825천 ha	1.1
농업 인구	472천 명	3,434천 명	0.1
호당 경지 면적	23ha	1.4ha	16.4
호당 농기계 보유 대수	1.86대	0.25대	7.4
호당 농업 소득	6,898만 원	2,900만 원	2.4
농산물 수출액	608억 달러	19억 달러	32.0

키워드

노동 생산성, 기술 및 자본 집약적 농업, 전체 농업 총소득

2. 휘틀지(Whittlesey)는 세계의 농업 지역을 집약도, 작물의 전문화, 상업성 등을 기준으로 13개로 구분하였다. 다음의 농업 체계도에서 ㉮~㉲에 해당하는 농업의 명칭과 발달 지역에 대해 서술하시오.

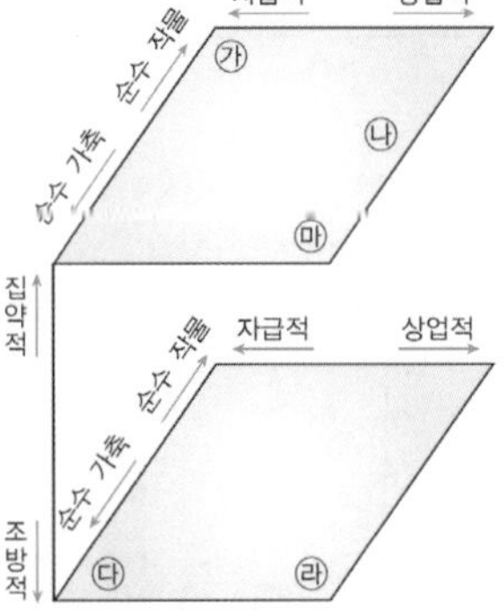

3. A의 그래프에 제시된 (가), (나), (다) 지역이 어디인지 B의 지도에서 찾아 연결하고, 그렇게 생각한 이유에 대해 그래프 해석 내용을 토대로 서술하시오.

A

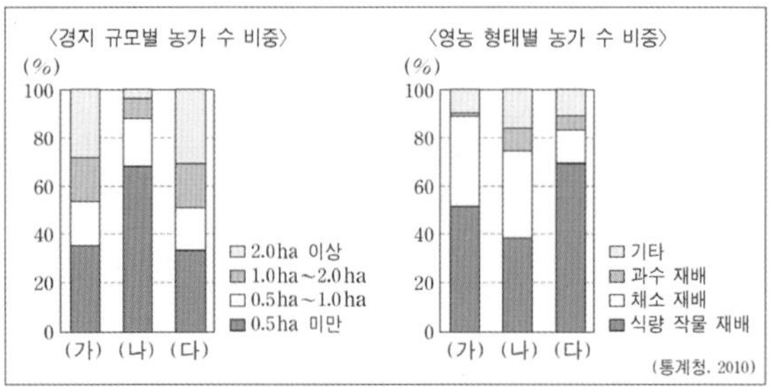

B

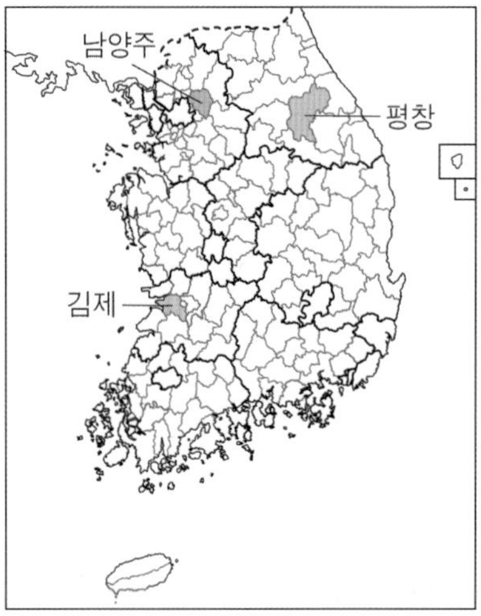

핵심 출제 포인트

▶ 식량 자원의 문제점과 대책 ▶ 불평등한 식량 소비 ▶ 바이오 에탄올
▶ 지속 가능한 농업 ▶ 애그플레이션 ▶ 공정 무역

■ 2002년 국내 총생산(GDP)에 따른 육류 소비량

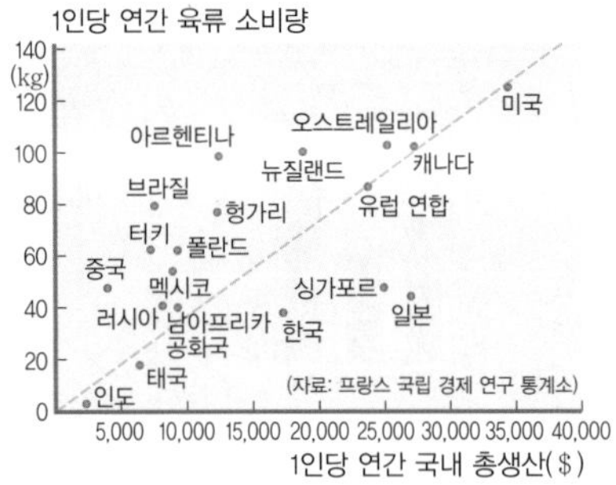

전반적으로 국내 총생산이 증가할수록 인구당 육류 소비량이 많아진다. 그러나 문화권에 따라 차이가 있다. 이를테면, 아르헨티나의 1인당 육류 소비량은 전 세계 평균 소비량보다 많은 반면 일본은 평균보다 적다.

■ 과다 체중과 체중 미달

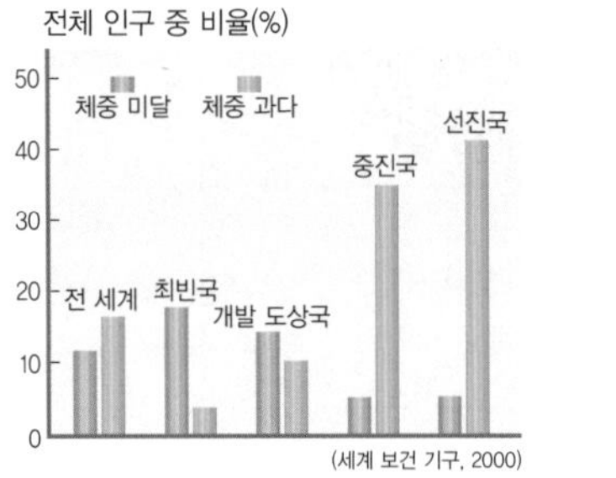

(단위: 전체 인구 중 비율, %)

체중 과다이거나 체중 미달인 사람들을 보면 생활 수준과 체중 사이에 밀접한 관련을 보인다. 그러나 개발 도상국의 비만이 점점 심각해지고 있다. 해당 국가의 국민이 좋지 않은 식습관을 유지하기 때문이다. 너무 기름지거나 짠, 아니면 너무 단 가공식품의 소비량이 증가한 결과이다.

■ 1인당 일일 칼로리 소비

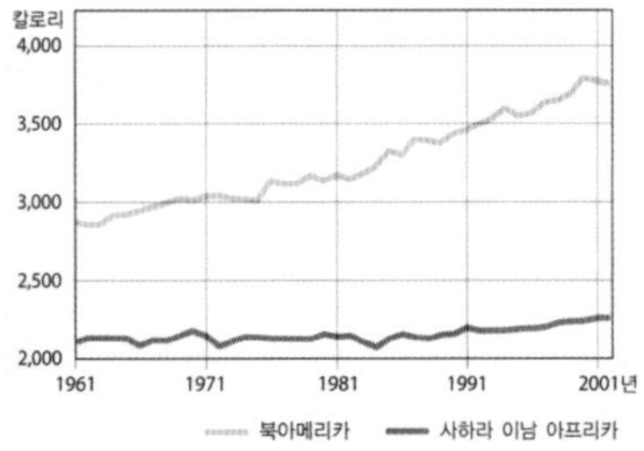

2001년 북아메리카의 1인당 일일 칼로리 소비는 3,500~4,000인데 비해 사하라 이남 아프리카는 2,500을 넘기지 못하고 있다.

1. 식량 자원의 문제점과 대책

(1) 문제점

① 개발 도상국의 빠른 인구 증가로 1인당 영양 섭취량 부족

② 지나친 방목 및 개간으로 사막화 확산

③ 농약과 화학 비료의 과용으로 토지 생산력 저하

④ 선진국과 개발 도상국의 대조적인 식량 소비

전 세계인의 1인당 하루 섭취 열량	2,800kcal(1960년대보다 15% 증가, 하루 권장 2,500kcal)
1인당 하루 섭취 열량	선진국 3,250kcal, 개발 도상국 2,650kcal
아프리카 사하라 이남의 1인당 하루 섭취 열량	2,200kcal 이하로 부룬디, 콩고 민주 공화국, 에티오피아, 소말리아는 1,900kcal에도 미치지 못함

- 전 세계 인구 중 9억 6,500만 명이 기근을 겪고 있으며, 식량 사정이 심각한 35개국 중 21개국은 아프리카에, 12개국은 아시아에 속함(국제 연합 식량 농업 기구, 2008년)
- 북아프리카와 서아시아는 전체 인구의 10% 이상, 라틴 아메리카는 15% 이상, 아시아는 20% 이상, 사하라 이남의 아프리카는 40% 이상이 만성 영양실조에 시달림
- 전 세계에서 영양실조에 걸린 사람의 3/4은 농민, 1/4은 대도시 외곽의 빈민촌 거주자로 대부분 시골에서 가난을 피해 도시로 온 농민들에 해당

⑤ 개발 도상국이 가난과 기아에 시달리는 원인

현상적 원인	• 가뭄, 사막화 등 자연 현상	• 증가하는 인구, 부패한 정치 관료, 내전 등 인문 현상
본질적 원인	• 식민지 시대 – 서구 열강의 자원 약탈, 협력적인 사회 토대 몰락, 환금 작물(커피, 카카오 등) 재배 – 자국의 국민에게 필요한 식량 생산 부족 • 독립 이후 – 식민지 시대의 소수 지주들이 군부와 정치를 장악하며 과도한 목축이나 경작 실시 – 비옥한 토지에서 환금 작물을 생산하고 지력을 상실한 땅에서 식량 작물을 재배하므로 생산성은 낮고, 자연재해에 취약 – 개발 도상국은 헐값으로 환금 작물을 판매하지만 선진국의 곡물 메이저는 비싼 값으로 곡물 판매 – 개발 도상국은 식량 수입에 많은 돈이 필요하므로 만성적인 기아와 빈곤으로 경제 개발이 불가능한 구조적 문제	

더 알아보기

바이오 에탄올이란?

- 바이오 에탄올: 사탕수수, 밀, 옥수수, 감자, 보리 등을 발효시켜 차량 등의 연료 첨가제로 사용하는 바이오 연료
- 바이오 에탄올의 원료로 가장 널리 사용되는 사탕수수는 브라질에서 생산량이 가장 많으며, 브라질에서는 차량의 70% 정도가 바이오 에탄올을 사용할 만큼 일반화됨
- 미국은 2017년까지 바이오 연료의 소비 비중을 20%까지 높일 계획, 유럽 연합도 2020년까지 바이오 연료 소비 비중을 20%로 상향하도록 추진
- 장점: 석유 의존도를 낮춰 에너지 안보 증대, 대기 오염 물질 및 기후 변화에 대응(휘발유만 사용할 때보다 일산화 탄소 배출량 감소)

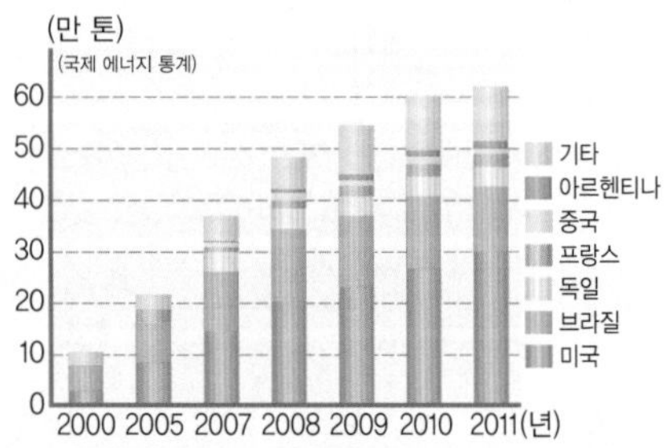

⇡ 세계 바이오 에탄올 생산량

- 단점: 토양 침식, 화학 비료 사용으로 인한 토양 오염, 바이오 에탄올의 생산 과정에서 많은 물을 사용하여 물 부족 현상 발생, 곡물 가격이 상승하여 식량 문제 발생

⑥ 육류 소비의 확대와 바이오 연료 시장의 확대로 영양 섭취의 불평등
- 세계 곡물 생산량의 절반을 가축 사료와 자동차 연료로 사용
- 선진국 및 저개발국의 중산층 소비자: 육식 위주의 음식 문화 확대로 비만과 성인병 증가
- 바이오 연료(농산 연료) 수요 확대: 주원료인 옥수수, 콩, 사탕수수 등의 수요가 폭발적 증가하여 곡물 가격이 급등하면 식량 부족으로 굶주리게 됨

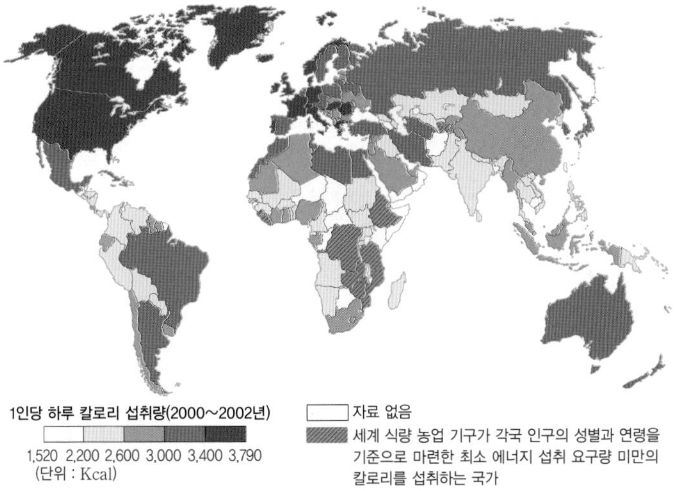

⋮ 영양 섭취의 불평등

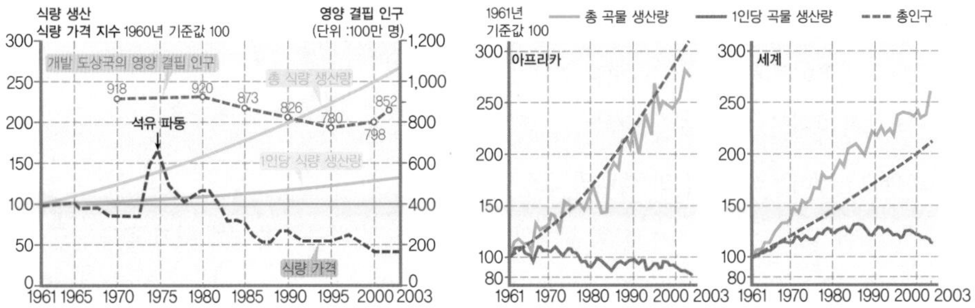

⋮ 불평등한 식량 접근성

(2) 대책

① 소극적 대책
- 농경지 확대: 삼림 파괴, 물 부족 초래
- 단위 면적당 수확량 증대: 농약과 비료 사용에 따른 환경 파괴, 장기적 생산성 하락
- 바다에서 식량 공급 확대: 해양 오염, 수산 자원 고갈

② 적극적 대책: 인구 및 정치적인 안정을 통한 식량의 합리적인 분배, 생태계의 원리에 따른 식량 생산, 유기농법 등 친환경 농업

2. 지속 가능한 농업

(1) 지속 가능한 농업의 개념

① 현 세대가 필요로 하는 요구를 충족시키면서도, 미래 세대가 추구할 발전에 피해를 주지 않는 농업

② 꾸준히 오랫동안 할 수 있는 농업 또는 재생산이 가능한 농업

■ 2014 세계 식량 불안 상황(SOFI) 보고서
- 2012~2014년 전 세계의 기아 인구: 8억 530만 명, 세계 인구의 1/9에 해당
- 2000~2002년 기아 인구인 9억 2,990만 명에 비해 1억 명 가까이 감소했으나, 북한, 이라크, 코트디부아르, 말라위, 과테말라 등 일부 국가에서는 기아 인구가 매우 더디게 감소하는 중
- 북한의 기아 인구: 1990~1992년 480만 명에서 2009~2011년 1,020만 명으로 2012~2014년에는 총인구의 37.5%에 해당하는 930만 명
- 에볼라 바이러스 발병 국가(라이베리아, 시에라리온, 기니): 국경 봉쇄, 농업 인력 부족으로 곡물 조달 어려워 국제 연합 식량 농업 기구(FAO)에서 식량 불안 경보 내림
- 이슬람 수니파 무장 단체 이슬람 국가(IS)가 이라크 북부의 주요 곡물(밀) 저장고 장악

■ 곡물의 간접 소비

곡물의 간접 소비란 육류를 먹는 동안 간접적으로 곡물을 섭취하게 되는 상황을 말한다. 가금류 고기 1kg은 곡물 2kg이 필요하고, 돼지고기 1kg은 곡물 3.5~4kg 필요하며 전 세계 밀 생산량의 20% 이상이 가축의 먹이로 쓰인다. 선진국 국민의 곡물 섭취량 중 3/4이 육류를 통한 간접 소비에 속한다.

■ 유기 농법

공장에서 생산한 비료 따위를 쓰지 않고 농사를 짓는 방법을 말한다. 공식적으로 유기농법을 시행하는 땅은 3,000만ha가 조금 넘으며 전 세계 농경지의 1%도 되지 않는 면적이다. 오스트레일리아(1,202만ha)와 아르헨티나(220만ha)는 전 세계에서 가장 넓은 유기 농법 농경지를 확보하고 있으며, 전 세계 유기 농법 농경지의 절반이 이 두 국가에 속한다. 유기 농산물 재배지가 가장 많은 국가로는 멕시코, 우간다, 이탈리아를 들 수 있다. 이 3개국은 지역 주민과 해외 이주자들이 수작업으로 농사를 짓는 지역이다. 전체 유효 농경지 중 유기 농법 농경지의 비율이 가장 높은 나라는 오스트리아(17.4%), 스웨덴(10.8%), 이탈리아(7.9%), 독일(5.4%) 등이다(2010년 기준). 경제적으로 여유가 있는 사회 계층이 주도권을 잡은 선진국일수록 유기 농업과 관련된 시장 성공률이 높음을 알 수 있는 사례이다.

■ 필리핀의 쌀 수입

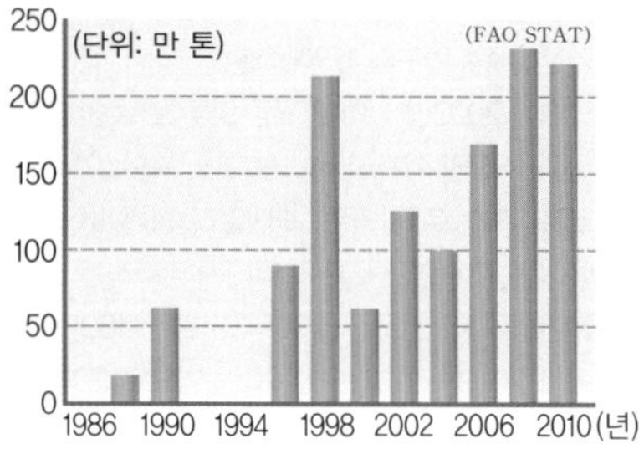

필리핀은 1980년대 초에는 연 2회 벼를 수확하고, 벼 연구 분야에서 세계적 명성을 누리며 쌀을 수출하기도 하였다. 그러나 쌀 개발에 대한 투자가 감소하고, 다국적 기업에 의해 바나나와 같은 상업적 농산물의 재배 비중이 높아지면서 점차 쌀을 수입에 의존하기 시작하였다. 하지만 세계 곡물 가격이 급등하자 필리핀 사람들은 쌀을 구입하기가 어려워졌다. 급기야 2008년에는 쌀 가격 상승으로 폭동이 일어나 필리핀 정부는 쌀 배급을 실시하게 되었다. 쌀은 계절풍 기후 지역에서 주로 재배되고 밀보다 수출국이 많지 않아 홍수와 가뭄 등으로 국제 가격이 변동될 때, 밀보다 그 타격이 더 큰 편이다.

■ 애그플레이션의 사례

우리나라의 C회사는 밀가루의 가격을 2007년 9월에 13~15% 인상, 같은 해 12월에 또 23~34% 인상을 발표하여 빵, 과자, 라면 등 밀가루 제품의 가격이 동반 상승했다.

■ 로컬 푸드(Local Food) 운동

자신이 살고 있는 지역에서 생산하는 안전한 먹을거리를 먹자는 운동이다. 소비자는 신선하고 안전한 먹을거리를 공급받을 수 있고, 농민은 생산한 농산물에 대한 안정된 판로를 확보할 수 있어 지역 경제 활성화에도 도움이 된다.

■ 미국 카길사의 곡물 엘리베이터

농산물의 수출 및 유통을 위해서는 항구 인근에 있는 곡물 저장 시설인 엘리베이터를 이용해야 한다. 해외에서 농산물을 구매했다 해도 엘리베이터를 빌리지 못하면 농산물을 유통시킬 수가 없다. 곡물 유통의 핵심 시설인 엘리베이터는 대부분 곡물 메이저가 장악하고 있다.

「세계지리, 세상과 통하다 2」

(2) 지속 가능한 농업의 성격

① 친환경적인 측면: 자연환경의 다양성과 지속성 보존

- 새로운 농업 방식 시도: 대상 재배(帶狀栽培: 등고선에 맞춰 곡물 재배지와 휴한지를 교대로 운영), 곧뿌림(직파)을 통한 토양 침식 억제
- 합리적 농업의 보급: 농업 생산 요소(비료와 농약)를 꼭 필요한 양만 농경지에 투입해 환경 보호에 최대한 신경 쓰는 방법

② 경제 및 사회적인 측면: 농촌의 농업 관련 일자리 증가로 많은 수의 농업 인구 보유 가능, 농업에 종사하는 청년층 확대의 계기 마련

③ 윤리적인 측면: 공정하고 적절한 농산물 가격 결정으로 농민의 안정적인 생활 보장, 농업 활동에 대한 적극적인 투자, 농촌 환경의 보전이 가능한 생산 이윤을 확보

3. 애그플레이션

(1) 애그플레이션의 개념과 곡물 가격 상승의 원인

① 개념: 농업을 뜻하는 영어 '애그리컬처(agriculture)'와 '인플레이션(inflation)'을 합성한 신조어로, 곡물 가격 상승이 식료품비를 포함한 경제 전반의 물가 상승으로 이어지는 현상

② 곡물 가격 상승의 원인

- 산업화 및 도시화에 따른 경작지 감소와 기후 변화로 인한 곡물 공급량의 감소
- 육류 소비와 곡물을 이용한 바이오 연료 사용의 증가에 따른 사료용 곡물 수요 증가
- 고유가에 따른 생산 및 유통 비용 증가
- 식량의 자원화, 투기 자본의 유입

(2) 애그플레이션의 문제점과 각 나라의 조치 상황

① 문제점: 곡물 가격 상승이 사회 전반의 물가 상승으로 확산되면 경제 위기(곡물 자급률이 낮은 나라는 위험성이 더욱 큼), 사회 불안을 초래하여 폭동, 전쟁 촉발로도 이어질 수 있음

② 각 나라의 조치 상황

- 주요 곡물 생산 및 수출 국가들은 안정적인 곡물 수급을 위해 곡물 수출 규제 강화, 곡물 수입 규제 완화 등의 조치를 취하고 있음
- 주요 곡물 수출국인 러시아, 중국, 아르헨티나, 인도, 우크라이나, 카자흐스탄의 경우 수출 곡물에 대해 수출세를 부과하고 수출 할당제를 실시하여 수출을 규제

더 알아보기

▶ 세계의 곡물 메이저

1. 개념: 곡물의 저장, 수송, 수출입 등을 취급하는 초국적 곡물 기업 가운데 독점적인 지배력을 갖고 있는 기업
2. 종류: 카길(Cargill), 아처 대니얼스 미들랜드(Archer Daniels Midland), 루이 드레퓌스(Louis-Dreyfus), 붕게(Bunge), 앙드레(Andre)의 세계 5대 곡물 메이저가 전 세계 농산물 무역량 80~90% 차지
3. 역할

① 첨단 장비를 동원하여 전 세계의 곡물 생산량 예측, 세계 농산물 생산지와 세계 최대의 곡물 거래소인 미국 시카고 선물 거래소에서 곡물을 사들였다가, 각국 정부와 기업에 판매하여 막대한 이윤을 챙김

② 원조 물품: 지역 생산물의 경쟁력 약화, 생산 기반 사라짐, 식량 원조가 끊긴 이후에도 계속 원조 물품에 의존하는 악순환 등 지역 생산 구조에 치명적인 혼란을 일으킴

③ 곡물, 종자, 농약, 살충제, 가공식품, 생명 공학에 이르는 식량 관련 분야와 선박 회사, 저장 시설까지 다루며 '농장의 정문에서 저녁식사 접시까지', '종자에서 진열대까지'라는 모토를 내세우고 먹거리와 관련한 모든 것에 관여함

한국농촌경제연구원, 2009

4. 공정 무역

(1) 공정 무역의 개념

① 경제 선진국과 개발 도상국 간의 불공정한 무역으로 발생하는 구조적인 빈곤 문제를 해결해 나가려는 세계적인 시민운동이자 사업으로 대화와 투명성, 존중에 바탕을 둔 무역 파트너십

② 상품의 생산과 유통, 소비 과정에 참여하는 이해관계자에게 그 이익이 보다 공평하게 배분되는 합리적인 공급 체계를 가짐

(2) 공정 무역의 목표

① 무역을 통한 생산자 계층의 극심한 빈곤 완화

② 영세 농부와 소규모 농장 노동자들이 경제적으로 자립할 수 있도록 역량 강화

③ 세계 무역 조건 개선과 정의를 위한 폭넓은 캠페인 전개

(3) 노동자 기준의 공정 무역

① 노동자에게 정당한 임금 보장, 노동조합 허용

② 건강하고 안전한 환경에서 노동 가능

③ 지역 주민들의 생활 개선: 의료, 아동 보호, 교육과 관련된 주민 공동 시설을 제공받음

④ 생산자 직거래: 소비자 가격은 낮지만 생산자에게 보다 많은 이윤 제공이 가능하며 이윤을 공동체에 재투자할 수 있음

더 알아보기

바리스타는 커피를 쏟고, 농민은 코피를 쏟는다

"카카오를 재배하는 가나에서는 어린이들이 온종일 힘들게 일하며 1달러 이하의 임금을 받아요. 하지만, 정작 초콜릿은 먹어 보지도 못하죠. 커피 한 잔에 약3원이면 먹을 수 있는 에티오피아 커피가 다국적 커피 전문점에서는 4천~5천 원에 팔려요. 별다방, 콩다방이 뭔지도 모르는 에티오피아 농부는 그런 소비자를 이해하지 못하지요"
–지식 채널e–

- 공정 무역은 1950년대부터 생긴 흐름으로 대기업으로부터 노동력을 착취당하는 제3세계 노동자들에게 공정한 대가를 지불하자는 취지로 생겨났다. 생산자에게서 직접 물건을 수입해 비교적 단순한 유통 과정을 통해 소비자에게 물건을 전달한다.
- 커피의 경우 전 세계적으로 소비되고 있고, 대부분 제3세계 저개발 국가에서 생산되는 탓에 대기업들의 횡포에 노출되기 쉬운 구조를 가지고 있다. 실제로 2001~2002년 영국 소비자들이 우간다산 커피를 사면서 지불한 돈 가운데 커피를 생산한 농민의 몫은 0.5%에 불과했고, 나머지는 다국적 기업이 대부분인 가공·판매업자와 중간 상인들이 차지했다. 1990년대 중반 이후 커피 원두 생산량의 증가로 커피 가격이 폭락하고 많은 농민이 일자리를 잃었지만, 다국적 기업들의 이익은 줄어들지 않았다.
- 이처럼 전 세계적 기호품이면서 노동자 착취의 대표적 농산물이 된 커피는 역설적이게도 가장 빠르게 규모가 확대되고 있는 공정 무역 상품이다. 아직은 전체 커피 교역량의 0.1%에 불과하지만, 매년 20~30%씩 그 규모가 늘고 있다.
- 공정 무역으로 생산된 커피를 구매하는 것은 커피 노동자들에게 정당한 대가가 돌아가게 하는 것이다. 이로 인해 제3세계 어린이들을 일터가 아닌 학교로 보낼 수 있고, 노동자들은 더욱 안전한 환경에서 일할 수 있다. 또한 자연을 파괴하지 않는 친환경적인 농법으로 농산물을 생산할 수도 있다. 이처럼 공정 무역은 노동자와 소비자, 지구 환경을 모두 살리는 운동이 되어 축구공, 초콜릿, 설탕 등 여러 제품으로 확대되고 있다.

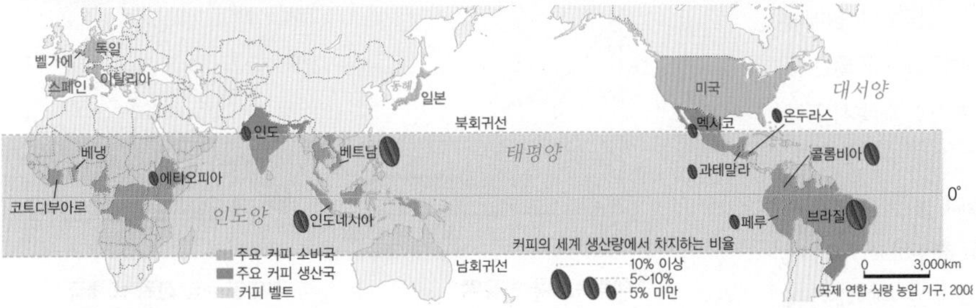

커피 원두의 생산과 소비

■ 피시플레이션

피시플레이션(fishflation)은 지속적인 '물가 상승'을 의미하는 'Inflation'과 '수산물'을 의미하는 'Fisheries'라는 단어가 결합된 것으로, 수산 자원의 부족으로 수산물의 가격이 지속적으로 상승하는 것을 뜻하는 말이다. 남획과 지구 온난화로 어족자원이 점점 고갈되면서 수산 자원의 심각한 부족이 초래할 피시인플레이션에 대한 우려가 제기되었다. 국제 연합 식량 농업 기구(FAO)는 세계 수산물 부족을 예측하면서 피시플레이션의 가능성을 경고했고, 2010년 세계적으로 940만t, 2015년에는 1000만t의 수산물이 부족할 것으로 내다봤다.

■ 푸드 마일(Food Miles)

농산물 등 식료품이 생산된 곳에서 소비자 식탁에 오르기까지의 이동 거리를 뜻한다. 푸드 마일이 길어질수록 그 식품의 안전성은 떨어지고, 탄소 배출량도 높아진다. 운송 수단에 따라 연료 소비량과 이산화 탄소 배출량의 상관관계가 달라지는데, 화물선, 열차, 트럭, 비행기 순으로 연료 소비량과 이산화 탄소 배출량이 점점 증가한다. 칠레산 포도, 뉴질랜드산 단호박, 플로리다산 자몽 등은 먼 거리를 이동하여 우리 식탁에 오는 음식들이다. 그중 플로리다산 자몽(플로리다~한국: 약 12,700km)은 부산에서 수확한 토마토가 서울까지 이동하는 거리(부산~서울: 약 440km)의 약 30배를 이동하여 우리 식탁에 올라온다.

■ 푸드 마일리지(Food Mileage)

푸드 마일(Food Miles)은 생산지에서 식탁까지의 이동 거리만을 뜻하나 푸드 마일리지는 생산지에서 소비지까지 식품 수송량(톤)에 수송 거리(킬로미터)를 곱해 계산한다. 톤킬로미터(t·km) 또는 킬로그램킬로미터(kg·km)로 나타낸다. 예컨대 3t의 식량을 1,000km 수송할 때 푸드마일리지는 3×1,000, 즉 3,000톤킬로미터가 된다.

■ 공정 무역 마크

세계 공정 무역 상표 기구(FLO: Fairtrade Labelling Organization International)는 공정 무역 제품의 표준, 규격 설정, 생산자 단체 지원 등의 업무를 관장하는 공정 무역 제품에 공정 무역 인증 마크를 부여하고, 공정 무역에 대한 대중의 인식 제고 및 상품 소비를 확대시키기 위해 공정 무역 마을(Fair Trade Town) 등의 프로그램을 시행하고 있다. 또한 국제 공정 무역 기구(IFAT: International Fair Trade Association)가 매년 5월 둘째 주를 '세계 공정 무역의 날(World Fair Trade Day)'로 지정하여 각종 행사를 개최하고 있다.

지리 상식 1 아버님 식탁에 '귀뚜라미 볶음' 놓아 드려야겠어요~

⇡ 노린재 스낵

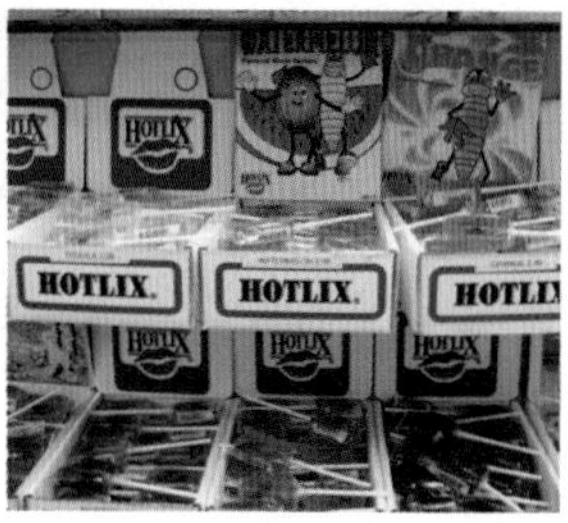

⇡ 캐나다에서 판매 중인 벌레 사탕

봉준호 감독의 영화 〈설국열차〉를 보면 꼬리 칸에 탄 사람들에게 배급되는 음식으로 '단백질 블록'이 나온다. 갓 나온 단백질 블록을 허겁지겁 먹던 꼬리 칸 사람들. 하지만 수년 동안 먹던 단백질 블록이 바퀴벌레로 만들어졌다는 사실을 알게 된 주인공은 매우 역겨워한다. 벌레를 먹는다는 것은 영화에서나 볼 수 있는 허구가 아니다. 실제로 미국의 핫릭스사는 귀뚜라미와 나비, 전갈 등을 원형 그대로 넣은 사탕을 제조한다. 혐오스러울 수도 있는 '벌레 사탕'은 인기가 높아 한 개당 1.75~2.95달러에 판매 중이다. 식용 곤충은 세계 곳곳에서 식품으로 소비되고 있다. 그러나 대부분의 서구 사회에서는 곤충을 먹는 것이 원시적인 행위라고 생각한다. 곤충을 식품으로 사용했던 여러 기록에도 불구하고, 최근에 와서야 세계적으로 대중의 이목을 끌기 시작했다. 국제 연합 식량 농업 기구 보고서에 따르면, 2050년쯤 세계 인구가 지금보다 훨씬 더 많아지므로 현재보다 2배 이상의 식량이 필요한데, 미래의 식량 문제를 해결할 방법으로 '곤충을 먹는 것'에 주목하고 있다.

육류를 얻기 위해서는 많은 사료가 필요하지만, 곤충은 많은 먹이가 필요하지 않다. 또한 유기적 배설물에서 기를 수도 있으며 환경 오염을 감소시킬 수 있다. 소나 돼지에 비해 적은 온실가스를 배출하며, 적은 양의 물과 땅을 필요로 한다. 이뿐만 아니라 곤충은 인수 공통 감염의 위험성을 더 적게 갖고 있다는 보고가 있다. 곤충은 높은 함량의 지방, 단백질, 비타민, 섬유질과 미네랄을 함유한 매우 영양가 있고 건강한 음식이다.

곤충을 음식으로 직접 섭취할 수도 있지만, 수산물이나 축산물의 양식에 필요한 사료 값을 낮추는 대안이 될 수도 있다. 곤충으로 만든 사료는 단백질이 풍부하여 이미 틈새시장을 확보하고 있으며, 동물원이나 애완동물의 먹이로도 사용 중이다.

가정이나 기업에서 곤충을 사육하는 것은 선진국이나 개발 도상국 모두에게 중요한 삶의 기회를 제공할 수 있다. 고도의 기술 없이 곤충을 쉽게 모을 수 있으며, 많은 자본이나 넓은 땅이 없어도 기르거나 가공하여 판매할 수 있으므로 빈곤층의 경제 활동을 도울 수 있다. 몇몇 대규모 기업들은 곤충을 대량으로 사육하기 위한 투자를 진행 중인데, 육류 생산에 맞서 경쟁할 수 있도록 공장의 가공 자동화 단계를 개발하고 있다.

우리나라에서도 식용 곤충에 대한 연구가 진행되고 있다. 농촌진흥청에서는 '먹이용 애벌레(meal worm)'를 이용한 여러 음식을 홍보하고 있다. 네덜란드나 멕시코에서는 이미 많은 사람들이 먹고 있으며 맛도 괜찮다는 평가를 받고 있다. 농촌진흥청 곤충산업과에서는 식용 곤충에 대한 소비자들의 이질감을 없애기 위해 다양한 조리법과 메뉴를 개발하고, 유아나 노인, 환자를 위한 특수 의료용 식품 개발도 진행할 예정이다.

FAO Forestry paper, 2013, Edible insect – Future prospects for food and feed security
환경일보, 2014.08.25, "농진청, 식용곤충으로 만든 음식, 맛은 어떨까?"

지리 상식 2 GMO는 식량 안보를 해결할 수 있을까?

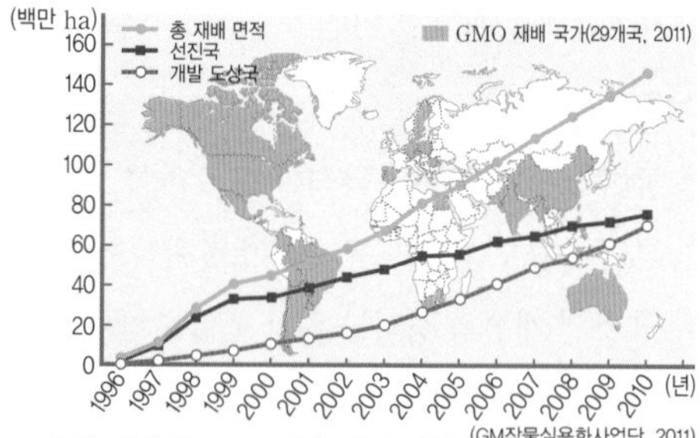

⇡ 전 세계의 GMO 재배 면적 변화 (GM작물실용화사업단, 2011)

GMO(Genetically Modified Organisms; 유전자 조작 생물)는 인공적으로 유전자를 분리 또는 재조합하여 의도한 특성을 갖도록 하는 농산물을 의미한다. 1990년대 중반 미국에서 GM 콩이 재배되기 시작했으며, GM 작물이 상업화를 목적으로 재배가 시작된 후 세계 GMO의 총 재배 면적은 지속적으로 증가하고 있다. 전 세계 GMO 재배 면적은 증가 추세이며, 최근 들어 선진국의 GMO 재배 면적 증가율보다 개발 도상국이 높게 나타나고 있다. 이는 개발 도상국들이 선진국들보다 더욱 적극적으로 GM 기술을 도입하고 있기 때문이다. GMO는 생산비 절감으로 인한 수익성 증대, 확실한 수확량 증가와 해충 피해 감소 등의 이유로 폭발적으로 증가하고 있으며, 식량 안보, 기아 감소, 기후 변화 및 지구 온난화와 관련된 식량 문제 등을 해결하는 데에도 큰 기여를 할 것으로 기대된다. 하지만 한편에서는 GMO는 주요 곡물 수출국에서 주로 재배되어 기아를 해결하기 위해 이용되는 것이 아니라 선진국의 사료, 농업 연료의 원료로 이용되고 있어 오히려 식량 문제를 악화시킬 수 있다는 주장도 있다. 또한 GMO에 대한 안전성 및 위해성 논란은 해결해야 될 과제로 남아 있다.

EBS, 2012, 『EBS 수능특강 경제지리』

지리 상식 3 '아랍의 봄'은 식량난 때문에??

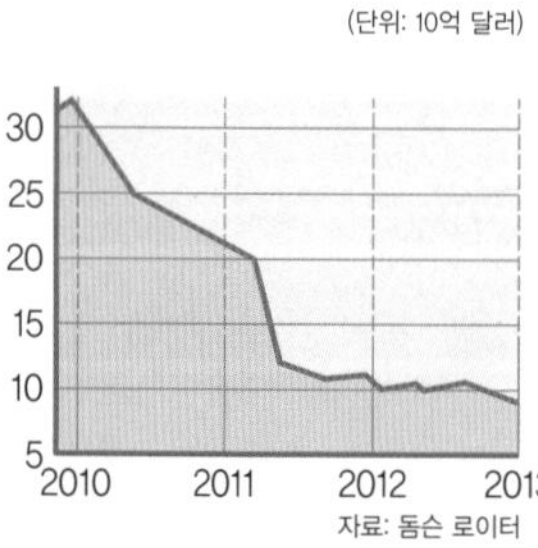

⇡ 이집트 외환 보유액

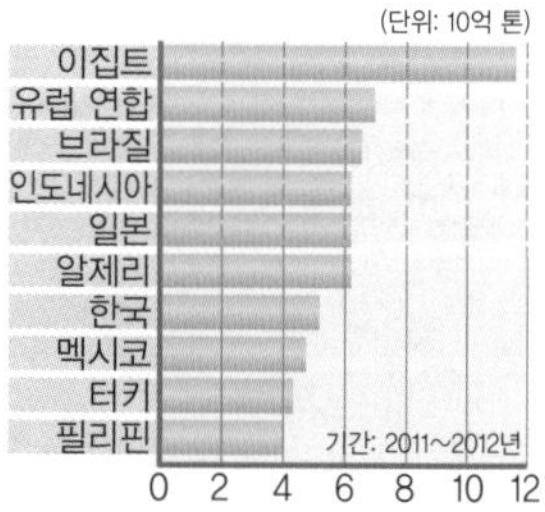

⇡ 세계 밀 수입 상위 10개국

'아이쉬 발라디', 일명 걸레빵 아이쉬는 아랍 어로 삶이라는 의미이다.

2010년 말 튀니지에서 시작된 반정부 시위가 2011년 초, 이집트에까지 확산되었다. 표면적으로는 30년간 이집트를 통치해 온 무바라크 대통령에 대한 불만이 가져온 반독재 민주화 투쟁이었지만, 시위를 촉발시킨 직접적인 원인은 다름 아닌 '빵'이었다. 이집트 사람들은 '아이쉬 발라디(aysh baladi)'라는 밀을 주원료로 하는 둥글넓적한 빵을 주식으로 한다. 이러다 보니 이집트는 연간 630만t의 밀을 수입하는 세계 최대의 밀 수입국이고, 밀 수입 물량의 60%를 러시아에 의존해 왔다. 그러던 2010년, 러시아가 가뭄과 산불로 큰 피해를 입어 밀 생산량이 급감하자 밀 수출을 전면 금지했고, 밀을 비롯한 곡물 가격이 천정부지로 치솟았다. 주요 생산국들은 곡물을 비축하기 시작했고 상황은 더욱 악화되어 이집트는 밀 수입이 더욱 어려워졌다. 4개월치에 불과했던 이집트 내 밀 재고량이 바닥을 드러내면서 밀가루 가격은 급등했고, 뒤이어 빵과 식용유 등 다른 생필품의 가격도 차례로 폭등했다. 빵을 사기 위해 기다리던 민중들은 거리로 쏟아져 나왔다. 이들이 외친 시위 구호도 처음에는 "대통령 퇴진 요구"가 아닌 "빵을 달라."라는 것이었다. 사실 이집트에서 식량난에 따른 시위는 처음이 아니었다. 지난 1977년과 2008년에도 '빵값' 상승으로 인한 대규모 시위와 폭동이 있었지만 당시 이집트의 밀 생산량은 국내 수요를 어느 정도 충당할 수 있는 수준이었기 때문에 사태는 이내 진정되었다. 하지만 이번에는 달랐다. 이집트 정부가 경제성이 떨어지는 밀의 자급률을 높이는 것보다 과일과 채소, 목화 등 상품 작물을 수출해 벌어들인 돈으로 밀을 수입하는 방향을 선택했기 때문에 더는 정부가 할 수 있는 일은 없었다. 결국 식량 가격 상승이 정권의 몰락으로 이어진 것이다.

김대훈·박찬선·최재희·이윤구, 2013, 『톡 한국지리』
국민일보, 2013. 2. 21., 이집트 "'빵 부족' 위기… 제2혁명 불씨로"

지리 상식 4 꿀꿀꿀~ 부릉 부릉~ 옥수수를 먹으면 힘이 솟는 자동차?

최근 바이오 연료에 대한 수요 폭증, 지구 온난화와 기상 이변에 따른 작황 불안, 그리고 국제 원자재 시장의 자본 유입 바람 등이 겹치면서, 1970년대 이래 안정세를 유지해 왔던 곡물 가격이 가파르게 상승하는 추세로 돌아섰다. 옥수수 가격 급등으로 시작된 국제 곡물 가격의 상승 추세가 콩과

바이오 에탄올의 제조와 이용 과정

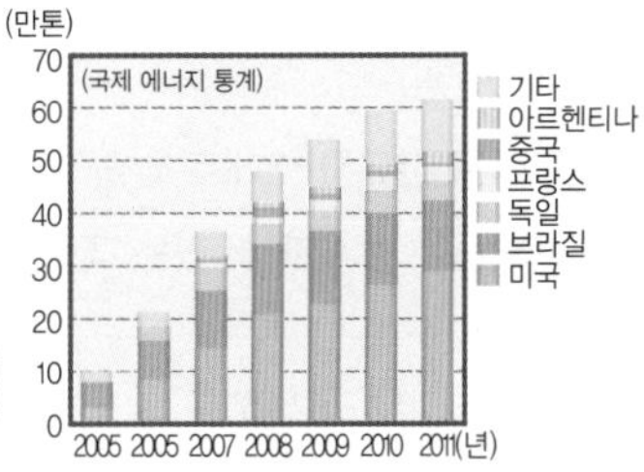

세계 바이오 에탄올 생산량

밀로 이어졌다. 옥수수는 말할 것도 없거니와 쌀을 주식으로 삼는 나라에서까지 식량을 구하기 위한 폭동이 빈번하게 일어나고 있다.

이렇게 바이오 연료가 굶주림의 직접적 원인이 되고 있는데도 미국과 유럽 연합은 정책적으로 바이오 연료를 지원하면서 20년 안에 전 세계 에너지 소비량의 4분의 1을 바이오 연료로 대체하겠다는 계획을 세우고 있다. 바이오 연료가 석유보다 이산화 탄소를 비롯한 오염 물질의 배출량이 적고 친환경적이며, 또한 바이오 연료의 원료가 되는 곡물에 대한 새로운 수요가 농민의 생계와 농촌 발전에 도움이 되리라는 논리에서다. 하지만 과연 그럴까?

이런 논리라면 바이오 연료 사용을 지지할 것 같은 환경 운동 단체들과 농민 운동 단체들이 오히려 바이오 연료의 상업화에 제동을 걸고 있다. 바이오 연료 시장의 성장을 가장 경계할 것 같은 거대 석유 메이저 기업들이 적극적으로 바이오 연료 시장에 뛰어들고 있는 것만 봐도 향후 시장을 장악하려는 이들의 의도를 알 수 있다. 그뿐만 아니라 바이오 연료는 친환경적인 에너지가 아니다. 원료가 되는 곡물을 재배하려면 역시 화석 에너지가 필요하다. 또 농민들에게는 새로운 환금 작물 하나가 더 보태지는 것일 뿐이다. 바이오 연료 작물도 경제적 힘이 없는 제3세계 국가들을 종속 구조에 빠뜨려 빈곤의 늪에서 헤어나지 못하게 만들 것임이 자명하다. 이러한 우려는 바이오 연료와 관련된 사업들이 극소수의 석유 메이저와 곡물 메이저 기업들에 의해 주도되고 있다는 점에서도 드러난다.

이렇게 곡물가 급등의 직접적 원인으로 부상한 바이오 연료 시장의 확대는 그 곡물을 원료로 한 식품들의 가격 상승을 동반함으로써 세계의 굶주림에 치명타로 작용한다. 사람들의 배를 채워 주어야 할 곡물을 선진국 소비자들의 편리를 위해 자동차 연료로 쓴다는 것은 도덕적으로 절대 용납할 수 없는 일이라는 국제 환경 단체의 주장을 새겨들어 볼 만하다. "SUV 한 대를 채울 100리터의 에탄올을 생산하려면 한 사람이 1년간 먹을 옥수수 200kg이 필요하다는 계산과 자동차를 타는 8억 명과 굶주린 20억 명이 옥수수를 두고 벌이는 전쟁"이라는 표현이 바이오 연료와 식량의 상관관계를 잘 보여 준다. 또 "자동차가 옥수수를 먹고, 가난한 사람은 굶고, 이익은 자본이 챙긴다."라는 표현은 이 상관관계에 담긴 부조리한 상황을 잘 요약하고 있다.

허남혁·김종엽, 2008, 『내가 먹는 것이 바로 나』

[선택형]

· 2009 수능

1. 다음 자료를 토대로 밑줄 친 '이 농산물'에 대한 설명으로 적절한 것만을 〈보기〉에서 있는 대로 고른 것은?

> 이 농산물은 1990년대 들어 다국적 종자회사들에 의해 대량으로 재배되기 시작했다. 미국의 경우 콩, 옥수수, 토마토 등 11개 품목이 시판되고 있다. 우리나라는 현재 이 농산물을 재배하지 않고 있다. 이 농산물은 인체 안전성이 완전히 검증되지 않았으며, 다른 작물의 유전자 오염 등을 초래할 수 있다는 지적이 제기되고 있다.
>
> - ○○일보, 2008년 ○월 ○○일 -

보기

ㄱ. 이 농산물은 재배 과정에서 자연 조건의 제약을 받지 않는다.
ㄴ. 이 농산물의 재배 면적 확대는 선진국 종자 기업에 대한 의존도를 심화시킬 것이다.
ㄷ. 적은 생산 비용으로 많은 수확을 올릴 수 있어 식량 위기의 대안으로도 거론되고 있다.
ㄹ. 병해충에 대한 저항성이 강하나 생태계에 악영향을 줄 수 있다는 우려가 제기되고 있다.

① ㄱ, ㄴ ② ㄱ, ㄷ ③ ㄴ, ㄹ
④ ㄱ, ㄷ, ㄹ ⑤ ㄴ, ㄷ, ㄹ

· 2009 수능

2. 그림은 최근의 국제 곡물 가격 상승 과정을 모식화한 것이다. (가), (나)에 해당하는 요인으로 가장 적절한 것을 〈보기〉에서 고른 것은?

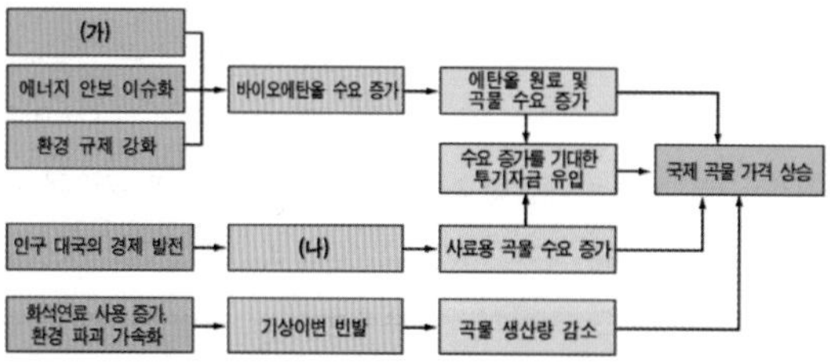

보기

ㄱ. 원유 가격 상승　　ㄴ. 옥수수 가격 상승
ㄷ. 육류 소비 증가　　ㄹ. 기업적 영농 확산

	(가)	(나)		(가)	(나)		(가)	(나)
①	ㄱ	ㄴ	②	ㄱ	ㄷ	③	ㄴ	ㄷ
④	ㄴ	ㄹ	⑤	ㄷ	ㄹ			

· 2009 10 평가원

3. 그래프는 세계 및 아프리카의 농업 변화와 관련된 것이다. 이에 대한 추론으로 옳은 것은?

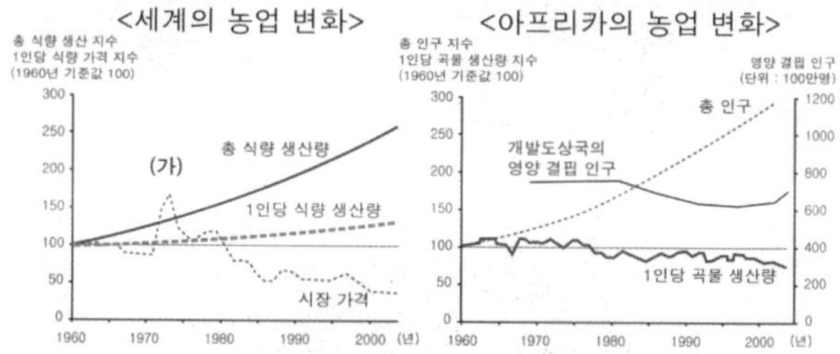

① 1960년 이후 아프리카의 총 곡물 생산량은 감소하였다.
② 아프리카의 1인당 곡물 생산량 감소는 산업화에 따른 농경지 감소가 주된 원인이다.
③ 2000년 이후 식량 가격의 하락 추세로 개발 도상국의 영양 결핍 인구가 감소하였다.
④ (가) 시기의 식량 가격 상승은 기상 이변으로 인해 식량 생산량이 감소하였기 때문이다.
⑤ 1960년 이후 세계 총 식량 생산량 증가율이 1인당 식량 생산량 증가율보다 빠르게 증가하고 있다.

4. 지도에 나타난 정책 변화의 공통 원인으로 적절하지 않은 것은?

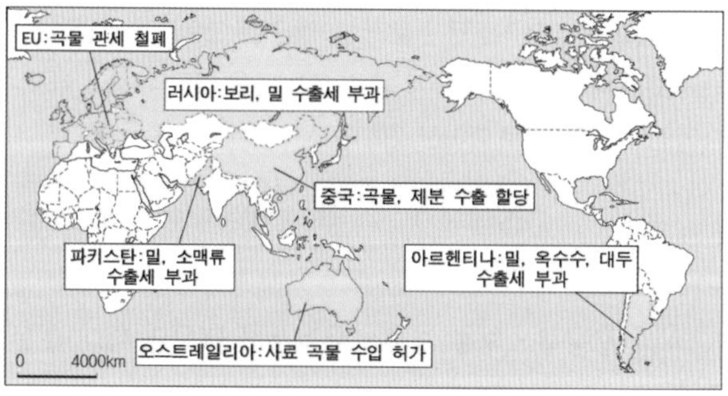

① 기상 이변으로 인한 농산물 생산량 감소
② 국제 기구를 통한 자원 민족주의의 강화
③ 신흥 경제 성장 국가들의 육류 소비량 증가
④ 산업화와 도시화에 따른 작물 재배 면적 감소
⑤ 국제 유가 상승으로 인한 대체 에너지 수요 증가

[서술형]

1. 그림은 공정 무역 커피와 일반 커피의 이익 배분 구조를 나타낸 것이다. 공정 무역이 활성화되면 생산자와 소비자에게 어떤 장점이 생기는지 각각 서술하시오.

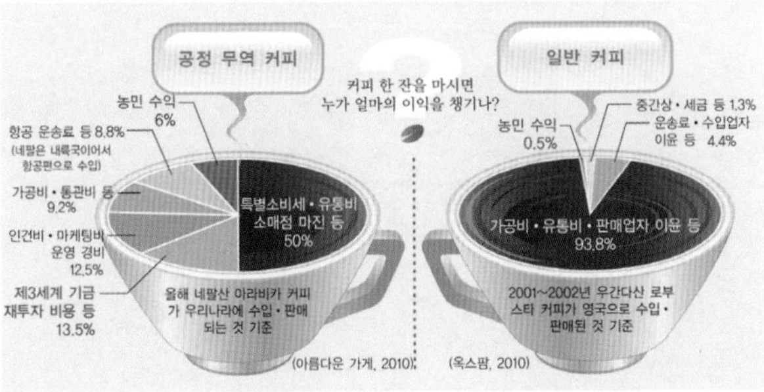

2. 그래프와 관련된 물가 상승 현상을 무엇이라 하는지 쓰고, 이러한 현상이 장기화될 경우 각 나라에서 취하게 될 조치를 수출입 측면에서 서술하시오.

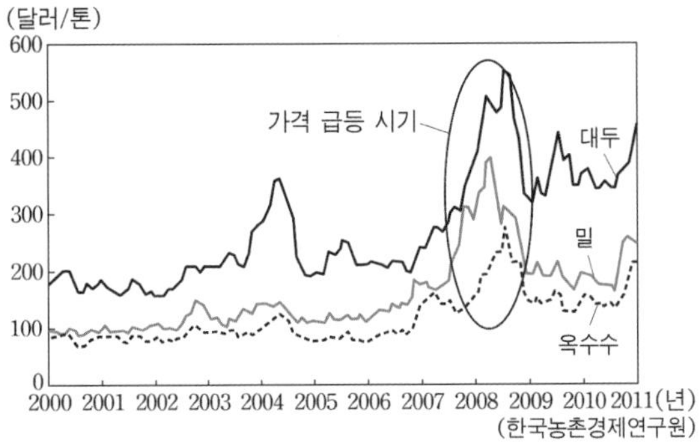

▲ 주요 곡물의 세계 시장 가격 변화 추이

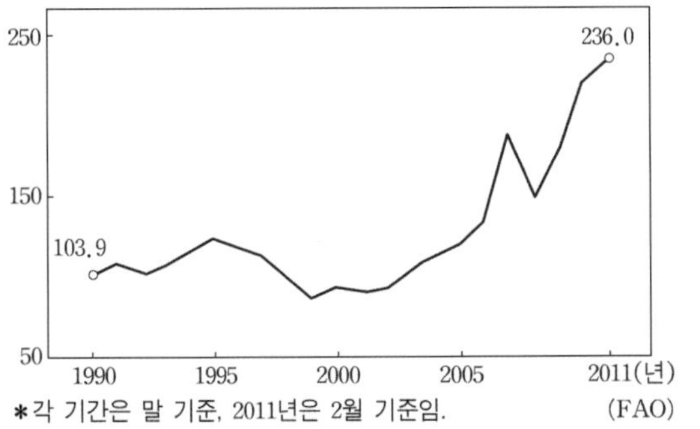

▲ 세계 식품 가격 지수 변화 추이

3. 그래프는 세계 바이오 에탄올 생산량을 나타낸 것이다. 바이오 에탄올이 무엇인지 서술하고, 장점과 단점을 각 한 가지씩 서술하시오.

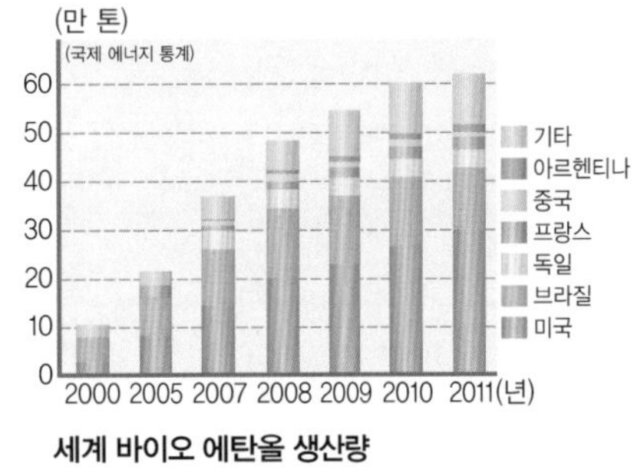

세계 바이오 에탄올 생산량

한 권으로 끝내는
지 리
올림피아드

All about Geography-Olympiad

Chapter

10

제10장

자원 지리

자원 지리
01. 자원의 특성과 광물·물·삼림 자원

핵심 출제 포인트

- ▶ 자원의 개념
- ▶ 기술적 의미의 자원
- ▶ 자원의 유한성·편재성·가변성
- ▶ 금속 광물과 비금속 광물
- ▶ 경제적 의미의 자원
- ▶ 냉대림과 열대림

■ **자원의 고갈 시기**

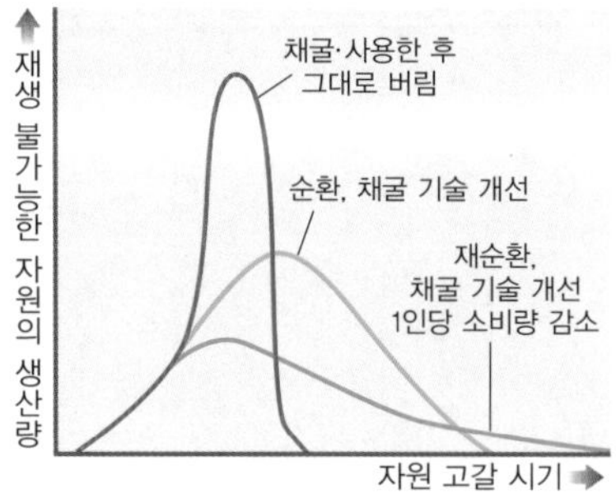

■ **가채 연수**
현재와 같은 수준으로 자원을 채굴한다고 가정할 때, 해당 자원의 매장량이 고갈될 때까지 몇 년 동안 채굴할 수 있는지를 나타낸다.

■ **자원 민족주의**
자원 보유국이 자원의 공급 및 가격 조정을 통해 자원을 전략적인 무기로 삼으려는 경향으로, 석유와 같은 편재성이 큰 자원을 배경으로 등장하여 나타날 가능성이 높다.

■ **오일 샌드(oil sand)**
지하에서 생성된 원유가 지표면 근처까지 이동하면서 수분이 사라지고 돌이나 모래와 함께 굳은 원유이다.

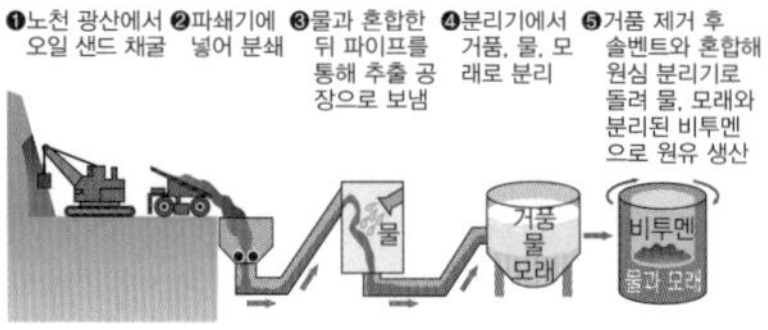

■ **셰일 가스(shale gas)**
오랜 세월 동안 모래와 진흙이 쌓여 단단하게 굳은 탄화수소가 퇴적암(셰일)층에 매장되어 있는 가스이다. 유전이나 가스전에서 채굴하는 기존 가스와 화학적 성분이 동일해 난방용 연료나 석유 화학 원료로 사용된다.

셰일 가스 개념도 *자료=BA

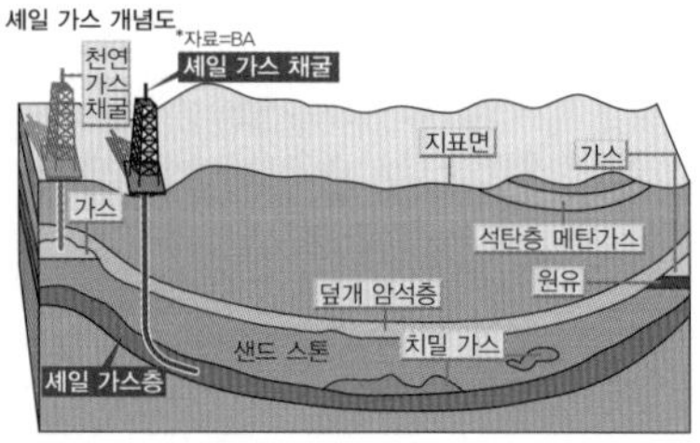

1. 자원의 특성과 분류

(1) 개념과 범위

① 자원의 개념: 자연물 가운데 인간에게 쓸모가 있으며 기술적·경제적으로 개발 가능한 유·무형의 것

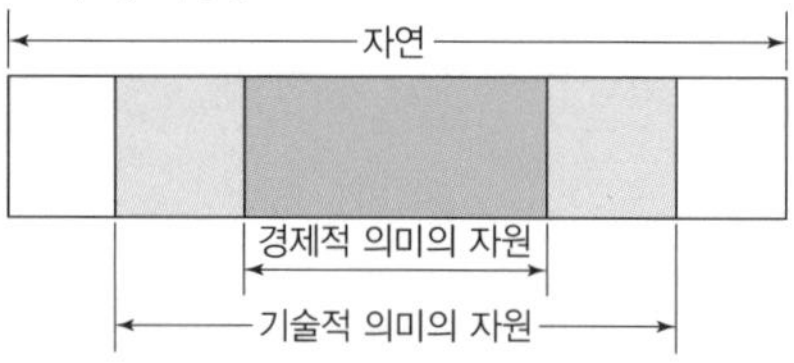

⇡ **자원의 범위**

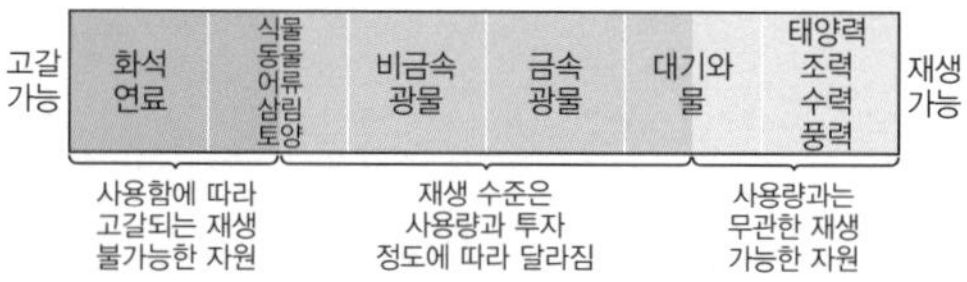

⇡ **재생 가능성에 따른 분류**

② 자원의 범위: 자연으로부터 얻을 수 있는 천연자원, 기술적 의미의 자원, 경제적 의미의 자원으로 나뉨

자연	천연의 상태
기술적 의미의 자원	기술적으로 개발할 수 있는 자원
경제적 의미의 자원	기술적으로 개발 가능할 뿐만 아니라 경제성을 갖춘 자원

(2) 특성

① 유한성
- 대부분의 자원은 매장량이 한정되어 있어 언젠가는 고갈됨
- 가채 연수로 표현되며 생산 기술과 소비 정도에 따라 고갈 시기는 가변적임

② 편재성
- 일부 자원은 특정 지역에 주로 매장되어 있어 지리적인 희소성을 가짐
- 자원의 국제 이동이 발생하며 자원 갈등과 자원 민족주의 발생의 원인이 됨

③ 가변성
- 자원의 의미와 가치가 시대 및 지역에 따라 달라짐
- 기술 수준, 경제적 조건, 문화적 배경에 따라 구분

기술 수준	• 의미: 기술의 발달에 따라 자연물이 새로운 자원으로 등장하며 자원으로서의 가치가 확대 • 사례: 내연 기관 발명과 보급에 따른 석유의 용도 변화, 원자력 발전 기술 개발에 따른 우라늄의 용도 변화
경제적 조건	• 의미: 채굴된 자원의 가치가 채굴 비용보다 커야 자원으로 개발될 수 있음 • 사례: 저렴한 중국산 텅스텐의 수입으로 우리나라의 주요 수출품이었던 텅스텐의 채굴 중단, 유가 상승에 따른 오일 샌드 및 셰일 가스 개발 확대
문화적 배경	• 의미: 종교와 관습 등 문화적 배경에 따라 자원의 가치가 달라짐 • 사례: 이슬람교 지역의 돼지고기 금식, 힌두교 지역의 소고기 금식

(3) 분류

① 의미에 따른 분류
- 넓은 의미의 자원
  - 자연 상태의 자원에 인적·문화적 자원까지 포함
  - 인적 자원: 노동력, 기술, 창의성 등
  - 문화적 자원: 종교, 관습, 언어, 사회 조직 등

- 좁은 의미의 자원
  - 주로 자연적·물질적 자원을 의미함
  - 무생물 자원: 토지, 광물 자원, 에너지 자원, 물 자원 등
  - 생물 및 식량 자원: 삼림 자원, 어류, 가축, 곡물 자원 등

② 재생 가능성에 따른 분류

재생 불가능한 자원	• 고갈 자원 또는 비재생(비순환) 자원이라고도 하며, 한 번 사용하면 고갈되는 자원으로 인위적으로 재생이 불가능 • 석탄, 석유, 천연가스 등 화석 연료 자원이 해당
재생 가능성이 변화하는 자원	• 소비 수준 및 재활용 여부, 재활용 기술 수준에 따라 재생 가능성이 변화하는 자원 • 철광석, 구리, 금 등 금속 광물, 석회석, 고령토 등 비금속 광물이 해당
재생 가능한 자원	• 비고갈 자원 또는 재생(순환) 자원이라고도 하며, 공급량이 무한하여 사용량과 상관없이 재생이 가능 • 태양력, 조력, 수력, 풍력, 지열 등이 해당

2. 광물 자원

(1) 광물 자원의 종류

① 금속 광물
- 철 금속: 철광석
- 비철 금속: 구리, 주석, 보크사이트, 텅스텐(중석) 등
- 희소 금속: 희토류 등

② 비금속 광물: 석회석, 흑연, 규사, 고령토 등

(2) 세계의 주요 광물 자원

① 철광석
- 순상지와 고기 조산대에 주로 매장 → 지역적 편재가 심하여 국제 이동이 활발
- 석탄과 함께 산업 혁명의 배경이 됨
- 제철 공업의 주원료로 금속 자원 중 소비량이 가장 많음 → '산업의 쌀'이라 불림
- 주요 생산국: 중국, 오스트레일리아, 브라질, 인도 등

② 구리
- 전도율이 높아 전기 도체, 전선의 재료로 이용
- 전기 및 통신 산업의 발달로 수요 급증
- 주요 생산국: 칠레, 미국, 페루, 인도네시아, 아프리카의 코퍼 벨트(copper belt) 등

③ 보크사이트
- 알루미늄의 원광석으로 열대 기후 지역에 집중 분포
- 열대 기후 지역에서 전력이 풍부한 선진국으로 이동(원광석 제련을 위해)
- 항공기 몸체, 음료수 용기의 원료로 널리 이용
- 주요 생산국: 오스트레일리아, 중국, 브라질, 기니 등

④ 주석
- 용융 상태에서 유동성이 커서 다른 금속과의 합금 및 도금에 이용

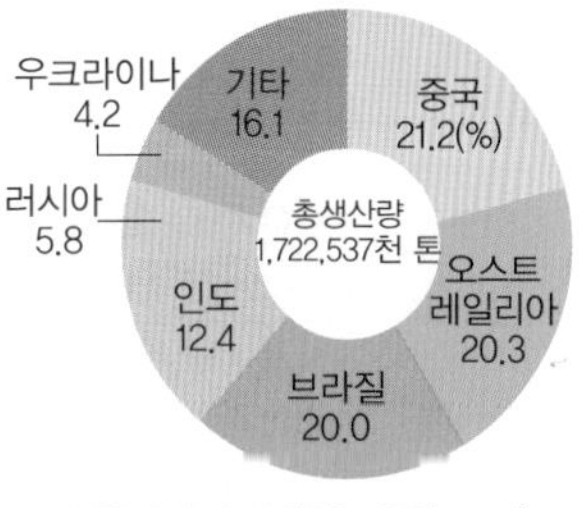

↑ 철광석의 생산량 비중(2010)

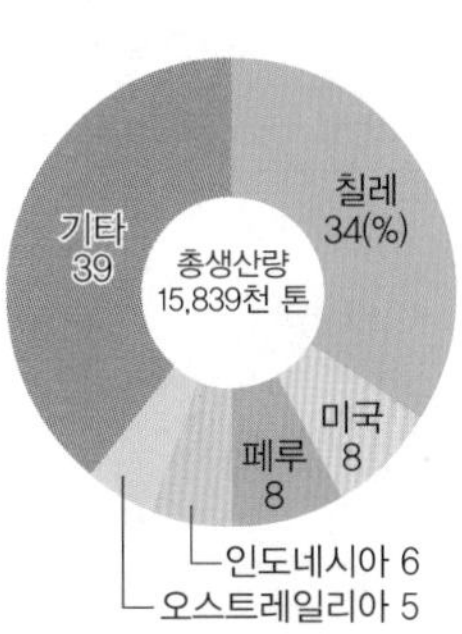

↑ 구리의 생산량 비중(2010)

■ **희소 금속**
란탄(lanthan), 세륨(cerium), 디스프로슘(dysprosium) 등 다른 광물에 비해 지구 상에 분포 비율이 적은 원소를 통칭하여 일컫는다. 화학적으로 안정되면서도 열을 잘 전달하는 성질이 있어 삼파장 전구, LCD 연마 광택제, 가전제품 모터 자석, 광학 렌즈, 전기 자동차 배터리 합금 등의 제품을 생산할 때 쓰인다.

■ **흑연**
순수한 탄소로 이루어진 광물의 한 종류이다. 검은색을 띠고 금속 광택이 있다. 천연적으로 생성되는 것은 석탄이 변질하여 탄화도(炭化度)가 높아진 것이며, 인공적으로도 대량으로 제조된다. 전도율과 녹는점이 높아 전극(電極)이나 원자로의 중성자 감속재로 사용되며, 연필심, 감마제 등의 재료로도 많이 사용된다. 최근 반도체 공업의 발달로 수요가 증가하고 있다.

■ **규사**
석영(石英)의 작은 알갱이로 이루어진 흰 모래이다. 화강암류의 풍화 산물로, 도자기나 유리를 만드는 데 사용된다. 최근 반도체 공업의 발달로 수요가 증가하고 있다.

■ **코퍼 벨트(copper belt)**
아프리카 잠비아에서 콩고 민주 공화국에 걸친 구리 광산 지역으로, 추정 매장량이 약 7억 400만 톤에 달하는 세계적인 구리 생산지이다.

■ **보크사이트와 알루미늄**
보크사이트를 분쇄하여 만든 가루를 화학 약품에 침전시킨 후 전기 분해를 통해 알루미늄을 만들어 낸다. 이러한 제련 과정에서 많은 전력을 필요로 하기 때문에 알루미늄의 제련은 전력을 풍부히 얻을 수 있는 국가에서 주로 이루어진다.

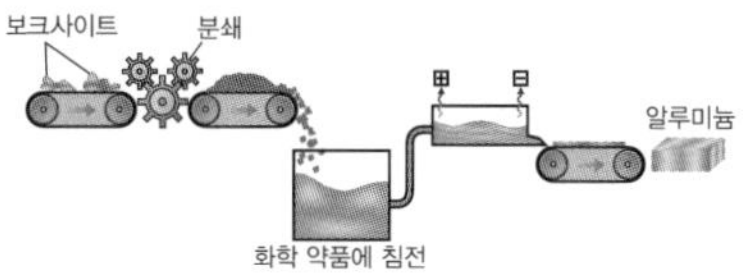

■ **주석**
원자 번호 50번의 원소로, 인류가 광석에서 분리해 낸 금속 중에서는 납 다음으로 오래되었다. 인류는 기원전 3,000년경에 구리와 주석의 합금인 청동을 만드는 방법을 터득함으로써, 석기 시대를 뛰어넘어 청동기 시대로 도약하였다.

■ 우리나라 광물 자원의 가채 연수

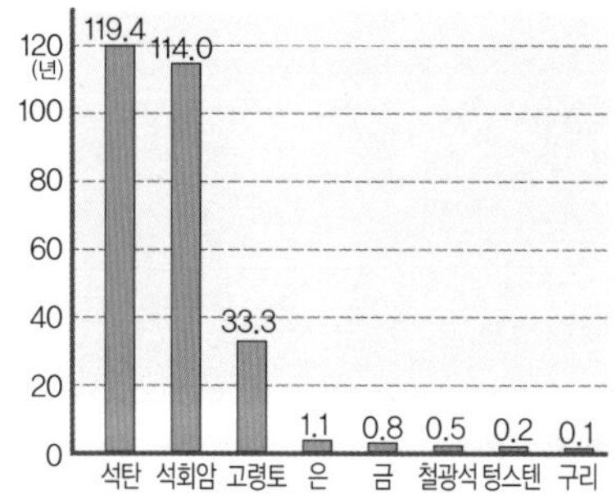

비금속 광물이 금속 광물에 비해 매장량이 풍부하여 가채 연수가 상대적으로 길게 나타난다.

■ 우리나라의 해외 자원 개발 사업 투자액

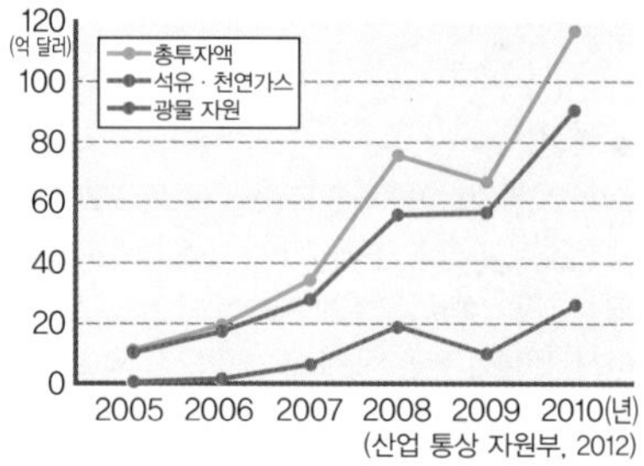

■ 우리나라의 주요 철광석 수입국 비중

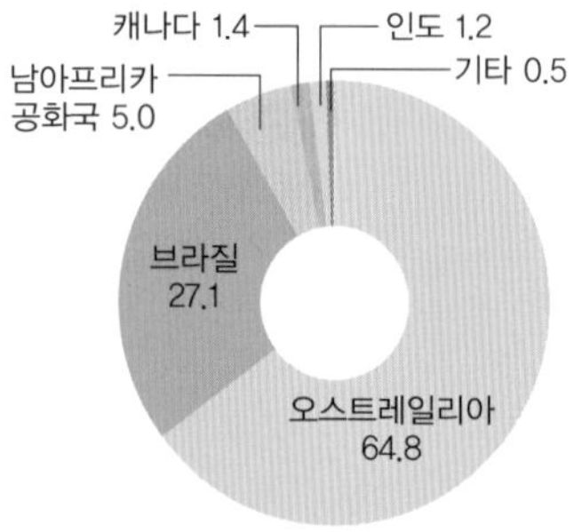

(한국광물자원공사, 2010)

■ 석회석

고생대 전기에 퇴적된 해성층에 주로 분포하며 조개껍데기나 산호의 퇴적으로 형성되었기 때문에 주성분은 탄산칼슘이다.

■ 고령토

수요의 절반 정도가 종이 제조에 이용되는데, 종이의 발색 및 잉크 흡수를 원활하게 하는 데 효과가 있다. 기타 도자기나 내화 벽돌의 원료로도 쓰인다.

• 주요 생산국: 중국, 인도네시아, 페루, 볼리비아 등

⑤ 텅스텐

• 열 팽창률이 낮아 특수강 및 합금의 원료와 전구의 필라멘트에 이용

• 세계 생산량의 78%를 중국이 차지(2010년 기준)

⑥ 금

• 고대부터 장식용 귀금속 및 화폐로 이용

• 주요 생산국: 중국, 오스트레일리아, 미국, 남아프리카 공화국 등

⑦ 다이아몬드

• 경도와 굴절률이 높아 보석과 연마재로 이용

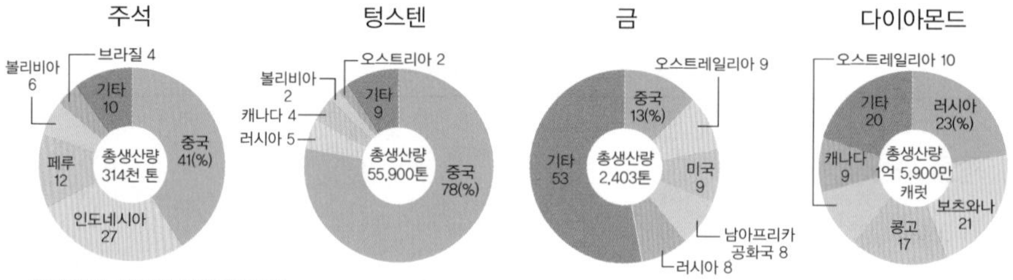

⁝ 자원별 생산량 비중(2010)

• 주요 생산국: 러시아, 보츠와나, 콩고 민주 공화국 등

⑧ 희소 금속(희토류)

• 희소성이 높으면서 다양한 산업에 없어서는 안 될 자원으로 '산업의 비타민'으로 불림

• 중국이 세계 희소 금속의 최대 부존국이자 생산국으로 공급을 독점

(3) 우리나라의 광물 자원

① 특징

• 지질 구조 형성의 역사가 오래되어 종류는 많으나('광물의 표본실'로 불림) 대부분 매장량이 적고 품위가 낮음

• 주요 광물은 대부분 북한에 분포하며, 주요 금속 광물에 대한 수입 의존도 높음

• 남한은 금속 광물의 매장량이 적은 반면, 비금속 광물의 매장량은 풍부

② 광물 자원의 분포

철광석	• 관서와 관북 지방(무산, 이원), 강원도 등에 분포 • 남한에서는 소량 생산되며, 오스트레일리아, 브라질, 인도 등에서 대부분 수입
텅스텐	• 북한의 백년·기주, 남한의 상동 등에 분포 • 값싼 중국산의 수입으로 국내 생산이 중단되었으나, 최근 경제성 상승으로 채굴 및 개발 추진
석회석	• 고생대 조선 누층군에 분포(평안남도, 강원도, 충청북도) • 시멘트 공업의 원료로 가채 연수가 긴 편임
고령토	• 경상남도 서부 지역(하동, 산청 등)에 주로 분포

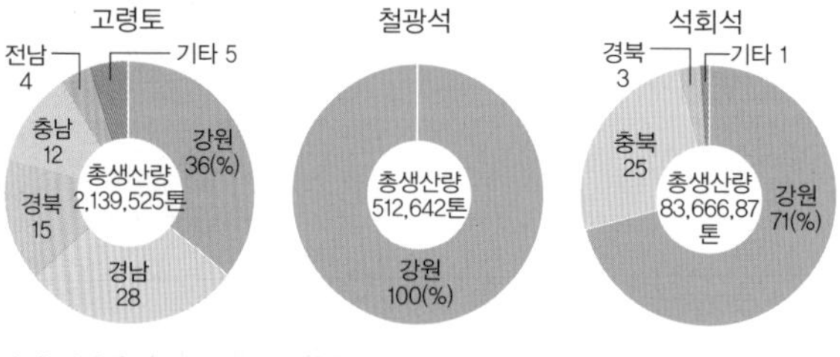

⁝ 우리나라의 주요 광물 자원의 지역별 생산 비중

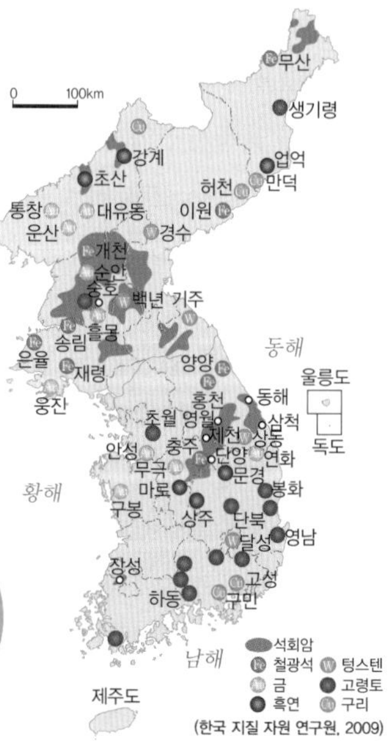

⁝ 우리나라의 주요 광물 자원 분포

3. 물 자원

(1) 물의 분포와 순환

① 물의 분포

- 지구 표면의 약 71%를 덮고 있음
- 지구 상의 물의 총량은 약 14억km^3이며, 이 중 담수는 약 2.5%에 불과
- 인간이 접근 가능한 담수호 및 하천수의 용량은 전체 물의 0.01% 이하

② 물의 순환

- 강수 후 물은 지표를 따라 흐르고, 일부는 지하수를 이룸
- 강수의 65%는 태양열에 의한 증발과 식물에 의한 증산 작용으로 대기로 이동
- 강수의 11%는 지하수로 이동하고, 24%만이 강이나 하천을 통해 바다로 이동

(2) 물 자원의 현황과 이용

① 세계의 물 자원 현황

- 전 세계 인구의 40%가 물 부족을 겪고 있음
- 지역별로 물 자원의 편재가 심하여 물 자원을 둘러싼 분쟁 발생
  → 국제 하천의 이용을 둘러싸고 상류 지역 국가와 하류 지역 국가와의 갈등 상존
- 인구 증가에 따른 물 사용량 급증과 사막화 등으로 물 부족 현상 가속화

② 우리나라의 물 자원 현황

- 연 평균 강수량은 세계 평균보다 많지만 강수의 계절적 편차가 커서 물 자원의 효율적 이용이 어려움 → 우리나라 연간 총 물 자원 1,240억m^3 중 27%인 337억m^3 이용

③ 우리나라의 물 자원

- 농업용수(47%), 생활용수(23%), 하천 유지용수(22%), 공업용수(8%) 등으로 이용

(3) 물 자원의 확보

① 공급 확대

- 다목적 댐, 저수지, 보, 중수도, 빗물 저장 장치 설치
- 바닷물의 담수화, 강변 여과수 활용

② 수요 조절

- 절수 기기 보급, 중수도 설치, 노후 상수도관 교체
- 수도 요금 인상 등을 통한 수요 억제 대책 마련

4. 삼림 자원

(1) 삼림 자원의 분포와 특성

① 세계 삼림 자원의 구분

구분	열대림	온대림	냉대림
특징	• 상록 활엽수림(나왕, 티크 등)으로 수종이 다양함 • 경질목 생산 • 접근과 벌목이 어려움	• 침엽수와 활엽수의 혼합림을 이룸 • 경엽수림은 지중해 연안, 조엽수림은 대륙 동안에 분포	• 침엽수림(전나무, 잣나무, 가문비나무 등)으로 수종이 단순함 • 연질목 생산 • 벌목이 용이함 • 세계 최대의 임업 지대를 이룸
이용	• 합판, 가구 • 건축재	• 땔감 • 건축재	• 펄프 • 제지

■ 국제 연합(UN)이 선정한 15개 도전 미래 과제

1	기후 변화와 지속 가능 발전
2	깨끗한 수자원 확보
3	인구 증가
4	민주주의 확산
5	장기적 관점의 정책 결정
6	정보 통신 기술의 융합
7	빈부 격차 완화
8	신종 질병 위협
9	의사 결정 역량 제고
10	신안보 전략·인종 갈등 테러
11	여성 지위 신장
12	국제적인 범죄 조직 확대
13	에너지 수요 증가
14	과학 기술 발전과 삶의 질 향상
15	윤리적 의사 결정

2011 국제 연합 미래 보고서에는 이미 8억 8,400만 명이 깨끗한 물을 이용하지 못하고 있고, 2025년에는 기후 변화와 인구 증가에 따른 물 수요 증가 등으로 세계 인구 절반 가까이가 연간 1인당 물 사용량이 1,000m^3에 못 미치는 물 부족 상황에 직면할 것이라고 경고하였다.

■ 세계 물의 분포

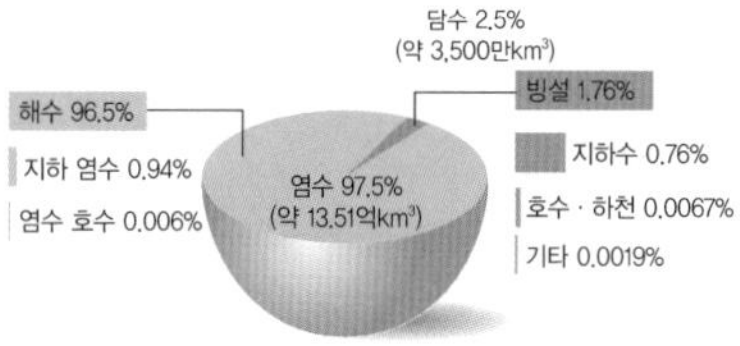

■ 물의 순환

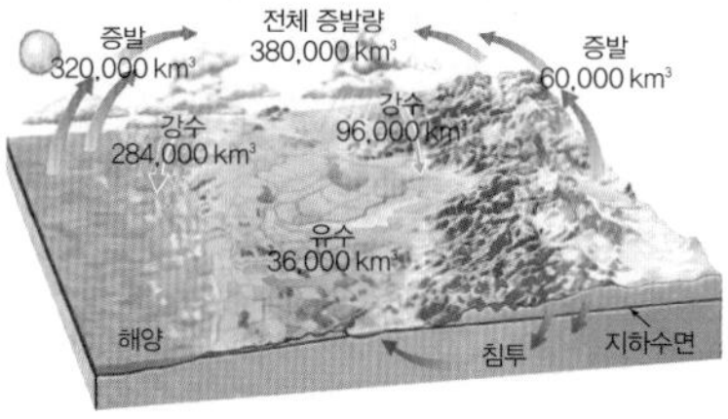

■ 하천 유지 용수

하천의 정상적인 기능과 상태를 유지하기 위해 이용되는 용수이다.

■ 중수도

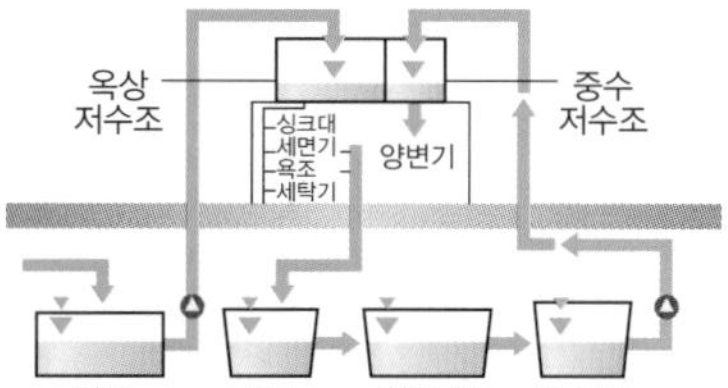

건물이나 각종 시설에서 발생하는 오수를 다시 처리하여 재이용하는 시설이다. 상수도와 하수도의 중간 단계에 위치한다는 의미이다.

■ 강변 여과수

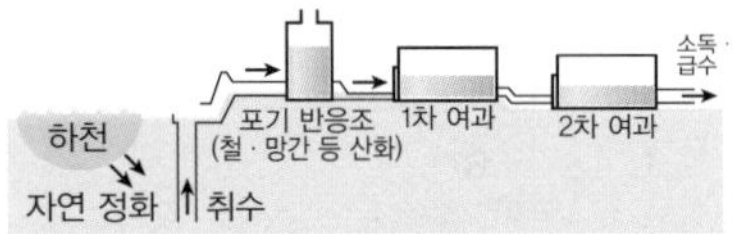

하천 또는 호수 인접 지역을 굴착하여 양수 시설을 설치하고 모래 여과층을 통과한 지표수와 지하수를 양수 시설로 취수하는 물을 의미한다.

■ 경질목과 연질목

경질목은 목질이 단단하고 강한 나무로 주로 활엽수가 해당된다. 연질목은 목질이 상대적으로 부드러운 나무로 침엽수가 해당된다.

■ 임목 축적량

단위 면적당 서식하고 있는 나무의 부피를 의미하며, 삼림의 울창한 정도를 나타내는 지표로 사용된다. 열대림이 냉대림보다 임목 축적량이 많다.

■ 삼림의 공익적 기능

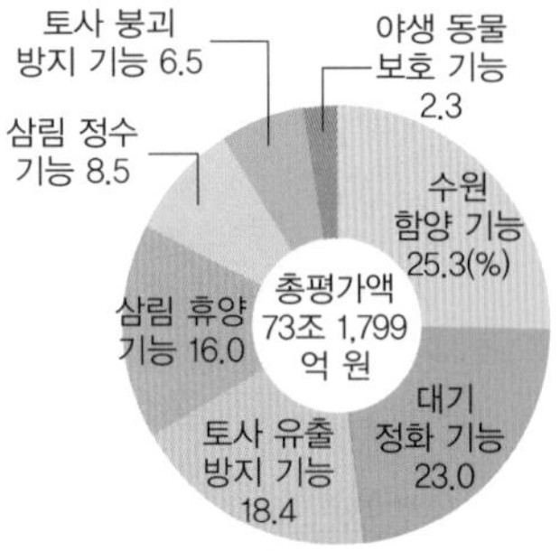

■ 자연 휴식년제

자연 생태계를 보전하기 위해 훼손 우려가 있는 지역을 지정하여 일정 기간 사람의 출입을 통제하여 환경 파괴를 막고 생태계를 복원하기 위해 마련된 제도이다.

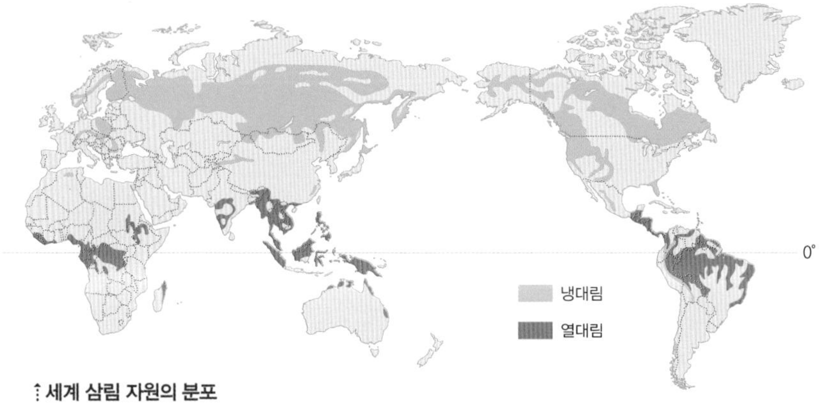

⇡ 세계 삼림 자원의 분포

② 세계 삼림 자원 분포 특성

• 전 세계 삼림 면적은 약 40억ha로 지구 표면의 31%를 덮고 있음

• 국가별 삼림 면적은 러시아>브라질>캐나다>미국>중국의 순으로 넓음

• 대륙별 삼림 면적은 유럽과 남아메리카가 넓은 반면, 오세아니아는 좁은 편임

③ 우리나라 삼림 자원 분포

• 난대림은 제주도, 울릉도, 남해안 일대에 분포함

• 온대림은 중·북부 지방을 중심으로 가장 넓게 분포함

• 냉대림은 북부 지방과 개마고원 일대, 중·남부 지방의 고산 지대에 분포함

(2) 삼림 자원의 파괴와 보전 대책

① 삼림 파괴의 원인

• 무절제한 목재 생산, 농경지 및 방목지 확대, 도시화와 산업화가 주 원인

• 지구 온난화, 산성비 등의 환경적 요인으로도 파괴

② 삼림 파괴의 영향

• 대기 중의 이산화 탄소 증가로 인한 지구 온난화 심화

• 생물 종의 소멸, 토양 침식 등의 문제 초래

③ 삼림 보전 대책

• 국제 공조와 협력을 통한 조림 사업 강화 → 임목 축적량 증대

• 자연 휴식년제, 산불 예방, 삼림의 공익적 기능 홍보 등의 국가별 자구책 강구 필요

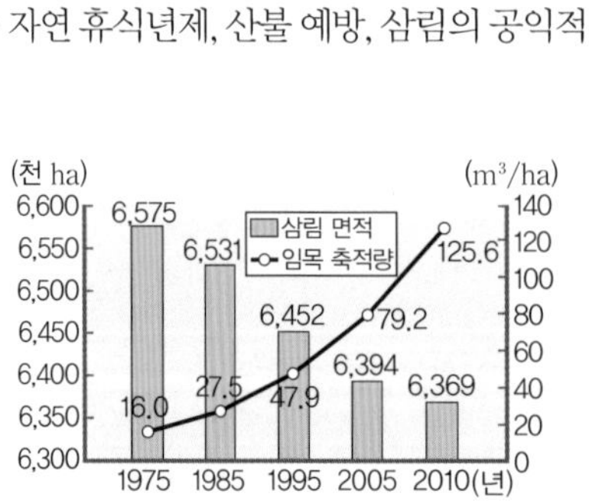

⇡ 우리나라의 삼림 면적과 임목 축적량 변화

⇡ 세계의 대륙별 삼림 면적 증감

지리 상식 1 자원 찾아 삼만리-인류의 자원 투쟁사

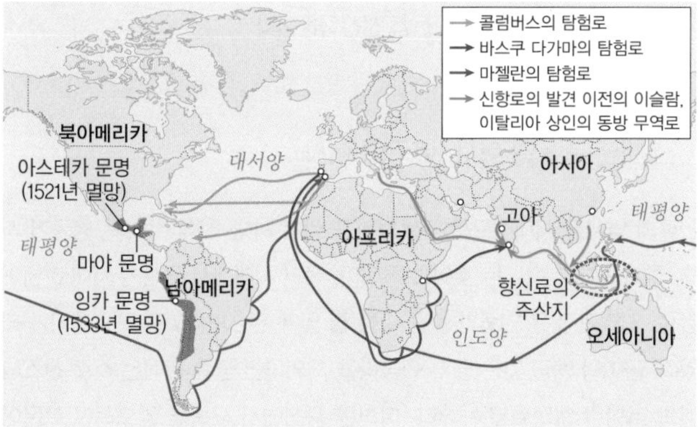

인류의 역사는 어떤 면에서 보면 자원의 희소성을 채우기 위한 투쟁사이기도 하다. 인간의 욕구는 끝이 없는데 자원은 한계가 있기 때문이다. 중세가 끝나고 르네상스 시대가 오면서 유럽은 자원 확보를 위한 새 항로 개척에 나섰다. 마르코 폴로의 『동방견문록』과 '엘도라도'는 유럽 인들을 자극했다. 엘도라도는 남아메리카의 아마존 강변에 있다는 상상 속의 '황금의 땅'으로, 아메리카 정복에 나선 스페인의 모험가들은 이 엘도라도가 실재한다고 믿었다.

특히 나침반의 발명과 함께 이른바 '보물'을 찾는 '대항해'가 본격적으로 시작되었다. 바스쿠 다가마는 인도 항로를 발견했고 콜럼버스는 서인도 제도에 이르렀다. 포르투갈은 브라질을 식민지로 삼았고, 스페인은 중남부 아메리카에 식민지를 건설하며 원주민 문명을 파괴하였다. 유럽 인들은 식민지로부터 많은 자원과 광물을 약탈하였다. 아프리카 식민지를 통해서는 노예와 상아 같은 귀중품을 약탈하였고, 아메리카 대륙으로부터는 담배, 감자, 코코아, 금, 은 등을, 아시아 식민지로부터는 향신료와 비단, 옥을 들여왔다.

미국의 경우에는 캘리포니아에서 발견된 '황금'이 미국의 지도를 완전히 바꿔 놓은 계기가 되었다. 1849년 미국의 오지인 캘리포니아에서 금광이 발견되었다. 금 소식을 접한 미국은 온 나라가 들떴고, 5만 명이 넘는 외지인들이 설레는 마음으로 캘리포니아로 밀려들었다. 골드러시는 대규모의 인구 이주를 유발하면서 미국의 역사를 바꿔 놨다. 지금은 아무도 금을 좇아 미국 서부로 몰려들지 않지만, 예전의 흔적은 지금도 남아 있다. 샌프란시스코의 상징인 금문교가 바로 그것인데, 골드러시 시기에 금광[金] 지역으로 가는 관문[門]이라고 해서 붙인 이름이다.

지리 상식 2 우리나라도 광물 부국(富國)이라고?

우리나라는 흔히 자원 빈국(貧國)이라고 하지만 오랜 지질 시대를 거치면서 다양한 광물 자원이 매장되어 있는 것은 사실이다. 남한만 고려하면 그 양이 매우 적다고 할 수 있지만, 북한에는 고부가 가치의 많은 광물 자원이 매장되어 있다. 북한에는 360여 종의 지하자원이 있으며 유용 광물은 200여 종에 이른다. 그 중 매장량이 풍부한 것으로는 텅스텐, 몰리브덴, 마그네사이트, 흑연, 운모, 은, 철광석, 납, 아연 등이 있다. 면적에 대비한 자원

북한의 자원

광종	매장량	잠재 가치
무연탄	45억t	340조 2,945억 원
갈탄	160억t	1,007조 7,760억 원
금	2,000t	41조 7,300억 원
동	290만t	2조 2,500억 원
아연	2,110만t	15조 3,869억 원
철	50억t	213조 5,600억 원
망간	30만t	406억 원
니켈	3만 6,000t	1조 1,698억 원
석회석	1,000억t	1,092조, 3,000억 원

(현대 경제 연구원)

의 집중도 면에서 봤을 때 우리나라는 여느 나라, 여느 대륙과 비교해도 뒤처짐이 없다. 특히 면적이 122,762km^{2}에 불과한 북한에 무려 7,000조 원의 광물 자원이 집중 매장되어 있다. 이는 1km^2 당 평균 500억 원의 광물 자원이 매장되어 있다는 이야기이다. 이를 잠재 가치 순으로 보면 석회석이 1,000억t으로 약 1,000조 원의 가치를 지니고 있고 무연탄이 117억t으로 862조 원, 유연탄이 30억t으로 185조 원의 가치를, 마그네사이트가 약 30~40억t으로 126조 원의 가치를 지니고 있는데, 이 4가지 자원에서만 총 2,173조 원의 가치를 지니고 있는 셈이다.

최근 중국이 북한의 광물과 에너지 자원에 눈독을 들이고 있는데 반해 정작 남북 경협이 지지부진하면서 자원의 국외 이탈 및 자주적인 개발 미흡에 따른 국익 손실이 증대되고 있다. 이제부터라도 북한과의 자원 공동 개발이 적극적으로 추진될 수 있도록 남북 경제 협력이 활성화되어야 한다.

지리 상식 3 도시 광산

도시 광산은 1980년대에 일본에서 처음 만든 용어로, 각종 폐기물에서 철, 비철 금속 귀금속, 희소 금속 등을 자원화하고 있는데 자원의 재활용을 통해 발생되는 폐기물을 줄이고, 광물을 얻는 과정에서 생기는 환경 오염도 예방할 수 있는 친환경적인 산업이다.

아기 돌에 쓸 금반지 3.75g(1돈)을 만들기 위해 얼마나 많은 금 원석을 캐야 할까? 원석마다 차이는 있겠지만 지하 광산에서 2~8t 정도를 캐야 돌반지 하나 만들 수 있는 양의 금을 얻는다. 금을 추출한 뒤 나머지는 모두 광산 폐기물로 남아 환경을 오염시키게 된다.

냉장고, 세탁기, TV, 휴대폰, 컴퓨터 등 가전 제품에는 금·은·철·구리·알루미늄 등 많은 금속이 들어 있다. 한 해 우리나라에서 버려지는 자동차, 휴대폰, 가전제품에 들어 있는 리튬, 코발트, 인듐 등 16대 금속을 모두 합치면 350만쯤 된다. 경제적 가치로 따지면 5조 9,000억 원이나 되는데, 현

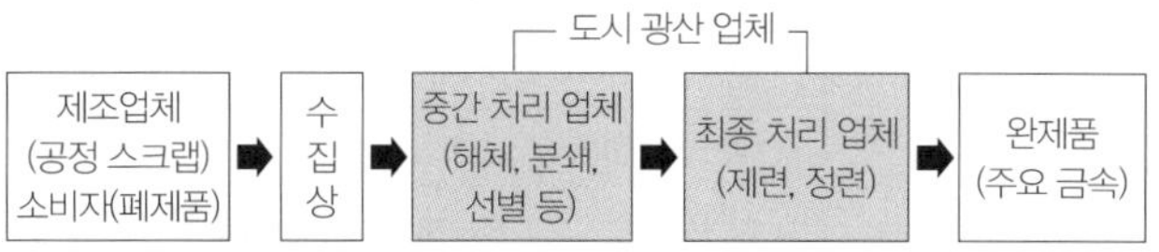

↕ 도시 광산 자원의 활용 경로

자료: 한국생산기술연구원

재 국내 도시 광산에서 뽑아내는 재활용 자원은 생각보다 훨씬 적은 실정이다. 일본은 이미 1980년대에 도시 광산 개발에 나서 이제는 '도시 쓰레기 제로화'를 추구할 만큼 도시 광산에 힘을 쏟고 있다. 폐가전제품 수거율을 높이면 자원 확보, 환경 보호와 더불어 재활용 및 수거 센터의 일자리 확대까지 이어지는 등 여러 부가 가치를 줄줄이 창출할 수 있다.

지리 상식 4 희소 금속의 절대 강자, 중국

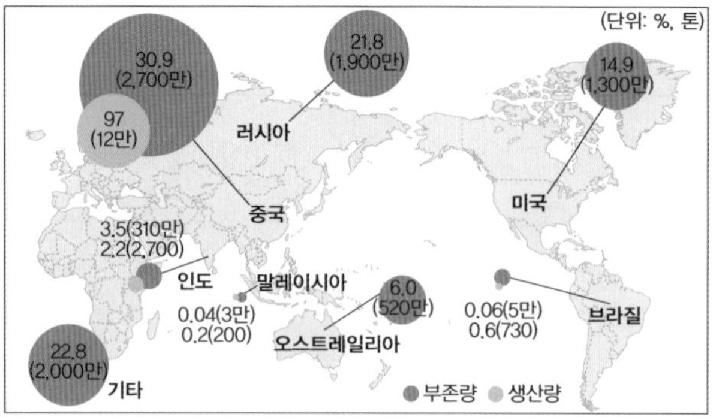

⁝ 국가별 희토류의 부존량과 생산량

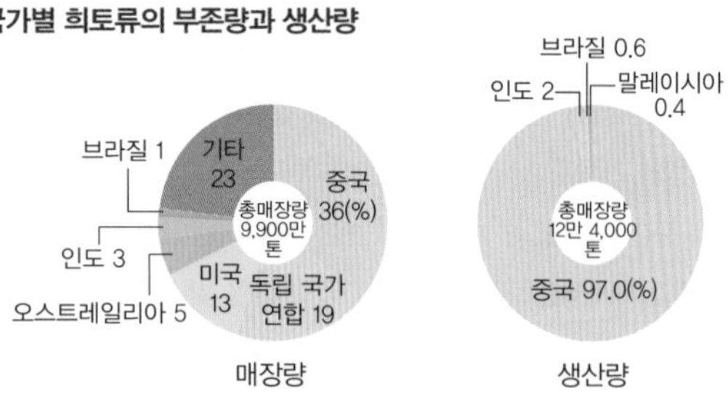

⁝ 국가별 희토류의 매장량 비율과 생산량 비율

중국은 LED, LCD 등 핵심 부품의 원료인 희소 금속(희토류) 생산량에 있어서 전 세계의 97%를 차지할 정도로 2차 전지 등에 사용되는 리튬, 바나듐, 인듐 등 희소 금속을 가장 많이 보유한 국가이다. 서남아시아 국가들이 석유 자원을 무기화하여 세계 경제에 영향력을 행사했듯이 중국 또한 첨단 산업에 필수적인 희소 금속을 무기화하여 세계 경제에 많은 영향력을 행사하려 하고 있다. 중국은 희소 금속의 수출을 제한하고 중국 내수 시장 위주로 공급함으로써 외국 첨단 기술 업체가 원료를 공급받기 위해 어쩔 수 없이 중국으로 진출하게 만들겠다는 전략을 세우고 있다. 이렇게 희소 금속 수입이 제한될 경우 가장 큰 타격을 받는 곳은 반도체나 하이브리드 자동차 등에서 우위를 점한 첨단 산업 선진국들이다.

희소 금속의 주요 용도

분야	주요 부품	핵심 자원
2차 전지	전지 재료	리튬, 코발트, 니켈
그린 자동차(하이브리드 자동차, 전기 자동차)	전기 모터	희토류(네오디뮴, 사마륨)
차세대 조명	LED 전극재	인듐
	LED 형광체	갈륨
태양광 발전	태양 전지 패널	인듐, 갈륨, 셀레늄, 규소, 몰리브덴
풍력 발전	발전·모터	희토류(네오디뮴, 디스프로슘, 터븀)
	터빈 블레이드	니켈
연료 전지	전극재	백금족(백금, 팔라듐), 몰리브덴
배기가스 저감	정화 장치 촉매	백금족(백금, 팔라듐, 로듐)

지리 상식 5 금속의 역사, 인류의 역사

인류의 역사를 시대적으로 구분하면 구석기 시대, 신석기 시대, 청동기 시대, 철기 시대로 나누는 것이 보통이다. 석기 시대에서 금속기 시대로 넘어갈 수 있었던 것은 인류가 불을 다룰 줄 알게 된 것이 그 주요한 계기가 되었다. 금이나 백금 같은 일부 귀금속을 제외하면 금속 광석은 주로 산소나 황과 결합한 형태로 존재한다. 이러한 광석에서 금속을 얻으려면 고온이 필요하다. 물론 처음부터 금속을 산화광(산화물)으로부터 얻지 않는 경우도 있지만, 자연 상태에서 얻은 금속(구리의 일부는 자연적으로 존재하며, 산불 등에 의해서 철이나 구리가 자연적으로 만들어질 수도 있다)이라 하더라도 우리가 사용할 수 있기 위해서는 녹이거나, 녹는 온도 근처까지 가열해야만 한다. 고온을 얻는 기술을 가진 종족만이 석기보다 우수한 청동제 무기나 도구를 갖출 수 있었고, 결국 이들이 이로써 역사의 주인공이 되는 일이 가능했을 것이다.

철기 시대로의 전환도 같은 양식으로 진행되었다. 철의 획득을 위해서는 더 높은 온도가 필요하기 때문에 한층 수준이 높은 온도 조절 기술이 필요했고, 이러한 기술을 갖춘 종족들이 역사의 승자가 되었을 것이다. 철기의 등장 이후에는 철의 제조나 가공 기술의 유무가 사회 발전의 가장 중요한 요소가 되었다. 즉, 농기구나 무기를 제조하기 위하여 철을 획득하거나, 가공하는 기술은 농업이나 수산업을 제외하면 그 사회의 가장 중요한 산업 기술로서 한 국가의 흥망성쇠를 결정짓는 중요한 요소가 되었다. 산업 혁명 또한 철의 대량 생산 이후 시작된 것은 우연이 아니며, 현대에 들어와 기술이 발달하면서 점점 높은 온도를 얻는 것이 가능해졌고, 전기나 수용액을 통한 금속의 제조 기술도 발달하면서 철 이외의 다른 금속의 사용량이 점점 늘게 되었다. 현재 철의 사용량이 다른 금속에 비해서 압도적으로 많기 때문에, 일반적으로 금속을 분류할 때에는 철과 비철 금속으로 나눈다. 철이 가장 중요한 재료로서 자리 잡게 된 데에는 여러 가지 이유가 있다. 우선 철광석의 매장량이 많아서 원료를 얻기가 쉽다. 그리고 철광석에서 철을 얻는 과정은 구리보다는 높은 온도가 필요하지만 다른 금속보다는 낮은 온도에서 작업할 수 있기 때문에 같은 정도의 성질(강도, 가공성 등)을 얻는 데 비용이 더 적게 든다. 이러한 이유 때문에 앞으로도 상당 기간은 철이 가장 중요한 재료의 위치를 유지할 것이다. 비철 금속은 특수한 용도에서 철보다 우수한 성질이 나타날 때 사용되거나 철과 합금을 만들어 철

금속의 사용 시기와 녹는점

금속	이용 시기	녹는점 (m.p=℃)	경도	밀도 (g/㎤)	지표 구성비(%)
구리(Cu)	BC 5000년	1080	2.5~3.0	8.9	7×10−3
철(Fe)	BC 3000년	1540	4.0~5.0	7.8	5.0
금(Au)	BC 2600년	1060	2.5~3.0	19.3	5×10−7
알루미늄(Al)	1780년 후반	660	2.0~3.0	2.7	8.8

의 성질을 개선해 주는 용도로 사용된다. 이렇게 사용되는 비철 금속의 양은 점차 늘고 있어서 현대는 꼭 철기 시대라고 부르기보다는 철과 비철 금속이 합쳐진 금속기 시대라고 부르는 것이 더 타당할 것이다.

지리 상식 6 가상수 물 발자국

'가상수(virtual water)'라는 개념은 영국 런던 대학의 앨런 교수가 1998년 처음 소개한 것으로, 우리 눈에 보이지는 않지만 어떤 상품을 생산하는 과정에서 사용된 물을 의미한다. '물 발자국(water footprint)'은 어떤 제품을 생산해서 사용하고 폐기할 때까지의 전 과정에서 직간접적으로 소비되고 오염되는 물을 모두 더한 양이다. 이 개념은 네덜란드 트벤터 대학의 아르언 훅스트라 교수가 2002년 처음 소개했다. 가상수라는 시각에서 보면 바싹 건조된 쌀에도 공장에서 나오는 온갖 공산품에도 많든 적든 물이 함유되어 있는 셈이다. 물 발자국 네트워크의 분석에 따르면 쌀 1㎏에는 평균 2,500ℓ의 가상수가 함유되어 있다. 우리가 외국에서 쌀 1t을 수입하는 것은 쌀과 함께 가상수 250만ℓ를 수입하는 것이나 마찬가지다. 물 발자국 네트워크의 '국가 물 발자국 계정(2011)' 보고서는 이처럼 수입품과 수출품에 포함된 가상수의 무역 수지를 계산해, 우리나라를 멕시코, 유럽, 일본과 함께 대표적인 가상수 순 수입국으로 분류한다. 물 부족에 따른 '물 스트레스' 상태에 있는 인도, 중국, 파키스탄, 오스트레일리아 등은 가상수 무역 수지상 순 수출국으로 분류된다. 이들 나라의 가난한 사람들과 하천·호수의 수생 생물들에게 가해지는 고통에 가상수 수출도 한몫하고 있음은 물론이다.

생산하는 데 필요한 물의 양 단위: ℓ

소고기 1kg	15,500	사과 1개	70
햄버거 1개	2,500	우유 1잔	1,000
A4 용지 1장	15,500	면티 1잔	4,000
청바지 1벌	12,000	자동차 1대	400,000

지리 상식 7 산림의 녹색 댐 기능이란?

사람들은 산림이 홍수 조절 기능, 갈수 완화 기능, 수질 정화 기능을 한다고 알고 있는데, 이러한 기능을 나무 자체가 하는 것으로 오해하는 경우가 많다. 산림 내에서 물이 저장되는 곳은 나무의 뿌리가 아니라 산림 토양 내의 미세한 공간이다. 산림에 쌓인 낙엽은 미생물에 의해 분해되어 유기물이 되며, 유기물을 먹이로 하는 지렁이와 같은 토양 소동물(小動物)들이 먹이를 찾으러 다니거나 집을 만드는 과정에서 미세한 공간이 만들어진다. 즉, 낙엽의 분해가 잘 되고 유기물이 많을수록 토양 소동물의 종류나 밀도가 증가하고 그 활동도 활발해져 공극 발달이 좋아지므로 빗물이 토양으로 잘 스며들어 산림의 녹색 댐 기능이 향상된다.

침엽수림은 활엽수림에 비해 단위 면적당 잎이 많아 빗물 차단량이 많고 증산에 의한 물 손실량도 많다. 또한 침엽수림은 활엽수림보다 낙엽 분해 속도가 느려 토양 공극 발달이 느리고 빗방울의 충격으로부터 토양 공극을 잘 보호하지 못한다. 이러한 이유 때문에 침엽수림에 비해 활엽수림의 녹색 댐 기능이 우수하다. 녹색 댐 기능을 향상시키기 위해서는 기존의 인공림을 그대로 방치해서는 안 되며, 솎아베기나 가지치기 등의 숲 가꾸기 사업을 지속해야 한다. 만일 산림이 지나치게 우거지게 되면 숲이 어두워져 하층 식생과 토양 소동물의 개체 수가 감소한다. 숲 가꾸기 사업을 지속적으로 추진함으로써 기존의 인공림으로 인해 사라졌던 하층 식생이 자라고 미생물과 토양 소동물의 활동이 왕성해지는데, 이렇게 되면 단단했던 표층 토양이 부드럽게 개선되어 산림의 녹색 댐 기능이 향상된다.

깊이 읽기 추천 도서 소개

지리올림피아드를 준비할 때 반드시 읽어야 할 필독서! 전국 5,000여 지리 교사의 꿈을 담아 만든 대안 지리 교과서. 낱낱의 지리 지식이 아니라 세계를 다면적으로 이해할 수 있는 종합적인 지리 지식을 선보인다. 이 책을 통해 지구의 자연과 그 속에서 사는 사람들의 삶을 이해할 수 있는 기초 지식을 충분히 얻을 수 있다. 1권은 자연지리로, 사람과 자연의 공존을 위한 지리적 시선을 담고 있다. 참여와 소통으로 진화하는 지도의 어제와 오늘, 세계의 다양한 기후와 문명, 산·강·사막·화산·바다 등 경이로운 지형과 그 변화상, 위기에 처한 지구환경에 대한 경고와 대안 등을 담고 있다. 2권은 인문지리로, 다문화 시대에 낯선 지역의 사람들을 이해하려는 호의적 시선을 담고 있다. 세상에서 가장 아름다운 모자이크인 지구촌의 다양한 문화, 현대인의 삶터인 도시의 경관과 미래, 세계화 시대의 경제활동에 대한 지리적 이해, 갈등이 가득한 세계에서 공존하기 위한 인간의 노력 등을 담고 있다.

← 전국지리교사연합회, 2011, 『살아있는 지리 교과서 1, 2』

[선택형]

· 2013 수능

1. (가), (나) 사례에 해당하는 자원의 특성 변화를 그림에서 고른 것은?

> (가) 과거에 오일 샌드는 생산 비용이 많이 들어 상용화되지 못했다. 최근 탐사 기술과 추출 기술이 발달하고, 국제 유가가 급등하면서 새로운 에너지 자원으로 주목받으며 개발이 활발하게 진행되고 있다.
> (나) 합금이나 절단 기구 제작 등에 이용되는 텅스텐은 1960~1970년대만 하더라도 대구 달성 광산에서 활발하게 채굴되었다. 그러나 1980년대 이후 중국산 저가 텅스텐이 대량으로 수입되면서 대구 달성 광산의 텅스텐 채굴은 중단되었다.

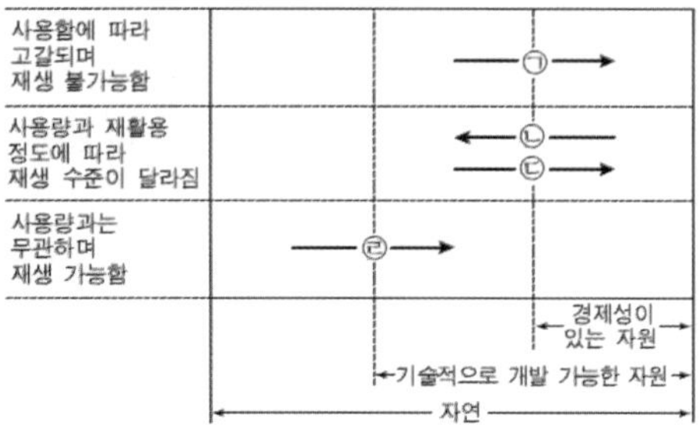

	(가)	(나)
①	㉠	㉡
②	㉠	㉢
③	㉡	㉢
④	㉡	㉣
⑤	㉢	㉡

· 2012 6 평가원

2. 자료의 (가)~(다) 자원에 해당하는 자원으로 가장 적절한 것은?

> 자원은 재생량과 이용량에 따라 재생 가능한 자원과 재생 불가능한 자원으로 구분할 수 있다. 이런 관점에서 자원의 특성은 기본적으로 오른쪽 그림과 같이 연속적 차원에서 인식된다.

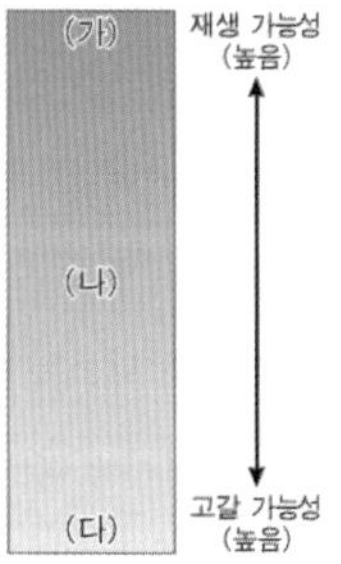

	(가)	(나)	(다)
①	풍력	구리	석유
②	석유	수력	철광석
③	태양광	석탄	구리
④	철광석	조력	보크사이트
⑤	천연가스	철광석	태양열

· 2011 11 교육청

3. 표는 주요 광물 자원의 상위 5개국 생산 비중을 나타낸 것이다. A~C에 대한 옳은 설명을 〈보기〉에서 고른 것은?

자원 / 순위	A		B		C	
	국가	비중	국가	비중	국가	비중
1	중국	39.3	칠레	33.9	오스트레일리아	32.8
2	오스트레일리아	20.5	페루	8.0	중국	20.1
3	브라질	13.4	미국	7.4	브라질	14.2
4	인도	10.9	인도네시아	6.3	인도	8.0
5	러시아	4.1	중국	6.3	기니	7.8

(단위: %, 2009)

보기

ㄱ. A는 충전용 2차 전지의 주원료로 사용되는 희소 광물이다.
ㄴ. B는 전기 전도성이 좋아 전기·전자 공업에 사용된다.
ㄷ. C는 알루미늄의 원료로 제련 시 많은 전력이 소비된다.
ㄹ. B보다 C의 개발과 사용 역사가 오래되었다.

① ㄱ, ㄴ　② ㄱ, ㄷ　③ ㄴ, ㄷ　④ ㄴ, ㄹ　⑤ ㄷ, ㄹ

· 2011 4 교육청

4. (가), (나) 자원의 국내 광산 분포도를 〈보기〉에서 골라 바르게 짝지은 것은?

> (가) 시멘트 공업에 주로 이용되며 고생대 조선계 지층에 매장되어 있다.
> (나) 유리 공업에 주로 이용되며 반도체 공업의 발달로 수요가 증가하고 있다.

보기

ㄱ　　ㄴ　　ㄷ

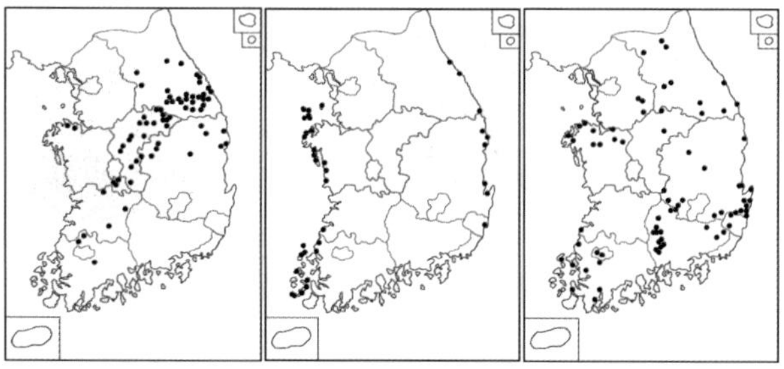

	(가)	(나)
①	ㄱ	ㄴ
②	ㄱ	ㄷ
③	ㄴ	ㄱ
④	ㄴ	ㄷ
⑤	ㄷ	ㄴ

[서술형]

• 2007 6 평가원

1. ㈎, ㈏ 자료를 보고 물음에 답하시오. (단, ㈎ 자료의 1인당 강수량은 '연평균 강수량×국토 면적/총인구'로 계산됨.)

㈎ 세계 각국의 연평균 강수량과 1인당 강수량

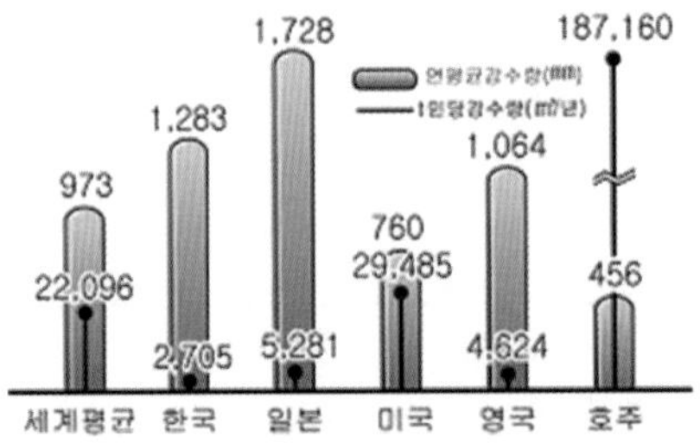

㈏ 세계 각국의 수도 요금

구분	한국(서울)	일본	미국	영국	호주
수도 요금(원/톤)	510	1,436	695	1,713	906
비교(배)	1	2.8	1.4	3.4	1.8

(1) 호주의 1인당 강수량이 연평균 강수량에 비해 매우 높은 이유를 쓰시오.

(2) 물 자원의 공급 수준을 고려할 때 우리나라의 수도 요금 수준은 다른 선진국에 비해 어떠한지를 쓰시오.

2. 지도는 세계의 대륙별 삼림 면적 변화를 나타낸 것이다. 아프리카와 남아메리카에서 삼림 감소 면적이 넓게 나타난 이유를 쓰시오.

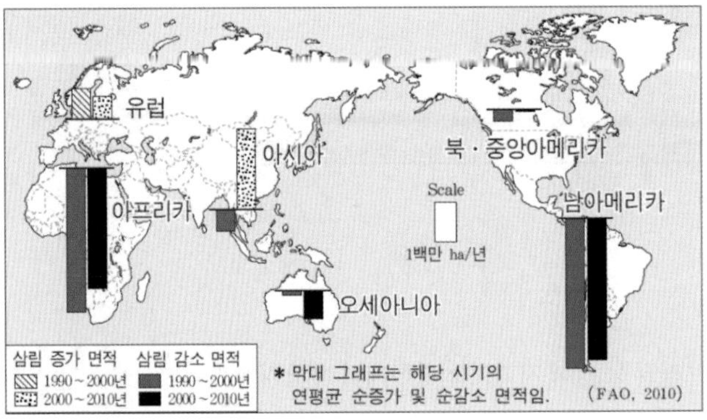

3. 다음의 학습 놀이에서 〈순서 2〉의 정답을 쓰시오.

순서 1. 다음에서 설명하는 자원의 이름을 글자판에서 찾아 차례대로 지우시오.

• 주로 도금용으로 사용되며 중국, 인도네시아, 말레이시아가 주요 생산국이다.
• 경도(硬度)가 가장 높은 광물로는 미국, 오스트레일리아, 남아프리카공화국이 주요 생산국이다.
• 인류 역사에서 청동기 시대를 연 광물로는 칠레가 최대 생산국이다.

드	스	다	구
석	리	몬	텐
텅	아	주	이

순서 2. 마지막까지 남은 글자를 모아 광물 자원명을 쓰시오.

4. 그림과 같은 수도 시설의 설치로 인한 기대 효과를 쓰시오.

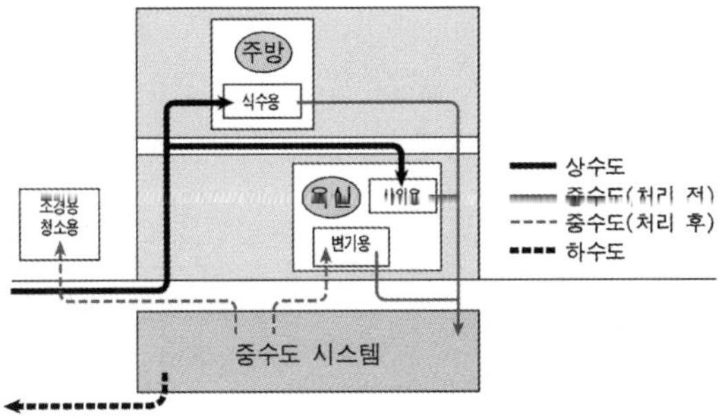

자원 지리

02. 에너지 자원

핵심 출제 포인트

- ▶ 에너지 소비 구조
- ▶ 화석 연료
- ▶ 화력 발전
- ▶ 원자력 발전
- ▶ 수력 발전
- ▶ 신·재생 에너지

■ 세계의 에너지 소비 구조

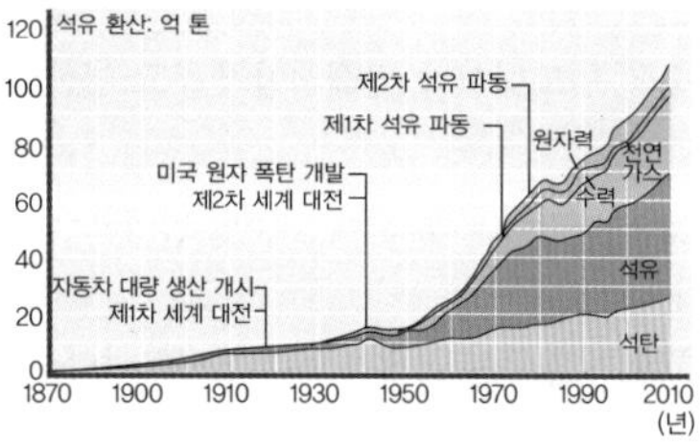

■ 배사 구조

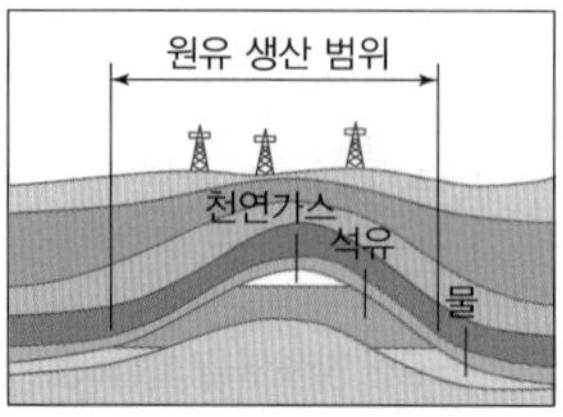

석유가 존재하는 지층을 유층(油層)이라 하는데, 일반적으로 유층은 산 모양의 배사 구조를 보인다. 가장 높은 곳에서부터 천연가스, 석유, 물의 순서로 존재한다.

■ 석유와 석탄의 주요 생산국, 수출국(2011)

주요 석유 생산국

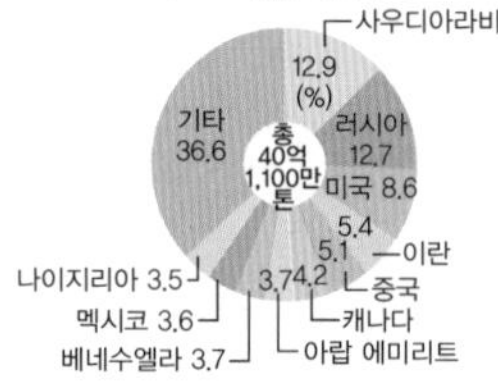

주요 석유 수출국

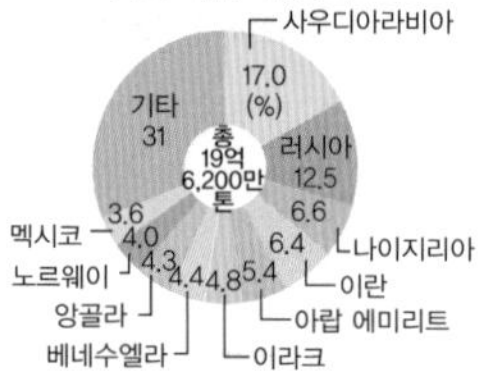

주요 석탄 생산국

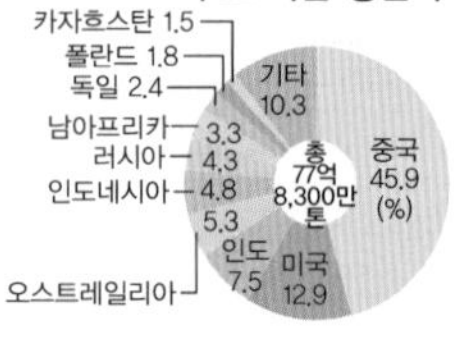

주요 석탄 수출국

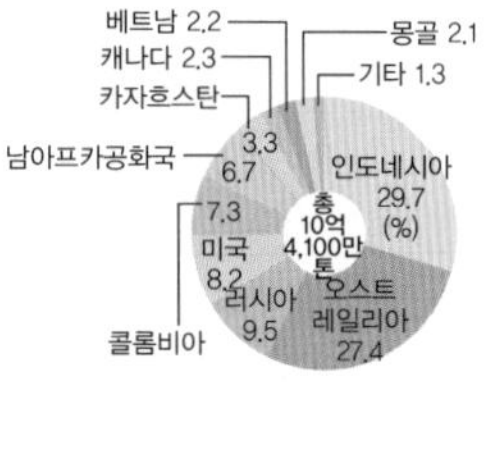

1. 세계의 에너지 자원

(1) 세계의 에너지 소비 구조

① 자원별 소비 순위: 석유>석탄>천연가스

② 국가별 소비 순위: 미국>중국>러시아>일본>독일>인도

③ 대륙 및 지역별 에너지 소비 특징

구분	특징
아시아 및 오세아니아	• 석탄의 소비 비중이 높음
유럽 및 러시아	• 천연가스의 소비 비중이 특히 높음
북아메리카	• 석유 및 천연가스의 소비 비중이 높음
서남아시아	• 석유 및 천연가스의 소비 비중이 매우 높음

(2) 화석 연료

구분	특징	분포
석탄	• 산업 혁명의 원동력 • 제철 및 화학 공업의 원료 • 탄화된 정도에 따라 갈탄, 역청탄, 무연탄으로 구분	• 북위 35~50° 중위도 지역, 고기 습곡 산지 주변 지역 • 중국, 오스트레일리아, 미국, 러시아 등 세계 각 지역에 고르게 분포
석유	• 내연 기관의 발달 및 20세기 초 석유 화학 공업 성장으로 수요 증가 • 자원의 편재성이 커 국제적 이동이 활발 → 국제 경제 및 정치에 영향	• 신생대 제3기층의 배사 구조가 발달한 신기 조산대 주변 지역 • 사우디아라비아, 이란, 아랍에미리트, 쿠웨이트, 러시아 등
천연가스	• 효율이 높고 오염 물질이 적음 • 액화 기술과 수송관 건설로 장거리 수송이 가능 → 최근 생산량과 소비량 증가	• 신생대 제3기층의 배사 구조가 발달한 신기 조산대 주변 지역 • 러시아, 미국, 캐나다 등

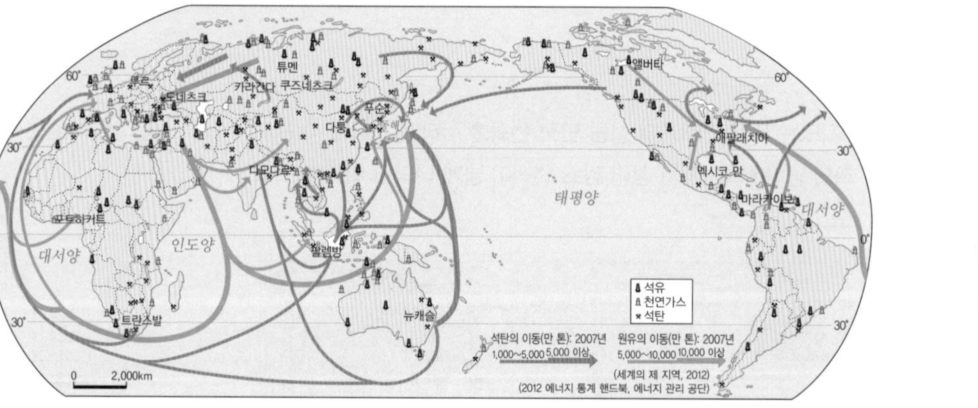

⁝ **에너지 자원의 분포와 이동**

(3) 동력 자원

① 지역별 발전 양식의 특징

• 수력: 노르웨이, 캐나다, 브라질 등 빙하 지형이 발달하거나 수자원이 풍부한 곳

• 화력

– 서남 아시아의 산유국: 석유 및 천연가스 화력 발전의 비중이 높음

– 중국 및 오스트레일리아: 석탄 화력 발전의 비중이 높음

• 원자력: 미국, 프랑스, 일본, 독일 등 높은 기술력을 가진 국가에서 발달

② 주요 발전 양식의 특징

	입지 특성	장점	단점
수력	• 수자원의 분포에 따라 입지에 제한	• 저렴한 발전 단가 • 홍수 조절 • 용수 공급 가능	• 비싼 송전비 • 수몰 지역 발생 • 기후 및 생태계 변화
화력	• 소비지에 근접하여 입지	• 저렴한 건설비 • 저렴한 송전비	• 비싼 발전비 • 대기 오염 유발
원자력	• 지반이 안정된 곳 • 냉각수의 획득이 용이한 곳	• 저렴한 발전 단가 • 이산화 탄소 발생량이 적음	• 비싼 건설비 • 방사능 누출 위험 • 방사능 폐기물 처리 문제

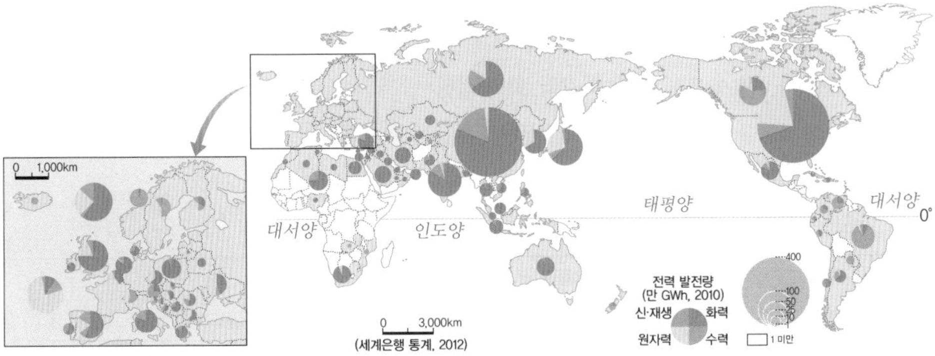

전력 대다수의 국가가 전력 생산을 화력 발전에 크게 의존하고 있으며, 원자력 발전 의존도가 높은 나라는 대부분 선진국이다. 신·재생 에너지 이용은 전반적으로 저조하다.

2. 우리나라의 에너지 자원

(1) 에너지 자원의 수급과 이용

① 석탄

• 갈탄: 신생대 지층인 두만 지괴(아오지 탄광)에 분포, 탄화도 및 열량이 낮음, 주로 석탄 액화 공업에 이용

• 무연탄: 고생대 평안계 지층 또는 중생대 대동계 지층에 분포, 국내에서 생산되는 양의 대부분은 가정용 난방 에너지로 이용

• 역청탄: 오스트레일리아, 인도네시아, 캐나다 등지에서 대부분 수입, 제철 공업 및 화력 발전용으로 이용

② 석유

• 수입에 의존하며 에너지 수입액의 압도적 비중을 차지

• 자원 민족주의에 대비한 수입국의 다변화와 해외 유전 개발 참여 등의 노력이 필요

• 에너지 자원뿐만 아니라 석유 화학 공업의 원료로 이용

③ 천연가스

• 1986년 LNG의 형태로 도입 시작

• 2004년부터 울산 앞바다 동해-1 가스전에서 소량 생산되지만 대부분 수입에 의존

(2) 에너지 자원의 소비 구조: 우리나라 에너지원 소비 구조는 1960년대 이후 석탄에서 석유로 전환되었고, 1970년대 후반부터는 원자력 발전이 시작되어 그 비중이 높아지고 있음

① 석유

• 석유 화학 공업 또는 중화학 공업이 발달한 지역(전라남도, 충청남도, 울산광역시 등)

■ 우리나라 동력 자원의 분포

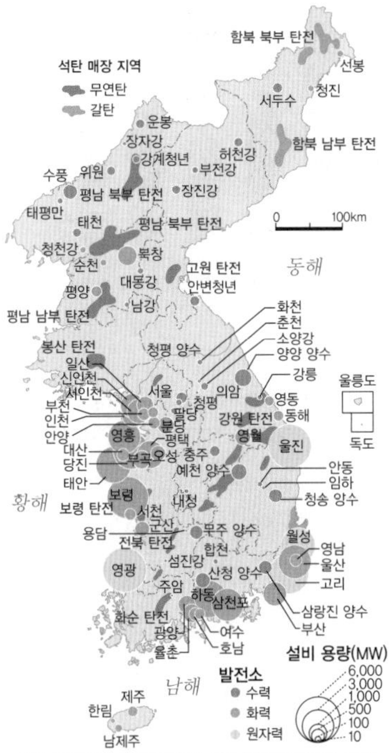

(한국 광물 자원 공사/전력 거래소 전력 통계 정보 시스템, 2013)

■ 주요 에너지 자원의 수입 현황

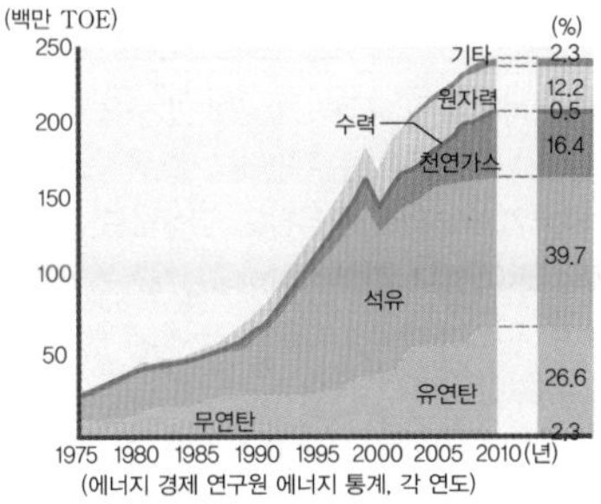

(에너지 경제 연구원 에너지 통계, 각 연도)

■ 우리나라의 에너지 소비 구조

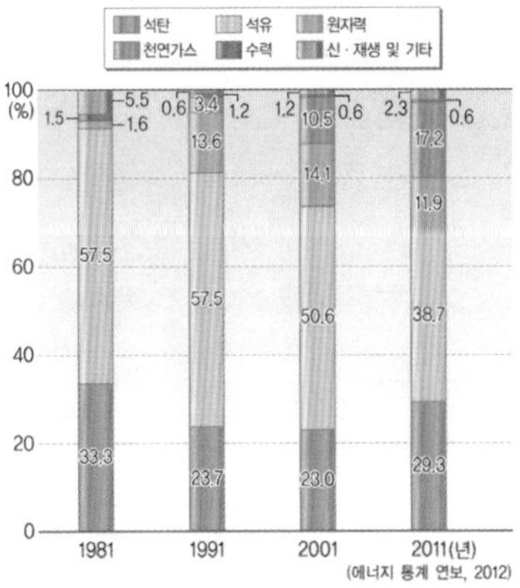

우리나라의 에너지 자원 소비 구조는 1960년대 이후 석탄에서 석유 중심으로 전환되었고, 1970년대 후반부터는 원자력 발전이 시작되어 그 비중이 높아지고 있다. 1980년대 말부터는 천연가스가 수입되었다.

■ 지역별 1차 에너지 생산 비중

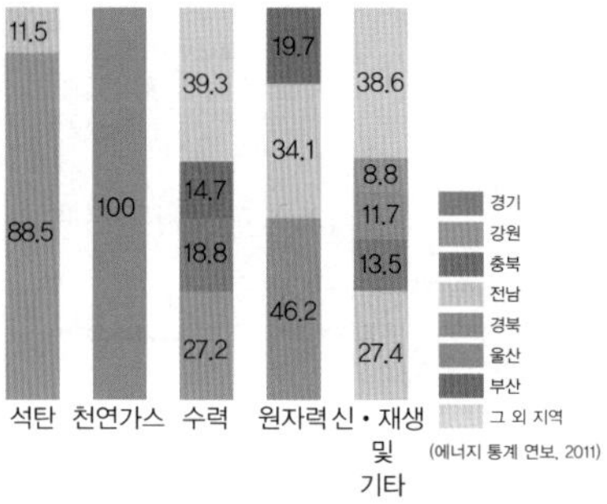

■ 우리나라 시도별 1차 에너지 소비량

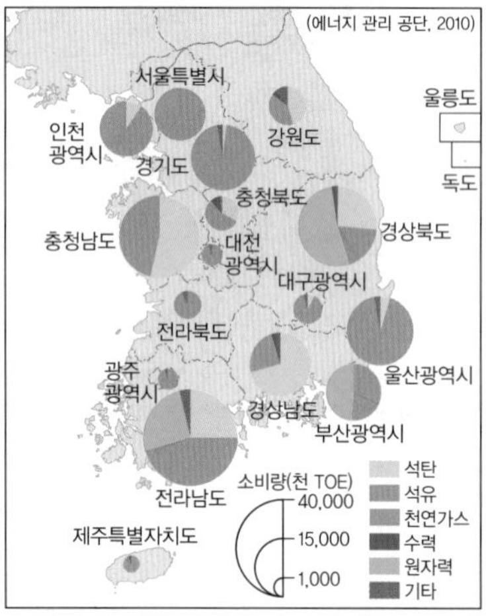

석유는 석유 화학 공업이 발달해 있는 울산과 전남에서 소비 비중이 높은 편이다. 석탄은 화력 발전소가 입지해 있는 충청남도, 경상남도 등에서 소비 비중이 높다. 천연가스는 도시가스로 공급되는 비중이 높아 인구가 밀집한 수도권과 영남권에서 소비량이 많다.

■ 용도별 전력 소비량

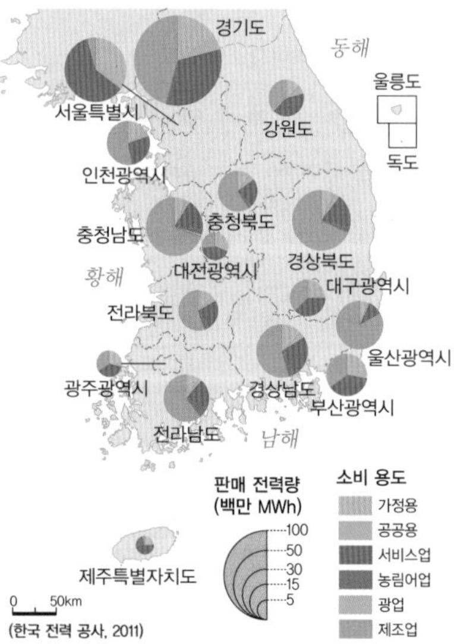

• 수송용 소비가 많은 대도시 지역에서 많이 소비

② 석탄: 화력 발전소가 입지하거나 제철 공업이 발달한 곳에서 많이 소비(충청남도, 경상남도, 경상북도, 전라남도 등)

③ 천연가스: 도시가스 소비가 많은 수도권 지역(인구 규모에 가장 유사한 소비 패턴)

④ 수력: 수력 발전소가 많은 강원도, 충청북도에서 소비 비중이 높음

⑤ 원자력: 원자력 발전소가 위치한 부산광역시, 전라남도, 경상북도에서 소비됨

(3) 동력 자원

① 우리나라 발전의 구조

• 발전 설비 용량(발전소에서 발전할 수 있는 양의 합) 기준: 화력 〉 원자력 〉 수력

• 발전량(실제 발전한 전력량) 기준: 화력 〉 원자력 〉 수력

• 발전소 가동률 높은 발전원: 원자력, 화력(석탄) 발전

• 발전소 가동률 낮은 발전원: 수력, 화력(석유·LNG) 발전

• 발전원별 발전량 비중(2014년): 석탄 〉 원자력 〉 LNG 〉 석유 〉 수력

② 에너지원별 입지 특색

수력	• 수량이 풍부한 한강, 낙동강, 금강 수계에 집중
화력	• 소비지에 인접하여 송전비를 절감할 수 있는 수도권, 충청남도, 남동 임해 지역
원자력	• 풍부한 냉각수를 얻을 수 있는 해안 지역, 지반이 견고하고 인구 밀집지와 거리가 먼 지역 • 전라남도의 영광, 경상북도의 울진과 월성, 부산광역시의 고리

더 알아보기

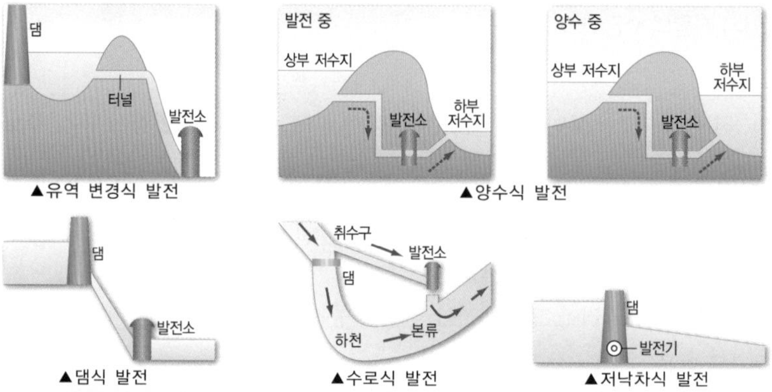

▲유역 변경식 발전 ▲양수식 발전

▲댐식 발전 ▲수로식 발전 ▲저낙차식 발전

유역 변경식 발전은 하천의 유로를 막아 낙차가 큰 반대편 사면으로 유로를 변경시켜서 발전하는 방식으로 경동성 지형을 이용한다(강릉 댐, 섬진강 댐, 허천강 댐, 부전강 댐, 장진강 댐 등). 양수식 발전은 심야의 잉여 전력을 이용하여 상부 저수지에 물을 끌어 올려놓았다가 전력 소모가 많은 시간대에 그 물을 떨어뜨려 발전하는 방식으로 전력의 경제적 운영이 장점이다(청평 댐, 삼랑진 댐, 무주 댐, 안동 댐). 수로식 발전은 낙차가 큰 지점으로 물길을 내어 발전하는 방식으로 감입 곡류 하천에 건설한다(화천 댐). 댐식 발전은 인공호를 만들고 인공 댐의 낙차를 이용하여 발전하는 방식으로 가장 보편적인 방식이다(소양강 댐). 저낙차식 발전은 낙차가 작은 곳에서 수압을 이용하여 발전하는 방식이다(팔당 댐).

3. 신·재생 에너지

(1) 신·재생 에너지

① 정의

• 기술적으로 새롭거나 기존의 화석 연료를 변환시켜 이용하는 에너지(연료 전지, 석탄 액화·가스화, 수소 에너지)

• 재생 가능한 에너지를 변환시켜 이용하는 에너지(태양 에너지, 태양광 발전, 바이오 에너지, 풍력 에너지, 수력 에너지, 지열 에너지, 해양 에너지, 폐기물 에너지 등)

② 특성: 화석 연료에 비해 효율성은 낮지만 대부분 친환경적이거나 재생 가능한 자원으로 점차 중요성 증대

③ 주요 신·재생 에너지

태양열·광 에너지	태양을 이용한 발전, 일조율과 일사율이 많은 지역에 건설
풍력 에너지	바람을 이용한 발전, 바람이 많은 해안 지역이나 산지 지역이 유리
지열 에너지	땅속의 마그마에서 나오는 열을 이용한 발전, 화산대가 위치한 지역이 유리
조력 에너지	조석 간만의 차가 큰 만입부에 방조제를 건설하여 물이 빠질 때 터빈을 돌리는 방식, 갯벌 파괴 등의 문제점 존재
조류 에너지	바닷물의 흐름이 빠르게 흐르는 곳에 터빈을 설치하여 전기를 생산, 조력 발전에 비해 친환경적
파력 에너지	파도의 힘으로 터빈을 돌리는 방식
해양 온도차 발전	열대 및 아열대 지방의 해양에서 수면과 해저의 수온 차이를 이용한 발전
수력 에너지	일반적으로 시설 용량 1만kw 이하를 말하며, 발전 시설은 2m 이내의 저낙차를 갖는 하천에서 위치 에너지를 이용하여 전력 생산
수소 에너지	수소와 산소를 결합시켜 물을 만들어 내는 과정에서 발생하는 전기와 열을 이용한 발전
폐기물 에너지	폐유, 폐플라스틱을 이용한 발전
바이오매스 에너지	나무, 곡물, 식물, 농작물 찌꺼기, 축산 분뇨, 음식 쓰레기 등의 바이오매스를 이용한 발전

(2) 세계의 신·재생 에너지 입지 특색

① 수력: 수량이 풍부한 지역(브라질), 낙차가 큰 빙하 지형이 있는 곳(노르웨이, 캐나다 등)

② 지열: 화산대에 위치한 국가들(미국, 필리핀, 아이슬란드, 이탈리아, 일본, 뉴질랜드 등)

③ 태양 에너지: 일사율이 많은 건조 지역(이스라엘, 스페인, 북아프리카 등지)

④ 조력 에너지: 조차가 큰 지역(캐나다의 펀디 만, 영국과 프랑스 해협)

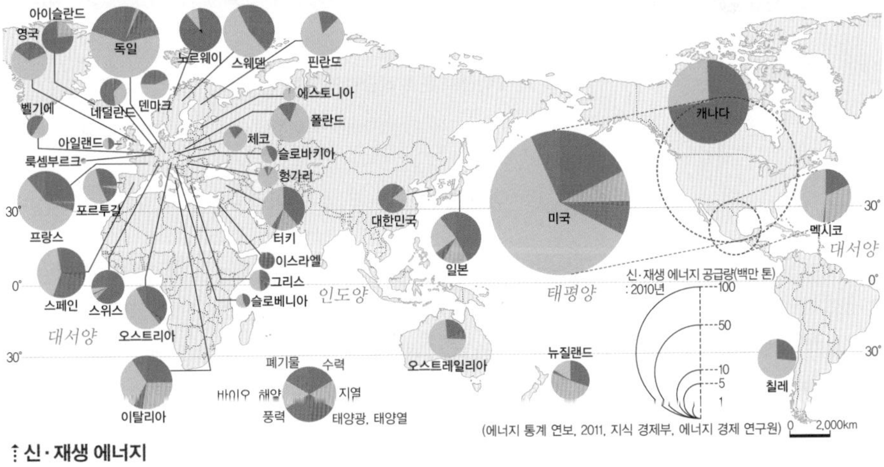

↑ 신·재생 에너지

(3) 우리나라의 신·재생 에너지 입지 특색

① 수력 에너지: 수량이 풍부하고 낙차가 커 댐 건설에 유리한 지역(강원, 충북 등)

② 풍력 에너지: 바람이 많은 해안 지역(제주, 울릉)이나 산간 고원 지역(대관령 일대)

③ 태양 에너지: 일사율이 많은 전남 해안가, 경북 내륙 지역에 주로 위치

④ 조력 에너지: 조차가 크고 방조제가 설치된 지역(시화호 방조제)

⑤ 조류 에너지: 조류의 흐름이 센 곳(울돌목 조류 발전소)

⑥ 폐기물 에너지: 석유 화학 공업이 발달한 지역에서 폐유 활용(전남, 울산)

■ 우리나라의 신·재생 에너지

우리나라의 풍력 발전소는 바람이 많은 제주, 울릉 등의 해안가 지역이나 대관령 등의 산지 지역에 주로 입지한다. 태양광은 일사량이 풍부한 전라남도 해안가, 경상북도 내륙 지역에서 주로 생산된다.

■ 지열, 조력 발전의 원리

지열

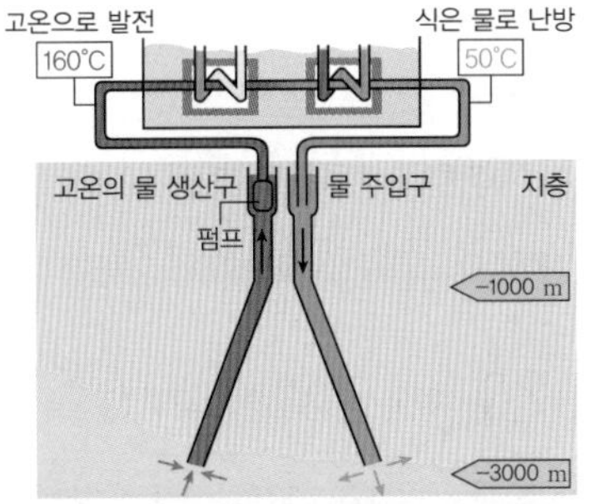

조력

■ 국가별 발전량 중 신·재생 에너지 비율

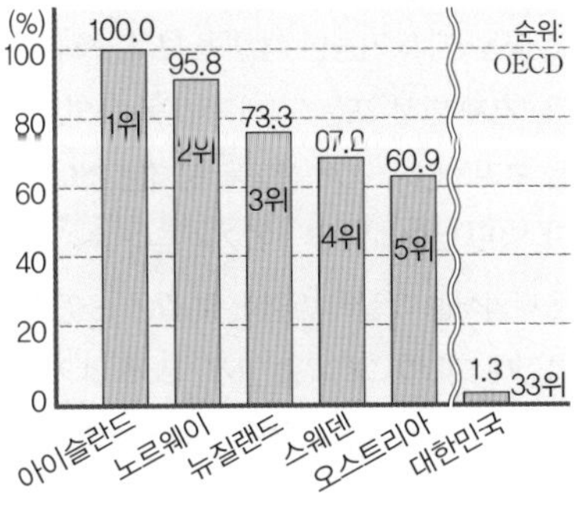

아이슬란드는 지열 발전과 수력 발전 등을 통해 총발전량의 100%를 신·재생 에너지로 생산하고 있다. 이에 비해 우리나라는 신·재생 에너지로 전력을 생산하는 비중이 매우 낮은 편이다.

지리 상식 1 힘식은 1차에서 끝! 에너지는 최종 에너지까지!

에너지 소비 구조는 1차 에너지와 최종 에너지라는 두 지표를 통해 파악할 수 있다. 먼저 1차 에너지는 가공되기 이전에 생산된 천연 상태의 에너지 형태에 따른 분류로 '석탄, 석유, 천연가스(LNG), 수력, 원자력, 신·재생 및 기타'의 6가지로 구분한다.

그러나 우리가 직접 사용하는 에너지는 1차 에너지를 그대로 사용하는 경우도 있지만, 사용하기에 편하도록 가공한 경우도 있다. 이때, 우리가 최종적으로 소비하는 에너지를 최종 에너지라고 한다. 최종 에너지는 '석탄, 석유 제품, 도시가스, 전력, 열에너지, 신·재생 및 기타'의 6가지로 구별한다. 에너지는 변환 과정에서 손실이 발생하기 때문에 1차 에너지와 최종 에너지 사이에는 양적인 차이가 발생한다.

우리에게 가장 친숙한 최종 에너지는 바로 전력이다. 수력과 원자력의 경우에는 1차 에너지원이지만 모두 발전소에 사용되므로 최종 에너지에서는 전력에 포함된다.

최종 에너지를 에너지원에 따라 구별하지 않고 사용된 데에 따라 분류할 수도 있다. 에너지가 산업 활동에 사용되었는지, 가정에서 사용되었는지 아니면 교통수단의 연료로 사용되었는지 구별하는 방식이다.

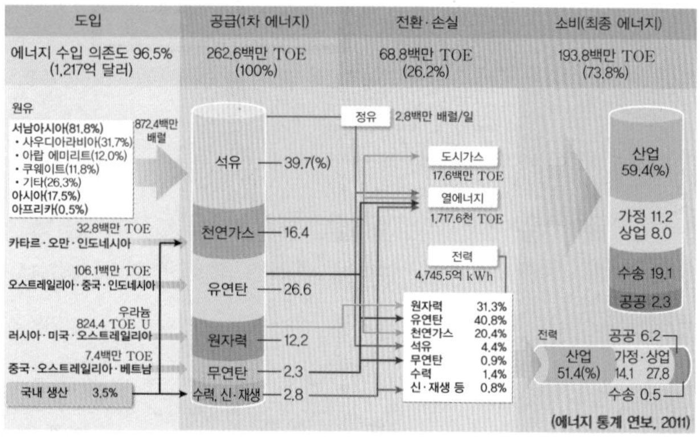

⁝ **에너지 도입에서 소비에 이르는 과정**

지리 상식 2 녹색성장, 두 마리 토끼를 쫓는 실수

사실 '녹색성장'이라는 개념은 1992년 리우 국제 연합 환경 회의에서 의제로 나온 '지속 가능한 개발'을 보다 구체적인 정책으로 표현한 것에 불과하다. '경제 발전' 또는 '경제 개발'을 하되, 사회적 형평성이나 환경적 지속성을 고려하면서 경제 성장을 하자는 것이다. 지속 가능한 개발 또는 녹색성장, 얼핏 보면 이것은 1972년 로마 클럽 보고서인 『성장의 한계』가 통찰한 문제의식을 적절히 반영한 것 같은 느낌을 준다.

그런데 이것이 왜 '유령'인가? 크게 세 가지 차원에서 살필 수 있다. 첫째는 '제본스의 역설'이다. 둘째는 '마키아벨리주의 공식'이며, 셋째는 '성장 중독증'의 문제이다.

첫째, 제본스의 역설이란 친환경적인 녹색성장이라는 미명 아래 진행되는 녹색산업, 녹색기술, 녹색연료, 녹색도시, 녹색건축, 녹색상품 따위가 오히려 환경에 더 큰 부담을 주는 현상을 말한다. 예를 들면, 녹색연료라 불리는 '바이오 디젤'을 만든답시고 식량을 생산해 오던 농지와 자연을 대규모로 파괴하는 사례나 '태양 에너지'를 대규모로 표집한답시고 생태 파괴와 이산화 탄소 방출을 증가시켜서 그 과정에서 엄청난 열이나 자외선이 발생하는 사례를 들 수 있겠다.

둘째, '마키아벨리주의 공식'이란 덴마크의 플뤼브예르그 교수가 제시한 개념으로, 대형 프로젝트 제안자들이 비용과 환경 영향은 과소평가하되 개발 효과와 이익은 과대평가함으로써 진실을 왜곡하는 것을 말한다. 일례로 2009년 이후 한국에서 '녹색 뉴딜'의 일환으로 추진 중인 '4대강 살리기 사업'은 22조 2,000억 원이 든다고 하지만 사실은 30조~40조 원에 육박할 것으로 추정되며, 개발 효과와 이익이 어마어마할 것으로 선전하지만 사실은 식수 오염과 생태 파괴로 귀결될 것이라는 우려가 크다.

셋째, 성장 중독증이란 한 사회가 온통 성장에 중독되어 있다는 것으로, 녹색성장도 결국은 포장만 달리한 성장 전략에 불과하다는 것이다. 기존의 성장 전략이 한계에 봉착하고 갈수록 위기가 만성화되자 '녹색'이라는 포장을 씌워 성장과 축적을 지속하려 한다. 예를 들면, 2008년 가을 세계 경제 위기 이후 한국에서 '마이너스 성장'이라는 형용 모순적 용어가 등장했는데, 이는 집단적 성장 중독증이 무의식 중에 밖으로 드러난 것이다.

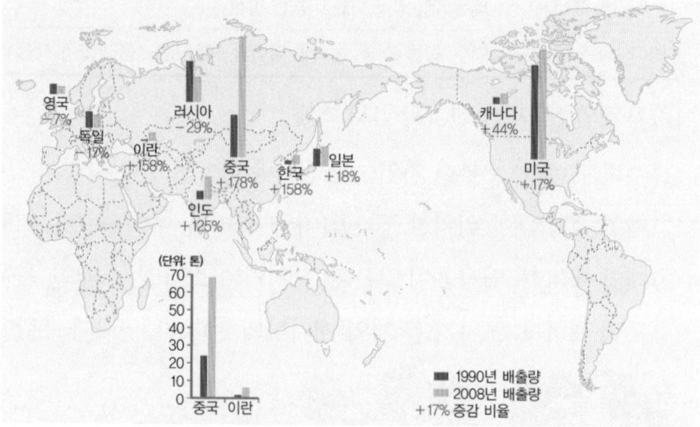

⁝ **국가별 세계 이산화 탄소 배출량의 변화**

르몽드 디플로마티크, 이주영·최서연 역, 2010, 『르몽드 세계사 2』

지리 상식 3 아이슬란드가 불의 땅이라구?

아이슬란드의 인구는 30만 명 남짓이다. 인구가 적기 때문에 나라 전체적으로 볼 때 많은 에너지를 소비하는 것은 아니지만, 1인당 전력 소비량은 세계에서 단연코 1위이다. 아이슬란드 사람들은 난방 걱정이 없다. 약 90% 정도의 사람들이 지열 에너지로 난방을 하기 때문이다. 지구가 데워 주는 물은 겨울에도 노천 온천이나 노천 수영장을 이용할 수 있을 정도로 풍부하다.

아이슬란드 정부는 지열 발전을 본격화하고 있다. 아이슬란드의 지열 발전은 청정성과 재생성이 뛰어난 데다가 전력 생산 비용도 화력 발전의 절반도 들지 않는다. 또 지열 발전과 함께 빙하 녹은 물이 폭포나 강을 이루는 곳에 수력 발전소도 설치하여, 말 그대로 지속 가능한 에너지를 확보하는 데 온 힘을 쏟고 있다.

한편 아이슬란드는 전력 생산과 관련하여 알루미늄 공업이 발달하였다. 알루미늄은 보크사이트를 이용하여 만드는데 보크사이트의 가공 과정에서 엄청난 양의 전기가 필요하기 때문에 알루미늄을 일명 '전기 통조림'이라고 부른다. 아이슬란드에서는 보크사이트가 전혀 생산되지 않지만, 값싼 전기 덕분에 남아메리카에서 보크사이트를 들여와 가공하는 것이다.

전국지리교사연합회, 2011, 『살아 있는 지리 교과서 2』

지리 상식 4 있는 놈들이 더 해요!

"아버지는 낙타를 탔고, 나는 자동차를 타지. 아들은 비행기를 탈 거라네. 아들의 손자는 아마 다시 낙타를 타야 할 거야." 이것은 석유 자원 고갈에 대한 우려를 나타낸 사우디아라비아의 격언이다. 석유가 풍부하게 매장된 이 지역들 역시 포스트 오일 시대를 걱정하며 발 빠르게 대응하고 있다. 특히 석유가 펑펑 쏟아지는 서남아시아의 사막 한가운데에 세계 최초로 탄소 제로 도시가 들어선다고 하니 놀랄 일이다. 그 핵심 지역은 바로 아랍 에미리트의 아부다비이다.

아부다비에는 태양열, 풍력 등 재생 에너지에만 의존하는 100% 친환경 도시가 건설되고 있다. 도시의 이름은 '마스다르시티'이다. 마스다르는 아랍어로 '자원, 근원, 끝이 없는' 등의 뜻이 있으며, 모든 에너지의 시작인 태양 에너지를 상징한다.

2016년에 완공할 예정인 마스다르시티는 일반 건물에 비해 80% 이상 에너지 효율을 개선한 건물을 비롯해, 사막에서 가장 활용도가 높은 태양광 에너지를 활용해 전력으로 사용하고 재활용 등을 통해 쓰레기를 배출하지 않는 친환경 자족 도시로 건설된다. 이 도시에서는 사막의 뜨거운 지열을 분수 설비로 식히고, 풍차를 이용해 환기를 해결하며, 자동차는 볼 수 없게 된다.

전국지리교사모임, 2014, 『세계지리, 세상과 통하다 1』

지리 상식 5 그런데 생선, 진짜 먹어도 괜찮은 건가요?

불행하게도 2011년 지진으로 일본에서 체르노빌 원전 사고와 같은 대규모 사고가 발생했다. 원자력은 무시무시한 원전 사고 위험이 있을 뿐만 아니라, 막대한 양의 핵폐기물을 처리해야 하는 문제도 있다. 핵폐기물 가운데 어떤 것들은 수천 년 심지어 수백만 년까지 독성이 지속된다. 게다가 노후화된 원자력 발전소 역시 골칫거리이다. 많은 원자력 발전소들이 너무 낡아, 안전상의 문제로 조만간 가동을 멈추어야 한다. 하지만 원자로를 폐쇄하는 일은 비용도 많이 들고 위험하다.

2007년에 발표된 국제 원자력 기구(IAEA) 보고서에 따르면 31개국에서 439개의 원자로를 가동하고 있다고 한다. 미국이 104개로 가장 많고 원자로가 하나인 나라는 아르메니아를 비롯한 4개 나라이다. 원자력에 가장 많이 의존하는 나라는 프랑스이고 우리나라는 여섯 번째이다. 2012년까지 전 세계에서 200개 이상의 노후화된 원자력 시설을 해체해야 한다. 그러나 아직까지도 안전한 해체 방법에 대해서 합의가 제대로 이뤄지지 않았다.

선진국에서는 총에너지의 10% 정도(전력의 약 17%)를 원자력으로 얻는다. 전 세계적으로 본다면 원자력은 전체 에너지 가운데 약 5% 정도를 차지한다. 그러나 높은 비용과 잠재적인 위험성 때문에 많은 나라에서 원자력 발전 계획을 재검토하고 있다.

하지만 여전히 세계 곳곳에서 수십 개의 원자력 발전소가 건설 중이다. 중국에서는 20개 이상, 미국에서는 10개 이상, 인도에서는 4개의 원자력 발전소가 건설되고 있다. 계획 중인 원자로는 이보다 더 많다. 우리나라에서는 원자력 발전소 21개가 가동 중이고, 5개가 건설 중이며, 4개를 추가로 건설할 예정이다.

이완 맥레쉬, 박미용 역, 2012, 『세상에 대하여 우리가 더 잘 알아야 할 교양 7: 에너지 위기 어디까지 왔나』

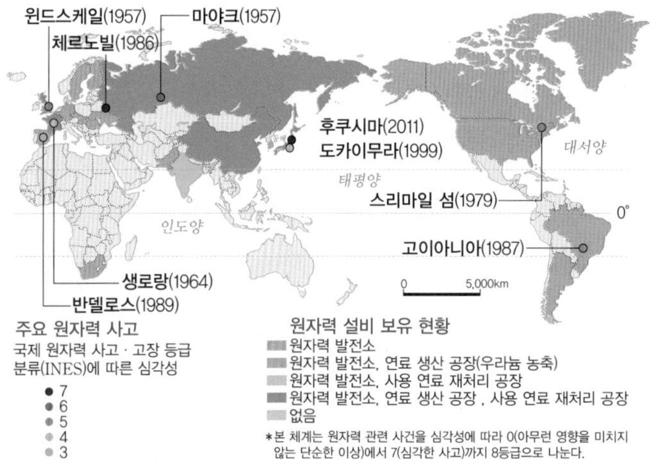

지리 상식 6 오이 팩? 아니 오펙(OPEC)

제2차 세계 대전 후 원유 가격의 변천사는 국제 석유 시장에서 오펙(OPEC) 지위의 변천사라고 해도 무방하다. 오펙은 1960년에 사우디아라비아와 베네수엘라의 요청으로 탄생했다. 당초 가맹국은 이라크, 이란, 쿠웨이트, 사우디아라비아, 베네수엘라 등 5개국이고, 석유 생산을 독점하는 석유 메이저 회사에 대한 대항 조직이기도 했다.

석유 메이저 회사란 석유의 채굴, 생산, 수송, 정제, 판매와 석유 산업의 상부에서 하부까지 모든 것을 독점적으로 취급하는 거대 석유 기업체를 가리킨다. 구체적으로는 미국 자본 엑손, 모빌, 걸프, 텍사코, 쉐브론과 영국 자본 브리티시 페트롤리엄, 그리고 영국과 네덜란드 자본 로열더치쉘 등 7개사, 소위 '세븐 시스터즈'를 말한다. 이 7개사에 프랑스의 석유 회사(TOTAL)를 추가해 '에잇 시스터즈'라고 말하기도 한다. 이 중 엑손과 모빌은 1999년에 합병해 엑손모빌이 되었고, 쉐브론은 1984년에 걸프를, 2001년에 텍사코를 매수했다.

석유 메이저 회사는 제1차 세계 대전 전후에 중동에서 석유 이권의 독점 체제를 확보했다. 이들이 판매 점유율을 고정시키는 국제 카르텔을 체결했기 때문에 원유 가격이 낮은 수준에서 안정을 이뤘던 것이다. 제2차 세계 대전 후 석유의 수요가 급격히 확대되었는데, 1950년대에 대규모 유전 개발이 이어지면서 오히려 공급 과잉에 빠진다. 이 때문에 석유 메이저는 1배럴에 2.08$였던 공시 가격을 단계적으로 1.80$까지 인하하는 방침을 내놓았다. 그런데 이런 공시 가격의 인하는 산유국의 이해를 구하기는 커녕 사전 통고도 없이 석유 메이저에 의해 일방적으로 이루어졌다. 산유국은 자국의 자원 가격이나 수출 범위를 외국 기업이 제멋대로 결정하는 일이 거듭되자 불만이 쌓이기 시작했고 석유 메이저 회사에 사전 통고라도 해 줄 것을 요구했지만 계속해서 거부당했다. 그래서 설립한 조직이 오펙이다.

시바타 아키오, 정정일 역, 2010, 『자원전쟁』

[선택형]

• 2015 9 평가원

1. 지도는 A, B 발전 양식의 분포를 나타낸 것이다. A, B 발전 양식에 대한 설명으로 옳은 것은?

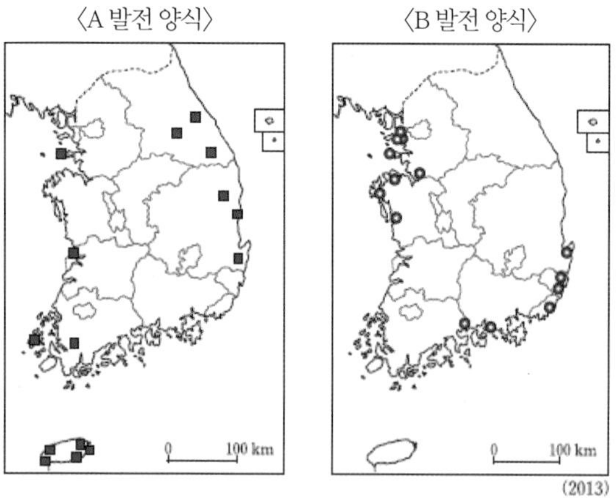

* A 발전 양식은 설비 용량 5,000kW 이상, B 발전 양식은 설비 용량 100만kW 이상만을 표시한 것임.

① A는 발전량에서 수력보다 비중이 높다.

② A는 대부분의 연료를 수입에 의존한다.

③ B는 안전성을 고려하여 소비지로부터 먼 곳에 입지한다.

④ A는 B에 비해 기후의 제약을 많이 받는다.

⑤ B는 A에 비해 발전 시 배출되는 대기 오염 물질과 온실 기체의 양이 적다.

• 2014 6 평가원

2. 그림은 우리나라의 에너지 도입에서 소비에 이르는 과정을 나타낸 것이다. 이에 대한 설명으로 옳은 것은?

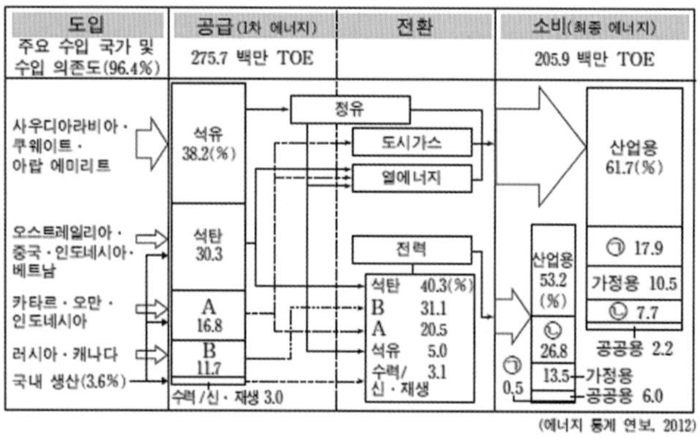

① A는 B보다 해외 의존도가 낮으며, 다양한 에너지원으로 활용된다.

② 발전량 비중은 원자력이 화력보다 크다.

③ ㉠은 상업용, ㉡은 수송용이다.

④ 석탄은 1차 에너지에서 차지하는 비중보다 전력에서 차지하는 비중이 낮다.

⑤ 1차 에너지는 에너지 전환 과정에서 절반 이상 손실된다.

• 2014 9 평가원

3. 지도는 화석 에너지 ㈎, ㈏의 생산량 대비 소비량 비중을 나타낸 것이다. ㈎, ㈏에 대한 옳은 설명을 〈보기〉에서 고른 것은? (단, 생산량 상위 10개국만 표시함.)

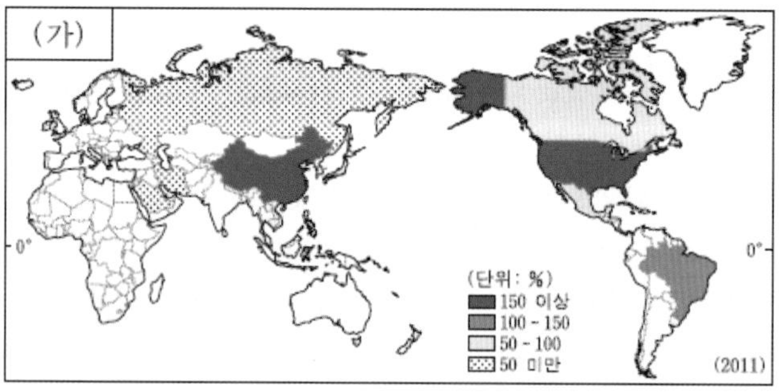

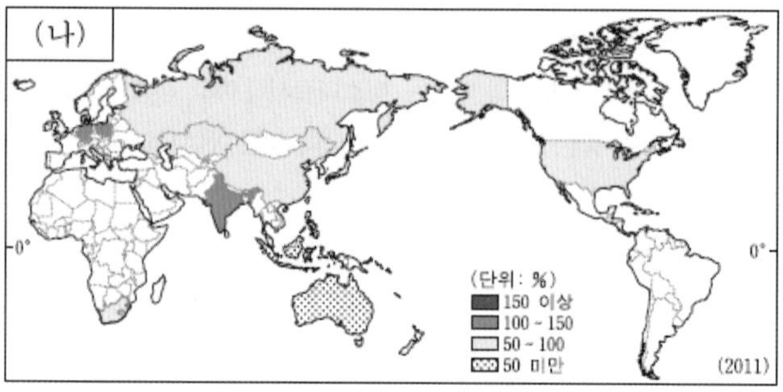

보기

ㄱ. ㈎는 냉동 액화 기술의 발달로 국제 이동이 증가하였다.
ㄴ. ㈎는 ㈏보다 오래된 지층에 주로 매장되어 있다.
ㄷ. ㈎는 ㈏보다 국제 정세 불안에 따른 가격 변동이 큰 편이다.
ㄹ. ㈏는 ㈎보다 세계 1차 에너지 소비량에서 차지하는 비중이 낮다.

① ㄱ, ㄴ ② ㄱ, ㄷ ③ ㄴ, ㄷ

④ ㄴ, ㄹ ⑤ ㄷ, ㄹ

[서술형]

1. 그래프는 우리나라 1차 에너지원별 소비량과 발전량 비중 변화를 나타낸 것이다. (가)~(라) 자원의 명칭을 쓰고, 각 자원의 소비량과 발전량 변화 과정에 대해 서술하시오.

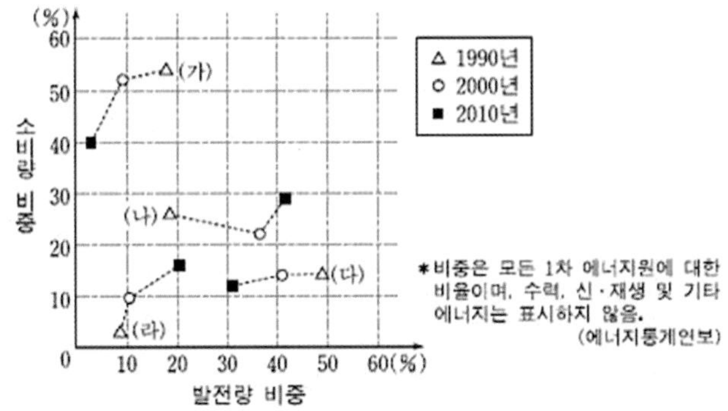

2. 표는 주요 1차 에너지원별 소비량 상위 5개국을 나타낸 것이다. A~D 에너지 자원의 명칭을 쓰고 각 자원의 특징에 대해 서술하시오.

순위	석유	A	B	C	D
1	미국	중국	미국	미국	중국
2	중국	미국	러시아	프랑스	브라질
3	일본	인도	이란	일본	캐나다
4	인도	일본	일본	러시아	미국
5	러시아	러시아	영국	한국	러시아

(에너지 경제 연구원, 2009)

3. 지도는 우리나라 신·재생 에너지별 생산량의 지역 분포를 나타낸 것이다. (가)~(다)에 해당하는 에너지의 명칭과 입지 특성에 대해 서술하시오.

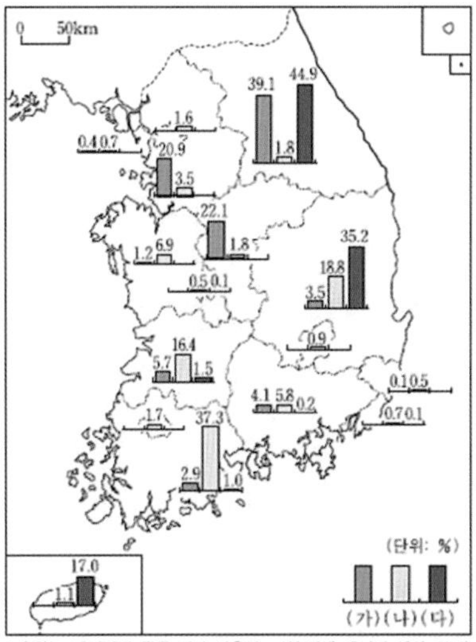

*수치는 에너지별 전국 대비 비율임. (신·재생 에너지 센터, 2010)

4. 그림은 원자력 발전소 건설에 관한 찬반 토론 장면의 일부이다. 갑~병의 찬성과 반대 의견에 대한 근거를 제시하고 이를 바탕으로 원자력 발전소 건설에 대한 자신의 의견을 논하시오.

핵심 출제 포인트

▶ 자원 개발과 지역 성장 ▶ 자원의 저주 ▶ 자원의 유한성과 편재성
▶ 자원 민족주의 ▶ 자원을 둘러싼 갈등

■ 자원이 풍부한 국가들의 1인당 국민 소득

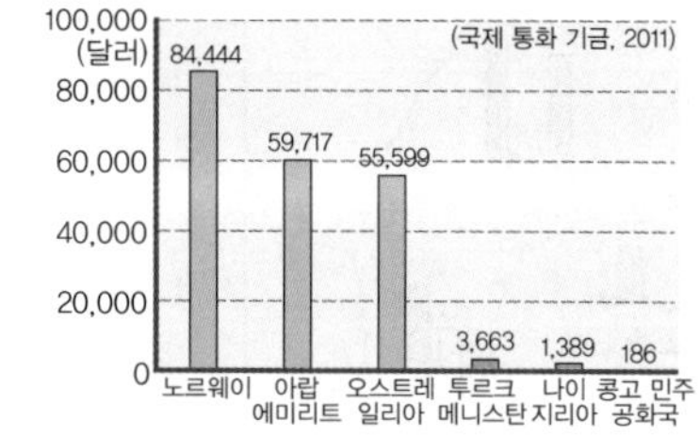

■ 원유 가격의 변동

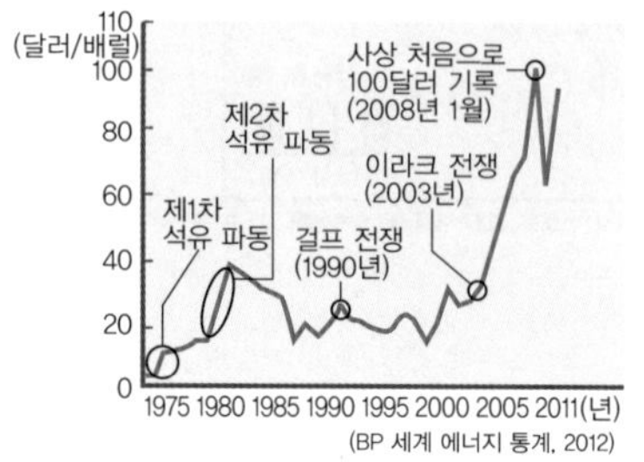

원유 가격은 꾸준히 상승 추세에 있다. 두 차례의 석유 파동과 페르시아 만 연안의 정세 불안은 원유 가격 폭등을 유발한다.

■ 자원의 매장량, 소비량, 가채 연수

자원	석탄	석유	천연가스
확인 매장량	8,609억t	2,343억t	208조 4,000억m^3
연간 소비량	37억t	41억t	3조 2,220억m^3
가채 연수	112년	54년	63년

1. 자원 개발이 지역에 미치는 영향

(1) 자원 개발에 따른 지역의 성장

① 광업 발달로 인한 일자리 증가, 외화 창출

② 사회 기반 시설 확충, 교육 및 의료 투자 등의 투자 증대

③ 사례 지역

• 아랍 에미리트: 평범한 어촌에 불과했던 두바이는 석유 개발로 벌어들인 자금을 건설 및 금융, 관광 산업에 투자하여 세계적인 도시로 변화

• 노르웨이: 풍부한 수산물과 목재, 유전 개발을 통해 세계적인 복지 국가로 성장

• 캐나다: 목재, 석유와 천연가스, 밀 자원이 풍부한 국가. 시장은 좁지만 풍부한 자원을 바탕으로 미국 북동부 공업 지역과 연계되어 발전

• 오스트레일리아

– 석탄, 철광석, 보크사이트 등 다양한 지하자원이 매장되어 있음

– 풍부한 자본과 높은 채굴 기술을 바탕으로 자원 생산

(2) 자원 개발의 부정적 영향: 자원의 저주

① 자원의 무리한 개발로 인한 환경 파괴

② 국가 간 자원 소유권을 둘러싼 갈등, 국가 내 불평등한 소득 분배 확대

③ 사례 지역

• 나이지리아: 석유 개발로 인한 심각한 환경 오염 문제 발생

• 콩고 민주 공화국: 콜탄 등의 풍부한 광물 자원을 둘러싼 내전으로 국민들이 어려움에 처함

• 투르크메니스탄

– 독재 정부의 자원 독점으로 국민의 삶의 질 저하

– 2007년 독재 정권 물러난 이후 국민 생활 안정에 힘쓰고 있음

• 아프가니스탄: 자원 운반 길목에 위치하여 전쟁을 치르고 있음

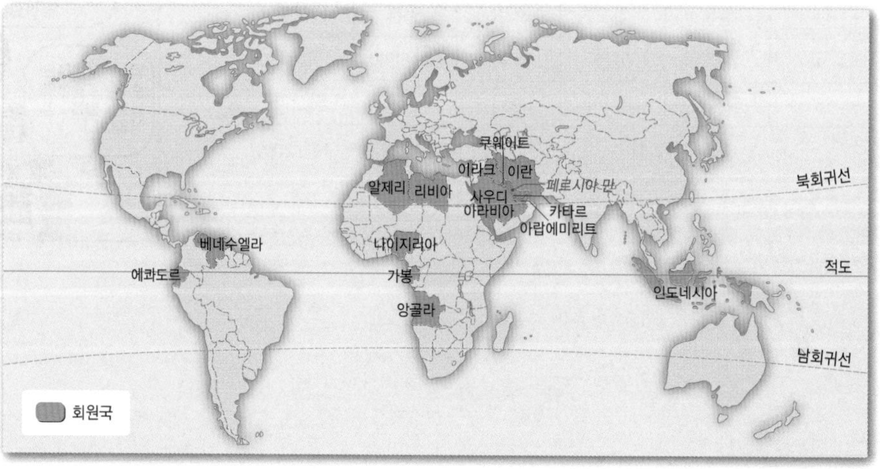

↑ 석유 수출국 기구 회원국

2. 자원을 둘러싼 갈등

(1) 갈등의 원인

① 자원의 편재성: 석유와 천연가스, 물 등의 자원이 특정 지역에 편재되어 있음

② 자원의 유한성: 대부분의 자원은 매장량이 한정되어 언젠가는 고갈됨

③ 자원 민족주의

- 석유 등 천연자원의 공급을 조절하여 자국의 이익을 극대화하고 국제 사회에서 영향력을 확대하려는 현상
- 산유국의 모임인 석유 수출국 기구(OPEC)

(2) 지하자원을 둘러싼 갈등 사례

① 아부무사 섬: 페르시아 만 입구에 있는 아부무사 섬 주변은 많은 석유 수송 선박이 통과하는 곳으로, 이를 소유할 경우 큰 이익이 되므로 이란과 아랍 에미리트가 갈등함

② 카스피 해: 이란과 투르크메니스탄은 카스피 해를 호수로 보고 5등분을 주장하지만, 러시아, 아제르바이잔, 카자흐스탄은 카스피 해를 바다로 보고 자국의 연안 비율에 따라 나눌 것을 주장

③ 북극해: 세계 석유의 약 13%, 천연가스의 약 30%가 매장되어 있을 것으로 추정. 북극해 개발에 러시아, 캐나다, 미국, 덴마크, 노르웨이 등이 갈등하고 있음

④ 오리노코 강: 단일 지역으로는 세계 최대 원유 매장지로 베네수엘라 정부의 국유화 정책으로 다국적 석유 기업과의 분쟁 발생

(3) 물 자원을 둘러싼 분쟁

요르단 강 유역	• 1981년 이스라엘이 시리아로부터 점령한 골란 고원은 물 자원이 풍부한 갈릴리 호수로 물이 흘러드는 수원지 • 시리아를 비롯한 아랍의 여러 국가들은 이스라엘의 골란 고원 점령을 비판
유프라테스 강-티그리스 강 유역	• 상류에 위치한 터키가 하천의 상류에 댐을 건설하고 지류의 흐름을 바꾸어 많은 물을 저장 • 하류에 위치한 시리아와 이라크는 강의 사용 권리를 주장
나일 강 유역	• 상류에 위치한 수단에서는 나일 강의 두 지류를 이용하여 관개 사업을 계획 • 이에 나일 강으로부터 물 자원을 얻는 하류의 이집트는 늘어나는 용수의 수요에 맞추어 아스완 댐을 건설하는 등 수자원의 확보에 나섬
메콩 강 유역	• 메콩 강 상류에 위치한 중국이 댐을 건설하면서 유량이 줄어들자, 메콩 강 하류에 위치한 인도차이나 반도의 타이, 라오스, 미얀마, 베트남, 캄보디아 등 여러 국가가 농업용수 확보에 어려움을 겪음 → 이들 국가는 중국에 대책 마련을 요구

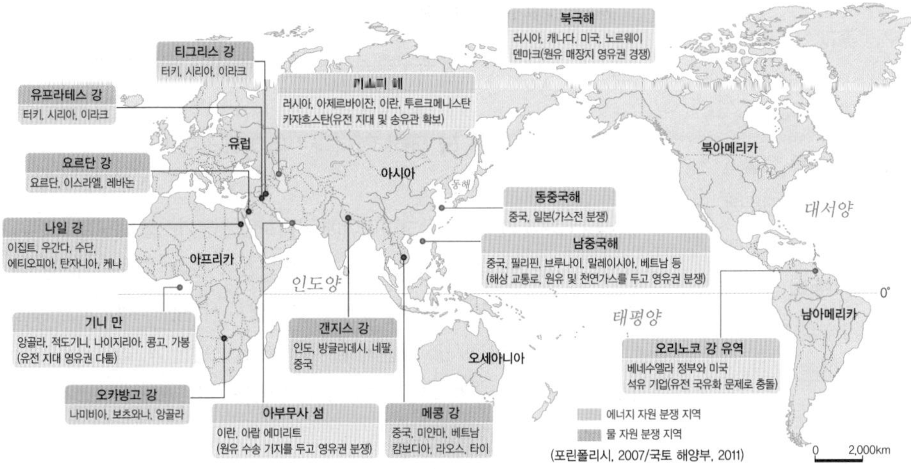

⋮ 세계의 자원 분쟁 지역

■ 카스피 해는 호수인가? 바다인가?

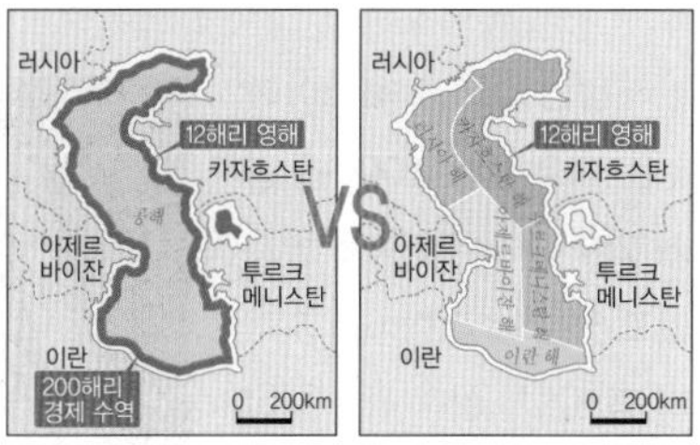

카스피 해에는 2,000억~2,700억 배럴 정도의 많은 석유가 매장되어 있으며, 천연가스 매장량도 세계 1위를 차지한다. 원유 대부분이 카스피 해의 해저에서 발견되고 있는데 카스피 해가 호수라면 해저의 지하자원은 국제법에 따라 연안 5개국이 함께 관리해야 하며, 바다라고 하면 배타적 경제 수역이 인정되어 독점적으로 자원을 개발할 수 있다.

■ 북극해 주변의 지하자원 분포

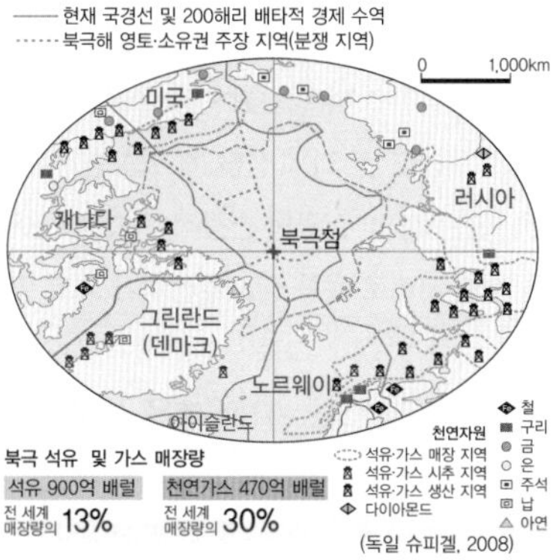

최근 지구 온난화로 북극의 빙하 면적이 700만 km^2에서 410만km^2로 감소하면서 북극해 해저자원 개발을 두고 관련 국가가 대립하고 있다. 러시아, 캐나다, 미국, 덴마크, 노르웨이 5개국이 분쟁 상태에 있으며, 이 국가들은 1982년 국제 연합(UN) 해양법 협약 이후 200해리로 설정된 경제 수역 범위를 350해리로 확대해 줄 것을 국제 연합에 요구하고 있다.

■ 외국으로부터 유입되는 지표수에 대한 의존율

국가	유입 지표수 의존율(%)
투르크메니스탄	98
이집트	97
헝가리	95
모리타니	95
보츠와나	94
불가리아	91
우즈베키스탄	91
네덜란드	89
감비아	86
캄보디아	82

지리 상식 1 새똥도 약에 쓰려니 없다

남태평양 미크로네시아에 있는 나우루는 2,000년 넘게 외부 세계의 영향을 받지 않고 전통 생활 방식을 지키며 평화롭게 살던 작은 섬이었다. 그런 이 섬은 100년 전에 인광석이 발견되면서 큰 변화를 맞았다. 인광석은 새똥이 쌓여 굳어진 것으로 비료의 원료가 되는데, 섬 전체가 인광석으로 이루어져 있어 제국주의 열강은 번갈아 가며 나우루를 손아귀에 넣고 인광석을 팔아 돈을 챙겼다. 1968년에 독립한 나우루는 열강들이 했던 그대로 인광석을 캐어 팔았다. 1970년 나우루는 1인당 국민 소득이 미국의 1.5배가 될 만큼 부자였다. 나우루 사람들이 하는 일이라고는 초호화 주택에서 고칼로리의 수입 식품을 먹으며 걸어서 네 시간도 안 되는 섬을 최고급 승용차로 돌아다니는 것이었다. 그러나 천년만년 갈 것 같았던 인광석이 30년 만에 바닥을 드러냈고, 섬은 인광석을 캐낸 자리로 온통 상처투성이가 되고 말았다. 그런데 나우루의 진짜 재앙은 따로 있었다. 그동안 파낸 인광석만큼 고도가 낮아져 투발루처럼 바다 밑으로 가라앉을 위기에 놓은 것이다. 수억 년에 걸쳐 생성된 자원이 고갈되는 데는 불과 몇십 년이 걸리지 않는 비극을 나우루가 보여 주고 있다.

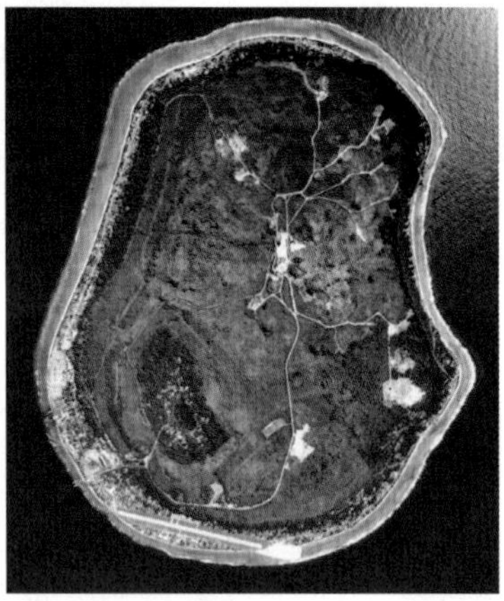

↑ 나우루의 위성사진

전국지리교사연합회, 2011, 『살아있는 지리 교과서 2』

지리 상식 2 거북이냐 석유냐, 이것이 문제로다

아프리카 서부 기니 만 연안 국가들은 아주 어려운 결정을 앞두고 있다. 어떤 선택을 하는가에 따라 이 지역의 모습도 크게 바뀔 것이다.

첫 번째 문제는 거북의 산란지 문제이다. 지구 상에 있는 거북 여덟 종류 가운데, 다섯 종류는 기니 만에 와서 알을 낳는다. 따라서 해양 생태계의 보고로서 보호할 필요가 있다. 특히 코리스코 만이 중요하다. 다섯 종류 가운데 네 종류는 코리스만, 다시 말해서 적도 기니 쪽 산후안 곶과 가봉 쪽 에스테리아스 곶 사이에 알을 낳는 것이다. 그런데 이 코리스코 만이 위험해지고 있다. 거북 사냥 때문이다. 살은 먹고, 알은 최음제로 쓰며, 껍데기는 관광객들에게 팔 기념품 재료가 된다. 가봉 쪽 해안에는 감람나무 껍질이 쌓이면서, 산란에 방해가 되더니, 먼바다에서 물빼기를 하는 배들 때문에 해안에 기름띠가 생겼다. 그리고 건물을 짓기 위해 모래를 퍼내가면서, 해안이 점점 더 좁아지고 있다. 보다 못한 중앙아프리카의 나라들이 움직이기 시작했다. 유럽 연합(EU)이 후원하는 중앙아프리카 산림 생태 보존 계획이 이 지역의 해양 생태계 보존을 위한 계획을 수립하기에 이른 것이다.

두 번째 문제: 원유 채굴권 문제이다. 기니 만이 전 세계인의 주목을 받고 있는 이유는 단순히 석유 매장량이 풍부하다는 사실 때문만이 아니다. 무엇보다 중동에 비해 정치적으로 안정되어 있다는 점에서 매력적이다. 유명한 석유 회사들이 이 지역으로 몰려들었고, 가봉은 걸프오일과 로열더치셸에게 원유 채굴권을 주었다.

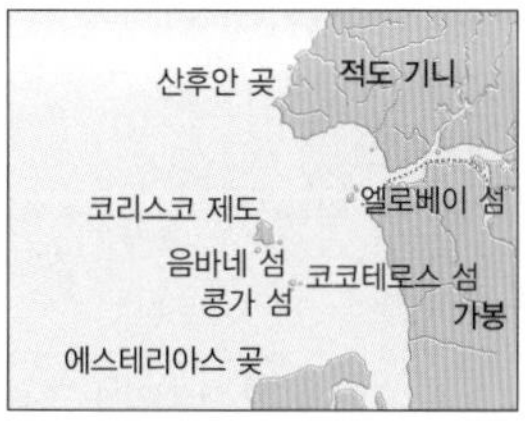

↑ 거북이의 산란지

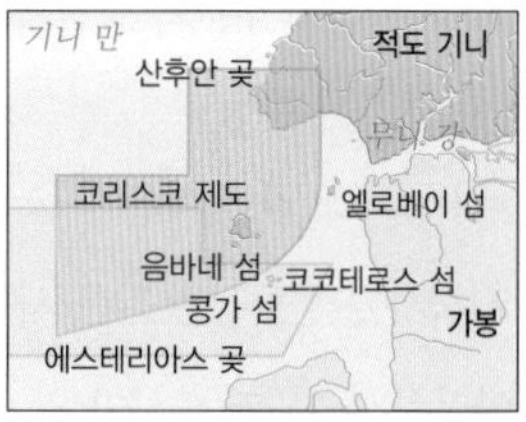

↑ 원유 채굴권

반면에 적도 기니는 스페인 회사인 셰프사와 스페인 걸프 오일을 파트너로 선택했다. 문제는 가봉과 적도 기니가 대륙붕 지역에 그리는 그림이 겹치는 것이다. 즉 같은 지역에 두 개의 원유 채굴권이 존재한다는 것, 국경 문제의 핵심은 그것이다. 국경을 사이에 두고 첨예한 경제적 이익이 대치하고 있는 것이다.

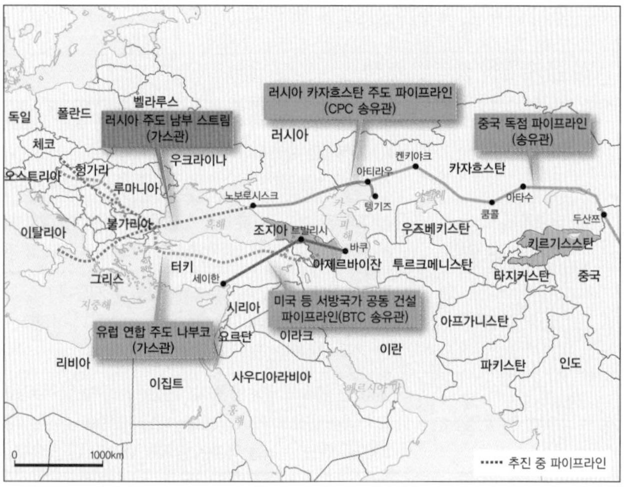

↑ 카스피 해를 둘러싼 국가들

장 크리스토프 빅토르, 김희균, 2007, 『아틀라스 세계는 지금』

지리 상식 3 라인을 잘 타야 합니다!! 파이프라인!!

2006년 초에 러시아가 우크라이나에 공급하던 천연가스를 중단한 사건이 있었다. 이로 인해 우크라이나는 물론 천연가스의 25%를 우크라이나를 통해 들여오던 유럽까지 추위에 떨어야 했다. 당시 사건은 러시아 국영 기업이 영국의 에너지 회사를 사들이려고 하다가 유럽 연합 등 국제 사회의 반발을 사자 러시아가 에너지 수출을 유럽에서 아시아로 돌리겠다고 위협하면서 실력 행사를 한 것이다.

유럽 연합은 러시아가 독점하고 있던 카스피 해의 천연가스를 러시아를 우회하여 유럽으로 공급하는 파이프라인인 '나부코'를 건설하고 있다. 이 파이프라인이 완성되면 카스피 해 연안국에서 유럽까지 3,300km에 걸친 천연가스 수송관이 만들어지는 것이다. 이에 맞서 러시아는 흑해 연안에서 출발해 불가리아를 거쳐 오스트리아와 이탈리아로 이어지는 최대 3,200km의 남부 스트림 건설에 열을 올리고 있다. 러시아는 카스피 해 연안국의 가스를 일단 자국 영토로 끌어들인 뒤 이 가스관을 통해 유럽으로 수출하겠다는 계산으로, 이 지역의 천연가스 독점권을 다시 가져오기 위한 승부수를 띄운 셈이다.

카스피 해의 석유나 천연가스가 러시아를 거치지 않고 유럽으로 나가려면 아제르바이잔과 조지아를 거쳐야 한다. 중앙아시아와 중국을 연결하는 통로는 키르기스스탄이다. 이렇게 석유나 천연가스를 실어 나르는 파이프라인이 지나가는 위치에 있기 때문에 이들 나라의 중요성이 커지고 있다.

전국지리교사모임, 2014, 『세계지리, 세상과 통하다 1』

지리 상식 4 신부 손가락의 다이아몬드 반지에 잘려나간 아이의 팔

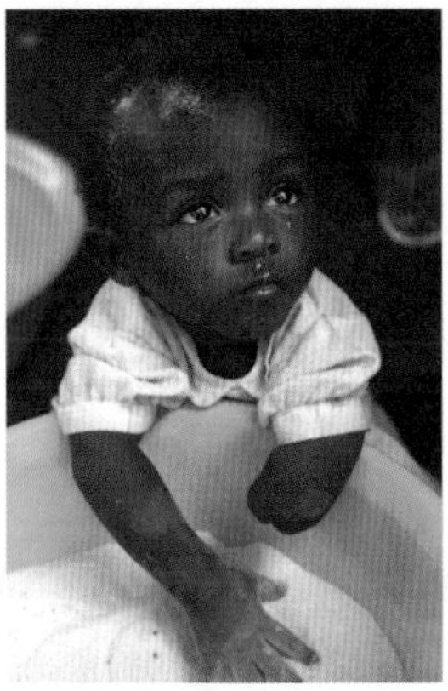

시에라리온 내전은 1991년 포다이 상코를 지도자로 한 혁명통일전선(RUF)이 조지프 사이두 모모 정권에 반기를 들면서 비롯되었다. 모모 대통령과 측근들은 부패해 있었고 4만 명에 이르는 레바논 정착민과 소수의 세네갈 인들이 다이아몬드 광산 채굴권과 무역, 상업 등 시에라리온 경제의 70~80%를 쥐고 있다는 점 등이 상코가 일으킨 반란의 명분이었다.

초기의 혁명통일전선은 부패한 지배층에 분노하고 있던 시에라리온 인들에게 대대적인 환영을 받았다. 그러나 상코는 라이베리아의 찰스 테일러로부터 무기 및 용병에 대한 대가로 다이아몬드를 지불하고 자신의 축재에 이용했다. 그리하여 내전은 시간이 갈수록 다이아몬드 광산을 차지하려는 정부군과 반군의 싸움으로 전개되었다. 지하자원은 곧 전쟁 자금의 주요 공급원이었다. 혁명통일전선의 포다이 상코는 시에라리온 동부의 다이아몬드 광산들을 자금원으로 무기를 사들여 세력을 넓혀갔다.

혁명통일전선 반군은 소년병의 강제 징집, 식량과 마약 등의 약탈, 지방 정부 요원 살해, 경제를 장악하고 있던 레바논 인과 세네갈 인의 처형 등을 자행하여 주민들에게 공포의 존재로 다가왔다. 그들은 가는 곳마다 불지르고 비전투원인 양민들을 공격해 죽이거나 도끼로 손목, 발목을 자르는 잔혹 행위를 저질렀다. 국제적인 인권 감시 기구인 'Human Right Watch'가 펴낸 보고서는 손목 절단을 "시에라리온 8년 내전에서 가장 잔혹하고 집중적인 인권 침해 행위"라고 기록하고 있다. 서아프리카의 작은 나라 내전이 전 세계의 눈길을 끈 것도 그때의 잔혹상이 언론 보도로 널리 알려졌기 때문이다.

구동회·노혜정·임수진·이정록, 2011, 『세계의 분쟁』

지리 상식 5 넘치는 석유와 부족한 물, 그렇다고 석유를 마실 수는 없는 노릇

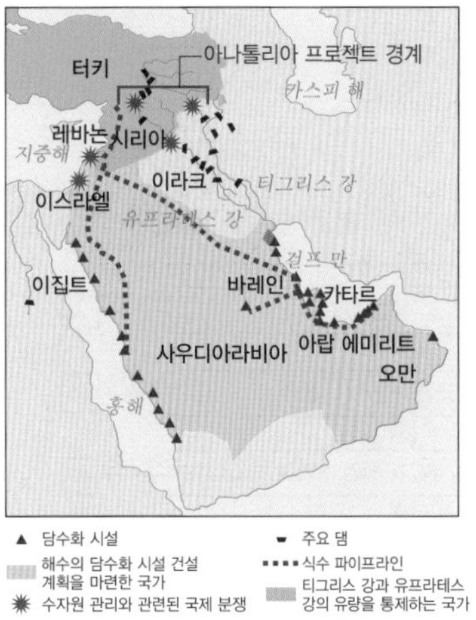

서남아시아 지역은 석유와 천연가스의 매장량이 풍부한 데다 유리한 채굴 조건까지 갖추고 있어서 자원 빈국들의 부러움을 사고 있다. 석유는 사우디아라비아, 이라크, 아랍에미리트, 쿠웨이트, 이란 등 5개국에 전 세계 확인 매장량의 2/3가 집중되어 있다. 천연가스 역시 서남아시아 지역이 전 세계 매장량의 40%를 차지하고 있으며, 특히 카타르는 러시아와 이란에 이어 세계 3위의 생산국이다. 그러나 이 지역 국가들의 발전에 가장 큰 걸림돌은 수자원이다. 외래 하천인 티그리스 강과 유프라테스 강처럼 큰 하천도 있지만 이 지역은 근본적으로 건조 또는 반건조 지역이라 물이 넉넉하지 않다. 물 공급은 한정되어 있는 데 반해 물 소비량은 도시화와 관개 농지의 증가로 크게 늘어났기 때문이다. 서남아시아 지역에는 1인당 연간 수자원 소비량이 물 기근국의 기준인 1,000m^3에 못 미치는 나라가 대부분이며, 심지어 500m^3가 안 되는 나라도 있다. 페르시아만 인접 국가들은 안정적인 식수 확보를 위해 해수의 담수화 시설을 마련하였다. 일반 정수 시설에 비해 생산 단가가 2.5~5배 정도 높지만 선택의 여지가 없다. 쿠웨이트는 물 수요량의 100%를 담수화 시설에 의존하고 있다. 이 밖에 이스라엘, 팔레스타인, 요르단에서는 지하수 개발과 요르단 강 수자원을 둘러싼 갈등이 점점 커지고 있다.

이 지역의 수자원 계획 중 가장 규모가 큰 것은 터키가 추진하는 아나톨리아 프로젝트(GAP)이다. 티그리스 강, 유프라테스 강의 상류 지역에 22개의 댐을 건설하여 터키 국토의 사막화를 방지하고 관개용수를 확보하며, 전력을 생산한다는 것이다. 1980년대 중반에 시작되어 약 30년간 진행되는 이 계획에 강의 중·하류 지역에 있는 시리아와 이라크가 강력하게 반발하고 나섰다. 전문가들은 20세기의 전쟁이 석유를 둘러싼 전쟁이었다면, 21세기의 전쟁은 물을 차지하기 위한 전쟁이 될 것이라고 경고하였다.

전국지리교사연합회, 2011, 『살아있는 지리 교과서 2』

[선택형]

·2015 9 평가원

1. 지도의 (가)~(나) 하천에 해당하는 내용을 그림의 A~D에서 고른 것은?

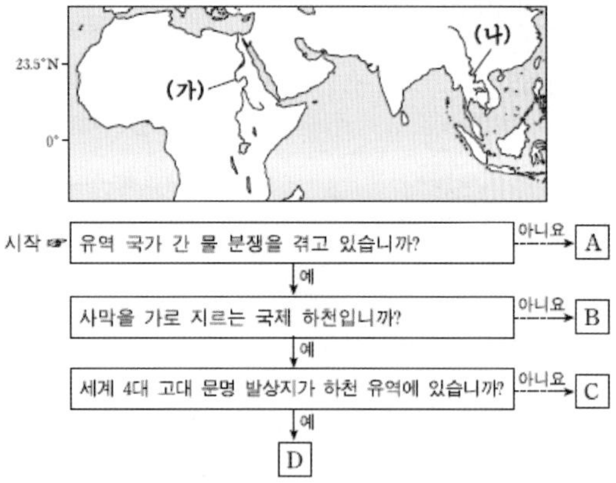

	(가)	(나)		(가)	(나)		(가)	(나)
①	A	B	②	A	C	③	B	C
④	D	B	⑤	D	C			

·2014 6 평가원

2. 다음 자료에 공통으로 해당되는 하천을 지도의 A~E에서 고른 것은?

> ㅇ 이 하천의 유역은 세계 4대 문명 발상지 중 하나로 알려져 있으며, 상류의 고원 및 산간 지대에서 흘러나오는 물이 유량의 대부분을 차지한다.
> ㅇ 이 하천의 상류에 있는 한 국가는 하류의 국가들이 원유 자원을 무기화할 경우 자국은 물을 무기화하겠다고 선언하기도 하였다.
> ㅇ 20세기 후반 이 하천의 상류 지역에서 22개의 댐을 건설하려는 아나톨리아 프로젝트가 추진되면서 상·하류 국가들 사이에 물 분쟁이 심화되었다.

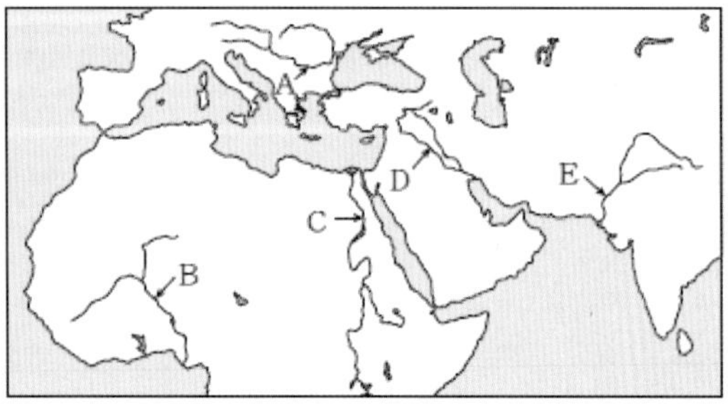

① A ② B ③ C ④ D ⑤ E

·2012 수능

3. 다음 글의 밑줄 친 ㉠에 해당하는 사례로 가장 적절한 것은?

> 전통적인 자원 민족주의는 저개발 자원 부국이 선진국으로부터 경제적 주권을 되찾기 위해 자원을 전략적 무기로 이용하던 경향을 말한다. 석유 수출국 기구(OPEC)의 등장이 대표적인 사례이다. 그런데 최근에는 자원 보유국이 자국의 이익을 위해 원유뿐만 아니라 각종 원료 자원을 중심으로 ㉠ <u>자국 내 자원을 무기화하는 새로운 자원 민족주의</u>가 등장하고 있다.

① A국은 자원 재활용을 통해 자원 소비의 효율성을 높이고 있다.
② B국은 탄소 배출권 확보를 위해 해외 조림 사업을 확대하였다.
③ C국은 신·재생 에너지 기술 관련 기업에 대한 보조금을 확대하였다.
④ D국은 에너지 자원의 해외 의존도를 낮추기 위해 유류 소비세를 인상하였다.
⑤ E국은 인접국과 갈등이 발생하자 해당국에 대한 희소 자원 수출을 금지하였다.

·2011 수능

4. 자료는 어떤 광물 자원에 대한 기사이다. 이 자원에 대한 설명으로 옳은 것만을 〈보기〉에서 있는 대로 고른 것은?

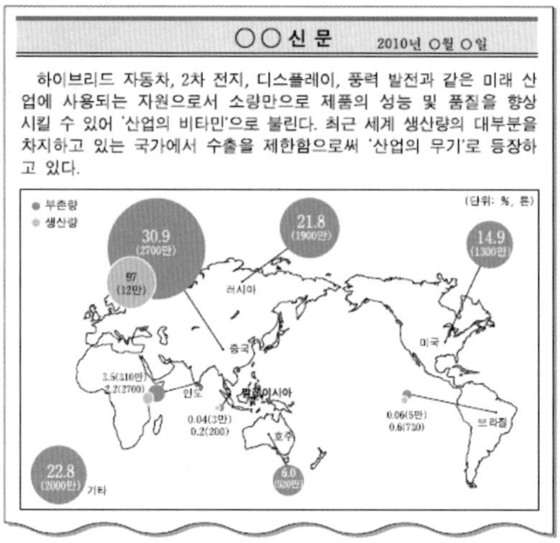
○○신문 2010년 ○월 ○일

하이브리드 자동차, 2차 전지, 디스플레이, 풍력 발전과 같은 미래 산업에 사용되는 자원으로서 소량만으로 제품의 성능 및 품질을 향상시킬 수 있어 '산업의 비타민'으로 불린다. 최근 세계 생산량의 대부분을 차지하고 있는 국가에서 수출을 제한함으로써 '산업의 무기'로 등장하고 있다.

보기

ㄱ. IT 및 신·재생 에너지 산업의 중요한 소재로 이용된다.
ㄴ. 우리나라가 해외에 진출하여 개발한 비율이 매우 높은 광물이다.
ㄷ. 수급 불안에 대비하여 재활용 확대 및 대체 기술 개발을 서두르고 있다.
ㄹ. 채굴과 수출 과정에서 환경 파괴를 수반하며, 각종 인프라와 저임금 노동력 등이 필요하다.

① ㄱ, ㄴ ② ㄴ, ㄷ ③ ㄷ, ㄹ
④ ㄱ, ㄴ, ㄷ ⑤ ㄱ, ㄷ, ㄹ

5. 다음 글의 내용으로 옳지 않은 것은?

Dubai used to depend on pearl fishing, and herding sheep and goats, and growing dates. It was also a trading port for trade between India and Iran. Then in 1966 it struck oil. And everything changed.

Money poured into Dubai from the sale of oil to countries which had none, or not enough, of their own. The money was used to develop Dubai. Now it has modern roads, schools & hospitals and a good standard of living for most people. And thanks to the oil money, the people in Dubai don't have to pay taxes.

Dubai knows its oil will run out by about 2025. So it is already planning a future without oil money. Tourism and information technology and trade are some of the ways it support itself. Dubai's plans are succeeding. In 2004 only about 17% of the money it earned came from oil. The rest came from tourism and the other service.

① 두바이는 어업과 유목을 통해 살아가는 마을이었다.
② 석유 자원의 개발로 두바이의 변화가 나타났다.
③ 오일 머니 덕분에 두바이 사람들은 세금을 낼 필요가 없다.
④ 두바이의 석유는 2025년 쯤 고갈될 것으로 알려져 있다.
⑤ 지금도 두바이의 수익 중 대부분이 석유를 통해 얻어진다.

[서술형]

1. 지도 속 A~E의 하천 이름을 각각 쓰고, 이 하천들을 둘러싼 국가 간 분쟁이 나타나는 공통적인 원인에 대해 서술하시오.

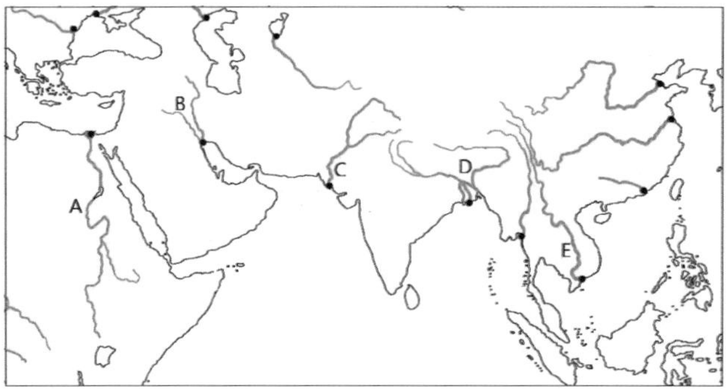

2. ㈎의 갈등의 원인이 무엇인지 서술하고, ㈏의 국제 사법 재판소 재판관이 되어 ㈏ 토론의 판결문을 작성해 보시오.

㈎ 카스피 해를 둘러싼 영유권 주장

㈏

국제 분쟁의 법적 해결을 위해 1945년 설립된 국제 사법 재판소는 네덜란드 헤이그에 본부를 두고 있다. 국제 연합의 가맹국은 물론 비가맹국도 일정한 조건 아래에서 재판소 규정의 당사국이 될 수 있다. 국제 연합 총회 및 안전 보장 이사회에서 선출된 15명의 재판관으로 구성되며, 국제법을 원칙으로 적용하여 판단을 내린다. 재판을 통한 강제적 관할권은 없지만 관결은 구속력을 가지며, 당사국이 이를 이행하지 않을 때에는 안전 보장 이사회가 적당한 조치를 취하게 된다. 특별한 경우를 제외하고는 한쪽 당사자의 청구만으로는 재판의 의무가 발생하지 않는다.

한 권으로 끝내는

지리
올림피아드

All about Geography-Olympiad

Chapter

11

제11장

환경 지리

01. 환경 보전을 위한 방법

02. 전 지구적 환경 문제와 공존을 위한 노력

chapter 11

환경 지리

01. 환경 보전을 위한 방법

핵심 출제 포인트

- ▶ 환경의 의미
- ▶ 기술 중심주의와 생태 중심주의
- ▶ 지속 가능한 발전
- ▶ 슬로시티

■ 기계론적 자연관

모든 사상(事象)을 기계적 운동으로 환원시켜 설명하려는 입장이다. 세계의 모든 과정이 필연적이고 자연적인 인과 법칙에 따라 생긴다고 여긴다. 자연은 생명이 없는 물질적 재료라고 보고 자연 정복과 이용을 정당화한다.

■ 유기론적 자연관

자연을 살아 있는 유기체와 같은 존재로 파악하고 전체와 부분, 하나와 다수가 긴밀하게 얽히면서 상호 영향을 주고받는다고 보는 입장이다.

■ 카셰어링(car sharing)과 환경 개선 효과

카셰어링은 한 대의 자동차를 시간 단위로 여러 사람이 나눠 쓰는 것으로, 주택가 근처에 보관소가 있고 시간 단위로 차를 빌려 쓰는 것이다. 연구 결과 카셰어링의 자동차 한 대는 도로 위의 자동차 12.5대를 감소시키는 효과가 있다고 한다.

■ 승용차 요일제

월~금 중 하루를 승용차를 운행하지 않는 요일로 정하여 실천하는 캠페인으로 전국 각 지방 자치 단체에서 시행 중이다. 참여자에게는 주차 요금 할인, 자동차세 감면 등의 혜택이 주어진다.

■ 환경 시설 빅딜

이해관계가 엇갈리는 지방 자치 단체 간의 협상을 통해 님비(NIMBY) 현상과 입지 선정 문제를 해결하는 방안이다.

■ 매립 가스 자원화

폐기물을 땅에 묻었을 때 일정 기간이 지난 뒤 발생하는 이산화 탄소나 메탄 가스를 활용하여 전력을 생산하거나 난방 열을 공급하는 신·재생 에너지 개발 방식을 의미한다.

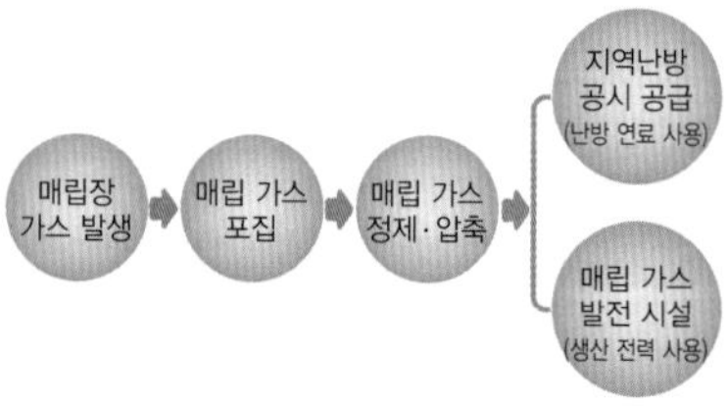

매립 가스 자원화 과정

1. 환경을 바라보는 관점

(1) 환경의 의미

① 좁은 의미: 자연적 환경(물, 대기 등의 자연 상태)에 국한한 것으로 간주

② 넓은 의미: 자연적 환경뿐만 아니라 인공적 환경(도로, 공원, 교육, 의료 등)까지 포함 → 더 나아가 사회적 환경(문화적·경제적·정치적 환경)까지 포함

(2) 기술 중심주의와 생태 중심주의

① 기술 중심주의

- 내용: 발전을 위해서는 과학 기술을 통해 환경을 적극적으로 이용해야 함
- 자연관: 서양의 자연관에 기초 → 자연보다는 인간을 우위에 두는 기계론적 자연관
- 환경 문제를 보는 시각: 자원 고갈이나 환경 문제는 과학 기술로 충분히 해결할 수 있음
- 사례: 간척 사업, 다목적 댐 건설

② 생태 중심주의

- 내용: 지나친 경제 성장과 개발은 필연적으로 자연환경 파괴와 자원 고갈 유발
- 자연관: 동양의 자연관에 기초 → 자연과 인간이 조화를 이루는 유기론적 자연관
- 환경 문제를 보는 시각: 자원의 한계를 넘는 개발 활동이 환경 문제 유발
- 사례: 역간척 사업, 친환경 도로 포장, 생태 통로 조성

(3) 관점의 변화

① 근대 이전: 미지의 대상인 자연을 두려움의 대상으로 인식

② 근대 이후: 자연에 대한 지식이 축적되고 과학 기술이 발전 → 기술 중심주의 우세

③ 현재: 자원 고갈과 환경 문제의 피해를 겪음 → 생태 중심주의 강조

2. 환경 보전의 다양한 방법

(1) 개인과 지역의 노력

① 생활 폐기물 배출 감소: 쓰레기 분리수거 및 재활용, 일회용품 사용 억제

② 에너지 소비 구조 개선: 신·재생 에너지 사용 활성화, 에너지 고효율 등급의 전자 제품 사용, 냉·난방 에너지 절약

③ 자동차 통행량 줄이기: 카풀(car pool) 또는 카셰어링, 승용차 요일제, 대중교통 중심 교통 체계 정착

④ 자원 회수 시설 및 재처리 시설 투자 비용 증대: 음식물 쓰레기 감량 및 자원화, 매립 가스 자원화

⑤ 지방 자치 단체 간 빅딜: 환경 시설의 공동 이용과 관리 → 비용 부담 완화, 님비 현상 해소

(2) 정부와 기업의 노력

① 정부

- 지속 가능한 발전 정책 수립과 홍보
- 환경 보전을 위한 법적·제도적 장치 마련

• 국제 환경 문제 해결 노력 동참

② 기업

• 환경 오염 방지 시설의 설치와 점검

• 자원 절약형 산업의 투자 강화

• 기업가의 경영 철학 전환 → 사회적 기업의 확대

(3) 지역 개발과 환경 보전

① 지역 개발의 목표 재정립: 지속 가능한 발전의 방향에 따라 삶의 질을 우선시함

② 지역 격차를 줄이는 개발: 성장 거점 중심의 집중형 개발은 필연적으로 환경의 막대한 파괴와 오염을 유발 → 낙후 지역의 발전을 위한 분산형 개발 필요

③ 지역 특성을 살리는 개발: 지리적 특성을 살린 친환경 산업의 육성

④ 개발과 보전의 갈등

• 경제 성장과 환경 보전에 관한 가치관의 대립과 갈등이 문제시됨

• 경제 성장의 지역 간 격차가 커짐 → 중심 지역과 주변 지역 간의 갈등 발생

• 지역 이기주의 심화 → 님비 현상과 핌피 현상의 발생

• 국가의 경제 성장을 위한 개발과 지구적 차원의 환경 문제 충돌

⑤ 우리나라 제4차 국토 종합 개발 계획(2011~2020)의 추진 전략에 환경 보전의 의지가 담김

(4) 환경권 보호를 위한 노력

① 환경권

• 인간이 건강한 환경 속에서 생활할 권리 → 헌법 제35조에 명시화

• 헌법 제35조: 모든 국민은 건강하고 쾌적한 환경에서 생활할 권리를 가지며, 국가와 국민은 환경 보전을 위하여 노력해야 함

비전	대한민국의 새로운 도약을 위한 '글로벌 녹색 국토'					
목표	경쟁력 있는 통합 국토	지속 가능한 친환경 국토	품격 있는 매력 국토	세계로 향한 열린 국토		
추진 전략	국토 경쟁력 제고를 위한 지역 특화 및 광역적 협력 강화	자연 친화적이고 안전한 국토 공간 조성	쾌적하고 문화적인 도시·주거 환경 조성	녹색 교통·국토 정보 통합 네트워크 구축	세계로 열린 신성장 해양 국토 기반 구축	초국경적 국토 경영 기반 구축

(국토 연구원)

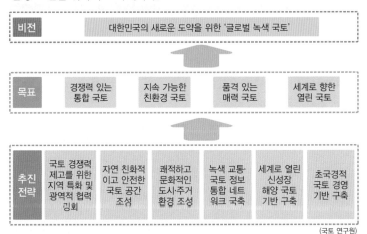

⁝ **제4차 국토 종합 개발 계획의 비전·목표·추진 전략**

② 권리의 요구: 권리가 침해되었을 경우 개인이나 집단은 이 침해에 대해 중재권이 있는 행정 기관에 처벌이나 손해 배상 요구 가능

③ 법적·제도적 방안

• 환경 분쟁 조정 위원회 운영: 중앙 정부 및 각 지자체에 설치·운영됨

• 환경 영향 평가의 실시: 특정 사업이 환경에 영향을 미치게 될 부정적 영향을 검토 → 사업의 타당성 평가

• 환경 관련 법률을 통한 규제와 관리

■ 집중형 개발과 분산형 개발

집중형 개발은 특정 지역을 성장 거점으로 삼아 집중적인 투자와 지원을 통해 발전의 파급 효과를 누리고자 한다. 이에 반해 분산형 개발은 한정된 재화와 자원을 여러 지역에 나누어 투입하는 지역 개발 방식으로 개발의 형평성을 도모한다.

■ 환경 분쟁 조정 위원회

환경 분쟁에 관한 준사법적 기능을 담당하는 행정 기관이다. 환경부 산하 중앙 환경 분쟁 조정 위원회와 각 광역 자치 단체 산하 지방 환경 분쟁 조정 위원회로 나뉜다.

■ 산성비

황산화물, 질소 산화물 등이 구름과 수증기에 함유되면서 내리는 pH2~4의 강한 산성을 띠는 비를 의미한다.

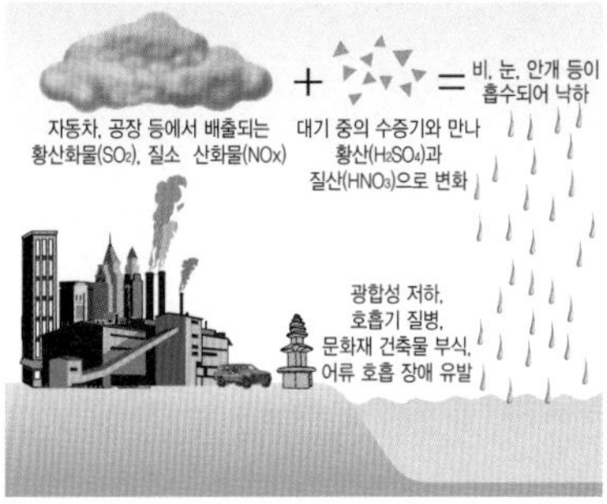

산성비의 발생 과정과 영향

■ 오존층

성층권 고도 15~30km에서 산소 분자 3개로 구성된 오존 물질들이 다량으로 존재하는 공간을 말한다. 태양에서 오는 자외선을 흡수하여 지표면의 생물들을 보호하는 역할을 한다.

■ 로컬 푸드 운동

생산자와 소비자 사이의 이동 거리를 단축시켜 식품의 신선도를 극대화시키자는 취지로 시작되었다. 먹을거리에 대한 생산자와 소비자 사이의 이동 거리를 최대한 줄임으로써 온실가스의 배출을 크게 줄일 수 있어 환경 문제 완화에도 큰 도움이 된다는 평가를 받고 있다.

■ 공유 경제(sharing economy)

2008년 미국 하버드 대학 로렌스 레식 교수가 처음 사용한 말로, 한 번 생산된 제품을 여럿이 공유해 쓰는 협력 소비를 기본으로 한 경제 방식을 말한다. 최근에는 경기 침체와 환경 오염에 대한 대안을 모색하는 사회 운동으로 확대되고 있다.

3. 환경 보전과 지속 가능한 발전

(1) 자원 고갈과 환경 문제의 심화

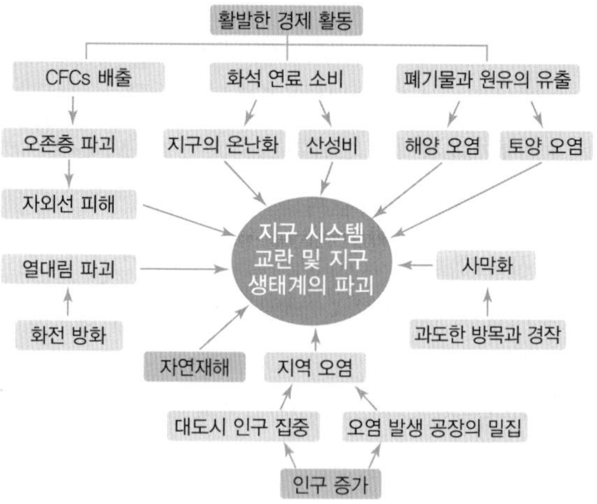

⇡ **환경 문제의 발생 과정**

① 인구 급증과 자원의 과도한 소비: 생태계 파괴, 생활 환경 악화, 자연환경 훼손 발생

② 산업화와 도시화: 화석 연료의 사용 급증으로 각종 오염 물질 배출, 인공 구조물과 포장 면적 증가로 생태적 빈곤성 증가

③ 지구적인 환경 문제의 발생

- 지구의 대기와 물이 순환함에 따라 오염 물질이 이동하면서 오염 발생 지역과 피해 지역이 불일치하게 됨 → 국가 간 분쟁 유발
- 화석 연료 소비에 따라 지구 온난화로 인한 기후 변화, 사막화, 산성비, 오존층 파괴, 해양 오염, 삼림과 습지 파괴 등

(2) 지속 가능한 발전과 지속 불가능한 발전

지속 가능한 발전	지속 불가능한 발전
• 개발의 장기적 영향 고려	• 효율성, 생산성, 편리성 추구
• 생활의 질 향상	• 경제 성장, 물적·양적 공급
• 계층 간, 세대 간 형평성 추구	• 현 세대의 수요 충족
• 자연과 환경은 유한재	• 자연과 환경은 무한재
• 절약적 순환형 사회	• 소비 중심
• 자연과의 공생	• 자연개척 및 개조로 환경·생태계 파괴 우려

(3) 지속 가능한 발전의 의미와 방안

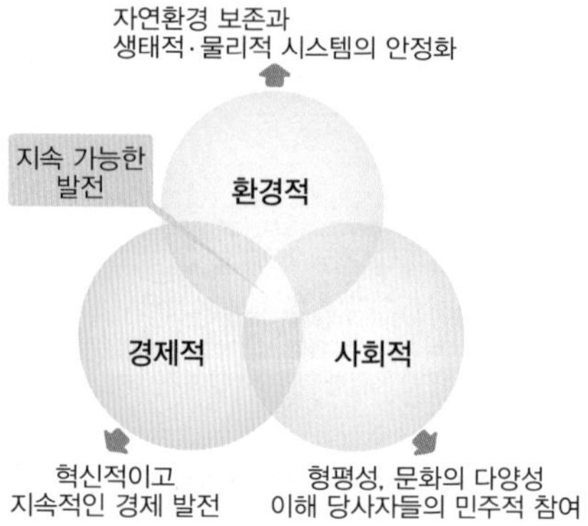

⇡ **지속 가능한 발전의 개념**

① 의미: 미래 세대가 그들의 필요를 충족시킬 수 있는 가능성을 손상시키지 않는 범위 내에서 현재 세대의 욕구를 충족시키는 발전 방식

② 방안

- 생산과 소비 활동을 자원 소모형에서 자원 순환형으로 전환
- 환경과 경제의 악순환에서 탈피하고 선순환이 가능한 사회 발전 체제를 구축함
- 경제 성장의 성과가 일부 지역과 계층에 집중되지 않도록 사회적 형평성을 고려함

③ 지속 가능한 공간의 창출

- 생태 도시: 저밀도 주거 환경, 도시 농업, 신·재생 에너지 생산과 이용, 로컬 푸드 운동, 공유 경제 활성화
- 슬로시티(slow city): 손상되지 않은 자연환경과 주민들의 전통적 삶이 공존
- 탄소 제로 마을: 신·재생 에너지 사용을 통한 친환경 마을 조성

■ **도시 농업**
도시에서 이루어지는 작물의 생산 활동을 포괄하는 개념으로 취미 생활형 농업, 건물 내의 식물 공장 형태의 농업 등을 모두 포함한다.

■ **슬로시티**
'유유자적한 도시, 풍요로운 마을'이라는 뜻을 지닌 이탈리아 어 '치타슬로(Cittaslow)'의 영어식 표현이다. 전통과 자연 생태를 슬기롭게 보전하면서 느림의 미학을 기반으로 인류의 지속적인 발전과 진화를 추구해 나가는 도시이다.

지리 상식 1 이스터 섬의 미스터리

이스터 섬은 칠레 본토에서 서쪽으로 3,700km 떨어져 있으며, 면적은 163.6km^2로 서울의 1/4 정도이다. 섬은 높이 3.5~5.5m 사이의 거대한 모아이 석상으로 유명한데, 섬 전체에 약 900여 구가 자리하고 있다. 이 석상들을 어떻게 조각했고, 옮기고, 세웠는지 등 많은 의문들이 아직까지 미스터리로 남아 있다.

이런 대단한 건축물을 만들어 낸 이스터 섬 원주민들에게는 슬픈 비극이 남아 있다. 원래 이스터 섬은 자원이 풍부한 낙원이었다. 자원이 많고 외부로부터 떨어져 있어 부족 간 다툼 또한 없었다. 그런데 야자수가 멸종되면서부터 비극은 시작된다. 소금기가 많은 해풍의 방풍림 역할을 해 오던 야자수가 멸종되자, 다른 나무들도 영향을 받아 개체 수가 확연히 줄어든 것이다. 그리고 섬 사람들은 야자수를 식량 및 카누 제작 등에도 사용했는데 카누를 만들 나무조차 없어지자 바다에서도 식량을 구하지 못하게 되었고, 식량 쟁탈을 위한 생존 경쟁을 벌이게 되었다. 야자수 멸종 이유에 대해서는 여러 가지 추측이 있다. 인구가 늘어나자 그만큼 많은 나무가 필요해서 벌채나 화전이 횡행했으리라는 설, 종족 간 세력 과시를 위해 많은 석상을 만들다 보니 다량의 나무가 필요했다는 설도 있다. 최근에는 목탄이 지표 하부에 층으로 발견되었는데, 이를 통해 인간이 경작지를 만들기 위해 일부러 불을 놓았다는 것이 가장 유력한 설이다. 숲이 사라짐에 따라 토양도 황폐해져 식량이 부족하게 되었고, 이로 인한 종족 간의 분규가 일어나 서로 경쟁 상대 부족의 석상을 쓰러뜨리거나 머리를 부수는 방법으로 증오심을 표현하였다. 결국 야자수의 멸종이 이스터 섬의 비극을 초래한 것은 확실하지 않을까?

지리 상식 2 방귀에 세금을 부과한다고?

소의 방귀(실제로는 메탄가스 트림)가 지구 온난화의 주요한 원인으로 부각되자 주요 축산국들이 대책 마련에 골몰하고 있다. 가장 적극적인 방안으로 '방귀세'를 부과하는 문제가 뉴질랜드, 덴마크 등에서 논의되었고, 에스토니아는 2009년부터 본격적으로 시행하기에 이르렀다. 더불어 메탄이 많이 나오지 않는 사료를 개발하는 등의 기술적 연구도 진행되고 있다. 오스트레일리아에서는 메탄을 거의 내뿜지 않는 캥거루의 소화 과정을 연구하고 있다. 말하자면 소의 방귀를 캥거루처럼 '친환경 방귀'로 바꾼다는 것이다. 최근 미국 정부가 '미래 소 개발 사업' 지원에 나섰다고 해서 소 방귀 문제가 새삼 화제에 올랐다. '미래 소'란 식이 보충제, DNA 소화관 테스트, 부착식 가스탱크 등을 활용해 메탄 배출을 최소화한 소를 말한다. 한편 소의 위에 튜브를 연결해 메탄을 '백팩'에 모아 연료로 활용하는 기술은 아르헨티나의 국립농업기술연구소가 개발한 바 있으나 현실에 적용하기는 어렵다고 한다.

한편 소는 자원을 지나치게 많이 소비하는 가축으로 알려져 있다. 쇠고기 1kg을 생산하려면 닭고기의 7배, 돼지고기의 15배에 해당하는 땅이 필요하다고 한다. 목초지 조성을 위해 막대한 산림이 파괴되고, 곡식을 길러야 할 대단위 농지에 사료용 작물이 심어진다. 현재 전 세계에서 사육되는 소는 약 15억 마리로 추산된다. 전통적으로 돼지고기를 선호하는 중국에서까지 최근 쇠고기 소비가 늘고 있다고 한다. 결국 앞으로 고기를 먹는 사람은 고기의 값과 방귀의 값을 내야 할 것이다.

지리 상식 3 음식에도 마일리지가 있다?

어떻게 하면 안전하고 믿을 수 있는 식품을 먹을 수 있을까? 우리 가족이 먹는 농산물은 누가, 어떻게 생산하는지 알 수 없을까? 농민들의 어려움을 함께 나누면서 동시에 건강한 먹을거리를 확보하는 방법은 무엇일까? 이런 고민들에 대한 해법으로 등장한 것이 '로컬푸드 운동(local food movement)'이다. 로컬푸드 운동은 지역에서 생산된 먹을거리를 지역에서 소비하자는 운동이다. 이 운동은 생산지에서 소비지까지의 거리를 최대한 줄여 비교적 작은 지역을 단위로 하는 농식료품 수급 체계를 만들고자 한다. 이를 통해 먹거리의 안전성을 확보하고 환경적 부담을 경감시키며, 나아가 생산자와 소비자 간의 식품 공동체를 만들려고 한다. 현재 우리나라에도 생활 협동조합, 농산물 직거래, 농민 장터, 지역 급식 운동 같은 로컬푸드 운동이 곳곳에서 이루어지고 있다.

푸드 마일리지란 생산지에서 소비자의 식탁에 오르기까지의 이동 거리를 말하는데, 보통 원산지와 소비지의 거리에 식품 수송량을 곱해 계산하게 된다. 국립환경과학원 발표에 따르면 2010년 한국의 1인당 푸드 마일리지는 7,085 t·km/인으로 조사 대상국 중 1위이며, 739 t·km/인을 기록한 프랑스의 약 10배 수준으로 나타났다. 게다가 우리나라의 푸드 마일리지는 2001년 5,172 t·km/인 대비 37% 증가한 반면, 일본, 영국, 프랑스는 2003년 대비 감소하였다. 푸드 마일리지를 줄이기 위해서는 지역에서 생산한 농산물을 직접 구매하거나, 주말농장 참여 및 베란다 내 작은 정원 활용, 제철 농산물 소비 등의 노력을 지속적으로 기울여야 한다. 특히 지역 농산물 구입은 장거리 유통에 따른 방부제 사용량 감소, 지역 경제 활성화에도 기여할 수 있다.

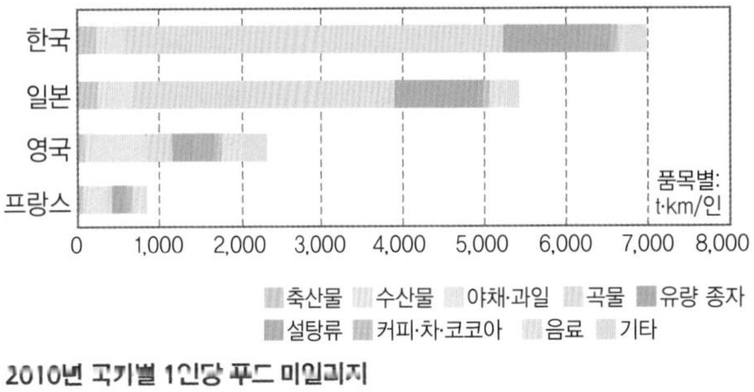

! 2010년 국가별 1인당 푸드 마일리지

로컬푸드운동본부

지리 상식 4 네덜란드는 지금 반성 중

네덜란드는 1,000여 년 전부터 간척을 해 왔다. 특히 1953년 발생한 해일로 인해 100여 곳 이상의 제방이 무너지고 1,893명이 사망하면서, 1960년부터 대규모 방조제로 바다를 막는 '델타 프로젝트(Delta Project)'를 시작했다. 이 사업으로 약 700km의 해안선이 줄어들었다. 현재 네덜란드는 그동안 바닷물 유입을 막아 왔던 방조제를 단계적으로 열어 해수 유통을 실시하고 있다. 방조제 건설이 집중된 질란트 주의 하구호 5곳 중 2곳은 전면 해수 유통, 1곳은 부분 해수 유통이 되고 있으며 나머지 2곳도 해수 유통을 준비하고 있다. 델타 프로젝트에 의해 1961년 건설된 휘어스 호의 잔트크리크 댐은 43년 만인 2004년에 처음으로 해수 유통이 실시되었다. 이후 호수의 수질이 획기적으로 개선되면서 델타 프로젝트에 의해 건설된 방조제와 하굿둑에 대한 전면 재검토를 하는 계기가 되었다.

네덜란드는 해수 유통 외에도 역간척 사업을 동시에 진행하고 있다. 오스터스헬더 하굿둑과 제방 주변으로 해수면보다 낮은 간척지를 정부가 매입해 습지로 복원하기로 결정했다. 간척지의 염분 농도가 높아 경작에 적합하지 않은 땅을 다시 습지로 복원해 철새 도래지 등 관광 자원으로 활용하는 것이다. 이 외의 지역에서도 농경지를 습지로 복원하는 '워터던(Waterdunen)'사업을 실시하고 있다.

2014. 6. 19, 『홍성신문』

지리 상식 5 생태 발자국과 해피 플래닛

여러분이 무인도에 표류한 로빈슨 크루소라고 생각해 보자. 음식, 난방, 건축재, 공기, 음료수, 쓰레기 처리 등 당신의 필요를 지속적으로 충족시키면서 자급자족하려면 이 섬이 얼마나 커야 할까? 캐나다 경제학자 윌리엄 리스가 작성한 '생태 발자국 지수'가 그것을 알려 줄 수 있다. 이 지수는 사람 1명이 일상생활에서 사용하는 자원의 생산과 폐기에 드는 비용을 토지 면적으로 환산한 것이다. 생태 발자국이 클수록 생태계 훼손이 심하다는 의미이다.

전체적으로 인류의 생태 발자국은 1999년에 1980년대 초의 120%였다. 지구가 기본적으로 감당할 수 있는 생태 발자국은 1.8ha이다. 그러나 현재 세계 평균은 2.7ha이며, 우리나라는 4.6ha(29위)로 일본(4.1ha, 37위)보다 크다. 2012년의 생태 발자국은 1966년에 비해 약 두 배 정도로 커져, 인류의 자원 소비 규모로 보면 지구는 1.5개가 필요하다. 2030년에는 지구 2개, 2050년에는 3개가 필요하다. 고소득 국가의 생태 발자국 지수는 저소득 국가의 평균 6배 이상이다.

영국의 신진 경제학자들은 좀 더 장난스러운 방식으로(이론의 여지가 있지만) 2006년에 '해피 플래닛' 지수를 발표했다. 삶의 질, 기대 수명, 환경 보존이라는 3가지 기준에 근거해 가장 부유한 나라들이 아닌, 가장 '행복한' 나라들을 선정한 것이다. 그들의 연구에 따르면 행복한 나라는 지나치게 소비하지 않고, 자연과 조화를 이루며 장수하는 나라이다. 프랑스는 129위에 올랐고, 남태평양의 섬나라 바누아투가 세계에서 가장 행복한 나라 1위로 꼽혔다.

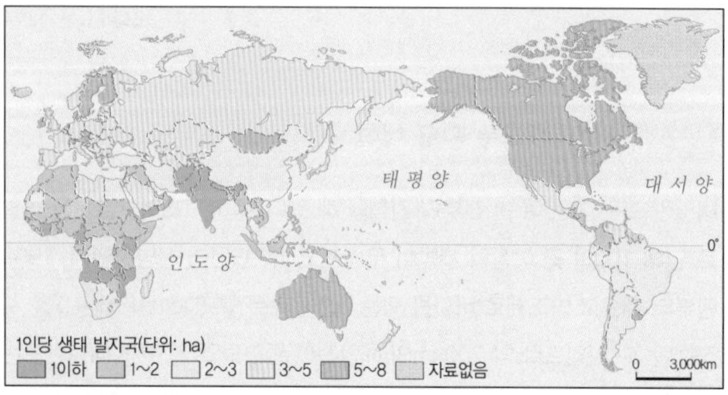

생태 발자국의 크기가 선진국은 5.6ha, 개발 도상국은 1.1ha로 그 격차가 약 5배에 이른다.

지리 상식 6 새들이 없는 봄을 들어 보셨나요?

어느 해 봄이 왔건만, 새들의 울음소리가 들리지 않았다. 새들은 과연 어디로 사라졌을까? 오랜 기간 레이첼 카슨은 그 이유를 찾기 위해 자료를 모으고 전문가를 만난다. 그 결과 DDT를 비롯한 살충제 때문에 새들이 사라졌음을 알아낸다.

DDT는 1874년 독일의 화학자가 처음 합성했지만, 살충제로서의 효능이 밝혀진 것은 1939년이었다. 개발자인 파울 뮐러는 이 공로로 1948년 노벨 생리의학상을 받았다. 당시 DDT는 식량을 축내는 해충을 죽여 식량 생산을 늘릴 수 있었고, 모기 등의 해충을 박멸해 인간의 건강을 지켜 줄 수 있었다.

DDT는 처음 사용한 때에는 별 해가 없는 물질로 여겨졌다. 그렇지만 DDT가 지방 성분에 녹으면 상당한 독성이 생긴다. 일단 몸속으로 들어오면 배출되지 않고 체내에 쌓이게 된다.

또한 DDT는 먹이 사슬을 통해 다른 생물체로 계속 연결된다. DDT가 들판에 뿌려지면 먼저 곤충이 죽게 된다. 그리고 이 곤충을 먹은 새들의 몸에 DDT가 축적된다. 말라리아 유충을 죽이기 위해 물에 뿌려진 DDT는 물속 생태계를 교란시켰다. 송어와 같은 물고기가 죽은 것이다. 들판에 뿌려진 DDT가 묻은 풀을 먹은 닭이나 소의 몸에는 당연히 DDT가 흡수된다. 달걀에도, 소의 우유나 고기에도 DDT 성분이 있다. 인간이 이를 먹으면 문제가 발생한다. 먹은 당사자에게도 큰 문제지만 모체에서 자식 세대로 물려주기까지 하니 무서운 일이다. 카슨은 『침묵의 봄』을 통해 이런 사실을 대중에게 알려 주었다. DDT와 같은 환경 파괴 물질이 자연에 어떠한 영향을 미치며, 그것이 결국 인간에게 어떻게 되돌아오는지를 연구하여 사회에 알림으로써 환경 오염에 대한 심각성을 경고하고자 했다. 이러한 그녀의 의도는 1963년 미국 케네디 대통령이 환경 문제를 다룬 미국 연방 환경 자문 위원회를 구성하는 데 결정적 영향을 미쳤다. 그리고 1969년 미국 의회는 DDT가 암을 유발할 수도 있다는 증거를 발표하였고, 1972년 미국 환경부는 DDT의 사용을 금지하게 되었다.

"낯선 정적이 감돌았다. 새들은 도대체 어디로 가 버린 것일까? 이런 상황에 놀란 마을 사람은 자취를 감춘 새에 관하여 이야기를 했다. 새들이 모이를 쪼아 먹던 뒷마당은 버림받은 듯 쓸쓸했다. 주변에서 볼 수 있는 단 몇 마리의 새조차 다 죽어 가는 듯 격하게 몸을 떨었고 날지도 못했다. 죽은 듯 고요한 봄이 온 것이다. 전에는 아침이면 울새, 검정지빠귀, 산비둘기, 어치, 굴뚝새를 비롯한 여러 가지 새들의 합창이 울려 퍼지곤 했는데 이제는 아무런 소리도 들리지 않았다. 들판과 숲과 습지에 오직 침묵만이 감돌았다."

레이첼 카슨의 『침묵의 봄』

레이첼 카슨, 김은령 역, 『침묵의 봄』

[선택형]

· 2008 수능

1. 다음은 '지속가능한 개발' 주제에 대한 수업 장면이다. 학생 1과 2의 대답에 해당하는 개념을 〈보기〉에서 고른 것은?

> • 선생님: 지속가능한 개발이 추구하는 목표는 크게 세 가지 측면을 포함하고 있습니다. 우선 경제적 측면에서 자원은 최대한 신중하고 합리적으로 이용되고, 국민들의 기본적 의식주 충족과 생활 수준의 향상이 추구되어야 합니다. 또 어떤 것들이 있을까요?
> • 학생 1: 건강한 생태계를 유지할 수 있는 범위 내에서, 삶의 질 향상에 가치를 두는 개발이 이루어져야 합니다.
> • 학생 2: 또한 사회 계층 간 부의 불평등을 완화하고, 지역·국가 간 격차를 줄여 나가는 개발이 되어야 합니다.

보기

ㄱ. 환경적 지속성　ㄴ. 사회적 형평성　ㄷ. 문화적 다양성

	학생 1	학생 2
①	ㄱ	ㄴ
②	ㄱ	ㄷ
③	ㄴ	ㄱ
④	ㄴ	ㄷ
⑤	ㄷ	ㄴ

· 2006 수능

2. 다음 A~C 지역 개발 사례의 성격을 그래프로 표현한 것 중 가장 적절한 것은?

> A: ○○구는 ○○동 일대에 공원 형태의 폐기물 처리 시설을 만들 예정이다. 이는 수도권 매립지 반입의 길이 막혀 2~3년 안에 맞닥뜨리게 될 음식물 쓰레기 처리 대란을 막는 한편, 지상을 공원화함으로써 비용 조달의 어려움도 돌파하고 환경도 살린다는 청사진이다.
> B: 1974년에 산업 기지 개발 구역으로 지정된 △△시는 정유 및 비철금속 산업을 주축으로 하는 임해 공단으로 조성되었다. 인근 □□천의 하천수가 붉은 색을 띠고, 여름철에 창문을 열 수 없을 정도로 공기가 오염되었음에도 불구하고 1981년에 공단의 규모를 확대하였다.
> C: ◇◇도는 농사에 지장을 초래한다는 지역 주민의 반대에도 불구하고 ▽▽평야 일대의 지역 철새들을 보호하기 위한 목적으로 이 일대를 보호 지역으로 지정하려는 계획을 세웠다.

①
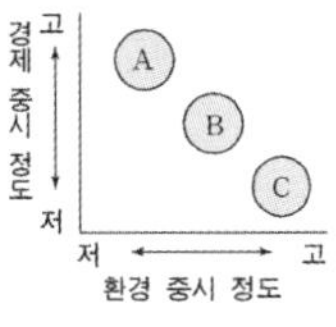

②
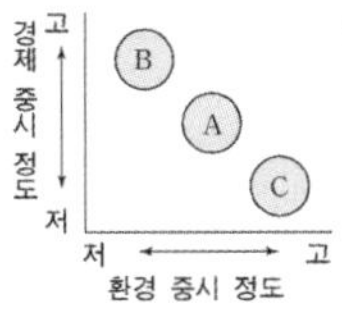

③
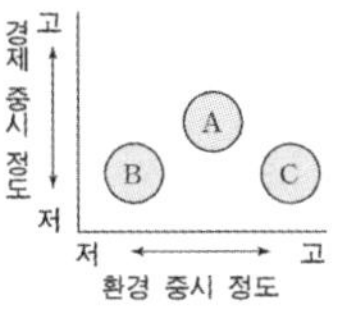

④
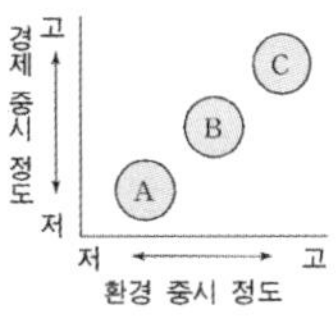

⑤
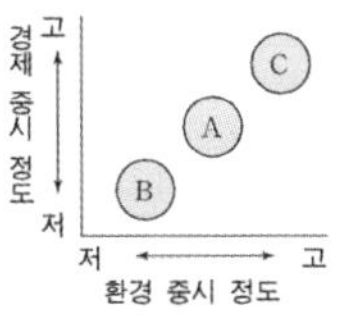

· 2012 10 교육청

3. 그림은 어느 행사를 알리는 안내문이다. 학생들이 발표한 내용 중 이 행사의 취지에 어울리지 않는 것은?

> **지구를 위한 한 시간(EARTH HOUR)**
> 지구촌 전등 끄기 캠페인
> 세계자연보호기금 주도로 2007년부터 매년 3월 마지막 주 토요일 오후 8시 30분부터 한 시간 동안 전등 끄기가 세계적으로 행해지고 있습니다.
> 주관: 환경부, Earth Hour Korea

① 갑: 재생 에너지 개발을 확대해야 해.
② 을: 탄소 배출량을 줄이는 것이 필요해.
③ 병: 지속 가능한 발전을 위해 노력해야 해.
④ 정: 승용차 사용을 줄이고 대중교통을 이용해야 해.
⑤ 무: 유류세를 낮춰 에너지를 저렴하게 공급해야 해.

[서술형]

1. (가)를 참조하여 (나)의 농산물 거래 방식이 지구적 차원의 환경 개선에 기여할 수 있는 이유를 서술하시오.

(가)
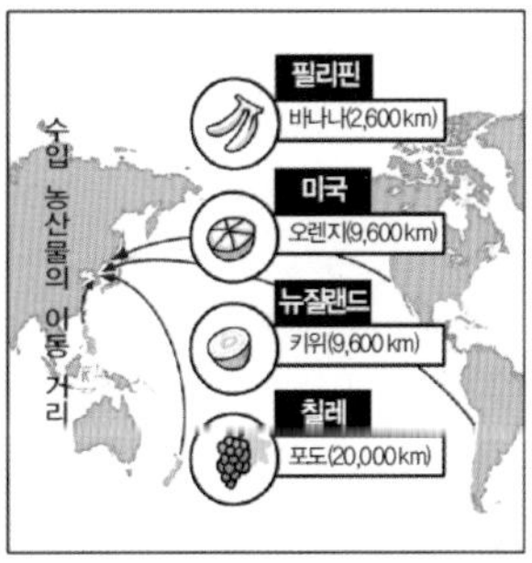

(나)

chapter 11

환경 지리

02. 전 지구적 환경 문제와 공존을 위한 노력

핵심 출제 포인트

- ▶ 환경 변화
- ▶ 지구 온난화
- ▶ 사막화
- ▶ 산성비
- ▶ 오존층 파괴
- ▶ 환경 문제 해결을 위한 국제 협력

■ 인도네시아 므라피 화산 지대의 삶

인도네시아에서 화산은 삶의 한 단면이 아니라 삶 그 자체이다. 화산재가 땅을 기름지게 만들어 준 덕에 자바 섬 농민들은 일 년에 3모작을 할 수 있다. 화산이 하나뿐인 이웃 보르네오 섬에서는 불가능한 일이다.

■ 2050년의 한반도는?

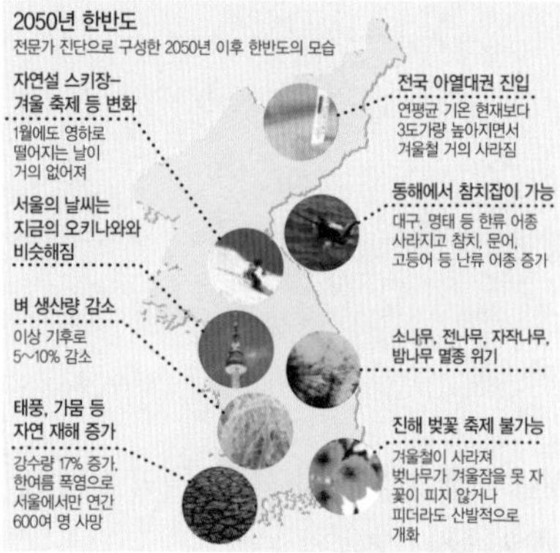

동아일보, 2010.9.16.

■ 주변 생태계의 가치를 돈으로 환산하면?

최근 10년 동안의 연구를 모아서 열대 우림이 우리에게 주는 혜택을 돈으로 환산하면 다음과 같다.

카메룬 산림의 경우 목재가 헥타르당 미화 560달러, 연료 목재가 61달러, 그리고 비목재 생산품이 41~70달러로 평가되었다. 또한 이 열대 우림이 제공하는 홍수 조절 기능은 헥타르당 연간 미화 24달러의 가치를 매겼다. 이 우림의 면적이 2만 5,000km^{2}이라는 것을 생각했을 때, 물 공급의 가치는 2,420억 달러로 평가된다.

4만 헥타르에 이르는 하와이의 어느 집수 구역이 제공하는 지하수의 가치는 14억 2,000만 달러에서 26억 3,000만 달러에 이른다.

1. 환경 변화

인류가 등장하기 전의 환경 변화 요인과 인류가 지구 상에 거주하기 시작하면서부터 나타난 환경 변화 요인에는 차이가 있다. 전자가 자연적 요인에 의한 변화였다면, 후자는 도구와 불을 사용하면서부터 나타나기 시작한 변화였다.

(1) 환경 변화의 자연적 요인: 극단적인 변화

① 지각 변동

종류와 요인	• 대부분이 맨틀의 대류 과정에서 발생 • 지진·화산 작용과 이에 수반하여 일어나는 조산·조륙 운동, 단층·습곡 작용 • 판 구조 운동으로 인해 형성되는 중앙 해령, 해구, 화산 열도, 변환 단층 • 해안 단구·하안 단구, 높은 산에서 발견되는 바다 및 생물의 화석 • 리아스식 해안, 해저 퇴적층으로 이루어진 습곡 산맥 등
인간 생활에의 영향	• 지각 변동 과정에서 형성되거나 발견되는 토양, 단단한 지반, 식생의 분포 등에 따라서 거주 가능한 지역이 변화함 • 유전자의 변화 등 인류의 인종적 특색 및 의식주 생활에 영향을 줌

② 기후 변화

종류와 요인	• 태양 복사 에너지의 변화 및 대기 구성 물질의 변화에 따른 환경 변화 • 지구 온난화로 인한 지역의 특성 변화(평균 기온, 빙하의 양, 작물의 재배 한계선, 토양의 점도 및 비옥도 변화 등) • 이상 기후 및 기후 재해 발생(태풍, 가뭄, 한파, 홍수 등)
인간 생활에의 영향	• 거주 가능한 지역의 변화 • 거주의 수직적 수평적 한계의 확장 혹은 축소가 나타남 • 각종 용수 확보 및 문화적 발달의 가능성 변화

(2) 환경 변화의 인문적 요인

① 인간과 환경의 상호 작용

환경 결정론	• 인간의 활동은 자연환경의 영향을 크게 받음 • 인문적 요인은 자연 조건에 따라 형태가 달라짐
가능론	• 본격적인 자연 개발 시작됨 • 자연이 무한한 자원이라는 사고방식 대두 • 산업 혁명과 더불어 환경 문제가 심각해지게 됨
문화 결정론	• 서로 다른 문화를 가진 인간이 자연을 변화시켜 그들의 문화 유지에 사용 • 가능론과 연결되어 자연을 자신에게 유리하게 변화시켜 사용함
생태학	• 인간과 자연의 상호 작용, 주고받음에 대한 이론 • 각종 환경 문제에 대처하기 위한 근본적인 마음가짐을 강조함

② 물질문명의 발달

화폐의 사용	• 물물 교환이 아닌 교환을 위한 대체 수단 • 자연에 가격을 매기기 시작하면서 자연의 가치가 산술적인 것으로 변화함
교통과 통신	• 이동 및 교류의 장애물로서 자연환경의 존재감이 약해짐 • 접근이 어려웠던 환경에 의해 보호받았던 자연물들이 외부 문명의 영향을 받게 됨 • 고유의 것에서 보편적인 것으로 변화함
무역 발달	• 자본과 기술적인 우위에 있는 국가의 문화가 확산됨 • 해당 국가의 문화 창조 방식과 유사한 패턴으로 자연환경의 변화와 이용이 진행됨

2. 환경 변화가 인간에게 미친 영향

환경 변화로 인하여 인간은 거주지를 바꾸거나 기존 거주지에서 변화에 적응할 수 있는 방법을 생각하게 된다. 이러한 부분은 정착과 이주 과정에서의 의식주 생활 패턴의 변화로 나타난다.

(1) 정착과 이주

- 자연적 변화: 기후 변화 및 지형 변화 → 정착 가능한 지역의 변화
- 문화적 변화: 건축 기술, 이동 기술의 변화 및 응용 → 이주할 수 있는 여건 강화 및 조성

(2) 생활 패턴의 변화

의생활 변화	• 기후 변화로 인한 계절의 기간 변동 → 시기별 의복의 차이 발생
식생활 변화	• 작물 재배의 한계선 변화 및 주산지의 이동 • 가공 식품의 유통 활성화를 통한 지역 고유 식단의 변화 발생 • 육류나 식량 작물, 기호 작물의 대량 생산과 공급 → 식량 자급률이 낮은 국가에 큰 영향을 주게 됨
주생활 변화	• 건축 기술의 발달로 냉난방이 용이해짐 → 거주 지역 확장, 인공 섬 건설 • 자연 재해(지진, 태풍) → 내진 설계, 탄력 있는 고층 건물 건설 등을 통한 거주 지역 확장 또는 안전성 강화

(3) 환경 변화와의 상호 작용

① 환경 변화의 선순환과 악순환

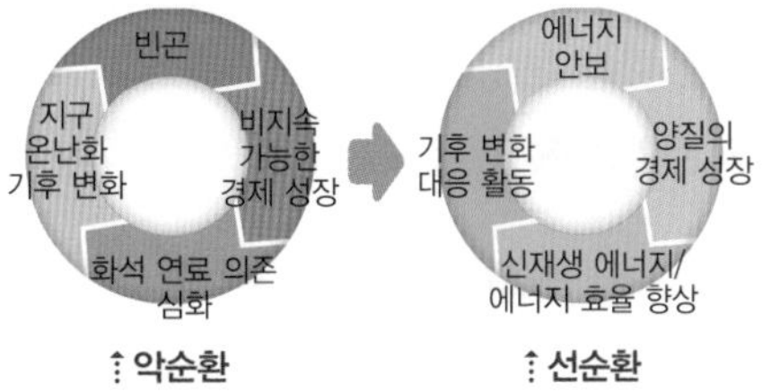

- 화석 연료의 과다 사용은 기후 변화를 유발하고, 이는 환경에 적응할 수 있는 능력이 떨어지는 국가 민족에게 더 심한 빈곤을 가져다줌
- 변화에의 대응 과정에서 생태학적 입장을 고려한다면 선순환의 고리에 진입할 수 있는 가능성이 커짐

② 일상생활의 개선과 변화

- 에너지 절약의 생활화: 교통수단 및 냉난방, 취사 등 일상생활에서 절약 노력, 아나바다 운동에 참여
- 어려운 국가에 원조 물품 보내기 등의 활동: 동남아시아 국가 등 경제적 빈국 여행 시 잘 사용하지 않는 학용품이나 옷 등을 현지 어린이들에게 나누어 줄 수 있음

③ 국가적 차원의 노력

- 도시의 개념 변화 노력: 쿠바의 아바나, 브라질의 쿠리치바처럼 친환경 도시 건설 실천
- 양적 성장 위주의 개발: 삶의 질 향상의 방향으로 전환

더 알아보기

꿈의 도시 브라질의 쿠리치바

1960년대 쿠리치바의 인구는 43만 명 이상으로 급성장했다. 이로 인한 변화에 대비하는 과정에서 1964년 시장인 '하이메 레르네르'는 무분별한 도시 확장(sprawl)을 엄격하게 통제하고 시가지에 교통량을 줄이며, 쿠리치바의 사적(史跡) 지역을 보존하고 편리하고도 값싼 대중교통 체계를 도입할 것을 제시했다. 쿠리치바 종합 계획으로 알려진 이 계획은 1968년에 승인되었다. 그는 보행자 통행량이 많은 거리의 자동차 통행을 제한했으며, 주요 도로와 멀리 떨어진 지역은 저밀도 개발 지역으로 구획하여, 주요 도로 교통량을 줄이게끔 했다. 홍수에 취약한 여러 지역에는 건물이 금지되고, 공원을 조성했다.

쿠리치바시의 원통형 버스 시스템(3차로의 중간에서 원활하게 이동한다)

■ 대중교통 이용 토털 마일리지

석유 의존도 감소 및 온실 가스 저감을 위한 수송 부문의 노력이 필요한 가운데 자가용 이용을 대중교통 이용으로 전환할 수 있는 기반 시설과 획기적인 제도의 도입이 필요하다. 에너지 관리공단에서 개최한 에너지 절약 아이디어 공모전 수상작 중 우수상을 수상한 '대중교통 이용 토털 마일리지'는 생활 환경 변화를 보여 주는 사례이자, 대처 방안이 될 수 있다. 항공 마일리지처럼 대중교통 수단에도 마일리지 개념을 도입하는 것이다. 이것이 실용화되어 자가용 이용량의 1%가 감소할 경우 113,698 kL/연(8만4,600toe)의 연료를 절약할 수 있고, 이산화 탄소 6만6,500Co2t를 절감할 수 있다.

토털 마일리지 도입을 위해서는 포인트 관리 전문 업체 또는 카드사 등의 통합 관리 기관을 선정하고, 각 업종별 표준 비율에 따라 토털 마일리지로 환산하고 운영할 수 있는 마일리지 전환 관리가 가능해야 하며, 마지막으로 이용자가 희망하는 교통수단을 마일리지로 구매할 수 있어야 한다.

■ 아나바다 운동

우리나라가 국제 통합 기구(IMF)에 구제 금융 요청 사태가 발생한 이듬해인 1998년에 등장한 대한민국 국민들이 불필요한 지출을 줄이자고 만든 운동으로 '아껴 쓰고 나눠 쓰고 바꿔 쓰고 다시 쓰자'의 준말이다.

■ 온실 효과

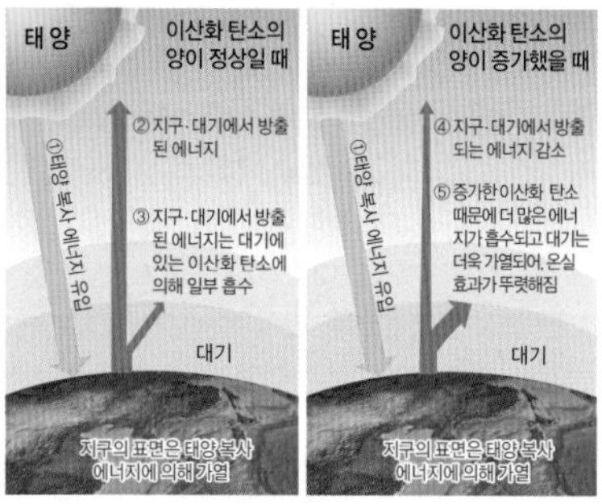

이산화 탄소, 메탄 등과 같은 기체는 지구에 들어오는 태양 에너지는 통과시키는 반면, 지구로부터 나가는 복사 에너지는 흡수하여 지구의 기온이 일정 이하로 하락하지 않도록 막는다. 이를 온실에 비유하여 온실 효과라고 한다.

■ 온실 가스 종류와 특징

온실 가스 종류	지구 온난화 지수(GWP)	배출원
이산화 탄소 (CO_2)	1	연료 사용, 산업 공정
메탄(CH_4)	21	폐기물, 농업, 축산
아산화 질소 (N_2O)	310	산업 공정, 비료 사용
수소불화 탄소 (HFCs)	140~11,700	냉매, 용제, 발포제, 세정에 사용
과불화 탄소 (PFCs)	6,500~11,700	냉동기, 소화기, 세정에 사용
육불화황(SF_6)	23,900	충전 기기 절연 가스

■ 이산화 탄소와 기온 변화

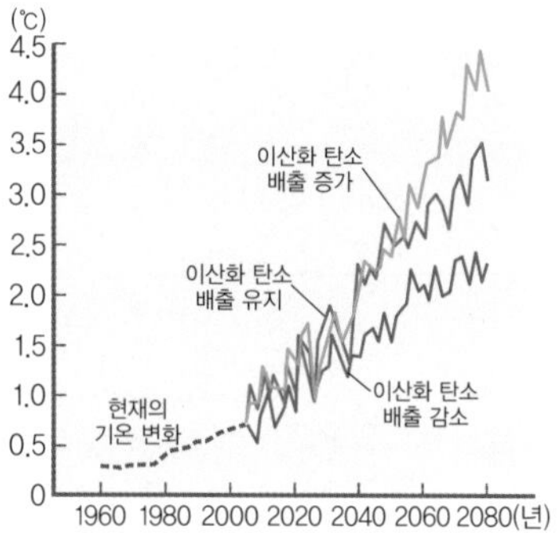

■ 남극 빙하의 양 변화

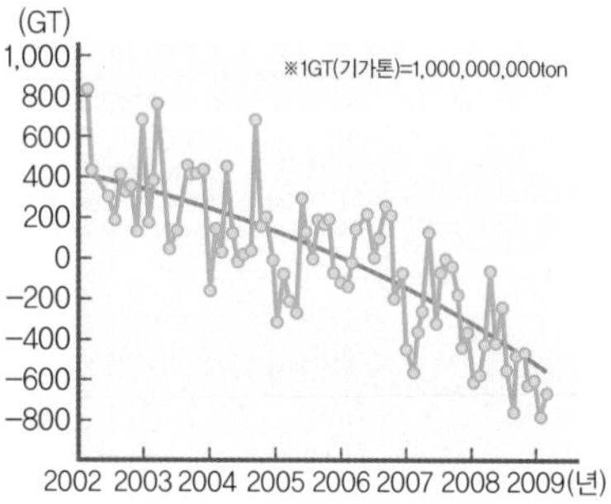

3. 전 지구적 환경 문제

(1) 환경 문제의 발생 원인

① 세계 인구의 지속적인 증가: 자원 소비량이 늘어나 폐기물이 증가하여 오염 증가

② 산업화: 화석 연료 사용 급증으로 각종 오염 물질 배출

③ 도시화: 인공 구조물과 아스팔트, 콘크리트 등의 포장 면적 증가로 생태계의 균형 파괴

(2) 전 지구적 환경 문제

① 사례: 지구 온난화를 비롯한 기후 변화, 사막화, 산성비, 오존층 파괴, 해양 오염, 삼림 및 습지 파괴 등

② 대기와 물의 순환으로 인해 오염 물질의 배출 지역과 피해 지역이 국경을 초월하여 국가 간 분쟁을 유발할 수있어 한 국가만으로는 해결이 어려움

③ 환경 문제의 인식 변화

- 1970년대 이전: 환경 문제는 산업이 발달한 지역에서 발생하며 해당 지역에만 영향을 주는 것으로 인식
- 1970년대 이후: 지구 온난화, 오존층 파괴 등이 국제적인 환경 문제로 부각되면서 환경 문제를 전 지구적 관점에서 파악해야 한다고 인식하게 됨

4. 환경 문제의 유형

(1) 지구 온난화 온실 가스 증가로 인한 지표 및 대기의 평균 기온이 상승하는 현상

발생 원인	• 화석 연료 사용량 및, 가축 사육 두수 증가로 인한 온실 가스 배출량 증가 • 도시화·경지 개간·자원 개발 등으로 온실 가스를 흡수할 수 있는 삼림 면적 감소(열대 우림 파괴)
영향	• 빙하 감소에 따른 해수면 상승으로 인한 해안 저지대 침수 → 열대 산호초 섬으로 이루어진 국가(투발루, 몰디브 등) 침수 • 기온 변화에 따른 동식물의 서식지 환경 변화로 생태계 혼란 • 열대 저기압의 대형화와 발생 빈도 증가, 사막화, 이상 한파, 폭설 등 이상 기후 발생 → 식수 부족, 식량 생산량 감소
대책	• 에너지 절약 및 고효율 설비 보급 등을 통하여 화석 연료 사용량 감축 • 메탄가스 배출 저감을 위한 폐기물의 재활용 • 온실 가스 흡수원의 증대를 위한 삼림 보호 및 조림 사업 확대

(2) 사막화 자연적·인공적 요인으로 토지가 사막이 되어가는 현상

발생 원인	• 장기간의 가뭄(기상 이변), 과도한 방목 및 개간, 삼림 벌채 등
영향	• 사막 주변 지역의 토양 황폐화로 인한 기근, 황사 현상 심화 • 미국 남서부, 멕시코 동부, 북아프리카, 중국 등 세계 곳곳에서 진행됨 • 2025년까지 사막화 현상으로 아프리카 경작지의 60% 이상이 황무지로 바뀜 • 아시아, 남아메리카의 일부 지역도 황폐화될 것으로 예상
대책	• 과도한 방목 및 개간의 규제, 조림 사업 실시 등

(3) 산성비 수소 이온 농도(pH) 지수가 5.6 미만인 산성이 강한 비

발생 원인	• 대기 중으로 황산화물과 질소 산화물이 함유된 배기가스의 배출 증가
영향	• 삼림 파괴, 호수의 산성화로 인한 수중 생물의 피해, 구조물 및 건물 등의 부식 • 오염 물질 배출 지역과 산성비 피해 지역의 차이로 인한 국제 분쟁 유발 • 서유럽의 공업 지대와 대도시에서 발생한 대기 오염 물질이 편서풍을 타고 북유럽으로 이동 • 미국 북동부의 산업 단지(오대호 연안)에서 배출되는 대기 오염 물질이 캐나다로 이동 • 중국 동부 해안 공업 지대에서 배출한 오염 물질이 우리나라로 이동
대책	• 공장, 교통수단 등에 탈황 시설 설치, 오염 물질의 국제 이동을 막기 위한 국가 간 협력과 조약 체결 등

(4) 오존층 파괴 지상으로부터 20~25km 상공에 위치하여 태양으로부터 오는 해로운 자외선을 차단하고 지구의 생물을 보호하는 방패 역할을 하고 있음

발생 원인	• 염화플루오린화 탄소(CFCs)의 사용량 증가
영향	• 자외선 투과량 증가로 인한 피부암, 백내장 발병률 증가, 피부의 급속한 노화 • 식물 성장 저해, 농산물 수확량 감소, 광화학 스모그 증가, 플랑크톤 감소 등
대책	• 염화플루오린화 탄소(CFCs)의 배출 규제, 대체 냉매의 개발 등

(5) 국제 하천의 오염 여러 나라의 영토를 거쳐 흐르는 하천의 오염 문제

발생 원인	상류에 대규모 다목적 댐이나 산업 단지의 건설 → 하류 방출수 부족, 대량의 산업 폐수 방출
영향	하류 국가에서는 하천 유량 감소에 따른 용수 부족, 수질 오염, 생태계 변화 등의 문제가 발생
대책	국제 하천을 공유하는 국가 간의 양보와 협력, 공동 준수 규약의 규정과 이행

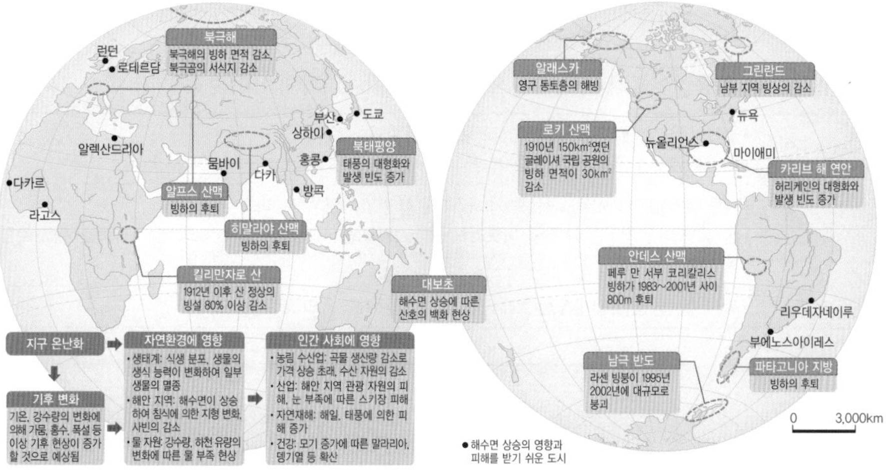

⇡ 지구 온난화로 인한 지구 환경 변화

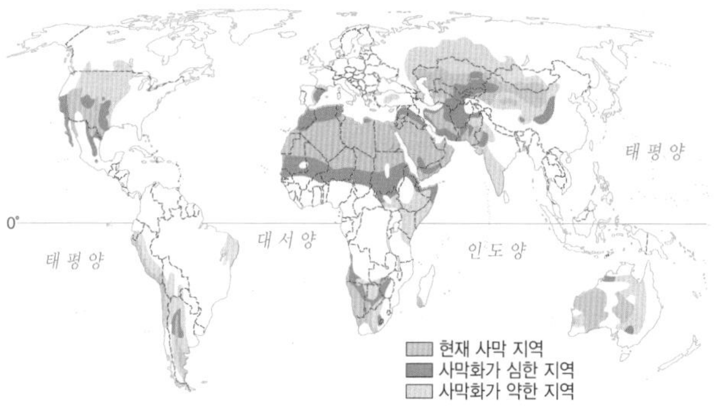

⇡ 사막화 피해 지역

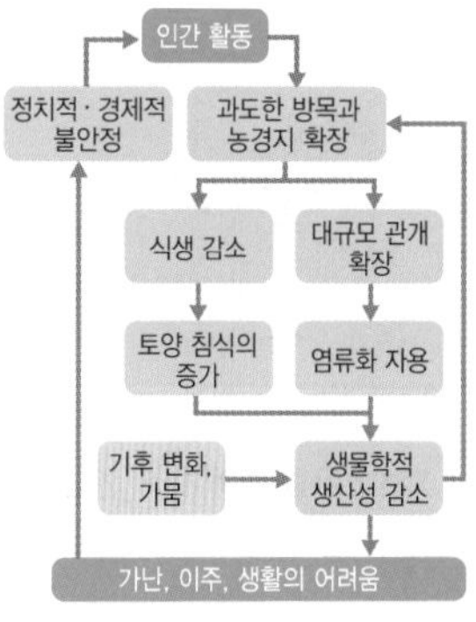

⇡ 사막화의 과정

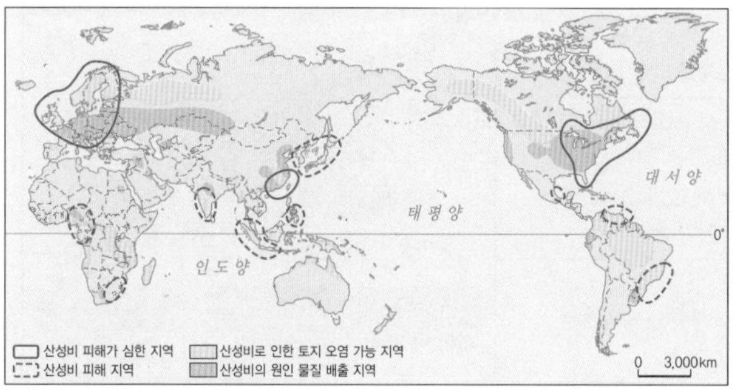

⇡ 세계의 산성비 피해 지역

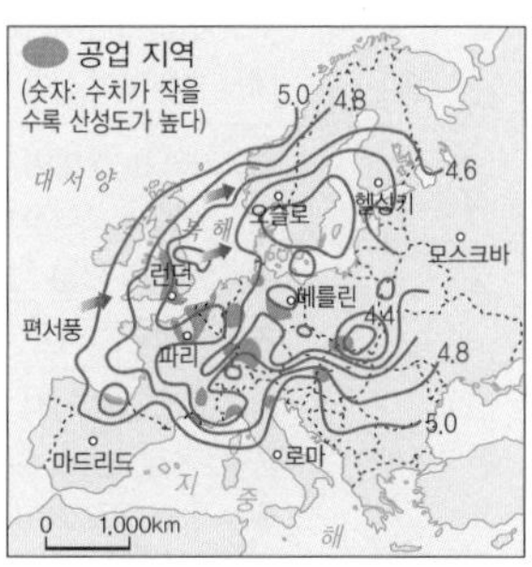

⇡ 서유럽 공업 지역과 산성도 분포

■ 사헬 지대

아랍 어로 '변두리'라는 뜻으로, 사하라 사막 남부의 사막과 스텝 지역을 가리킨다. 지나친 방목과 경작, 삼림의 과잉 벌채 등의 요인으로 인해 사막화가 급격히 진행되고 있다.

■ 축소되는 아랄 해

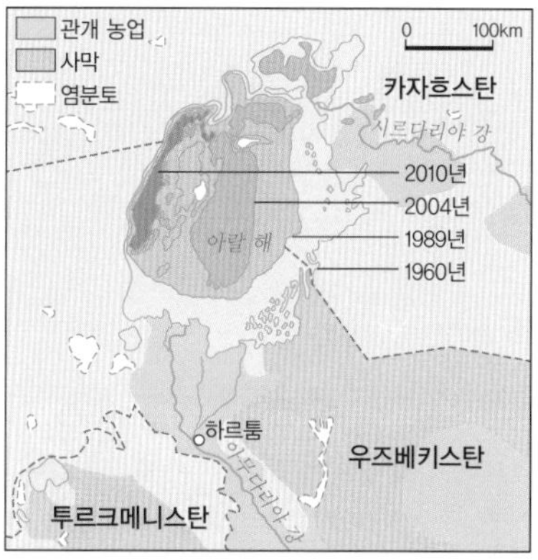

아랄 해로 유입되는 강줄기를 돌려 주변 농업용 관개용수로 사용하면서 수량의 90%가 줄어들었고, 해안선이 수백km 후퇴하였으며, 호수 바닥이 드러나 사막으로 변하였다.

■ 염화플루오린화 탄소(CFCs)

성층권 내의 오존층을 파괴하여 오존 구멍을 만드는 주요 원인 물질로서 프레온 가스라고도 한다. 냉장고, 에어컨의 냉매제, 단열제, 쿠션의 발포제 등으로 사용된다.

■ 남극 상공의 오존층 두께 변화

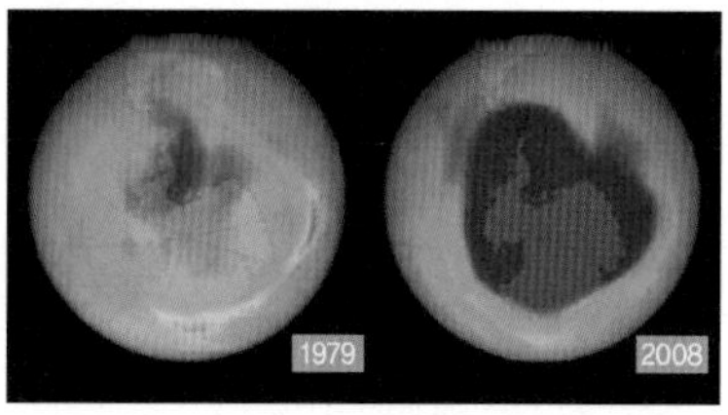

빨간색일수록 오존층이 두껍고, 보라색으로 보일수록 오존층의 두께가 얇다. 1979년보다 2008년에 오존 구멍이 훨씬 커진 것을 볼 수 있다. 한편 세계 기상 기구의 발표에 따르면 2012년 현재 오존 구멍은 2011년에 비하여 줄어들었다.

■ 세계의 주요 국제 하천

지역	하천 명	위치	유역 국가
유럽	라인 강	발원: 스위스 유입: 북해	독일, 프랑스 등 4개국
	도나우 강	발원: 독일 유입: 흑해	독일, 오스트리아 등 9개국
중동	요르단 강	발원: 골란 고원 유입: 갈릴 해	이스라엘, 시리아 등 4개국
	유프라테스 강, 티그리스 강	발원: 터키 산맥 유입: 페르시아 아랍 만	터키, 시리아 등 3개국
아시아	갠지스 강	발원: 인도 히말라야 산맥 유입: 벵골 만	인도, 네팔 등 3개국
	메콩 강	발원: 티베트 고원 유입: 남중국해	중국, 라오스 등 5개국
아프리카	나일 강	발원: 부룬디 산맥 유입: 지중해	이집트, 수단 등 10개국
아메리카	리오그란데 강, 콜로라도 강	발원: 콜로라도 유입: 멕시코 만, 캘리포니아 만	미국, 멕시코
	오대호	발원: 오대호 유입: 대서양	미국, 캐나다
남아메리카	세인트로렌스 강	발원: 브라질 중·남·동부 고원 유입: 대서양	브라질, 아르헨티나 등 3개국

■ 아마존 열대 우림

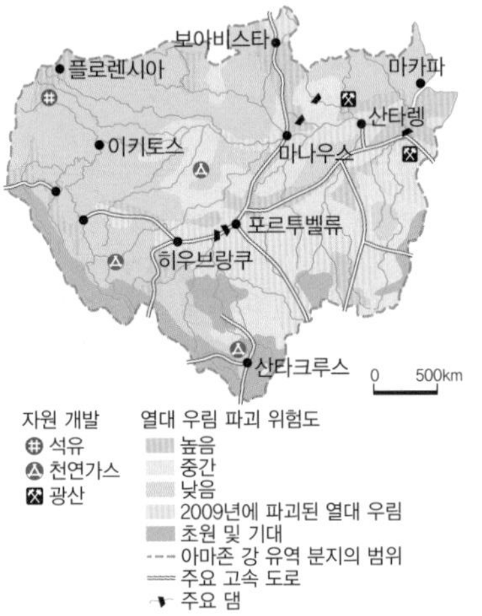

일 년 내내 기온이 높고 비가 많이 내려 울창한 열대 우림을 이루는 아마존 강 유역은 지구 산소의 1/4을 생산하여 '지구의 허파'라고 불린다. 또한 아마존의 열대 우림에는 전 세계의 약 1,000만 종의 생물 중 50%가 살고 있으며, 약 8만 종의 식물과 약 24만 종의 동물이 살고 있을 정도로 생물 종이 다양하다. 그러나 1960년대부터 시작된 브라질 정부의 개발 정책에 따라 삼림이 무분별하게 개발되면서 세계 최대의 열대 우림인 아마존의 밀림이 빠르게 사라지고 있다.

더 알아보기

라인 강을 지키기 위한 노력

라인 강은 서유럽에서 가장 긴 강으로 9개국을 지나며, 유역 내 거주하는 인구만 무려 5,000만 명에 달한다. 제2차 세계 대전 이후 용수 사용량 증가와 산업 폐수로 인한 수질 오염, 생태계 파괴 등이 주요 쟁점으로 부각되었다. 1972년 프랑스의 한 공장에서 다량의 유독 물질이 하천으로 방류되어 네덜란드 농민이 피해를 입었으며, 1986년에는 스위스에서 발생한 대규모 공장 화재로 인해 라인 강 하류 200km 구간이 오염되는 사건이 일어나 국가 간 분쟁이 발생하였다. 이에 라인 강 연안국들은 분쟁을 예방하고 상호 간 협력으로 문제를 해결하고자 '라인 강 수질 보존을 위한 국제 위원회(ICPR)'를 구성하여 운영하고 있다.

서유럽 여러 국가를 지나는 라인 강 ⋯▸

(6) 열대림 파괴 중앙아프리카, 동남아시아 일대, 남아메리카의 아마존 등

발생 원인	• 인간의 무분별한 벌목과 화전 경작으로 삼림이 파괴 • 아마존 열대 우림의 파괴와 더불어 햄버거 커넥션이 발생
영향	• 삼림 자원 감소, 동식물의 서식지가 사라져 생물 종의 다양성까지 파괴 • 동남아시아와 아마존 강 유역, 아프리카 중부 지역을 중심으로 지구의 12% 이상을 차지하던 열대 우림은 계속 감소
대책	• 육류 소비를 줄임, 열대 우림 소유 국가에게 지원금 제공 등의 경제적 원조

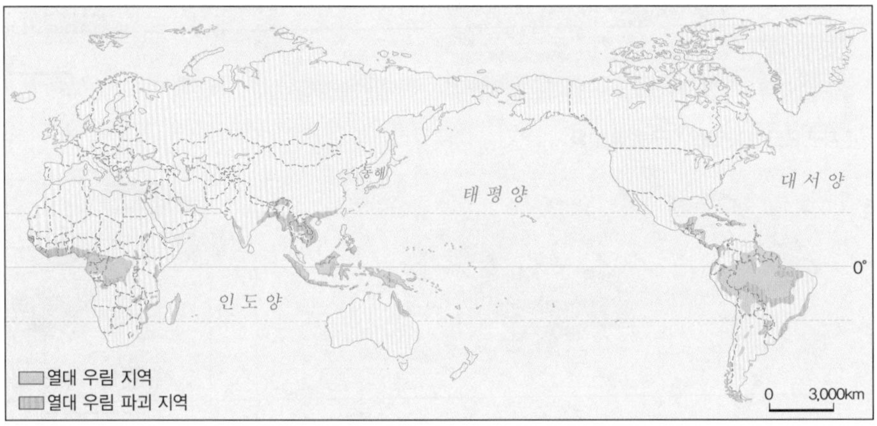

열대 우림 파괴 지역 열대 우림 지역과 열대 우림 파괴 지역의 분포

(7) 황사 주로 봄철에 발생함, 미세 황토가 상층 편서풍을 타고 이동하여 우리나라에 피해

발생 원인	• 중국 내륙의 고비 사막과 황토 고원 지대에서 발원하여 상층 편서풍을 타고 이동
영향	• 호흡기와 눈병 발병 가능성 높아짐 • 정밀 기계의 오작동 발생 • 중국 동부의 공업 지역에서 발생하는 오염 물질과 결합하여 중금속 함량 증가
대책	• 지나친 개간과 경작 지양 • 중국, 몽골, 한국, 일본 4개국이 참가하는 황사 극복 프로젝트(삼림 조성)

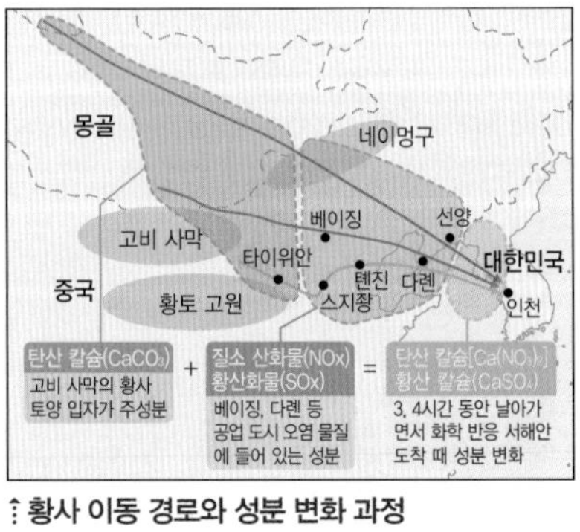

황사 이동 경로와 성분 변화 과정

5. 환경 문제 해결을 위한 국제 협력

주로 국가 간 협약을 중심으로 진행되며 폐기물, 사막화, 생물 종 다양성, 지구 온난화 방지 등 다양한 분야에 걸쳐 진행되고 있다.

(1) 국가 간 주요 환경 협약

협약	체결 연도	목적
람사르 협약	1971	물새 서식지로서 중요한 자연 습지 보호
국제 연합 인간 환경 회의	1972	'하나뿐인 지구(Only One Earth)'를 주제로 113개국이 참여하여 '국제 연합 환경 계획(UNEP)'을 설립
런던 협약	1972	폐기물의 해양 투기 방지
제네바 협약	1979	산성비 문제 해결 및 국경을 넘어 이동하는 대기 오염 물질의 감소 및 통제를 목적으로 함
몬트리올 의정서	1987	오존층 보호를 위한 염화플루오린화 탄소의 사용 규제
소피아 의정서	1988	질소 산화물, 황산화물 배출 규제
헤이그 선언	1989	지구 온난화 대책 실행을 위한 국제기관 설립 논의
바젤 협약	1989	유해 폐기물의 국가 간 이동에 대한 규제 설정함
생물 다양성 협약	1992	동식물 및 미생물의 종 보전과 지속 가능한 이용
리우 선언	1992	지속 가능한 개발과 환경 보존을 위한 27개 원칙 제정
사막화 방지 협약	1994	사막화 방지와 심각한 사막화를 겪고 있는 개발 도상국을 재정적·기술적으로 지원하는 것을 목적으로 함
교토 의정서	1997	미국, 유럽, 일본 등 선진 38개국의 온실 가스 감축 제시, 온실 가스 배출권 거래제를 도입함

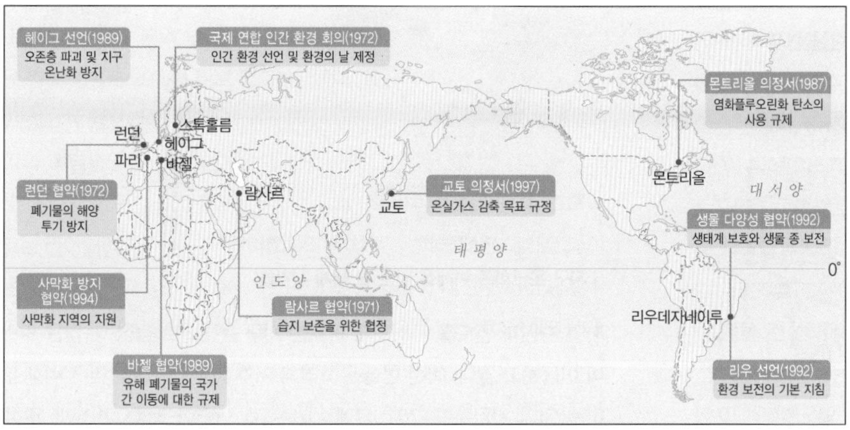

(2) 환경 문제 해결 방안

① 선진국: 개발 도상국에 청정 기술의 이전과 경제적 원조를 통해 오염 산업 감축 유도

② 개발 도상국: 환경 파괴의 피해가 선진국보다는 개발 도상국에 더 크게 나타남을 인식하고 전 지구적 협력에 적극 동참

(3) 비정부 기구(NGO)의 노력 지역이나 국가 단위로 조직된 비자발적·비영리 시민 단체

① 등장 배경: 환경 문제 발생 지역의 범위가 여러 국가에 걸쳐 있어 단일 국가 정부의 노력만으로 해결할 수 없게 됨 → 1970년대부터 비정부 기구를 중심으로 활동이 활발해짐

② 활동 사례: 지구의 기후 변화 억제, 삼림 보호, 사막화 방지, 방사성 폐기물의 해양 투기 저지, 야생 동물 보호 활동, 지구의 날(4월 22일) 행사 등

■ 바젤 협약이 체결된 계기

1976년 이탈리아 소베소에서 발생한 다이옥신 유출 사고 때 사라진 폐기물 41배럴이 1983년에 환경 단체인 그린피스에 의해 프랑스의 어느 마을에서 발견되면서 국제적인 문제로 대두되었다. 이 사건은 바젤 협약이 체결되는 계기가 되었다.

■ 온실 가스 배출권 거래 제의

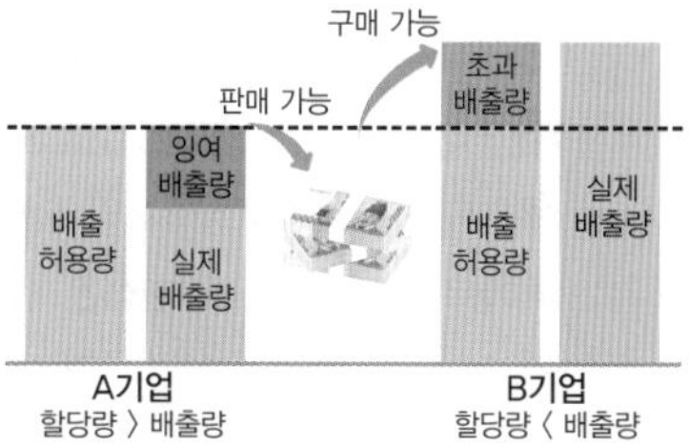

■ 비정부 기구

그린피스, 지구의 벗, 국제 습지 연대, 국제 강 네트워크, 세계 자연 보호 기금(WWF) 등이 있으며, 인간의 가치와 공공성을 지향한다.

그린피스　지구의 벗

GREENPEACE　Friends of the Earth International

국제 습지 연대　국제 강 네트워크

WLI　IRN International Rivers Network

■ 세계 자연 보호 기금(WWF)

1961년 창립된 이후 전 세계 100여 개국이 참여하는 인간과 자연의 공존을 목표로 세워진 세계 최대 민간 환경 보호 단체이다. 이 단체는 생물 다양성 보존, 자원의 지속적 이용 추진, 환경 오염 방지, 자원 및 에너지의 효율적 이용 등을 촉구하는 활동을 한다.

■ 환경 정의에 입각한 환경 운동

환경 오염에 의한 피해는 성별, 소득별, 세대별, 계층별에 따라 차별적으로 발생한다. 사회적 약자와 저개발국은 선진국과 일반인에 비해 더 많은 피해를 받고 있다. '환경 정의(environmental justice)'는 환경 개발을 통해 얻은 이익과 그로 인한 환경 문제의 사회적 부담의 불공정 분배를 지적하였고, 현세대와 함께 미래 세대의 가용 자원과 행복을 고려한 큰 틀에서 환경 운동을 진행하려고 한다.

지리 상식 1 귀환 불능 지점에 다가선 지구 온난화

최근 몇 년 동안 발표된 지구 온난화에 관한 전망은 불안을 가중시킨다. 기후 변화에 관한 정부 간 패널(IPCC)은 2001년 보고서에서 19세기 이후 온실 효과가 엄청나게 증가했다고 발표했다. 이산화 탄소 배출로 1860~2000년 사이 지구의 평균 기온은 0.8℃ 상승했다. 이 보고서는 2000~2010년 사이 기온이 1.4~5.8℃ 추가 상승할 것이라고 지적했다. 1만 5,000년 전의 마지막 빙하기에 지구의 평균 기온이 현재보다 5℃ 정도밖에 낮지 않았다는 점을 감안하면 엄청난 상승 폭이다.

2005년 옥스퍼드 대학이 2,578개의 시뮬레이션을 바탕으로 발표한 연구 결과에 따르면 지구 온난화 현상은 훨씬 심각하다. 대부분의 연구가 2~8℃ 가량의 기온 상승을 예상한 반면 이 연구는 1.9~11.5℃ 상승을 전망했기 때문이다. 가장 우려되는 것은 '귀환 불능 지점'이라는 개념이다. 아무리 서둘러 강경 대책을 마련해도 기후 시스템의 관성 때문에 이상 기온이 몇 년간 지속될 것이고, 심지어 돌이킬 수 없는 지경에 이를 수도 있다는 것이다. 그 임계 지점이 지금보다 기온이 2℃ 상승한 시점이라는 데 전문가들의 의견이 일치한다. 이를 피하기 위해서는 이산화 탄소 농도가 최저 400ppm을 넘지 말아야 한다. 그러나 1850년에 270ppm이던 이산화 탄소 농도는 2005년에 380ppm으로 증가했는데, 이는 우리가 재구성할 수 있는 기후의 역사 42만 년을 통틀어 최고 기록이다. 그동안 이산화 탄소 농도는 180~280ppm 수준을 유지해 왔다. 지금처럼 이산화 탄소 농도가 매년 2ppm씩 증가한다면 10~30년 이내에 돌이킬 수 없는 상황에 이를 것이다. 따라서 2050년까지 선진국의 이산화 탄소 배출량을 현재의 4분의 1 수준으로 줄이도록 지금부터 만반의 준비를 해야 한다.

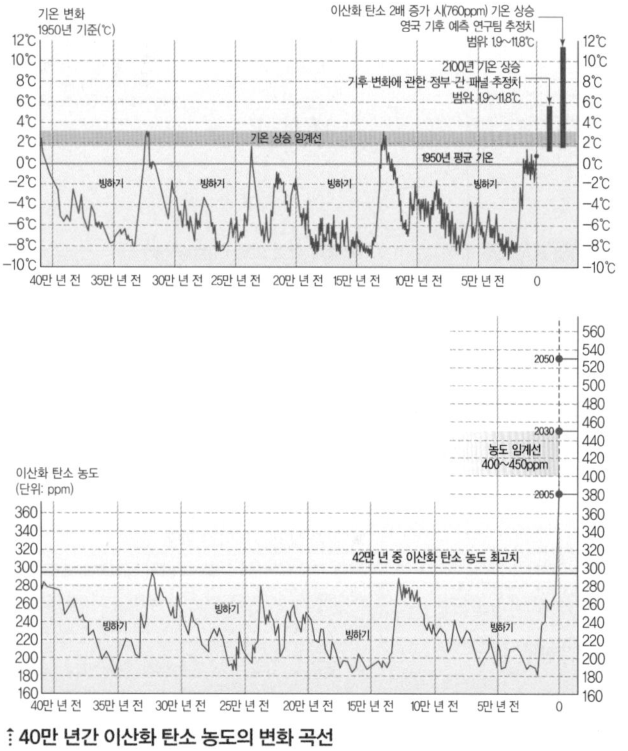

⁝ **40만 년간 이산화 탄소 농도의 변화 곡선**

르몽드 디플로마티크, 권지현 역, 2008, 『르몽드 세계사』

지리 상식 2 북극곰이 울고 있는 진짜 이유

유명 음료 회사의 주인공, 그 회사의 광고에서 크리스마스면 어김없이 산타 복장을 하고 나타나는 동물은 바로 북극곰이다. 귀엽고 듬직한 모습을 보이는 북극곰은 실제로 북극의 포식자이다. 북극곰은 영하 40℃의 추위와 시속 120km의 강풍을 견뎌 내는 등 뛰어난 생존 능력을 지니고 있어서 지구에서 가장 추운 환경에서도 살아남았다. 북극곰은 다른 동물들에 비해 지방층이 두터워 단열성이 무척 뛰어나다. 그래서 체온 손실이 거의 없어 극한의 날씨에도 유유히 사냥에 나선다. 하지만 오늘날에는 지구 온난화로 극지방의 빙하가 녹으면서 삶의 서식처를 잃고 울고 있다. 과연 진실일까? 『회의적 환경주의자』의 저자로 유명한 비외른 롬보르는 지구 온난화로 줄어든 곰은 매년 15마리꼴이지만, 매년 사냥으로는 49마리나 희생되었다고 주장한다. 또한 캐나다의 북극곰 무리 13개 가운데 11개는 개체 수가 안정되었거나 늘고 있어서 멸종되지 않을 것이고, 현재로서는 영향을 받는 것 같지 않다고 제시하고 있다

비외른 롬보르, 김기응 역, 2009,
『쿨 잇: 회의적 환경주의자의 지구 온난화 충격 보고』

지리 상식 3 기후 난민 시대

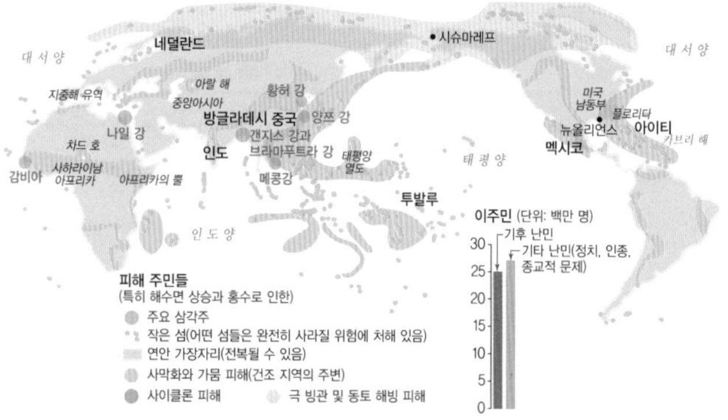

⁝ **지구 온난화로 피해를 입은 전 세계 지역들**

자연 자원과 영토를 사라지게 만드는 지구 온난화로 점점 더 많은 주민들이 이동하고 있다. 이런 현실을 고려해 기후 이주자에게 난민 지위를 부여하는 일이 시급하다. 2010년에 세계 기후 난민이 5,000만 명에 달하며, 2050년까지 2억 명에 이를 것이라고 한다. 이런 주민 이동은 규모가 크고, 동시에 일어나며, 돌이킬 수 없다는 점에서 인류의 미래에 있어서 심각한 문제가 되고 있다. 이미 지구 온난화의 결과(해수면 상승, 히말라야 빙설 해빙, 가뭄 등)로 많은 피해를 입은 방글라데시에서만 100만 명의 이주민이 발생했다.

1951년 제네바 협약은 국제법상 난민 지위를 정해 놓았다. 마찬가지로 '기후 난민' 개념을 정립하는 것은 법적 차원에서 진보가 될 것이다. 그렇게 해야 기후 정의 원칙에 입각한 국제 조정이 가능해질 것이기 때문이다.

로몽드 디플로마티크 기획, 2011, 『르몽드 환경아틀라스』

지리 상식 4 대구에는 사과가 없다?

대구 하면 생각나는 것들은 무엇일까? 아마 사과, 무더위, 약령시, 내륙 분지, 보수적 정서 등등의 답이 나올 수 있을 것이다. 이 가운데 특히 사과 하면 대구가 먼저 떠오를 정도로 대구의 사과는 전국의 명물 특산품이었다. 대구는 금호강과 신천이 빙하기 이래 줄기차게 흐르면서 팔공산과 비슬산 사이 분지에 흙과 모래, 자갈을 쌓아 만든 땅이다. 게다가 대구는 덥고 춥기로도 유명한 곳이다. 모래와 자갈이 많은 충적 분지로서 일교차가 심한 지역이 사과 재배 적격지라고 했으니, 대구는 사과로 이름을 날릴 천혜의 운명을 타고났던 셈이다.

하지만 대구가 생산해 내는 사과는 점점 줄어들었다. 1960년에는 전국 사과 생산량의 40%를 차지할 정도였지만, 1970년대 들어 대도시 개발 분위기가 국토를 휩쓸면서 대구의 사과 과수원도 대지로 많이 바뀌었다. 더구나 기후 변화의 영향으로 일교차가 그리 심하지 않게 된 대구는 사과나무가 별로 좋아하지 않는 땅이 되어 버렸다. 대구의 사과나무들에는 가을이 되어도 열매가 달리지 않는 일이 빈번해진 것이다. 사과나무 재배 적지는 점점 북쪽으로 올라가 경북 청송, 안동, 영주, 상주, 심지어 강원도에까지 이르렀고, 상표마저도 1979년부터는 '대구 능금'에서 '경북 능금'으로 바뀌었다. 이제는 무턱대고 대구를 '사과의 도시'로 홍보하거나 인식해서는 안 될 일이다.

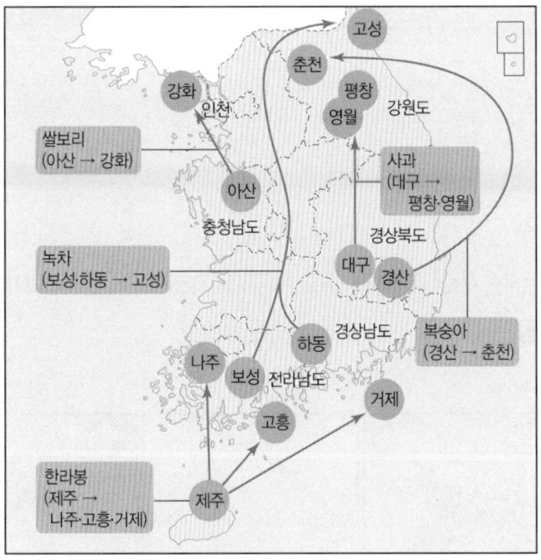

⁝ 전국 농산물 재배지의 북상

지리 상식 5 지구촌 환경과 함께하는 무한도전

⁝ 무한도전에서 방문했던 쿠부치 사막 위치

MBC 대표 예능인 '무한도전'은 10년 동안이나 토요일 저녁을 책임지고 있다. 여섯 남자의 재치와 입담도 재미있지만, 매주 새로운 주제로 시청자들을 찾아온다. 환경 관련 주제도 여러 차례 다루었다. 여기서는 2008년 3월 29일 방송되었던 '식목일 특집'과 2010년 12월 18일 방송되었던 '녹색특집 나비효과'를 살펴보려고 한다.

식목일 특집에서는 중국 네이멍구(內蒙古)의 쿠부치 사막을 찾아간다. 200여 년 전 이 사막은 초원이었는데, 지금은 완전한 사막으로 바뀌었다. 해마다 봄철이면 이곳에 있는 미세한 모래가 편서풍을 타고 황해를 지나 우리나라로 날아오는데, 이것을 황사라고 한다. 계속해서 사막화가 진행되고 있는 이곳에 무한도전 멤버들이 가서 나무를 심는 특집이었다.

'녹색특집 나비효과'에서는 멤버들끼리 게임을 하여 각각 몰디브의 리조트와 북극의 호텔을 여행할 티켓을 얻는다. 그런데 실제 몰디브와 북극으로 가는 것이 아니라 특수 제작한 세트장으로 향한다. 세트장 위쪽이 북극 얼음 호텔이고, 아래쪽 세트가 몰디브 리조트이다. 몰디브 리조트에서 에어컨을 강하게 틀면 실외기가 작동해서 북극 얼음 호텔의 얼음이 녹는다. 그때 연결된 관을 통하여 몰디브 리조트에 물이 찬다. 한 멤버가 샤워할 때 물을 잠그지 않거나, 전등을 제대로 끄지 않을 때, 냉장고 문을 계속해서 열어둘 때 북극 얼음 호텔에는 열풍기가 계속해서 켜진다. 결국 프로그램의 끝 무렵 멤버들은 수위가 상승한 몰디브의 리조트에서 탈출하게 된다. 이는 작은 사례이지만 전 지구적인 온난화 문제의 경종을 울려 주는 것으로도 볼 수 있다.

[선택형]

• 2013 수능

1. 다음 자료는 어떤 환경 문제 ㈎에 대한 학생의 수행 평가 보고서이다. ㈎로 인해 나타날 변화를 그래프의 A~E에서 고른 것은?

수행 평가 보고서

○학년 ○반 이름:○○○

주제: (가)와/과 관련된 신문 기사 조사하기

조사 내용 1

몰디브의 대통령은 연말에 덴마크 코펜하겐에서 열리는 정상 회담을 앞두고, (가)에 대한 경각심을 일깨우기 위해 수심 6m 바다 속에서 각료 회의를 개최하였다. 장관들은 수도 말레에서 보트로 20분 걸리는 기리푸시 섬에 모여 잠수복을 입고 바다 속으로 들어가 회의를 진행하였다.

- ◇◇신문(2009년 ○○월 ○○일) -

조사 내용 2

한 연구 보고서에 의하면 (가)에 대한 적극적인 노력을 하지 않을 경우 앞으로 10년 이내에 농작물 생산이 크게 감소하여 심각한 기아 문제가 닥칠 것이라고 한다. 특히 적도 근처 국가들은 가뭄이 심화됨에 따라 곡물 생산이 더욱 불리해져 기아 피해가 더 클 것으로 예상된다고 하였다.

- △△신문(2011년 ○○월 ○○일) -

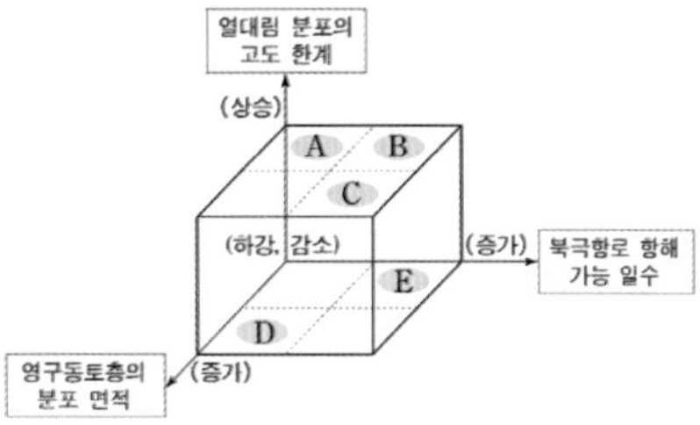

① A ② B ③ C ④ D ⑤ E

• 2015 6 평가원

2. 다음 자료에 제시된 A에 대한 적절한 설명을 〈보기〉에서 고른 것은?

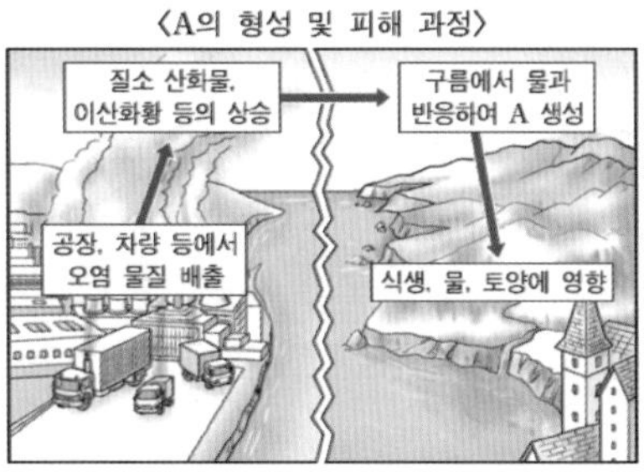

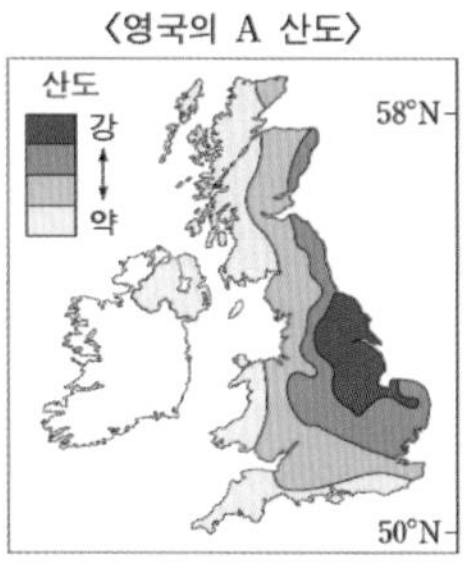

보기

ㄱ. A는 건축물이나 문화 유적을 부식시키기도 한다.

ㄴ. A 문제는 화석 연료의 과도한 사용이 주요 원인이다.

ㄷ. 영국에서 A를 유발하는 오염 물질은 주로 동쪽에서 서쪽으로 이동한다.

ㄹ. 생물종 다양성을 높이는 것이 A 문제의 가장 효과적인 방지 대책이다.

① ㄱ, ㄴ ② ㄱ, ㄷ ③ ㄴ, ㄷ ④ ㄴ, ㄹ ⑤ ㄷ, ㄹ

• 2014 9 평가원

3. 지도는 A, B 환경 문제가 나타나는 지역을 표현한 것이다. A, B에 대한 설명으로 가장 적절한 것은?

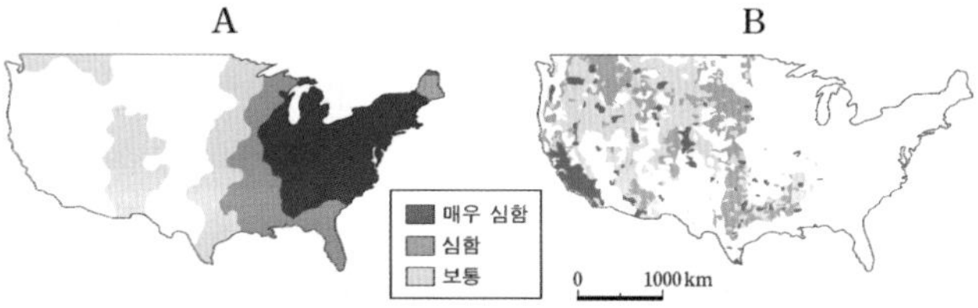

① A는 강풍을 동반한 많은 비로 홍수와 풍수해를 일으킨다.

② A는 오존층 파괴로 인한 자외선 투과량 증가로 발생한다.

③ B는 호수의 산성화나 구조물 및 건물의 부식을 일으킨다.

④ B는 관개용수의 과도한 이용이나 강수량 부족에 의해 발생한다.

⑤ 국제 사회는 A, B에 대한 공동 대책으로 교토 의정서를 채택하였다.

• 2012 수능

4. ㈎~㈐는 해당 지역의 주요 환경 문제를 나타낸 지도이다. 이에 대한 옳은 설명을 〈보기〉에서 고른 것은?

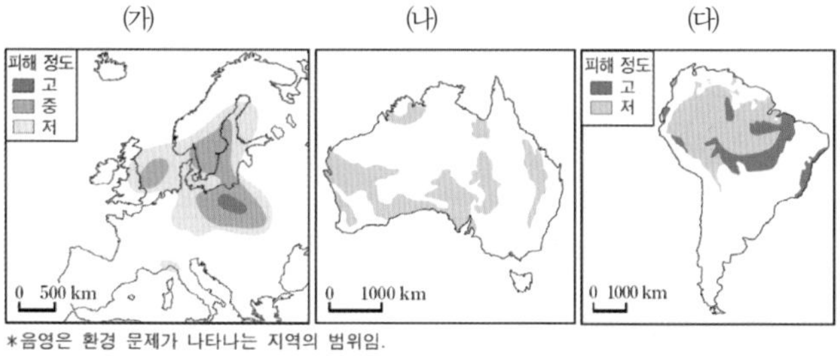

*음영은 환경 문제가 나타나는 지역의 범위임.

보기

ㄱ. ㈎는 대기 오염 정도에 따른 산성비 피해 지역을 나타낸 것이다.

ㄴ. ㈏는 과잉 방목과 경작 등으로 사막화가 진행되고 있는 지역을 나타낸 것이다.

ㄷ. ㈐는 물 자원의 과도한 이용으로 지하수가 고갈되는 지역을 나타낸 것이다.

ㄹ. ㈎~㈐에 제시된 환경 문제를 해결하기 위해 국제 사회는 람사르 협약을 체결하였다.

① ㄱ, ㄴ ② ㄱ, ㄷ ③ ㄴ, ㄷ ④ ㄴ, ㄹ ⑤ ㄷ, ㄹ

[서술형]

1. 다음은 혜교가 세계의 환경 문제에 대하여 정리한 내용이다. (가)~(라)에 들어갈 내용을 서술하시오.

주제	주요 발생 원인	영향	사례 지역
지구 온난화	화석 연료의 증가	(가)	몰디브
오존층 파괴	(나)	자외선 증가로 인한 피부암 발생	뉴질랜드
열대림 파괴	농경지와 임산 자원의 무분별한 개발	(다)	아마존 강 유역
사막화	(라)	토양 유실, 황무지 및 사막 확대	사헬 지대
물 부족 국가	인구 증가와 산업화로 물 사용량 증가	국가 간 물 분쟁 발생	나일 강

2. 지도에 표시된 지역에서 심각하게 발생하고 있는 (가), (나) 환경 문제가 무엇인지를 〈보기〉에서 찾아 쓰고, 이 두 문제가 발생하게 된 공통적 요인을 쓰시오.

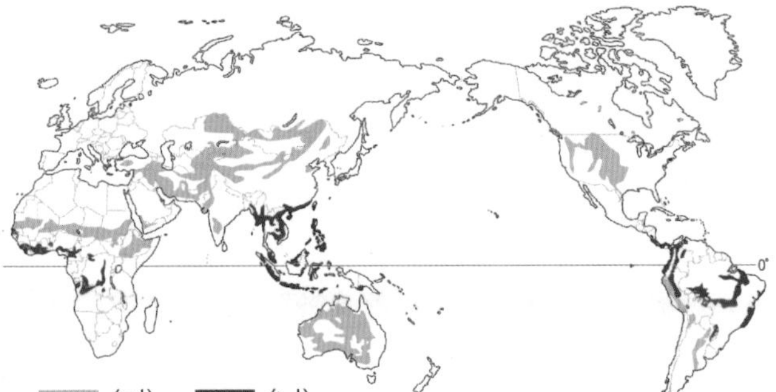

(가) (나)

보기

산성비 피해, 사막화, 황사 현상, 열대림 파괴, 오존층 파괴

(1) (가): ________________, (나): ________________

(2) (가), (나)의 공통적 요인:

5. 아랄 해는 세계에서 면적이 네 번째로 큰 호수였다. 다음 사진과 같이 아랄 해의 면적이 줄어든 이유를 서술하시오.

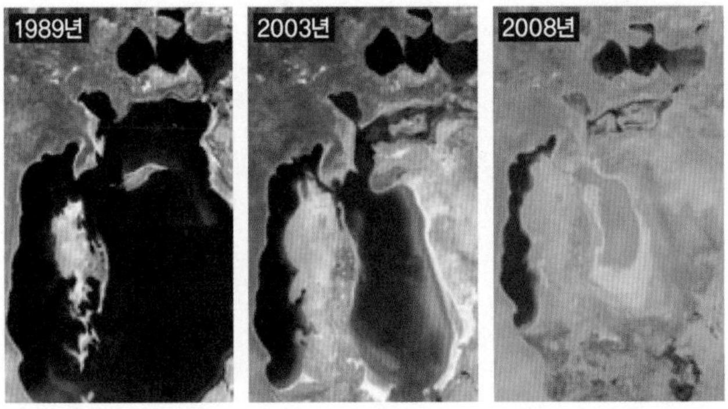

4. ㉠~㉢에 들어갈 환경 문제의 명칭을 쓰고, 각 환경 문제의 원인을 서술하시오.

> 투발루는 남태평양의 엘리스 제도에 위치한 9개의 섬으로 구성되어 있으며, 평균 해발 고도가 3m 내외로 낮고 평평한 지형 조건을 갖추고 있다. 현재 이곳은 ㉠______에 따른 해수면 상승으로 영토가 바다에 잠기고 있다. 이에 투발루 국민의 상당수가 이웃 국가로 생활 터전을 옮기려고 하고 있으나, 주변 국가에서는 이들 이민자를 받아들이는 것을 꺼리고 있다.
>
> 시드니 본다이 해수욕장에서 시신 형태의 그림이 찍혀 있는 1,700개의 대형 수건을 펼쳐 놓는 행사를 벌였다. ㉡______ 파괴로 자외선의 양이 증가하면서 피부암 발생률이 높아지자 오스트레일리아 정부와 관련 단체가 피부암에 대한 경각심을 높이기 위해 이 같은 활동을 벌인 것이다.
>
> 사하라 사막 남쪽 가장자리 사헬 지대에 속한 차드의 사막 마을에서 어린이들이 마른 우물을 퍼내고 있다. 이 지역은 급속한 ㉢______(이)가 진행되고 있는 곳으로, 강수량이 적어 농축산물 생산이 크게 줄었을 뿐만 아니라 마실 물 또한 부족한 상태이다.

5. Read the next text, and answer the following questions.

> Acre leads the way
>
> Acre is a state in the rainforest in Brazil. About 550,000 people live there. Once it was quite well off. It has lots of rubber trees, and rubber tappers collected the latex. This was exported to make things like car tyres.
>
> Then cattle ranchers and loggers moved in, and began to cut down the rainforest, including the rubber trees. The rubber tappers were angry and tried to have them stopped. The conflict led to the murder of the tappers'leader, Chico Mendes, by a rancher's son in 1988.
>
> There were other problems too. Synthetic rubber (made from oil) was spoiling the sales of latex, So the people of Acre got poorer and poorer. But they had to eat! So they cut down and burned trees to plant crops. When the soil got worn out, they moved on and cut down more trees. This type of farming is called slash-and-burn. Today, things are changing. The people of Acre are learning how to use the rainforest sustainably. That means in a way that helps them, and protects the rainforest.

1) How did the farmers of Acre carry out their farming in the past?

2) Do you think this was sustainable? Explain your answer.

한 권으로 끝내는
지리 올림피아드

All about Geography-Olympiad

Chapter

12

제12장

지역 지리

chapter 12

지역 지리

01. 동아시아

핵심 출제 포인트

▶ 중국의 소수 민족 ▶ 중국의 농업과 공업 ▶ 일본의 공업

▶ 동아시아의 영토 분쟁

■ 히말라야 산맥과 타림 분지

신장의 타림 분지는 히말라야 산맥이 형성되는 과정에서 만들어졌다. 인도 판이 유라시아 판과 부딪치며 강력한 충돌 압력을 전달했는데, 지층이 휘어 올라가는 과정에서 단층 작용이 일어나 거대한 분지가 형성되었다.

■ 변화하는 몽골의 유목 문화

건조 기후가 나타나는 몽골에서는 가축의 먹이를 찾아 떠도는 유목 문화가 발달했다. 사진 속 흰색 천막 가옥은 잦은 이동을 위해 설치와 해체가 간편한 몽골의 전통 가옥 게르이다. 예전에는 가축을 이용해 이 게르를 운반했다. 1990년대 이후 몽골이 세계에 문호를 개방하면서 가축의 역할을 자동차가 대신하고 있다.

1. 동아시아의 위치와 지역 구분

(1) 위치

① 유라시아 대륙의 동쪽에 중국, 몽골, 한국, 북한, 일본, 타이완 등 6개의 정치적 실체로 구성

② 동아시아의 지리적 범위는 중앙아시아의 사막에서부터 일본, 타이완 등 태평양의 섬까지 펼쳐져 있어 매우 다양한 환경이 나타남

(2) 지역 구분

① 중원: 중국의 인구, 도시, 농업, 산업 등은 중원의 동부에 집중

② 시짱(티베트)

• 티베트라고 알려진 시짱 고원은 지금은 중국 영토이지만 본래 다른 국가

• 중원과 비교했을 때 이 지역은 인구 밀도가 낮으며, 인구 규모가 작음

③ 신장: 오랜 기간 중국의 지배하에 있었으며, 과거 비단길이 지나던 곳

④ 몽골

• 면적은 넓지만 인구 밀도가 낮음

• 평균 해발 고도가 1,600m에 이르며, 남부는 사막이지만 중앙부와 동부는 초원을 이룸

⑤ 자코타 삼각 지대: 일본, 한국, 타이완 세 국가의 머리글자를 따서 자코타라 불리는 곳으로 20세기 중반에 경제적으로 급성장한 지역

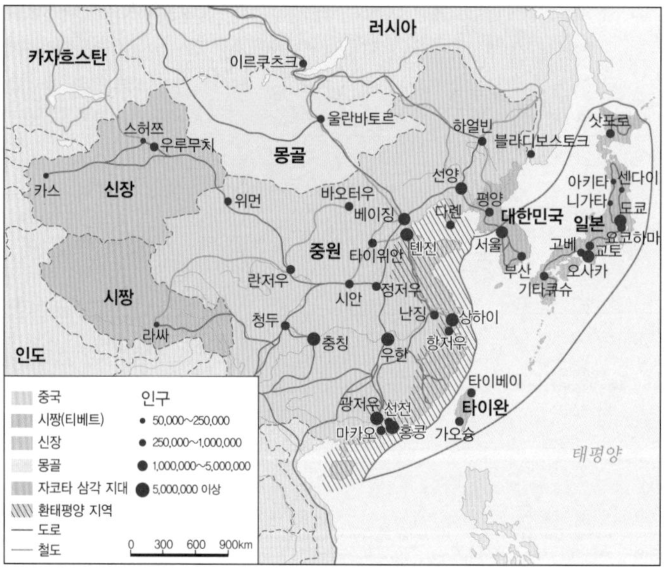

⁝ 동아시아의 지역 구분

2. 동아시아의 지형

신기 조산대와 고기 조산대 안정육괴가 골고루 나타난다.

(1) 중원

① 동부 지역: 안정육괴로 황허 강, 양쯔 강과 같은 대하천 유역에 충적 평야 발달

② 서부 지역: 조산 운동 과정에서 만들어진 고원이 분포

③ 북부 지역: 고원이 나타나며 네이멍구 자치구는 몽골과 연속선상에 있음

(2) 시짱 인도 판이 유라시아 판과 충돌하며 히말라야 산맥과 쿤룬 산맥 사이에 티베트 고원 형성

(3) 신장 쿤룬 산맥과 톈산 산맥 사이에 단층 작용으로 타림 분지, 투루판 분지, 준가얼 분지 형성

(4) 몽골 해발 고도가 높고 지형 기복이 완만한 고원 발달

(5) 자코타 삼각 지대

① 한국은 중원의 동부 지역과 마찬가지로 안정육괴에 포함

② 일본과 타이완은 환태평양 조산대의 일부로 화산과 지진 작용이 활발

3. 동아시아의 기후

기후 구분	지역	특징
고산 기후	시짱	• 높은 해발 고도로 인해 동위도 지역보다 서늘한 기후 형성 • 저위도의 열대 고산 기후와 달리 겨울철 혹한이 나타나는 연교차가 큰 기후 지역
건조 기후	신장, 몽골	• 바다와 멀리 떨어진 내륙으로 수분 공급이 어려워 건조 기후 형성 • 신장 지역의 경우 고산 지역의 융설수가 수분 공급에 기여
계절풍 기후	중원 동부, 자코타 삼각 지대	• 대륙과 해양의 비열 차이로 인해 여름철에 습윤한 계절풍이 불어와 고온 다습한 기후 형성 • 벼농사에 유리한 조건으로 충적 평야 지역에서 대규모 벼농사가 이루어지며 이 때문에 인구 밀집 지역 형성

4. 동아시아의 문화

(1) 문화적 동질성

① 특히 한국, 중국, 일본에서 큰 규모의 문화적 동질성이 나타남

② 한자: 중국 제국이 확장되면서 표의 문자인 중국 문자 체계도 전파되어 많은 영향을 끼침

③ 유교: 공통된 문자 체계의 사용으로 유교 사상 체계가 동아시아에서 중요한 위치를 차지

④ 불교: 대중의 구제를 강조하는 대승 불교가 널리 전파

(2) 문화적 이질성

① 작은 규모로 들여다보면 한 지역으로 규정하기 어려울 만큼 다름

② 중국 내 소수 민족

• 대승 불교, 유교, 한자로 대표되는 중원 지역과 주변 지역과의 이질성으로 인해 자치구 형태로 행정 구역 설정

• 중국 정부는 자치구 지역에 의도적으로 한족을 이주시켜 소수 민족의 영향력을 약화시키기 위해 노력

자치구	주요 민족	주요 종교	특이 사항
네이멍구 자치구	몽골 족	라마교	유목 생활
닝샤후이 족 자치구	후이 족	이슬람교	아라비아 상인의 후예
신장웨이우얼 자치구	위구르 족	이슬람교	석유와 천연가스 풍부
광시 좡 족 자치구	좡 족	다신교	중국 최대의 소수 민족
시짱 자치구	티베트 족	라마교	칭짱 철도 개통

■ 칭짱 철도와 티베트

중국은 소수 민족에 대해 '한족화' 정책을 실시하며 소수 민족의 문화를 지우려 노력한다. 이를 위해서는 중원의 한족들이 소수 민족 지역을 쉽게 드나들 수 있어야 한다. 때문에 중원과 티베트를 연결하는 칭짱 철도는 단순한 교통로 이상의 의미가 있다.

■ 인도 안의 티베트, 티베트 인 집단 거주지

중국의 티베트 탄압이 거세지던 시기 티베트의 지도자 달라이 라마는 세계 여러 나라에 도움을 요청하였으나 그리 따뜻한 대접은 받지 못했다. 하지만 인도는 달랐다. 인도는 달라이 라마를 환영하고 자국의 수도에 티베트 인 집단 거주지(Tibetan Refugees Colony)를 만들게 허락하였으며, 이곳에는 많은 티베트 인들이 거주 중이다.

■ 닝샤후이 족 자치구의 이슬람 사원

아라비아 상인의 후예들이 거주하는 닝샤후이 족 자치구에는 당연히도 이슬람 사원이 있다. 위구르 족의 신장 웨이우얼 자치구와 함께 중원 지역과는 사뭇 다른 경관이 나타난다.

■ 동아시아의 섬과 바다를 둘러싼 분쟁

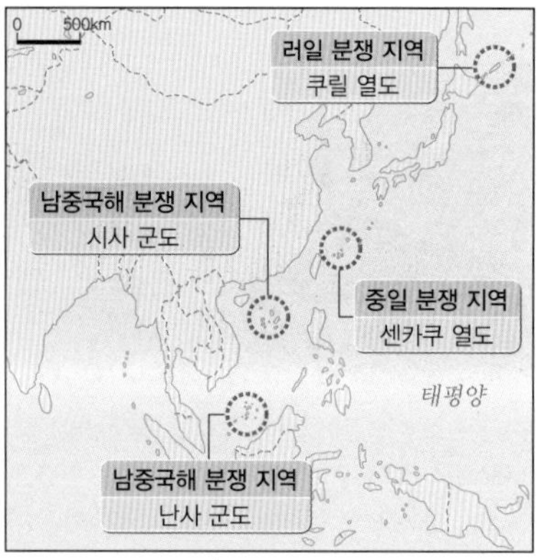

■ 센카쿠 열도(댜오위다오)를 둘러싼 분쟁

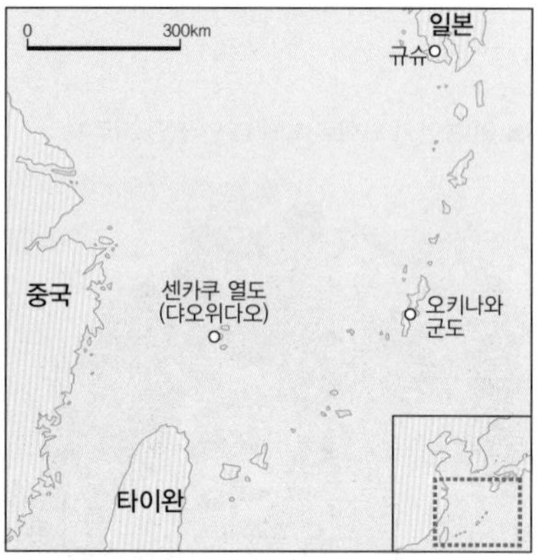

동중국해 상에 위치한 센카쿠 열도(댜오위다오)는 8개의 무인도로 구성되어 있다. 현재는 일본이 점유하고 있다. 센카쿠 열도 분쟁의 원인은 인근 해역의 석유 매장 가능성, 배타적 경제 수역 및 대륙붕 경계선 미확정, 서남아시아와 동북아시아를 잇는 해상 교통로이자 전략적 요충지인 점 등이다. 1970년대부터 본격적으로 분쟁이 시작되어 최근까지도 지속되고 있다.

■ 석유를 둘러싼 난사 군도의 영유권 분쟁

44개 섬과 400여 개 산호초로 이루어진 난사 군도는 풍부한 어족 자원과 함께 해저에 177억t 규모의 석유가 매장된 것으로 추정되어 중국, 필리핀, 말레이시아, 베트남, 타이완 등이 영유권 분쟁을 벌이고 있다. 말레이시아는 최근 이 군도 내에 해상 건조물을 완공하였고, 중국도 지난 12월 필리핀이 영유권을 주장해 온 미스치프 환초에 대형 해상 건조물을 지었으며, 필리핀은 자국령 난사 군도 해역 내에서의 조업 금지를 선언하였다.

③ 일본의 언어와 국가 정체성

- 초기 일본은 남부에 거주하는 일본인과 북부에 거주하는 아이누로 분리
- 주로 홋카이도에 거주하던 아이누는 신체·언어적으로 일본인과 구별
- 일본인과의 경쟁에서 밀려난 아이누는 현재 약 2만 4,000명에 불과

더 알아보기

역사로 풀어 보는 중국의 지리적 다양성

1) 우린 민주주의에 익숙해요!–홍콩 우산 혁명

19세기 초반 영국령 인도로부터 중국으로의 아편 수입은 매우 중요한 문제였다. 아편은 중국 문화를 황폐화시켰고, 이로부터 유럽 상인들은 많은 이익을 챙겼다. 1839년 청나라 정부가 아편 무역을 근절시키자 영국은 아편 전쟁을 일으켰고, 이 전쟁에서 중국이 패하였다. 제1차 아편 전쟁으로 중국과 영국 간의 불평등 조약이 맺어졌으며, 중국의 주권은 쇠약해지기 시작하였다.

영국군은 양쯔 강 일대를 점령하고 양쯔 강 남쪽의 몇 개 지역을 통치하였다. 중국 정부는 외국 상인에게 임차권과 이권을 주는 평화 협약을 체결하였다. 중국은 영국에 홍콩을 양도하고, 광저우, 상하이 등 5개 항구를 개항하였다. 1841~1997년까지 홍콩은 영국의 지배하에 놓였으며, 중국 본토와 달리 민주주의 통치 양식 아래에서 발전을 거듭했다. 1997년 7월 1일 홍콩이 중국에 반환된 뒤, 홍콩은 어느 정도 자치권을 인정받으며 행정 장관도 주민들의 투표로 선출하였다. 그러나 홍콩의 민주주를 그대로 용납할 수가 없었다. 홍콩 시민들은 이전에 경험하지 못했던 중국 공산당의 통제와 억압을 경험해야 했다. 그리고 그간 참아 왔던 자유에 대한 열망이 2014년 가을 우산 혁명을 일으켰다. 2014년 8월 전국인민대표대회에서 친중국 인사들로 구성된 행정 장관 후보 추천 위원회의 과반 이상의 지지를 얻은 2~3명으로 행정 장관 입후보 자격을 제한한다는 결정에 대한 반발로 시위가 발생하였다. 우산 혁명은 경찰의 최루탄을 우산으로 막은 데서 이름이 붙여졌다.

2) 독일 맥주 못지않은 칭다오 맥주

독일은 맥주의 나라로 잘 알려져 있다. 독일에서는 맥주를 물과 같이 취급한다는 우스갯소리도 들려온다. 홍콩이 영국에 넘어가던 시기 중국은 유럽 열강에 많은 권리를 양도하였다. 1898년 독일은 산둥 반도에 있는 칭다오에 대한 임차권을 획득하였다. 독일인들은 자신들이 사용하던 기계를 들여와 칭다오에서 맥주를 생산하기 시작했다. 지금은 산둥 반도에서 더 이상 독일인들의 지배력을 찾아볼 수는 없지만, 그들이 남기고 간 맥주의 맛은 오늘날 이 지역을 세계적 맥주의 생산지로 바꿔 놓았다.

3) 사투리로 알아보는 중국과 타이완의 분단

타이완은 언어와 인종이 복잡하기로 유명하다. 동부 산악 지역의 소수 부족민은 오스트로네시아 어족에 속하는 인도네시아 부족민과 유사한 언어를 사용했다. 이 부족민은 16세기 이전 타이완 전역에서 거주했다. 그러나 그 당시에 많은 한족이 이주해 오기 시작했다. 대부분의 신이주자는 현재 타이완 어로 진화한 '푸저우 방언'을 사용했다.

타이완은 1949년 중국의 공산주의에 패한 국민당이 피난처를 찾아 이주하면서 크게 변화했다. 대부분의 국민당 지도자는 중국의 공용어였던 '베이징 어'를 사용했다. 타이완의 새로운 지도부는 기존에 사용하던 타이완 어를 지방 방언으로 간주해 사용을 억제했다. 그 결과 타이완 어와 베이징 어를 사용하는 공동체 사이에 긴장감이 커졌다. 1990년대 타이완 어를 사용하는 사람은 그들의 언어 정체성을 강조하기 시작했다. 현재 타이완 어 사용을 지지하는 많은 사람들이 중국으로부터의 공식적인 독립을 주장하지만, 베이징 어를 선호하는 사람들은 궁극적인 통일을 희망하고 있다.

5. 동아시아의 지역 분쟁

동아시아 지역 분쟁의 중심에는 중국과 일본이 있다. 일본은 바다 영토를 중심으로 자신의 영향력을 넓히려 하고, 중국은 분리·독립을 요구하는 소수 민족을 무력으로 탄압하고 있다.

지역	분쟁 국가	특징
독도	한국/일본	• 우리의 영토인 독도를 일본이 자기 영토라 주장 • 독도 인근의 메탄하이드레이트, 해양 심층수, 어족 자원 등으로 인해 경제적 중요성이 큰 지역
쿠릴 열도	일본/러시아	• 쿠릴 열도 남부의 4개 섬에 대한 영토 분쟁으로 현재 러시아가 실효적 지배를 하고 있으나 일본은 이 섬이 홋카이도에 속한다 주장하며 반환을 요구
센카쿠 열도	중국·타이완/일본	• 일본에서는 센카쿠 열도, 중국에서는 댜오위다오라 부름 • 현재 일본이 실효적 지배를 하고 있으며 근해에 석유와 천연가스가 매장되어 있는 것이 밝혀져 중국의 반환 요구가 거세짐

티베트 독립 운동	중국/티베트 족	• 중국의 자치구로 남아 있지만 사실상 중국의 식민지로서, 중국은 티베트 독립 운동을 무력으로 진압하고 있음 • 최근 유전 지대와 석탄 매장이 알려져 중국 입장에서는 더욱 중요한 지역으로 부상 • 칭짱 철도의 개통으로 중원 지역의 한족 유입이 더욱 가속화
신장 웨이우얼 독립 운동	중국/위구르 족	• 중국의 자치구로 남아 있지만 사실상 중국의 식민지 • 풍부한 지하자원이 매장된 지역으로 경제적 가치가 높아 중국 입장에서는 포기할 수 없는 지역 • 최근 위구르 족의 테러 활동으로 긴장 고조
남중국해 일대	중국/타이완, 베트남, 말레이시아 등	• 석유, 천연가스 등 천연자원이 풍부 • 1970년대 이후 주변 국가들 간의 분쟁이 계속되고 있음

6. 동아시아의 농업과 수산업

(1) 중국의 농업

① 중원 지역: 충적 평야에서 세계적 생산량의 농업이 이루어짐

② 서부 지역: 서부 내륙 지방은 건조 기후가 나타나 농업이 이루어지기 힘듦

• 사막과 초원이 나타나며, 유목 생활을 함

• 일부 지역에서는 관개 농업이 이루어지기도 함

③ 동부 지역: 동부 지역은 강수량이 풍부하여 습윤 기후가 나타나 농업에 유리

지역	강	기후	작물	
둥베이 지방	랴오허 강	냉대 기후	밭농사	수수, 콩, 옥수수
화베이 지방	황허 강	냉대 기후		밀, 수수
화중 지방	양쯔 강	온대 기후	논농사	벼, 차, 양잠 등
화난 지방	주장 강	아열대 기후		벼의 이기작, 사탕수수, 바나나 등

(2) 일본의 농업과 수산업

① 농업

• 기후와 토양은 농업에 알맞은 편이지만 경지 면적이 좁고 농업 인구가 적어 집약적 토지 이용, 쌀을 제외한 대부분의 농산물 수입

• 상업적 농업 발달: 근교 농업(채소, 과일, 우유 등), 목축업(홋카이도), 남부 지방(귤, 차)

② 수산업

• 태평양과 발달된 기술이 만나 세계 제1의 어획량을 자랑함

• 조건: 북서 태평양 어장(조경 수역 형성), 양식업과 원양 어업 발달

• 많은 소비로 수산물 수입도 많음

(3) 몽골의 유목 농업

① 조건: 적은 강수량으로 인한 스텝 기후에서 초원 지대 형성

② 농업 특색: 소, 양, 말 등의 먹이를 위해 목초지를 찾아 이동하는 유목 농업 발달

7. 동아시아의 자원과 공업

(1) 중국의 자원 국토가 넓을 뿐만 아니라 지질 구조도 다양해 광물의 종류가 많고 매장량도 풍부, 주로 둥베이, 화베이 지방에 분포

■ 중국의 지하자원과 공업 지역

중국의 주요 공업 지역은 노동력이 풍부하고 교통이 편리한 해안 지역에 집중되어 있다. 최근에는 내륙으로 확산되는 추세이다.

■ 중국의 경제 특구와 공업 도시

• 산터우 경제 특구: 정보 통신, 전자 산업 육성

• 선전 경제 특구: 인구 2,000만 명의 대도시로 성장

• 주하이 경제 특구: 마카오와 인접

• 하이난 경제 특구: 관광지, 보호 정책으로 한계

■ 일본의 첨단 산업 단지

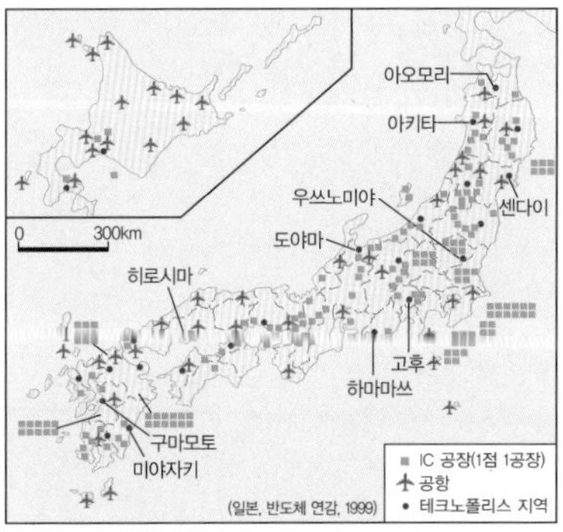

일본의 첨단 산업 단지인 '테크노폴리스'는 민간 주도에 의하여 형성되었던 미국의 실리콘 밸리와는 다르게 정부 주도적인 방식으로 추진되었다. 1984년 구마모토, 하마마쓰 등 15개 지역을 시작으로 26개 지역이 테크노폴리스로 지정되었으며, 최근 들어 13개 지역이 추가로 첨단 산업 단지로 지정되어 정부 지원이 이루어지고 있다.

중국의 자원

자원	분포 지역	특징
석탄	• 둥베이: 푸순·푸신 탄전 • 화베이: 다퉁·산시 탄전 • 화중: 쓰촨 탄전 등	• 자국 내 에너지 소비의 대부분을 차지 • 대기 오염의 주범 • 생산량 세계 1위
철광석	• 둥베이: 안산 • 화베이: 룽옌, 바오터우 • 화중: 다예 등	• 생산량 세계 1위(품질 낮음) • 오스트레일리아에서 수입
석유	• 둥베이: 다칭 • 화베이: 보하이 만 연안 • 서부 내륙: 위먼	• 다칭 유전 개발 이후 자급 가능 • 최근에는 타림 분지 개발 • 생산량은 많지만 수요량 급증으로 수입량 증가 추세

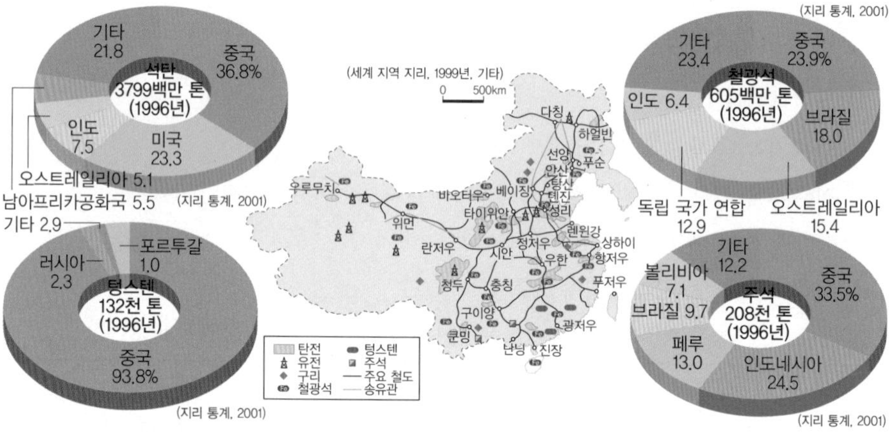

⁝ **주요 지하자원 분포 및 생산량**

(2) 개방 정책과 경제 특구

① 1970년대 말부터 선진국의 자본과 기술 도입

② 개방의 필요성

• 자본과 기술 부족, 비효율적인 사회주의 체제

• 경제 특구와 개방 도시 지정: 외국의 자본과 기업 유치, 경영 기법 도입을 위해 세금 감면, 수출 지원 등 유리한 입지 조건 제공

③ 환경 오염과 빈부 격차

• 황사, 산성비: 중금속 오염 물질을 운반하며 해마다 정도가 심각해짐

• 황해 오염: 공장 폐수와 대도시 생활 하수가 양식업에 피해를 줌

• 빈부 격차 및 지역 격차 심화, 각종 도시 문제 발생

③ 서부 대개발

• 서부의 지하자원 개발 및 소수 민족의 포섭과 통일

• 동부와 서부의 지역 격차 해소와 수자원 관리 및 전력 생산을 위한 싼샤 댐 건설 등

(3) 일본의 공업

① 자원의 높은 해외 의존도: 국내 부존 자원의 부족으로 해외 의존도 높아 가공 무역이 발달

② 임해 공업(태평양 연안) 발달: 원료 수입과 제품 수출, 공업 용지 확보 등에 유리, 배후에 거대 도시 발달

③ 중소기업의 높은 비중: 대기업과 중소기업 간의 상호 보완적 결합으로 경제 변화에 탄력적

대응

④ 다국적 기업의 증가

- 무역 장벽 극복: 무역 마찰이 심해지고 진입 장벽이 높아짐에 따라 주요 시장이 되는 유럽, 미국 등 선진국에 직접 투자
- 생산비 절감: 자원을 안정적으로 확보하고, 값싼 노동력을 이용하기 위해 기업이 해외로 이전함에 따라 일본 내 산업 공동화 현상 발생

⑤ 공업 지역의 변화: 태평양 연안의 중화학 공업 → 내륙 지역의 첨단 산업으로 확산

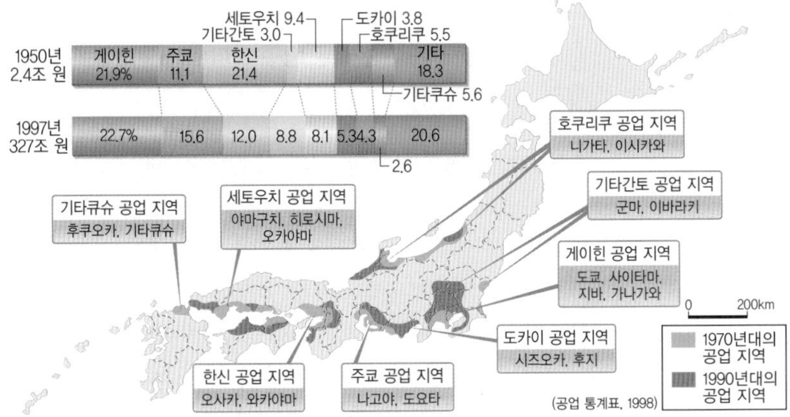

⇡ **일본의 공업 지역**

8. 동아시아의 주요 국가 통계 자료

국명	면적 (2014, 1,000km²)	총인구 (2014, 1,000명)	인구 밀도 (2014, 명/km²)	수도	수도 인구 (1,000명)	국민 총소득 (2012, 억 달러)	1인당 국민 총소득 (2012, 달러)	2013년(백만 달러)		1인당 무역액 (2013, 달러)
								수출액	수입액	
한국	100	49,512	494.4	서울	10,038(11)	11,338	22,670	559,649	515,561	21,826
북한	121	25,027	207.6	평양	3,198(09)	144	583	3,954(12)	4,827(12)	335(12)
중국	9,597	1,393,784	145.2	베이징	12,265(12)	77,313	5,720	2,210,626	1,950,349	3,003
일본	378	126,435	334.5	도쿄	8,685(14)	61,067	47,870	714,613	12,240	12,240
몽골	1,564	2,881	1.8	울란바토르	1,087(09)	88	3,160	4,273	3,743	3,743

지리 상식 1 호구 제도가 만든 호구들-도시의 유랑민 농민공

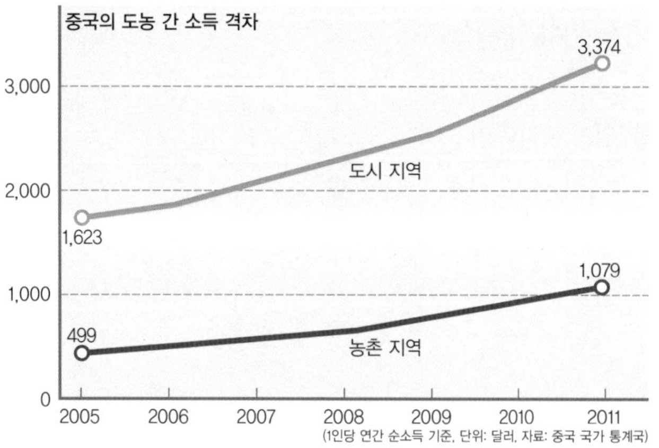

중국 경제의 비약적인 발전을 상징하는 마천루, 그 밑바닥에는 불평등한 사회에 대한 분노가 잠재되어 있다. 중국 정부는 "2020년까지 더불어 잘 사는 샤오캉(小康, 비교적 넉넉한 생활 수준) 사회를 달성하겠다."라고 말하지만, 시간이 흐를수록 계층 간, 지역 간, 도·농 간 소득 격차는 더욱 벌어지고 있다. 2009년에는 100만 달러를 넘게 소유한 재벌이 31만 명인 반면, 하루 1달러로 사는 빈민층은 2억 400만 명에 이르렀다. 중국은 지금 '양극화'라는 홍역을 앓고 있다.

가난한 서민들이 값싼 제품을 찾으면서 중국 시장은 무분별한 '짝퉁 천국'으로 변했다. 이는 공산품뿐만 아니라 식품류까지 번져 나갔다. 중·일 간 외교 문제로 비화되었던 중국산 '농약 만두' 사건, 전 세계를 경악케 했던 멜라민 분유 사건 등 중국의 농산물과 식품류에 대한 세계인의 불신은 높다. 유럽 연합(EU)에서 정한 유해 화학 물질 사용 제한 규정을 가장 많이 위반한 나라도 중국이다. 중국 정부는 짝퉁의 범람과 유해 식품 문제를 개인의 범죄로 몰아가지만, 이를 '저임금과 고용 불안'으로 인한 사회적 문제로 보는 시각이 더 많다.

수도 베이징과 경제 수도 상하이, 광둥 성 광저우, 경제특구 선전 등 4곳의 1인당 국내 총생산은 1만 달러를 넘어선 데 비해 낙후된 서부 지역과 농촌 지역은 여기에 1/3도 못 미칠 만큼 지역 간 소득 격차가 심각한 수치를 보이고 있다. 도·농 간 소득 격차 역시 3배 이상 벌어져 농민들의 박탈감이 커지고 있는데, 이는 도시로 일자리를 찾아 떠나는 농민이 하루가 다르게 늘어 가는 원인이기도 하다.

개혁 개방 과정에서 나타난 특이한 계층이 바로 농민공이다. 중국은 1958년부터 거주 이전의 자유를 막는 호구 제도를 도입하여 농촌에 살면 농민 호구를, 도시에 살면 비농민 호구를 받게 된다. 도·농 간 격차가 커지면서 도시로 이주하고 싶어 하는 농민들이 많아졌지만, 그들은 도시의 호구를 얻을 수 없다. 이들은 도시에서 일을 해도 여전히 농민 호구를 갖는데, 이런 사람을 '농민공'이라고 부른다.

농민공은 주택, 의료, 교육 등 국가에서 주는 혜택을 받지 못한다. 이들은 대부분 공사장의 막일이나 인력거꾼, 파출부 등 힘든 업종에 종사하며, 실업과 임금 체불, 산업 재해와 직업병 등에 고스란히 노출되어 있다. 그럼에도 농민공은 계속 늘어나 2012년 말에는 2억 6,261만 명에 이르렀다.

최근 농민공들 사이에서도 변화의 바람이 불고 있다. '바링허우(1980년대 이후에 태어난 신세대) 농민공'들이 과거와 같은 장시간 저임금 노동을 거부하며 자신들의 목소리를 내기 시작한 것이다.

'2등 시민' 취급을 받으면서도 돈을 벌어 농촌으로 보내는 농민공. 그들이 일을 하지 않으면 농촌의 소비가 줄고, 이는 전체 내수 시장의 축소로 이어진다. 이런 상황을 인식한 중국 정부는 현재 농민공이 처한 문제를 해결하기 위해 고심하고 있다.

지리 상식 2 둘째 아이 출산은 벌금 고지서? -중국과 인도의 인구 정책

중국 정부는 1980년부터 인구 성장 억제를 위한 '한 자녀 정책'을 실시하였다. 이 정책의 시행으로 일부 소수 민족을 제외하고는 결혼한 한 쌍의 부부당 오직 한 명의 자녀만을 낳을 수 있게 되었다. 한 명의 자녀만 출산한 가정에는 다양한 혜택이 돌아가지만, 둘째를 출산할 경우에는 벌금을 부과하고 있다. 결혼 연령도 남자 22세, 여자 20세 이상으로 제한하였으며, 피임 상담 및 낙태 시술을 무료로 제공하고 있다. 그러나 노동 인구 감소나 고령화 문제 등 여러 사회 문제가 발생하자 2013년 11월 부부 중 한 명이 독자이면 두 자녀를 허용하는 방향으로 정책을 완화하면서 33년만에 한 자녀 정책을 폐지하였다.

인도는 1947년 영국으로부터 독립한 이후 사망률 급감과 높은 출생률로 인구의 자연 증가율이 높게 나타났다. 이에 따라 인도 정부는 1952년 세계 최초로 국가적 차원의 산아 제한 정책을 실시하게 되었다. 과거 인도 정부의 인구 제한 정책은 여성의 피임 시술에 집중되었지만, 최근에는 정부가 국민에게 가족 계획에 대한 상담과 정보를 제공하여 자율적인 출산 조절 체계를 구축하는 교육 중심으로 전환하였다. 그러나 이러한 인도의 산아 제한 정책은 아직 큰 효과를 거두지 못하여 여전히 높은 출산율이 유지되고 있다.

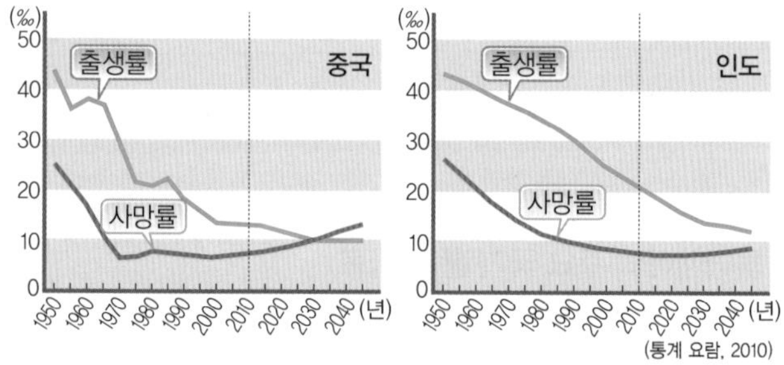

↑ 중국과 인도의 출생률과 사망률 변화

지리 상식 3 집값이 하루아침에 반토막... 우린 어떻게 살아야 할까요?

1980년대 초 일본의 무역 흑자가 급증하자 미국이 발끈하고 나섰다. 1985년 9월, 선진 5개국(미국·영국·독일·일본·프랑스)의 재무 장관들이 미국 뉴욕에 있는 플라자 호텔에 모여 환율에 관한 합의를 했는데, 이것이 일명 '플라자 합의'이다. 이후 일본은 사상 최대의 엔고 현상(엔화의 가치가 높아지는 현상)을 겪으면서 수출은 줄고 수입이 늘어나기 시작했다. 일본 정부가 위기에 처한 수출 업계를 구제하기 위해 저금리 정책을 펴자 막대한 자금이 주식과 부동산 시장으로 몰려들었고, 도쿄, 오사카, 삿포로, 나고야 등의 땅값이 200~900%나 뛰어올랐다. 1991년에는 도쿄 23구의 땅값을 합치면 미국 본토 전체를 사고도 남을 정도였다. 그렇게 한없이 부풀어 오르던 거품은 결국 정점에서 터지고 말았다. 10년 새 집값이 평균 60%나 하락했고, 갑자기 터져 버린 거품 경제의 후유증을 치유하는 데만 10년이란 세월이 필요했다.

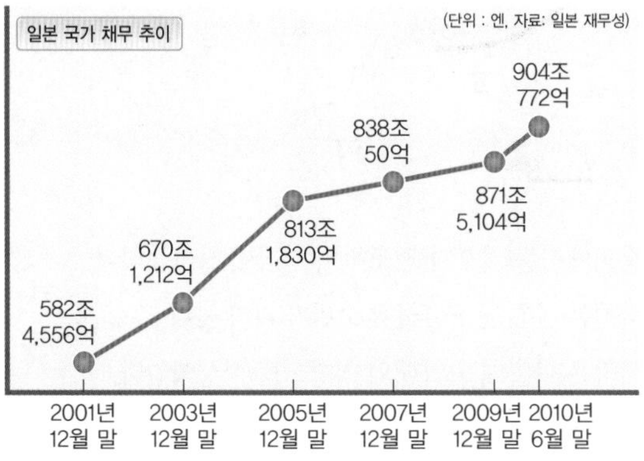

⫶ 일본 국가 채무 추이

현재 일본이 안고 있는 가장 큰 문제는 국가 부채이다. 일본의 부채는 계속 늘어 2010년에는 900조 엔, 우리나라 돈으로 1경 2,400조 원을 넘어섰다. 이는 일본 국내 총생산의 218%에 달하는 돈으로, 일본 국민 1인당 약 9,000만 원의 빚을 지고 있는 셈이다. 일본은 왜 이렇게 큰 빚을 졌을까?

거품 경제 붕괴 후 일본 정부는 대형 토목 공사 등 각종 경기 부양책을 쏟아 내며 막대한 재정을 투입했다. 또한 고령 인구가 늘어나 사회 복지에도 지출이 증가했다. 세입은 줄고 세출은 늘어나니 국채(국가에서 세입 부족을 보충하기 위해 발행하는 채권)를 발행해 그 빚으로 나라 살림을 꾸려 온 것이다.

일본이 풀어야 할 또 하나의 문제는 심각한 고용 불안이다. 2008년 현재 전체 노동력의 34%가 비정규직이며, 아무리 일해도 가난을 벗어날 수 없는 '워킹 푸어(일하는 빈곤층)' 봉급 생활자도 1,000만 명을 넘었다. 이렇다 보니 고도 성장기에 경제 활동을 한 노인들에 비해 현재 일본 젊은이들은 앞날에 대한 불안감이 더욱 크다.

더욱 중요한 사실은 너무나도 똑같은 일이 우리나라에서도 일어나고 있다는 것이다. 무서운 줄 모르고 올라가는 집값, IMF 이후 무너져 버린 고용 안정성, 나라와 국민 모두에게 엄청나게 지워진 빚. 장기 불황에 따른 삶의 질 하락은 일본만의 문제가 아닌 듯하다.

깊이 읽기 | 추천 도서 소개

인간은 천성적으로 주변 세계를 알고 싶어 하는 열망을 갖고 있다. 세계 여러 나라 사람들, 장소, 자연환경과 기후, 그 속에서 역동하는 역사, 문화, 정치 등의 모습을 알고자 하는 인간의 열망을 바탕으로 이루어진 학문이 지리학이라고 할 수 있다. 이러한 우리의 호기심을 충족시켜 줄 『지리의 모든 것』을 소개한다. 이 책에서는 지구 상의 지리적 궁금증에 대한 질문과 대답을 담고 있다. 요즘에는 인터넷상에서 원하는 정보를 얼마든지 얻을 수 있지만, 지리학에 대한 기초적인 질문에 대한 자료는 여전히 부실한 것이 현실이다. 그러나 이 책은 제목에 걸맞게 인문지리, 자연지리, 지역지리 전 분야에 걸쳐 기본적이면서 핵심적인 내용을 일목요연하게 정리해 놓았다. 또한 사전식의 나열을 뛰어넘어 각 지역의 주요 지리적 사실을 지형, 기후, 종교 및 풍습 등 지리학적인 주제와 관련지어 구성함으로써 대륙별·주제별로 관련성 있게 구성한 것이 이 책이 가진 장점이다. 미국에서 땅을 계속 파고 들어가면 중국에 도달하게 될까?, 사해는 왜 죽은 바다라는 뜻의 '사해(死海, Dead Sea)'라고 불릴까? 엉뚱하지만 누구나 궁금해할 만한 이야기부터 일반상식으로 알아야 할 정보도 있다. "우리가 가진 지리적 호기심은 세상을 변화시킨다. 나는 이 책이 독자 여러분의 지리적 호기심과 지식을 한층 자극하고, 세계의 여러 장소에 더욱더 깊이 다가가 그곳에 사는 사람들과 손을 맞잡을 수 있는 계기가 되기를 고대해 본다."라고 서문에 쓴 저자의 말처럼, 쉽고 명쾌하고 체계적인 이 책을 통해 평소 지리에 관심 있는 일반 독자에서부터 전문 연구자에 이르기까지 모두의 호기심을 충족시키고 전문적인 지식도 제공받을 수 있는 기회가 될 것으로 기대한다.

⟵ 폴 A. 투치·매슈 토드 로젠버그, 이동민 역, 2015, 『지리의 모든 것』

[선택형]

• 2015 6 평가원

1. 다음 자료는 일본의 공업 지역에 대한 것이다. (가)~(다) 공업 지역에 대한 설명으로 옳은 것은?

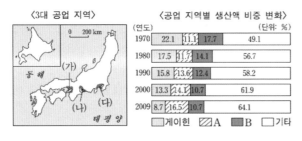

〈3대 공업 지역〉

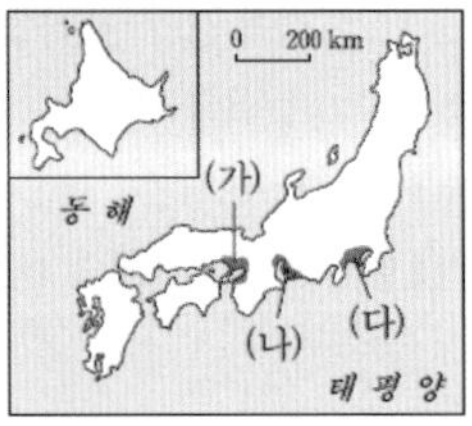

〈공업 지역별 생산액 비중 변화〉

(단위: %)

(연도)	게이힌	A	B	기타
1970	22.1	11.1	17.7	49.1
1980	17.5	11.7	14.1	56.7
1990	15.8	13.6	12.4	58.2
2000	13.3	14.1	10.7	61.9
2009	8.7	16.5	10.7	64.1

① 자동차 및 관련 부품 생산액 비중이 가장 높은 곳은 (가)이다.
② 최근 일본 정부는 내륙 지역에서 (나)의 임해 지역으로 첨단 산업 생산 공장의 이전을 유도하고 있다.
③ (나)는 최근에 집적의 불이익이 심화되고 있으며, 생산액 비중은 B이다.
④ (다)는 석탄 산지 중심으로 발달하였으며, 생산액 비중은 A이다.
⑤ (가)~(다)는 원료 수입과 제품 수출에 이점을 가지고 있다.

• 2013 9 평가원

2. 지도는 중국의 주요 식량 작물 (가), (나)의 지역별 재배 면적을 시기별로 나타낸 것이다. 이에 대한 설명으로 옳지 않은 것은?

(가)

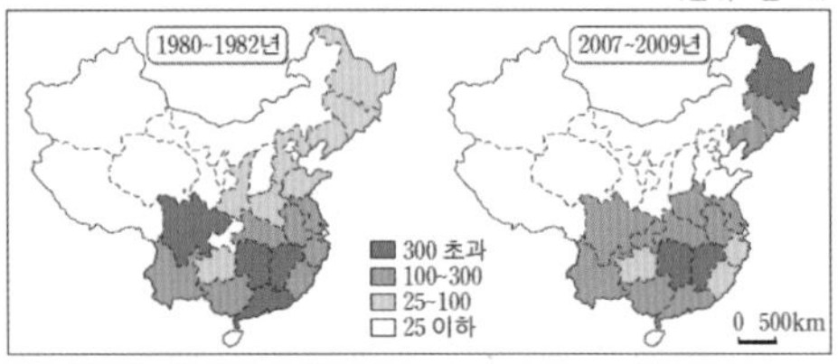

(나)

(단위: 만 ha)

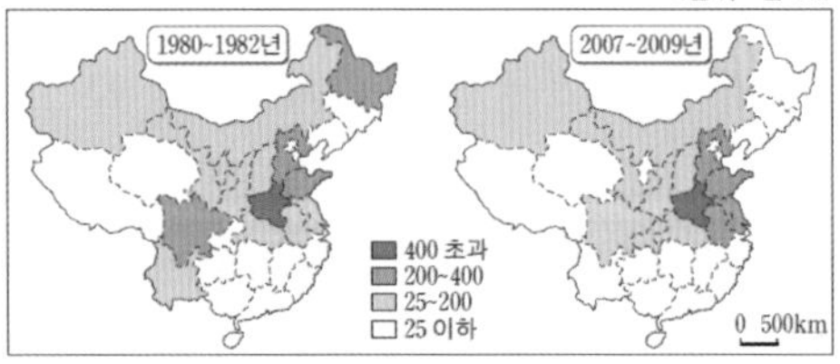

① (가)의 주산지는 아시아 계절풍 지역이다.
② (가)는 둥베이 지방에서 재배 면적이 증가하였다.
③ (나)는 신대륙에서 대규모의 기계화된 방식으로 재배된다.
④ (나)의 재배 면적이 최대인 지역은 두 시기 모두 동일하다.
⑤ (가)는 (나)에 비해 세계 생산량에서 중국이 차지하는 비중이 낮다.

• 2010 6 평가원

3. 지도의 A~E 지역에 대한 설명으로 가장 적절한 것은?

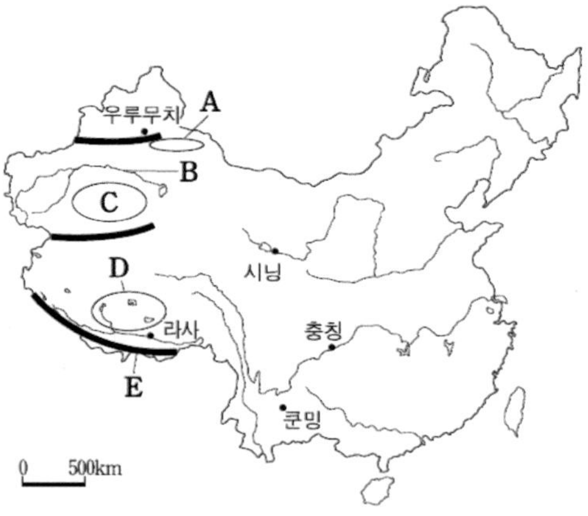

① A 분지에서는 기후가 건조하여 경작이 불가능하다.
② B 하천은 봄철인 3~4월에 수위가 가장 높다.
③ C 사막은 아열대 고압대의 영향으로 형성되었다.
④ D 지역 호수의 수위는 빙하의 영향을 받는다.
⑤ E 산맥은 빙하기에 형성된 것이다.

[서술형]

1. 중국의 자치구를 종교와 민족을 중심으로 서술하시오.

2. 일본이 바다 영토 확장을 위해 일으킨 영토 분쟁을 서술하시오.

3. 동아시아의 국가들 중 신기 조산대가 지나는 국가를 적으시오.

4. 현재는 중국 영토인 홍콩, 마카오, 칭다오를 제국주의 시대에 지배했던 국가를 순서대로 적으시오.

※ 다음은 중국과 그 주변 국가들을 표시한 지도이다.

1. A~D에 해당하는 국가명을 쓰시오.
2. 다음의 도시를 지도에 표시하시오.

   베이징, 톈진, 상하이, 충칭, 홍콩, 선전, 라싸, 우루무치, 시안, 선양

3. 히말라야 산맥, 티베트 고원, 타커라마간 사막, 고비 사막을 표시하시오.
4. 대싱안링 선과 친링-화이허 선을 긋고, 이 선이 가지는 의미를 정리하시오.
5. ㉠~㉣ 하천의 명칭과 그 주변에 발달한 평야 명칭을 쓰시오.

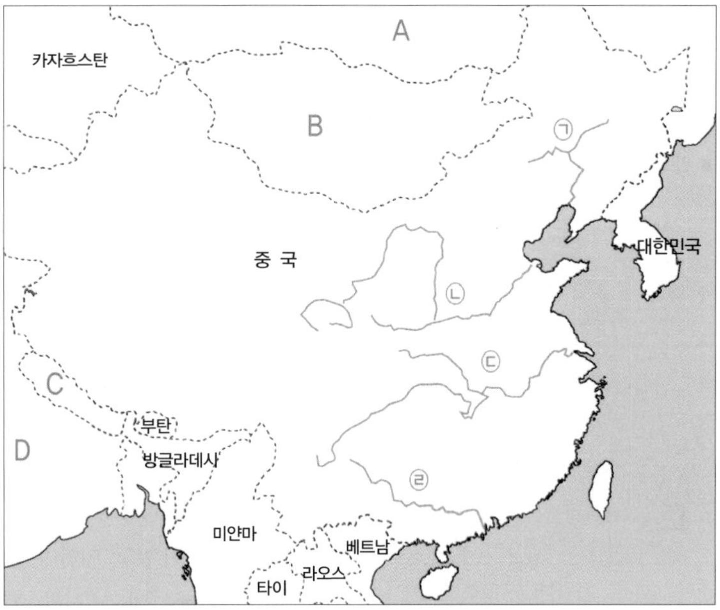

※ 다음 지도는 일본을 나타낸 것이다.

1. A~D에 해당하는 섬 이름을 쓰시오.
2. 일본의 수도를 표시하시오.
3. 일본의 4대 공업 지역인 게이힌, 주쿄, 한신, 기타큐슈 공업 지역을 표시하시오.
4. 세토우치, 호쿠리쿠 공업 지역을 표시하시오.

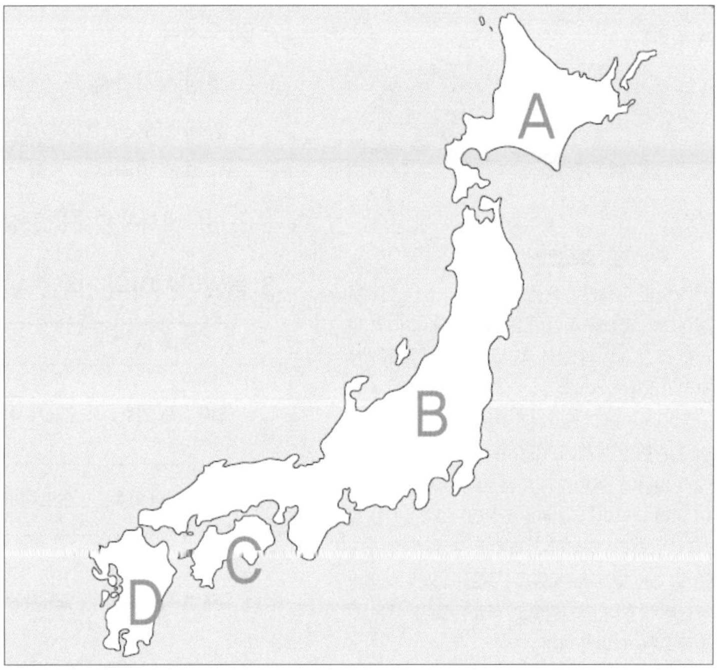

chapter 12

지역 지리

02. 동남아시아

핵심 출제 포인트

▶ 동남아시아의 위치와 지역 구분 ▶ 계절풍 기후와 벼농사의 발달 ▶ 다양한 문화의 혼합 지역
▶ 동남아시아의 자원과 공업의 발달 ▶ 동남아시아 국가 연합의 특징

1. 동남아시아의 위치와 지역 구분

(1) 위치와 면적

① 위치: 중국과 인도 사이의 인도차이나 반도, 말레이 반도와 많은 섬으로 구성되어 있으며, 태평양과 인도양, 아시아와 오세아니아를 연결하는 교통의 요지에 위치

② 면적: 동남아시아에 속한 모든 국가의 면적을 합치면 약 449만 6,400km^2, 동서 길이는 약 1,060km, 남북 길이는 약 2,400km로 아시아 총면적의 약 1/10에 해당

(2) 지역 구분

① 인도차이나 반도: 베트남, 라오스, 캄보디아, 타이

② 말레이 반도: 미얀마, 말레이시아, 싱가포르

③ 도서국: 인도네시아, 필리핀, 브루나이, 동티모르

2. 동남아시아의 지형

(1) 인도차이나 반도와 말레이 반도

① 동서로 뻗은 히말라야 산맥으로부터 갈라져 나온 산맥들이 남쪽으로 뻗어 있음

② 그 산맥들 사이로 메콩 강, 이라와디 강, 짜오프라야 강 등이 흘러 비옥한 충적지가 발달

(2) 도서국

① 형성 시기가 짧고 조산대에 위치하여 지반이 불안정

② 환태평양 조산대와 알프스-히말라야 조산대가 만나는 지점에 위치하여 지진과 화산 활동이 자주 일어남

③ 인도네시아 일대를 중심으로 한 주변의 바다는 얕고, 대륙붕이 넓게 나타남

3. 동남아시아의 기후

기후	지역	특징
열대 우림 기후	인도네시아 및 그 주변 국가	• 연중 강수량이 많고 무더움 • 매일 스콜이라고 불리는 소나기성 강수가 내림 • 열대 우림이 나타남
열대 사바나 기후	인도차이나 반도 일부 지역	• 건기와 우기의 구분이 뚜렷(여름철-우기, 겨울철-건기) • 장초와 소림이 있는 사바나 초원이 나타남
열대 계절풍 기후	인도차이나 반도 및 필리핀	• 열대 계절풍의 영향을 받아 짧은 건기와 긴 우기가 나타남 • 여름철 필리핀 북동부 해상에서 발생한 태풍이 동남아시아 및 동아시아에 피해 • 벼농사가 활발하며 벼의 이기작이 이루어지기도 함

4. 동남아시아의 농업

(1) 벼농사

① 특징

• 농업이 가장 중요한 산업이며, 그중에서 벼농사가 잘 발달되어 있음
• 농가 1호당 경지 면적이 좁은 편이며, 자급적 농업의 성격이 강함
• 연중 기온이 높고 관개 시설이 잘되어 있는 곳에서는 일 년에 세 번까지도 수확이 가능

■ 인도차이나 반도의 젖줄 메콩 강

중국의 티베트 고원에서 시작하여 인도차이나 반도의 여러 나라를 거치면서 바다로 흘러드는 메콩 강은 이 지역의 젖줄이다. 메콩 강 유역을 따라 발달한 충적지는 주민들의 생업 기반인 벼농사에 이용되고 있다. 특히 하류에 발달한 삼각주는 세계적인 벼농사 지대를 이루고 있다.

■ 조산대

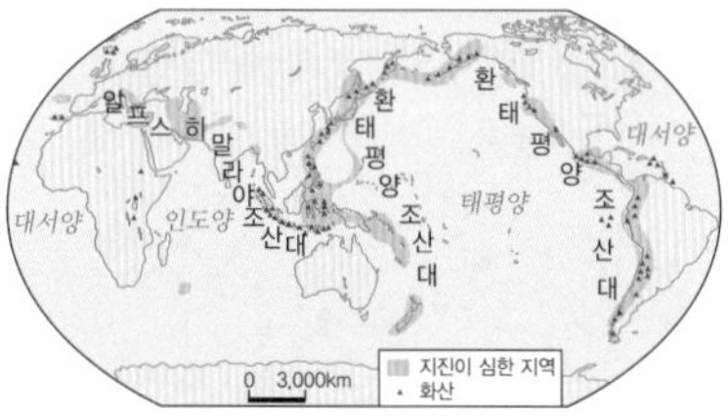

서로 다른 대륙판이 충돌하면서 솟아올라 산맥을 형성하는 과정을 조산 운동이라 한다. 그리고 이러한 조산 운동의 결과 형성된 습곡 산맥들이 분포하고 있는 지대를 조산대라고 하는데, 실제 지구상에서는 좁고 긴 띠 모양을 이루며, 지각 변동이 활발한 변동대에 해당하는 지대이다. 이러한 지각 변동이 일어날 때 화산 활동이나 지진 활동이 함께 나타나기 때문에 조산대는 지진대 및 화산대와 대체로 일치한다. 특히 인도네시아와 필리핀 일대는 알프스-히말라야 조산대와 환태평양 조산대가 만나는 지점으로 세계적으로도 화산과 지진 활동이 많은 곳이다.

■ 스콜(squall)

스콜이란 풍속이 매초 8m/s에서 11m/s까지 갑작스럽게 증가하여 적어도 1분 이상 그 상태가 계속되는 경우를 말하며, 보통 열대 지방에서 대류에 의하여 나타나는 세찬 소나기, 강풍, 천둥, 번개 따위를 수반하는 대류성 강수 현상을 말한다.

더 알아보기

계절풍 기후란 대륙과 해양의 비열 차에 의해서 계절에 따라 주요하게 부는 바람의 방향이 바뀌는 기후를 말한다. 겨울에는 대륙에서 해양 쪽으로, 여름에는 해양에서 대륙 쪽으로 바람이 분다. 따라서 겨울에는 건조한 날씨(건기)가 나타나고, 여름에는 많은 비가 내리는 습윤한 날씨(우기)가 나타난다. 1월에는 아시아 대륙에 고기압이 발달하여 열대 수렴대가 남하하고, 7월에는 북상하는데 이와 같은 이동은 계절풍을 형성하는 데 영향을 준다.

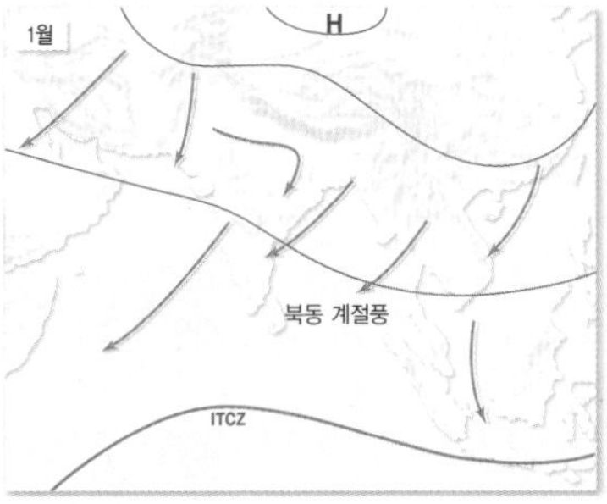

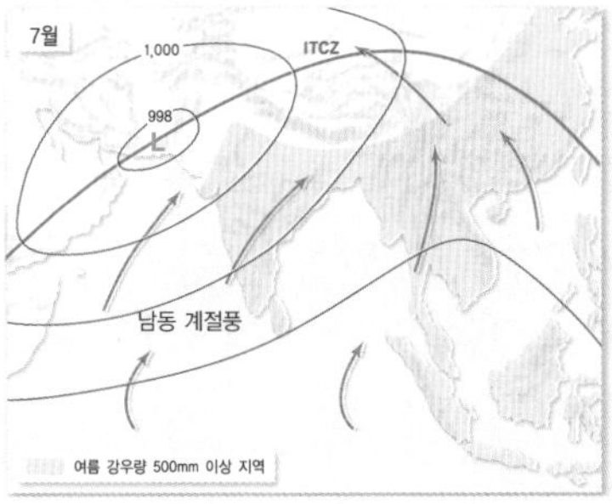

② 재배 지역

- 충적 평야: 메콩 강, 이라와디 강 등의 하천 유역에 넓은 충적 평야가 발달되어 있음
- 계단식 논: 필리핀과 인도네시아의 산지에서는 계단식 논이 발달

③ 쌀의 생산과 수출: 타이, 베트남, 미얀마, 캄보디아 등은 쌀의 생산과 수출이 경제에 기여하는 정도가 매우 크며, 특히 타이와 베트남은 세계적인 쌀 수출국

(2) 플랜테이션

① 의미: 유럽 인의 자본과 기술, 현지의 유리한 기후 조건, 원주민의 값싼 노동력을 결합하여 상품 작물을 대규모로 재배하는 방식

② 배경: 19세기 중엽 유럽 인들이 진출하면서 동남아시아 지역의 향료를 유럽에 팔고, 다른 지역에서 가져온 커피, 담배, 고무, 기름야자 등을 재배하기 시작

③ 주요 상품 작물과 생산 지역

주요 상품 작물	특징	생산 지역
천연고무	다양한 공업 제품 제조에 이용	타이, 말레이시아, 인도네시아 등
커피	열매 속 씨앗을 말린 후 볶아 음료를 만드는 데 주로 이용	베트남, 인도네시아 등, 특히 베트남의 커피 생산량은 세계적인 수준
사탕수수	설탕의 원료로 이용	타이, 인도네시아 등
차	잎을 말리거나 약한 불에 볶은 후 물에 우려 내 음료를 만드는 데 주로 이용	인도네시아 등

더 알아보기

플랜테이션은 선진국의 자본과 기술, 원주민의 값싼 노동력을 바탕으로 기호품이나 공업 원료를 재배하는 경작 방식을 말한다. 주로 커피, 사탕수수, 카카오, 차, 천연고무, 목화 등을 경작한다. 커피는 건기와 우기가 구분되는 사바나 지역이 재배에 유리하며, 브라질과 베트남 등에서 많이 생산된다. 사탕수수는 라틴 아메리카와 동남아시아 및 남아시아에서, 카카오는 코트디부아르와 가나 등에서, 차는 중국, 인도와 스리랑카 등에서 주로 재배되며 대부분 선진국으로 수출된다.

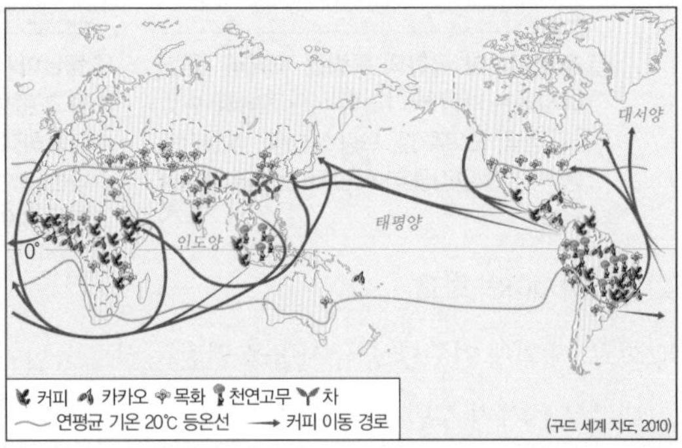

(구드 세계 지도, 2010)

■ **인도네시아와 필리핀의 논은 왜 계단식일까?**

환태평양 조산대에 걸쳐 있는 인도네시아와 필리핀은 화산섬이 많아 산지가 많고 충적 평야는 좁다. 따라서 산비탈을 계단 모양으로 깎아 만든 논에서 농사를 짓는 계단식 농업이 발달하게 된 것이다.

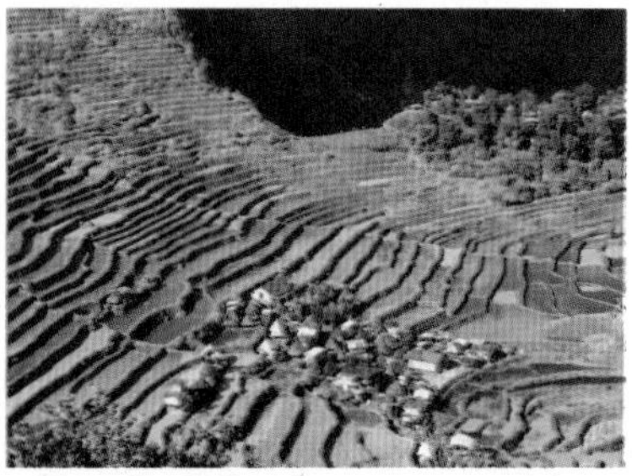
필리핀의 계단식 논

■ **세계적인 쌀 생산국이면서 소비국인 나라들**

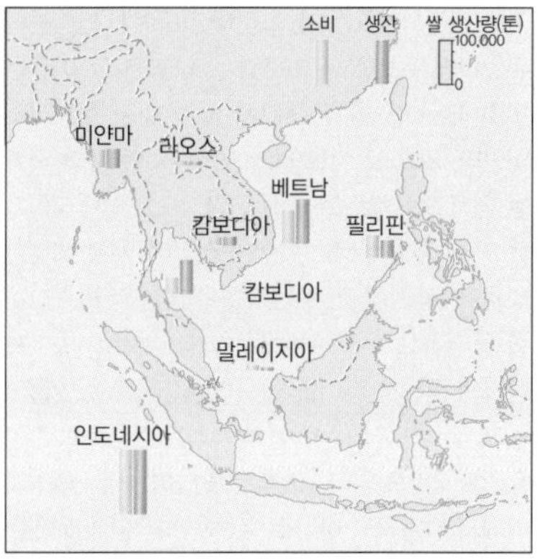

동남아시아는 기후 조건이 벼농사에 알맞아 일 년에 두 번에서 세 번까지 쌀의 수확이 가능하다. 따라서 쌀의 생산이 세계적이며, 타이와 베트남 등은 세계적인 쌀의 수출국이기도 하다. 하지만 인도네시아, 필리핀 등은 세계적으로 쌀을 많이 생산하는 나라이지만 인구가 많아 쌀의 소비 또한 많아 오히려 쌀의 가격이 폭등하는 등의 문제가 발생하고 있다.

■ **주요 플랜테이션 작물의 생산**

천연고무는 전 세계 생산량의 60% 이상이 타이, 인도네시아, 말레이시아 등 동남아시아 3국에서 생산된다. 사탕수수와 커피는 인도네시아와 베트남 등에서 많이 생산된다.

■ **플랜테이션 농업의 변화**

플랜테이션은 한 가지 작물을 대규모로 재배하는 경우가 많기 때문에 자연재해나 국제 가격의 변동에 따른 피해를 입기 쉽다. 따라서 최근에는 단일 작물을 재배함으로써 오는 가격 불안정과 흉작 등의 피해를 줄이기 위하여 여러 작물을 재배하는 다각적 경영 방식으로 변화를 추진하는 경향이 나타나고 있다.

■ **인도의 힌두교와는 다른 발리의 힌두교**

발리의 힌두교는 인도의 힌두교와 사뭇 다르다. 발리에 힌두교가 정착하게 된 것은 대략 9세기 정도이다. 발리의 힌두교는 발리 섬 서편의 자바 섬에서부터 전해졌다. 자바섬은 16세기 이슬람교에 의해 멸망했고, 힌두 문화 역시 소멸해 버렸다. 그러나 자바 섬까지 삼켜 버린 이슬람의 세력은 불과 2km 정도의 바다는 건너지 못했다. 산호초와 거친 파도 탓에 해상 교통이 곤란했던 까닭이다. 덕분에 발리는 힌두 문화와 자바 섬 왕조의 초기 문화, 발리 고유의 문화가 뒤섞이면서 독특한 형태의 힌두교인 '발리 힌두교'로 발전했다. 그래서 발리 힌두교는 토속 신앙의 성격이 강한 편이다.

■ **동남아시아에서 유일하게 독립을 유지한 타이**

제1, 2차 세계 대전 그리고 그전에 서구 열강 등의 무차별적인 식민지 정책으로 아시아 대부분의 국가는 식민지가 되었다. 그런데 그중에서 타이만이 유일하게 독립을 유지하였는데, 과연 그 이유는 무엇 때문이었을까? 제1차 세계 대전 직전까지 미얀마, 라오스, 캄보디아, 말레이시아 등의 국가는 영국과 프랑스에 의해 전략적으로 식민지화되었고 그 중심에 바로 타이가 있었다. 서로 비슷한 비율로 동남아시아 식민지를 건설한 양국은 타이를 둘러싸고 무력 충돌 직전까지 갔으나 당시 프랑스의 중재로 타이를 임시적 중립국으로 만들어 놓고 각 식민지의 충돌을 방지하는 완충국으로 만들기로 합의하였다. 그 때문에 타이는 두 국가 사이에서 완충국의 하나로 독립을 보장받게 되었던 것이다.

5. 동남아시아의 문화

(1) 문화의 교차로

① 위치적 특수성: 외래문화의 영향을 많이 받음

② 외래문화의 전파

• 인도 문화

– 종교, 문화, 예술, 건축 등의 문화가 전파됨

– 힌두교: 말레이 반도와 인도네시아 등에 넓게 퍼져 있었으나, 현재는 인도네시아의 발리 섬 등에 일부 남아 있음

– 불교: 인도차이나 반도에서 가장 많은 사람들이 믿는 종교, 주로 개인의 해탈을 강조하는 상좌부 불교를 믿음

• 중국 문화

– 중국의 한자, 유교, 정치 제도 등이 대표적

– 인도차이나 반도 동부에 높은 산지가 뻗어 있어서, 주로 베트남 등 동남부에 전파

• 이슬람 문화

– 말레이시아, 인도네시아에 이슬람교도가 많음

– 인도네시아는 세계에서 가장 이슬람교도가 많은 나라

• 유럽 문화

– 16세기 포르투갈이 이슬람 세력을 누르고 말라카 지역을 점령하면서부터 유럽 문화가 전파되기 시작

– 이후 스페인, 네덜란드, 영국, 프랑스 등이 이 지역을 식민지화함에 따라 유럽 문화가 본격적으로 전파됨

– 제2차 세계 대전 이후 대부분 독립하였으나, 농업, 종교, 언어 등 주민 생활에 많은 영향을 주고 있음

동남아시아 국가의 독립전 지배국 동남아시아는 다양한 나라의 식민 지배를 받았다. 영국, 포르투갈, 프랑스 미국, 네덜란드 등 다양한 열강들이 식민지 개척에 참여하였다.

동남아시아의 종교 분포 '종교의 백화점'이라고 불릴 만큼 종교 분포가 매우 복잡하고 다양하다. 이는 이 지역이 동서양 문명이 만나는 교차점이고 서양 제국주의 세력 등 외침을 많이 받았던 곳이었기 때문이다.

(2) 동남아시아의 화교

① 화교: 해외에 이주한 중국 사람을 일컫는 말로 동남아시아에 가장 많이 거주

② 대부분 19세기 후반에 이 지역의 광산, 플랜테이션 농장 등의 노동자로 들어와서 정착

③ 각국 인구 중 화교가 차지하는 비중은 싱가포르가 가장 높고, 말레이시아와 타이 등에서도 화교의 비율이 높음

④ 이 지역 전체 인구에서 차지하는 비율은 낮으나, 대도시 지역에 주로 거주하면서 금융, 무역 등 경제적인 부분에 많은 영향력 행사

- 이들은 상업적으로 성공을 거두고, 자신들의 고유한 언어, 전통, 풍습 등을 그대로 지키며, 대도시의 특정 지역에 따로 모여서 거주
- 원주민과 갈등을 겪기도 함

동남아시아에 살고 있는 화교 인구수

나라	화교 인구(만 명)	전체 인구(명)
인도네시아	730	2억 5,000만
말레이시아	530	2,500만
태국	610	6,700만
싱가포르	220	440만
필리핀	220	1억
미얀마	200	5,000만
베트남	190	9,200만
캄보디아	30	1,300만
라오스	20	600만

6. 동남아시아의 풍부한 자원과 공업

(1) 풍부한 자원

① 열대 산림 자원

- 기온이 높고 강수량이 많아 열대 산림 자원이 풍부
- 가구와 건축 재료로 쓰이는 나왕, 티크를 비롯하여 흑단, 자단 등이 많이 생산되며 주요 수출국은 인도네시아, 말레이시아 등
- 최근 무분별한 개발로 열대림이 파괴되면서 개발을 통제하고 있음

② 동력 자원

- 석유와 천연가스: 인도네시아, 말레이시아, 브루나이 등에서 생산
- 석탄: 베트남의 혼게이 탄전이 가장 대표적
- 우리나라는 인도네시아, 베트남 등의 근해의 대륙붕에서 개발에 참여

③ 지하 자원

- 주석: 말레이시아와 인도네시아 등의 세계적인 생산량과 수출량
- 철광석, 구리, 보크사이트 등도 많이 생산

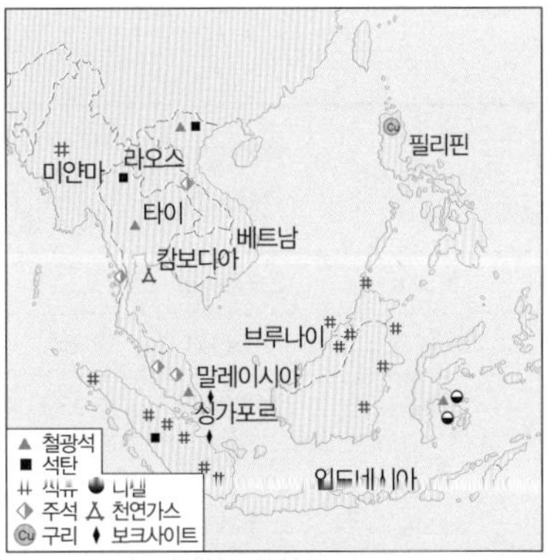

동남아시아의 지하자원 동남아시아는 석유, 천연가스, 철광석, 주석, 보크사이트 등의 지하자원이 풍부한 지역이다. 특히 인도네시아와 말레이시아는 자원이 가장 풍부한 국가로 이를 바탕으로 급속히 공업화가 진행되고 있는 나라이다.

(2) 공업의 발달

① 입지 조건: 풍부한 지하자원과 동력 자원, 값싼 노동력이 있지만, 기술과 자본은 부족

② 정부의 산업화 정책: 외국 기업의 투자, 수출 산업의 육성 등으로 공업이 발달하고 있으며 경제도 성장하고 있음

■ **세계 최대의 컨테이너 항, 싱가포르**

싱가포르는 싱가포르 섬과 그 주변 부속 섬들로 이루어진 도시 국가이다. 말레이 반도의 남쪽 끝, 아시아의 동과 서를 이어 주는 길목에 위치한다. 덕분에 싱가포르는 아시아의 무역·교통·금융의 중심지로 자리 잡았고, 세계 최대의 컨테이너 항으로 성장할 수 있었다. 지금도 싱가포르는 컨테이너 화물 처리에서 상하이, 홍콩과 더불어 세계 수위 자리를 지키고 있다.

■ **차세대 성장 축으로 떠오르는 메콩 경제권**

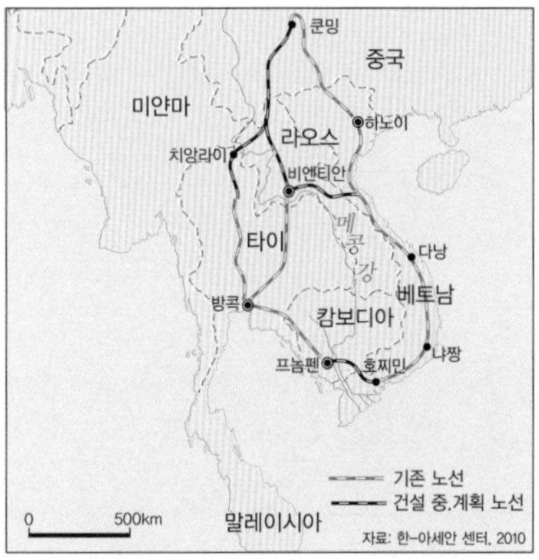

현재 대부분의 경제 전문가들이 동남아시아 경제의 파워는 메콩 강 유역 개발에서 나올 것이라고 전망한다. 아시아 개발 은행은 1992년부터 '메콩 경제권'을 설정하고 개발을 주도하며 '메콩 강의 기적'을 꿈꾸고 있다. 메콩 경제권은 동남아시아 지역의 최대 하천인 메콩 강을 낀 타이, 미얀마, 라오스, 캄보디아, 베트남 등 동남아시아 5개 국가와 중국의 윈난 성을 말한다.

③ 주요 공업국

- 싱가포르: 작은 도시 국가이지만 동남아시아 국가 중에서 상공업이 가장 발달
- 말레이시아, 타이, 인도네시아 등은 최근 빠르게 공업이 발달하고 있음

(3) 지역 협력

① 동남아시아 국가 연합(ASEAN): 경제 협력, 문화 교류, 과학 기술 협력, 무역 증대 등의 상호 협력을 위해 동남아시아 10개국이 결성한 국제기구

② 경제 협력의 문제점: 대부분 국가들의 경제 구조가 취약하고 산업 구조가 유사

더 알아보기

아세안의 꿈

동남아시아 국가 연합은 현재 세계에서 가장 급속하게 성장하는 지역으로 주목을 받고 있다. 6억 명에 달하는 동남아시아 국가 연합의 인구는 유럽 연합의 인구보다 많으며, 국내 총생산이 우리나라의 3배나 될 만큼 거대한 경제권이다. 또한 풍부한 천연자원과 노동력, 시장 개방의 확대로 주요 교역과 직접 투자 대상국으로서 동남아시아 국가 연합의 위상은 점점 높아지고 있다. 또한 동남아시아 국가 연합은 동남아시아 국가 연합+3, 동아시아 정상 회의(EAS), 아세안 지역 안보 포럼(ARF) 등 지역 협력의 허브 역할을 하고 있다.

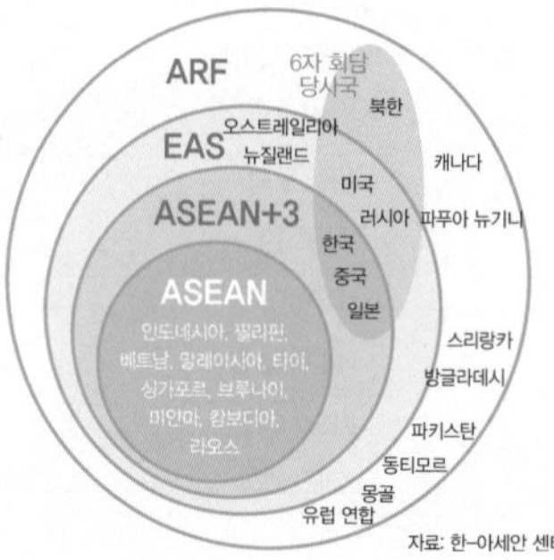

자료: 한-아세안 센터

6. 주요 국가 통계 자료

국명	면적 (2014, 1,000km²)	총인구 (2014, 1,000명)	인구 밀도 (2014, 명/km²)	수도	수도 인구 (1,000명)	국민 총소득 (2012, 억 달러)	1인당 국민 총소득 (2012, 달러)	2013년(백만 달러)		1인당 무역액 (2013, 달러)
								수출액	수입액	
베트남	331	92,548	279.6	하노이	2,809(10)	1,375	1,550	115,458(12)	2,539(12)	2,539(12)
라오스	237	6,894	29.1	비엔티안	783(11)	84	1,270	2,400(12)	767(12)	767(12)
캄보디아	181	15,408	85.1	프놈펜	1,570(11)	130	880	8,200(12)	11,000(12)	1,292(12)
타이	513	67,223	131	방콕	8,305(10)	3,478	5,210	225,087	248,761	7071
미얀마	677	53,719	79.4	네피도	1,059(11)	594	1,126	9,238(11)	349(11)	349(11)
인도네시아	1,911	252,812	132.3	자카르타	9,607(10)	8,440	3,420	182,659	186,351	1477
말레이시아	331	30,188	91.3	쿠알라룸푸르	1,644(11)	2,870	9,520	228,277	14,614	14,614
싱가포르	0.72	5,517	7,705.4	싱가포르	5,517(14)	2,641	49,710	410,250	373,016	14,4735
필리핀	300	100,096	333.7	마닐라	1,652(10)	2,417	2,500	53,882	1,209	1,209
브루나이	5.77	423	73.4	반다르스리브가완	32(08)	170	41,326	12,982(12)	40,135(12)	40,135(12)
동티모르	15	1,152	77.2	딜리	193(10)	44	3,620	79	814	814

지리 상식 1 버마인가? 미얀마인가?

“당신은 미얀마 사람인가요? 아니요, 저는 버마 사람입니다.” 최근 국가명을 미얀마에서 버마로 되돌려야 한다고 주장하는 사람들의 목소리가 높다. 이처럼 잊혀진 이름이었던 버마가 다시 사람들의 관심을 받고 있는 것은 최근 버마에서 군부를 기반으로 삼고 있는 정부와 최대 야당인 민족민주동맹(NLD)의 대표인 아웅 산 수 치 여사가 국명을 두고 날선 대립을 벌였기 때문이다.

버마라는 국명이 미얀마로 바뀐 것은 1989년부터로 현재 미얀마의 공식 명칭은 미얀마 연방(영어명: Republic of the Union of Myanmar)이다. 군부는 1988년 8월 8일 이른바 ‘8888 항쟁’이라고 불리는 대규모 시위를 유혈 진압했고, 이듬해 6월 18일 버마라는 이름이 영국 식민 시대를 떠올리는 이름이라며 식민 잔재를 없애고 버마 족 외의 다른 민족을 포괄하는 국가를 건설하겠다고 국명을 일방적으로 미얀마로 바꿨다. 다음 해인 1990년 총선에서 수 치 여사가 이끄는 민족민주동맹이 압승을 거뒀지만 군부는 정권 이양을 거부했고, 지난해 민선 정부가 수립되기 전까지 미얀마를 통치해 왔다.

사실 군부가 미얀마라는 이름을 임의로 국가 명칭으로 사용하기 전까지 버마와 미얀마는 현지인들 사이에는 큰 차이가 없는 용어였다. 수 치 여사와 민족민주동맹을 비롯한 민주화 세력이 미얀마라는 이름을 거부하는 것도 미얀마라는 용어 자체보다는 군부가 정당성 없이 붙인 이름을 거부하겠다는 의미가 크다.

주간경향, 2014. 10. 21.

지리 상식 2 일 년에 세 번이나 벼농사를 짓는데, 식량이 부족한 필리핀

2008년 필리핀은 식량 파동을 겪었다. 필리핀은 세계 최대 쌀 수입국인데 필리핀에 쌀을 수출하는 주요 수출국들이 자국 내 쌀 재고량 부족을 염려해 수출을 줄이거나 중단하면서 발생했다. 필리핀에서는 군대가 쌀 창고를 지키는 일까지 벌어졌으며, 정부가 나서서 주요 외식 업체들을 대상으로 1인분 쌀밥 제공량을 절반으로 줄일 것을 의무화하기도 했다.

필리핀은 일 년에 벼농사를 세 번이나 지을 수 있는 나라이다. 그런 나라에 왜 이런 식량 파동이 발생했을까? 그 이유는 필리핀 정부의 ‘부족한 식량은 수입하면 된다’는 안일한 생각 때문이었다. 필리핀 정부는 1990년대부터 농업을 등한시하고 비옥한 농토에 공장, 골프장, 주택 단지 등을 만들기 시작했다. 이렇게 해서 사라진 농경지가 국토의 절반이나 되었다. 그 결과 필리핀은 세계 최대의 쌀 수입국으로 전락했고 식량 위기를 겪고 있는 상황이 된 것이다.

박찬영·엄정훈, 2012, 『세계지리를 보다』

지리 상식 3 시간이 멈춘 도시, 호이안

베트남에서 4번째로 큰 도시인 다낭과 수로로 연결된 운치 있는 해안 도시 호이안은 17세기의 옛 모습을 고스란히 담고 있는 유서 깊은 도시이다. 한때는 중국, 일본, 동남아시아는 물론 세계 각국의 상인들이 드나들던 중계 무역의 도시로 활기가 넘치는 곳이었으며, 프랑스 식민지 시절의 흔적이 지금도 남아 있어 동서양의 오묘한 향기가 젖어 있는 도시이기도 하다. 낭만적인 투본 강변과 강렬한 색감을 드러낸 화랑 거리 그리고 고혹적인 옛 모습을 간직한 거리 하나하나는 과거와 현재가 어떻게 조합해야 멋스러움을 간직할 수 있는지를 보여 주고 있다.

특히 1999년 유네스코 세계 문화유산에 등록된 이후 세계 각국의 사람들이 이 도시를 더욱 많이 찾고 있다. 호이안의 구시가지에는 지은 지 200년이 넘은 고풍스러운 건물들, 일본인 거리와 중국인 거리를 나누는 역할을 했다는 내원교, 화교들의 사당인 푸젠 회관, 광둥 회관 등이 남아 있다. 지금도 그곳에 살면서 삶을 영위해 가는 사람들을 보면 왜 이곳이 유네스코 세계 문화유산에 지정되었는지 고개가 끄덕여진다. 그러나 호이안의 진면목을 볼 수 있는 것은 낮이 아니라 어둠이 찾아왔을 때이다. 강을 건너는 다리와 물건을 내놓은 가게들이 내건 형형색색의 등불이 강물에 어른거리며 시간이 멈춘 듯한 몽환적인 분위기를 연출하면 호이안의 진정한 가치를 느끼게 된다. 현재 투본 강변에 수많은 카페와 레스토랑, 상점들이 천박하거나 상업적으로 느껴지기보다 오히려 예스런 건물들과 잘 어울릴 수 있는 것은 그 안에서 살고 있는 소박한 베트남 사람들의 마음이 느껴지기 때문이 아닐까. 세계 문화유산을 9개나 보유한 우리 역시 문화 민족임을 스스로 말하기보다 다른 이들이 우리의 문화에 대해 궁금증을 느끼게 하고, 전통과 현실을 어떻게 조화시켜야 하는지 고민해야 할 때인 것 같다. 안동하회마을, 경주양동마을 등 우리의 역사가 살아 숨쉬는 공간을 어떻게 하면 세계인이 찾는 관광지로 만들 수 있는지 이곳의 경험을 벤치마킹해 보는 것은 어떨까?

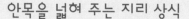

지리 상식 4 타이 남자가 결혼을 위해 승려가 되어야만 하는 이유는?

생의 한 시기를 승려로 보내야 하는 타이의 독특한 불교 풍습을 부엇낙이라고 한다. 이는 싯다르타의 출가를 따르는 의식으로 붓다의 자식이 된다는 의미를 담고 있는데, 이웃한 불교 국가인 미얀마에서는 '신퓨'라고도 한다. 타이의 남자들은 스무 살가량이 되면 누구나 출가하여 사원에서 수도 생활을 해야만 한다. 그 기간은 보통 3개월에서 짧게는 일주일, 길게는 일 년 정도 된다. 이러한 출가 제도가 법적으로 규정된 것은 아니다. 하지만 어른이 되기 위해서는 꼭 거쳐야 할 의식이라 생각하기 때문에 대개의 남성들은 기꺼이 머리를 깎고 사원에 들어간다. 직장인이 출가 생활을 해야 하는 경우, 회사에서는 유급 휴가를 주어 이들의 출가를 돕는다. 이렇게 일정 기간 수도 생활을 한 후 환속하면 성숙한 인간으로 인정받아 사회적 예우를 받는다. 출가 생활을 하지 않으면 취직, 결혼 그리고 각종 인간관계에서 큰 손해를 본다. 타이에서 출가는 결혼을 위해서라도 반드시 거쳐야 할 남자들의 필수 코스이다.

이우평, 2011, 『모자이크 세계지리』

지리 상식 5 세뱃돈으로 500억을 주는 나라, 브루나이

동남아시아 유일의 절대왕정 국가 브루나이는 인구 40만 명의 작은 나라이지만 세계에서 손꼽히는 부자 나라이다. 브루나이의 최고 권력자인 술탄은 국민의 절대적인 신임을 받고 있다. 600년을 이어오며 28명의 왕을 거쳤고, 현재의 왕은 29대 왕으로 45년째 통치해 오고 있는 하사날 볼키아이다. 하사날 볼키아 왕은 역대 술탄 중 가장 강력한 복지 정책을 펼침으로써 전 국민적 신뢰와 존경을 받고 있다. 브루나이 국민이라면 누구라도 한 달에 30만원만 내면 평생 살 수 있는 집이 생기며, 가구당 4대의 자가용이 있어 대중교통도 특별히 존재하지 않는다. 초등학교에서부터 대학교까지 전액 무상교육이며, 일정한 장학 기준만 통과하면 해외 유학까지도 무상으로 지원한다. 그뿐만아니라 학생들에게 교통비, 책값은 물론 심지어 안경값까지 지원할 정도로 교육에 대한 지원은 상상을 초월할 정도이다. 그리고 한국 돈 900원만 내면 어떤 병도 고칠 수 있으며, 필요하면 외국에 가서 치료도 받을 수 있다. 모슬렘의 설날, 왕실에서는 국민을 초대해 방문한 모든 사람들에게 세뱃돈과 비슷한 돈을 주는데, 그 금액이 무려 500억 원 정도라고 한다. 도대체 이런 경제적 능력은 어디서 나올까? 그것은 바로 석유 때문이다. 브루나이는 1960년대부터 본격적으로 석유 사업을 시작했고, 국토에 매장된 막대한 석유와 천연가스 덕분에 동남아시아에서 가장 부유한 나라가 되었다. 현재 술탄의 재산은 세계 최고 부자로 알려진 빌 게이츠보다 많다고 알려진 상태이다.

지리 상식 6 서남아시아보다 모슬렘이 더 많은 곳은 어디일까?

오늘날 이슬람교를 믿는 사람들은 전 세계적으로 약 13억 명이 넘는다. 전 세계 인구 5명 중 1명이 모슬렘인 셈이다. 우선 아라비아 반도는 이슬람의 성지가 있는 곳이며, 사우디아라비아, 예멘, 오만 사람들은 태어남과 동시에 이슬람교를 믿는 모슬렘이다. 하지만 실제로 모슬렘이 가장 많이 사는 지역은 이슬람 발상지인 사막의 땅 아라비아 반도가 아니라 힌두교의 땅으로 알려진 인도 반도이다. 인도 반도에는 1억 4,500만 명의 모슬렘이 사는 인도 외에도 파키스탄에 약 1억 700만 명, 방글라데시에 약 1억 3,800만 명 등 엄청난 수의 모슬렘이 살고 있다. 이것은 북아프리카와 서남아시아에 있는 3억 명보다도 많은 수이다.

한편, 하나의 국가로 모슬렘 수가 가장 많은 나라는 약 2억 700만 명(2009년 추정)이 있는 인도네시아이다. 인도네시아는 전체 인구 약 2억 3,400만 명 중 88%가 이슬람교를 믿는다.

조지욱, 2014, 『동에 번쩍 서에 번쩍 세계지리 이야기』

지리 상식 7 쌀의 다양한 변신, 맛있는 쌀 요리의 천국

동남아시아를 여행한다면 거리에서 쉽게 찾을 수 있는 음식, 우리에게도 친숙한 쌀국수를 먹어 보자. 한국에서 맛본 쌀국수와는 다른 독특한 맛을 느끼게 될 텐데, 그건 고수라는 향이 강한 채소가 들어가기 때문이다. 한 끼 식사로 더 친숙한 메뉴를 찾는다면 덮밥이나 볶음밥을 맛볼 수도 있다.

이 지역 사람들의 식생활은 우리와 비슷하다. 쌀을 주식으로 하고, 밥을 기본으로 반찬을 곁들여 먹는다. 하지만 쌀의 종류와 조리법은 다르다. 이 지역에서 재배하는 인디카 종은 한국에서 먹는 자포니카 종에 비해 모양이 길고 찰기가 없다. 밥을 했을 때 밥알이 낱낱으로 떨어지는 건 쌀의 종류뿐 아니라 밥 짓는 법도 다르기 때문이다. 냄비에 쌀을 넣고 물을 부어 조금 끓이다가 불을 끄고 밥을 퍼내서는 대나무 용기에 넣고 찐다. 이렇게 하면 수분이 증발하여 잘 들러붙지 않고, '후' 불면 날아갈 것 같은 밥이 된다. 수분이 적은 밥은 더운 날씨에도 오랫동안 보관할 수 있고, 다양한 소스에 찍어 먹기에도 좋다.

전국지리교사모임, 2014, 『세계지리 세상과 통하다』

[선택형]

· 2014 9 평가원

1. 지도는 동남아시아의 열대 기후 지역을 나타낸 것이다. A~C 도시의 기후 특성에 대한 옳은 설명을 〈보기〉에서 고른 것은?

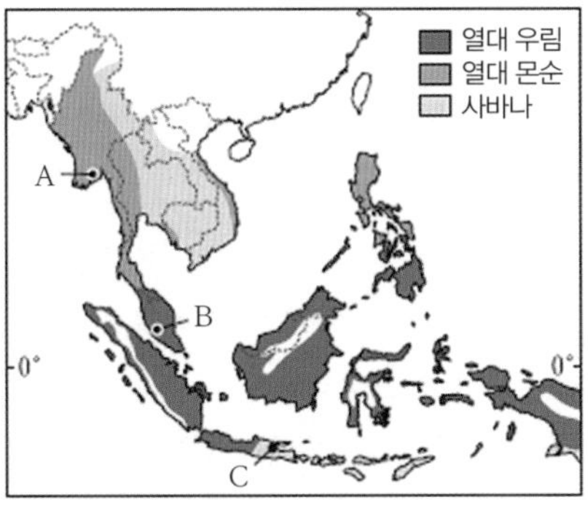

보기

ㄱ. A는 B보다 6~8월의 강수 집중률이 높다.
ㄴ. A는 C보다 7월 강수량이 많다.
ㄷ. C는 B보다 연 강수량이 많다.
ㄹ. A~C 모두 기온의 연교차가 일교차보다 크다.

① ㄱ, ㄴ ② ㄱ, ㄷ ③ ㄴ, ㄷ ④ ㄴ, ㄹ ⑤ ㄷ, ㄹ

· 2012 수능

2. 다음은 동남아시아에 대한 세계지리 수업의 일부이다. (가)~(다)에 해당하는 국가를 지도의 A~C에서 고른 것은?

교사: 최근 다문화 가정이 많아지고 있는데 다문화 가정을 이루고 있는 사람들이 출신 국가와 문화적 특성에 대해 발표해 봅시다.
갑: (가)에서 온 사람들이 많아요. 한자 문화권에 속하는 그 나라 사람들은 '아오자이'라는 전통 의상을 입고, 쌀국수를 즐겨 먹어요.
을: (나) 출신 사람들도 있어요. 그 나라는 주변 국가와 달리 식민 지배를 받지 않았고, 관광 산업이 발달해 있어요. 그리고 불교 신자도 많아요.
병: (다)에서 온 사람들도 있어요. 그 나라에서는 영어를 공용어로 사용하고 크리스트교 신자가 많아요.

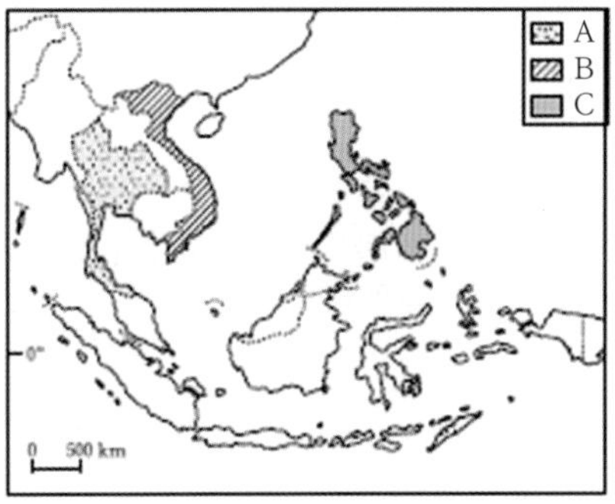

	(가)	(나)	(다)
①	A	B	C
②	A	C	B
③	B	A	C
④	B	C	A
⑤	C	A	B

[서술형]

1. 다음 글의 A~F에 들어갈 나라를 순서대로 쓰시오.

세계에서 10번째로 큰 강인 메콩 강 개발 계획은 개발이 활발하던 1990년대 초반부터 메콩 강 주변 지역 사람들과 정부 사이에서 많은 논란이 있었다. 논란에 대한 해결책으로 지속 가능한 개발을 위한 '메콩 강 위원회'가 결성되었다. 메콩 강은 (A)의 티베트 고원에서 남류하여 (B, C, D, E)를 거쳐 (F) 남부에서 남중국해로 흘러들어 간다. 메콩 강 유역은 수력 자원과 석탄, 석유, 천연가스, 목재 등 자원의 보고이며 하류 지역은 광대한 삼각주가 발달하여 세계적인 벼농사 지역을 이루고 있다.

2. 동남아시아 국가 중 가장 최근에 독립한 국가명을 쓰시오.

3. 동남아시아 국가 중 유일하게 서구 열강에 식민 지배를 당하지 않은 국가명과 그 이유를 서술하시오.

4. 동남아시아국가 연합(ASEAN)에 가입되어 있는 국가명을 모두 쓰시오.

chapter 12

지역 지리

03. 남아시아

핵심 출제 포인트

- ▶ 남아시아의 위치와 지역 구분
- ▶ 남아시아의 다양한 종교와 언어
- ▶ 주요 지형과 계절풍
- ▶ 지역 분쟁
- ▶ 식량 문제와 인구 문제
- ▶ 농업 및 자원과 산업

■ 이슬람교를 믿는 파키스탄을 서남아시아나 북아프리카 권역에 포함시키지 않는 이유

파키스탄은 아프가니스탄, 이란보다 인도와 인종의 연속성이 더 우세하다. 이는 파키스탄이 대영 남아시아 제국의 일부였으며, 이슬람교와 힌두교가 다수인 지역을 분리하면서 생겨났기 때문이다. 파키스탄은 우르두 어가 공용어인 반면, 인도는 영어가 링구아 프랑카(모국어가 서로 다른 사람들이 상호이해를 위하여 사용하는 언어)이다. 게다가 인도와 파키스탄의 국경은 아시아에서 이슬람 영역의 동쪽 한계를 의미하지도 않는다. 인도의 10억 인구 중 1억 5,000만 명 이상이 모슬렘이고 남아시아 동부 지역 방글라데시 인구(1억 4,700만 명)의 85%가 모슬렘이다. 마지막으로 파키스탄과 인도는 영국이 철수하면서 매듭짓지 않은 양국 사이의 북부 산악 지대의 경계 지역(카슈미르)으로 인해 대치하고 있다.

■ 남아시아의 지형

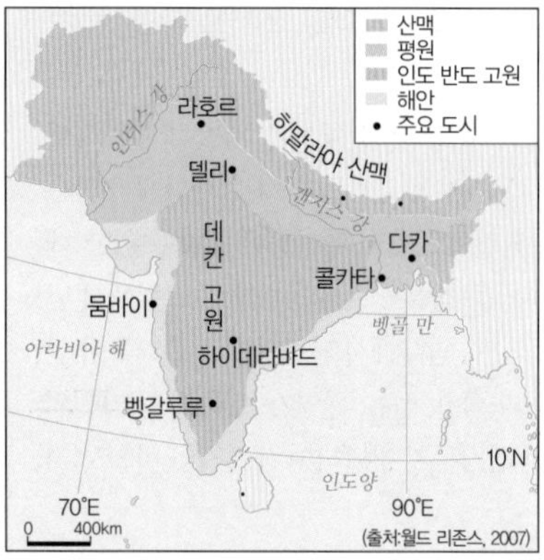

■ 인도 판과 유라시아 판의 충돌

인도 판과 유라시아 판은 모두 대륙판이다. 대륙판끼리 서로 충돌하는 수렴형 경계에서는 습곡 산맥이 형성된다. 이 충돌 지역에서는 지진은 일어나지만 화산이 발생하지 않는다. 화산이 없는 까닭은 마그마가 지표까지 올라오기에는 지각이 너무 두껍기 때문이다.

■ 데칸 고원

인도 반도는 대부분이 고원으로 이루어진 지역으로, 데칸 육괴의 지질학적 영향이 반영되어 있다. 데칸 육괴는 인도가 곤드와나의 붕괴로 아프리카로부터 분리되었을 때 분출된 현무암으로 이루어진 고원이다. 데칸('남쪽'을 의미)은 동쪽으로 경사를 이루고, 가장 높은 봉우리가 서쪽에 위치하여 주요 강이 벵골 만으로 흐르게 하고 있다.

1. 남아시아의 위치와 지역 구분

(1) 위치와 범위

① 위치: 위도 상으로는 적도~북위 40°, 경도 상으로는 동경 60~100° 사이에 위치한 인도 반도와 그 주변 지역의 아시아 국가들

② 범위

- 북쪽으로는 히말라야 산맥이 중국과의 경계를 형성, 동쪽으로는 산맥과 밀림이 동남아시아와의 경계를 형성, 서쪽으로는 험한 고원과 사막이 경계를 형성
- 해당 국가(7개국): 네팔, 몰디브, 방글라데시, 부탄, 스리랑카, 인도, 파키스탄

(2) 지역 구분

6개 지역 구분	해당 국가 및 지역
인도 핵심 지역	인도 북부
남부 반도 지역	인도 남부
남부 도서 지역	스리랑카, 몰디브
서부 지역	파키스탄
북부 산악 지역	카슈미르 지방, 네팔, 부탄
동부 지역	방글라데시, 아삼 지방

↑ 남아시아의 지역 구분

2. 남아시아의 자연환경

(1) 주요 지형의 특색

주요 지형	지형의 특색
히말라야 산맥	• 신기 습곡 산지로 높은 곳에 분포하는 빙하가 녹은 물은 인더스 강, 갠지스 강 등의 수원(水源) • 산지의 남쪽은 다우지(아삼 지방)
데칸 고원	• 고원의 북서부 용암 대지에서 목화 재배 활발
인더스 강	• 남서 계절풍이 부는 6~10월에 유량이 많음
갠지스 강	• 힌두교도들이 성스러운 곳으로 여겨 숭배하는 강으로 하구는 벵골 만의 방글라데시에 위치 • 남서 계절풍이 부는 7~10월에 유량이 가장 많지만 기온이 올라가는 4~6월에도 히말라야 산맥의 눈 녹은 물이 증가하면서 유량 증가

(2) 지형 구분

지형 구분	해당 지형
북부 산악 지역	• 힌두쿠시 산맥~카라코람 산맥~히말라야 산맥(세계에서 가장 높은 봉우리인 에베레스트 산이 있음)~부탄 산맥
중부 하천 저지대	• 인더스 강부터 갠지스 강 유역의 힌두스탄 평원~갠지스 삼각주와 브라마푸트라 삼각주
남부 고원 지역	• 북부: 중앙 인도 고원(서)~초타나그푸르 고원(동) • 남부: 서고츠 산맥~데칸 고원(중앙)~동고츠 산맥

(3) 계절풍의 영향이 큰 기후

① 열대 기후: 남아시아 대부분의 지역, 스콜 현상

② 계절풍 기후: 여름에는 해양으로부터 남서풍(우기), 겨울에는 대륙으로부터 북동풍(건기)

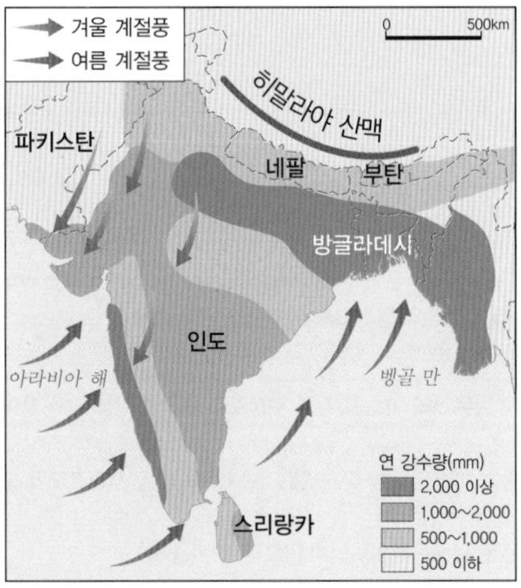

↞ **계절풍의 영향을 많이 받는 남아시아** 남아시아 대부분 지역은 계절풍의 영향으로 건기와 우기가 뚜렷이 나타난다. 우기의 풍부한 강수량은 벼농사에 알맞아 세계적인 쌀 생산지를 이룬다. 우기는 보통 5월에서 10월에 이르는 기간으로 남서풍이 불며 인도양과 태평양에서 발생하는 태풍의 피해도 많이 발생한다. 건기는 11월에서 4월로 바람의 방향이 대륙에서 해양으로 특히 북동풍이 많이 분다. 이러한 계절풍의 영향으로 인도 동북부의 아삼 지방과 메갈라야 지방은 세계적인 다우지이다. 특히 메갈라야 주(州)의 체라푼지는 연 강수량이 1만 3,000mm나 된다.

③ 강수량 분포: 파키스탄과 인도 북서부 등 소우지와 방글라데시, 인도의 아삼 지방 등 다우지

④ 사이클론의 이동 경로: 주로 벵골 만 연안 지역(방글라데시는 홍수 피해가 큼)

3. 남아시아의 인구와 식량 문제

(1) 인구 문제

① 높은 인구 증가율: 남아 선호 사상, 종교적 전통, 낮은 교육 수준으로 문맹률이 높아 인구 정책의 효과 낮음

② 인구 문제: 합계 출산율이 세계 평균보다 높음(인도)

③ 식량 부족 및 생활 수준 낮음, 실업 문제 및 지역 간 격차 발생

④ 대책: 가족계획 실시로 출산율 낮춤, 경제력 및 교육 수준 향상 등

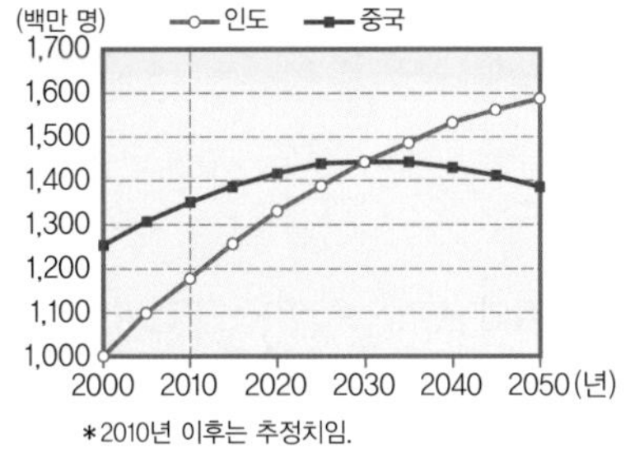

↥ 인도와 중국의 총인구 수 변화

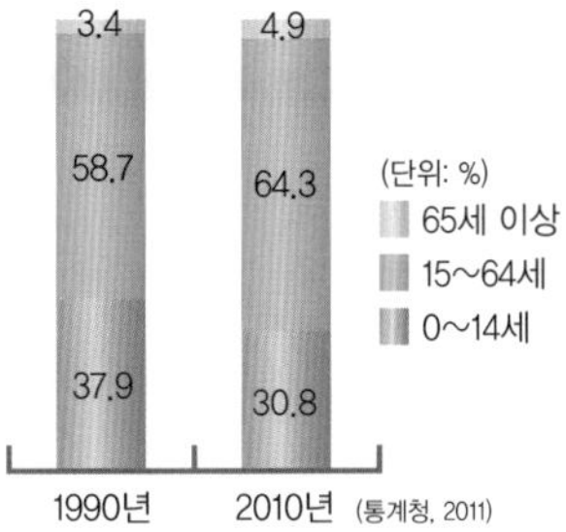

↥ 인도의 연령별 인구 구조

(2) 식량 문제

① 원인: 빠른 인구 증가, 낮은 농업 생산력 및 구매력

② 대책: 출산율 낮추기, 식량 구매력 강화, 단위 면적당 생산량 증대 등

4. 남아시아의 문화

(1) 인종 매우 복잡, 크게 북방의 아리안 족과 남방의 드라비다 족

(2) 언어 크게 북부의 인도·유럽 어족(이란 어, 인도·아리아 어)과 남부의 드라비다 어족으로 나뉨

① 인도·유럽 어족에 속하는 '힌디 어': 사용자 5억 명으로 전 세계에서 가장 많이 사용

② 히말라야 산지: 대부분 티베트·버마 어족

③ 다언어주의: 힌디 어와 영어가 인도 전체의 공용어이지만, 각 주에서 자체의 공용어 선택 가능하여 현재 22개의 언어가 인도 공용어의 지위를 가짐

■ 방글라데시의 하천과 풍향

20세기 동안 전 세계에서 발생한 치명적인 10대 자연재해 중 8개가 방글라데시를 강타했다. 사이클론은 15만여 명의 목숨을 앗아갔다. 방글라데시 남부는 갠지스 강과 브라마푸트라 강 유역의 삼각주 지대이다. 이곳은 비옥한 충적 토양이지만, 홍수에 취약한 저지대이다. 벵골 만은 깔때기 모양으로 생겼으며, 사이클론과 폭풍우를 해안의 삼각주 지대로 끌어들인다. 방파제나 수문, 적당한 도피 경로를 건설할 자본이 없어 수십만 명의 사람들이 지속적인 자연재해의 위험으로부터 안전하지 못하다.

■ 인도와 방글라데시의 인구수 변화

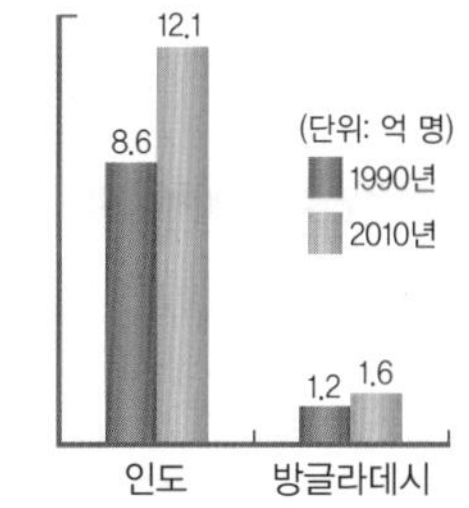

2010년에 인도의 인구는 12억 1,000만여 명에 이른다. 지난 20년 사이 3억 명 이상이 늘어난 것이다. 국제 연합은 '2010년 세계 인구 전망' 보고서에서 2010년부터 2050년까지 전 세계 인구 증가분의 절반가량을 출산율이 높은 인도, 방글라데시 등의 9개국이 차지할 것이라고 예상했다.

■ 남아시아의 종교

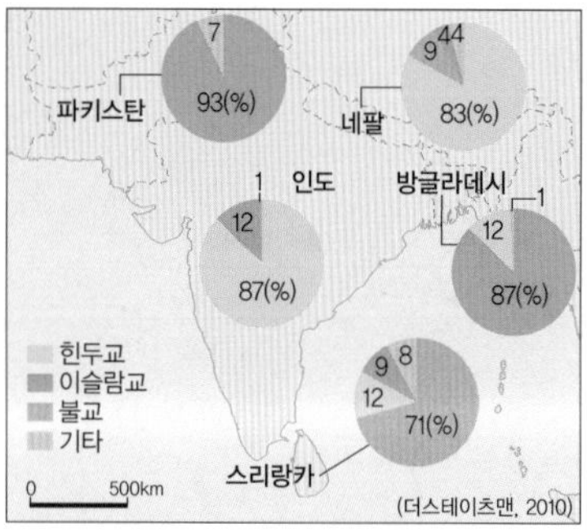

오늘날 남아시아의 종교 분포를 보면 인도와 네팔은 힌두교, 파키스탄과 방글라데시는 이슬람교, 스리랑카는 불교 신도가 압도적으로 많다

■ 카스트 제도

브라만(제사장, 승려), 크샤트리아(왕족, 귀족), 바이샤(농공상업에 종사하는 평민), 수드라(노예, 천민)의 네 계급으로 신분이 나뉘는 제도로 각 집단 사이를 엄격하게 차별하여 인도의 사회적 통합을 방해해 왔다. 1947년 인도 정부는 카스트 제도를 법으로 금지했으나 여전히 뿌리 깊은 차별이 존재한다. 힌두 부모에게서 태어나지 못한 사람은 수드라에도 속하지 못해 '불가촉천민'이라고 하여 차별 받고 있다.

■ 남아시아의 농업 지역

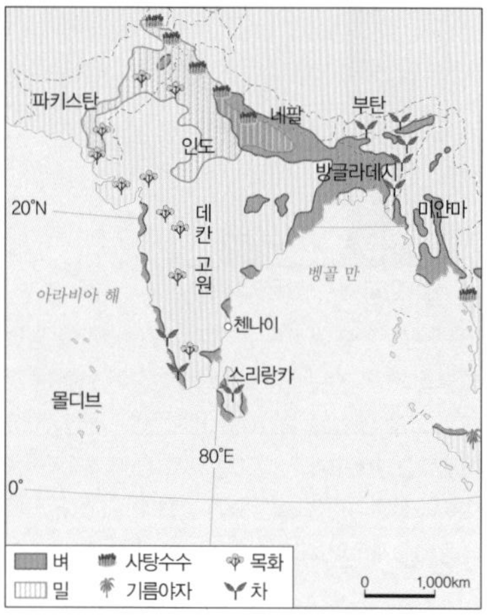

■ 단위 면적당 쌀과 밀의 생산량

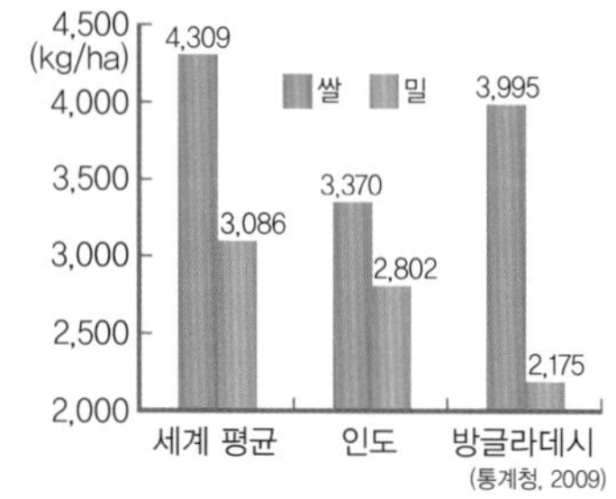

인도와 방글라데시는 주요 곡물인 쌀과 밀의 단위 면적당 생산량이 세계 평균보다 낮다.

(3) 종교 힌두교와 불교의 발생지, 이슬람교 전파

① 남아시아의 종교

종교	주요 지역 및 특징
힌두교	• 인도(전체 약 12억 명의 인구 중 80% 이상)와 네팔에서 주로 믿음
이슬람교	• 파키스탄, 방글라데시의 인구 대부분 • 인도: 전체 인구의 15%(1억 5,000만 명 이상) 정도가 믿는 종교이며, 대도시, 카슈미르 최북단의 인구 조밀 지역, 갠지스 평원 중부, 케랄라 주(아랍 무역인의 정착으로 이슬람교 전파)에 분포 • 몰디브 인구의 대부분, 스리랑카 인구의 약 9% 정도
시크교	• 1400년대, 남아시아 북부 펀자브 지방에서 힌두교와 이슬람교 간 분쟁으로 새롭게 탄생(두 종교의 특징적인 요소 융합) • 정통 모슬렘의 박해 때문에 군사적으로 방어적인 태도를 갖게 됨(오늘날에도 많은 시크교도가 군인, 경호원으로 일함) • 인도 펀자브 주 인구의 60%가 시크교도(머리카락과 수염을 깎지 않으며, 터번을 씀)
불교	• 스리랑카: 상좌부 불교를 국교로 발전시킴(다수의 싱할리 족) • 히말라야 고지대 계곡: 티베트 불교
자이나교	• 인도 북부: 부처의 탄생과 비슷한 시기(기원전 500년경)에 발생 • 비폭력 강조: 어떤 생물도 살생하는 것 금지(작은 곤충을 우연히 흡입하는 것 막기 위해 거즈 마스크 착용), 농업 금지(쟁기질하다 살생할 수 있기 때문) • 대부분 상업에 종사, 인도 북부에 집중 분포

(4) 잦은 분쟁

① 원인: 민족, 종교, 언어 등이 매우 복잡하기 때문

② 갠지스 강 물 분쟁: 인도, 방글라데시, 네팔, 중국

③ 카슈미르 분쟁: 인도 북서부의 카슈미르 지역을 둘러싼 인도(힌두교)와 파키스탄(이슬람교) 간의 영토 분쟁

④ 스리랑카 분쟁: 불교를 믿는 다수의 싱할리 족과 힌두교를 믿는 소수의 타밀 족 간의 갈등(2009년 종식되기까지 인권 탄압, 난민 문제 등 발생)

5. 남아시아의 농업

(1) 곡물 농업

① 특징: 가족 노동력을 이용한 집약적이고 자급적인 농업으로 인도, 방글라데시 등의 곡물 생산량이 많으나 인구도 많음

② 주요 곡물 재배 지역

• 벼: 힌두스탄 평원, 갠지스 강 하류 지역과 같은 기온이 높고 강수량이 많은(계절풍 영향) 하천 유역 충적 평야에서 주로 재배

• 밀: 인더스 강 상류의 펀자브 지방 및 갠지스 강 상류 지역 등 강수량이 비교적 적은 곳에서 주로 재배

(2) 플랜테이션

① 특징: 유럽 인의 자본과 열대 기후와 원주민의 값싼 노동력에 의한 플랜테이션 발달

② 주요 작물: 목화, 차, 황마, 사탕수수 등

• 목화: 성장기에 고온 다습하고 수확기에 건조한 기후 지역이 재배에 유리 → 사바나 기후가 나타나는 데칸 고원은 목화 재배에 알맞은 레구르토 발달

• 차: 고온 다습하며 배수가 양호한 지역 및 강수량이 많은 산지 사면 → 인도의 아삼 지방, 스리랑카

• 황마: 갠지스 강 하류 지역

더 알아보기

1ha당 쌀 생산량

인도는 쌀과 밀의 생산량이 모두 세계 2위로 세계적인 식량 생산국이다. 그러나 주식인 쌀의 1ha당 생산량을 다른 나라와 비교해 보면, 같은 인구 대국인 중국의 절반 수준이며, 파키스탄, 스리랑카, 방글라데시보다도 적은 편이다. 이는 낙후된 농법, 농업 경영의 영세성 등으로 농업 생산성이 많이 낮기 때문이다. 인도는 1960년대 곡창 지대인 펀자브 지방을 중심으로 식량 증산 운동인 녹색 혁명을 전개하여 식량 문제를 해결하는 듯 보였으나, 화학 비료 및 농약의 과다한 사용으로 토질이 악화되어 생산성이 낮아지고 식량 가격이 계속 치솟고 있다. 한편 빠른 인구 증가로 인해 식량 부족 현상은 더욱 심화되고 있으며, 이러한 인구 문제의 해결을 위해 가족계획 사업을 실시하였으나 그 성과가 잘 나타나지 않고 있다.

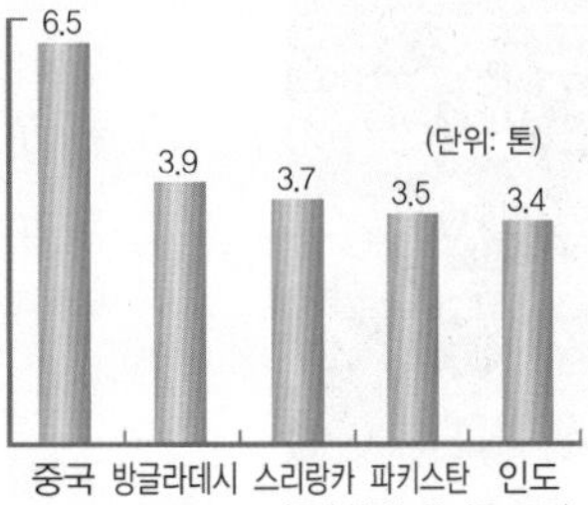

(유엔 식량 농업 기구, 2008)

6. 남아시아의 공업 및 지역 개발

(1) 지하자원 철광석, 석탄, 석유, 천연가스 등이 매장되어 있으며 일부는 수출

① 철광석: 인도 북동부의 비하르-오리사 주 지역, 다모다르 강 주변

② 석탄: 인도의 다모다르 강 주변

(2) 인도의 산업 풍부한 자원, 발달된 철도망, 저렴하고 우수한 노동력 풍부

① 면방직 공업: 영국의 식민지 시대부터 발달, 목화 산지인 데칸 고원 일대와 수출항 부근

② 중화학 공업: 북동부 비하르-오리사 주를 중심으로 한 수력 발전과 풍부한 철광석, 석탄 등 지하자원으로 제철·기계 공업 등 중화학 공업 발달

③ 소프트웨어 및 IT 산업의 첨단 산업 발달: 벵갈루루, 하이데라바드, 첸나이, 델리, 뭄바이 등

- 미국과 연계하여 24시간 가능 사업체 운영 가능
- 우수한 공과 대학에서 고급 기술 인력 공급 및 영어를 구사할 수 있는 노동력 풍부
- 해발 고도가 높아 기온이 쾌적(벵갈루루는 데칸 고원 남부 산지의 해발 고도 950m에 위치)

④ 영화 산업 : 뭄바이를 중심으로 지역 고유의 문화를 특화시킨 영화 산업 발달

(3) 인도의 다모다르 강 유역 개발 사업

① 위치 및 특징: 인도 갠지스 강의 지류로 주변 지역에 철광석 및 석탄이 다량 분포

② 내용: 미국의 테네시 강 유역 개발을 모델로 하여 다목적 댐 건설, 운하 건설, 전력 생산

③ 개발 효과: 홍수 예방, 농업용수 확보, 확보된 용수와 전력을 바탕으로 다모다르 지역의 철광석과 석탄을 결합하여 중화학 공업 발달에 크게 기여

■ 남아시아의 주요 공업 지역

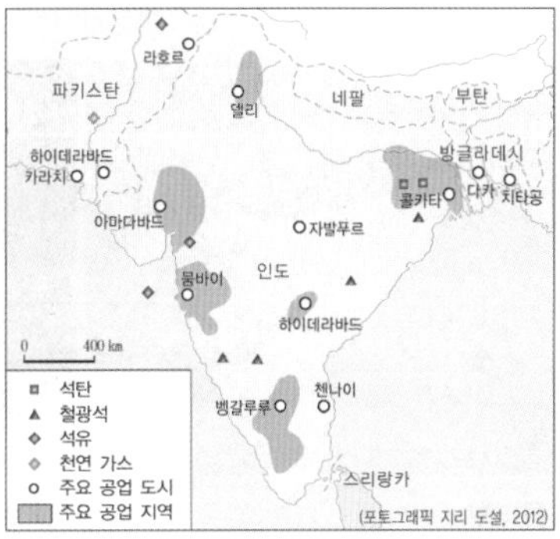

■ 인도의 소프트웨어 산업 수출액

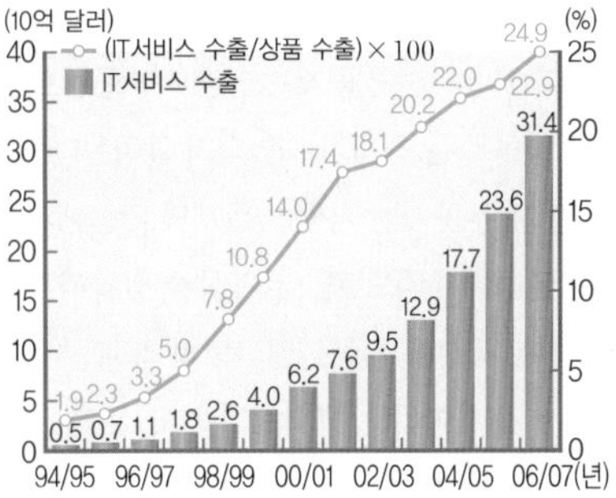

(인도 소프트웨어 및 서비스 기업 협회)

■ 인도 공업의 발달 과정

시기		내용
식민지 시대	• 면직 공업(뭄바이 주변) • 제철 공업(비하르 주)	산업 혁명
독립 후	• 서벵골과 비하르 주 중심의 중화학 공업 발달	수입 대체 공업의 진흥
1980년대 이후	• 벵갈루루 주변의 첨단 산업 • 임해 지역의 석유 화학 공업 발달 • 델리 주변의 자동차, 전자 공업 발달	경제 자유화 정책, 외국 자본의 도입과 기술 혁신

■ **볼리우드(Bollywood)**

봄베이(뭄바이의 옛 지명)와 할리우드(미국 영화 산업의 중심지)의 합성어로 뭄바이의 영화 산업을 말한다. 인도의 영화 생산 편수와 티켓 판매량은 세계 최고 수준이다.

7. 남아시아의 주요 국가 통계 자료

국명	면적 (2014, 1,000km²)	총인구 (2014, 1,000명)	인구 밀도 (2014, 명/km²)	수도	수도 인구 (1,000명)	국민 총소득 (2012, 억 달러)	1인당 국민 총소득 (2012, 달러)	2013년(백만 달러)		1인당 무역액 (2013, 달러)
								수출액	수입액	
네팔	147	28,121	191.1	카트만두	1003(11)	192	700	960(12)	271(12)	271(12)
몰디브	0.3	352	1,171.9	말레	116(12)	19	5750	167	5,507	5,507
방글라데시	148	158,513	1,074.2	다카	7,000(08)	1,293	840	25,113(12)	383(12)	383(12)
부탄	38	766	19.9	팀푸	99(11)	18	2420	535(12)	2,056(12)	2,056(12)
스리랑카	66	21,446	326.9	스리자야와르데네푸라코테	121(07)	593	2920	9,480(12)	19,086(12)	1,354(12)
인도	3,287	1,267,402	385.5	뉴델리	302.4	19,132	1550	312,246	467,039	622
파키스탄	796	185,133	232.6	이슬라마바드	972(10)	2251	1260	22,807(12)	367(12)	367(12)

지리 상식 1 달콤한 신혼여행이 선물한 끔찍한 빈부 격차

몰디브

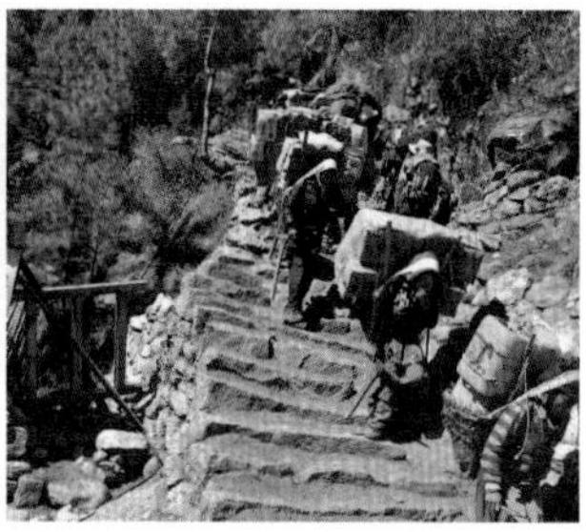

히말라야의 포터

약 1,200여 개의 산호초로 이루어진 섬, 맑고 푸른 바다와 백사장이 신혼부부들의 로맨틱한 꿈을 현실로 만들어 주는 곳, 바로 인도양의 지상 낙원 몰디브이다. 이곳을 찾는 신혼부부들은 호화 리조트에서 휴식을 즐기며 많은 팁을 주는 천사가 되었다가 돌아온다. 그러나 그들이 지불한 관광 비용 때문에 누군가는 끔찍한 독재의 악몽에서 깰 수 없었다면, 과연 신혼여행은 달콤한 추억으로만 남겨질 수 있을까?

대부분의 관광객들은 '몰디브의 리조트'에 가는 것이지, 몰디브라는 나라를 찾는 것이 아니다. 몰디브의 역사, 문화, 정치, 인종, 언어, 종교에 대해서는 아무것도 모르고 간다. 몰디브는 지난 30년간 독재 정권하에 있던 곳으로, 국민들은 대부분 빈곤하다. 인구의 약 43%는 하루 1달러 미만으로 생활하며, 아동의 30%는 영양실조에 걸려 있다. 몰디브의 경제는 리조트를 중심으로 한 국제 관광 산업과 참치 잡이와 같은 어업에 의존한다. 그러나 관광객이 소비하는 수많은 돈은 독재 정권을 30년간 유지할 수 있던 힘이 되었고, 독재로부터 고통받는 사람에게는 짐이 되었다.

또한 몰디브에 리조트가 완공될 때마다 현지인에게 돌아오는 일자리는 언제든지 해고당할 수 있는 비정규직, 단순 노무직이다. 3평짜리 방에 6~10명이 자는 열악한 노동 환경에 시달리고 있다. 꿈같은 호텔이지만, 거기에서 일하는 노동자들은 저임금, 늘어 가는 노동량으로 목과 허리에 만성 통증을 가지고 있다. 관광 개발은 현지인, 원주민들의 삶의 양식을 파괴했다. 원주민들은 무대에서 전통 춤을 추거나, 호텔에서 웨이터나 청소부가 될 기회를 얻은 것뿐이다.

몰디브만의 문제가 아니다. 히말라야 트레킹이 유행하는 요즘, 네팔을 찾는 사람들이 늘어나고 있다. 대부분의 관광객은 '네팔 사람들은 모두 산을 잘 탈 것이다.'라는 생각으로 이곳을 찾는다. 히말라야를 등반하기 위해서는 셰르파(Sherpa)가 필요한데, 셰르파란 티베트 어로 '동쪽에서 온 사람'이라는 뜻이다. 이들은 히말라야 남쪽의 산악 지대에 사는 티베트계 고산족이다. 현재는 히말라야 등반에 없어서는 안 될 등산 안내자, 즉 '도우미'란 의미로 더 널리 알려져 있다. 그런데 '포터'라고 불리는 사람들이 있다. 포터는 농촌에서 도시로 밀려온 사람들로, 대부분 짐꾼으로 일하는 도시 빈민들이다. 이들은 10세에서 50세에 이르기까지 남녀노소의 구분이 없다. 포터는 제대로 된 장비를 갖추지 못하고 트레킹에 참여하므로 낙오되거나 고산병, 동상 등에 노출되어 있다. 짐의 양도 1인 20~25kg의 제한량이 있지만, 돈을 아끼기 위해 한 명에게 세 사람의 짐을 맡기기도 한다. 최고 100kg의 짐을 지고 오르는 포터도 있다고 한다. 이들은 생명을 담보로 산소가 희박하고 험한 히말라야 길을 오르내린다. 그래서 한 해에 수많은 포터들이 실종되거나 죽음에 이르기도 한다. 긴급 상황이 발생할 때 비상 헬기가 포터를 내버려 둔 채, 관광객만 구조하는 경우도 많다고 한다. 포터는 짐꾼에 불과한 존재가 아니다. 이들에게도 기본적인 인권이 있다. 그들이 감당할 수 있는 적당한 일을 부여하는 것이 옳다. '누가 더 저렴하냐, 짐을 얼마나 더 많이 들어 줄 수 있냐'와 같은 생각보다는 포터를 '여행의 동반자'로 의식하는 세계 시민의 마음가짐이 필요하다.

이런 점에서 '공정 여행'에 대한 관심이 모두에게 필요하다. 공정 여행이란 여행을 통해서 그 지역의 삶과 환경이 온전히 지켜질 수 있는 여행으로, 경제적으로 정의롭고 그들의 인권을 존중하며 생태적 환경 파괴가 되지 않는 여행을 뜻한다. 우리의 여행이 어떻게 이루어져야 현지에 피해를 덜 줄 수 있을까를 고민하는 것에서 공정 여행은 시작된다. 현지인의 삶에 대해서 미리 파악하고, 공정하지 않은 여행 상품은 선택하지 않으려는 마음가짐, 그리고 조금 불편하더라도 공정 여행을 행동으로 실천하는 것 등이 세계 시민으로서 필요한 자세일 것이다.

임영신·이혜영, 2009, 『희망을 여행하라』/Les Rowntree·Martin Lewis·Marie Price·William Wyckoff, 안재섭·김희순·신정엽 역, 2012, 『세계지리: 세계화와 다양성』/전국지리교사모임, 2014, 『세계지리, 세상과 통하다』

지리 상식 2 요즘엔 할리우드 말고 '볼리우드'가 대세!

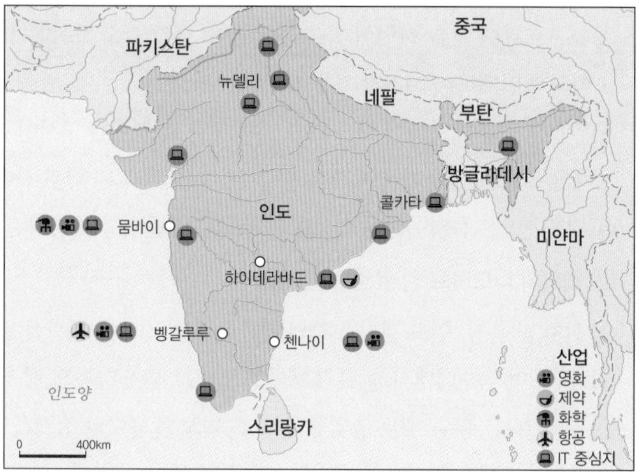

인도의 산업

인도의 영화 산업은 빠른 속도로 성장하고 있으며, 할리우드보다 더 많은 관객을 보유하고 있다. 인도는 할리우드보다 더 많은 영화를 제작하며, 이들의 1/3은 인도의 공용어인 힌디 어로 제작된다. 대부분의 인도 영화는 봄베이(뭄바이)에서 만들어지기 때문에 뭄바이는 '볼리우드(Bollywood)'라는 별명을 얻었다. 최근에는 할리우드에서도 볼리우드 영화에서 영감을 받은 영화들이 제작되며, 볼리우드를 경쟁자로 인식하게 되었다. 볼리우드 영화의 성장은 국내외적인 조건 모두에서 찾아볼 수 있다. 국내에서는 1992년 경제 개혁 이후 인도의 중산층을 중심으로 서구의 물질문명과 대중문화가 유입되었기 때문이다. 또 국외적으로는 인도인들의 해외 이주 때문이다. 인도 이주민들이 사는 해외에서 볼리우드 영화는 인기가 높다. 볼리우드 영화는 전통적인 힌두 신화와 사회적 가치에 기반을 두고 문화적으로 민속 극장이나 공연의 전통을 계승하는 형식으로 만들어진다. 인도 영화에서는 인도인의 실제 삶의 모습을 다루기도 하고, 보수성을 띠기도 하고, 때로 오락물의 형식을 갖추어 인도의 국민적 공감대를 형성한다.

인도의 영화 산업과 더불어 인도의 IT 산업도 주목을 받고 있다. 벵갈루루는 인도의 실리콘 밸리로서 전 세계에 명성이 높은 IT 산업 중심 도시이다. 1990년대에 외국 투자를 끌어들여 성공했으며, 여러 나라의 연구소들이 입지해 있다. 또 벵갈루루 남쪽에 있는 코라망갈라(Koramangala)에는 다양한 외국계 IT 기업의 지점들과 인도의 IT 업체들이 함께 입주해 있다. 인도의 IT 산업은 내적, 외적 성장 요인이 동시에 작용해서 성장했다. 내적으로는 인도 정부가 1910년대에 인도과학원을 설치하였고, 1960년대에는 핵심적인 방위 산업체와 정보 통신 연구소들을 벵갈루루에 입주시켰다. 1990년대에는 인도 정부의 경제 개혁 이후 자본주의가 더 번창하면서 인도의 전문 소프트웨어 프로그래머의 대규모 인력풀이 위력을 발휘하기 시작했다. 또 외적으로는 1990년대에 미국의 실리콘 밸리에서 비용 상승이 일어나자 인도에서 대안을 찾기 시작했다. 인도의 벵갈루루는 영어를 구사할 줄 알며, 상대적으로 값싼 소프트웨어 엔지니어를 구할 수 있는 대규모 노동력 집적지가 되었다. 1992년 이후 인도 정부의 시장 개혁으로 다국적 기업들이 인도 기업과의 합작 투자 등 많은 투자를 끌어내면서 벵갈루루가 하이테크 산업의 세계적 중심지가 되었다. 외국 기업의 투자는 1991년에 7,000만 달러에서 2002년에 30억 달러로 폭발적으로 확대되었다. 벵갈루루는 아직도 인도의 다른 도시들과 유사한 모습들도 있지만, 서구 스타일의 물질주의가 유입되어 두 문화가 공존하게 되었다. 코라망갈라도 서구적인 경관을 갖추고 있으며, 교외 지역은 고급 외제 차들이 다니는 중산층의 주거 공간으로 바뀌고 있다.

옥한석·서태열·최광용, 2015, 『세계화 시대의 세계지리 읽기』

지리 상식 3 네팔인 듯 부탄인 듯 네팔 같은 너~

네팔		부탄

2,952만 명(2008)	인구	68만 명(2008)
14만 7,000km^2	면적	4만 6,500km^2
힌두교	종교	티베트 불교
공화정	정치	입헌 군주제
451달러(2009)	GDP	1,880달러(2009)

히말라야 산맥 남쪽 기슭에 인도의 일부를 끼고 나란히 있는 두 나라, 네팔과 부탄. 비슷해 보이지만 차이점이 정말 많다. 공통점이 있다면 두 나라 모두 산악 국가이며 최근까지도 왕이 실질적 권한을 행사하는 왕정 국가였다는 점 정도이다. 그 외에는 무엇 하나 잘 들어맞는 것이 없다.

우선 종교, 네팔의 국교는 힌두교인데 부탄은 불교이다. 네팔과 인도 북부 주변은 18세기만 해도 작은 독립국들이 여럿 있었고, 1769년에 샤 왕조가 첫 통일 국가를 세웠다. 이후 19세기 후반부터 호족 중 하나인 라나 가문이 세습제 지도자가 되어 폭압을 일삼더니 결국 네팔 지역은 이웃 나라들과 고립되었다. 그 후 1951년 네팔 국민들이 일으킨 혁명이 이웃 힌두교 국가인 인도의 지원에 힘입어 성공하였고, 트리부반 왕이 라나 가문을 쓰러뜨리고 왕정이 부활되었다. 그리고 1990년 비로소 민주화를 실현하여 입헌 군주제를 바탕으로 한 새 헌법이 제정되었다. 그러나 1996년 공화제 확립을 지향하는 모택동주의자(마오이스트)들의 봉기로 내전이 시작되어 무수한 피해를 남기고, 2006년에야 종결되었다. 그리고 2007년 국민 투표에 따라 군주제를 폐지하기로 결정하였으며, 2008년 드디어 제헌의회가 공화정을 채택함으로써 국민에 의한 통치를 시작하였다.

한편 부탄은 오랫동안 티베트의 세력 아래 있었다. 9세기 무렵부터 티베트 인들의 침입이 시작되었고, 17세기 중반에 티베트의 승려들이 종교적·세속적으로 부탄을 지배하게 된다. 20세기 초 지방의 호족이 지배권을 잡고 국왕이 되어 군주제가 시작되었으며, 2008년 총선이 실시되어 절대 군주제를 폐지하고 입헌 군주제로 전환될 때까지 유지되었다. 국민들의 왕정에 대한 지지는 매우 긍정적이었는데, 의회 민주주의를 도입한 것은 국민의 뜻이라기보다는 국왕의 설득 끝에 나온 결과였다고 한다. 부탄의 국왕은 돈보다는 국민들의 행복을 우선하겠다며 국민 총 행복 지수(Gross National Happiness, GNH)를 만들기도 했다. 게다가 최근 종카 어를 보급하고 민족의상 착용을 의무화하는 등 국가 정체성 강화 정책을 취하여 독자적인 문화를 지키려 노력하고 있다. 그러나 부탄에 사는 네팔계 주민들은 이 정책에 반발하여 1991년 무렵부터 네팔 동부로 이주했다. 약 10만 명의 난민들이 캠프에 수용되었고, 이는 두 나라 간의 외교 문제로 발전했다.

롬 인터내셔널, 정미영 역, 2010, 『지도로 보는 세계지도의 비밀』

지리 상식 4 타지마할에 있는 왕과 왕비의 관은 대칭이 아니다?

순백의 대리석으로 지어진 궁전 같은 묘지. 물가에 비치는 모습조차도 대칭을 이루는 곳. 인도 아그라(Agra) 남쪽, 야무나(Yamuna) 강가에 위치한 타지마할은 무굴 제국의 황제였던 샤 자한(Shah Jahan)이 사랑했던 왕비 뭄타즈 마할(Mumtaz Mahal)을 추모하여 만든 것이다. 중앙 돔을 중심으로 하여 동서남북 어느 방향에서 보아도 완벽한 대칭을 이루고 있으며, 지진에도 무너지지 않도록 설계한 건축물이다. 중앙 돔 안쪽에는 왕과 왕비의 관이 모셔져 있는데, 왕의 관 높이가 왕비의 관 높이보다 더 높은 것을 알 수 있다. 태양이 뜨고 지는 위치까지 정원 모서리에 맞출 정도로 완벽하게 설계된 타지마할인데, 관의 높이 하나로 대칭성을 무너뜨린 것일까? 관의 높이가 같으면 왕실의 위계질서에 어긋난다고 여겼을지도 모른다. 왕을 더 높은 사람으로 모시면서도 대칭을 유지하는 방법은 무엇일까? 정답은 '지하'에 있다. 현재 사람들에게 공개된 관은 사실 비어 있는 관이다. 실제 시신이 잠들어 있는 진짜 관은 지하 묘실에 있는데, 지하에는 왕과 왕비의 관이 지상의 위치와 반대로 되어 있다. 그렇기 때문에 완벽한 대칭을 이룰 수 있는 것이다.

[선택형]

· 2014 6 평가원

1. 다음 자료는 (가)~(다) 국가의 종교별 인구 비율을 나타낸 것이다. A~C 종교에 대한 설명으로 가장 적절한 것은?

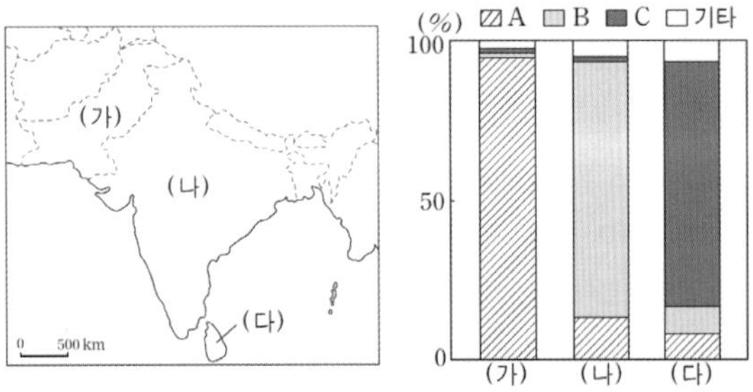

① A의 사원에는 다양한 신들을 표현한 조각상이 있다.
② B의 최대 성지에는 모스크와 카바 신전이 있다.
③ C의 주요 종교 경관으로는 사리가 봉안된 탑이 있다.
④ A와 B는 아시아에 분포하는 민족 종교이다.
⑤ B와 C의 발상지는 서남아시아에 위치한다.

2. 지도는 남아시아의 지형 구분과 여름 계절풍을 나타낸 것이다. A~F의 자연환경을 비교한 내용으로 옳은 것은?

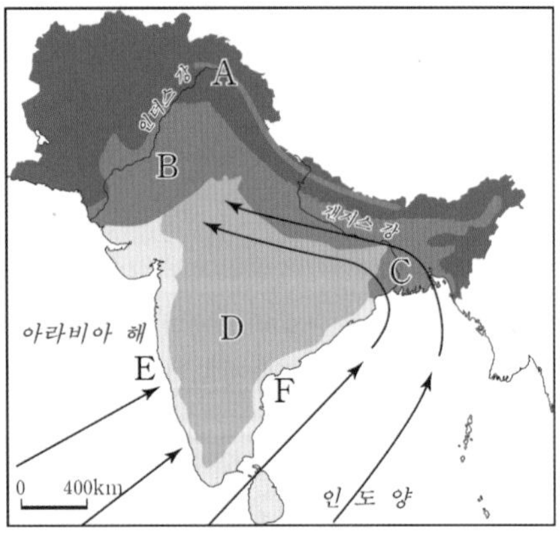

① A는 D에 비해 지각이 불안정하여 지진이 자주 발생한다.
② B 지역의 하천은 C 지역의 하천에 비해 유량이 풍부하다.
③ C에서 B로 갈수록 여름철 강수 집중률이 높다.
④ D는 A에 비해 지표의 기복이 크다.
⑤ F는 E에 비해 연평균 강수량이 많다.

[서술형]

1. 지도는 인도의 주요 공업 지역을 나타낸 것이다. (가), (나) 지역이 공업 발달에 유리한 조건을 쓰고, 대표하는 제품과 제품 1단위당 부가 가치 비중에 대해 비교하여 서술하시오.

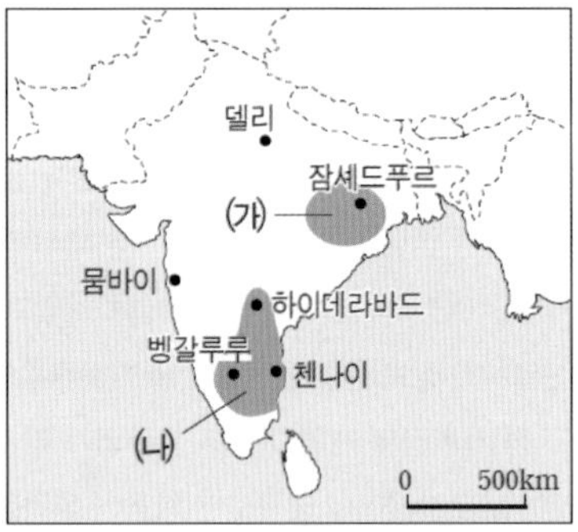

2. 지도의 A 국가에서 홍수가 자주 발생하는 원인에 대해 세 가지 이상 서술하시오.

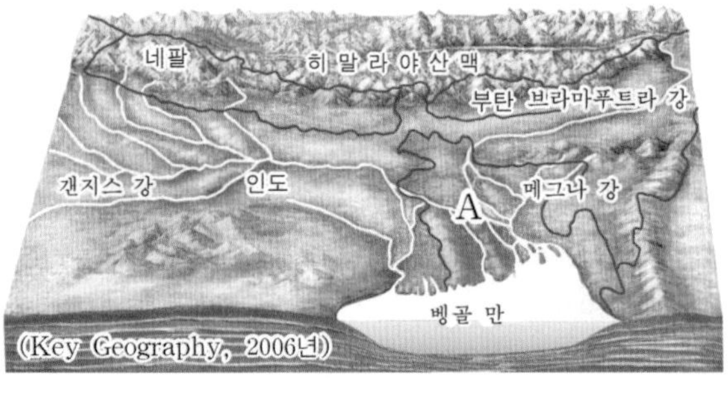

지도로 알아보는 동남아시아 및 남아시아

※ 다음은 동남아시아와 남아시아, 그리고 일부 서남아시아 국가들의 국경선을 표시한 지도이다.

1 . 지도의 A~P에 해당하는 국가명을 적으시오.

2 . 각 국의 종교 및 식민 지배 국가를 쓰시오.

3 . 메콩 강, 이라와디 강, 인더스 강, 갠지스 강을 표시하시오.

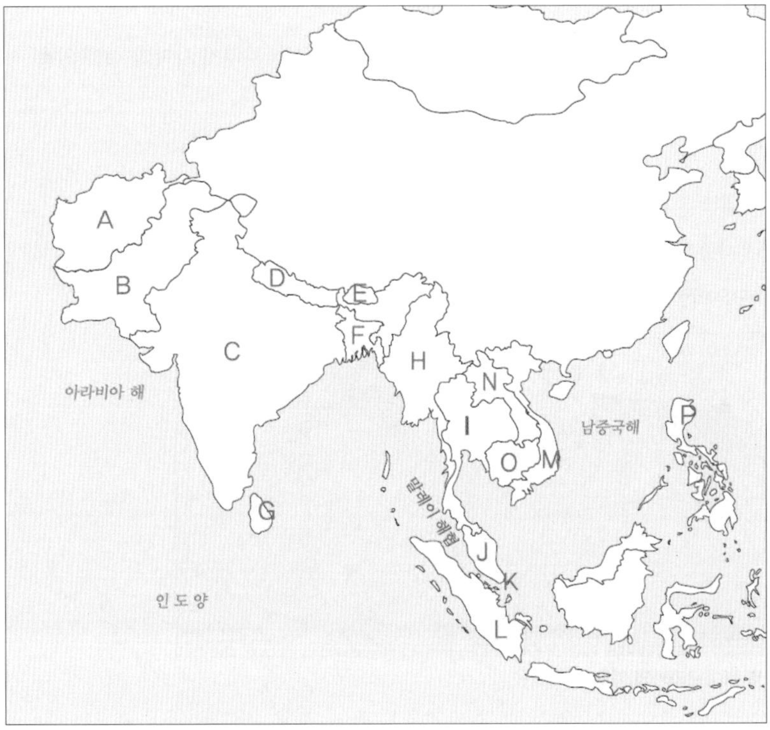

※ 다음은 남아시아 국가들을 표시한 지도이다.

1. 지도의 A~G에 해당하는 국가명을 적으시오.
2. 히말라야 산맥, 인더스 강, 갠지스 강을 지도에 표시하시오.
3. 인도 반도와 인도차이나 반도 사이의 만 이름을 적고, 여름 계절풍의 방향을 화살표로 지도에 표시하시오.
4. 최근 해수면 상승으로 수몰 위기에 처한 국가의 이름을 적고, 위치를 지도에 표시하시오.

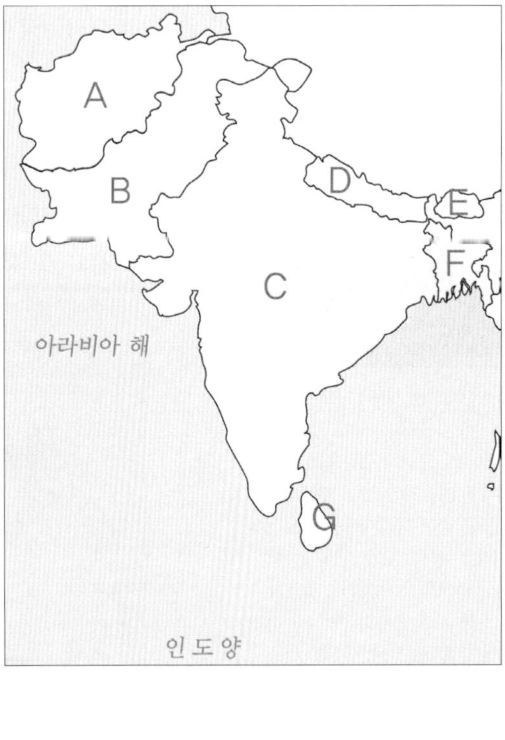

핵심 출제 포인트

▶ 서남아시아 및 북아프리카의 위치와 기후
▶ 서남아시아 및 북아프리카의 지역 분쟁
▶ 서남아시아 및 북아프리카의 이슬람 문화
▶ 서남아시아 및 북아프리카와 석유 개발

1. 서남아시아 및 북아프리카의 자연환경

(1) 위치

① 동쪽으로는 파키스탄, 북쪽으로는 유럽과 러시아, 남쪽으로는 사하라 사막과 접해 있음

② 아시아, 아프리카, 유럽을 연결하는 교통의 요지

(2) 기후

① 건조 기후: 대부분 지역에 해당되며, 연 강수량 500mm 미만의 사막과 초원 형성

② 온대 기후: 지중해 연안의 일부 지역에 분포하며, 여름은 고온 건조, 겨울은 온난 습윤하여 수목 농업에 유리한 지중해성 기후가 나타남

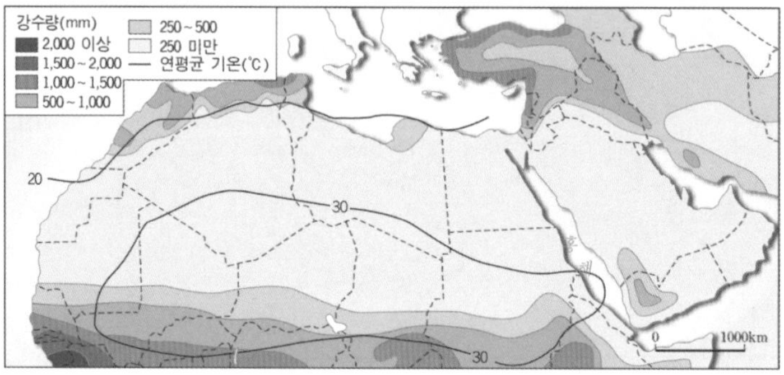

⁝ 서남아시아 및 북아프리카의 기후

(3) 지형

① 서남아시아

• 북부: 산지와 고원(엘부르즈 산맥, 자그로스 산맥), 알프스-히말라야 조산대의 일부로 지각이 불안정함

• 중부: 티그리스 강과 유프라테스 강은 터키 동부 산악 지대에서 발원하여 페르시아 만으로 유입되는 국제 하천으로, 하류의 메소포타미아 평원에서는 관개 농업이 행해짐

• 남부: 아라비아 반도(고원과 대지, 사막과 초원 분포)

② 북아프리카

• 북서부: 아틀라스 산맥(신기 조산대)

• 사하라 사막(세계 최대의 사막)

• 동부: 나일 강이 적도 부근에서 발원하여 지중해로 흘러가며 정기적으로 범람, 나일 강 삼각주에서는 벼, 밀, 목화 등의 재배가 이루어짐

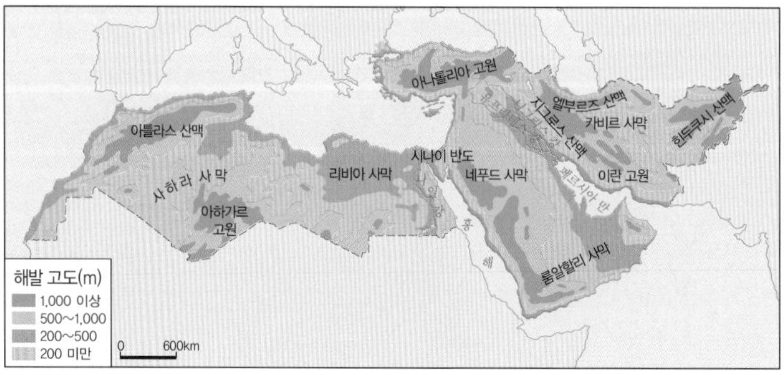

⋯ 서남아시아 및 북아프리카의 지형

■ 비옥한 초승달 지대

메소포타미아로부터 시작하여 시리아, 팔레스타인을 거쳐 이집트에 이르는 방대한 지역을 일컫는다. 그 모양이 꼭 초승달 같다 하여 '비옥한 초승달 지대(the Fertile Crescent)'라고 불리기도 했다. 이 지역은 고대 문명의 발상지인 티그리스 강, 유프라테스 강, 나일 강이 흐르는 지역으로 일찍부터 문명의 꽃을 피울 수 있었다.

■ 낙타

사막 지역에서는 전통적인 교통수단으로 낙타를 활용하였다. 낙타는 눈꺼풀이 두껍고, 코는 자유자재로 열리고 닫히며, 눈이나 귀둘레의 긴 털은 사막 생활에 알맞게 발달되어 있다. 발바닥의 면적이 넓어서 사막을 걸어 다니기에 알맞고, 등에 있는 혹 속의 지방을 분해하여 영양분을 섭취하기 때문에, 며칠 동안 먹이를 먹지 않아도 활동할 수 있다. 1,000년 전에 이미 가축화되었다고 하며, '사막의 배'라고 일컬어지는 유용한 가축이다.

2. 서남아시아 및 북아프리카의 문화

(1) 고대 문명과 종교의 발상지

① 메소포타미아 문명(티그리스·유프라테스 강 유역)과 이집트 문명(나일 강 유역)의 발상지

② 유대교와 크리스트교(예루살렘), 이슬람교(메카)의 발상지

(2) 민족과 언어, 종교

① 민족: 대부분 아랍 인

② 언어: 아랍 어(이란, 터키, 이스라엘 등은 자국어 사용)

③ 종교: 대부분 이슬람교, 이스라엘은 유대교

(3) 이슬람 문화권

① 이슬람교의 성립: 7세기 초 메카에서 무함마드가 창시

② 이슬람교의 전파

- 북아프리카와 중앙아시아: 육상 교통로를 따라 전파
- 동남아시아: 이슬람 상인에 의해 해상 교통로를 통해 전파, 인도에서도 무역 거점 도시였던 지역은 이슬람교 비율이 상대적으로 높음

③ 이슬람 문화의 특징

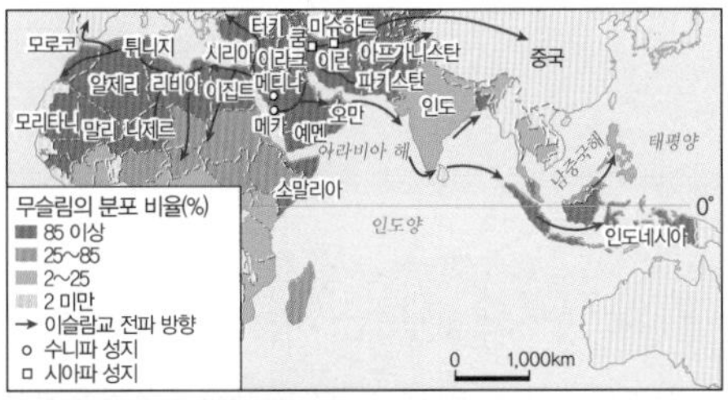

⋮ 이슬람교의 전파와 모슬렘의 분포

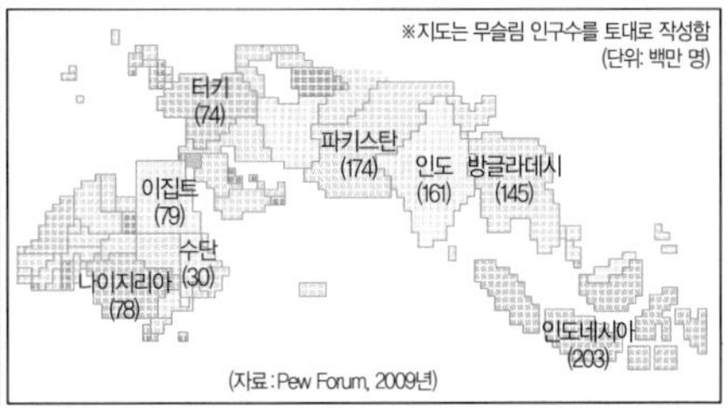

⋮ 국가별 모슬렘 인구

- 5대 의무: 신앙 고백, 예배(1일 5회 메카를 향한 기도), 희사(자선), 성지 순례, 라마단 기간 단식(이슬람력으로 9월)
- 정치와 종교의 일치: 이슬람교는 종교일 뿐만 아니라 정치와 일상생활을 지배함
- 의복: 전체적으로 몸을 감싸는 형태, 여성은 머리에서 발끝까지 가리는 옷을 입음(히잡, 부르카, 차도르 등)
- 음식: 술과 돼지고기 등을 금기함
- 건축: 아라베스크 문양, 하늘을 상징하는 돔과 첨탑이 조화를 이루는 모스크 건축 양식

(4) 분쟁이 잦은 지역

① 원인: 복잡한 민족 구성, 종교와 종파 간 갈등, 영토와 자원 문제

② 분쟁 사례

- 이스라엘 – 팔레스타인 분쟁
- 이란 – 이라크 전쟁
- 걸프 전쟁, 이라크 전쟁
- 쿠르드 족의 독립 운동
- 아랍 에미리트와 이란의 호르무즈 해협 분쟁 등

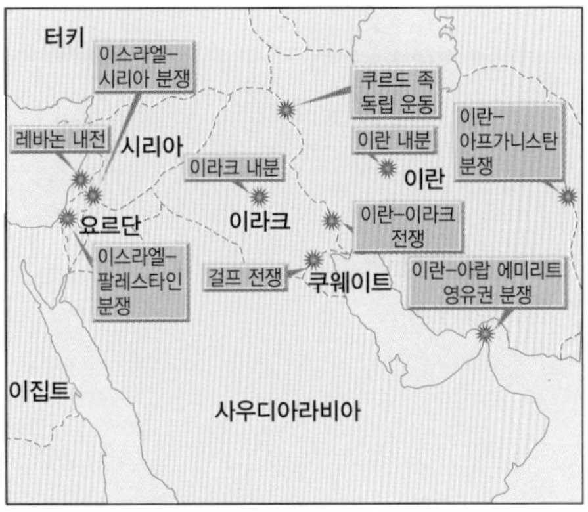

⋮ 서남아시아의 분쟁 지역

■ 라마단과 희사

무함마드가 알라의 계시를 받은 달인 이슬람력의 9번째 달(대략 음력 9월)에 실시되는데, 라마단 기간 중에는 노약자, 어린이, 여행자를 제외한 모든 모슬렘이 해가 떠 있는 동안 물을 포함한 음식을 먹으면 안 된다. 라마단은 속죄 기간이라는 종교적 의미가 있다. 희사는 부유한 모슬렘이 소유하고 있는 부의 일정한 양을 가난한 모슬렘에게 베푸는 종교 의식이다.

■ 모스크와 아라베스크 문양

이슬람교의 예배당을 말한다. 외관으로는 돔 형태의 지붕과 높은 첨탑을 특징으로 하며, 안에는 메카 방향을 나타내는 움푹한 벽과 설교단이 마련되어 있을 뿐 제단이나 성화, 성상 등은 찾아볼 수 없다. 그 대신에 독특한 아라베스크 문양으로 신의 존재를 상징적으로 나타낸다.

■ 쿠르드 족의 독립 운동

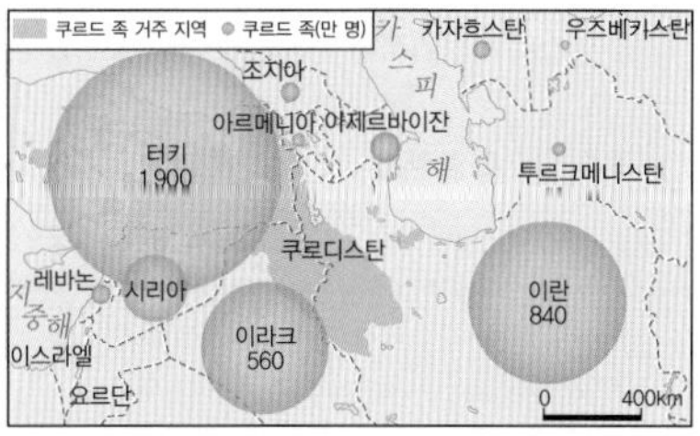

대부분이 이슬람교 수니파로, 유목 생활을 거쳐 지금은 정착했다. 약 4,000년 전부터 쿠르디스탄에 거주하였는데, 중세 때 아라비아의 통치를 받은 이후 이민족의 지배하에 있었고 제1차 세계 대전 이후 쿠르디스탄은 터키, 이란, 이라크 등 인접 4개국에 분할됐다. 1920년 열강 제국은 쿠르드 족의 자치를 약속했으나 곧 파기하였는데, 이 때문에 쿠르드 족의 독립 운동은 계속 이어져 오고 있다.

3. 서남아시아 및 북아프리카의 농업

(1) 유목

① 특징: 풀을 찾아 이동하며 가축 사육, 강한 집단 의식, 대상 활동(상업 활동)

② 변화: 석유 개발로 인한 교통수단의 발달, 관개 농업 발달, 국경선 설정 등

③ 결과: 유목 환경의 악화 → 유목의 쇠퇴 → 점차 정착 생활로 전환

(2) 농업

① 오아시스 농업: 사막의 물을 구할 수 있는 곳에서 대추야자, 밀, 채소 등을 재배

② 관개 농업: 외래 하천이나 지하 관개 수로를 이용한 농업

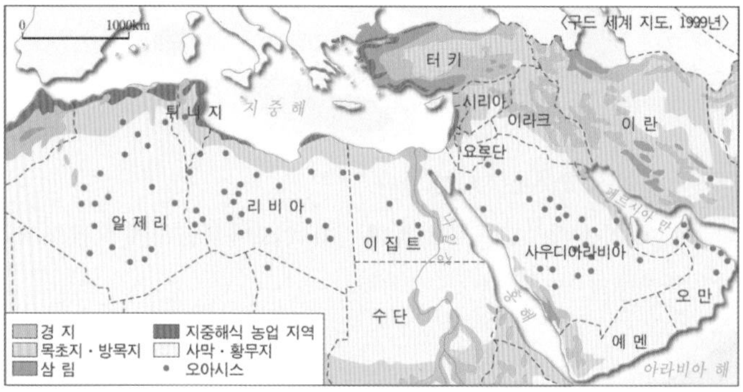

⁝ 서남아시아 및 북아프리카의 농업

■ 요르단의 원형 경작지

서남아시아에서는 대규모 관개 시설을 이용하여 경작지를 조성하기도 하는데, 지하 깊은 곳에서 퍼 올린 물을 스프링클러를 통해 공급하는 원형의 밀 재배지가 발달되어 있다. 하지만 지나친 관개 농업으로 인해 토양 속의 염분이 지표로 드러나서 작물 재배가 어려워지는 문제점도 나타나고 있다.

■ 해수 담수화 플랜트

국가	위치	1일 처리량 (m^3/d)	물의 원천
사우디아라비아	Shuaiba Ⅲ	880,000	
사우디아라비아	Ras Al-Zour	800,000	
사우디아라비아	Al Jobail Ⅱ Ex	730,000	
아랍 에미리트	Jebel Ali M	600,000	바다
쿠웨이트	Al-Zour North	567,000	
아랍 에미리트	Shuweihat	455,000	
아랍 에미리트	Shuweihat 2	454,600	

해수 담수화 플랜트(설비)는 지구 상의 물 중 98%나 되는 해수나 기수를 인류의 생활에 유용하게 쓸 수 있도록 경제적인 방법으로 염분을 제거하여 담수로 만드는 것을 말한다.

(3) 관개 농업과 대수로 공사

① 이집트의 관개 농업

• 나일 강 상류에 아스완 댐과 아스완 하이 댐 건설, 용수를 확보하고 이를 이용한 관개 농업

• 댐 건설로 인한 문제점: 염분이 토양에 집적되면서 염해 발생, 하류 지역에 영양분 공급 감소, 어업 쇠퇴, 하천 운반 물질 감소로 삼각주의 침식 발생

② 지하 관개 수로

• 높은 산지에서 만년설이 녹아 흐르는 물이나 지하에 있는 물을 지하 수로를 통해 공급

• 지역에 따라 카나트(이란), 포가라(북아프리카), 레타라(모로코), 카레즈(아프가니스탄), 카얼징(중국) 등 명칭이 다름

③ 리비아 대수로 공사: 리비아 남부 사하라 사막 일부에서 나오는 지하수를 물이 부족한 지중해 해안 도시들에 공급하는 수로를 만드는 공사로, 사막 지역의 농경지 개발에 이용 가능

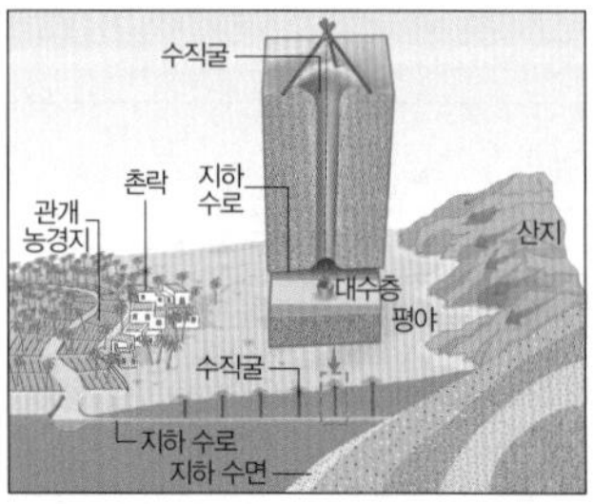

⁝ 지하 관개 수로

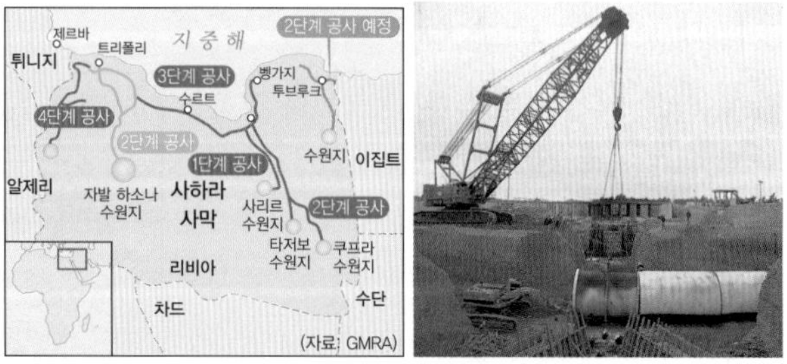

⁝ 리비아 대수로 공사

4. 서남아시아 및 북아프리카의 석유 자원의 개발

(1) 석유 자원의 분포

① 매장 조건: 신생대 제3기 배사 구조의 지층

② 매장 지역: 서남아시아(페르시아 만 일대)와 북아프리카에 전 세계 석유 부존량의 60% 이상이 매장

(2) 유전의 특징

① 세계 최대의 매장량, 얕은 함유층, 유정당 산유량이 많아 경제성이 높음

② 영국, 프랑스, 네덜란드, 미국 등의 국제 석유 자본의 진출로 개발

■ 석유 100만 배럴 이상 수출국

페르시아 만 연안 지역에는 양질의 석유와 천연가스가 집중적으로 매장되어 있으며 유정의 규모도 커서 생산량이 많고 생산비도 저렴하다.

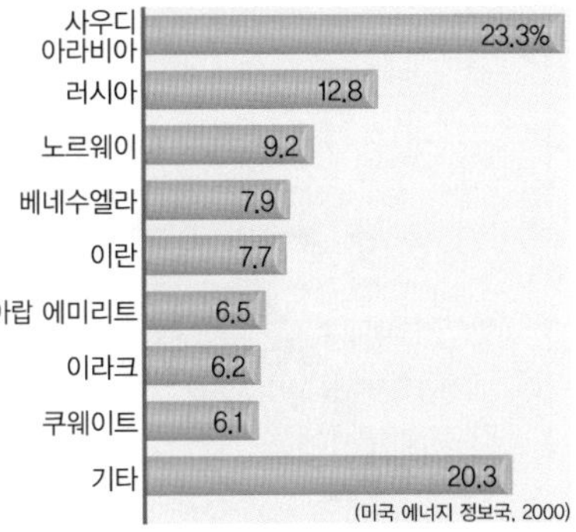

(미국 에너지 정보국, 2000)

5. 서남아시아 및 북아프리카의 주요 국가 통계 자료

(1) 서남아시아

국명	면적 (2014, 1,000km²)	총인구 (2014, 1,000명)	인구 밀도 (2014, 명/km²)	수도	수도 인구 (1,000명)	국민 총소득 (2012, 억 달러)	1인당 국민 총소득 (2012, 달러)	2013년(백만 달러)		1인당 무역액 (2013, 달러)
								수출액	수입액	
레바논	10	4,966	475.1	베이루트	361(07)	407	9,190	5,612(12)	5,931(12)	5,931(12)
바레인	0.77	1,344	1,752.4	마나마	261(11)	258	19,560	20,500(12)	26,862(12)	26,862(12)
사우디아라비아	2,207	29,369	13.3	리야드	5,188(10)	6,878	24,310	386,000(12)	155,595(12)	19,146(12)
시리아	185	21,987	118.7	다마스쿠스	1,780(11)	456	2,084	10,700(11)	16,400(11)	1,243(11)
아랍 에미리트	84	9,446	113	아부다비	633(07)	3,555	38,620	300,000(12)	220,000(12)	56,487(12)
아프가니스탄	653	31,281	47.9	카불	3,289(12)	204	680	429(12)	6,205(12)	222(12)
예멘	528	24,969	47.3	사나	1,976(09)	307	1,290	8,500(12)	11,975(12)	858(12)
오만	310	3,926	12.7	무스카트	124(12)	588	19,450	53,174(12)	29,447(12)	24,931(12)
요르단	89	7,505	84	암만	2,248(12)	295	4,670	7,896	4,069	4,069
이라크	435	34,769	79.9	바그다드	5,337(09)	1,998	6,130	94,172(12)	56,234(12)	4,589(12)
이란	1,629	78,470	48.2	테헤란	8,154(11)	5,469	7,156	95,500(12)	56,500(12)	1,989(12)
이스라엘	22	7,822	354.4	예루살렘	796(11)	2,534	32,030	63,191(12)	75,392(12)	18,130(12)
카타르	12	2,268	195.4	도하	796(10)	1,426	74,600	128,500(12)	36,000(12)	80,224(12)
쿠웨이트	18	3,479	195.3	쿠웨이트	31(05)	1,402	44,800	118,546(12)	25,881(12)	44,432(12)
키프로스	9.25	1,153	124.6	니코시아	236(09)	228	26,110	2,075	6,388	7,416
터키	784	75,837	96.8	앙카라	4,097(09)	8,011	10,830	151,807	5,384	5,384

(2) 북아프리카

국명	면적 (2014, 1,000km²)	총인구 (2014, 1,000명)	인구 밀도 (2014, 명/km²)	수도	수도 인구 (1,000명)	국민 총소득 (2012, 억 달러)	1인당 국민 총소득 (2012, 달러)	2013년(백만 달러)		1인당 무역액 (2013, 달러)
								수출액	수입액	
리비아	1,760	6,253	3.6	트리폴리	1,203(09)	952	15,472	46,016(10)	10,506(10)	9,357(10)
모로코	447	33,493	75	라바트	665(12)	979	2,960	21,847	44,934	2,023
알제리	2,382	39,929	16.8	알제	1,790(04)	1,932	5,020	65,555	54,965	3074
이집트	1,002	83,387	83.2	카이로	7,248(10)	2,403	2,980	29,409(12)	65,774(12)	1,179(12)
튀니지	164	11,117	67.9	튀니스	728(04)	448	4,150	17,060	24,317	3,763

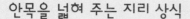

지리 상식 1 서사하라는 나라인가, 아닌가?

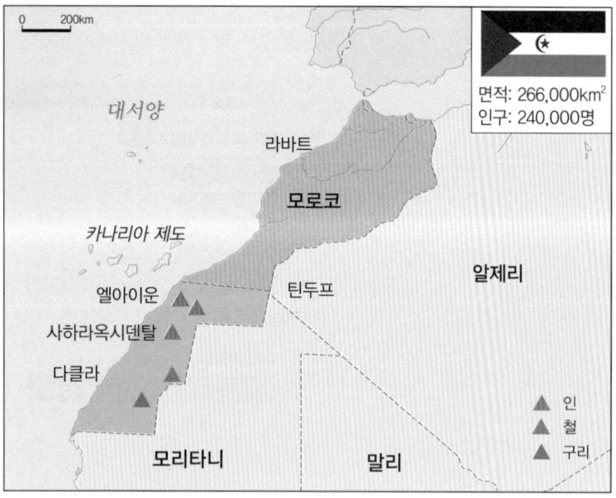

⁝ 서사하라의 위치

독립국도 아니고 모로코령도 아닌 서사하라는 법적 지위가 없다. 서사하라는 북쪽의 모로코, 동쪽의 알제리, 남쪽의 모리타니 사이에 걸쳐있고, 인구는 베르베르 아랍계의 유목민들로 수십만 명에 불과하다. 반건조 토양에 지하자원으로 인이 풍부하며 해안 지역을 통해서는 대서양 연안의 많은 어족 자원을 얻을 수 있다.

제2차 세계 대전이 끝나고 나서 스페인의 식민지였던 서사하라의 주권에 이의를 제기한 당사자들은 다음과 같다.

첫째, 내부에 거주하고 있던 유목민들은 스페인의 신탁 통치에서 해방되기를 원했다. 둘째, 외부의 모리타니는 서사하라에 살고 있는 유목 부족들의 민족 혈통이 모리타니 인들과 동일하다고 생각했다. 셋째, 모로코는 역사적 정당성에 근거를 두고 그 영토에 대한 권리를 내세웠다. 모로코 왕국을 최초로 세운 알모라비드 왕조가 사하라의 대부분을 통제했다는 것이다. 모로코는 서사하라 영토에 감춰진 원자재에 관심을 가졌다.

1975년 스페인 사람들이 떠나고 나서는 모리타니와 모로코가 서사하라를 나눠 가졌으며 이후 1979년 서사하라는 모로코에 의해 병합되었다. 서사하라 독립파는 폴리사리오 해방 전선을 만들어 식민 종주국 스페인을 상대로 정치 자치권을 주장하며 반격을 가했으며, 점령국 모로코에 대항하여 게릴라전에 돌입했다. 폴리사리오 전선은 알제리의 후원을 받았다. 알제리는 서사하라 독립 전사들과 전쟁을 피해 도망 나오는 유목민들을 티두프에서 받아들였다. 1976년 폴리사리오 전선이 '사하라 아랍민주공화국'을 공표한 이후, 유엔은 모로코의 점령을 비난하고 서사하라의 자주적 결정에 찬성 의사를 표명했다. 1991년에는 폴리사리오와 모로코 사이에 휴전 협정이 서명되었으며, 당시 모로코 정부는 유엔의 감독하에 서사하라의 자결 문제를 국민 투표에 부치는 방안을 수락했다. 하지만 모로코와 서사하라 독립파가 선거인단 명부를 놓고 끝내 합의점을 찾지 못해 국민 투표는 실시되지 않았다. 두 당사국은 미국의 압력을 받아 2007년 4월 유엔의 보호 아래 직접적인 협상을 시작하는 방안을 받아들였다. 미국 정부의 이러한 행보 이면에는 모로코를 지역 안정의 주체로 만들고 사헬 지대에서 활동하고 있는 이슬람 근본주의 조직에 서사하라 독립파가 가담하지 못하도록 막으려는 의도가 깔려 있다.

프랑크 테타르 외, 2008, 『변화하는 세계의 아틀라스』

지리 상식 2 민중, 재스민의 힘으로! 재스민 혁명!

1950년 이후 아프리카 국가들은 속속 독립했지만, 노예 매매부터 식민지로 이어진 500년 질곡의 역사를 50년 만에 정상으로 만들기는 어려운 일이었다. 수많은 문제를 떠안은 아프리카의 신생 독립 국가 대부분은 군부 출신 독재자들이 정권을 장악했다. 이들은 서구 열강의 지원을 등에 업은 채 권력을 유지했고, 그 대가로 국부를 해외에 유출했다.

아프리카의 대농장 소유권은 대부분 유럽이나 미국의 다국적 기업에게 있고, 아프리카의 자원 역시 유럽과 미국의 소비자를 위해 사용되고 있다. 아프리카 사람들은 독립 후 지금까지 부족한 식량과 불안한 물가, 부패한 정치에 시달리며 고통으로 신음해야 했다.

그런데 최근 아프리카에 새로운 장이 열리는 희망적인 사건이 있었다. 만성적인 실업과 높은 물가에 고통받던 튀니지 시민들이 2010년, 23년간 권력을 잡고 있던 벤 알리 독재 정권을 무너뜨린 것이다. 이른바 '재스민 혁명'이다. 재스민은 튀니지 어디서나 볼 수 있는 꽃으로, 민중을 상징한다.

재스민 혁명이 불씨가 되어 북아프리카에서 서남아시아에 이르는 이슬람 지역에 민주화 운동이 일어나 '아랍의 봄'을 맞이했다. 이로써 2011년 튀니지 대통령의 해외 망명에 이어 이집트의 독재자 무바라크 대통령이 물러났고, 스스로 아프리카 왕이라 자처했던 리비아의 카다피도 최후를 맞았다.

전국지리교사모임, 2014, 『세계지리, 세상과 통하다2』

지리 상식 3 사해(死海)를 두 번 죽이는 사람들

사해는 골짜기 깊은 곳에 있어서 물이 빠져나가지 않는다. 그래서 사해에 물이 넘쳐흐를 것으로 생각할 수도 있지만 전혀 그렇지 않다. 기온이 매우 높고 건조해서 물이 넘치기 전에 증발해 버리기 때문이다. 그러나 요르단강에 의해 운반된 소금은 햇빛에도 증발되지 않기 때문에 사해는 미국의 그레이트솔트 호처럼 시간이 지날수록 염분의 농도가 진해지고 있다. 사해의 염분 농도는 그레이트솔트 호보다 짙을 뿐 아니라 바다보다도 7배 이상 높아서 사람이 빠져 죽을 일은 없다고 한다.

그래도 사람들은 될 수 있으면 사해에 몸을 담그려 하지 않는다. 소금기가 너무 강해서 눈에 튀거나 상처에 닿기라도 하면 큰 고통이 느껴지기 때문이다. 사해 주변도 염분 농도가 높아서 식물이 자라지 못한다. 호수 속에 고기가 살지 못하는 것은 당연하다. 그런데 이제는 생물만 살 수 없는 게 아니라 사해 전체가 말라죽어 가고 있다.

사해는 이스라엘과 요르단의 국경에 접해 있다. 그런데 요르단 강이 관개사업에 이용되는 탓에 사해로 유입되는 강물이 크게 줄어 아예 말라 버릴 위험에까지 처해 있다. 이를 막기 위해 이스라엘은 지중해에서 해수를 끌어들여 사해에 물을 공급하려는 계획을 세웠다. 사해는 지구에서 가장 지표면이 낮은 곳이기 때문에 운하를 파면 그 낙차를 이용해 해수를 공급할 수 있다는 것이다. 하지만 주변 국가들과의 이해관계 때문에 쉽지는 않아 보인다.

박찬영·엄정훈, 2012, 『세계지리를 보다』

지리 상식 4 아랍의 힙합! 지역 전통에 도전하다!

MTV 아라비아를 틀면 아랍 에미리트의 힙합 그룹 데저트 히트(Desert Heat)의 최신 무대를 볼 수 있다. 아랍 힙합을 대표하는 이 젊은 예술가들은 세계적으로 주목받고 있다. 이들은 이 지역 내 많은 문화적, 정치적 고정관념에 도전하는 가사를 퍼붓는 래퍼 세대로, 세계적 분위기가 물씬 풍긴다. 힙합의 사회적 뿌리를 보면 그 지역에서 힙합이 공감대를 얻게 된 이유를 알 수 있다. 아프리카계 미국인이 1970년대 도시 생활에 대한 실상을 보여 주고, 불만에 대한 돌파구로 랩을 사용하기 시작한 것처럼 이 새로운 아랍 아티스트 세대도 비슷한 사회적, 문화적 이야기를 힙합으로 들려주고 있다. 레바논 가수인 린 파투(Lynn Fattouh)에게 랩은, 그녀의 나라에 광범위한 폭력 사태를 초래한 2006년 이스라엘과 헤즈볼라 간 고통스러운 싸움을 돌아볼 기회를 제공해 주었다. 프랑스령 알제리에서 태어나고 레바논 부모를 둔 파투는 또한 자신을 '거칠고, 심각하고, 강경한 아랍 여성'이라고 표현하고 있는데, 그녀는 이 지역의 젊은 여성에게 '사회적으로 활동적이 되고, 일하고 공부하고 투표하라.'라고 독려하고 있다.

팔레스타인 그룹 MWR은 이스라엘이 통치하는 팔레스타인 영토에서의 어려운 삶을 묘사하는 데 집중하고 있다. 이 그룹의 가사는 이 지역에서 폭력의 역사에 대한 불만을 표현하고 있다. 또한 이 그룹은 젊은 이스라엘 사람에게도 인기가 있었다. '위험에 빠진 아랍'의 저자인 MWR은 다음과 같이 말한다.

"몸조심해! 그들이 팔레스타인에 들어왔어. 무너진 집, 살해된 사람, 죽음을 목전에 둔 고아. 왜 우리는 이 범죄에 대해 조용한가? 주객이 전도되어, 세계는 우리의 적이 되고 있어. 피로 물든 땅과 근심으로 아픈 사람들. 그러나 아랍 지도자들의 마음은 꿈쩍도 않네."

Les Rowntree, 안재순·김희순·신정엽 역, 2012, 『세계지리-세계화와 다양성』

지리 상식 5 아부다비와 두바이는 어느 나라의 도시일까요?

중동 지역에서 석유 부국인 아랍 에미리트는 스펙터클한 도시 경관을 창출하는 것으로 유명한데, 독특한 디자인으로 세계의 이목을 끌면서 그 작은 토호 국가로 글로벌 투자를 끌어들이고 있다. 이 나라의 최대 도시인 두바이와 아부다비는 수십억 달러에 이르는 비용과 경이적인 높이의 건물들의 스카이라인으로 누가 더 스펙터클한가를 겨루고 있다.

현재 두바이는 세계 최고의 마천루를 짓고 있는데, 이 두바이 타워(부르즈 두바이(Burj Dubai))는 층수로는 미국 시어스 타워와 타이페이 101 빌딩을 능가하고 높이로는 쿠알라룸푸르의 페트로나스 타워를 넘어설 것이다. 부르드 두바이의 최종 높이는 아직까지도 비밀에 부쳐지고 있는데, 대략 693m를 넘을 것으로 예상되고 있다. 이 빌딩 타워의 내부는 지오르니 아르마니(Giorni Armani)가 설계한다. 이 타워는 3만여 개의 주택, 쇼핑몰, 인공 호수 등을 포함하는 약 200만 달러짜리 대규모 개발의 일부이다.

두바이가 아랍 에미리트의 상업의 허브라면 아부다비는 자본의 중심지로서 문화의 중심이 되고자 노력하고 있다. 최근 아부다비는 해안 지구에 사디야트 아일랜드(Saadiyat Island: 행복의 섬)라는 대규모 문화 개발을 진행 중이다. 이곳에 약 10억 달러를 들여 루브르 박물관의 지관을 개설할 예정이며, 또 구겐하임 재단이 세계 최대의 박물관을 지을 예정이다. 구겐하임 측은 여기에 주로 모던 아트와 현대 예술품을 중심으로 전시할 예정이다. 아울러 아부다비 문화 산업은 포뮬러 원 레이싱 경기, 고급 PGA 투어와 같은 골프 토너먼트를 유치하여 스포츠 분야도 포함하고 있다.

스탠리 브룬·모린 헤이스-미첼·도널드 지글러,
한국도시지리학회 역, 2013, 『세계의 도시』

지리 상식 6 이란에게 마라톤이란?

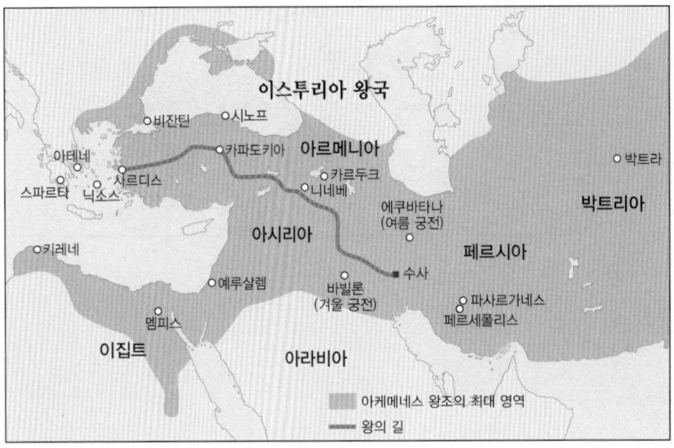

⇡ **아케메네스 왕조 페르시아의 최대 영역**

스포츠에 관심이 없는 사람이라도, 마라톤 경기의 유래는 잘 알고 있을 것이다. 하지만 우리는 마라톤 전투에서 이긴 그리스 병사들과 그 소식을 아테네까지 전한 페이디피데스의 이야기는 알지만, 그 전투에서 패한 페르시아에 대해서는 기억하지 않는다.

당시 그리스와 맞선 페르시아는 아케메네스 왕조라고도 한다. 오늘날 이란 남서부의 '파르스' 지방에서 건국된 이 제국은 차례로 비옥한 초승달 지대, 팔레스타인, 그리고 이집트를 정복해 가며 최강국으로 부상하게 된다. 이때 즉위한 다리우스 1세는 흑해 연안, 인도 북부까지 그 판도를 넓힌다. 하지만 유일하게 그의 제국이 세력을 뻗치지 못한 곳이 그리스였던 것이다. 그를 이어 즉위한 크세르크세스 1세마저 그리스 정복에 패하게 되면서, 페르시아의 그리스 정복은 물거품이 된다.

영화 〈300〉 등에서 묘사된 야만적이고 폭력적인 모습과 다르게, 페르시아인들은 잘 짜여진 법령과 관대한 이민족 정책으로 넓은 제국을 통치할 수 있었으며, 그들의 종교인 조로아스터교는 후대 종교권에 큰 영향을 끼치기도 했다.

이런 페르시아를 뿌리로 삼고 있는 나라가 바로 오늘날의 이란이다. 고대 페르시아의 역사에 대단한 자긍심을 가지고 있는 이란 인들에게 선조들의 치욕의 역사를 떠올리게 하는 마라톤은 달갑지 않았을 것이다. 그런 이유에서, 이란은 한 번도 마라톤 경기를 주최한 적도, 참가한 적도 없다. 심지어 1974년 테헤란 아시안 게임에서는 마라톤이 정식 종목에서 제외되기도 했다.

이우평, 2011, 『모자이크 세계지리』

[선택형]

· 2013 9 평가원

1. (가)~(다)에 해당하는 국가를 지도의 A~E에서 고른 것은?

(가)	(나)	(다)
· 경작지는 국토의 약 30%에 달하며 수목 농업이 주로 이루어짐. · 75년간 프랑스의 식민지를 겪은 뒤, 최근 민주 항쟁으로 24년간의 독재 정권이 물러남.	· 7개 부족 국가(토후국)들이 연합한 나라로서 세계 3대 석유 시장 중 하나가 위치함. · 석유 자본으로 첨단화된 도시를 건설하고 기간 산업을 육성함.	· 과거 '페르시아'라고 불렸으며, 비아랍 어 사용 인구가 약 98%인 이슬람 국가임. · 산지와 고원이 많고 '카나트'라는 용수 공급 시설을 이용함.

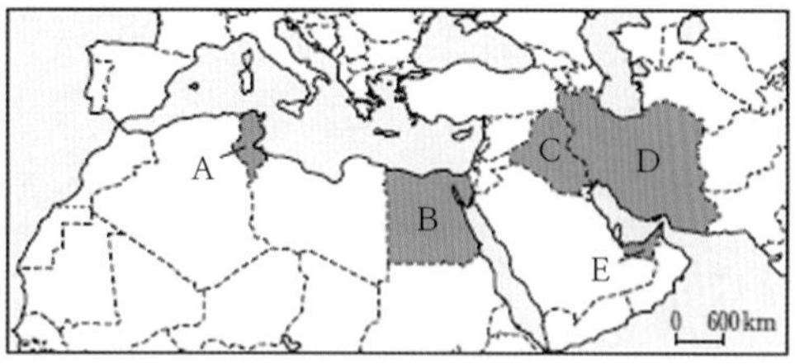

	(가)	(나)	(다)
①	A	B	E
②	A	E	D
③	B	C	E
④	B	E	D
⑤	C	D	A

· 2012 수능

2. 다음 자료에 공통으로 해당되는 국가를 지도의 A~E에서 고른 것은?

> · 동서양 문명이 교차하는 지역에 위치하며 이 나라 최대의 도시에서 볼 수 있는 크리스트교 유적 및 이슬람 사원은 세계적인 관광 자원이다.
> · 이 나라에서 발원하는 주요 하천의 물 자원을 둘러싸고 하류에 위치한 국가와 갈등을 겪고 있다.
> · 국민의 90% 이상이 이슬람교를 믿고 있지만, 공용어는 아랍 국가들과 차이를 보인다.

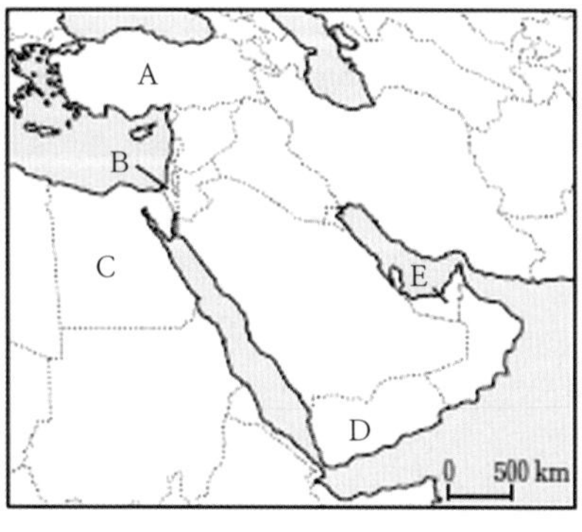

① A
② B
③ C
④ D
⑤ E

· 2011 수능

3. 자료와 같은 정보를 가진 국가를 지도의 A~E에서 고른 것은?

> · 민족: 아랍족, 쿠르드 족
> · 종교: 이슬람교
> · 언어: 아랍 어
> · 역사: 고대 문명의 발상지
> · 산업: 원유 생산
> · 정치: 걸프 전쟁의 당사국, 주변국과의 물 분쟁
> · 기타: 『아라비안나이트』의 배경 지역

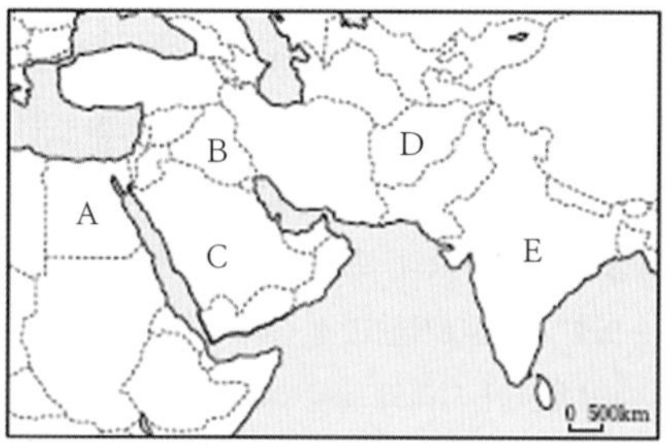

① A ② B ③ C ④ D ⑤ E

· 2011 9 평가원

4. 다음 자료는 어느 소수 민족의 거주 현황을 나타낸 것이다. 이에 대한 옳은 설명을 〈보기〉에서 고른 것은?

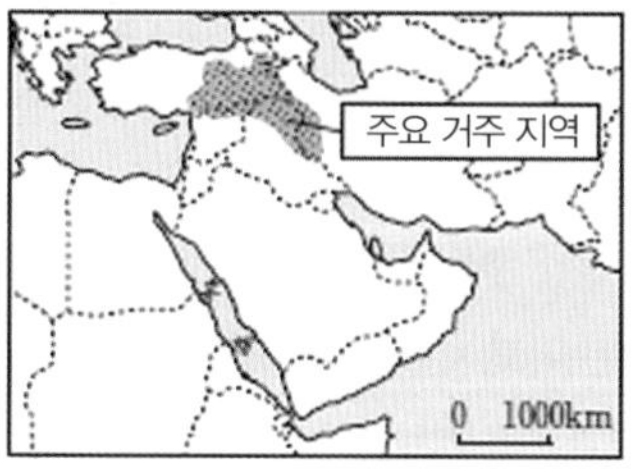

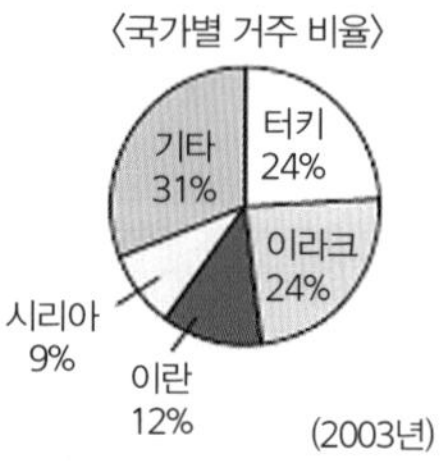

보기

> ㄱ. 독립된 국가를 이루었으나 1차 대전 후 나라를 잃었다.
> ㄴ. 고유 언어를 가지고 있으며 '중동의 집시'라고 불린다.
> ㄷ. 대부분 기독교를 믿고 있어 주변 국가와 분쟁이 발생하고 있다.
> ㄹ. 주요 거주 지역에는 석유 자원이 매장되어 있으며, 주변 국가들이 이 민족의 독립 국가 건설에 비협조적이다.

① ㄱ, ㄴ ② ㄱ, ㄷ ③ ㄴ, ㄷ ④ ㄴ, ㄹ ⑤ ㄷ, ㄹ

※ 다음은 서남아시아 지역을 나타낸 지도이다.

1 . A~O에 해당하는 국가명을 쓰시오.

2 . (가) 하천과 (나) 하천의 이름을 쓰고 이들 하천 주변에 발달한 평야 명칭을 쓰시오.

3 . 빗금 친 지역에 거주하는 '중동 최대의 유랑 민족'의 이름을 쓰시오.

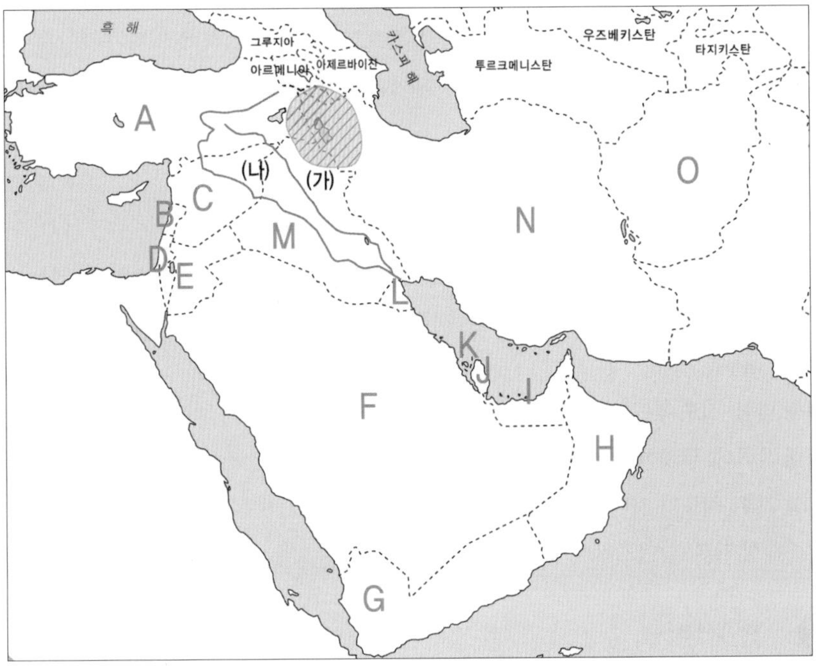

※ 다음은 북아프리카 지역을 나타낸 지도이다.

4 . A~E에 해당하는 국가명을 쓰시오.

5 . (가) 하천과 (나) 바다의 이름을 쓰시오.

6 . 세계에서 가장 넓은 사막의 이름을 쓰시오.

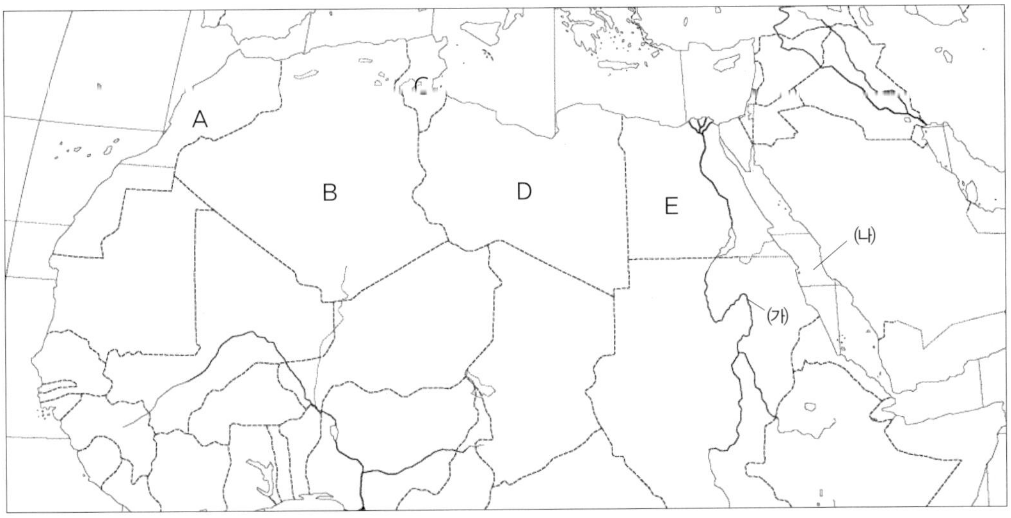

핵심 출제 포인트

▶ 중앙 및 남아프리카의 위치와 자연환경
▶ 중앙 및 남아프리카의 산업
▶ 중앙 및 남아프리카의 인종 및 민족 간 갈등
▶ 중앙 및 남아프리카의 지역 문제와 해결하려는 노력

1. 중앙 및 남아프리카의 위치와 자연환경

(1) 위치

① 위도 상으로는 북위 20°~남위 35°, 경도 상으로는 서경 20°~동경 55° 사이에 위치

② 사하라 사막 이남 지역: 서쪽으로 대서양, 동쪽으로 인도양과 접하며, 적도가 중앙을 통과

③ 남쪽 끝은 희망봉이며, 마다가스카르 섬 등 여러 섬이 동아프리카의 모잠비크 해협을 사이에 두고 위치

(2) 자연환경

① 지형: 전체적으로 높고 평탄한 탁상형, 대부분이 안정 지괴에 속함

- 동부: 아비시니아 고원(에티오피아 고원), 동아프리카 지구대, 지구대 주변의 활화산
- 서부: 콩고 분지, 나미브 사막, 칼라하리 사막

② 기후: 대부분 열대 기후

- 열대 밀림: 적도 부근, 연중 고온 다우
- 열대 사바나: 뚜렷한 건기와 우기, 야생 동물의 낙원(동부)
- 고산 기후: 적도가 지나는 아프리카 동부 고원 지역
- 지중해성 기후: 남아프리카 공화국

■ 아프리카의 실제 면적

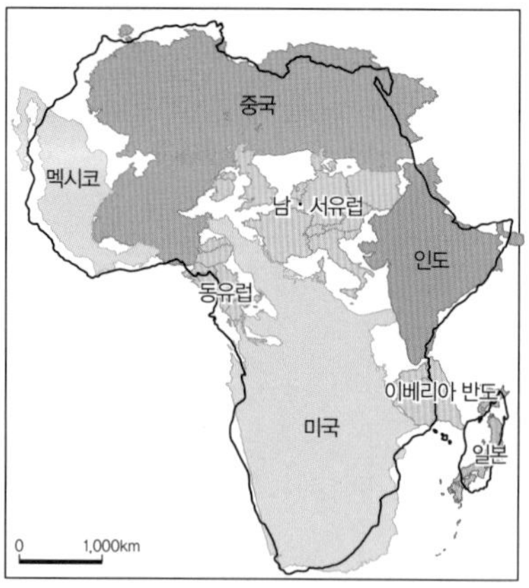

아프리카의 실제 면적은 미국, 중국, 유럽, 인도, 일본을 합친 것보다 더 크다. 실제 아프리카는 아시아 다음으로 큰 대륙이다. 아프리카가 작다고 생각되는 이유는 도법 때문이다. 지도 제작에는 항상 의도와 목적이 깔려 있다.

■ 아프리카의 지형

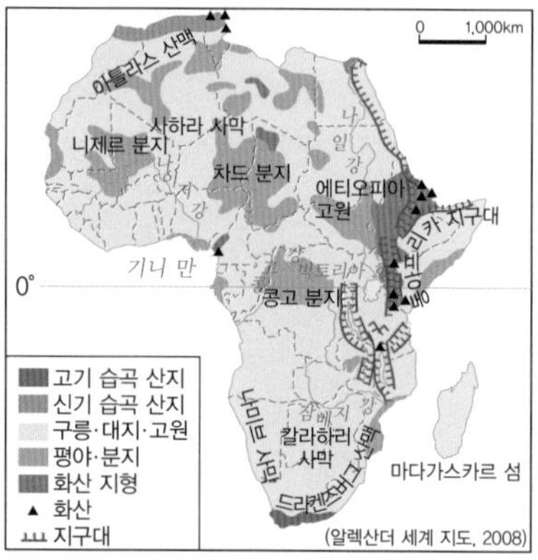

■ 아프리카의 기후

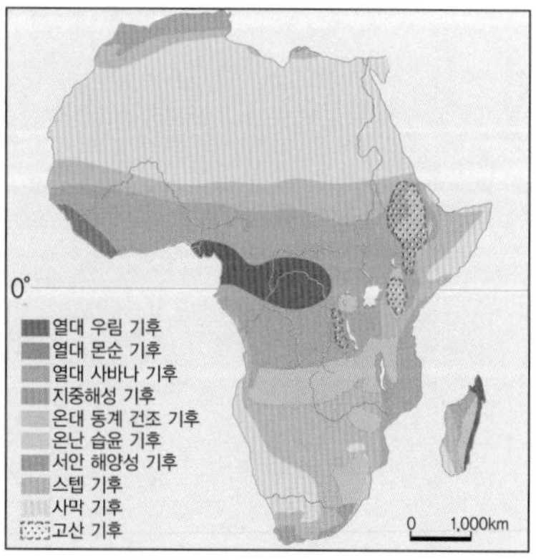

더 알아보기

동아프리카 지구대

세계에서 가장 긴 동아프리카 지구대는 서남아시아의 요르단에서부터 남아프리카 모잠비크까지 뻗어 있으며 총길이 6,400km, 평균 너비가 48~64km에 이른다. 과거에 지구의 판이 이동할 때 지각의 약한 부분을 따라 쪼개진 것이다. 동아프리카 지구대를 따라가다 보면 곳에 따라 지각이 평행하게 갈라진 곳이 있다. 그 틈 사이의 땅은 가라앉아 버렸는데, 양쪽의 경사면은 매우 가파르다. 동쪽 지구대와 서쪽 지구대 사이에는 빅토리아 호수가 있다. 우간다, 케냐, 탄자니아 3개국에 걸쳐 있는 이 호수는 백나일 강의 발원지로서 아프리카에서 가장 큰 호수이자, 세계에서는 캐나다와 미국 사이의 미시간 호, 휴런 호, 슈피리어 호 다음으로 크다. 이 담수호에 기대어 수많은 사람들과 어류가 함께 살아간다. 대지구대를 따라 발달한 호수 중에 담수호는 많지 않다. 투르카나 호, 탕가니카 호(수심 1,436m로 세계에서 두 번째로 깊음), 말라위 호 같은 대부분의 호수는 물에 소금이나 탄산나트륨 같은 물질이 다량으로 함유되어 있다. 그 이유는 주변의 화산 활동으로 화학 성분이 호수로 흘러들기 때문이다. 또 많은 호수에 배수구가 없어 물이 증발하면서 호수의 염분 농도가 점점 높아진 것도 한 이유이다.

*담수호: 염분의 함유량이 1L 중 500mg 이하인 호수(염호는 500mg 이상)

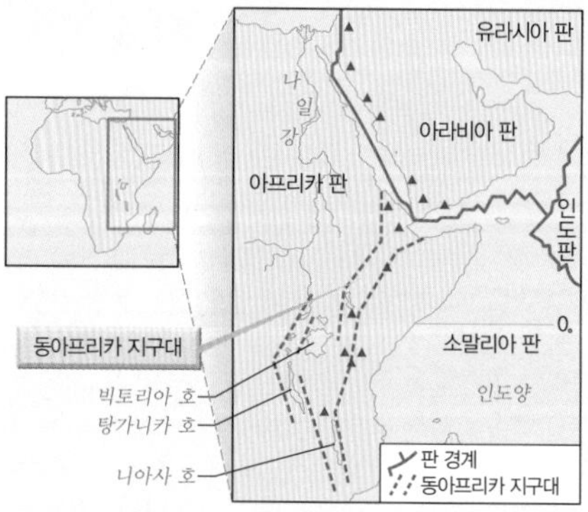

동아프리카 지구대 위치

동아프리카 지구대 형성 과정
맨틀이 상승하여 대륙이 갈라지면서 점점 골짜기가 넓어진다.

2. 중앙 및 남아프리카의 인종 및 민족 간 갈등

(1) 유럽의 식민 지배

① 노예 무역: 신대륙 발견 후 아메리카의 농장과 광산에 노동력을 공급하기 위해 아프리카인들을 강제로 신대륙으로 이주시킴

② 식민 지배: 19세기 유럽 열강의 아프리카 분할 및 식민 지배, 제2차 세계 대전 이후 독립

- 식민 지배의 확산: 해안에서 내륙으로 식민 지배가 확산되었고, 내륙의 자원을 수송하기 위한 철도망이 건설되어 해안과 내륙을 잇는 철도망은 발달되어 있는 반면, 해안과 해안, 내륙과 내륙을 잇는 철도망의 발달은 빈약함
- 분열 정책: 자연적 경계나 부족 경계를 무시한 유럽의 자의적인 식민지 분할

(2) 지역 분쟁

① 원인: 식민지 유산, 강대국의 개입으로 인한 내전, 정치적 요인, 인종 간의 갈등, 경제적 요인 등 복잡한 양상을 띰

② 영향: 전쟁 난민과 인권 문제 발생, 농경지 황폐화와 경제 발전의 지체, 환경 파괴로 인한 식량 및 기아 문제 발생 등

③ 분쟁 해결을 위한 노력: 각국 정부의 노력 및 국제 사회의 지원

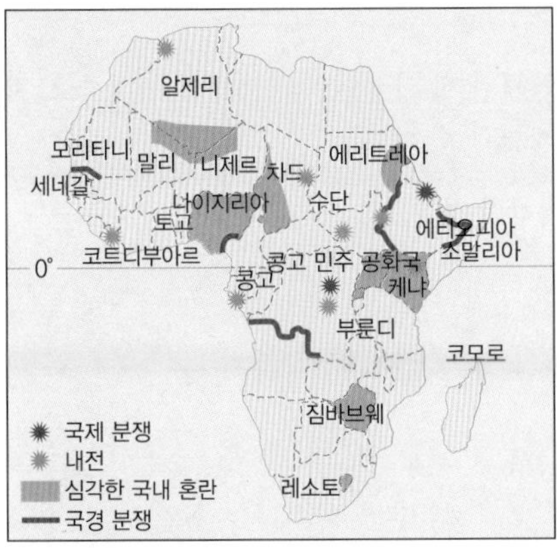

⁝ 아프리카의 분쟁

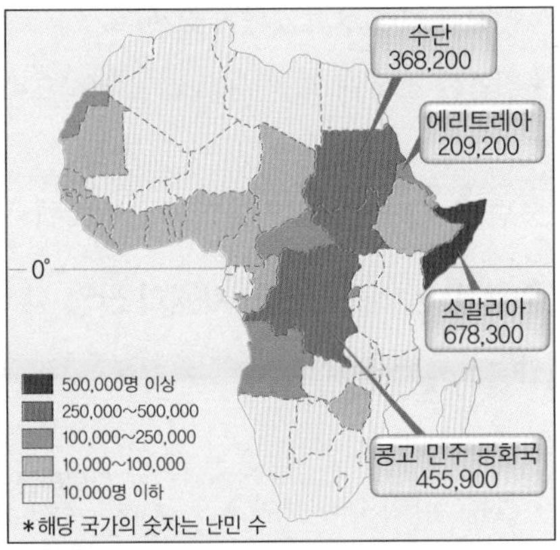

⁝ 아프리카의 난민 발생 국가

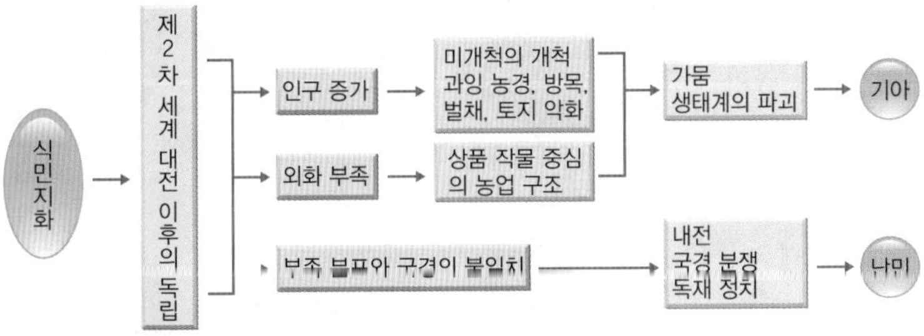

⁝ 난민 발생의 구조

더 알아보기

▶ 블러드 다이아몬드

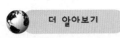

"뉴욕의 청춘 남녀들이 영원한 사랑을 약속하며 다이아몬드를 살 때 지불한 돈은 아프리카 어린이들의 팔다리를 자르는 무기로 변하고 있다." 영원한 사랑의 증표로 교환하는 다이아몬드는 반짝이고, 아름다우며, 고귀한 보석이지만, 아프리카 국가에서는 여러 추악한 면을 담는 대상이 되고 있다. 전쟁 중에 불법으로 채굴 및 밀수되는 다이아몬드를 분쟁 다이아몬드라고 한다. 이것을 통하여 일부 수익으로도 엄청난 양의 소무기들을 사들일 수 있다. 1990년대 후반, 여러 비정부 기구들은 이렇게 무기 구입에 쓰이는 다이아몬드에 대한 대중의 자각을 일깨우기 위해 이 지역의 다이아몬드를 '블러드 다이아몬드'라고 부르기 시작했다. 2007년 개봉한 〈블러드 다이아몬드〉는 1990년대 일어난 시에라리온의 혼란스러운 내전을 배경으로 다이아몬드에 얽힌 그들의 삶을 잘 보여 주는 영화이다.

■ 아프리카의 종족 분포와 국경선

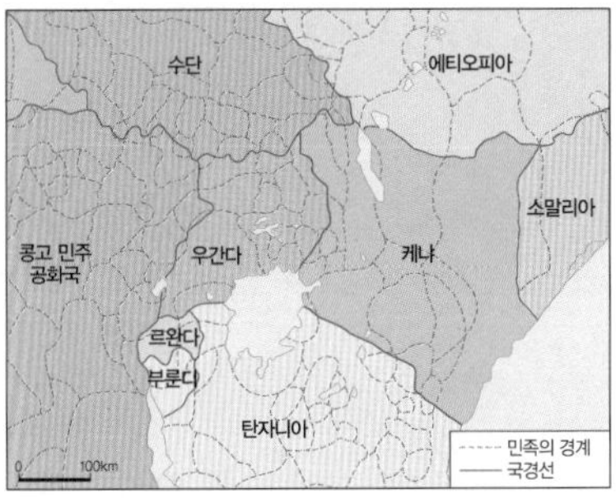

■ 유럽 열강의 아프리카 분할

19세기 말 유럽 열강들은 베를린에서 모여 아프리카의 지도만 가지고 국경선을 설정하였다. 그 결과 아프리카 각 국가에서는 서로 다른 문화를 가진 부족들이 한 국가에 모여 살게 되었다. 유럽 열강들은 부족 간의 갈등을 조장하는 식민지 정책을 펼쳐 아프리카 국가들이 독립한 후에도 분쟁의 원인이 되었다.

■ 아프리카 독립 전의 지배 국가

■ 아프리카의 철도망

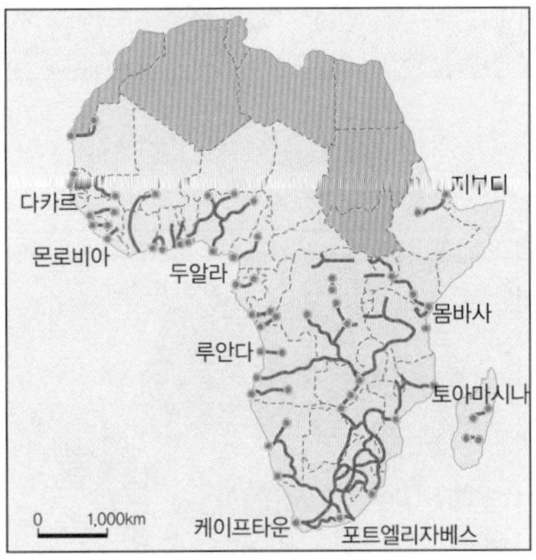

아프리카의 철도망은 해안과 대륙을 연결하는 형태로, 내륙 지역 간 연계성은 약하다. 아프리카의 철도망은 아프리카가 과거 서양 열강의 식민지를 겪었을 때, 내륙 자원을 해안까지 운반하여 수탈하려는 목적으로 건설되었다.

■ 이동식 화전 농업 및 플랜테이션 분포

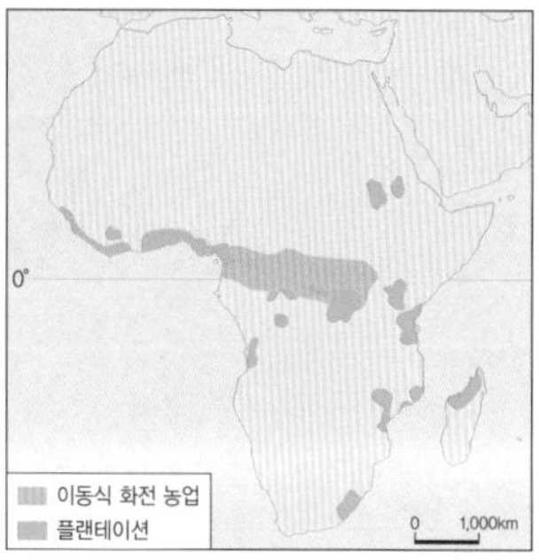

■ 카사바

카사바는 중앙 및 남아프리카 지역의 주식 작물로서, 껍질을 벗긴 후 통째로 또는 가루를 만들어 바나나 잎에 싸서 숙성시킨 후 쪄서 먹는다. 카사바의 덩이뿌리에서 채취한 녹말을 타피오카라고 한다. 이 녹말을 가루로 내어 알갱이를 만든 뒤 가열하면 진주알처럼 되는데, 이는 프랜차이즈 음료 업체에서 판매하는 '버블티'의 재료가 된다.

■ 기호 작물

식량 작물은 아니지만 커피, 차, 담배 등과 같이 사람들이 즐기는 식품의 원료가 되는 작물로, 대개 열대 기후 지역에서 재배된다.

■ 중앙 및 남아프리카의 광공업

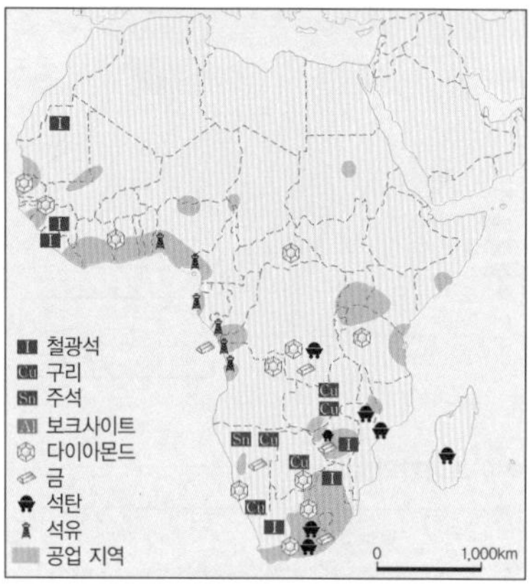

■ 아프리카의 사막화

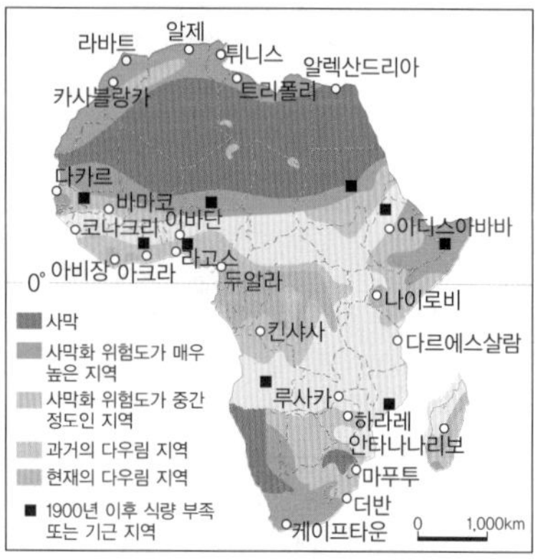

3. 중앙 및 남아프리카의 전통적인 농업과 플랜테이션

(1) 전통적인 농업

① 이동식 화전 농업: 열대 우림 기후 지역에서 나무를 베어 낸 후 불을 놓아 경지를 개간하여 작물을 재배하고, 2~3년 후 지력이 쇠퇴하면 다른 곳으로 이동하는 농업 형태 → 인구 증가로 경작지가 확대되어 밀림이 파괴

② 주요 작물: 카사바, 얌, 옥수수 등

(2) 플랜테이션

① 발달 배경: 유럽 열강의 원료와 기호 식품에 대한 수요 증가로 확대

② 농업 유형: 열대의 기후 환경에서 값싼 원주민의 노동력과 백인의 자본과 기술이 결합하여 상품 작물을 대규모로 생산하는 상업적 농업

③ 주요 작물

• 열대 우림 기후 지역: 카카오, 고무, 기름야자 등

• 사바나 기후 지역: 면화, 커피 등

④ 문제점

• 식량 부족 문제: 상품 작물의 재배 면적은 확대되고 식량 작물의 재배 면적은 축소되어 만성적인 식량 부족 사태가 발생

• 취약한 경제 구조: 대규모 단일 경작으로 인해 국제 시장 가격의 변동에 취약하고, 자연재해의 영향을 크게 받음

⑤ 변화: 특화된 단일 작물의 재배 방식에서 다각적 경영으로 바뀌고 있음

4. 중앙 및 남아프리카의 자원과 산업

(1) 풍부한 지하자원

① 주요 자원

• 석유: 나이지리아(아프리카 최대 석유 산유국), 가봉, 앙골라 등

• 석탄: 남아프리카 공화국 등

• 금: 남아프리카 공화국, 보츠와나, 짐바브웨 등

• 다이아몬드: 남아프리카 공화국, 콩고 민주 공화국, 보츠와나 등

• 구리: 콩고 민주 공화국, 잠비아(코퍼 벨트) 등

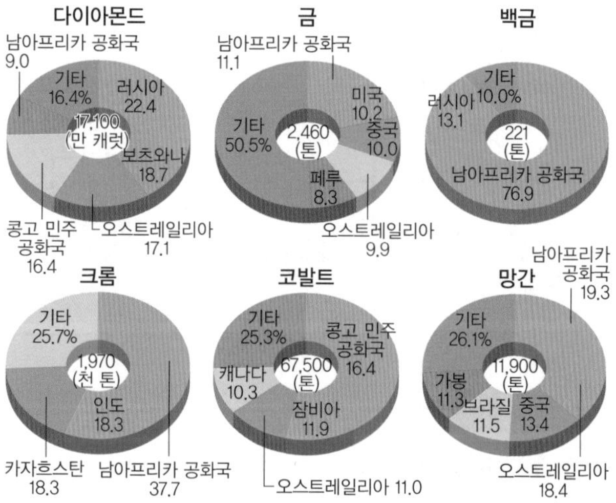

⇡ 아프리카 주요 자원의 국가별 생산 비중

• 우라늄: 콩고 민주 공화국 등

• 콜탄: 콩고 민주 공화국

② 자원의 특색

• 광물 자원을 값싼 원석 상태로 수출하여 경제 발전의 기여도가 낮음

• 자원 개발 과정에서 선진국의 기술과 자본에 대한 의존도가 높음
• 자원 매장 정도에 따라 국가 경제력의 차이가 발생

③ 자원 개발과 갈등

• 자원을 둘러싼 종족 간 갈등, 선진 자본의 개입 등으로 분쟁이 격화
• 자원 수출 금액을 무기 수입에 사용함에 따라 내전과 빈곤의 악순환이 지속
• 무분별한 개발로 인해 환경 오염이 심화

(2) 공업 원료 가공업, 소비재 산업 중심, 남아프리카 공화국은 아프리카 제1의 공업국

(3) 관광

① 국립 공원, 자연 보호 구역 등이 다수 분포
② 사바나 기후의 식생, 야생 동물 등 자연 경관을 체험하는 생태 관광 발달
③ 원시 부족 마을 체험 및 식민지 시대의 역사적 유물 탐방
④ 국립 공원, 자연 보호 구역 지정 등을 통해 관광 자원 육성

• 탄자니아의 세렝게티 국립 공원, 케냐의 마사이마라 국립 보호구와 암보셀리 국립 공원, 보츠와나의 쵸베 국립 공원 등

5. 중앙 및 남아프리카의 지역 문제와 지역 통합을 위한 노력

(1) 주요 지역 문제

① 인구 급증 문제: 세계에서 인구가 가장 빠르게 증가하고 있는 지역
② 식량 부족 문제: 기상 이변으로 인한 가뭄과 분쟁 등으로 식량 부족이 심각
③ 사막화: 사헬 지대에서는 극심한 가뭄과 인구 급증에 따른 농지 확대 및 가축 사육의 증가로 인해 빠른 속도로 사막화가 진행되고 있음
④ 질병 문제: 에이즈, 에볼라 등의 질병

(2) 지역 통합을 위한 노력

구분	구성 및 목적
아프리카 연합(AU)	• 아프리카 53개국이 회원국이며 본부는 에티오피아의 아디스아바바에 있음 • 아프리카 통일 기구(OAU)를 발전적으로 계승, 유럽 연합(EU)을 본떠 아프리카의 통합 및 안정과 개발을 도모
서아프리카 경제 공동체(ECOWAS)	• 서아프리카 지역 15개국이 회원국이며 본부는 나이지리아의 아부자에 있음 • 서아프리카 국가의 경제 협력 도모, 대외 공동 관세율 적용, 역내 자유 무역 실시를 목적으로 함
남아프리카 개발 공동체(SADC)	• 남아프리카 지역 15개국이 회원국이며 본부는 보츠와나의 가보로네에 있음 • 아프리카 남부 지역의 경제 개발과 안보, 평화를 위해 지역 통합과 빈곤 퇴치를 목적으로 함

더 알아보기

◗ 사하라 이남 아프리카의 도시 구조 사하라 이남 아프리카의 도시는 다양하고 이질적이다. 도시 구조 측면에서 '아프리카 도시'의 이상적인 모형을 찾기 어렵다. 여러 사례를 통하여 원주민 도시, 이슬람형 도시, 유럽형 도시, 식민지형 도시, 이중 도시, 혼성적 도시로 분류할 수 있다. 유럽의 식민주의는 아프리카 도시에 토지 구획, 건조 환경, 건축 양식 등에 뚜렷한 흔적을 남겼다. 그러나 이러한 특성은 시간이 지나면서 알아볼 수 없을 정도로 변형되었다. 식민주의 도시성도 대부분의 도시가 독립한 지 50여 년이 지나면서 급격하게 변화되었다. 마찬가지로 원주민, 이슬람형, 이중 도시 대부분에서도 식민주의와 포스트 식민주의의 영향을 받아 고유한 형태가 사라졌다.

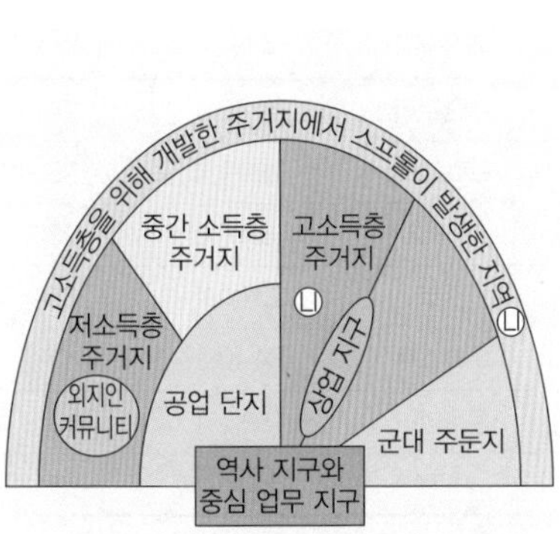

사하라 이남 아프리카 도시 모형

■ 세렝게티 서식 동물의 계절별 이동 경로
9~10월에는 케냐가, 1~2월에는 탄자니아가 우기로 이 시기에는 거대한 초식 동물 무리가 새로운 장소를 찾아 이동한다.

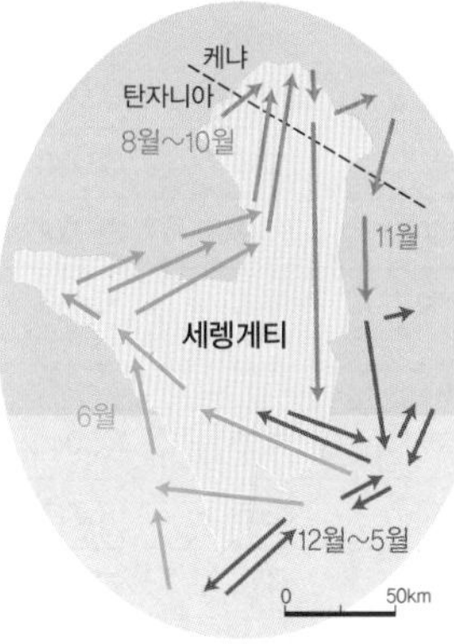

■ 아프리카의 지역 협력체

■ 세계 지역별 에이즈 환자

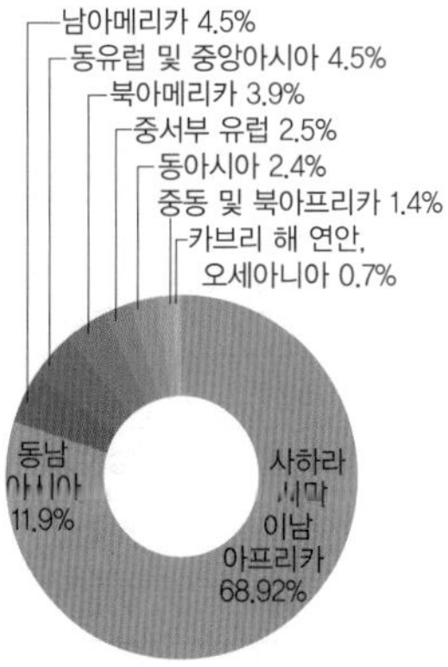

사하라 이남 아프리카는 전 세계 에이즈 감염자의 약 3분의 2가 거주하고 있다. 에이즈 퇴치를 위해 노력한 결과, 사하라 이남 아프리카 지역에서는 에이즈 관련 사망자 수와 신규 감염자 수가 꾸준히 감소하는 추세이지만, 2012년을 기준으로 아직 2,300여 만 명이 감염자로 남아 있다.

6. 중앙 및 서남아프리카의 주요 국가 통계 자료

(1) 중앙 및 서아프리카

국명	면적 (2014, 1,000km²)	총인구 (2014, 1,000명)	인구 밀도 (2014, 명/km²)	수도	수도 인구 (1,000명)	국민 총소득 (2012, 억 달러)	1인당 국민 총소득 (2012, 달러)	2013년(백만 달러)		1인당 무역액 (2013, 달러)
								수출액	수입액	
우간다	242	38,845	160.8	캄팔라	1,533(09)	176	480	2,861(12)	5,230(12)	223(12)
에티오피아	1,104	96,506	87.4	아디스아바바	2,738(07)	352	380	2,995(12)	11,980(12)	163(12)
에리트레아	118	6,536	55.6	아스마라	712(13)	28	450	6.6(03)	433(03)	98(03)
가나	239	26,442	110.9	아크라	2,263(09)	394	4,550	11,976(12)	17,965(12)	1,180(12)
카보베르데	4.03	504	124.9	프라이아	132(10)	19	3,830	53(12)	766(12)	1,657(12)
가봉	268	1,711	6.4	리브르빌	732(09)	164	10,040	9,662(12)	3,630(12)	8,142(12)
카메룬	476	22,819	48	야운데	1,817(05)	253	1,170	4,500(12)	7,101(12)	535(12)
감비아	11	1,909	169	반줄	31(13)	9	510	15(10)	301(10)	188(10)
기니	246	12,044	49	코나크리	1,931(09)	50	440	1,400(12)	2,300(12)	323(12)
기니비사와	36	1,746	48.3	비사우	384(09)	9	510	253(11)	310(11)	347(11)
케냐	592	45,546	76.9	나이로비	3,133(09)	372	860	6,130(12)	16,298(12)	519(12)
코트디부아르	322	20,805	64.5	야무수크로	234(09)	242	1,220	10,861(12)	9,774(12)	1,040(12)
콩고	342	4,559	13.3	브라자빌	1425(09)	111	2,550	10,999(12)	5,200(12)	3,735(12)
콩고민주공화국	2,345	69,360	29.6	킨샤사	8,415(10)	154	230	6,300(12)	6,100(12)	189(12)
산토메 프린시페	0.96	198	205.3	산토메	58(07)	2	1,310	11(12)	140(12)	803(12)
시에라리온	72	6,205	85.8	프리타운	945(10)	35	580	1,892	1,780	603
지부티	23	886	38.2	지부티	475(09)	15	1,690	95(12)	580(12)	785(12)
수단	1,861	38,764	20.8	하르툼	4,632(11)	559	1,500	9,694(11)	9,231(11)	519(11)
적도기니	28	778	27.7	말라보	136(11)	100	13,560	14,252(12)	5,517(12)	26,849(12)
세네갈	197	14,548	74	다카르	1,056(11)	142	1,030	2,440	6,067	602
소말리아	638	10,806	16.9	모가디슈	1,663(09)	13	123	518(11)	1,175(11)	171(11)
탄자니아	947	50,757	53.6	다르에스살람	2,961(08)	267	570	5,075(12)	11,266(12)	342(12)
차드	1,284	13,211	10.3	은자메나	818(10)	120	970	3,901(12)	2,600(12)	522(12)
중앙아프리카 공화국	623	4,709	7.6	방기	672(07)	23	510	112(12)	276(12)	86(12)
튀니지	164	11,117	67.9	튀니스	728(04)	448	4,150	17,060	24,317	3763
토고	57	6,993	123.2	로메	837(10)	33	500	997(12)	1,793(12)	420(12)
나이지리아	924	178,517	193.2	아부자	2,153(11)	4,202	2,490	114,000(12)	51,000(12)	977(12)
니제르	1,267	18,535	14.6	니아메	774(06)	67	390	903(11)	1,814(11)	165(11)
부르키나파소	273	17,420	63.8	와가두구	1,475(06)	110	670	2,183(12)	3,420(12)	340(12)
부룬디	28	10,483	376.6	부줌부라	497(08)	24	240	99	811	90
베냉	115	10,600	92.4	포르토노보	289(10)	75	750	1,400(12)	2,200(12)	358(12)
말리	1,240	15,768	12.7	바마코	1,810(09)	98	660	2,163(12)	2,940(12)	344(12)
남수단	644	11,739	18.2	주바	231(09)	86	790			
모리타니	1,031	3,984	3.9	누악쇼트	846(08)	42	1,110	2,624(12)	2,971(12)	1,474(12)
리베리아	111	4,397	39.5	몬로비아	750(11)	15	370	459(12)	1,066(12)	364(12)
르완다	26	12,100	459.4	키갈리	860(07)	69	600	470(12)	1,999(12)	215(12)

(2) 남아프리카

국명	면적 (2014, 1,000km²)	총인구 (2014, 1,000명)	인구 밀도 (2014, 명/km²)	수도	수도 인구 (1,000명)	국민 총소득 (2012, 억 달러)	1인당 국민 총소득 (2012, 달러)	2013년(백만 달러)		1인당 무역액 (2013, 달러)
								수출액	수입액	
나미비아	824	2,348	2.8	빈트후크	342(09)	127	5,610	4,090(12)	6,733(12)	4,790(12)
남아프리카공화국	1,221	53,140	43.5	프리토리아	2,345(07)	3,898	7,460	83,528	101,264	3,501
레소토	30	2,098	69.1	마세루	238(11)	28	1,380	1,168(11)	2,591(11)	1,852(11)
마다가스카르	587	23,572	40.1	안타나나리보	1,015(05)	97	430	1,236(12)	2,486(12)	167(12)
말라위	118	16,829	142	릴롱궤	669(08)	50	320	1,226(12)	2,213(12)	216(12)
모리셔스	1.97	1249	634.4	포트루이스	148(11)	111	8,570	2,649(12)	5,355(12)	6,457(12)
모잠비크	802	26,473	33	마푸토	1,099(07)	128	510	4,100(12)	6,800(12)	432(12)
보츠와나	582	2,039	3.5	가보로네	231(11)	153	7,650	5,987(12)	8,046(12)	7,003(12)
세이셸	0.46	93	204.6	빅토리아	26(10)	11	12,180	496(12)	800(12)	14,035(12)
스와질랜드	17	1,268	73	음바바네	65(11)	35	2,860	1,897(12)	1,946(12)	3,122(12)
앙골라	1,247	22,137	17.8	루안다	1,823(06)	954	4,580	67,144	22,670	4,183
잠비아	753	15,021	20	루사카	1,747(10)	190	1,350	8,550(12)	8,000(12)	1,176(12)
짐바브웨	391	14,599	37.4	하라레	1,513(09)	89	650	3,800(12)	4,400(12)	597(12)
코모로	2.24	752	336.7	모로니	53(11)	6	840	25(12)	300(12)	453(12)

깊이 읽기 | 추천 도서 소개

1987년 아프리카 말라위 중부에 있는 마을에서 태어난 윌리엄 캄쾀바. 어린 시절 캄쾀바는 돈이 없어 학교를 중퇴한다. 그런 그가 세계적인 유명해진 것은 바로 '풍차' 때문이었다. '풍차'를 뜻하는 단어도 없던 말라위의 소년은 도서관에서 풍차가 그려진 책을 읽으며 말라위의 풍부한 바람을 떠올렸고, 풍차가 전기를 생산해 내고 펌프도 움직일 수 있다는 것을 알게 되었다. 그는 풍차를 만들었고, 풍차는 마을을 변화시켰다. 이와 같은 풍차 소년의 감동 실화를 담은 책이 출간되었다. 그의 책에 실린 한국어판 서문에는 "지리 시간에 한국을 배우며 '지금 한국은 몇 시일까?', '거기 사는 아이들도 나처럼 트럭과 축구를 좋아할까?'"하고 생각했다는 이야기가 나온다. 말라위를 배우지 않는 우리의 지리 수업을 떠올려 볼 때, 그의 궁금증이 인상적이다. 그는 미국의 전 대통령 빌 클린턴, 록 밴드 U2의 리더 보노 등 기술, 오락, 디자인 분야의 명사들의 강연회인 TED 연단에도 섰다. 긴장된 얼굴과 더듬거리는 영어로 자신이 한 일을 천천히 이야기한 청년은 연설이 끝난 직후 회의장을 가득 채우는 박수와 환호로 받았다. TED 사이트에서 'Kamkwamba'를 검색하면 그의 이야기를 들을 수 있다. 〈지식채널e〉 '어느 중퇴생의 꿈'에서도 캄쾀바의 이야기를 들을 수 있다. 상황이 힘들어 좌절하고 싶은 학생들이 읽으면 많은 도움이 될 것이다.

⋯ 윌리엄 캄쾀바 · 브라이언 밀러, 김흥숙 역, 『바람을 길들인 풍차소년』(2009)

지리 상식 1 신이라 불리는 사나이, 드로그바

첼시 유니폼을 입고 뛰고 있는 디디에 드로그바는 축구 팬들 사이에서 굉장히 유명하다. 팬들은 그를 '드록신'이라고 부른다. 영국 프리미어 리그에서 득점왕을 두 번이나 할 만큼 골을 잘 넣어서 붙여진 별명이기도 하지만, 그는 전쟁을 멈추게 한 남자로도 유명하다.

드로그바의 고향인 코트디부아르는 아프리카 서부 지역에 있는 세계 최대의 카카오 생산국이다. 프랑스로부터 독립한 코트디부아르는 크리스트교 세력인 남부와 이슬람 세력인 북부 지역 간 갈등이 심하다. 끊임없이 이루어진 전쟁이 2005년 10월에 잠시 중단되었다. 당시 드로그바가 이끄는 코트디부아르 축구 국가 대표팀이 월드컵 본선 티켓을 획득하면서, 그가 텔레비전 생중계 카메라 앞에 무릎을 꿇고 호소했기 때문이다. "사랑하는 조국의 국민 여러분, 적어도 일주일만이라도 무기를 내려놓고 전쟁을 멈춥시다." 이 감동 어린 호소가 기적을 가져왔다.

코트디부아르에서는 건국 최초로 일주일 동안 총성이 울리지 않았고, 2년 뒤에는 내전이 종식되었다. 드로그바는 꾸준한 자선 활동은 물론 아프리카의 문제를 세상에 알리며, 아프리카 교육 환경 개선 및 에이즈 치료를 위한 활동에 참여하고 있다.

"당신에게 조국은 어떤 의미를 갖느냐."라는 기자의 질문에 그는 이렇게 말했다. "내 심장은 언제나 코트디부아르와 함께 뜁니다. 내 조국의 주장 완장을 달고 뛴다는 사실만으로도 내 자신이 늘 자랑스럽습니다." 이 감동적인 이야기는 '월드컵은 우리를 통하게 한다'는 모토로 국내 모 자동차 회사 광고로 제작되었다.　　전국지리교사모임, 2014, 『세계지리 세상과 통하다 2』

지리 상식 2 후투! 투치! 치사해! - 호텔 르완다

세계에서 가장 달콤한 초콜릿을 만드는 나라가 어디인 줄 아는가? 그리고 이 나라가 세계에서 가장 식민지 운영을 악랄하게 한 나라라는 것을 아는가? 위 두 질문에 해당하는 나라는 바로 벨기에다.

콩고 분지에 위치한 두 나라 부룬디와 르완다는 후투 족과 투치 족의 종족 간 분쟁을 겪고 있는 아픔의 땅이다. 부룬디와 르완다는 1899년 독일의 식민지로 병합되었다가, 1919년 제1차 세계 대전 이후 베르사유 조약에 의거하여 벨기에가 점령했다.

과거 영국 탐험가 존 스피크는 르완다에서 유럽 인과 비슷한 외모를 가진 투치 족을 발견했다. 투치 족은 콧대가 높고 키가 큰 서구적인 생김새였다. 존 스피크는 외모를 근거로 투치 족이 다른 흑인 종족보다 우월하다는 가설을 세웠다.

그때부터 벨기에 식민 당국은 이들이 백인과 유사한 민족이라며 투치 족의 우월함을 공식적으로 인정하고 그들에게 고등 교육을 받을 기회, 공무원 임용 기회 등의 특혜를 주었다. 인구의 10%도 안 되는 소수의 투치 족을 내세워 다수의 후투 족 통치에 이용하는 부족별 분리 식민지 정책을 실시한 것이다. 이에 후투 족은 벨기에 식민 통치의 앞잡이 노릇을 하는 투치 족에게 심한 반감을 갖게 되었고, 두 종족의 갈등은 극대화되었다.

이후 1962년 르완다와 부룬디가 분리 독립을 함에 따라 벨기에로부터 받

은 투치 족의 권력과 특혜도 반환되었다. 다수의 후투 족은 그동안 눈엣가시였던 투치 족에 대한 보복 테러를 자행해 1973년 집권에 성공했다. 후투 족을 피해 우간다로 망명한 투치 족은 르완다 애국 전선(FPR)을 결성하고 정부군과의 전투를 개시했다.

다행히 후투 족 출신의 하비아리마나 대통령은 종족 간의 갈등을 해소하기 위해 1993년 투치 족 반군 세력과 평화 협정을 체결하는 등 적극적인 화합의 길을 걸었다. 그런데 1994년 하비아리마나 대통령을 실은 비행기가 폭격을 받아 전원이 사망하는 사건이 벌어졌다. 후투 족은 이를 투치 족의 소행으로 단정하고 3개월 동안 100만 명이 넘는 투치 족을 학살했다. '르완다 대학살'이라고 부르는 20세기 최대의 종족 학살이 벌어졌으며, 이를 다룬 영화가 〈호텔 르완다〉이다.

전국지리교사모임, 2014, 『세계지리 세상과 통하다 2』

지리 상식 3 콩고와 콩고 민주 공화국은 같은 나라일까?

아프리카 적도 부근에 흐르는 콩고 강을 마주보고 서쪽으로는 '콩고'가, 동쪽으로는 '콩고 민주 공화국'이 자리 잡고 있다. 콩고는 '사냥꾼'이라는 뜻으로, 포르투갈의 디에고 캄(Diego Cam) 선장이 콩고 강 유역의 원주민인 '바콩고'라는 부족의 이름을 붙인 데서 유래한다. 콩고와 콩고 민주 공화국은 8~15세기까지는 '콩고 왕국'이라는 하나의 나라였으나 유럽 열강들에 의한 식민 지배를 받으며 분리되었다.

1885년 베를린 회의로 유럽 열강들에 의해 아프리카가 분할되면서 대서양 연안에 접하고 있는 서쪽의 콩고는 프랑스가, 내륙의 콩고 분지 중앙은 벨기에가 차지했다. 1960년에 이 지역은 콩고 공화국이라는 같은 국명으로 프랑스와 벨기에로부터 독립했다. 국명으로는 구분하기 어려워 수도 이름으로 두 나라를 구분했지만, 프랑스령 콩고의 수도는 프랑스의 탐험가 사보르냥 드 브라자(Savorgnan de Brazza)의 이름을 딴 브라자빌이었기 때문에 '브라자빌-콩고'로 불렸다. 벨기에령 콩고는 벨기에의 왕 레오폴드 2세의 이름을 딴 '레오폴드빌-콩고'로 불렸다.

1969년 아프리카 최초의 공산 정권이 들어서면서 브라자빌-콩고의 국명은 '콩고 인민 공화국'으로 바뀌었다. 1964년 레오폴드빌-콩고는 식민지 잔재를 청산한다는 의미에서 국명을 '콩고 민주 공화국', 수도 이름을 지금의 킨샤사로 바꿨다. 1971년에는 또다시 국명을 '자이레 공화국'으로 변경했다. 자이레라는 국명이 사용되면서 두 나라를 구분하는 것은 쉬워졌다.

하지만 1997년 자이레가 옛날로 돌아가자며 다시 국명을 '콩고 민주 공화국'으로 정했다. 1990년 콩고 인민 공화국은 사회주의를 포기하면서 국명을 '콩고'로 바꾸었다.

두 나라 모두 여러 번 국명이 바뀌어 구분하기 쉽지 않다. 그렇지만 지금의 콩고 민주 공화국이 자이레란 국명을 20여 년 동안 사용하면서 자연스럽게 콩고 공화국을 그냥 콩고로 부르게 되었다. 우리가 흔히 말하는 콩고는 콩고 민주 공화국이 아닌 콩고 공화국을 가리킨다.

콩고 (브라자빌 콩고)	콩고 민주 공화국 (레오폴드빌-콩고)
콩고 왕국	콩고 왕국
↓	↓
프랑스령 콩고	벨기에령 콩고
↓	↓
콩고 공화국	콩고 공화국
↓	↓
콩고 인민 공화국	콩고 민주 공화국
↓	↓
콩고	자이레 공화국
	↓
	콩고 민주 공화국

이우평, 2011, 『모자이크 세계지리』

지리 상식 4 지리맹! 위험한 대통령

지리맹 대통령이 얼마나 외교적인 결례를 행할 수 있는지 닉슨 대통령의 사례를 살펴보자. 다음 일화는 미국 전 국무장관인 헨리 키신저의 회고록 『재생의 시기(Years of Renewal)』에 나와 있다.

유엔 기념일 행사의 일환으로 모리셔스의 총리를 워싱턴으로 초청했다. 모리셔스는 인도양에 위치한 섬나라이다. …… 이 나라는 강수량이 풍부하여 농업이 번성했으며, 미국과의 관계는 매우 좋은 편이다. 그런데 우리 사무관 중 한 명이 그만 모리셔스를 모리타니와 혼동하였다. 모리타니는 서아프리카에 있는 건조한 사막 국가로서, 중동 전쟁 이후 모슬렘 형제단과 결연하여 1967년 미국과 외교 관계가 단절된 나라이다.

이 오해 때문에 터무니없는 대화가 빚어졌다. 닉슨은 바로 본론으로 들어가서, 미국과 모리셔스 사이의 외교 관계를 회복할 때가 되었다고 제안하였다. 그러면 미국의 원조를 재개할 수 있을 것이고, 미국이 특별히 기술을 보유하고 있는 건지(乾地) 농법 또한 전수해 줄 수 있을 것이라고 그는 이어서 말했다. 강수량이 과다한 나라로부터 선의의 사명을 띠고 건너온 사절은 어안이 벙벙해서, 좀 더 장래성 있는 주제로 화제를 돌리려고 했다. 그는 닉슨에게 미국이 자기네 섬에 유지하고 있는 우주 추적 기지의 운영 상황에 만족하느냐고 물어보았다.

이제는 닉슨이 당황할 차례였다. 그는 급히 메모지에 뭔가 휘갈겨 써서 북 찢어 나에게 건넸다. "우리와 외교 관계도 없는 나라에 도대체 왜 미국의 우주 추적 기지가 있는거요?"

대통령이나 워싱턴 D.C. 관료들의 지리 지식에 대해 그리 확신해서는 안 된다.

하름 데 블레이, 2007, 『분노의 지리학』

지리 상식 5 한국, 아프리카와 썸타다!

아프리카 나라 중 에티오피아와 남아프리카 공화국은 한국 전쟁에 참여함으로써 우리나라와 처음 인연을 맺었다. 첫 수교는 17개 아프리카가 1960년에 독립한 이후(그래서 1960년을 아프리카의 해라고도 부른다), 신생 아시아·아프리카 국가들이 비동맹 노선을 견지하며 국제 사회에서 하나의 세력을 형성했을 때다. 우리나라는 국제 연합에 상대적으로 많은 회원국을 보유하고 있는 아프리카 국가들의 지지를 얻기 위해 본격적으로 외교적 노력을 아프리카에 집중하기 시작했다. 그러한 노력의 결과, 1961년 처음으로 카메룬, 차드, 코트디부아르, 니제르, 베냉, 콩고 등 6개국과 수교를 맺었다. 1982년 8월에는 전두환 대통령이 처음으로 나이지리아, 가봉, 세네갈, 케냐를 방문했고, 2006년에는 노무현 대통령이 국가 정상으로는 24년 만에 이집트, 나이지리아, 알제리를 방문했다.

1967년부터 2009년까지 42년간 집권한 가봉의 오마르 봉고 대통령은 1975년 7월 박정희 대통령의 초대를 받아 국빈으로 한국을 처음 방문했다. 아프리카 신생 국가들과 제3세계 비동맹 국가들의 지지를 얻는 데 봉고 대통령의 방한은 매우 중요했다. 한국 국민은 생소한 아프리카 국가의 대통령을 환영하기 위해 동원되었고, 봉고 대통령 방문 기념 우표를 발행하고 대통령의 이름을 딴 승합차까지 출시하며 환대했다.

아프리카의 나라들은 월드컵을 통하여 우리나라에 많이 알려지게 되었다. 2002년 한일 월드컵에 세네갈, 남아프리카 공화국, 나이지리아, 카메룬, 튀니지가 진출했고, 2006년 독일 월드컵에서 한국과 첫 경기를 치른 토고는 아프리카 국가 중에서 앙골라, 가나, 코트디부아르와 함께 월드컵에 처음으로 진출한 팀이었다.

현재 우리나라는 아프리카 53개국과 모두 수교하고 있다. 아프리카에 거주하고 있는 한국인은 2007년 8,548명에서 2009년 9,577명으로 전체 재외 동포 682만 2,606명 중 0.14%를 차지하여 12.87%의 성장률을 보이고 있다. 아프리카 국가 중에서는 남아프리카 공화국에 3,949명의 가장 많은 한국인이 거주하고 있다.

우리나라 국민은 아프리카에 대해 편협한 지식과 정보를 가지고 있으며 막연히 '미지의 대륙'으로만 생각하는 경향이 있다. 부룬디, 차드, 모리셔스와 같은 나라의 위치를 아는 사람이 드물고, 심지어 빅토리아 호수에 빅토리아 폭포가 있다고 생각하는 사람들도 있다.

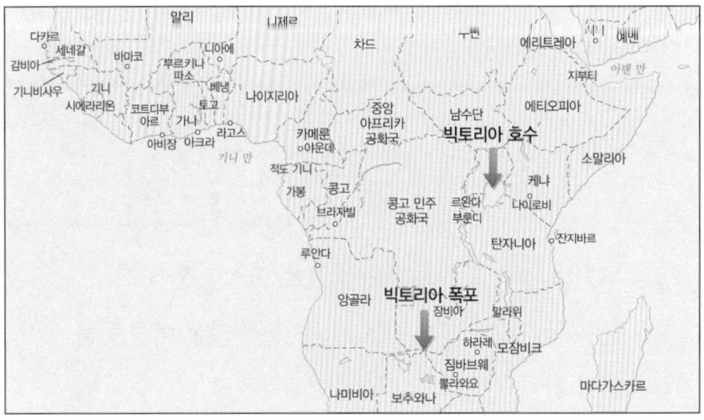

르몽드 디플로마티크, 최서연·이주영 역, 2010, 『르몽드 세계사 2』

[선택형]
· 2013 9 평가원

1. 다음 자료는 아프리카 지역에 대한 수업 장면이다. 발표한 내용이 옳은 학생만을 있는 대로 고른 것은?

교사: A~D 지도에 대해 조사해 온 내용을 발표해 볼까요?

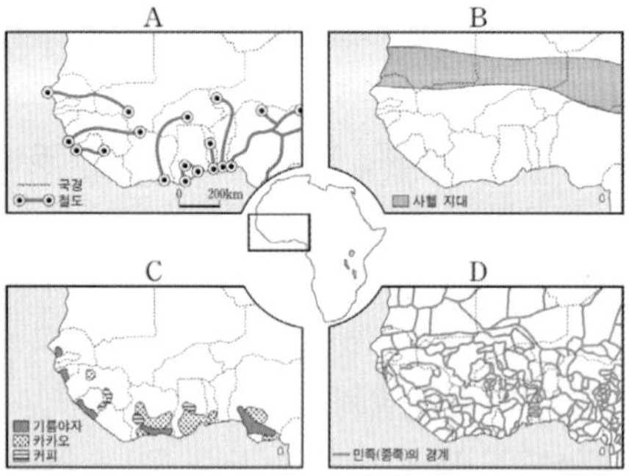

갑: A는 인접한 국가들 간의 상호 교류 증진을 위해 건설한 철도망을 나타낸 것이에요.
을: B의 사헬 지대는 지나친 방목과 경작지 확대 등으로 사막화 현상이 나타나는 곳이에요.
병: C의 작물들은 유럽 열강의 자본이 유입되면서 대량으로 생산되기 시작했어요.
정: D는 이 지역이 민족(종족) 경계와 국경이 일치하지 않아 분쟁 가능성이 있음을 보여 주고 있어요.

① 갑, 을　　② 을, 병　　③ 병, 정
④ 갑, 을, 병　　⑤ 을, 병, 정

· 2015 6 평가원

2. 지도는 ○○ 학생이 올해 8월 여름 방학을 이용해 탐방한 지역을 표시한 것이다. 탐방 중에 A~E 지역에서 관찰할 수 있는 경관으로 가장 적절한 것은?

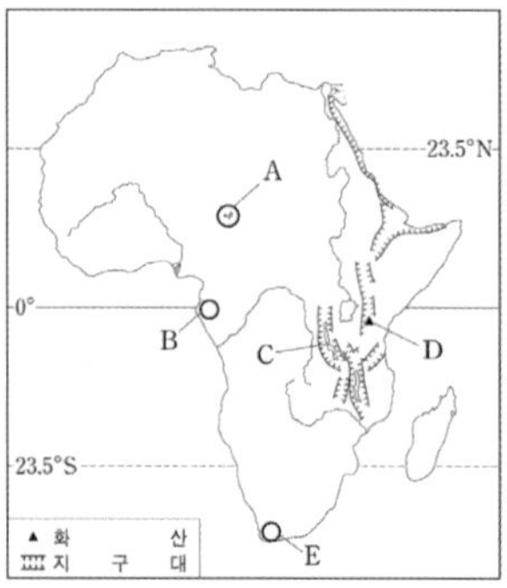

① A – 건기를 맞아 우기에 비해 수위가 낮아진 호수
② B – 물을 찾아 광활한 초원을 이동하는 수많은 야생 동물
③ C – 지각 판이 분리되는 지역에 형성된 호수
④ D – 고기 조산대에 속하는 아프리카 최고봉
⑤ E – 뜨거운 여름 햇살을 받으며 익어 가는 포도

· 2011 9 평가원

3. 다음 자료는 아프리카 OPEC 회원국에 대한 보고서이다. (가), (나)에 대당하는 국가를 지도에서 고른 것은?

국가	아프리카 OPEC 회원국의 국가별 특성
리비아	• 아프리카 최대 석유 매장국 • 대수로 후속 공사 재개
알제리	• 세계 6위의 천연 가스 생산국(2008년 기준) • 파이프 라인을 통해 유럽으로 천연 가스 수출
(가)	• 아프리카 제1의 원유 생산국(2008년 기준) • 아프리카 제1의 인구국(약 1억 5천만 명, 2008년 기준)
(나)	• 내전 종식 후 복구 사업이 활발함. • 아프리카 회원국 중 가장 늦게 OPEC 가입(2007년)

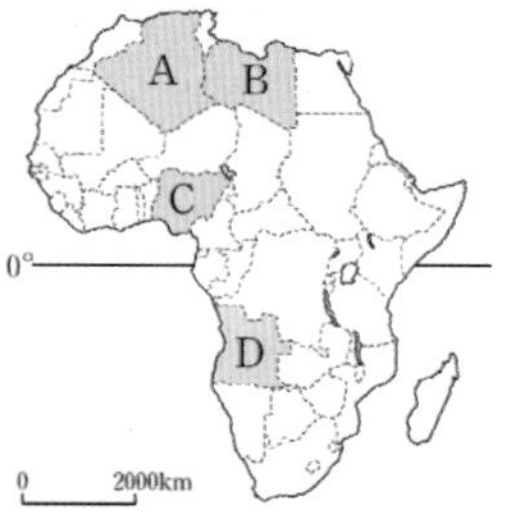

	(가)	(나)
①	A	B
②	A	D
③	C	B
④	C	D
⑤	D	C

[서술형]
· 2006 임용

1. (가)의 대부분 아프리카 국가들과 (나)의 미국-캐나다 국경선은 경선과 위선을 따라 인위적으로 획정된 것이다. 그러나 미국과 캐나다의 경우에는 국경선으로 인한 분쟁이 거의 없는 데 비해서, 아프리카에서는 이러한 국경선이 지역 분쟁의 원인이 되는 이유를 쓰시오(각각 30자 이내로).

(가)　　　　(나)

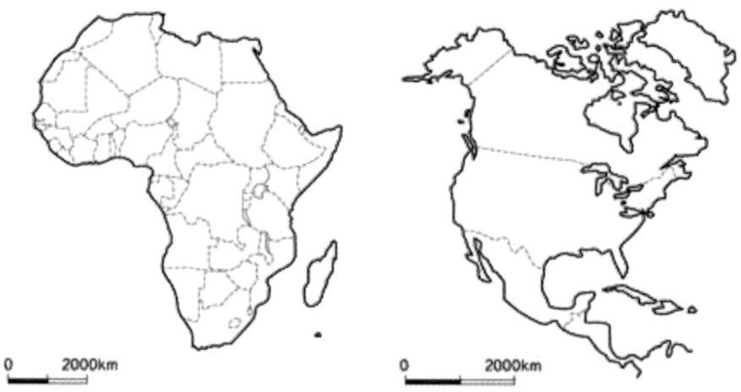

· 2006 수능 변형

2. 지도에서 구분하고 있는 (가), (나) 지역의 농업 양식을 다음 항목을 토대로 비교하여 서술하시오.

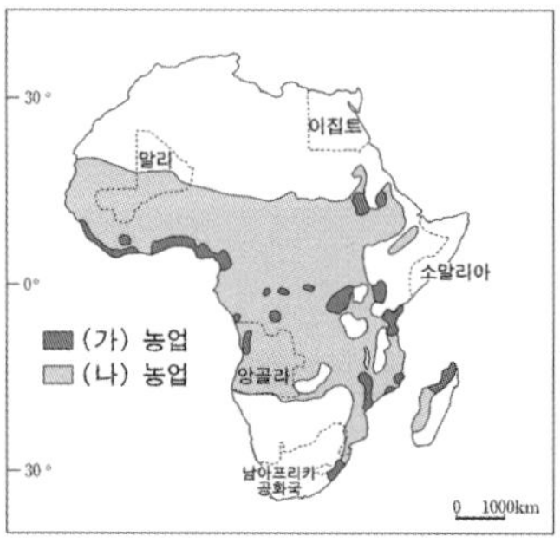

• 농경의 역사
• 생산 요소의 투입 정도
(노동, 자본, 기술 집약도)
• 재배되는 작물의 유형

※ 다음은 아프리카의 국경선을 나타내는 지도이다.

1. 지도의 A~Q에 해당하는 국가명을 쓰시오.

2. 지도에 나일 강, 콩고 강, 빅토리아 호수를 표시하시오.

3. 사하라 사막, 나미브 사막, 칼라하리 사막, 아비시니아 고원, 아틀라스 산맥, 드라켄즈버그 산맥 등을 표시하시오.

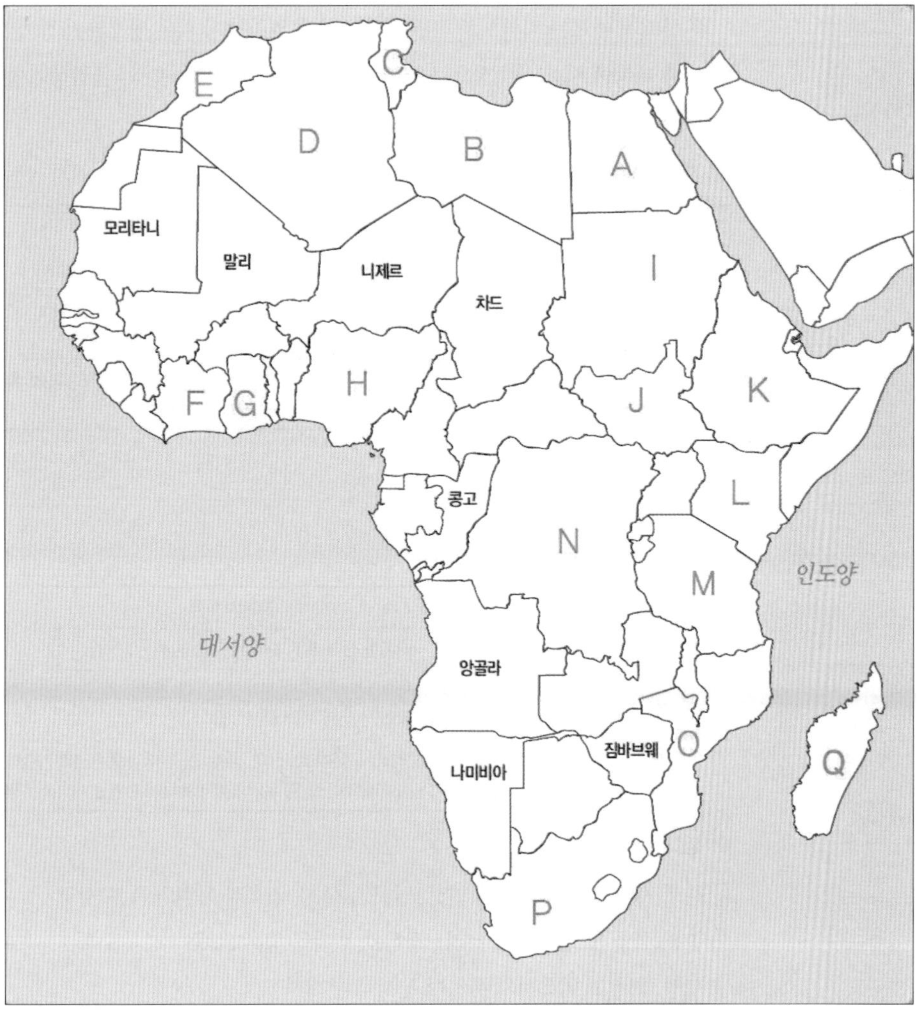

chapter 12

지역 지리

06. 유럽

핵심 출제 포인트

- ▶ 유럽의 위치적 특성
- ▶ 유럽의 지역 구분
- ▶ 유럽의 자연환경 특색
- ▶ 유럽의 문화적 배경
- ▶ 유럽의 축제 문화
- ▶ 유럽의 지역 갈등
- ▶ 유럽의 농업과 공업 지역 변화
- ▶ 유럽 연합

1. 유럽의 위치와 지역 구분

(1) 유럽의 위치적 장점

① 남북으로 지중해 북쪽에서 스칸디나비아 반도 및 북극해에 이르며, 동서로 대서양에서 우랄 산맥에 이르는 지역으로 육반구의 중앙에 위치하여 외부 세계와의 접촉과 교류에 유리

② 다른 대륙에 비해 상대적으로 규모가 작기 때문에 국가들 간의 근접성이 높아 긴밀한 상호 작용이 가능

(2) 지역 구분

지역	범위	해당 국가
북유럽	스칸디나비아 반도와 그 주변	노르웨이, 스웨덴, 핀란드, 아이슬란드
서유럽	알프스 산맥의 북쪽에서 스칸디나비아의 남쪽	영국, 아일랜드, 덴마크, 베네룩스 3국, 독일, 오스트리아, 스위스, 리히텐슈타인, 프랑스
남유럽	알프스 산맥 이남의 지중해 주변	포르투갈, 스페인, 이탈리아, 그리스 및 안도라, 산마리노, 모나코, 몰타, 바티칸

■ 유럽의 지형

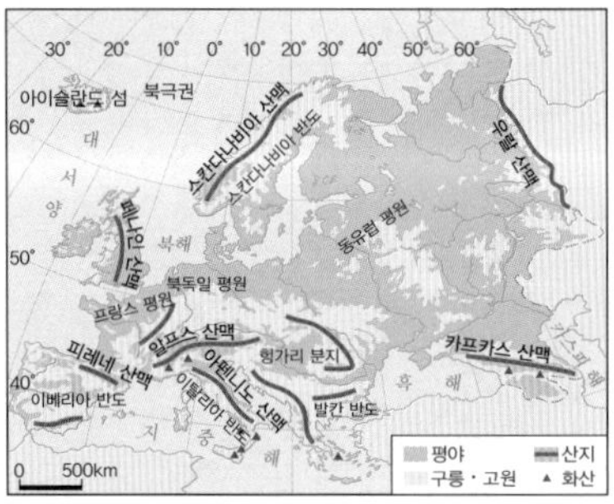

북유럽 및 서유럽의 북쪽은 낮고 오래된 산지, 남쪽은 높고 험준한 산지로 이루어져 있다. 그 사이에는 유럽 대평원이라는 넓은 평야가 펼쳐져 있는데 이 유럽 평원을 관통하는 라인 강은 운하망이 잘 발달하여 유럽의 젖줄 구실을 한다.

스칸디나비아 반도와 알프스 산지는 과거 빙하기 때, 빙하로 덮여 있었기 때문에 지금도 독특한 빙하 지형이 많이 남아 있다. 그 예로 빙하호, 모레인, U자곡, 피오르 등이 있는데 특히 피오르는 노르웨이의 서부 해안, 아이슬란드, 그린란드의 남부 해안에서 많이 볼 수 있다.

2. 유럽의 지형

(1) 유럽 지형의 특색

지역	지형의 특색
북유럽	• 고기 습곡 산지인 스칸디나비아 산맥, 발트 순상지, 각종 빙하 지형 발달
서유럽	• 영국의 남동부와 프랑스 중부로부터 독일과 덴마크를 거쳐 폴란드와 우크라이나에 이르는 지역 • 유럽 대평원이라고 불리며 라인 강 등 가항 하천 발달
남유럽	• 신기 습곡 산지로 피레네 산맥에서 알프스 산맥, 아펜니노 산맥과 동유럽의 카르파티아 산맥까지 포함 • 하천은 짧고 급류를 이루며 이탈리아 포 강 유역의 롬바르디아 평원을 제외하면 평야가 발달하지 못함

(2) 빙하 지형 발달

① 분포 지역: 스칸디나비아 반도, 알프스 산지, 영국과 독일의 북부 지역

② 종류: 호른(뾰족한 산봉우리), 빙하호, U자곡, 피오르 등

③ 토양: 거칠고 비옥하지 못하여 농사에 부적합

■ 지중해 연안의 강수량 분포

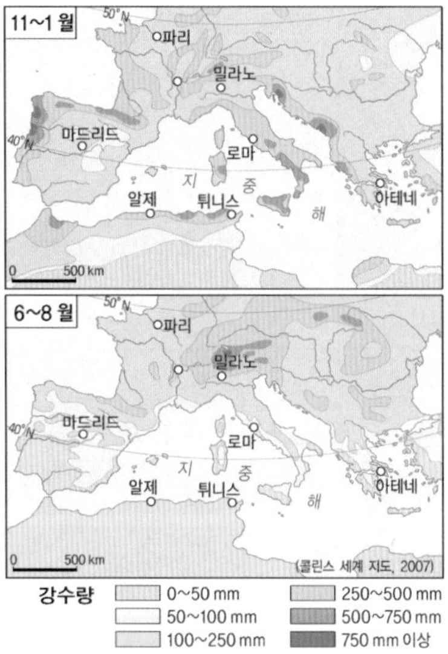

지중해 연안은 겨울에는 편서풍대의 영향을 받아 강수량이 많지만, 여름에는 아열대 고압대의 영향을 받아 강수량이 적다. 이는 태양의 회귀 현상에 따른 기압대와 항상풍의 계절별 이동에 그 원인이 있는 것이다. 지중해성 기후는 겨울에는 서안 해양성 기후와 비슷하고, 여름에는 스텝 기후와 비슷한 점이형 기후이다.

3. 유럽의 기후

(1) 북유럽 냉대 및 한대 기후, 백야 현상 발생

① 스칸디나비아의 남부 및 아이슬란드 남부: 서안 해양성 기후

② 발트 해 주변: 냉대 기후로 춥고 눈이 많은 겨울, 타이가(냉대 침엽수림) 발달

③ 스칸디나비아 반도 북부 및 아이슬란드 북부: 해양성 툰드라 기후(연교차 적음)

④ 그린란드 내부: 최난월이 영하인 빙설 기후

(2) 서유럽 온대 하계 냉량 기후(서안 해양성 기후)

① 서늘한 여름과 따뜻한 겨울: 기온의 연교차가 비교적 작음

② 북대서양 해류와 편서풍의 영향: 같은 위도의 대륙 동안에 비해 온화한 기후

③ 연중 고른 강수량: 라인 강, 다뉴브 강 등에서 운하와 수운 발달

(3) 남유럽 온대 하계 건조 기후(지중해성 기후)

① 여름은 아열대 고압대의 북상으로 고온 건조, 겨울은 한대 전선의 남하로 온난 습윤

② 건조 기후 지역과 온대 기후 지역의 점이적 특성과, 복잡한 지형 환경으로 미스트랄, 보라, 시로코 등 다양한 국지풍(지방풍) 발생

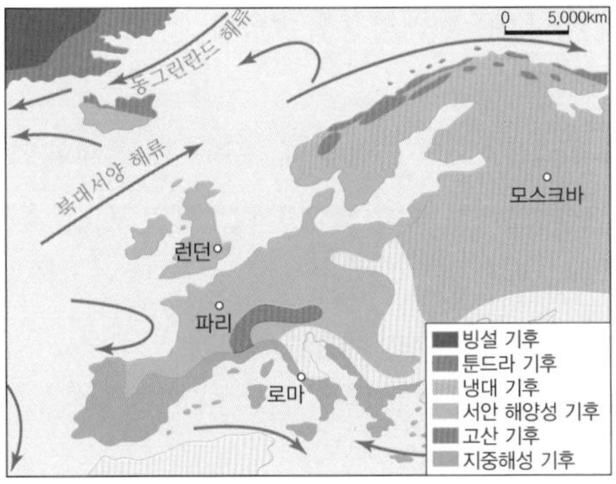

편서풍의 영향이 큰 유럽의 기후 유럽의 기후 분포를 살펴보면, 북서부 대서양 연안에는 서안 해양성 기후, 남부 지중해 연안에는 지중해성 기후, 동부에는 냉대 습윤 기후가 나타난다.
서안 해양성 기후 지역은 여름은 서늘한 반면, 겨울은 위도에 비하여 온화하다. 연 강수량은 500~700mm로 많지 않으나 연중 고른 편이며, 증발량이 많지 않아 대체로 습도가 높은 날씨가 많다. 이러한 기후 특성은 곡물 농업에는 불리한 편이나 목초 재배에는 유리하다.

4. 유럽의 문화

(1) 민족과 문화 그리스·로마 문화 + 크리스트교 + 게르만·라틴 문화를 문화적 전통으로 하는 민족

지역	민족	종교
북서유럽	게르만 족, 노르만 족	개신교
남유럽	라틴 족	로마 가톨릭
동유럽	슬라브 족	그리스 정교

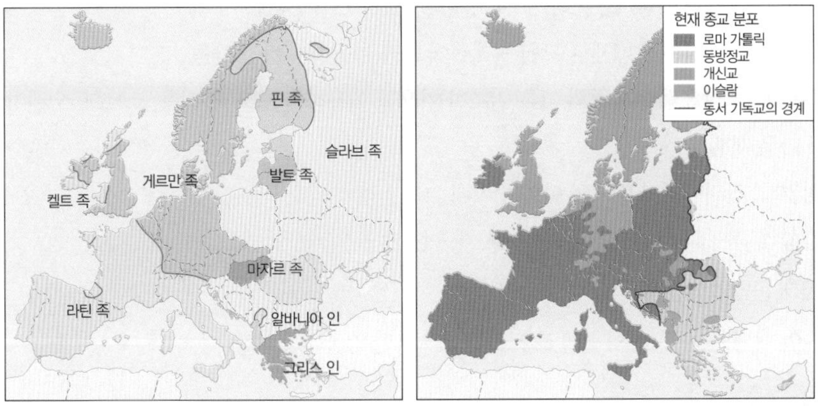

유럽의 민족과 종교 분포

(2) 축제 문화의 발달

① 축제 발달 이유: 유럽 전체의 문화적 동질감 형성

- 역사적 배경은 그리스·로마 문명 계승, 종교적 배경은 크리스트교 중심

② 국가별·지역별 고유한 문화적 특성 구현: 자연환경, 역사적 배경, 문화, 산업 활동의 독특함을 축제로 구현

③ 지식과 예술의 창조와 소비를 주도하며 근대화·산업화에 기여

(3) 유럽의 다양한 지역 축제

① 자연환경과 관련된 축제

- 백야 현상: 스웨덴의 하지 축제, 러시아 상트페테부르크의 백야 축제
- 봄맞이 축제: 덴마크 올보르의 봄맞이 축제

■ 상트페테르부르크의 백야 축제

제정 러시아의 수도였으며, '북부의 베니스' 라 불리는 상트페테르부르크는 위도가 높아 여름에는 밤이 무척 짧고 조명 없이도 글을 읽을 수 있다. 매년 6월 하순에 이를 기념하여 백야 축제가 열리며, 수많은 관광객들이 몰려든다.

■ 과일과 관련된 스페인의 축제

부뇰의 토마토 축제

리호아의 포도주 전쟁 축제

지중해성 기후가 주로 나타나는 스페인은 풍부한 일조량과 큰 일교차 덕분에 당도 높은 과일이 주로 생산된다. 부뇰의 토마토 축제는 지역 특산품인 토마토의 가격 폭락에 흥분한 농민들이 항의 차원에서 토마토를 던진 것으로부터 유래하였다. 리호아 지방의 포도주 전쟁 축제는 아로 마을과 미란다 마을 사이에 있는 산의 소유를 둘러싼 갈등에서 유래하였다. 그 이후 지역 특산품인 포도주를 상대방에게 뿌리게 되었고, 이것이 현대적인 축제로 발전하였다.

■ 종합 예술의 무대 에든버러 축제

스코틀랜드의 에든버러에서 매년 8월 같은 시기에 개최되는 여러 축제의 총칭이다. 음악, 타투, 서적 등의 분야에서 다양한 축제가 열린다.

• 눈 축제: 스위스 그린델발트 축제

② 문화와 관련된 축제

• 종교: 스웨덴 스톡홀름의 세인트루시아 축제, 이탈리아 구비오의 촛불 경주

• 민족: 노르웨이 오슬로의 바이킹 축제, 프랑스 로리앙의 켈트 족 축제

• 예술: 오스트리아 잘츠부르크의 음악 축제, 영국 에든버러의 종합 예술제

③ 산업 활동과 관련된 축제

• 특산물: 독일 뮌헨의 맥주 축제, 네덜란드의 쾨켄호프의 튤립 축제, 프랑스 보졸레의 와인 축제, 프랑스 망통의 레몬 축제, 스페인 부뇰의 토마토 축제, 스페인 리호아의 포도주 전쟁 축제 등

• 영화 산업: 프랑스 칸 영화제, 이탈리아 베니스 영화제, 독일 베를린 영화제

더 알아보기

▶ 세계의 10대 축제

독일 뮌헨 옥토버 페스트, 이탈리아 베니스 카니발, 브라질 리우 데자네이루 카니발, 몽골 나담 축제, 영국 에든버러 축제, 영국 노팅힐 카니발, 멕시코 세르반티노 축제, 타이 송크란 축제, 스페인 토마토 축제, 일본 삿포로 눈 축제

5. 유럽의 자원과 공업

(1) 발달한 농·임·수산업

① 농업

• 낙농업과 원예 농업: 북해 연안, 대도시 주변

• 혼합 농업: 식량 작물(밀, 보리) + 사료 재배(목초, 호밀) + 가축 사육

• 이목: 알프스 산지와 메세타 고원 – 계절에 따라 이동하며 가축 사육

• 수목 농업: 남유럽 여름철의 고온 건조한 기후를 이용하여 포도, 올리브, 코르크, 오렌지 등과 나무 재배

② 임업: 스칸디나비아 반도의 타이가 지대

③ 수산업: 북동 대서양 어장(조경 수역, 대륙붕, 뱅크 발달)

(2) 근대 공업의 발상지

① 산업 혁명: 근대 공업의 출발점으로 18세기 후반 영국에서 시작

더 알아보기

▶ 유럽의 토지 이용

유럽의 토지 이용 형태는 크게 일곱 가지로 분류될 수 있다. 우선 서안 해양성 기후가 나타나는 지역은 상업적 혼합 농업이나 낙농업 등 집약적 토지 이용이 이루어지거나, 목축업이 분포한다. 반면에 동유럽이나 남유럽의 내륙 지역에서는 조방적 혼합 농업이, 지중해성 기후가 나타나는 지역에서는 수목 농업이 주로 이루어진다. 북유럽은 침엽수림이 많이 분포하는 산림 지대이며, 북극해 연안은 툰드라 또는 황무지로서 비농업 지역에 해당한다. 밀 농사는 혼합 농업 지역에서 대부분 가축 사료와 함께 진행된다.

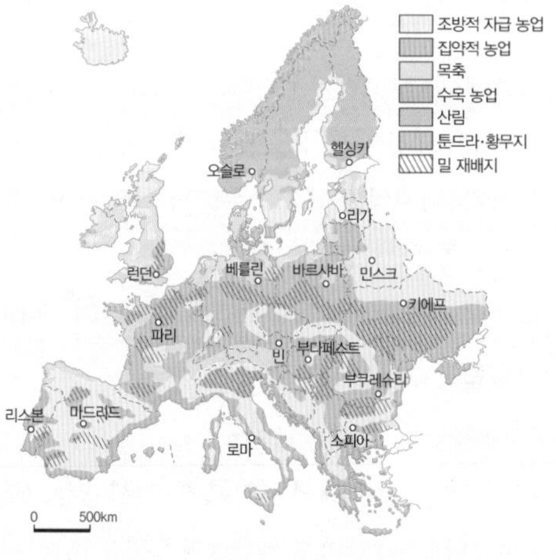

■ 포도 및 올리브의 생산

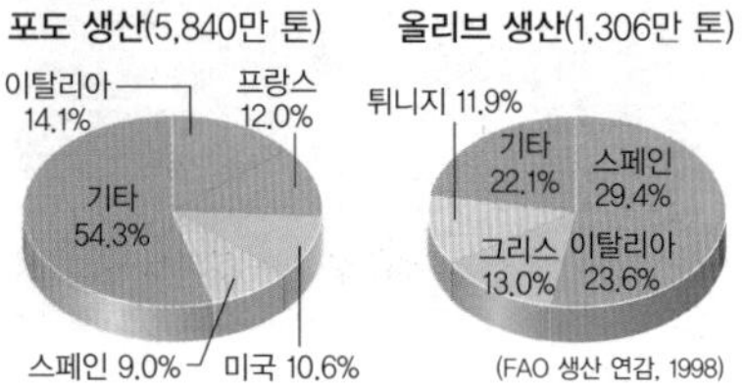

■ 주요 올리브 재배지

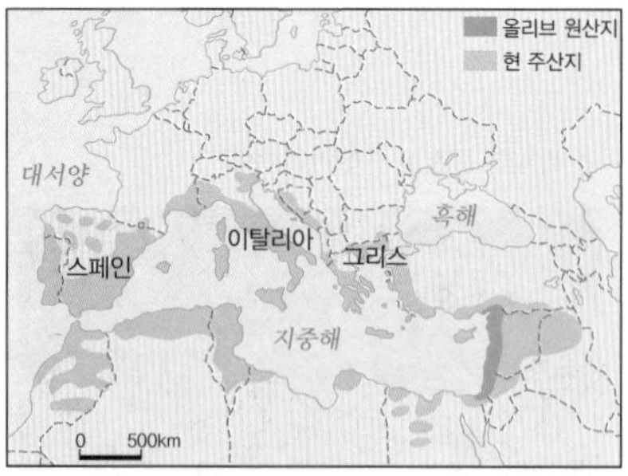

올리브는 스페인, 이탈리아, 그리스 순으로 생산량이 많다.

■ 북해 유전

■ 유럽의 관문 유로포트

네덜란드 남서 해안에 자리 잡은 항구로 라인 강의 지류를 통해 로테르담과 연결되어 있다. 이 지역은 세계 각지와 유럽의 내륙 공업 지대를 연결하는 중계 역할을 하고 있다.

② 공업 발달 배경: 풍부한 석탄과 철광석, 수운 발달

③ 주요 공업 지대

- 영국: 페나인 산맥 주변의 풍부한 석탄, 북해 유전으로 섬유, 제철, 공업 발달
- 프랑스: 석탄과 철광석이 풍부한 북부 파리 주변, 로렌 지방
- 독일: 루르·자르 지방 라인 강 수운 발달과 석탄 풍부
- 벨기에 남부 및 네덜란드의 로테르담 일대 등

④ 공업 입지의 변화: 산업 혁명 초기의 탄전 지대에서 최근 교통이 편리한 해안 지대나 대도시로 이전

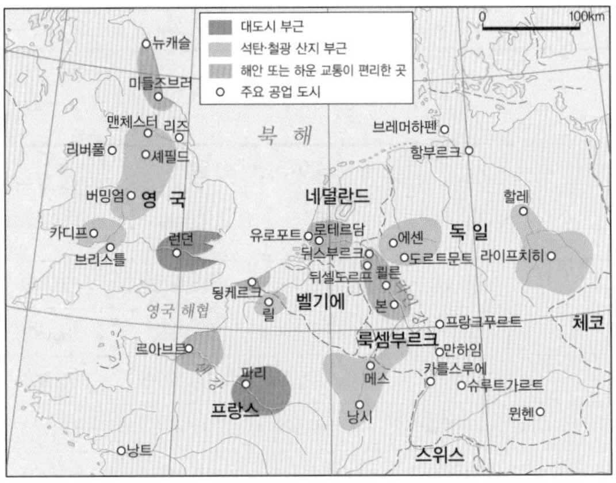

공업 입지의 변동 산업 혁명 이후 주요 동력 자원이 수력에서 석탄으로 바뀌면서부터 유럽의 주요 공업 지대는 탄광 지대 주변에 자리 잡게 되었다. 그러나 20세기 초 석유가 중요한 동력 자원으로 등장하고, 탄전 지대의 자원 고갈에 따라 수입 자원에 의존하는 비율이 높아지면서 원료와 제품의 수송에 유리한 곳, 그리고 교통이 발달됨에 따라 대도시와 해상 교통이 편리한 지역이 새로운 공업 지대로 등장하였다.

■ 유럽의 자원과 공업 지역 분포

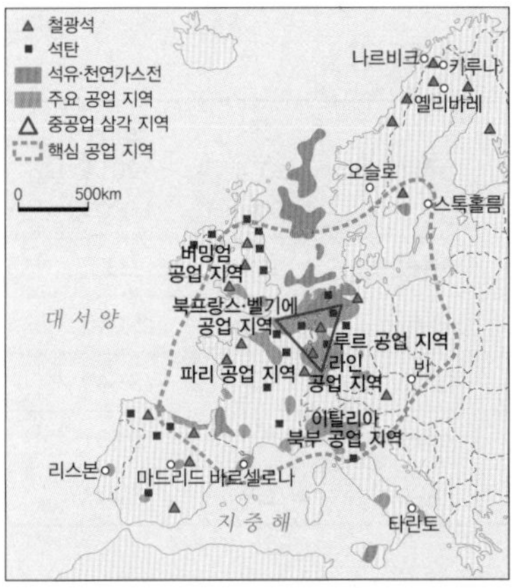

석탄은 영국의 남부와 미들랜드 탄전, 프랑스 북부에서 벨기에에 이르는 탄전, 독일의 루르 및 자르에 분포한 탄전이 대표적이다. 프랑스의 로렌 철광산은 독일의 자르 탄전과 연계되어 개발하고 있으며, 스웨덴의 키루나, 옐리바레에서도 양질의 철광석이 생산되어 수출되고 있다. 지도를 보면 주요 탄전 지대를 중심으로 공업 지역이 발달했음을 알 수 있다. 특히 철강 공업을 비롯한 중화학 공업의 입지는 탄전과 밀접하게 연관되어 있다.

6. 유럽 연합

(1) 유럽 통합의 역사 베네룩스 3국의 관세 동맹 → 유럽 석탄 철강 공동체(ECSC) → 유럽 경제 공동체(ECC) → 유럽 공동체(EC) → 유럽 연합(EU)

(2) 통합의 목적 경제·군사·외교적 통합을 통하여 하나의 유럽으로 발전하는 것을 지향

(3) 통합으로 인한 변화

① 국경의 소멸: 물자·노동력·자본의 자유로운 이동

② 단일 통화 창출: 유로화 통용

③ 공동의 에너지·환경 정책 등

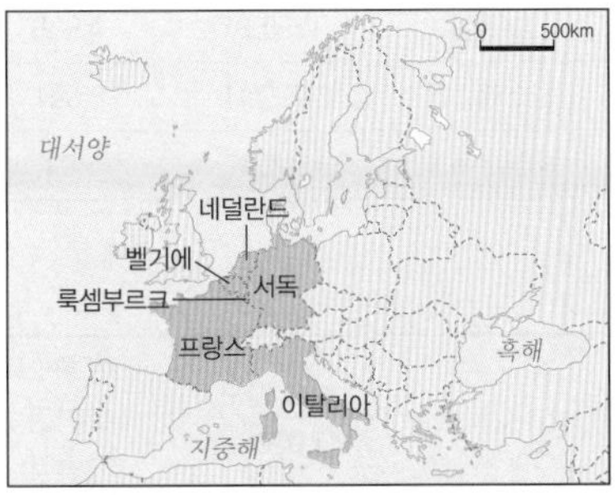

프랑스, 서독, 이탈리아, 베네룩스 3국, 총 6개국이 1951년 4월 18일 파리 조약에 서명함으로써 유럽 석탄 철강 공동체(ECSC)가 탄생하였다.

■ 유럽 연합 가입국 현황

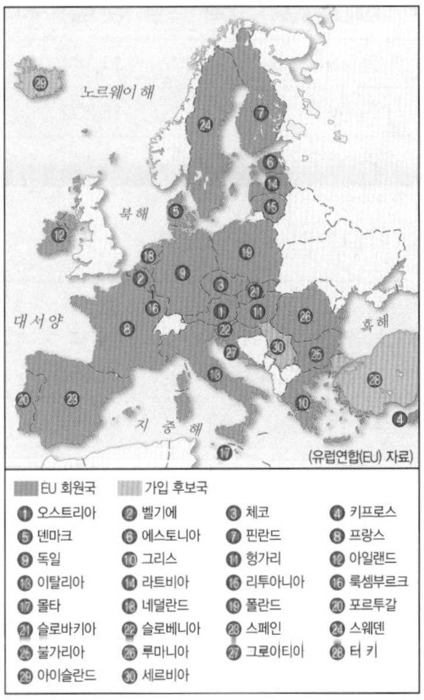

2013년 크로아티아가 가입하고, 2016년 영국이 탈퇴를 결정한 후 2020년 1월 실제 탈퇴함으로써 2020년 현재 유럽 연합의 가입국은 총 27개국이다.

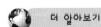

더 알아보기

• 세계 주요 경제권 비교 *2010년 기준

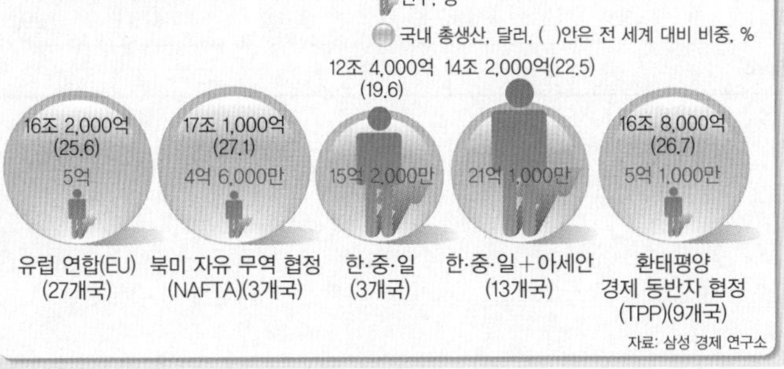

자료: 삼성 경제 연구소

7. 유럽의 주요 국가 통계 자료

(1) 북유럽

국명	면적 (2014, 1,000km^2)	총인구 (2014, 1,000명)	인구 밀도 (2014, 명/km^2)	수도	수도 인구 (1,000명)	국민 총소득 (2012, 억 달러)	1인당 국민 총소득 (2012, 달러)	2013년(백만 달러)		1인당 무역액 (2013, 달러)
								수출액	수입액	
아이슬란드	103	333	3.2	레이캬비크	118(12)	123	38,270	4,990	4,785	29,663
노르웨이	324	5,090	15.7	오슬로	606(11)	4,957	98,780	153,191	89,989	48,224
덴마크	43	5,640	130.9	코펜하겐	551(12)	3,348	59,870	111,353	98,374	37,324
스웨덴	450	9,631	21.4	스톡홀름	847(10	5,343	56,120	167,619	159,666	34,195
핀란드	338	5,443	16.1	헬싱키	591(11)	2,523	46,590	74,373	77,342	27,959

(2) 서유럽

국명	면적 (2014, 1,000km^2)	총인구 (2014, 1,000명)	인구 밀도 (2014, 명/km^2)	수도	수도 인구 (1,000명)	국민 총소득 (2012, 억 달러)	1인당 국민 총소득 (2012, 달러)	2013년(백만 달러)		1인당 무역액 (2013, 달러)
								수출액	수입액	
영국	242	63,489	261.8	런던	8,173(11)	24,488	38,500	476,998	645,516	17,779
아일랜드	70	4,677	67	더블린	527(11)	1,794	39,110	115,334	65,999	39,189
독일	357	82,652	231.4	베를린	3,501(12)	36,328	45,170	1,452,574	1,190,099	31,945
오스트리아	84	8,526	101.7	빈	1731(12)	4,043	47,960	166,329	172,391	39,872
스위스	41	8,158	197.6	베른	125(11)	6,475	80,970	217,104	191,309	50,560
리히텐슈타인	0.16	37	232.5	파두츠	5(11)	48	131,163	3,436(12)	1,890(12)	145,310(12)
프랑스	641	66,883	104.4	파리	2,234(09)	27,491	41,850	566,874	669,991	18,597
벨기에	31	11,144	365.1	브뤼셀	155(09)	4,988	44,820	469,922	452,163	83,037
네덜란드	37	16,802	449.8	암스테르담	779(11)	8,061	48,110	567,674	507,478	64,153
룩셈부르크	2.59	537	207.6	룩셈부르크	9(12)	381	71,810	14,086	23,912	71,643

(3) 남유럽

국명	면적 (2014, 1,000km^2)	총인구 (2014, 1,000명)	인구 밀도 (2014, 명/km^2)	수도	수도 인구 (1,000명)	국민 총소득 (2012, 억 달러)	1인당 국민 총소득 (2012, 달러)	2013년(백만 달러)		1인당 무역액 (2013, 달러)
								수출액	수입액	
포르투갈	92	10,610	115.1	리스본	547(11)	2,175	20,690	62,841	75,066	13,000
스페인	506	47,066	93	마드리드	3,198(11)	13,719	29,340	310,996	333,932	13,743
이탈리아	301	61,070	202.7	로마	2,771(11)	20,672	34,720	517,636	477,298	16,313
그리스	132	11,128	84.3	아테네	789(01)	2,630	23,710	36,269	62,084	8,838
안도라	0.47	80	171.3	안도라라베야	20(09)	32	41,122	68(12)	1,396(12)	18,683(12)
산마리노	0.061	32	518.6	산마리노	4(11)	16	51,732			
모나코	2.0km^2	38	19,033	모나코	38(14)	57	151,878			
몰타	0.32	430	1,361.2	발레타	5(11)	83	19,730	5,182	7,479	29,513
바티칸	0.44km^2	799	1,815.9	바티칸	799(14)					

지리 상식 1 동서 문제에서 남북 문제로!!

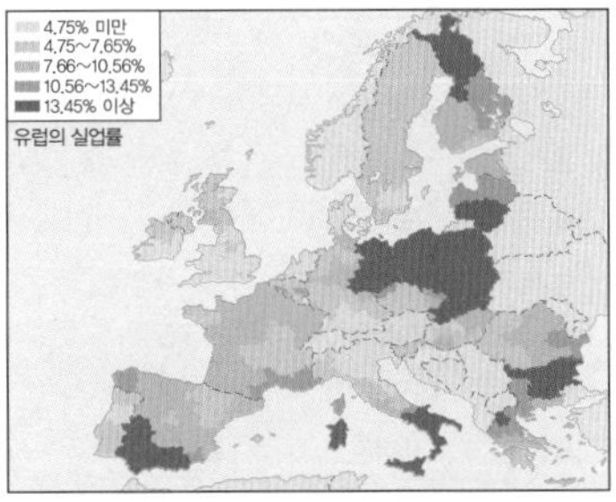

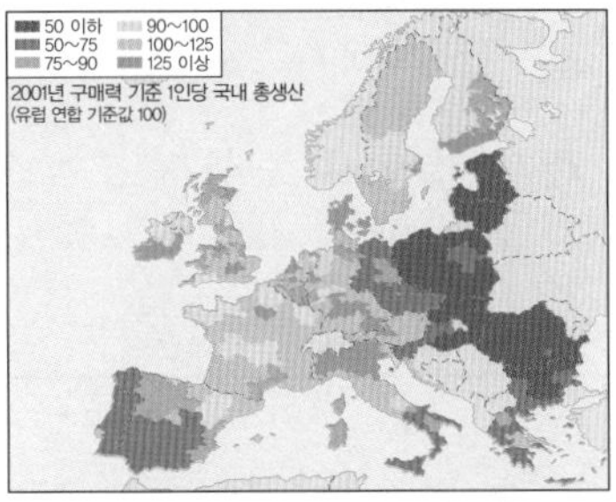

↕유럽 연합 통계청은 유럽 연합 회원국이나 가입 후보국 간에 나타나는 생활 조건의 차이를 고려하기 위해서 각국이 제공한 자료에 기초하여 구매력 기준이라는 공통적 기준값을 정했다.
각 단위는 일정 기간에 모든 나라에서 정확히 같은 양의 재화와 서비스를 구매할 수 있음을 나타낸다.

유럽 연합 전체의 경제 성장 수준은 상대적으로 높지만 빈곤은 사라지지 않고 있으며 회원국 간의 불평등은 오히려 크게 심화되었다. 의식주를 해결할 수 없는 문제뿐만 아니라 교육, 의료 혜택, 여가를 누릴 수 없는 어려움도 존재한다. 유럽 연합은 '물질적, 문화적, 사회적 재원 부족으로 자신이 거주하고 있는 회원국에서 받아들여질 수 있는 최소한의 생활 방식에서부터 소외된 자'들을 빈곤층으로 분류하고 있다. 2003년에는 유럽 연합 전체 인구의 약 16%가 각국의 빈곤선 이하에 속했으며, 그리스, 포르투갈 및 이탈리아 같은 남유럽 국가들과, 아일랜드나 영국 등 규제가 완화되어 있는 앵글로·색슨계 국가들이 이에 해당한다. 이 두 그룹은 사회 보장 지출 비중이 낮다는 공통점이 있다.

빈곤 현상은 가속화되고 있다. 유럽 연합의 신규 회원국들은 슬로바키아와 에스토니아를 제외하고 대체로 평균을 유지하고 있지만, 전체 인구의 약 15%가 빈곤선 이하의 소득으로 살아가고 있다. 유럽 연합 신규 회원국들의 소비 수준은 매우 낮은 편인데, 루마니아 인구의 약 3분의 1은 집 안에 화장실을 갖추지 못했고, 폴란드의 경우는 16%, 포르투갈은 10%가 이와 같은 상태에 속해 있다. 반면 프랑스는 2%에 불과하다. 유럽 연합 내에서도 '워킹 푸어(working poor)'가 출현했다. 2003년 유럽 연합 15개국 주민의 7%가 직장이 있음에도 빈곤선 이하의 생활을 했으며, 포르투갈에서는 무려 13%의 비중을 차지했다. 저임금 현상이 얼마나 광범위하게 나타나는지를 보여 주는 예이다. 여성은 빈곤층 비율이 훨씬 높았다. 이와는 대조적으로 다국적 기업의 경우 부가 가치세의 비율은 날로 증가하여 파리 주식 시장의 다국적 기업들은 1996년과 2004년 사이에 주주들에게 영업 이익(세전 이익)의 40% 이상을 배당했다.

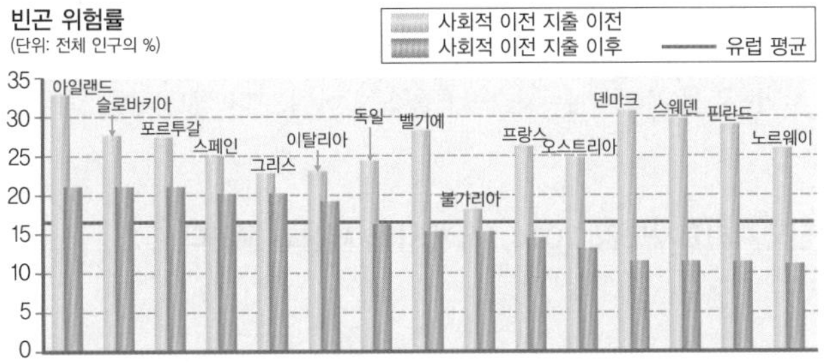

실업자들에서의 빈곤층 비율도 높지만 퇴직자들도 큰 피해를 입고 있다. 유럽 연합 회원국 대부분 국가에서 사회 보장 의무 분담금의 지불 기간이 늘어나는 반면, 연금 수령액은 줄어들고 있기 때문이다. 빈곤은 일상생활 전반에 걸쳐 나타나고 있으며, 프랑스는 기초 의료 보험 제도를 마련했음에도 인구의 11%가 경제적인 이유로 치료를 포기했다.

르몽드 디플로마티크, 권지현 역, 2008, 『르몽드 세계사 1』

지리 상식 2 빈곤들의 축구팀 '아틀레틱 빌바오'

'아틀레틱 빌바오'는 스페인의 소수 민족 중 민족적 정체성이 강한 바스크 지방의 축구 팀이다. 공식적인 규정은 없지만 외국인 선수를 영입하지 않는 정책을 고수해 온 팀으로 알려져 있었다. 특히 ETA 같은 무장 테러리스트 조직까지 만들어 끝까지 독립을 추구했던 바스크의 역사와 궤를 같이하여 왔고, 이런 강한 민족성 때문인지 오늘날 전 세계적으로 유명한 스페인 프로 축구 리그인 프리메라리가에서 단 한 번도 2부 리그로 강등된 적이 없는 4대 명문팀(레알 마드리드, FC바르셀로나, CA오사수나) 중 하나로 성장했다. 하지만 최근 들어 이 정책은 예전보단 줄어든 기세이며, 최근에는 순혈 바스크 선수가 아니라도, 그 지방에서 뛴 적이 있는 선수도 팀에서 뛸 수 있게 정책을 재편성했다. 스페인 내에서도 매우 보수적인 팀으로 알려져 있으며, 같은 지방팀인 레알 소시에다드와 강력한 라이벌 구도도 가지고 있다. 그렇다면 바스크 민족은 왜 이러한 특징을 가지게 되었을까? 피카소의 작품 '게르니카'는 1937년 스페인의 게르니카에서 있었던 학살 사건을 모티프로 하여 제작되었다. 1936년부터 1939년까지 우파 프랑코 정권 좌파 인민 전선과 정부 간의 치열한 내전이 있었다. 이때 프랑코 정권을 지배했던 독일의 나치 정권은 프랑코 정권의 요청으로 게르니카 일대를 비행기로 무차별 폭격했고, 이때 인구 2,000명의 게르니카에 무려 1,540명의 사상자가 발생했다. 게르니카가 폭격을 당한 이유는 게르니카가 속한 바스크 주의 특징과 관련되어 있다.

바스크 지방은 이베리아 반도 북부의 피레네 산맥 서쪽에 자리하고 있는데 일부는 프랑스에도 걸쳐 있다. 이곳에 사는 바스크 족은 이베리아 반도에서 가장 오래된 민족으로, 유럽의 다른 민족들과 연계성이 없고 언어학적으로도 유사성을 전혀 발견할 수 없는 독특한 민족으로 알려져 있다. 바스크족은 B.C. 1세기 로마 군이 이베리아 반도에 진출한 이후 수없이 많은 외부 세력의 침입과 지배를 받았다. 그런 이유로 어떤 민족보다 특히 민족주의와 저항 의식이 강했다. 20세기에 들어 스페인의 지배를 받게 되자 바스크 족은 계속해서 독립 운동을 전개했고, 1933년에

↕바스크 지방의 위치

야 겨우 자치권을 얻게 되었다. 이후 스페인 내전이 일어나자 당시 바스크 자치 정부는 프랑코에 반대해서 인민 정부를 지지했다. 이것이 빌미가 되어 결국 게르니카의 비극이 빚어진 것이다. 한마디로 게르니카는 바스크 민족에 대한 스페인의 뿌리 깊은 차별과 독재 정권 수립을 위한 희생양이 되었던 것이다.

이후 바스크 족은 스페인의 지속적인 탄압에 대항하여 1959년 '바스크 조국과 자유(ETA)' 라는 무장 투쟁 단체를 만들어 지속적인 독립 활동을 벌여 왔으며, 이 과정에서 많은 유혈 사태가 발생했다. 한때는 스페인 정부와 영구 휴전 협정을 맺은 적도 있지만 다시 무산되어 독립 투쟁을 계속하던 ETA는 2011년 무장 투쟁 포기를 선언했다. 이러한 이들이 만든 축구팀이 '아틀레틱 빌바오' 라면 … 그들의 난폭함이 이해가 갈 것이다.

전국지리교사모임, 2014, 『세계지리 세상과 통하다 2』

지리 상식 3 토르의 후예들은 여전히 건재하다

북유럽 지역 주민들의 생활 모습을 보면 토르의 후예들이 여전히 건재함을 알 수 있다. 스칸디나비아 사람들에게는 특별히 선호하는 이름들이 있다. 올레, 한슨, 에릭, 페테르 등이 그것이다. 미국 사람들이 존이라는 이름 뒤에 아들이나 자손이라는 의미의 '슨(son)'을 붙여 존슨이라는 성을 만드는 것처럼 스칸디나비아 사람들도 이름 뒤에 '손'이나 '센'을 붙여 성을 만든다. 에릭손, 올레손, 한센, 페테르센, 아문센 등이 그 사례이다. 미국의 위스콘신이나 미네소타 주의 전화번호부를 뒤적이다 보면 이러한 이름들을 자주 발견할 수 있다. 미국으로 이주한 스웨덴 사람들과 노르웨이 사람들이 자기 나라와 가장 환경이 비슷한 위스콘신과 미네소타에 정착했기 때문이다.

노르웨이와 스웨덴 사람들은 눈이 많이 오면 나무로 만든 스키를 신발에 묶고 밖에 나간다. '스키'라는 단어는 '눈 위에서 신는 신발'이라는 노르웨이 어에서 비롯되었고 스키 경기 또한 노르웨이에서 처음 시작되었다.

다이너마이트는 강력한 폭발력을 가진 무기이다. 다이너마이트를 발명한 노벨은 스웨덴에서 태어났다. 그가 기부한 유산을 기금으로 해서 기금에서 나오는 이자를 해마다 국적에 상관없이 세계의 발전에 공헌한 사람들에게 수여하고 있다. 매년 각 분야에 대해 철저한 심사가 이루어지고 세계에 가장 큰 공헌을 한 사람에게 상금을 준다. 이것이 노벨상이다.

국가별 노벨 과학상 수상 순위(2012년 기준)

순위	국가	화학상	물리학상	생리의학상	종합
1	미국	65	89	94	248
2	영국	28	23	34	85
2	독일	30	32	23	85
4	프랑스	8	12	12	32
5	스위스	6	5	9	20
6	오스트리아	5	4	7	16
6	네덜란드	3	10	3	16
8	일본	7	7	2	16
9	스웨덴	4	4	6	14
9	러시아	2	11	1	14
9	캐나다	7	3	4	14
12	이탈리아	1	4	6	11
13	덴마크	1	3	5	9
14	폴란드	2	2	1	5
15	노르웨이	2	1	0	3

깊이 읽기 추천 도서 소개

전국의 지리 교사들이 모여 7년만에 완성한 통합적 세계 지리 교양서. 그 중요성에 비해 사람들의 관심 밖으로 밀려난 지리 과목의 위기를 절감하고, 제대로 된 세계 지리 교육을 위해서 '생각이 젊은' 전국의 지리 교사들이 뭉쳤다. 예를 들어 5대양 6대주 라는 구분 방식은 강대국 중심의 철 지난 구분이다. 이러한 오래된 기준 대신에 세계의 실상을 제대로 알 수 있게 하기 위해 이 책에서는 세계의 지역을 동아시아, 동남·남아시아, 서남·중앙아시아, 오세아니아, 아프리카, 유럽, 아메리카, 남극과 북극의 9개 지역으로 새롭게 구분했다. 뿐만 아니라 이 책에서는 기존의 '지역 지리'와 '계통 지리'가 갖는 단점을 극복하기 위해서 '지역-주제 지리' 라는 서술방식을 도입하여 보다 생생하게 지리의 세계를 그려내고 있다.

… 전국지리교사모임, 2014, 『세계지리, 세상과 통하다 1, 2』

[선택형]

· 2007 9 평가원

1. 자료와 같은 문화 특성이 나타나는 지역과 이에 직접 영향을 끼친 지역을 지도에 바르게 표시한 것은?

- 그들은 식민지에도 중앙의 대광장이 중심이 되는 격자형 가로망을 계획하고 거기에 맞춰 도시들을 건설했다. 대광장 주변에는 종교적 기능을 수행하는 대성당뿐만 아니라 효율적인 식민 통치를 위한 관공서를 세웠다.
- □□마을에 있는 성당 내부의 마리아 상은 하얀 의상의 마리아와는 달리 화려한 무늬의 옷을 입고, 까만 머리에 황금빛 피부를 한 원주민 모습이다.

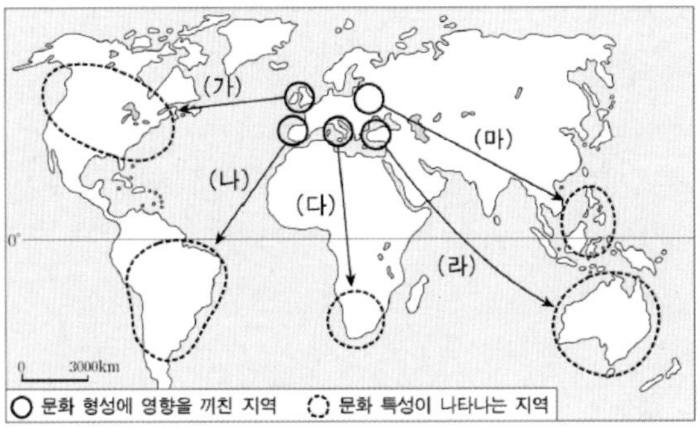

① (가) ② (나) ③ (다) ④ (라) ⑤ (마)

· 2008 6 평가원

2. 다음 글을 바탕으로 바르게 추론한 내용을 〈보기〉에서 고른 것은?

- 주요 신규 회원국의 제조업 단위 노동 비용은 2001년 기준으로 오스트리아의 52.7% 수준이다.
- 기존 유럽 연합 수입 시장에서 신규 회원국 제품이 차지하는 비중은 1995년 9.5%에서 2001년 13.2%로 증가했다.
- 1995~2003년까지 신규 회원국의 1인당 GDP 수준은 기존 회원국 평균치의 44%에서 63%로 변화될 것으로 예측된다.
- 신규 회원국에서 기존 회원국으로의 초기 이주 규모는 기존 회원국 인구의 0.1% 정도에서 서서히 증가하여 2030년경에는 1.1% 정도에 달할 것으로 예상된다.

보기

ㄱ. 신규 회원국과 기존 회원국 간의 교역량이 감소할 것이다.
ㄴ. 신규 회원국과 기존 회원국 간의 경제적 격차가 확대될 것이다.
ㄷ. 노동비 절감을 고려하여 기존 회원국에서 신규 회원국으로 진출하는 기업이 늘어날 것이다.
ㄹ. 더 높은 임금을 위하여 신규 회원국에서 기존 회원국으로 이동하는 노동자가 증가할 것이다.

① ㄱ, ㄴ ② ㄱ, ㄷ ③ ㄴ, ㄷ ④ ㄴ, ㄹ ⑤ ㄷ, ㄹ

· 2014 수능

3. 다음 자료의 밑줄 친 (가) 경관이 나타나는 지역에 대한 옳은 설명을 〈보기〉에서 고른 것은?

클래식의 세계 2013년 11월 호

북유럽의 대자연을 담은 그리그의 음악 세계

노르웨이 출신의 작곡가 그리그는 조국을 목숨처럼 사랑했으며 노르웨이 사람들만이 만들고 느낄 수 있는 음악을 작곡하였다. 그의 음악에는 (가) 노르웨이에서 볼 수 있는 하늘을 찌를 듯이 치솟은 나무들, U자형 계곡에서 하얗게 부서져 내리는 폭포, 그리고 만입부에서 내륙으로 길게 이어지는 해안 등 대자연의 웅장한 풍광이 담겨 있는 듯하다.

Alla marcia e molto marcato. M.M. ♩=138.

〈그리그의 페르귄트 모음곡 'In the Hall of the Mountain King' 중에서〉

보기

ㄱ. 침엽수림대가 넓게 분포해 임업이 발달했다.
ㄴ. 권곡, 혼 등의 다양한 빙하 침식 지형이 나타난다.
ㄷ. 벽이 두껍고 창이 작은 흙벽돌집을 볼 수 있다.
ㄹ. 강수 일수가 적고 여름이 건조하여 수목 농업이 발달했다.

① ㄱ, ㄴ ② ㄱ, ㄷ ③ ㄴ, ㄷ ④ ㄴ, ㄹ ⑤ ㄷ, ㄹ

4. 다음 글은 유럽의 주요 축제를 소개한 것이다. 축제가 열리는 (가), (나) 지역의 기후 특징을 그래프의 A~C에서 고른 것은?

> (가) ○○ 레몬 축제: 시내 곳곳에서 레몬과 오렌지로 장식한 마차들과 전통 의상을 입은 지역 주민들의 행진을 볼 수 있다. 축제 때마다 서로 다른 만화 주인공을 선정하여 수십 톤에 이르는 오렌지와 레몬으로 거대한 구조물을 설치한다.
> (나) △△△ 음악 축제: 매년 8월에 개최되는 대표적인 백야 축제로 6시 정도에 시작하여 자정 무렵까지 해가 떠 있는 동안 공연이 지속된다. 그리고 시민들이 직접 참여하는 다양한 퍼포먼스가 진행되기도 한다.

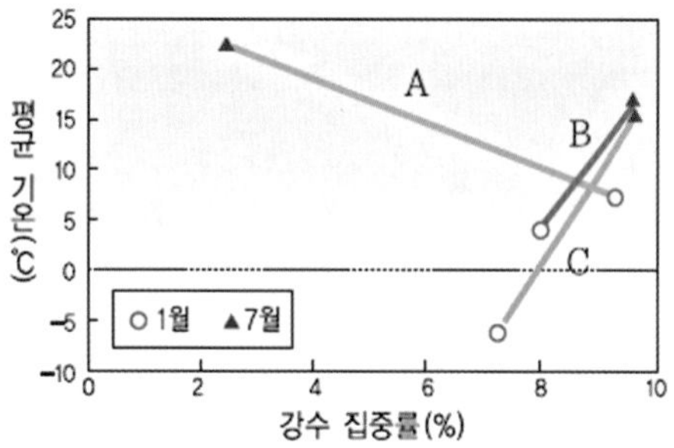

	(가)	(나)
①	A	B
②	A	C
③	B	C
④	B	A
⑤	C	A

5. 다음은 △△신문 기자의 유럽 취재기 일부이다. (가) → (나) → (다) 지역의 취재 경로를 지도에 바르게 표시한 것은?

> (가) 우리나라보다 훨씬 북쪽에 있고 겨울인데도 바다는 얼어 있지 않았다. 겨울이면 이웃 나라의 키루나에서 생산된 철광석이 이 항구를 통해서 수송된다.
> (나) 라인 강 하구에 있는 항구로 들어서면서 보니 주변에는 거대한 석유 화학 공장들이 늘어서 있었고, 유럽의 관문이라는 항구 안에는 화물을 취급하는 도크가 곳곳에 보였다.
> (다) 민족과 종교의 다양성이 가져온 아픔의 땅을 찾아왔다. 분리 독립과 내전의 쓰라림 속에 연방의 분열을 겪은 이곳, 아직도 그 아픔의 흔적은 곳곳에 남아 있었다.

① A
② B
③ C
④ D
⑤ E

[서술형]

1. 지도에 나타난 유럽 주요 국가들의 발전 유형 A~C에 대하여 물음에 답하시오.

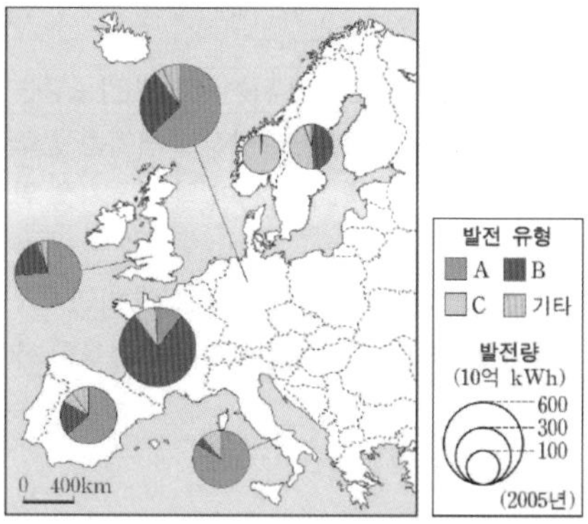

(1) A~C의 발전 유형을 각각 쓰시오.

(2) 북유럽 일대에서 C의 비중이 높은 이유를 기후 환경과 관련지어 설명하시오.

2. 다음 (가)~(다) 설명에 해당되는 도시를 지도에서 찾아서 기호와 명칭을 쓰시오.

> (가) 축구를 통해 친숙하게 알려진 이 도시는 산업의 역사를 기념하는 곳으로 랭커셔 지방의 중심이며 풍부한 석탄을 바탕으로 근대 산업의 발전을 이끈 곳이다. 현대적인 감각과 역동적인 재미를 느낄 수 있는 미술관, 박물관도 이 도시의 빼놓을 수 없는 관광 코스이다.
> (나) 이 도시는 석유의 대량 수입항으로서 석유 화학 산업이 발달하였다. 이 지역이 이렇게 발전할 수 있었던 이유는 라인 강의 하구에 위치하여 중상류 지역의 여러 공업 지대와 유럽 대륙 여러 나라의 소비 시장을 배후지로 하고 있기 때문이다.
> (다) 이 도시는 전통적으로 섬유 공업이 발달하였으며 화학, 금속, 기계 공업 등도 활발하며, 특히 섬유 및 패션 산업이 발달하였다. 그리고 최근에는 정보 통신을 비롯한 첨단 산업이 발달하고 있다.

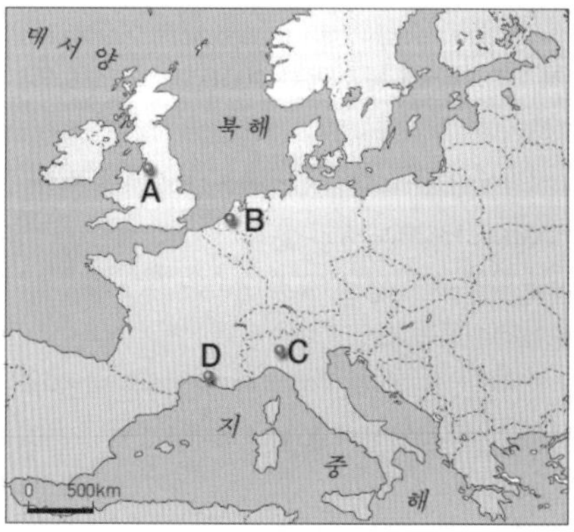

1. ①~⑲에 해당하는 국가명을 쓰시오.

2. 　　으로 표시된 국가들의 공통점은?

3. 　　으로 표시된 국가들은 유럽 연합(EU) 출범 당시의 가입국이면서도 유로존이 아닌 나라이다. 유로존이란 무엇인가?

4. 남유럽 국가로 분류될 수 있는 나라를 4개만 고르시오.

5. 　　와 　　로 표시된 지역의 지역 갈등에 대해 간단히 쓰시오.

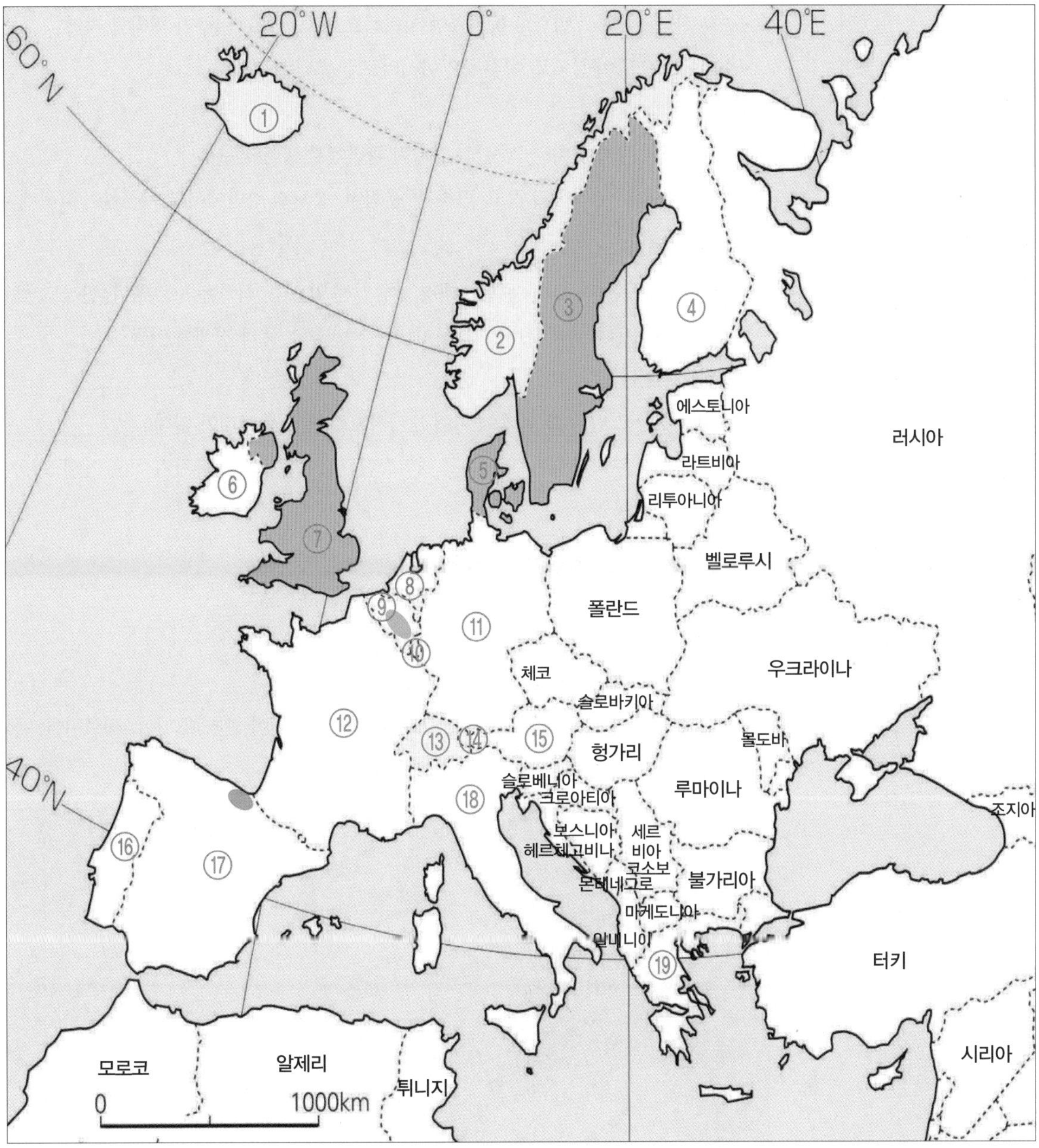

핵심 출제 포인트

- ▶ 위치적 특성
- ▶ 다양한 기후 환경
- ▶ 석유와 천연가스
- ▶ 자원을 둘러싼 갈등
- ▶ 지역 갈등

■ 러시아 및 유럽의 지역 구분

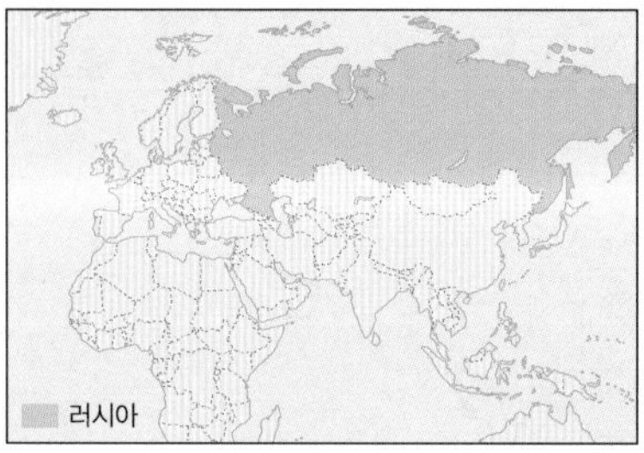

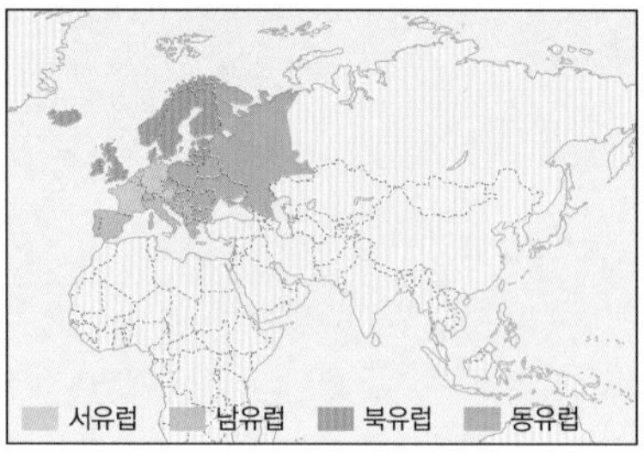

■ **이끼의 바다 툰드라 지대**
툰드라는 일 년 중 짧은 여름을 제외한 250여 일이 눈과 얼음으로 덮여 있다. 주로 북반구의 극 지역에 분포하는 이 춥고 넓은 평원에서는 낮은 기온 탓에 나무가 자라지 못하며, 시도 때도 없이 강풍이 몰아치며 밤톨만한 우박이 내리기도 한다.

1. 러시아와 인접 국가의 위치와 지역 구분

(1) 러시아 및 인접 국가의 위치적 특징

① 러시아: 유라시아 대륙의 북쪽의 반을 차지하고 러시아뿐만 아니라 우크라이나, 벨라루스, 몰도바, 조지아, 아르메니아 등의 나라를 포함하는 지역

② 중앙아시아

- 높은 산맥, 사막, 스텝으로 둘러싸여 지리적으로 격리되고 인구가 희박한 지역
- 소비에트 연방이 붕괴된 이후 중앙아시아로 분류되는 지역

③ 동유럽

- 서유럽과의 관계에 따라 역사적·정치적 관점에서 생겨난 구분
- 지역적 범위도 일정하지 않고, 민족적·문화적·종교적 측면에서도 이질성이 강하게 나타남

(2) 지역 구분

① 러시아: 북쪽은 북극해, 동쪽은 태평양에 접해 있으며, 서쪽은 노르웨이, 핀란드, 폴란드를 비롯해 에스토니아, 라트비아, 리투아니아, 벨라루스 등과 경계를 이룸

② 중앙아시아

- 동·서투르키스탄과 그 북쪽에 이어진 카자흐스탄 및 중가리아 일대
- 카자흐스탄, 투르크메니스탄, 우즈베키스탄, 키르기스스탄, 타지키스탄, 아제르바이잔, 아프가니스탄, 몽골

③ 동유럽:4개의 소집단으로 구분

- 발트 해 연안국: 폴란드, 리투아니아, 라트비아, 벨라루스
- 내륙국: 체코 공화국, 슬로바키아, 헝가리
- 흑해 연안국: 우크라이나, 몰도바, 루마니아, 불가리아
- 아드리아 해 연안국: 슬로베니아, 크로아티아, 보스니아, 마케도니아, 세르비아, 몬테네그로, 알바니아

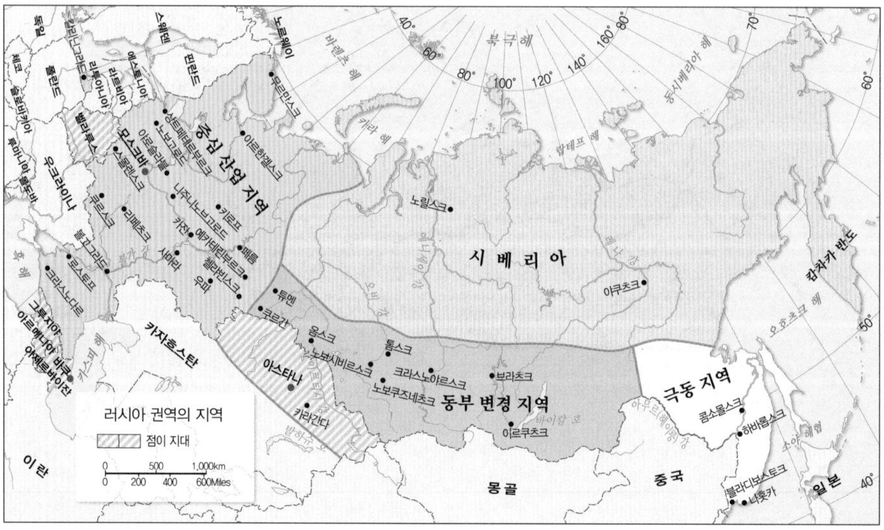

⋮ 러시아와 인접 국가

2. 러시아와 인접 국가의 지형

(1) 지형의 특색

지역	지형의 특색
러시아	• 3개 구역으로 구분: 서부의 러시아 평원과 동부의 서시베리아 평원, 예니세이 강 동쪽의 산악 지대 – 러시아 평원: 대부분 빙하 시대에 얼음에 덮였던 곳 – 서시베리아 평원: 우랄 산맥에서 동쪽의 예니세이 강까지, 북극해에서 남쪽의 알타이 산맥까지 광활하게 펼쳐진 저평한 지역 – 예니세이 강에서 동쪽 레나 강까지: 오래된 중앙 시베리아 대지로 캄차카 반도의 동쪽 언덕에 걸쳐서는 환태평양 화산대에 속한 많은 화산이 존재하며, 호수로는 세계 최대의 짠물 호수인 카스피 해와 면해 있으며, 민물 호수로는 세계에서 가장 깊은 바이칼 호가 나타남
중앙아시아	• 높은 고원과 산맥, 거대한 사막, 나무 없는 초원으로 이루어진 지역 – 카스피 해 연안에는 해면보다 낮은 지대와 사막 분포 – 남쪽은 세계 최대의 험준한 지형, 파미르 고원과 동쪽의 산지들 사이에는 티벳 고원, 그리고 그 북쪽으로는 타림 분지, 분지의 중앙부는 타커라마간 사막, 타미르 고원 동쪽으로는 투루판 분지가 나타남
동유럽	• 북부의 평야 지대, 중부의 산지와 도나우 평원 지대, 남부의 산지 지대

(2) 빙하 지형과 주빙하 지형

① 분포 지역: 북부 우랄에서 동시베리아 해와 북극 저지대

② 종류: 영구 동토층, 구조토

③ 토양: 거칠고 비옥하지 못하여 농사에 부적합

3. 러시아와 인접 국가의 기후

(1) 러시아

① 대륙성 기후: 온화하고 다습한 해양의 영향에서 멀리 떨어진 대륙 내부의 기후 환경

② 냉대 습윤~한대 기후: 냉대 습윤 기후(Dfb, Dfc)가 지배적이며 북극권 주변은 한대 기후

③ 농경이 가능한 지역: 서부와 남서부 지역의 냉대 기후 지역에 러시아 국민 대부분이 집중

(2) 중앙아시아

① 사막 벨트: 톈산과 파미르 고원을 기준으로 서부 지역과 동부 지역으로 구분

- 서부 지역: 카스피 해와 아랄 해 분지의 건조한 평원 지역으로 여름에는 건조하고 더우며, 겨울에는 평균 기온이 영하로 내려감(대륙성 기후)
- 동부 지역: 타커라마간 사막과 고비 사막이 나타남

② 북부 지역: 사막의 북부 지역으로 갈수록 강수량이 점차 증가해 초지 또는 스텝이 나타나며, 여름에 온난한 반면 겨울에는 기온이 극단적으로 내려갈 수 있음(타이가의 외부 지역)

③ 지구 온난화의 영향

- 티베트의 기온이 크게 상승하여 고원 시대의 빙하가 녹고 있으며, 50년 이내에 사라질 것으로 전망
- 강의 원천인 빙하가 녹으며 일시적인 범람이 일어났으나 장기적으로 이곳의 담수가 감소되어 더욱 건조해질 것으로 전망

(3) 동유럽

① 대륙성 기후: 라인 강을 경계로 대서양과의 거리가 멀어지는 동쪽은 최소 1개월간 지속되는 영하의 날씨와 더운 여름이 나타남

② 온대 습윤: 이탈리아 북부 일대와 슬로베니아, 크로아티아, 보스니아 북부 일대에서는 온대 습윤 기후가 나타남

■ **바다로부터 멀어서 건조한 사막**

대륙 내부 지역은 바다로부터 수증기를 공급받기가 어려워 비가 적은데, 몽골과 중국에 걸친 고비 사막과 타커라마간 사막, 중앙아시아의 투르케스탄 사막이 대표적이다. 대륙 내부에 자리한 사막에서는 겨울에 기온이 −40℃ 이하로 내려가 혹한이 발생하기도 한다.

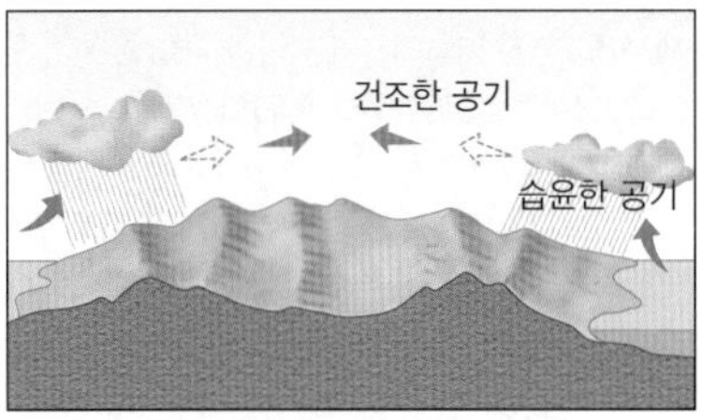

대륙 내부 사막의 발생 원인

타커라마간 사막

■ **러시아의 지역 구분**

- 중심 산업 지역: 모스크바, 상트페테르부르크, 볼가-우랄 지역은 러시아 공업의 핵심 지역으로 대부분의 인구, 도시, 주요 산업이 밀집한 곳이며, 가장 집약적인 경작지 이용이 나타나는 곳이다. 이들 간의 강력한 상호 작용으로 발전을 이루었다.
- 동부 변경 지역: 우랄 산맥의 동쪽 측면에서 아무르 강의 원류까지와 튜멘(Tyumen)의 위도에서 인근 카자흐스탄의 북부 지대까지. 러시아 핵심 지역에 인접한 서부 지역은 인구가 조밀하고 발달된 경관을 보여 주는 반면 동부는 그렇지 않다.
- 시베리아: 우랄 산맥에서부터 캄차카 반도까지 뻗어 있는 거대한 지대이다. 불리한 자연환경으로 인해 인구 밀도는 낮지만 풍부한 자원으로 러시아의 발전에 도움이 되고 있다.
- 극동 지역: 남쪽의 블라디보스토크를 시작으로 북쪽의 시베리아 남단에 이르기까지의 지역으로 인근의 사할린 섬도 포함된다.

③ 푸스타 초원: 헝가리 동부 일대에 나타내는 온대 초원으로 밀, 옥수수, 감자 등의 농업 활동과 일부에서 소, 말, 양 등의 대규모 방목이 이루어짐

■ 글라스노스트와 페레스트로이카
1985년 소련 공산당 서기장으로 선출된 고르바초프가 공산주의 체제의 문제로 인한 국가 경쟁력 저하를 극복하기 위해 추진한 소련의 정치, 경제, 사회, 외교 분야에서의 개혁 정책을 말한다. 글라스노스트는 당시 소련에 만연해 있던 언론 검열 및 어용화, 사상 탄압 등 경찰국가주의에 대한 변혁을 의미하며, 흔히 '개방'으로 번역된다. 페레스트로이카는 부패한 관료제 타파, 공산주의 경제의 체제적 한계점 개선, 점진적인 시장 자유화 등의 정책을 포함하며, 흔히 '개혁'으로 번역된다.
이 정책들이 추진되는 가운데 개혁을 반대하는 보수파와 개혁파 사이의 갈등이 심화되었고, 좀 더 많은 개혁을 요구하는 민중의 요구 또한 이와 첨예하게 대립했다. 이 과정에서 1991년 보수파 세력이 쿠데타를 일으켰고 옐친이 주도한 반 쿠데타로 보수파가 제거되었으나, 이미 실각한 고르바초프가 대통령직을 사임하면서 개혁 정책은 막을 내렸다.

4. 러시아와 인접 국가의 문화적 배경

(1) 민족과 종교 분포

지역	민족	종교
러시아	슬라브 족 다수, 우랄-알타이 어족 소수	그리스 정교
중앙아시아	알타이 어족	이슬람교(수니파 다수), 라마교(몽골, 티베트)
동유럽	슬라브 족이 다수, 발트 족, 라틴 족 소수	그리스 정교(남부), 로마 카톨릭교(북부), 이슬람교(남부 일부)

(2) 러시아 연방의 탄생과 사회 변화

① 로마노프 왕조의 몰락과 소련의 등장: 1905년 피의 일요일 사건, 1914년 제1차 세계 대전 패전, 1917년 3월 혁명으로 니콜라이 2세의 퇴임

② 레닌 체제: 볼셰비키 당이 쿠데타를 통해 정권을 장악하고 공산주의 정부 수립, 수도를 모스크바로 이전, 신 경제 정책

③ 소련의 공업화: 1928년부터 5개년 경제 개발 계획을 통한 공업화, 농업의 집단화를 위해 토지를 집단 소유화

④ 개방 정책과 소련의 해체: 고르바초프의 대외 개방(글라스노스트), 대내 개혁(페레스트로이카) 정책 이후 연방 구성 공화국들의 독립 움직임, 1991년 소련의 해체로 러시아 및 독립 국가로 인정

5. 러시아와 인접 국가의 다양한 자원과 발달한 공업

■ 러시아의 파이프라인

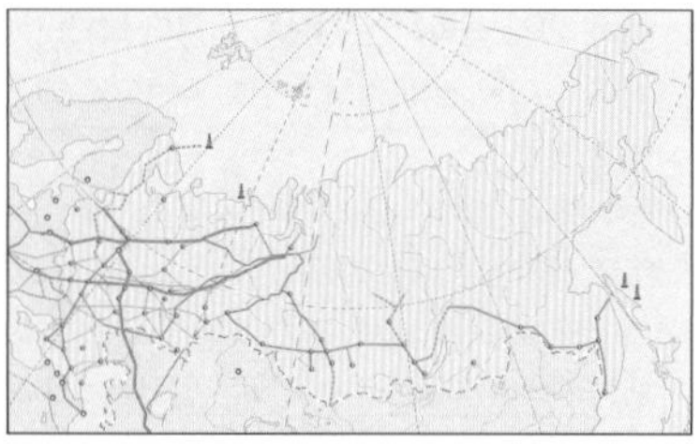

■ 중앙아시아의 석유 및 천연가스 파이프라인

● 유전 ● 가스전
— 석유 파이프라인 — 가스전 파이프라인
— 건설 예정 석유 파이프라인 — 건설 예정 파이프라인

(1) 러시아

① 풍부한 자원: 공업의 역사는 짧으나 자원을 활용한 중화학 공업 중심으로 발달

② 중앙 집권적 계획 경제: 러시아 혁명 이후 소비에트 정권은 산업 시설을 국유화하고 강력한 국가 주도의 공업화를 추진하면서 공업의 지역별 특화 정책 실시

③ 콤비나트: 원료 산지와 동력 산지를 철도나 파이프라인으로 연결하고 관련 산업 계열화

④ 우랄 지역과 서시베리아 지역: 1950년대까지 기계, 화학, 금속 공업이 크게 성장

- 제2차 세계 대전 중 러시아 서부의 군수 시설 위주의 공장이 옮겨온 이후 발달
- 유럽 및 러시아 지역과 대등한 수준으로 성장하였고, 이후 동시베리아와 중앙아시아 지역으로 확대

⑤ 철도: 시베리아 횡단 철도, 바이칼 아무르 철도 등의 대륙 횡단 철도를 건설하여 공업 지역을 연결하여 활용하고 여객 운송

더 알아보기

석유와 천연가스의 정치
러시아와 세계 경제의 가장 강력한 연결 고리. 최근 세계 경제 생산의 25%를 차지하는 에너지를 생산하고 있으며, 지구상 천연가스의 35%가 시베리아를 중심으로 매장되어 있고, 비석유 수출국 기구 중 가장 많은 석유를 생산하고 있다. 이런 에너지 생산을 매개로 서유럽과 연계성이 커지면서 가스 파이프라인의 연결이 확장되어 가는데, 러시아는 이를 정치적으로 이용하고 있다. 따라서 세계의 많은 기업들이 러시아의 에너지 인프라 개발에 참여하고 있으나, 중앙 집권적인 경제 체제하에서 국가의 역할이 크게 작용하게 되었다. 그러나 그 과정에서 환경 규제를 따르지 못하거나, 세계의 경제 투자가 모스크바와 같은 핵심 도시에 집중이 되면서 그 외의 지역이 불이익을 받게 되는 등의 문제를 겪고 있다.

(2) 중앙아시아

① 후기 공산주의 경제: 소비에트 연방의 공산주의 체제하에서 연방의 모든 지역을 발전시키려는 시도에 의해 중앙아시아의 소외된 지역까지 대규모의 공장을 건설했으나 소비에트의 붕괴와 함께 지원이 중단된 후 경제적 어려움을 겪음

② 풍부한 에너지 자원: 21세기 이후 카자흐스탄, 아제르바이잔, 투르크메니스탄은 풍부한 에너지 자원 공급으로 큰 경제적 혜택을 받음(카자흐스탄은 천연가스 매장량 세계 11위, 중앙아시아에서 농업이 가장 발달한 국가)

③ 글로벌 경제와 중앙아시아

- 최근 중앙아시아의 에너지 개발은 천연가스 파이프라인에 초점을 둠
- 바쿠–트빌리시–세이한 파이프라인은 카스피 분지에서 지중해의 터키 항구까지 수송할 수 있는 세계에서 두 번째로 긴 파이프라인
- 현재 중앙아시아는 석유와 천연가스의 매장지로서만 인식되어 왔으며, 러시아를 지나는 파이프라인을 대체하기 위한 목적으로 개발되고 있음

④ 인구 밀집 지역 오아시스: 중앙아시아 대부분 지역은 인구가 희박, 자연환경이 인간의 거주에 부적합하여 유목민만이 거주하며 고원 지대의 주민은 이목 형태의 목축업을, 저지대의 주민은 관개를 통해 농지로 활용

더 알아보기

실크로드의 부활

아시아와 유럽을 잇는 교역로로서 충실히 제 역할을 해내던 실크로드가 바람만 휘날리는 모랫길이 된 것은 공산주의 국가 중국이 국경을 폐쇄하면서부터였다. 하지만 최근 들어 실크로드는 옛날의 위엄을 되찾고 있다. 이는 중국이 경제 개발 계획을 세운 것도 영향이 있었지만 주로 바다를 통해 운송했던 석유가 해양 오염의 위험과 페르시아 만의 불안한 정세 탓에, 실크로드 부활이 필요했다. 특히 중앙아시아의 우즈베키스탄은 유럽까지 잇는 도로와 철도를 건설하면서 동서를 잇는 새로운 실크로드를 꿈꾸고 있다. 또한 석유와 천연가스도 서남아시아와 중앙아시아를 통과하는 파이프라인을 통해 인도와 중국으로 공급되고 있다.

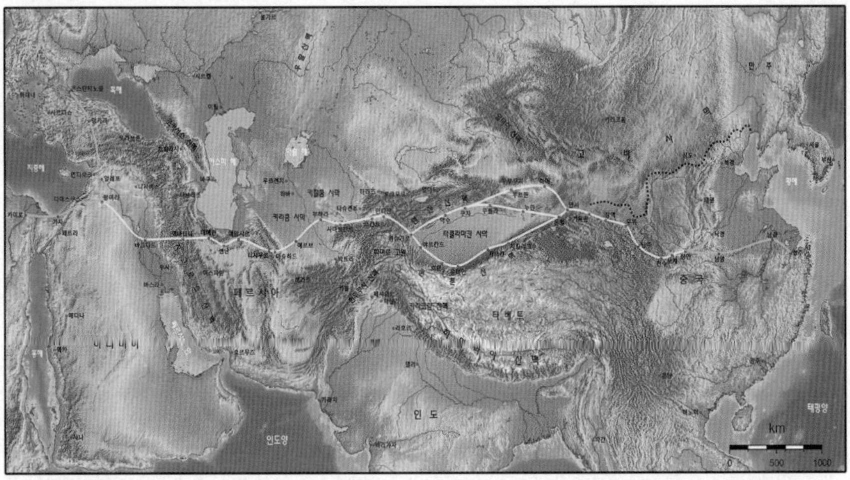

(3) 동유럽

① 서유럽에 비해 덜 발달된 경제: 서유럽보다 자원이 많지 않고 과거부터 외부의 침입과 착취가 많았음

② 소비에트 연방에 의한 계획 경제(1945~1990): 중공업 중심의 경제 체제로 중앙에 의한 계획 경제를 통해 경제·정치·사회적 통합을 이루고 자원 사용을 조직화해서 발전을 도모

③ 1991년 이후의 변화와 과도기

- 1990년 소비에트 연방의 지배가 종료되면서 지원을 받던 공장들 폐쇄
- 경제적 과도기: 경제적 고통으로 서유럽을 향한 정책 추진, 유럽 연합 가입과 자유 시장 경제 도입
- 지역 간 경제적 격차 발생

6. 러시아와 인접 국가의 지정학적 체계

(1) 러시아

① 소비에트 시스템의 종말: 1980년대 고르바초프 대통령의 글라스노스트와 페레스트로이카라는 일련의 개혁 개방 정책은 이전 체제의 한계를 드러내며 주변 여러 국가들의 분리 독립 저항으로 이어짐

② 소비에트 이후의 러시아: 인접 국가들과의 유대 관계 유지를 위해 노력

- 파이프라인 건설 등을 위해 유대 관계를 유지하고 있으나 불안정
- 러시아 내부적으로는 지방 분권 확대
- 2002년 푸틴 집권하에 중앙 집권적 통제를 지향하면서 체첸이나 크림 반도와 분쟁 중

■ **체첸 분쟁**

체첸은 카스피 해 연안으로 연결되는 전략 요충지이기 때문에 모스크바가 절대 포기할 수 없는 지역이다. 또한 카스피 해 연안은 원유와 강물 자원의 세계적인 보고이다. 여기에 체첸 반군이 그 길목에 통합 이슬람 국가를 수립하려 하여 러시아와 깊은 갈등이 발생하였다.

③ 과도기의 혼란: 자본주의 체제로 전환 이후 빈부 격차 심화로 인한 어려움

(2) 중앙아시아

① 공산주의 통치: 소비에트 연방의 거대한 영토 통합 노력이 계속되고 있으나 경제적 격차의 증대로 결속력 약화

② 중국 서부 지역의 분쟁: 티베트와 신장의 많은 원주민들의 분리 독립 주장

③ 아프가니스탄 분쟁: 기존 탈레반이 장악하던 체제에서, 2001년 9.11테러 이후 미국과 연합군의 파병으로 인해 세력이 약해지는 과정에서 연이은 분쟁 발생

(3) 동유럽

① 파쇄 지대: 남쪽 끝의 발칸 반도를 비롯하여 슬라브 족, 투르크 족, 헝가리 인 등 여러 민족들 간 지속적인 분쟁이 발생하는 지역

② 급속한 변화: 유고슬라비아의 공화국들 분리 독립, 코소보의 분리 노력, 세르비아로부터 몬테네그로의 분리 독립 등

■ **슬로바키아–헝가리: 풀리지 않는 민족 갈등**

더 알아보기

▶ 구 유고슬라비아 연방 분리의 지리적 배경

7개의 국경 6개의 공화국, 5개의 민족, 4개의 언어, 3개의 종교, 2개의 문자, 1개의 국가였던 옛 유고슬라비아 연방의 복잡한 문화와 역사는 이 지역의 지리적 역사적 원인이 크게 작용 하였다. 지중해와 흑해 사이에 있는 발칸 반도 일대는 서부의 게르만 족과 동부의 슬라브 족 간의 문화 교차점이 되었던 곳으로, 역사적으로 주변 강국들의 침입과 여러 민족의 유입이 잦았던 곳이다. 거기에다 15~17세기에는 이슬람 세력인 오스만 제국까지 진출하여 결국은 가톨릭교, 그리스 정교, 이슬람교 등 여러 종교와 민족이 섞이게 된 것이다. 20세기 이후 요시프 브로즈 티토에 의해 1945년 6개의 공화국과 2개의 자치주로 구성된 유고슬라비아 사회주의 연방 공화국을 수립하였다. 그러나 1991~1992년 사이 슬로베니아, 크로아티아, 마케도니아, 세르비아–몬테네그로, 보스니아–헤르체고비나로 독립이 되었고, 2006년 몬테네그로가 독립하면서 완전히 분열되었다.

7. 러시아와 인접 국가의 분쟁과 갈등

(1) 자원을 둘러싼 분쟁

- 카스피 해 유전을 둘러싼 러시아, 아제르바이잔, 이란, 투르크메니스탄, 카자흐스탄 간의 분쟁

(2) 언어의 차이로 인한 갈등의 발생

- 슬로바키아의 소수 민족 인구 비율이 20% 미만인 마을에서 슬로바키아 어 사용 의무화에 따라 10%를 차지하고 있는 헝가리 인과의 갈등 발생

8. 러시아와 주변 주요 국가 통계 자료

(1) 러시아와 그 주변 국가

국명	면적 (2014, 1,000km²)	총인구 (2014, 1,000명)	인구 밀도 (2014, 명/km²)	수도	수도 인구 (1,000명)	국민 총소득 (2012, 억 달러)	1인당 국민 총소득 (2012, 달러)	2013년(백만 달러)		1인당 무역액 (2013, 달러)
								수출액	수입액	
러시아	17,098	142,468	8.3	모스크바	11,577(11)	18,227	12,700	527,419	315,855	5,904
카자흐스탄	2,725	16,607	6.1	아스타나	639(09)	1,643	9,780	81,912	45,966	7,778
우즈베키스탄	447	29,325	65.5	타슈켄트	2,138(09)	512	1,720	15,087	13,799	998
키르기스스탄	200	5,625	28.1	비슈케크	870(12)	55	990	1,791	6,070	1,417
타지키스탄	143	8,409	58.8	두샨베	739(11)	71	880	1,163	4,121	644
아제르바이잔	87	9,515	109.9	바쿠	2,078(10)	579	6,220	22,939	10,713	3,681
조지아	70	4,323	62	트빌리시	1,172(11)	148	3,290	2,910	7,877	2,485
아르메니아	30	2,984	100.3	예레반	1,060(11)	110	3,720	1,480	4,477	2,001
투르크메니스탄	488	5,307	10.9	아슈바하트	744(07)	280	5,410	11,051(12)	9,283(12)	3,931(12)

(2) 동유럽

국명	면적 (2014, 1,000km²)	총인구 (2014, 1,000명)	인구 밀도 (2014, 명/km²)	수도	수도 인구 (1,000명)	국민 총소득 (2012, 억 달러)	1인당 국민 총소득 (2012, 달러)	2013년(백만 달러)		1인당 무역액 (2013, 달러)
								수출액	수입액	
폴란드	312	38,221	122.5	바르샤바	1,703(11)	4,880	12,660	202,107	205,174	10,657
체코	79	10,740	136.2	프라하	1,241(12)	1,905	18,130	161,901	143,955	28,579
슬로바키아	49	5,454	111.2	브라티슬라바	411(11)	930	17,200	85,494	83,822	31,066
헝가리	93	9,933	106.8	부다페스트	1,736(11)	1,231	12,410	108,426	99,091	20,846
루마니아	238	21,640	90.8	부쿠레슈티	1,919(11)	1,719	8,560	65,879	73,434	6,420
슬로베니아	20	2,076	102.4	류블랴나	272(11)	470	22,830	28,735	29,490	28,101
크로아티아	57	4,272	75.5	자그레브	704(06)	570	13,490	11,920	22,961	7,667
세르비아	77	7,210	93.1	베오그라드	1,346(11)	381	5,280	11,348(12)	18,927(12)	3,169(12)
마케도니아	26	2,108	82	스코페	531(10)	97	4,620	4,267	6,600	5,157
불가리아	111	7,168	64.6	소피아	1,202(11)	500	6,840	26,670(12)	32,712(12)	8,159(12)
에스토니아	45	1,284	28.4	탈린	400(11)	217	16,310	16,291	18,142	26,749
라트비아	65	2,041	31.6	리가	703(10)	286	14,060	13,319	16,779	14,680
리투아니아	65	3,008	46.1	빌뉴스	542(11)	413	13,820	32,616	35,206	22,480
벨라루스	208	9,308	44.8	민스크	1,874(11)	603	6,370	37,232	42,999	8,575
우크라이나	604	44,941	74.5	키예프	2,772(12)	1,596	3,500	63,312	76,962	3,101
몰도바	34	3,461	102.3	키시너우	664(11)	74	2,070	2,399	5,493	2,263

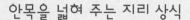

지리 상식 1 카스피 해는 바다일까, 호수일까?

러시아, 아제르바이잔, 투르크메니스탄, 카자흐스탄, 이란 등 5개국으로 둘러싸여 있는 카스피 해는 세계에서 가장 큰 호수로 알려졌다. 카스피 해에는 2,000억~2,700억 배럴 정도의 많은 양의 석유가 매장되어 있으며, 천연가스 매장량도 세계 1위를 차지한다. 원유 대부분이 카스피 해의 해저에서 발견되고 있는데, 카스피 해가 호수라면 해저의 지하자원은 국제법에 따라 연안 5개국이 함께 관리해야 하며, 바다라고 하면 배타적 경제 수역이 인정되어 독점적으로 자원 개발을 할 수 있다. 카스피 해가 호수로 인정되면 주변 국가들이 똑같은 크기로 나누어 관리하면서 자원을 균등하게 이용하나, 카스피 해가 바다로 인정되면 주변 국가들은 해안선 길이에 비례하여 영해와 배타적 경제 수역 내의 자원을 독점적으로 관리한다. 주변 국가들은 외교 관계 변화 및 자원 매장량 추가 확인 등에 따른 상황 변화가 있을 때마다 입장을 바꾸고 있다.

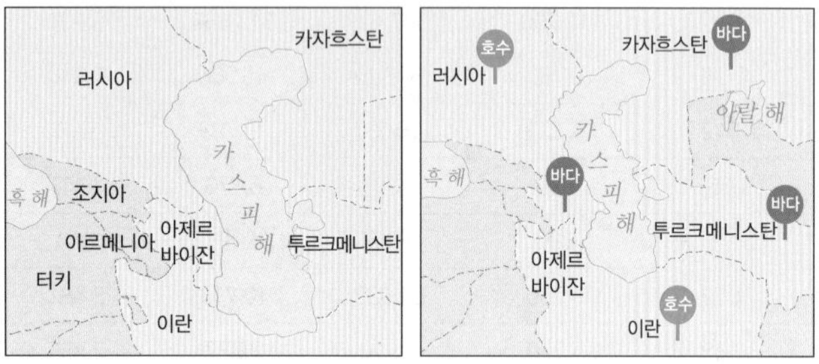

지리 상식 2 쟁탈전으로 뜨거운 북극해

북극을 중심으로 유라시아 대륙과 북아메리카 대륙으로 둘러싸여 있는 북극해는 오랫동안 공해로 존재했으나, 1982년 경제 수역이 인정되면서 경제적 활용 가치가 높아져 주변국의 영유권 분쟁이 치열해지고 있다.

최근 지구 온난화로 북극 지방의 빙하 면적이 700만km²에서 410만km²로 감소하면서 북극해 해저 자원 개발을 두고 북극해를 둘러싼 관련 국가가 대립하고 있다. 석유와 천연가스를 비롯한 각종 지하자원이 세계 매장량의 약 25% 정도 매장된 것으로 알려지면서 미국, 캐나다, 러시아, 덴마크, 노르웨이 5개국이 분쟁 상태에 있다. 이 국가들은 1982년 국제 연합(UN) 해양법 협약 이후 200해리로 설정된 경제 수역 범위를 350해리로 확대해 줄 것을 국제 연합에 요구하고 있다. 천재교육, 2011, 『고등학교 세계 지리』

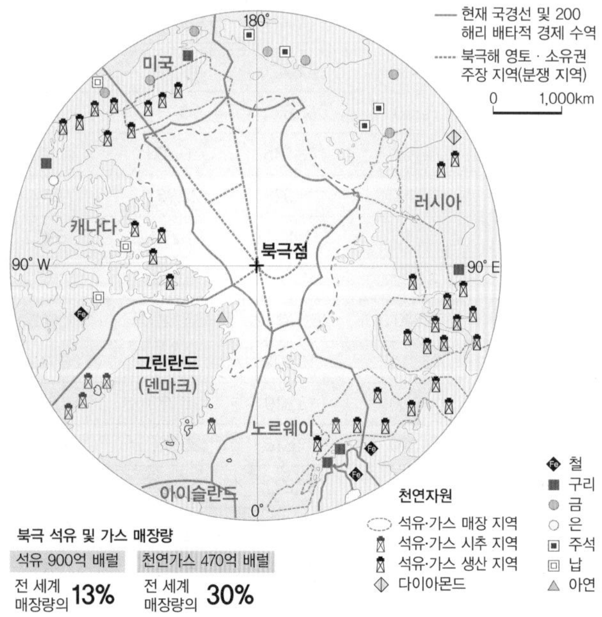

지리 상식 3 자원 때문에 분리되지 못한 체첸

러시아 남서부 카스피 해와 흑해 사이에 위치한 체첸은 주민 대부분이 수니파 이슬람교도로, 러시아 연방 내 21개 공화국 중 하나다. 공산 정권하에서 강제 이주 등 차별 대우를 받다가 1991년 구소련 붕괴 후 독립을 추진하였지만, 러시아는 독립을 인정하지 않고 이에 강력히 대응하였다.

체천과 러시아는 민족과 언어를 비롯하여 역사와 문화, 종교까지도 서로 다르다. 이와 같은 역사적·문화적 차이에도 러시아가 체천의 분리·독립을 승인하지 않는 것은 체첸이 갖는 전략적 위치성 때문이다 체첸에는 많은 양의 석유가 매장되어 있을 뿐만 아니라, 카스피 해에서 생산된 원유와 천연가스를 운반하는 송유관이 지나고 있어 러시아 연방에 큰 경제적 이익을 가져오기 때문이다. 이러한 전략적 위치성 때문에 러시아는 체첸의 독립 요구를 적극적으로 반대하고 있다. 두 차례에 걸친 러시아의 체첸 진입과 체첸 독립 세력의 저항으로 인해 수십만 명의 난민이 발생하였고, 현재까지도 인질극, 테러 등의 극단적인 폭력이 반복되고 있다.

1991년 11월	러시아로부터의 독립 선언
1994년 12월	러시아군 1차 침공 개시
1996년 3월	러시아군, 조하르 두다예프 대통령 살해
1999년 10월	푸틴 총리 주도로 러시아군 체첸 재침공, 2차 전쟁 개시
2000년 1월	러시아군 수도 그로즈니 점령, 괴뢰정권 수립 사실상 전쟁 종료, 체첸 군은 체첸과 러시아 전역에서 게릴라전과 테러로 항쟁 계속

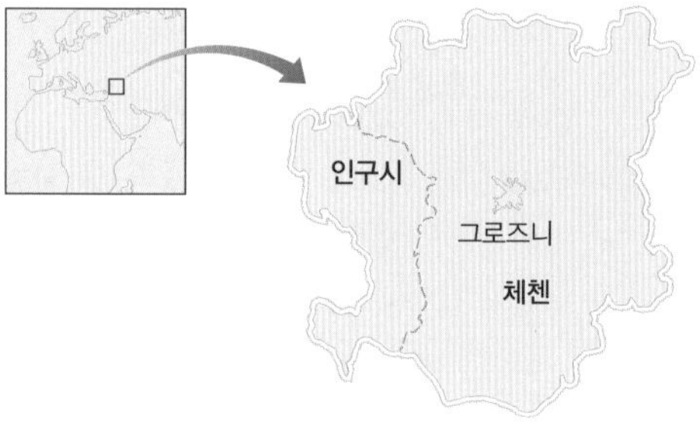

지리 상식 4 검은 황금 검은 눈물!

제2의 중동이라 불리는 중앙아시아의 에너지 쟁탈전은 서남아시아에 이어 갈등이 확대되고 있다. 특히 카스피 해 주변을 둘러싼 관심이 큰 것은 이곳이 중앙아시아의 최대 석유 매장지로 알려졌기 때문이다.

석유의 개발은 중앙아시아가 서남아시아보다 먼저 이루어졌는데, 지표 가까이에 석유와 천연가스가 매장되어 있기 때문이다. 아제르바이잔의 경우 천연가스가 지표 가까이에 있어 지금도 자연 발화로 불타는 곳이 많다. 노벨상으로 유명한 노벨 형제는 20세기 초 아제르바이잔의 바쿠에서 석유 사업으로 엄청난 부를 축적 했는데 당시 전 세계 석유 소비량의 70%를 공급했다.

소비에트 연방의 사회주의 붕괴 이후 석유 개발이 본격화되었는데, 원유는

⁝ **러시아 석유의 유럽 공급망**

전 세계가 10년 동안 쓸 수 있는 양이며, 천연가스는 9년 동안 쓸 수 있는 양이다.

이러한 이유로 카스피 해 지역에서 러시아와 서방 간의 '파이프라인 전쟁'이 뜨겁다. 이 지역의 풍부한 석유와 천연가스를 자기 쪽에 유리한 루트로 운송하기 위해 송유·가스관 건설 경쟁이 치열하게 벌어지고 있는 것이다. 미국과 유럽 국가들은 카스피 해 지역에서 생산되는 원유를 안정적으로 운송하기 위해 러시아를 우회하는 송유관을 운용하는 데 이어 러시아를 거치지 않는 새로운 가스관 건설에도 박차를 가하고 있다.

원인은 러시아가 벨라루스로 수출하는 자국산 원유의 가격을 인상하자 벨라루스는 자국을 통과하는 러시아 송유관에 대해 통행세를 부과하기로 한 것에서 비롯되는데, 이에 따라 에너지를 둘러싼 양국의 감정 싸움은 극에 달했고, 결국 양측은 원유 공급 중단과 원유 운송 중단 결정을 내렸다. 총연장 4,000km의 벨라루스 내 송유관은 하루 최대 120만 배럴의 러시아산 원유를 동부·중유럽에 공급해 왔다. 벨라루스 내 송유관은 두 갈래로 나누어져 있는데 하나는 독일과 폴란드로 향하며, 다른 하나는 우크라이나, 헝가리, 슬로바키아, 체코에 이른다. 특히 폴란드는 원유 수급의 6%를, 독일은 33%를 각각 러시아에 의존하고 있어, 유조선을 통한 원유 수급 등 별도의 대책을 마련하기 위해 고심하고 있다. 이처럼 다른 나라에 에너지를 의존하고 있는 많은 나라들은 안정적인 에너지 수급에 대한 불안감이 증폭되고 있으며, 이러한 갈등은 세계 곳곳에서 발생하고 있다.

이외에도 자국 파이프라인을 옛 소련권인 카스피 해와 중앙아시아 지역 에너지 자원 통제를 위한 지렛대로 활용하려는 러시아의 전략에 휘둘리지 않

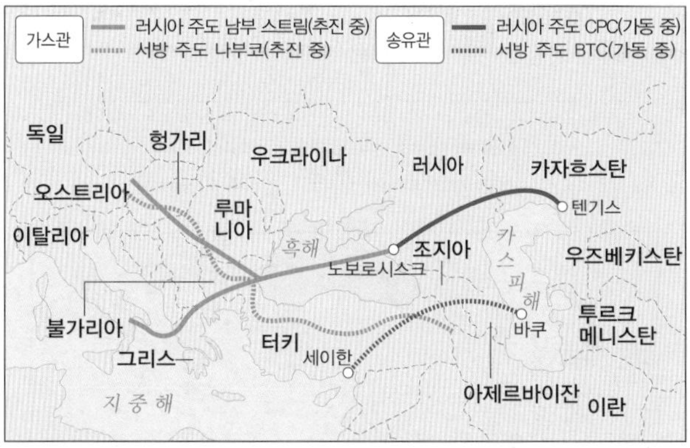

⁝ **러시아와 서방 국가 간 송유·가스관 전쟁**

기 위해서다. 이에 질세라 러시아도 독자적인 가스관 건설을 밀어붙이고 있다. 전국지리교사모임, 2014,『세계지리 세상과 통하다 1』

지리 상식 5 칼리닌그라드, 러시아의 눈물겨운 부동항 확보 노력

칼리닌그라드는 발트 해 연안에 있는 러시아의 월경지*인 칼리닌그라드주(북쪽은 리투아니아, 남쪽으로는 폴란드, 서쪽으로는 발트 해에 접해 있다)의 주도이며, 발트 해에 면한 항구 도시이다. 1256년에 건설된 이 도시는 동프로이센의 주도(州都)로서 쾨니히스베르크(독일어: Königsberg)로 불렸다. 제2차 세계 대전 전까지는 독일 북동부 변경의 중요 도시였지만, 제2차 세계 대전 이후 동프로이센의 북부 1/3가량이 소비에트 연방의 영토가 되었다. 1946년에 소련의 정치인 미하일 칼리닌의 이름을 따서 현재의 이름으로 바뀌었다. 최근에 이곳의 일부 사람들은 러시아의 일부 도시(상트페테르부르크와 니즈니노브고로드, 트베리 등)가 소련 시절에 변경된 이름을 다시 옛 이름으로 환원한 것처럼, 칼리닌그라드는 소비에트 연방 시절에 사용된 이름이므로 다시 이 도시의 이름을 쾨니히스베르크로 환원해야 한다고 주장한다.

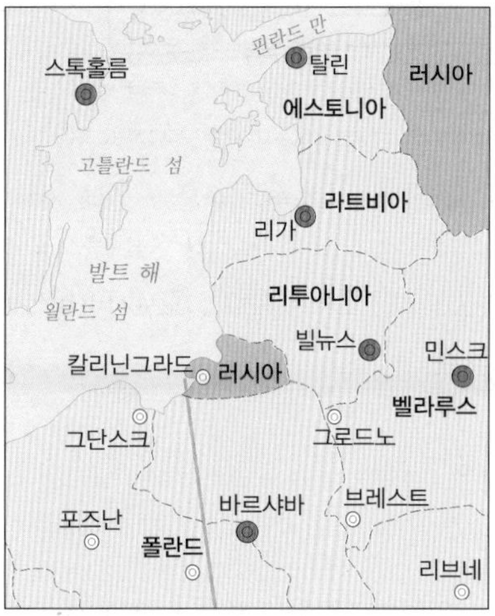

⇠ **발트 해의 위치**

그런데 러시아는 왜 그토록 칼리닌그라드를 사수하려 노력했을까? 1945년 제2차 세계 대전이 끝나고 냉전 시대를 맞이하여 소비에트 연방의 주요 전략적 거점지로서, 유일한 발트 해 인접 부동항인 칼리닌그라드는 매우 중요한 위치적 의의를 지닌 곳이었다. 이곳에 발트 함대를 위치시킴으로써 주요한 근거지의 역할을 하게 되었다. 그러나 소비에트 연방이 몰락하면서 주변의 국가들이 독립을 해 나가자 이곳 칼리닌그라드는 본토와 떨어진 고립된 지역이 되었다.

러시아는 해안의 대부분을 북극과 접하고 있다. 그런데 북극을 접하고 있는 항구는 일 년의 대부분이 얼어 있는 상태였으므로 바다를 통해 밖으로 나아가기 위해서는 일년 내내 얼어 있지 않는 항을 확보하는 것이 중요했을 것이며 특히 발트 해는 그런 부동항을 확보할 수 있는 곳 중 가장 가까운 곳이었으므로, 활발하게 식민지를 개척하던 시기에 그 위치적인 중요성이 얼마나 컸을지 가늠해 볼 수 있다.

* 월경지(越境地): 특정 국가나 행정구역에 속하면서 본토와는 떨어져, 주변 나라나 행정 구역들에 둘러싸여 격리된 곳

[선택형]

· 2012 수능

※ 1~2. 다음 지도를 보고 물음에 답하시오.

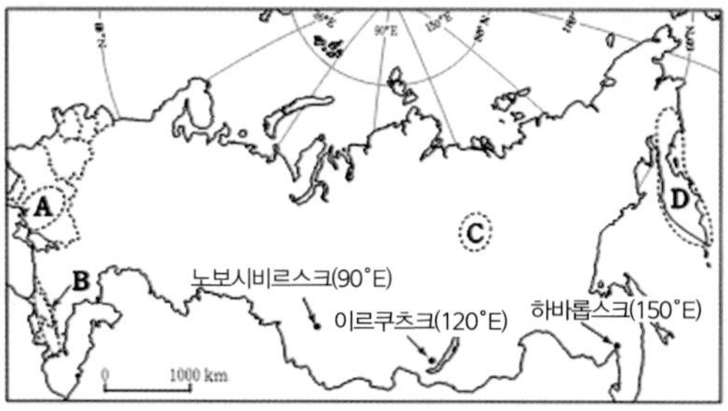

1. 다음 자료의 ㈎, ㈏에 해당하는 도시를 지도에서 고른 것은? (단, 지도의 도시는 서머타임을 적용함.)

러시아 여행 일정

• 첫 번째 일정
인천 공항 출발 (8월 10일 오전 11시) → (4시간 비행) → ㈎ 도시 공항 도착 (8월 10일 오후 3시)

• 두 번째 일정
㈎ 도시 공항 출발 (8월 12일 오전 9시) → (3시간 비행) → ㈏ 도시 공항 도착 (8월 12일 오후 2시)

* 우리나라 표준시는 GMT+9이고, 제시된 시각은 모두 현지 시각이며, 각 도시의 경로 값은 해당 지점 표준시의 기준임.

** 서머타임: 여름에 낮 시간을 효과적으로 이용하기 위하여 표준 시간보다 한 시각을 앞당기는 시간.

	㈎	㈏		㈎	㈏
①	노보시비르스크	이르쿠츠크	②	노보시비르스크	하바롭스크
③	이르쿠츠크	하바롭스크	④	이르쿠츠크	노보시비르스크
⑤	하바롭스크	이르쿠츠크			

2. 다음 자료의 ㈎~㈐에 해당하는 지역을 지도의 A~D에서 고른 것은?

㈎ 풍부한 석탄과 철광석, 편리한 수운을 바탕으로 르네프르 강 주변에 중화학 공업이 발달하였다.
㈏ 칼카스 산맥이 북쪽에 불어오는 찬 바람을 막아 주어 온화한 기후를 이용한 감귤, 차, 면화 등의 재배가 이루어진다.
㈐ 지진과 화산 활동이 활발한 지역이며, 북부와 일부 주민들은 전통적인 방식의 순록 유목과 사냥을 하여 생활한다.

	㈎	㈏	㈐		㈎	㈏	㈐
①	A	B	C	②	A	B	D
③	B	C	D	④	B	D	A
⑤	C	D	A				

· 2012 9 평가원

3. 다음 자료의 밑줄 친 ㉠~㉤에서 오늘날 볼 수 있는 지리적 특징으로 적절하지 않은 것은?

그 이듬해 이른 봄, 나는 처음으로 유럽을 여행했다. 기차를 타고 상트페테르부르크를 출발하여 ㉠ 모스크바 일대의 평원을 달릴 때는 몇 백 마일 내내 드넓은 평지가 계속되었다. 그러다 기차가 독일로 들어가면서 경관과 기후는 대조적으로 변했다. 나는 곧 꽃이 만개한 ㉡ 독일의 라인 강 연안에 다다랐고 다시 햇빛이 강렬한 스위스로 넘어갔다. 그곳의 작고 깔끔한 호텔에서 나는 저 멀리 눈 덮인 ㉢ 알프스 산지를 바라보며 야외에서 아침을 먹었다. 그때 나는 러시아가 북방에 위치한다는 지리적 사실이 러시아 국민의 역사에 얼마나 많은 영향을 미쳤는지 생생하게 깨달았다. 남방의 토지에 대한 러시아 인의 이해할 수 없을 정도의 애착, 끊임없이 시도되었던 러시아의 ㉣ 흑해 북부 연안 진출, 남쪽으로 만주까지 내려간 ㉤ 시베리아 지역의 개척이 갖는 의미를 비로소 나는 충분히 이해했던 것이다. －『한 혁명가의 회상』

① ㉠: 주요 대도시를 배후 지역으로 한 혼합 농업 및 낙농업이 발달해 있다.
② ㉡: 고온 건조한 여름철 기후를 이용한 수목 농업이 널리 이루어진다.
③ ㉢: 계절에 따라 산지를 오르내리며 가축을 기르는 이목이 행해진다.
④ ㉣: 비옥한 흑토 지대에서 대규모 밀 재배가 이루어진다.
⑤ ㉤: 타이가 지역의 침엽수림을 이용한 임업이 발달해 있다.

[서술형]

1. ㈎와 ㈏ 그래프를 지도의 A~E 중 각각 어디에 해당되는지를 선택하여 쓰고, 그래프가 나타나는 지역의 기후 특징을 쓰고 나서, 그와 관련된 생활 모습에 대해서 농목업을 중심으로 서술하시오.

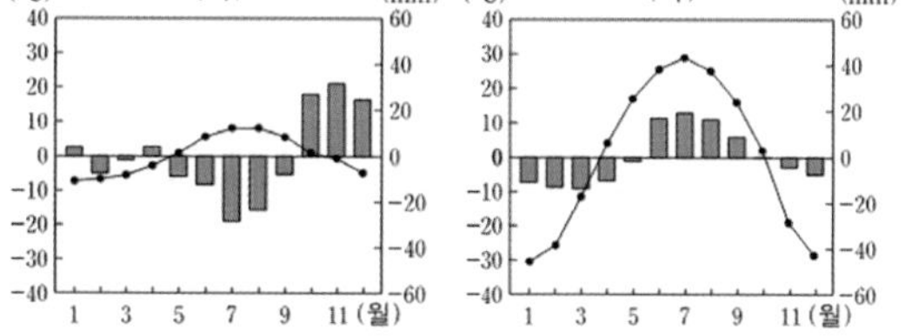

* 월 기온 편차=월 평균 기온－연 평균 기온 ●— 월 기온 편차

** 월 강수량 편차=월 강수량－$\frac{\text{연 강수량}}{12}$ ▇ 월 강수량 편차

※ 다음은 러시아와 인접 국가들을 나타낸 백지도이다. 지도를 보고 물음에 답하시오.

1. A~Q에 해당하는 국가와 수도를 적으시오.

2. 카스피 해를 찾고 그를 둘러싼 나라들을 적으시오.

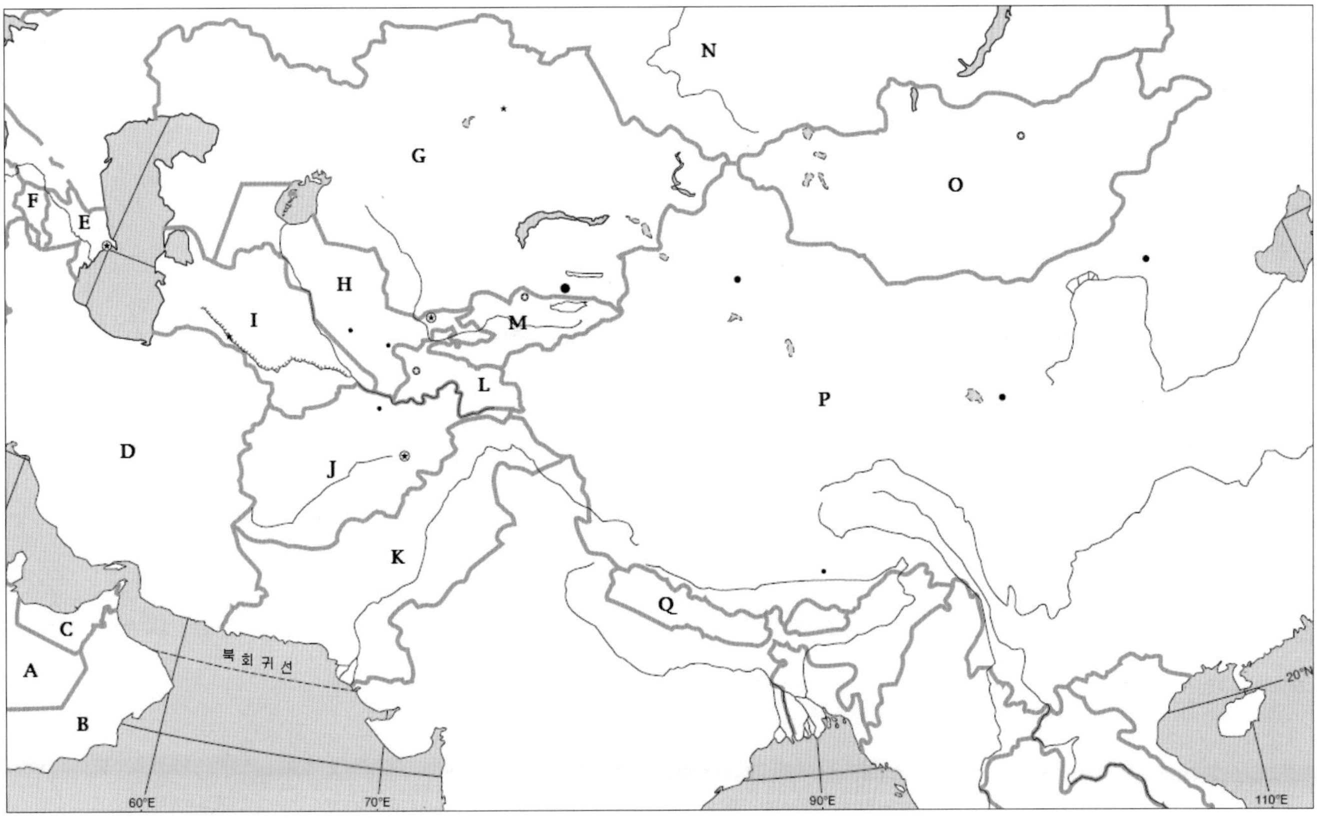

chapter 12

지역 지리

08. 미국과 캐나다

핵심 출제 포인트

- ▶ 미국과 캐나다의 지형과 기후
- ▶ 공업 지역과 인구 이동
- ▶ 미국의 농업 지역 구분
- ▶ 미국과 캐나다의 민족과 문화
- ▶ 미국과 캐나다의 자원 분포
- ▶ 메갈로폴리스

■ 미국의 영토 확장 과정

미국은 독립 당시 13개 주에서 출발하여 멕시코, 프랑스, 러시아, 스페인으로부터 영토를 할양받거나 합병, 매입하여 현재에 이르기까지 신속하면서도 넓은 영토 확장을 이루었다.

■ 오대호

신생대 제4기 대륙 빙하의 침식으로 형성된 담수호이다. 세인트로렌스 수로와 오대호를 대서양과 연결하는 수로가 1959년 완공되어 대형 외양선의 출입이 가능하게 되었으며, 호반에는 거대한 공업 지대가 형성되었다.

■ 그레이트플레인스

오랜 지질 시대를 거치면서 침식 작용을 받아 낮고 평탄한 구조 평야의 특징이 나타나며, 세계 농업의 중심을 이루고 있다.

■ 미국 서경 100°선

미국은 연 강수량 500mm 선이 서경 100°선과 대체로 일치해 건조한 서부의 목축 지대와 습윤한 동부의 농업 지역으로 구분하는 기준이 된다.

1. 미국과 캐나다의 자연환경

(1) 지형

① 서부: 신기 조산대인 로키 산맥, 콜로라도 고원(그랜드 캐니언) 등 산지 분포로 화산 활동과 지진 발생

② 중부: 그레이트플레이스, 프레리 등 구조 평야 분포

③ 동부: 캐나다의 로렌시아 순상지, 오대호, 고기 습곡 산지인 애팔레치아 산맥 분포

(2) 기후

① 서남부 태평양 연안: 여름이 고온 건조한 지중해성 기후

② 중부: 연 강수량 500mm 이하의 스텝 기후

③ 캐나다 남부와 오대호 연안: 침엽수림이 자라는 냉대 습윤 기후

④ 알래스카와 캐나다 북부 해안: 최난월 평균 기온 0~10℃ 미만의 툰드라 기후

⑤ 플로리다 반도: 아열대 기후

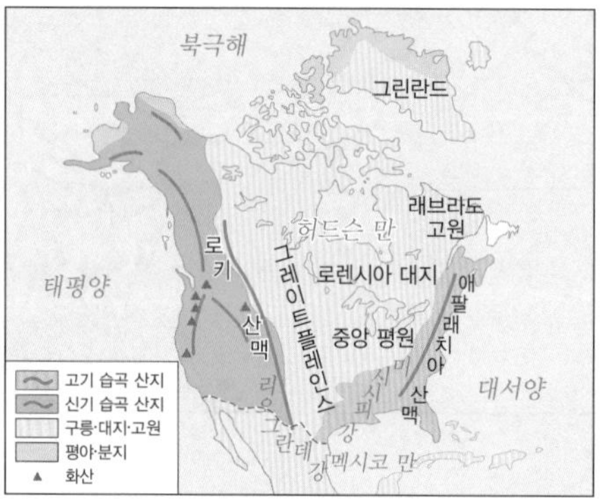

⁝ 지형

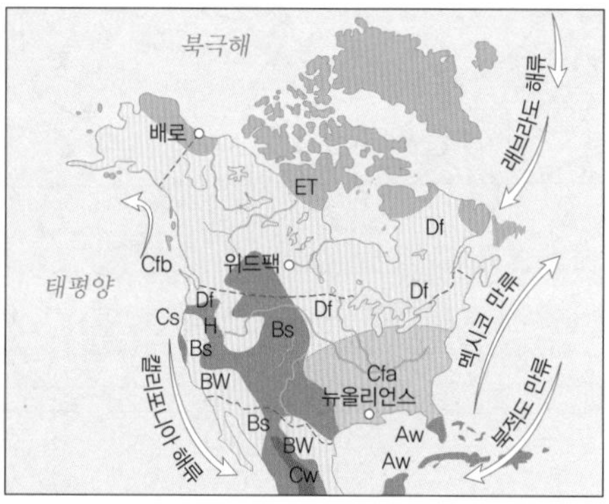

⁝ 기후

2. 미국과 캐나다의 농업

(1) **농업의 특징** 기계를 이용한 조방적 토지 이용으로 노동 생산성이 높고, 대규모 토지에 기업적·상업적 농업, 세계적인 농산물 수출국(옥수수, 밀, 콩, 목화 등)

(2) **농업 지역** 서경 100°선을 경계로 서부의 목축 지대와 동부의 농업 지대로 구분

근교 농업 지역	넓은 소비 시장과 편리한 교통을 배경으로 대서양 연안의 메갈로폴리스 지역이 발달
낙농업 지역	시장과의 근접성, 서늘한 여름 기후 등을 배경으로 오대호 연안에 발달
옥수수 지역	• 옥수수, 콩, 가축 사육 등의 상업적 혼합 농업을 행하는 오대호 남서부 지방에서 발달 • 최근 바이오 에탄올 생산에 사용되면서 재배 면적이 확대
목화 지역	무상 일수 200일 이상의 미시시피 강 유역의 남부 지역에서 재배
밀 지역	• 그레이트플레이스 일대로 최대의 상업적 농업 지역 • 북부는 봄밀, 중앙 평원의 서부는 겨울밀 재배
기업적 방목 지역	서부 대평원~로키 산맥의 스텝 초원 지역에서 대규모로 소를 방목
원교 농업 지역	• 캘리포니아 일대의 지중해식 농업이 발달 • 플로리다 반도에서 쌀, 사탕수수, 열대성 과일 등을 재배

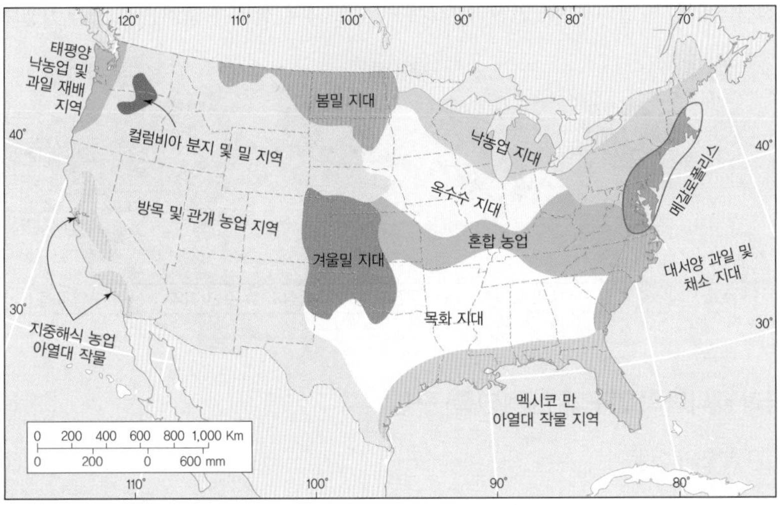

⇡ 미국의 농업 지역

3. 미국과 캐나다의 자원과 공업

(1) 자원의 분포와 이용

① 철광석: 미국의 메사비 산맥 , 캐나다의 퀘백 주에서는 오대호의 수운을 이용하여 철강 공업 발달

② 석탄: 애팔래치아 산지(애팔래치아 탄전)와 대륙 중서부 산지

③ 석유: 멕시코 만 연안, 캘리포니아, 알래스카 등지에서의 생산량보다 소비량이 많아 수입 증가

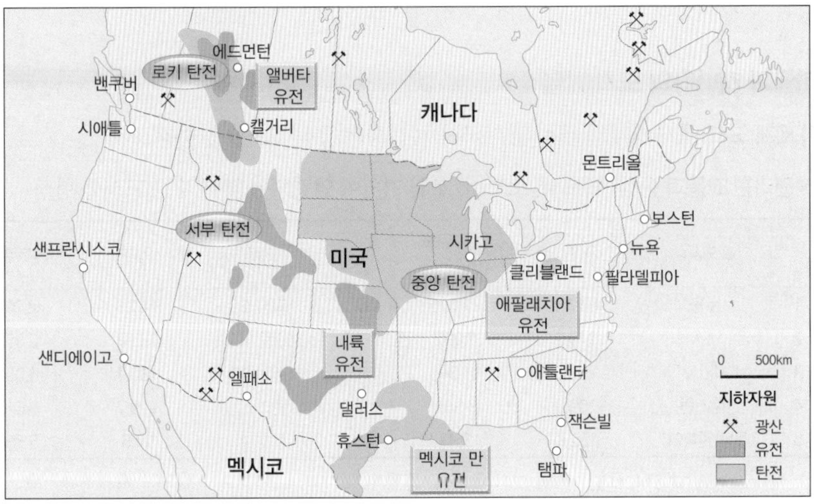

⇡ 미국과 캐나다의 자원 분포

(2) 공업의 발달

① 세계적인 공업국: 풍부한 자원과 자본, 풍부한 노동력, 우수한 기술, 합리적 기업 경영, 넓은 소비 시장 등 공업 발달에 유리하고 그에 따른 다국적 기업의 발달로 세계 시장을 지배

② 공업 입지의 변화

- 스노우벨트: 생산 설비의 노후화 등으로 북동부의 중화학 공업 쇠퇴
- 선벨트: 온화한 기후, 맑은 공기, 풍부한 석유, 저렴한 노동력, 넓은 토지, 세금 혜택 등으로 미국 남서부에 고도의 기술 산업이 입지

■ **봄밀과 겨울밀**

겨울밀은 봄밀보다 따뜻한 지역에서 재배되며, 가을에 심고 겨울을 지나 이듬해 봄이나 여름에 수확한다.

■ **미국의 공업 구조 변화**

1970년대 이후 중화학 공업이 쇠퇴하고, 기술 집약적 첨단 산업(항공기, 우주 산업, 컴퓨터 등)이 발달하고 있다.

■ **실리콘 밸리**

미국 캘리포니아 주 중서부 산타클라라 일대의 40km에 걸쳐 있는 첨단 산업 단지이다. 1970년대 이후 전자, 컴퓨터 관련 산업 분야의 기업체와 공장들이 집중 분포해 있다.

■ 미국의 인종(민족) 분포

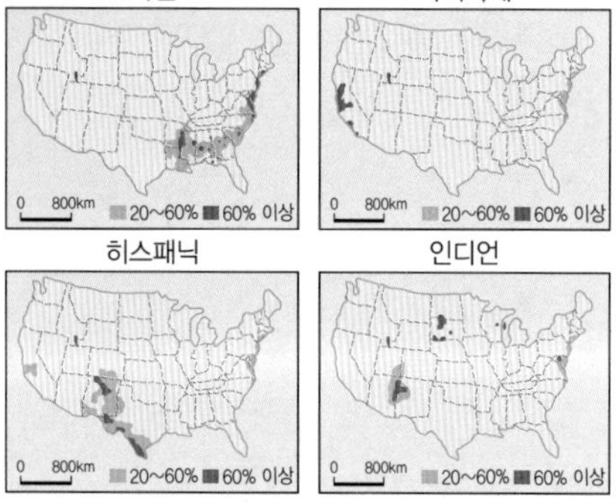

■ 미국 이주민의 출신 지역별 구성비

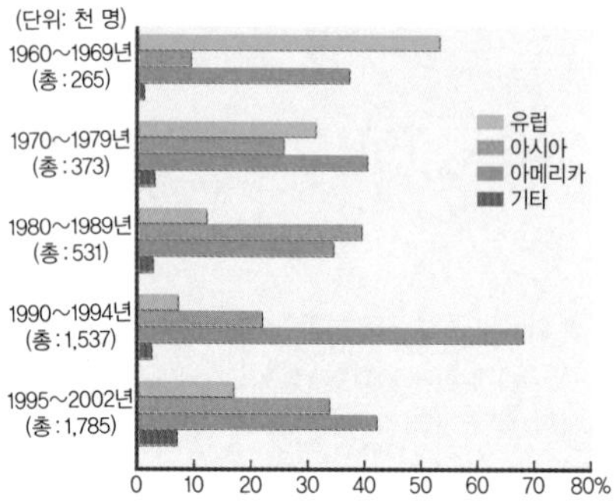

■ 인종의 도가니

앵글로아메리카에는 영국인이 최초로 이주한 이래 주로 유럽계 백인이 이주하였다. 그 후 아프리카에서 강제로 이주되어 온 흑인, 아시아 인 등 세계 각지에서 이민을 받아들여 인종 구성이 복잡해졌다. 이에 따라 미국 사회를 이루는 인종 집단은 백인, 흑인, 아메리카 원주민, 아시아 인, 히스패닉 등 다양하다.

■ 히스패닉

고대 이베리아 반도의 사람들을 가리키는 것에서 유래한 용어이다. 오늘날에는 주로 미국에 거주하는 라틴 아메리카 출신자들을 가리킨다.

③ 첨단 산업의 발달: 대서양 연안의 메갈로폴리스 지역, 실리콘 밸리를 비롯한 선벨트 지역

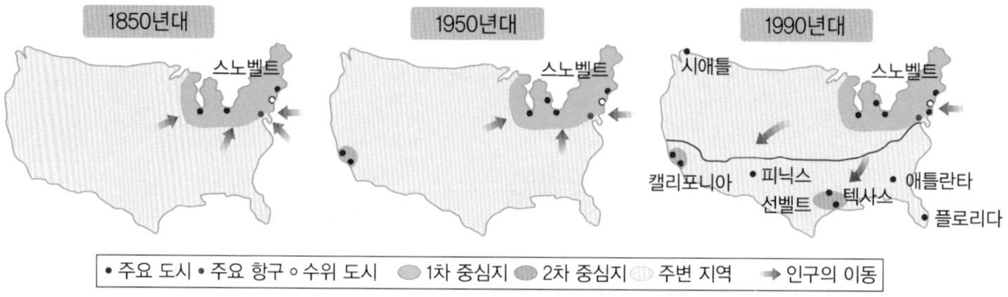

4. 미국과 캐나다의 인구와 인종(민족) 구성

(1) 인구 분포와 이동

① 산업 발달로 인하여 도시 인구 비중이 높음

② 선벨트 지역의 성장으로 북동부 지역에서 남서부 지방으로 인구가 이동

(2) 다양한 인종 여러 지역의 이주민으로 인해 주민 구성이 복잡하고 문화가 다양

① 인종 구성: 백인(66%), 히스패닉(15%), 흑인(13%), 아시아계(4%) 순으로 비중이 높음

② 흑인의 비중이 높은 지역: 과거 목화 농업을 위한 노예 무역과 관련하여 동남부 지역에서 비중이 높음

③ 히스패닉의 비중이 높은 지역: 라틴 아메리카에서의 유입이 증가하고 있으며, 멕시코와의 접경 지역에서 비중이 높음

④ 아시아계의 비중이 높은 지역: 태평양과 인접한 지역에서 비중이 높음

5. 미국과 캐나다의 도시 발달

(1) 세계 도시 세계 경제와 금융 및 다국적 기업 등의 중심적 역할을 하는 도시

(2) 편리한 교통과 통신 대도시, 소도시, 교외 지역이 연결되어 하나의 큰 도시를 형성

	도시	인구(만 명)	인구 밀도 (명/마일)		도시	인구	인구 밀도
1	뉴욕*	817.5	27,016	6	피닉스	144.5	2,797
2	LA	379.2	8,092	7	샌안토니오	132.7	2,880
3	시카고*	269.5	11,843	8	샌디에고	130.7	4,020
4	휴스턴	209.9	3,501	9	델라스	119.7	3,517
5	필라델피아*	152.6	11,377	10	산호세	94.6	5,359

주: *표시는 스노벨트 도시, 나머지는 선벨트 도시

6. 미국과 캐나다의 통계 자료

국명	면적 (2014, 1,000km²)	총인구 (2014, 1,000명)	인구 밀도 (2014, 명/km²)	수도	수도 인구 (2014, 1,000명)	국민 총소득 (2012, 억 달러)	1인당 국민 총소득 (2012, 달러)	2013년(백만 달러)		1인당 무역액 (2013, 달러)
								수출액	수입액	
미국	9,629	322,583	33.5	워싱턴 D.C.	601(10)	164,304	52,340	1,579,050	2,331,370	12,218
캐나다	9,985	35,525	3.6	오타와	812(06)	17,923	51,570	458,397	461,925	26,159

지리 상식 1 아메리카 인디언의 어제와 오늘

오늘날 미국에서는 'Native Americans', 캐나다에서는 'First Nations'로 각기 불리는 이들은 이미 풍부하고 다양한 언어 및 문화의 모자이크를 바탕으로 북아메리카에서 수백 개의 부족 국가를 스스로 갖추고 있었다. 유럽 인들이 일찍이 본 적 없는 작물을 재배하는 농부들이 있었으며, 어로·목축·사냥에 주로 의지하거나 이러한 활동을 결합하는 국가들도 있었다. 화려하게 꾸민 가옥, 능률적인 선박 제조, 효율적인 전쟁 무기, 장식을 해 놓은 의복, 광범위한 예술 형식이 이 토착 국가들의 특징이었다. 세련된 건강 및 의료 관례를 만들어 낸 국가도 있었으며, 의식(儀式)과 관련된 삶이 복합적이면서도 높은 수준으로 발달하였고, 성숙하고 정교한 정치 제도가 존재하였다.

유럽 인들의 침략을 처음으로 받게 된 것은 동부의 국가들이었다. 18세기 말, 무자비하며 땅에 굶주린 유럽의 정착민들은 대부분의 아메리카 원주민들을 보금자리에서 쫓아내 대서양과 멕시코 만을 따라 몰아내기 시작했으며, 이때부터 이러한 서쪽으로의 이주 압력은 원주민 사회를 황폐화시켰다. 미국 의회는 1789년에 "인디언들의 땅과 자산을 그들의 동의 없이 빼앗을 수 없다."고 선언했지만, 사실상 당시에 이미 그러한 일들이 일어나고 있었다. 동부에 거주하던 체로키, 치카소, 촉토, 크리크, 세미놀 족을 고향에서 강제로 떼어 내어 서쪽으로 1,000마일이나 떨어진 오클라호마까지 이주시킨 일은 미국 역사상 가장 슬픈 이야기 중 하나이다. 체로키 족 전체 인구의 1/4은 무방비 상태의 노출과 기근 및 질병으로 인해 강제 이주 중 사망했으며, 나머지 사람들도 근근이 살아남았다.

의회는 또다시 대평원 및 대평원 서쪽의 원주민들을 최소한 보호하겠다는 조약을 승인했지만, 19세기 중반 이후 백인 정착민들은 이러한 보증을 역시 무시했다. 반세기에 걸친 전쟁의 결과, 북아메리카 원주민들은 미국 영토의 4% 정도에 불과한 땅에 황폐한 보호 구역의 형태로 남게 되었다.

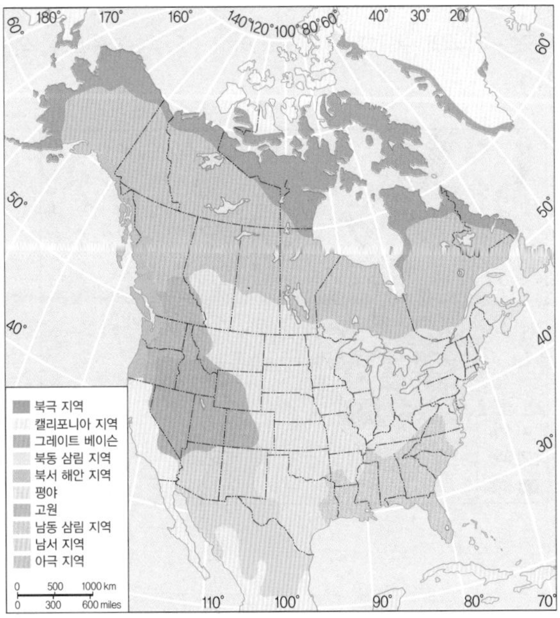

⁝ 북아메리카 고유 지역 구분

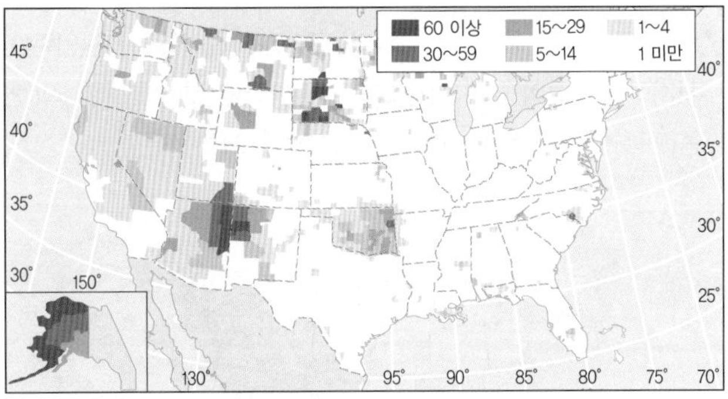

⁝ 아메리카 인디언, 알류트 족의 비율

지리 상식 2 미국의 메갈로폴리스

교통수단의 발달로 주요 도시들의 주변부가 팽창하면서 많은 수의 집합 도시들이 형성되었다. 이들 중에서 가장 두드러진 지역은 대서양 연안에 발달한 미국 북동부 메갈로폴리스인데, 도시화된 지역이 북쪽 해안을 따라 좁고 긴 띠 모양으로 1,000km나 확장되면서 남부 해안의 버지니아까지 팽창되었다. 보스턴, 뉴욕, 필라델피아, 볼티모어, 그리고 워싱턴 등이 이에 해당된다. 이곳은 경제적 핵심부로, 미국 정부 기관과 수많은 공장 및 회사들, 아울러 미국 문화의 중심이 자리 잡고 있다. 또한 이곳은 대서양을 통해서 이루어지는 북아메리카와 유럽 간 엄청난 양의 국제 무역을 연결시키는 지역이기도 하다. 특히 뉴욕은 개척 초기부터 유럽과 연결되는 대서양 무역의 중심지로 성장해 왔다. 이후 자동차의 보급으로 맨해튼 섬 중심의 도시 지역이 팽창하면서 거대 도시화되었으며, 현재는 세계 최상위 도시로서 세계의 금융과 무역의 중심을 이루고 있다.

이 밖에도 미국에는 6개의 다른 메갈로폴리스가 형성되어 있다. 오대호 주변(시카고-디트로이트-클리블랜드-피츠버그), 피그먼트(애틀랜타-샬럿-롤리-더럼), 플로리다(잭슨빌-탬파-올랜도-마이애미), 텍사스(휴스턴-댈러스-포트워스-오스틴-샌안토니오), 캘리포니아(샌디에이고-로스앤젤레스-샌프란시스코), 그리고 태평양 북서부(포틀랜드-시애틀-밴쿠버) 등이다.

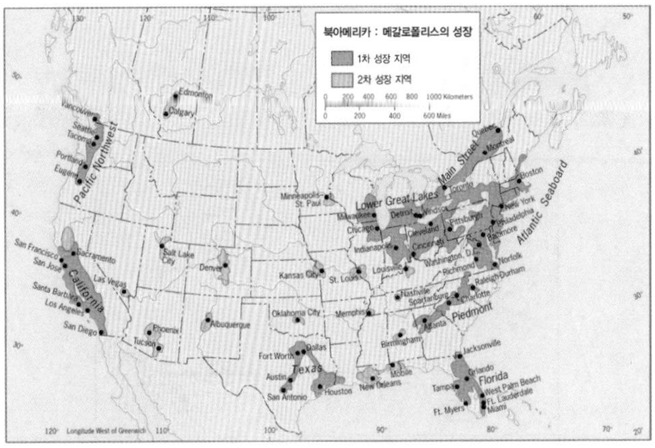

⁝ 미국의 메갈로폴리스

[선택형]

· 2009 수능

1. 지도에 표시된 (가), (나)는 미국의 주별 인구 중 해당 인종(민족)이 차지하는 비율이 높은 상위 5개 주를 나타낸 것이다. (가), (나)의 인종(민족)별 인구 비율 그래프를 〈보기〉에서 고른 것은?

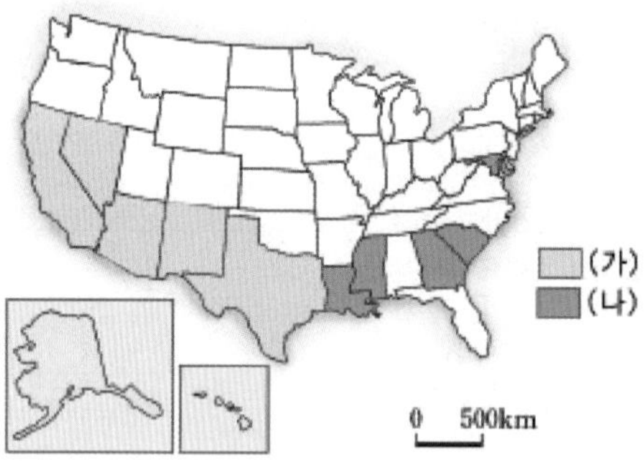

보기

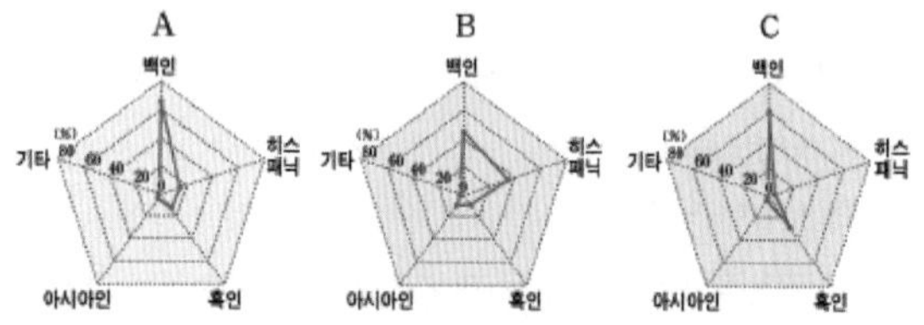

*백인에 해당하는 수치는 히스패닉계 백인이 제외된 것임. (2007년)

	(가)	(나)
①	A	B
②	A	C
③	B	A
④	B	C
⑤	C	B

2. 그림은 북아메리카의 A-B 단면을 나타낸 것이다. (가)~(마) 지역에 대한 설명으로 옳지 않은 것은?

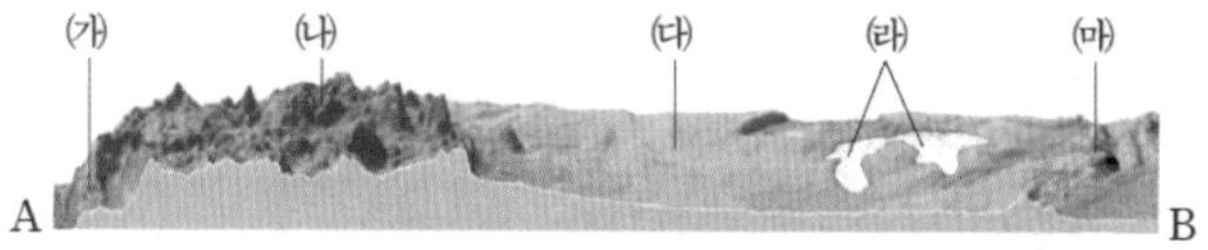

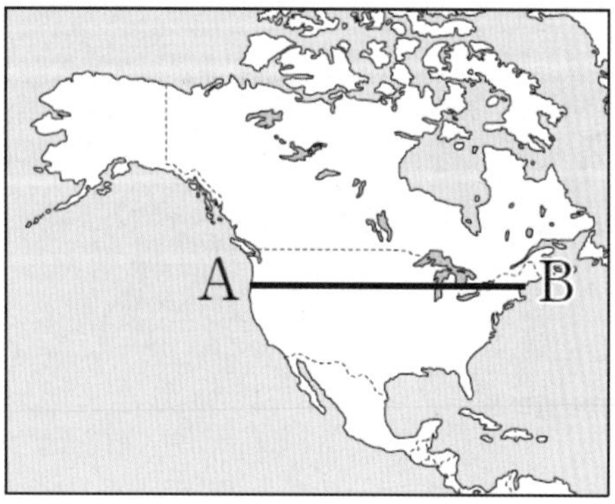

① (가) - 기온의 연교차가 작은 해양성 기후가 나타난다.

② (나) - 인구 밀도가 낮은 지역으로 흑인의 비율이 높다.

③ (다) - 넓은 초원 지대로 기업적인 목축업이 발달한다.

④ (라) - 주변 자원과 연결하여 중화학 공업이 발달한다.

⑤ (마) - 고기 조산대 지역으로 석탄의 매장량이 많다.

[서술형]

1. 미국의 농업은 서경 (   )° 선을 기준으로 동부의 곡물 농업 지역과 서부의 기업적 목축업 지대로 나뉜다.

2. 오대호 연안에서는 넓은 소비 시장을 바탕으로 (   )과 근교 농업이 발달하였다.

3. 다음이 설명하는 지역을 쓰시오.

> Several, metropolitan areas that were originally separate but that have joined together to form a large, sprawling urban complex.

4. 지도는 미국의 주요 자원 분포도이다. (가)~(다) 자원으로 적절한 것은?

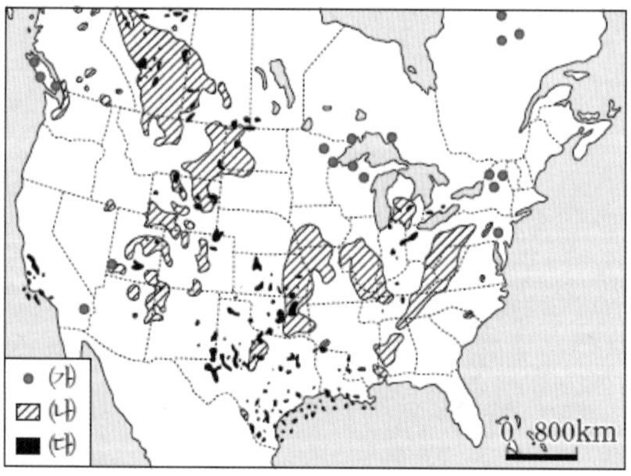

(가):

(나):

(다):

※ 다음은 북아메리카 지역을 나타낸 지도이다.

1. 다음 도시들을 찾아 지도에 이름을 적어 보자.

① 뉴욕

② 로스앤젤레스

③ 시카고

④ 휴스턴

⑤ 필라델피아

⑥ 피닉스

⑦ 샌안토니오

⑧ 샌디에이고

⑨ 댈러스

⑩ 새너제이

2. 오대호, 미시시피 강을 지도에서 표시해 보자.

3. 로키 산맥과 애팔래치아 산맥의 위치를 찾아 그려 보자.

4. 알래스카와 하와이를 지도에서 찾아보자.

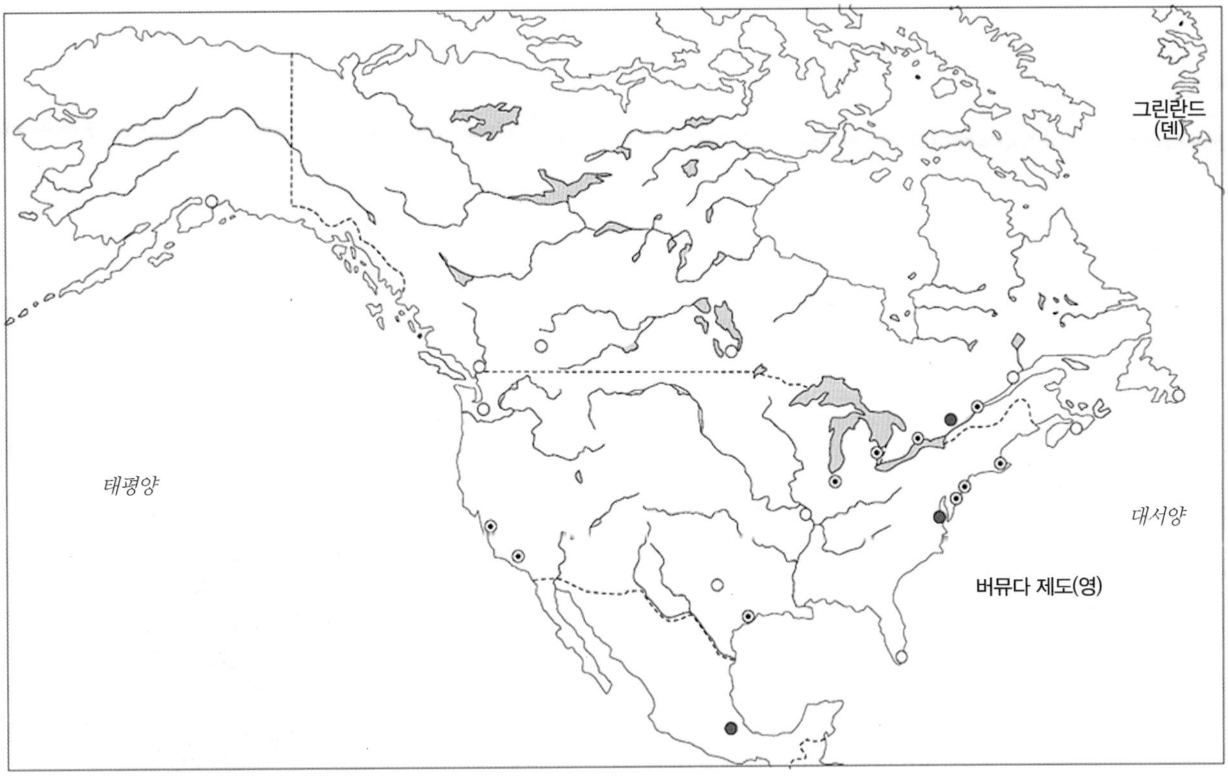

chapter 12

지역 지리

09. 중앙아메리카

핵심 출제 포인트

- ▶ 중앙아메리카의 고대 문명
- ▶ 중앙아메리카의 자연재해
- ▶ CAFTA
- ▶ 자메이카
- ▶ 아이티

■ 중앙아메리카의 지형

중앙아메리카는 치솟은 화산과 산림이 우거진 평원, 산지가 대부분인 섬들과 평탄한 산호초의 작은 섬들이 있는 지역이다.
동쪽에서 불어오는 습한 열대성 바람의 바람받이 쪽은 습하고, 바람의지 쪽은 건조하다. 토양은 비옥한 화산암 풍화토부터 척박한 사막토까지 다양하다.

■ 카리브 판 위에 얹혀 있는 중앙아메리카

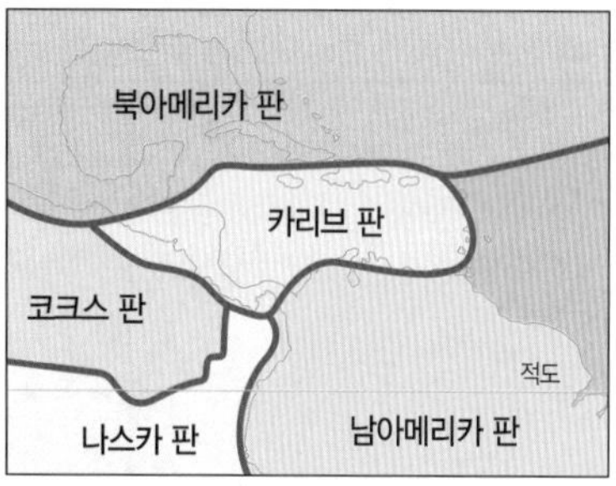

카리브 판, 북아메리카 판, 남아메리카 판, 코코스 판 등 여러 판들이 이곳에서 수렴하여 지진이 자주 발생한다.

■ 중앙아메리카의 기후

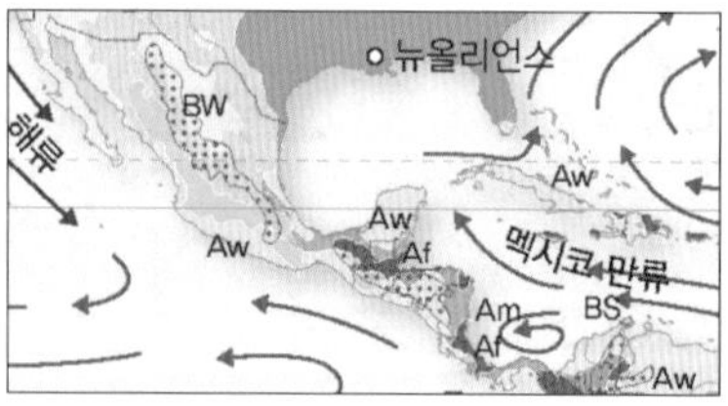

대체로 열대 기후가 지배적으로 나타나며, 부분적으로 건조 기후, 온대 기후, 그리고 높은 산지 일대에는 고산 기후가 나타난다.

1. 중앙아메리카의 위치와 구분

(1) 위치 북아메리카와 남아메리카의 사이

(2) 구분 미국과 남아메리카 대륙 사이 국가들, 카리브 해 동쪽의 도서 국가들

미국과 남아메리카 사이의 국가		멕시코, 파나마, 코스타리카, 니카라과, 온두라스, 엘살바도르, 과테말라, 벨리즈
앤틸리스 제도	대앤틸리스 제도	쿠바, 아이티, 도미니카 공화국, 푸에르토리코, 자메이카
	소앤틸리스 제도	트리니다드 토바고, 그레나다, 세인트빈센트 그레나딘, 바베이도스, 세인트루시아, 도미니카, 앤티가 바부다, 세인트키츠 네비스

(3) 자연환경 좁은 지협이 멕시코부터 콜롬비아의 해안 저지로 이어짐

① 자연재해: 다양한 판들이 수렴하는 곳으로 지진과 산사태가 자주 발생하며, 대서양 연안의 허리케인이 불어 들어와 자연재해가 잦음

② 기후: 열대 기후, 건조 기후, 온대 기후, 고산 기후(상춘 기후) 등이 나타남

2. 중앙아메리카의 고대 문명

(1) 마야 문명 북부 과테말라, 벨리즈, 유카탄 반도가 있는 열대 평원과 과테말라 고지에서 3,000년 전에 발생

(2) 아스테카 문명 중부 멕시코 고원에서 고산 기후를 활용하여 화려한 문명을 피움

더 알아보기

중앙아메리카 문명 중 대표적인 것은 마야 문명이다. '마야'라는 이름은 하나의 정치·사회적인 전통의 틀을 수천 년간 유지하여 붙여진 것이 아니라 각각 다른 이름을 가지고 있던 도시 국가들을 오늘날 사람들이 부르기 쉽게 하나로 묶은 것이다.
마야 인의 조상은 북아메리카 인디언의 작은 부족으로, 이들이 남진하여 서부 과테말라 고지에 정착하였다. 마야 인들은 농경에 의지하고 있는 도시의 약점에도 불구하고 극단적인 신분 제도를 갖추고 있어 사제의 신전이나 귀족의 궁전은 대부분 높은 구릉 위에, 평민이 사는 오두막은 구릉의 요새를 둘러싸고 다닥다닥 붙어 있었다.
최초의 마야는 1,500여 년 전 오늘날의 멕시코 유카탄 반도와 과테말라, 온두라스와 벨리즈 일부에 해당하는 오지에 '느닷없이' 등장했다. 같은 시기에 존재했던 다른 문화권과 마야 문명의 가장 큰 차이점은 오랜 단계를 걸쳐 기술을 발전시킨 다른 문명에 반해, 마야 인은 이미 안정된 선진 기술을 '가지고' 나타난 듯 보인다는 데 있다. 그러나 아직까지 이른바 '마야의 수수께끼'를 확실히 푼 사람은 아무도 없다. 마야 문명은 예술과 과학이 발달하였으며, 농업과 교역에서 많은 업적을 이루었다.
그들이 남긴 유산은 너무나도 경이로운데, 특히 가장 정교한 것으로 손꼽히는 것은 우주의 주기와 시간에 관한 탁월한 계산 능력이다. 그리고 그 화려한 유산이 바로 '마야 달력(마야력)'이다. 역사상 마야력은 우주 시간을 추적할 수 있는 가장 정교한 측정 툴로 알려져 있다.

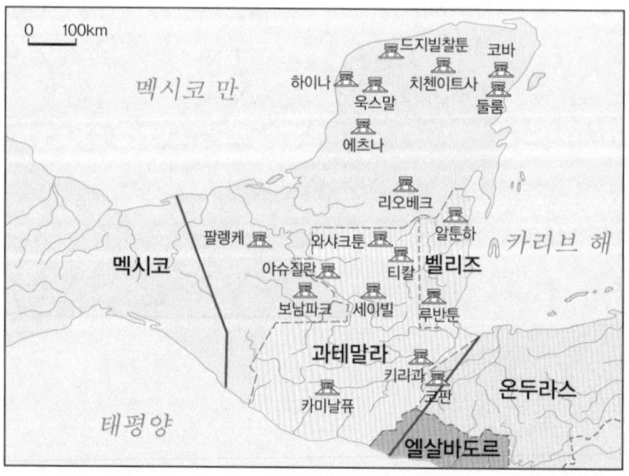

마야 문명 유적

3. 유럽 인들의 정복과 식민지에서의 착취

(1) 유럽 인 진출의 영향

① 스페인의 정복 결과: 스페인 문화와 질병의 유입

- 원주민의 노예화, 전염병 확산 등으로 원주민 수의 감소
- 기존의 석조 건물은 파괴되고 목조 가옥 등장, 난방과 취사 등에 나무와 숯을 사용하면서 삼림 파괴
- 소와 양 등을 들여와 미개척지를 개간한 뒤 목초지와 밀밭으로 사용하여 삼림 파괴
- 사탕수수, 커피 등을 재배하기 위해 흑인 노예를 수입하여 토착 원주민 문화 파괴

② 식민지의 부 착취와 가톨릭 교회의 유입

- 상업적인 농업, 가축 사육, 광산 개발 등으로 부를 축적
- 수도사와 군인들이 협력해 가톨릭 교회의 사상을 전파하여 원주민 사회를 변화시킴

(2) 플랜테이션

① 특징: 열대의 해안 저지대에서 외국의 자본과 기술, 원주민의 노동력을 활용하여 단일 상품 작물을 재배해 외국으로 수출

② 성격: 집약적, 상업적인 형태로 운영되며 자급자족은 이루어지지 않음

③ 작물: 커피, 사탕수수, 바나나 등 열대 농작물 재배

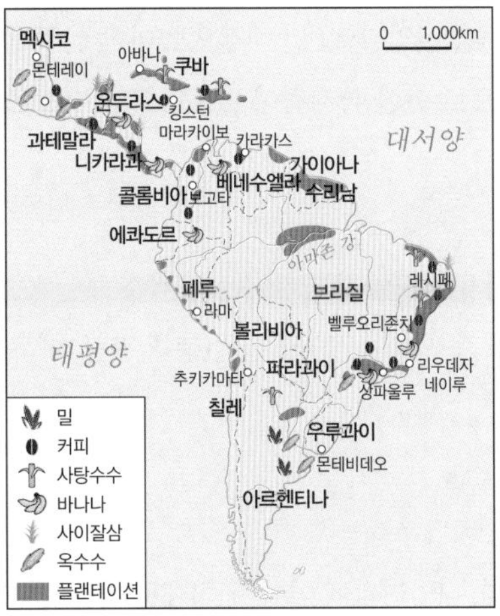

↑ 중앙아메리카와 남아메리카의 농업

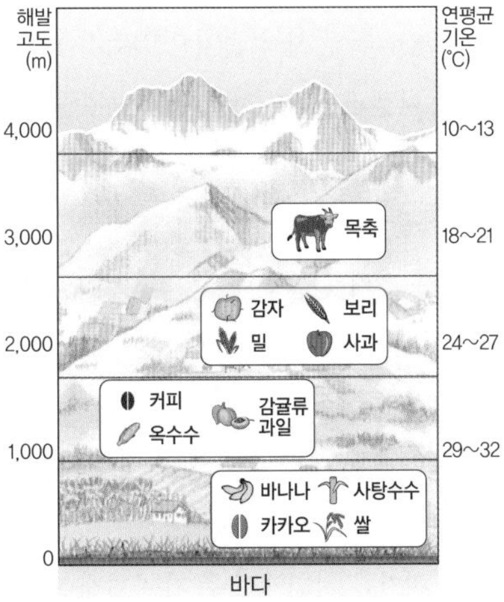

↑ 해발 고도에 따른 농작물의 분포

4. 중앙아메리카의 각 지역

(1) 중앙아메리카에서 가장 큰 멕시코

① 자연적 특성: 건조한 기후가 나타나는 북부 지역(인구 희박 지역)과 온화한 기후가 나타나는 중부 지역(인구 조밀 지역), 덥고 습한 열대 기후가 나타나는 남부 지역(인구 희박 지역)으로 구분

② 인문적 특성

- 멕시코 중앙부에 멕시코 총인구의 절반 이상이 모여서 거주
- 멕시코시티: 멕시코 수도, 인구 집중도가 매우 높은 도시

③ 북미 자유 무역 협정(NAFTA) 지대: 1990년대 초반, 멕시코 북부

- 멕시코의 경제 성장과 발달에 기여

■ 마야 문명의 건축물

'달의 피라미드'에서 내려다본 '달의 광장(죽은 자의 거리)' 모습. 광장의 왼쪽에는 '태양의 피라미드'가 있다.

■ 몬테수마와 코르테스의 만남

아스테카 왕국 최후의 지도자 몬테수마와 스페인 코르테스 장군의 만남을 그린 그림이다.

■ 아프리카 노예의 이동

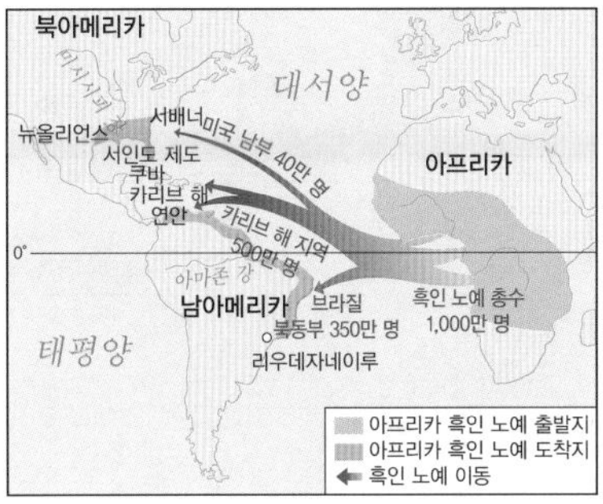

■ 멕시코시티

멕시코시티는 인구 집중이 심각한 도시이다. 경제적으로 침체된 농촌에서의 배출 요인과 도시가 갖춘 흡인 요인에 의해 급격히 발달한 도시인 까닭에 오늘날 스모그와 각종 도시 문제로 골치를 앓고 있다.

■ 마킬라도라
수입 제품을 조립하거나 면세 제품과 원자재를 완성품으로 만든 다음 미국 시장에 재수출하는 공장을 가리킨다. 우리나라에서 하는 가공 무역과 비슷한 형태이다.

■ 중미 자유 무역 협정(CAFTA)
2003년 과테말라, 엘살바도르, 니카라과, 온두라스, 코스타리카 간 체결된 자유 무역 협정을 의미한다. 섬유와 농업 부문을 포함한 모든 분야에서 향후 10년간 관세를 단계적으로 철폐하는 내용의 FTA를 체결하기로 합의한 협정이다.
이후 도미니카 공화국을 포함하여 CAFTA-DR라고도 부른다.

■ 역외 금융 중심지
외국환 은행이 비거주자로부터 외화 자금을 조달하여 비거주자를 상대로 자금을 운용하는 거래를 의미한다. 모국에 세금을 납부하지 않기 위해 외국 회사나 개인 사업가들이 많이 이용한다.

■ 중미 자유 무역 협정(CAFTA)의 가입 국가들

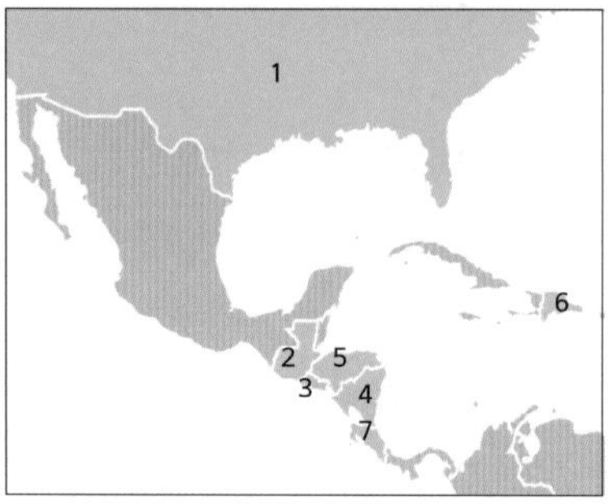

1. 미국
2. 과테말라
3. 엘살바도르
4. 니카라과
5. 온두라스
6. 도미니카 공화국
7. 코스타리카

이상 7개국은 중미 자유 무역 협정에 가입하여 섬유와 농업 부문을 포함한 모든 분야에서 향후 10년간 관세를 단계적으로 철폐하게 된다.

• 제조업 발달: 일자리 창출, 외국인 투자 유치, 신기술 유입 등의 이득
• 미국 인접 지역에 마킬라도라의 수 증가

④ 에너지 자원: 멕시코 만 일대의 석유, 천연가스 생산

⑤ 멕시코의 문제

• 제조업의 성장 둔화: 노동비가 상대적으로 더 저렴한 동남아시아 일대로 생산 공장 이전
• 양극화 문제: 멕시코 북부(과달라하라)의 급격한 성장과 멕시코 남부 지역의 쇠퇴

(2) 7개 공화국

① 자연 및 인문 환경

자연적 특성	• 카리브 해와 태평양 연안의 저지대 사이에 있는 고지대에 위치 • 화산 지형이 산재하여 비옥한 화산회토와 고산 기후를 활용하여 기온이 온화하고, 강수량 또한 다양한 작물을 생산하는 데 적합
인문적 특성	• 인구 대부분이 고원에 집중 • 아메리카 원주민과 메스티소 집단 간의 갈등, 부익부 빈익빈 문제, 정치 구조가 혼란
중미 자유 무역 협정(CAFTA)	• 과테말라, 엘살바도르, 온두라스, 니카라과, 코스타리카, 도미니카 공화국 등 통합을 위해 노력

② 국가별 특성

• 과테말라
- 1821년 스페인으로부터 독립했으나 1838년까지 멕시코의 일부였음
- 메스티소 중심의 군사 정권이 아메리카 원주민들을 탄압, 1960년 내전으로 마야 인의 몰락
- 고지대의 니켈과 커피, 저지대의 석유 등 자원으로 인한 잠재력이 있으나 정치적으로 불안정

• 벨리즈
- 대부분 아프리카 인들의 후손, 최근 주변 국가의 망명자들이 증가하는 추세
- 과거 바나나, 설탕 수출국에서 최근에는 해산물 가공, 의류·관광 산업(생태 관광: 에코 투어리즘)으로 변화함
- 역외 금융의 중심지 역할

• 온두라스
- 수년간의 내전과 허리케인 등 자연재해로 아이티, 니카라과에 이어 세 번째로 가난한 나라
- 1998년 허리케인 이후 온두라스의 주력 산업인 농업에 큰 타격

• 엘살바도르
- 중앙아메리카에서 가장 작은 국가
- 대부분 메스티소로 구성
- 커피 공화국: 플랜테이션 생산 방식으로 인한 노동 착취의 문제
- 자유주의와 공산주의의 내전 문제

• 니카라과
- 고원, 열대 우림, 사바나 등의 다양한 자연환경으로 오랫동안 아메리카 원주민들의 고향이었음
- 1970년대 말까지 독재 정부의 지배, 소수 부유층의 착취, 외국 회사의 플랜테이션 등으로 핍박을 받음
- 1990년대 이후 민주적인 정부가 들어섰으나 아직까지 정치·경제적으로 혼란한 상황

• 코스타리카
- 다른 중앙아메리카 국가들과 달리 오랜 민주적 전통을 유지한 국가로 상비군이 없음
- 스페인의 유산이 남아 있지만 일찍 독립하여 정치 · 경제적으로 자리를 잡음
- 커피와 바나나 플랜테이션이 대표적이며, 상업적 농업이 확장되고 있음
- 열대림 파괴 문제를 극복하기 위해 노력 중

• 파나마
- 과거 콜롬비아의 일부였으나, 미국의 운하 계획을 등에 업고 1900년대에 독립
- 2000년에 들어서 운하의 주권을 미국으로부터 돌려받음
- 파나마 운하를 중심으로 자유 무역 지대, 수출항이 성장하고 있음

(3) 카리브 해 대앤틸리스 제도의 국가들

경제적으로 가난한 국가들	• 과거 유럽 식민 개척자들이 설탕 플랜테이션을 위해 아프리카 인을 노예로 데려온 지역 • 설탕 무역이 약세를 보이자 경제적으로 심각한 위기를 겪게 됨 • 국가 내 이촌 향도 현상으로 도시의 슬럼화, 도시 빈민 거주지 등이 형성되어 있음
인문적 특성	• 원주민 고유 문화 + 아프리카 문화 + 유럽 식민 통치 유산 + 아시아 문화 → 민족적·문화적 다양성이 무궁무진하게 나타남 • 히스패닉, 물라토, 아프리카계 카리브 해 주민 간의 경제적 격차가 큼

① 쿠바
• 1880년대 후반까지 스페인의 지배를 받았고, 미국의 도움으로 독립
• 피델 카스트로의 반란으로 공산주의 독재 정권과 소비에트의 일원이 됨
• 과거 설탕이 중심 산업이었으나 현재는 담배, 열대 과일, 목장 등이 중심 산업

② 자메이카
• 과거 영국의 지배를 받았으며, 인구 대부분이 아프리카-카리브 계통
• 관광 산업, 보크사이트, 설탕, 바나나, 담배 등을 수출하지만 약세임

③ 아이티
• 히스파니올라 섬 서쪽에 위치한 국가로 경제적으로 열악함
• 카리브 인이 아닌 아라와크 족 사람들이 정착했으나 스페인과 프랑스(세인트 도미니크)의 지배를 받음
• 아프리카 노예들을 데려와 노동 착취
• 1804년 '아라와크'의 원래 이름을 되살린 아이티 공화국으로 독립
• 2010년 아이티 대지진으로 정부 청사, 공공건물, 병원 등 사회 기반 시설 파괴

④ 도미니카 공화국
• 히스파니올라 섬 동쪽에 위치, 토양 침식이 심한 아이티와 달리 숲이 우거져 있고 하천의 유량이 많음
• 스페인과 프랑스가 번갈아 지배하였으며, 1844년 도미니카 공화국으로 독립
• 아이티의 침공 → 1978년 민주적인 선거와 최초의 평화적 권력 이양으로 독재 종결
• 니켈, 금, 은, 설탕, 담배, 커피, 코코아 등 수출, 관광 산업 특화
• 2000년 세계 경제 침체와 정부의 부정부패로 인해 경제적 어려움을 겪고 있음

⑤ 푸에르토리코
• 대앤틸리스 제도 동쪽의 가장 작은 섬나라로 미국 자치령임
• 1898년 스페인-미국 전쟁에서 미국이 승전하여 미국령이 됨

■ 레게의 고향, 자메이카

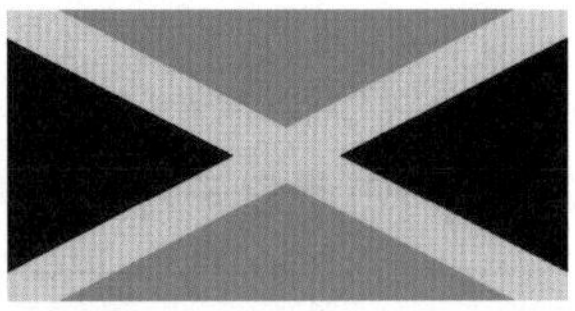

레게는 1960년대 후반 자메이카에서 발전한 음악 장르이다. 자메이카 음악의 한 종류인 스카(ska)와 록스테디(rock steady)에서 출발하여 여러 음악 장르의 영향을 받아 발전하였다.
레게 음악의 가사는 대부분 자메이카 사람들이 갖는 사회에 대한 관심과 종교에 대한 믿음을 다루고 있다. 4/4 박자에 불규칙하면서도 강한 악센트가 특징이다. 짧은 리듬을 전기 기타와 드럼 세트로 여러 번 반복하거나 오르간이나 피아노로 반복하기도 한다. 리듬이 복잡한 경우도 있으나 화성은 단순하며, 록 음악처럼 소리도 크다.

■ 아이티 지진

2010년 1월 15일 아이티 수도 포르토프랭스에서 리히터 규모 7.0의 강진이 발생하였다. 이 지진은 아이티 역사상 최대 규모로 많은 피해를 입힌 재해였다.

• 푸에르토리코 인들은 미국 시민권을 갖지만 지방세는 내지 않음
• 스페인 식민 지배의 흔적으로 스페인 어와 영어를 함께 사용함

(4) 소앤틸리스 제도의 국가들

① 자연환경

• 지진, 화산 폭발, 허리케인 등 다양한 재해의 위험에 노출되어 있음
• 제한된 국내 자원, 인구 과잉, 토양 침식, 지반 붕괴, 제한적 시장 등으로 경제적·정치적으로 어려운 국가가 많음

② 인문 환경

• 관광 산업이 산업의 견인차 역할을 수행
• 완전한 자치권을 가진 나라와 속국인 나라가 공존
• 빈부 격차의 문제가 심각함

5. 중앙아메리카의 주요 국가 통계 자료

국명	면적 (2010, 1,000km^2)	총인구 (2010, 1,000명)	인구 밀도 (2010, 명/km^2)	수도	수도 인구 (2012, 1,000명)	국민 총소득 (2012, 억 달러)	1인당 국민 총소득 (2012, 달러)	2013년(백만 달러)		1인당 무역액 (2013, 달러)
								수출액	수입액	
앤티가 바부다	0.44	91	205.7	세인트존스	22(11)	11	12,480	32	515	6,079
엘살바도르	21	6,384	303.4	산살바도르	316(07)	226	3,590	5,491	10,772	2,565
쿠바	110	11,259	102.5	아바나	2,129(11)	664	5,890	5,577(12)	13,801(12)	1,719(12)
과테말라	109	15,860	145.7	과테말라시티	942(02)	471	3,120	6,975	14,368	1,380
그레나다	0.34	106	309	세인트조지스	2(11)	8	7,220	33	368	3,787
코스타리카	51	4,938	96.6	산호세	288(11)	424	8,820	11,542	17,923	6,048
자메이카	11	2,799	254.6	킹스턴	584(06)	139	5,130	1,574	6,200	2,792
세인트키츠 네비스	0.26	55	209.9	바스테르	12(11)	7	13,610	50	249	5,518
세인트빈센트 그레나딘	0.39	109	281.2	킹스타운	30(11)	7	6,400	48	378	3,895
세인트루시아	0.54	184	340.6	캐스트리스	22(10)	12	6,890	171	598	4,219
도미니카 공화국	48	10,529	218.5	산토도밍고	2,894(11)	563	5,470	4,622	13,876	1,778
도미니카 연방	0.75	72	96.3	로조	15(11)	5	6,440	38	203	3,347
트리니다드 토바고	5.13	1,344	262	포트오브스페인	37(11)	197	14,710	13,100(12)	98,400(12)	16,823(12)
니카라과	130	6,169	47.3	마나과	908(05)	99	1,650	2,644(12)	5,847(12)	1,417(12)
아이티	28	10,461	377	포르토프랭스	897(09)	77	760	814(12)	3,170(12)	392(12)
파나마	75	3,926	52.1	파나마	894(10)	324	8,510	785(11)	11,342(11)	3,242(11)
바하마	14	383	27.4	나소	244(09)	77	20,600	828(12)	3,647(12)	12,031(12)
바베이도스	0.43	286	665.3	브리지타운	5(00)	43	15,080	463	1,759	7,806
벨리즈	23	340	14.8	벨모판	20(09)	14	4,490	340(12)	882(12)	3,771(12)
온두라스	112	8,261	73.4	테구시갈파	990(09)	168	2,120	4,427(12)	9,464(12)	1,750(12)
멕시코	1,964	123,799	63	멕시코시티	8,851(10)	11,651	9,640	380,107	381,202	6,223

지리 상식 1 옥수수로부터 탄생했다? 원펀치 쓰리강냉이, 인간은 옥수수로부터 탄생했다?

현재 지구 상에서 가장 많이 생산되는 농작물 세 가지를 골라 본다면 무엇을 들 수 있을까? 쌀과 밀, 옥수수이다.

최근에는 옥수수를 이용해 만든 에탄올이 대체 에너지의 원료로 각광받으면서 세계 각지에서 그 재배 면적이 증가하고 있다. 현재 세계에서 옥수수를 가장 많이 생산하는 국가는 미국과 중국이다.

옥수수의 원산지는 바로 아메리카이다. 옥수수는 일찍부터 아메리카 원주민들에게 중요한 농작물로 여겨져 신성시되었다. 신화와 전설의 중요한 소재가 되기도 해서 중앙아메리카 마야 신화에는 신이 옥수수를 가지고 사람을 만들었다는 신화가 전해 내려온다.

옥수수의 가장 큰 장점은 적은 일손으로도 많은 수확을 얻을 수 있다는 것이다. 옥수수는 1년에 50일 정도만 일하고도 수확물을 얻을 수 있으며, 토지와 기후가 좋으면 1알을 심어 500알 이상을 거둘 수 있다. 이러한 특성은 아메리카 선주민(원주민)들을 농업 노동으로부터 비교적 자유롭게 해 주었으며, 많은 인구를 부양하게 해 주었다. 이 때문에 잉카 문명, 마야 문명, 아스테카 문명 등 수많은 아메리카 문명이 유지될 수 있었고, 그 과정에서 많은 인력이 동원된 거대한 구조물들을 만들어 냈다.

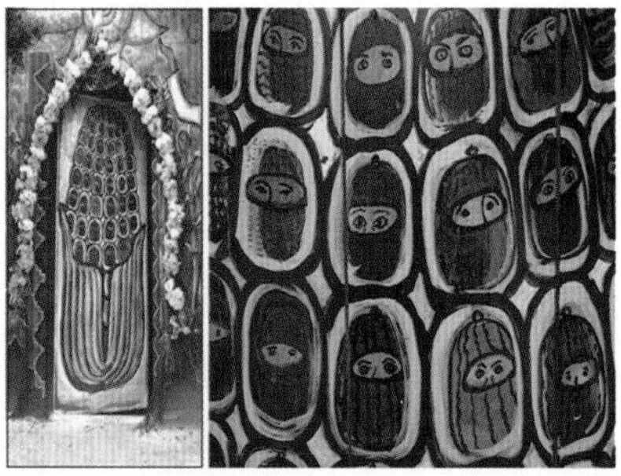
멕시코 사파티스타 벽화

오늘날 영화의 동반자인 '팝콘'은 아메리카 원주민 이로쿼이 족이 개발한 음식이다. 그릇에 모래를 넣어 뜨겁게 달군 후에 옥수수를 넣고 서서히 가열하면 팝콘이 되는 것이다. 지금 바로 영화관에서 팝콘 한 알을 입속에서 굴리며 아메리카를 느껴 본다면 어떨까?

전국지리교사모임, 2014, 『지리, 세상을 날다』

지리 상식 2 자유를 향한 갈망, 레게 머리!

우리가 흔히 레게 머리라고 부르는 것은 사실 잘못된 표현이다. 밥 말리로 대표되는 레게(음악 장르) 가수들이 주로 했다고 해서 '레게 머리'라는 명칭으로 알려진 것이다. 사실 이 헤어스타일은 드레드록스(Dreadlocks)라고 부른다.

강렬한 느낌을 주는 이 스타일 속에는 자유를 갈망하던 카리브 해 흑인 노예들의 슬픈 이야기가 담겨 있다. 바로 '라스타파리아니즘(Rastafarian-ism)'이라고 부르는 종교적 신념과 관련이 있다.

자메이카에서 시작된 이러한 운동은 자신들의 고향이자 약속의 땅인 아프리카(에티오피아)로 돌아가자는 아프리카 회귀 운동적인 성격을 가진다. 물론 종교와 관련이 있지만 이것은 신앙적 운동이라기보다는 백인들에 의해 인간적인 삶이 완전히 무너진 흑인들의 분리 운동, 인권 운동에 가깝다. 이를 레게 음악 속에 녹여내며 평화와 자유를 노래하는 것이다.

〈말리〉는 전설적인 레게 뮤지션 밥 말리의 생애를 담은 다큐멘터리이다.

레게 음악의 가사는 대부분 가난한 자메이카 사람들이 갖는 사회에 대한 관심과 종교에 대한 믿음을 다루는데 〈말리〉는 그러한 삶을 살아 온 이들에 대한 영화이다. 또한 레게를 하는 음악인들은 빨강, 노랑, 초록의 색깔을 가진 의류를 즐겨 착용한다. 이는 에티오피아 국기의 삼색을 형상화한 것이다. 빨간색은 노예의 피와 충성심, 노란색은 황금의 번영과 종교의 자유, 초록색은 아프리카의 초원과 풍성한 자원의 의미가 들어 있다.

이러한 라스타파리아니즘에는 신체 중 어떤 부위도 잘라 내서는 안 된다는 교리가 있다. 신체 훼손을 금지하는 것은 억압 세력으로부터 자신을 보호하기 위한 하나의 방편이 아닐까? 따라서 머리를 자르지 않고 길러 땋은 드레드록스를 하는 것이다.

결국 자메이카의 레게 문화에는 단순한 흥이 아니라 고향을 그리워하는 아프리카 원주민들의 소망이 담겨 있다. 이러한 감정들은 레게 음악에 고스란히 반영되어 있다.

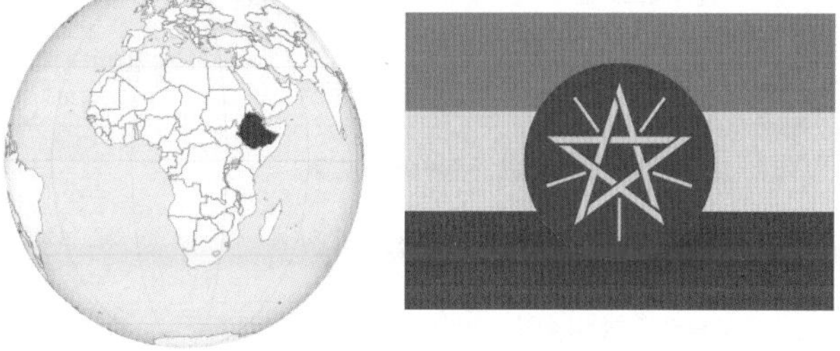
에티오피아의 위치와 국기

지리 상식 3 진흙 쿠키를 먹어야 했던 사람들, 2010년 아이티 지진

한국 시각 2010년 1월 12일, 아이티에서 지진이 발생했다. 리히터 규모 7.0의 강진이었다. 규모 7.0이면 각종 건물이 파괴되고 땅이 갈라지는 등 도저히 서 있을 수 없을 정도의 힘이다.

특히 경제 기반이 열악한 아이티는 내진 설계가 제대로 된 건물이 없어 피해가 어마어마했다. 아이티 총리의 말에 따르면 "수도 포르토프랭스 전체가 납작해졌다."라고 할 정도였으니 말이다.

대통령 궁은 무너졌고, 아이티 사람들의 집은 가루가 되어 버렸다. 사망자는 약 20만 명, 집을 잃은 이재민은 약 230만 명이었다. 지진 발생 이전 도심 인구의 약 67%가 슬럼에 거주하고 있었는데, 이들이 지진의 피해를 가장 많이 입었다. 그리고 아이티는 상위 10%가 전체 총수입의 70%를 벌어들이는 경제적 불평등, 소위 부익부 빈익빈 현상이 심각한 나라라서 하층 시민들의 삶은 여간 심각한 것이 아니었다.

지진 이후에도 임시 캠프에 전염병이 돌면서 많은 사상자가 추가로 발생했을 뿐만 아니라 경제적으로 가난한 국가라 건축물의 재건이 쉽지 않다.

당시 화제가 되었던 것은 '진흙 쿠키'이다. 아이티는 만성적인 식량 부족으로 상당수 국민이 기아에 직면해 있다. 국제 원조 물품의 배급도 원활하지 않아 주민들은 진흙과 소금, 식물성 버터를 섞어 만든 진흙 쿠키로 겨우 허기를 달래며 지낸다. 식량이 없어 흙까지 먹어야 하는 극한의 삶을 상상해 본 적이 있을까? 먹을 것이 없어 죽어 가고 살기 위해 진흙까지 먹는 것은 그들만의 고통이 아니라 '인류'라는 한 울타리에서 살아가는 우리 모두의 아픔이고 슬픔이 되어야 할 것이다.

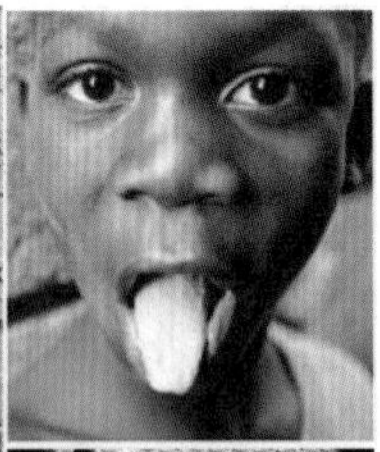

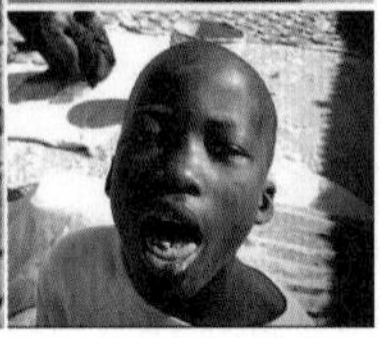

↑ **진흙을 빚어 만든 진흙 쿠키**

규모	구조물, 자연계에 대한 영향	인체 반응
2.5 미만	사람의 몸으로는 느낄 수 없고 지진계에만 기록됨	느끼지 못함
3.0	감각이 민감한 사람이 다소 흔들린다고 느낌	민감한 사람만 느낌
3.5	모든 사람이 느낄 정도로 창문이 다소 흔들림	여러 사람이 느낌
4.0	건물이 흔들리고 창문이 움직이며, 물건이 움직이거나 그릇의 물이 출렁임	약간 놀람, 자다 깸
5.0	건물의 흔들림이 심하고 불안정하게 놓인 꽃병이 넘어지며 그릇의 물이 넘침, 많은 사람들이 집 밖으로 뛰어나옴	매우 놀람, 자다 깨 나옴
6.0	벽에 금이 가고 비석이 넘어짐, 굴뚝이나 돌담·축대 등이 파손됨	서 있기 곤란
7.0	건물 파괴 30% 이하, 산사태가 발생하며 땅에 금이 감. 사람이 서 있을 수 없음	도움 없이 걸을 수 없음
8.0	건물 파괴 30% 이상, 땅이 갈라짐	이성 상실
9.0	건물 완전 파괴, 철로가 휘고 지면에 단층 현상이 발생	대공황

↑ **리히터 규모**

지리 상식 4 NAFTA, 나프타는 나쁘다? 노동 착취 공장 마킬라도라

마킬라도라(Maquiladora)라는 용어는 미국 시장을 위한 수출품을 생산하는 북부 멕시코의 조립 공장을 지칭한다. 이는 멕시코와 미국의 국경에 인접한 도시들의 심각한 경제적·사회적 문제를 해결하기 위하여 1965년 멕시코 정부의 국경 산업화 프로그램을 통해 제도화되었다. 1994년 NAFTA(북미 자유 무역 협정)의 후원하에서, 국경 건너 마킬라도라에서 제조업을 운영하는 미국 기업은 멕시코의 값싼 노동력, 실질적으로 거의 없는 세금과 통관 비용, 덜 엄격한 환경 규제 등으로 혜택을 받을 수 있다. 따라서 마킬라도라는 미국 시장을 대상으로 하는 미국 기업과 여타 다른 나라를 위한 해외 공장 부지를 제공하는 것이었다.

마킬라도라의 공장은 주로 전자 제품, 의류, 플라스틱, 가구, 가전 및 자동차 부품 등을 생산한다. 마킬라도라에서 생산된 제품의 약 90%가 미국으로 수출된다.

많은 마킬라도라는 매주 6일, 하루 10시간의 근무 시간과 시간당 50센트(원화 550원 정도)의 임금으로 젊은 여성을 고용하는 이른바 '노동 착취 공장'으로 간주된다. 많은 마킬라도라의 여성 노동자들은 공장 도시 인근에 위치한 전기와 물이 부족한 불량 주거지에 살고 있다. 최근 중국 및 동남아시아와의 경쟁은 마킬라도라의 투자 매력을 감소시켰으며, 한 보고서에 따르면 2000년 이후 500여 개 공장이 문을 닫아서 수십만 개의 일자리가 사라져 버린 것으로 나타났다. 마킬라도라의 미래는 미국 시장과 NAFTA에 대한 높은 의존성으로 여전히 불확실하다.

닐 코·필립 켈리·헨리 영, 안영진·이종호·이원호·남기범 역, 2011, 『현대 경제지리학 강의』

지리 상식 5 쿠바, 조심스레 문을 열다

미국과 쿠바가 53년의 적대 관계를 접고 2014년 12월 국교 정상화를 선언했다. 양국이 냉전 잔재를 청산하고 화해와 협력을 추구하는 새 시대로 접어든 것이다. 미국이 중국·베트남에 이어 옛 소련의 전초 기지였던 쿠바에 문을 열면서 냉전 시대의 적대국은 이제 북한만 남게 됐다.

오바마 대통령은 특별 성명에서 "수십 년간 미국의 국익 증진에 실패한 낡은 접근 방식을 버리고 쿠바와 미국 국민, 전 세계를 위한 더 나은 미래를 선택했다."고 밝혔다. 오바마 대통령은 "미국은 쿠바의 고립을 목표로 한 정책을 추진했지만 쿠바 정부에 자국민을 억압하는 명분을 주는 것 외엔 효과를 거두지 못했다."며 "이제는 새로운 접근에 나서야 할 때"라고 강조했다.

미국은 수개월 내 쿠바 수도 아바나에 미국 대사관을 다시 열기로 했으며, 쿠바를 테러 지원국에서 해제하는 방안도 검토하기로 했다. 또 로버타 제이컵슨 국무부 차관보가 내년 1월 쿠바를 방문해 이민, 마약 퇴치 등 양국 현안을 협의하고 여행·송금 제한 완화와 함께 미국 금융 기관이 쿠바에 계좌를 개설할 수 있도록 하는 등 금융 제재 수위를 낮추기로 했다. 1959년 공산화를 선언한 피델 카스트로 국가평의회 의장이 미국 기업의 자산을 몰수함으로써 1961년 국교가 단절된 뒤 53년 만의 역사적 사건이다.

오바마 대통령의 쿠바 껴안기는 비핵화 진정성을 보여 주면 북한도 포용할 준비가 돼 있다는 신호탄이 아니냐는 해석도 나온다. 오바마 대통령은 이날 "미국은 공산당이 지배하는 중국과 35년 이상 관계를 다시 맺고 있고, 다른 어떤 냉전 대결보다 미국인이 희생됐던 베트남과도 20여 년 전 관계를 정상화했다."고 말했다. 쿠바뿐만 아니라 북한에도 적용 가능한 메시지다. 이날 반기문 유엔 사무총장과 세르게이 라브로프 러시아 외무장관 등 국제 사회는 일제히 환영의 뜻을 표했다.

거의 같은 시간에 라울 카스트로 쿠바 국가평의회 의장도 "쿠바는 미국과의 관계 회복을 환영한다."고 밝혔다. 그는 대국민 TV연설에서 "쿠바와 미국은 인권과 주권 문제 등에서 아직 이견이 존재하지만 양국은 세련된 태도로 차이를 받아들이는 것을 배워야 한다."고 말했다.

지리올림피아드를 통해 꿈을 찾다

편민철 • 중앙대학교 사회기반시스템공학부

안녕하십니까? 꿈과 목표를 향해 한 걸음씩 다가가고 있는 학생 여러분을 위해 글을 쓰게 되어 영광입니다. 어떤 미래가 펼쳐질지 아직까지 확신이 서지 않는 학생들도 많이 있을 것입니다. 저 역시도 장래 희망이 수없이 많이 바뀌었고, 지금 제가 정한 꿈과 진로가 언제 어떻게 바뀔지 모르겠습니다. 하지만 아직까지 고민 중인 학생들에게 조금이나마 보탬이 되었으면 하는 마음으로 제가 지금까지 살아온 삶 속의 지리와 꿈에 관해 소소하게 이야기할까 합니다.

저는 어렸을 때부터 여행을 좋아하시는 부모님 덕분에 주말마다 가족여행을 다녔습니다. 전국 일주, 해외여행 등 많은 여행 경험은 저의 진로에 상당한 영향을 미치게 되었습니다. 여행을 다닐 때 차 안에서 항상 손에 지도를 들고 있었습니다. 이쪽 길로 가면 어떤 마을이 나오는지, 지도에서 이렇게 생긴 곳이 실제로는 어떤 모습인지 직접 확인해 가며 여행을 하는 재미가 쏠쏠했습니다. 지도의 재미에 빠지자 평소에도 지도를 펴놓고 머릿속에 지역을 떠올리는 것이 취미가 되었고, 6살 당시 어머니와 함께 세계 지도를 보며 200여 개의 나라와 수도를 외우기도 했습니다. 이렇듯 저는 다양한 문화와 지리적 요소들을 직간접적으로 자연스럽게 습득하고 있었습니다.

중학생이 되었을 때 제 꿈은 의사였습니다. 어머니께서 몸이 좋지 않으신 이유도 있었지만, '돈을 잘 번다는 것', '명성이 높다는 것', '어머니의 병을 치유하겠다는 목표에 대한 타당성' 이 세 가지 이유로 꿈을 스스로 가두어 버렸습니다. 당시 저에게 장래 희망을 물어보면 의사라고 말하면서도 이것이 진정 나의 꿈인지 주위 사람들의 꿈인지 구별이 가지 않았습니다.

하지만 중학교 3학년 아버지께서 돌아가시고 난 후 저 자신에 대한 깊은 고민을 시작했습니다. 평소에 아버지께서 자주 하시던 말씀이 기억났습니다. "민철아, 진정으로 네가 하고 싶은 일을 해라. 가슴 뛰는 일을 해라." 그리고 어떤 일을 할 때 가장 행복했는지 생각해 보았습니다. 답은 지도였습니다. 여행 중에 항상 손에 쥐도 있던 지도, 그 외에도 온갖 관광지도, 광주지도, 전국 지도, 세계 지도, 그리고 네이버 지도, 다음 지도와 구글어스까지. 시간이 날 때마다 지도를 보고 지도를 보는 시간만큼은 왠지 모르게 재미있고 행복했던 저의 모습을 발견할 수 있었습니다. 지도와 관련된 학문인 지리에 대해 조사하던 중 지리올림피아드를 알게 되었습니다. 그리고 작지만 큰 꿈을 꾸었습니다. '지리올림피아드 전국대회에서 상을 받고 싶다.'

고등학교에 입학해서 저의 꿈과 진정은 대부분 지리로 향해 있었습니다. 신설 학교의 1기 신입생이었기 때문에 기반이 마련되어 있지 않아 동아리를 창설해야 했습니다. 지리 선생님을 찾아가 지리 동아리를 만들고 싶다는 의견을 표출하고 홍보를 통해 부원들을 모았습니다. 동아리에서 2년 동안 서유럽 여행 지도 만들기, 농수산물 유통 센터 답사, 양동시장 답사, 테마 체험 학습 워크북 제작, 풍영정천 답사, 학교 주변 신도시 조사, 아마존의 눈물 시청, 전남 함평 답사, 남도향토음식박물관 답사, 말바우시장 답사, 축제 부스 운영 등 많은 지리적 활동을 했던 것은 큰 경험이자 재산으로 남게 되었습니다.

2학년 때 이공 계열을 선택했음에도 제가 좋아하는 지리를 꾸준히 놓지 않았습니다. 그런 저의 모습에 친구들은 자주 질문을 합니다. "야, 너는 이과면서 지리를 왜 하냐?" 그럼 저는 이렇게 말합니다. "좋아서 하는 거야." 하지만 이공 계열 공부를 하면서 지리까지 공부하기란 여간 어려운 일이 아니었습니다. 그래서 집 앞 서점에서 지리 관련 책을 죄다 사 읽고 한국지리 세계지리 교과서를 정독하면서 공부했습니다. 정규 수업 시간 외에 자투리 시간에 책이나 교과서를 꾸준히 읽으니 시간 낭비 없이 두 마리 토끼를 잡을 수 있었습니다.

교내 지리올림피아드, 광주 지리올림피아드 대회에서 상을 받고 전국대회에 출전하게 되었습니다. 비록 전국대회에서 수상하지는 못했지만 전국 곳곳에서 모인 지리 학도들과 실력을 겨뤄 볼 수 있었다는 것, 또한 지리올림피아드를 준비하면서 '공학과 지리를 접목시켜 사람들이 가장 행복할 수 있는 도시를 만드는 도시 계획가'가 되겠다는 꿈을 꾸게 되었습니다. 그리고 그 꿈을 위해 꾸준히 노력해 온 결과 현재 원하는 대학에 합격할 수 있었습니다. 지리올림피아드를 통해 저는 꿈을 찾았고 그 꿈을 향해 새로운 세상에 또 한 발을 내딛으려 합니다.

사실 지리올림피아드라는 이름이 주는 압박감이 있습니다. 진짜로 지리만 파는 친구들만 있을 것 같고 내가 과연 이 무대에서 통할 수 있을까 하는 생각도 듭니다. 하지만 도전해서 손해 볼 것은 없습니다. 저처럼 도전을 해서 꿈을 찾는 경우도 있을 것이고, 그렇지 않더라도 도전과 노력은 훗날 그 모든 경험이 자신에게 값진 재산이 될 것입니다. 제가 생각하는 지리와 꿈에 관한 5계명을 끝으로 글을 마칠까 합니다. 학생 여러분들의 꿈을 항상 응원합니다. 감사합니다.

[지리의 5계명]

1. 지리는 외우는 것이 아니다. 어떤 원인으로 어떤 결과가 일어났는지 인과 관계만 잘 따져보아도 지리적 사고력을 키울 수 있다.
2. 대부분의 지리적 요인은 자연적인 요소에서 시작하고 그 후 인문지리학적인 요소들이 나타나게 된다.
3. 그래프와 친해져라.
4. 시간 날 때마다 지리부도를 펼쳐라.
5. 우리나라의 지명과 세계 나라의 위치와 수도 등을 외워 보라. 그 곳의 문화에 더 가까이 다가갈 수 있고 나중에 굉장히 유익할 것이다.

[꿈의 5계명]

1. 꿈을 정하지 못했을 경우, 남의 시선이 아닌 자신이 가장 좋아하고 잘하는 일들을 생각해 보라.
2. '어떻게든 되겠지'가 아니다. 자신의 꿈은 자신이 이루어 가는 것이기에 주체성을 가지고 찾아라.
3. 학생은 항상 도전하는 입장이다. 나무가 가지를 사방으로 뻗되 줄기는 꿋꿋이 하늘을 향해 뻗어 나가는 것처럼 꿈을 굳건히 하고 도전을 통해 배워라.
4. 어떤 일이 있어도 학업은 포기하지 마라. 학업을 포기하는 순간 꿈을 이룰 수 있는 가능성이 줄어들게 된다.
5. 현실에 안주하지 마라. '이 정도면 충분해'라는 생각을 버리고 오늘보다 더 나은 내일을 생각하라.

[선택형]

· 2014 9 평가원

1. 지도는 어떤 기호 작물의 생산량과 1인당 소비량 상위 10개국을 나타낸 것이다. 이에 대한 옳은 설명을 <보기>에서 고른 것은?

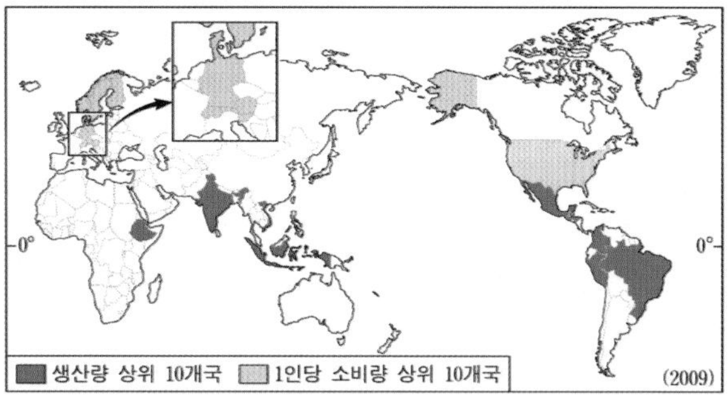

보기

ㄱ. 주로 잎을 원료로 하여 상품으로 가공한다.
ㄴ. 생산량이 가장 많은 국가는 아프리카에 위치한다.
ㄷ. 원료를 볶아 분쇄하여 음료를 만드는 데 이용한다.
ㄹ. 건기와 우기가 뚜렷한 열대 기후가 재배에 유리하다.

① ㄱ, ㄴ ② ㄱ, ㄷ ③ ㄴ, ㄷ ④ ㄴ, ㄹ ⑤ ㄷ, ㄹ

· 2015 6 평가원

2. 지도는 라틴 아메리카 일부 국가의 인종(민족) 비율을 나타낸 것이다. A~D에 대한 옳은 설명을 <보기>에서 고른 것은?

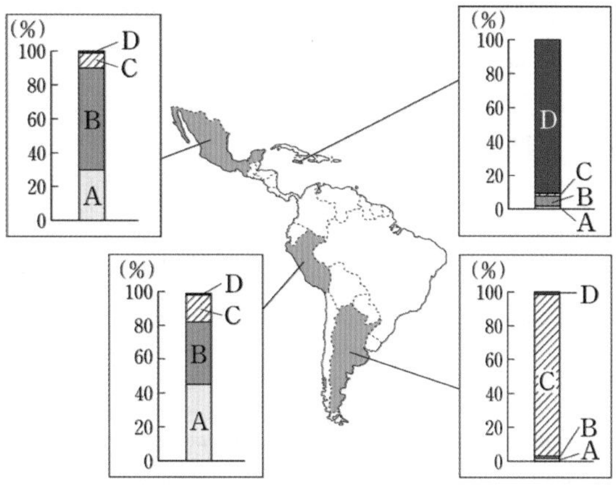

*A~D 이외의 인종(민족)은 표시하지 않음.

보기

ㄱ. A의 조상들은 잉카 및 아스테카 문명을 발달시켰다.
ㄴ. B는 아프리카계 흑인으로 과거 플랜테이션을 위해 강제로 이주되었다.
ㄷ. C는 유럽계 백인으로 주로 가톨릭교를 믿고 있다.
ㄹ. D는 아메리카 원주민, 유럽계 백인, 아프리카계 흑인 사이의 혼혈이다.

① ㄱ, ㄴ ② ㄱ, ㄷ ③ ㄴ, ㄷ ④ ㄴ, ㄹ ⑤ ㄷ, ㄹ

[서술형]

※ 1~2. 다음 지도를 보고 물음에 답하시오.

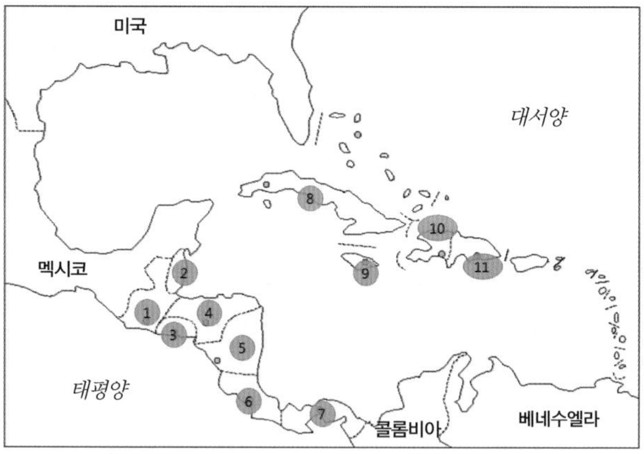

1. 다음 설명에서 해당하는 나라의 위치와 이름을 쓰시오.

2010년 대지진이 발생하여 큰 타격을 입었다. 대통령 궁은 무너졌고, 이곳 사람들의 거처는 모두 무너져 가루가 되어 버렸다. 사망자는 약 20만 명, 집을 잃은 이재민은 약 230만 명이었다.
경제적 불평등, 소위 부익부 빈익빈 현상이 심각한 나라라서 하층 시민들의 삶은 여간 심각한 것이 아니었는데 지진의 피해 또한 이들의 삶을 더 힘들게 만들었다. 진흙을 구워서 연명하여 '진흙 쿠키'가 또한 번 이슈가 되었으며, 지진 이후에 임시 캠프에 전염병이 돌면서 많은 사상자가 추가로 발생했을 뿐만 아니라 경제적으로 가난한 국가라 건축물의 재건이 쉽지 않다.

(가) 나라 위치:

(나) 나라 이름:

2. 위 1번과 같은 상황이 일어나게 된 지리적 원인을 판 구조론과 관련하여 간단히 설명하시오.

1. A~K에 해당하는 국가 명을 쓰시오.

A: B:

C: D:

E: F:

G: H:

I: J:

K:

2. 대앤틸리스 제도에 해당하는 국가 4개를 쓰시오.

3. 유일하게 프랑스 어를 사용하는 국가를 쓰시오.

4. 다음에서 설명하는 나라는 어디인지 쓰시오.

> 이 나라는 운하로 유명한 나라이다. 이 운하는 태평양과 카리브 해(대서양)를 연결하는 역할을 수행한다. 태평양 연안의 발보아에서부터 카리브 해 연안의 크리스토발에 이르기까지 총길이 64km로 1914년 8월 15일에 완성되었다. 이 운하는 미국의 독점적 지배로 인해 오랫동안 논쟁의 대상이 되기도 하였다. 미국에서 태평양과 대서양을 관통하는 데 이 나라의 운하를 이용할 경우 남아메리카를 돌아가는 것보다 운항 거리를 약 1만5,000km가량 줄일 수 있어 매우 효율적인 운하로 평가받고 있다.

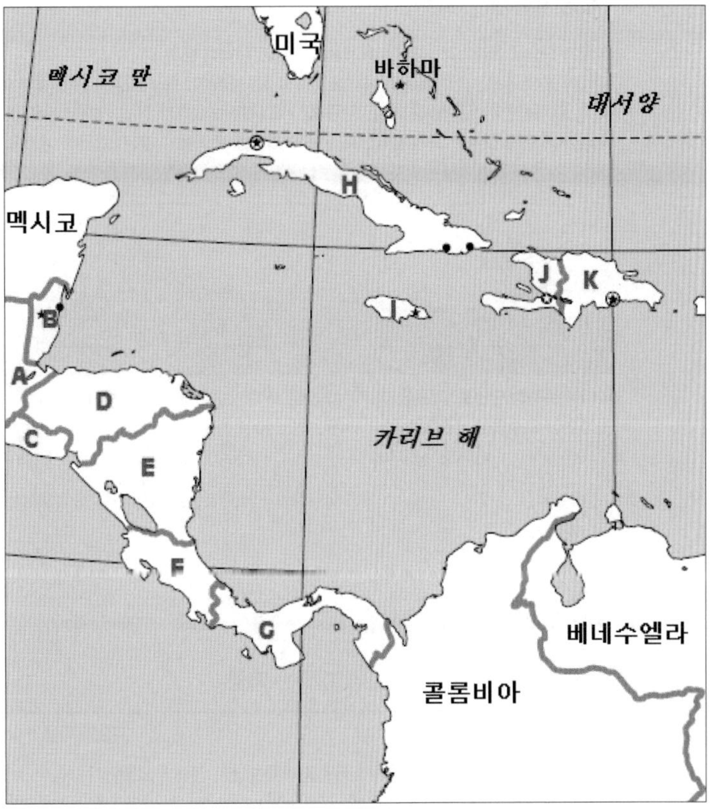

chapter 12

지역 지리

10. 남아메리카

핵심 출제 포인트

- ▶ 남아메리카의 자연환경
- ▶ 인디오 문화 잉카 문명
- ▶ 아마존 열대림의 개발과 문제점
- ▶ 고산 기후의 특징
- ▶ 남아메리카의 다양한 민족과 문화
- ▶ 한류로 인한 사막 형성
- ▶ 플랜테이션 농업

1. 남아메리카의 지역 구분

(1) 지역 구분의 기준

① 문화적 구분: 리오그란데 강을 경계로 앵글로아메리카와 라틴 아메리카로 구분

② 지리적 구분: 파나마 지협을 경계로 북아메리카와 남아메리카로 구분

③ 중앙아메리카: 중앙아메리카까지 구분할 경우 멕시코 남부의 테우안테펙 지협을 경계로 북아메리카 대륙을 다시 둘로 나눔

(2) 아메리카의 지리적 지역 구분

지역	범위	해당 국가
북아메리카	멕시코 남부의 테우안테펙 지협 이북 지역	미국, 캐나다, 멕시코
중앙아메리카	멕시코 남부의 테우안테펙 지협에서 파나마 지협까지	과테말라, 벨리즈, 온두라스, 엘살바도르, 니카라과, 코스타리카, 파나마
남아메리카	파나마 지협 이남 지역	브라질, 콜롬비아, 베네수엘라 볼리바르, 가이아나, 수리남, 에콰도르, 페루, 볼리비아, 파라과이, 우루과이, 칠레, 아르헨티나

■ 아메리카의 지역 구분

미국과 멕시코의 국경을 흐르는 리오그란데 강은 앵글로아메리카와 라틴 아메리카를 구분하는 문화적 경계가 된다. 파나마 지협은 북아메리카와 남아메리카로 구분되는 지리적 경계의 기준이다.

■ 중앙아메리카

멕시코 남부의 테우안테펙 지협을 경계로 북아메리카 대륙을 다시 둘로 나눈다. 원주민 언어라서 발음이 생소한 테우안테펙 지협은 멕시코 지도에서 잘록하게 들어간 부분으로, 산맥이 뚝 끊겼기 때문에 운하를 파겠다는 얘기가 심심찮게 들리는 곳이다. 이곳에서 알래스카에 이르는 땅을 북아메리카라고 하고, 반대로 파나마 지협까지 이르는 땅을 중앙아메리카라고 부른다. 이런 지리적 경계는 정치적 경계와 일치하지 않기 때문에 편의상 캐나다, 미국, 멕시코는 지리적으로 북아메리카에 속하고, 과테말라, 벨리즈, 온두라스, 엘살바도르, 니카라과, 코스타리카, 파나마는 중앙아메리카에 속한다.

더 알아보기

◗ 배가 산으로 올라가고 남북 아메리카를 가른다, '파나마 운하'

파나마 운하 공사는 사람들의 상상처럼 땅을 파서 바닷물이 흐르는 길을 만든 것이 아니다. 바다에 떠 있는 배를 산 위까지 끌어올린 후, 산 위에서 만든 인공 호수로 배를 보냈다가 다시 산에서 배를 끌어내려 바다로 흘려보내 주는 시스템이다. 어떤 선박도 자체 동력으로 운하의 갑문을 통과할 수 없기 때문에 양옆의 기관차가 시동을 끈 배들을 시속 3.2km의 속도로 끌어서 통과시킨다. 갑문들은 이중으로 되어 있어 배들이 동시에 서로 반대편으로 통과할 수 있다.

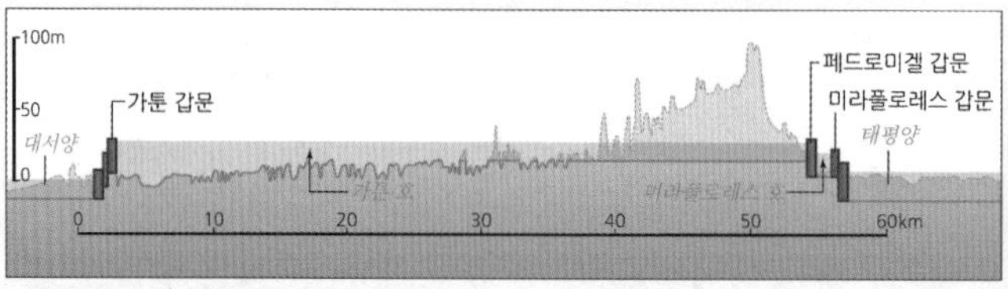

파나마 운하의 단면도 갑문을 여닫아서 갑문 사이로 호수 물이 채워지거나 빠지면 나아가야 하는 호수와 수위가 맞춰진다. 이런 원리로 배가 산을 넘는 것이다.

대서양에서 가툰 갑문을 통해 가툰 호로 오르는 배

2. 남아메리카의 자연환경

(1) 높은 산과 넓은 고원, 긴 강이 있는 지형

지역	지형의 특색
서부	• 안데스 산맥을 비롯한 높은 산맥과 고원들이 있음 • 환태평양 조산대에 속하여 화산이 많고 지진이 자주 발생함 • 태평양 연안에 해안 평야가 좁게 나타남
중앙	• 아마존 강이 흘러 넓은 분지와 저지대를 형성하고 있음
동부	• 서부 산지보다 낮고 비교적 평탄한 브라질 고원과 기아나 고지가 있음

■ 남아메리카의 지형

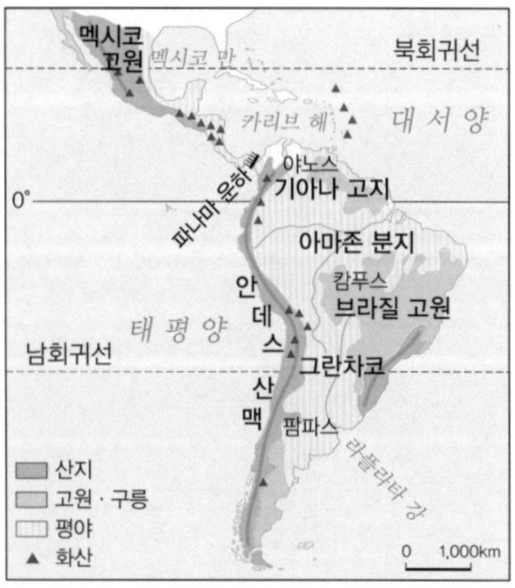

전체적으로 보면 서부 높은 산지, 중앙 저지 및 분지, 동부 고원으로 이루어져 있다.

(2) 냉대 기후가 없는 남아메리카

고산 기후
- 연중 온화한 기후
- 연교차보다 일교차가 큼
- 멕시코 고원과 안데스 산지(고도 2,000~4,000m 사이)
- 인디오의 생활 무대로 잉카 문명 발달, 고산 도시 발달(라파스, 보고타, 키토 등)

건조 기후
- 대륙 서안의 칠레 아타카마 사막(페루 한류의 영향으로 대기의 상승 기류가 나타나지 않아 강수량이 적음)
- 아르헨티나의 파타고니아 사막(바람의지 사면으로 건조한 바람이 불어 형성된 사막)

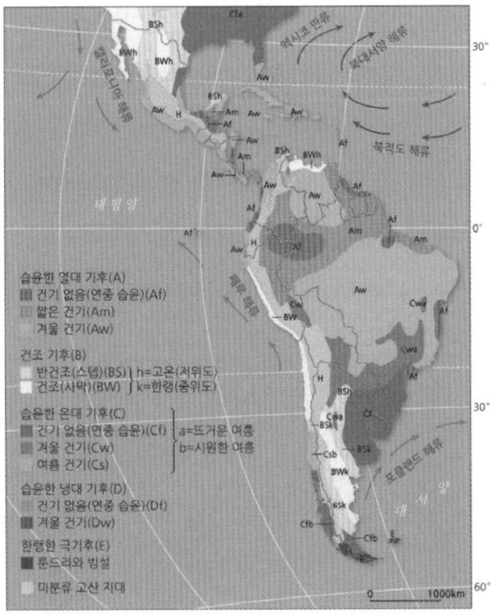

열대 기후
- 남회귀선과 북회귀선 사이에 위치하며, 넓은 지역에서 열대 기후가 나타남
- 열대 우림(밀림): 아마존 강 유역, 셀바스
- 열대 사바나: 아마존 강 주변 지역, 캄푸스, 야노스, 그란차코

온대 기후
- 칠레의 중남부 지역에 지중해성 기후와 서안 해양성 기후가 나타남
- 브라질 남부와 아르헨티나 북부(팜파스)에서 온대 습윤 기후가 나타남

중남미의 기후 구분 냉대 기후(D)는 북반구에만 있고 남반구에서는 나타나지 않는다. 그것은 D 기후가 발달하기 위한 40°S~60°S 사이에 육지가 거의 없기 때문이다. 즉, 겨울이 온난하고 여름이 선선하여 기온의 연교차가 작은 온대 기후(C)에서 극기후(E)로 옮겨 간다.

더 알아보기

안타깝게(?) 만들어진 사막 '아타카마'

아타카마 사막은 남아메리카 안데스 산맥 서쪽의 태평양 연안에 있는, 실질적으로 비가 오지 않는 고원이다. 면적은 105,000km²이다. 미국 국립 항공 우주국(NASA), 내셔널 지오그래픽 등의 연구에 따르면 아타카마 사막은 세계에서 가장 메마른 곳이다. 페루(훔볼트) 해류에 의한 해안 기온 역전층으로 약 2,000만 년 동안 건조 상태로 유지되어 온 아타카마 사막은 캘리포니아 데스밸리보다 50배 이상 건조하다.

만약 이곳에 한류가 흐르지 않았다면 많은 사람들이 해수욕을 즐길 수 있는 곳이었을 것이다. 차가운 바닷물이 사막을 만든다.

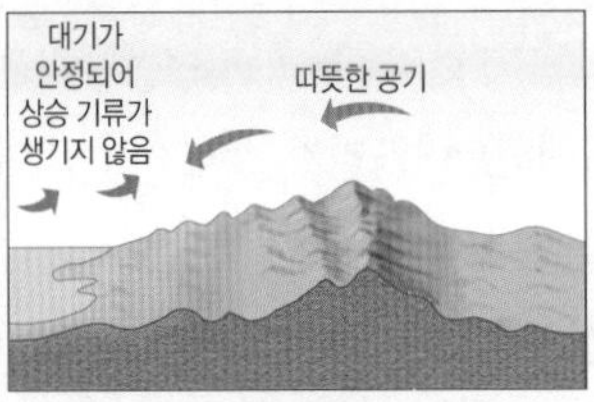

아타카마 사막의 형성 원인

아타카마 사막

3. 남아메리카의 역사와 문화

(1) 인디오 문화–잉카 문명

① 1200년대부터 1532년 스페인 군에 멸망하기 전까지 남아메리카의 중앙 안데스 지방을 지배한 고대 제국의 문명

② '잉카'는 태양의 아들이라는 뜻으로 황제를 일컫는 말이기도 함

안데스 산맥에 자리한 쿠스코의 마추픽추는 해발 2,000m 이상의 산꼭대기에 건설된 공중 도시이다. 올라가 보지 않으면 그 존재를 알 수 없었던 덕분에 스페인 군의 침략으로부터 보존될 수 있었다. 이 유적은 신전과 궁전을 중심으로 잉카인들의 집, 계단식 밭 등으로 이루어져 있다.

■ 고산 기후 키토의 기온과 강수량

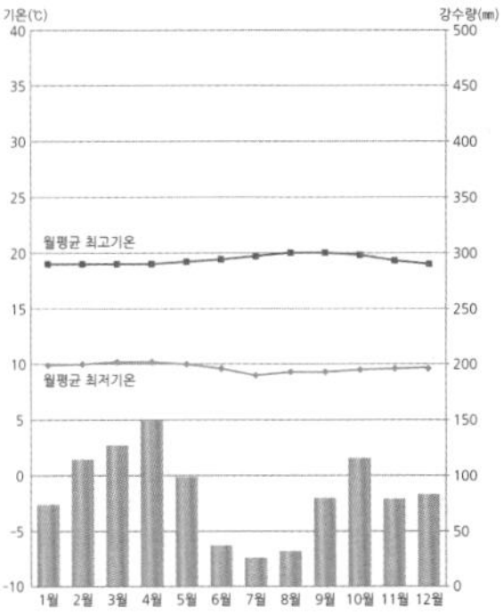

키토는 안데스 산지의 고도가 높은 곳에 위치한 도시로 위도상 열대 기후에 해당하지만, 연중 봄 날씨와 같은 기온을 보이고 있다.

■ 셀바스

남아메리카의 아마존 강 유역에 있는 열대 밀림 지역이며 고온 다습하다.

■ 팜파스

남아메리카 중위도 지역 저지대에 있는 평야로, '팜파스'란 남아메리카 원주민 말로 초원(온대 초원)을 뜻한다.

■ 캄푸스

브라질 중부에서 서부로 이어져 아르헨티나 북부까지 펼쳐진 사바나 초원 지대. 관목이 섞인 풀이 무성한 지대로 육우를 위한 목축업이 발달하였고, 관개 시설의 개발로 목화, 옥수수 등의 재배가 행해지고 있다.

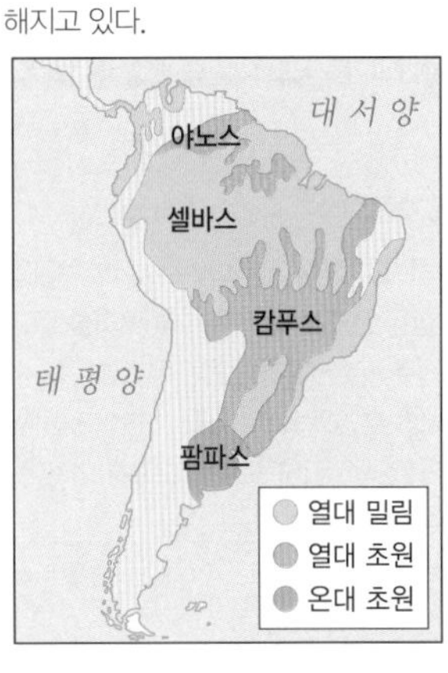

■ 유럽 인의 이주 지도

스페인은 멕시코, 페루 등 안데스 산지를 따라 식민지를 개척하였고, 포르투갈은 브라질을 식민 지배하였다. 영국과 프랑스는 미국과 캐나다 지역으로 이주하였다.

(2) 유럽 인의 진출로 다시 쓰인 역사

① 콜럼버스의 신대륙 도착: 중앙아메리카 카리브 제도의 바하마와 쿠바, 아이티

② 아메리카 식민 지배의 선두 국가 스페인 → 많은 지역이 스페인의 식민지가 됨

③ 스페인의 진출 이후 포르투갈이 남아메리카 식민 지배 시작 → 브라질 지배

④ 식민 지배를 목적(금, 은, 향신료 등 착취)으로 온 많은 유럽 인들이 이주

⑤ 유럽 인들에 의해 원주민이 몰살당하자 노동력으로 아프리카 흑인들을 강제 이주시킴

⑥ 식민지를 목적으로 이주한 유럽 인과 원주민, 흑인 사이의 혼혈인이 빠르게 증가

⇡ 18세기 아메리카 식민지 지도

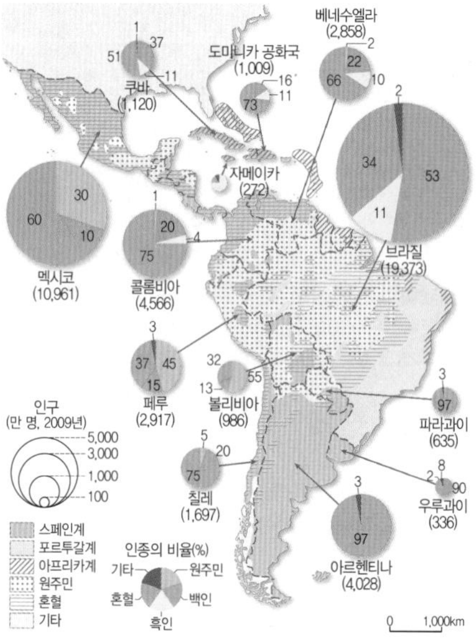

⇡ 남아메리카 인종 구성 비율(2012년 기준)

■ 성모상

유럽의 성모상은 백인인 데 비해 멕시코나 페루에서는 피부색이 어두운 성모상을 쉽게 볼 수 있다.

■ 탱고

탱고는 정확히 어디에서 시작되었는지 그 기원을 찾아내기가 힘들 정도로 여러 문화에 뿌리를 두고 있다. 대체로 쿠바 흑인들의 음악, 아르헨티나 부에노스아이레스 흑인들의 춤, 유럽의 악기들이 혼합되어 있다고 본다. 삼바 또한 아프리카와 유럽 음악에 뿌리를 둔다.

(3) 남아메리카의 다양한 민족과 문화

① 아메리카 대륙의 원주민과 유럽에서 온 이주민(유럽계 백인), 아프리카 강제 이주민(아프리카계 흑인) 등의 다양한 문화가 혼합되어 하나의 독특한 문화 형성

• 예: 성모상의 모습, 음악과 춤(아르헨티나의 탱고, 브라질의 삼바, 자메이카의 레게, 쿠바의 살사 등)

② 아르헨티나와 우루과이의 인구 구성 중 백인의 비율이 높게 나타나는 반면, 원주민의 비율은 거의 나타나지 않는 것이 가장 큰 특징

더 알아보기

▶ 아르헨티나의 100페소 지폐에 들어 있는 아르헨티나를 상징하는 인물은?

아르헨티나 100페소 지폐 앞면에는 유럽계 로카 장군의 얼굴이, 뒷면에는 '사막의 정복' 작전 모습이 그려져 있다. 로카 장군은 군대를 이끌고 파타고니아 지역에 거주하고 있던 마푸체 족과 같은 원주민들을 대량 학살하였다. 1878년 첫 원정에서 그는 50명의 원주민을 죽이고 270명을 사로잡은 것을 시작으로, 그해에만 4,000명 이상의 원주민을 포로로 잡고 400명을 죽였다. 1879년에는 6,000명의 군대를 소집하여 1,300명 이상의 원주민을 죽이고 1만 5,000명이 넘는 포로를 잡았다. 사로잡힌 원주민들은 국경을 넘어 칠레 쪽으로 쫓겨나고야 말았고, 이들이 소유했던 토지와 가축은 모두 아르헨티나의 소유로 넘어갔다. '사막의 정복'은 그 아르헨티나의 핏빛 역사를 상징적으로 드러내는 전투 작전이라고 볼 수 있다.

아르헨티나의 100페소 지폐

4. 남아메리카의 농업과 공업

(1) 농·목업

① 원산지가 아메리카인 작물들

• 옥수수: 세계 3대 식량 작물 중 하나로 세계에서 가장 많이 생산되는 농산물이며 사료 작물 (최근 바이오 에탄올의 원료로 많이 사용되고 있음)

• 감자, 고구마: 안데스 산지에서 재배

• 카카오: 아마존 열대 밀림이 원산지

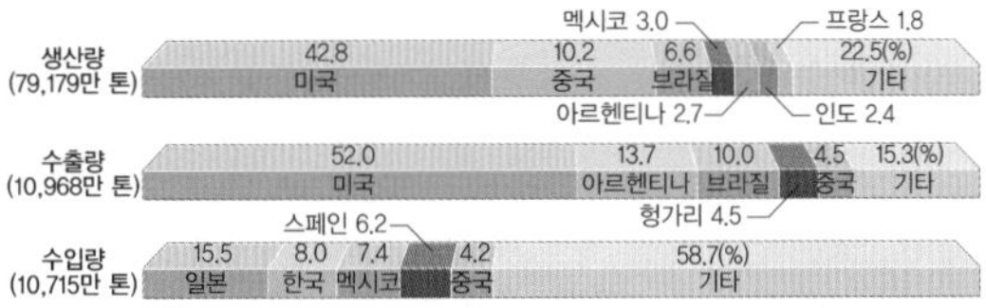

↑ 옥수수 생산량

• 고추, 토마토 등도 아메리카가 원산지

② 플랜테이션 농업

• 15세기 유럽 인들이 진출하면서 유럽 인에게 필요한 사탕수수, 커피 등의 상품 작물을 재배하기 시작

• 18세기 흑인 노예를 바탕으로 서인도 제도를 중심으로 발달

• 커피: 브라질의 캄푸스, 콜롬비아 등

• 사탕수수: 카리브 연안의 쿠바와 브라질

• 바나나: 에콰도르 해안, 자메이카 등

③ 아르헨티나 팜파스를 중심으로 세계적인 농·목업이 발달(기업적 목축과 밀 농사)

④ 대토지 소유 분배로 심한 빈부 격차

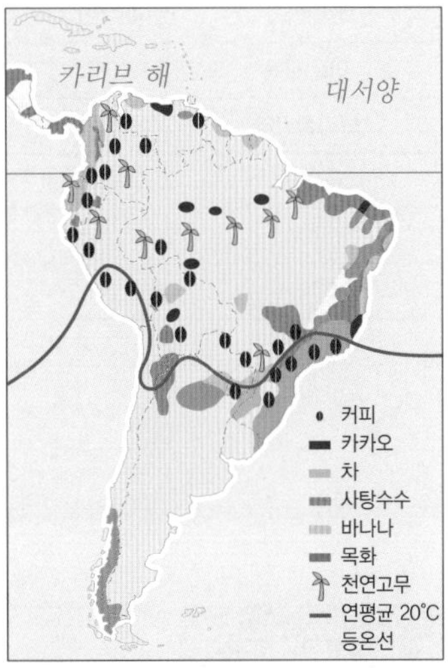

↑ 해안을 중심으로 재배되는 플랜테이션 작물

(2) 자원과 공업

① 넓은 영토와 풍부한 노동력, 자원을 바탕으로 개발에 박차를 가하고 있음

② 풍부한 지하자원의 개발: 석유(베네수엘라, 멕시코), 구리(칠레), 철광석(브라질), 주석(볼리비아)

③ 철강, 자동차 부속, 원단, 식품, 섬유 등의 공업이 빠르게 성장

5. 남아메리카의 개발과 환경 문제

(1) 아마존 열대 밀림의 개발

① 개발 목적: 아마존 강 유역의 각종 자원 개발을 통한 산업 발전, 지역 격차 해소, 농업 및 방목지 구성

② 개발 과정: 아마존 횡단·종단 도로 건설, 댐 건설, 철광 개발과 제철소 건설

③ 개발 효과: 거주지 확장, 산업 발달 등

(2) 환경 문제 및 해결 방안

① 개발 부작용: 열대림 파괴와 토양 침식으로 지구 생태계의 변화 초래 → 지구 온난화, 생물종 감소 등

② 최소화하기 위한 대안: 인구 증가 억제, 도로 건설 중단, 목장의 무분별한 개발 억제, 열대 우림 보호를 위한 정책 마련 등

■ 브라질 커피 생산 비중(2010)

커피는 대부분 대규모 농장에서 상업적으로 재배하고 있으며, 브라질은 세계에서 커피 생산량이 가장 많다.

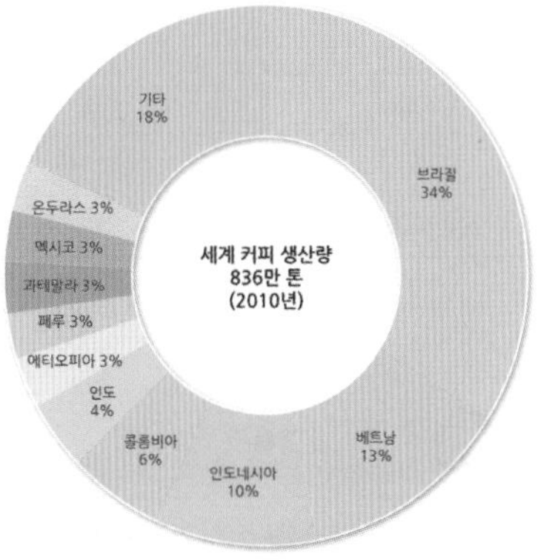

■ 사탕수수 수확

브라질의 대표적인 사탕수수 재배 지역인 상파울루 주 피라시카바의 한 농장에서 트랙터를 이용해 사탕수수를 수확하고 있다. 브라질에는 사탕수수에서 에탄올을 분리하는 공장이 330여 개가 넘고 해마다 170억L의 에탄올을 생산하고 있다.

■ 아마존 열대 밀림 개발

가스 개발을 위해 파헤쳐진 열대 우림. 아마존 열대 우림의 파괴는 지구 환경 문제와 직접적인 관련이 있다.

6. 남아메리카의 주요 국가 통계 자료

국명	면적 (2014, 1,000km²)	총인구 (2014, 1,000명)	인구 밀도 (2014, 명/km²)	수도	수도 인구 (1,000명)	국민 총소득 (2012, 억 달러)	1인당 국민 총소득 (2012, 달러)	2013년(백만 달러)		1인당 무역액 (2013, 달러)
								수출액	수입액	
아르헨티나	2,780	41,803	15	부에노스아이레스	3,058(10)	4,669	11,363	83,026	74,002	3,789
우루과이	176	3,419	19.4	몬테비데오	1,338(09)	461	13,580	8,601(12)	10,642(12)	5,668(12)
에콰도르	256	15,983	62.3	키토	1,607(10)	801	5,170	23,765(12)	25,304(12)	3,167(12)
가이아나	215	804	3.7	조지타운	134(02)	27	3,410	1,415(12)	1,997(12)	4,290(12)
콜롬비아	1,142	48,930	42.9	보고타	7,571(12)	3,348	7,020	58,567	59,397	2,443
수리남	164	544	3.3	파라마리보	252(07)	46	8,680	2,525(12)	1,755(12)	8,007(12)
칠레	756	17,773	23.5	산티아고	6,148(12)	2,499	14,310	77,877	80,443	8,985
파라과이	407	6,918	17	아순시온	518(08)	228	3,400	9,432	12,142	3,172
브라질	8,515	202,034	23.7	브라질리아	2,482(10)	23,111	11,630	242,179	244,677	2,430
베네수엘라	912	30,851	33.8	카라카스	2,104(11)	3,733	12,460	97,340(12)	43,501(12)	4,702(12)
페루	1,285	30,769	23.9	리마	9,437(12)	1,818	6,060	45,600(12)	41,089(12)	2,891(12)
볼리비아	1,099	10,848	9.9	라파스	835(10)	233	2,220	11,189	9,221	1,913

더 알아보기

축구를 보면 남아메리카의 인종 구성이 보인다

아르헨티나 축구 국가 대표

브라질 축구 국가 대표

국가	인구	원주민(%)	백인(%)	메스티소(%)	물라토(%)	흑인(%)	삼보(%)	동양인(%)
아르헨티나	40,134,425	1.0	85.0	11.1	0.0	0.0	0.0	2.9
볼리비아	10,907,778	55.0	15.0	28.0	2.0	0.0	0.0	0.0
브라질	192,272,890	0.4	53.8	0.0	39.1	6.2	0.0	0.5
칠레	17,063,000	3.2	52.7	44.1	0.0	0.0	0.0	0.0
콜롬비아	45,393,050	1.8	20.0	53.2	21.0	3.9	0.1	0.0
코스타리카	4,253,897	0.8	82.0	15.0	0.0	0.0	2.0	0.2
쿠바	11,236,444	0.0	37.0	0.0	51.0	11.0	0.0	1.0
도미니카 공화국	8,562,541	0.0	14.6	0.0	75.0	7.7	2.3	0.4
에콰도르	13,625,000	39.0	9.9	41.0	5.0	5.0	0.0	0.1
엘살바도르	6,134,000	1.0	12.0	86.0	0.0	0.0	0.0	0.0
과테말라	13,276,517	53.0	4.0	42.0	0.0	0.0	0.2	0.8
온두라스	7,810,848	7.7	1.0	85.6	1.7	0.0	3.3	0.7
멕시코	112,322,757	14	15	70	0.5	0.0	0.0	0.5
니카라과	5,891,199	6.9	14.0	78.3	0.0	0.0	0.6	0.2
파나마	3,322,576	8.0	10.0	32.0	27.0	5.0	14.0	4.0
파라과이	6,349,000	1.5	20.0	74.5	3.5	0.0	0.0	0.5
페루	29,461,933	45.5	12.0	32.0	9.7	0.0	0.0	0.8
푸에르토리코	3,967,179	0.0	74.8	0.0	10.0	15.0	0.0	0.2
우루과이	3,494,382	0.0	88.0	8.0	4.0	0.0	0.0	0.0
베네수엘라	26,814,843	2.7	16.9	37.7	37.7	2.8	0.0	2.2
총계	562,294,259	9.2	36.1	30.3	20.3	3.2	0.2	0.7

멕시코주립자치대학 인문사회과학조사연구소, 2005년 통계

잠시 눈을 감고 몇 명의 아르헨티나 출신 사람들에 대해서 떠올려 보자. 누가 먼저 떠오르는가? 남자들의 경우 대부분 축구 선수 리오넬 메시(Lionel Messi)를 떠올릴지도 모르겠다. 아르헨티나 축구 국가 대표이자 FC 바르셀로나의 주전 공격수 메시는 현재 세계에서 가장 사랑받는 축구 선수 중 하나다. 브라질은 과거의 펠레, 호나우두, 호나우지뉴, 현재 네이마르 등 쟁쟁한 축구 스타들이 떠오를 것이다. 이들 모두는 전설의 공격수이자 현재 최고의 스타들이다. 그런데 이들의 피부색을 비교해 보자. 어떤가? 아르헨티나와 브라질의 최고 스타들의 피부색은 다르다. 백인의 구성 비율이 높은 아르헨티나의 축구 국가 대표 선수들은 대부분 백인이다. 그러나 상대적으로 브라질의 축구 국가 대표 선수들은 혼혈족이 많다. 머릿속에 떠오르는 대표적인 스타를 그려 보아도 그러하다.

그렇다면 도대체 왜 두 나라는 이렇게도 다른 인종 구성을 보이는 것일까? 왜 아르헨티나에는 유럽 인에 가까운 백인이 많고, 멕시코와 브라질 등 기타 다른 나라는 인디오와의 혼성인 메스티소가 상대적으로 많은 것일까? 답을 먼저 이야기하자면, 독립 이후 아르헨티나와 멕시코 그리고 각 독립 국가들이 걸어온 길이 달랐기 때문이다. 독립 후 식민 지배에서 벗어난 라틴 아메리카의 수많은 나라들은 새로운 국가를 건설해야 한다는 과제에 직면하게 되었다. 그들은 스페인의 지배를 떨쳐 버리고, 식민지 시절의 낙후된 경제를 일으키며, 자율적인 정치 체제를 수립해야만 했다. 그리고 이 모든 것들은 철저하게 근대적인 것이어야만 했다. 부연하자면, 근대화 프로젝트의 가장 큰 목적은 크게 두 가지였다. 첫째, 하나의 통합된 국민으로 이루어진 독립 국가를 만들어 낸다. 둘째, 전근대적인 정치·경제를 벗어나 근대화된 국가를 만들어낸다는 것이었다. 바로 이 과정 속에서 각 나라들은 서로 걸어온 길이 달랐다. 즉, 아르헨티나는 후자를 택했던 것이다. 그 과정에서 많은 인디오가 죽고 주변 지역으로 쫓겨나게 되었다.

지리 상식 1 나의 조부모, 나의 부모와 나, 혼혈족?

↑〈나의 조부모, 나의 부모와 나〉

↑〈버스에서〉

멕시코를 대표하는 여류 화가 프리다 칼로, 코요아칸에서 유태계 독일인인 아버지와 인디오와 스페인 혈통(Mestizo)인 어머니 사이에서 태어난 그녀에게 이중적 혈통에 대한 관심은 누구보다 남다를 수밖에 없었다. 그러한 관심은 1936년에 그린 〈나의 조부모, 나의 부모와 나〉에 드러나 있다. 이 그림은 그녀가 태어난 집과 가족의 계보로, 마치 도표처럼 도식화한 일종의 그룹 초상화이다. 그녀의 외조부모의 모습은 육지의 형상으로 상징화되었으며, 반면 친조부모의 모습은 대양의 모습으로 상징화되어 있는 것을 볼 수 있다. 〈버스에서〉는 사회 계층의 성격을 잘 대변하고 있다. 멕시코 사회의 전형적인 사회 계층이 버스 안의 옆자리에 서로 앉아 있다.

지리 상식 2 세계에서 가장 비싼 공기 청정기? 무엇을 선택할까?

↑200만 원에 가까운 공기 청정기

↑아마존 열대 밀림

아마존 강은 아프리카의 나일 강과 더불어 세계에서 가장 길다. 유량 또한 세계에서 가장 많은데, 전 세계 하천의 1/5이나 된다. 이는 적도 지역을 관통하는 열대 우림 지방의 많은 강수량이 모두 아마존 강으로 흘러들기 때문이다. 아마존 강은 1,000개 이상의 지류를 끌어안고 열대 밀림 지역인 셀바스를 굽이굽이 지나서 기아나 고지와 브라질 고원 사이로 흘러 대서양으로 삐져나간다.

인간에 의해 빠른 속도로 파괴되고 있지만 아직까지도 원시 자연림이 가장 넓게 남아 있는 곳이다. 그래서 아마존은 지구의 공기 청정기라 불린다. 아마존 열대 우림은 광합성 작용으로 지구 전체 산소의 20% 이상을 만들고, 대기 오염 물질을 제거해 주는 지구의 허파 역할까지 한다. 몇 천만 원, 몇 억짜리의 공기 청정기가 이것만 할 수 있으랴. 분명 아마존 열대 밀림은 세계에서 가장 비싼 공기 청정기이다. 아마존 열대 밀림은 남한의 약 70배 면적으로 엄청난 삼림은 다양한 생물이 살아가는 터전이기도 하다. 지구 상에서 가장 많은 생물이 살고 있다고 한다. 아마존 열대 밀림은 공기 청정기, 지구의 허파이며, 동식물과 원주민의 보금자리 역할까지 하고 있다. 이런 아마존 열대 밀림에 브라질, 볼리비아, 페루, 콜롬비아, 에콰도르, 베네수엘라 등 여러 나라가 접해 있다.

전국지리교사모임, 2014, 『세계지리, 세상과 통하다 2』

지리 상식 3 무지개 음악, '라틴 음악'

라틴 아메리카 음악을 보통 '라틴 음악'이라고 한다. 원주민(인디오 또는 인디언)·유럽 인·아프리카계 흑인 등의 세 인종적 요인이 혼합되어 있다는 점에서는 북아메리카와 공통점이 있으나, 라틴 아메리카에서는 인종적 융합이 한층 앞서 있어 라틴 아메리카 음악에는 유럽적 요인이 순수하게 보존되어 있다기보다는 지역에 따라 흑인음악과 결합되거나 인디오 음악의 영향을 받고 있는 경우가 많다. 예를 들면 볼리비아 인의 대다수는 인디오의 피가 섞여 있어 악기의 종류나 무용 형태는 인디오적인 것이라 할지라도 가사나 선율에 있어서는 오히려 스페인적인 색채가 강하다. 또한 카리브 해의 섬나라 쿠바 인은 대부분 아프리카의 피가 섞여 있어 음악에서도 스페인와 아프리카의 혼합을 뚜렷이 나타내고 있다. 그러나 예외적이기는 하지만 아르헨티나·콜롬비아 일각에서는 중세(中世)의 스페인 음악이 다른 음악의 영향을 별로 받지 않은 형태로 남아 있는 경우도 있다.

우덕룡 외, 2000, 『라틴아메리카: 마야 잉카로부터 현재까지의 역사와 문화』

지리 상식 5 남미의 파리, 부에노스아이레스

↑애니메이션 〈엄마 찾아 삼만 리-극장판 마르코〉(1999)의 포스터

안데스 산맥에서 수탈된 은, 구리 등의 지하자원은 라플라타 강을 타고 하구의 항구 도시 부에노스아이레스로 운반되었다. 그리고 대형 상선에 실려 스페인를 비롯한 유럽의 각 지역으로 실려 갔다. 식민지에서 독립한 뒤 1920년대의 아르헨티나는 광활한 팜파스에서 생산되는 밀과 쇠고기 덕분에 세계에서 열 손가락 안에 꼽히는 부자 국가였다. 아르헨티나의 수도인 부에노스아이레스에는 유럽의 상대적 빈곤 국가인 이탈리아, 스페인 등에서 노동자들이 몰려들었다.

당시의 이런 사회적 분위기는 소설 『엄마 찾아 삼만 리』에도 잘 묘사되어 있다. 아홉 살 마르코가 일자리를 구하기 위해 아메리카 대륙으로 간 엄마를 찾아 떠난 이탈리아의 제노바에서 배를 타고 대서양을 건너 아르헨티나의 투쿠 만에서 엄마를 만난다는 이야기이다. 당시 유럽 인들은 '남미의 파리'를 꿈꾸며 부에노스아이레스를 만들었다. 파리의 거리를 그대로 본떠 조성한 거리인 '5월의 거리(아베니다 데 마요)'가 대표적이다. 파리에서 탱고가 선풍적인 인기를 끌자, 탱고를 부듯가 하층민이나 추는 더러운 춤이라고 비난했던 아르헨티나의 상류층이 뒤늦게 탱고를 배우기도 했다. 파리는 그들이 동경하는 도시였기 때문이다.

전국지리교사모임, 2014, 『세계지리, 세상과 통하다 2』

[선택형]

· 2010 수능

1. 자료의 ㉠~㉤에 관한 설명 중 옳지 않은 것은?

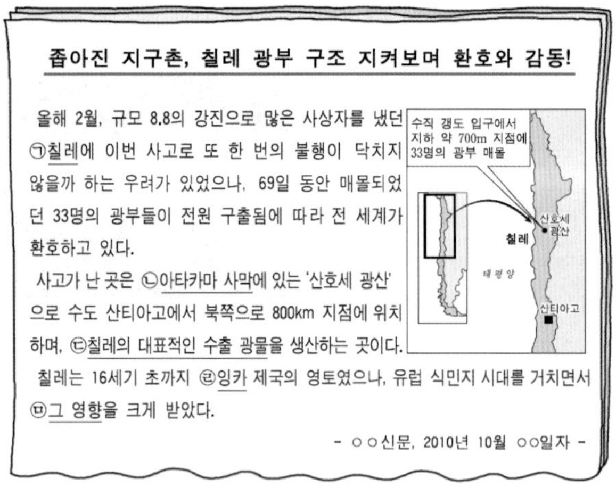

좁아진 지구촌, 칠레 광부 구조 지켜보며 환호와 감동!

올해 2월, 규모 8.8의 강진으로 많은 사상자를 냈던 ㉠칠레에 이번 사고로 또 한 번의 불행이 닥치지 않을까 하는 우려가 있었으나, 69일 동안 매몰되었던 33명의 광부들이 전원 구출됨에 따라 전 세계가 환호하고 있다.

사고가 난 곳은 ㉡아타카마 사막에 있는 '산호세 광산'으로 수도 산티아고에서 북쪽으로 800km 지점에 위치하며, ㉢칠레의 대표적인 수출 광물을 생산하는 곳이다.

칠레는 16세기 초까지 ㉣잉카 제국의 영토였으나, 유럽 식민지 시대를 거치면서 ㉤그 영향을 크게 받았다.

- ㅇㅇ신문, 2010년 10월 ㅇㅇ일자 -

① ㉠ - 환태평양 조산대에 속한다.
② ㉡ - 한류의 영향을 받아 형성된 사막이다.
③ ㉢ - 전기 및 통신 산업 발달로 수요가 증가하고 있다.
④ ㉣ - 안데스 산지에서 발달한 고대 문명이다.
⑤ ㉤ - 포르투갈 어가 공식 언어가 되었다.

· 2009 수능

2. 지도에 표시된 (가)~(다) 도시의 해발 고도 순위와 연 강수량 순위를 그래프에서 고른 것은?

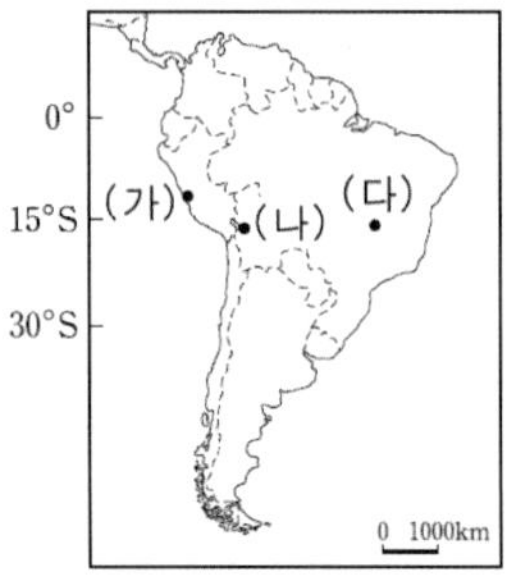

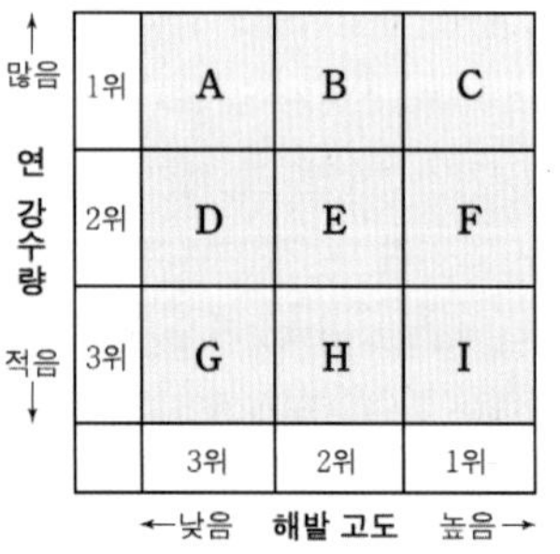

	(가)	(나)	(다)
①	A	E	I
②	D	I	B
③	G	C	E
④	G	F	B
⑤	H	F	A

[서술형]

1. 지도는 라틴 아메리카의 국가별 인종 구성을 나타낸 것이다. (가)~(라)에 인종(민족)을 쓰고 각 인종(민족)의 특징을 1가지 이상씩 각각 서술하시오.

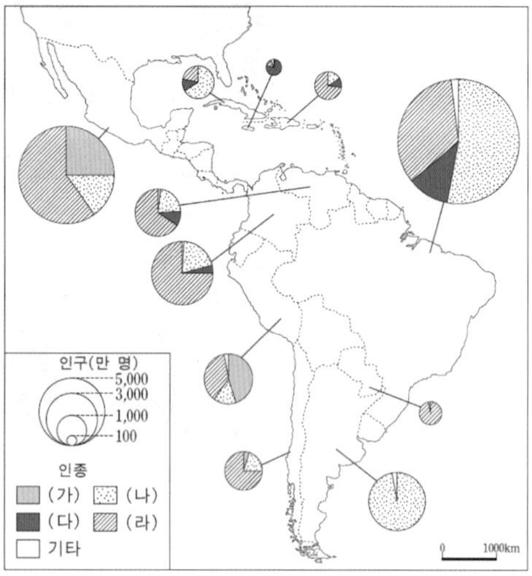

(가):

(나):

(다):

(라):

2. 남미공동시장(Mercosur) 5개국을 쓰시오.

3. 백인과 원주민의 구성 비율이 가장 높은 두 나라를 각각 쓰시오.

※ 다음은 라틴 아메리카 여러 나라들의 국경선을 표시한 지도이다.

1 . A – J에 해당하는 국가명을 쓰시오.

2 . 안데스 산맥, 아마존 강, 라플라타 강을 표시하시오.

3 . 아타카마 사막, 파타고니아, 셀바스, 야노스, 캄푸스, 팜파스를 표시하시오.

4 . 리우데자네이루, 상파울루, 부에노스아이레스, 카라카스, 산티아고, 키토, 몬테비데오, 보고타 등의 도시를 표시하시오.

핵심 출제 포인트

- ▶ 오스트레일리아
- ▶ 뉴질랜드
- ▶ 오세아니아의 원주민
- ▶ 멜라네시아
- ▶ 폴리네시아
- ▶ 미크로네시아

■ **오스트레일리아와 뉴질랜드의 지형 단면도**

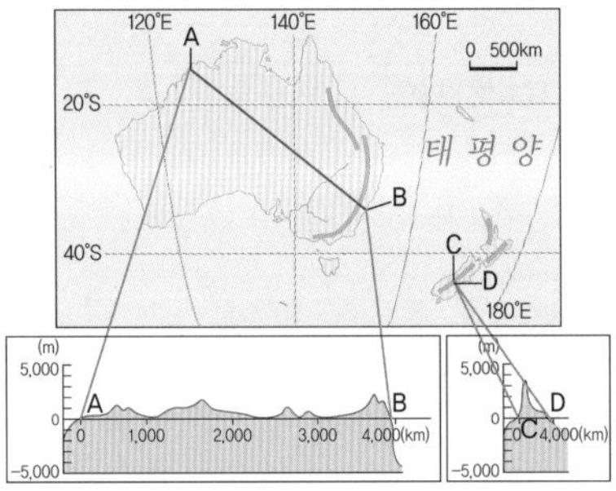

■ **머리·달링 강 유역**

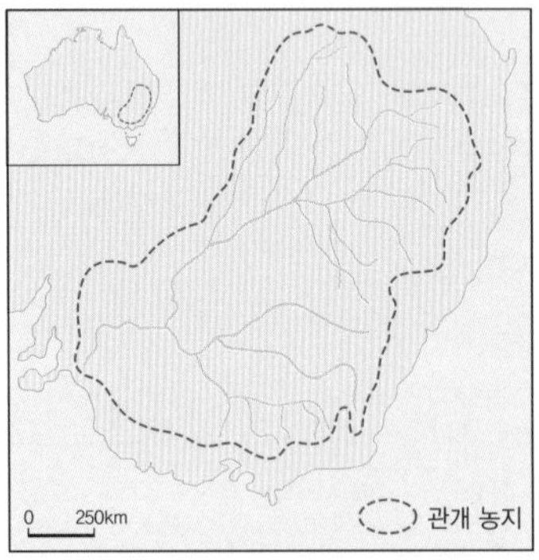

머리 강과 달링 강은 동부 고기 습곡 산지에서 발원하여 남서쪽으로 흐른다. 두 강의 유역은 오스트레일리아 제1의 농목업 지역이며, 이 나라 전체 관개 농지의 75%가 위치하고 있다.

■ **대보초 해안**

오스트레일리아 북동부 해안을 따라 발달한 세계적인 산호초 지대로, 길이는 2,000km, 너비는 최대 2,000m, 면적은 20만km²에 달한다. 다양한 해양 생물이 서식하는 생태계의 보고로, 1981년 유네스코(UNESCO) 세계 자연 유산으로 지정되었다. 파랑과 해일로부터 해안 지형과 인간 거주 지역을 보호해 주는 방파제 역할을 하고 있다.

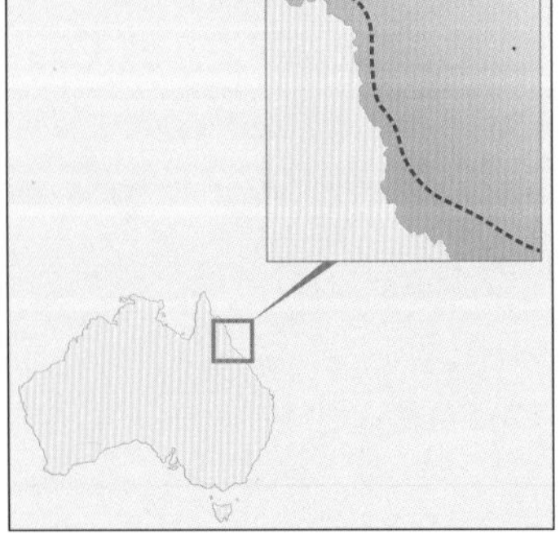

1. 오세아니아의 위치와 범위

(1) 의미와 위치

① 의미: 말 그대로 'ocean', 즉 대양(大洋)에 있는 땅이라는 의미

② 위치: 오스트레일리아와 뉴질랜드, 뉴기니 섬을 포함한 태평양의 섬들로 구성되어 있으며, 북반구의 일부 섬들을 제외하면 대부분의 권역이 남반구에 위치함

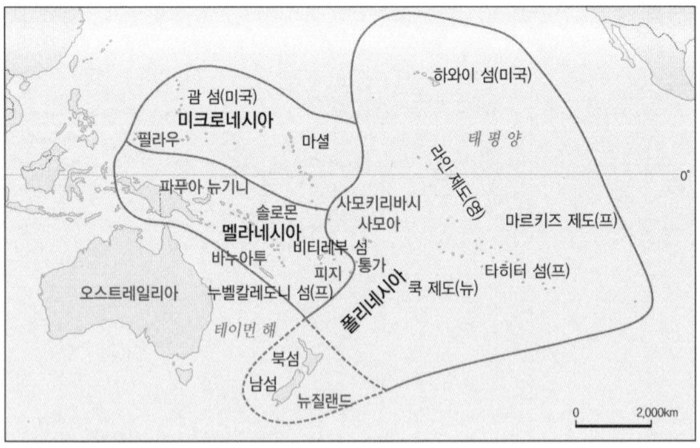

⁝ 오세아니아의 위치와 범위

(2) 범위 오스트랄 영역(오스트레일리아와 뉴질랜드)과 태평양 권역(멜라네시아, 미크로네시아, 폴리네시아)으로 구성

2. 오스트레일리아와 뉴질랜드의 자연환경과 인문 환경

(1) 유럽 인의 이주로 형성된 문화

① 영국인의 이주: 18세기 영국 쿡 선장의 탐험 이후 본격적인 이주가 시작됨

② 이주의 영향

- 오스트레일리아와 뉴질랜드 모두 영연방에 속함 → 주민 다수가 영국계 백인
- 원주민 문화의 쇠퇴 → 오스트레일리아의 애버리지니, 뉴질랜드의 마오리 족이 명맥 유지

• 종교와 언어: 공용어는 영어이며, 주민 다수가 크리스트교를 신봉

(2) 지형

① 오스트레일리아의 지형: 안정 지괴와 고기 조산대로 구성

• 서부 고원: 오래된 안정 지괴로 대부분이 사막 지역

• 중부 저지대: 구조 평야로 케스타 지형 발달, 대찬정 분지와 머리·달링 강 유역으로 구성

• 동부 산지: 고기 습곡 산지 산맥(그레이트디바이딩)

• 북동부 해안: 세계적 규모의 대보초 해안이 발달하여 관광 자원으로 활용

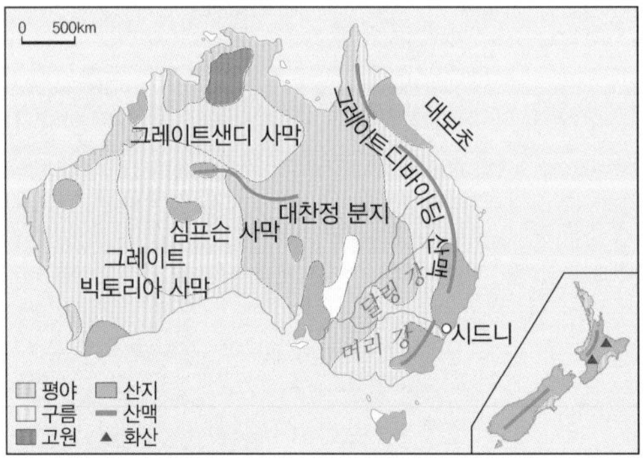

⁝ 오스트레일리아의 지형

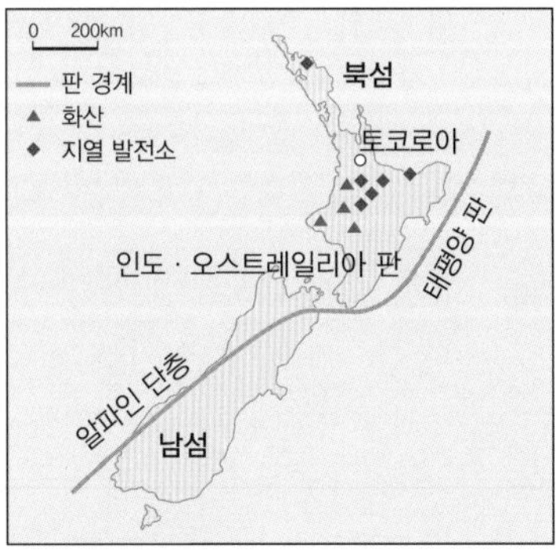

⁝ 뉴질랜드의 지형

② 뉴질랜드의 지형: 환태평양 조산대에 위치하여 지각이 불안정
- 북섬: 화산 활동 활발, 온천과 지열 발전소 입지
- 남섬: 남북으로 길게 뻗은 신기 습곡 산지 발달(남알프스 산맥)
- 빙하 지형과 피오르 해안(남서 해안) 발달

(3) 기후

① 오스트레일리아의 기후
- 열대: 사바나 기후(Aw) → 적도와 가까운 북부 및 북동부 해안
- 온대: 서안 해양성 기후(Cfb) → 남동부 해안의 인구 밀집 지역, 지중해성 기후(Cs) → 남서부 및 남동부 해안
- 건조: 스텝 기후(BS) → 사막 주변 지역, 사막 기후(BW) → 아열대 고압대의 영향을 받는 서부 및 내륙

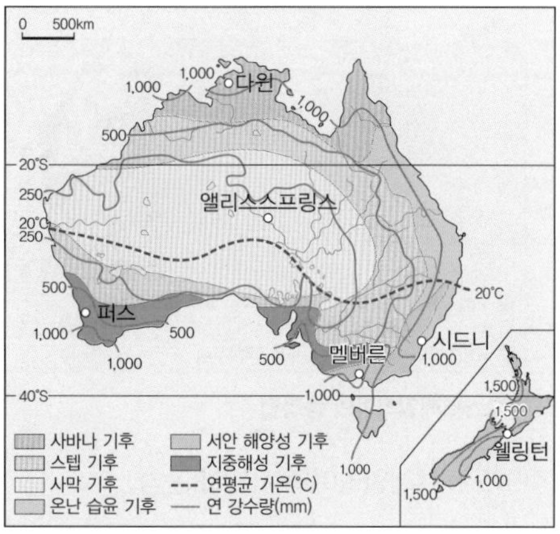

오스트레일리아의 기후 강수량

② 뉴질랜드의 기후
- 북섬과 남섬 모두 서안 해양성 기후
  - 북섬이 남섬보다 더 온화한 기후
  - 북섬의 거주 인구가 더 많음
- 편서풍과 산맥의 영향으로 동서 지역 간 강수량의 차이 발생: 남섬 서부 해안은 편서풍의 바람받이 지역에 해당하여 다우지를 이룸

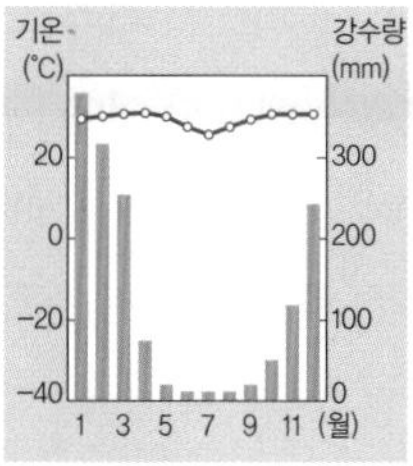

다윈(Aw)

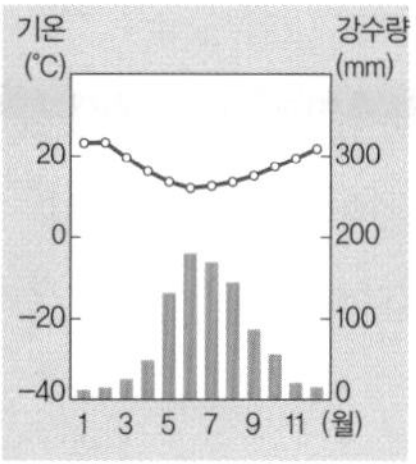

퍼스(Cs)

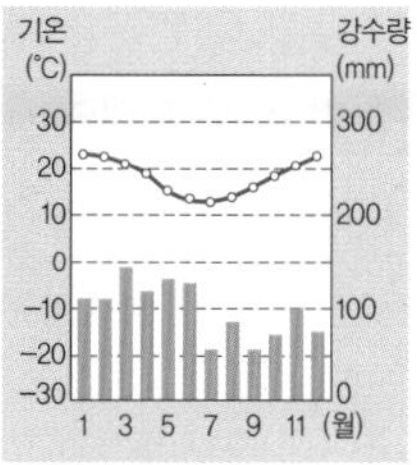

시드니(Cfb)

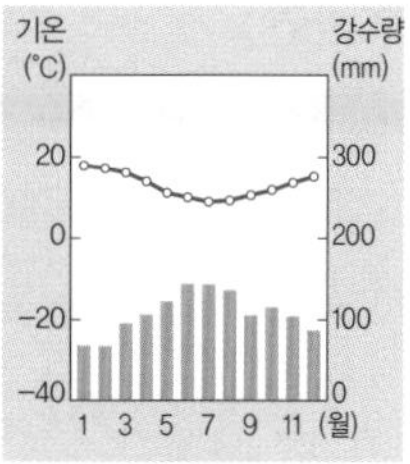

웰링턴(Cfb)

(4) 농목업

① 오스트레일리아의 농목업
- 플랜테이션 농업
  - 사바나 기후 지역 중심
  - 북동부 해안에서 사탕수수 재배 활발
- 목우: 강수량이 풍부한 북동부 습윤 기후 지역 중심
- 목양
  - 사막 주변의 건조 지역 중심
  - 대찬정 개발로 목양 지역 확대
- 밀 농사
  - 머리·달링 강 유역 중심
  - 북반구와 수확 시기가 달라 수출에 유리

■ 뉴질랜드의 강수 분포

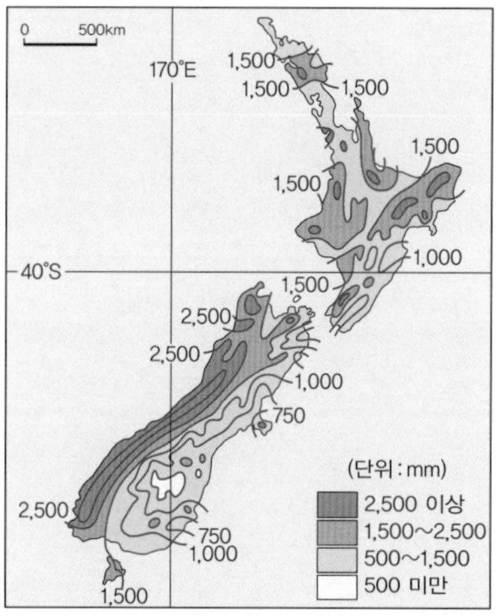

남섬의 서부 해안은 지형적 요인으로 강수량이 많은 반면, 동부 해안은 강수량이 적다.

■ 대찬정 분지와 찬정수 이용

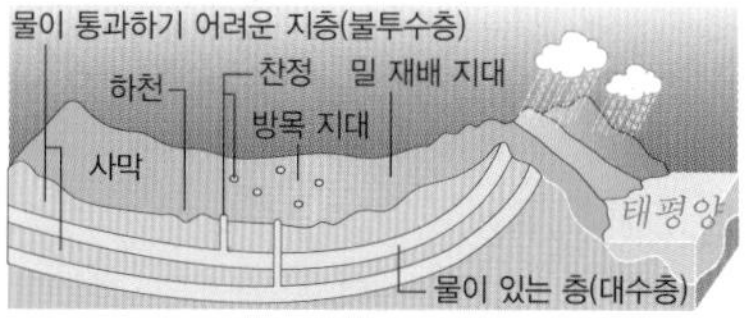

대찬정 분지는 수평 퇴적층이 발달한 거대한 구조 분지이다. 동부 산지에 내린 비가 지하수가 되어 찬정 분지의 대수층에 모이는데, 우물을 파면 저절로 물이 솟아오른다. 이 물은 염분이 있어 밀 농사에 부적합하며, 주로 목양에 이용된다.

■ 오스트레일리아의 소와 양 사육지

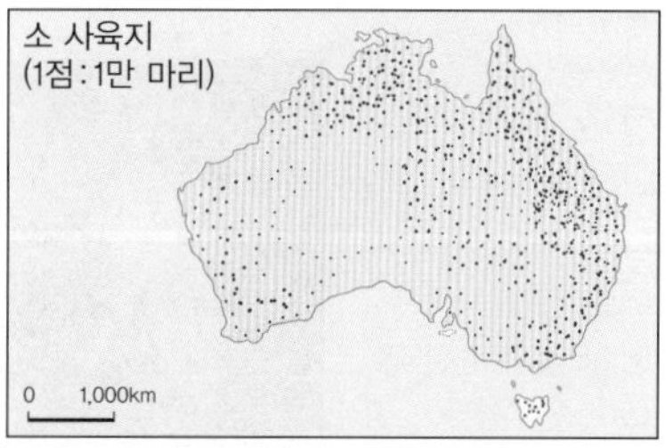

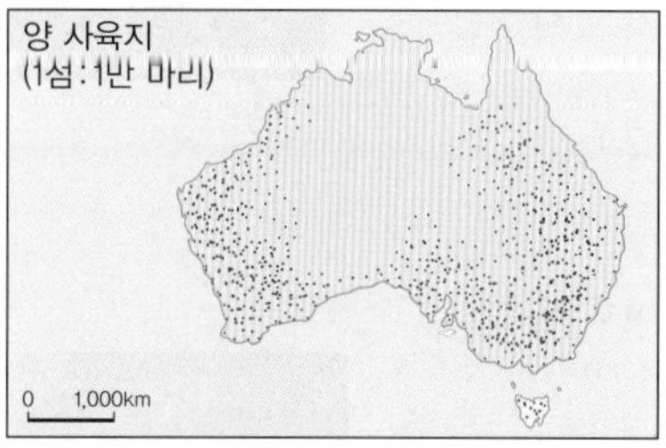

소 사육지(목우)는 주로 강수량이 풍부한 북동부 습윤 기후 지역 중심으로 분포하는 반면 양 사육지(목양)는 주로 사막 주변의 건조한 곳에 분포한다.

• 낙농업: 대도시 주변의 서안 해양성 기후 지역 중심

② 뉴질랜드의 농목업

• 낙농업: 대도시 주변 및 북섬의 서안 해양성 기후 지역이 중심

• 목축업: 목우는 북섬의 습윤한 서부 지역, 목양은 북·남섬의 건조한 동부 지역 중심

• 밀 농사: 건조한 북·남섬 동부 지역이 중심

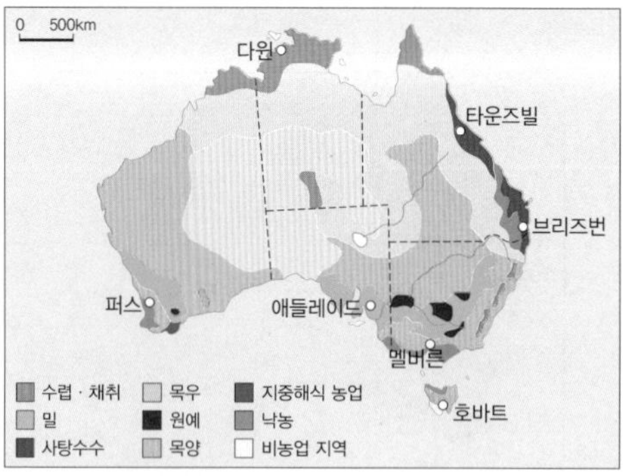

⇡ 오스트레일리아의 농목업

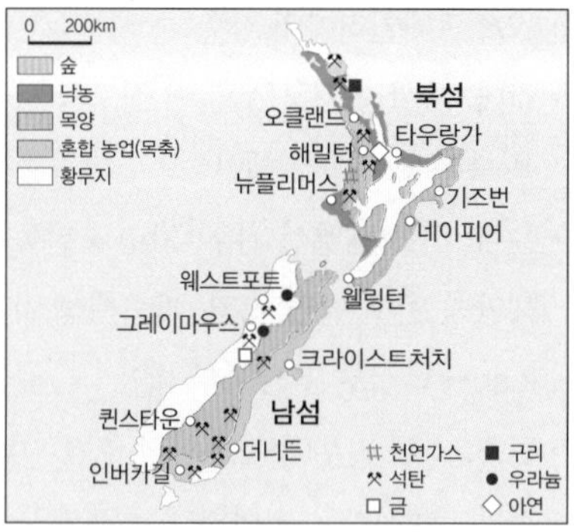

⇡ 뉴질랜드의 농목업

(5) 오스트레일리아의 자원과 공업

① 자원

• 석탄: 동부 고기 습곡 산지에서 생산(뉴캐슬 탄전)

• 철광석: 서부 안정 지괴에서 생산(마운트뉴먼) → 동아시아(한국, 중국, 일본)로 대량 수출

• 보크사이트: 북부의 열대 기후 지역에서 생산

• 금: 남서부 내륙에서 생산(캘굴리 등) → 서부 개척 시기 해외 인구 유입 급등의 계기가 됨

② 공업

• 노동력 부족, 내수 시장 협소, 주요 해외 시장과의 낮은 접근성 등으로 인해 발달 미약

• 목축업: 농축산물 가공업과 철강 공업 등이 남동부 해안에 발달

③ 무역: 주요 수출 품목은 석탄, 철광석 등의 지하자원과 양모, 유제품, 육류 등이며, 주요 수입 물품은 공산품

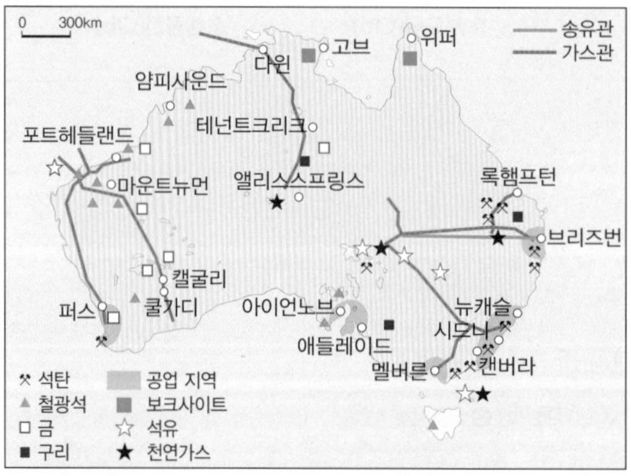

⇡ 오스트레일리아의 자원 분포와 주요 공업 지역

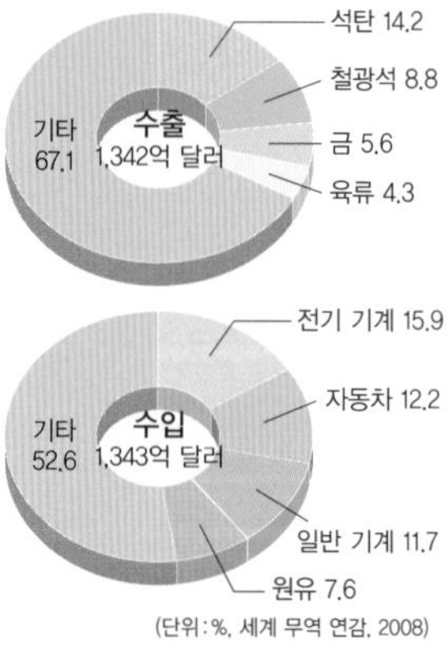

⇡ 오스트레일리아의 무역 구조

(6) 관광 산업

① 풍부한 관광 자원

• 북반구와 계절이 반대이며, 개발과 이주의 역사가 짧음 → 독특한 생태 환경 유지(유대류, 유칼립투스 나무, 키위, 키위 새 등)

■ 뉴질랜드의 무역 구조

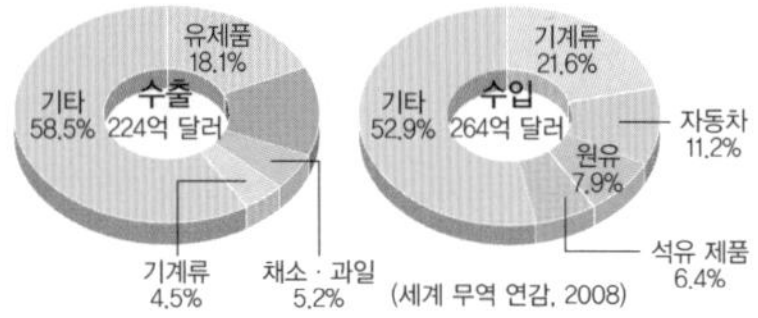

■ 유대류

포유류의 한 갈래로, 캥거루, 코알라, 주머니쥐 등 태반이 없거나 있어도 불완전하며 어린 짐승은 완전히 성숙되지 않은 상태로 태어나는 경우가 많다. 오스트레일리아는 300여 종의 포유류가 존재하는데, 그중 150여 종이 유대류이다.

■ 유칼립투스

오세아니아의 토종 식물로 오스트레일리아 전역에 걸쳐 자생하고 있으며, 전체 삼림의 75% 정도를 차지하고 있다. 잎은 유대류의 주요 먹이이다.

• 다양한 지형 환경이 고루 분포 → 뉴질랜드의 화산, 빙하 지형, 오스트레일리아의 대보초 해안과 아웃백

• 지중해성 및 서안 해양성 기후 환경과 유럽화된 도시 경관 보유

② 발달

• 항공 교통의 발달로 인한 접근성 향상

• 다양한 지형 및 기후 환경, 원주민 문화를 이용한 관광 산업 발달

(7) 인구와 도시

① 원주민

• 오스트레일리아의 애버리지니: 내륙 건조 기후 지역 및 북부 열대 기후 지역에 거주

• 뉴질랜드의 마오리 족: 북섬에 주로 거주하며 전통 문화의 관광화에 성공

② 오스트레일리아의 인구

• 개척 초기에 죄수들의 유형지로 출발 → 이후 남서부 지역에 골드러시로 인구 급증

• 남동 및 남서 해안 지역의 도시에 주로 분포

• 넓은 국토 면적에 비해 인구가 적음(2010년 기준, 2.9명/km^2)

③ 뉴질랜드의 인구: 북섬의 오클랜드, 웰링턴 등 도시 지역에 인구의 다수가 분포

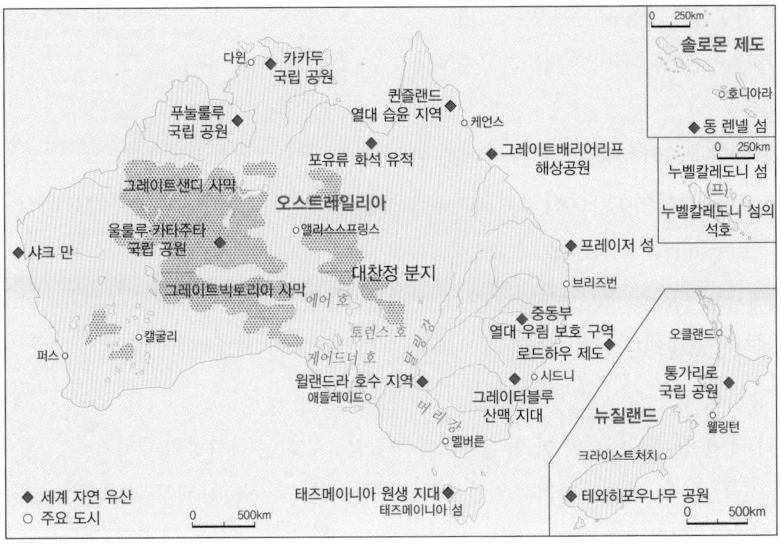

⁑ 오스트레일리아의 자연 유산과 주요 도시

3. 태평양의 섬들

(1) 멜라네시아 파푸아 뉴기니, 솔로몬 제도, 바누아투, 누벨칼레도니(프랑스), 피지 제도

① 일반적 특징

• 전체 인구 700만 명 이상이 거주하고 있는데 파푸아 뉴기니에만 약 680여 만 명 거주

• 다양한 분쟁과 문화적 충돌에 시달림

② 주요 지역별 특징

• 파푸아 뉴기니

– 오스트레일리아의 속국이었다가 1975년 독립

– 뉴기니 섬의 오른쪽에 해당(왼쪽은 인도네시아의 영토)

• 솔로몬 제도: 1,000여 개의 섬들로 구성, 120여 개의 언어들이 사용됨

■ **원주민의 인구 변화**

	식민지 시대 초기	20세기 초반	2008년
애버리지니	약 31만 명	약 9만 명	약 46만 명
마오리 족	약 10~15 만 명	약 4만 명	약 63만 명

애버리지니와 마오리 족은 유럽 인의 진출 이후 인구가 감소하였으나 최근 정부의 보호 정책으로 다시 늘고 있다.

■ **오스트레일리아와 뉴질랜드의 인구 밀도**

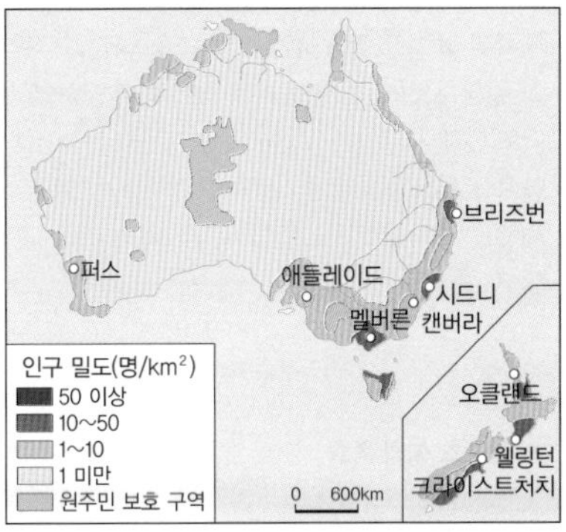

■ **멜라네시아**

그리스 어로 '검은 섬들'이라는 뜻이다. 뉴기니를 비롯하여 대형 섬이 많다.

■ **파푸아 뉴기니**

'파푸아'는 말레이 어로 멜라네시아 인의 곱슬머리를 가리키는 말이며, 뉴기니라는 이름은 스페인의 한 선원이 1545년에 뉴기니 주민들이 아프리카 기니 만 연안의 주민과 비슷하게 생겼다고 생각해 붙인 것이다.

■ **미크로네시아**

'작은 섬들'이 많은 지역이라는 의미가 있다. 서남 태평양에 해당하며, 다수의 섬들이 산재해 있다.

■ **폴리네시아**

'많은 섬들'이라는 뜻이다. 육지 면적은 작으나 섬들이 분포하는 해역은 태평양의 거의 절반을 차지한다.

■ 사모아의 날짜 변경

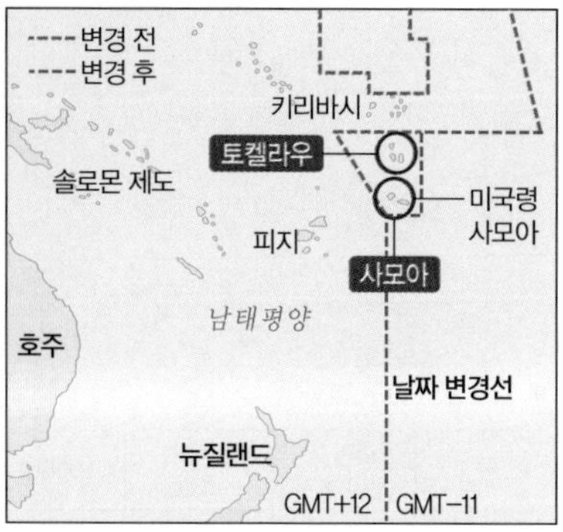

2011년 12월 29일 11시 59분 태평양 남단의 작은 독립국 사모아에서는 시계의 바늘이 자정을 가리키자 30일이 아닌 31일로 바뀌었다. 119년 전 미국의 무역상들이 편의를 위해 사모아에 캘리포니아와 같은 시간대를 사용할 것을 종용하면서 독립국 사모아의 주민들은 지리적으로 더 가깝고 같은 경제권인 오스트레일리아와 뉴질랜드보다 하루가 더 늦은 시간대에서 생활해 왔다. 그러나 2011년 6월 사모아 정부는 자국을 날짜 변경선의 서쪽에 놓기로 결정하였고 아시아·태평양 지역과 같은 시간대에 편입될 수 있도록 추진하였다. 이로 인해 사모아는 지금까지 세계에서 가장 마지막으로 새해를 맞은 국가였지만 이제 지구 상에서 새해를 가장 먼저 맞는 지역으로 탈바꿈하게 됐다.

■ 산호초 섬의 종류

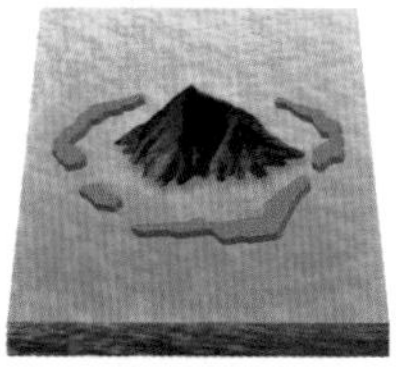
거초

보초

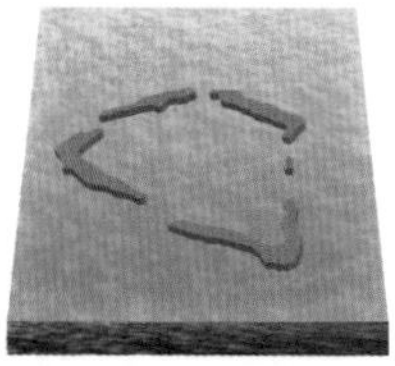
환초

산호초 섬은 형태에 따라 산호가 섬 주위를 둘러싸고 있는 거초(裾礁), 섬과 산초호가 바다에 의해 나누어진 보초(堡礁), 섬이 없고 고리 모양의 산호초로만 된 환초(環礁)로 나뉜다. 타히티의 보라보라 섬 같은 경우는 형태상 보초에 해당한다.

• 바누아투: 1980년 영국·프랑스 공동 통치령으로부터 독립
• 누벨칼레도니(프랑스)
  – 전체 인구의 45%가 멜라네시아 인이며, 34%는 프랑스 인으로 구성
  – 세계 최대의 니켈 광산 보유
• 피지 제도
  – 전체 인구의 52%가 멜라네시아 인이며, 42%가 남아시아 출신임
  – 남아시아 인은 영국 식민 통치 기간에 사탕수수 농장 노동자로 이주

(2) 미크로네시아 팔라우 제도, 미크로네시아 연방, 마리아나 제도(미국), 마셜 제도, 키리바시, 나우루

① 일반적 특징
• 2,000개가 넘는 작은 섬들로 구성됨(폭 2km 이하)
• 대부분 고도가 낮은 산호섬으로 구성됨

② 주요 지역별 특징
• 괌(미국): 미국이 지배, 미국 군사 시설과 관광객들로 인해 막대한 수입을 얻음
• 키리바시
  – 날짜 변경선의 가장 동쪽에 있는 국가
  – 1979년 이전에는 길버트 제도라고 불림
• 나우루
  – 인광석(구아노)의 수출을 통해 부유해졌던 국가
  – 한때 1인당 소득이 11,500달러까지 올라갔으나 인광석이 고갈되면서 다시 낙후
  – 러시아 마피아들의 자금 세탁 본부이자 조세 피난처로 악명이 높음

(3) 폴리네시아 하와이 제도(미국), 사모아, 아메리칸-사모아(미국), 투발루, 통가, 키리바시, 폴리네시아(프랑스), 쿡 제도(뉴질랜드)와 다른 뉴질랜드 관할 섬

① 일반적 특징
• 하와이 제도, 칠레의 이스터 섬, 뉴질랜드를 꼭짓점으로 하는 삼각형의 제도
• 어휘·기술·주택·예술 분야에서 일관성과 공통점 유지 → 카누, 대나무 막대기와 조개껍질 지도 등

② 주요 지역별 특징
• 하와이 제도(미국)
  – 인구 140만 명 이상이 거주, 1959년에 미국의 50번째 주로 편입
  – 세계적인 관광지이며, 킬라우에아 화산이 유명함
• 타히티
  – 제2의 하와이라는 별칭이 붙으면서 관광지로 명성을 얻음
  – 하와이와 마찬가지로 토지 개발, 호텔업자, 관광객들의 영향을 크게 받음
• 투발루
  – 소금기가 많아 식수난을 겪고, 해수면 상승으로 위기를 겪고 있음
  – 국명인 투발루는 투발루 어로 '8개 섬의 단결'을 뜻함

4. 오세아니아의 주요 국가 통계 자료

국명	면적 (2014, 1,000km²)	총인구 (2014, 1,000명)	인구 밀도 (2014, 명/km²)	수도	수도 인구 (1,000명)	국민 총소득 (2012, 억 달러)	1인당 국민 총소득 (2012, 달러)	2013년(백만 달러)		1인당 무역액 (2013, 달러)
								수출액	수입액	
오스트레일리아	7,692	23,630	3.1	캔버라	356(11)	13,456	59,260	253,161	242,268	21,224
카리바시	0.73	104	143.2	타라와	40(05)	3	2,520	10(12)	100(12)	1,091(12)
쿡 제도	0.24	21	87.8	아바루아	13(11)	3	14,918	5(12)	112(12)	5,701(12)
서사모아	2.84	192	67.5	아피아	36(11)	6	3,260	24	326	1,839
솔로몬	29	573	19.8	호니아라	64(09)	6	1,130	470(12)	500(12)	1,765(12)
투발루	0.03	10	380.5	푸나푸티	4(02)	1	5,650	0.3(12)	25(12)	2,525(12)
통가	0.75	106	141.6	누쿠알로파	24(11)	4	4,220	14(12)	199(12)	2,030(12)
나우루	0.02	10	480	야렌	747(11)	1	12,577	5(12)	34(05)	3,820(12)
뉴질랜드	270	4,551	16.8	웰링턴	202(12)	1,636	36,900	39,472	39,644	17,559
바누아투	12	258	21.2	포트빌라	44(09)	7	3,000	55(12)	296(12)	1,420(12)
파푸아 뉴기니	463	7,476	16.2	포트모르즈비	342(11)	128	1,790	6,128(12)	5,500(12)	1,622(12)
팔라우	0.46	21	46	멜레케옥	1(09)	2	9,860	7(11)	125(11)	6,398(11)
피지	18	887	48.5	수바	74(07)	36	4,110	940(12)	2,450(12)	3,875(12)
마셜 제도	0.18	53	291.6	마주로	27(11)	2	4,040	34(09)	158(09)	3,680(09)
미크로네시아	0.7	104	148	팔리키르	6(00)	3	3,230	37(11)	188(11)	2,176(11)

지리 상식 1 세상의 중심에서 사랑을 외치다!

오스트레일리아 한가운데에 덩그러니 놓여 있는 평평한 바윗덩어리. 영어 이름은 '에어스록(Ayers Rock)'으로, 원주민식 이름은 '울룰루(Uluru)'로 불린다. 이 장소는 일본 소설이자 영화인 〈세상의 중심에서 사랑을 외치다〉에서 여주인공 아키가 그토록 가고 싶어 했던 '세상의 중심'으로도 유명한 곳이다.

높이 546m, 둘레 9km인 이 바위는 세상에서 가장 큰 바위이다. 일출에서 일몰까지 시시각각 변하는 바위의 색깔을 보고 있으면 대자연 앞에서 한없이 작아지는 인간의 모습을 느낄 수 있다. 우리에게 이 바위는 단순한 관광 명소로 보일지 모르지만, 원주민들에게는 종교적인 의미가 깃든 장소이다. 오스트레일리아 대륙에 백인이 첫발을 내딛기 전, 이미 이 바위는 오랜 세월 동안 원주민들의 '경외의 대상'이었다. 지금도 이곳에 가면 이 거대한 자연을 숭배하는 원주민들을 만날 수 있다. 그들의 눈에 관광객들은 신(神)을 불편하게 만드는 불청객으로 보일 뿐이다.

최근에는 등산객의 편의를 위해 바위의 가장 완만한 부분에 쇠 말뚝을 박아 놓고 관광객을 유치하고 있다. 오스트레일리아 정부의 이런 정책에 힘없는 원주민은 제대로 된 목소리를 내지 못하고 관광객에 대한 불신과 불만만 쌓이고 있다. 그러나 지속 가능한 개발과 함께 관광에 대한 인식이 개선되면서 원주민의 문화를 존중하고자 관광객이 자발적으로 울룰루 정상에 오르기를 꺼리는 분위기가 형성되고 있다. 앞장서서 자신들의 신화를 관광객에게 설명해 주는 원주민도 나타나기 시작했다. 앞으로 울룰루가 화합과 사랑의 장소로 거듭나길 기대해 본다.

지리 상식 2 반지의 제왕? NO! 피오르의 제왕, 뉴질랜드

뉴질랜드의 남섬 남서 해안에 발달한 피오르와 내륙 쪽 다섯 개의 빙하호를 합친 2만 1,000km^{2}의 지역은 뉴질랜드의 대표적인 국립 공원이다. 뉴질랜드에서는 이들 피오르를 사운드(Sound)라 부르고 있는데, 이 국립 공원에는 14개의 사운드가 있다. 길이가 약 20~40km 정도이며, 만 중앙부의 수심은 300~400m 깊이이고, 만 입구에서는 100m 전후의 수심을 보인다. 이들 사운드 중에서 자동차로 갈 수 있는 곳은 가장 북쪽에 위치하는 밀퍼드 사운드(Milford Sound)와 중간쯤에 위치하는 다우트풀 사운드(Doubtful Sound)이다. 다우트풀 사운드의 이름은 1770년 제임스 쿡 선장이 이 부근을 항해하면서 피오르의 입구를 보고 안전하게 들어갔다 나올 수 있을까 고민하면서 붙여진 이름이라 한다. 밀퍼드 사운드는 국도 94번 도로와 연결되어 있어 많은 관광객이 다녀가는 곳이다. 그러나 다우트풀 사운드는 좁은 비포장 지방 도로로 연결되어 있어 쉽게 접근할 수 없다. 그 밖의 사운드들은 접근 도로도 없고 취락도 위치해 있지 않은 자연 그대로의 경관이다. 이 자연적인 해안에 펭귄과 물범들이 살고 있다.

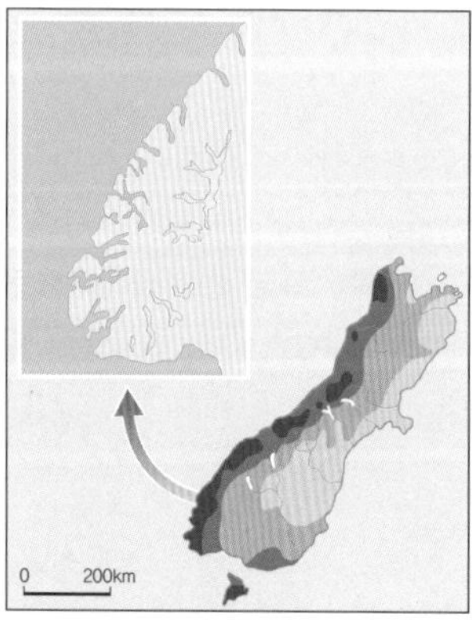

⁝ 뉴질랜드의 피오르 지역

내륙쪽 빙하호는 테아나우(Te Anau), 마나포우리(Manapouri), 모노와이(Monowai), 하우로코(Hauroko), 포테리테이(Poteritei) 호 등이다. 특히 마나포우리 호수의 웨스트 암(West Arm) 끝에서 다우트풀 사운드 안쪽 끝까지 거리는 직선거리로 10km 정도이고, 이들 두 수면의 고도차는 170m나 되기 때문에 이 사이에 터널을 뚫어 호수물을 사운드 쪽으로 돌려서 그 낙차를 이용한 수력 발전을 하고 있다.

테아나우 타운(Te Anau Town)에서 밀퍼드 사운드까지 약 120km의 도로를 밀퍼드 로드라 하는데, 이 도로는 빙하곡을 관통하고 있으므로 도로 양측에 절벽이 있고 이 절벽에 걸려 있는 작은 현곡들이 실폭포를 드리우고 있는 경관이 계속되어 절경을 이룬다. 뉴질랜드 관광에서 가장 인상적이었던 곳을 묻는 질문에서 많은 관광객들이 밀퍼드 로드와 밀퍼드 사운드라 대답했다 한다. 이곳은 영화 〈반지의 제왕〉을 촬영한 곳으로도 유명하다.

⁝ 밀퍼드 사운드의 크루즈 관광

지리 상식 3 월리스선을 아시나요?

오세아니아는 다른 대륙으로부터 멀리 떨어져 있어 진기한 동식물들이 많다. 월리스선은 동남아시아와 오세아니아를 가르는 가상의 선이다. 선의 서쪽은 아시아에서만 서식하는 동식물들이 발견되며, 동쪽은 아시아 및 오세아니아에서 서식하는 동식물들이 발견된다. 이는 빙기의 해수면 하강과 밀접한 관련이 있다. 말레이 반도와 보르네오 섬, 수마트라 섬, 필리핀 등

⁝ 월리스선

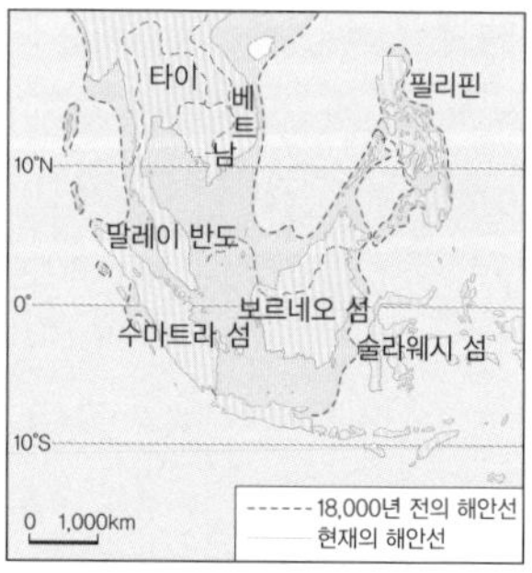

⁝ 동남아시아의 빙하기 지도

은 빙기에 해수면이 낮아졌을 때 아시아 대륙과 연결되어 있어서 동물들의 이동이 가능했다. 하지만 술라웨시 섬을 포함한 오세아니아 지역은 섬처럼 고립되어 있었기 때문에 독특한 생태계가 형성될 수 있었다.

지리 상식 4 키위는 새이고, 열매이며, 사람이다!

'키위' 하면 무엇이 떠오를까? 가장 먼저 '과일 키위'를 생각할 것이다. 그리고 혹 더 나아가 '키위 새'(뉴질랜드 국조)를 떠올리는 사람들도 있을 것이다. 하지만 사람을 키위라고 부르는 것에 대해서는 모르는 경우가 상당히 많다. 우리나라와는 달리 뉴질랜드에서는 '키위' 하면 키위 새나 뉴질랜드 사람을 먼저 떠올린다고 한다. 왜냐하면 '과일 키위'는 'Kiwi Fruit'이라고 해야 하기 때문이라나? 그래서 누군가가 'What a delicious KIWI!'라고 한다면 자칫 오해를 살 수도 있다. 누군가 멸종 위기인 국조(國鳥)를 먹으려 한다거나 사람을 먹으려 한다고 생각할 수도 있기 때문이다.

키위가 그려진 우표와 동전

우선 '키위 새'는 뉴질랜드에만 서식하는 날지 못하는 새로 유명한 뉴질랜드의 국조이다. 수컷의 울음 소리가 '키위~키위~' 한다 하여 원주민 마오리 족 사람들이 지어 준 이름인 것이다. 둘째로 '과일 키위' 또한 뉴질랜드를 기점으로 전 세계로 퍼져 나간 과일이다. 원래 과일 키위는 원산지가 중국이지만 일찍이 뉴질랜드에 상륙한 이래 뉴질랜드 땅이 '과일 키위'를 재배하기에 안성맞춤이었고, 세상에 알려진 것은 뉴질랜드에서 수출을 하면서 시작되었다고 한다. 그리고 모양 또한 키위 새의 몸통과 비슷하다고 하니 새와 과일이 왜 동음이의어가 되었는지 이해할 수 있을 것이다. 이렇게 키위가 뉴질랜드를 대표하는 상징어가 되다 보니 뉴질랜드 사람들 자체가 키위로 불려 왔던 것이 아닐까 싶다.

지리 상식 5 나우루 인들의 당뇨병

나우루는 1990년대에 구아노 인광석 고갈로 인하여 한때 1만 1,500달러까지 상승했던 1인당 GDP가 1995년 약 2,600달러까지 떨어졌다. 그리고 이때까지 수입품에 의존하는 식생활과 운동 부족으로 이곳 주민들에게는 '비만'만이 남게 되었다. 현재 인구 약 1만 명의 섬에서 당뇨병 환자는 약 2,000명으로 추정되며, 25~64세 사이의 성인 당뇨병 환자의 비율은 20% 이상으로 추정된다.

순위	국가	비율	순위	국가	비율
1	나우루	71.1	120	프랑스	15.6
2	쿡 제도	64.1	141	한국	7.3
3	통가	59.6	151	중국	5.6
24	미국	31.8	166	일본	4.5
47	영국·러시아	24.9	182	인도	1.9
83	독일	21.3	189	방글라데시	1.1
108	이탈리아	17.2		(WHO 통계, 2008)	

인구 대비 당뇨병 환자의 비율 순위

지리 상식 6 태평양 열대기 – 비극과 희망의 공존

태평양 섬의 선(先)주민들은 땅과 바다에서 나는 생산물들의 균형을 중시했고 소유의 개념이 없는 공동체 생활을 했다. 그러나 19세기 초 영국, 오스트레일리아, 미국의 포경선이 들어와 선원들이 돈을 주고 식량과 물품을 구입하면서 자본주의적 가치관이 퍼졌다. 또한 함께 들어온 선교사들은 선주민들에게 기독교 개종을 강요하면서 선주민들 사이에 구전되어 오던 역사, 축제, 땅과 바다와 영혼에 대한 지식을 모조리 '원시적, 야만적, 미개한' 것으로 치부하고 파괴하였다. 게다가 태평양 전역을 휩쓸고 다니던 포경 선단은 성병, 천연두, 홍역, 독감 등의 전염병을 퍼뜨렸고 이에 노출된 선주민들은 대량으로 사망하였다. 하와이의 경우 100만 명이 넘던 인구가 1890년경에는 4만 명 이하로 줄었다. 이후 태평양 섬에 이주민들이 몰려들었다. 그들은 식민 지배자인 유럽 인들과, 사탕수수·코코야자·파인애플 등을 재배하는 플랜테이션 농장에서 일할 노동자들이었다. 하와이에는 일본인, 피지에는 인도인, 사모아에는 중국인들이 노동자로 대거 유입되었다. 오늘날에도 피지 인구의 약 44%가 인도 사람들이고, 하와이 인구의 약 30%가 일본 사람들이다. 이들은 대체로 경제적 지위가 높아 인종과 언어, 종교를 둘러싼 선주민과의 갈등이 끊이지 않는다.

1946년부터 1984년까지 태평양의 많은 섬에서 무려 200회 이상의 핵실험이 이루어졌다. 마셜 제도의 비키니 환초는 이러한 과정에서 심하게 오염되었다. 특히 태평양에 식민지를 둔 미국, 영국, 프랑스 등의 강대국과 중국, 소련 등이 이러한 실험을 주도하였다. 이에 그린피스 같은 환경 단체들을 중심으로 반핵 운동이 확산되기 시작했고 팔라우의 경우 자체적으로 헌법을 제정하여 75% 이상의 찬성표를 얻지 않으면 핵에 관한 모든 물자의 수송, 저장 실험을 금지한다는 조항을 결정했다. 미국은 팔라우에 대한 경제적 원조를 미끼로 팔라우 안에 미군 기지를 건설하겠다는 의도를 관철시키려 했지만 팔라우 국민은 1983년 2월 10일의 국민 투표에서 이를 거부하고 비핵, 비기지를 고수했다.

지구 온난화로 해수면이 상승하면서 가장 큰 위험에 처한 곳은 태평양의 산호섬들이다. 특히 전 국토의 80% 이상이 해발 고도 1m 미만인 투발루는 국토의 대부분을 잃을 위기에 처해 있다. 전체 대양 면적의 0.1% 미만의 지역에 분포하는 산호섬은 해양 생물의 25% 이상을 머물게끔 하는 생태계의 보고이다. 산호섬의 위기는 과연 누구의 책임일까? 2006년 국제에너지기구의 통계에 따르면 미국의 1인당 이산화 탄소 배출량은 19.73t, 한국은 9.6t, 뉴질랜드는 8.04t에 달하지만, 투발루는 0.46t에 불과했다. 그러나 그 직접적인 피해자는 투발루에 살고 있는 주민들이다. 투발루는 2009년에 열린 제15차 기후변화협약 당사국 총회에서 선진국과 개도국이 함께 책임지는 새로운 협정을 제안했고 이에 대해 아프리카와 군소도서국가연합(AOSIS)의 전폭적 지지를 받았다. 지구 온난화가 가속되면 2100년에는 해수면의 수위가 당초 예상보다 2배나 상승해 투발루, 키리바시 등 일부 섬나라 저지대가 물에 잠길 것이라는 우려가 깊어 지고 있다.

전국지리교사모임, 2014, 『세계지리, 세상과 통하다 1』

[선택형]

· 2012 6 평가원

1. 다음 자료에 제시된 이동 경로로 옳은 것은?

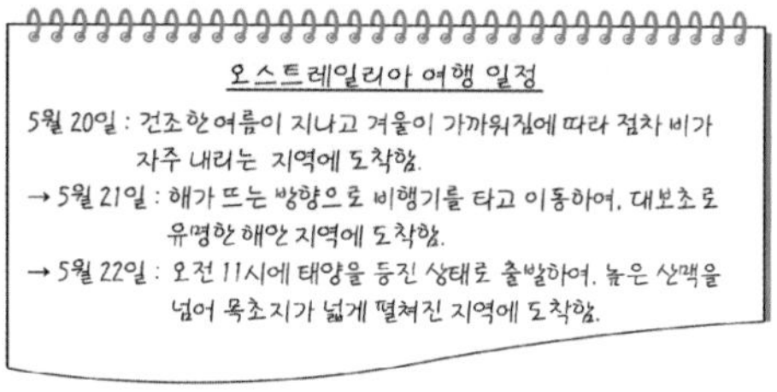
오스트레일리아 여행 일정
5월 20일 : 건조한 여름이 지나고 겨울이 가까워짐에 따라 점차 비가 자주 내리는 지역에 도착함.
→ 5월 21일 : 해가 뜨는 방향으로 비행기를 타고 이동하여, 대보초로 유명한 해안 지역에 도착함.
→ 5월 22일 : 오전 11시에 태양을 등진 상태로 출발하여, 높은 산맥을 넘어 목초지가 넓게 펼쳐진 지역에 도착함.

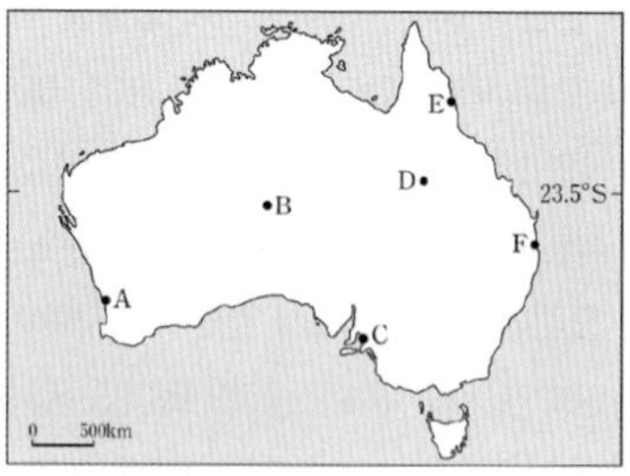

① A → E → D ② A → F → D ③ C → A → B
④ C → F → E ⑤ F → C → B

· 2012 수능

2. 지도의 A~F에 대한 설명으로 옳지 않은 것은?

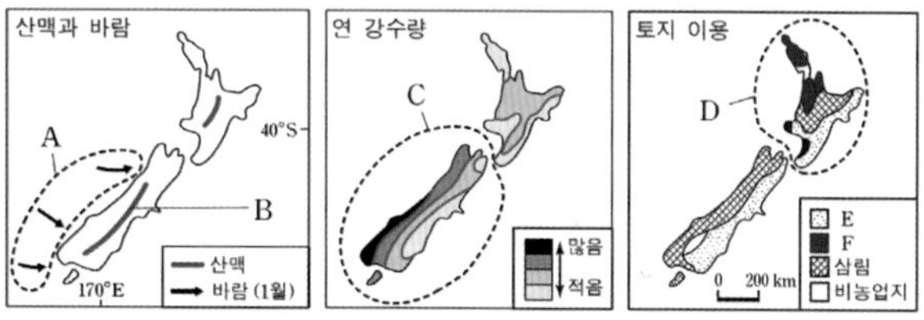

① A 바람은 연중 서풍 계열이 우세하다.
② B 산맥은 지각판의 경계부를 따라 융기하여 형성되었다.
③ C 섬에서는 A 바람과 B 산맥의 영향으로 동서 간 강수량의 지역 차가 나타난다.
④ D 섬의 삼림 지대에는 곡빙하, 피오르와 같은 빙하 지형이 곳곳에 발달하여 관광 자원이 풍부하다.
⑤ E 지역에서는 주로 양을 기르고, F 지역에서는 낙농업과 소의 방목이 활발하다.

3. 지도의 ㈎~㈐ 지역에 대한 설명으로 옳은 것만을 〈보기〉에서 고른 것은?

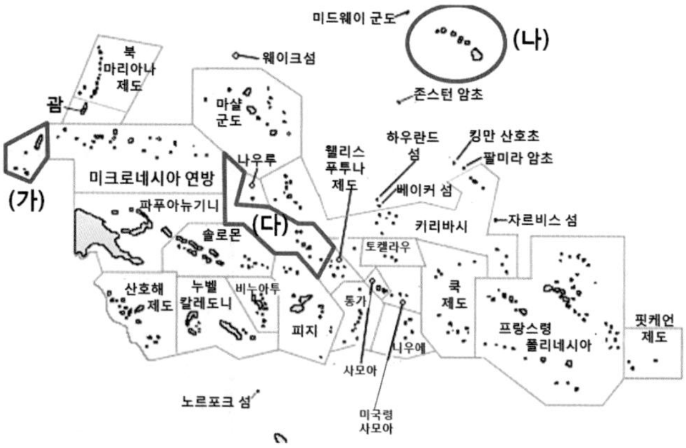

보기

ㄱ. ㈎는 해저 자원 확보를 위한 영유권 분쟁이 나타나고 있다.
ㄴ. ㈏는 열점에 의한 화산 활동이 꾸준히 나타나고 있다.
ㄷ. ㈐는 해발 고도가 비교적 낮은 산호초 섬에 해당된다.
ㄹ. ㈎가 ㈏보다 섬의 평균 해발 고도가 높다.

① ㄱ, ㄴ ② ㄱ, ㄷ ③ ㄴ, ㄷ ④ ㄴ, ㄹ ⑤ ㄷ, ㄹ

[서술형]

· 2006 11 교육청 변형

1. 지도는 두 지하자원의 주요 생산 지역을 나타낸 것이다. A와 B의 자원 이름을 쓰고, 두 자원이 해당 지역에서 활발하게 생산되고 있는 이유를 지형적 특색과 관련지어 쓰시오.

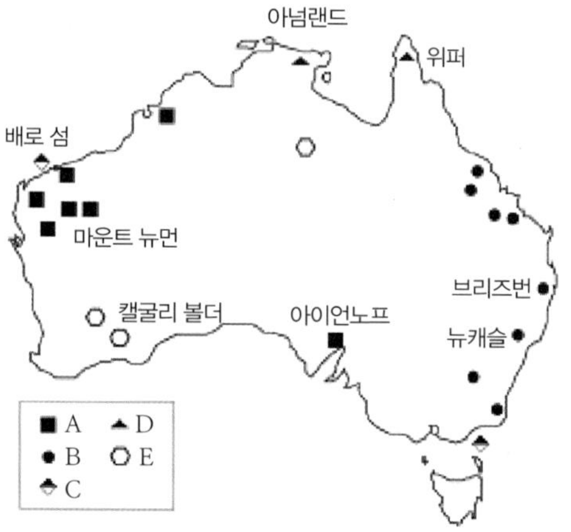

(1) A: ____________, B: ____________

(2) 지형적 특색과의 관련:

지도로 알아보는 오세아니아

※ 다음은 오스트레일리아 지역을 나타낸 지도이다.

1. ① 섬의 이름을 쓰시오.
2. ② 해안의 이름을 쓰시오.
3. ③ 산맥의 이름을 쓰시오.
4. ④ 도시의 이름을 쓰시오.
5. ⑤ 도시의 이름을 쓰시오.
6. ⑥ 분지의 이름과 사용되는 현황을 쓰시오.

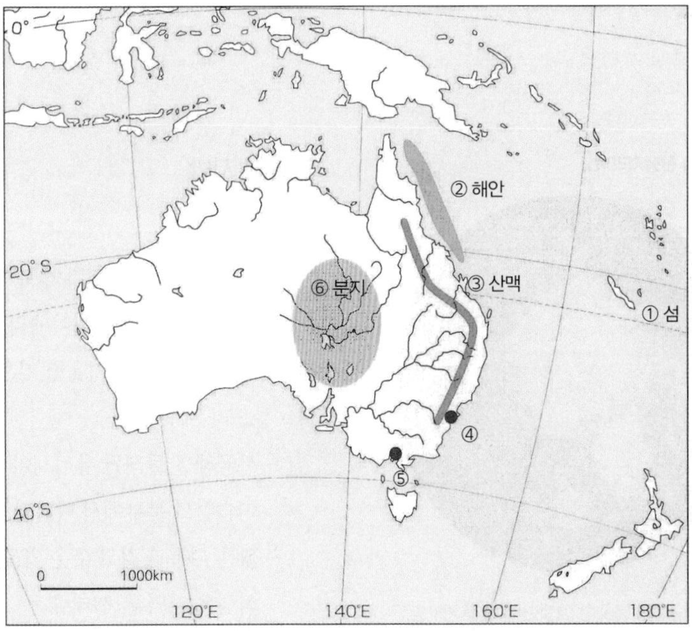

※ 다음은 태평양의 섬들을 나타낸 것이다.

1. 보기에서 ㉠~㉤에서 해당하는 국가를 찾아 쓰시오.

보기

프랑스령, 폴리네시아, 미크로네시아, 투발루, 통가, 키리바시

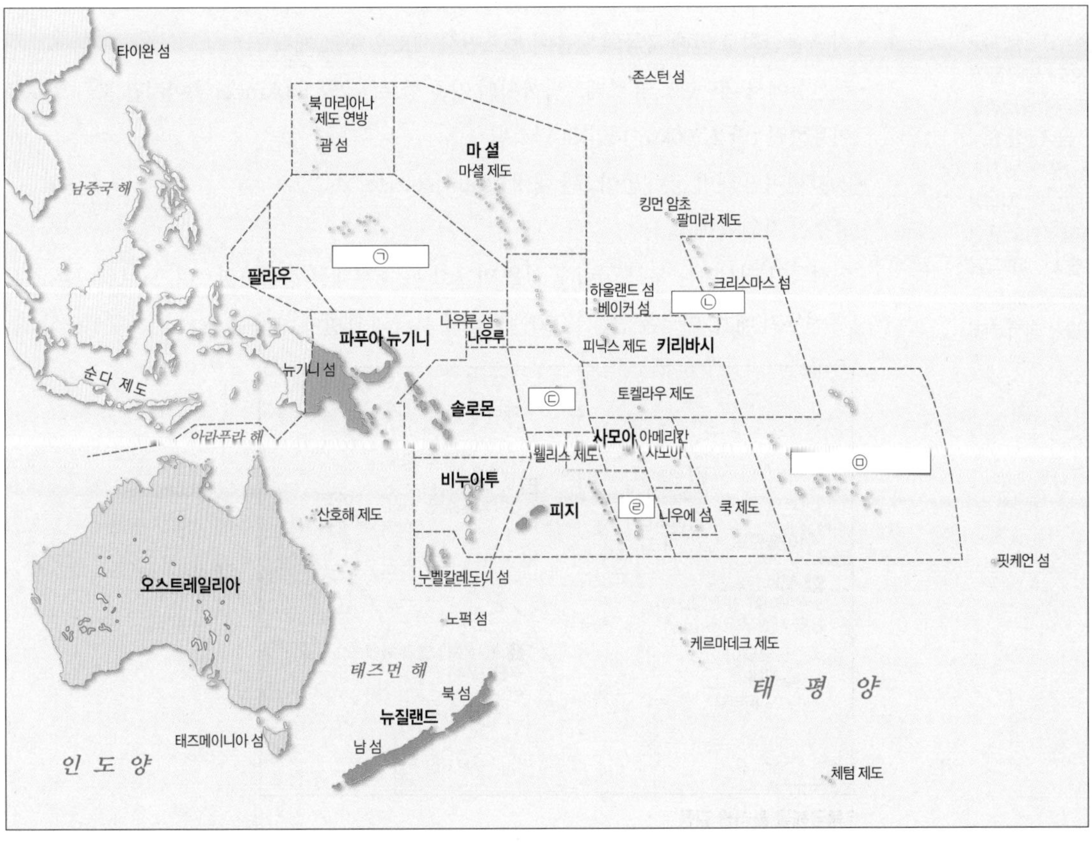

핵심 출제 포인트

- ▶ 북극과 남극의 특징
- ▶ 극지방의 개발 현황
- ▶ 북극 항로
- ▶ 지구 온난화와 극지 환경 문제

■ **북극의 한랭지리학**

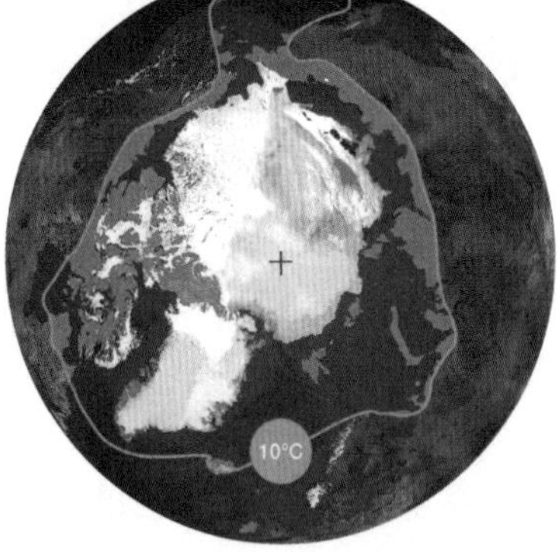

기상학자들에게 북극의 경계는 최난월(7월) 평균 기온 10℃의 평균 등온선이 지나가는 지점들을 선으로 이은 것이다. 이 선을 기점으로 침엽수림이 자라나는 타이가와 잡초와 지의류 외에는 아무것도 나지 않는 툰드라로 나뉜다. 바로 이러한 초목의 변화에 의해 북극 동물군, 즉 북극곰, 여우, 늑대, 흑기러기, 제비갈매기 등의 존재 범위가 정해지게 된다.

■ **극지방의 오로라**

오로라는 항상 볼 수 있는 것이 아니다. 이는 지구의 자기장이 모이는 북극점(자북)이나 남극점(자남)을 중심으로 가끔 볼 수 있다. 북극의 오로라는 그린란드 북서쪽 일대에서, 남극은 남극점을 중심으로 한 반지름 2,500~3,000km 지점에서 자주 볼 수 있다. 보통 위도 65° 이상의 고위도 지역에서 겨울에 자주 관측되며, 태양 흑점 폭발로 인한 태양풍이 많이 오는 맑은 날 밤에 잘 보인다. 세종 과학 기지는 남위 62°에 있기 때문에 오로라를 관찰할 수 없지만 북위 78°에 있는 다산 과학 기지에서는 오로라를 볼 수 있다.

1. 북극 지방

(1) 북극 지방

① 위치: 북위 66.5° 이북의 북극해 주변

② 범위: 유라시아 및 북아메리카 대륙의 북극해 주변 지역으로, 대부분 바다(북극해)와 섬

③ 기후: 한대 기후, 겨울철 기온이 영하 30~40℃까지 하강

- 툰드라 기후
  - 북극해를 둘러싼 유라시아 및 북아메리카 북부, 그린란드 주변 해안과 북극해의 섬들, 아이슬란드 북부에서 나타남
  - 짧은 여름과 길고 추운 겨울
  - 식생은 지의류, 선태류
- 빙설 기후
  - 그린란드 내륙에서 나타남
  - 지표면이 항상 얼음이나 눈으로 덮여 있음

④ 석유 및 풍부한 수산 자원

⑤ 이누이트, 라프 족, 사모예드(네네츠) 족

⑥ 항로, 기상 관측 및 군사 기지로서 중요함

(2) 북극해

- 지구 온난화로 인해 북극의 얼음이 녹으면서 새로운 항로 개척
- 부산항에서 네덜란드의 로테르담까지의 기존 항로는 2만 100km(24일)이지만 북극 항로를 이용하면 1만 2,700km(14일)로 단축됨
- 2037년이면 쇄빙 장비 없이 1년 내내 항로 이용 가능
- 풍부한 자원이 매장
- 인접국인 러시아는 북극 국립 공원을 만들고 특수 부대를 창설하였으며, 노르웨이는 최신예 전투기 배치, 미국은 연간 1,000만 달러를 북극의 개발에 투자

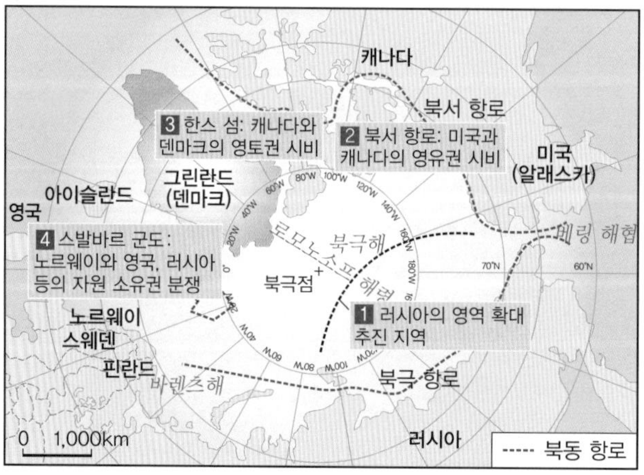

⇡ **북극해를 둘러싼 갈등**

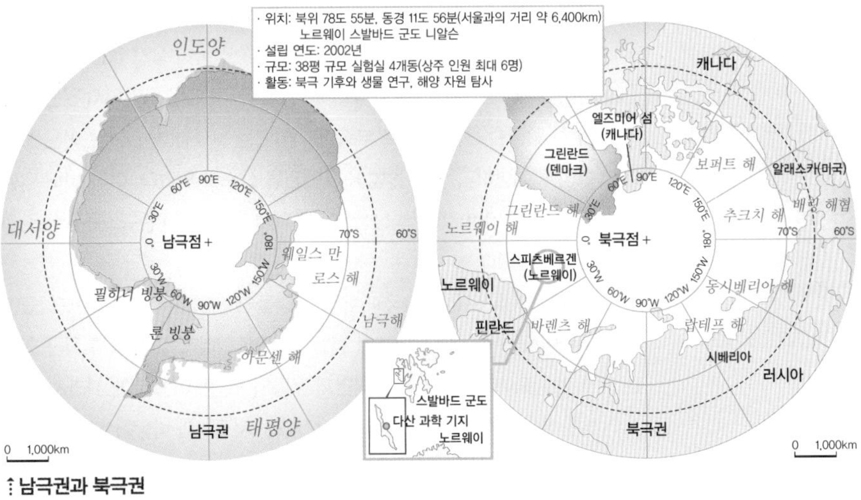

⁝ 남극권과 북극권

2. 남극 지방

① 위치: 남위 66.5° 이북의 남극 대륙과 그 주변

② 평균 두께가 수천 미터에 달하는 매우 두꺼운 빙하로 덮인 내륙

③ 기후: 한대 기후

- 대부분 빙설 기후로 연평균 기온이 영하 25℃ 이하
- 식생이 거의 없으나 해안에 약간의 지의류, 선태류 분포

④ 석탄, 철광석, 우라늄 등 풍부한 광물 자원과 수산 자원

⑤ 인간이 거주하기에 매우 불리

⑥ 학술적 가치: 세계 여러 나라의 학술 기지 설치(한국은 1988년 세종 과학 기지, 2014년 장보고 과학 기지 설립)

더 알아보기

▶ 남극에 있는 세계의 학술 기지들

남극 조약에 가입한 국가의 수는 2000년 현재 45개국이다. 이들 가운데 미국, 러시아, 독일, 영국 등 30개국이 70여 개의 기지를 건설·운영하고 있으며 한국은 세종 과학 기지와 장보고 과학 기지를 운영 중이다. 최근 남극 조약에 가입하는 국가들의 수는 빠르게 증가하고 있다.

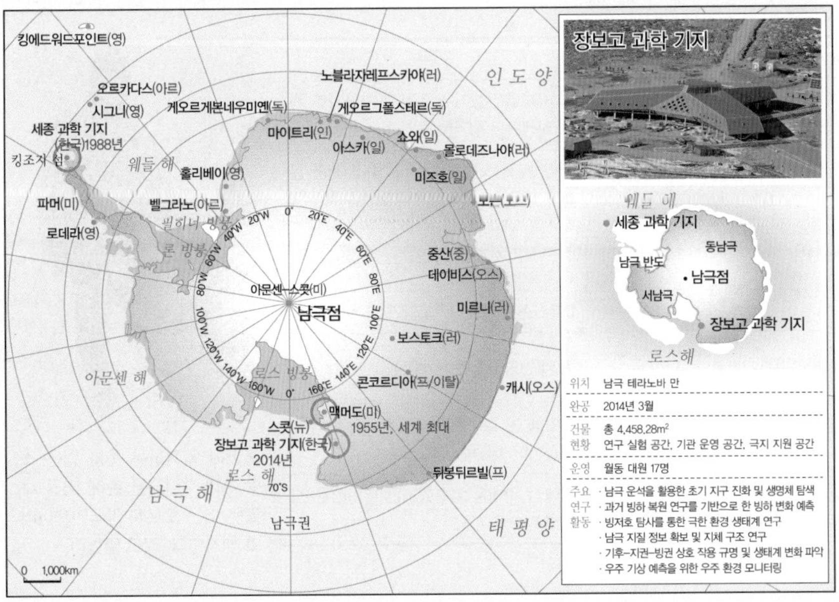

■ 남극 조약

남극 조약은 1959년 12월 1일 맺어져 1961년 6월 23일부터 효력을 발휘했다. 주된 내용은 남극에 대해 어떠한 영유권도 항구적으로 인정하지 않는다는 내용이이다. 또한 남극 지역에서의 핵실험 금지 조항, 평화적인 이용, 그리고 남극 지역에서 채굴되는 모든 자원을 연구용으로만 이용할 수 있다는 내용이 들어가 있다. 그런데 남극 조약의 자문 회원국 중 영국, 프랑스, 뉴질랜드, 노르웨이, 오스트레일리아, 칠레, 아르헨티나 등은 남극의 영유권을 주장하고 있지만 대체로 국제 사회에서 인정되지는 않고 있다.

남극 국기

지리 상식 1 생식을 통한 건강 유지, 네네츠 족 따라잡기

생물도 살기 힘든 북극에서 살아남은 사람들이 있다. '이누이트'라 불리는 이들 선주민은 미국의 알래스카 서부, 캐나다 북극권, 그린란드까지 넓게 분포해 있다. 이 밖에도 시베리아의 북극권에는 사모예드 족의 한 종족으로 알려진 네네츠 족이 산다. 이들은 사냥꾼이면서 순록을 유목하는 문화를 가지고 있기도 하다. 네네츠족이 유목하면서 한 해 동안 이동하는 거리는 800~1,200km에 이른다. 이들은 한 가족당 평균 1,000여 마리에서 7,000여 마리의 순록을 끌고 다닌다. 해안가에 사는 사람들은 물고기를 낚거나 물범, 북극곰 등을 사냥해서 먹고 산다.

순록을 유목하며 사는 사람들에게 순록은 사람의 전부이다. 먹을 것, 입을 것, 잘 것이 모두 순록에게서 나오기 때문이다. 순록의 힘줄은 실로, 뿔은 여러 가지 도구로 만드는 등 어느 것 하나 버리지 않고 알뜰하게 사용한다. 또한 네네츠 족 남성들이 입는 외투인 '말리차'는 소매 끝에 벙어리장갑을 이어 붙이고, 순록의 내장으로 가죽을 이어 방수가 되게 했다. 이누이트의 경우 어린아이를 둔 엄마는 털옷의 모자를 깊고 크게 만들고 그 속에 아이를 넣어 서로의 체온으로 보온이 되도록 한다.

순록을 유목하는 내륙 지방의 이누이트와 네네츠 족의 주요 먹을 거리는 순록이다. 이 밖에도 사냥으로 잡은 다른 동물과 강이나 바다에서 잡은 물고기를 먹는다. 짧은 여름 동안에 자라는 이끼, 풀, 버섯 등이 유일한 식물이기 때문에 푸성귀가 고기보다 더 귀하다. 식물이 살지 않는 곳에서는 곡식이나 채소를 주된 먹을거리로 할 수 없다. 이 때문에 익히지 않은 생고기와 갓 사냥한 동물의 피로 부족한 비타민을 보충한다. 지난날 아문센도 괴혈병을 예방하기 위해 물범이나 펭귄을 생으로 먹었다. 이에 비해 탐험대의 짐 속에 넣어 갔던 덜 신선한 쇠고기나 양고기를 먹은 스콧 일행은 괴혈병에 시달렸다.

1900년대를 전후해 미국과 유럽 사람들이 북극 지역을 자주 드나들면서 이누이트들은 점점 찾아보기 힘들게 되었다. 네네츠 족 역시 최근 천연가스 개발로 시베리아가 개발되면서 전통의 모습들이 빠르게 사라지고 있다. 이곳에도 다른 툰드라 지역처럼 도시화·서구화의 바람이 불어온 것이다. 특히 개발이 먼저 이루어진 알래스카, 캐나다 북부 지역 이누이트들의 삶은 훨씬 빨리 도시화되었다. 사냥한 날고기 대신 밀가루와 설탕 등을 먹기 시작한 것도 이때부터이다. 운반이 쉽고 잘 상하지 않는 인스턴트 식품이 공급되면서 치아 질환과 비만 등의 부작용도 늘고 있다. 사냥 등의 과격한 육체 노동이 없어진 것도 비만의 한 원인이 되었다.

선주민들은 일용직 노동자로 고용되거나 관광객에게 공예품을 만들어 팔기도 한다. 전통적으로 주업이었던 사냥이나 어로는 이제 부업이나 취미가 되었다. 현대화된 그들은 이글루 대신 현대식 집을 짓고 썰매 대신 설상차를 끈다. 하지만 이렇게 편리한 현대 문명과 수천 년간 이어져 오던 고유한 삶의 방식 사이에서 방황하는 그들은 현재 자신들의 정체성마저 잃을 위기에 처해 있다.

전국지리교사모임, 2014, 『세계지리 세상과 통하다 2』

지리 상식 2 준비된 자만 살아남는 무서운 곳-남극

남극점을 가장 먼저 정복한 사람은 아문센이다. 승리자만 기억되는 세상이지만, 패자를 잊기보다는 왜 졌는지를 분석해 보는 것이 앞으로의 승리를 위해 필요한 일일 것이다.

아문센과 같은 해에 남극점을 향한 탐사의 길에 올랐던 영국의 스콧 일행

모피 옷을 입은 아문센. 그는 "다음 탐험 최종 목표는 북극 지방 바다가 아니라, 남극 대륙 얼음 황무지가 될 것이다."라고 말했다.

아문센	이름	스콧
남극 정복이라는 목적을 위해 수단을 가리지 않는 냉철한 전략가형	성격	사고의 유연성이 부족하지만 국가를 위해 희생하는 철저한 군인형
활동적·직선적인 형제와 함께 각종 탐험 경험	성장기	병약했지만 가문의 전통에 따라 해군 입대
선장 자격증 취득, 썰매 개 집중 훈련 등 용의주도	준비 과정	최신 모터 썰매를 동원하는 등 물량 위주
프람호(일반 범선)	이용 선박	테라노바호(최신 디젤 증기선)
19명(숙달된 탐험가, 선원 위주)	탐험대 구성	72명(건장한 젊은이 위주)
때때로 물범·펭귄 사냥, 결과적으로 괴혈병 방지 효과	식량	운반해 온 덜 신선한 소·양고기에 의존, 괴혈병에 시달림
조직을 평등하게 구성·운영했지만 절대적 권위로 결정권 장악	리더십	군대식 위계를 엄수했지만 부드러운 신사의 면모를 지님

혹한에 얼어붙은 옷을 입은 스콧. 그는 "남극을 손에 넣을 수 있는 이는 오로지 영국인뿐이라고 생각한다."라고 말했다.

은 여러가지 면에서 아문센에게 뒤질 수밖에 없었다. 아문센이 이누이트들의 경험담과 여행 기술을 철저히 분석해 장비와 탐사 경로를 준비한 것에 비해 스콧은 상세한 사전 답사도 하지 않았고, 개 썰매가 아니라 모터 엔진으로 달리는 썰매와 망아지들에 의지했다. 길을 떠난 지 닷새 만에 모터 엔진은 얼어붙었고, 망아지들도 동상에 걸려 죽게 되었다. 할 수 없이 대원들은 각자 200파운드가 넘는 무거운 짐을 지고 가야 했는데, 복장과 장비를 제대로 챙기지 않아 모두 동상에 걸리게 되었고 하루에 한 시간도 제대로 걷지 못하는 상황에 이르렀다. 중간에 있던 보급 캠프에도 물자가 충분하지 않았고 표시도 잘되어 있지 않았다. 스콧 일행은 10주 동안 800마일을 걸어서 남극점에 도달했지만, 그들을 기다린 것은 아문센 일행이 35일 전에 꽂아 두었던 노르웨이 국기와 성공을 기원한다는 편지였다. 돌아오는 두 달 동안 굶주림과 추위에 지친 대원들은 하나씩 죽어 갔고, 베이스캠프를 150마일 앞둔 지점에서 스콧도 목숨을 잃고 말았다. 아문센과 달리 철저한 준비가 부족했던 스콧은 결국 아문센의 남극점 도달을 더욱 빛내 주는 결과로 이어지게 되었다.

라이너 K. 랑너, 배진아 역, 2004, 『남극의 대결, 아문센과 스콧』

지리 상식 3 일반인도 아문센 체험이 가능한가요?

⁝ 남극 크루즈 상품

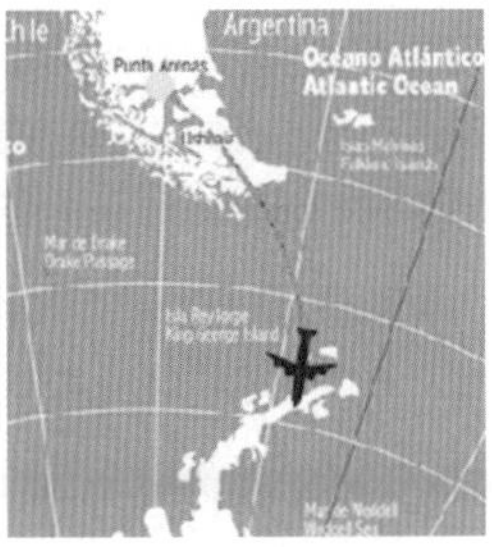

⁝ 남극 크루즈 비행경로

한국인이 남극에 가기 위해서는 남극에 있는 세종 과학 기지를 통해서 가는 방법이 가장 일반적이다. 하지만 단순히 관광을 목적으로 가기는 힘들다. 학문적 연구, 예술가의 창작을 지원하는 목적이라는 두 가지 경우에 한해서만 방문할 수 있다.

유럽이나 북아메리카의 사람들은 주로 뉴질랜드를 통해 남극으로 들어간다. 한국에서는 남극으로 들어갈 수 있는 관문 도시인 칠레의 푼타아레나스로 가서, 한국 대사관을 통해 남극의 세종 과학 기지까지 태워 줄 공군기를 예약해서 갈 수 있다.

여행사를 통해서 남극으로 가는 방법도 있다. 주로 남극의 여름인 11~2월에 가는데, 2주간의 현지 여행 비용만 대략 3,000~4,000만 원 정도가 든다. 남극까지 크루즈로 이동할 시 왕복 4~5일의 시간이 걸리지만 비행기를 이용하면 훨씬 더 효율적으로 일정을 계획할 수 있다. 7일 투어 요금이 약 7,000달러로 크루즈보다는 비싸지만 짧은 시간에 더 많은 경험을 할 수 있다는 점에서 매력적이다. 남극 여행 최초의 에어크루즈 회사인 'Antarctica XXI'에서 준비한 프로그램을 이용하도록 하자. 칠레의 푼타아레나스에서 출발해 비행기를 타고 남극의 킹조지 섬까지 약 2~3시간이 소요된다. 여기서부터는 크루즈를 타고 남극 반도를 따라서 5~10일 등의 일정으로 진행된다. 비행기와 헬리콥터만을 이용해서 하루나 이틀 동안 남극을 잠깐 다녀오는 상품도 있다. 푼타아레나스에서 항공기로 출발하여 킹조지 섬에 도착한 뒤 바다사자와 펭귄, 물개 등 야생 동물을 둘러본다. 남극 땅을 걸어서 탐험하는 특별한 체험도 가능하다. 헬리콥터를 타고 주변 섬으로의 짧은 여행을 선택할 수도 있다. 남극에서는 'AEROVIAS DAP'라는 로고가 그려진 경비행기를 자주 볼 수 있는데, 바로 27년 이상 남극 지역으로 가는 항공을 운영한 전문 항공사다. 1987년에 최초로 남극으로 가는 정기적인 항공을 운영하기도 했다. 매일 그 날의 날씨를 확인한 뒤 아침 일찍 남극으로 비행기를 띄운다. 비행기를 이용한 하루 투어의 비용은 약 4,000달러이다. 개인 비행기를 타고 거대한 빙하를 지나 남극 대륙에 도착해서 지구의 끝, 지리상의 남극점까지 여행하는 '남극점 에어 여행'도 있다. 비용이 약 3만 5,000달러에 달해 이용하는 여행객들은 그리 많지 않다.

2005년 '남극 활동 및 환경보호에 관한 법률'이 만들어졌는데, 이 법에 따르면 과학 조사를 비롯한 탐험이나 관광 등의 남극 활동을 할 때는 외교부 장관의 허가를 받게 되어 있다.

전국지리교사모임, 2014, 『세계지리, 세상과 통하다 2』

지리 상식 4 여전히 위험한 북극 항로의 암초들

북극 항로(北極航路)가 새로운 '해상(海上) 실크로드'로 각광받고 있다. 2014년 2월 해양수산부는 동북아시아와 유럽을 태평양과 북극 항로를 통해 연계하는 신(新)해상 물류 계획을 발표했고 2015년 여름에는 최초의 상업적 운항을 추진하고 있다. 그러나 해양 전문가들은 지나친 기대는 금물이라는 신중론을 내놓고 있다. 항로 개발이 진행되면서 새로운 문제점이 하나둘씩 드러나고 있으며 북극 항로의 안전성, 경제성 측면에서 여전히 검토가 필요한 부분이 많기 때문이다. 특히 몇 가지 측면에서 아직은 위험성이 크다.

첫째로 3~4개월 동안의 짧은 해빙기이다. 2014년 현대글로비스의 스테나 폴라리스호는 국내에서 처음으로 북극 항로 시험 운항에 성공하였다. 수에즈 운하 이용 시보다 10일 줄어든 35일 만에 여정을 마쳤지만 다수의 거대한 유빙으로 인해 러시아 쇄빙선 뒤를 따라가야 했다. 따라서 본격적인 상업 운항은 온난화가 지금 추세로 계속 진행될 경우, 2020년 이후에야 가능할 것이다.

둘째로 수심 12m, 얕은 바닷길이 문제이다. 초대형 선박들이 안전하게 다니려면 최소 20m 이상 수심이 확보돼야 한다. 하지만 북극 항로에서 빙산 등 얼음을 피해 가다 보면 수심이 10m 남짓한 구간을 종종 만나게 된다. 이 때문에 2,500TEU*급이 넘는 선박은 운항이 어렵다. 항만 수심도 얕아 대형 선박은 접안이 불가능하며 대규모 시설을 갖춘 항만은 러시아의 무르만스크나 아르한겔스크 등을 포함해 몇 군데밖에 없다.

셋째로 일반 컨테이너를 적재한 배들은 북극 항로 이용에 아직 소극적이다. 혹독한 기후 탓에 적재된 화물이 변형될 가능성이 크고, 사고 발생 위험도 높기 때문이다. 적기 공급 생산 방식(Just In Time)에 따라 일 년 내내 이뤄져야 하는 컨테이너 운송에서 몇 달 동안만 열리는 북극 항로는 경제성이 떨어진다. 반면 수송 조건이 까다롭지 않은 벌크(bulk) 화물에 대한 수요는 많을 것으로 예상된다. 벌크 화물은 석탄, 곡물, 광석 등 포장을 하지 않고 그대로 싣는 화물이다.

넷째로 쇄빙선, 아이스 파일럿(Ice Pilot) 사용료가 비싸다는 점이다. 얼음을 깨는 쇄빙선과 얼음이 많은 지역을 피해 가도록 안내하는 아이스 파일럿은 북극 항로에서 필수이다. 이들의 사용료 및 선박의 내구성을 높이는 데에도 비용이 든다. 1cm 두께 철판을 사용하는 일반 선박과 달리 북극 항로를 운항하는 선박은 얼음과 부딪치는 선체 부분에 4cm 두께의 철판을 사용해야되기 때문이다.

이러한 네 가지 난관은 여전히 북극 항로의 한가운데 버티고 있는 암초와 같은 존재이다. 가장 큰 딜레마는 지구 온난화가 가속화될 경우 이 문제가 완화되지만, 지구 온난화의 심화로 인해 또 다른 문제가 나타날 가능성이다. 과연 북극 항로 시대의 개막 시점에서 봉착한 문제들을 어떤 식으로 풀어 나가야 할까?

* TEU(영어: twenty-foot equivalent unit)는 20피트 길이의 컨테이너 크기를 부르는 단위로 컨테이너선이나 컨테이너 부두 등에서 주로 쓰인다. 20피트 표준 컨테이너의 크기를 기준으로 만든 단위로 배나 기차, 트럭 등의 운송 수단 간 용량을 비교하기 쉽도록 만들어졌다.

지리 상식 5 얼음 속 천연자원의 봉인 해제!!

크림 전쟁에서 패한 뒤 지불해야 할 보상금 문제로 골치가 아팠던 러시아는 1867년 알래스카를 미국에 720만 달러에 팔았다. 계약이 성사된 후 미국 국민들은 세계에서 제일 비싼 얼음덩어리 냉동고를 사들이는 멍청한 정책이라고 정부를 비난했다. 하지만 알래스카에서는 금광, 천연가스, 석유 등 상상도 못할 보물이 끊임없이 쏟아져 나왔다. 미국 지질 조사국(USGS)의 연구 팀에 의하면, 북극권에는 전 세계 사람들이 5년 동안 쓸 수 있는 1,600억 배럴의 석유와 10년 정도 쓸 수 있는 44조m^3의 천연가스가 묻혀 있다고 한다. 또한 러시아 쪽 북극 지역의 석유 매장량은 현재 전 세계에서 가장 많은 석유를 보유한 사우디아라비아의 매장량과 비슷한 수준이며, 천연가스는 지금까지 알려진 러시아 보유 수준의 2배인 70조m^3가 더 묻혀 있다고 한다.

그뿐만 아니라 망간, 니켈, 구리, 코발트 같은 21세기 IT산업의 핵심 재료인 금속 광물도 북극권의 콜라 반도와 북시베리아 등지에 세계 최대 규모로 매장돼 있을 것으로 추정하고 있다. 남극에서의 석유 탐사는 주로 서남극의 웨들 해와 로스 해를 중심으로 활발하게 이루어지고 있다. 아직까지 정확한 매장량은 알려져 있지 않지만 상당한 양의 석유가 매장되어 있을 것으로 추정된다. 또한 로스 해 및 남극 대륙의 빙상 밑에는 유기물의 고체화 작용에 의해 형성된 막대한 양의 메탄 및 에탄 등의 탄화수소가 묻혀 있다. 남극 횡단 산맥과 남극 대륙 동남부 지역의 고생대 및 중생대 지층에는 두꺼운 석탄층이 있어 크롬, 니켈, 백금, 코발트, 바나듐, 철 등이 많이 매장되어 있을 것으로 추측된다. 전국지리교사모임, 2014, 『세계지리, 세상과 통하다 2』

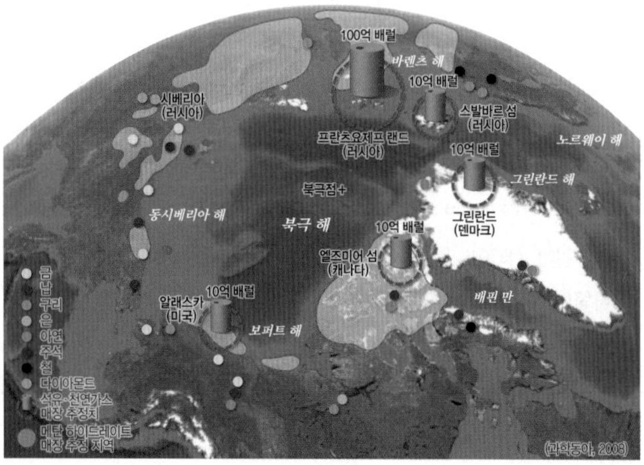

지리 상식 6 남극의 리얼 땅따먹기

영국을 비롯한 일곱 개 나라가 남극의 영유권을 주장한다는 것은 잘 알려진 이야기이다. 영유권을 주장하는 사연도 가지가지이다.

아르헨티나는 1955년부터 남극 기지에서 결혼식을 하도록 하였고 이후에도 몇 쌍의 부부가 남극에서 백년가약을 맺었다. 또한 2005년에 '남극에 국민이 100년간 있었다'며 기념우표를 발행했다. 심지어 남극에 비행장과 호텔을 짓고 대통령을 비롯한 장관들이 찾아와서 국무 회의를 열기도 한다. 칠레도 남극 킹조지 섬에 활주로를 건설하고 호텔과 단독 주택, 학교, 슈퍼마켓 등을 갖추고 군인과 그 가족을 살게 하며 관광객도 유치한다. 남극 반도 일대에서 영국, 칠레, 아르헨티나의 영유권이 중복되면서 지명이 다른 것도 재미있다. 세종기지가 있는 킹조지 섬은 영국과 칠레에서 부르는 명칭이다. 그러나 아르헨티나는 '5월 25일 섬'으로 부른다. 또 칠레 기지와 세종 과학 기지 사이의 바다를 영국은 '맥스웰 만', 칠레는 '필데스 만', 아르헨티나는 '가르디아 만'으로 부른다. 아무 일도 없을 때에는 문제가 없을지 모르나 혹시 비상사태라도 생기면 기지 사이에 혼란이 생길지도 모른다.

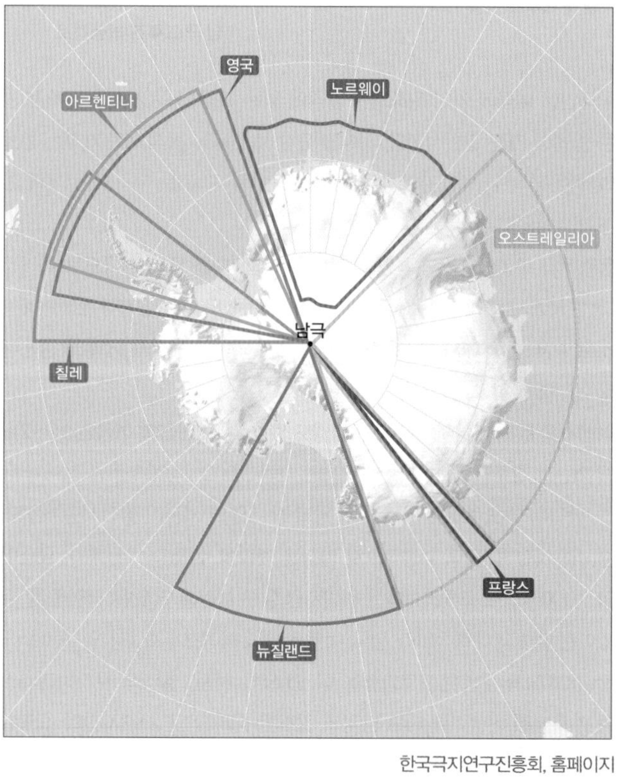

한국극지연구진흥회, 홈페이지

[선택형]

· 2012 9 평가원

1. 다음 자료의 (가) 현상과 관련된 내용으로 옳지 않은 것은?

(가) 로 인한 북극권 빙하의 범위 변화

1982년 2008년

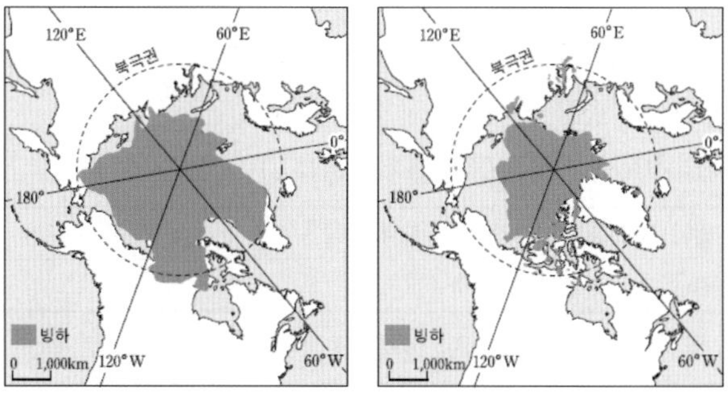

과거 약 30년에 걸쳐 북극권의 빙하는 10년마다 8~10%씩 줄어들었다. 그린피스와 세계 환경 기금에서는 북극권 빙하가 북극곰의 생존에 필수 요건이라고 강조한다. 또한 태평양의 어류가 북극해를 가로질러 대서양으로 유입됨으로써 지구 생태계의 교란이 우려되고 있다.

① 북극해 일대의 해수 염도가 낮아지고 있다.
② 해수면 상승으로 인해 일부 저지대가 침수되고 있다.
③ 유라시아에서 침엽수림의 북한계선이 남하하는 추세이다.
④ 북아메리카에서 툰드라토의 남한계선이 북상하는 추세이다.
⑤ 이 문제를 해결하기 위해 국제 사회는 교토 의정서를 채택하였다.

2. 지도와 관련된 설명으로 옳지 않은 것은?

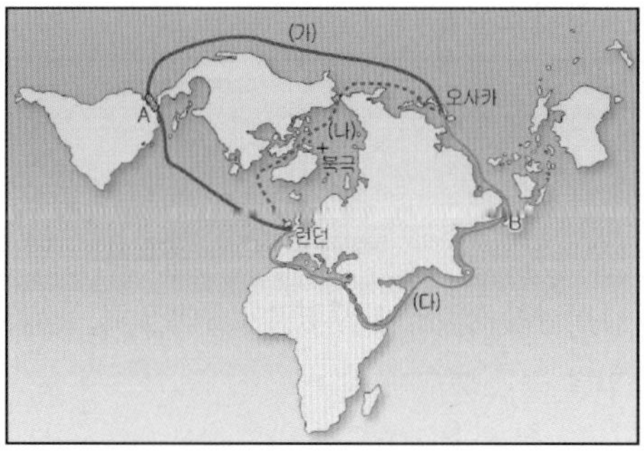

① (가)는 가장 최근에 개설되었다.
② (나)의 개척은 지구 온난화의 영향이다.
③ (다)는 아랍 인들이 동아시아 지역과 교역할 때 이용했다.
④ A의 건설로 대서양과 태평양의 접근성이 향상되었다.
⑤ B는 지리적 위치의 이점으로 중계 무역항이 발달되었다.

[서술형]

1. 북극해의 항로가 새롭게 개척될 수 있었던 이유를 기후 변화의 관점에서 서술하시오.

2. 네네츠 족이 살아가고 있는 지역에 대한 기후적 특징을 서술하시오.

3. 남극에 있는 우리나라의 연구 기지 두 개소의 이름을 쓰고 각각의 위치를 지도에 표시하시오.

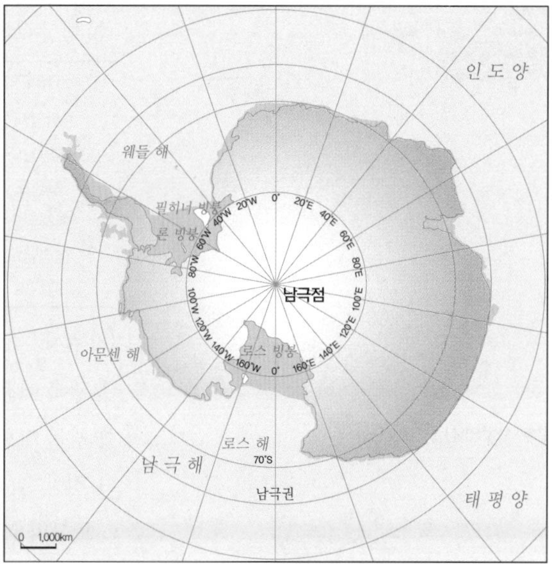

4. 북극의 다산 과학 기지에서 오로라를 관측할 수 있는 이유에 대해서 서술하시오.

5. 남북극 지역의 가치를 다음 세 가지 측면에서 서술하시오. (지하자원, 교통로, 생물 자원)

핵심 출제 포인트

▶ 자연환경 ▶ 자원과 개발 ▶ 북부 지방의 과제

■ 북부 지방의 행정 구역

■ 북부 지방의 산줄기와 지형

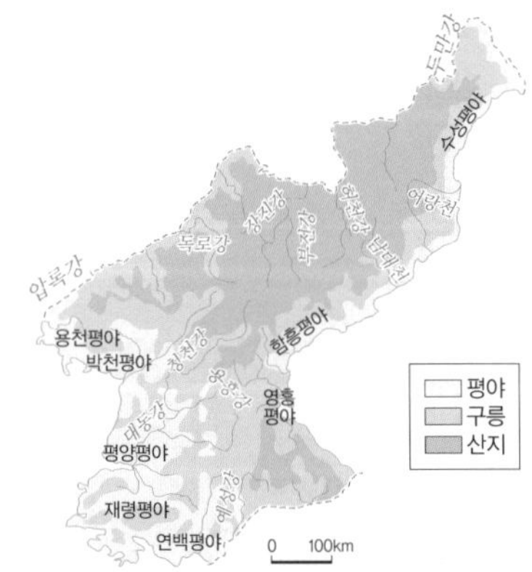

백두대간이 동쪽으로 치우쳐 남북으로 길게 발달해 있기 때문에 동해로 유입하는 하천은 두만강을 제외하고는 규모가 크지 않다.

1. 북부 지방의 범위와 역사

(1) 범위

① 범위: 휴전선에서 북으로 압록강, 두만강 유역에 이르는 지역을 말하며, 지리적으로 멸악산맥 이북–압록강, 두만강을 경계로 중국, 러시아와 국경 접함

② 지역 구분: 낭림산맥을 경계로 서쪽의 관서 지방과 동쪽의 관북 지방(지형적 경계)

관서 지방	평안남·북도, 황해도, 경기도 일부 지역
관북 지방	함경남·북도, 강원도 일부 지역

③ 행정 구역: 한국 전쟁 이후 행정 구역 개편, 2014년 현재 9도, 1직할시, 2특별시로 구성

행정 구역	주요 도시	행정 구역	주요 도시
직할시	평양	특별시	남포, 나선
평안남도	평성, 개천, 덕천, 순천, 안주	평안북도	신의주, 구성, 정주
자강도	강계, 만포, 희천	량강도	혜산
황해남도	해주	황해북도	사리원, 개성, 송림
함경남도	함흥, 단천, 신포	함경북도	청진, 김책, 회령
강원도	원산, 문천		

(2) 역사

① 광복 이전: 대륙으로부터 문화를 받아들이고, 대륙으로 뻗어 나가는 발판 역할

② 광복 이후: 북쪽에 공산주의 정권 수립, 남북한의 이질화가 심해짐

③ 전망: 남북의 왕래가 자유롭게 되고 통일이 되면, 다시 중국과 러시아를 연결하는 관문으로서의 역할이 커질 것임

2. 북부 지방의 자연환경

(1) 지형

① 중·남부 지방에 비해 산지가 많고 해발 고도가 높음

② 백두산 일대의 화산 지형: 개마고원(용암 대지), 천지(칼데라 호)

③ 두만강을 제외한 대부분의 큰 하천이 황해로 유입

구분	황해로 유입하는 하천	동해로 유입하는 하천
특색	• 북동부의 높은 산지에서 발원 • 유로가 길고 유역 면적이 넓음	• 함경산맥에서 발원 • 경사가 급하고 유로가 짧음
하천	• 압록강, 청천강, 대동강 등	• 어랑천, 남대천, 용흥강 등

④ 평야는 황해로 유입하는 하천 하류에 발달한 평양평야, 재령평야 등이 있고, 동해안에는 해안을 따라 규모가 작은 해안 평야가 발달

(2) 기후

① 대륙의 영향을 크게 받아 겨울은 몹시 춥고 길며, 여름은 짧고 서늘함 → 해안에서 내륙 산지 지역으로 갈수록 평균 기온이 낮아짐

② 유라시아 대륙 동안에 위치하여 연교차가 큰 대륙성 기후가 나타남 → 대부분 냉대 기후 지역에 속함

③ 강수의 지역차가 큼

다우지	청천강 중·상류, 원산 일대
소우지	대동강 하류 일대, 개마고원 일대, 관북 해안

(3) 자연환경과 주민 생활

① 농업: 산지가 많고 기후가 한랭하여 밭농사 중심으로 이루어짐

② 음식: 잡곡 중심의 농작물 생산이 많아 감자, 밀, 메밀 등을 이용한 요리 발달

③ 가옥: 겨울이 추운 기후 특성을 반영하여 관북 지방의 전통 가옥은 폐쇄적인 전(田)자형 가옥 구조

더 알아보기

개마고원은 함경남도 삼수, 갑산, 풍산, 장진군 지역에 넓게 발달한 용암 대지이다. 해발 고도가 1,200~1,300m에 달하고 위도가 높기 때문에 여름철에도 기온이 매우 낮다. 개마고원은 농업 활동이 불리하고, 침엽 수림대가 발달한다. 더불어 척박한 토양인 포드졸토가 분포한다.

3. 북부 지방의 인문 환경

(1) 인구

① 인구 성장: 최근 출산율 감소와 높은 영아 사망률 등의 영향으로 인구 증가율이 낮음

② 산지가 발달한 북동부 내륙 지역은 한랭한 기후와 경지 부족 등의 요인으로 인구 희박 지역, 관서 지방의 평야 지대와 관북 지방의 공업 지역은 인구 조밀 지역

③ 약 2,450만 명(2012)으로 남한 인구의 절반 수준

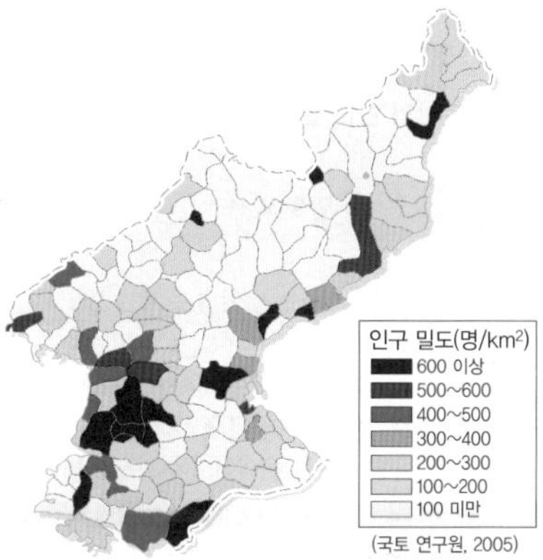

(국토 연구원, 2005)

⇡북한의 인구 분포

④ 여성의 경제 활동 참여율을 높이기 위해 출산 제한 정책을 실시하였으나, 최근 인구 증가율이 낮아지면서 출산 장려 정책으로 전환

(2) 도시

① 서부 평야 지역에 도시 발달

② 도시 인구 비중은 2010년 기준 약 60%로 도시화율이 남한보다 낮음

구분	특색
평안도	• 북한 최대의 도시 평양이 있는 정치·경제 및 행정의 중심지 • 중국과의 교역 통로, 철도 교통의 중심지
남포직할시	• 평양의 외항, 서해 갑문
함경도	• 함흥, 청진 등 항구 도시, 일제 강점기에 공업 발달로 성장
황해도	• 고려 시대 유적지, 개성 공업 지구 위치

(3) 교통

① 철도 중심: 철도의 여객 및 화물 수송 분담률 높음

② 도로 사정이 좋지 못하고, 도로 포장률이 낮음

(4) 자원

① 북부 지방에는 공업 발달에서 중요한 지하자원 및 동력 자원이 풍부하게 매장되어 있음

② 관서 지방: 동력 자원으로 평안남도 남부와 북부에 풍부한 무연탄과 압록강, 청천강 등에

■ 북부 지방의 연평균 기온과 강수량

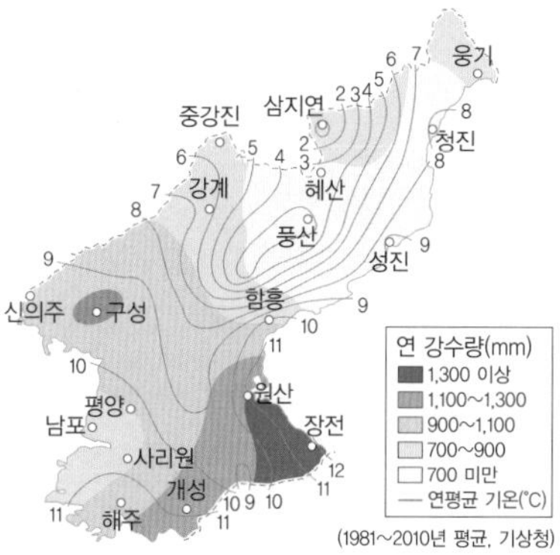

(1981~2010년 평균, 기상청)

■ 남포특별시

대동강 하구에 위치한 남포는 평양에 이은 북한 제2의 도시로 특급시이며, 평양으로 들어오기 위한 서쪽 관문이다. 또한 세계 여러 나라와 경제 교류를 하는 데 중요한 위치를 차지하고 있는 국제 무역항이며, 비철금속 공업과 기계 및 유리 공업이 발달한 중공업 도시이기도 하다. 평양 남쪽의 큰 포구라는 뜻의 '남포(南浦)'는 현재 5개 구역과 1개 군으로 이루어져 있다. 남포항이 북한의 대표적인 국제 무역항이 될 수 있었던 조건은 평양에서 가깝고, 수심이 깊으며, 서해 갑문이 건설되어 5만 톤급의 대형 화물선 통행이 가능하기 때문이다.

■ 북부 지방의 철도망

① 평북선: 평북 정주-평북 삭주(수풍 발전소), 120km

② 평의선: 평양-신의주, 241km, 평양과 신의주 특별행정구를 이어 주는 철도로 중국 랴오닝 성의 단둥을 거쳐 텐진, 베이징까지 연결되는 국제 철도로 북한 내 여객 수송의 60%, 화물 수송의 90%를 담당하는 물동량이 가장 많은 북한의 '보급선'이다.

⑨ 평라선: 평양-함흥-나선, 788km, 평양과 나선특별시 간을 이어 주는 철도. 북한에서 가장 긴 철도로 함흥, 길주, 청진, 나선(나진·선봉) 같은 동해안 주요 도시들을 연결한다. 러시아 하산을 통해 시베리아 횡단 철도(TSR)와 연결된다.

수풍·운봉·강계 댐 등 대규모 수력 발전소 건설, 지하자원으로 철광석(황해도의 은율, 재령 등지 → 송림에서 제철), 금, 텅스텐, 석회석, 흑연 등의 매장량이 많음

③ 관북 지방: 부전강, 장진강, 허천강의 유역 변경식 발전소와 함경북도 남부의 무연탄, 북부의 갈탄 등의 동력 자원이 풍부하고, 철광석(무산, 이원 → 청진, 성진 제철소), 석회석, 텅스텐, 흑연 등의 지하 자원이 풍부

(5) 에너지 소비 구조

① 석탄 66.1%, 수력 21.4%, 석유 4.5%, 기타 8.0%(2011년 기준)

② 수력 발전의 비중이 남한에 비해 높고, 에너지 수입 의존도가 낮음

⁝ 북한의 발전 설비 용량

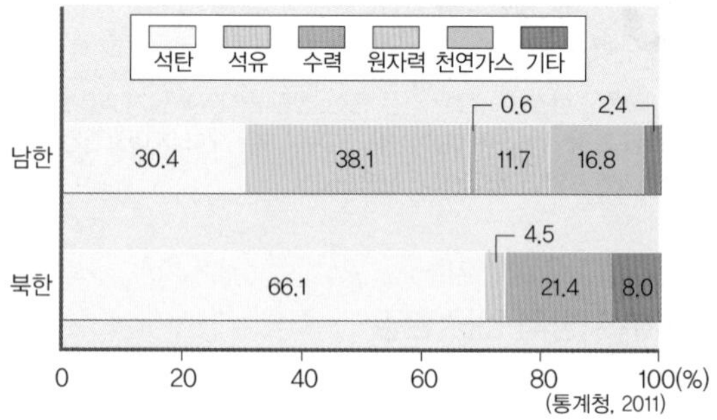

⁝ 남한과 북한의 1차 에너지 소비 구조

더 알아보기

북한의 수력 발전소는 남한의 수력 발전소와 같은 형태는 아니다. 남한의 댐들은 전력 생산을 목적으로 한 발전용 댐이 아니라, 전력 생산은 부차적으로 노리는 이른바 '다목적 댐'이다. 이런 다목적용 댐은 저수지 규모에 비해 발전량이 적으며, 비가 오지 않는 갈수기에는 전기를 생산할 수 없어 전력 생산이 매우 불규칙적이다. 반면 북한의 수력 발전소는 수위 조절, 산업 용수 공급 등 여타 기능보다도 전기 생산을 기본 목적으로 지어졌다. 그렇기 때문에 북한 수력 발전소는 많은 물을 가두는 초대형 저수지를 만들기보다는 폭포처럼 떨어지는 물의 낙차를 더 중요시한다. 해발 2,000m가 넘는 개마고원 일대에서 내려오는 함경남도의 부전강과 같은 강들은 수량은 많지 않아도 높은 낙차를 가지는데, 이렇게 높은 물의 위치 에너지를 전기 에너지로 전환시키는 것이다. 그래서 북한의 수력 발전소는 댐과 더불어 수로용 터널 공사를 벌여 굴을 뚫는 사업이 중심이다. 수력 발전소 건설에서 굴을 뚫는 것은 물이 떨어지는 높이 차가 가장 높은 지점까지 강물을 끌어들여 물을 떨어뜨리고 폭포수처럼 떨어지는 물을 이용하면, 물의 양이 많지 않더라도 전기를 얻을 수 있기 때문이다.

4. 북부 지방의 경제 구조

(1) 산업 구조

① 1차 산업의 비중이 남한보다 상대적으로 높음

② 중앙 집권적 계획 경제 체제: 생산 수단의 국유화 및 경제 활동이 국가의 계획에 의해 이루어짐 → 북한의 경제 침체의 원인

■ 북부 지방의 산업 구조

2000년대 북한 경제 성장률과 산업별 성장률

(단위: %)

연도	2000	2001	2002	2003	2004	2005	2006	2007	2008	2009	2010	2011
경제 성장률	0.4	3.8	1.2	1.8	2.1	3.8	−1.0	−1.2	3.1	−0.9	−0.5	0.8
농림어업	−5.1	7.3	4.2	1.7	4.1	5.3	−2.6	−9.1	8.0	−1.0	−2.1	5.3
광업	5.8	4.9	−3.8	3.2	2.5	3.1	1.9	1.5	2.4	−0.9	−0.2	0.9
제조업	1.4	3.2	−1.5	2.7	0.3	4.8	0.4	0.7	2.6	−3.0	−0.3	−3.0
전기·가스·수도	3.1	3.9	−4.0	4.3	4.7	4.4	2.7	4.8	6.0	0.0	−0.8	−4.7
건설업	13.5	7.1	10.5	2.1	0.4	6.1	−11.5	−1.5	1.1	0.8	0.3	3.9

(2) 1차 산업 농·임·어업이 전체의 20% 정도 차지

① 밭농사(옥수수, 조, 보리, 밀, 감자, 콩 등) 중심, 관서 해안에 평야 발달, 관북 해안에 좁은 해안 평야 발달, 소규모 영농

② 작물의 성장 기간이 짧고, 경사진 농경지가 많음

③ 농업 기반이 부족하고, 농업 생산성이 낮음

④ 협동농장을 통해 집단 영농 체제를 유지

북한의 토지 및 경지 면적

(단위: 1,000ha)

연도	1985	1990	1995	2000	2005	2010	2011
총면적	12,041	12,041	12,041	12,041	12,041	12,041	12,041
농지 면적	2,515	2,518	2,650	2,550	2,600	2,555	2,555
그중 경작 면적	2,285	2,288	2,400	2,300	2,350	2,300	2,300

자료: FAO Statistics(2014)

북한의 경지 면적과 농가호당 경지 면적

(단위: 1,000ha)

연도	1985	1990	1995	2000	2005	2008
경지 면적	2,140	2,141	1,992	1,992	1,907	1,910
농가호 수	1,684	1,854	1,872	1,943	1,991	1,993
호당 경지 면적	1.27	1.15	1.06	1.03	0.96	0.96

자료: 통계청, 북한의 주요 통계 지표, 각년도

(3) 2차 산업

① 중공업 우선 정책으로 중화학 공업 발달, 생활 필수품을 생산하는 경공업은 위축되어 생필품 부족 현상

② 군수 산업 중심: 제철, 기계, 화학 등 군수 공업과 관련된 공업 발달

③ 1980년대부터 식량 및 전력 부족 등 산업 전반에 걸쳐 심각한 어려움을 겪고 있음

④ 주요 공업 지역

평양·남포 공업 지역	북한 최대의 공업 지역, 교통 편리, 노동력과 자원 풍부
관북 해안 공업 지역	풍부한 자원을 바탕으로 제철, 기계 공업 발달

(4) 3차 산업 국가 계획 경제의 특성으로 인해 서비스업의 비중이 낮은 편임

더 알아보기

북한의 공업 지구는 대공업 지구인 평양·남포, 신의주, 함흥, 청진, 강계 공업 지구 5곳과 소공업 지구로 해주, 안주, 원산, 김책 등 4곳의 공업 지구가 있다. 지역별로는 서해안 지역에 신의주, 안주, 평양, 해주 공업 지구가, 동해안 지역에 원산, 함흥, 청진, 김책 공업 지구가, 내륙 북부 지역에 강계 공업 지구가 각각 입지하고 있다. 이러한 공업 지구는 집단 배치된 공업 지구로 공업 생산 규모가 대단히 크고 또 지구 내에 인구가 많을 뿐만 아니라 여러 위성 도시들이 함께 발달해 있는 남한의 광역 도시와 같은 개념의 공업 도시로 볼 수 있다.

북한의 주요 공업 지구 현황

공업 지구	주요 도시	주요 자원	주요 공업
평양·남포	평양, 남포, 송림, 내안, 사리원	철광석, 석탄, 금, 은, 석회석, 수력, 화력	전기, 전자, 기계, 철강, 조선, 의류, 시멘트 등
신의주	신의주, 용암포	석회석, 희망초, 인회석, 석탄, 철광석, 수력	화학, 섬유, 제지, 방직, 기계, 조선
함흥	함흥, 흥남	무연탄, 수력, 석회석	화학, 섬유, 비료
청진	청진, 나진, 선봉, 나남	철광석, 무연탄, 석회석, 수력	제철, 기계, 화학, 섬유
강계	강계, 만포, 회천, 전천	무연탄, 흑연, 구리, 납, 아연, 중석, 수력	군수, 기계, 정밀
해주	해주	철광석, 석회석	시멘트, 제련, 비료
안주	안주, 순천, 북창, 박천	석탄, 망간, 구리, 수력	화학, 제지, 기계, 방직, 석유
원산	원산, 문천	석탄, 석회석	섬유, 시멘트, 제련
김책	김책, 단천, 길주, 명천	갈탄, 철광석, 임산 자원	제철, 기계, 제재, 제지, 제련

■ 북부 지방의 공업 지역

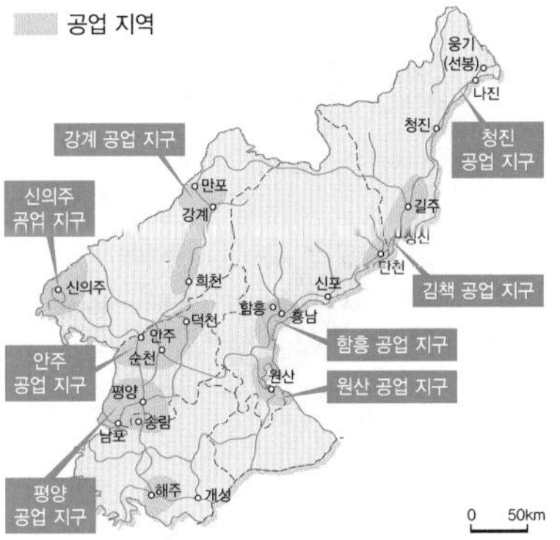

5. 북부 지방 개방 정책

(1) 개방 정책의 배경

① 유럽의 사회주의 붕괴로 고립된 경제 체제 유지

② 에너지 부족, 식량난으로 경제 침체 지속

③ 계획 경제 체제의 한계 상황 직면

④ 시장 경제 체제의 확산: 중국, 베트남 등 주변 사회주의 국가의 개방 정책 및 압력

⑤ 외국 자본과 선진 기술 도입을 통한 경제 활성화 정책 도모

(2) 주요 개방 지역

나진-선봉 경제 무역 지대	• 중국의 경제 특구를 모방하여 두만강 삼각 지대에 조성 • 북한, 중국, 러시아의 토지 및 자원·노동력과 우리나라, 일본, 미국의 자본과 기술을 결합하여 상호 보완	
신의주 경제특구	• 중국의 홍콩, 선전 등의 경제 특구를 모델로 특별 행정 구역으로 지정	
개성 공업 지구	• 우리나라의 수도권과 인접	• 남한의 자본과 기술+북한의 노동력
금강산 관광특구	• 화강암과 기암괴석이 이루는 수려한 경관	• 2008년 7월 이후 교류가 중단된 상태

■ 북부 지방의 경제·관광 특구와 공업 지구

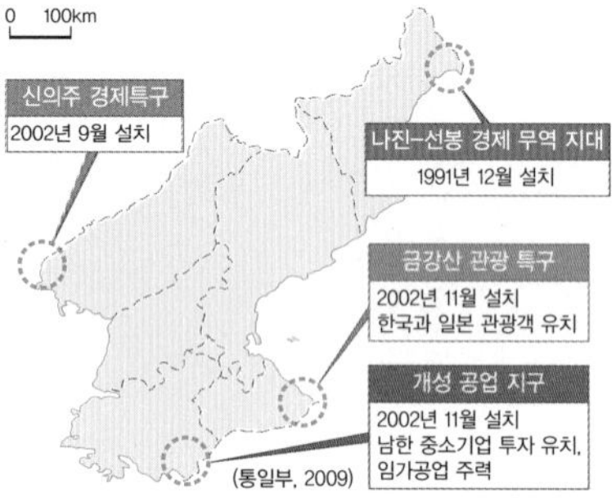

더 알아보기

▶ 북한의 주요 개방 정책

구분	내용	특구명
무역 중심형	• 일반적인 자유 무역 지역 형태로 지리적 이점 • 물류 인프라 등을 활용한 국가 간 교역 기능을 위한 지역	• 나진-선봉 경제 무역 지대 • 신의주 행정특구
생산 중심형	• 가장 보편적인 유형으로서 저렴한 생산 비용 및 세제상 혜택 등을 이점으로 기업의 생산 거점을 유치하는 지역 • 산업의 종류나 공간적 범위 등에 따라 세분	• 개성 공업 지구
관광 중심형	• 기존의 관광 자원을 토대로 세계적인 관광지로 개발하기 위해 관광 산업에 필요한 각종 시설을 유치하는 지역	• 금강산 관광특구

■ 북부 지방의 교역 상대국과 남북 교역 추이

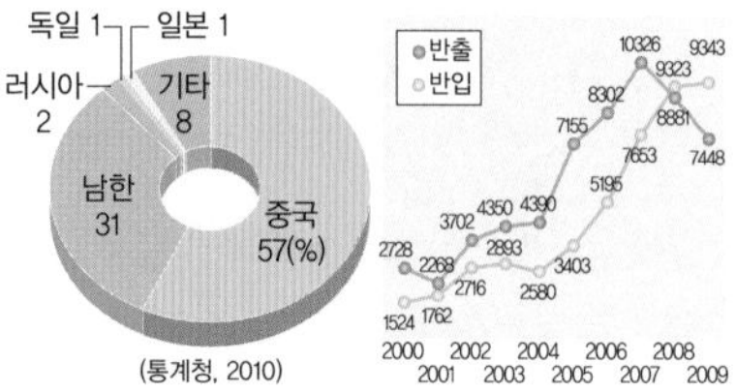

■ 품목별·유형별 남북 교역

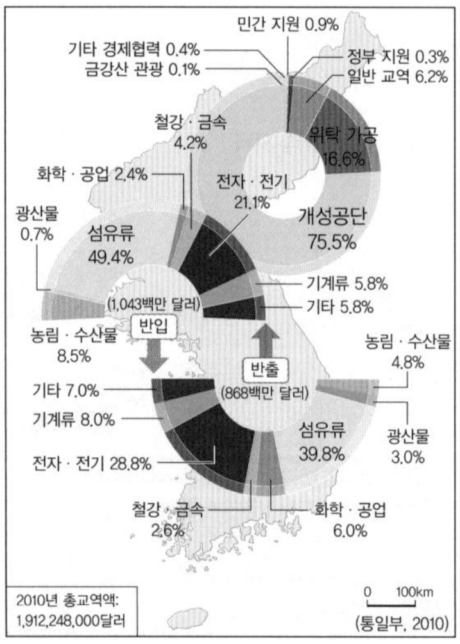

남북 교역에서는 우리나라는 주로 원자재나 노동 집약적 제품을 반입하고 자본·기술 집약적 제품을 반출하고 있다.

(3) 남북 경제 협력

① 의미: 국토의 일체성 회복, 군사적 긴장 완화로 한반도 평화 정착

② 경제적 상호 보완: 남한의 자본과 기술, 북한의 자원과 노동력 이용

③ 교류 현황

가동 기업 수 및 생산액

구분	2005	2006	2007	2008	2009	계
가동 기업 수(개)	18	30	65	93	117	323
생산액(10,000달러)	1,491	7,373	18,478	25,142	25,647	78,131

자료: 통일부, 65개 가동 기업은 시범 단지에 26개 기업, 본 단지(4개 기업 건축 중)에 39개 기업임

근로자 현황

(단위: 명)

구분	2005	2006	2007	2008	2009
북측 근로자	7,621	11,189	22,804	38,931	42,561
남측 근로자	490	791	784	1,055	935
합계	8,111	11,980	23,588	39,986	43,496

자료: 통일부

지리 상식 1 북한 관서 지방에는 땅을 진압하는 농업 방식이 있다!

진압 농법이란 봄철에 땅을 밟아 수분의 증발을 방지하는 농법으로 주로 소우 지역(비가 적게 내리는 지역)이나 일조량, 증발량이 많은 관서 지방에서 행하는 농법이다. 우리나라는 봄과 가을에 강수량이 적고 건조한데, 특히 씨를 뿌리는 봄철에 땅이 건조해지는 것을 막기 위해 관서 지방 같은 곳에서는 이 진압 농법을 쓴다. 겨울에는 눈이 녹아 땅속에 스며들어 토양 속 수분이 풍부한 편이다. 그런데 겨우내 땅이 얼었다 녹았다를 반복하면서 토양 내에 틈이 많이 생기게 되고, 봄이 되어 그 사이로 열이 들어가면서 토양 내의 수분이 증발해 버리게 된다. 이런 토양 내의 수분 증발을 억제시키기 위해 그 틈을 열심히 발로 밟아 주어 증발을 인위적으로 막아 버리면 봄철 가뭄 현상을 극복할 수 있다. 또한 씨앗을 땅속 깊이 파종한 후 그 위에 흙을 덮고 단단히 다져 줌으로써 씨앗 주변의 토양수 증발을 최소화하기 위해서도 진압 농법이 이루어진다.

지리 상식 2 우리나라 최초의 유역 변경식 발전소가 북한에!

황석영의 대하소설 『장길산』에 보면 다음과 같은 대목이 등장한다. "낭림산맥 일대와 북도의 백두산에서 시작되는 마천령산맥, 그리고 그 두 산맥 사이의 아득령 너머 허천강, 장진강, 부전강 일대에는 아무도 발을 디뎌보지 못한 원시림과 심심산곡이 쌨는데 농사짓고 화전 갈이 할 땅이며 덫을 놓고 함정을 파는 사냥터며 주인이 말한 것과 같은 금과 은의 잠채터가 수없이 있을 거라는 얘기였다. 이곳 일대는 실로 관의 힘이 전혀 미치지 못하는 광대무변의 새로운 고장이었다." 관(官)의 힘조차 미치지 못하는 아득하게 험한 땅. 사람이 들어가 살지 않기 때문에 되레 사람들에게 허락할 많은 보물을 숨기고 있던 지역이 바로 개마고원 일대, 그리고 그를 가로질러 압록강을 향해 흐르는 부전강, 장진강, 허천강 일대였다. 아주 험한 경우에 대응하여 쓰는 우리 말 관용어로 "삼수갑산을 가더라도"라는 말이 쓰이는데 이 삼수(三水)와 갑산(甲山)이 바로 이 지역에 해당한다. 갑산은 갑옷 같은 산들이 즐비하게 늘어서 있다 해서 갑산이요, 삼수는 바로 부전강, 장진강, 허천강의 세 물이 흐른다고 해서 붙여진 이름인 것이다. 그토록 외지고 궁벽진, 귀양도 삼수갑산으로 하라고 하면 그저 맥 놓고 울었을 만큼 험준한 고장 삼수와 갑산은 일제 강점기 그야말로 '상전벽해', '경천동지'의 전기(轉機)를 맞게 된다. 바로 이 고장에 대규모 수력 발전소가 들어선 것이다. 일제는 식민지 조선을 경영하면서 남쪽의 농업 지대에서는 쌀이나 기타 곡물들을 뜯어 갔지만 지하자원이 풍부하고 장차 만주로 진출할 교두보가 될 북한 지역에는 중화학 공업을 주로 육성했다. 중화학 공업에 가장 필요불가결한 것 중 하나가 바로 전기였다. 특히 함경남도 흥남 일원에 조성된 비료 공업 단지는 그야말로 전기 먹는 하마였다. 이 공장에 들어가는 전기를 어디서 끌어올 것인가. 일제가 눈독을 들인 것이 압록강 지류 삼수, 즉 부전강, 장진강, 허천강 물을 이용한 수력 발전이었다.

⁝ 북한의 전력 생산별 설비 용량

최초로 일제가 건설을 감행한 것은 부전강 댐이었다. 1930년 완공된 부전강 수력 발전소는 최초의 국내 유역 변경식 발전소로 역사에 기록된다. 유역 변경식 발전소는 흐르는 강을 댐으로 막은 다음 경사가 큰 쪽으로 물길을 바꾸어서 그 낙차를 이용해 전기를 일으키는 발전 양식이다. 부전강 상류 계곡의 해발 1,200m 지점에 댐을 축조하여 면적 240km^2, 주위 80km의 대저수지(부전호)를 만들고, 그 상류에 분수령 중복을 터널(27.5km)로서 물을 끌어들여 동해 사면에 흐르는 성천강에 낙하하여 낙차를 얻어 전기를 생산해 냈다. 백암산(1,740m) 밑에 있는 송흥리 발전소(해발 580m)는 유효 낙차 707m, 최대 출전력 13만kW로 그 규모가 당시 동양에서 가장 컸다고 한다. 오지 중의 오지였던 부전강에는 상전벽해가 일어난다. 고원 지대 한복판에 인공 호수 부전호가 생겨났고 오늘날에 이르기까지 북한이 자랑하는 절경이 펼쳐지게 된 것이다. 부전강은 사철 흰 눈이 덮인 높은 산과 천연 수림이 울창하게 들어선 넓고 깊은 골짜기를 막아 만든 고산 지대의 저수지이며, 그 풍경은 진달래가 만발한 호수의 봄과 단풍이 울긋불긋한 가을도 좋지만 바다같이 넓은 호수 물면에 잎갈나무 숲의 그림자가 드리워 시원한 고원의 풍치를 더욱 돋구어 주는 여름 경치가 제일이라고 한다. 이어 장진강에도 상류에 댐을 쌓고 인근 황초령에 터널을 뚫고 물을 떨어뜨려 수력발전을(32만kW) 일으켰고 1940년에는 허천강 발전소(36만kW)도 세워졌다. 압록강을 향해 흐르던 풍부한 수량의 세 강은 동양 최대의 전력을 생산하며 원산, 흥남 일대의 공업 단지의 전력을 충당했고 초고압선을 활용하여 서울까지도 그 전기를 보냈다.

지리 상식 3 을지문덕은 지리학자! 다우지를 알아야 전쟁에서 승리한다!

589년, 중국 땅을 수나라가 통일했다. 수나라 황제 문제는 곧 고구려에 "예의를 갖추고 수나라에 굴복하라"라는 서신을 보내왔지만 고구려의 영양왕(26대)은 오히려 말갈족 군사를 이끌고 수나라를 먼저 공격했다. 물론 수나라도 맞대응하여 30만 대군으로 공격을 시도했지만, 장마와 전염병으로 변변한 싸움 한번 해 보지 못하고 군사를 되돌려야 했다. 612년, 이번에는 수나라의 2대 황제 양제가 무려 113만의 대군을 이끌고 직접 고구려를 침략했다. 고구려군은 우선 요동성에서 적을 막았다. 수나라군은 운제와 화치, 소차, 충차와 같은 신무기를 동원해 공격했지만 성은 쉽게 무너지지 않았다. 성벽이 워낙 견고한 데다, 고구려군이 재빨리 적을 공격하고 후퇴하는 방식의 작전이나 거짓 항복으로 혼란을 주는 전술을 써서 수나라군을 막아 냈기 때문이다. 그러자 양제는 생각을 바꾸었다. "요동성을 포기하고, 30만 5,000명의 별동대를 보내 평양성을 함락시켜라!" 이윽고 우문술과 우중문이 이끄는 별동대가 꾸려졌다. 그들은 요동성을 돌아 순식간에 압록수(압록강)에 이르렀다. 고구려의 장수 을지문덕은 이들의 작전을 눈치챘다. 그리고 수나라 별동대가 압록수(압록강) 앞에 이르렀을 때, 거짓으로 항복을 하고 적진으로 들어갔다. 수나라군의 상황을 직접 염탐하기 위해서였다. 수나라군은 무리한 행군으로 몹시 지쳐 있었다. 게다가 식량이 모자라

병사들 대부분이 굶주려 있었다. 이를 간파한 을지문덕은 수나라 별동대를 평양성 쪽으로 유인했다. 고구려군은 평양성으로 달아나면서 하루에도 일곱 번씩 져 주었다. 이에 자신들이 이기고 있다고 착각한 수나라 별동대는 쉬지도 않고 평양성 앞 30리 지점까지 다다랐다. 물론 이즈음 수나라 병사들은 쉼 없는 행군과 배고픔에 지쳐 사기가 말이 아니었다. 바로 이때, 을지문덕은 수나라 장수 우문술에게 한 통의 편지를 보냈다. "아! 그대의 신기한 전략과 전술은 천문 지리에 통달했구나. 싸움마다 이겨서 그 공이 높으니 이제 만족하고 돌아감이 어떨까?" 편지를 받은 우문술은 자신이 속았음을 뒤늦게 깨닫고 후퇴 명령을 내렸다. 그러나 이들을 그냥 돌려보낼 을지문덕이 아니었다. 을지문덕은 이들을 살수(청천강) 쪽으로 몰아 추격했다. 을지문덕은 미리부터 살수의 상류를 막아 놓고 기다리고 있었다. 적군의 절반 이상이 살수에 들어섰을 때, 을지문덕은 둑을 터트리도록 명령을 내렸다. 동시에 고구려군의 총공격이 시작됐다. 수나라 병사들 절반이 물에 빠져 죽었고, 강가로 올라온 병사들은 고구려군의 활과 창에 목숨을 잃었다. 결국 수나라 별동대 30만 5,000명 중에서 살아 돌아간 병사는 고작 2,700명에 불과했다. 이 전투를 '살수 대첩'이라 부른다.

살수 대첩

초등역사교사모임, 2013, 『스토리텔링 초등 한국사 교과서1』

지리 상식 4 '평양랭면'은 있어도 '함흥랭면'은 없다!

평양과 함흥에서 유래 또는 발전된 것으로 알려져 있어서, 많은 음식점이 평양식 냉면 또는 함흥식 냉면을 추구한다고 밝히고 있다. 그러나 이는 잘못 알려진 것으로, 함경도에는 회 국수는 있어도 '함흥랭면'이란 음식은 원래 존재하지 않는다. 함흥냉면의 재료는 우리가 흔히 아는 감자와 고구마의 녹말이다. 평양냉면은 메밀을 주 재료로 만들기 때문에 잘 끊어질 수밖에 없고, 거친 편이다. 그래서 비빔면에는 잘 어울리지 않아 주로 물냉면이 많다. 그러나 지금은 이들 냉면이 지리적 위치나 기후, 재료를 따지지 않고 전국적으로 만들어지기 때문에 재료를 적당히 배합하여 두 가지 면 모두 물냉면과 비빔냉면에 쓴다.

평양냉면은 평안도 지방에서 차가운 동치미 국물에 국수를 말아 먹는 형태이다. 메밀에 전분을 섞어 면을 만들어서 거칠고 쉽게 끊어지는 굵은 면발을 이용한다. 씹을수록 입안에서 메밀 향이 퍼지는 것이 특징이다. 가장 큰 특징은 자극적이지 않으면서 시원한 육수인데, 주로 사골을 우려 만든 육수나 동치미 국물을 쓴다. 함흥냉면은 면을 감자 전분으로 만든다. 이 때문에 평양냉면보다 굵기는 훨씬 가느다랗지만 쉽게 끊어지지 않는다. 그래서 면발을 끊지 말고 한입에 넣어 천천히 씹어 넘겨야 한다. 함흥냉면은 흔히 먹는 맑은 물냉면보다는 회 냉면이 유명하다. 매운 비빔 양념과 무친 가자미를 얹어서 먹는데, 지역에 따라 새콤하게 무친 홍어 회를 쓰거나 동해안에서는 명태 회를 쓰기도 한다. 함흥냉면이라는 명칭은 6·25 전쟁 이후 남한에서 유행한 평양냉면에 대비되는 개념으로 부르게 되었다.

평양냉면	함흥냉면
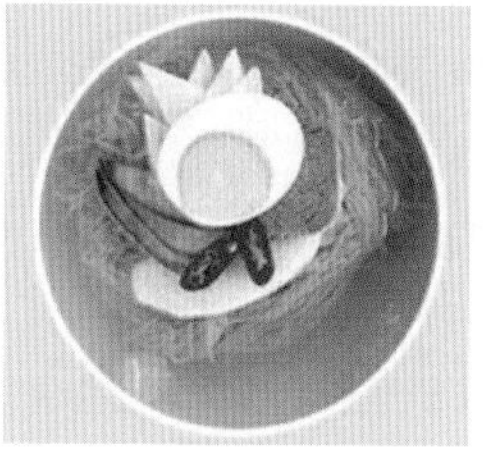	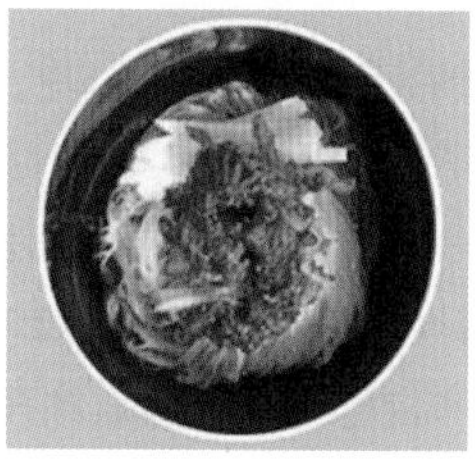
메밀, 녹말 주로 물냉면 부드럽고 쫄깃함, 상대적으로 잘 끊어짐	고구마, 감자녹말 주로 비빔냉면 가늘고 탱글탱글함, 상대적으로 질김

참고로 진주냉면은 남쪽의 냉면인데, 면은 메밀로 만들어졌다. 면 위에 쇠고기 전, 무김치, 달걀지단, 실고추, 잣을 올리고 해물 육수(마른 명태 머리, 건새우, 건홍합)를 부어 먹는 것이다. 지리산 주위 산간 지역에서 메밀이 많이 수확되어 진주에서 메밀국수를 많이 먹는 것에서 유래되었다고 한다.

진주냉면

냉면이 문헌상 처음 등장한 것은 1894년 『동국세시기(東國歲時記)』에서이다. 『동국세시기』에는 냉면이 11월의 음식이라 기록되어 있다. 냉면은 사실 겨울철 음식이다. 북쪽 지방 음식이었던 냉면은 6·25 전쟁을 전후로 남쪽으로 전파되며, 여름철 대표 음식으로 자리 잡았다. 또 하나 흥미로운 사실은 현재 모든 사람이 즐기는 음식인 냉면은 양반 문화에서 유래된 고급스러운 음식이라는 것이다. 한편, 요즘에는 해장을 위해 냉면을 먹는 직장인들도 많이 있는데 옛날 사람들도 냉면을 해장을 위해 먹었다고 한다. 선주후면(先酒後麵)이라는 말이 있다. 옛날 평양에서 술을 마시고 취하면 냉면을 먹으며 속을 풀었다는 데서 유래된 말이다. 과학적으로도 냉면의 주재료인 메밀이 간 해독 기능이 있어 해장에도 좋다고 한다.

[선택형]

• 2014 수능

1. 그래프는 남·북한의 농업을 비교한 것이다. 이에 대한 옳은 설명을 〈보기〉에서 고른 것은?

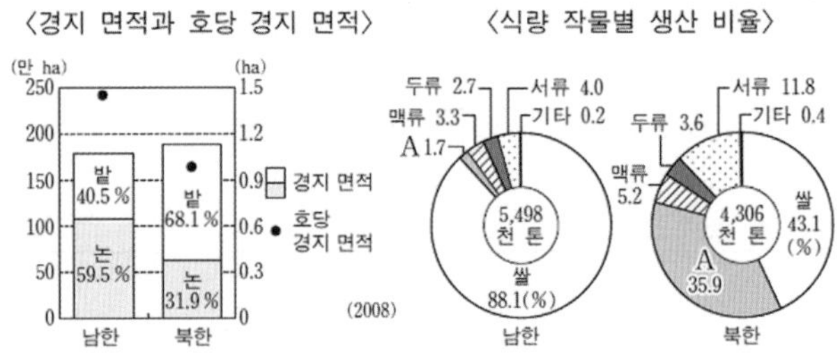

보기

ㄱ. 북한은 남한에 비해 농가 수가 적다.
ㄴ. 북한에서 생산량이 많은 A는 옥수수이다.
ㄷ. 남한은 북한에 비해 서류 생산량이 많다.
ㄹ. 남한은 북한에 비해 경지의 식량 작물 생산성이 높다.

① ㄱ, ㄴ ② ㄱ, ㄷ ③ ㄴ, ㄷ ④ ㄴ, ㄹ ⑤ ㄷ, ㄹ

• 2013 6 평가원

2. 지도의 A~E 지역에 대한 설명으로 옳지 않은 것은?

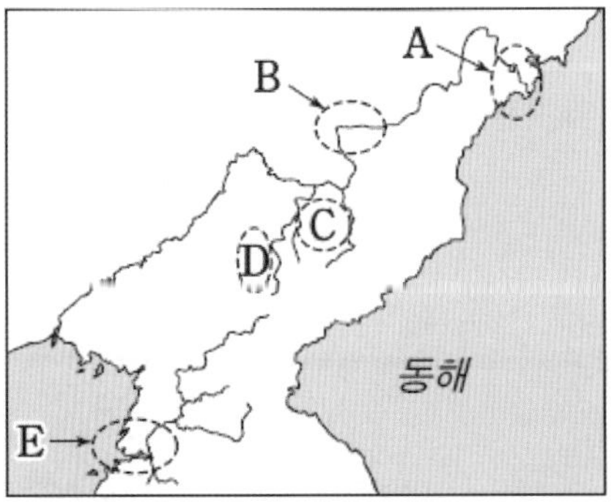

① A는 북한·중국·러시아의 접경 지역이며, 경제특구가 있다.
② B에는 화구의 함몰로 형성된 칼데라 호가 있다.
③ C에는 고원 지형이 널리 나타난다.
④ D의 남북 방향 산지는 2차 산맥이다.
⑤ E에는 서해 갑문이 설치되어 있다.

[서술형]

1. 그림은 김 교사가 수업 시간에 제시한 북한의 주요 개방 지역을 나타낸 것이다. 빈칸에 분류를 하고, 주요 사업 내용을 한 가지만 서술하시오.

학습 주제: 북한의 주요 개방 지역

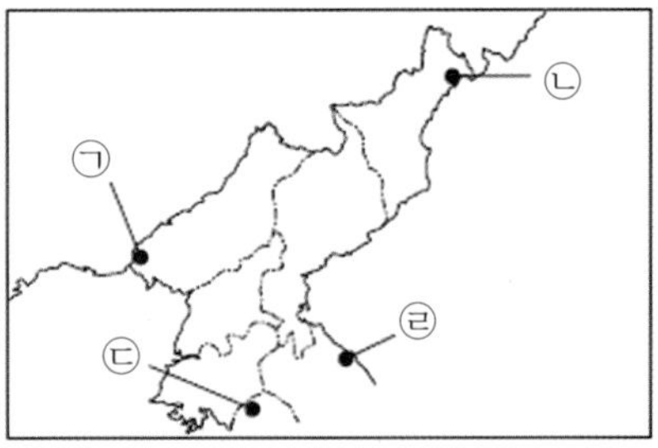

구분	특구	주요 사업 내용
무역 중심형		
생산 중심형		
관광 중심형		

핵심 출제 포인트

▶ 중부 지방의 자연환경 ▶ 중부 지방의 현재와 미래

■ 수도권 집중도

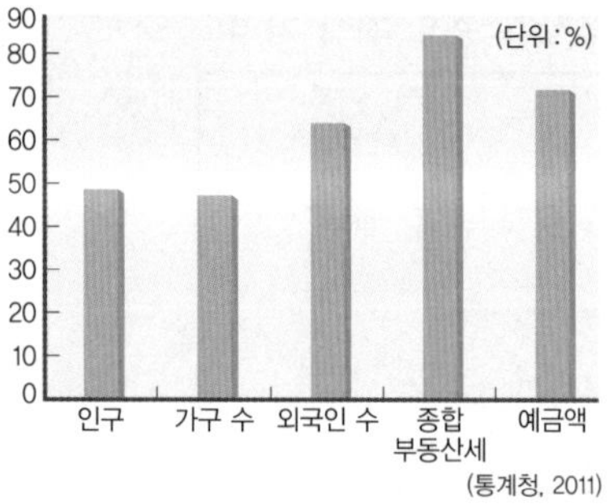

(통계청, 2011)

수도권은 좁은 면적에 많은 인구와 기능이 집중되어 있다. 특히 서울은 자본 및 금융 기관들이 집중되어 있다.

■ 서울 '글로벌 존'

서울 안에 지정되는 글로벌 존은 글로벌 비즈니스 존 4개소, 글로벌 빌리지 6개소, 글로벌 문화 교류 존 5개소로 총 15곳이다. 시는 이를 통해 외국인에게 비우호적인 서울의 비즈니스, 생활, 교육 환경 등을 개선해 외국인 투자를 유도하고 서울을 국제적인 허브 도시로 끌어올리려는 계획을 가지고 있다.

■ 경제 자유 구역

경제 자유 구역(Free Economic Zone)이란, 국내 타 지역과는 차별화된 제도와 여건을 조성하여 외국인 투자가의 기업 활동과 경제 활동이 보장되는 지역을 의미한다. 따라서 경제 자유 구역은 세제 지원, 자유로운 경제 활동, 질 높은 행정 서비스, 편리한 생활 환경이 보장되는 국제 기업 도시이다. 인천 경제 자유 구역(IFEZ)은 정부가 추진하고 있는 동북아 경제 중심 실현 전략의 핵심 지역으로서 2003년 8월 국내 최초로 인천 국제공항과 항만을 포함하여 송도, 영종, 청라 국제도시에 총 132.9km² 규모가 지정되었다.

1. 수도권의 지역 구조와 특성

(1) 수도권의 범위

서울	한강을 중심으로 분지 지형을 이룸, 수도권의 중심부 역할
경기	서울을 둘러싼 수도권 중에서 면적과 인구가 최대
인천	서해안에 위치, 서울의 관문

(2) 수도권의 기능

① 우리나라 정치·경제·행정 중심지 역할

② 인천 국제공항, 인천항이 있어 국제 교류의 관문 및 물류 중심지 기능을 함

(3) 수도권의 변화

① 집중화

• 인구 집중: 일자리를 찾아 이주한 인구가 많음, 우리나라 면적의 약 12%에 인구의 50% 이상 거주

• 경제 집중: 1960년대 이후 중추 관리 기능 및 공업 기능이 경인 축에 집중, 국내 총생산의 약 50% 차지

• 교통 집중: 전국의 교통망이 수도권을 중심으로 연결되어 있음

• 중추 관리 기능: 정부 기관, 대학 등 중추 관리 기능 집중

② 광역화와 문제점

• 광역화

– 서울 주변에 대규모 주택 단지 건설, 자가용 보급, 전철 노선 확대 및 순환 고속 도로 등 광역 교통망 구축

– 서울의 집적 불이익 증가로 인구와 산업이 인천과 경기도로 확대

– 산업 시설의 수도권 외곽 이전으로 공간적 분업 현상이 나타남

• 수도권 광역화로 인한 문제점: 교통난, 주택난, 환경 오염, 수도권과 비수도권 간의 지역 격차 심화, 신도시의 베드타운화 등

③ 국제화: 생산 활동의 세계화로 외국의 자본 및 인력 유입

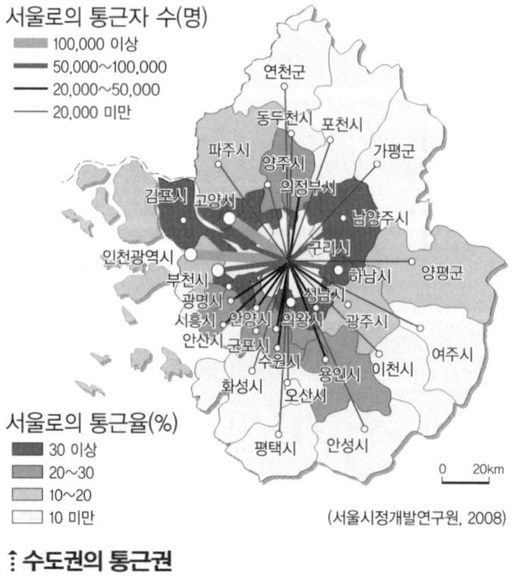

(서울시정개발연구원, 2008)

⁝ 수도권의 통근권

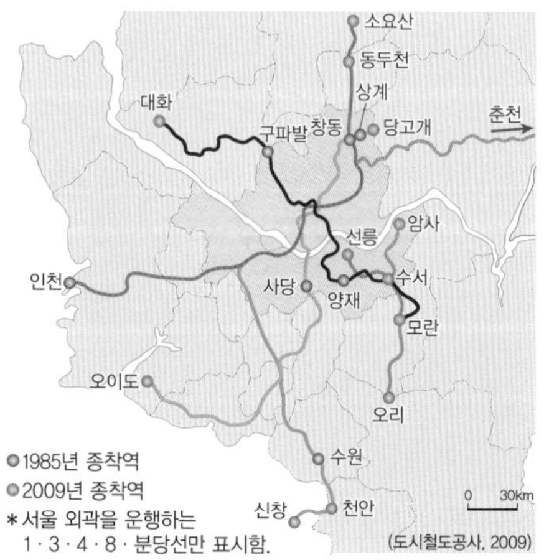

(도시철도공사, 2009)

⁝ 수도권의 전철 노선 확대

- 인천: 인천항을 자유 무역 지역으로 지정, 인천 국제공항과 항만을 포함하여 송도·영종·청라 지구에 인천 경제 자유 구역 지정
- 서울: 외국인 집중 지역 15곳을 글로벌 존으로 지정

(4) 수도권의 산업 특징

① 입지 조건: 풍부한 노동력과 자본, 넓은 소비 시장, 우수한 기술력 등

② 공업의 발달

일제 강점기	• 식품, 방직, 피혁 등 경공업 위주의 공업 성장
1960~1970년대	• 섬유, 전자, 기계, 고무 등 정부 주도의 수출 산업 단지 성장
1980~1990년대	• 서울의 산업 분산 정책으로 안산 등 산업 단지 발달
1990년대 이후	• 컴퓨터, 반도체, 소프트웨어 등 첨단 산업 발달 • 서울은 경공업 중심, 인천 및 경기도는 중화학 공업 중심으로 변화

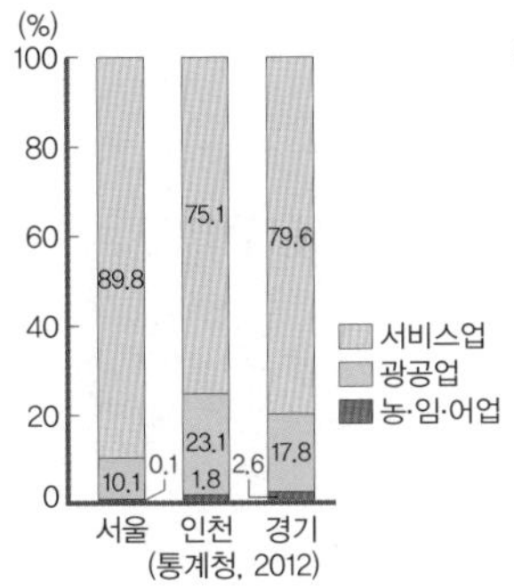

산업별 종사자 비율

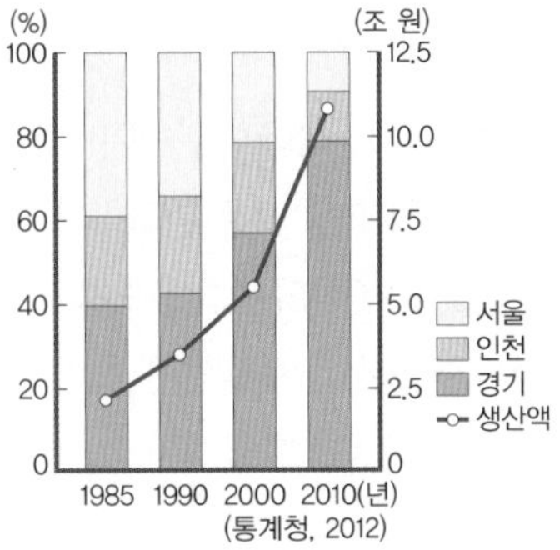

제조업 생산액과 비중 변화

(5) 수도권 산업 공간 구조의 변화

① 서울의 탈공업화: 2차 산업 비중 감소, 3차 산업 비중 증가

② 공간적 분업 구조: 서울은 업무 및 서비스 기능 발달, 경기도는 제조업 기능 발달

③ 1980년대 이후 지식 기반 산업과 서비스업 등의 첨단 산업이 발달
- 서울은 지식 기반 서비스업의 비중이 높음
- 경기도는 지식 기반 제조업의 비중이 높음

④ 지식 기반 산업의 성장

특징	• 지식과 정보를 바탕으로 높은 부가 가치를 창출
분야	• 지식 기반 제조업: 항공기, 반도체, 의약품, 통신 장비 등 • 지식 기반 서비스업: 소프트웨어, 방송, 연구 개발, 법무 및 사업 서비스 등
입지 요인	• 고급 기술 인력, 우수한 정보 통신 시설 등
분포	• 서울 집중: 고급 기술 인력, 최신 정보 획득이 중요한 지식 기반 서비스 산업 • 경기도 집중: 넓은 공장 부지가 필요한 지식 기반 제조업

■ 수도권에서 기업의 공간적 분업

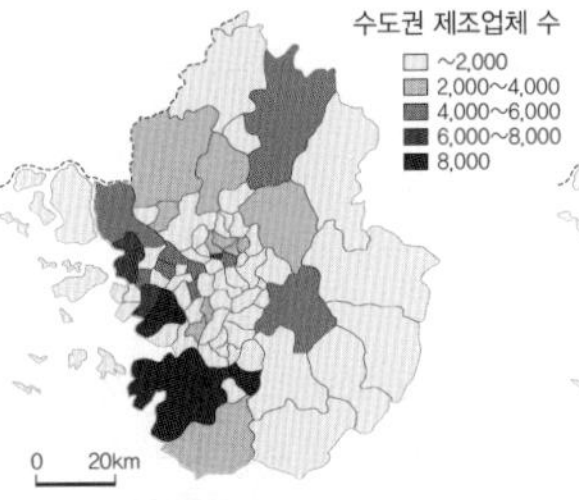

(통계청, 2010)

시군구 및 산업 분류별 사업체 수

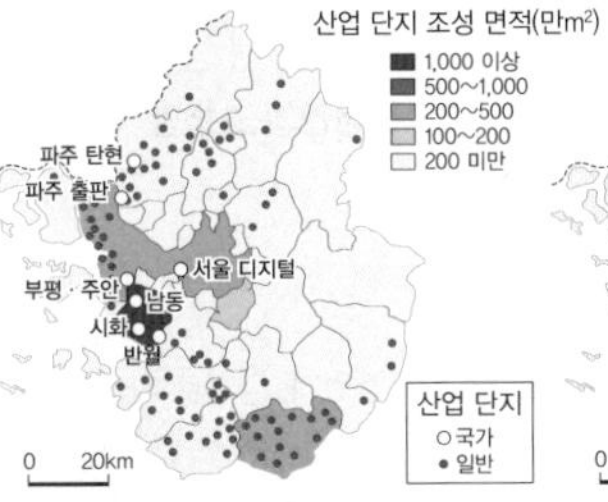

(국토지리정보원, 2007)

산업 단지 분포

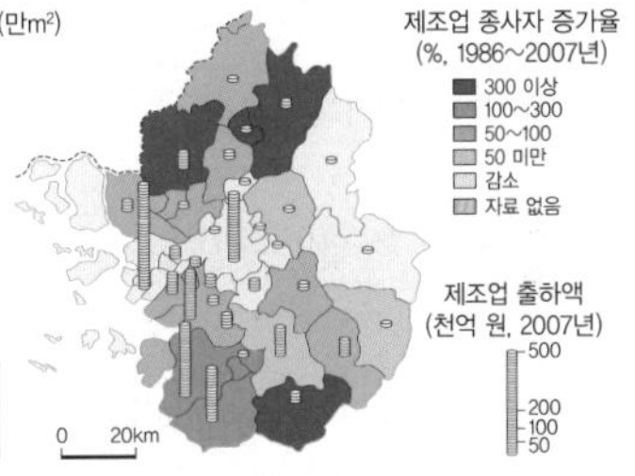

제조업 현황

더 알아보기

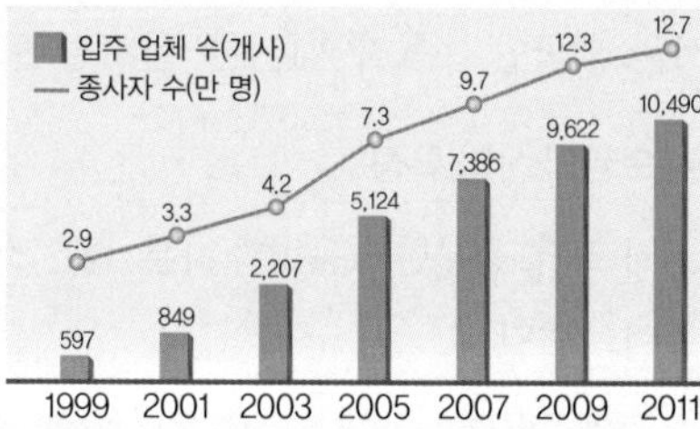

구로 디지털 단지는 1964년부터 1973년까지 수출산업 공업단지개발조성법에 의해 서울특별시 구로구 구로동과 금천구 가산동 일대에 총 60만 평(198만 2,000m) 규모로 조성된 우리나라 최초의 국가 산업 단지로 현재는 1만여 개의 기업체가 입주하여 12만 7,000여 명의 근로자가 생산 활동을 하고 있는 서울 유일의 국가 산업 단지이다. 1960년대 수출을 통한 경제 발전을 위해 섬유·봉제 산업 중심으로 조성되어 1970~1980년대 석유 화학, 기계, 전자 등 제조업의 메카로 한강의 기적을 일으키며 대한민국 수출 산업의 중심 역할을 담당하다 2000년도 이후 첨단 기술·벤처 등 지식 정보 산업 중심의 첨단 디지털 단지로 탈바꿈하며 대한민국 IT 산업의 최대 집적지로 변모하였다.

2. 충청 지방의 지역 구조와 특성

■ **충남 도청의 이전**

충남 도청이 들어선 홍성군 홍북면, 예산군 삽교읍은 충남의 중앙에 자리잡고 있으며 신도시 조성 여건도 좋아 도청 이전 논의 시작 단계부터 유력 후보지로 꼽혀 왔다.

(1) 충청 지방의 범위

① 대전광역시: 정부 청사와 대덕 연구 단지가 입지

② 세종특별자치시: 국가 균형 발전과 국가 경쟁력 강화를 위한 중앙 행정 기관 및 소속 기관이 이전되는 행정 기능 중심의 복합 신도시

③ 충청남도: 홍성군에 도청 소재지 입지

④ 충청북도: 청주시에 도청 소재지 입지

(2) 충청 지방의 기능

① 남한의 중심부에 위치하여 수도권과 남부 지방을 연결해 주는 기능

② 수운 교통의 중심지: 금강 유역의 강경, 부여, 공주 및 남한강 등은 하천 교통의 요충지 → 육상 교통로 발달, 금강 하굿둑 건설로 쇠퇴

③ 고속 철도의 개통과 수도권 전철의 연장으로 인해 수도권의 근린 효과가 확대되어 수도권과 교류 증가

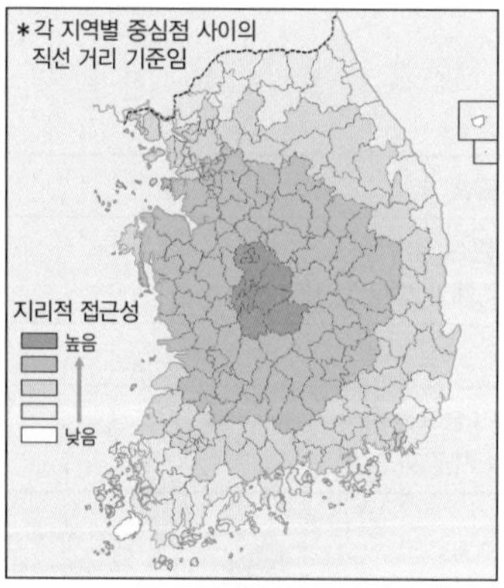

⫶ 충청권의 지리적 접근성

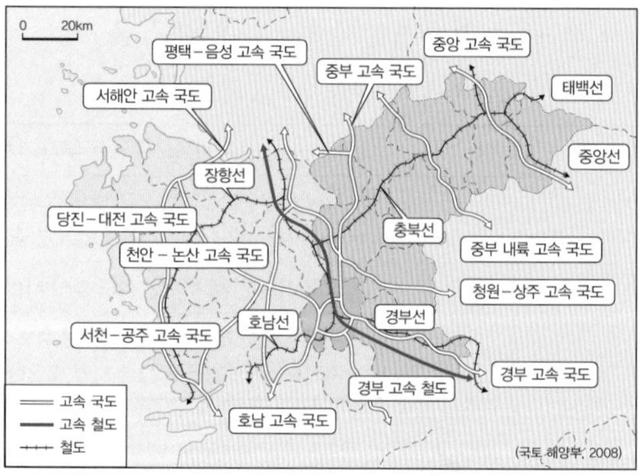

⫶ 충청권의 교통망

더 알아보기

조선 시대 충청도의 중심부는 관찰사가 머물렀던 공주였다. 공주로부터 남쪽의 평야 지대로 이어지고, 공주에서 천안을 거쳐 서울로 연결되었다. 호남의 곡창 지대로부터 충청 서부로 연결된 8대로는 조선 시대 육상 교통의 대동맥이었다. 이와 더불어 낙동강의 수운을 이용한 물자가 소백산맥을 넘어 충주 지역에서 한강으로 연결된 또 다른 수상 유통축이 있었다. 이 당시에도 충청도는 남부 지방과 한양을 연결하는 통로 역할을 하였다.

(3) 충청 지방의 변화

① 교통의 발달

조선 시대	• 육로: 영남 지방과 호남 지방을 이어 주는 교통의 요지 • 수운: 금강을 통한 내륙 수운 발달
일제 강점기	• 철도 교통의 발달: 경부선과 호남선이 만나는 곳(대전)
1970년대 이후	• 경부·호남·중부 내륙·서해안 고속 국도 등 교통의 중심지 • 고속 철도의 개통으로 서울과의 시간 거리가 1시간 이내로 단축 • 수도권 전철의 연장으로 서울과의 접근성 향상

② 충청 지방의 성장

• 대전 정부 종합 청사, 대덕 연구 개발 특구

• 혁신 도시: 진천, 음성

• 행정 중심 복합 도시: 세종특별자치시

• 기업 도시: 충주, 태안

(4) 충청 지방의 산업 특징

① 발달 요인

국제적 요인	• 중국의 개방 정책으로 중국과의 교류가 확대되어 평택항의 중요성 증가 • 중국과의 지리적 인접성으로 서해안의 입지 중요성 확대
국내적 요인	• 수도권 집중 억제 정책으로 수도권의 공장 신설 규제(공장 총량제) • 수도권과 인접하고 교통이 편리한 충청 지역에 산업 단지 발달

② 공업 분포

중화학 공업	• 충남 북서 해안 지역에 발달 • 서산(석유 화학 단지), 당진(제철소) 등
첨단 산업	• 수도권의 연구 개발 기능 분산을 위한 대덕 연구 단지 조성 • 오송 생명 과학 단지, 오창 과학 산업 단지

(5) 충청 지방의 도시 성장과 변화

① 전통 중심 도시: 충주, 청주, 공주 등

② 철도 교통 발달로 성장한 도시: 대전(경부선과 호남선), 천안(경부선과 장항선)

③ 공업 발달로 성장한 도시: 당진, 아산, 천안 등

④ 신도시 발달: 행정 중심 복합 도시(세종특별자치시), 기업 도시(태안, 충주), 혁신 도시(진천, 음성 등)

3. 강원 지방의 지역 구조와 특성

(1) 강원 지방의 지역 범위와 지역 특색

① 영동 지방

• 동해안 하천 하구에 소규모 도시 발달

• 하천의 경사가 급하고 유로가 짧아 평야 발달 어려움

• 태백산맥이 차가운 북서 계절풍을 막아 주어 영동 지방이 동위도 상의 영서 지방에 비하여 겨울 기온 온화

• 수심이 깊은 동해안과 난류의 영향을 받음

② 영서 지방

• 고위 평탄면이 발달하고 서쪽으로 갈수록 경사가 완만해짐

■ 충청 지방의 제조업 종사자 수 변화

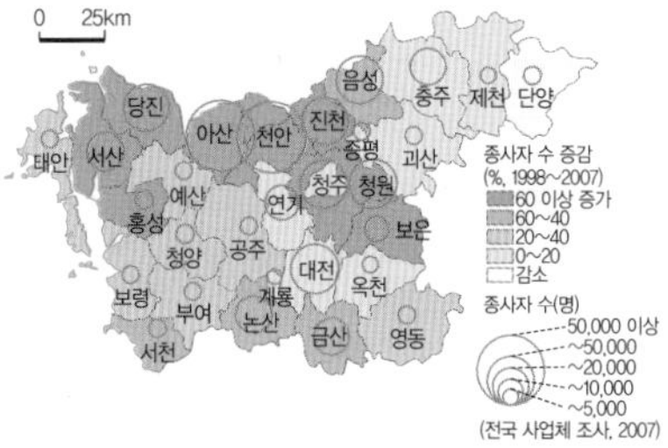

(전국 사업체 조사, 2007)

■ 영동 영서 지방의 인구와 자연환경

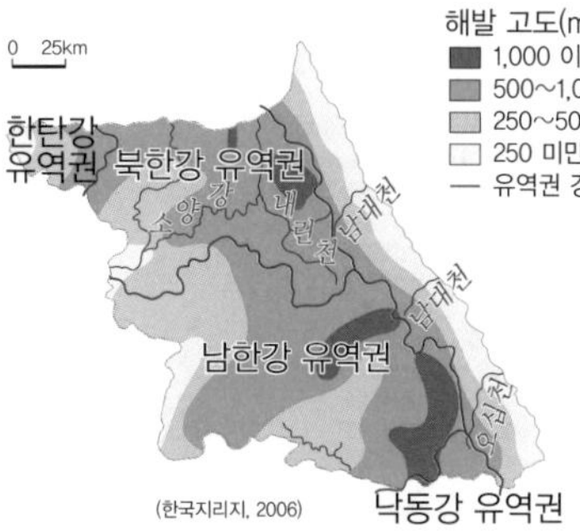

(한국지리지, 2006)

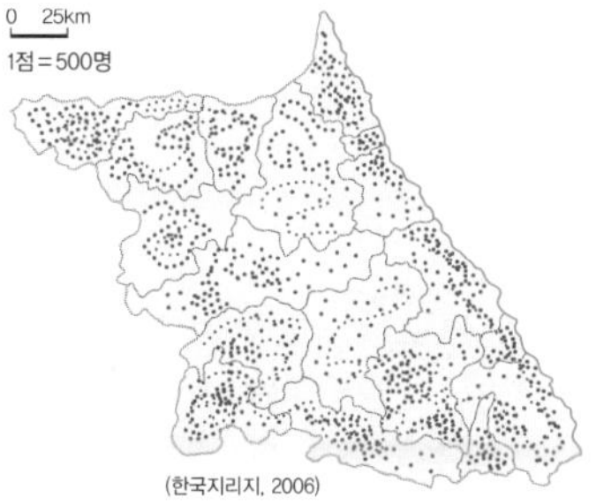

(한국지리지, 2006)

■ 강원도의 석회석 생산량 변화

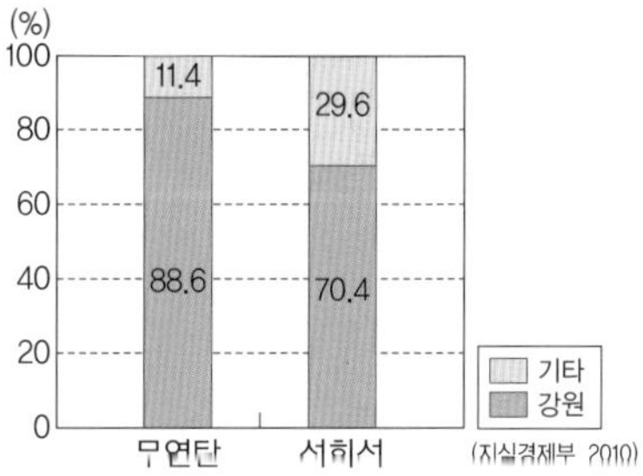

(지식경제부, 2010)

■ 강원도의 무연탄 생산량 변화

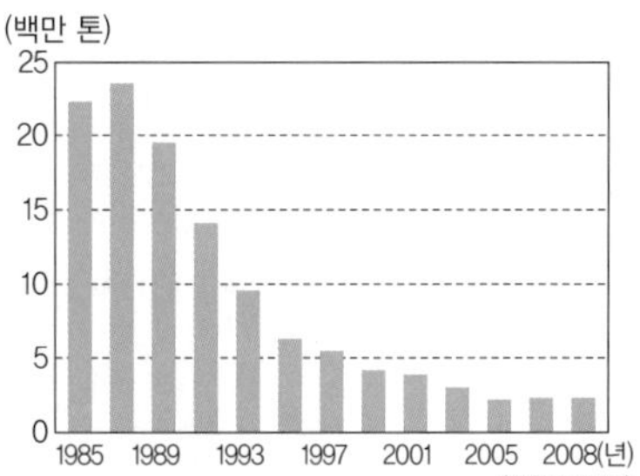

(강원통계연보)

- 한강 지류에 침식 분지가 발달하여 도시 입지(춘천, 원주 등)
- 내륙에 위치하여 연교차가 큰 대륙성 기후가 나타남
- 북동풍(높새바람)이 불 때는 고온 건조해지는 푄 현상 발생

(2) 강원 지방의 산업 특징

① 풍부한 지하자원: 무연탄, 석회석, 텅스텐 등 지하자원이 풍부한 남한의 제1광업 지역

② 1차 산업: 임산 자원과 수산 자원이 풍부하여 임업 및 수산업 발달, 지형적 요인으로 감자, 옥수수 등 재배, 여름철이 서늘한 고위 평탄면에서 여름 채소 생산

강원도의 산업별 지역 내 총생산 변화

구분	2000년	2010년	2012년
농림·어업(%)	7.5	6.7	6.5
광공업(%)	16.4	15.2	16.0
사회 기반, 기타 서비스업(%)	76.1	78.1	77.5
지역 내 총생산(백만 원)	18,134,539	24,179,811	25,102,675

자료: 통계청

강원도의 산업별 지역 내 총생산 변화

구분	사업체 비중			종사자 비중		
	2000년	2010년	2012년	2000년	2010년	2012년
농림·어업(%)	0.1	0.1	0.1	0.5	0.4	0.5
광공업(%)	5.9	5.3	5.2	12.3	9.8	9.8
사회 기반, 기타 서비스업(%)	94.0	94.6	94.6	87.2	89.87	89.7
합계(숫자)	110,065	118,266	125,192	405,532	490,109	520,560

자료: 통계청

③ 지역의 변화

- 탄광 지역의 인구 감소: 태백, 정선 등 탄광 지역의 인구 유출
- 산업 철도의 발달과 쇠퇴: 지형적 제약을 극복하기 위한 특수 철도 시설(루프식, 스위치백식) 발달 → 광업 쇠퇴로 철도 시설의 관광 자원화(레일바이크)
- 관광 산업의 발달: 폐광 지역의 석탄 박물관, 관광 및 레저 시설 증가
- 신산업 성장 정책: 원주(첨단 의료 기기 산업), 강릉(해양 생물 자원 활용)

■ 주요 도시별 산업 구성비

지리 상식 1 한강에서 골재 채굴을?

사진은 쉐라톤그랜드워커힐호텔에서에서 본 한강 골재 채굴 현장이다. 암사동 쪽의 한강변에 골재가 엄청나게 쌓여 있고 주변의 한강에서 파낸 골재를 크기별로 선별하고 있다. 골재 채굴선과 골재 운반선이 한강에 떠 있다. 한강에서는 1960년대 말경부터 1990년경까지 중장비를 동원하여 골재를 캐냈고, 서울과 인근 지역의 각종 건축물은 한강의 골짜기로 지어졌다. 한강에서는 오래전부터 모래와 자갈을 캐서 썼지만 그 양이 적어 흔적이 별로 남지 않았다. 1970년대 이후에는 서울이 급성장함에 따라 사정이 달라졌다. 흔적을 별로 남기지 않던 '채취'가 광산에서처럼 적극적인 '채굴'로 돌변한 것이다. 크고 작은 전국의 하천들이 골재 채굴로 시달렸다. 지금은 산을 허물어 골재를 생산하고 바다에서 모래를 파낸다. 골재가 매우 중요한 지하자원이 된 지 오래다. 그런데도 '골재 채취'라는 말이 여전히 쓰인다. 한강의 물길은 원래 크지 않았는데 골재 채굴로 모래톱과 여울이 모두 없어지는 한편, 강폭이 넓어지고 강바닥이 낮아졌다. 그리고 수중보에 막혀 물이 제때 흐르지 않게 되었다.

권혁재, 2007, 『남기고 싶은 지리 사진들』

지리 상식 2 서울의 중심, 한국의 중심

↑ 서울 중심점 표시돌

서울의 중심은 과연 어디일까? 이를 알기 위해서는 '서울 중심점 표지석'과 '도로 원표(道路元標)'에 대해 알아야 한다. 종로구 인사동 194번지(하나로 빌딩과 태화 빌딩 사이)에는 '서울 중심점 표시돌'이 있다. 3·1 운동 당시 손병희 선생 등 33인이 독립 선언서를 낭독했던 옛 태화관이 있었던 곳이다. 이 표지석은 조선조 고종이 대한제국을 선포하여 황제에 오르기 전해인 건양(建陽) 원년(1896년)에 태화관 자리를 수도의 중심지라고 하여 세우게 된 것이다. 이곳을 서울의 중심점으로 삼은 이유는 명확히 알 수 없으나 당시 관례상 지번을 결정하는 순서가 우체국으로부터 시작되었기 때문에 우체국이 있었던 자리로 추정된다. 서울 중심점 표지돌은 사각형의 화강암으로 만든 것으로서 이 중심돌을 네 개의 팔각기둥이 둘러싸고 있다. 중심돌은 서울의 중심을 나타내고 나머지 네 개의 기둥은 각각 북악산, 인왕산, 남산, 낙산 등 서울을 둘러싸고 있는 4대 산을 상징한다.

도로 원표는 전국 도로망의 출발점으로서 서울로부터 각 지방까지의 거리를 표시해 전국 도로 교통망 연계 상황을 보여 주는 상징적 지표이다. 도로 원표는 세종로 네거리 광화문 파출소 앞 미관광장에 있다. 현재의 위치로 옮기기 전에는 원래 광화문 네거리 교보빌딩 옆 고종 어극 40년 칭경기념비(高宗御極40年稱慶碑)에 있었다. 이 표지돌은 1914년 4월에 일본이 세운 것이다. 처음에는 이순신 장군 동상 자리에 있었으나 세종로 단장과 함께 비각 내로 옮겨졌다. 표지돌에는 세종로 네거리를 중심으로 한 전국 18개 도시와의 거리가 일본식 방법으로 표기되어 있다. 일본식으로 표기된 것을 우리 표기 방법으로 바꾸어야 한다는 목소리가 높아져, 1997년 12월 29일에 지금의 자리로 옮기고 다시금 고쳐 완공한 것이다. 중심점에 새로운 도로 원표 동판을 부착하고, 우리 고유의 문양으로 독자성을 강조한 도로 원표 조형물을 새롭게 설치하였는데, 그 주변에 4방 12방위를 상징하는 전통적인 12지신 조각품을 배치하고, 주요 국내외 도시까지의 거리를 km로 표시해 두었다. 서울 중심점 표지돌이 토지의 구심점으로 세워 놓은 것이라면, 도로 원표는 서울을 기준으로 각 지방과의 거리 측정을 위해 세운 것이다.

↑ 원래의 도로 원표

↑ 새로 만들어진 도로 원표

지리 상식 3 세계에서 단 두 곳밖에 없는 천연 비행장이 백령도에!

↑ 1950년대 비상 활주로(상)로 이용되던 사곶 비상 활주로 해안(하)

나폴리 해안과 함께 세계에 두 곳밖에 없는 천연 비행장이 우리나라에 있다. 그곳은 바로 백령도에 위치한 '사곶 해빈'으로 길이 약 3km, 폭 약 300m의 규모를 자랑한다. 이곳은 한국 전쟁 당시 연합군의 비상 활주로(한국전 당시 유엔군 기체들의 피탄이나 기체 이상시 비상 착륙 장소로 사용되던 K-53 백령도 사곶 활주로)로 이용되었다고 한다. 사곶 해빈은 해수에 침식된 규암의 고운 입자가 파도 에너지가 약한 오목한 해안에 쌓여 형성된 것이다. 여기서는 썰물보다는 밀물이 더 강하기 때문에 모래가 계속 운반되어 쌓일 수 있었다. 이곳은 비행기가 뜨고 내릴 만큼 모래가 견고하고 널찍해 천연 비행장으로 더 잘 알려져 있다. 실제로 자동차가 시속 100km 이상으로 달려도 바퀴 자국이 생기지 않을 만큼 모래가 치밀하고 단단하게 쌓여 있다.

사곶 해빈이 비상 활주로로 사용될 만큼 단단한 모래를 유지할 수 있었던 것은 다음과 같은 이유 때문이다. 첫째, 분급이 양호한 세립질 모래로만 이루어져 있으며, 오랜 세월에 걸친 주기적인 조수의 영향으로 치밀하게 다져졌다. 둘째, 주변 해역의 해류가 너무 세서 점토질 같은 퇴적물은 쌓이지 못하고 먼 바다로 쓸려나갔다. 셋째, 썰물 때 다져진 퇴적물 입자들 사이에 남아 있는 바닷물이 입자들을 단단하게 붙잡고 있다.

이우평, 2007, 『지리 교사 이우평의 한국 지형 산책 2』

지리 상식 4 비무장 지대(DMZ)에는 군인이 없다?

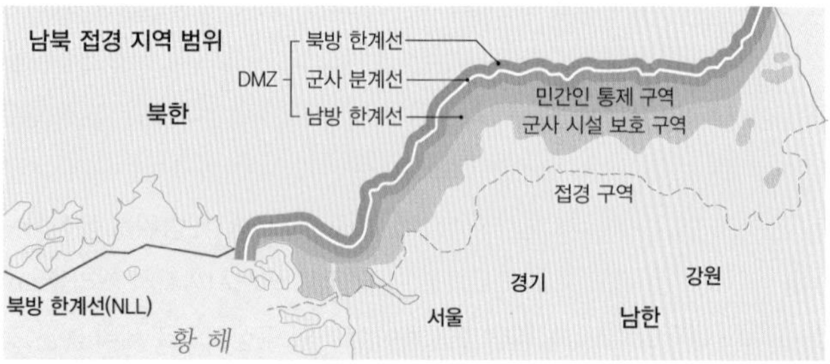

만약 통일이 된다면 어떻게 될까? 우리나라가 다시 하나가 되면 가장 먼저 없어지는 것이 아마 비무장 지대일 것이다. 왜냐면 비무장 지대는 전쟁으로 남북이 나뉘면서 만들어진 경계선이기 때문이다. 비무장 지대는 휴전협정 이후 남한과 북한의 군인들이 싸우는 것을 방지하기 위해 서로 일정한 거리를 두기로 약속한 장소이다. 이곳에는 군대 시설이나 군인들이 상주할 수 없으며 이미 설치된 군대 시설도 없애야 한다. 우리의 비무장 지대는 1953년 7월 27일 전쟁을 중지한다는 '한국 군사 정전에 관한 협정(휴전협정)'이 체결되면서 결정되었다. 그 위치는 서해안의 임진강 하구에서 동해안의 강원도 고성에 이르는 총길이 248km의 군사 분계선 즉, 휴전선을 중심으로 남북으로 각각 2km, 총 4km이며 휴전선을 따라 띠 모양이다. 비무장 지대는 유엔과 남북한 대표로 구성된 군사 정전 위원회의 허락이 있어야만 들어갈 수 있다. 때문에 40여 년 동안 거의 출입이 통제되었고 덕분에 자연 상태도 훼손되지 않고 그대로 잘 보존되어 있다. 그래서 멸종 위기에 처해서 보기 힘든 고니와 솔부엉이 같은 야생 동물과 희귀한 식물들이 남아 있다고 한다.

비무장 지대의 넓이는 얼마일까? 비무장 지대의 가운데 중앙선이 휴전선에 해당하고 도로의 폭이 비무장 지대라고 할 수 있다. 우선 휴전선은 휴전 협정에 따라 1,292개의 푯말을 이어 만들었는데, 임진강 강변에 그 첫 번째 푯말이 있고 동해안 동호리에 마지막 푯말이 세워져 있다. 즉 1번~1,292번까지의 푯말이 휴전선을 알려주는 것이다. 이렇게 이어진 휴전선은 총 길이가 육지로는 248km, 바다로는 서해 해상 약 200km에 이른다. 비무장 지대는 휴전선을 기준으로 남쪽으로 2km 아래쪽에, 북쪽으로 2km 위쪽의 공간이다. 길이가 248km이고 폭이 4km인 꼬불꼬불한 도로라고 할 수 있다. 비무장 지대에 관한 내용은 '정전 협정 제1조 군사 분계선과 비무장 지대 조항'에 따른 것으로, 이렇게 만들어진 비무장 지대는 육지 면적을 기준으로 한반도 전체 22만km^2의 1/250에 달하는 총 907km^2(2억 7천만 평)의 면적을 차지하게 되었다. 폭이 넓기 때문에 비무장 지대에는 6개의 강, 1개의 평야, 2개의 산맥이 지나고 있으며 그 안에 70개의 마을이 있었다.

남한의 경우 비무장 지대보다 아래쪽인 휴전선 남쪽 5~20km 밖에는 일반 사람들이 들어갈 수 없는 약 7억 평의 '민간인 통제선'이 있다. 이곳은 비무장 지대와 마찬가지로 사람들이 정착해 집을 짓거나 농사를 지을 수 없는 곳으로, 비무장 지대를 관리해야 한다는 명분으로 1954년 2월 미군 제8군단 사령관이 결정한 곳이다. 민간인 통제선은 총면적 1,528km^2에 달하며 비무장 지대처럼 우리 땅임에도 자유롭게 드나들 수 없는 곳이 되어 버렸다.

통일부 홈페이지

지리 상식 5 비무장 지대(DMZ)의 지리적 다양성!

DMZ(비무장 지대: Demilitarized Zone)는 1953년 7월 27일 판문점에서 정전 협정 체결을 통해 설정된 이후 60여 년 동안 민간인 출입이 통제되고 '분단의 벽', '냉전의 상징', '한반도의 화약고' 등 절망과 전운이 감도는 별칭으로 불려 왔다. 그러나 남북이 병력을 집중하고 서로를 겨누고 있는 사이에 DMZ는 생태계의 보고로 변모했다. 특히 국제 사회 탈냉전 이후 세계에서 유일한 분단의 현장으로 남아 평화와 통일을 염원하는 상징으로 재해석되고 있다. 2009년 미국의 시사 주간지 '타임'은 한반도의 DMZ를 아시아에서 가볼 만한 곳 25개소 중 하나로 선정하며 'Step into Living Cold War History(살아 있는 냉전사의 현장으로 들어가다.)'라고 소개했다. 한국을 찾는 외국인에게 판문점과 DMZ 일원은 다른 어떤 곳에서도 볼 수 없는 독특한 관광지이다. 그리고 60년간 인간의 발길이 제한되면서 생태계가 복원되어 유네스코 생물권보전지역 지정 및 세계자연유산 등재 등이 거론되고 있는, 전 세계적으로 관심을 받고 있는 지역이다. 이 같은 DMZ의 상징성과 희귀성으로 매년 수십만 명의 외국인 관광객들이 DMZ 일원을 방문하고 있다.

DMZ를 복합 유산 혹은 자연 유산과 문화유산으로 나누어 유네스코 세계 유산 목록에 등재해야 한다는 주장이 끊임없이 제기되고 있다. '유산(Heritage)'이라는 말은 보전에 대한 아이디어와 더불어 그것을 어떻게 이용할 것인지에 대한 고민도 포함한다. 따라서 유산 목록에 등재하고 그것을 이용하는 것을 계획함에 있어서는 과거의 것에 대한 평가, 선정, 해설이 필요하다.

김귀곤, 2010, 『평화와 생명의 땅 DMZ』

[선택형]

· 2014 수능

1. 충청권의 산업 현황을 나타낸 (가), (나) 지도의 제목으로 적절한 것은?

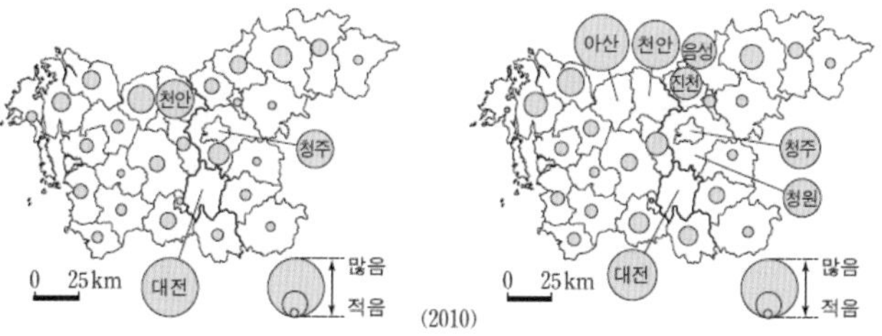

	(가)	(나)
①	총종사자 수	제조업 종사자 수
②	총종사자 수	서비스업 생산액
③	제조업 종사자 수	총종사자 수
④	제조업 종사자 수	서비스업 생산액
⑤	서비스업 생산액	총종사자 수

· 2013 6 평가원

2. 지도의 A~E지역에 대한 설명으로 옳지 않은 것은?

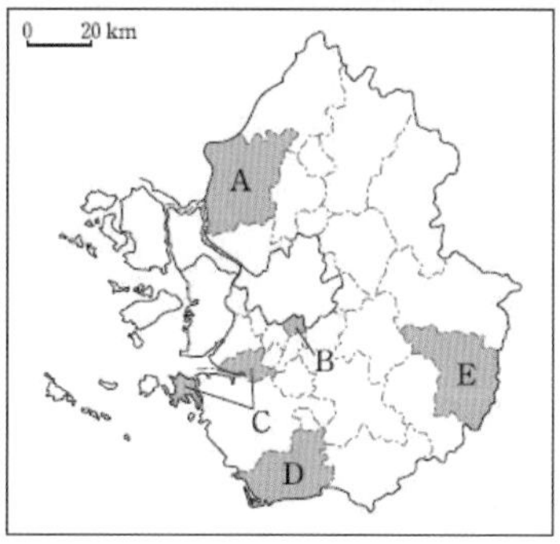

① A는 대북 접경 지역으로 남한과 북한을 연결하는 교통 요충지로서의 역할이 기대되고, 최근 신도시 개발이 이루어지고 있다.

② B는 서울의 위성 도시로 개발되었고, 대규모 산업 단지가 조성되어 제조업 종사자의 비중이 높다.

③ C는 서울의 공업 시설과 인구의 분산을 위해 계획적으로 개발되었고, 외국인 근로자의 유입으로 '국경 없는 마을'이 형성되었다.

④ D는 수도권 남부의 중심 항구 도시로 물류 기능이 발달해 있으며, 경제자유구역으로 지정된 곳이 있다.

⑤ E는 하천 주변에 발달한 충적지에서 벼농사가 활발하게 이루어지며, 도자기 축제가 열리는 곳이다.

[서술형]

1. 지도는 제3차 수도권 정비 계획에서 설정한 수도권 내 공간 구조 개편을 나타낸 것이다. (가)에서 (나)로의 변화 방향 특징을 두 개만 간략히 서술하시오.

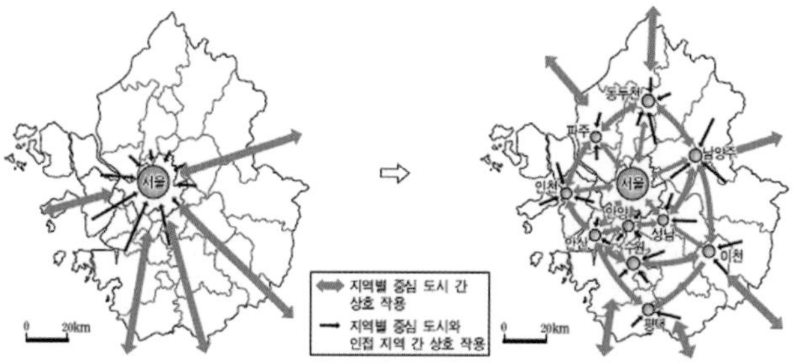

핵심 출제 포인트

▶ 남부 지방의 자연환경 ▶ 남부 지방 ▶ 남부 지방의 과제

■ 호남 지방의 강수량

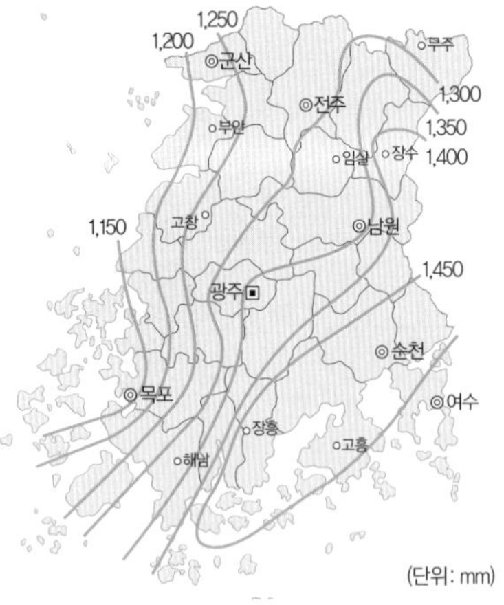

■ 호남 지방의 연평균 기온 분포

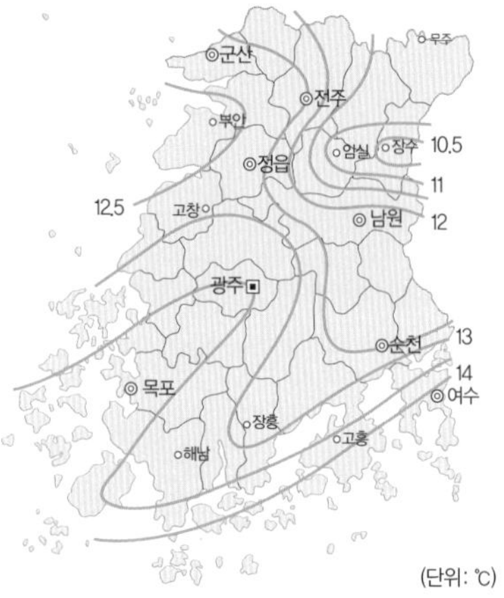

■ 호남 지방의 자연 공원

1. 호남 지방 지역 구조와 특성

(1) 범위

① 전라북도: 전주에 도청 소재지, 우리나라 제1의 곡창 지대인 호남평야를 이룸

② 전라남도: 무안군에 전남 도청 소재지 입지, 북쪽으로는 노령산맥을 경계로 전라북도와 접함

③ 광주광역시: 호남 지방의 행정·상업 및 교통의 중심지 역할

(2) 자연환경

기후	• 중부 지방에 비해 기온이 온화하고 강수량이 많음 • 전북 지역은 지형과 산맥의 영향으로 겨울 강설량이 많은 편임(정읍, 임실 등)
지형	• 벼농사 발달: 나주평야, 김제평야 등 평야 발달 • 양식업 및 어업 발달: 해안선이 복잡한 리아스식 해안과 갯벌 분포

(3) 문화 자원

① 음식, 민속, 음악, 문화 유적, 문학, 종교, 종합 예술, 언어 등 다양한 문화 요소들이 조화롭게 어우러져 예향(藝鄕)의 고장으로 불림

② 음식 문화: 평야의 풍부한 곡물, 바다의 청정한 해산물을 재료로 함. 맵고 짠 것이 특징

③ 민속놀이와 전통 음악: 농악과 풍어제(공동체 중심의 농·어업 활동을 바탕), 판소리

④ 문화 유적: 해안 방어 시설, 상류층의 유배지와 관련된 문화 유적이 분포함

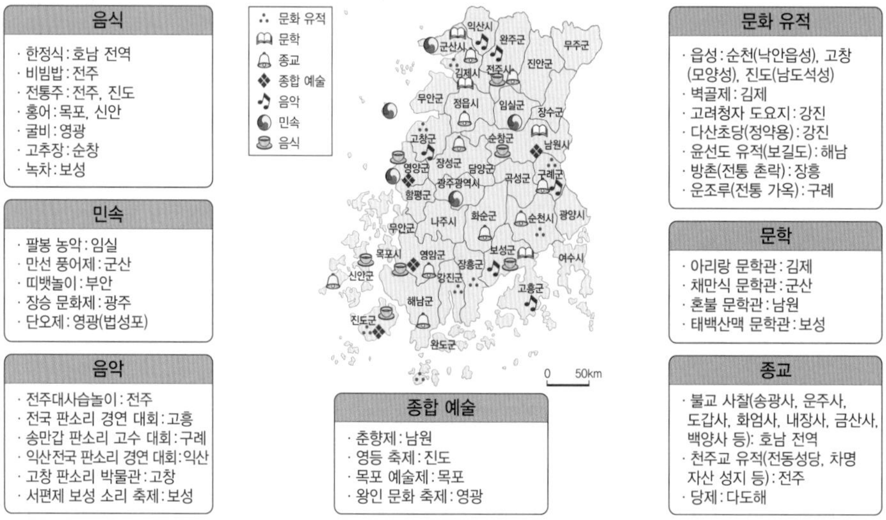

⁝ 호남 지역의 문화 자원

더 알아보기

• 동편제: 섬진강 동쪽 지역인 남원·순창·곡성·구례 등지에 전승된 소리로서, 가왕으로 일컬어지는 운봉 출신의 송흥록의 소리 양식을 표준으로 삼는다. 우조(羽調, 씩씩한 가락)의 표현에 중점을 두고, 가능한 감정을 절제하며, 장단은 '대마디 대장단'을 사용하여 기교를 부리지 않는다. 발성은 통성을 사용하여 엄하게 하며, 구절 끝마침을 되게 끊어 낸다.

• 서편제: 섬진강 서쪽 지역인 광주·나주·담양·화순·보성 등지에 전승된 소리로, 순창 출신이며 보성에서 말년을 보낸 박유전의 소리 양식을 표준으로 삼는다. 계면조(界面調, 슬픈 가락)의 표현에 중점을 두며, 발성의 기교를 중시하여 다양한 기교를 부린다. 소리가 늘어지는 특징을 지니며, 장단의 운용 면에서는 엇붙임이라고 하여, 매우 기교적인 리듬을 구사한다. 또한 발림(육체적 표현, 동작)이 매우 세련되어 있다.

(4) 산업 특징

① 1차 산업: 넓은 평야를 중심으로 벼농사 발달, 해안 지역은 수산업 발달

② 제조업

전통 공업	한지(전주), 죽세공품(담양)
1970~1980년대	여수 석유 화학 단지, 광양제철소 건설, 익산시 수출 자유 지역(자유 무역 지역으로 확대, 개편)
1990년대 이후	군산 산업 단지, 광주광역시 자동차 공업 및 광(光)산업 발달, 영암의 조선 공업 발달

③ 경제 자유 구역 설치: 규제 완화와 지원으로 기업의 투자를 유치하기 위해 지정됨

- 새만금, 군산 경제 자유 구역: 새만금 간척 사업으로 용지 확보, 대중국 교류의 중심지로 부각
- 광양만권 경제 자유 구역: 광양(제철), 여수(석유 화학), 순천의 중화학 공업 단지

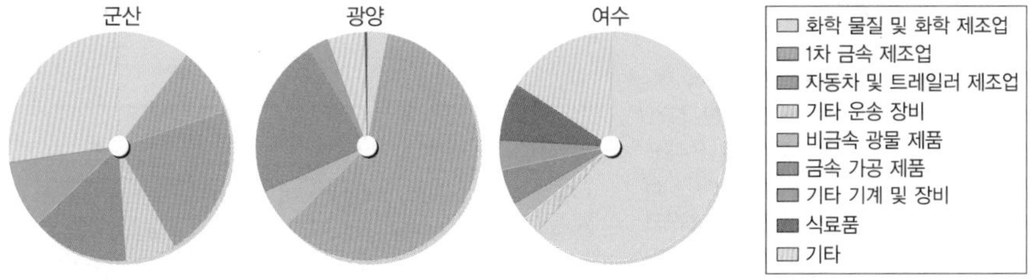

↕ 주요 도시의 공업 구조

2. 영남 지방 지역 구조와 특성

(1) 범위

경상북도	대구에서 안동과 예천으로 경북 도청 이전
경상남도	창원에 경남도청 입지, 남동임해 공업 지대를 끼고 있어 산업 발달
울산광역시	석유 화학, 조선, 자동차 공업이 발달, 1997년 울주군과 통합하여 울산광역시로 승격
대구광역시	섬유 공업이 발달, 경북 지역의 중심지 역할, 달성군과 통합하여 대구광역시로 확장
부산광역시	• 대한민국 제2의 도시이자 제1의 무역항 • 1876년 개항(開港)되었으며, 주로 일본과 무역 거래 • 이후 한국 전쟁을 거치면서 전쟁 물자가 들어오는 항이자, 당시 많은 피난민이 거주하면서 임시 수도 역할을 함 • 경인 공업 지대와 더불어 2대 공업 지대의 하나인 남동 임해 공업 지대의 중심 도시

(2) 자연환경

① 기후: 영남 내륙 지역은 강수량이 적으나, 남해안은 강수량이 많음

② 지형: 소백산맥, 남해로 유입하는 낙동강 중·상류 지역에는 분지가, 낙동강 하구에는 삼각주가 발달

(3) 산업 특징

① 공업 발달의 배경: 수출입에 유리한 항만 시설(부산, 포항, 울산, 마산 등), 풍부한 노동력, 도로 및 철도 교통 발달, 정부의 정책 등

② 공업 지역

- 남동 임해 공업 지역: 조선(거제, 울산, 부산, 고성 등), 제철(포항), 석유 화학(울산), 자동차(울산, 부산), 기계(창원) 등 중화학 공업 발달
- 영남 내륙 공업 지역: 섬유 및 전자 공업 발달(대구, 구미 등)

③ 공업 구조의 변화: 섬유 공업 쇠퇴(대구), 부산은 영상·국제 물류·금융 산업으로, 대구는 패션·문화 콘텐츠 등으로 특화

■ 수출 자유 지역과 경제 자유 구역

수출 자유 지역은 정부가 외국인의 투자를 유치하고 외국에서 원료를 수입하여 제품을 만들어 전량을 해외에 수출하기 위해서 정한 지역이다. 이 지역은 수입 물품의 국내 반입과 구역외 반출에 문제가 있기 때문에 완전한 비과세 지역인 선진국의 자유 무역 지역과는 다르다. 수출 자유 지역은 한국 공업화 과정에서 부족한 제조업 투자 재원을 유치하기 위해 외국인의 투자 촉진과 고용 증대, 기술 향상을 목적으로 1970년 1월 제정된 '수출 자유 지역 설치법'에 따라 경상남도 마산시와 전라북도 익산시 2곳에 지정·개발되었다. 경제 자유 구역이란 외국인 투자 유치 정책의 일환으로 외국 자본과 기술의 활발한 국내 유치를 유도하기 위해 정부가 지정하는 특정 지역 또는 공업 단지를 말한다. 기능적인 면에서 무역 중심형 특구, 생산 중심형 특구, 역외 금융 센터, 복합형 특구 등으로 분류되며, 초기에는 무역 중심형과 생산 중심형이었으나 점차적으로 복합형으로 진행하고 있다.

■ 산업별 생산액 비중의 변화

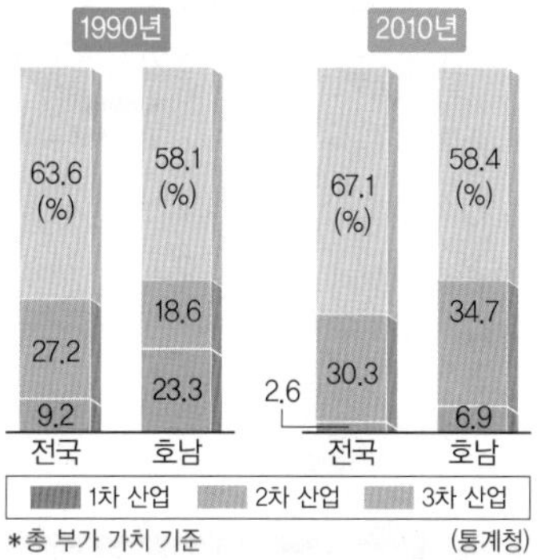

*총 부가 가치 기준 (통계청)

■ 영남 지방의 제조업 분포

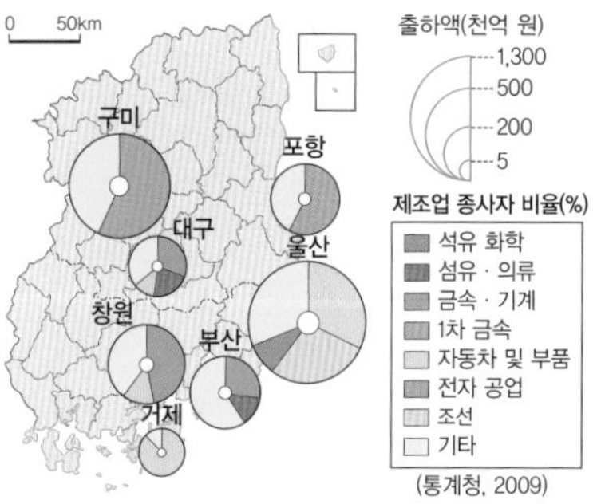

(통계청, 2009)

■ 영남 지방의 지정 항구

■ 영남 지방

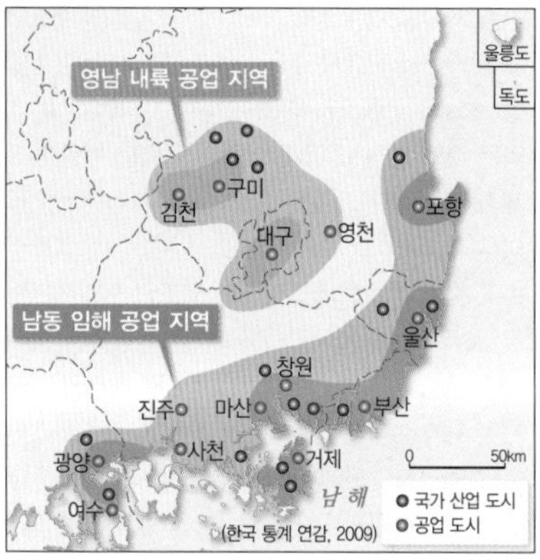

(한국 통계 연감, 2009)

■ 대구광역시 공업 구조 변화

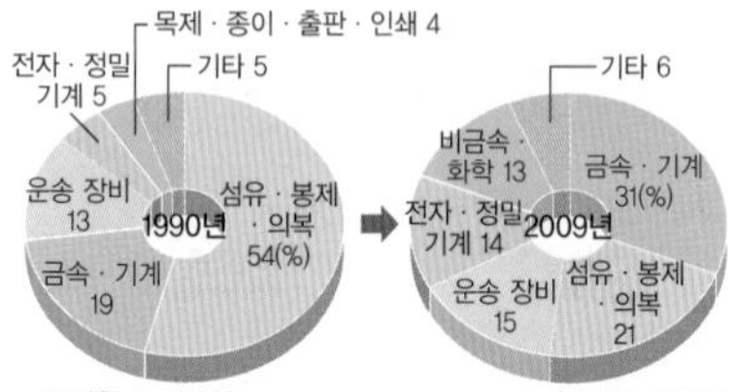

*종업원 수 기준임. (통계청, 각연도)

■ 대구권의 광역화

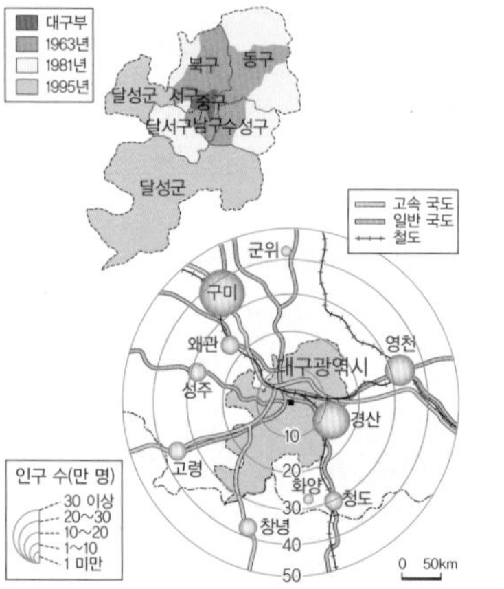

대구광역시의 인구는 지속적으로 감소하여 이미 인천광역시에 추월당했다. 하지만 주변 지역인 구미, 경산, 영천의 인구가 급증하고 있어 대구권의 범위는 확대되는 추세이다.

(4) 지역 구조 변화

① 주요 도시의 성장

산업화 이전	• 조선 시대: 대구, 상주, 진주 등 내륙 도시 발달 • 일제 강점기~6.25 전쟁 전후: 부산, 마산의 인구 증가
산업화 이후	• 1960년대: 대도시(부산, 대구) 발달, 신흥 공업 도시(울산) 개발 • 1970년대 이후: 울산, 포항, 창원, 구미 등 공업 도시 발달 • 최근: 김해, 양산 등 부산 근교 위성 도시의 성장

② 대도시권 형성: 구미·대구·부산의 경부선 축과 포항·울산·부산·창원·거제의 해안축을 따라 형성

③ 내륙 도시는 인구 감소로 도시 기능이 위축되기도 함

더 알아보기

영남 지방의 도시 분포 및 산업 특색

영남 지방의 부산, 대구, 울산, 포항, 창원, 구미 등은 우리나라의 산업화를 이끈 대표적인 도시들이다. 영남 지방은 정부가 집중 투자하여 대규모 산업 단지를 조성하면서부터 발전하기 시작했다. 1962년부터 조성되기 시작한 울산 미포 국가 산업 단지는 현재까지 자동차 및 조선 산업의 중요한 생산 기지 역할을 하고 있으며, 1970년대에 조성된 마산 수출 자유 지역, 창원 국가 산업 단지, 포항 종합 제철 단지, 구미 국가 산업 단지는 지역 산업 발전의 핵심 역할을 담당하고 있다. 포항과 창원은 금속·기계, 구미는 전기·전자, 울산은 화학·코크스와 자동차, 기타 운송 장비 등의 산업이 특화되었다. 거제의 경우 기타 운송 장비 부문의 발전이 두드러진다. 또한 최근 경제 환경이 급변함에 따라 지역 산업 발전 전략은 산업 단지 조성 중심의 산업 입지 정책에서 벗어나 잠재력과 지역 경제에 대한 파급 효과 등을 고려한 특화 산업 중심의 산업 클러스터 조성으로 바뀌고 있다.

업종 \ 도시	대구	포항	부산	창원	구미	울산	거제
섬유·의복	13.2	0.1	5.7	0.1	2.3	0.8	–
화학·코크스	0.9	2.4	4.2	0.3	4.2	56.7	–
금속·기계	35.1	92.7	43.1	52.0	8.4	11.3	1.8
전기·전자	9.1	0.6	6.5	16.3	77.7	1.1	–
자동차	20.6	0.1	16.7	10.6	0.2	15.8	–
기타 운송 장비	0.2	0.4	6.2	16.5	–	12.2	97.4
기타	20.9	3.7	17.6	4.2	7.2	2.1	0.8
출하액(천억 원)	268	397	433	702	823	2268	266

자료: 통계청, 2011 (단위: %)

3. 제주도 지역 구조와 특성

(1) 자연환경

기후	• 우리나라 최남단에 위치하여 연평균 기온이 높음 • 해양으로 둘러싸여 연교차가 작고 강수량이 많음 • 해발 고도에 따른 기온 분포의 영향을 받아 식생의 수직적 분포가 가장 잘 나타남
지형	• 신생대 제3기~4기에 걸쳐 나타난 화산 활동으로 형성된 화산섬 • 한라산: 순상 화산(산 정상부는 종상 화산), 화구호(백록담) • 다양한 화산 지형: 기생 화산(오름), 용암 동굴, 주상 절리 관찰 • 물이 지하로 스며들어 하천의 발달이 미약하여 밭농사 위주

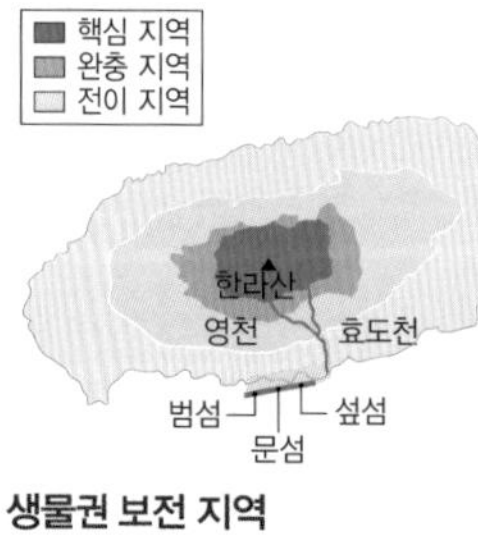

생물권 보전 지역

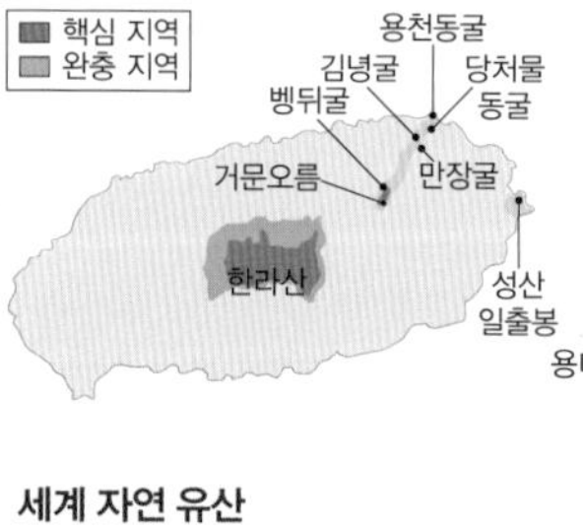

세계 자연 유산

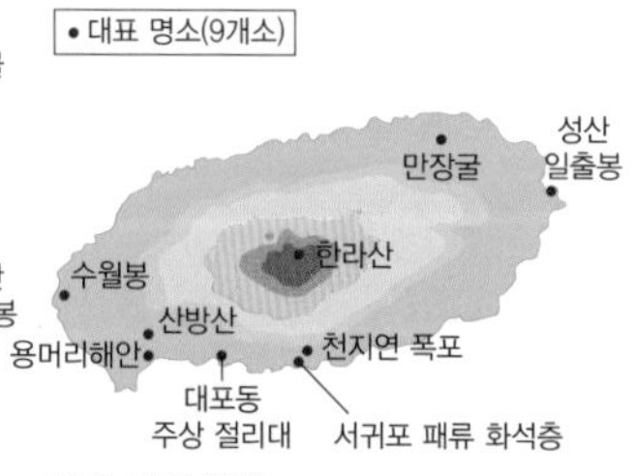

세계 지질 공원

생태 관광 자원으로 활용되는 화산 지형 제주특별자치도는 생물권 보전 지역, 세계 자연 유산에 이어 세계 지질 공원으로 등재되어 세계에서 유일하게 유네스코 자연 과학 분야의 3관왕을 달성하였다. 화산 활동으로 형성된 다양한 지형은 생태·문화 관광 자원으로 활용되고 있다.

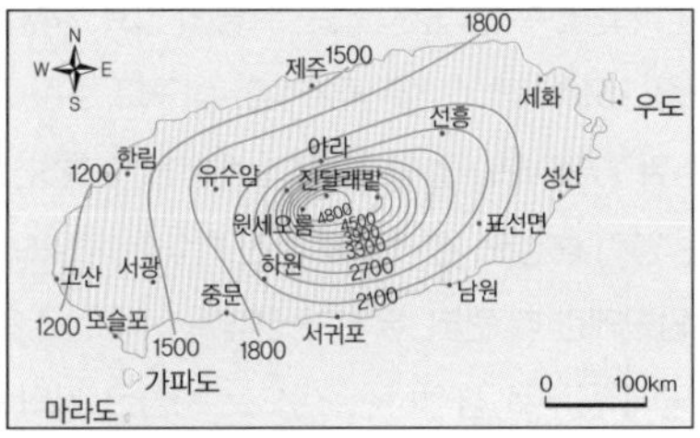

⁝ 제주도의 여름 강수량

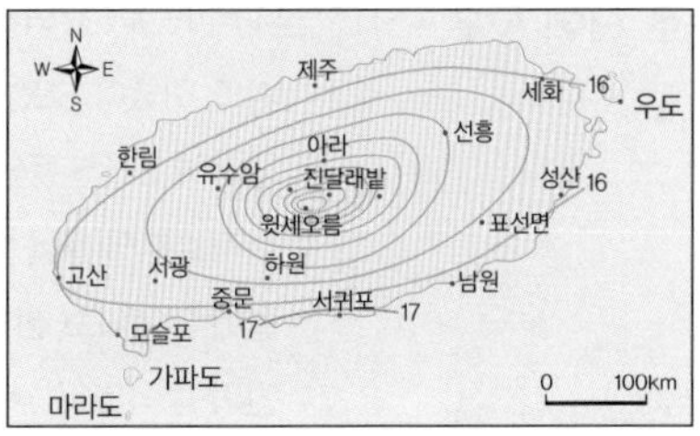

⁝ 제주도의 겨울 강수량

■ 영남 지방의 도시 성장 축

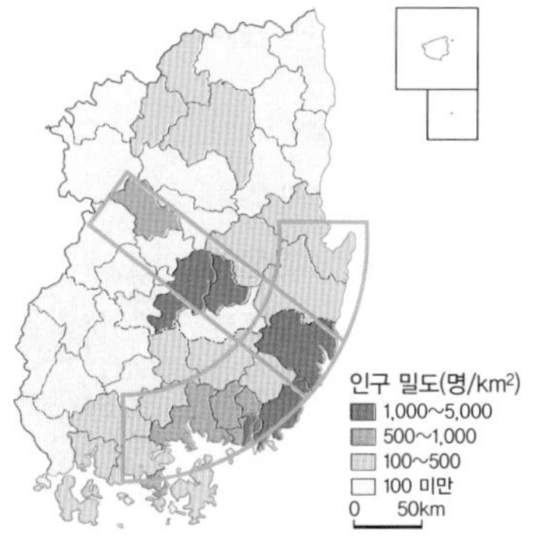

영남 지방의 도시 성장 축은 대체로 해안선을 따라 구부러진 T자 모습이다. 경부선을 따라 구미~대구~부산을 잇는 직선의 성장 축과 남동 임해 공업 지역을 따라 포항~울산~부산~창원~거제를 잇는 곡선의 성장 축이 결합되어 있는 형태이다.

(2) 독특한 문화와 산업

문화	• 삼다(돌, 여자, 바람), 삼무(도둑, 거지, 대문), 삼재(물, 바람, 가뭄)의 섬에서 삼려(인심, 자연, 과일), 삼보(방언, 자원, 식물)의 관광지로 발전 • 전통 가옥: 집담, 올레, 이문간, 이중문, 풍채, 고랑채 등 다양한 구조 • 해녀 문화: 제주도의 험난한 자연환경 속에서 형성된 생활력이 강한 여성 문화
산업	• 농목업: 감귤·녹차 재배, 한라산 중산간 지대 초지에 말·소를 기름 • 관광 산업: 독특하고 수려한 자연 경관과 문화로 국제 자유 도시로 성장

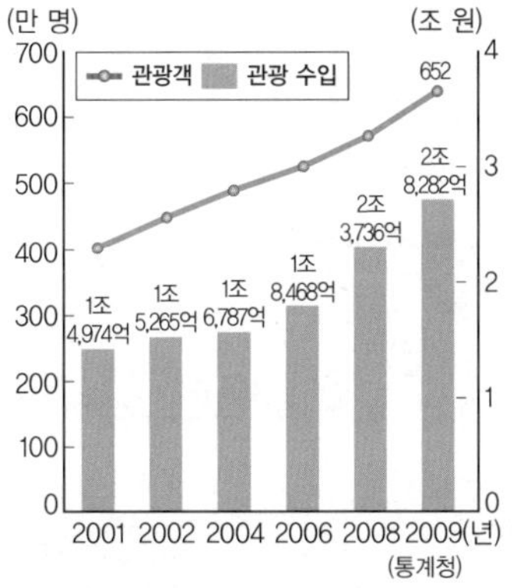

⁝ 관광객 수와 관광 수입 변화

⁝ 중국·일본 관광객 수 변화

■ 제주도의 식생 수직 분포

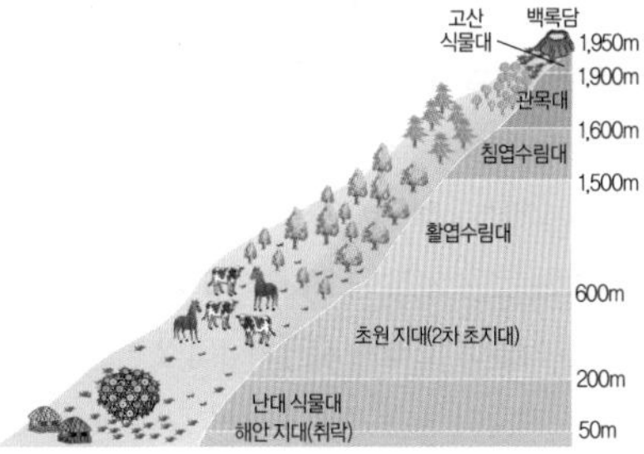

(3) 제주특별자치도와 국제 자유 도시

① 제주특별자치도

지정 배경	• 제주도의 특성과 잠재력을 극대화하여 성장 동력의 역할을 기대하는 정부의 의지
의미·혜택	• 중앙 정부의 간섭·규제에서 비교적 자유로운 특별한 자치 지역 • 사법·외교·국방 등 국가 존립과 관련된 일 외에는 고도의 자치권 부여 • 국제 자유 도시를 실현하기 위해 다양한 특례를 인정

② 국제 자유 도시

의미	• 홍콩, 싱가포르 등 교통·무역·금융 중심지들을 모델로 삼아 2002년 국제 자유 도시로 지정 • 사람·자본·상품의 자유로운 이동, 조세 감면 혜택 전략
전략	• 국제 자유 도시 기반 구축, 관광·녹색 성장을 통한 신성장 동력 확보 • 관광과 연계한 다양한 파급 효과를 얻을 수 있는 MICE 산업 육성

더 알아보기

2002년 4월 1일 제주 국제 자유 도시 특별법이 시행되면서 국내외 기업들이 기업 활동을 함에 있어 최대한의 편의를 제공하고, 최적의 비즈니스 환경을 만들어 주어 국내·외 투자 유치가 활발히 이루어지는 동북아시아의 중심 도시로 만들려는 것이다. 제주 국제 자유 도시로 무비자 입국을 확대하고, 외국 전문 인력들이 제주특별자치도에 장기 체류하는 등 사람의 자유로운 이동을 허용하며, 상품의 자유로운 이동을 위해 세금을 면제해 준다. 또한 무역 규제를 완화하며, 아울러 외환 거래의 규제 완화를 통해 자본의 자유로운 이동을 보장하는 지역을 의미하는 것이다. 기업 활동의 편의를 제공하고 각종 규제 완화 및 조세상의 혜택을 주어 이미 성장 정점에 있는 홍콩, 싱가폴, 말레이시아 등 매력적인 투자처들이 성장한 바 있고, 투자자에게 수익을 극대화시킬 수 있는 지역의 예라고 할 수 있다.

■ 제주 국제 자유 도시 기본 계획

① 제도 개선
- 비자 없는 입국 확대, 외국 전문 인력 장기 체류 허용
- 투자 진흥 지구, 법인세·소득세·지방세 감면
- 자유 무역 지역, 내국인 투자 기업에도 조세 감면 혜택
- 영어 공문서 접수, 외국어 학교 유치
- 외국 대학 유치, 외국인 학교의 내국인 입학 자격 완화
- 금융 및 물류 거점 도시 육성

② 관광 유인책
- 내국인 면세 쇼핑(연간 4회, 1회 300달러 이내)
- 골프장(총 27개) 조세 감면, 이용료 인하
- 휴양 펜션업 활성화

③ 사회 간접 자본(SOC) 확충
- 공항, 항만, 도로 확충
- 정보 통신망 확대
- 전력 용수 공급, 하수 처리 능력 확대

④ 도민 소득 향상/환경 보전
- 도민 소득 향상 및 1차 산업 경쟁력 강화
- 전 지역을 지하수 생태계 경관 보전 지구로 구분해 규제

지리 상식 1 전북 김제 벽골제 주변에는 세계 최초로 신에 묻은 흙을 털어 산이 된 곳이 있다!

김제 벽골제 수문과 제방

김제 부량면에 가면 '신털메(신털미산)'와 '되배미'라는 지명이 있다. 신털메는 한자 지명 '초혜산(草鞋山)'이라고도 불리우는 데 '초혜'란 짚신의 한자어이다. 뜻을 풀이하자면 "짚신에 묻은 흙을 털어 산이 되었다."라는 것이다. '되배미'라는 지명은 사람의 숫자를 재는 '되'로 사용했던 논배미를 일컫는 말이다. 일꾼들 숫자가 너무 많아 일일이 헤아릴 수 없으니 한번에 500명씩 들어설 수 있게끔 논을 만들고 그것을 '되배미'라 한 것이다. 사람이 지게를 지고 서면 한 사람이 대략 한 평을 차지한다고 한다. 실제 되배미의 면적이 518평이었는데 논둑 18평을 제한 500평의 논에 지게를 짊어진 장정이 빽빽이 들어서면 꼭 500명이 되었다고 한다. 그렇게 한 되에 500명씩 재여서 세었던 일꾼들이 무려 32만 명이 되었다고 하니, 그들 신발에 묻은 흙을 털어 산을 이룰 만도 하다.

벽골제(碧骨堤)는 전라북도 김제시 부량면에 위치한 저수지로, 우리나라에서 가장 오래전에 축조된 저수지이다. 전통적인 농경 국가에서 물을 이용하는 것은 가장 중요하다. 그 당시 건축 기술로 보아 벽골제는 엄청난 인력과 기술이 도입된 지금의 4대강 공사보다도 더 대대적인 토목 공사였다. 토목 기술이 일천했던 시대에 길이 3km, 높이 5m가 넘는 흙둑을 쌓기란 불가능한 일이었을 것이다. 하루 종일 둑을 쌓고 돌아갔다가 다음날 와보면 무너져 있는 날도 많았고, 흙을 쌓고 다지는데 엄청난 시간이 걸렸다. 아무리 다져놓아도 비가 오면 무너지기 일쑤였고 축조에 동원된 인부들은 언제 집에 돌아갈지 기약이 없었다. 공사에 동원되었던 인부들은 4계절 내내 짚신을 신고 작업을 하였고, 흙투성이 공사 현장에서는 하루에 짚신 한 켤레가 닳아 없어졌다. 하루 일이 끝나면 해진 짚신을 벗어 흙을 털고 던져두었다. 다음 날도, 다음 날도…. 벽골제가 쌓여지는 만큼 신털메도 높아져 갔다. 그렇게 세계 최초로 짚신 흙을 털어서 산이 만들어진 것이다. 하지만 실제로 신털메를 가보면 아무도 산이라 느끼질 못할 것이다. 단지 조그만 언덕에 불과하다. 평야가 워낙 넓은 곳이다 보니 조그마한 언덕만 생겨나도 지역 사람들은 그것을 산이라고 불렀다. 편평한 평야 지대 사람들에게 신털메는 귀한 산이었을 것이다. 그 마음이 결과적으로 우리나라에서 가장 '임팩트 있는' 산 이름을 만들어 냈다.

호남 지방(湖南地方)은 지금의 전라도를 지칭하는 말이다. 전라도는 지역의 중심지인 전주와 나주의 앞 글자를 따서 붙여진 명칭이다. 그렇다면 호남 지방의 호(湖)는 과연 어디일까? 일반적으로 금강(과거 호강이라 불림, 호수처럼 큰 강) 이남의 지역을 호남 지방이라 하는 이야기와 김제의 벽골제 이남이라고 하는 말이 있다.

백제 비류왕 27년(330년) 경에 축조된 것으로 추정되나, 그보다 좀 더 후대일 것이라는 주장도 있다. 고려 인종 때 제방을 수축하였다가, 인종 24년(1146년)에 왕의 병이 벽골제 수축 때문이라는 무당의 말로 일부를 파괴하기도 하였다. 조선 태종 15년(1415년)에 국가적인 대규모 수축 공사를 시행하여 2개월 동안 주위 77,406보, 높이 17척의 제방을 수축하였으며, 저수지로부터 물을 받는 땅이 충청도, 전라도에 걸친 방대한 지역으로 9,800결에 달했다고 한다. 임진왜란 때 관리, 유지가 전폐된 이래 농민의 모경(주인의 승낙없이 남의 땅에 함부로 경작하는 것)으로 지금은 거의 경지화되었다. 제방은 포교 마을에서 시작하여 남쪽으로 월승리에 이르는 평지까지 약 3.3km에 달하며, 제방 높이는 5.6m이다. 저수지의 형식은 흙 댐이며, 관개 면적은 10,000ha로 추정된다.

지리 상식 2 삼속으로 간 고래 '반구대 암각화'

울산 대곡리 반구대 암각화 전경 및 암각화 이미지

〈해적: 바다로 간 산적〉은 조선의 국새를 고래가 삼키게 되면서 이를 찾기 위해 산적과 해적, 그리고 개국 세력 캐릭터들이 벌이는 상황을 코믹하게 그린 영화이다. 영화 내용 중에 고래는 커녕 바다 구경도 못해본 주제에 의기양양하게 바다로 떠나는 산적단 일당의 에피소드는 두목 장사정(김남길)과 해적에서 산적으로 이직한 철봉(유해진)의 코믹 연기 앙상블이 시종일관 웃음을 자아낸다. 이석훈 감독은 "700년 전 사람들이 고래가 어떤 존재인지 알았겠는가. 바다에 대해 무지한 조선 시대 사람들의 모습이 애처로워 더욱 코믹하다."라고 밝히기도 했다.

그러나 우리나라에서도 고래잡이는 일찍부터 이루어졌고 고래에 대한 정보도 상당히 많았음을 많은 유적과 사료를 통해 알 수 있다. 이를 증명하는 하나의 유적이 바로 '반구대 암각화'이다. 울산 시내를 통과하여 울산만으로 흘러드는 태화강 상류로 올라가면 태화강의 지류인 대곡천을 만나는데, 그 상류에서 조금 떨어진 하천 오른쪽 연안의 암벽에는 고래를 비롯한 많은 동물들(사람을 그린 그림 8점, 고래와 물고기, 사슴, 호랑이, 멧돼지, 곰, 토끼, 여우 등 동물 그림 120점, 고기잡이 광경을 그린 그림 5점 등)의 그림이 여러 가지 조각 기법으로 새겨져 있다. 이를 통해 당시 한반도에서 선사인(신석기 말기~청동기 초기의 사람)들에 의한 고래잡이가 행해졌음을 짐작해 볼 수 있다. 암각화가 새겨진 바위면은 반반하고 매끈거리며 곳곳에 줄무늬 모양이 있어 퇴적암이라는 것을 쉽게 알 수 있다. 한편 반구대 상류에 위치한 천전리 각석 암반에서는 중생대 백악기 말의 공룡 발자국 화석이 발견되었다. 이 두 가지 사실은 이 일대의 암석들이 약 1억 년 전 이곳이 호수였을 당시에 퇴적된 경상계 퇴적암이라는 것을 뜻한다.

그런데 여기서 한 가지 의문점이 생긴다. 반구대 암각화가 새겨진 곳은 바다가 있는 울산만에서 약 26km 떨어진 태화강 상류의 깊은 내륙에 있다는 것이다. 다시 말해 고대인의 생활 범위로 볼 때 내륙에 사는 사람들이 울산만까지 드나들면서 고래잡이를 했을 가능성은 매우 희박하다. 이는 울산만 일대의 해수면 변동 과정과 관련지어 이해해야 한다(황상일·윤순옥). 암각화를 새길 당시에는 바다가 지금보다 내륙 안쪽까지 들어와 있었기 때문에, 선사인들은 반구대 주변에 거주하면서도 고래잡이를 할 수 있었던 것이다. 최후 빙기가 물러가면서 해수면이 상승하여 현재의 상태를 유지하게 된 것은 약 6,000년 전의 일이다. 다시 말해서 약 6,000년 전에는 태화강 상류 쪽 14km 부근인 울산시 범서면 굴화리 일대까지 바닷물이 들어 왔다. 이 고(古) 울산만에는 폭 300~500m의 내만(內灣)이 형성되어 고래가 먹이를 쫓아 들어오거나, 다른 포식성 고래에 쫓겨 들어 왔을 것이다.

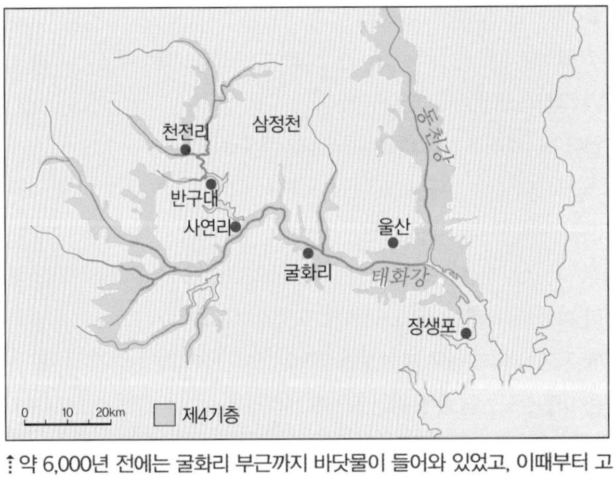

⇡ 약 6,000년 전에는 굴화리 부근까지 바닷물이 들어와 있었고, 이때부터 고래잡이가 시작되었을 것으로 추정된다.

이우평, 2007, 『지리 교사 이우평의 한국 지형 산책 1』

지리 상식 3 울릉도에는 산이 없다

국어사전을 보면 산은 '둘레의 평평한 땅보다 우뚝하게 높이 솟아 있는 땅의 부분'이라고 되어있다. 일반적으로 절대 고도가 아닌 상대 고도로 보았을 때 300m 이상을 산이라 하고 그 이하를 구릉이라고 부른다. 절대 고도는 평균 해수면을 기준으로 하지만, 상대고도는 해발 고도와 상관없이 그 산을 바라보는 사람이 느끼는 상대적인 '체감 고도'이다. 예를 들면, 태백산맥 줄기에 있는 황병산(강원도 평창군 도암면)의 절대 고도는 1,407m이지만 어디에서 바라보는 가에 따라 그 체감 고도는 달라진다. 해안 지역인 강릉에서 바라볼 때 황병산은 1,407m가 거의 그대로 느껴지지만 대관령 800m 지점에서 바라보는 황병산은 그렇게 높게 보이지 않는다. 여기서 1,407m는 절대 고도이고 607m는 상대 고도인 것이다. 만약에 대관령 주변 1,000m 정도의 산이 있을 경우 대관령에 살고 있는 사람들(대관령은 대략 800m 내외)은 실제 200m 정도의 구릉으로 인식하기 때문에 이를 산이라고 생각하지 않는 것이다.

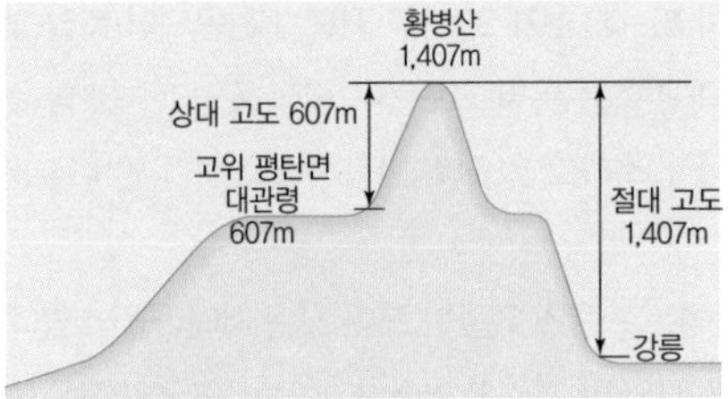

⇡ **황병산의 상대 고도와 절대 고도**

울릉도에는 산이 없다. 봉만 있을 뿐이다. 울릉도에서 가장 높은 곳은 성인봉이다. 이것은 울릉도 자체가 해저 화산 분출물로 만들어진 것으로서, 성인봉은 독립된 화산체라기보다는 하나의 커다란 화산체 중 남아 있는 하나의 봉우리이기 때문이다. 성인봉 아래 나리 분지 가운데 솟아 있는 알봉도 그중 하나의 봉우리인 것이다. 높고 낮은 봉우리가 연속되어 있을 경우 산체의 경계를 명확히 하기가 어려운 경우가 많다. 산과 산의 경계로 삼은 것은 보통 하천이지만 그 경계가 불분명하여 산들이 연속되는 경우가 있는데, 이를 산맥이라고 부른다. 태백산맥, 소백산맥 등이 대표적인 예이다. 봉이 모이면 산이 되고, 산이 모이면 산맥이 되는 것이다.

권동희, 2010, 『지리 이야기』

지리 상식 4 한국의 작은 지구촌! 우리나라 안에서 세계 여행을!

미국 로스앤젤레스에 코리아타운이 있듯이 우리나라에도 다양한 다문화촌이 형성되어 있다. 출신 국가별로 모인 다양한 외국인 타운에서 그들은 자신들만의 독특한 문화를 유지하고 있다. 현재 곳곳에 조성된 외국인 타운과 특색에 대해 알아보자.

'조선'의 도시 경상남도 거제시에는 ○○조선 해양 조선소와 △△ 중공업 조선소가 있다. 거제시에 8,000여 명의 외국인이 사는 이유이다. 거제시에 사는 외국인 중에는 한국 조선소에 파견 나와 있는 외국인 직원이 많은데 특히 조선 분야의 선진국인 노르웨이 출신의 직원이 많다. 거제시 옥포1동에 있는 옥포 국제 학교에는 130여 명의 외국인 학생이 재학하고 있는데, 노르웨이 인, 영국인, 인도인 학생이 가장 많다.

경상남도 남해군 독일마을은 자연 경관이 빼어난 삼동면 물건리 일원 9만여 평의 부지에 조성된 작은 마을이다. 경제가 어려운 시기인 1960~1970년대 독일에 광부나 간호사로 나가 조국 근대화와 경제 발전에 헌신한 독일 거주 교포들이 한국에 정착할 수 있도록 삶의 터전을 마련해 주는 등의 지원을 하고 있다. 독일의 이국 문화와 전통 예술촌을 연계한 특색 있는 관광지 개발을 위하여 2001년부터 40여 동을 지을 수 있는 택지를 독일 교포에게 분양하였는데, 현재 30가구 정도가 완공되어 독일 교포들이 생활하고 있다. 주택 건축은 독일 교포들이 직접 독일의 재료를 수입하여 전통 독일식 주택을 신축하고 있으며, 관광객들을 위한 민박을 운영하고 있다.

서울특별시 서초구 반포동에는 프랑스 인들이 모여 사는 서래마을이 있다. 현재 이곳에는 주한 프랑스 인의 약 70%가 거주하고 있어, 한국의 작은 프랑스라고 불리기도 한다. 서래마을에서는 프랑스 인과 한국인의 문화가 활발하게 교류하고 있다. 한 문화 센터에서는 일 년 내내 한국어와 프랑스 어 수업을 개설함은 물론, 한국과 프랑스의 문화를 체험을 할 수 있는 다양한 행사를 열고 있다.

인천광역시 중구 선린동에는 전통적인 화교 마을인 차이나타운이 있다. 주말이면 관광객들로 북적이는 이곳에는 중국 음식점, 월병 가게, 기념품점 등이 들어서 있다. 중국의 독특한 건축물인 패루와 화려한 홍등, 돌계단을 비롯한 석조 조형물들도 즐비하다. 중국인들이 인천 선린동에 정착한 역사는 130년을 훌쩍 넘고 현재 차이나타운에 거주하는 화교는 약 600명으로 집계된다.

경기도 안산시 단원구 원곡동은 조선족, 베트남 인, 우즈베키스탄 인, 필리핀 인, 인도네시아 인 등이 어울려 지내고 있어 이주민들의 수도라고 불린다. 다문화 거리 특구로 지정된 안산역 일대 원곡동에는 주말이면 수천 명의 외국인이 장을 보고 친목 모임을 즐기기 위해 모여든다. 이곳에는 중국 식당과 베트남 식당, 외국인을 대상으로 한 상점들이 골목마다 빼곡히 들어서 있다.

서울특별시 용산구 이태원동에는 모슬렘 타운이 형성되어 있다. 이슬람 사원 근처에 500여 명의 이슬람교도가 거주하고 있으며, 예배가 열리는 금요일에는 약 700명이 넘는 이슬람교도가 이태원 일대에 모인다. 그러면서 자연스럽게 모슬렘 식료품점, 빵집, 의류 상점, 전자 제품 가게 등 모슬렘 상권이 점점 확대되고 있다.

지리 상식 5 지명의 기원

1. 민족에 따른 지명 접미어

(1) 라틴 계통의 이아(ia)는 '–의 나라', '–의 지방'의 뜻이다.

불가리아 Bulgaria, 불간인의 나라

이베리아 Iberia, 이브리인의 지방

아시아 Asia, 동쪽 지방

라이베이라 Liberia, 자유의 나라

소말리아 Somalia, 소말리인의 나라

오스트레일리아 Australia, 남쪽의 나라

펜실베니아 Pennsylvania, 펜의 숲의 지방

(2) 게르만 계통의 란드 land 는 '–의 나라, '–의 지방'의 뜻이다.

잉글랜드 England.

폴란드 Poland, 포인의 나라, 농민의 나라

핀란드 Finland, 핀족의 나라

네덜란드 Netherlands, 저지의 나라

아일랜드 Ireland, 서쪽의 나라

아이슬란드 Iceland, 얼음의 나라

(3) 페르시아 계통의 스탄 stan 은 '–의 나라', '–의 지방'의 뜻이다.

파키스탄 Pakistan, 신성한 나라

아프가니스탄 Afghanistan, 아프간 족의 나라

(4) 슬라브 계통의 도시나 촌락명에는 스크(sk, –시, –동, –촌)와 성곽도시에는 그라드 grad 가 접미어로 붙어 있다.

민스크 Minsk, 교역의 도시

옴스크 Omsk, 오브강의 도시

마그니토고르스크 Magnitogorsk, 자석산의 도시

첼랴빈스크 Chelyabinsk, 나무 통의 도시

블라디보스토크 Vladivostok, 동양의 영토

베르호얀스크 Verkhoyansk, 야나강 상류의 도시

레닌그라드 Leningrad, 레닌의 성곽 도시

볼고그라드 Volgograd, 볼가강의 성곽 도시

(5) 터키계 어권의 칸드 kand는 촌, 동을, 아바드 abad는 도시를, 켄트 Lent 역시 촌, 동 등의 접미어로 사용된다.

타슈켄트 Tashkent, 돌의 도시

사마르칸드 Samrkand, 돌의 도시

하이데라바드 Hyderabad, 하이다르족의 도시

(6) 인도계 지명에는 산스크리트어의 푸르 pur, 성곽도시와 나가르 nagar, nagara 도시, 시가 많다. 혼탁한 함류점 등 '푸르'는 인더스 강과 갠지스 강 유역에 많고, '나가르'는 남부지방에 많다.

잠셰드푸르 Jamshedpur

나그푸르 Hagpur

콸라룸푸르 Kuala Lumpur

(7) 그리스어 폴리스 polis, 도시는 그리스 본토에는 적으나 식민지의 도시나 그리스 풍의 지명에 남아 있다.

인디애나폴리스 Indianapolis, 인디애나 주의 도시

2. 방위·위치를 나타내는 지명

(1) 동·서·남·북을 뜻하는 국명, 지명 등으로는 '동'을 의미하는 오스트리아 Austria는 라틴어의 Ost(동)을 이역하여 오스트(Aust)라고 하고 이것에 지명 접미어 ia를 붙여 오스트리아 '동의 나라'라 하였다. '서'를 뜻하는 아일랜드, '남'을 뜻하는 오스트레일리아, '북'을 뜻하는 노르웨이 등이 있다.

(2) 지방명으로 아시아 Asia 는 아시리아의 아스 acu, '동', '동방'에서 기원하며 거기에 지명 접미어 ia를 붙인 것이고, 유럽 Europe은 Erebb '일몰', 즉 '서쪽'에서 유래한다. 또 앞을 뜻하는 안틸제도 Antilles, 앞섬, 중앙을 뜻하는 Milano, 미들즈버러 Middlesbrough 가운데 역, 윈드워드 섬 Windward 풍상, 바람맞이를 뜻하고, 리워드 섬 Leeward, 풍하, 바람의지를 나타낸다.

3. 지형에 관계되는 지명

(1) 산

산과 관련된 지명을 살펴보면 라틴어의 몬테(monte), 포르투갈어의 세라(serra), 에스파냐어의 시에라(sierra), 하와이어의 마우나(mauna) 등이 있다.

몽블랑 Mont Blanc 백산

몬테로사 Mont Rosa 장미의 산

마터호른 Matter Horn 뾰족한 산

시에라 네바다 Sierra Nevada 눈이 쌓인 산

마우나 로아 Mauna Loa 높은 산

(2) 하천

하천과 관련된 지명을 살펴보면 소련의 돈(Don) 강의 돈은 물, 하천을 뜻하며 드네프르(Dnepr), 드니에스테르(Dniester)도 모두 강을 뜻한다. 프랑스의 루아르(Loire), 론(RhÔne)은 '흐름'의 뜻으로 역시 강을 뜻한다. 중앙아시아의 아무다리아(Amu Darya)는 페르시아어로 강을 뜻한다. 포르투갈어 Rio, 에스파냐어의 Rio도 강의 뜻으로 리우 그란데(Rio Grande) 큰 강, 리우베르테(Rio Verde, 녹색의 강) 등이 있다. 인도차이나 반도의 메(Me)도 강의 뜻으로 메콩(Mekong) 단순히 강이라는 뜻, 메남(Menam)은 어머니의 강, 미국의 미시시피(Mississippi)도 인디언어로 '큰 강'이라는 뜻이다. 갠지스(Ganges), 인더스(Indus)도 모두 강을 뜻하며, 라인(Rhein)은 '흐름'을 뜻한다.

(3) 평야나 고원

미국의 와이오밍(Wyoming)은 넓은 평야, 남미의 캄푸스(Campos)는 포르투갈어로 평원인데, 그대로 지명이 되었다. 프랑스의 상파뉴(Champagne) 지방도 대평원을 뜻한다.

4. 기후를 나타내는 지명

칠레(Chile)는 '추운 땅', 에콰도르(Ecuador)는 '적도', 캘리포니아(California)는 '따뜻하고 밝은 땅', 애리조나(Arizona)는 '건조한 땅', 네바다(Nevada)와 히말라야(Himalaya)는 '눈', 아라비아(Arabia)는 '스텝 황야의 땅', 트빌리시(Tbilisi)는 '온난한', '따뜻한' 것을 뜻하며, 부에노스 아이레스(Buenos Aires)는 '맑은 공기, 바람'을 뜻한다.

고비(Gobi)는 '풀이 잘 안 자라는 땅', 타클라마칸(Takla-Makan)은 '모래이 바다' 에티오피아(Ethiopia) '태양에 그을린 사람의 나라', 킬리만자로(Kilimanjaro)는 '한기의 신의 산', 사하라(Sahara)는 '황폐한 토지' 등은 모두 기후를 나타내는 지명들이다.

5. 전투시의 방어에 관계되는 지명

엉어의 캐슬(castle), 버러(Burgh), 독일어의 부르크(Burg), 러시아어의 그라드(Grad) 등은 성을 듯한다. 뉴캐슬(New Castle), 에든버러(Edinburgh), 미들즈버러(Middlesbrough), 함부르크(Hamburg), 베오그래드(Beograd), 레닌그라드(Leningrad). 볼고그라드(Bolgograd) 등은 그 예이다.

6. 교통과 관계되는 지명

수상교통과 연관되는 지명으로는 '다리'를 뜻하는 bridge나 독일어 brück 등이 있다. 영국의 케임브리지(Cambridge), 브리스톨(Bristol)은 '다리가있는 곳, 오스트리아의 인스부르크(Innsbruck) '인 강의 다리' 등을 예로 볼 수 있다. ford는 강의 얕은 도선장, frut도 독일어의 도선장의 뜻으로 프랑크푸르트(Frankfrut), 클라겐푸르트(Klagen furt, 오스트리아) 등이 있고, 영어의 port는 항구를 뜻하며 그 예로는 영국의 포츠머스(Portmouth) '항구의 입구', 스토크포트(Stockport) '가축 적출항' 이 있다. 포르투갈의 오포르토(Oporto)는 '항구', 아프리카 황금 해안의 포르토보노(Porto Novo)는 '새로운 항구', 푸에르토 리코(Puerto Rico)는 '풍요한 항구'의 뜻이 된다. 포트 사이드(Port Said, 이집트), 포트엘리자베스(Port Elizabeth, 남아프리카공화국)도 항구이다.

7. 지리적 특색을 나타내는 지명

네덜란드(Netherland)는 국명 자체가 '저저의 나라'를 뜻하며 국토가 해수면보다 낮은 곳이 넓은 자연 특색을 나타낸다. 따라서 바닷물의 침입을 막기 위해 많은 둑을 쌓아야 하므로 로테르담(Rotterdam), 암스테르담(Amsterdam)과 같은 둑을 갖는 도시명이 있다.

핀란드는 핀(Fin)족의 나라이며, 핀란드인들은 자신들을 수오미(Suomi)라 한다. 수오미란 '수 천만의 호수'를 뜻하며 빙하호가 수없이 많은 지형의 특색을 나타낸다. 또 아이슬란드(Iceland)라는 이름은 기후가 한대임을 말하고, 수도 레이키야비크(Reykjavik)는 '증기가 나는 곳'이란 뜻으로 화산과 간헐천이 많은 자연적 특색을 표현하고 있다. 시베리아(Siberia)는 '습한 벌판'을 뜻한다. 동토지대는 여름에 땅이 녹으나 땅 속 깊은 곳까지 녹지 않아 배수가 나빠서 황량한 습지를 이루므로 시베리아는 툰트라의 여름 경관을 표시하는 지명이다. 그린란드(Green Land)는 현재 대륙 빙하로 덮혀 푸른 땅은 아니다. 그러나 중세에는 기후가 따뜻했던 관계로 아이슬란드 사람들이 건너가 목축과 교역을 하였다.

김연옥, 이혜은 저, 2003, 사회과 지리교육연구 – 개정판, 교육과학사, pp.273-291.

[선택형]

· 2007 수능

1. 지도 (가), (나)에 대한 설명으로 옳은 것은?

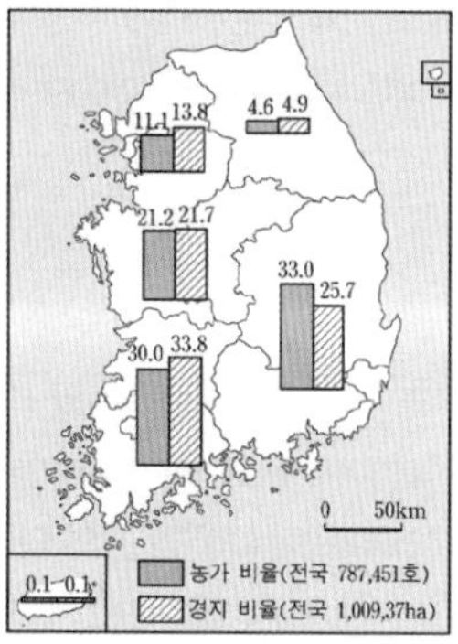

(가) 논농사

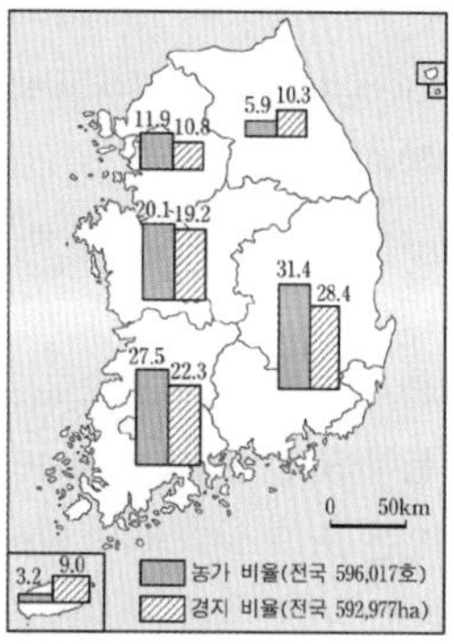

(나) 밭농사

① 충청권은 밭농사의 비율이 논농사보다 높다.

② 농가당 경지 면적은 논농사가 밭농사보다 좁다.

③ 수도권은 논농사의 비율이 전국에서 가장 낮다.

④ 제주도는 밭농사에서 농가당 경지 면적이 가장 넓다.

⑤ 영남권은 논농사, 호남권은 밭농사가 전국의 과반을 차지하고 있다.

· 2009 수능

2. (가), (나)에 해당하는 지역을 지도에서 고른 것은?

> (가) 이 지역에서 생산되는 한지는 합죽선(부채)의 주재료이다. 이곳은 전라북도의 도청 소재지로 일부 지역은 전통 한옥 보존 지구로 지정되어 있다.
> (나) 이 지역은 전통 섬유의 일종인 삼베의 생산지로 유명한 곳이다. 최근에는 경상북도의 도청 이전지로 확정되었다.

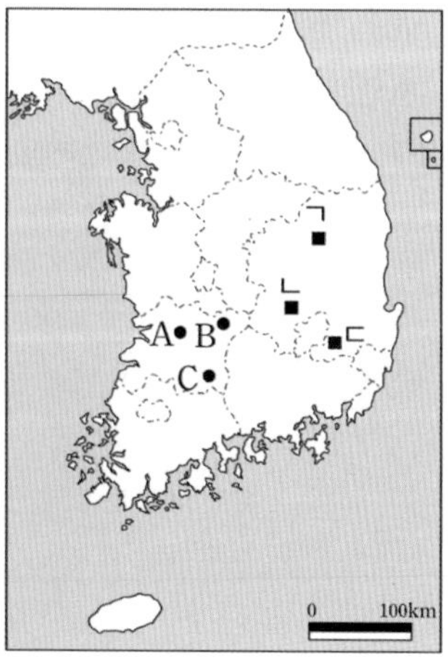

	(가)	(나)
①	A	ㄱ
②	A	ㄷ
③	B	ㄷ
④	C	ㄱ
⑤	C	ㄴ

3. 표는 영남 지역에 위치한 세 광역시의 현황이다. (가)~(다)에 해당하는 지역의 공업 구조를 〈보기〉에서 고른 것은?

지역 \ 항목	(가)	(나)	(다)
제조업 생산액(천억 원)	360	201	1,523
제조업 종사자 비율(%)	17.4	17.9	31.5
총인구(만 명)	354	249	112

보기

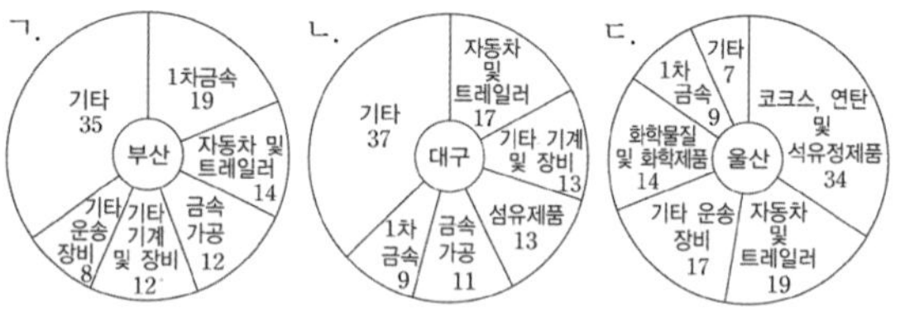

*수치는 생산액 기준임. (%, 2009)

	(가)	(나)	(다)
①	ㄱ	ㄴ	ㄷ
②	ㄱ	ㄷ	ㄴ
③	ㄴ	ㄱ	ㄷ
④	ㄴ	ㄷ	ㄱ
⑤	ㄷ	ㄴ	ㄱ

[서술형]

· 2012 3 교육청

1. 지도에 표시된 (가)~(다) 지역의 1차 에너지원별 소비량을 나타낸 것이다. 물음에 답하시오.

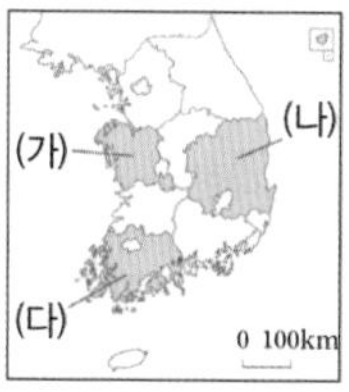

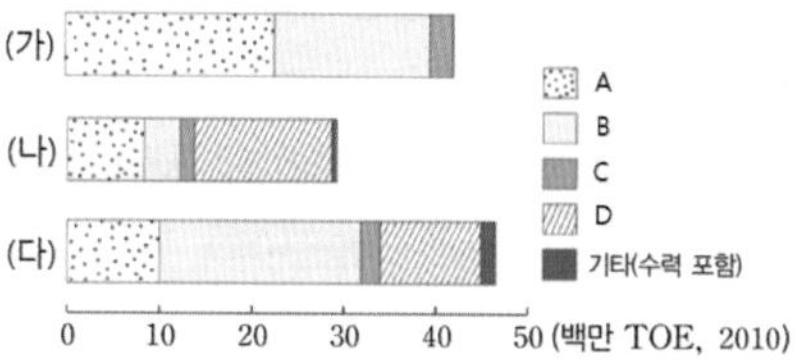

(1) A~D 자원 명칭을 쓰시오.(단, 1차 에너지원은 석유, 석탄, 천연가스, 원자력만 고려함)

A - ________, B - ________, C - ________, D - ________

(2) (가)에서 A 에너지원의 소비량이 높은 이유와 D 자원의 소비량이 없는 이유에 대해 쓰시오.

정답 및 해설

Chapter 01 지리학사 및 지리학

01. 지리학사

···› p.15

[선택형] **1.** ③ **2.** ②

1. ㄴ. (나)는 연혁 등의 각 항목을 백과사전식으로 기술하고 있다.
ㄷ. (가)는 지리지를 지은 이가 지역의 지리적 조건을 평가하고 있으므로 주관적인 견해가 진술되어 있는 데 비해 (나)는 객관적으로 기술하고 있다.

오답 피하기

ㄱ. (가)와 같은 설명 방식을 갖는 지리지는 주로 조선 후기에 제작되었으며, (나)와 같이 백과사전식으로 기술한 지리지는 조선 전기에 제작되었다.
ㄹ. 백과사전식으로 제작된 조선 전기의 지리지는 국가 통치에 필요한 자료를 수집한다는 목적이 매우 중요시되었다.

2. (가)는 다양한 자료를 항목별로 묶어 백과사전식으로 기술한 것으로 보아 조선 전기에 제작된 『세종실록지리지』이다. (나)는 백과사전식 서술 방식에서 벗어나 설명식으로 기술되어 있으므로 『택리지』이다.
① 조선 전기에는 국가 통치를 위한 기초 자료가 필요했기 때문에 국가가 주도한 관찬 지리지가 편찬되었다.
③ 『세종실록지리지』는 조선 전기, 택리지는 조선 후기에 제작되었으므로, (가)는 (나)보다 제작된 시기가 이르다.
④ (가)는 (나)보다 다양한 정보를 항목별로 묶어 제시하고 있으므로 국가 통치의 기초 자료로 활용하기에 유리하다.
⑤ 조선 후기에 제작된 택리지는 개인이 편찬한 사찬 지리지로, 관찬 지리지인 (가)보다 개인의 지리적 견해가 많이 담겨 있다.

오답 피하기

② 택리지는 실학사상의 영향을 받아 조선 후기에 제작된 것으로, 우리나라 최고의 과학적인 지리지로 평가받고 있다.

[서술형] **1.** (1) 환경 결정론 (2) 문화 결정론 (3) 생태학 (4) 가능론

02. 고지도와 세계관

···› p.22

[선택형] **1.** ② **2.** ③ **3.** ① **4.** ④ **5.** ④ **6.** ① **7.** ②

1. 대동여지도에서는 10리마다 점을 찍어 거리를 표현하였다. 제시된 지도의 A는 D로부터 세 번째 점에 위치하므로, 두 지역 간 거리는 약 30리 정도라고 할 수 있다.

오답 피하기

① 대동여지도에서 항해가 가능한 하천은 두 줄로 표시하였다. A와 B 사이에는 이러한 두 줄로 표현된 선이 없다.
③ C는 지도표로 보아 창고가 위치한 지역이다.
④ D와 가장 가까운 역참은 동쪽에 위치해 있다.
⑤ E는 원거리 연락을 위한 봉수가 설치된 곳을 나타낸 것이다. 해발 고도를 알 수 있는 기호는 아니다.

2. A는 이드리시의 세계 지도이다. 이 지도는 1154년에 이슬람 지리학의 성과를 토대로 만들어졌다. 메카를 비롯한 지중해 지역이 지도의 중심에 위치하며 지도의 방위는 위쪽이 남쪽, 아래쪽이 북쪽이다. B는 프톨레마이오스의 세계 지도이다. 그리스·로마 시대에는 지도 제작에서 과학적 접근을 중시하였다. 프톨레마이오스는 경위선의 개념과 투영법을 사용한 지도를 제작하였다. 이러한 지도 제작법은 중세에는 사용 빈도가 줄어들다가 르네상스와 함께 다시 각광을 받았다. (가)는 프톨레마이오스의 세계 지도, (나)는 이드리시의 세계 지도에 대한 설명이다.

오답 피하기

(다)는 메르카토르의 세계 지도에 대한 설명이다. 메르카토르의 세계 지도는 경선과 위선이 수직으로 교차하여 어느 지점에서든지 정확한 방위각을 알 수 있다. 이 지도는 나침반을 이용한 항해에 편리하여 항해 도법으로도 불린다. 하지만 러시아, 그린란드 등 고위도 지역이 실제보다 매우 크게 확대되어 나타나는 단점이 있다.

3. (가)는 기독교적 세계관이 나타나는 중세 유럽의 티오(TO) 지도, (나)는 이슬람교 세계관이 나타나는 이드리시의 세계 지도이다. ㄱ. 티오 지도는 중심부에 예루살렘이 위치하고 위쪽에 기독교의 이상향인 에덴동산이 표현되어 있다. ㄴ. 이드리시의 세계 지도 중심부에는 이슬람교의 성지인 메카가 위치한다.

오답 피하기

ㄷ. 중세 유럽은 5세기에 시작된 반면 이드리시의 세계 지도는 12세기 중반에 제작되었으므로 시기적으로 이드리시의 세계 지도가 중세 유럽에서 널리 사용될 수 없었다. 또한 중세 유럽은 크리스트교 세계관이 지배적이었는데 그러한 사회에서 이슬람교 세계관이 반영된 세계 지도가 널리 사용되는 데에는 한계가 있다. 중국에서도 널리 사용되지 않았다.
ㄹ. 티오 지도에서 위의 대륙은 아시아, 아래의 왼쪽은 유럽, 아래의 오른쪽은 아프리카이다. 따라서 A는 유럽과 아프리카 사이에 있는 지중해이다. 하지만 이드리시의 세계 지도에서 B는 아라비아 해이다.

4. (가)는 프톨레마이오스의 세계 지도 필사본, (나)는 혼일강리역대국도지도이다.
갑: 프톨레마이오스의 세계 지도는 경위선의 개념을 바탕으로 제작되었다. 지도에도 경위선망이 나타나 있다.

을: 프톨레마이오스의 세계 지도는 경선의 간격이 고위도로 갈수록 좁아진다. 이를 통해 지구가 둥글다고 인식했음을 알 수 있다.
정: 혼일강리역대국도지도에는 우리나라와 중국, 일본뿐만 아니라 인도, 유럽, 아프리카 등이 표현되어 있다.

오답 피하기

병: 혼일강리역대국도지도는 조선 전기에 우리나라에서 제작되었다.

5. (가)는 메카를 비롯한 지중해 지역이 지도의 중심에 배치되어 있음을 통해 이슬람 세계의 세계관이 반영되어 있다는 점과 지도의 방위가 위쪽이 남, 아래쪽이 북, 왼쪽이 동, 오른쪽이 서를 나타낸다는 내용을 통해 이드리시의 세계 지도임을 알 수 있다. (나)는 육지가 바다 위에 떠 있다고 생각하고 세계의 중심에 바빌론이 위치한다는 내용을 통해 바빌로니아의 세계 지도임을 알 수 있다. A는 중세 유럽의 티오 지도, B는 이드리시의 세계 지도, C는 바빌로니아의 점토판 지도이다.

6. (가)는 천하도로 조선 후기 우리나라에서 널리 제작된 세계 지도이다. 천하도의 중심에는 중국이 위치하고 있어 중국 중심의 세계관이 반영되었음을 알 수 있다. 우리나라, 중국, 일본 등 실제 국가명과 함께 삼수국, 모민국, 여인국 등 현실에 존재하지 않는 국가도 나타나 있다.
(나)는 프톨레마이오스의 지도 제작 기법으로 제작된 세계 지도이다. 그리스·로마 시대 사람인 프톨레마이오스의 저서 『지리학』에는 위선과 경선을 이용하여 체계적으로 세계 지도를 제작하는 방법이 기록되어 있다. 그리스·로마 시대의 지도 제작에는 과학적 접근이 중시되었다.
ㄱ. (가)는 세계에서 가장 큰 나라로 중국을 지도의 중심에 표기하고 있어 중국 중국의 세계관을 엿볼 수 있다.
ㄴ. (나)는 경선과 위선이 나타나 있는 프톨레마이오스의 지도이다.

오답 피하기

ㄷ. 투영법을 적용하여 위선과 경선을 나타낸 지도는 (나)이며, (가) 지도에는 위선과 경선이 나타나지 않는다.
ㄹ. 중세 유럽에서는 티오 지도가 널리 사용되었다.

7. (가) 티오(TO) 지도는 중세 기독교적 세계관을 반영한 원형의 세계 지도이다. 오르텔리우스의 세계 지도는 지리상의 발견 시대에 항해용으로 제작된 세계 지도로 신대륙이 포함되어 그려진 지도이다.
② (나)는 신대륙이 포함된 지도이기 때문에 (가)에 비해 지도에 표현된 지표 공간의 범위가 넓다. (가)는 중세 시대, (나)는 대항해 시대에 제작되었으므로, (나)는 (가)에 비해 제작 시기가 늦다. (가)는 기독교적 세계관에 의해 표현된 관념적 지도이지만, (나)는 항해용으로 제작되어 (가)에 비해 사실적으로 표현되었다.

[서술형] **1.** (1) ㈎ (2) ㈑ (3) ㈐ (4) ㈏

03. 지도의 이해

⋯▸ p.29

[선택형] **1.** ① **2.** ④ **3.** ①

1. 댐 건설 후보지 선정을 위해 제시된 세부 조건 중 지형과 하계망을 파악하기 위해서는 하천의 분포를 나타낸 ②와 고도를 나타낸 ③이 필요하다. 토지 이용 상태를 파악하기 위해서는 ④와 같은 토지 이용도가 필요하며, 식생 분포 변화를 예측하기 위해서는 식생 분포도가 필요한데 ⑤ 지도가 바로 식생 분포도이다.

오답 피하기

①은 도로망의 분포를 나타낸 것이다. 제시된 세부 과제를 수행하는 데는 필요하지 않은 자료이다.

2. 지표면에 존재하는 모든 지리 정보는 위치와 속성을 갖고 있다. 어떤 지리 정보가 어디에 위치(어느 곳)하는 가와 형태를 나타내는 정보가 공간 정보이고, 그 정보가 어떤 특성(무엇)을 가지고 있는지를 나타내는 정보가 속성 정보이다. 공간 정보의 경우 위도와 경도로 나타낼 수 있다. 따라서 북위 40°, 서경 75°는 지역의 공간적 위치를 알려 주는 공간 정보이다. 반면에 속성 정보의 경우 강수량이나 기온, 지역별 인구 구성비, 국가별 인구 밀도처럼 수학적 의미를 지닌 정량적 정보와 지명이나 미국 주 이름의 유래처럼 수학적 연산이 불가능한 정성적 정보로 구분할 수 있다.

3. A는 위도, B는 경도이다. 위도는 적도를 중심으로 경도는 본초 자오선을 기준으로 설정된 좌표이다. 대척점은 지구 상에서 정반대에 위치한 지점으로 경도와 위도를 모두 이용해야 알 수 있다.

오답 피하기

ㄷ. 우리나라에서 태양의 남중 시각은 날짜 변경선에 가까운 지역일수록 빠르다. 따라서 (나)가 (가)보다 태양의 남중 시각이 빠르다.
ㄹ. 위선은 적도에 평행하게 그은 선이기 때문에 위도 1°에 해당하는 거리는 고위도에서나 저위도에서나 같다. 반면 경선은 양극 지점을 연결하는 원으로 그어진 선이기 때문에 경도 1°에 해당하는 거리는 저위도에서 고위도로 갈수록 점차 짧아진다. 우리나라는 중위도에 위치한 곳이므로 적도에서의 경도 1°에 해당하는 거리보다 훨씬 더 짧다. 따라서 경도 1°의 거리에 해당하는 (가)와 (나) 지점 간 동서 거리는 위도 1°의 거리에 해당하는 (가)와 (다) 지점 간 남북 거리보다 짧다.

[서술형] **1.** (1) 점묘도 (2) 유선도 (3) 도형 표현도 (4) 왜상 지도

Chapter 02 지형

01~02. 지형학의 기초 개념~지형 형성 작용

⋯→ p.46

[선택형] **1.** ⑤ **2.** ④ **3.** ③ **4.** ④ **5.** ⑤ **6.** ④

1. 자료에서 A는 신기 습곡 산지, B는 고기 습곡 산지, C는 안정육괴에 해당한다. 신기 습곡 산지는 판과 판이 충돌해 형성된 지형으로 현재에도 지각 운동이 활발한 지역이다. 알프스 산맥, 히말라야 산맥으로 대표되는 신기 습곡 산지는 세계의 지붕이라 불릴 만큼 해발 고도가 높고 험준하다.

오답 피하기

① 우랄 산맥은 고기 습곡 산지(B), 안데스 산맥은 신기 습곡 산지(A)이다. ② 고기 습곡 산지는 신기 습곡 산지에 비해 완만하다고 표현될 뿐이지 엄연히 산맥이다. 안정육괴는 오랜 침식과 풍화 작용의 결과 평탄한 지형이 나타난다. ③ D는 해구로 지각 판이 충돌하고, E는 해령으로 지각 판이 확장되며 새로운 지각이 형성된다. ④ 열도는 판과 판이 충돌하는 해구(D)를 따라 주로 분포한다. 일본 해구를 따라 일본 열도가 위치해 있다.

2. ㈎ 냉량 습윤한 기후에서는 식물의 잔해인 유기물이 썩지 않고 두껍게 쌓여 토양수가 강한 산성을 띤다. 그 결과 산성 토양인 포드졸이 발달한다. 이러한 지역에서는 산성 토양에 잘 견디는 침엽수림이 주로 자라나는데 시베리아 지역에서는 이를 타이가라 부른다. ㈏ 라테라이트 토양은 열대 우림 기후 지역에서 주로 발달한다. 이 지역에서는 화학적 풍화 작용이 활발해 다른 토양 성분들은 용탈되어 사라지고 철 및 알루미늄 산화물 정도만 토양에 남게 된다. 철을 포함한 토양이 산화 작용을 받으면 녹이 슬어 붉은색으로 변한다. ㈑ 범람원은 하천의 홍수 시에 무거운 물질은 자연 제방에 내려놓고 가벼운 점토나 실트 중심의 물질이 멀리까지 운반, 퇴적되어 형성된 지역이다.

오답 피하기

㈐ 레구르는 인도의 데칸 고원에 주로 나타나는 토양으로 현무암 풍화토이다. 석회암 풍화토는 테라로사이다.

3. A 지형은 모뉴먼트밸리이다. 모뉴먼트밸리는 암석의 차별적인 풍화·침식 작용으로 형성된 지형이다. 단단한 경암층과 보다 약한 연암층이 교차하는 퇴적암층의 지형에서 경암층이 침식을 받아 제거되면 아래의 연암층은 더 빨리 제거되어 다시 경암층이 나타나는데, 이때 제거되지 않고 남아 있던 원래의 경암층은 정상부가 평탄하고 급경사의 절벽으로 둘러싸인 지형이 형성된다. 이를 메사라고 하며 메사가 풍화·침식되어 더 좁아지면 뷰트라 한다.

오답 피하기

① 석회암의 용식으로 형성된 카르스트 지형으로 중국의 구이린이 대표적이다. (문제 4번 참고) ② 파랑의 침식 작용으로 형성된 지형은 오스트레일리아의 12사도 바위가 대표적이다. ④ 빙하가 이동되면서 기반암의 침식으로 형성된 지역은 스위스의 마터호른이 있다. ⑤ 화산재와 유동성이 작은 용암이 분출되어 형성된 지형에는 제주도의 산방산이 있다.

4. ㈎ 중국의 구이린은 석회암의 차별적인 풍화 작용에 의해 형성된 지형이다. 석회암의 풍화 작용은 절리가 발달해 있거나 석회암의 주성분인 탄산 칼슘의 순도가 높고 조직이 치밀할 때 활발하게 진행된다. 이러한 상태는 같은 지역에 있는 석회암일지라도 서로 상이하게 나타난다. 석회암의 풍화가 잘 되는 조건이 갖춰져 있는 지역은 용식이 활발히 일어나 빠르게 제거되고 그렇지 못한 지역은 봉우리로 남게 된다. ㈏ 데스밸리(죽음의 계곡)는 단층 작용에 의해 형성된 지구대이다. 반대 방향으로 끌어당기는 힘이 작용하는 지역에서는 정단층 작용이 활발하게 일어나고 여러 개의 정단층이 교차하는 지역에는 단층 작용에 의해 형성된 높은 지역인 지루와 직선상으로 움푹 파인 지구대가 형성된다. 데스밸리는 사막 기후가 나타나는 지역으로 선상지, 선상지가 여럿 합쳐진 바하다, 분지 중앙부에 일시적으로 생기는 호소인 플라야 등의 건조 지형이 발달한다.

오답 피하기

① 점성이 큰 용암이 분출하며 굳어진 봉우리에는 우리나라의 산방산이 대표적이다. ② 융빙수에 의해 운반된 빙하 퇴적물이 형성된 지형에는 빙하성 유수 퇴적 평야가 있다. ③ 석회암이 일부 용식되고 남겨져 형성된 지형은 ㈎이다. ⑤ ㈎는 화학적 풍화가, ㈏는 기계적 풍화가 활발하다.

5. 우리나라의 산지를 돌산과 토산으로 구분할 때 A는 토산에 대한 설명이고 B는 돌산에 대한 설명이다. 우리나라의 대표적인 돌산에는 금강산, 설악산, 북한산 등이 있고 토산에는 지리산, 오대산, 덕유산 등이 있다.

6. 기후 변동에 따른 풍화 양상의 차이와 하천 작용의 변화를 묻는 문제이다. 빙기가 되어 기후가 한랭해지면 해수면이 하강하고 기계적 풍화가 활발해진다. A 하천 중상류 지역에서는 기계적 풍화와 중력에 의한 이동으로 풍화 산물이 계곡으로 이동되어 퇴적 물질이 많이 쌓이지만 유량은 줄어들어 퇴적물의 이동은 제한적이다. 반면 B 지역에서는 침식 기준면의 하강으로 하방 침식이 활발해진다. 후빙기(또는 간빙기)가 되어 기후가 온난해지면 빙기 때 A 지역에 쌓였던 퇴적 물질이 유량의 증가로 인해 침식이 강해진다. 이때 이전에 쌓였던 퇴적 물질은 하천이 흐르는 부분에서는 침식되어 제거되고 나머지 부분은 단구화되어 버려진다. B 지역에서는 침식 기준면의 상승과 퇴적물 운반량의 증가로 퇴적이 활발해지고 범람원이 형성되기도 한다.

[서술형] **1~2.** 해설 참조

1. ㈎는 C 지역에 주로 분포한다. C 지역에 분포하는 체르노젬의 특징은 건조한 환경에서 유기물 분해가 느려 검은색의 유기물이 집적되어 있으

며 비옥해 농사가 잘된다. (나)는 B 지역에 주로 분포한다. B 지역에 분포하는 포드졸은 냉량 습윤한 환경에서 침엽수 기반의 유기물로 형성된 산성 물질로 인해 회백색의 용탈층이 존재하며 매우 척박하다.

2. 첫째, 화산재가 쌓여서 형성된 토양은 매우 비옥해 농업 발달에 이바지한다. 포도와 오렌지로 잘 알려진 이탈리아 시칠리아 섬이나 벼농사가 발달한 일본 간토 평야는 화산재가 쌓여 형성된 토양에서 발달한 농업 지역이다. 둘째, 뜨거운 지하수는 지열 발전으로 활용할 수 있다. 아이슬란드, 뉴질랜드 이탈리아 등 여러 나라에서는 지열을 전력 생산에 활용하고 있다. 셋째, 화산 지형을 활용한 관광 산업이 발달할 수 있다. 우리나라의 제주도나 미국의 하와이 등이 대표적이다.

03~04. 세계의 대지형~한반도의 형성 ⋯› p.54

[선택형] 1. ③ 2. ① 3. ① 4. ③ 5. ④ 6. ② 7. ①

1. 제시된 그림은 케스타를 나타낸 것이다. 주로 습곡 산지 근처에서 경암층과 연암층이 교차하는 완경사 지형에서 발달한다. 경암층은 침식과 풍화 작용에 잘 견뎌 내어 급경사의 사면을 형성하고 연암층은 상대적으로 빠르게 해체되어 완경사의 평야를 형성한다. 케스타가 나타나는 지역에서 구릉은 경암층, 평야는 연암층일 가능성이 크다. 케스타는 프랑스의 파리 분지와 영국의 버밍엄, 미국·캐나다의 나이아가라 폭포 등지에서 볼 수 있다.

2. 신기 습곡 산지 주변에서는 지진과 화산 활동이 활발히 일어난다. 지도의 터키, 이란, 인도, 파키스탄, 아프가니스탄의 공통점은 모두 신기 습곡 산맥인 알프스·히말라야 조산대의 중심에 있거나 조금 벗어난 지역에서 판 구조 운동에 따른 지각의 충돌이 활발히 일어나고 있다. 따라서 정답은 지각 운동에 의한 자연재해 발생이 가장 근접하다.

오답 피하기

② 종족 간 갈등에 의한 내전은 아프가니스탄에 해당한다. ③ 석유 자원 확보를 위한 지역 분쟁은 이란과 주변 국가들 사이에서 진행 중이다. ④ 소수 민족 분리 독립을 위한 무력 충돌은 쿠르드 족의 사례가 대표적이다. 쿠르드 족은 터키, 이라크, 이란에 주로 분포하며 독립 국가를 위해 투쟁 중이다. ⑤ 이상 기후에 따른 식량 생산량 감소는 특정 지역이 아닌 세계적 규모에서 작용한다.

3. A에서 B로 이동한다면 신기 습곡 산지인 알프스 산맥을 지나 북독일 평원에 다다르고 다시 고기 습곡 산지인 스칸디나비아 산맥을 지나게 된다. 따라서 정답은 ①이다.

4. 지도에서 A는 안정육괴, B는 고기 습곡 산지, C는 신기 습곡 산지이다. 안정육괴는 선캄브리아기 조산 운동 이후 오랜 시간 동안 침식·풍화 작용을 받아 비교적 평탄한 지형이 나타난다. 고기 습곡 산지는 고생대 이후 장기간 침식과 풍화를 받은 지역으로 산맥이 뚜렷하게 연속적으로 나타나지만 신생대 이후 형성된 신기 습곡 산지에 비해 상대적으로 지형 기복이 작게 나타난다.

오답 피하기

ㄱ. B 고기 습곡 산지가 A 안정육괴보다 기복이 심하다. ㄹ. 중생대 이후 지각 변동으로 형성된 지형은 C 신기 습곡 산지이다.

5. 한반도의 지사를 묻는 문제이다. 지도에서 A는 평남 지향사, B는 경기 지괴, C는 경상 분지, ㉠은 송림 변동, ㉡은 대보 조산 운동이다. 대보 조산 운동은 중생대 중기 한반도 전역에 영향을 미쳤다. 대보 조산 운동 때 관입한 화강암은 전국 각지에서 볼 수 있는데 그중 경기 육괴에 뚜렷한 띠 모양으로 관입한 것이 대표적이다. 대보 화강암은 북한산뿐만 아니라 설악산, 금강산 등 우리나라 명산의 기반암을 이루고 있다.

오답 피하기

① 대부분 육성층으로 공룡 발자국 화석이 발견되는 지역은 C 경상 분지이다. ② 평북·개마 지괴와 B 경기 지괴는 시·원생대에 형성되었으며 주로 변성암으로 이루어져 있다. ③ 해성층으로 다량의 석회암이 매장되어 있는 지역은 A 평남 지향사와 옥천 지향사이다. ⑤ 한국 방향의 1차 산맥 형성에 영향을 준 지각 변동은 경동성 요곡 운동이다.

6. 지도에서 하천의 서쪽 부근에 형성된 논의 해발 고도는 약 50m 부근이고 동쪽 논의 해발 고도는 약 30m 부근으로 하천 경사로 미루어 봤을 때, C 하천은 서쪽에서 동쪽으로 흐르고 있다.

오답 피하기

① 바깥으로 튀어나온 형태의 A가 능선, 안으로 들어온 형태의 B가 계곡이다. ③ 두꺼운 계곡선이 50m 단위로 있을 경우 1:25,000 지도이다. D와 가장 가까운 계곡선이 150m이고 D를 지나서 또 다른 계곡선이 나오지 않기 때문에 D는 200m보다 해발 고도가 낮다. ④ 단면은 선지의 단면도를 동서로 뒤집은 형태일 것이다. ⑤ (가)의 실제 면적은 $0.25 \times 0.25km = 0.0625km^2$이다.

7. 하천의 서쪽 끝에 위치한 논의 해발 고도는 약 120m 정도이고, 하천의 동쪽 끝에 위치한 논의 해발 고도는 약 130m 정도이기 때문에 하천은 동에서 서로 흐른다. 따라서 B에 댐을 건설하는 것과 A의 침수는 관계가 없다.

오답 피하기

② 지도의 축척과 등고선 150m에서 시작하는 C의 직선 거리를 비교해 보면 축척을 훨씬 넘어서기 때문에 250m가 넘을 것이라 판단할 수 있다. ③ D는 하천의 중상류 지역에서 홍수 시 측방 침식에 따른 유로 변동으로 형

성된 범람원이 지반 융기하며 하방 침식이 강해져 형성된 하안 단구이다. 따라서 D는 과거에 하천이 흐르던 지역이고 당시 형성된 둥근자갈을 관찰할 수 있다. ④ E에는 하천의 측방 침식에 의해 형성된 하식애를 관찰할 수 있다. ⑤ 모든 하천은 하방 침식과 측방 침식의 영향을 동시에 받으며 한 가지만 받는 하천은 존재할 수 없다. ○○천은 측방 침식이 우세해 곡류하던 하천이 지반의 융기와 함께 하방 침식력이 강해져 깊은 골짜기를 형성한 감입 곡류 하천에 해당한다.

[서술형] **1~2.** 해설 참조

1. 일본 근처에는 유라시아 판, 필리핀 판, 북아메리카 판, 태평양 판이 서로 충돌하고 있다. 이에 판의 충돌에 따른 자연재해가 빈번한데, 2010년 이후 일어난 대표적인 자연재해에는 2011년의 동일본 대지진과 쓰나미, 2014년의 온타케 화산 폭발이 있다.

2. 동해가 확장되면서 생긴 힘으로 한반도에서 축이 동쪽으로 치우친 경동성 요곡 융기가 일어나 다양한 지형이 발달했다. 이와 관련된 지형에는 첫째, 정동진에서 관찰 가능한 해안 단구, 한강 중상류를 따라 분포하는 하안 단구, 평창 일대의 고위 평탄면, 정선의 선암마을에서 관찰 가능한 감입 곡류 하천 등이 있다.

05. 하천 지형

···› p.62

[선택형] **1.** ⑤ **2.** ⑤ **3.** ① **4.** ③ **5.** ①

1. 자료는 조수 간만의 차가 매우 커서 하구에서 하천의 수위가 변동하는 감조 하천의 특성을 나타낸 것이다. ㄷ. 하천이 유입하는 만입부는 조차가 크기 때문에 하천 퇴적 물질로 인해 넓은 간석지가 나타난다. ㄹ. A-B 하천 양안은 만조 시 해수가 역류하기 때문에 염해를 입을 수 있다.

오답 피하기

ㄱ. A 지점의 조차는 최저 3.5m~최고 3.8m 정도이므로 약 7.3m 정도이다. ㄴ. A에서 C로 갈수록 조차는 작아지기 때문에 담수의 비율은 높아진다. C는 조차가 없기 때문에 하굿둑으로 막힌 담수일 가능성이 높다.

2. A는 해수면이 하강하는 빙기, B는 해수면이 상승하는 후빙기를 나타낸 것이다. C는 현재의 해수면을 나타낸 것이다.

오답 피하기

㉡ 지점은 C 시기 해수면이 B 시기보다 높게 형성되었기 때문에 B 기간에 해수면이 상승한 높이보다 높다.

3. ㈎는 자유 곡류 하천, ㈏는 감입 곡류 하천이다. ①㈎ 하천은 하류에 위치하기 때문에 빙하기에 하방 침식이 활발하였을 것이다.

오답 피하기

② 빙하기 때 하천의 상류는 암석의 기계적 풍화가 활발하여 풍화 물질이 늘어나지만 하천의 유량은 감소하여 퇴적 작용이 나타난다. ③ ㈎는 하천의 하류이므로 하천의 상류에 해당하는 ㈏보다 하천의 경사가 완만하다. ④ 범람에 의한 침수 범위는 하류가 넓기 때문에 ㈎가 ㈏보다 넓다. ⑤ 하천 퇴적 물질의 입자 크기는 상류에서 하류로 갈수록 작아진다.

4. 퇴적은 입자가 무거울수록 빠르기 때문에 자갈, 모래, 실트 순으로 된다. 그러나 침식은 모래가 실트와 점토보다 빨리 이루어진다. ③ 점토는 1초에 0.1cm 속도에서는 침전이 일어나지 않는다.

오답 피하기

① 모래는 점토보다 입자가 크지만 침식은 더 쉽게 이루어진다. ② 직경이 2cm의 자갈은 속도 30 전후에서 침식이 나타난다. ④ 50cm 이내의 입자는 하천 속도 50cm/초 이상에서도 퇴적이 일어난다. ⑤ 가장 느린 속도에서 침식이 일어나는 입자는 0.2~0.5mm의 모래이다.

5. ㈎는 하구로부터 50km 떨어진 지점의 해발 고도가 20m 정도인 반면, ㈏는 15km 떨어진 지점의 해발 고도가 60m에 가깝다. 따라서 ㈎는 유로가 길고 경사가 완만한 황해로 흐르는 하천이고, ㈏는 유로가 짧고 경사가 급한 동해로 흐르는 하천이다.

오답 피하기

② 자유 곡류 하천은 평야가 발달한 A 지역이 산지가 발달한 B 지역보다 발달하기에 유리하다. ③ 유역 면적은 대하천인 ㈎가 소하천인 ㈏보다 넓다. ④ 하구에서의 유량 또한 대하천인 ㈎가 ㈏보다 많다. ⑤ ㈎는 서해로 유입하는 하천으로 동해로 유입하는 ㈏보다 퇴적물의 입자 크기가 작다.

[서술형] **1~3.** 해설 참조

1. ㈎는 방사상 하계망, ㈏는 구심상 하계망이다. 방사상 하계망은 중심 고지에서 하천들이 사방으로 흘러가는 형태이며, 구심상 하계망은 중심 저지로 하천들이 모여 들어오는 형태이다.

2. ○○강의 하천이 흙탕물인 이유는 상류의 골프장 및 콘도와 같은 위락 시설과 목장, 고랭지 농업의 확대와 관계가 깊다. 상류 지역의 개발로 인해 식생이 줄어 토양 침식이 늘어나 하천으로 유입하는 토사의 유출이 증가하여 흙탕물로 변한 것이다.

3. 지도에 표시된 지점의 지형은 삼각주이다. 삼각주는 하천의 퇴적 물질이 많고, 조차가 작으며 하구의 수심이 깊지 않은 곳에서 잘 나타난다.

06. 건조 및 빙하 지형

···→ p.70

[선택형] **1.** ⑤ **2.** ① **3.** ② **4.** ⑤ **5.** ③ **6.** ①

1. 사막은 연 강수량 250mm 미만인 지역으로 식생이 거의 없다. 사막은 연중 아열대 고기압의 영향을 받는 지역, 대륙 서안의 한류가 흐르는 지역, 대륙 내부 지역, 탁월풍의 바람그늘 지역에 형성된다. ⑤ E는 편서풍에 대해 안데스 산맥의 바람그늘 지역에 위치하여 사막이 형성되었다.

오답 피하기

① A는 한류의 영향으로 형성된 사막이다. ②, ④ B, D는 아열대 고압대 지역에 위치하여 사막이 형성되었다. ③ C는 대륙 내부에 위치하여 사막이 형성되었다.

2. 제시된 지형은 건조 기후에서 나타나는 대표적인 건조 지형으로 A는 선상지, B는 와디, C는 플라야, D는 사구, E는 버섯바위이다.

오답 피하기

① 선상지는 경사 급변점이 많은 신기 습곡 산지 주변에서 주로 발달한다.

3. 자료는 건조 지역에서 바람에 의해 이동된 모래가 바위의 하단부를 침식해서 형성시킨 버섯바위에 대한 것이다. 사막은 강수량보다 증발량이 많아 연중 건조하며, 기온의 일교차가 크다.

4. A~D 지역 모두 최후 빙기에 빙하로 덮인 적이 있으며 이의 영향으로 피오르 해안, 빙하호가 분포한다.

오답 피하기

① A는 최후 빙기 때 빙하의 침식으로 형성된 U자곡이 후빙기에 해수면 상승으로 침수되어 형성된 피오르 해안이다. ② 모레인은 빙하의 퇴적 지형이다. ③ C는 최후 빙기에 오랫동안 빙하에 덮였던 지역으로 유기물의 공급이 어려워 토양이 척박하다. 또한 빙하호가 곳곳에 분포하고 하천 발달이 미약하여 배수도 양호하지 않다. ④ D의 호수는 빙하의 침식으로 움푹 패인 곳에 물이 고여 형성된 빙하호이다.

5. 그림은 빙하 지형을 나타낸 것이다. ③ C의 곡빙하가 녹으면 U자 형태의 골짜기가 나타난다.

오답 피하기

① 빙설 기후는 화학적 풍화 보다는 기계적 풍화 작용이 우세하다. ② B 와지는 권곡이며, 버섯바위는 건조 지역에서 나타난다. ④ D는 현재 빙하가 후퇴하면서 지표로 드러나는 지역이다. ⑤ E 하천은 빙하가 녹아 흐르는 하천이다.

6. 제지된 자료는 타클라마칸 사막 주변의 건조 지형에 관한 자료이다. ①은 건조 지역의 사진이다.

오답 피하기

②는 화산, ③은 열대 우림, ④는 빙식곡, ⑤는 침엽수림의 사진이다.

[서술형] **1~3.** 해설 참조

1. 드럼린, 드럼린은 빙하가 이동할 때에 운반 물질이 퇴적되어 마치 숟가락을 엎어 놓은 것 같은 유선형의 볼록한 모양의 퇴적 지형으로, 긴 축은 빙하의 이동 방향에 해당된다.

2. 그림과 사진의 지형은 툰드라 기후 지역에서 지표 물질이 동결과 융해를 반복하여 지표 위에 만들어진 구조토이다.

3. 호른은 산꼭대기의 뾰족한 산봉우리를 말하는 것으로 권곡이 정상부를 향해 침식되어 형성된다.

07. 해안 지형

···→ p.78

[선택형] **1.** ③ **2.** ② **3.** ③ **4.** ③ **5.** ④ **6.** ⑤ **7.** ③

1. 지도는 세계 여러 지역의 해안 지형을 나타낸 것이다. C는 오스트레일리아 북동부에 나타나는 산호초 해안이다.

오답 피하기

① A는 스페인 북서부 지역에 나타나는 리아스식 해안이다. ② B는 이집트 나일 강 하구에 나타나는 삼각주이다. ④ D는 석호이다. 석호는 사주의 발달로 바다와 분리된 호수이다. ⑤ E는 칠레 남부 지역에 나타나는 피오르 해안이다.

2. 샌프란시스코 부근은 주변 지역보다 8월 평균 해수면 온도가 낮게 나타나고 있다. 따라서 샌프란시스코 부근의 바다에서 차가운 물이 솟아오르고 있음을, 즉 용승류가 흐르고 있음을 알 수 있다. 용승류의 경우 주변 지역보다 기온을 낮춰 안개가 자주 발생하게 된다.

오답 피하기

제시된 자료의 경우 샌프란시스코 주변의 바다의 특정 지점의 평균 해수면 온도가 낮고, 동심원 형태로 등온선이 나타나므로 대륙 서안의 한류가 아님을 알 수 있다.

3. 사진에서는 해안선이 안쪽으로 들어간 만이 앞쪽에, 바다 쪽으로 나온 곳이 뒤쪽으로 나타나 있다. 해안의 평평한 지형이 사진의 중앙에 위치하고 이곳과 연결되어 섬이 위치하고 있다.

4. 자료는 2004년 12월 26일에 발생했던 쓰나미(지진 해일)의 영향을 나

타낸 것이다. 대부분의 사망자는 지진의 의한 직접 충격이 아닌 지진에 의한 해일의 영향으로 발생하였다.

5. 이탈리아의 베네치아는 석호(A) 위의 섬들에 위치한 수상 도시이다. 석호는 후빙기의 해수면 상승 이후 사주(B)에 의해 만이 막혀 형성되며, 사주는 파랑과 연안류에 의해 운반된 토사가 쌓여 형성된다.

오답 피하기

① 판과 판이 갈라지는 경계부에 발달하는 것은 해령이다. ② 석호의 물은 염도가 높아 농업용수로 활용되지 못하는 경우가 많다. ③ 파랑의 침식으로 인해 급경사의 절벽을 이루는 것은 해식애이다. ⑤ 사주와 석호는 후빙기 해수면 상승에 의해 형성되었다.

6. 지도는 황해안의 일부 지역을 나타낸 것이다. ㈎는 곶으로 침식 지형이 잘 나타난다. ㈏는 갯벌, ㈐는 사빈 ㈑는 사구를 나타낸 것이다. ① ㈎는 암석 해안이 나타나는 곳으로 해식애가 발달한다. ② 갯벌은 조류의 퇴적 작용으로 형성된 지역이다. ③ 파랑의 퇴적에 의해 형성된 사빈은 해수욕장으로 이용된다. ④ 바람의 퇴적에 의해 형성된 사구는 모래 침식을 막기 위해 모래 포집기를 설치한다.

오답 피하기

⑤ 사빈에서 사구로 가면서 퇴적물의 입자 크기는 감소한다.

7. 일반적으로 모래 퇴적이 많은 곳은 파랑의 세기가 작은 곳이며, 암석으로 노출된 곳은 파랑의 세기가 큰 곳이다. ⓐ는 수면이 깊고 절벽으로 되어 있는 부분이기 때문에 파랑의 힘이 강하게 작용하는 곳이며, ⓑ는 모래 퇴적층이 두껍게 형성되어 있는 것으로 보아 파랑의 힘이 작은 곳임을 알 수 있다.

오답 피하기

① 후빙기에는 기온 상승으로 인해 해수면이 점차 상승하였다. 제시된 지도의 ㈎와 ㈏ 두 섬은 이와 같이 해수면이 상승하는 과정에서 섬으로 형성된 것이다. ② 그림에서 ⓑ와 ⓒ 사이는 수심이 6m 이내이며, 조차가 6m이기 때문에 썰물 때에는 육지로 노출되며, 이때 두 섬은 서로 연결된다고 할 수 있다. ④ 모래의 공급원이 ㈏ 섬의 긴 해빈이기 때문에 ⓒ쪽에서 ⓑ쪽으로 사주가 성장한다고 할 수 있다. ⑤ 수심이 그리 깊지 않고, 사주의 성장이 지속적으로 이루어진다면 두 섬은 서로 연결될 수 있을 것이다.

[서술형] **1.** 호수의 면적은 배후 하천에서 공급된 퇴적물에 의해 시간에 따라 줄어든다.

08. 화산 및 카르스트 지형

···› p.86

[선택형] **1.** ① **2.** ⑤ **3.** ③ **4.** ② **5.** ⑤

1. 자료는 철원의 용암 대지와 그 주변 지형을 스케치한 것이다. ① A 저수지는 용암 대지인 B보다 고도가 높은 지점이므로 용암 대지가 형성되기 이전부터 있던 지형이므로 현무암이 기반암이 될 수 없다.

오답 피하기

② B 지형은 현무암질 용암의 열하 분출로 인해 형성된 평탄한 지형인 용암 대지이다. ③ C는 용암과 하천이 만나는 수직의 절벽으로 주상 절리가 발달한다. ④ D 양수장은 논으로 이용되는 용암 대지 위에 농업용수를 공급하기 위해 만들어 놓은 양수 시설이다. ⑤ E 산은 용암 대지가 형성되기 이전부터 이미 있었던 지형이다.

2. 신문의 제목은 화산 활동과 관련된 것이다. 대체적으로 화산은 지각이 불안정한 판의 경계에서 주로 발생한다. 신문에 제시된 지역은 불의 고리라 불리는 환태평양 조산대에 속한 지역들이다. ㄷ. 주상 절리, ㄹ. 화산 분출은 모두 화산 활동과 관련이 있다.

오답 피하기

ㄱ은 하천 지형인 자유 곡류 하천이고, ㄴ은 건조 지형인 버섯바위를 나타낸 것이다.

3. ㈐는 제주도의 기생 화산을 의미한다. 기생 화산은 화산 쇄설물이 쌓여서 형성되거나 소규모의 용암 분출에 의해 형성된다. 열하 분출로 형성되는 지형은 용암 대지이다.

오답 피하기

① ㈎는 한라산의 정상부에 위치한 지형으로 화산 폭발로 형성된 화구이다. ② ㈏는 화산체의 일부로서 경사가 매우 급한 사면을 나타내고 있는 것으로 보아 점성이 큰 용암의 분출로 인해 형성된 종상 화산체의 성격을 띠고 있다. ④ ㈑는 사면 경사가 매우 완만하다. 유동성이 큰 용암이 냉각되어 고결되기 전에 멀리까지 이동하여 그림과 같은 사면이 발달한 것이다. ⑤ 제주도에서 ㈒와 같은 해안에는 주상 절리가 잘 발달해 있다. 이는 현무암이 냉각되면서 수축함에 따라 다각형의 기둥 모양으로 분리된 지형이다.

4. ㈎는 석회 동굴, ㈏는 용암 동굴이다. ② ㈎ 동굴 인근의 토양은 석회암이 풍화된 테라로사가 분포한다. 테라로사는 철분의 산화로 인해 붉은색을 띤다.

오답 피하기

① ㈎ 동굴 기반암은 고생대에 형성된 석회암, ㈏ 동굴의 기반암은 신생대에 형성된 현무암이다. ③ ㈏ 동굴은 용암의 냉각 속도 차이에 의해 형성된 것이다. ④ ㈏ 동굴 인근의 토양은 현무암이 풍화된 토양으로 흑갈색을 띤다. ⑤ 동굴 내부에 종유석과 석순이 나타나는 것은 ㈎이다.

5. A 지형은 중앙이 움푹 파인 와지이므로 돌리네를 나타낸 것이다. ⑤ 돌리네는 석회암이 용식 작용을 받아 형성된 것으로 돌리네가 규모가 커지게 되면 인접 돌리네와 결합되어 규모가 커진다.

오답 피하기

① 돌리네는 람사르 협약 지정 습지가 아니다. ② 돌리네는 고생대에 형성된 석회암이 분포하는 곳에 주로 나타난다. ③ 돌리네는 배수가 양호하기 때문에 밭으로 이용된다. ④ 지표면에는 석회암이 풍화된 토양인 붉은색의 테라로사가 나타난다.

[서술형] **1~3.** 해설 참조

1. A는 폴리에, B는 우발라, C는 돌리네이다. 돌리네는 빗물이 지하로 스며드는 배수구 주변이 빗물에 용식되어 만들어진 와지이다. 우발라는 돌리네의 성장으로 인접한 것들끼리 붙어서 형성된 복합 돌리네이다. 폴리에는 우발라보다 훨씬 큰 용식성 골짜기이다. D는 종유석, E는 석순, F는 석주이다. 모두 물속에 녹은 탄산 칼슘이 침전이 되어 오랜 시간 쌓여 형성된 것으로 천장에서 자라는 것이 종유석, 바닥에서 자라면 석순, 종유석과 석순이 합쳐지면 석주가 된다.

2. A는 화구호, B는 용암 대지이다. 화구호는 화산의 분출로 인해 형성된 화구에 물이 고여 형성된 호수이다. 용암 대지는 갈라진 지각 틈 사이로 유동성이 큰 현무암질 용암이 열하 분출하여 형성된 넓은 대지이다.

3- (1) 제주도에 나타나는 하천은 기반암인 현무암에 절리가 발달하여 지하로 스며들어 대부분 건천의 특징이 나타나며, 하천 주변은 수직의 절벽인 단애가 나타난다.

3- (2) B 화산은 점성이 큰(유동성이 작은) 용암이 분출하여 급경사를 띠고, C 지역은 점성이 작은(유동성이 큰) 용암이 분출하여 평야처럼 완만한 화산 지형이 나타난다.

Chapter 03 기후

01. 기후 요인과 기후 요소

···› p.102

[선택형] **1.** ② **2.** ② **3.** ② **4.** ④

1. 제시된 두 지역은 각각 사막 기후(BW) 지역인 사우디아라비아와 고산 기후(AH) 지역인 페루이다. 건조 기후 지역은 대기 중의 열을 잡아 둘 수 있는 공기 중의 수분이 적기 때문에 일교차가 매우 크다. 한편 고산 기후 지역은 고도가 높아 공기 밀도가 낮으므로 일교차가 크다.

오답 피하기

① 페루에 대한 설명이다. ③ 사우디아라비아에 대한 설명이다. ④ 차갑고 건조한 지방풍의 영향을 받는 지역으로는 보라(Bora)의 영향을 받는 아드리아 해안, 팜페로(Pampero)의 영향을 받는 아르헨티나 팜파스 지방, 미스트랄(mistral)의 영향을 받는 론 강 유역, 블리자드(Blizzard)의 영향을 받는 북아메리카 지방 등이 있다. ⑤ 제시된 지역은 계절풍이 뚜렷한 지역이 아니며, 계절풍이 뚜렷한 지역은 남아시아, 동남아시아, 동아시아, 오스트레일리아 북부, 서아프리카 등이 있다.

2. 적도 수렴대는 남동 무역풍과 북동 무역풍이 수렴하는 저압대 지역으로 1월에는 남반구, 7월에는 북반구에 위치한다. 그러므로 ㈎는 북반구의 여름인 7월경이며, ㈏는 남반구의 여름인 1월경에 해당한다. ② 북반구의 A는 겨울인 ㈏ 시기보다 여름인 ㈎ 시기에 정오의 태양 고도가 높다.

오답 피하기

① 북반구의 A는 적도 수렴대의 영향을 받는 여름인 ㈎ 시기가 겨울인 ㈏ 시기에 비해 강수량이 많다. ③ 남반구의 B는 겨울인 ㈎ 시기보다 여름인 ㈏ 시기에 밤의 길이가 짧다. ④ 남반구의 B는 여름인 ㈏ 시기보다 겨울인 ㈎ 시기에 평균 기온이 낮다. ⑤ C의 평균 기압은 ㈎ 시기에 1,014hPa 정도이며, ㈏ 시기에 1,010~1,012hPa 정도이므로 ㈎ 시기가 ㈏ 시기보다 평균 기압이 높다.

3. ① ㈎는 A~C가 각각 대륙의 서안－내륙－동안에 해당한다. 이 위도에서 1월 평균 기온은 북대서양 난류의 영향을 받는 서안의 A가 가장 높으며, 동안인 C가 그다음으로 높고, 대륙 내부에 위치하여 겨울이 매우 추운 내륙이 가장 낮다. ③ ㈐의 A~C는 각각 Dw－BW－Aw에 해당한다. 그러므로 7월 강수량은 우기의 사바나인 C가 가장 많으며, 건조 기후가 나타나는 내륙 사막 지역인 B가 가장 적다. ④㈑의 A~C는 각각 Aw－BW－Cs에 해당한다. 그러므로 연 강수량은 열대 기후인 A가 가장 많고, 건조 기후인 B가 가장 적다. ⑤ ㈒의 A~C는 각각 Df－Cfa－Aw에 해당한다. 그러므로 기온의 연교차는 고위도 지역에 위치한 A가 가장 크고, 저위도 지역에 위치한 C가 가장 작다.

오답 피하기

② (나)의 A~C는 각각 BW-Af-Cs에 해당한다. 한편 A와 B는 북반구이므로 7월이 여름이며, C는 남반구이므로 7월이 겨울이다. 따라서 7월 평균 기온은 여름의 사막인 A가 가장 높고, 열대 우림인 B가 그다음이며, 겨울에 해당하는 C가 가장 낮다.

4. 지도의 A~D 지역은 모두 연안에 한류가 흐르고, 심해의 차가운 물이 표층으로 상승하는 용승 현상이 나타나는 곳이어서 연안의 대기가 안정되어 강수량이 적다. ㄴ. 엘니뇨가 나타나면 무역풍의 약화로 B 부근의 용승이 약화됨에 따라 이 지역(동태평양 수역)의 해수면 온도가 평년보다 높아지게 된다. ㄹ. D는 벵겔라 한류와 아열대 고압대의 영향을 동시에 받는 곳이어서 인접한 해안에 사막(나미브 사막)이 형성된다. 따라서 정답은 ㄴ과 ㄹ이다.

오답 피하기

ㄱ. A 해안은 캘리포니아 한류의 영향으로 여름이 건조한 지중해성 기후가 나타난다. ㄷ. C는 카나리아 한류의 영향으로 동위도 인접 해역보다 수온이 낮다.

[서술형] **1~2.** 해설 참조 **3.** (가) ㉠ 태양 복사 에너지 ㉡ 지구 복사 에너지 (나) 대기 대순환, 해류 순환 등

1 - (1) 응결 고도 B의 높이: 1,200m(이슬점 감률 고려 시 1,500m), B 지점 기온: 10℃, C 지점 기온: 7℃, D 지점 기온: 25℃

기온이 22℃인 A 지점의 건조 공기는 이슬점 온도(T_d)인 10℃가 될 때까지 건조 단열 변화를 하게 된다(100m 당 1℃씩 기온 감소). 응결 지점(B)의 기온인 10℃까지는 12℃ 만큼 감소했으므로 이 지점의 해발 고도(응결 고도)는 1,200m가 된다. 만일 이슬점 감률 -0.2℃/100m를 고려하여 계산한다면, 응결 고도 $H=125(T-T_d)=125\times(22-10)=1{,}500$m가 된다. B 지점은 응결 고도에 해당하므로 이 지점의 기온은 이슬점 온도인 10℃이다. B 지점에서 C 지점까지는 습윤 단열 변화를 하므로(100m당 0.5℃씩 기온 감소), 600m 증가하는 동안 3℃ 만큼 감소하여 C 지점에서는 기온이 7℃가 된다. C 지점에서 D 지점까지는 고도가 감소하므로 단열 압축되어 기온이 상승한다. C 지점까지 수증기를 소비하였으므로, C 지점에서 D 지점까지는 건조 단열 변화를 하여 총 1,800m를 내려오는 동안 18℃ 만큼 상승하게 된다. 그러므로 정상인 C 지점의 기온 7℃는 D 지점에서 25℃가 된다.

1 - (2) 유입되는 공기의 상대 습도가 높을수록 공기가 넘어가는 지형의 해발 고도가 높을수록 바람받이 사면에서 습윤 단열 변화 과정을 오래 거칠 수 있게 되므로 양 사면 간의 온도 차이는 커져서 푄 현상이 강화될 것이다. 진행하는 공기가 지형을 넘어가는 동안 바람받이 사면에서 응결하고 습윤 단열 변화 과정을 거쳐야만 반대 사면인 바람그늘 사면이 고온해지고 건조해지는 푄 현상이 나타날 수 있다. 푄 현상으로 인한 양 사면 간 온도 차이는 바람받이 사면의 습윤 단열 변화 과정에 달려 있다. 만일 유입되는 공기(A 지점)가 매우 습윤한(상대 습도가 높은) 공기라면 이슬점 온도 역시 높을 것이며, 이 경우 고도의 상승에 따라 빠르게 이슬점에 도달하여 습윤 공기가 될 것이다. 습윤 단열 변화 과정을 오랫동안 거치게 되면(100m 당 0.5℃씩 감소) 해당 고도만큼 반대 사면에서 건조 단열 변화를 거치는 동안(100m 당 1℃씩 증가) 승온 효과가 크게 나타나므로 양 사면(A와 D 지점) 간 온도 차이는 더욱 커지게 될 것이다.

2 - (1) 열적도는 각 경도 상에서 기온이 가장 높은 지점을 연결한 것이므로 단순히 위도 0°인 적도와는 일치하지 않는다. 지구가 자전축을 기준으로 23.5° 기울어진 채로 태양 주위를 공전하고 있기 때문에 기본적으로 열적도는 계절에 따라 남·북위 각각 23.5° 만큼 회귀하여 이동하게 된다. 따라서 7월에는 열적도가 북반구에, 1월에는 남반구에 위치하게 된다. 한편 열적도는 위도에 평행하지 않고 만곡되어 있다. 더욱이 계절별 열적도가 아닌 연평균 열적도의 분포 역시 적도와 일치하지 않고 다소 북반구 쪽으로 치우친 채로 만곡되어 있다. 이것은 남반구와 북반구의 대륙 면적 차이 때문이다. 북반구는 대륙이 면적의 대부분을 차지하는 육반구에 해당하며, 남반구는 해양이 면적의 대부분을 차지하는 수반구에 해당한다. 이 때문에 평균적으로 북반구가 남반구에 비해 더 효율적으로 데워지게 되므로 연평균 열적도는 북반구 쪽으로 치우쳐 만곡되어 있다. 또한 북반구에서도 아프리카나 아시아 등 대륙이 있는 곳은 열적도가 북쪽으로 더욱 만곡되어 있으며, 북태평양이나 북대서양처럼 바다인 곳은 열적도의 만곡 정도가 작은 편이다.

2 - (2) 열적도는 기온이 가장 높은 위도에 해당하므로 가열에 의한 상승 기류가 잘 발달하여 저기압대를 형성하게 되는데, 이를 적도 저압대라고 한다. 또한 공기가 상승함에 따라 주변 공기가 수렴하므로 열대 수렴대(ITCZ, Intertropical Convergence Zone) 라고 칭하기도 한다. 전반적으로 대기 대순환에 의한 상승 기류를 형성하게 되므로 세계의 주요 다우지들은 기본적으로 이 열대 수렴대에 분포하게 된다. 계절에 따른 태양의 회귀로 열대 수렴대는 남북으로 이동하지만 항상 열대 수렴대에 걸치게 되는 적도 지역은 열대 우림 기후 지역(Af)을 형성하여 세계의 주요 다우지가 된다. 서부 아프리카의 기니 만 연안 지역, 인도네시아를 비롯한 동남아시아 지역, 아마존 강 유역 등이 대표적이다. 특히 인도양의 벵골 만 지역은(인도의 아삼 지방과 체라푼지) 열대 수렴대의 이동에 따라 형성되는 남서 계절풍이 히말라야 산맥의 높은 산지와 만나 지형성 강수를 형성하여 세계 최다우지를 형성한다.

2 - (3) 해발 고도

세계의 강수량 분포는 기본적으로 대기 대순환의 영향이 크다. 위도에 따라 고압대가 형성되는 지역은 소우지(30°, 극)와 저압대가 형성되는 지역은 다우지(적도)가 된다. 여기에 수륙 분포(대륙도, 격해도), 지형 및 해발 고도 등이 반영되어 있다. 세계의 연평균 기온 분포는 기본적으로 위도를 반영하고 있으며, 수륙 분포와 해류 등이 반영되어 등온선이 만곡된 형태를 보이고 있다. 그러나 세계의 기온 분포는 해발 고도의 영향을 고려하여 반영하기가 어렵다. 기후 요인으로서의 해발 고도는 좁은 지역의 기온 분

포 설명에는 유용하나, 세계의 전체적인 기온 분포에 적용할 경우는 위도, 수륙 분포, 해류 등의 기본적인 기후 요인들의 영향이 과소평가될 수 있다. 이 때문에 세계의 기온 분포도는 기온 감률을 고려하여 해수면 값으로 각 지점 기온 자료를 보정하는 해면 경정(海面更定)한 자료로 작성하게 된다.

3. 그림은 위도대별 열수지를 나타낸 모식도이다. 지구 전체적으로는 열수지가 균형을 이루고 있지만 고위도 지역은 태양으로부터의 수열량에 비해 지구의 방열량이 많아 열이 부족하며, 저위도 지역은 반대로 열이 과잉된다. 그러므로 ㉠은 태양으로부터 복사 유입되는 태양 복사 에너지이며, ㉡은 지구가 방출하는 지구 복사 에너지에 해당한다. 지구는 다양한 방식으로 저위도의 남아도는 에너지를 고위도로 보내는 순환을 만들어 이와 같은 위도대별 열수지의 불균형을 해소하고 전 지구적인 열수지의 평형을 이루게 되는데, 이의 대표적인 열 수송 방식으로는 대기 대순환이나 해류의 순환과 같은 대순환 형태의 열 수송이 있으며, 열대 저기압의 이동이나 제트 기류 등도 지구의 열 균형에 기여하고 있다.

02. 세계의 기후

⋯› p.112

[선택형] **1.** ① **2.** ② **3.** ② **4.** ④

1. ㈎는 적도 근처이므로 열대 기후이다. ㈏는 남회귀선이 통과하고 한류인 페루 해류의 영향을 받는 아타카마 사막임을 알 수 있다. 이곳은 세계에서 강수량이 가장 적은 이키케이다. ㈐는 남위 40°에서 조금 북쪽이므로 지중해성 기후이다. 남반구는 1월이 여름, 7월이 겨울이므로, 사바나 기후인 ㈎는 1월 강수량이 7월보다 많으며, 지중해성 기후인 ㈐는 7월 강수량이 1월 강수량보다 많다.

2. A는 최한월 평균 기온이 18℃ 이상이고 우기와 건기가 뚜렷이 구분되는 사바나 기후 지역, B는 겨울철 강수량이 많은(남반구는 6~8월이 겨울) 지중해성 기후 지역, C는 연 강수량이 250~500mm인 스텝 기후 지역, D는 연 강수량이 균등한 서안 해양성 기후 지역, E는 온대 습윤 기후 지역을 나타낸 것이다. 남서부의 지중해성 기후 지역에서는 포도, 사과, 오렌지 등의 과일 생산이 많다.

오답 피하기

A 지역에서는 사탕수수 재배가 활발하고, C 지역에서는 목양, D 지역은 낙농업과 혼합 농업이 활발하다.

3. ㈎는 스텝 기후 지역, ㈏는 사바나 기후 지역이다. 스텝 기후와 사바나 기후는 점이적 기후에 해당한다.

오답 피하기

철수: ㈎ 지역은 비록 연평균 기온이 높아도 강수량이 적어서 식생이 발달하기 어렵다.

미령: 제시된 그래프를 통하여, 강수량이 500mm를 넘어도 건조 기후가 될 수 있음을 알 수 있다.

유이: 제시된 그래프를 통하여, 강수량이 500mm보다 적어도 습윤 기후가 될 수 있음을 알 수 있다.

4. ㈎는 열대 기후가 없는 것으로 보아 유럽, ㈏는 냉대 기후가 없으므로 남아메리카, ㈐는 냉대와 한대 기후가 없고 건조 기후 지역이 가장 넓은 것으로 보아 오스트레일리아에 해당한다.

오답 피하기

유럽은 구대륙, 아메리카와 오스트레일리아는 신대륙이라고 부른다.

[서술형] **1~3.** 해설 참조 **4.** ㈎ 열대 우림 기후, ㈏ 지중해성 기후, ㈐ 지중해성 기후, ㈑ 서안 해양성 기후, ㈒ 열대 몬순 기후 **5~6.** 해설 참조

1. 벽은 두껍고 창문은 작으며, 여름철 강한 햇볕을 피하기 위해 벽을 하얀색으로 칠한다.

2. 기온의 연교차보다 일교차가 큰 기후 지역은 열대 기후(A) 지역, 건조 기후(B) 지역, 고산 기후(H) 지역이다. 우선, 열대 기후가 나타나는 저위도 지역은 수열량이 가장 많은 위도대이므로 연중 기온이 높아 기온의 계절 차도 매우 작다. 열대 기후 지역은 습도가 높아 일교차도 크지 않지만, 연교차가 일교차보다도 더 작게 나타난다. 두 번째로, 건조 기후 지역은 대기 중의 수증기가 적기 때문에 일교차가 매우 크다. 사막의 경우 한낮에는 기온이 40℃ 이상 올라가지만 밤에는 영하로 떨어지기도 한다. 마지막으로 고산 기후 지역 역시 연교차보다 일교차가 크다. 고산 지역은 열을 잡아 둘 수 있는 공기의 밀도가 낮기 때문에 일교차가 매우 큰 편이다. 연교차와 일교차의 차이는 특히 저위도에 위치한 열대 고산 지역에서 더욱 뚜렷하다. 열대 고산 지역 역시 저위도 지역이므로 연중 봄과 같은 상춘 기후가 나타나 연교차가 매우 작은데 반해, 공기 밀도가 낮아 일교차가 매우 크다.

3. 제시된 기온 등치선을 보면 최한월 평균 기온이 -35℃까지 내려가고 최난월 평균 기온이 0~10℃인 툰드라 기후 지역임을 알 수 있다. 툰드라 기후 지역은 위도가 높아 여름을 제외한 기간에는 일교차가 작고, 군사적 요충지이자, 자원 개발지로서 중요성이 부각되어 주민 생활이 변화하고 있는 곳이다.

4. ㈎는 연중 월평균 기온 27℃ 내외로 기온의 변화가 매우 작으며, 강수량도 연중 고르고 연 강수량 2,000mm 이상인 것으로 보아 열대 우림(Af) 기후로 판단할 수 있다. ㈏는 최한월이 7월에 나타나는 것으로 보아 남반구에 위치하고 있는 지역이다. 최한월 평균 기온이 11℃로 3℃ 이상,

18℃ 미만이므로 온대 기후이며, 여름(1월)이 고온 건조하고, 겨울(7월)이 온난 습윤하므로 지중해성(Cs) 기후이다. 즉, 남반구에 위치한 지중해성(Cs)기후 이다. ㈐는 최난월이 7월에 나타나는 것으로 보아 북반구에 위치하고 있는 지역이며, 이 지역의 기온 패턴 역시 ㈏와 같이 여름(7월)이 고온 건조하고, 겨울(1월)이 온난 습윤하므로 북반구에 위치한 지중해성(Cs) 기후로 볼 수 있다. ㈑는 최한월 평균 기온이 3℃로 −3℃ 이상, 18℃ 미만이므로 ㈏, ㈐와 같은 온대 기후에 속하지만, 강수량이 연중 고른 것으로 보아 중위도 대륙 서안의 서안 해양성(Cfb) 기후로 볼 수 있다. ㈒ 역시 ㈑와 같은 온대 기후이지만, 강수량이 여름에 집중되어 있고 겨울이 건조한 것으로 보아 중위도 대륙 동안의 아열대 습윤 기후(온난 습윤 기후, Cfa · Cwa)로 볼 수 있다.

5. 두 지역 모두 서안 해양성 기후 지역으로 해양의 영향을 많이 받아 기후가 온화하고 연교차가 작은 편이지만 밴쿠버는 한대 전선과 지형성 강수의 영향으로 강수량이 많다.

6. 쾨펜의 기후 구분에서 냉대 기후(D)는 최한월 평균 기온 −3℃ 미만이면서 최난월 평균 기온이 10℃ 이상인 기후를 말한다. 이처럼 냉대 기후는 기후 구분 기준의 범위가 넓기 때문에 최난월 평균 기온이 22℃ 이상으로 올라가는 곳이 있는가 하면(Dfa, Dwa) 최한월 평균 기온이 −38℃ 미만으로 내려가는 곳도 있어(Dfd, Dwd), 온대 기후와 한대 기후의 점이적 기후로 보기도 한다.
이와 같은 기후 특성은 연교차가 클 수밖에 없으므로, 냉대 기후를 이해하는 데 가장 중요한 요소 중 하나는 바로 대륙도이다. 따라서 냉대 기후는 대륙이 넓은 북반구에서 중위도와 고위도에 걸쳐 넓게 분포하고 있으며, 대륙이 거의 없이 대부분 해양으로 구성되어 있는 남반구의 40°~70° 사이에서는 냉대 기후가 나타나지 않는다. 즉, 위도 40° 이상에 위치한 뉴질랜드나 칠레 남부 지방까지 C 기후가 나타나지만 D 기후가 없이 바로 남극의 E 기후로 이어진다. 이는 냉대 기후를 단순히 온대 기후와 한대 기후를 연결하는 점이적 기후로 단정 지을 수만은 없음을 보여 준다. 결국 D 기후의 존재는 온대 기후와 한대 기후 사이에서 대륙이 어떻게 영향을 미치는지에 따라 결정된다고 볼 수 있다.

03. 우리나라의 기후 ···→ p.126

[선택형] **1.** ② **2.** ④ **3.** ① **4.** ⑤

1. A 지역은 강수의 계절 편차가 가장 작고 겨울 기온이 비교적 온화한 편이므로 세 지역 중 해양의 영향이 가장 큰 지역임을 추론할 수 있다. 또한 겨울 강수량도 많은데, 특히 강수의 계절 차이를 함께 고려할 경우 이런 형태의 기후 특성을 나타내는 우리나라의 지역은 울릉도임을 쉽게 알 수 있다. B 지역은 세 지역 중 강수량의 계절 편차가 가장 크고 겨울 기온이 가장 낮으므로 육지의 영향이 가장 큰 지역임을 추론할 수 있다. 즉 하계 강수 집중률이 세 지역 중 가장 높으며, 겨울이 건조한 중부의 내륙 지역일 것이다. C 지역은 전체적으로 강수량이 세 지역 중 가장 많으며 특히, 겨울 기온이 가장 온화한 것으로 보아 위도가 매우 낮은 지역에 위치하고 있음을 추론할 수 있다.

오답 피하기

ㄴ. 무상 일수는 서리가 내리지 않는 날의 수를 말하며 따뜻한 지역일수록 무상 일수가 많다. 기온 분포상 전체적으로 C 지역이 B 지역보다 기온이 높으므로 무상 일수 역시 많음을 알 수 있다. ㄹ. 하계 강수 집중률은 단순히 여름에 강수량이 많음을 뜻하는 것이 아니라, 연 강수 중 여름에 얼마나 집중하느냐를 나타내는 것이다. 따라서 하계 강수 집중률은 연강수량 대비 여름 강수량의 비율로 계산하게 된다. C의 경우 B보다 여름 강수량은 많지만, 전체 강수량 대비 여름 강수량의 비율은 B가 더 크다. 그러므로 하계 강수 집중률이 가장 높은 지역은 B이다.

2. 봄철의 마지막 서리가 내린 날부터 가을철의 첫서리가 내린 날까지 서리가 내리지 않는 기간을 무상 기간이라 한다. 서리가 내린다는 것은 작물이 정상적으로 생육할 수 없음을 뜻하므로 무상 기간은 작물의 생육 가능 기간을 결정하는 매우 중요한 기후 요소가 된다. 이 무상 기간은 대체로 고위도로 갈수록 짧아지고, 저위도로 갈수록 길어진다. 동위도 상에서는 해양의 영향을 많이 받는 해안이 내륙에 비해 무상 기간이 긴 편이다. 우리나라의 경우 같은 해안이라도 황해에 비해 많은 수량(水量)으로 해양의 영향이 더 큰 동해안 지역이 서해안보다 무상 기간이 긴 편이다. 따라서 동위도 상에 위치한 A(보령), B(보은), C(영덕)의 세 지역 중에서 동해안의 C, 서해안의 A, 내륙의 B 순서대로 무상 기간이 길게 나타난다.

3. 우리나라의 대표적 다설지로 울릉도와 더불어, 영동 지역과 호남 서해안 지역을 들 수 있다. 이 문항에서 ㈎, ㈏는 주요 다설지의 강설 기구를 설명하고 있으며, 제시된 1월 강수량 분포도는 강우와 강설을 모두 포함한 대략적인 겨울 강수 분포를 보여 주고 있다. 1월 강수량 분포와 적설량 분포는 정확히 일치하지는 않지만 대략적이나마 다설지의 분포를 추론할 수 있는 자료로 사용될 수 있다.
㈎는 호남 서해안 지역의 강설 기구 설명이다. 한랭한 대륙 기단(cP)이 확장하여 따뜻한 황해를 지나면서 온도 차에 의한 눈구름이 형성되면 호남 서해안에 상륙하여 많은 눈을 뿌리게 된다. 이를 오대호 연안 강설의 호수 효과에 빗대어 '바다 효과'라고도 부른다. 이에 해당하는 지역은 ㄴ이다.
㈏는 영동 지역의 강설 기구 설명이다. 대륙 기단에서 분리된 이동성 고기압이 한반도의 북부 지방을 지나는 경우, 고기압의 중심이 동해 상에 위치하게 된다면 영동 지역은 북동 기류의 영향을 받게 된다. 이 경우 동해를 지나면서 습기를 머금은 공기가 급경사의 태백산맥에 부딪히고 상승하면서 폭설을 유도하게 된다. 이에 해당하는 지역은 ㄱ이다.

4. 자료의 A는 황사이다. 황사 발원지인 중국 및 몽골의 건조 지역은 겨우내 얼어 있다가 봄이 되어 기온이 올라가면 점차 녹아, 날려 불기 좋은 상태가 된다. 이 때문에 황사는 주로 봄철에 발생한다. 그러나 여름에는 해양 기단이 확장함에 따라 대기 중의 수증기가 증가하여 황사가 날려 불기 어려워진다. 제시된 우리나라에 발생하는 황사의 월평균 발생 일수를 보면 봄철에 매우 집중되어 있고, 여름에는 거의 발생하지 않음을 알 수 있다.

오답 피하기

① 태풍에 대한 설명이다. ② 적조 현상이 발생하면 황토를 뿌려 적조 현상을 완화시키기도 한다. 황사가 적조 현상을 직접적으로 해결해 준다고 보기는 어렵지만, 지문처럼 적조 현상을 심화시키지는 않는다. ③ 폭염에 대한 설명이다. ④ 여름 냉해와 관련된 설명이다. 오호츠크 해 고기압이 평년보다 강해지는 해에는 장마 전선의 북상이 늦어지게 되고, 오호츠크 해 고기압의 영향이 오랫동안 지속되면서 특히 영동 지방을 중심으로 여름 냉해가 자주 발생하게 된다.

[서술형] **1~3. 해설 참조**

1. 위성 영상 자료는 1월 중 대륙 고기압(cP, 시베리아 고기압)이 강력하게 확장한 날의 것이다. 육지 부분인 중국과 한반도는 고기압의 영향으로 매우 맑고 강력한 한파가 있음을 알 수 있으며, 구로시오 난류 역에 해당하는 바다 지역은 확장한 한대 고기압과의 온도 차이로 구름이 폭넓게 형성되어 있다. 특히 확장한 고기압이 황해를 지나면서 따뜻한 바다와의 온도 차이로 형성한 눈구름이 황해안에 상륙하면서 많은 눈을 뿌리는 '바다 효과'도 나타나고 있다. 동해 쪽에서도 울릉도를 중심으로 구름이 폭넓게 형성되어 있으며 울릉도 역시 많은 눈이 내리고 있을 것을 것이다. 전체적으로 시베리아 쪽의 고기압과 홋카이도 쪽의 저기압이 전형적인 서고 동저형 기압 배치를 형성하고 있다.
우선 대륙 고기압의 확장에 따라 우리나라에는 강력한 한파가 몰아닥치고 있으므로, '동(動)기후적 요인'으로서의 기단이 가장 중요한 기후 요인으로 작용하고 있다. 또한 구로시오 난류의 영향으로 온도 차에 의한 많은 눈을 형성하고 있으므로 해류 역시 중요한 기후 요인이다. 흥미로운 사실 중 하나는, 동해안의 해안선을 따라 연안의 일정 영역에서 구름이 보이지 않고 깨끗한 모습이 나타난다는 점이다. 이는 태백산맥이 북서풍에 내안 지형 장벽으로서의 역할을 어느 정도 하고 있음을 보여 주는 것이다. 즉 기후 요인으로서 지형의 역할도 살펴볼 수 있다. 추가로 서해안 일대에 바다 효과로 폭설이 내리고 있는 가운데 경기만 일대는 구름도 없이 깨끗한 모습을 또한 볼 수 있다. 이는 옹진반도가 북서풍에 대한 장벽 역할을 했기 때문이다.

2. 벼는 열대작물에 속한다. 그러므로 기본적으로 온대 기후 지역보다 열대 기후 지역이 재배에 적합하다. 구체적으로는 벼의 생육에 가장 중요한 기후 요소는 기온이며, 그다음으로 강수량이다. 다른 열대작물의 경우 생육에 최저 기온 조건이 중요한 데 비해, 벼는 한해살이 작물이라 1년 중에서도 벼의 이삭이 패고(출수기), 낟알이 맺혀 영그는(수잉기) 2~3개월의 짧은 기간 동안만 열대 지방과 같은 충분한 무더위와 강수가 제공된다면 얼마든지 온대나 냉대 기후 지역에서도 재배가 가능하다. 이는 모두 계절풍에 달려 있다. 여름 계절풍이 존재하여 벼의 생육기 중 중요한 2~3개월만 열대 지방과 같은 환경을 만들어 줄 수 있다면 열대 지방이 아니더라도 벼를 재배할 수 있다는 이야기이다.
연중 고온하고 강수가 풍부한 열대 몬순 기후(Am) 지역이 벼 재배의 최적지이다. 열대 몬순 기후(Am)는 비록 건기가 있지만 짧고, 긴 우기 동안 계절풍에 의해 강수량이 충분히 공급되기 때문에 거의 연중 2~3번가량의 연속 재배(기작)가 가능하다. 세계적 벼농사 지역인 동남아시아 계절풍 지역은 3기작까지도 가능하다.
우리나라와 같은 온·냉대 계절풍 지역은 여름에 열대 해양으로부터 매우 고온 습윤한 계절풍이 불어온다. 여기에 한대 전선대에 의한 장마가 함께하는데, 바로 이 시기가 벼의 생육에 있어 가장 중요한 시기와 맞물리게 된다. 벼의 품종에 따라 다르지만 우리나라는 대개 4~5월에 모내기를 하고 7~8월에 출수기와 수잉기를 거쳐 낟알이 성숙하게 되면 9~10월에 추수를 하는 형태이다. 즉 열대 지방과 같은 기후 환경은 딱 7~8월에 집중적으로 필요한데 이를 여름 계절풍이 충족시켜 주므로 우리나라를 비롯하여 동북아시아 계절풍 지역이 벼를 재배할 수 있게 된 것이고 쌀을 주식으로 삼고 살아갈 수 있게 하였던 것이다.

3. 기상 이변이 있었던 어느 해 여름에 자주 나타났던 ㈎의 일기도는 여름임에도 불구하고 오호츠크 해 쪽의 고기압이 여전히 세력을 형성하고 있는 형태이다. 오호츠크 해 고기압은 러시아 오호츠크 해에서 주로 봄철에서 초여름에 걸쳐 발원한다. 봄이 되면서 시베리아 일대의 눈이 녹아 아무르 강을 통해 오호츠크 해 일대에 유입되는데, 이 차가운 융설수가 오호츠크 해 고기압의 냉량하고 습윤(mP)한 성질의 원인이 된다. 따라서 이 오호츠크 해 고기압은 늦봄에서 초여름에 걸쳐 우리나라에 영향을 미치게 되는데, 특히 서서히 세력을 확장해 오는 북태평양 고기압(mT)과 한대 전선대를 형성하게 된다. 이 한대 전선대는 두 기단이 팽팽히 맞서는 동안 동북아시아 일대에서 정체하면서 장마의 형태로 장기간 비를 내린다.
오호츠크 해 고기압은 발원지인 오호츠크 해역이 그리 넓지 않기 때문에 늦봄에서 초여름 사이에 비교적 짧은 기간 동안 주변에 영향을 미친다. 대개 장마 전선을 형성하고 열대 기단과 세력 다툼을 하다가 강력하게 확장하는 열대 기단(북태평양 고기압)의 세력에 밀려 쇠락하게 되는 것이 일반적이다. 그러나 오호츠크 해 기단의 세력이 이상 강화되는 해에는 우리나라의 경우 봄철 북동풍이 잦아지면서 영서 지방 쪽의 가뭄이 심화되기도 하고, 특히 장마 전선의 북상을 늦추게 되므로 여름철 냉해의 원인이 되기도 한다. 이 경우 벼의 유효 적산 온도가 충분히 축적되지 못하고 강수량도 부족하여 낟알이 제대로 맺히지 못하므로 흉작의 결정적 원인이 된다.

04. 기후 변화와 식생 및 토양

⋯→ p.136

[선택형] **1.** ③ **2.** ① **3.** ③ **4.** ① **5.** ③

1. ㄴ. (나)의 8월(여름) 평균 기온의 경우 인천, 강릉, 목포, 부산 등의 해안 도시는 서울, 청주, 전주, 대구 등의 내륙 도시에 비해 기온의 평균 상승 폭이 비교적 작은 편이다. ㄷ. (나)의 8월(여름) 평균 기온의 경우 대구, 부산 등의 영남권 도시는 서울, 인천 등의 수도권 도시에 비해 기온의 평균적 상승 폭보다 작은 편이다.

오답 피하기

ㄱ. (가)의 1월(겨울) 평균 기온의 경우 서울, 인천, 대구, 부산 등 특별시와 광역시는 그 외의 강릉, 청주, 전주, 목포 등의 도시에 비해 기온의 평균 상승 폭이 훨씬 더 크다. 이는 우리나라의 기온 상승 경향이 도시 지역에서 더욱 크게 나타나고 있음을 보여 준다. ㄹ. 기온의 상승 폭은 (가)의 1월(겨울) 평균 기온 상승 폭이 (나)의 8월(여름) 평균 기온 상승폭보다 평균적으로 더 크게 나타난다. 이는 우리나라의 기온 상승 경향이 겨울을 중심으로 뚜렷하게 나타나고 있음을 보여 준다.

2. 엘니뇨를 다룬 문제로 엘니뇨의 정의, 원인, 영향에 대한 전반적인 지식이 있어야 정확히 정답을 추론해 낼 수 있겠지만, 문제에 제시된 모식도와 기후 자료를 통해서 정답을 유추하는 것도 크게 어렵지 않다. 모식도는 엘니뇨가 발생했을 경우 오스트레일리아 동부 지역의 강수량이 전반적으로 감소했음을 나타내고 있다.

① 정상인 해에는 보통 서태평양인 오스트레일리아와 인도네시아 부근에 저기압대가 형성되고 비가 내림에 따라 이 지역에서 잦은 산불을 진화해 주는 역할도 하게 되는데, 엘니뇨가 발생하면 저기압대가 동태평양 해역으로 이동함에 따라 서태평양 지역의 산불 발생 가능성이 높아지게 된다.

오답 피하기

② 학계에서는 무역풍의 이상 약화를 엘니뇨의 가장 직접적인 원인으로 보고 있다. ③ 무역풍 약화로 오스트레일리아 북동부 해역인 서태평양 지역까지 난수역이 미치지 못하므로 이 지역의 수온은 평년에 비해 낮아질 것이다. ④ 무역풍의 약화로 저기압대가 이 지역까지 이동하지 못하여 평년보다 강수량이 감소하여 건조해지므로 밀 생산량이 감소할 것이다. ⑤ 무역풍의 약화로 난수역이 이 지역까지 이동하지 못하므로 해수 온도가 평년보다 낮아 열대성 저기압의 발생 빈도는 줄어들 것이다.

3. (가) 지역은 최난월 평균 기온이 26.3℃에 연교차가 1.3℃이므로 최한월 평균 기온은 25.0℃이다. 최한월 평균 기온이 18℃ 이상이므로 쾨펜의 기후 구분상 A(열대) 기후에 해당한다. 한편 최소월 강수량이 86mm로 A 기후이면서 60mm 이상이므로 연중 습윤한 f, 즉 Af(열대 우림) 기후 지역이라고 볼 수 있다. (나) 지역은 최난월 평균 기온이 4.0℃에 연교차가 32.0℃이므로 최한월 평균 기온은 −28.0℃이다. 최한월 평균 기온이 −3℃ 이하이면서, 최난월 평균 기온이 4.0℃로 10℃ 미만, 0℃ 이상에 해당하므로 쾨펜의 기후 구분상으로 ET(툰드라) 기후에 해당한다. ㄴ. 라테라이트 토양은 열대 기후 지역에서 넓게 나타나는 토양이다. 고온 습윤한 기후 환경에서 비가용성 광물들 중 Fe^{2+}, Fe^{3+} 등이 산화되어 잔존함에 따라 붉은색을 띠게 되는데 이를 라테라이트 토양이라 한다. ㄷ. 이끼류와 지의류는 ET(툰드라) 기후 지역의 대표적 식생 경관이다. 수목 생장의 한계 기준인 최난월 평균 기온 10℃가 안 되는 ET 기후 지역은 무수목 기후이므로 삼림대가 형성되기 어려우며, 약 2~3개월가량 기온이 영상권으로 오르는 동안 이끼류나 지의류 등의 식생이 자라 이 지역의 기후 경관을 형성하고 순록 유목의 토대가 된다.

오답 피하기

ㄱ. 관목과 장초가 섞인 경관은 Aw(사바나) 기후에 해당한다. Af는 밀림을 형성한다. ㄹ. 비옥한 밤색토는 반건조 BS(스텝) 기후 지역에서 잘 나타난다.

4. (나)는 열대 우림(Af) 기후 지역의 식생 경관 설명이다. 열대 우림 기후는 최한월 평균 기온 18℃ 이상이며 연중 습윤한 기후이므로 모식도의 A에 해당한다. B는 온대(C) 기후형이며, C는 지중해성(Cs) 기후형과 스텝(BS) 기후형을 폭넓게 포함하며, D는 사막(BW) 기후형이다. E는 최한월 평균 기온이 -3℃ 미만, 최난월 평균 기온 0~10℃이므로 툰드라(ET) 기후형에 해당한다.

5. (가)와 (나) 토양은 모두 토양 단면이 뚜렷이 분화되어 있고 기후를 반영하고 있으므로 성숙토이자 성대 토양에 해당한다. (가)는 냉량 습윤한 기후 환경의 포드졸화 작용을 묘사하고 있으며, (나)는 고온 다습한 환경에서의 라테라이트화 작용을 묘사하고 있다. ① 포드졸화 작용의 경우 냉량 습윤한 환경에서 유기 물질이 잘 분해되지 않아 강한 산성 토양이 형성된다. ② 포드졸화 작용의 경우 염기와 산화물이 용탈된 회백색 토층을 형성하게 되어, 이를 회백색토라고도 한다. ④ 우리나라 남해안의 낮고 완만한 구릉지 일대에는 적색토가 흔히 분포한다. 그러나 현재의 우리나라 기후 환경에서는 전형적 라테라이트화 작용은 일어나기 어렵다. 남해안 일대의 적색토는 과거 간빙기, 즉 지금보다 훨씬 고온하고 습윤했던 시기에 생성된 것으로 과거 간빙기에 형성된 고토양의 흔적으로 볼 수 있다. ⑤ (가), (나) 모두 각각 냉량 습윤, 고온 습윤한 기후 환경을 반영하는 성대 토양이다.

오답 피하기

③ 라테라이트화 작용의 경우 고온 습윤한 환경에서 염이 용탈되고 철, 알루미늄 등의 비가용성 광물이 잔존하는 과정에서 산화 작용을 받아 토양이 붉게 녹슬게 되는데 이는 가수 분해 과정이며, 넓게는 화학적 풍화 작용으로 간주할 수 있다. 다량의 규산염이 용탈되고 산화 작용을 받으면 토양은 산성을 띠게 된다.

[서술형] **1~3.** 해설 참조

1. 지구 복사 평형 온도는 약 -18℃로 이와 같은 기후 환경에서는 지금과 같은 생태계가 형성되기 어렵다. 그러나 실제 지표면의 평균 온도는 15℃로 인류와 생태계가 유지되기 위한 적절한 환경이 만들어져 있다. 이 33℃의 차이에 해당하는 승온 효과는 바로 지구 대기에 존재하는 온실 기체들(CO_2, H_2O, CH_4 등)에 의한 자연적 온실 효과 때문이다.
한편 산업화 이후 인류의 화석 연료 사용이 늘면서 화석 연료 연소 시 발생하는 이산화 탄소 등의 온실 기체 배출량도 빠른 속도로 증가하였다. 이와 같이 대기 중의 장파를 흡수할 수 있는 온실 기체의 배출량 증가는 자연적 온실 효과를 더욱 강화시켰으며, 이를 인위적(강화된) 온실 효과라 한다. 지구 온난화의 요인으로 주목되고 있는 다양한 가설 중 현재 가장 설득력 있게 이해되고 있는 것이 바로 이 인위적(강화된) 온실 효과이다.

2. 우리나라는 전체적으로 습윤한 기후구에 속하기 때문에 강수량보다는 기온이 식생의 분포에 더욱 큰 영향을 미친다. 즉 기온이 주된 기후 요소이며, 기온의 분포에 따라 우리나라의 식생 분포가 주로 결정된다. 한편 기온의 수평 분포에는 위도가, 수직 분포에는 해발 고도가 중요한 영향을 미치므로 식생의 분포에 영향을 미치는 기후 요인은 수평적으로는 위도, 수직적으로는 해발 고도가 된다. 위도가 높을수록 한랭한 기후에 적응한 냉대림이 나타나게 되고, 위도가 낮아짐에 따라 온대림, 난대림의 순서로 식생대가 형성된다. 반면 해발 고도가 높을수록 기온이 낮아지므로, 일정 고도 이상에서는 냉대림이 나타나고, 저지대로 내려올수록 온대림, 난대림 순서대로 나타난다. 단, 해수면 높이의 저지대가 난대림이 나타날 수 있는 지역이면서 고지대는 냉대림이 나타날 수 있을 만큼 높아야 식생의 수직적 분포를 관찰할 수 있다.

3-(1) 온량 지수는 식물 생장에 필요한 월평균 기온 5℃ 이상인 달을 기준으로 각 월평균 기온과 5℃와의 차이 값을 모두 합산한 수치이다. 즉 온량 지수는 식물 생장에 요구되는 온도를 기준으로 구한 값이므로, 식생이나 작물의 생육과 그 분포를 설명하는 데 매우 유용하게 사용되는 대표적인 농업 기후 요소이다.

3-(2) A~C 세 지점의 온량 지수는 다음과 같다.

구분	A	B	C
온량 지수	60.2	107	139.6

우리나라의 온량 지수는 대체로 60~130가량이다. A 지역은 우리나라에서 온량 지수가 가장 낮게 나타나는 개마고원 일대의 혜산이다. 이 지역은 기온이 한랭하여 냉대림이 분포하며, 대체로 침엽수림이 주를 이루는 지역이다. B 지역은 우리나라 중부 지방에 위치한 서울로 온대림이 분포하는 지역이며, 낙엽 활엽수림이 주를 이루고 있는 지역이다. C 지역은 우리나라에서 가장 온화하여 온량 지수가 가장 높게 나타나는 제주도의 서귀포이다. 이 지역은 겨울 기온이 온화하여 난대림이 분포하며, 상록 활엽수림이 주를 이루는 지역이다.

Chapter 04 인구 지리

01. 인구 변천 과정과 인구 구조

···▸ p.146

[선택형] **1.** ① **2.** ③ **3.** ① **4.** ③ **5.** ①

1. 젤린스키는 근대화의 정도에 따라 사회의 유형을 5가지로 구분하고 각 단계에서 주로 일어나는 인구 이동을 개념화하였다. 즉 초기 전환 사회에서는 주로 변방 개척으로의 인구 이동이 주된 유형으로 나타나지만, 후기 전환 사회로 오면서 농촌에서 도시로의 이동이 상당히 활발하게 진행된다. 그러나 이러한 유형의 이동도 사회가 발전하고 진보됨에 따라 점차 둔화되고 오히려 도시 간 또는 도시 내의 인구 이동이 활발하게 일어난다.

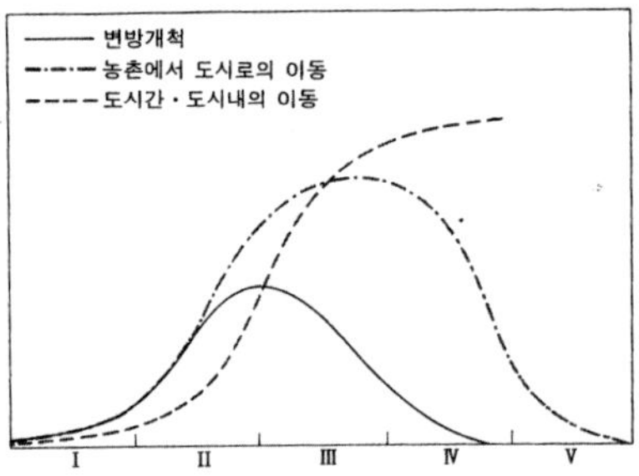

2. 제시된 인구 피라미드는 1953년의 경우 유소년층의 비중이 매우 높다. 그러나 2000년의 경우 유소년층의 비중이 줄어들었고 상대적으로 생산 연령층에 해당되는 15~64세까지의 인구 비중이 늘었다. 따라서 경제 활동 인구의 비중은 증가했지만 상대적으로 출생률은 감소했다고 볼 수 있다.

3. (가) 국가는 인도이며 1952년 산아 제한 정책을 실시했지만 여전히 인구 증가율이 매우 높다. (나) 국가는 일본이며 2006년 이후 초고령 사회에 진입하였다. 연령 계층별 인구 구성비 변화 그래프에서 A의 경우 65세 이상 인구 비율이 가장 낮고 0~14세 인구의 비율이 30%이므로 (가) 국가에 해당된다. B의 경우 전체 인구 중 65세 이상의 비율이 24%가량으로 초고령화 사회인 (나) 국가이다.

4. 중위 연령은 해당 지역의 고령화 정도에 비례한다. 따라서 C가 A보다 고령화가 더 진행되었으므로 중위 연령 또한 C가 A보다 높다. 전체적으로 유소년 부양비가 노년 부양비보다 높다. 따라서 이촌 향도로 인해 인구 감소가 나타나는 농촌 지역이라기보다는 도시 지역에 가깝다. 이 경우는 교통의 발달로 인하여 도시에서 도시 외곽 지역으로 상주인구의 유출이 발생한 것으로 볼 수 있다. B의 노년 인구 비율은 6.7%이고 청장년층 인구 비율은 75%이다. 비율상 10배 넘게 차이 나기 때문에 청장년층의 인구 또한 노년층의 10배 이상 될 것이다. C의 노령화 지수는 노년 인구를 유소년층 인구로 나눠 주면 된다. 따라서 (20÷16)×100(%)으로 계산하면

약 125의 노령화 지수가 나온다. 따라서 이 지역의 노령화 지수는 110 이상이다. A의 유소년 부양비는 18로, B의 25보다 작다.

5. 주어진 그래프에서 노령화 지수는 노년 부양비와 비례한다는 것을 알아내야 한다. (가)의 A는 노령화 지수 110 이상이며 인구 성장률도 마이너스 1.5%이다. (나) 그래프에서 ㄱ은 노년 부양비 30에 유소년 부양비 27이다. 따라서 노인이 유소년보다 많은 지역이다. B의 경우 인구 성장률은 감소하고 있지만 노령화 지수는 70으로 낮은 편이다. 따라서 (나) 그래프의 ㄴ에 해당된다. 유소년 부양비보다 노년 부양비가 낮게 나타나며 ㄷ보다 유소년 부양비가 작기 때문에 인구 성장률 또한 크지 않을 것이다. C의 경우 인구 성장률이 양의 값으로 2%이므로 유소년 부양비가 가장 큰 ㄷ에 해당된다.

[서술형] **1~5.** 해설 참조

1. 거제도의 경우 전입형 인구 피라미드인 별형, 서울의 경우 종형에 가까운 인구 피라미드를 보인다. 거제도는 남동 임해 공업 지역의 공업 도시로 조선 공업이 발달해 있다. 따라서 외부에서 일자리를 구하기 위하여 가족 단위로 이주해 오는 경우가 많았다. 따라서 청장년층과 유소년층의 비율이 상대적으로 높게 나타나는 별형의 전입형 인구 피라미드가 나타난다. 서울의 경우 대한민국의 수도이고 대도시이기 때문에 전체적으로 생산 연령층의 비중과 유소년층의 비중이 균형을 이루고 있는 종형의 선진국형 인구 피라미드를 보여 주고 있다.

2. A국의 경우 인구 증가율이 전체적으로 높게 유지되고 있으며 1,000명당 출생자 수와 사망자 수 또한 많다. 따라서 A국은 인구 성장 모형 중 1~2단계에 해당되므로 인구 부양력 증가를 위한 경제 정책 및 보건 의료 수준의 향상이 필요하다. C국의 경우는 인구 증가율이 낮은 상태이지만 인구 1,000명당 사망자 수의 변화가 거의 없다. 따라서 A국보다는 선진국에 해당되며 출산 장려 정책을 통한 미래의 경제 활동 인구 확보가 시급하다. 또한 해외 이민을 받아 부족한 노동력을 마련하는 것도 필요하다.

3. 이 국가는 2000년보다 2050년에 합계 출산율이 낮아졌고 이로 인해 인구 증가율이 하락했다. 상대적으로 노년 인구가 증가하였기 때문에 중위 연령과 고령화 지수의 상승이 이루어졌고 노년 인구 부양비도 높아졌다. 또한 80세 이상 인구의 성비가 100 이하인 것으로 보인다. 이러한 인구 고령화는 국가 활동 전반의 정체 현상을 가져오게 되므로 실버산업의 육성 및 출산 장려 정책, 적극적인 해외 이민의 수용 등의 방법을 사용하여 극복해 나가야 할 것이다.

4. 감산 소사 단계는 인구 성장 모형의 3단계에 해당된다. 이 시기에 우리나라는 산아 제한 정책의 영향으로 출산율이 낮아졌으며, 여성의 교육 기회 확대 및 사회 진출이 활발해지기 시작했다. 그 결과 가임 여성의 최초 임신 나이가 상승했고 자녀를 노동력으로 보았던 예전의 가치관도 변화되었다.

5. 유소년 부양비가 높아지는 경우는 다음과 같다. 출산율의 증가와 생산 연령층의 감소이다. 이러한 결과를 유발하는 경우는 대규모의 전쟁 직후 인구의 자연적 감소가 컸을 때가 있고, 격변 이후의 베이비 붐으로 인해 출산율이 급증했을 경우가 있다. 이를 해결하기 위해서는 육아를 위해 국가적으로 지원하는 정책을 마련하거나, 외국인 노동자들을 이주시켜 경제를 활성화하는 방법, 거점 개발 방식을 도입하여 경제 성장을 추진한 다음 인구 부양력을 높이는 방법 등이 있다.

02. 인구 이동과 인구 문제

··· p.154

[선택형] **1.** ① **2.** ⑤ **3.** ④ **4.** ⑤ **5.** ④

1. 디아스포라는 유대인의 역사적 경험에서 비롯된 개념이다. 두 집단 중 A는 레바논 인, B는 쿠르드 족에 해당한다. 1980년대 레바논 내전은 인도양, 태평양, 대서양을 넘나드는 레바논 디아스포라를 낳았다. 레바논 인은 경제적 이유로 대부분 서방 국가로 이주했다. 특히 기독교계 레바논 디아스포라들은 미국에의 영향력이 강하며, 브라질로의 레바논 디아스포라는 그 규모가 가장 크다. 쿠르드 족의 총인구는 대략 2,500만 명~3,000만 명 가량으로, 약 1,200만~1,500만 명 정도의 쿠르드 인이 터키 남동부 및 동부 지역에 주로 거주한다.

2. (가)는 멕시코, (나)는 아이티이다. 멕시코의 경우 스페인 어를, 아이티의 경우 프랑스 어를 주로 사용하며 이들은 대부분 미국에서 육체 노동 및 3D 업종에 종사하는 경우가 많다. 이주의 목적은 주로 경제적인 부분이기 때문에 생산 연령층의 이주 비중이 높게 나타나며 자국과 가까운 멕시코-미국 접경 지대나 플로리다 반도에 정착하는 경우가 많다. 북미 자유 무역 협정은 미국-캐나다-멕시코가 맺고 있지만 이 협정에서 노동력의 자유로운 이동은 허용되지 않고 있다.

3. (가)에 나타난 인구 이동은 터키 및 북아프리카의 국가로부터 유럽의 선진 국가로 이동하는 것을 나타낸 것이다. 이는 경제적 목적의 이주이다. (나)의 경우는 발칸 반도 일대의 보스니아 헤르체고비나 주변국에서 영국, 독일 및 북유럽의 국가로 이동하는 것을 나타낸 것이다. 이러한 이동의 목적은 각종 분쟁으로 인한 것이다. 터키와 북아프리카의 국가들은 유럽 연합(EU)에 가입되어 있지 않으며 국제결혼을 위한 이민은 주로 동남아시아나 중국 지역에서 우리나라로 오는 경우가 많다.

4. 제시된 지도에서 A의 이동은 영국에서 오스트레일리아나 뉴질랜드로의 이주를 의미한다. 이는 문화 전파와 관련되어 있다. B의 경우는 사

막 지역에서 해안 지역으로의 이동이며 흑인 노예들의 이동 경로와도 관련이 있다. C의 이동은 남아프리카 공화국 쪽으로의 경제적 이민을 의미한다. D의 경우는 동남아시아 및 인도에서 미국으로의 경제적 이민이며 E의 경우는 멕시코와 아이티 등으로부터 인접한 선진국인 미국으로의 경제적 이민에 해당된다.

5. 저출산으로 인한 노동력 부족은 프랑스뿐만 아니라 북·서부 유럽 전체에 걸친 문제이다. 소득 수준이 높아지고 여성의 지위 향상으로 인한 저출산 현상에 기인하면서 이와 복합적으로 인구의 노령화와 노년층에 대한 부양 부담이 증가하고 있다. 경제 활동 인구의 감소는 인구 부양 부담의 증가를 초래하여 사회 복지 예산은 증가하고, 세율은 높아지므로 근로 의욕의 저하로 이어진다. 또한 프랑스 내 이슬람 공동체가 형성될 수 있는 이유는 노동 시장에 유입되는 외국인 노동자가 대부분 북아프리카 출신으로 튀니지, 알제리, 모로코(바바리 3국)에서 온 모슬렘 이주민이다. 이들은 자신들의 고유한 정체성을 지키기 위해 노력하고 있다.

[서술형] **1~7.** 해설 참조

1. 선진국의 인구 문제 중 저출산 문제는 여성의 경제 활동 참여로 인하여 출산율이 떨어지는 데 있고, 고령화 문제는 평균 수명 향상으로 인한 사회 복지 자산의 부족과 노동 생산성의 하락을 가져온다는 데 있다.

2. 개발 도상국의 인구 증가 완화를 위해서는 산아 제한을 통한 출산율의 감소를 유도하는 방법이 있다. 아울러 해외 이주를 통하여 노동력이 부족한 선진국을 지원함으로써 국내의 과밀 문제들을 완화할 수 있다.

3. DINK(딩크)는 자녀가 없는 혹은 가질 상황이 안 되는 맞벌이 가정을 말하고 DEWK(듀크)는 아이가 있는 맞벌이 부부를 말한다. 'Dual Employed With Kids'의 머리글자를 딴 것이며 맞벌이 부부들이 아이를 낳고도 잘 살 수 있다는 자신감을 가지게 되면서 생겨난 말로, 1999년과 2000년 미국 경제가 호황을 누리면서 늘어났다.

4. 해당 인구 이동은 광복 후 강제 이주를 당했던 우리 동포들의 귀국을 나타낸 것이다. 이때 대도시를 중심으로 인구가 집중했고 해방촌이 형성되면서 도시의 주택 부족 문제가 나타났다.

5. (가)는 신대륙 및 식민지로의 이동으로 해당 지역의 통치 및 문화 이전이 목적이었다. (나)는 구대륙에서 신대륙 및 제국주의 국가로의 이주로 농장의 경영 혹은 노동에 동원될 목적으로 대부분 노예나 노동자의 형태로 이주하였다. (다)는 화교이다.

6. 제노포비아는 외국인에 대한 공포와 혐오를 의미한다. 유럽 등 선진국과 개발 도상국에서는 다른 지역에서 유입되는 이주민들로 인한 일자리 상실 및 범죄 등을 두려워하게 된다. 이로 인해 외국인들에 대한 이유 없는 혐오와 폭행 등의 범죄가 나타나고 있다. 러시아의 스킨헤드 족이나 독일의 신나치주의 집단 등이 그러한 사례에 해당된다.

7. 제3연령기와 제4연령기는 비교적 최근에 그 비중이 크게 증가하고 있다. 저출산 고령화 시대에서 이들의 비율 증가는 노년 일자리의 창출 및 사회 복지 비용의 증가를 의미한다. 이를 위해 미래의 제1, 2연령기에 해당되는 이들은 복지 정책을 위해 보다 많은 세금을 납부해야 하는 부담을 안게 될 수 있다.

03. 인구론

···· p.159

[선택형] **1.** ③ **2.** ③

1. 도표의 A는 뉴욕에 해당된다. 세계 3대 세계 도시 중 하나로서 금융 거래의 중심지에 해당된다. B의 경우 러스트 벨트(스노벨트) 지역의 중심 도시에 해당된다. 제조업의 쇠퇴와 저렴한 동종 제품의 수입으로 인해 인구 감소가 뚜렷하게 나타난다. C의 경우 선벨트 지역의 도시에 해당된다. 실리콘 밸리를 비롯한 지역에서 첨단 전자 정보 소프트웨어 산업 등이 발달한 곳이다. B의 경우 인구 감소 현상이 뚜렷하게 나타나고 있으며 대규모 중공업 단지를 중심으로 운영되어 왔던 곳이다. 대표적으로 자동차 도시 디트로이트, 철강 도시 피츠버그 등이 있다.

2. 그래프는 맬서스의 딜레마를 나타낸 것이다. 식량의 증산은 인구의 급증을 따라가지 못하고 언젠가는 역전되며, 그 이후에는 심각한 식량 부족 문제가 나타난다는 것이다. 오늘날 아프리카 국가들의 대부분이 높은 출생률로 인한 식량 문제에 시달리고 있으므로 해당 국가들에서 맬서스의 주장이 타당성을 발휘하고 있다.

[서술형] **1~2.** 해설 참조

1. 맬서스의 이론에 따르면 인구는 기하급수적으로, 식량은 산술급수적으로 증가하게 된다. 결국 인구의 증가는 식량 가격의 증가를 의미하며, 이는 실질 소득에서 식량에 투자하는 비중을 나타낸 엥겔 계수를 크게 만든다. 또한 식량 부족 문제가 심각해지면서 영양 부족으로 사망하는 인구가 늘어나게 되고 이는 전체 인구 규모의 감소로 이어지게 된다.

2. 조선 시대의 경우 인구를 노동력으로 보았으며, 자녀를 많이 출산하는 것을 선호한 시기였다. 이때는 인구 부양력이 크지 않았기 때문에 유아 사망률이 높았다. 따라서 Cm을 만족시키기 위한 Bm은 당시의 남아 선호 사상을 고려할 때 Bm〉Cm 이었고, 각종 기근, 전쟁, 기타 요인 등으로 인한 영아 사망률을 고려했을 때 Bd〉Cd였다고 볼 수 있다.

Chapter 05 공업 지리

01. 공업 입지론

···› p.168

[선택형] **1.** ④ **2.** ④ **3.** ④ **4.** ② **5.** ④ **6.** ①

1. 원료와 제품의 운송비는 '운송 계수×무게×거리'로 구할 수 있다. 이 문제에서 M_1, M_2, 제품의 무게를 각각 a, b, c라고 하면, M_1: 1,000×a×6km, M_2: 1,000×b×2km, 제품: 2,000×c×4km이 된다. 그런데 모든 원료, 제품의 운송비가 동일하다고 했기 때문에 6,000a=2,000b= 8,000c가 되고, a:b:c = 4:12:3이 된다. 따라서 M_1:M_2=1:3이고, 원료의 무게:제품의 무게 = 16:3이므로 제품의 무게는 제조 과정에서 감소된다.

2. 각 지점에서의 이윤은 '제품 가격−총비용+정부 보조금'이 된다. 여기서 제품 가격과 정부 보조금은 모든 지역에서 같고, 총비용은 P와의 거리에 따라 달라진다. ㄴ. ㈎ 시기 최적 입지는 총비용이 가장 적은 P 지점이고, 이때 이윤은 700−400+200=500원이 된다. ㄷ. ㈏ 시기에 최적 입지인 P 지점에서의 이윤도 −100원으로 정부의 보조금이 반드시 필요하다. ㄹ. ㈏ 시기에 30km떨어진 지점은 '500−1200+300=−400원'으로 이윤을 얻기 위해서는 400원이 넘는 정부 보조금이 추가로 지원되어야 한다.

오답 피하기

ㄱ. ㈎ 시기에 이윤이 발생하는 범위는 P로부터 50km 이내의 범위이다. ㅁ. P로부터 10km 떨어진 지점에서 ㈎ 시기에 얻는 이윤은 400원이고, ㈏ 시기에 얻는 이윤은 0원이므로 정부 보조금은 400원이 추가로 지원되어야 한다.

3. 각 지점의 총운송비를 구하면 다음과 같다.

A: 70만 원+10~20만 원=80~90만 원

B: 50만 원+20~30만 원=70~80만 원

C: 50만 원+30~40만 원=80~90만 원

D: 30만 원+40만 원=70만 원

따라서 비용 절감을 위해 K에서 이전 가능한 지점은 80만 원 이하인 B, D 지점이다.

4. 후버는 베버의 운송비 구조를 보다 현실에 맞게 종착지 비용과 장거리 수용 효과의 개념을 도입하였다. 종착지 비용을 입지 분석에 도입할 경우 시장이나 원료 산지를 제외한 중간 지점은 원료와 제품에 대한 종착지 비용이 두 배로 들기 때문에 최적 지점이 될 수 없다. 하지만 A와 같이 원료 산지에서 소비 시장에 이르는 구간에서 수송 수단이 바뀌어야 하는 적환지의 경우에는 최적 지점이 될 수도 있다.

오답 피하기

ㄴ. 거리가 증가할수록 단위 거리 당 운송비는 체감한다. ㄹ. 대표적인 중간 지향성 공업으로는 제철, 정유 공업 등이 있다. 첨단 산업은 부가 가치가 높아 입지 자유형이다.

5. 배달 곡선은 생산비와 운송비로 구성된다. 생산비는 ㈎ 기업은 6,000원, ㈏ 기업은 7,000원이고, 운송비의 경우에는 두 기업이 1km당 1,000원으로 같다. B에서는 ㈎ 기업 제품은 17,000원인 데 비해 ㈏ 기업에서 생산된 제품은 11,000원으로 ㈏ 기업의 제품을 사는 것이 저렴하다.

오답 피하기

A는 상권 경계 지점이지만, 비용은 10,000원으로 기업에 인접한 지점에 비해 비싼 편이다.

6. 베버의 입지 삼각형에서 최적 입지 지점은 P=ax+by+cz가 최소인 지점이다. 운송비만을 생각했을 경우 P는 삼각형을 벗어날 수 없지만, 노동비나 집적 이익을 고려하면 공장은 삼각형 외곽에 입지할 수도 있다. 제과 공장은 대표적인 시장 지향성 공업으로 시장에 근접하여 입지한다.

오답 피하기

ㄷ. 원료 2의 무게가 증가하면 운송비에서 원료 2가 차지하는 비중이 늘어나 원료 2의 산지 쪽으로 최적 입지가 이동해 갈 것이다.

[서술형] **1. 해설 참조**

1. 자동차 공업은 본 공장 주변에 부품 공장이 함께 입지하는 집적 지향성 공업이다. 다양한 부품을 조립하여 제품을 생산하는 자동차 공업은 그 특성으로 인해 완성차 중심으로 많은 부품 공장들이 단지를 형성하여 발달한다.

02. 우리나라의 공업 지역

···› p.174

[선택형] **1.** ④ **2.** ④ **3.** ④

1. 제시된 내용은 우리나라 공업의 발달 과정에 관한 것이다. 우리나라의 공업은 ① 1960년대는 공업 기술과 자본 축적이 잘되어 있지 않았기 때문에 노동 집약적인 공업, 특히 섬유 공업, 의류 공업, 신발 공업 등이 발달하였으며, ② 기반 시설이 잘 갖추어진 곳에 이러한 공업이 입지하였다. ③ 중화학 공업은 1970년대부터 발달하였는데 원료의 무게가 무겁고 해외에서 수입해 오는 경우가 많았기 때문에 원료 수입에 유리한 항만, 특히 남동 임해 공업 지역에 집중 되는 경향을 보였다. ⑤ 최근 노동의 공간적 분업 형태를 보면 본사나 기획실 등의 관리 기능은 대도시에 입지하고 생산 공장은 지방이나 해외로 진출하는 경향이 나타나고 있다.

오답 피하기

④ 1980년대에는 우리나라에 외국인 인력이 많지 않았다. 기술 집약적 산업 발달에는 우리나라의 우수한 인재 육성이 큰 영향을 끼쳤다.

2. ㄱ. 1999년에 비해 2009년 종업원 수의 증가에 비해 출하액의 증가가 월등하기에 노동 생산성(출하액/종업원 수)은 중소기업과 대기업 모두에서 증가하였다. ㄴ. 각 시기별 대기업의 업체 수와 종사자 수를 통해 업체당 종업원 수를 구하면 대기업의 업체당 종업원 수는 약 998명 정도에서 1,110명 이상으로 증가하였다. ㄹ. 업체 수의 증가에 비해 생산액의 증가가 매우 많아 중소기업과 대기업 모두에서 업체당 생산액이 증가하였다.

오답 피하기

ㄷ. 종사자 수의 비율은 대기업이 30.3%에서 26.5%로 감소하였고, 중소기업은 모두 증가하였기에 고용 증가율은 대기업이 가장 낮았다.

3. B 중화학 공업은 A 경공업에 비해 대규모 설비가 필요한 공업으로 초기 설비 투자 비용이 많이 들고, 대기업을 중심으로 발달하고 있어 사업체당 평균 종사자 수가 많으며, 생산 요소에서 노동보다는 자본과 기술의 비중이 높다. 또한 중량의 원료와 제품으로 생산비에서 운송비가 차지하는 비중은 높지만 노동비가 차지하는 비중은 낮다.

[서술형] **1.** (1) X, (2) X, (3) O **2.** (1) ㈎ 충청 공업 지역, ㈏ 태백산 공업 지역, ㈐ 영남 내륙 공업 지역 (2) ㈎: 충청남도(A), ㈏ 경상북도(B), ㈐ 경상남도(C) **3.** ㈎: 자동차, ㈏: 반도체, ㈐: 조선 **4.** 해설 참조

2- (2) 세 지역 중 제조업 생산액이 가장 많고 전기·전자 및 화학·고무·코크스, 1차 금속 산업의 생산액 비중이 높은 ㈎는 충청남도(A)이다. 충청남도는 1990년대 이후 수도권의 공업이 분산되면서 제조업이 급성장하고 있다. 충청 지방의 서해안 부근에는 최근 제철, 석유 화학, 자동차 등의 중화학 공업이, 아산, 천안 등을 중심으로는 지식 기반 제조업 및 연구 개발 시설이 집적되고 있다. ㈏는 포항의 제철, 구미의 전기·전자 산업을 중심으로 제조업 생산액이 많은 경상북도(B)이고, ㈐는 기타 운송 장비(주로 조선업)의 생산액 비중이 높은 경상남도(C)이다.

4. 각 공업이 분포하는 지역에서 해당 공업의 1인당 생산액을 보면, ㈎, ㈐는 ㈏에 비해 매우 높게 나타나고 있는데 이를 통해 ㈎, ㈐는 중화학 공업, ㈏는 노동 집약적인 경공업임을 알 수 있다. ㈎는 울산을 비롯하여 경기, 충남 등의 종사자 비중이 높은 중화학 공업인데 평택, 화성 등의 경기 지역과 아산을 비롯한 충남 지역 등 서해안 벨트의 성장이 나타나는 자동차 공업이다. ㈐는 포스코(포항제철)가 있는 경북 지역의 1인당 생산성이 가장 높으며, 인천과 경기, 경남 등의 종사자 비율이 높은 제철(철강) 공업이다. 그리고 ㈏ 공업은 대도시인 서울과 대구, 그리고 경북 지역의 비중이 높은 섬유 공업이다.

03. 세계 주요 공업 지역과 무역

…→ p.180

[선택형] **1.** ⑤ **2.** ④ **3.** ⑤ **4.** ② **5.** ①

1. 자동차 공업이 발달하였던 도시에서 다른 지역으로 공장을 이전하게 된 요인과 그에 따른 문제점을 이해하는 문제이다. 기업 이전으로 제조업이 쇠퇴하게 되면 도시의 물리적 환경의 악화와 재정 수입의 감소로 인한 공공 서비스 축소 등의 어려움이 나타난다. ㄴ. 자동차 공업은 완성차 조립 공장과 부품 업체 간의 연계 효과가 큰 산업이다. 미국의 오대호 연안에 위치한 자동차 조립 공장이 멕시코로 이전하면서 이 지역은 산업 연계 효과에 의한 이익이 감소하여 자동차 부품 관련 기업들의 쇠퇴와 몰락이 뒤따르고 있다. ㄷ. 폐쇄된 공장과 부지가 폐허로 변하면서 도시의 물리적 환경은 크게 악화되었을 것이다. ㄹ. 자동차 조립 공장과 부품 업체의 이전과 쇠퇴는 지역 세금 수입의 감소로 이어져 지역 내 공공 서비스 공급이 축소되었을 것이다.

오답 피하기

ㄱ. 멕시코는 미국과 관세와 비관세 장벽을 철폐하여 자유로운 무역이 이루어지도록 하는 북미 자유 무역 협정(NAFTA)을 체결한 국가로 자동차 공장이 멕시코로 이전하게 된 배경은 노동비 절약을 위한 것이지 무역 장벽 극복을 위한 것은 아니다.

2. 과거 제조업이 발달했던 지역은 산업 시설이 떠난 후 극심한 경제 침체를 겪게 되는데, 일부 지역의 경우 첨단 산업 유치, 관광지 개발 등 새로운 경제 동력을 찾아 전화위복의 기회로 삼기도 한다. 제시문을 보면 루르 지역 역시 기존의 시설을 재활용하고, 관광 시설로 탈바꿈했음을 알 수 있다. 이러한 변화는 과거 제조업에서 중시하던 지하자원의 의존도를 낮추고, 2차 산업 종사자의 비중을 낮춰 3차 사업 종사자의 비중을 증가시킬 것이다.

3. 주어진 문제에서 가로축은 성장성, 세로축은 수익성을 나타내고 있다. ㄷ. 세로축을 읽어 보면 반도체 산업은 자동차 산업에 비해 수익성이 높다. ㄹ. 유무선 통신은 수익성은 높아졌지만, 성장성은 마이너스를 기록해 성장의 한계에 도달했다고 볼 수 있다.

오답 피하기

ㄱ. 철강 산업의 성장성은 마이너스이다. ㄴ. 가로축을 읽어 보면 식품 가공이 통신기기에 비해 성장성이 높다.

4. 과거 유럽과 중국의 공업 지역은 탄전 주변에 입지하였다. 유럽의 경우 제2차 세계 대전 이후 에너지 자원이 석유로 바뀌면서 탄전을 기반으로 하는 입지의 이점이 줄었고, 원료의 수입과 제품의 수출이 편리한 임해 지역으로 공업의 입지가 옮겨졌다. 이에 따라 석유 화학, 철강 공업 등의 새로운 공업 지역이 해안에 형성되고 있다. 중국 역시 과거 지하자원의 생산이 많은 둥베이 지역이 최대 중화학 공업 지역이었으나, 정부의 개방 정

책과 가공 무역에 유리한 해안 지역으로 주요 공업 지역이 이전하였다.

오답 피하기

유철: 석탄 생산지인 A 지역에서 공장이 이전한 것이므로 석탄의 중요성 때문에 이전했다고 보기는 힘들다.

영옥: 기존 A 지역은 일찍부터 중화학 공업이 발달한 지역으로 주변에 도시에서 충분히 노동력을 확보할 수 있다.

희만: A 지역 역시 중화학 공업이 발달한 지역이었다.

5. 수출품의 구조를 분석해 보면, ㈎는 개발 도상국, ㈏는 선진국임을 알 수 있다. 따라서 ㈏는 ㈎에 비해 중화학 공업 제품의 수출 비중이 높고, 1인당 국내 총생산이 높고, 1차 산업 종사자 비율은 낮을 것이다.

[서술형] **1.** ㈎ 규모의 경제, ㈏ 공간적 분업, ㈐ 집적 이익, ㈑ 공업의 이중 구조, ㈒ 콤비나트, ㈓ 마킬라도라, ㈔ 아웃 소싱 **2.** 해설 참조

2 - (1) 1950년 미국의 노동자들은 북동부에 있었으나, 2009년에는 남서부의 비중이 높아졌다. 이는 미국의 공업 지역이 중화학 공업 위주의 스노벨트에서 첨단 산업 중심의 선벨트로 이동하였기 때문이다.

2 - (2) 중앙아시아에 있던 세계 경제의 중심은 19세기 중엽부터 유럽으로 이동했다가 20세기 후반부터 다시 아시아 쪽으로 이동하고 있다. 이는 19세기 중엽 산업 혁명으로 서유럽과 미국의 국내 총생산이 먼저 증가하였기 때문이다. 하지만 산업 혁명이 전 세계로 확산되면서 다시 중국과 아시아권의 국내 총생산이 증가하면서 세계 경제 중심지도 아시아 쪽으로 이동하고 있다.

04. 중심지 이론 ···› p.186

[선택형] **1.** ④ **2.** ④ **3.** ④ **4.** ② **5.** ⑤ **6.** ④

1. 자료에서 중심지 A는 그다음 계층 중심지 B 크기의 3배이다. 마찬가지로 B는 C의 3배, C는 D의 3배 크기이다. 인구가 균등하기 때문에 B 상권의 인구 ㈎는 90만, C 상권의 인구 ㈏는 30만, D 상권의 인구 ㈐는 10만 명이 되고, 총합은 130만 명이 된다.

2. 왼쪽 자료를 보면 고소득층 주민들의 증가로 최소 요구치는 작아지고, 교통로의 완공으로 재화 도달 범위는 넓어졌음을 알 수 있다. 오른쪽 자료에서 인구 요인, 구매력 요인은 최소 요구치를 결정하는 데 모두 작아지는 쪽으로 변하게 된다. 교통 요인은 재화 도달 범위를 결정하는 데 넓어지는 쪽으로 변하게 된다.

3. ㈎는 저차 중심지, ㈏는 고차 중심지이다. 고차 중심지는 저차 중심지에 비해 최소 요구치와 재화 도달 범위가 크고, 중심지의 수가 적어 중심지 간의 간격이 넓은 편이다.

오답 피하기

ㄹ. 일반적인 상황에서는 저차 중심지의 이용 빈도가 높지만, 교통이 발달하면 고차 중심지의 이용 빈도가 저차 중심지를 능가할 수도 있다.

4. 과거 물품에 대한 수요가 부족하고 교통이 불편하던 시절에는 장돌뱅이들이 여러 시장을 돌아다녀, 시장이 주기적으로 서는 정기 시장이 발달하였다. 그러나 소득 향상에 따른 물품 수요 증대와 교통 발달 등으로 인해 정기 시장은 상설 시장으로 바뀌었다.

오답 피하기

ㄴ. 행상 단계에서는 재화 도달 범위가 최소 요구치보다 작다. ㄷ. 교통이 발달하면 재화 도달 범위는 늘어나게 된다.

5. 최소 요구치는 인구, 구매력에 반비례한다. 따라서 각 지역의 인구와 구매력 지수의 곱으로 최소 요구치 순위를 구할 수 있다. ㈎ 1만, ㈏는 3만, ㈐는 2만이므로 ㈎의 최소 요구치가 가장 크고, ㈐, ㈏의 순이 된다. 재화 도달 범위는 교통 조건에 비례한다. 따라서 ㈐의 재화 도달 범위가 가장 크고, ㈏, ㈎의 순이 된다.

6. 〈조건 1〉에서 재화 가격이 200원 하락하였기 때문에 상점 주변에서의 수요량은 증가했을 것이다. 반면 〈조건 2〉를 통해 거리가 증가함에 따라 단위 거리당 운송비가 증가하고 있음을 알 수 있다. 그래프를 해석해 보면 상점에서 1km 떨어진 지점에서는 t_0 시기에 비해 t_1 시기에 단위 거리당 운송비가 200원(200원×1km) 올랐기 때문에 총 200원의 운송비가 추가로 들고, 4km 떨어진 지점에서는 t_1 시기에 800원(200원×4km)의 운송비가 더 들어간다. 따라서 가격 200원이 하락한 것은 1km 지점까지는 수요량을 올리지만, 1km 지점에서 운송비의 상승으로 상쇄되고 그 이후에는 오히려 운송비의 상승으로 수요가 감소할 것이다.

[서술형] **1.** 해설 참조

1 - (1) 크리스탈러의 중심지 이론에서는 중심지의 간격이 일정하고, 배후지가 정육각형 모양으로 나타나는 데 비해 그림은 중심지 간격이 도심으로 갈수록 촘촘하게 나타나고 배후지의 크기도 중심으로 갈수록 작아진다.

1 - (2) 이와 같은 차이가 나타나는 이유는 크리스탈러의 중심지 이론에서는 소비 성향이 동일하고 구매력이 같은 인구가 균등하게 분포한다고 가정한 데 비해 그림에서는 중심 지역에 가까울수록 인구 밀도가 높아진다고 보았기 때문이다. 인구 밀도의 차이로 인해 외곽 지역은 중심 지역에 비해 중심지의 간격이 넓어지고 배후지도 넓게 나타나게 되는 것이다.

Chapter 06 서비스 및 산업 지리

01. 서비스 산업의 입지 변화 ···› p.195

[선택형] **1.** ⑤ **2.** ①

1. 서비스 산업은 수요자에 따라 생산자 서비스업과 소비자 서비스업으로 구분할 수 있다. 일반적으로 금융, 보험, 법률 등의 생산자 서비스는 수요자가 집중되어 있는 대도시의 중심 업무 지구에 입지한다. (나)는 (가)보다 수위 도시로의 입지 집중 경향을 보이는 것으로 보아 (나)는 생산자 서비스업, (가)는 소비자 서비스업으로 볼 수 있다. 소비자 서비스업은 생산자 서비스업에 비해 종사자의 수가 많으며, 지역 간 분포가 균등하다. 또한 생산자 서비스업은 소비자 서비스업에 비해 접근성이 큰 지역에 입지하며 탈공업화 사회에서 중요성이 높아진다.

2. 인간 개발 지수는 매년 문자 해독률과 평균 수명, 1인당 실질 국민 소득 등을 토대로 각 나라의 선진화 정도를 평가하는 수치를 말한다. 즉 인간 개발 지수가 높을수록 국가의 발전이 고도화되었다는 것을 보여 준다. (가)는 에티오피아로 인간 개발 지수가 0.7 미만이다. 보기에 제시된 세 국가 중 가장 발전이 느리다는 것을 알 수 있다. 즉 A 그래프와 같은 산업 종사자 구조를 보여 준다. (나)는 러시아로 0.8~0.9 사이의 인간 개발 지수를 보여 주며 (다)는 캐나다로 0.9 이상의 인간 개발 지수를 보여 준다. 즉 캐나다가 러시아보다 발전이 고도화되었으며 산업 구조 또한 고도화되었음을 추론해 볼 수 있다. (나)는 B, (다)는 C 유형의 산업 종사자 구조를 보여 준다.

[서술형] **1~2.** 해설 참조

1. ㉠ 서비스 수요자에 따른 서비스 업종 분류
- 생산자 서비스: 회계, 세무, 연구 및 개발
- 소비자 서비스: 도매업, 숙박업, 레저, 요식업

㉡ 입지 및 분포의 특징
- 생산자 서비스: 수요자가 집중되어 있는 대도시의 중심 업무 지구에 높은 입지 선호도를 보인다.
- 소비자 서비스: 인구수, 인구 밀도와 입지 선호도가 비례한다.

2. 지도의 국가에서 공통적으로 나타나는 금융 서비스는 역외 금융 서비스이다. 역외 금융 서비스업의 특징은 기업의 국적과 상관없이 면세 혜택을 받을 수 있다는 것이다. 이를 악용한 범죄 행위와 관련한 신조어는 조세 피난(도피)처이다.

02. 경제 활동의 변화와 다국적 기업 ···› p.203

[선택형] **1.** ② **2.** ②

1. (가)는 유럽 연합(EU), (나)는 북미 자유 무역 협정(NAFTA)이다. A는 완전 경제 통합, B는 공동 시장, C는 관세 동맹, D는 자유 무역 협정(FTA)이다. 유럽 연합은 완전 경제 통합체, 북미 자유 무역 협정은 자유 무역 협정이다.

2. A 유형의 기업은 수직적으로 계열화된 단계별 분공장을 해외에 입지하여 부품을 생산하고 본사에서 최종 조립한다. B유형의 기업은 해외 시장 점유율을 높이기 위해 현지에 최종 제품 생산 공장을 설립하여 제품을 공급한다. C유형의 기업은 해외 지역별 본사를 두고 독자적인 생산, 경영 기능을 부여한다. 본사는 해외의 독자 법인과 밀접한 연계를 갖고 있다.

[서술형] **1~2.** 해설 참조

1. 경제 통합의 유형은 정도에 따라 자유 무역 협정, 관세 동맹, 공동 시장, 완전 경제 통합 네 유형으로 나뉜다. 경제 통합 유형별 특징은 그림 참조.

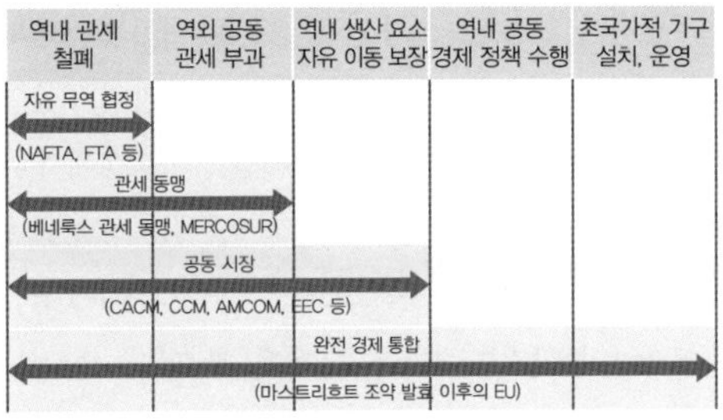

2. 경제 위기를 주도한 국가들은 F-포르투갈, A-아일랜드, H-이탈리아, E-그리스, C-스페인이며, 이를 통틀어 픽스(PIIGS)라고 한다.

03. 첨단 산업 ···› p.210

[선택형] **1.** ② **2.** ② **3.** ③ **4.** ① **5.** ②

1. 지도의 산업 단지는 서울 디지털 산업 단지이다. 1960년대 수출 산업 육성을 위한 섬유, 봉제 산업 중심의 산업 단지였던 구로 공단은 1980년대 기업의 해외 이전으로 침체에 빠지게 된다. 이를 극복하기 위해 1990년대 업종의 첨단화를 추진하여 지식 서비스 기반 산업 중심의 서울 디지털 산업 단지로 탈바꿈하게 된다. 지식 서비스 기반 산업은 섬유, 봉제 산업에 비해 노동 생산성이 높고, 제품의 표준화 정도가 낮으며 고급 인력의 비중은 높다.

2. A는 영국 런던으로 케임브리지 사이언스 파크가 입지하고 있다. B는 프랑스 남부 니스로 소피아 앙티폴리스가 입지하고 있다. C는 스웨덴 스톡홀름 인근으로 시스타 첨단 산업 단지가 입지하고 있다. D는 중국 베이징으로 중관춘이 입지하고 있다. E는 미국 뉴욕으로 실리콘 앨리가 입지하고 있다. 신주 과학 공업 지구는 대만에, 오울루 테크노 폴리스는 핀란드에, 실리콘 밸리는 미국 서부 샌프란시스코에 입지하는 첨단 산업 지역이다.

3. 제품 생산의 순서는 (나) 국가→(가) 국가→(다) 국가 순이다. (나) 국가는 신제품 단계에서 제품 생산을 시작하고 있으며 (가) 국가는 성숙 제품 단계, (다)국가는 표준화 제품 단계에서 생산을 시작하고 있다. (나) 국가에서 제품 개발이 시작되었음을 추론할 수 있으므로 기술 수준 순위는 (나)→(가)→(다) 순이고, (다) 국가는 단순 노동력의 투입이 생산량을 결정하는 표준화 제품 단계에서 생산을 시작하는 것으로 보아 노동 집약도 순위는 (다)→(가)→(나) 순으로 볼 수 있다.

4. 1단계는 초기 단계이다. 연구 개발과 관련하여 과학적, 공학적 기술 개발의 중요성이 가장 크다. 따라서 고급 인력으로의 접근성과 사회 간접 자본, 생산기술에 대한 정보 수집 및 기술 획득이 중요한 요인이다. 이러한 생산 요소들은 소도시보다 대도시에서 훨씬 쉽게 얻을 수 있어 대도시에 입지하는 경향이 뚜렷하다. 2단계는 성장 단계이다. 이 시기는 제품의 생산량과 판매량이 점차 증가한다. 초기에 중요했던 연구 개발의 비중이 낮아지고 대량 생산을 위한 설비 투자 및 치열한 타기업과의 경쟁에서 이기기 위해 자본과 합리적인 기업 경영이 중요해진다. 3단계는 성숙 단계이다. 생산 기술의 표준화로 미숙련 노동자의 중요성이 커지고 대량 생산을 위한 자본의 역할이 계속 높아지므로 (가)가 3단계에 해당한다. 4단계는 쇠퇴 단계이다. 타기업과의 경쟁이 심화되며 판매량은 감소한다. 따라서 제품 생산을 위한 자본의 투입도 낮아지고 제품 생산량도 감소하는 단계로, 새로운 제품 개발을 준비하는 시기에 해당한다.

5. A 기업의 상위 3개 입지 요인은 편리한 교통, 중앙정부 지원, 원료 확보이다. B 기업의 상위 3개 입지요인은 대학, 연구 기관과의 접근성, 전문 기술 인력, 관련 업체와의 협력이다. A 기업은 저렴한 운송비와 원료가 입지 요인 결정에 큰 영향을 미치며 B 기업은 기술 개발과 혁신의 가능성이 입지 요인 결정에 큰 영향을 미친다는 것을 알 수 있다. B 기업은 첨단 산업에 종사하는 기업이라는 것을 알 수 있다. ①, ③, ④, ⑤번 지문은 첨단 산업의 특징을 설명하고 있으며, ②번 지문은 첨단 산업의 특징과 관련이 없는 내용이다.

[서술형] **1. 해설 참조 2. (가) 벵갈루루 소프트웨어 기술 단지 (나) 실리콘 앨리 (다) 시스타 첨단 산업 단지 3. 해설 참조**

1. A는 지역적 맥락(지역 분위기) B는 수요 조건, C는 관련 및 지원 산업이다.

3. A 단계는 연구 개발 단계로 과학적, 공학적 기술과 많은 투자 자금이 필요하다. 고급 인력으로의 접근성과 투자 자금을 확보하기 용이한 대도시에 선호 입지하는 단계이다. B 단계는 성장 단계로 자본과 경영이 가장 중요한 입지 요인이다. 경쟁자가 증가하면서 타 기업과의 경쟁이 증가한다. C 단계는 성숙 단계로 기업 간 경쟁이 치열해지며 기술의 중요도는 낮아지고 값싼 노동력과 자본으로의 접근성이 중요한 입지 요인이 된다. 따라서 값싼 노동력 확보가 용이한 중·소도시 및 비도시 지역 및 낙후 지역으로 공장이 이동한다.

04. 교통수단의 발달과 관광 산업

··· p.219

[선택형] **1. ③ 2. ①**

1. 지도에 분포하는 교통수단은 전철이다. ①번은 자동차, ②번은 선박, ④번은 철도, ⑤번은 항공 교통에 대한 설명이다. ③번 지문은 전철에 대한 설명이다.

2. ㄱ 구간의 운송비는 4,000원(기종점 비용)+800원(단위 거리당 운송비)×20(거리)=20,000원이다. ㄴ 구간의 운송비는 8,000원+700원×30=29,000원이다. ㄷ 구간의 운송비는 8,000원+500원×80=48,000원 ㄹ 구간의 운송비는 24,000원+500원×80=64,000원 ㅁ구간의 운송비는 4,000원+600원+100=64,000원이다. 가장 저렴한 운송비 조합은 ㄱ과 ㄷ이다.

[서술형] **1~3. 해설 참조**

1. 지속 가능한 관광은 주민 참여도가 높으며 외부 자본 투자 비율이 낮다. 환경에 장기적인 손상을 주지 않는 관광을 지향함으로써 지역 환경 보존에 기여한다.

2. 장소 마케팅의 유형으로는 휴가 마케팅과 사업 장소 마케팅이 있다. 장소 마케팅의 등장 배경으로는 탈산업화로 인한 도시 제조업의 쇠퇴, 소득의 증가, 여가 시간의 확대, 지역 간 경쟁 증가로 인한 기업가주의 지방정부로의 변화 등이 있다.

3. A는 중심지 경감 전략으로 도시의 결절성이 미약하고 분산력이 탁월한 도시 구조로의 변화를 기대할 수 있다. B는 중심지 강화 전략으로 중심지의 강력한 영향력이 유지되어 종주성이 강해지는 도시 구조로의 변화를 기대할 수 있다.

Chapter 07 도시 지리

01. 촌락

···› p.229

[선택형] **1.** ③ **2.** ③

1. ㈎는 괴촌, ㈏는 가촌 ㈐는 열촌을 나타낸다. 괴촌은 촌락이 밀집해 있는 집촌의 한 형태로서 가옥이 불규칙하게 밀집되어 있는 촌락을 말한다. 괴촌은 일반적으로 오랜 세월에 걸쳐 형성된 것이며, 전형적인 괴촌은 가옥들이 담이나 울타리를 경계로 다닥다닥 붙어 있고, 가옥이 작을뿐더러 마당도 넓지 않다. 중국, 인도, 서유럽과 같이 인구 밀도가 높고 거주의 역사가 오래된 곳에 분포한다. 가촌은 하나의 도로를 중심으로 양쪽으로 농가들이 서로 인접하여 열을 지어 있는 형태로, 계획적인 평면 구성으로 괴촌보다 더 규칙적이다. 영국, 북유럽, 북서유럽의 평야 지대 등에 분포한다. 열촌은 네덜란드 해안 저지대나 유럽의 구릉지 등에 분포하며 동서를 가로지르는 도로 혹은 제방을 따라 가옥이 띄엄띄엄 나타나고, 배후로 장방형의 경지가 이어진다. 매우 규칙적인 모습을 보인다.

2. ㈎는 원교 농업 지대, ㈏는 근교 농업 지대이다. ㈎는 전통적인 미작 농업 지대로 주민들 간의 협업을 바탕으로 자급자족적인 주곡 작물 생산이 주를 이루지만 토지 이용은 ㈏에 비하여 조방적인 편이다. ㈏는 대도시와의 인접성 영향으로 상품 작물 재배가 많이 이루어지기 때문에 토지 이용 집약도가 높다. ㈎는 인구 유출이 일어나 최근 고령화 현상이 뚜렷하게 나타나지만, ㈏는 교외화 영향으로 비농업 농촌 인구가 꾸준히 늘어나고 있다.

[서술형] **1.** 해설 참조

1. 1980년대 지역 기반 산업은 광업이었으나, 1980년대 후반 석탄 합리화 정책 이후 폐광이 늘면서 광업 종사자 수는 급격히 감소하였고, 지역 존폐 위기까지 놓이게 되었다. 이후 지역 관광 산업 단지로의 변모를 통해 지역 기반 산업의 구조가 1차 광업에서 3차 서비스업으로 바뀌고 있다.

02. 도시 성장과 도시화

···› p.238

[선택형] **1.** ② **2.** ④ **3.** ③ **4.**④

1. 화살표의 굵기와 수치를 통해 인구 이동의 흐름을 파악할 수 있다. ㈎는 농어촌 인구가 대도시로 향하는 이촌 향도 현상을 나타낸 것이다. ② 대도시보다 중소 도시의 인구 순증가율이 높다.

오답 피하기

④ ㈑ 시기의 인구 이동은 J턴 현상이 활발하다. J턴 현상은 대도시를 벗어나 주변의 위성 도시로 이동하는 것이므로 이는 대도시의 영향권이 확대되는 결과를 낳는다.

2. 변화 형태를 보면, 변화 전에 주로 공업 시설이었던 곳이 고층 주택과 상업 업무지로 변화했다. 따라서 이곳은 변화 전에는 주로 공업 용지로 이용되다가 변화 이후에 고층 주택과 상업 업무 용지로 이용되고 있음을 추론할 수 있다. 따라서 ㄴ. 상주인구가 증가하였고, ㄹ. 공업 용지의 면적 비중이 감소했다.

오답 피하기

ㄱ. 공업 시설이 주로 고층 주택과 상업 업무지로 바뀐 것으로 보아 지가는 상승했을 것이다. ㄷ. 고층 주택과 상업 업무지는 공업 시설에 비해서 토지 이용의 집약도가 높다.

3. 그래프는 1990년과 2005년 사이에 각국의 1인당 국민 소득과 도시화율이 어떻게 달라졌는지를 나타내고 있다. ③ C에 해당하는 국가들은 소득이 증가했지만 도시화율은 일정한 수준을 유지하고 있다. 따라서 빠른 성장으로 도시의 수와 규모가 급격히 증가했다고 보기 어렵다.

오답 피하기

① A에 해당하는 국가들은 도시화율은 높아졌지만 1인당 국내 총생산은 줄어들었다. 따라서 경제 활동은 쇠퇴했지만, 과잉 도시화 현상으로 일자리와 주택 부족 등의 문제를 겪고 있을 것이다. ② B에 해당하는 국가들은 도시화율과 소득이 빠르게 증가하는 것으로 보아 산업화 단계에 있는 개발 도상국에 해당할 것이다. ④ D에 해당하는 국가들은 도시화율과 소득이 모두 높은 선진국들로 경제 발달과 도시화의 성숙 단계에 있다.

4. ㈎ 단계는 도시 인구의 비율이 대략 30% 미만으로 전산업화 단계인 농업 사회에 해당한다. ㈏의 경우 도시 인구의 비율이 급격하게 증가하여 도시의 최대 수용 가능 인구를 초과하게 되었다. ㈐ 단계에서는 도시 인구의 증가율이 완화되었으나 도시의 최대 수용 가능 인구와 도시 인구의 비율이 동일하다. 그러나 ㈑ 단계에 이르면 도시의 최대 수용 가능 인구보다 실제 도시의 인구 비율이 낮아지게 되는데, 이는 지가 상승이나 교통 혼잡과 같은 각종 도시 문제가 발생하게 되면서 도시의 인구가 도시를 벗어나 인근 지역으로 이동하는 역도시화 현상이 일어났기 때문이다.

[서술형] 1. 해설 참조 2. 보행 도시 3~5. 해설 참조

1. 주간 인구 지수=(주간 인구 / 상주 인구)×100이므로, 주간 인구 지수가 높다는 것은 상주인구에 비해 주간 인구의 비율이 높다는 것을 의미한다. (가)는 주로 주간 인구가 많은 곳, 즉 도심 업무 기능이 활발하게 나타나는 곳임을 알 수 있다. 따라서 주간 인구수와 대기업의 본사 수, 토지 이용의 집약도는 높게 나타난다. 반면 아파트(상주인구의 수를 상징)와 초등학교 학급 수, 출근 시간 유출 인구는 적게 나타난다.

주간 인구	↑
아파트 수	↓
대기업의 본사 수	↑
초등학교 학급 수	↓
출근시간 유출인구	↓
토지이용 집약도	↑

2. 보행 도시는 과거 전산업화 시대에 직주 일치(업무 공간과 주거 공간이 멀리 떨어지지 않음)가 잘 나타나는 곳에서 발달한 도시 형태이다. 오늘날 인간의 삶의 질을 높이기 위한 방안으로 보행 도시를 추구하고 있기도 하다.

3. ㉠ 올드델리의 가로망: 불규칙형 가로망 ㉡ 뉴델리의 가로망: 방사형 가로망 ㉢ 같은 도시 내에서 가로망이 혼합되어 나타나는 이유: 식민 지배의 역사적 배경 때문이다. 과거 사람들이 거주하던 올드델리에서는 자연적으로 발생하는 불규칙형 가로망이었으나 이후 프랑스의 동인도 회사를 기점으로 한 식민 지배 과정에서 뉴델리에 새로이 만든 방사형 가로망이 발달하게 되었다.

4. ㉠ A 구간에서 나타나는 현상: 기온 역전 현상 ㉡ 대기 오염 발생 이유: 기온 역전은 대류권에서 해발 고도가 상승하는데도 기온이 떨어지지 않고 오히려 올라가는 현상이다. 보통은 짧은 시간 동안 그리고 제한된 범위로 나타난다. 기온 역전은 대기를 안정시키기 때문에 공기의 수직적인 이동을 방해하며 강수의 가능성을 감소시킨다. 또한 도시에서는 공장의 오염 물질이나 차량의 배기가스가 자연적으로 상층 확산되는 것을 제한하는 공기 정체 상황을 만들기 때문에 대기 오염을 가중시키는 원인이 되기도 한다.

5. A는 선진국의 도시화, B는 개발 도상국의 도시화이다. 개발 도상국의 도시화는 단기간 내에 급하게 추진되었기 때문에 도시 내 쓰레기 문제, 주택 문제, 실업 문제, 범죄 문제 등 각종 도시 문제가 발생한다.

03. 도시 내부 구조 ⋯› p.248

[선택형] 1. ② 2. ① 3. ④ 4. ④

1. 슬럼은 주로 점이적인 성격이 강한 지역에 입지한다. 따라서 주거용 토지와 상업용 토지가 점이적으로 나타나는 B, 주거용 토지와 공업용 토지가 점이적으로 나타나는 E에 슬럼이 나타난다. 각각 B는 중앙 슬럼, E는 주변 슬럼에 해당한다.

오답 피하기

C가 정답이 되지 않는 이유는 상업 용지와 공업 용지가 분포하는 곳에서는 특별한 주거 형태가 나타나지 않기 때문이다.

2. 표를 보면 (가) 도시는 (나) 도시에 비해 상주인구가 많으며 주간 인구는 그보다 더 많다. 이를 통해 (가) 도시가 (나) 도시보다 중심 업무 기능이 더 탁월하게 발달했을 것으로 추론할 수 있다. (가)의 A는 도심 외곽에 위치해 있으면서 주간 인구는 많으나 상주인구는 적다. 인구 공동화 현상이 잘 나타나는 곳이므로 이곳은 부심(부도심)이라고 할 수 있다. 반면 (나)의 D는 도시 외곽에서 주간 인구보다 상주인구가 더 많아 주택 지역의 특징을 잘 보여 주고 있다.

3. 주거 이동의 화살표 형태가 주택 여과 과정에서는 도심 바깥으로 향하고 있고 젠트리피케이션에서는 도심 근처로 향하고 있다. 특히 ④ 젠트리피케이션은 기존에 낙후되었던 '잠재적 지대'를 회복하고자 하는 시장의 메커니즘으로 해석이 가능하다.

오답 피하기

① 주택 여과 과정은 도심에서부터 시작하는 것이 아니라 도심과 먼 곳에서 시작된다. 즉, 도심과 먼 곳에서 외곽의 고급 주택으로 고소득층이 빠져나감으로써 생긴 빈 집(공가)을 저소득층이 채우면서 이동하게 되는 것이다. ② 주택 여과 과정은 제조업의 낙후와 관련된 것이 아니라 고소득 계층의 가구가 주거 환경이 보다 양호한 교외 지역으로 이동하는 과정에서 생기는 현상이다. ③ 젠트리피케이션은 고소득층의 사람들(딩크 족)이 주로 이동한다. ⑤ 도시 발전 단계로 볼 때 주택 여과 과정이 먼저 있고, 그 후에 젠트리피케이션이 나타난다.

4. (가)는 대규모 아파트 단지로 재개발되었으며, (나)는 주민들의 의사를 반영하여 환경 개선 사업을 중심으로 지역 이미지를 전환하는 형태의 재개발이 이루어졌다. (가)에 비해 (나)는 자본 투입 규모가 작은 편이며, 원거주민의 이주율은 낮고, 기존 건물의 활용도가 높다.

[서술형] 1. 기업가주의 2~3. 해설 참조 4. ㉠ 비기반 기능, ㉡ 기반 기능

1. 도시 정책은 과거의 관리주의와 기업가주의로 크게 나누어 구분할 수 있다.

도시 정책	관리주의	기업가주의
조절 양식	포디즘적 생산	포스트포디즘적 생산
특징	복지 국가 지향	도시 발전 지향

역할	공공 서비스나 집합적 소비 수단의 공급 및 관리	부의 분배보다 부의 축적과 성장을 지향

2. ㈎ 동심원 모델: 도시 바깥쪽에 중·상류층 주거지가 입지한다. ㈏ 다핵 모델: 도시가 성장하여 다양한 특화 기능을 보유한 여러 핵이 형성된다. ㈐ 선형 모델: 교통 발달로 사회 계층별 주거지가 분화된다.

3.

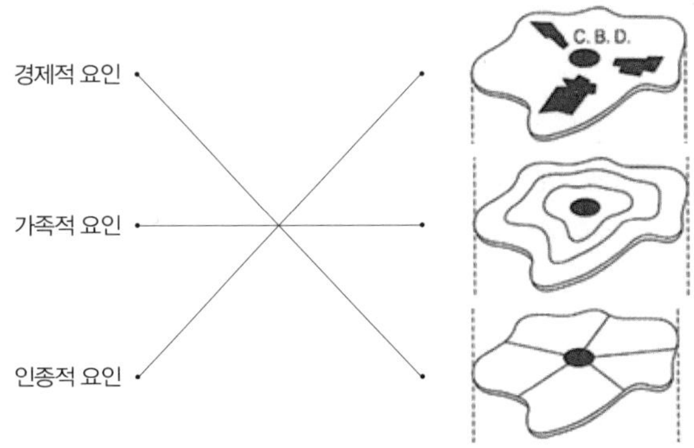

머디의 이론에 의하면 경제적 요인에 따라 교통 조건이 양호한 곳에 입지하므로 선형 구조가 된다. 또 가족적 요인에 따라 핵가족은 주로 도심부에 모이고, 대가족이나 노년 가족은 교외를 선호하는 동심원 구조가 나타난다. 마지막으로 인종적 요인에 따라 인종별로 분리된 독자적 집단 거주지를 형성하여 살아가는 다핵 구조의 형태를 보인다.

4. 도시의 기능은 크게 기반 기능과 비기반 기능으로 나눌 수 있다. 기반 기능은 도시의 성장과 관련된 것으로 도시에서 생산한 재화나 서비스를 외부 지역으로 제공하여 경제적 이익을 창출하는 기능이다. 반면 비기반 기능은 도시를 유지시키는 것과 관련된 것으로 도시 내 주민의 필요를 만족시키기 위해 재화와 서비스를 자체적으로 소비하는 기능을 말한다.

04. 도시 체계 및 도시권의 확대 ⋯→ p.257

[선택형] **1.** ③ **2.** ④ **3.** ①

1. 수도권 내 신도시 개발은 대도시의 과밀화를 해소하기 위한 방향으로 진행되었다. 특히 1980년대 이후 신도시는 서울을 중심으로 한 수도권 주택 시장 안정을 위한 정책 목표로 조성되면서 신도시 내 일자리 등 경제 기반 부족으로 서울의 침상 도시라는 비판을 받기도 하였다.

ㄱ. 수도권 내 신도시 개발로 대도시의 과밀화를 해소할 수 있으나 인구 이동, 산업 이동이 수도권 내에서 이루어지기 때문에 수도권 과밀화는 해소되지 않는다. 근본적으로 수도권 이외 지역으로의 이동만이 수도권의 과밀화를 해소할 수 있다. ㄴ. 중심 도시의 팽창으로 주변 중·소도시의 시가지와 결합하여 거대 도시가 형성되는 현상을 이르는데, 근접한 도시가 성장하여 주거, 공업, 기타 상업·업무 등이 상호 연결되어 공간적으로 결합하여 연담 도시화가 가속화될 것이다. ㄷ. 도시의 연담화가 이루어진 도시들은 기능을 분담하여 각개의 특성화된 도시 기능을 수행하기 때문에 수도권 내 도시 구조는 다양화될 것이다. ㄹ. 수도권 내 교통축의 발달은 경부축 중심으로 이루어지기 때문에 한강 상류부에 해당하는 동부축은 상대적으로 개발의 중심에서 멀어지게 된다.

2. '보스워시(bosWash)' 메갈로폴리스는 미국 북동부 해안을 따라 독립적인 대도시들이 점점 확장되면서 합쳐져 형성된 지역이다. 이 지역 도시들에 인구가 증가하면서 성장 효과가 주변 지역에도 미치게 되었다. 주변에 있는 대규모 교외 지역은 도시가 연담될 있도록 나름대로 공헌을 했다. 그 결과, 대도시 지역의 외곽이 결국에는 서로 합쳐지기 시작해서 확장된 도시 지역을 형성하기에 이르렀다.

원문: BosWash 또는 Bosnywash라 불리는 거대 도시권은 미국 북동부에 위치해 있는 보스턴에서 시작하여 워싱턴에 이르는 경제, 교통, 통신 연결체의 도시 그룹이다.

① 보스워시의 공식적인 인구는 4,400만 명이다. ② 보스워시는 보스턴, 뉴욕, 필라델피아, 워싱턴을 포함한다. ③ 보스워시는 미국에서 가장 도시화된 지역이다. ④ 보스워시는 대도시권 농업을 토대로 성장하였다. ⑤ 지도에서 북동쪽 메갈로폴리스는 대체로 일직선으로 보인다.

3. 〈수도권 도시의 주간 인구 지수〉 자료를 보면 서울에서 멀어질수록 주간 인구 지수가 높아지고, 서울과 가까울수록 주간 인구 지수가 낮아짐을 알 수 있다. 주간 인구 지수가 낮다는 것은 낮 동안 인구 유입이 많다는 것을 의미한다. 따라서 자료를 통해 대도시의 교외화 현상이 나타남을 파악할 수 있다. 또한 〈구간별 서울로의 통근자 수〉 자료를 보면 1990년에 비해 2005년에 서울로 통근자가 증가했음을 알 수 있으며, 서울에 가까울수록 증가 폭이 커짐을 확인할 수 있다. 통근 거리가 먼 구간에 위치한 도시에서도 서울로의 통근자 수가 증가한 내용을 통하여 해당 도시와 서울 간 교통로가 확충되면서 교외화 현상이 더욱 진전되었음을 파악할 수 있다.

오답 피하기

주어진 자료를 통해서 ②, ③, ④와 같은 도시 내부 지역에 대한 정보는 파악할 수 없다. ⑤ 주어진 자료에는 위성 도시의 인구 규모가 제시되어 있지 않기 때문에 도시 규모 순위는 파악할 수 없다.

05. 세계 도시 분포 및 도시 체계 ⋯→ p.261

[선택형] **1.** ② **2.** ④

1. ① 100대 기업 본사의 국가와 기업 수는 브라질과 기타를 제외하고 대부분 북반구에 위치한다. ③ 중국은 100대 기업 본사가 12개 있는데 그중 10개가 베이징에 위치한다. 반면 미국은 100대 기업 본사가 32개 있는데

지역별로 뉴욕에 4개, 기타 도시별로 1~2개가 분포한다. 따라서 미국은 중국보다 특정 도시에 대한 100대 기업 본사의 집중도가 낮다. ④ 아시아에 분포하는 100대 기업 본사 수가 중국 12개, 일본 10개, 대한민국 2개, 인도 1개이다. 중국, 일본, 대한민국은 모두 동아시아에 위치해 있다. ⑤ 베이징은 100대 기업의 총매출액이 가장 많고 본사 수도 가장 많다.

오답 피하기

② 파리와 런던에 위치한 100대 기업의 총매출액은 각각 7,000억 달러 정도로 비슷하지만 파리에 있는 글로벌 기업 본사 수는 6개, 런던에는 4개가 분포한다. 따라서 도시별 100대 기업의 평균 매출액은 런던이 파리보다 많다.

2. B의 도시군은 세계 도시 규모급에 해당하는 세계 도시들이다. 세계 도시는 세계의 정치 경제의 중심지 역할을 수행하며, 글로벌 기업이 다수 입지하여 생산자 서비스업 비중이 높다.

① A의 도시군은 인구 규모는 매우 크지만 세계 도시로 성장할 단계의 도시는 아니다. A군에 속한 도시들 대부분 산업화가 한참 진행 중이다. ② A군의 도시는 B군의 도시에 비하여 세계 교통·통신의 중심지 역할이 미비하다. ③ B군의 도시들은 후기 산업화를 겪고 있는 도시들이다. 따라서 공업 생산액 비중보다 서비스 산업이 차지하는 비중이 높다. ⑤ 후기 산업화를 겪고 있는 B군의 도시들은 인구 성장률이 낮고, 공업화·산업화 단계에 접어든 A군의 도시들은 인구 성장률이 높다.

[서술형] **1.** 해설 참조

1. 네덜란드, 일본, 미국에 형성된 세 지역은 모두 인구가 많고 대도시를 중심으로 기능적으로 연결된 대도시권을 형성하고 있으며, 이러한 대도시권이 형성된 배경으로는 교통·통신의 발달로 중심 도시와 주변 지역 간의 연계가 강화된 것을 들 수 있다.

Chapter 08 문화 지리

01. 문화와 종교

⋯→ p.270

[선택형] **1.** ⑤ **2.** ⑤ **3.** ② **4.** ②

1. 미국의 민족(인종) 분포는 인구 이동 역사와 관련이 깊다. 아프리카계는 과거 노예제에서 목화 농장이 많았던 남부 지역에서 분포 비중이 높다. 아시아계는 태평양 연안에 거주하는 비중이 높고, 히스패닉은 라틴 아메리카와 인접한 남부와 서부 지역에서 거주하는 비중이 높은 편이다. 따라서 A는 아프리카계, B는 아시아계, C는 히스패닉이다. 히스패닉은 라틴 아메리카 출신으로 주로 에스파냐 어를 사용한다. 현재 미국에서는 유럽계 백인 다음으로 히스패닉의 인구 비중이 높다.

오답 피하기

ㄱ. 아시아에서 이주한 이들은 서부 지역에 집중 분포하므로 B에 해당된다. ㄴ. 과거 노예 노동력으로 강제 이주된 이들은 남부에 집중 분포하므로 A에 해당된다.

2. ㈎는 인디오로 주로 안데스 산지의 고산 지대(고산 기후)와 아마존 열대 밀림 지역(열대 우림 기후)에 거주하고 있다. ㈏는 백인으로 유럽과 기후가 비슷하게 나타나는 아르헨티나와 브라질의 남동부 지역에 조밀하게 분포하고 있다. ㈐는 아프리카에서 강제 이주된 흑인으로 주로 플랜테이션이 발달한 브라질의 동부 해안과 쿠바를 비롯한 중앙아메리카에 거주하고 있다. ㈑는 혼혈인들로 메스티소, 물라토, 삼보 등이 있다. 메스티소는 백인과 인디오 간의 혼혈인으로 인구가 가장 많고, 광범위하게 분포하고 있다. 물라토는 백인과 흑인의 혼혈이며, 삼보는 인디오와 흑인의 혼혈이다.

오답 피하기

ㄱ. 이 지역의 원주민인 인디오는 주로 고산 지역에 거주하고 있다. 대하천의 평야 지역에서 발생한 고대 문명에는 메소포타미아 문명, 황하 문명, 인더스 문명 등이 있다. ㄴ. 브라질은 포르투갈 어, 아르헨티나 등 기타 지역은 스페인 어를 사용한다.

3. 남아메리카는 유럽(백인) 인, 원주민, 아프리카 이주민, 혼혈인에 따른 인종 구성이 다양하게 나타난다. 유럽 인은 기후 조건이 좋은 온대 기후 지역이나 해안 지역에 주로 거주한다. 온대 기후가 넓게 나타나는 아르헨티나는 유럽 인의 거주 비율이 가장 높으며, 안데스 산지의 국가에는 원주민인 인디오의 비율이 높다. 흑인들은 과거 플랜테이션이 발달한 지역으로 강제 이주하였는데, 브라질 북동부 해안 지방 및 카리브 해안 지역에 집중 분포하는 경향이 나타난다. A는 페루와 볼리비아 등 안데스 고산 지대에서 분포 비율이 높은 인디오이며, C는 브라질에서 비율이 높은 흑인이다.

오답 피하기

ㄴ. B는 아르헨티나에서 거주 비율이 높은 유럽 인이며, 유럽계 백인들은 주로 대농장을 경영하여 사회 상류층을 이루고 있다. ㄹ. D는 혼혈인으로 메스티소, 물라토, 삼보 등이 있다.

4. A는 터키에서 신자 수가 가장 많으므로 이슬람교, B는 인도에서 신자 수가 가장 많으므로 힌두교, C는 타이에서 신자 수가 가장 많으므로 불교, D는 필리핀에서 신자 수가 가장 많으므로 크리스트교이다. ② 이슬람교의 사원은 기하학적인 무늬와 코란의 글귀로 장식된다.

오답 피하기

① 이슬람교의 경전인 코란에 돼지고기를 먹지 말라는 내용이 들어 있기 때문에 이슬람교 신자들은 돼지고기를 금기시한다. 힌두교는 소를 신성시하기 때문에 힌두교 신자는 쇠고기를 금기시한다. ③ 이슬람교와 크리스트교는 모두 유일신을 믿는다. ④ 힌두교와 불교 모두 남아시아에서 기원하였다. 힌두교는 인도의 민족 종교이고, 불교의 기원지는 인도 북서부에 위치한 부다가야이다. ⑤ 보편 종교는 보편적인 윤리관에 기초하고 국경과 민족을 초월하여 세계 여러 지역에 널리 퍼져 있는 종교이다. 크리스트교, 이슬람교, 불교가 이에 해당된다. 민족 종교는 특정 민족의 문화, 역사와 관련하여 성립된 종교이다. 이스라엘의 유대교, 인도의 힌두교 등이 이에 해당된다.

[서술형] **1.** A: 이슬람교 B: 힌두교 C: 불교 **2.** 해설 참조 **3.** 인도네시아 **4~5.** 해설 참조

1. ㈎는 파키스탄으로 대부분의 국민이 이슬람교를 신봉하고 있다. ㈏는 인도이며, 국민의 대다수가 힌두교를 믿는다. ㈐는 스리랑카이고, 국민의 대부분이 불교를 믿고 있다.

2. 이슬람에서는 별과 초승달을 신성시하는데, 그 이유는 이슬람교의 창시자인 무함마드가 알라로부터 계시를 받을 때 하늘에 초승달과 별이 떠 있었기 때문이라고 한다.

3. 인도네시아의 종교 구성은 이슬람교 약 88%, 개신교 약 5.9%, 가톨릭 약 3.1%, 힌두교 약 1.8%, 불교 약 0.8%, 기타 0.2%이다. 이슬람교도의 인구는 약 2억 명가량으로 전 세계에서 이슬람교 인구가 가장 많은 나라이다.

4. 동남아시아에는 상좌부불교라고 불리는 불교가 대다수를 차지하고 있으며 태국, 미얀마, 라오스, 캄보디아, 베트남 등을 중심으로 많은 신자들을 가지고 있다.

5. 통상적으로 이슬람의 다섯 기둥이라고 불린다. 첫째, 알라 이외에 다른 신은 없으며, 무함마드는 알라의 예언자임을 믿는다. (신앙 고백) 둘째, 하루에 다섯 번 알라에 기도해야 하므로 여행을 하더라도 일정한 시간이 되면 장소를 가리지 않고 예배를 드린다. (기도) 셋째, 모슬렘들은 자산의 2.5%, 교역품의 2.5%, 농업 생산의 5~10% 정도를 가난한 사람들에게 기부한다. (자선) 넷째, 라마단(이슬람력 9월) 한 달 동안 일출부터 일몰까지 음식 및 음료의 섭취와 어떠한 성행위도 허용되지 않는다. (단식) 다섯째, 둘 힛자(이슬람력 12월)에 이루어지며, 경제적 신체적으로 능력이 있는 모슬렘이라면 일생에 한 번은 메카로 순례 여행을 행하는 것이 좋다. (성지 메카 순례)

02. 역사와 정치 ··· p.277

[선택형] **1.** ⑤ **2.** ⑤ **3.** ① **4.** ④

1. ① ㈎는 사우디아라비아 메카로 이슬람교의 제1 성지이다. 따라서 이곳을 찾는 순례객들이 많이 있다. ② ㈏는 아랍 에미리트의 두바이이다. 이곳은 석유 자본으로 사막 지역을 화려한 도시 경관으로 변화시킨 대표적인 곳이다. 바다를 모래로 매립하여 인공 섬을 만들어 건축물을 짓는 곳이 있다. ③ ㈐는 인도 남부의 몰디브로 최근 해수면 상승으로 해안 저지대가 서서히 물에 잠기고 있다. ④ ㈑는 인도네시아 반다아체로 알프스-히말라야 조산대에 위치하고 있으며 몇 년 전 쓰나미의 영향으로 피해가 컸던 지역이다. ⑤ 세계 최대의 도시 국가는 싱가포르이다. ㈒는 베트남의 도시이다.

2. 자료는 이슬람교의 특징을 설명한 것이다. A, B, C 국가는 태국, 캄보디아, 베트남으로 불교 신자들의 비중이 높고, D는 필리핀으로 크리스트교 신자의 비중이 높으며, E는 인도네시아로 이슬람교 신자들의 비중이 가장 높다.

3. 공용 화폐가 쓰이고 회원국 간 배타적 경제 수역의 개념이 약해지고 조업이 가능한 것으로 보아 통합의 정도가 가장 높은 유럽 연합(EU)이다. B는 서아프리카 경제 공동체(ECOWAS), C는 동남아시아 국가 연합(ASEAN), D는 북아메리카 자유 무역 협정(NAFTA), E는 남아메리카 공동 시장(MERCOSUR)이다.

4. ㈎는 긴 첨탑과 모스크가 있는 건축물의 특징으로 보아 이슬람 신전이며, ㈏는 석탑이 있는 것으로 보아 불교이다.

오답 피하기

유럽과 남·북아메리카에 A 종교의 비율이 높은 것으로 보아 크리스트교이다. 크리스트교는 유럽과 유럽 이주민들이 많은 아메리카에서 비중이 높게 나타난다. B는 아시아와 아프리카에서 비율이 높은 이슬람교이다. C는 아시아에서 압도적으로 비중이 높은 불교이다.

03. 지역 분쟁

⋯ p.284

[선택형] **1.** ② **2.** ④ **3.** ③

1. ㈎는 독일어, 프랑스 어, 이탈리아 어, 로망슈 어를 공용어로 사용하는 스위스이다. 스위스는 중앙 정부의 다양한 정책과 주민 참여율이 높은 지방 자치를 통하여 문화적 갈등이 거의 나타나지 않는다. ㈏는 인도와 파키스탄의 접경 지역인 카슈미르 지역으로 힌두교와 이슬람교 간의 갈등이 나타난다. 1947년 영국이 인도에서 철수할 때 인도 반도는 인도와 파키스탄으로 분리·독립되었고, 양국은 카슈미르 지역을 자국의 영토라고 주장하고 있다. A는 북아일랜드 지역으로 가톨릭교와 개신교 간의 갈등이 심하며, D는 시짱(티베트) 자치구로 중국으로부터 분리·독립 운동의 움직임이 있다.

2. A는 이슬람교로, 돼지고기를 금기시하며 정복과 무역 활동에 의한 전파가 활발했다. B는 유대교이다. 그리고 이슬람교와 유대교는 모두 유일신을 믿는 종교이다.

오답 피하기

ㄱ. 이슬람교는 돼지고기로 요리한 음식을 금기시한다. ㄷ. 유대교는 하느님이 유대 민족을 구원하기 위해 메시아를 보내 구원할 것이라고 믿는 민족 종교에 해당한다.

3. 자료와 같은 특징이 나타나는 지역은 캐나다 동부의 퀘벡 주이다. 퀘벡 주에서는 프랑스 어로 쓰인 자동차 번호판 문구를 볼 수 있는데, 이는 프랑스 문화와 언어를 갖고 영어 문화권에서 살아가는 주민들이 자신의 정체성을 잃지 않고 지키려는 의지의 표현이다. 추운 바람을 막기 위해 창 없는 벽에 그려진 프레스코화도 퀘벡 주의 유명한 상징물이다. A는 알래스카 주, B는 앨버타 주, D는 캘리포니아 주, E는 텍사스 주이다.

[서술형] **1.** 해설 참조 **2.** ㈎ 프랑스 어 ㈏ 이슬람교
3. ㈎ 벨기에 ㈏ 파키스탄 **4.** 해설 참조 **5.** 이슬람교

1. A: 언어 및 종교와 관련된 분쟁 지역이다. B: 자원과 관련된 영토 분쟁 지역이다.

분쟁 지역과 갈등 요인

북아일랜드 분쟁	구교(가톨릭)와 신교(개신교)의 종교 분쟁 아일랜드공화국군(IRA, 가톨릭)이 영국(개신교)으로부터 독립 쟁취
벨기에 언어 갈등	북부(네덜란드 어)와 남부(프랑스 어)의 언어 갈등
쿠르드족 독립 운동	이라크 북부, 이란, 시리아, 터키 등지에 흩어져 사는 3,200만 명의 민족 집단(거주 지역을 일컬어 '쿠르디스탄'이라고 부름) 거주 국가들로부터 분리 독립운동을 전개(석유 자원과 관련)
나이지리아 민족 대립	북부(이슬람교)와 남부(크리스트교)의 갈등
티베트 분리 독립	중국이 티베트를 병합하여 통치하면서 생긴 분쟁 티베트 인(라마교)이 달라이라마를 중심으로 티베트의 분리 독립 요구
파푸아뉴기니 분리 독립	18세기 유럽 열강들의 지배를 받았음(독일, 영국 등) 이후 1990년 부건빌 주가 파푸아뉴기니로부터 분리 독립을 주장하여 1998년 자치령으로 독립
퀘벡 주 분리 독립	캐나다(영어 등 영국 문화) 안의 퀘벡주(프랑스 어) 캐나다 연방으로부터 분리 독립 추구
아부무사 섬	호르무즈 해협 입구(이란과 아랍 에미리트 대립) 매일 원유 수송량의 20%가 통과 – 자원과 관련한 전략적 요충지
북극해	미개발 자원이 많이 매장되어 있을 것으로 추정 (러시아, 캐나다, 미국, 덴마크, 노르웨이 등) 지구 온난화로 해빙 시 자원 개발 가능성 및 북서 항로 등 자원·교통 거점으로서 가치 향상
남중국해, 동중국해	중국해 일대의 천연가스, 석유 매장량을 두고 갈등 난사 군도(남중국해) : 중국, 베트남, 타이완, 필리핀, 말레이시아, 브루나이 등 6개국 간의 자원·영토 갈등 시사 군도(남중국해) : 중국, 베트남 간의 자원·영토 갈등 센카쿠 열도(동중국해) : 일본, 중국 간의 자원·영토 갈등
기니 만	1990년대 대규모 유전 발견(새로운 중동으로 주목) : 자원 갈등 해상 국경이 분명하지 않아 앙골라, 카메룬, 콩고, 가봉, 적도기니, 나이지리아, 콩고 민주 공화국, 상투메 프린시페 등 기니 만 연안 국가들 사이의 분쟁
오리노코 강 유역	베네수엘라 일대의 단일 지역 세계 최대 원유 매장지 석유 산업 국유화 정책을 바탕으로 다국적 거대 석유 기업들과 갈등

2. ㈎는 벨기에와 퀘벡 주, ㈏는 발칸 반도의 보스니아 헤르체고비나, 지중해 서쪽의 키프로스 및 팔레스타인 지방, 인도 북부의 카슈미르 지방이다. 벨기에는 대표적인 언어 갈등 지역으로 북부(네덜란드 어)와 남부(프랑스 어)의 갈등이 나타나며 캐나다 퀘벡 주의 경우 영어와 프랑스 어의 언어 갈등 지역이다. 보스니아 헤르체고비나의 갈등은 이슬람과 그리스 정교의 갈등이며, 키프로스는 그리스계(그리스정교)와 터키계(이슬람교) 사이의 갈등이다. 팔레스타인 지역은 유대교와 이슬람교의 갈등 지역이며, 카슈미르 지방은 힌두교와 이슬람교 간의 갈등 지역에 해당한다. 필리핀의 남쪽 민다나오 섬의 분쟁은 가톨릭과 이슬람교 간의 충돌이다. 따라서 공통적인 종교는 이슬람교에 해당한다.

4. A: 북아일랜드 종교 분쟁

17세기 아일랜드를 식민지화한 영국은 전통적인 가톨릭 국가인 아일랜드에 신교도들의 이주정책을 감행했었고, 이후 많은 신교도들이 아일랜드에 정착하게 되었다. 이후 끊임없는 아일랜드 인의 독립 운동과 저항으로 1920년 아일랜드가 영국으로부터 독립하게 되었으나, 신교도들이 많이 거주하고 있는 북아일랜드 지역은 여전히 영국의 관할 아래 남겨 두게 되면서 종교적 민족적 갈등이 지속되면서 아직도 분쟁의 씨앗이 남아 있는 상태이다.

B: 카탈루냐 분쟁 지역

카탈루냐 지방은 프랑스 국경과 붙어 있는 스페인 동북부의 주로서 약 750만 명의 인구가 살고 있는 지역이다. 카탈루냐는 스페인과는 원래 언어도 다르고 문화도 다르다. 모국어가 스페인 어와 조금 다른 카탈루냐 어이다. 게다가 스페인 연방에서 경제적으로 가장 풍족하다. 2012년 이전에

는 스페인 연방이나 자치령으로 머물러야 한다는 의견이 강했으나 스페인 정부의 방만한 경제 정책으로 인한 금융 위기 이후에는 분리 독립을 원하는 목소리가 더 강해지고 있다. 가난한 남부 주의 부채를 함께 떠안는 데 대한 불만도 많다. 그러한 가운데 분리 독립의 움직임이 진행되고 있는 상황이다.

C: 시리아 분쟁 지역

2011년 중동에는 튀니지의 재스민혁명, 이집트의 코사리혁명 등을 만들어낸 민주화 물결 '아랍의 봄'이 일어났다. 이러한 분위기에서 시리아도 예외가 아니었고, 2011년 3월에 정부에 비판적인 낙서를 한 아이들을 정부가 체포하고 이에 반대하는 시위대를 정부군이 무력으로 진압하면서 정부와 민간인들 사이의 대립이 시작되었다. 처음 시작은 시리아의 민주주의와 독재의 투쟁이었지만 민간인들도 무기를 탈취하여 무장하여 반군을 형성하게 되었고 이 반군을 미국과 유럽, 친미 아랍 국가들이 지원하면서 시리아 정부군과 군사적으로 대립하게 되는 '내전'의 양상으로 치닫고 있는 상황이며 이로 인한 무수한 민간인들의 피해가 속출하고 있다.

D: 수단과 남수단 분쟁

현재 수단 내전의 원인 중 가장 큰 이유는 천연 자원에 있다. 석유 수출은 수단의 수출 소득의 70%를 차지하는데 중요한 유전 지대는 남부에 있다. 또 나일 강의 지류가 흐르고 강수량이 높기 때문에 남부 수단은 물을 이용하기 수월하고 토질도 비옥한 반면 북부는 사하라 사막의 가장 자리에 있다. 북부는 남부의 천연 자원을 지배하기를 원한 반면 남부는 천연 자원에 대한 통제권을 유지하고 싶어 하는 과정에서 결국 수단과 남수단으로 각각 분리되어 각각 국가로서 독립을 유지하고 있지만 앞으로 분쟁이 발생할 가능성이 매우 높은 지역이다.

5. 지도에 표시된 국가(지역)는 팔레스타인과 카슈미르이다. 팔레스타인 분쟁은 이스라엘과 팔레스타인 간의 분쟁으로 1948년 팔레스타인 지역에 이스라엘이 독립 국가를 세우면서 시작되었다. 이스라엘은 유대교를 믿는 나라이며, 팔레스타인은 이슬람교를 신봉한다. 카슈미르에는 이슬람을 믿는 사람들이 많이 거주하지만 인도 측에 속하게 되면서 분쟁이 시작되었다. 인도는 힌두교를 신봉하는 사람이 절대적으로 많으며, 파키스탄은 대다수의 주민이 이슬람교를 신봉하고 있다. 지금도 인도에 속해 있는 카슈미르에서는 이슬람교를 믿는 주민과 인도 정부와의 끊임없는 분쟁이 발생하고 있다.

Chapter 09 농업 지리

01. 농업 지역의 형성과 농업 입지론

··· p.294

[선택형] **1.** ④ **2.** ① **3.** ① **4.** ⑤

1. 지대 = 시장 가격 − 생산비 − 운송비이므로 2005년에 각각의 작물별 식은 다음과 같다.

A의 지대 = 150 − 2x − 100 = −2x + 50,

B의 지대 = 150 − x − 100 = −x + 50,

C의 지대 = 200 − 4x − 100 = −4x + 100,

2008년에는 A의 시장 가격이 변화되었다. 2008년의 A의 지대 식은 다음과 같다.

A의 지대 = 200 − 2x − 100 = −2x + 100

A의 시장 가격이 오르게 되면서, A의 시장 면적이 확대된다. 2005년 지대 곡선에서 C 작물이 0(시장)~16.7km에서 재배되었고, B 작물이 16.7~50km에서 재배되었다. 2008년에는 50km 안에서 A 작물만 재배된다.

오답 피하기

① 재배 면적이 가장 확대된 작물은 A이다. ② A의 재배 지역이 B의 재배 지역을 잠식하였다. ③ B의 재배 범위는 2005년에는 16.7~50km에서 이루어졌으나, 2008년에는 재배가 이루어지지 않는다. ⑤ C의 재배 지역은 2005년에는 0(시장)~16.7km에서 재배되었지만, 2008년에는 재배가 이루어지지 않는다.

2. 튀넨의 고립국 모델에서는 중심 도시를 기준으로 자유식 농업(원예와 낙농), 임업, 윤재식 농업, 곡초식 농업, 삼포식 농업, 방목의 순으로 6개의 농업 지대가 연속적으로 배열된다고 주장한다. 고립국의 가정에서 동일한 자연 조건(동질적 평야)이라면 거리에 따라 농업이 분화된다는 것이 튀넨의 농업 입지론의 핵심이다. 또한 인간은 만족자가 아닌 합리적 경제인으로 개인적·주관적 선호에 의한 변수를 제거하며, 이윤을 극대화하기 위해 합리적으로 행동한다고 가정하였다. 튀넨의 농업 입지론 비판에는 경제 체계의 공간 구조를 잘 설명해 주지 못하며, 이론이 정태적이고 결정론적이라는 점이 있다. 따라서 정답은 ㄱ, ㄴ이다.

3. 표는 A~C 국가의 농업 현황을 나타낸 것이다. 주어진 지표를 통해 토지와 노동 생산성, 노동과 자본 집약도를 계산할 수 있다. 토지 생산성은 '농업 부가 가치/경지 면적'으로 산출할 수 있는데 C〉A〉B 순으로 나타난다. 노동 생산성은 '농업 부가 가치/영농 시간'으로 산출할 수 있는데 A〉C〉B 순으로 나타난다. 노동 집약도는 '영농 시간/경지 면적'으로 산출할 수 있는데 B〉C〉A 순으로 나타난다. 자본 집약도는 '농업 자본액/경지 면적'으로 산출할 수 있는데 C〉B〉A 순으로 나타난다. 따라서 ㄱ, ㄴ이 정답이다.

4. ㈎는 운송비의 변화 없이 시장 가격은 상승하는 대신 생산비가 감소하여 전 지역에서 지대가 높아지는 ㄷ에 해당한다. ㈏는 시장 가격은 변화가 없지만 생산비가 증가하기 때문에 지대는 감소한다. 그러나 운송비의 절감이 나타나기 때문에 생산비 증가분이 운송비 절감분과의 경계 지점까지는 지대가 감소하다가 해당 지점을 넘어서는 지점부터 최대 생산 가능 거리 지점까지 지대가 증가하게 되는 ㄴ에 해당한다. ㈐는 시장 가격과 생산비가 모두 증가하기 때문에 시장에서의 지대 변화는 없으며, 운송비 증가에 따라 최대 생산 가능 범위가 축소되는 ㄱ에 해당한다.

[서술형] **1~4.** 해설 참조

1. 튀넨의 이론과 미국의 실제 토지 이용이 다르게 나타난 이유는 첫째, 자연적 요인의 차이 때문이다. 미국의 남부 지역은 기후가 따뜻하여 연중 경작이 가능하여 아열대 작물이 재배되고 있다. 둘째, 인문적 요인으로 교통축이 발달하고 있으며, 뉴욕 이외에 시카고와 로스앤젤레스의 중심 도시들이 토지 이용에 영향을 미쳤기 때문이다.

2. 튀넨은 중심 도시와 가까울수록 토지를 집약적으로 이용하고, 멀어질수록 조방적으로 이용한다고 주장하였다. 반면 싱클레어는 도시 근처의 토지는 자산으로 인식하여 투기의 대상으로 농업적 토지 가치가 낮아 조방적으로 이용한다고 주장하였으며, 거리가 멀어질수록 집약적으로 이용한다고 주장하였다.
튀넨은 운송비에 의해 공간 조직이 형성된다고 보았으며, 거시적인 측면에서 지역 전체의 농업 입지 전개 과정을 설명하였다. 반면 싱클레어는 도시 팽창에 따른 토지 이용 모델에서 운송비가 아닌 도시와의 절대 거리가 공간 조직에 영향을 준다고 설명하였다. 튀넨과는 다르게 미시적으로 도시 인접 지역의 토지 이용을 설명하였다.

3. 농업 집약도가 가장 높은 영국 남동부와 벨기에, 네덜란드, 독일, 덴마크 등은 일찍부터 산업화와 도시화가 이루어져 농업의 산업화가 진전된 지역으로 집약적 토지 이용이 나타난다.

4.

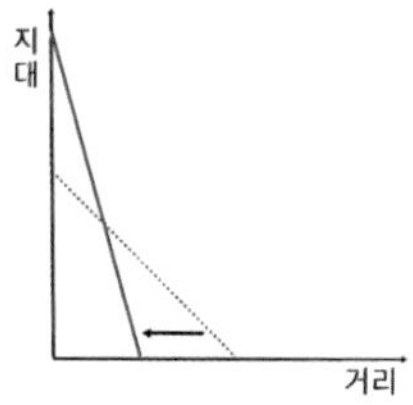

02. 식량 자원

⋯ p.302

[선택형] **1.** ④ **2.** ④ **3.** ⑤ **4.** ②

1. 세계 3대 식량 작물에서 생산량은 옥수수가 쌀과 밀에 비하여 많으며(쌀과 밀은 비슷함) 국제적 이동량(수출량)은 밀>옥수수>쌀의 순이다. 쌀은 대부분 아시아 지역에서 생산·소비되어 국제적 이동량이 적은 식량 작물이다. 따라서 A는 옥수수, B는 쌀, C는 밀에 해당한다. 쌀은 대부분 계절풍이 부는 아시아 지역에서 생산되기에 ㄱ이 쌀의 국가별 생산 비중을 나타낸 것이며, 밀은 중국과 인도가 가장 많이 생산되나 대부분 자급적으로 소비되며, 미국, 캐나다 등에서 상업적으로 재배되어 수출되는데 ㄴ이 밀의 국가별 생산 비중을 나타낸 것이다. 옥수수는 아메리카 대륙에서 많이 소비되는 작물로 미국, 멕시코, 브라질 등지에서 생산 비중이 높은 ㄷ이 여기에 해당한다. 그러므로 ④ A-ㄷ, B-ㄱ, C-ㄴ의 연결이 맞다.

2. A의 생산량 상위 5개 국가는 브라질, 콜롬비아, 에티오피아, 베트남, 인도네시아이다. 이러한 특징을 가진 작물은 커피이다. B의 생산량 상위 5개 국가 중 코트디부아르, 가나, 나이지리아, 카메룬 4개 국가는 기니 만 연안에 위치하고 나머지는 인도네시아이다. 기니 만 연안은 세계적인 카카오 생산지이다. 따라서 ㈎는 커피, ㈏는 카카오이다. ⑤ 커피와 카카오는 열대 기후 지역에서 주로 생산되지만 대부분 세계 여러 지역으로 수출된다.

오답 피하기

① 미국은 옥수수, 브라질은 사탕수수를 이용해 바이오 에너지를 많이 생산한다. ② 카카오는 연중 고온 다습한 열대 우림 기후 지역에서 주로 생산된다. ③ 커피와 카카오는 기호 작물이다. 단위 면적당 생산량이 많아 인구 부양력이 높은 작물로는 벼를 들 수 있다. ⑤ 커피와 카카오 모두 열매를 수확하는 과정에서 많은 노동력이 필요하기 때문에 노동력 의존도가 높다.

3. A는 돼지로 소에 비하여 사육 지역이 한정되어 있다. 돼지를 더러운 동물로 여기는 이슬람권의 건조 지역에서는 사육되지 않으며 중국이 세계 사육 마리 수의 약 50%를 차지한다. 그 분포는 주민의 식생활과 밀접한 관계가 있다. B는 소이다. 소는 세계 각 지역에서 사육되고 있으며 사육 마리 수도 가축 중에서 가장 많다. 브라질, 인도, 중국 순으로 사육 두수가 많다. C는 이란의 비율이 높은 것으로 볼 때 양이다. 양은 추위와 건조한 기후에 잘 견디기 때문에 한대 지역을 제외한 세계 전 지역에 분포한다.

오답 피하기

① 산업 혁명 이후 섬유 공업의 발달로 양모의 수요가 늘어났다. ② 낙농업 지대에서 치즈와 버터 생산을 위해 사육되는 것은 소이다. 낙농업이 발달한 지역은 미국의 오대호 연안과 유럽의 북해 연안이 대표적이다. ③ 돼지는 이슬람교도가 거주하는 건조 지역에서는 사육되지 않는다. ④ 벼농

사 지대에서 축력으로 이용하기 위해 사육하는 것은 소이다.

4. 제시된 작물의 주요 생산지와 생산 비중을 통해 볼 때 ㈎는 카사바(마니옥), ㈏는 커피를 나타낸 것이다. 카사바는 아프리카 주민들이 오랫동안 이동식 화전 경작 방식으로 재배하여 온 식량 작물이다. 반면에 커피는 건기와 우기가 구분되는 사바나 기후 지역이 재배에 유리하며, 기호 식품으로 인기가 높아 북반구 선진국에서 주로 소비된다. ② 카사바는 구대륙인 아프리카에서 생산 비중이 가장 높다. 그리고 아시아의 인도네시아와 타이도 생산량이 많다.

[서술형] **1~4.** 해설 참조

1. 커피와 포도가 재배되는 기후 조건(자연환경)이 다르기 때문에 커피 산업과 와인 산업이 한 지역에서 발달하지 못한다. 커피의 주요 생산지는 적도를 중심으로 북위 25°와 남위 25°사이이다. 특히 해발 고도 500~1,000m 지대의 기온이 15~25℃ 사이에서 잘 자란다. 반면 포도는 북위 25~50°, 남위 25~40°에서 주로 재배된다. 열대 기후 지역에서도 포도가 재배되지만, 와인을 만들기에는 너무 달아서 적절하지 않다. 일교차가 나타나는 지역에서 재배되는 포도가 와인을 만들기에 적합하다.

2. 쌀은 온대 계절풍 지역인 동아시아와 열대 계절풍 지역인 남아시아 및 동남아시아에서 주로 재배된다. 밀은 고위도 지역, 건조 지역 등 전 세계적으로 수확이 가능하며, 미국, 캐나다, 오스트레일리아, 아르헨티나 등에서 기계화되어 대규모로 재배된다. 쌀은 생산지와 소비지가 거의 일치하기 때문에 국제적인 이동이 적지만, 밀은 생산지와 소비지가 지리적으로 달라 국제적인 이동이 많다. 아르헨티나와 오스트레일리아, 칠레, 브라질 등 남반구는 밀의 대부분을 소비하는 북반구와 계절이 반대이기 때문에 밀 수확 시기도 반대여서 판매에 유리하다.

3. A는 자급적 목축(유목), B는 기업적 목축을 나타낸다. 자급적 목축업 지역에서는 한 지역에 오래 머물면 말과 양에게 제공되는 목초가 부족해지기 때문에 이동하며 생활한다. 기업적 목축업 지역에서는 소가 어느 정도 자란 후에는 옥수수를 사료로 이용할 수 있기 때문에 옥수수 지대 가까운 곳으로 소들을 이동시킨다.

4.

03. 우리나라 및 세계의 농업 지역

···› p.310

[선택형] **1.** ⑤ **2.** ② **3.** ④ **4.** ③

1. 제시된 지역의 A는 서남아시아, 북극해 연안, 아프리카의 건조 기후 지역에서 행해지는 유목, B는 열대 기후 지역에서 행해지는 이동식 화전 농업, C는 신대륙의 넓은 초지대에 주로 분포하는 것을 통해 방목 지역이라는 것을 알 수 있다.
ㄴ, ㄷ. 이동식 화전 농업은 초원과 산림을 태워 그 재를 거름 삼아 작물을 재배한 뒤 토지가 황폐화되면 다른 지역으로 이동하는 농업 형태로 아프리카, 동남아시아 및 아마존 일대의 열대 우림 기후와 사바나 지역에서 주로 행해진다. 대체로 생산성이 낮으며 자급적이다. ㄹ. 방목은 넓은 토지를 활용하여 가축을 초지에 놓아 사육하는 목축 형태로 북아메리카의 대평원, 아르헨티나 팜파스, 오스트레일리아 등 신대륙에서 기업적으로 운영된다. A의 유목은 자급적 성격이 강하며 이동 능력이 뛰어난 양, 염소, 낙타 등을 중심으로 초지를 찾아 수평적 이동을 하는 목축업으로 강수량이 적은 스텝 기후가 나타나는 구대륙의 아시아, 아프리카 등에서 주로 행해진다.

오답 피하기

ㄱ. 기온이 서늘한 대도시 주변에서는, 즉 유럽 북해 연안과 미국 오대호 연안 등에서 우유, 치즈 등 유제품을 생산하는 낙농업이 주로 이루어진다.

2. ㈎는 집약적이고 상업적인 작물 농업으로 근교 원예 농업이 대표적인 예이며, ㈐의 기업적 방목에 비해 단위 면적당 자본 투입량이 매우 높다. ㈏와 ㈐는 작물 중심이 아니므로 가축 위주의 농업임을 알 수 있다. ㈏는 집약적이고 상업적인 낙농업에 해당하며, 미국 북동부, 캐나다 남동부, 유럽 북서부의 인구 집중 지역에서 주로 발달한다. ㈐는 집약적이지 않지만 상업적이므로 기업적 방목에 해당한다. 기업적 방목은 미국 서부 건조 지역, 남아메리카 남동부, 오스트레일리아와 같은 신대륙에서 주로 이루어진다.

3. 열대 기후 지역에서는 기호 식품이나 공업 원료가 되는 상품 작물을 대규모로 재배하는 플랜테이션이 발달하였다. 플랜테이션에서 재배되는 작물은 기후 지역에 따라 차이가 있는데, 열대 우림 기후 지역에서는 카카오, 고무나무 등이, 사바나 기후 지역에서는 커피, 사탕수수, 목화 등이, 아시아의 계절풍 기후 지역에서는 차의 재배 비중이 높다.
A는 아시아의 계절풍 기후 지역에 속하는 중국, 인도, 스리랑카 등지에서 주로 재배되므로 차, B는 아프리카와 아메리카의 사바나 기후 지역에서 주로 재배되므로 커피, C는 열대 우림 기후 지역인 기니 만 연안에서 주로 재배되므로 카카오이다. 〈보기〉에서 ㄱ은 카카오, ㄴ은 차, ㄷ은 커피를 나타낸 그림이다.

4. 제시된 그림의 ㈎는 노동과 자본에 비해 토지의 투입이 많고 생산액은

적은 유목이고, (나)는 노동 집약적이고 생산액은 적은 동남아시아의 자급적 벼농사이다. (다)는 자본과 토지 투입량이 많고 생산액은 비교적 적은 프레리 지방의 상업적 목축이고, (라)는 자본 투입량과 생산액이 모두 많은 도시 부근의 원예 농업에 해당한다.

[서술형] **1~3.** 해설 참조

1. 농업 인구 1인당 농업 소득인 노동 생산성은 농업 인구는 적으나 호당 농업 소득이 높은 A 국가가 높으며, 호당 농기계 보유 대수가 많고 농산물 수출액이 많은 A 국가가 B 국가보다 기술 및 자본 집약적인 농업이 이루어질 것이라고 추론할 수 있다. 그러나 B 국가는 A 국가에 비해 농업 소득 대비 수출액이 훨씬 적어 수출보다는 내수가 더 많으며, 호당 경지 면적이 적어 A 국가보다 영세농이 더 많을 것으로 추론할 수 있다. 농업 인구와 호당 농업 소득을 토대로 전체 농업 총소득을 추론할 수 있는데, A 국가보다 B 국가가 더 많다는 것을 알 수 있다.

2. ㉮는 집약적, 자급적, 순수 작물 재배이므로 '벼농사'이며, 동부아시아 및 남부아시아의 인구 집중 지역에서 볼 수 있는 농업이다. ㉯는 가축과 작물이 상업적으로 혼재되어 있으므로 '혼합 농업'이며 미국의 중서부와 중부 유럽에서 볼 수 있다. ㉰는 순수 가축, 조방적, 자급적인 '유목'으로, 북아프리카와 서남아시아 및 중앙아시아의 건조 지대에서 볼 수 있다. ㉱는 순수 가축, 조방적, 상업적인 신대륙의 '기업적 방목'으로 미국 서부 건조 지역, 오스트레일리아 등지에서 볼 수 있다. ㉲는 집약적, 순수 가축, 상업적인 '낙농업'으로 미국 북동부나 유럽 북서부의 인구 집중 지역에서 볼 수 있다.

3. 서울 주변에 위치한 남양주는 대도시와 가까운 농촌, 평창과 김제는 대도시와 먼 농촌으로 분류할 수 있다. 상대적으로 지가가 높은 남양주는 농가당 경지 규모가 대체로 작고, 과수와 채소 등 상품 작물의 재배 비중이 높다. 따라서 그래프의 (나)가 남양주이다. 평야 지역에 위치한 김제는 상대적으로 벼농사의 비중이 높고, 산지 지역에 해당하는 평창은 고랭지 채소의 재배 비중이 높다. 따라서 (가)는 평창, (다)는 김제이다.

대도시와 가까운 농촌은 도시적 경관과 농촌적 경관이 혼재되어 있는 경우가 많다. 대도시와 먼 농촌에 비해 지가가 비싸기 때문에 시설 재배를 통한 집약적 토지 이용이 나타나며, 상품 작물의 재배 비중이 높다. 또한 공동체적 성격이 약한 편이고, 겸업농가 비중이 높은 편이다.

대도시와 먼 농촌은 지가가 저렴하기 때문에 노지 재배의 비중이 높은 편이며, 조방적 영농 형태를 띤다. 대도시와 가까운 농촌에 비해 공동체적 성격이 강하고, 겸업농가 비중은 낮은 편이다. 평야 지역은 전통적으로 벼농사의 비중이 높게 나타나지만, 최근에는 수익성이 높은 상품 작물의 재배 비중이 높아지고 있다. 고위 평탄면과 같은 산지 지역에서는 교통이 발달하면서 여름철의 서늘한 기후 조건을 이용하여 무, 배추 등의 고랭지 채소를 많이 재배하고 있다.

04. 식량 자원의 문제점과 대책

···› p.318

[선택형] **1.** ⑤ **2.** ② **3.** ⑤ **4.** ②

1. 제시문에서 말하는 '이 농산물'은 유전자 변형 농산물(GMO)이다. 유전자 변형 농산물은 ㄴ. 생산 시 높은 기술 수준을 필요로 하기 때문에 선진국의 다국적 종자 기업에 대한 의존을 심화시킬 수 있다. ㄷ. 적은 생산비로 많은 수확을 거둘 수 있어 식량 위기의 대안으로 거론되고 있다. ㄹ. 병해충에 대한 저항성이 강하도록 유전자를 변형시키는 것이 가능하지만, 인체에 대한 안전성이 완전하게 검증되지 않았으며, 다른 작물의 유전자 오염을 초래할 수 있다.

오답 피하기

ㄱ. 유전자 변형 농산물은 일반 농산물에 비해 자연적 조건의 제약을 다소 적게 할 수는 있지만, 자연 조건의 제약을 받지 않는다고 할 수는 없다.

2. 새로운 에너지 자원인 바이오 에탄올의 수요가 높아지게 된 원인으로는 (가) 기존 에너지 자원인 원유 가격의 상승, 에너지 소비량의 증가 등을 들 수 있다. 인구 대국의 경제 발전으로 (나) 육류 소비가 늘게 되면 사료용 곡물의 수요를 증가시켜 결국 국제 곡물 가격이 상승하게 될 것이다.

3. 아프리카의 1인당 곡물 생산량은 감소하고 있으나 총인구는 급격하게 증가하고 있다. 따라서 ① 아프리카의 총 곡물 생산량은 증가한다. ④ (가) 시기에 석유 파동의 영향으로 식량 가격이 급격히 상승했다. ⑤ 총 식량 생산량의 증가율이 1인당 식량 생산 증가율보다 기울기가 급하므로 더 빠르게 증가한다고 볼 수 있다.

4. 사료나 곡물 등의 수출을 규제하고 수입을 늘리려는 것은 농산물의 수요는 늘어나고, 공급은 줄어들었기 때문이다. 중국을 비롯한 신흥 경제 성장국의 육류 소비 증가, 대체 에너지 수요 증가 등으로 농산물의 수요가 늘어나고 있으며, 기상 이변으로 인한 농업 생산량 감소, 산업화, 도시화에 따른 작물 재배 면적의 감소 등으로 공급은 줄어들고 있다.

[서술형] **1~3.** 해설 참조

1. 공정 무역을 하게 되면 상품 작물 생산자는 공정한 가격을 받아 이윤이 많아지므로 생산 지역 사회의 복지 및 작물 생산에 투자를 할 수 있고, 생산 지역 주민들의 교육, 의료, 복지 등 전반적인 생활이 개선될 수 있다. 소비자인 선진국에서는 믿을 수 있는 과정을 통해 재배된 안전하고 건강한 고품질의 상품을 구매할 수 있으며, 중간 유통 과정이 생략되므로 합리적인 가격을 지불할 수 있고, 친환경적이고 윤리적인 소비가 가능하다.

2. 곡물 가격 상승의 영향으로 인해 물가가 상승하는 현상을 애그플레이션(Agflation)이라고 한다. 애그플레이션은 농업을 뜻하는 영어'agriculture'와 물가 상승을 의미하는 'inflation'을 합성한 신조어이다. 애그플레이션이 장기화될 것으로 예상되자 주요 곡물 생산 및 수출 국가들은 안정적인 곡물 수급을 위해 곡물 수출 규제 강화, 곡물 수입 규제 완화 등의 조치를 취하고 있으며, 주요 곡물 수출국인 러시아, 중국, 아르헨티나, 인도, 우크라이나, 카자흐스탄의 수출 곡물에 대해 수출세를 부과하고 수출 할당제를 실시하여 수출을 규제하고 있다.

3. 바이오 에탄올은 사탕수수, 밀, 옥수수, 감자, 보리 등을 발효시켜 차량 등의 연료 첨가제로 사용하는 에너지를 의미한다. 장점으로는 석유 의존도를 낮추어 에너지 안보를 증대시킬 수 있으며, 대기 오염 물질을 거의 배출하지 않아 기후 변화에 대응할 수 있는 점을 들 수 있다. 단점으로는 토양 침식, 화학 비료 사용으로 인한 토양 오염, 생산 과정에서의 많은 물 소비로 물 부족 현상 발생, 곡물 가격 상승으로 식량 문제 발생과 같은 점이 있다.

Chapter 10 자원 지리

01. 자원의 특성과 광물·물·삼림 자원 ⋯➝ p.330

[선택형] **1.** ① **2.** ① **3.** ③ **4.** ①

1. ㈎에서는 오일 샌드가 생산의 경제성을 갖추지 못한 상태에서 탐사 기술과 추출 기술이 발달하고, 동시에 국제 유가가 급등하면서 새로운 대체 에너지 자원으로서 오일 샌드의 가치가 상승함에 따라 개발이 활발하게 진행되고 있음을 알 수 있다. 우선 오일 샌드의 자원 유형을 파악해야 한다. 오일 샌드는 사용함에 따라 고갈되며 재생 불가능한 자원에 해당한다. 그림에서 과거에는 기술적으로 개발은 가능하였던 것이 경제성을 갖춘 자원으로 변화함을 보여 주는 것은 ㉠이다.
㈏에서 사례로 제시된 텅스텐은 1960~1970년대에 우리나라에서 활발하게 채굴되었었지만 1980년대 이후 저렴한 중국산 텅스텐이 대량 수입되면서 국내 채굴이 중단되었다는 내용이 제시되어 있다. 이는 ㈎의 사례와 달리 경제성을 지니고 있던 원래의 자원이 상황의 변화에 따라 경제성을 상실하였음을 보여 준다. 텅스텐은 금속 광물로 사용량과 재활용 정도에 따라 재생 수준이 달라진다. 이러한 자원 유형에 해당하는 것은 ㉡과 ㉢인데, 이 중 경제성이 있던 자원이 경제성을 상실하면서 기술적으로 개발 가능한 자원으로 변화하는 모습을 보여 주는 것은 ㉡이다.

2. 자료의 ㈎는 재생 가능성이 가장 높은 자원에 해당하므로 자연 상태에서 얻을 수 있는 무한 재생 자원이다. ㈐는 고갈 가능성이 매우 높은 자원에 해당하므로 화석 에너지이다. ㈏는 재생 가능성과 고갈 가능성이 가변적인 자원이므로 금속 또는 비금속 자원에 해당한다. ㈎의 사례로는 풍력, 조력, 태양열, 지열 등이 있고, ㈏의 사례로는 철광석, 구리, 보크사이트, 고령토 등이 있다. ㈐의 사례로는 석유, 석탄, 천연가스가 있다.

금속 광물과 비금속 광물

금속 광물	철 금속	철광석: 각종 기계, 농기구, 자동차 등의 제조에 이용
	비철 금속	구리, 주석, 텅스텐, 보크사이트 등: 전선, 배터리, 합금 원료로 이용
비금속 광물	석회석, 고령토, 흑연, 규사, 다이아몬드 등	

3. A는 중국, 오스트레일리아, 브라질, 인도 등의 생산 비중이 높은 것으로 보아 철광석이다. B는 칠레, 페루 등 남아메리카 국가들의 생산 비중이 높은 것으로 보아 구리이다. 구리는 전기 전도성이 좋아 전선의 주재료로 사용되고 있다. C는 오스트레일리아, 중국, 브라질, 인도 외에 기니의 생산 비중이 높은 것으로 보아 보크사이트이다. 보크사이트는 열대와 아열대 기후 지역에서 생산이 활발하다는 것에 유의해야 한다. 또한 알루미늄의 원료로 제련 시 많은 전력이 소비되기 때문에 원산지에서 제련지로 이동되는 양이 많은 자원이다.

오답 피하기

ㄱ. 리튬에 대한 설명이다. 리튬은 충전용 2차 전지의 주원료로 사용되는 희소 광물이며, 남아메리카의 칠레가 최대 생산국이다. ㄹ. 구리는 인류 역사상 청동기 시대를 연 광물이다. 보크사이트는 음료수의 캔, 항공기 몸체 등의 원료가 되는 알루미늄의 원광석이므로 구리보다는 개발과 사용의 역사가 늦다.

4. (가)는 시멘트 공업의 원료로 이용되며 고생대 조선계 지층에 주로 매장되어 있는 석회석이다. (나)는 유리 공업에 주로 이용되며 반도체 공업의 발달로 수요가 급증한 규사이다.
석회석은 우리나라의 남한에서는 가채 연수가 가장 긴 광물 자원으로, 강원도, 충청북도, 경상북도에 광산이 집중 분포한다. 이들 지역은 고생대 전기에 형성된 조선계 지층의 분포 지역에 해당한다. 따라서 ㄱ이 석회석의 광산 분포도임을 알 수 있다. 규사는 석영 알갱이의 모래이며 경도가 매우 큰 광물이다. 규사는 주로 해안의 모래를 수집하여 추출하므로 〈보기〉의 ㄴ과 같이 해안에 광산이 분포하게 된다. ㄷ은 경남 서부 지역에 많은 광산이 분포하고 있으므로 고령토의 광산 분포도이다.

[서술형] **1~4.** 해설 참조

1 - (1) 호주는 연평균 강수량이 500mm 미만이지만 국토 면적이 넓은 편이어서 물 자원의 자연적인 공급량은 상대적으로 많다. 반면에 인구는 2,302만여 명(2013년 기준)으로 국토 면적에 비해 인구는 희박한 국가이다. 따라서 1인당 강수량 산출 공식에 따라 분자에 비해 분모의 수치가 매우 작으므로 다른 국가들보다 그 양이 월등히 많게 나타난다.
1 - (2) 우리나라는 국토 면적에 비해 인구 규모가 커서 1인당 강수량은 일본, 미국 등 다른 국가에 비해 적은 편이다. 이렇게 자연적인 물의 공급량이 많지 않은 반면, 수도 요금은 매우 저렴한 편이다. 수도 요금 자체만 고려해도 대상 국가들 중 가장 낮고, 공급량을 고려하더라도 우리나라의 수도 요금은 매우 저렴한 수준임을 알 수 있다.

2. 삼림은 대체로 도시화와 산업화 과정에서 인위적인 간섭으로 인해 발생하는 경우가 많다. 최근에는 농경지와 방목지 확대 및 목재 생산을 위한 벌목, 지구 온난화와 사막화에 따른 자연적인 변화가 주요 원인이 되고 있다. 지도를 보면 아프리카와 남아메리카에서 삼림 감소 정도가 매우 심각함을 알 수 있다. 이 두 대륙은 모두 열대림의 분포 면적이 넓다는 공통점이 있다. 특히 남아메리카의 아마존 산림은 급속도로 벌목되고 있다. 벌목된 곳에서는 소 사육을 위한 사료 작물 재배와 축사가 만들어지고 있는 실정이다. 열대림의 감소는 생물 종 다양성의 파괴는 물론 지구 온난화와 같은 환경 위기를 초래한다는 점에서 실효성 있는 대책이 절실히 요구되고 있다.

3. 순서 1에서 주로 도금용으로 사용되며 중국, 인도네시아, 말레이시아가 주요 생산국인 자원은 주석이다. 경도(硬度)가 가장 높은 광물로는 미국, 오스트레일리아, 남아프리카 공화국이 주요 생산국인 자원은 다이아몬드이다. 인류 역사에서 청동기 시대를 연 광물로 칠레가 최대 생산국인 자원은 구리이다. 이에 따라 해당 글자들을 제거하면 순서 2의 자원명은 텅스텐이다. 텅스텐은 스웨덴 어로 '무거운 돌'을 의미하는 '중석(重石)'이다. 보통 전구의 필라멘트 원료로 많이 사용되며 기타 주요 화합물이나 합금용으로도 널리 쓰인다. 특히 단단하고 밀도가 높으므로 군사용 무기(탄환, 미사일, 수류탄 등) 제조에 요긴하게 사용된다.

4. 그림은 물 자원의 재활용을 위한 '중수도(中水道) 시설'을 나타낸 것이다. 보통 식수로 이용하는 물이나, 수세식 화장실에서 사용하는 물, 세척용 물 등은 모두 식수와 같이 깨끗한 수돗물을 쓰고 있는 실정인데, 청소할 때 쓰는 물이나 화장실에서 쓰는 물 등은 반드시 식수 만큼 깨끗하지 않아도 되므로 상수도에서 사용한 물을 하수도로 내려보내지 않고 다시 모아 각각의 용도에 맞는 물로 재활용하기 위해 설치되는 것이다. 대표적인 예로는 손을 씻거나 샤워한 물을 정수 처리한 후 수세식 화장실에서 활용하는 방법이 있다. 이러한 시스템은 수돗물의 소비량 및 하수 발생량의 감소를 가져오기 때문에 단기적으로 오염 물질의 저감뿐만 아니라 장기적으로 비용 절감 효과를 가져온다. 현재 일반 가정에까지 보급하기는 어렵지만, 대형 호텔, 백화점, 위락 시설 대단위 아파트 단지와 같이 물 소비가 많은 곳에서는 중수도 시설을 설치하여 비용을 절감하고 있다.

02. 에너지 자원

··· p.338

[선택형] **1.** ④ **2.** ① **3.** ⑤

1. A 발전 양식은 B 발전 양식보다 설비 용량이 적으며, 해안과 산지를 따라 분포하는 것으로 보아 풍력 발전이다. 풍력 발전소는 바람이 강한 해안과 산지에 주로 입지한다. B 발전 양식은 100만 kW 이상의 대용량 발전소로 수도권과 남동 임해 지역에 집중 분포하는 것으로 보아 화력 발전이다. 화력 발전소는 건설의 지리적 제약이 적은 편으로 주로 대소비지 근처에 입지한다. 풍력 발전은 바람의 힘을 이용한 것으로 화력 발전에 비해 기후의 제약을 크게 받는다.

2. 우리나라의 1차 에너지 공급 비중은 석유〉석탄〉천연가스〉원자력 순으로 높으므로 A는 천연가스, B는 원자력이다. 최종 에너지는 산업용〉수송용〉가정용〉상업용〉공공용 순으로 높으므로 ㉠은 수송용, ㉡은 상업용이다. 천연가스는 울산 앞바다에서 소량 생산되지만 원자력은 전량 수입하기 때문에 천연가스는 원자력보다 해외 의존도가 낮다. 또한 원자력은 대부분이 전력 생산에 이용되지만 천연가스는 전력 생산, 수송용, 가정용 등 다양한 에너지원으로 활용된다. 따라서 정답은 ①이다. 전력 생산 비중은 화력이 총 65.8%인 반면 원자력은 31.1%로 화력이 원자력보다 비중이

크다. 또한 석탄이 1차 에너지에서 차지하는 비중은 30.3%로 전력에서 차지하는 비중 40.3%보다 작다. 1차 에너지 공급이 275.7백만 TOE인데, 최종 에너지가 205.9백만 TOE이므로 절반 이상 손실되는 것은 아니다.

3. 지도는 두 화석 에너지 자원의 생산량 상위 10위 이내인 국가들의 생산량 대비 소비량 비중을 표시한 것이다. ㈎는 중국, 미국, 브라질, 러시아, 사우디아라비아에서 주로 생산되며 그중에서도 소비량 비중은 중국, 미국에서 높은 자원이다. 중국과 미국은 석유 생산량이 많음에도 불구하고 소비량이 많아 많은 석유를 수입하는 국가이므로 ㈎는 석유이다. ㈏는 중국, 미국, 인도, 오스트레일리아 등에서 주로 생산되는 것으로 보아 석탄이다. 냉동 액화 기술의 발달로 국제 이동이 증가한 것은 천연가스이며, 석유는 신생대 제3기층 배사 구조에 주로 매장되어 있으며 석탄은 고생대에 형성된 고기 습곡 산지에 많이 매장되어 있다. 석유는 석탄보다 국제 정세 불안에 따른 가격 변동이 큰 편이며, 석탄은 석유보다 세계 1차 에너지 소비량에서 차지하는 비중이 낮으므로 정답은 ⑤이다.

[서술형] **1~4.** 해설 참조

1. ㈎는 석유, ㈏는 석탄, ㈐는 원자력, ㈑는 천연가스이다. ㈎의 석유는 1990년 이후 국제 석유 가격의 상승으로 꾸준히 소비량과 발전량 비중이 낮아지고 있다. 특히 발전량 비중이 5% 이하로 크게 감소하였다. 그럼에도 불구하고 석유는 운송용, 산업용으로 이용되는 경우가 많아 전체 에너지 소비량 1위를 차지하고 있다. ㈏의 석탄은 1990년 이후 소비량 비중의 변화는 크게 나타나지 않았지만, 석유 가격의 상승으로 발전량 비중이 꾸준히 증가하여 40%를 넘어서며 발전량 1위를 차지하고 있다. ㈐의 원자력은 소비량 비중이 약간의 변화만 있으며, 새로운 발전소 건설에 어려움을 겪어 상대적으로 발전량 비중이 감소하였다. ㈑의 천연가스는 1990년 이후 냉동 액화 기술과 수송 기술의 발달로 소비량과 발전량 비중이 모두 증가하고 있다.

2. A는 석탄, B는 천연가스, C는 원자력, D는 수력이다. A의 석탄은 중국, 미국, 인도 등지에서 소비량이 많다. 산업 혁명과 함께 이용된 자원으로 화석 에너지 중 본격적인 사용 시기가 가장 이르며 온실 가스 배출량이 가장 많은 자원이다. B의 천연가스는 미국과 러시아에서 특히 생산량과 소비량이 많다. 냉동 액화 기술과 수송 기술의 발달로 본격적으로 사용되어 화석 에너지 중 본격적인 사용 시기가 가장 늦지만, 온실 가스 배출량은 타 화석 에너지에 비해 적은 편이다. C의 원자력은 미국, 프랑스, 일본 등 주로 선진국에서 소비량이 많으며 온실 가스 배출량은 적지만 방사능 유출 위험과 폐기물 처리 문제가 발생한다. D의 수력은 중국, 브라질, 캐나다 등에서 주로 소비된다. 주로 강수가 많은 지역이나 큰 낙차를 얻을 수 있는 산지 지역에서 주로 생산된다.

3. ㈎는 수력으로 강원도와 충청북도 등의 산지 비율이 높은 곳에서 생산량 비중이 높다. 그 이유는 수력은 주로 큰 낙차를 얻기 위해 산지의 하천 중·상류 지역에 입지하기 때문이다. ㈏는 전라남도와 경상북도 지역에서 생산 비중이 높은 태양광이다. 태양광은 일조 시수가 긴 지역에서 유리하여 강수량이 비교적으로 적은 편인 전라남도의 해안가와 경상북도의 내륙 분지 지역에 입지한다. ㈐는 강원도와 경상북도, 제주도의 비중이 높은 풍력이다. 풍력은 바람이 세고 일정하게 부는 산지와 해안가에 주로 입지한다.

4. 찬성 의견: 우리나라 전력 발전 비율 중 원자력이 차지하고 있는 비율은 25%에 육박한다. 또한 타 에너지 발전 방식들에 비하여 원료비가 저렴하여 발전 비용이 절약되며 안정적인 전력 공급이 가능하다. 뿐만 아니라 화석 연료에 비해 온실가스 배출량이 매우 적기 때문에 지구 온난화 해결에도 기여할 수 있다. 물론 신·재생 에너지를 통해 전력 수급 문제를 해결할 수 있겠지만 아직까지는 우리나라에 필요한 양을 수급하기에 매우 적은 수준이다. 지금 우리가 사용하고 있는 전기의 혜택이 원자력에 의한 것임을 잊지 않아야 하며 신·재생 에너지의 개발 이전까지 원자력 발전소 건설은 불가피하다고 생각한다. 오히려 무조건적인 반대보다는 원자력 발전의 안정성 확보를 위해 노력해야 할 것이다.

반대 의견: 원자력은 고효율 에너지를 생산하는 만큼 큰 위험성을 안고 있다. 과거 체르노빌 사건과 스리마일 섬 원전 사고에 이어 이번 일본 원전 폭발 사고까지 모두 엄청난 인명 및 재산 피해를 가져왔다. 일본은 지진 후 그 여파로 원전이 폭발하자 반경 20~30km 토양이 오염되고 피폭자도 발생하는 큰 피해를 보았다. 현재 우리나라에는 원전 21기가 가동중이다. 앞으로 건설될 원전까지 합치면 총 33기까지 늘어날 것으로 예상된다. 그만큼 원전 사고 위험성도 커진다는 이야기이다. 또한 방사능 폐기물의 처리에 많은 비용이 들어가므로 효율적이라고 보기 어렵다. 따라서 원자력 발전소 건설에 대한 심각한 제고가 필요하다.

03. 자원을 둘러싼 분쟁 및 갈등 ··· p.344

[선택형] **1.** ④ **2.** ④ **3.** ⑤ **4.** ⑤ **5.** ⑤

1. ㈎는 나일 강, ㈏는 메콩 강이다. 나일 강의 주요 수원(水源)은 상류에 위치한다. 나일 강 하류는 사막 기후 지역에 위치한다. 두 강 모두 유역 국가 간에 물 분쟁을 겪고 있는 국제 하천이다. 사막을 지나 흐르는 하천을 외래 하천이라고 하는데 두 하천 중에는 나일 강만 해당된다. 세계 4대 고대 문명 발상지가 있는 하천 역시 나일 강만 해당되어 나일 강은 D가 된다. 참고로 세계 4대 고대 문명 발상지가 있는 하천은 나일 강, 티그리스 강, 유프라테스 강, 인더스 강, 황허 강이 있다. 메콩 강은 유역 국가 간 물 분쟁을 겪지만 사막을 가로지르는 하천이 아니므로 B에 해당한다.

2. 4대 고대 문명의 발상지는 모두 건조 기후 지역의 하천 유역이다. 이 하천들은 대부분 습윤 지역에서 발원하여 사막을 관통하는 외래 하천이며 메소포타미아 평원을 흐르는 티그리스 강과 유프라테스 강도 터키의 고원 지대에서 발원하고 있다. 티그리스 강과 유프라테스 강의 상류에 위치한 터키는 아나톨리아 프로젝트를 통해 대규모 다목적 댐 건설 사업을 실시하였으며 이로 인해 강 하류의 국가들과 갈등을 겪고 있다. 이 모두에 해당하는 하천은 D이다. A의 다뉴브 강과 B의 나이저 강 유역은 4대 문명의 발상지가 아니다. C의 나일 강과 E의 인더스 강 유역은 4대 문명의 발상지이며, 댐 건설에 따른 물 자원을 둘러싼 갈등이 나타나는 지역이다. 그러나 원유 자원 무기화에 대응한 물 자원의 무기화 선언과는 관련이 없다.

3. 전통적인 자원 민족주의는 주로 원유를 중심으로 저개발 자원 부국이 선진국으로부터 경제적 주권을 찾기 위해 자원을 전략적 무기로 이용하는 모습으로 나타났다. 최근의 자원 민족주의는 원유뿐만 아니라 각종 원료 자원을 중심으로 자국의 경제적 이익을 도모하는 새로운 경향의 자원 민족주의이다. 특히 중국과 일본의 영토 분쟁이 발생하자 중국 희토류의 일본 수출을 금지하려는 경우가 이러한 사례에 해당한다.
자원의 재활용을 통해 자원 소비의 효율성을 높이고자 하는 것은 자원 부족과 고갈에 대비하는 방안이라 할 수 있다. 탄소 배출권 확보를 위해 조림 사업을 추진하는 것은 자원 소비에 따른 환경 문제 해결을 위한 대책으로 볼 수 있다. 신·재생 에너지 기술 관련 기업에 대한 보조금 확대는 신·재생 에너지를 보다 많이 보급하기 위한 정책이며 유류 소비세 인상은 에너지 소비를 줄이기 위한 정책이다.

4. 자료는 첨단 산업의 비타민으로 불릴 만큼 전기 자동차, 첨단 무기, 가전제품 모터, LCD 등의 핵심 부품에 사용되는 원료 자원인 희토류에 관한 것이다. 글자 그대로 희귀한 광물인 희토류는 중국, 러시아, 미국, 오스트레일리아, 인도, 캐나다, 남아프리카 공화국, 브라질, 말레이시아, 스리랑카 등 주요 10개국에 전체 매장량의 76%가량이 매장되어 있다. 현대 산업의 필수 원료 자원이지만 소수 국가에 집중되어 있는 것이다. 특히 중국의 부존량은 세계 총 추정 부존량의 30.9%로 예상되며 세계 희토류 생산량의 대부분인 97%가량을 생산하고 있다. 미국은 채광 과정에서 방사능 등으로 인한 환경 오염이 우려되고 채광에 있어 노동 집약적 요소가 있어 경제성이 떨어진다는 이유로 1980년대 이후 생산량을 줄여 이후 희토류 생산의 주도권은 중국으로 넘어갔다. 이와 같이 국가별 편재성이 강하고 자원 생산국의 산업 무기로 등장하고 있는 자원 문제에 대한 대책으로는 재활용의 확대와 대체 자원 개발 등이 제시될 수 있을 것이다. 자원의 매장량이 극히 제한적이고 자원 보유국의 무기화로 인해 우리나라의 희토류 개발을 위한 해외 진출에는 많은 어려움이 따르고 있는 실정이다.

5. 원문: 두바이는 조개잡이, 양과 염소의 유목, 대추야자를 기르며 유지되던 도시였으며 인도와 이란 간의 무역항으로 이용되었다. 그리고 1966년 석유가 개발되면서 이런 두바이에 변화가 찾아왔다. 두바이는 많은 돈을 벌 수 있었으며 이는 두바이가 개발되는 데 이용되었다. 오일 머니 덕분에 두바이에는 현대식 도로, 학교와 병원 등의 시설물이 들어왔으며 두바이의 사람들은 세금을 낼 필요가 없을 정도였다. 두바이의 석유가 2025년에는 고갈될 것으로 알려져 두바이에서는 오일 머니 없는 두바이를 계획하고 있다. 관광과 정보 기술 산업, 무역 등의 방법으로 두바이를 부양하였으며 이 계획은 성공적이다. 2004년에는 전체 수입의 17%만이 석유를 통해 번 것이며, 나머지는 관광과 다른 서비스업을 통해 벌어들인 것이다.

[서술형] **1~2.** 해설 참조

1. A는 나일 강, B는 유프라테스·티그리스 강, C는 인더스 강, D는 갠지스 강, E는 메콩 강이다. 모두 여러 나라를 거쳐 흐르는 국제 하천으로 상류에 위치한 국가에서 수자원을 효율적으로 이용하려는 목적으로 댐을 건설하게 되면서, 하류에 위치한 국가들이 물 부족, 홍수로 인한 피해 등을 겪게 된다. 즉, 국제 하천으로 물 자원 이용을 둘러싼 갈등이 나타나고 있다.

2. 갈등의 원인: ㈎ 분쟁은 카스피 해에 매장되어 있는 석유와 천연가스를 둘러싼 국가 간 분쟁이다. 카스피 해를 호수로 보느냐, 바다로 보느냐에 따라 석유와 천연가스의 자원 배분 방법이 달라지고 이에 따른 이해관계에 의해 분쟁이 발생하고 있다.
㈏ 토론의 판결문: 카스피 해는 호수다-'세계에서 가장 큰 호수는?'이라는 질문에 대한 대답은 카스피 해이다. 카스피 해는 바다와 고립되어 있으며, 염도가 있다고는 하지만 이는 일반 바다의 절반 수준이다. 짜다는 이유만으로 이곳이 바다가 된다면 건조 지역에 위치한 많은 호수들이 모두 바다로 인정되어야 할 것이다. 따라서 카스피 해는 호수로 봐야 하며 이 지역의 석유와 천연가스 등의 자원은 주변 5개국이 20%씩 이익을 배분해야 한다.
카스피 해는 바다다-문제가 되는 곳이 카스피 해이다. '해(海, Sea)'로 바다인 것이다. 염도가 있으며 강들이 모이는 바다의 특성도 갖추고 있기 때문에 바다로 보아야 한다. 실질적으로 보아도 이 넓은 지역에서 채굴되는 석유와 천연가스를 똑같이 20%씩 배분하는 것은 불가능하다. 누군가는 책임을 지고 그 지역에 대한 자원을 개발할 때 효율적인 자원 개발이 이루어질 것이다. 따라서 카스피 해를 바다로 보고 국가별로 자신의 영해에 해당하는 지역의 유전을 그 국가가 소유하는 것이 정당할 것이다.

Chapter 11 환경 지리

01. 환경 보전을 위한 방법

··· p.353

[선택형] **1.** ① **2.** ② **3.** ⑤

1. 인류가 지속 가능한 발전(개발)을 이어 가기 위해서는 다음 세대가 살아가는 데 필요한 것을 손상시키지 않는 범위 내에서 현재 우리 세대의 필요성을 충족시켜야 한다. 지속 가능한 발전(개발)은 크게 사회적 지속성과 경제적 지속성, 그리고 환경적 지속성이라는 3대 핵심 요소로 구분된다. 이 중 환경적 지속성은 인간의 사회·경제 활동은 물론 생존을 지탱해 주는 토대로서 환경을 지속 가능하게 유지해야 한다는 것이다. 결론적으로 경제·환경·사회의 균형 발전을 추구하면서, 미래 세대에게 건강한 공동체를 물려주자는 개념이다. 수업 장면에서 '학생 1'은 건강한 생태계를 유지하면서 삶의 질 향상에 가치를 두는 개발이 이루어져야 함을 주장하고 있다. 이는 개발에 따른 환경 파괴를 최소화하자는 환경적 지속성의 개념을 제시하고 있음을 알 수 있다.
학생 2는 계층 간, 지역 간 격차를 줄이기 위해 부의 불평등을 완화해야 한다는 주장을 펴고 있다. 이는 사회적 형평성과 관련된 것이다. 계층 간 형평성을 고려하지 않으면 고소득층은 많은 소비로 자원을 낭비하고, 저소득층은 기본적인 의식주 해결에 급급해 미처 환경을 돌볼 여유를 갖지 못하여 환경을 훼손할 수 있기 때문이다. 이런 현상은 국가 간에도 발생하기 때문에 지속 가능한 발전(개발)을 위해서는 선진국과 개발 도상국 간의 협력이 절실히 요구된다고 할 수 있다.

오답 피하기

ㄷ. 학생들의 주장에서 문화적 다양성이라는 개념은 나와 있지 않다. 문화적 다양성은 서로 다른 문화가 고유의 가치를 존중받으면서 공존해 나갈 수 있는 인식과 여건이 조성되어야 실현될 수 있다.

2. 지역 개발의 사례를 통해 환경과 경제의 가치 추구 정도를 비교할 수 있어야 한다. A는 폐기물 처리 시설을 만드는 개발 사업이 제시되어 있다. 이 내용을 잘 보면 경제적 가치를 중시하는 한편 지상을 공원화함으로써 환경도 중시하는 개발 사업임을 알 수 있다. B는 임해 공단을 조성하는 개발 사업이 제시되어 있다. 하천과 공기의 오염도가 크게 증가했음에도 불구하고 공단의 규모를 확대하였다는 사실을 통해 환경의 가치를 가볍게 여기고 경제적 가치만을 중시하는 개발 사업이 실시되었음을 알 수 있다. C는 겨울 철새 보호 구역 지정 사업을 나타낸 것이다. 농업을 통해 얻을 수 있는 경제적 이익보다는 철새 보호를 중시하는 측면에서 환경을 중시하는 개발 사례라고 할 수 있다. 따라서 이를 정리하면 환경 중시 정도가 가장 높은 것은 C, 경제 중시 정도가 가장 높은 것은 B, 환경과 경제의 가치를 동시에 중시하는 것은 A가 된다.

3. 지구촌 전등 끄기 캠페인은 지구 온난화가 주범인 온실가스 배출에 대한 경각심을 불러일으키기 위해 2007년 오스트레일리아의 시드니에서 1시간 동안 불을 끄면서 시작된 지구촌 행사로, 매년 3월 마지막 토요일 뉴질랜드에서 시작되어 서울을 거쳐 각국의 주요 도시로 이어지며 지구를 한 바퀴 도는 과정을 거친다. 2013년에는 154개국 7,000개 이상 도시가 참여할 정도로 큰 규모의 캠페인으로 성장하였다. 탄소를 포함한 각종 온실가스의 배출을 줄이기 위해서는 신·재생 에너지의 개발에서부터 화석 에너지를 사용하는 여러 생산 및 소비 활동을 줄여나가야 한다.

오답 피하기

⑤ 유류세를 낮추게 되면 에너지 공급 가격이 인하하게 되어 결과적으로 유류 수요가 증가할 것이다. 이렇게 되면 탄소 배출의 절감을 목적으로 하는 이 행사의 취지와 맞지 않게 된다.

[서술형] **1.** 해설 참조

1. 장거리 운송 과정에서 소모되는 화석 에너지 자원의 양과 이산화 탄소의 배출량을 줄임으로써 전 지구적인 자원 고갈과 환경 악화의 문제를 완화시킬 수 있다.
최근 자유 무역의 추세와 함께 해외 농산물의 수입량이 큰 폭으로 증가하고 있다. 더구나 먼 거리에서 이동해 오는 농산물이 많아지면서 운송 수단에서 배출되는 이산화 탄소의 양 또한 무시할 수 없는 수준에 이르렀다. 제시된 (가)는 수입 농산물의 이동 거리를 나타낸 것이고, (나)는 우리 농산물의 직거래 장터 모습을 나타낸 것이다. (나)와 같은 농산물 거래는 우리 농산물에 대한 애착과 소비 의욕을 고취시켜 국내 농업의 수익성을 높임은 물론 지구 온난화의 주범인 온실가스의 배출을 줄일 수 있다는 측면에서 긍정적으로 평가된다. 소비자 입장에서는 지역 농산물이 장거리 운송을 거치지 않기 때문에 영양과 신선도가 우수한 농산물을 먹을 수 있다는 점 또한 매력적이다.

02. 전 지구적 환경 문제와 공존을 위한 노력

··· p.362

[선택형] **1.** ② **2.** ① **3.** ④ **4.** ①

1. 몰디브는 인도양의 섬나라로 해수면 상승으로 인한 피해를 겪었다. 잠수복을 입고 바닷속에 들어가서 회의를 한 것은 몰디브가 수몰 위기에 처했음을 상징화하여 지구 온난화 문제를 제기하고자 한 것이다. 조사 내용 2 역시 지구 온난화의 영향을 다루고 있다. 따라서 (가)에 해당되는 내용은 지구 온난화이다.
지구 온난화로 인해 기온이 상승하면 열대림 분포의 고도 한계는 높아지고, 영구 동토층의 분포 면적은 감소하며, 북극 항로 항해 가능 일수는 증가한다. 따라서 정답은 ②B이다.

2. 제시된 자료에서 A는 산성비에 대한 것이다. ㄱ. 이탈리아 등지에서는 건축물이나 문화 유적이 산성비로 인해 부식되는 현상이 나타났다. ㄴ. 산성비의 원인 물질은 화석 연료의 연소 과정에서 나오는 황산화물과 질소산화물이다.

오답 피하기

ㄷ. 영국에서 산성비를 유발하는 오염 물질은 주로 편서풍에 의해 서쪽에서 동쪽으로 이동한다. ㄹ. 산성비 문제를 해결하기 위해서는 화석 연료 사용을 줄이고, 화석 연료를 사용하는 공장, 교통수단 등에 탈황 시설을 설치하는 것이 필요하다.

3. A는 전통적인 중화학 공업이 발달한 북동부 지역에서 높고 제조업 발달이 미약하거나 대기 오염 물질 배출량이 상대적으로 적은 첨단 산업 중심으로 발달한 중서부 지역에서 낮은 것을 통해 산성비 문제임을 알 수 있다. B는 강수량이 비교적 적은 지역을 중심으로 발생한다는 것을 통해 사막화 위험도를 나타낸 것임을 알 수 있다. ④미국 중서부에서 사막화 문제는 관개용수의 과다한 이용 및 강수량 부족으로 발생한다.

오답 피하기

① 강풍을 동반한 많은 비로 홍수와 풍수해를 일으키는 것은 열대성 저기압으로 남동부 지역의 피해가 크다. 미국의 남동부 지역은 허리케인의 주요 이동 경로에 속한다. ② 오존층 파괴로 인한 자외선 투과량 증가로 인해 발생하는 환경 문제는 (가), (나) 지도와 같은 분포를 보이지 않는다. ③ 호수의 산성화나 구조물 및 건물의 부식을 일으키는 것은 산성비 문제로 A에 해당한다. ⑤ 교토 의정서는 지구 온난화 문제에 대한 대책이다.

4. 제시된 지도의 (가) 지역은 북·서유럽 지역, (나) 지역은 오스트레일리아 스텝 기후 지역, (다)는 브라질의 아마존 강 유역 일대를 나타낸 것이다.
(가) 지역은 공업이 크게 발달한 지역에서 겪을 수 있는 피해로 대표적인 산성비 피해 사례를 나타낸 것이다. 산성비는 공업 성장 과정에서 발생한 대기오염으로, 바람에 의해 이동하여 공업이 크게 발달하지 않은 주변 지역에도 피해를 줄 수 있다는 점에서 국제 문제로 부각되고 있다. (나) 지역은 양을 방목하는 지역으로 최근 과잉 방목으로 인한 사막화가 진행되고 있는 지역이다. (다) 지역은 소를 사육하기 위한 개간과 농경지 확보, 목재 채취를 위한 벌목 등으로 열대림이 파괴되고 있는 아마존 분지 지역이다. 브라질 정부는 각종 자원 개발과 농경지 확보를 위해 광대한 아마존을 개발하였다. 지하자원을 채굴하고, 삼림 자원을 개발하여 농경지와 목초지를 조성하면서 열대 우림이 빠르게 파괴되고 있다.

오답 피하기

ㄷ. (다) 지역은 아마존 강 일대의 열대림 지역으로 경지와 목초지의 증가 등으로 열대 삼림이 크게 파괴되고 있는 지역이다. ㄹ. 람사르 협약의 정식 명칭은 '물새 서식지로서 국제적으로 중요한 습지에 관한 협약'이며 동·식물의 기본적 서식지인 습지를 보호하기 위해 채택된 국제 협약이다.

[서술형] **1.** (가)기상 이변, 해수면 상승 (나)염화플루오린화탄소(CFC) 배출량 증가 (다)생물 종 다양성 파괴, 토양 유실 (라) 장기간의 가뭄, 과도한 방목과 경작 **2.** (1) (가): 사막화 (나): 열대림 파괴 (2)과도한 방목과 경작, 도시화와 산업화로 인한 식생 파괴 **3.** 해설 참조 **4.** ㉠지구 온난화, ㉡오존층, ㉢사막화 **5.** 해설 참조

1. (가)는 생태계 교란, 농작물 재배 북한계선 북상, 열대병 발병률 증가, 식생의 고도 한계선 상승 등, (다)는 지구 온난화 가속화, 대기 중 산소 공급 감소 등, (라)는 식생 파괴, 과도한 지하수 개발 등도 정답으로 인정된다.

3. 아랄 해 주변 지역에서 관개에 의한 대규모 목화밭을 조성하면서 아랄 해로 유입되는 두 강에 많은 댐을 건설하고, 강물을 과도하게 사용하게 되었다. 이로 인해 아랄 해로 유입되는 수량이 줄어들면서 아랄 해가 말라가고 있다.

4. ㉠ 지구 온난화, ㉡ 오존층, ㉢ 사막화지구 온난화의 원인은 화석 연료의 사용량 증가와 삼림 파괴로 인해 대기 중 온실가스의 농도 증가이다. 오존층 파괴의 원인 헤어스프레이의 분사제, 냉장고나 에어컨의 냉매로 쓰이는 염화플루오린화탄소(CFCs)의 사용량 증가이다. 사막화의 원인 계속되는 가뭄, 과도한 방목과 개간이다.

5-(1) 아크레(Acre)의 주민들은 고무나무에서 천연고무를 추출했으며, 이를 수출했다.
5-(2) 목초지의 대규모 확대와 화전 농업은 열대 우림을 파괴하여 아크레 주민들의 생활을 유지하기 어렵게 되었을 뿐만 아니라 전 지구적인 관점에서 살펴보아도 지속 가능하지 않다.

Chapter 12 지역 지리

01. 동아시아

…→ p.374

[선택형] **1.** ⑤ **2.** ⑤ **3.** ④

1. 지도는 일본의 태평양 공업 벨트로 일본 최대의 공업 지역을 나타낸 것이다. 일본은 국내 부존 자원이 부족해 원료의 해외 의존도가 높으며, 이에 가공 무역의 형태로 공업이 발달했다. 따라서 원료의 수출입이 용이한 해안 지역이 공업 지역으로 성장할 수 있었다. 최근에는 입지에서 비교적 자유로운 첨단 산업이 발달해 공업 지역이 내륙 지역으로 확산되고 있다.

오답 피하기

① 자동차 및 관련 부품 생산액 비중이 가장 높은 곳은 도요타 시가 포함되어 있는 (나) 주쿄 공업 지역이다. ② 첨단 산업은 일본 내륙 지역에 구마모토, 하마마쓰 등 비교적 자유롭게 입지하여 넓게 분포하고 있다. ③ (나) 주쿄 공업 지역은 최근에 집적의 불이익이 심화되고 있으나, 생산액 비중은 일본 내에서 가장 높은 A이다. ④ 석탄 산지를 중심으로 발달한 공업 지역은 기타큐슈 공업 지역이다. (가) 한신 공업 지역은 오사카, 고베를 중심으로 하는 일본 제2의 공업 지역으로 우리 동포가 가장 많이 거주하며, (다)는 게이힌 공업 지역으로 일본 최대의 공업 지역이다.

2. (가)는 중국의 벼농사 지역, (나)는 중국의 밀 농사 지역을 나타낸 지도이다. 중국은 쌀과 밀 모두 최대 생산량국이다.

오답 피하기

① 벼의 주산지는 아시아 계절풍 지역이며 고온 다습한 환경에서 잘 자라난다. ② 둥베이 지방은 지도에서 동북 지역으로 북한과 국경을 맞대고 있는 지역이다. 지도를 살펴보면 재배 면적이 증가하였다. ③ 밀은 신대륙에서 기계화된 방식으로 재배된다. 미국과 오스트레일리아가 대표적인 사례 지역이다. ④ 밀의 최대 재배 면적 지역은 허난 성으로 변화가 없다.

3. D 티베트 고원은 히말라야 산맥 형성 과정에서 만들어진 높고 평탄한 고원 지대이다. 이 지역의 호소들은 히말라야 산맥의 융빙수와 융설수의 영향을 받아 만들어진 것이다.

오답 피하기

① A 투루판 분지는 매우 건조한 지역이지만 칸얼징이라 불리는 지하 관개 수로를 이용해 농업이 가능하다. ② B 하천은 봄철보다는 가장 더운 7~8월에 수위가 높다. ③ C 사막은 수증기 공급원인 바다로부터 멀리 떨어져 있으며, 동시에 높은 산맥으로 둘러싸여 있어 외부로부터 수증기 공급이 차단된 지역이다. 아열대 고압대의 영향으로 하강 기류에 의해 형성된 사막과는 거리가 멀다. ⑤ E 히말라야 산맥은 빙하기, 간빙기 구분 없이 유라시아 판과 인도 판의 충돌로 현재도 형성 중인 신기 습곡 산맥이다.

[서술형] **1~2.** 해설 참조 **3.** 중국, 타이완, 일본
4. 영국, 포르투갈, 독일

1. 첫째, 네이멍구자 치구는 몽골 족이 거주하며 라마교를 믿는다. 둘째, 닝샤후이 족 자치구는 후이 족이 거주하며 이슬람교를 믿는다. 셋째, 신장웨이우얼 자치구는 위구르 족이 거주하며 이슬람교를 믿는다. 넷째, 광시좡 족 자치구는 좡 족이 거주하며 이들의 종교는 다신교이다. 다섯째, 시짱 자치구는 티베트 족이 거주하며 라마교를 믿는다.

2. 일본이 바다 영토 확장을 위해 일으킨 분쟁에는 독도, 쿠릴 열도, 센카쿠 열도, 남중국해 분쟁이 있다. 독도는 한국의 영토임에도 인근의 메탄하이드레이트와 어족 자원 등 경제적 이익을 위해 분쟁을 일으키고 있으며, 쿠릴 열도는 제2차 세계 대전 이후 러시아의 지배를 받고 있는 지역으로 일본은 과거 자신의 땅이라고 돌려줄 것을 요구하고 있다. 센카쿠 열도는 중국에서 댜오위다오라고 부르는 지역으로 일본이 실효적 지배를 하고 있지만 본토와 거리가 상당하고 제국주의 시대에 점유한 영토이다. 최근 근해의 자원 때문에 중국, 타이완 등과 분쟁을 겪고 있다. 남중국해 일대는 천연가스, 석유 등의 천연자원 때문에 중국과 타이완, 베트남, 말레이시아 등의 국가와 영유권 분쟁을 하고 있다.

3. 동아시아 국가 중 신기 조산대가 지나는 국가로는 중국, 타이완, 일본이 있다. 중국은 히말라야 산맥이 지나고 있으며, 일본과 타이완은 유라시아 판과 인접한 다른 판들의 충돌로 해구가 발달하여 화산, 지진 활동이 활발하다.

4. 중국은 제국주의 시기 서구 열강의 침략으로 식민 지배를 받은 경험이 있다. 홍콩은 영국의, 마카오는 포르투갈의, 칭다오는 독일의 지배를 받은 지역이다.

02. 동남아시아

…→ p.383

[선택형] **1.** ① **2.** ③

1. 열대 우림 기후는 적도와 가장 가까운 곳에 위치하고 연중 고온이며 적도 수렴대의 영향으로 일 년 내내 비가 자주 내린다. 사바나 기후는 열대 우림 기후 지역 주변에 분포하며 우기와 건기의 구분이 뚜렷하다. 겨울이 건기이고 여름이 우기이다. 열대 계절풍 기후는 연중 고온이며 건기가 짧고 우기에는 강수량이 많다. 지도에서 A는 북반구의 열대 몬순 기후 지역에 위치하고, B는 열대 우림 기후 지역에 위치하며, C는 남반구의 사바나 기후 지역에 위치한다.

ㄱ. 열대 몬순 기후는 여름에 강수량이 집중되는 반면, 열대 우림 기후는

연중 강수가 고르게 내리므로 6~8월의 강수 집중률은 A가 B보다 높다. ㄴ. A는 북반구에 위치한 열대 몬순 기후이기 때문에 7월이 우기에 해당되어 강수량이 많고, C는 남반구에 위치한 사바나 기후이므로 7월이 건기에 해당되어 강수량이 적다.

오답 피하기

ㄷ. B는 C보다 연 강수량이 많다. ㄹ. 열대 기후 지역은 저위도에 위치하여 기온의 연교차보다 일교차가 크다.

2. 제시된 자료에서 (가)는 여성들이 즐겨 입는 전통 의상인 아오자이(aodai, 아오는 옷 또는 저고리, 자이는 길다는 의미 즉 "긴 옷")와 쌀국수인 포 (pho : 퍼)로 유명한 베트남, (나)는 대부분의 주민들이 불교를 신봉하는 불교 국가로동남아시아에서 유일하게 오랜 독립국으로 지위를 유지하고 있는 타이, (다)는 에스파냐의 식민 지배를 받아 크리스트 교 신자가 많으며 나중에는 미국의 식민 지배를 받아 영어를 사용하는 인구가 많은 필리핀이다. 지도에 표시된 A는 타이, B는 베트남, C는 필리핀이다.

[서술형] **1.** A 중국, B 미얀마, C 타이, D 라오스, E 캄보디아, F 베트남 **2.** 동티모르 **3~4.** 해설 참조

1. 메콩 강 유역 개발 사업(GMS)은 인도차이나 반도 6개국을 관통하는 메콩 강 개발 사업으로 중국 윈난 성을 거쳐 미얀마, 타이, 라오스, 캄보디아를 거쳐 베트남 해안으로 빠져나가는 메콩 강을 끼고 있는 나라 간 협력 사업을 말한다. 이 사업에는 A 중국, B 미얀마, C 타이, D 라오스, E 캄보디아, F 베트남의 6개국을 비롯해 한국, 일본, 독일, 아세안, 아시아 개발 은행, 국가 연합 개발 계획 등 모두 24개국 17개의 국제 조직이 참여하고 있다.

2. 동티모르는 동남아시아의 티모르 섬에 위치한 공화국이다. 지리적으로는 오세아니아와 아시아 간 경계인 티모르 섬의 동쪽과 서티모르 북쪽의 일부, 그리고 인접 도서 지역으로 이루어져 있다. 2002년 인도네시아로부터 독립하였다.

3. 19세기 유럽 열강의 진출이 극심하여, 미얀마 등 주변국들이 프랑스와 대영 제국의 식민지가 되었을 때에도 타이는 독립국으로 계속 존속할 수 있었던 유일한 나라이다. 이것은 19세기에 매우 유능한 통치자가 오랜 기간 타이를 통치하였고, 프랑스와 대영 제국 사이의 경쟁의식과 긴장감을 이용하는 정치 기술이 있었기 때문이다.

4. 동남아시아 국가 연합(ASEAN)은 1967년에 설립된 동남아시아의 정치, 경제, 문화 공동체이다. 현재 미얀마, 라오스, 타이, 캄보디아, 베트남, 필리핀, 말레이시아, 브루나이, 싱가포르, 인도네시아 10개국이 가입되어 있으며, 동티모르와 파푸아 뉴기니는 준회원국으로 지정되어 있다.

03. 남아시아

···➝ p.390

[선택형] **1.** ③ **2.** ①

1. (가)는 파키스탄, (나)는 인도, (다)는 스리랑카이다. 남아시아에서는 힌두교, 이슬람교, 불교 등의 종교가 국가별로 다양하게 나타난다. 파키스탄과 방글라데시는 이슬람교 신자가 많은 나라이며, 인도는 힌두교 신자가 가장 많다. 반면 스리랑카는 불교 국가로서 탑과 불상 등의 불교 경관이 잘 나타난다. A는 이슬람교, B는 힌두교, C는 불교이다. ③ 불상과 사리가 봉안된 탑은 불교 문화의 대표적 경관이다. 불교 신자가 많은 스리랑카, 타이, 라오스 등에는 규모가 큰 불탑과 불상이 많다.

오답 피하기

① 다양한 신들을 표현한 조각상은 힌두교 사원에 많다. 유일신을 섬기는 이슬람교에서는 인물이나 신들의 조각상을 만드는 것을 우상 숭배로 여겨 금지하고 있다. ② 모스크와 카바 신전은 이슬람교 경관이다. 힌두교의 성지는 갠지스 강 인근의 바라나시가 대표적이다. ④ 힌두교는 민족 종교이나 이슬람교는 세계 각지에 널리 퍼진 보편 종교이다. ⑤ 힌두교와 불교의 발상지는 남아시아에 위치한다. 크리스트교와 이슬람교의 발상지가 서남아시아에 위치한다.

2. A는 인도 반도의 북부인 히말라야 산지, B는 인더스 강 유역의 충적 지대, C는 갠지스 강 하류의 충적 지대, D는 데칸 고원, E는 인도 반도의 서부 해안 지대, F는 동부 해안 지대이다. 히말라야 산맥은 신기 조산대로 지각이 불안정하나, 데칸 고원은 안정 지괴에 해당한다.

오답 피하기

② B의 인더스 강 유역은 건조 기후가 나타난다. ③ 여름 계절풍의 이동에서 알 수 있듯이 B의 인더스 강 유역은 습윤한 계절풍의 영향을 거의 받지 않는다. ④ D는 고원 지대로 지표의 기복이 작은 편이다. ⑤ F의 동부 해안 지역은 E의 서부 해안 지역의 바람받이 지역과 비교하였을 때 연평균 강수량이 적다.

[서술형] **1~2.** 해설 참조

1. 지도의 (가)는 풍부한 철광석과 석탄 및 수력을 바탕으로 제철 공업이 발달한 비하르·오리사 주 지역이다. 이 지역을 다모다르 공업 지역이라고 한다. 이곳에서 생산되는 대표적인 제품은 철강 제품이며, 첨단 제품에 비해 발달 역사가 길지만 제품 1단위 당 부가 가치의 비중은 더 작다.
(나)는 벵갈루루와 하이데라바드를 중심으로 인도의 소프트웨어 산업이 몰려 있는 곳으로 특히 벵갈루루는 인도의 '실리콘 밸리'라고 불리는 곳이다. 이곳에서 생산되는 대표적인 제품은 소프트웨어를 비롯한 첨단 제품이다. 첨단 제품은 철강 제품에 비해 발달 역사가 짧지만 제품 1단위당 부가가치의 비중은 더 크다.

2. 방글라데시는 국토의 60% 정도가 해발 고도 5m 아래에 위치하여 국토의 대부분이 낮고 평탄한데다가 인구가 빠르게 증가하면서 삼림이 파괴되고 토양 침식이 증가하여 인도양에서 발생하는 사이클론으로 인한 피해가 더욱 커지고 있다. 여름철에만 홍수 피해가 나타나는 것이 아니라, 지구 온난화로 인해 봄철 히말라야 산맥의 눈 녹은 물이 대량으로 흘러들 때에도 하천의 유량이 증가하면서 홍수가 나기도 한다. 또 갠지스 강 상류에 해당하는 네팔 지역에서 삼림 벌채가 증가하여 비가 왔을 때 하천의 수위가 급격하게 상승하여 피해가 발생하기도 한다. 덥고 습한 여름 계절풍이 히말라야 산맥에 부딪혀 내리는 지형성 강수의 바람받이 사면에 위치하여 홍수에 취약하다.

04. 서남아시아 및 북아프리카 ··· p.398

[선택형] **1.** ② **2.** ① **3.** ② **4.** ④

1. ㈎는 수목 농업이 주로 이루어지고 있으며 최근 민주 항쟁으로 독재 정권이 물러난 튀니지, ㈏는 세계 3대 석유 시장 중 하나인 두바이가 위치하고, 석유 자본으로 첨단화된 도시를 건설하는 아랍 에미리트이다. ㈐는 페르시아로 불렸으며 산지와 고원이 많은 이란이다. 지도에서 A는 튀니지, B는 이집트, C는 이라크, D는 이란, E는 아랍 에미리트이다.

2. 터키는 유럽과 아시아를 잇는 관문에 위치해 역사적으로 동양과 서양의 문화를 연결하는 교차로 역할을 해 왔다. 특히 터키 최대의 도시인 이스탄불은 그리스 시대에는 비잔티움, 비잔틴 제국 시대에는 콘스탄티노플로 불리며 많은 크리스트교 유적을 남겼고, 오스만 제국 시기에는 이슬람교 유적을 남겨 세계적인 관광지이기도 하다. 터키는 시리아를 거쳐 이라크로 흘러가는 유프라테스 강에 댐을 건설하면서 수자원을 둘러싸고 하류의 국가들과 갈등을 겪고 있다. 또한 종교적으로 국민의 대다수가 이슬람교를 신봉하지만 공용어는 터키 어를 사용한다.

오답 피하기

지도에 표시된 A는 터키, B는 이스라엘, C는 이집트, D는 예멘, E는 아랍 에미리트이다

3. 쿠르드 족의 분포, 고대 문명의 발상지, 걸프 전쟁 등을 통해 제시된 자료의 국가는 B 이라크라는 것을 알 수 있다. 이라크는 유프라테스 강과 티그리스 강 유역의 비옥한 충적 평야를 바탕으로 메소포타미아 문명이 발생했던 지역에 위치한다. 『아라비안나이트』는 이라크의 수도인 바그다드를 배경으로 쓰인 이야기이다. 또한 이슬람교를 신봉하는 이라크는 소수인 수니파와 다수인 시아파 간의 종교 분쟁뿐만 아니라, 쿠르드 족의 반군 활동과 같은 민족 분쟁을 겪고 있다.

오답 피하기

A는 나일 강 하류에 위치하며 피라미드와 스핑크스가 유명한 이집트, C는 세계 최대의 석유 생산국인 사우디아라비아, D는 탈레반의 활동으로 내부 분쟁을 겪고 있는 아프가니스탄, E는 주민 대부분이 힌두교를 신봉하는 인도이다.

4. 지도에 표시된 지역에 분포하고 있는 민족은 이라크, 터키, 이란 등지에 흩어져 살고 있는 쿠르드 족이다. 쿠르드 족의 인구는 약 2,000만 명으로 터키에 가장 많이 살고 있다. 이들은 거주하고 있는 해당 정부의 박해를 받아 왔기 때문에 '중동의 집시'로 불리고 있다. 쿠르드 족이 주로 거주하는 지역(쿠르디스탄)은 석유와 지하자원이 풍부하기 때문에 이들의 독립 국가 건설 움직임을 터키, 이란 등의 국가들이 반대하고 있다. 쿠르드 족은 1946년 구소련의 후원으로 쿠르드 공화국 수립이 선언되었으나, 소련군이 철수함에 따라 반년 만에 이란의 공격으로 붕괴되어 지금까지 한 번도 독립 국가를 이루지 못하였다. 쿠르드 족은 대부분 이슬람교를 믿고 있으며 언어는 쿠르드 어를 공용어로 사용하고 있다.

05. 중앙 및 남아프리카 ··· p.408

[선택형] **1.** ⑤ **2.** ③ **3.** ④

1. A는 철도망, B는 사헬 지대, C는 플랜테이션 작물의 분포 지역, D는 민족(종족) 경계와 국경이 불일치를 보여 준다.
을: 사헬 지대인 B는 방목과 경작지 확대, 예년에 비해 적은 강수량 등으로 사막화 문제가 심각하게 나타나는 지역이다. 병: 플랜테이션은 열대 기후 지역에서 선진국의 자본과 원주민의 노동력이 결합되어 커피, 카카오 등 기호 작물이나 고무 등 원료 작물을 기업적으로 재배하는 농업이다. 유럽 열강의 자본이 유입되면서 대량으로 생산되기 시작하였다. 정: 아프리카는 국경과 민족(종족) 경계가 불일치하여 분쟁이 많이 발생하였다.

오답 피하기

갑: A는 철도망인데 철도망의 분포가 해안과 내륙을 연결하는 형태이다. 반면 내륙 지역 간의 연계성은 약하다. 이를 통해 철도가 해안과 내륙을 연결하는 것이 주요 목적이었음을 알 수 있다. 아프리카의 철도는 식민지 시대 내륙 지역의 자원을 수탈하여 해안까지 운반하기 위한 목적으로 건설된 것이 많다.

2. C는 동아프리카 지구대에 위치한다. ③이 지역에는 지각 판이 분리되면서 형성된 호수가 많이 분포한다.

오답 피하기

① 8월은 북반구의 여름이므로 A는 8월에 우기이다. ② B는 가봉의 오고우에 강 하류 지역으로 물을 찾아 광활한 초원을 이동하는 수많은 야생 동물을 볼 수 없다. 이와 같은 경관은 D에서 볼 수 있다. ④ D는 중생대·신생대의 화산 활동 지역에 위치하므로 고기 조산대에 속하지 않는다. D 산은 아프리카 최고봉으로 화산 활동으로 형성되었다. ⑤ E에서는 지중해

성 기후가 나타나지만 8월은 남반구의 겨울에 해당한다.

3. 제시된 자료의 A는 알제리, B는 리비아, C는 나이지리아, D는 앙골라이다. (가) 국가는 아프리카 제1의 산유국인 나이지리아이며, (나) 국가는 내전 후 복구 사업이 활발한 앙골라이다. 앙골라는 아프리카의 OPEC 회원국(알제리, 나이지리아, 리비아, 앙골라)중 가장 늦게 OPEC에 가입하였으며, 석유가 국내 총생산에서 차지하는 비중이 매우 높다.

[서술형] **1~2.** 해설 참조

1. 미국과 캐나다의 경우: 선행적 경계로, 경계가 먼저 설정되고 난 후, 각국의 정치-사회 체계가 형성되는 경우이므로 지역 분쟁이 잘 일어나지 않는다.
아프리카의 경우: 전횡적 부가 경계로, 강대국의 이해관계에 의해 지형과 종족, 토착 주민의 의사를 전혀 고려하지 않은 채 인위적으로 설정한 경계이다. 분할된 지역의 문화적·민족적 특성이 무시되어, 한 국가 내에 분포하게 된 여러 종족 간의 치열한 내전이 지속되는 원인이 되었다.

2. (가)는 플랜테이션 농업, (나)는 이동식 화전 농업의 분포를 나타낸다. (가)는 (나)에 비해 농경의 역사가 짧다. (가)는 상대적으로 자본·기술 집약적이지만, (나)는 노동 집약적인 특성을 지닌다. (가)는 천연고무, 카카오, 커피 등의 수출을 위한 상품 작물을 재배하는 반면, (나)는 카사바와 얌 등의 식량 작물을 주로 재배한다.

06. 유럽

···➝ p.417

[선택형] **1.** ② **2.** ⑤ **3.** ① **4.** ② **5.** ③

1. 제시된 첫 번째 지문은 라틴 아메리카의 도시에 대한 설명이며, 두 번째 지문은 브라질 과달루페 성당의 갈색 피부 성모 마리아에 대한 설명이다. 이는 (나)과거 포르투갈과 스페인의 지배를 받았던 라틴 아메리카에 대한 설명이다.

2. 유럽 연합의 규모가 확대되는 과정에서 동유럽 국가들의 유입이 진행되고 있다. 2013년에는 크로아티아가 새롭게 유럽 연합에 가입하여 총 가입국은 28개국이 되었다. ㄷ. 동유럽 국가들의 임금은 서유럽에 비해 저렴하며 아직 기반 시설의 수준도 높지 않다. 따라서 기업들은 생산 비용 절감을 위해 동유럽 국가에 현지 공장이나 생산 시설을 입지시킬 것이다. ㄹ. 신규 회원국 국민들은 유럽 연합의 특성상 자유로운 노동력의 이동이 가능하다는 유럽 연합의 특징을 이용하여, 보다 높은 임금을 받을 수 있는 기존의 서유럽 지역 국가로 이주할 가능성이 높다.

3. 밑줄 친 (가)는 노르웨이의 피오르 해안과 침엽수 지대에 대한 설명이다. 이 지역은 냉대와 한대 기후가 나타나는 곳으로서 빙하의 침식과 퇴적 작용을 받았던 곳이다. ㄱ. 침엽수림은 냉대 기후 지역을 중심으로 분포한다. 타이가라고도 불리는 침엽수림은 수종이 단순하며 연질목으로 구성되어 있기 때문에 임업이 잘 발달하게 된다. ㄴ. 권곡과 혼은 빙하에 의한 침식 지형이다.

오답 피하기

ㄷ. 창이 작은 흙벽돌집은 건조 기후 지역에서 볼 수 있다. ㄹ. 수목 농업은 지중해성 기후 지역에서 이루어진다.

4. (가)는 망통의 레몬 축제에 대한 설명이다. 레몬은 지중해성 기후 지역에서 수목 농업을 통해 생산된다. 지중해성 기후는 여름에 강수량이 매우 적고 건조하며, 겨울 강수 집중률이 높다. 따라서 여름에 수목 농업, 겨울에는 밀 농사 등이 이루어진다. A에 해당한다.
(나)는 고위도 지역의 백야 축제로서 러시아의 상트페테르부르크에서 개최된다. 이 지역은 냉대 습윤 기후로서 일교차가 크고 겨울에는 영하로 떨어지는 특징을 가지고 있다. C에 해당한다.

오답 피하기

B는 평균 기온이 영상이며 연중 강수량이 비교적 고른 것으로 보아 서안 해양성 기후에 해당된다. 이 기후 지역에서는 주로 혼합 농업이 이루어진다.

5. (가)는 노르웨이의 부동항인 나르비크에 대한 설명이다. 이 지역은 고위도이지만 편서풍과 난류의 영향으로 인해 비교적 온화한 기후가 나타난다. (나)는 네덜란드의 로테르담에 대한 설명이다. 유로포트의 중심 지역에 해당된다. (다)는 유고 연방에 대한 설명이다. 1990년 이후 계속된 내전의 결과 슬로베니아, 보스니아 헤르체고비나, 세르비아 몬테네그로, 크로아티아, 마케도니아로 쪼개졌고, 세르비아 몬테네그로는 2006년 6월 각각 세르비아와 몬테네그로로 분리되었으며, 2008년에는 코소보가 세르비아로부터 독립을 선언하였다. 지도에서 C경로를 따라 가면 (가)~(다)를 모두 취재할 수 있다.

[서술형] **1~2.** 해설 참조

1-(1) A 발전 유형은 화력 발전, B 발전 유형은 원자력 발전, C 발전 유형은 수력 발전이다.
1-(2) 북유럽 일대는 융빙수가 낙차가 큰 피오르에서 폭포를 이루며 떨어지는 곳들이 많다. 이를 이용하여 많은 양의 수력 발전이 가능하다.

2. (가)는 A의 맨체스터에 대한 설명이다. (나)는 B의 로테르담에 대한 설명이다. (다)는 C의 밀라노에 대한 설명이다.

07. 러시아와 중앙아시아 및 동유럽

···➝ p.428

[선택형] **1.** ③ **2.** ② **3.** ②

1. 제시된 러시아 여행 첫 번째 일정을 보면 우리나라에서 오전 11시에 출발하였고 비행시간은 4시간이 걸렸으므로 우리나라 시간으로 도착 시간은 오후 3시(15시)가 된다. 그러나 도착한 곳의 현지 시간은 서머타임을 적용하여 오후 3시(15시)이므로 실제로는 우리나라보다 한 시간은 더 느리다. 따라서 우리나라보다 서쪽으로 15° 떨어진 곳인 동경 120°에 위치한 이르쿠츠크이다. 두 번째 일정은 ㈎ 도시에서 오전 9시에 출발하였고 비행시간은 3시간 걸렸으므로 ㈎ 도시 시간으로 도착 시간은 12시이다. 그러나 도착한 곳의 현지 시간은 오후 2시(14시)이므로 동쪽으로 30° 떨어진 곳인 하바롭스크이다.

2. 제시된 자료의 ㈎는 세계적인 자원 산지인 도네츠크 탄전, 크리보이로크의 철광석 산지가 결합하여 대표적인 중화학 공업 지대를 이루는 지역이며, ㈏는 기후적으로 지중해 지역과 비슷하여 과일, 목화 등의 재배가 활발한 러시아 평원 남부의 캅카스 지역을 설명한 것이다. ㈐는 서쪽으로는 오호츠크 해, 동쪽으로는 베링 해와 태평양을 낀 캄차카 반도 지역으로 세계에서 화산 활동이 가장 활발한 곳 중의 하나이다. 지도에서 A는 드네프르 콤비나트, B는 캅카스 지역, C는 시베리아, D는 캄차카 반도이다.

3. ② 독일은 대부분의 지역에서 서안 해양성 기후가 나타난다. 서안 해양성 기후는 연중 강수량이 고르다. 고온 건조한 여름철 기후를 바탕으로 수목 농업이 발달한 지역은 지중해성 기후 지역이다.

[서술형] **1.** (1) ㈎: B, ㈏: E (2)~(3) 해설 참조

1. 그래프를 통해 지역의 강수량이 많은 달과 적은 달, 기온 편차의 크고 작음을 알 수 있다. ㈎는 6~8월에 강수량이 적고 10~12월에 강수량이 많은 지역이면서 기온의 편차가 작은 지역이므로 바다의 영향을 받는 지역임을 추론할 수 있다. 습윤 기후 중 여름에 건조한 기후는 지중해성 기후의 특징에 해당한다. ㈏는 기온의 편차가 매우 크고 겨울보다 여름에 강수량이 많은 지역이다. ㈏와 같이 기온의 편차가 큰 지역은 대륙 내부에 위치한 지역이다. 이러한 내용을 바탕으로 추론하면 ㈎는 B, ㈏는 E이다. A는 서안 해양성 기후, C는 아랄 해 주변으로 건조 기후, D는 북극해 연안으로 툰드라 기후이다.
㈎의 지중해성 기후는 여름에 아열대 고압대의 영향을 받아 고온 건조하고, 겨울에 편서풍대의 영향으로 온난 습윤하다. ㈏의 냉대 겨울 건조 기후는 연교차가 크고 강수량이 상대적으로 적으며 강수의 계절 차가 크다. ㈎의 지중해성 기후 지역에서는 여름철 고온 건조한 기후를 이용한 수목 농업이 널리 이루어지고, 겨울철 온난 습윤한 기후를 이용한 주곡 작물 재배가 이루어진다. 해발 고도가 높은 산지가 있는 경우 산지(여름)와 평지(겨울)를 오르내리는 이목이 행해지기도 한다. ㈏의 냉대 습윤 기후 지역은 침엽수림 지대를 활용한 임업이 활발히 이루어진다.

08. 미국과 캐나다

···➝ p.434

[선택형] **1.** ④ **2.** ②

1. 오늘날 미국에 거주하는 라틴 아메리카 출신자들인 히스패닉은 캘리포니아 주, 뉴멕시코 주, 텍사스 주 등 멕시코와 인접한 지역을 중심으로 집중되어 있다. 흑인은 과거 목화 농장의 노예로 끌려 왔기 때문에 목화 농업이 발달한 남부 지역을 중심으로 분포하고 있다. 따라서 ㈎ 지역에서는 히스패닉, ㈏ 지역에서는 흑인 인구 비율이 높게 나타난다.

2. ㈎는 태평양 연안 지역으로 대륙 서안에 있기 때문에 기온의 연교차가 작은 해양성 기후가 나타난다. ㈐는 대평원 지역으로 밀, 옥수수 등의 기업적 농업이 발달한다. ㈑는 오대호 지역으로 철광석, 석탄 등 주변의 자원을 활용하여 중화학 공업이 발달하였다. ㈒는 고기 조산대인 애팔래치아 산맥으로 석탄의 매장량이 많다.

오답 피하기

㈏는 기업적 목축 및 관개 농업 지역으로 인구 밀도가 낮고 백인의 비율이 높다.

[서술형] **1.** 100 **2.** 낙농업 **3.** 메갈로폴리스(Megalopolis)
4. ㈎: 철광석 ㈏: 석탄 ㈐: 석유

1. 미국의 농업은 서경 (100°)선을 기준으로 동부의 곡물 농업 지역과 서부의 기업적 목축업 지대로 나뉜다.

2. 오대호 연안에서는 넓은 소비 시장을 바탕으로 (낙농업)과 근교 농업이 발달하였다.

3. 원문: 대도시권에서는 본질적으로 개별 도시들이 분리되어 있지만, 하나의 권역을 이루게 되면서 대규모로 확장된 형태의 도시 복합체가 형성된다.

09. 중앙아메리카

···➝ p.444

[선택형] **1.** ⑤ **2.** ②

1. 문제에서 물어보는 기호 작물은 커피이다. 커피를 많이 소비하는 10대 국가는 미국과 북서 유럽의 선진국에 많이 분포해 있고, 커피를 많이

생산하는 10대 국가는 에티오피아, 인도, 말레이시아, 베트남, 멕시코, 에콰도르, 브라질 등이다.

오답 피하기

ㄱ. 잎을 원료로 상품을 가공하는 플랜테이션 작물은 담배이다.
ㄴ. 커피 생산국 1위는 브라질로 남아메리카에 위치한다.

2. A는 페루에서 가장 높은 비중이므로 아메리카 원주민, B는 멕시코에서 가장 높은 비중이므로 혼혈인, C는 아르헨티나에서 가장 높은 비중이므로 유럽계, D는 자메이카에서 가장 높은 비중이므로 아프리카계이다.
ㄱ. 잉카 문명은 안데스 산지를, 아스테카 문명은 멕시코의 고산 지대를 중심으로 발달했던 고대 문명이다.
ㄷ. 라틴아메리카의 유럽계 백인은 주로 가톨릭교를 믿는다. 이는 라틴아메리카로 이주해 온 유럽계 백인들이 대부분 가톨릭교를 믿는 에스파냐, 포르투갈에서 많이 이주해 왔기 때문이다.

오답 피하기

ㄴ. 아프리카계 흑인으로 과거 플랜테이션을 위해 강제로 이주된 인종(민족)의 후손은 D이다. ㄹ. D는 아프리카계 흑인이다. 혼혈에 해당하는 것은 B이다.

[서술형] **1.** ㈎ ⑩, ㈏ 아이티 **2.** 해설 참조

1. 2010년 지진 피해를 겪은 나라는 아이티이다.

오답 피하기

① 과테말라, ② 벨리즈, ③ 엘살바도르, ④ 온두라스, ⑤ 니카라과, ⑥ 코스타리카, ⑦ 파나마, ⑧ 쿠바, ⑨ 자메이카, ⑩ 아이티, ⑪ 도미니카 공화국이다.

2. 아이티는 판의 경계부에 위치하여 카리브 판, 북아메리카 판, 남아메리카 판 등 여러 판들이 이곳에서 수렴하여 지진이 발생했다.

10. 남아메리카

⋯ p.452

[선택형] **1.** ⑤ **2.** ④

1. ① 칠레는 태평양 판과 남아메리카 판 사이의 판 경계에 해당하므로 환태평양 조산대에 해당한다. ② 아타카마 사막은 페루 한류의 영향을 받아 발달하는 대표적인 한류 사막이다. ③ 칠레의 대표적인 수출 광물인 구리는 전기 및 통신 산업의 발달로 수요가 증가하고 있다. ④ 잉카 문명은 고산 문명의 하나로 안데스 산지에 발달한 고대 문명이다.

오답 피하기

⑤ 포르투갈 어를 공식어로 사용하는 라틴 아메리카의 국가는 브라질이다. 칠레는 스페인 어를 사용한다.

2. ㈎는 페루의 리마, ㈏는 볼리비아의 라파스, ㈐는 브라질의 브라질리아이다. 리마는 사막 기후(BW), 라파스는 고산 기후(AH), 브라질리아는 사바나 기후(Aw)에 해당한다. 따라서 연강수량은 ㈐>㈏>㈎순이고, 해발고도는 ㈏>㈐>㈎순으로 나타난다.

[서술형] **1~3.** 해설 참조

1. ㈎: 원주민-유럽계 백인들이 들어오기 이전에 거주하였으며, 고산 문명을 이루었다.
㈏: 유럽계 백인-스페인과 포르투갈을 중심으로 식민지를 개척하였다.
㈐: 흑인-플랜테이션의 노동력을 충당하기 위해 서인도 제도를 중심으로 강제 이주되었다.
㈑: 혼혈인-메스티소, 물라토, 삼보 등이 있다.

2. 베네수엘라, 브라질, 파라과이, 아르헨티나, 우루과이

3. 백인의 구성 비율이 가장 높은 국가: 아르헨티나
원주민의 구성 비율이 가장 높은 국가: 볼리비아

11. 오세아니아

⋯ p.462

[선택형] **1.** ① **2.** ④ **3.** ③

1. 지도의 A 지역은 여름은 고온 건조하고 겨울은 온난 습윤한 지중해성 기후가 나타나는 퍼스로, 지중해식 농업이 활발하다. E 지역은 화산섬 위에 산호의 성장으로 형성된 지형인 대보초 해양 공원이 있다. D 지역은 스텝 기후 지역으로 넓은 목초지가 펼쳐져 있다. 따라서 이동 경로에 부합하는 코스는 A→E→D이다.

오답 피하기

② 퍼스(지중해성 기후)→브리즈번→목초지, ③ 애들레이드(지중해성 기후)→퍼스→사막 기후 지역, ④ 애들레이드→브리즈번→대보초 해안, ⑤ 브리즈번→애들레이드→사막 기후 지역의 경로이다.

2. 뉴질랜드의 기후는 북동-남서 방향의 높은 신기 습곡 산맥(남알프스 산맥)과 연중 서쪽에서 불어오는 편서풍의 영향을 받는다. 따라서 섬의 서사면은 바람받이 지역으로 강수량이 많고, 섬의 동사면은 강수량이 적다. 이러한 강수량의 차이는 가축 사육에도 영향을 미쳐 강수량이 많은 바람받이의 서사면에서는 소를 주로 사육하고, 바람그늘의 동사면에서는 양을 주로 사육한다. 또한 북섬의 대도시 주변에서는 낙농업도 행해진다. 북섬은 화산 활동에 의한 온천 간헐천 및 활화산 등의 자연 경관이 빼어나고, 남섬은 북섬에 비해 위도가 높기 때문에 빙하호와 피오르 해안, 만년설, 산악 빙하 등이 주요 관광 자원이 되고 있다.

오답 피하기

④의 내용은 남섬에 대한 것이다.

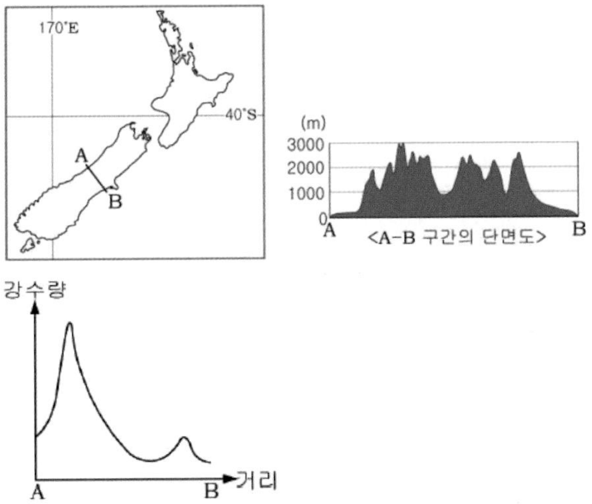

뉴질랜드 남섬의 지형 단면도와 강수량

중위도에 위치한 뉴질랜드는 편서풍이 우세하며, 편서풍의 바람받이 지역에는 강수량이 많고, 내륙 지역 및 동부의 바람그늘 지역에는 강수량이 적다.

3. 지도에서 (가)는 팔라우, (나)는 하와이 제도, (다)는 투발루이다. 팔라우는 태평양 서부의 미크로네시아에 위치한 도서 국가로 스페인, 일본, 미국의 지배를 거쳐 1994년에 독립하였다. 하와이 제도는 미국의 50번째 주로 지정되었고 모든 섬이 화산 활동으로 형성되었다. 투발루는 1890년대부터 영국의 식민지로 유지되다가 1978년 영연방의 자치국으로 독립하였다. 남태평양에 흩어져 있는 9개의 환초로 이루어진 투발루 군도는 최고 해발 고도가 5m, 평균 해발 고도가 3m 정도에 불과하다. 이러한 지리적 환경 탓에 기후 변화에 가장 취약한 나라로 꼽힌다. ㄴ. 하와이 제도는 열점(hot spot)에 의한 화산 활동이 꾸준히 나타나고 있다. 열점이란 고정된 위치에서 지표면을 향해 마그마를 분출하는 곳을 일컫는다. ㄷ. 투발루는 9개의 환초로 이루어진 군도이며, 기후 변화로 인한 주민 이주 방안이 마련되고 있을 정도로 환경 위기에 처해 있다.

오답 피하기

ㄱ. 팔라우는 해저 자원 분쟁 지역에 해당하지는 않는다. 오히려 아름다운 산호초와 담수호가 곳곳에 분포하는 관광 명소로 잘 알려져 있으며, 현재 전 세계의 자연보호기구, 다이버들, 해양과학자들이 '이 세상에서 가장 아름다운 수중 절경'을 갖춘 곳으로 손꼽는 지역이다. 해저 자원 확보를 위한 영유권 분쟁은 주로 동중국해와 남중국해, 북극해 등지에서 나타난다.

[서술형] **1.** (1) A: 철광석 B: 석탄 (2) 해설 참조

1 - (2) 오스트레일리아는 세계적인 철광석과 석탄의 생산국이자 수출국이다. 오스트레일리아 서부의 마운트 뉴먼과 남부의 아이언노브는 철광석의 수출이 세계 상위권이며, 고기 습곡 산지인 동부의 그레이트디바이딩 산지는 석탄 매장량이 풍부하고 수출량도 세계적으로 많다. 오스트레일리아는 광석의 불순물 함유량이 적은 고품위광이 많고, 채굴도 유리한 노천 광산이 많아 개발하기에 편리하고, 광산들이 해안 가까이 인접해 있어 항구까지 운반하기도 유리하다. 이 지역에서 생산된 철과 석탄은 우리나라와 일본 등 아시아 국가로 많이 수출되고 있다. 철광석은 오스트레일리아의 서부의 안정 지괴에서, 석탄은 동부의 고기 습곡 산지 주변에서 많이 생산된다.

12. 양극 지방

···› p.469

[선택형] **1.** ③ **2.** ①

1. 자료는 지구 온난화로 인한 북극권 빙하의 감소를 설명하고 있다. 따라서 (가) 현상은 지구 온난화이다. 지구 온난화로 인해 나타나는 현상은 다음과 같다. 우선 북극권 빙하가 녹음으로써 북극해의 염도가 감소한다. 그리고 빙하가 녹음으로 인해 해수면 상승 현상도 나타난다. 아울러 유라시아 대륙에서는 혼합림과 열대림의 북한계선이 북상함에 따라 침엽수림의 남한계선이 북상하게 된다. 북아메리카 지역에서의 툰드라토의 남한계선은 온난화로 인해 더욱 극지방으로 북상하게 된다. 교토 의정서와 기후 변화 협약은 지구 온난화를 가속화하는 온실가스 배출을 줄이기 위해서 만들어졌다.

2. (가)는 파나마 운하를 통과하는 항로이며, (나)는 북극해를 통과하는 항로이다. (다)는 과거 정화의 원정 당시에 사용되었던 해상 실크로드에 해당되며 아라비아 인들의 교역로도 사용되었다. 가장 최근에 개척된 것은 지구 온난화와 관련된 (나) 항로이다. A는 파나마 운하, B는 중계 무역으로 성장한 도시 국가인 싱가포르이다.

[서술형] **1~5.** 해설 참조

1. 지구 온난화로 인하여 북극 지방의 빙하가 줄어들었다. 아울러 겨울철에 얼음이 어는 기간도 짧아졌다. 이로 인하여 쇄빙선 없이도 북극을 가로질러 항해할 수 있게 되었다.

2. 네네츠 족은 주로 북극해 주변의 툰드라 기후 지역에서 생활하고 있다. 이 지역은 짧은 여름 동안 영상의 기온 분포가 나타나며 연교차가 매우 크다. 이들은 주로 개 썰매를 타고 다니면서 수렵 활동을 통해 식량을 얻는다.

3. 남극 대륙에는 세종기지와 장보고 기지가 있다. 각각의 위치는 다음과 같다.

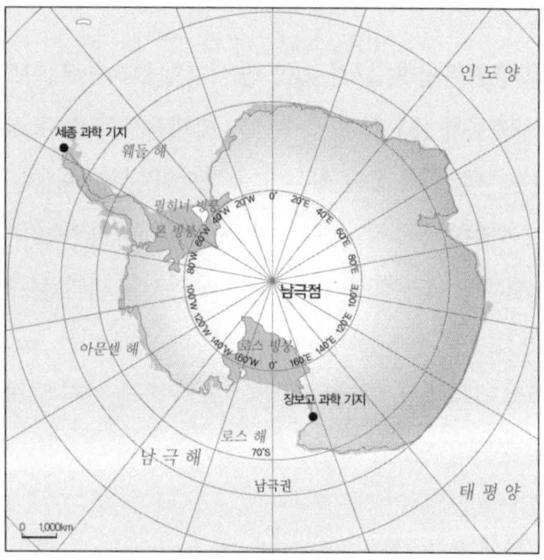

4. 다산 기지는 북극해 스발바르 군도의 니알슨에 위치해 있다. 이 지역은 오로라 영향권(Auroral Oval)에 포함되어 있으며 모든 계절에 오로라 관측이 가능한 곳이다.

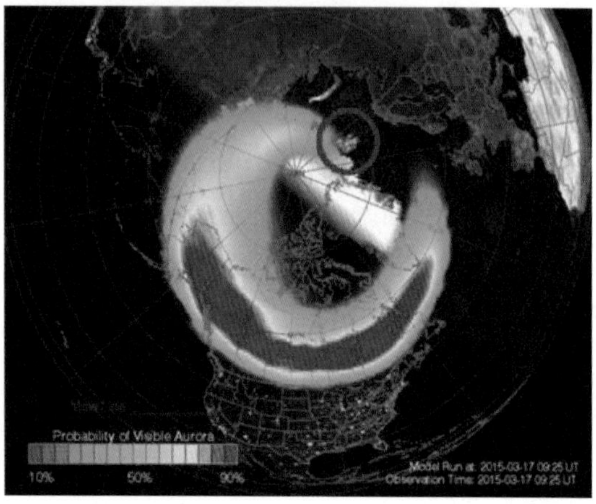

⇡ **2015년 3월 관측**

5. 남극의 경우 아직 발견되지 않은 지하자원들이 있다. 비록 남극 조약에 의해 2048년까지는 지하자원 개발이 금지되어 있지만 이 지역에는 최소 500억 배럴 이상의 대륙붕 석유가 매장되어 있을 것으로 추측된다. 남극의 생물 자원 중 대표적인 것은 크릴새우이다. 전 세계에서 잡히는 크릴새우의 연간 어획량은 약 8,000만t인데, 남극에서만 1억 2,000만t을 잡을 수 있다고 한다.

교통로의 경우 북극 항로의 개척을 들 수 있다. 대륙 빙하인 남극과는 달리 북극의 빙하는 지구 온난화의 영향을 받아 형성되는 기간과 강도가 줄어들고 있다. 따라서 이 지역을 통과하는 항로가 본격적으로 개통될 경우 파나마, 수에즈 운하를 거치는 것보다 이동 거리가 수천km 이상 짧아지게 된다.

13. 북부 지방의 생활

··· p.477

[선택형] **1.** ④ **2.** ④

1. ㄴ. 북한의 농업 생산량을 보면 쌀이 가장 많고, 옥수수가 두 번째이다. 남한은 쌀이 압도적으로 많고 옥수수와 같은 농작물은 식량 작물보다는 사료용으로 해외에서 수입하는 비중이 크지만, 북한 내에서는 옥수수가 식량 작물로서 큰 비중을 차지한다. ㄹ. 남한은 전체 면적 중 경지 면적이 북한보다 좁으나 현대화된 농법과, 농업 기술의 개발로 식량 작물의 생산량은 북한보다 많다. 따라서 남한은 북한에 비해 경지의 식량 작물 생산성이 높다.

오답 피하기

ㄱ. 북한은 남한보다 전체 경지 면적이 약 10만 ha 이상 넓고 호당 경지 면적은 0.4ha 정도 좁으므로 농가 호수는 남한보다 많다고 볼 수 있다. ㄷ. 남한은 서류 생산량이 전체 생산량 549만 8,000t×서류 생산량 비중 4.0이며, 북한은 전체 생산량 430만 6,000t×서류 생산량 비중 11.8이므로 북한이 남한보다 서류 생산량이 많다.

2. D는 낭림산맥을 나타낸다. 낭림산맥은 형성 원인에 따라 1차 산맥으로 간주한다. 1차 산맥이란 신생대 제3기 이후 경동성 요곡 운동의 직접 영향을 받아 융기한 산맥들로 함경산맥, 낭림산맥, 태백산맥 등이 속한다. 1차 산맥 중에서 낭림산맥과 태백산맥은 한국 방향의 산맥이고, 소백산맥은 중국 방향으로 분류한다. 이들 1차 산맥은 해발 고도가 높고 산줄기의 연속성이 뚜렷하다. 2차 산맥은 중생대에 형성된 지질 구조선을 따라 침식을 받을 때, 상대적으로 침식을 덜 받은 부분이 산지로 남아 형성된 산맥이다.

오답 피하기

① A는 나선 경제특구이다. ② B는 백두산을 나타내며 백두산은 복합 화산으로 산 정상부에는 칼데라 호인 백두산 천지가 있다. ③ C는 개마고원 일대로 중생대 구조 운동 후 준평원이 되었다가 신생대 제3기 이후에 경동성 요곡 운동에 의해 융기되어 고원이 되었다. 일부 지역은 제4기 초 용암이 분출되어 용암 대지를 형성하였다. ⑤ E는 대동강 하류에 있는 서해 갑문이다.

[서술형] **1. 해설 참조**

1. 신의주는 압록강을 사이에 두고 중국 단둥과 인접한 북한 제1의 변경 무역 도시다. 생필품을 중심으로 북·중 간 지속적인 소규모 수출입이 이루어지면서 핵 실험에 따른 국제사회의 제재 속에서 북한 경제의 산소 호흡기와 같은 역할을 하고 있다. 평안북도 일대에 분포하는 광물과 자연자원을 활용한 금속, 화학, 섬유 공업 등이 발달되어 있으며 섬유, 제지, 제화 산업을 중심으로 한 경공업 발전 가능성이 높은 지역으로 평가된다. 나선은 1991년부터 개발이 추진된 북한 최초의 경제특구이다. 1차 북핵 위기 등으로 인해 실적이 부진했지만 북한은 2010년 나선시를 특별시로 격상시키고 나선 '경제 무역 지대법' 개정과 중국과의 공동 개발 양해 각서(MOU) 체결 등을 통해 본격적인 재개발에 나서고 있다. 나선 특구는 첨단 기술 산업과 원자재 공업, 장비 공업, 경공업, 현대 고효율 농업 등 6대 산업의 중점 발전을 목표로 하고 있다. 금강산 관광 지구는 2002년 개방

지역으로 지정되었으며, 관광객 유치를 통한 외화 수입을 주 목적으로 하고 있다. 개성공단은 2002년 개방된 이후 임금이 저렴한 북한의 노동력을 이용하여 남한의 자본 및 기술을 결합한 공업 지구이다.

구분	특구명	주요 사업 내용
무역 중심형	㉠, ㉡	일반적인 자유 무역 지역 형태로 지리적 이점 활용
생산 중심형	㉢	저렴한 생산 비용 및 세제상 혜택 등을 이점으로 기업의 생산 거점을 유치 하는 지역
관광 중심형	㉣	관광 자원을 토대로 세계적인 관광지로 개발하기 위해 관광 산업에 필요한 각종 시설을 유치

14. 중부 지방의 생활

⋯› p.485

[선택형] **1.** ① **2.** ②

1. ㈎는 대전, 천안, 청주, 아산 등 충청권의 주요 도시에서 큰 비중을 차지하고 있다. 도시의 규모가 클수록, 또는 인구 규모와 비례한 것으로 보아 총종사자 수에 해당한다. ㈏는 아산, 천안 등 수도권에 근접한 지역이거나 수도권과의 교통이 편리한 지역의 비중이 큰 것으로 보아 제조업 종사자 수로 볼 수 있다.

오답 피하기

② ㈏에서 서비스업 생산액의 규모는 대체로 인구 규모와 비례한다. 따라서 대전이나 청주, 천안과 같은 도시 규모에 따른다. ③ 제조업 종사자 수와 총종사자 수는 ㈎, ㈏가 맞바뀌어야 한다.

2. 지도의 A는 파주, B는 과천, C는 안산, D는 평택, E는 여주를 나타낸 것이다. ① 파주시는 대북 접경 지역이며, 최근 교하 등에 신도시가 개발되고 있다. ③ 안산은 서울의 제조업 기능이 대규모로 이전된 위성 도시로 일자리를 찾아 유입한 외국인 근로자들이 많이 거주하고 있다. ④ 평택에는 항만이 조성되어 있어 물류 기능이 발달하였다. 황해 경제 자유 구역은 평택의 포승, 당진의 송악, 아산의 인주 지구 등으로 구성되어 있다. ⑤ 여주 일대는 평야 지대에 위치하여 벼농사가 활발한 지역이며, 인근의 이천과 더불어 도자기 산업이 발달하여 도자기 축제가 열리는 곳이다.

오답 피하기

② 과천은 서울의 위성 도시로서 행정 기능을 분담하여 정부 종합 청사가 들어선 곳이다. 제조업 종사자 비중이 매우 낮은 편이며 대규모 산업 단지가 분포하지 않는다.

[서술형] **1.** 해설 참조

1. ㈎에서 ㈏로의 계획이 진행됨에 따라 서울 중심의 수도권이 아니라 지역 거점 도시의 자립적 도시권이 형성되며, 수도권이 서울 중심의 단핵 구조에서 다핵 구조로 개편된다. 공공 기관 지방 이전 등 국내적 여건이 변화하고, 중국의 급속한 성장과 경제 개방화의 진전에 따라 국가 경쟁력 강화를 위한 수도권 혁신의 필요성 증대됨에 따라 서울, 인천, 경기도 내 인구 안정화를 전제로 수도권의 '질적 발전'을 추구하며, 높은 경쟁력을 갖추고 지방과 상생 발전하는 수도권 지향을 위한 정비 계획을 발표하였다.

15. 남부 지방의 생활

⋯› p.494

[선택형] **1.** ④ **2.** ① **3.** ①

1. 자료는 지역별 논농사와 밭농사의 농가 및 경지 비율을 나타낸 것이다. 농가당 경지 면적은 경지 비율을 농가 비율로 나누어 비교해 보면 되는데, 논농사에서 농가당 경지 면적이 가장 넓은 지역은 수도권이고 그다음이 호남권이다. ④ 밭농사에서 농가당 경지 면적이 가장 넓은 지역은 제주도이고, 그다음은 강원도이다.

오답 피하기

① 충청권은 농가 비율이나 경지 비율 모두 논농사의 비율이 밭농사보다 높다. ② 경지 비율에 비해 농가의 비율이 대체로 높은 것은 밭농사이다. 따라서 밭농사가 농가당 경지 면적이 더 좁다. ③ 수도권보다 강원도나 제주도가 논농사 비율이 더 낮다. ⑤ 영남권의 논농사, 호남권의 밭농사 모두 전국의 과반을 차지하지 못한다.

2. ㈎는 전라북도 도청 소재지 전주이고, ㈏는 경상북도 도청 이전이 추진 중인 안동이다. ㈎ 전주는 지도에서 A, ㈏ 안동은 지도에서 ㄱ이다.

오답 피하기

B는 전라북도 무주군, C는 남원시이며, ㄴ은 경상북도 구미시, ㄷ은 경산시이다.

3. 영남 지역에 위치한 광역시는 부산, 대구, 울산이다. ㈎는 총인구가 가장 많으므로 영남 지역에서 가장 큰 광역시인 부산이다. ㈐의 총인구는 112만 명으로 가장 적지만 제조업 생산액은 ㈎, ㈏에 비해 몇 배나 많다. 또한 제조업 종사자의 비중도 가장 높은 특징이 나타나는 것으로 보아 울산이다. ㈏는 영남 지역에서 인구 규모 2위이며, 제조업 생산액은 가장 적은 대구이다.

[서술형] **1.** (1) A: 석탄, B: 석유, C: 천연가스(LNG), D: 원자력
(2) 해설 참조

1 - (1) 제시된 지도에 표시된 ㈎는 충남, ㈏는 경북, ㈐는 전남에 해당한다. A는 다른 지역에 비해 ㈎에서 높게 나타나는 것으로 보아 화력 발전의 원료인 석탄, 전체적으로 가장 높은 소비량을 나타내는 B가 석유이다. 대도시에서 주로 사용되는 천연가스인 C는 가장 적은 소비량을 보이고 있

다. 우리나라는 원자력 발전소는 전남 영광, 경북 울진·경주, 부산에 위치하므로 D는 원자력이다.

1 - (2) ㈎에서 A 에너지원의 소비량이 높은 이유는 수도권 인근의 전력을 공급하는 화력 발전소가 위치해 있고, 충남 일대의 제철 공업에서 석탄을 이용하기 때문이다. ㈎에서 D 자원의 소비량이 없는 이유는 원자력 발전소가 없기 때문이다.

참고 자료

· 서적

21세기연구회, 박수정 역, 『세계의 민족지도』, 살림.
구동회 · 이정록 · 노혜정 · 임수진, 2010, 『세계의 분쟁』, 푸른길.
국토연구원 엮음, 2001, 『공간이론의 사상가들』, 한울.
국토연구원, 2013, 『현대 공간이론의 사상가들』, 한울아카데미.
국토해양부, 2008, 『한국지리지 총론편』, 국토해양부.
권동희, 2012, 『한국의 지형』(개정판), 한울아카데미.
권용우, 2012, 『도시의 이해』, 박영사.
권정화, 2011, 『지리사상사 강의노트』, 한울아카데미.
권혁재, 2002, 『지형학』(제4판), 법문사.
권혁재, 2003, 『한국지리』, 법문사.
권혁재, 2005, 『자연지리학』, 법문사.
기상연구소, 2004, 『한국의 기후』, 기상청 기상연구소.
김광식 외, 1973, 『한국의 기후』, 일지사.
김광식, 1979, 『생활기상과 일기속담』, 향문사.
김대훈, 박찬선, 최재희, 이윤구, 2013, 『톡! 한국지리』, 휴머니스트.
김동완 · 김우탁, 1998, 『날씨 때문에 속상하시죠』, 좋은벗.
김동현 편, 2009, 『김동현 전공지리여행 3』, 참교육과미래.
김연옥, 1998, 『기후 변화』, 민음사.
김연옥, 1999, 『기후학 개론』(개정), 정익사.
김인, 2007, 『현대 인문지리학』, 법문사.
김인 · 박수진 편, 2006, 『도시 해석』, 푸른길.
김종욱 · 이민부 · 공우석 · 김태호 · 강철성 · 박경 · 박병익 · 박희두 · 성효현 · 손명원 · 양해근 · 이승호 · 최영은, 2008, 『한국의 자연지리』, 서울대학교출판부.
남영우, 2007, 『도시공간 구조론』 법문사.
노웅희 · 강철성 편, 1999, 『전공지리: POINT』, 박문각.
닐 코 · 필립 켈리 · 헨리 영, 안영진 · 이종호 · 이원호 · 남기범 역, 2011, 『현대 경제지리학 강의』, 푸른길.
다카하시 유타카, 김태호 역, 2010, 『지구의 물이 위험하다』, 푸른길.
댄 브라운, 안종설 역, 2013, 『인페르노 1, 2』, 문학수첩.
로저 G. 배리, 이민부 · 박병익 · 강철성 역, 2002, 『현대기후학』, 한울아카데미.
롬 인터내셔널, 홍성민 역, 2009, 『세계지도의 비밀』, 좋은생각.
르몽드 디플로마티크, 고광식 · 김계영 역, 2011, 『르몽드 환경아틀라스』, 한겨레출판.
르몽드 디플로마티크, 권지현 역, 2008, 『르몽드 세계사 1』, 휴머니스트.
르몽드 디플로마티크, 이주영 · 최서연 역, 2010, 『르몽드 세계사 2』, 휴머니스트.
르몽드 디플로마티크, 김계영 역, 2013, 『르몽드 세계사 3』, 휴머니스트.
리자 가르니에, 전혜영 역, 2012, 『세계 농작물 지도』, 현실문화.
마이클 브라이트 책임편집, 이경아 역, 2008, 『죽기 전에 꼭 봐야 할 자연 절경 1001』, 마로니에북스.
마이클 폴란, 조윤정 역, 2012, 『잡식동물의 딜레마』, 다른세상.
마크 쿨란스키, 박중서 역, 2014, 『대구: 세계의 역사와 지도를 바꾼 물고기의 일대기』, 알에치코리아.
맬서스, 이서행 역, 2011, 『인구론』, 동서문화사.
박경화, 2011, 『고릴라는 핸드폰을 미워해』, 북센스.
박삼옥, 2005, 『현대경제지리학』, 아르케.
박선욱, 1990, 『토양학통론』, 문운당.
박찬영 · 엄정훈, 2013, 『세계지리를 보다 1, 2, 3』, 리베르스쿨.
비외른 롬보르, 김기응 역, 2009, 『쿨 잇』, 살림.
사빈 보지오-발라시 · 미셸 장카리니-푸르넬, 유재명 역, 2007, 『저속과 과속의 부조화, 페미니즘』, 부키.
설혜심, 2007, 『지도 만드는 사람』, 길.
송호열, 2000, 『산간곡지의 동계 기온 분포 특성』, 한울아카데미.
스탠리 브룬 · 모린 헤이스-미첼 · 도널드 지글러 엮음, 한국도시지리학회 역, 2013, 『세계의 도시』, 푸른길.
안광복, 2010, 『지리 시간에 철학하기』, 웅진주니어.
에두아르도 갈레아노, 박광순 역, 1999, 『수탈된 대지: 라틴 아메리카 5백년사』, 범우사.
오재호, 1999, 『기후학 Ⅰ』, 아르케.
오재호, 1999, 『기후학 Ⅱ』, 아르케.
오지 도시아키, 송태욱 역, 2010, 『세계지도의 탄생』, 알마.
옥한석 · 이영민 · 이민부 · 서태열, 2005, 『세계화 시대의 세계지리 읽기』, 한울아카데미.
우덕룡 · 김태중 · 김기현 · 송영복, 2000, 『라틴아메리카: 마야 잉카로부터 현재까지의 역사와 문화』, 송산출판사.
유상철, 윤병철 그림, 2012, 『카툰지리』, 황금비율.
이기봉, 2007, 『지리학 교실』, 논형.
이민부, 2009, 『이민부의 지리블로그』, 살림FRIENDS.
이민부, 2012, 『세상을 담은 지리 교실』, 푸른길.
이승호, 2009, 『한국의 기후 & 문화 산책』, 푸른길.
이승호, 2010, 『자연과의 대화, 한국』, 황금비율.
이승호, 2012, 『기후학』(개정판), 푸른길.
이우평, 2011, 『모자이크 세계지리』, 현암사.
이전, 2011, 『촌락지리학』, 푸른길.
이현영, 2000, 『한국의 기후』, 법문사.

이희연, 1996, 『경제지리학』(제2판), 법문사.

이희연, 2003, 「인구학」, 법문사.

이희연, 2011, 『경제지리학』(제3판), 법문사.

이희연, 2011, 『경제지리학』, 법문사.

임덕순, 1997, 『정치지리학원리』(제2판), 법문사.

임영신, 이혜영, 2009, 『희망을 여행하라』, 소나무.

장 크리스토프 빅토르, 김희균 역, 2007, 『아틀라스 세계는 지금』, 책과함께.

장폴 샤르베, 박상은 역, 2012, 『세계 식량 위기: 우리가 꼭 알아야 할 세계의 모든 문제』, 현실문화.

전국지리교사모임, 2014, 『세계지리, 세상과 통하다 1, 2』, 사계절.

전국지리교사연합회, 2011, 『살아있는 지리 교과서 1, 2』, 휴머니스트.

전종한·서민철·장의선·박승규, 2012, 『인문지리학의 시선』(개정 2판), 사회평론.

제레드 다이아몬드, 김진준 역, 2005, 『총, 균, 쇠』, 문학사상사.

제임스 루벤스타인, 김희순·안재섭·이승철·이영아·정희선 역, 2010, 『현대인문지리』, 시그마프레스.

조지욱, 2012, 『동에 번쩍 서에 번쩍 세계지리』, 사계절.

조지욱, 2014, 『문학 속의 지리 이야기』, 사계절.

존 레니 쇼트, 김희상 역, 2009, 『지도, 살아있는 세상의 발견』, 작가정신.

지리교사모임 지평, 1998, 『지리로 보는 세상』, 문창출판사.

카트린 롤레, 박상은 역, 2011, 『세계의 인구』, 현실문화.

토마스 그레델, 김경렬·이강웅 역, 1999, 『기후 변동』, 사이언스북스.

토머스 프리드먼, 최정임 역, 2008, 『코드 그린: 뜨겁고 평평하고 붐비는 세계』, 21세기북스.

프랑크 테타르·비르지니 레송·장 크리스토프, 안수연 역, 2008, 『변화하는 세계의 아틀라스』, 책과함께.

하름 데 블레이, 유나영 역, 2007, 『분노의 지리학』, 천지인.

하름 데 블레이, 유나영 역, 2015, 『왜 지금 지리학인가』, 사회평론.

한국기상학회, 2006, 『대기과학개론』, 시그마프레스.

한국지리정보연구회, 2004, 『자연지리학 사전』, 한울아카데미.

한국지역지리학회 엮음, 최병두 외, 2008, 『인문지리학 개론』, 한울아카데미.

한주성, 2006, 『경제지리학의 이해』, 한울아카데미.

허남혁, 김종엽 그림, 2008, 『내가 먹는 것이 바로 나』, 책세상.

헤르만 플론, 김종규 역, 2000, 『과거와 미래의 기후변화문제』, 한울아카데미.

헤르비히 비르크, 조희진 역, 2006, 『사라져가는 세대』, 플래닛미디어.

Darrel Hess, 윤순옥·김영훈·김종연·다나카 유키야·박경·박병익·박정재·박지훈·박철웅·이광률·최광용·최영은·황상일 역, 2011, 『MCKNIGHT의 자연지리학』, 시그마프레스.

EBS교육방송 편집부, 2011, 『EBS 수능완성 고등 세계지리』, EBS한국교육방송공사.

EBS교육방송 편집부, 2012, 『EBS 수능완성 고등 세계지리』, EBS한국교육방송공사.

H. J. de Blij·Peter O. Muller, 기근도·이종호·지리교사모임 지평 역, 『세계지리: 개념과 지역 중심으로 풀어 쓴』, 시그마프레스.

HELMUT E.LANDSBERG, 이현영 역, 1989, 『도시기후학』, 대광문화사.

James M. Rubenstein, 정수열·이욱·백선혜·김현·이정섭·최경은·조아라 역, 2012, 『현대인문지리학』, 시그마프레스.

KBS문명의기억지도 제작팀, 2012, 『문명의 기억, 지도』, 중앙북스.

Les Rowntree·Martin Lewis·Marie Price·William Wyckoff, 안재섭·김희순·신정엽·이승철·이영아·정희선·조창현 역, 2012, 『세계지리: 세계화와 다양성』, 시그마프레스.

Michael Woods, 권상철·박경환·부혜진·전종한·정희선·조아라 역, 2014, 『현대 촌락지리학』, 시그마프레스.

Richard John Huggett, 윤순옥·기근도·김종연·김창환·김태호·박경·박수진·변종민·이광률·성영배·황상일, 2013, 『지형학 원리』, 시그마프레스.

고등학교 『세계지리』, 『경제지리』, 『지리부도』.

Ageyman J, 2005, *Sustainable Communities and the Challenge of Environmental Justice*, New York University Press, New York.

Ahrens, C. D., 1994, *Meteorology Today, An Introduction to Weather, Climate and the Environment*, West.

Bryant B., 1995, Introduction, in Bunyan Bryant(ed.)(1995), *Environmental Justice: Issues, Polices, and Solutions*, Washington D.C.: Island Press.

Fellmann, Jerome D., Arthur Getis, and Judith Getis, 2005, *Human Geography: Landscapes of Human Activities* (8th ed). New York: McGraw-Hill.

Knox, Paul L. and Sallie A. Marston, 2009, *Places and Regions in Global Context: Human Geography* (3rd ed), PrenticeHall.

Lamb, H. H., 1995, *Climate, History and The Modern World* (2nd ed), Routledge.

McKnight, T. L. and D. Hess., 2007, *Physical Geography: A Landscape Appreciation* (9th ed), Prentice-Hall.

Meredith Marsh·Peter S. Alagona, 2009, *AP Human Geography* (3rd ed), Barron's, New York.

Norton William, 2004, *Human Geography* (5th ed). Don Mills, Ont.:

Oxford University Press.

Oliver, J. E. and J. J. Hidore, 2002, *Climatology: An Atmospheric Science*, Prentice Hall.

Robinson, P. J. and Henderson-Sellers, A., 1999, *Contemporary Climatology*, Longman Scientific & Technical.

Russell, D. T., 1998, *Atmospheric Processes and Systems*, London and New York: Routledge.

Schwoegler, B. and M. McClintock, 1981, *Weather and Energy*, McGraw-Hill.

Strahler, A. H. and A. N. Strahler, 1992, *Modern Physical Geography*, John Wilely & Sons.

· 논문

강영복, 1973, 화강편마암에 발달한 적색토에 관한 연구, 『지리학연구』, 1, 64-92.

강영복, 1994, 카르스트현상의 토양지형생성적 특성: 단양군 삼화동 지역의 사례연구, 『한국지형학회지』, 1(2), 85-102.

권영아 · 이현영, 2001, 도시 녹지와 그 주변 기온의 공간적 분포, 『대한지리학회지』, 36(2), 126-140.

김연옥, 1984, 한국의 소빙기 기후 - 역사 기후학적 접근의 일시론, 『지리학과 지리교육』, 14, 1-16.

박병익, 1996, 한국 기온 경년 변화와 이에 대한 도시화의 경향에 대하여, 『지리환경교육, 4(1), 109-119.

박병익 · 윤석은, 1997, 한국의 동계 강수 분포에 관한 종관기후학적 연구, 『대한지리학회지』, 32(1), 31-46.

성정옥, 1991, 한국의 기후지역구분에 관한 연구, 『이화지리총서』, 5, 389-406.

이병설, 1983, 빙하시대의 기후변동, 지리학의 과제와 접근방법, 『石泉 이찬박사 화갑기념 논집』, 213-230

이승호, 2003, 우리나라 동 · 서 해안의 기온 차이에 관한 연구, 『한국기상학회지』, 39(1), 43-57.

이승호 · 권원태, 2004, 한국의 여름철 강수량 변동, 『대한지리학회지』, 39(6), 819-832.

이승호 · 천재호, 2003, 시베리아 고기압 확장 시 호남 지방의 강설 분포, 『대한지리학회지』, 38(2), 173-183.

이승호 · 허인혜 · 이경미 · 권원태, 2005, 우리나라 상세기후지역의 구분, 『한국기상학회지』, 41(6), 983-995.

이현영, 1984, 『서울의 도시기온에 관한 연구』, 이화여자대학교 박사학위 논문.

임장호, 2000, 오호츠크 해 고기압 발달 및 그와 연관된 동아시아 대기순환의 특징, 『한국기상학회지』, 36(4), 507-518.

최성식 · 문승의, 1997, 높새풍의 기후학적 특성, 『한국기상학회지』, 33(2), 349-361.

최원학 · 박동희, 2011, 동일본 대지진에 의한 영향지역 내 부지 응답 및 국내 원전 대응방안, 『한국지진공학회』, 한국지진공학회 추계워크샵.

탁송일, 1987, 한국에서의 태풍강수의 지역적 분포에 관한 연구, 『지리교육논집』, 18, 124-144.

허인혜, 1998, 한국의 지역별 안개 특성, 건국대학교 석사학위 청구 논문.

B. Geerts., 2002, Empirical estimation of the annual range of monthly-mean temperatures, *Theoretical and Applied Climatology*, 000, 1-26.

Persson, A., 1998, How Do We Understand the Coriolis Force?, *Bulletin of the American Meteorological Society*, 79(7), 1373-1385.

· 홈페이지

국가광물자원지리정보망(http://www.kmrgis.net)

산림청(http://www.forest.go.kr)

서울대학교 규장각 한국학연구원(http://e-kyujanggak.snu.ac.kr/main.jsp)

서울시 교육청(www.sen.go.kr)

위키백과

제주혁신도시웹사이트(http://samdacity.jeju.go.kr)

태백시청(http://www.taebaek.go.kr)

통계청(www.kostat.go.kr)

티처빌 원격교육연수원(www.teacherville.co.kr)

한국광물자원공사(https://www.kores.or.kr)

한국교육과정평가원(www.kice.re.kr)

한국산업단지공단(www.kicox.or.kr)

환경부물환경정보시스템(http://water.nier.go.kr)

http://geoandedu.blogspot.kr/2012/08/blog-post_19.html

http://innocity.mltm.go.kr

http://royalpalaces.cha.go.kr/makeup/roof.vm?mc=rp_03_04

http://ubin.krihs.re.kr

Index Mundi(www.indexmundi.com)

· 영상

EBS 세계테마기행, 도미니카공화국의 재발견 2부, 카카오와 사탕수수, 2014년 7월 22일 방송.

MBC 무한도전, 녹색특집 나비효과, 2010년 12월 18일 방송.

MBC 무한도전, 식목일 특집, 2008년 3월 29일 방송.

팀 버튼, 2005, 찰리와 초콜릿 공장.

· 뉴스

박유리, '이집트 '빵 부족' 위기 … 제2혁명 불씨로, 쿠키뉴스(2013.02.21.)

박경, '무임승차라고 쫄지 마세요! [바깽이의 이집트 여행기⑧] 룩소르의 첫인상', 오마이뉴스 (2011.12.30.)

세계일보, 플라스틱 아일랜드란, http://www.segye.com/content/html/2014/07/09/20140709004329.html

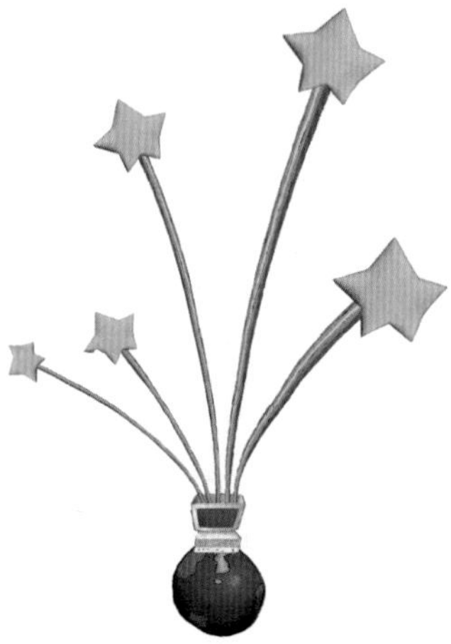